FLORA DEL AVILA

FLORA DEL AVILA

Flora y vegetación de las montañas del Avila, de la Silla y del Naiguatá

por
Julián A. STEYERMARK
y
Otto HUBER

Dibujos
por
Bruno MANARA

Publicación Especial de la Sociedad Venezolana
de Ciencias Naturales
bajo los auspicios de
"VOLLMER Foundation"
y
Ministerio del Ambiente y de los Recursos
Naturales Renovables

CARACAS
1978

Cubierta externa: Caracas, el Cerro del Avila y parte
de La Silla al fondo
(FOTO: Charles Brewer-Carías).

Impreso por INCAFO. Castelló, 59, Madrid - España
en los talleres de Gráficas Toledo.
Polígono Industrial, Toledo - España.

Fotocomposición: Castellana - Madrid.

ISBN: 84-85389-03-4

Depósito legal: To. 405-1978.

A nuestro estimado amigo y colega Dr. Volkmar VARESCHI, con motivo de su doble aniversario: 70 años de vida y 25 años de investigación en los Trópicos.

CONTENIDO

INTRODUCCION

Entre Caracas y el mar, el horizonte es interrumpido por un verde y placentero escenario montañoso formado por los cerros Avila, la Silla y Naiguatá. Vemos este hermoso panorama verde desde casi cualquier punto del Valle de Caracas: mientras nos encontramos comiendo en kioscos, restaurantes o bares; mientras hacemos cola para esperar el autobús o el carrito y cuando miramos desde las ventanas de nuestros hogares, oficinas, colegios, hospitales o fábricas. La masa gigante formada por estas montañas, tan verde durante el día, se transforma durante la noche en una silueta negra, bella y misteriosa. Se extiende de un extremo a otro del Valle de Caracas, dominando toda la vista norte de la ciudad. Caracas y el Avila son inseparables.

Cuando nos detenemos a mirar este gran escenario de verdor, quedamos impresionados no sólo por lo inclinado de las vertientes de estas montañas, sino también por las numerosas ondulaciones y sinuosidades de la configuración general formada por los grandes barrancos y quebradas que cortan las inmensas laderas, serpenteando primero hacia el este y el oeste, luego regresando hacia el este, para alcanzar finalmente, hacia el sur, las pendientes inferiores y extinguirse lentamente en el valle del río Guaire.

¡Qué complicados son estos declives del Avila y del Naiguatá! Las quebradas profundas son cavidades oscuras y sombreadas con laderas empinadas, cubiertas por bosques densos con numerosas especies de árboles altos que con su follaje proporcionan sombra y protección a un sinnúmero de árboles más pequeños, arbustos, trepadoras, orquídeas y otras plantas epífitas y a pequeñas hierbas.

Una visión más detallada de estas vertientes nos revela la presencia de una gran diversidad de tonos de verde y amarillo: el verde-amarillento claro predomina en aquellas laderas suaves más expuestas, donde los incendios de años anteriores han producido suelos más pobres cubiertos por gramíneas y otras hierbas; el azul-verdoso domina en los bambusales; otras tonalidades de verde en los lugares donde el bosque ha sido antiguamente quemado, pero mostrando diversos grados de recuperación. Durante el verano, los colores amarillos de la cubierta herbácea de las pendientes inferiores son conspicuamente visibles.

También notamos que en y cerca de las cumbres de las montañas el crecimiento de los árboles se reduce gradualmente y es reemplazado por una cubierta vegetal más baja y de composición diferente a la de las laderas inferiores boscosas. Además notamos muchas áreas rocosas, cuyo color blanco-grisáceo pálido se debe a la abundante presencia de mica-esquistos y gneises expuestos.

Cada una de estas áreas diferentemente coloreadas de verde, verde-azuloso, verde-amarillento o amarillo, alberga comunidades animales y vegetales propias y cada una de las depresiones profundas, que se encuentran a lo largo de las pendientes extensas, nos presenta un mundo siempre fascinante y variado de flora y fauna. Particularmente en las grietas escondidas y en las vertientes de las grandes quebradas cubiertas por bosques densos, bajo cuya sombra nacen y corren preciosos manantiales, toda clase de plantas hermosas y raras esperan ser descubiertas y admiradas, junto con un sinnúmero de pájaros, insectos, sapos y otros animales.

La flora del Avila, la Silla y del Naiguatá es tan diversificada y rica, que es un deber asegurar su protección como un preciado tesoro entregado a nuestro cuidado por el Creador. La presente publicación trata de las plantas que pueden ser encontradas cuando se entra a ese dorado tesoro llamado Avila, Silla y Naiguatá.

AGRADECIMIENTOS

Los autores desean dar las gracias a los señores Ramón AVELEDO H., Leandro ARISTEGUIETA y Pedro A. FUSTER de la Sociedad Venezolana de Ciencias Naturales, Caracas, por el interés demostrado en implementar el presente libro.

Igualmente expresan sus agradecimientos a los hermanos Alberto y Gustavo VOLLMER y a los señores Jorge HERRERA USLAR, hijo, e Ignacio L. IRIBARREN de la "Vollmer Foundation", así como al señor Tito GUILARTE y a la señora Ana Teresa de MADRID, de la Dirección de Suelo, Vegetación y Fauna del Ministerio del Ambiente y de los Recursos Naturales Renovables, para sus valiosos y múltiples esfuerzos conjuntos en asegurar el financiamiento del libro.

A los curadores y especialistas que han colaborado en la identificación de especímenes que necesitaban estudio crítico. Así como también al señor Tobías LASSER, por haber permitido el uso del Herbario Nacional y de la biblioteca del Instituto Botánico.

Además los autores se consideran en deuda especialmente con el señor Bruno MANARA, creador de las bellas ilustraciones, realizadas a partir de material vivo, y recolector de especímenes botánicos que han resultado ser especies nuevas para la ciencia, para Venezuela o para las montañas del Avila, de la Silla y del Naiguatá.

Muchos de los dibujos de Gramíneas pertenecen a la HUNT Library Collection de Pittsburgh, Pennsylvania y fueron obtenidos mediante la cortesía de la Smithsonian Institution de Washington, DC; mientras que muchas de las ilustraciones de Helechos, publicadas originalmente en los volúmenes de los "Helechos de la Flora de Venezuela", fueron obtenidas mediante la cortesía del autor Volkmar VARESCHI.

Agradecemos también al Instituto de la Caza Fotográfica y Ciencias de la Naturaleza (INCAFO) de Madrid la cuidadosa ejecución de las obras de impresión y al señor Luis Blas ARITIO la desinteresada y cordial colaboración técnica, que ha permitido la feliz conclusión de esta publicación.

Finalmente queremos expresar nuestras gracias más sentidas al señor Julio CERDA C. y a la señora María de HUBER por su prolongada e intensa colaboración voluntaria en la elaboración del manuscrito.

Caracas, septiembre de 1977

Julián A. STEYERMARK
Otto HUBER

OBJETIVOS Y LIMITES DEL PRESENTE LIBRO

El propósito de este libro es dar a conocer al público en general, a los amantes de la naturaleza, estudiantes, forestales y a los botánicos del país la rica y diversificada flora que se encuentra en las laderas del Avila, de la Silla y del Naiguatá por encima del Valle de Caracas. En el presente trabajo solamente se incluyen las plantas con semillas (Fanerógamas e Gimnospermas) y los helechos (Pteridofitas). Estas representan la flora nativa de árboles, arbustos, trepadoras, epífitas (plantas aéreas) e hierbas, al igual que las especies exóticas introducidas, las cuales se han naturalizado en estas montañas. No se incluyen especies cultivadas en jardines del Avila y del Naiguatá, que no hayan sido encontradas en estado silvestre. Además, en esta obra sólo están incluidas aquellas especies, que han sido coleccionadas bajo la forma de especímenes botánicos y cuya existencia en la zona bajo estudio puede, por lo tanto, ser corroborada unívocamente.

Se ha hecho todo lo posible para que la identificación de las especies se pueda realizar con el empleo de un mínimum de palabras o expresiones técnicas. Con esta idea en mente, la separación de las diferentes clases de plantas se basa, dentro de lo posible, en características del hábito, follaje, color de las flores, forma y tamaño de las partes, y en la presencia o ausencia de pelos. En las contraportadas del libro están impresas dos reglas con el objeto de facilitar el trabajo de medición de las distintas partes de la planta, a medida que esto sea necesario durante el proceso de identificación de cada planta en particular.

Los límites geográficos abarcados por este libro lo constituyen toda la vertiente sur de los Cerros del Avila, Silla y Naiguatá desde aproximadamente 850 m sobre el nivel del mar hasta las cumbres más altas; luego la vertiente norte, del lado del mar, por arriba de aproximadamente 700 m s.n.m. Los límites orientales en la vertiente sur están constituidos por el Pico Naiguatá, el Topo Macanillal y la Quebrada Ayala, al norte de la Urbanización Miranda. El límite occidental se encuentra por arriba del viejo centro de Caracas, siguiendo el camino antiguo hacia La Guaira, hasta Las Trincheras (Distrito Federal). En la vertiente norte el límite oriental está constituido por el Topo Tamanaco y el Río Camurí Grande, al sur de Camurí Grande (Edo. Miranda), luego el límite se desvía hacia el norte hacia Cocuizal (al sur del pueblo de Naiguatá) y hacia el oeste hasta San José de Galipán, Cariaco y la Hacienda Curucutí y más tarde hasta Guaracarumbo y El Copey en el Distrito Federal. Toda la flora estudiada en este libro y así delimitada pertenece al Parque Nacional "El Avila".

PLAN DEL LIBRO

El presente libro se compone de dos partes principales:

—una parte descriptiva *del ambiente físico y de la vegetación, y*

—una parte sistemática (florística) *que contiene las claves para la identificación de las especies vegetales.*

Al principio de la parte sistemática se encuentra la clave general con la finalidad de permitir al lector llegar a las familias. Estas se han dispuesto por orden alfabético, comenzando con Acanthaceae y terminando por Zygophyllaceae, con excepción de los helechos (Pteridophyta), que se encuentran en primer lugar debido a su posición sistemática más primitiva con respecto a las Fanerógamas.

Cada familia se inicia con una descripción general de los caracteres más importantes y cuando ella está integrada por más de una especie, sigue una clave específica que permite al lector identificar su planta. Si el lector sabe con anterioridad a qué familia pertenece la planta en cuestión, le bastará con buscar las páginas en las cuales se encuentra esa familia e identificar la planta directamente por medio de la clave específica, sin pasar a través de la clave general. Finalmente, a la descripción de la familia o a la clave específica respectiva sigue una lista alfabética de las especies, en la cual está indicado para cada especie su habitat (sea subpáramo, selva nublada, selva de transición, selva veranera o sabana), la altura aproximada sobre el nivel del mar a la cual ésta ha sido encontrada hasta ahora en las montañas del Avila, de la Silla y del Naiguatá, y su hábito (sea árbol, arbusto, trepadora, hierba o epífita, cuando esto no ha sido indicado anteriormente en la clave específica). También se mencionan aquellas especies que son comestibles o que tengan algún valor económico, ornamental o medicinal.

Si una especie sólo es conocida de la vertiente norte, esto se indica por medio de la expresión "vertiente norte"; de lo contrario se sobreentiende que la especie dada se encuentra en la vertiente sur o en ambos lados de las montañas.

Los nombres de especies consideradas como sinónimos o ilegítimos son escritos en letra bastardilla o cursiva, debajo del nombre correcto o aceptado, el cual está impreso en letras negritas. Cada nombre científico es seguido por el nombre del autor o de los autores responsables de la publicación de la especie. Siempre que se conocen, los nombres vernáculos son colocados entre comillas a continuación del nombre científico aceptado.

Finalmente se ha incluido un apéndice, ubicado al final de las familias, que contiene listas de especies identificables por el color de las flores o de los frutos, por el olor, por el sabor o por la presencia y el color del látex. Naturalmente estas identificaciones son solamente indicativas y tienen por finalidad ayudar a la persona en la identificación de una planta por medio de caracteres fácilmente observables en el campo, pero evidentemente, con esto no se pueden sustituir las claves específicas.

LAS CLAVES DICOTOMICAS
Y COMO UTILIZARLAS

La clave es la herramienta o instrumento empleado a lo largo de todo el libro para permitir al lector llegar a la identificación de una planta en particular. Para poder utilizar la clave apropiadamente es necesario cumplir con tres condiciones:

1. *proceder lentamente;*
2. *proceder cuidadosamente paso por paso, y*
3. *observar minuciosamente y con exactitud.*

Como en cualquier tipo de operación, el apuro produce inseguridad y en el empleo de la clave la precipitación puede llevar a conclusiones incorrectas.

Cada clave en el presente libro está estructurada sobre la base de dicotomía, es decir, de pares de características contrastantes del mismo valor, representadas por números dobles designados con "a" y "b" (p. ej. "1.a" y "1.b" ó "12.a" y "12.b", etc.), dispuestos en orden sucesivo y creciente. El lector debe comenzar la clave comparando los caracteres indicados en "1.a" con los caracteres indicados en "1.b" y decidir cuál de las dos posibilidades es la que más concuerda con la planta que desea identificar; el siguiente paso será continuar con el número indicado al final de la posibilidad elegida (o sea, al final del "1.a" ó del "1.b") y repetir el procedimiento antes descrito (leer con cuidado el par de posibilidades contrastantes en el nuevo número). Por ejemplo, el "1.a" puede dirigir al lector hacia el "2", mientras que el "1.b" puede dirigirlo hacia el "14". O el "1.a" puede dirigir al lector en forma inmediata hacia la especie buscada, mientras que el "1.b" puede dirigirlo al "2". En todo caso, el lector empleará y seguirá la clave como una guía para llevarlo a través de un laberinto o sucesión de caminos hasta que eventualmente esté satisfecho de haber logrado la identificación de la planta examinada. Aquí se detiene el proceso de identificación y comienza el proceso de familiarizarse con el nombre de la planta.

Si el lector no logra llegar al nombre o si ninguna de las alternativas empleadas en determinado punto de la clave corresponde a la planta bajo estudio, entonces lo más probable es que haya cometido un error en alguna parte durante el curso de sus decisiones al seguir los pares de alternativas de la clave: por tanto se debe comenzar a recorrer la clave desde el punto de partida. De lo contrario podría tratarse de una especie nueva para esta región y en tal caso se ruega entregar la planta en buen estado al Instituto Botánico de Caracas.

Las claves incluidas en las familias de la flora están diseñadas de tal manera que le permiten al lector llegar directamente al nombre de cualquiera de las especies contenidas en una familia dada. Por eso todas las especies de cada género están agrupadas en una sola clave, eliminándose así la necesidad de identificar la planta, inicialmente, hasta el género.

PARTE DESCRIPTIVA

CAPITULO I

HISTORIA DE LA EXPLORACION BOTANICA DEL AVILA, DE LA SILLA Y DEL NAIGUATA

La majestuosa muralla montañosa que se levanta al norte de la ciudad de Caracas y la separa de la costa del mar Caribe ha constituido, durante muchos años, un serio y difícil obstáculo para todos aquellos viajeros que, desde el puerto de la Guaira, quisieron alcanzar la hermosa ciudad situada en el fértil valle de Caracas. Sólo con la construcción del ferrocarril y más tarde, de la autopista a través del Abra de Catia ha sido reemplazado el tortuoso camino, que desde el barrio La Pastora llevaba a Sanchorquiz sobre las faldas occidentales del Avila y de allí hacia el mar, pasando por Las Vueltas y Curucutí. Poca atención ha sido prestada, durante los siglos XV, XVI y XVII, a las otras montañas situadas al norte de la ciudad, probablemente por la falta de caminos y de asentamientos en aquellas regiones difícilmente accesibles, especialmente, en las partes más elevadas.

Las primeras colecciones botánicas en las faldas meridionales del Avila fueron efectuadas por el jardinero alemán BREDEMEYER en el año 1786, integrante de la expedición MAERTER a Venezuela. Catorce años más tarde, el día 2 de enero de 1800, el barón Alexander von HUMBOLDT y Aimée BONPLAND ascendieron, por primera vez, a la cumbre del Pico Oriental de la Silla, considerada en aquella época la elevación más alta de la Cordillera de la Costa. No es exagerado afirmar que esta histórica ascensión a la Silla por parte de HUMBOLDT y BONPLAND estimuló profundamente el comienzo de las exploraciones botánicas y fitogeográficas durante las décadas siguientes. Así entre los naturalistas venezolanos vemos José María VARGAS (1786-1854) y a Fermín TORO (1807-1865) efectuar colecciones botánicas en las regiones del Avila y de la Silla de Caracas; y entre los extranjeros, atraídos por los relatos científicos contenidos en las obras del barón von HUMBOLDT, cabe mencionar las extensas labores de MORITZ, CODAZZI, OTTO, LINDEN, KARSTEN, WAGENER, APPUN, GOLLMER y FENDLER, todos naturalistas que visitaron nuestro país durante la primera mitad del siglo pasado. En el año 1872 James E. SPENCE realizó una expedición científica a la cumbre del Naiguatá, y sólo durante esta primera ascensión se verificó la mayor altura de esta montaña respecto al Pico Oriental de la Silla. Hacia fines del siglo pasado otros famosos naturalistas se dedicaron a la exploración botánica de las faldas montañosas circunstantes de Caracas: entre ellos se encuentran Adolfo ERNST, Alfredo JAHN, A. F. W. SCHIMPER y K. GOEBEL.

Sin embargo, la mayoría de estas colecciones botánicas no siempre han sido efectuadas con fines netamente científicos, ya que en muchos casos se trataba de jardineros o aficionados en búsqueda de plantas exóticas para los jardines, botánicos o no, de Europa; además la falta de un jardín botánico y de un herbario bien organizado en Caracas impidieron la entrega y el depósito de los especímenes botánicos recolectados, bien sea vivos o secados, para su clasificación y conservación. Sólo con la llegada al país, en el año 1913, del sabio suizo-venezolano Henri PITTIER toma comienzo una actividad botánica-ecológica propiamente dicha, cuyos benéficos logros y resultados constituyen las bases de la ciencia botánica actual de Venezuela. Además de efectuar un gran número de exploraciones y recolecciones botánicas en la Cordillera de la Costa, durante los años 1913-1948 aproximadamente, Henri PITTIER estimula decisivamente la fundación de la Sociedad Venezolana de Ciencias Naturales en el año 1931, la creación del Instituto y Jardín Botánico de Caracas en los años 40 y la formación de jóvenes estudiantes botánicos venezolanos.

Conjuntamente con el auge de las ciencias naturales en Venezuela, durante el presente siglo XX, aumentan también las actividades y exploraciones botánicas en las montañas del Avila, Naiguatá y de la Silla: colecciones sistemáticas son llevadas a cabo siempre más intensamente; vienen al país científicos reconocidos como por ejemplo L. H. BAILEY (1920-21), A. ALLART (1924), el ruso G. WORONOF (1926), el padre Cornelio VOGL (en los años 1920-1940 aprox.), Llewelyn WILLIAMS (1938-40), y la agrostóloga Agnes CHASE (1940). Entre los botánicos venezolanos se destacan Francisco TAMAYO, Eduardo RÖHL, Esteban DELGADO y Tobías LASSER.

A partir de los años 40 se intensifican aún más las colecciones botánicas en esta región por la llegada a Venezuela de Julián STEYERMARK en el año 1943, quien, además, efectúa detalladas observaciones sobre las Rubiáceas de Venezuela; paralelamente la doctora Zoraida LUCES de FEBRES emprende su estudio de las Gramíneas del Distrito Federal y a partir de los años 50 Volkmar VARESCHI, Leandro ARISTEGUIETA, Mauricio RAMIA y Zdravko BARUCH dedican una serie de trabajos al estudio de las formaciones vegetales y de su ecología en las montañas del Avila, de la Silla y del Pico de Naiguatá. Finalmente las más recientes colecciones botánicas provenientes del Parque Nacional "El Avila" (decretado en el año 1958 y que abarca hoy en día toda la cadena montañosa entre el Avila al oeste y los cerros arriba de Higuerote al este) son de Gilberto MORILLO y Bruno MANARA, mientras Augusto BRAUN está llevando a cabo desde hace ya muchos años detalladas observaciones botánicas sobre las palmas de esta región.

Probablemente el Avila y sus montañas vecinas pueden ser consideradas las mejor conocidas desde el punto de vista botánico dentro del territorio venezolano. Sin embargo, quedan aún vastas áreas poco o nunca exploradas, como es el caso de grandes extensiones de las vertientes septentrionales y algunas regiones difícilmente accesibles en las faldas meridionales. Por eso quisiéramos que la historia de la exploración botánica de estas montañas no terminara aquí, sino que la presente publicación estimulara y ayudara a colmar las lagunas de nuestro conocimiento acerca del mundo vegetal que nos rodea a tan poca distancia de nuestra capital.

CAPITULO II

EL AMBIENTE FISICO

1. *Geología y geomorfología*

Las montañas del Avila, la Silla y del Naiguatá pertenecen al sistema orográfico de la Cordillera de la Costa, en el cual ocupan el sector central y al mismo tiempo más septentrional de todo el sistema. Su desarrollo geográfico se articula, generalmente, en dirección este-oeste; sus límites orográficos están constituidos al norte por la zona de fallas de Macuto, al sur por la zona de fallas del Avila y al oeste por el Abra de Catia, que comunica el Valle de Caracas con La Guaira.

Según AGUERREVERE y ZULOAGA (1937) la Cordillera de la Costa propiamente dicha constituye un bloque epirogenético, es decir, un bloque caracterizado por levantamientos principales verticales, como lo indican las grandes fallas mencionadas arriba (reconocibles en ambos lados de la Cordillera) y por simples levantamientos de sedimentos marinos pleistocenos en algunas partes de la costa. También se puede afirmar que este sistema montañoso se encuentra en una etapa de juventud fisiográfica caracterizada por declives pronunciados, múltiples estribaciones transversales y numerosas quebradas profundas en forma de V, que le confieren un aspecto intrincado y complejo a las laderas de estas montañas. Los ríos que drenan las faldas meridionales del Avila, de la Silla y del Naiguatá corren en dirección norte-sur y son de curso corto con pendientes muy fuertes antes de alcanzar el río Guaire en el fondo del Valle de Caracas, donde han depositado típicos conos de deyección de tamaños variables. La constitución geológica de estas montañas ha sido descrita en detalle por DENGO (1951), el cual indica la siguiente secuencia estratigráfica establecida en la región de Caracas:

Grupo Caracas	*Formación Tacagua:*	Esquistos sericítico-epidóticos (Mesozoico medio o superior)
	Formación Las Mercedes:	Esquistos micáceo-calcáreos (Mesozoico medio o superior)
	Formación Antímano:	Caliza cristalina (Mesozoico medio o superior)
	Formación Las Brisas:	Para-gneiss (esquistos cuarzo-micáceos, augengneiss, caliza) (Mesozoico medio o superior)
Basamento:	*Complejo basal de Sebastopol:*	Orto-gneiss granítico (Edad desconocida, probablemente arcaico)

La Serranía del Avila está constituida, en su mayor parte, por rocas metasedimentarias de bajo grado, tales como los Esquistos cuarzo-micáceos, el Augengneiss, los Esquistos grafitosos y las Calizas grafitosas de la Formación Peña de Mora dentro de la Formación Las Brisas y los Esquistos micáceo-calcáreos de la Formación Las Mercedes. Las Calizas cristalinas de la Formación Antímano están limitadas, en la región del Avila, a unas pocas áreas reducidas al norte de La Florida y en la Quebrada Tacagua, mientras que los Esquistos sericítico-epidóticos de la Formación Tacagua, de derivación vulcánica, se limitan a la parte superior de la Quebrada Tacagua. Además se han constatado en varias localidades de la Serranía intrusiones de rocas ígneas ácidas, volcánicas y ultrabásicas.

El Complejo Basal de Sebastopol, constituido fundamentalmente por granito gneíssico, actúa como base para las formaciones arriba mencionadas; sin embargo, su edad aún no ha podido ser determinada con precisión, pero se presume que sea pre-Mesozoica.

Según DENGO (1951) todas las rocas metamórficas pertenecientes al Grupo Caracas derivan originariamente de sedimentos y rocas ígneas, los cuales han sido transformados en el curso de los grandes eventos tectónicos ocurridos en el norte de Venezuela durante el final de la época del Cretáceo (hace unos 80-60 millones de años), y que se presume hayan sido responsables de la primera formación de la Cordillera de la Costa.

Para los fines del estudio de la historia de la vegetación en la Cordillera de la Costa es necesario llamar la atención sobre el hecho que ésta es, en la opinión de la mayoría de los geólogos modernos, considerablemente más antigua que la Cordillera de los Andes, cuyo origen data de la época del Eoceno superior-Oligoceno (aproximadamente hace unos 40-30 millones de años).

2. *Suelos*

Lamentablemente no se cuenta aún con estudios detallados sobre los suelos de la región del Parque Nacional "El Avila": los únicos datos disponibles están contenidos en las publicaciones de VARESCHI (1955) y BARUCH (1970); sin embargo, por tratarse de trabajos principalmente geobotánicos, estos datos no representan estudios pedológicos propiamente dichos. Por eso no se pueden presentar aquí conclusiones concretas sobre los suelos de estas faldas montañosas, sino solamente unas indicaciones sumarias.

La preponderancia de rocas esquistosas y gneíssicas en las montañas del Avila, de la Silla y del Naiguatá condiciona la formación de suelos fundamentalmente ácidos, debido al muy bajo contenido de calcio en las rocas pedogenéticas (según DENGO, 1951, el gneiss del Avila contiene menos del 2 por 100 de calcio, alrededor del 70 por 100 de óxido de sílice y 13 por 100 de óxido de aluminio).

De acuerdo con dichas condiciones BARUCH (1970) menciona la existencia de suelos francamente ácidos (pH entre 4,3 y 5,2) en la faja superior de las montañas ocupada por vegetación de subpáramo. Estos suelos generalmente poco profundos están caracterizados, además, por una coloración usualmente oscura (negro o marrón) en la capa superior, debida al contenido relativamente elevado de materia orgánica en proceso de descomposición (humus). Su estructura es, casi siempre, del tipo granular y su constitución es de textura franca por el alto contenido de limo en todos los horizontes A. En línea general se puede afirmar que estos suelos del subpáramo pertenecen al orden de los Entisoles, por la falta de un horizonte B bien definido. Además están presentes en algunas depresiones de la cumbre del Pico Naiguatá bolsones de suelos turbosos, pertenecientes al orden de los Histosoles, que constituyen importantes testigos de la historia de la vegetación por su alto contenido de polen (VARESCHI, 1955).

No se han hecho aún estudios de suelo en las fajas altitudinales correspondientes a la selva nublada y a la sabana en las faldas del Avila, de la Silla o del Naiguatá. Sin embargo, tomando en cuenta estudios de suelo hechos en otras partes de la Cordillera de la Costa, en condiciones similares (p. ej. en Rancho Grande, Edo. Aragua) puede deducirse que los suelos bajo selva nublada pertenecen al orden de los Inceptisoles ácidos, también llamados suelos forestales marrones por su coloración generalmente marrón clara y su textura franca o franco-arcillosa. El contenido de humus en el horizonte superior de estos suelos es generalmente elevado, pero la reabsorción de estas sustancias orgánicas a través de las raíces de la capa vegetal es muy acelerada, debido a tasas de descomposición orgánica también intensas; esto significa que el ciclaje de nutrientes desde el estrato vegetal hacia el suelo y de ahí nuevamente a las plantas, está limitado principalmente sólo a la capa superior, relativamente delgada, del suelo. Es obvio que, eliminado el bosque, se elimina también, en un período de tiempo relativamente corto, esta capa delgada de humus, dejando al descubierto un suelo desprovisto de su constituyente vivo: las consecuencias de este proceso de degradación del suelo, por talas y deforestaciones, son inevitables y se manifiestan de pronto por un aumento drástico en la intensidad de erosión, producto de la pérdida irreversible de la capacidad de retención y almacenamiento de las aguas por parte del suelo. Claramente, este peligro de degradación es aún mayor en el caso de suelos instalados sobre pendientes fuertes, donde la violencia de la erosión puede alcanzar fácilmente dimensiones fatales y ésta es una de las razones más importantes por las cuales los bosques del Avila y de la Silla han sido declarados intocables por medio de la creación del Parque Nacional "El Avila".

Los suelos de sabana, finalmente, son en su mayoría suelos lateríticos, pertenecientes al orden de los Oxisoles; estos suelos constituyen el resultado de una degradación pedológica en acción desde, probablemente, muchos siglos. Según VARESCHI (1955, 1967) una gran parte de las sabanas que hoy en día cubren las faldas inferiores de las montañas alrededor de Caracas, deben su existencia y extensión actual a intervenciones humanas (tala, fuego), probablemente ya desde los tiempos de la primera colonización del Valle de Caracas por los aborígenes. Se trata de suelos generalmente ácidos, con fertilidad muy baja, contenido de humus insignificante y de textura franco-arenosa o franco-arcillosa, que, a veces, puede ser caracterizada por un gran porcentaje de material pedregoso o arenoso grueso. Son suelos expuestos a la erosión ya que la capa herbácea instalada sobre ellos en las laderas no logra retener, de manera eficaz, el agua de lluvias, el cual en gran parte escurre superficialmente debido a la baja capacidad de retención hídrica propia de este tipo de suelo. Para solucionar estos graves problemas de control de erosión es necesario ejecutar una acertada acción de reforestación de estas áreas, con el fin de fijar e incorporar todos los estratos del suelo en un proceso pedogenético equilibrado y estable a largo plazo.

3. *Clima*

Desde aquel histórico día 2 de enero de 1800, en el cual el barón von HUMBOLDT realizó su ascensión al Pico Oriental de la Silla y efectuó allí las primeras mediciones meteorológicas, sólo pocas otras personas han repetido este tipo de observaciones en las cumbres del Avila, de la Silla o del Naiguatá. Entre éstas cabe mencionar a JAHN (en los años 1884-1885), ARISTEGUIETA y RAMIA (en enero de 1952) y a VARESCHI (en los años 1951-1955).

Por eso, si bien es cierto que el clima del Valle de Caracas puede ser considerado como el mejor estudiado en todo el territorio de Venezuela, también hay que recordar que sólo se dispone de datos fragmentarios sobre el clima de las montañas que rodean dicho valle por el norte. Sin embargo, actualmente ya se cuenta con algunas estaciones meteorológicas en funcionamiento, ubicadas en la cumbre del Cerro Avila a 2.125 m s.n.m., en el Centro Recreativo "Los Venados" a 1.513 m s.n.m., en el sitio llamado "Chacaíto" (Quebrada Chacaíto) a 1.205 m s.n.m. y en el sitio denominado "Subida Pico Avila" (en la Quebrada Tocomé arriba de El Marqués) a 1.250 m s.n.m.

Para los fines del presente libro es suficiente caracterizar de manera general los tipos de clima vigentes en las faldas y cumbres de las montañas del Avila, de la Silla y del Naiguatá. Al lector interesado en conocer más en detalle los diferentes factores climáticos de Caracas y sus alrededores se le recomienda el estudio del "Atlas climatológico e hidrológico de la cuenca hidrográfica del Valle de Caracas" (ALVAREZ y colaboradores, 1968) y de la profunda monografía sobre la cuenca del río Tuy (ZAMBRANO, 1970).

En ecología vegetal, para caracterizar un tipo climático, se utiliza con gran éxito el climadiagrama según WALTER. En este diagrama se representa la precipitación media mensual (PMM) y la temperatura media mensual (TMM) de manera tal que 20 mm de lluvia corresponden a 10° C.

Cuando la curva de la PMM se halla por debajo de la curva de la TMM, se está en presencia de un período árido, en el cual la disponibilidad hídrica para la vegetación es deficitaria. El climadiagrama permite entonces reconocer fácilmente si una determinada localidad está sujeta a un régimen climático más o menos árido o pluvioso. En las figuras 1, 2 y 3 están representados los climadiagramas correspondientes a San José del Avila (999 m s.n.m., al pie del Avila), Subida Pico Avila (1.250 m s.n.m., al pie de la Silla) y Hotel Humboldt (2.129 m s.n.m., en la cumbre del Cerro Avila).

Siguiendo la clasificación de tipos climáticos en base a climadiagramas propuesta por WALTER y MEDINA (1971) para Venezuela, se ve que el clima vigente en San José, al pie del Cerro Avila (Fig. 1) pertenece, claramente, al tipo macroclimático dominante en todo el Valle de Caracas: es decir, un clima biestacional constituido por una época de sequía pronunciada durante los primeros meses del año (fines de diciembre hasta abril) y una época con precipitaciones relativamente elevadas durante el resto del año (tipo climático G: climas de montaña, subgrupo G_3 según WALTER y MEDINA). En el próximo climadiagrama, relativo al sitio "Subida Pico Avila" (Fig. 2), se puede notar una época de sequía limitada a los meses febrero-abril y una mayor cantidad de precipitaciones durante el resto del año; esto se debe principalmente al hecho que la parte nor-oriental de la ciudad de Caracas y las montañas adyacentes están sujetas a un macroclima sensiblemente más húmedo (ALVAREZ y col., 1968).

Finalmente, el tercer climadiagrama (Fig. 3) muestra las condiciones atmosféricas vigentes en la cumbre del Cerro Avila (Hotel Humboldt, 2.129 m s.n.m.), donde se puede apreciar fácilmente que aquí el período de sequía está reducido a apenas 2 meses (enero-febrero) y que la intensidad del mismo es también poco pronunciada. También en este caso el tipo climático corresponde al grupo G_3 de la clasificación de WALTER y MEDINA (1971), aunque ya se pueden reconocer ciertas afinidades con el tipo climático G_1 propio de estaciones de montañas altas.

En estas regiones elevadas de la Cordillera de la Costa, denominadas por PITTIER "Tierra templada" o "Piso meso-macrotérmico", deben tenerse en cuenta, además, las frecuentes nieblas y formaciones nubosas, que mantienen niveles elevados de humedad en el aire, durante muchas horas del día y del año. Se ve favorecido así el crecimiento de bosques densos y ricos en especies, como lo son los diferentes tipos de selva nublada. Estas formaciones de neblina son debidas, principalmente, a masas de aire cálido y húmedo, traídas por los vientos alisios desde el mar, las cuales, al subir las laderas montañosas de la Cordillera de la Costa, sufren un rápido enfriamiento y por ende condensación, la cual finalmente se manifiesta en la típica faja de nubes a altitudes bien definidas (nieblas orográficas).

Esta faja de neblinas está ubicada, en las vertientes norte del Avila, de la Silla y del Naiguatá, entre los 1.200-2.000/2.200 m s.n.m., mientras que en el lado sur su extensión generalmente se desarrolla desde los 1.700/1.800 m hacia arriba. Por esta razón las selvas nubladas de la vertiente norte son mucho más extendidas en sentido altitudinal y empiezan ya a los 1.100/1.200 m s.n.m., en tanto que en el lado sur no aparecen sino a partir de los 1.700/1.800 m s.n.m.

La temperatura media anual, segundo factor ecoclimático en importancia, varía desde los 21° C en el Valle de Caracas a los 13° C en la cumbre del Cerro Avila y los 10° C en el Pico de Naiguatá a 2.750 m s.n.m. (temperaturas calculadas según RÖHL, 1951). La oscilación media diaria de la temperatura ha sido calculada por ZAMBRANO para la Cordillera de la Costa Central (ZAMBRANO, 1970): ella señala, para una altura de 2.750 m s.n.m., una oscilación media diaria de ± 7° C. Esto significa que en la cumbre del Naiguatá (2.765 m s.n.m.) no deberían manifestarse heladas, ya que la temperatura mínima bajaría sólo a 3° C. Sin embargo, es posible que en pequeñas depresiones cerca de la cumbre se formen "bolsones" de aire frío, en los cuales la temperatura

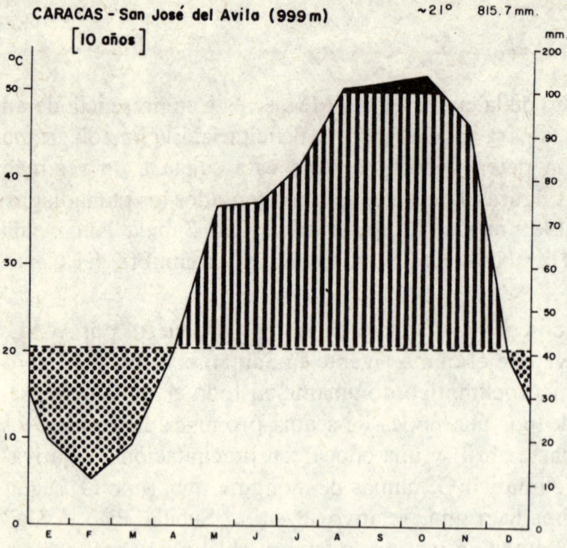

Fig. 1: Climadiagrama de la Estación "San José del Avila". (999 m s.n.m.)

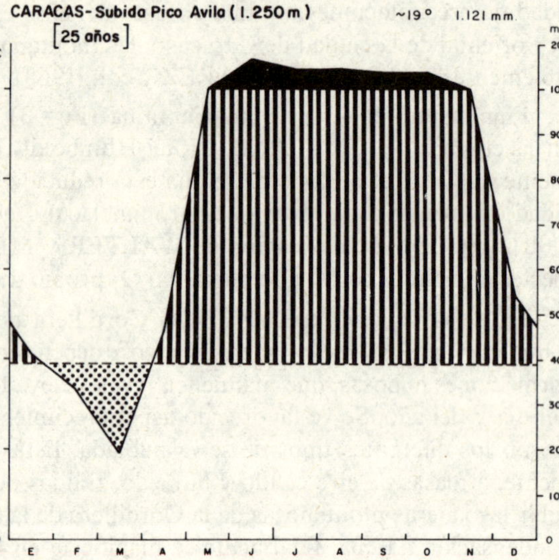

Fig. 2: Climadiagrama de la Estación "Subida Pico Avila". (1.250 m s.n.m.)

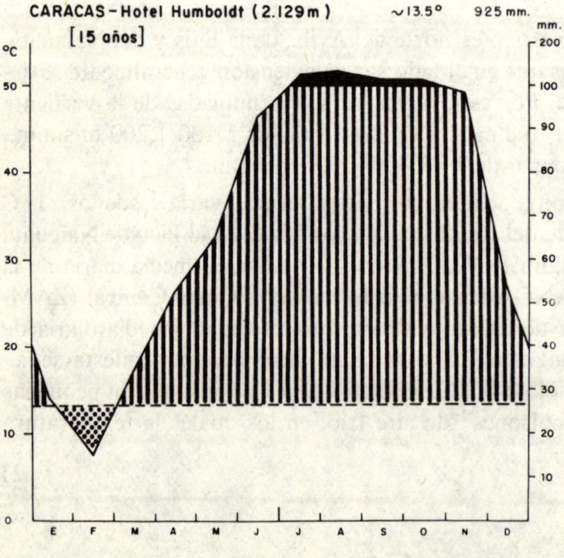

Fig. 3: Climadiagrama de la Estación "Hotel Humboldt". (2.129 m s.n.m.)

puede llegar muy cerca al punto 0; pero parece ser muy poco probable que dichas temperaturas bajas ejercen una influencia decisiva sobre la vida vegetal de estas regiones.

Los otros factores climáticos como humedad, evaporación, viento, radiación, etc., son aún prácticamente desconocidos en sus fluctuaciones diarias y anuales en las regiones altas de la Cordillera de la Costa. Sin duda alguna la radiación solar debe ser muy fuerte debido a la altitud, lo que implica una evaporación igualmente pronunciada durante el tiempo despejado. También los vientos deben jugar un papel importante, sea por su influencia directa sobre la humedad del aire y la evaporación, como también por la fuerza con la cual deforman las copas de los arbustos vivientes en las laderas expuestas.

CAPITULO III

LAS FORMACIONES VEGETALES

Mirando desde el Valle de Caracas hacia las montañas del Avila y de la Silla o del Naiguatá, puede observarse fácilmente la existencia de diferentes tipos de vegetación dispuestos principalmente en fajas horizontales sobre las vertientes empinadas. Así se pueden notar en las laderas inferiores amplias extensiones abiertas, pobladas por una vegetación baja de tipo sabanero o arbustivo, a las cuales sigue hacia arriba una faja de bosques más o menos densos, la cual alcanza su límite superior entre los 2.000-2.200 m s.n.m. Finalmente en las regiones más elevadas la vegetación vuelve a ser arbustiva, pudiendo también apreciarse áreas formadas por rocas desnudas, aparentemente sin vegetación alguna.

Sin embargo, ya durante el cómodo paseo desde la cumbre del Avila hacia el Centro de Recreación "Los Venados" podemos notar la presencia de varios tipos de bosque, y si continuamos nuestro paseo hasta llegar a la autopista de la Avenida Boyacá (Cota Mil), podemos también darnos cuenta fácilmente de las variaciones en la vegetación herbácea y arbustiva en correspondencia con las diferentes alturas y exposiciones topográficas de la vertiente.

En realidad existe en estas montañas una notable variedad ecológica, debida a las múltiples interacciones ambientales por un lado y a la influencia humana ejercida desde hace muchos años por el otro, la cual se evidencia por toda una serie de diferentes tipos de vegetación que a su vez están constituidos por una flora particularmente rica y variada, que se halla descrita en la segunda parte de este libro. En este capítulo trataremos de dar una breve reseña de los tipos de vegetación existentes en las vertientes sur del Avila, de la Silla y del Naiguatá; las laderas expuestas hacia el mar (norte) están aún escasamente investigadas desde el punto de vista ecológico, razón por la cual se ha decidido no incluirlas en el presente capítulo. Esta reseña se basa en los resultados de las investigaciones ecológicas efectuadas por VARESCHI (1951a, 1951b, 1953, 1955 y 1968), ARISTEGUIETA & RAMIA (1951), BARUCH (1970), PANNIER (1952) y por los autores del presente libro en numerosas excursiones.

Los principales tipos de vegetación en las vertientes meridionales del Avila, de la Silla y del Naiguatá son (subiendo desde el Valle de Caracas hacia las cumbres):

1. Las sabanas.
2. Las selvas de galería (selvas de quebrada).
3. La selva veranera o tropófila.
4. La selva de transición.
5. La selva nublada.
6. El subpáramo.
7. La vegetación secundaria.

Es de notar que la selva veranera (tropófila) y la vegetación secundaria ocupan, hoy en día, areales extrazonales, es decir, su distribución no corresponde, en la mayoría de los casos, a la faja altitudinal propia de ellas, ya que su distribución actual es el resultado de las intervenciones, más o menos acentuadas, del hombre sobre la vegetación original. Por eso se enumera el tipo de vegetación secundaria en el último lugar ya que puede ser encontrado en cada uno de los otros tipos de vegetación zonal.

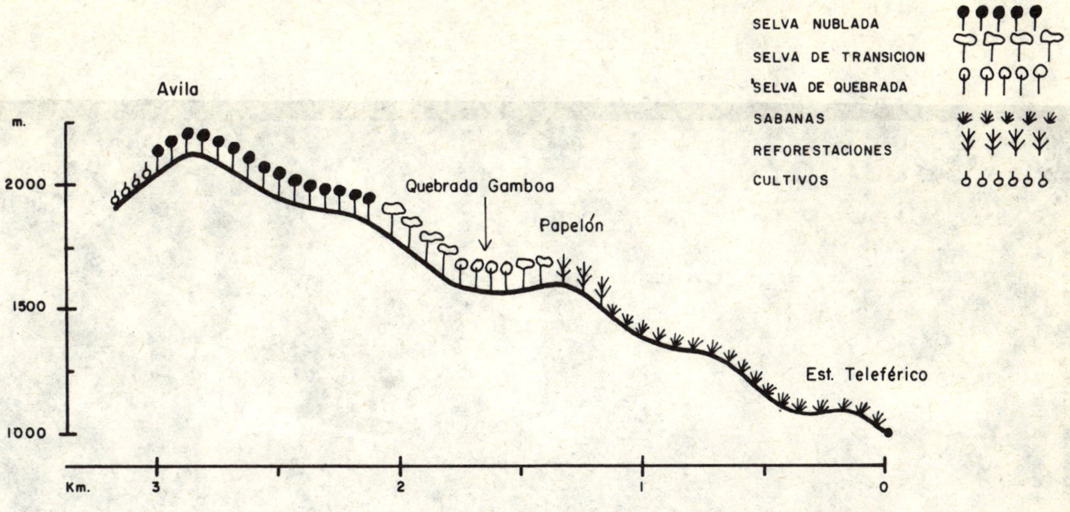

Fig. 4: Transecto de vegetación a lo largo del trayecto del teleférico Maripérez-Hotel Humboldt (cumbre del Avila). (Escala 1:25.000)

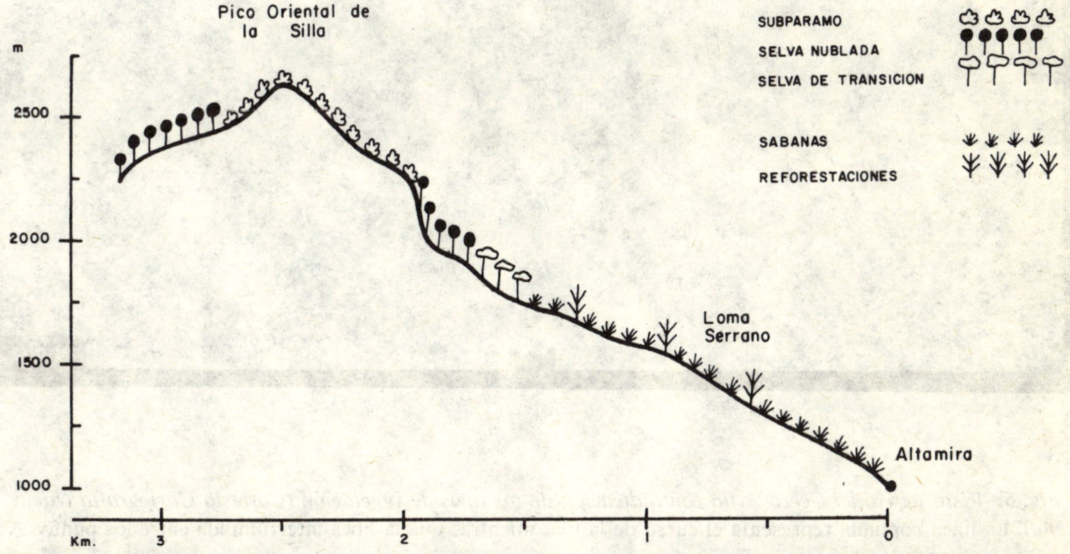

Fig. 5: Transecto de vegetación a lo largo del trayecto Altamira-Pico Oriental de la Silla. (Escala 1:25.000)

Fig. 6: Vista aérea del Cerro Avila con indicación de los tipos de vegetación (Cortesía Cartografía Nacional). La línea continua representa el curso de la fila, mientras que la línea interrumpida entre los puntos A y B corresponde al transecto de la Fig. 4.
Abreviaturas: B. = Boquerón; B.T. = Boca de Tigre; E.T. = Estación Teleférico; F.A. = Fila del Avila; G.M. = Guayabo Mocho; H.H. = Hotel Humboldt; L.V. = Los Venados.

Fig. 7: Vista aérea de la Silla de Caracas con indicación de los tipos de vegetación (Cortesía Cartografía Nacional).
La línea continua representa el curso de la fila, mientras que la línea interrumpida entre los puntos C y D corresponde al transecto de la Fig. 5.
Abreviaturas: A.S. = Asiento de la Silla; P. oc. = Pico occidental; P. or. = Pico oriental.

1. *Las sabanas*

Hoy en día las sabanas cubren un 30 a 50 por 100 de la superficie de las laderas meridionales del Avila, de la Silla y del Naiguatá y son estas áreas abiertas las que permiten observar en toda su majestuosidad el impresionante piedemonte de estas montañas con su sinnúmero de quebradas, estribos y filas.

En su detallado estudio de estas sabanas VARESCHI (1968) nos informa sobre el origen antrópico de este tipo de vegetación en el Valle de Caracas, debido a las primeras colonizaciones por los aborígenes durante el período entre 0 y 1000 años D.C. Al momento de la llegada de los españoles al Valle de Caracas ya existían amplias áreas de sabana (PIMENTEL, 1577, citado en JAHN, 1934) y el proceso de su expansión ha seguido hasta los últimos años, cuando, con la creación del Parque Nacional "El Avila" en 1958, fue instaurado un riguroso control de la invasión humana y de los incendios de tales áreas.

Debido al largo período de existencia de sabanas en esta región se pueden distinguir hoy en día tres tipos de ellas, de los cuales sólo el primer tipo representa una comunidad vegetal estable y bien desarrollada durante muchos siglos, así que, éste hoy en día, puede ser considerado una *sabana primaria* (o no inducida por el hombre actual), mientras que los últimos dos son claramente sabanas adventicias, o mejor llamadas *sabanas secundarias,* cuyos componentes vegetales principales han sido introducidos en Venezuela durante época muy reciente y que ocupan preferiblemente terrenos despojados de su vegetación natural. He aquí los tres tipos de sabana: (según VARESCHI, 1968):

Sabana primaria:	1. *Axonopetum pulchri*
Sabanas secundarias:	2. *Panicetum maximi* ("Gamelotal")
	3. *Melinetum minutiflorae* ("Pasto melado")

De los tres el *Melinetum* es sin duda alguna el más abundante en toda la región, en la cual puede llegar hasta los 1.700 m s.n.m. y se está expandiendo a medida que aumentan las nuevas áreas urbanizadas en los alrededores de Caracas. El *Panicetum* se encuentra mejor desarrollado en las regiones más bajas, entre los 900 y 1.500 m de altura s.n.m., mientras el *Axonopetum* ocupa preferiblemente áreas expuestas y secas sobre estribos y colinas del piedemonte.

VARESCHI cita para el *Axonopetum* un número total de 101 especies en 25 familias de plantas superiores, para el *Melinetum* 109 especies en 29 familias y para el *Panicetum* 73 especies en 16 familias.

Las especies más características de estos tres tipos de sabanas están indicados en la tabla 1.

Además de las sabanas propiamente dichas, constituidas por un estrato herbáceo ecológicamente dominante, que puede alcanzar una altura de 1,5 m en el caso del *Panicetum* y cuya densidad varía mucho entre un tipo de sabana y otro en función de las condiciones ambientales, existen áreas extensas de sabanas mezcladas con arbustos invasores. En realidad se pueden observar en estas faldas montañosas bajas todas las etapas de reconstitución de un bosque secundario: las especies pioneras más agresivas son la "tara amarilla" *(Oyedaea verbesinoides* DC.), los "copeyes" *(Clusia minor* L. y *Clusia rosea* L.) y varias especies de melastomatáceas, las cuales, a menudo, dan lugar a una vegetación baja arbustiva bastante densa y difícil de penetrar.

2. *Las selvas de galería*

La fuerza destructiva de la candela, principal responsable de la instalación de vegetación de sabana en lugar del bosque primario, normalmente no logra penetrar en las quebradas, en las cuales

Tabla 1: Especies más frecuentes y características de los tres tipos de sabana en el Valle de Caracas (según VARESCHI, 1968; las especies están elencadas alfabéticamente según familias).

Especie	Familia	Forma biológica
AXONOPETUM PULCHRI		
Heliotropium angiospermum	Boraginaceae	Sufrútice
Chaptalia runcinata	Compositae	Hierba perenne arrosetada
Eupatorium amygdalinum	Compositae	Hierba perenne
Eupatorium iresinoides	Compositae	Sufrútice
Ichthyothere terminalis	Compositae	Hierba perenne
Orthopappus angustifolius	Compositae	Hierba perenne
Oyedaea verbesinoides	Compositae	Arbusto/arbolito
Pterocaulon virgatum	Compositae	Geófita
Verbesina caracasana	Compositae	Arbusto
Evolvulus sericeus	Convolvulaceae	Hierba
Bulbostylis paradoxa	Cyperaceae	Caulirósula
Scleria hirtella	Cyperaceae	Fasciculmo perenne
Andropogon selloanus	Gramineae	Fasciculmo perenne
Axonopus pulcher	Gramineae	Fasciculmo perenne
Paspalum humboldtianum	Gramineae	Caespiticulmo perenne
Sporobolus cubensis	Gramineae	Fasciculmo perenne
Sporobolus pyramidatus	Gramineae	Fasciculmo perenne
Thrasya petrosa	Gramineae	Fasciculmo perenne
Trachypogon ligularis	Gramineae	Fasciculmo perenne
Trachypogon montufari	Gramineae	Fasciculmo perenne
Hypericum silenoides	Guttiferae	Sufrútice
Sisyrinchium micranthum	Iridaceae	Geófita
Hyptis brachiata	Labiatae	Sufrútice
Byrsonima crassifolia	Malpighiaceae	Arbusto
Miconia albicans	Melastomataceae	Arbusto
Miconia ciliata	Melastomataceae	Arbusto
Miconia rubiginosa	Melastomataceae	Arbusto
Psidium guajava	Myrtaceae	Arbusto
Bletia lansbergii	Orchidaceae	Geófita
Aeschynomene americana	Papilionaceae	Sufrútice
Bowdichia virgilioides	Papilionaceae	Arbusto
Phaseolus gracilis	Papilionaceae	Hierba perenne
Stylosanthes tuberculata	Papilionaceae	Sufrútice

Especie	Familia	Forma biológica
Polygala fendleri	Polygalaceae	Hierba anual
Polygala longicaulis	Polygalaceae	Hierba anual
Roupala montana	Proteaceae	Arbusto
Borreria verticillata	Rubiaceae	Hierba perenne
Coccocypselum lanceolatum	Rubiaceae	Hierba perenne
Declieuxia fruticosa	Rubiaceae	Sufrútice
Sipanea hispida	Rubiaceae	Hierba anual
MELINETUM MINUTIFLORAE		
Cassia patellaria	Caesalpiniaceae	Hierba anual
Achyrocline satureioides	Compositae	Hierba perenne
Achyrocline vargasiana	Compositae	Hierba perenne
Clibadium surinamense	Compositae	Sufrútice
Elephantopus mollis	Compositae	Hierba perenne
Eupatorium ballotaefolium	Compositae	Hierba perenne
Eupatorium odoratum	Compositae	Arbusto
Evolvulus alsinoides	Convolvulaceae	Hierba anual
Dichromena ciliata	Cyperaceae	Caespiticulmo perenne
Scleria hirtella	Cyperaceae	Fasciculmo perenne
Phyllanthus lathyroides	Euphorbiaceae	Hierba anual
Schultesia lisianthoides	Gentianaceae	Hierba perenne
Andropogon condensatus	Gramineae	Fasciculmo perenne
Melinis minutiflora	Gramineae	Fasciculmo perenne
Trachypogon ligularis	Gramineae	Fasciculmo perenne
Clusia minor	Guttiferae	Arbusto/arbolito
Hyptis brachiata	Labiatae	Sufrútice
Hyptis mutabilis	Labiatae	Sufrútice
Sida glomerata	Malvaceae	Arbusto
Sida urens	Malvaceae	Sufrútice
Clidemia ciliata	Melastomataceae	Arbusto
Miconia albicans	Melastomataceae	Arbusto
Tibouchina longifolia	Melastomataceae	Arbusto
Mimosa pudica	Mimosaceae	Frútice
Psidium guineense	Myrtaceae	Arbusto
Aeschynomene brasiliana	Papilionaceae	Hierba anual
Clitoria rubiginosa	Papilionaceae	Sufrútice trepador
Desmodium barbatum	Papilionaceae	Hierba anual
Desmodium canum	Papilionaceae	Sufrútice trepador

Especie	Familia	Forma biológica
Indigofera suffruticosa	Papilionaceae	Sufrútice
Stylosanthes guyanensis	Papilionaceae	Hierba anual
Polygala caracasana	Polygalaceae	Hierba perenne
Borreria capitata	Rubiaceae	Sufrútice
Diodia apiculata	Rubiaceae	Hierba perenne
Waltheria americana	Sterculiaceae	Sufrútice
Lantana camara	Verbenaceae	Sufrútice
PANICETUM MAXIMI		
Heliotropium angiospermum	Boraginaceae	Sufrútice
Cassia patellaria	Caesalpiniaceae	Hierba anual
Emilia coccinea	Compositae	Hierba anual
Eupatorium odoratum	Compositae	Arbusto
Psila trinervis	Compositae	Sufrútice
Sclerocarpus coffeacolus	Compositae	Sufrútice
Ipomoea ochracea	Convolvulaceae	Sufrútice trepador
Phyllanthus lathyroides	Euphorbiaceae	Hierba anual
Schultesia lisianthoides	Gentianaceae	Hierba perenne
Panicum maximum	Gramineae	Fasciculmo perenne
Sida glomerata	Malvaceae	Arbusto
Sida spinosa	Malvaceae	Sufrútice
Desmanthus virgatus	Mimosaceae	Arbusto
Aeschynomene americana	Papilionaceae	Sufrútice
Dalea barbata	Papilionaceae	Sufrútice
Desmodium canum	Papilionaceae	Sufrútice trepador
Phaseolus linearis	Papilionaceae	Trepadora perenne
Teramnus uncinatus	Papilionaceae	Sufrútice trepador
Polygala caracasana	Polygalaceae	Hierba perenne
Borreria laevis	Rubiaceae	Sufrútice
Diodia apiculata	Rubiaceae	Hierba perenne
Capraria biflora	Scrophulariaceae	Sufrútice
Melochia pyramidata	Sterculiaceae	Sufrútice
Lantana camara	Verbenaceae	Sufrútice

las condiciones atmosféricas más húmedas se oponen a la penetración del fuego y el mayor verdor de la vegetación durante la época de sequía no constituye alimento favorable para las llamas. Por esa razón, y por las mejores condiciones hídricas y nutricionales del suelo, se encuentra en todas las quebradas y depresiones un tipo de bosque denso y alto denominado *selva de galería residual* por tratarse de bosques relictos de la vegetación forestal original ampliamente distribuida antes de la intervención humana.

Dichos bosques de galería acompañan el curso de los ríos en todas las quebradas mayores que descienden desde las partes altas de las montañas hacia el fondo del valle, de manera que, especies vegetales propias de las regiones más elevadas pueden también encontrar condiciones favorables para su crecimiento a niveles altitudinales mucho más bajos en el interior de estos bosques de quebrada. La composición florística es, por lo tanto marcadamente heterogénea y presenta normalmente muchos elementos de diferentes fajas vegetacionales altitudinales. Según VARESCHI (1953) los árboles más característicos en las selvas de galería de las faldas meridionales de la Silla y del Naiguatá son *Ruagea pubescens* (Meliaceae) y varias especies de Mirtáceas; pero en muchos casos estas especies han sido eliminadas por el hombre, el cual ha introducido en su lugar varias especies de *Inga* ("guamo") para sombra en los cafetales. Los estratos herbáceos y arbustivos son generalmente densamente desarrollados y también la sinusia de las epífitas y de las trepadoras está bien representada por un elevado número de especies y de individuos.

La mayoría de los caminos existentes en las faldas meridionales del Avila, de la Silla y del Pico de Naiguatá se desarrollan a lo largo de filas y estribos y sólo raramente bordean el curso de un río en una quebrada: por esta razón la exploración botánica de estos bosques de quebrada es todavía incompleta y se puede esperar encontrar en ellos un buen número de especies aún no registradas para la región al intensificarse las recolecciones botánicas; asimismo sería interesante conocer más en detalle la penetración de elementos florísticos de selva nublada y de subpáramo en regiones inferiores a lo largo de dichos bosques de galería, que actúan como verdaderos "canales de distribución" entre las diferentes fajas altitudinales.

3. *La selva veranera (tropófila)*

La selva *veranera* (o *selva tropófila*) está caracterizada por presentar un alto porcentaje (generalmente el 50-60 por 100) de las especies arbóreas decíduas (o sea que estas especies pierden su follaje por un período más o menos prolongado durante la época de sequía). Por lo tanto, este tipo de bosque es fácilmente reconocible durante los meses de enero a abril/mayo por su aspecto aparentemente muerto, debido a la coloración grisácea de las copas y ramas sin hojas. Sin embargo, en el estrato arbustivo permanecen algunas especies siempreverdes y pocos días después de las primeras lluvias ya se puede apreciar el desarrollo vigoroso del nuevo follaje en todos los niveles del bosque.

Originariamente este tipo de bosque debe haber ocupado áreas mucho más extensas en las regiones bajas del Avila, de la Silla y del Naiguatá; si hoy en día su distribución está limitada principalmente a las faldas inferiores occidentales del Avila en los alrededores de la Quebrada Tacagua y a las colinas bajas al sur de la ciudad (p. ej. colinas de San Agustín, Colinas de Bello Monte y Santa Mónica), esto se debe casi seguramente a la acción del fuego, la cual ha inducido en la mayoría de los casos la lenta sustitución de estos bosques secos por sabanas. Sin embargo, se pueden observar en áreas protegidas del fuego varios estadios de reconstitución de bosques secundarios, además de los terrenos reforestados con especies exóticas, como por ejemplo *Eucalyptus* sp.

En las selvas tropófilas predominan especies pertenecientes a las familias de las Leguminosas, Myrtáceas, Bignoniáceas, Meliáceas, Rubiáceas y varias otras más cuyos representantes arbóreos pueden alcanzar alturas hasta 15-20 m, caracterizados, muchas veces, por copas de forma triangular. El estrato arbustivo es, por lo general, denso y difícil de penetrar por la abundancia de enredaderas y arbustos espinosos, entre los cuales no faltan, a menudo, varias especies de cardones. Sin embargo, durante la época de lluvia aparecen un gran número de hierbas y frútices anuales, de los cuales muchos exhiben flores llamativas y confieren un aspecto casi exuberante a este tipo de bosque.

4. *La selva de transición*

Bajo este nombre se incluyen en la presente descripción aquellos bosques que ocupan una estrecha faja de transición entre las selvas tropófilas por un lado y las selvas ombrófilas propiamente dichas por el otro; se trata de bosques más o menos intervenidos por el hombre, quien durante muchos años ha utilizado principalmente este tipo de vegetación para el cultivo del café. En el edificio principal del Centro Recreativo "Los Venados" pueden observarse aún las máquinas utilizadas para el tratamiento de los granos de café; las plantaciones pertenecientes a esta antigua hacienda se hallaban en los bosques que la rodean hasta una altura de 1.800-1.850 m s.n.m., límite inferior de la selva nublada en este sector de la montaña del Avila.

A pesar de que el cultivo del café en toda la región del Avila haya sido abandonado ya desde hace muchos años, se pueden observar todavía en el sotobosque de este tipo de vegetación, grandes colonias de matas de café *(Coffea arabica* L.), fácilmente reconocibles por sus numerosas flores blancas. También en este caso han sido introducidas varias especies de "guamo" *(Inga* sp.) para sombra, que se encuentran hoy en día entremezclados con los otros árboles originarios y dominantes de este tipo de bosque (p. ej. *Ficus* sp., *Guarea kunthiana,* el "salado" *Guapira ferruginea,* el "canalete" *Zinowiewia australis, Heliocarpus americanus, Turpinia heterophylla* y muchos otros más). Un reducido porcentaje de árboles manifiesta claramente ritmos vegetativos correlacionados con el período de sequía, bien sea con respecto al cambio del follaje y/o con respecto al período de floración y fructificación, que en este caso suele coincidir con el final de la época de sequía y el comienzo de la estación lluviosa.

El estrato arbustivo es más bien denso pero, por lo general, no regularmente distribuido debido a las condiciones variables de luminosidad en el interior del bosque. Entre el gran número de especies que constituyen el estrato arbustivo y herbáceo de este tipo de vegetación se nombran aquí apenas dos por ser muy conocidas y características, o sea el "yaguero" *(Panopsis suaveolens* y *Roupala grossedentata)* con sus inflorescencias muy fragantes y el "Santa María" *(Meriania longifolia)* con sus bellísimas y muy numerosas flores de color purpúreo-morado. En sitios más claros pueden encontrarse colonias casi puras de *Panicum glutinosum,* una gramínea que forma verdaderas "alfombras" en el estrato herbáceo de la selva de transición.

En términos generales puede decirse que la selva de transición ocupa, en las vertientes meridionales del Avila y de la Silla, altitudes comprendidas entre 1.600 y 1.800 m s.n.m. Sin embargo, los límites inferiores y superiores de esta formación son sumamente fluctuantes y por lo tanto muy difícilmente identificables debido, en parte, a la topografía accidentada, pero también al hecho de que la misma composición florística de estos bosques de transición es muy heterogénea porque está constituida principalmente por elementos pertenecientes a las formaciones vegetales adyacentes.

5. *La selva nublada*

La presencia más o menos frecuente y constante de una densa capa de nieblas en la región situada entre los 1.750/1.850 y 2.000/2.200 m s.n.m. del lado sur de las montañas del Avila, de la Silla y del Naiguatá favorece la existencia de una formación vegetal muy característica de todas las montañas elevadas de Venezuela: la selva nublada. Este tipo de selva se encuentra sea en el sector central de la Cordillera de la Costa (Avila, Silla, Naiguatá, Colonia Tovar, Rancho Grande), como en las prolongaciones orientales de dicho sistema montañoso (Cerro Patao y Cerro Humo en la Península de Paria, Cerro Turumiquire), o también en los Andes en el occidente del país, donde estos bosques alcanzan su mayor extensión.

Afortunadamente los bosques nublados son, hoy en día, los bosques mejor conservados en el Avila, circunstancia ésta debida probablemente a la poca accesibilidad y a la seguridad relativa de incendios forestales por su microclima netamente perhúmedo durante la mayor parte del año. Las magníficas selvas que se atraviesan bajando del Hotel Humboldt o del Teleférico hacia "Papelón" o hacia "Los Venados" nos dan, en la región superior, una impresionante demostración de la exuberancia y riqueza vegetal que puede alcanzar la naturaleza en condiciones de desarrollo óptimo y no perturbado. VARESCHI, sobre la base de sus estudios comparativos de las selvas tropicales de América y de Asia, llega a la conclusión que la selva nublada tropical representa quizás la formación vegetal con el más alto grado de complejidad y diversidad en el mundo vegetal entero, y por esta razón la clasifica como "vegetación óptima" (VARESCHI 1968, 1972).

La selva nublada del Avila es fácilmente reconocible por la abundancia de palmas que crecen especialmente en el estrato arbóreo medio. Entre éstas se pueden citar como las más comunes: *Catoblastus praemorsus* ("palma prapa"), *Geonoma pinnatifrons* ("caña molinilla") y la majestuosa "palma bendita" *(Ceroxylon klopstockia)* de la parte más elevada de la selva. La riqueza en especies, sinusias y biotipos alcanza en este bosque su mayor expresión, ya que la sequía, factor limitante tan decisivo en los tipos de vegetación de altitudes inferiores, juega aquí un papel secundario a consecuencia de la alta frecuencia de nubes y neblina, que mantienen un meso- y microclima perhúmedo en los alrededores y en el interior del bosque mismo.

Las copas de los árboles son, generalmente, de forma irregular y no muy extendidas; una excepción la constituyen las copas densas y muy características del "pino" *(Podocarpus pittieri* y *Podocarpus oleifolius* var. *macrostachya),* muy frecuente en la selva nublada del Avila y que representa el único género de Coníferas autóctono en Venezuela. Otro árbol sumamente típico en estas selvas es el "copey" *(Clusia multiflora)* que puede llegar a dominar en el estrato arbóreo como en el caso de la parte superior de selva nublada en las faldas meridionales de la Silla y del Naiguatá ("selva de *Clusia"* según VARESCHI 1955).

Las epífitas (Orquídeas, Bromelias, etc.) son abundantes en las ramas superiores y copas de los árboles, mientras que las lianas y bejucos son mucho más escasos en la selva nublada no perturbada. Sólo cuando se haya abierto un claro en el bosque (sea por mano del hombre, o por causas naturales como por ejemplo la caída de un árbol grande), entonces se desarrolla dentro de muy poco tiempo un denso manto de vegetación trepadora, constituido casi exclusivamente por "bambusillo" *(Arthrostylidium venezuelae)* y que en algunos casos puede alcanzar las partes inferiores de las copas de los árboles circundantes. Si, además, se ha producido algún incendio en el área abierta, entonces se asiste a una invasión violenta de un helecho muy agresivo, cosmopolita por cierto, que es el *Pteridium caudatum.* Sin embargo, deforestaciones de mayor extensión, observables por ejemplo a lo largo del camino entre los sitios denominados "Boquerón" y "Lagunazo" en el ascenso desde el Hotel Humboldt al Pico Occidental de la Silla, y que se habían producido por un incendio de dimensiones catastróficas hace unos 10 ó 15 años, significan la pérdida completa del bosque por un período muy largo, toda vez que el helechal que subentra después de la quema, no ayuda en nada en la reconstitución del bosque originario por las especies propias del mismo.

6. *El subpáramo*

Pocas personas en Caracas saben que apenas a una hora de camino desde el Hotel Humboldt en el Avila se encuentra un tipo de vegetación muy relacionado con los famosos páramos de los Andes: se trata del subpáramo arbustivo que se desarrolla en todas las regiones de la Silla y del Naiguatá por encima de los 2.200/2.300 m de altitud s.n.m. Aunque no haya presencia, en estos subpáramos, de los "frailejones" (las plantas tan características de los páramos andinos) sí encontramos un número significativo de géneros y especies que indican un parentesco con la flora de los páramos de los Andes. El mismo género *Espeletia,* al cual pertenecen las diferentes especies de frailejones andinos, tiene un representante en los subpáramos de la Silla y del Naiguatá, *Espeletia neriifolia,* que muestra, sin embargo, el aspecto de un arbusto en vez del acostumbrado hábito de planta lanuginosa con hojas arrosetadas en el ápice del tallo (caulirósula).

Por esas razones florísticas y además por estar localizado en una altitud relativamente baja, en la cual el régimen climático no presenta aún oscilaciones diarias extremas (características de los páramos propiamente dichos), se le asigna a este tipo de vegetación de la faja superior de la Silla y del Naiguatá el nombre de *subpáramo,* de acuerdo con la clasificación de CUATRECASAS para la vegetación altoandina.

La existencia de estos subpáramos, aislados por más de 400 km de distancia en línea recta del área de los páramos propiamente dichos en los Andes de Venezuela y que por lo tanto constituyen el límite más oriental de dicho tipo de vegetación, ha llamado fuertemente la atención de todos los naturalistas que han subido a aquellas regiones: el primero en ocuparse de este problema fitogeográfico ha sido el barón von HUMBOLDT, quien ascendió a la Silla junto con su compañero BONPLAND el día 2 de enero de 1800. Desde entonces se han publicado varios trabajos y estudios sobre aquella vegetación; entre los más recientes pueden recomendarse los de ARISTEGUIETA y RAMIA (1951), BARUCH (1970) y de VARESCHI (1953, 1955), que contienen descripciones detalladas sobre la ecología vegetal y fitosociología de esta región.

Según VARESCHI no cabe duda que la distribución actual de los subpáramos, en las regiones altas de la Silla y del Naiguatá, haya resultado de una intervención humana relativamente intensa en épocas no muy remotas. Sus estudios detallados de la dinámica y sucesión de la vegetación, junto con los resultados de análisis de polen en las turberas de la cumbre del Pico de Naiguatá, evidencian que, originariamente, el tipo de vegetación de subpáramo propiamente dicho estaba limitado claramente a las cumbres rocosas y cuestas más abiertas; sucesivamente intervenciones antrópicas, efectuadas posiblemente por los aborígenes, causaron la sustitución de la vegetación silvestre en las áreas adyacentes a dichas cumbres por la del subpáramo, favorecida, acaso, por un concomitante proceso de resecamiento climático (VARESCHI, 1955). La abundante presencia en el subpáramo de algunas especies invasoras ampliamente distribuidas (como p. ej. el "hayuelo" *Dodonea viscosa*) y de otras especies pertenecientes a formaciones netamente silvestres (como p. ej. *Weinmannia* sp., "copeyes" *Clusia* sp., o *Didymopanax glabratus*) corroboran fuertemente dicha hipótesis (CLEEF, comunicación personal 1977). Los subpáramos representan, por lo tanto, en la región por arriba de los 2.200/2.300 m de la Silla y del Naiguatá, un tipo de vegetación relativamente reciente e inmaduro, que se encuentra en plena fase de desarrollo y evolución hacia comunidades estables y más específicamente seleccionadas (VARESCHI, 1955).

En otra sección del presente libro (véase pág. 39) están indicadas las especies del subpáramo de origen andino o cuya distribución en Venezuela está limitada a las regiones altas de los Andes y de la Cordillera de la Costa.

Los subpáramos de la Silla y del Naiguatá están constituidos por una vegetación arbustiva de densidad y altura variable según las condiciones edáficas y topográficas locales. La especie dominante en estos matorrales es, sin duda, el "incienso" *(Espeletia (Libanothamnus) neriifolia)* que en sitios protegidos puede alcanzar alturas de 6 metros. Otra planta muy llamativa y bien conocida es la "rosa del Avila" *(Befaria glauca)*, que en el subpáramo se presenta como arbusto bajo, pero que puede penetrar también en la selva nublada, donde no es raro encontrarla en forma de arbolito. Un pariente cercano, también llamado "rosa del Avila" *(Befaria ledifolia)* tiene flores de color rojo muy intenso y está únicamente presente en el subpáramo.

En la parte más elevada del Pico de Naiguatá coexisten, al lado del subpáramo típicamente arbustivo, unas comunidades herbáceas reducidas en extensión, que ocupan depresiones con suelos muy ácidos y que evidencian la existencia de una sucesión ecológica en relación a la humedad del suelo: así se encuentran, en sitios pantanosos, verdaderas turberas con el musgo *Sphagnum magellanicum* y hacia las áreas más secas, comunidades herbáceas con gramíneas (p. ej. *Agrostis humboldtiana)*, Ciperáceas *(Rhynchospora flexuosa)* y finalmente "bambusillo" *(Chusquea spencei, Aulonemia subpectinata)*, que juega también un papel muy importante en el subpáramo arbustivo (VARESCHI, 1955).

7. *La vegetación secundaria*

Como ya ha sido mencionado al principio del presente capítulo la vegetación secundaria debe ser considerada un tipo de vegetación azonal, o sea no específicamente ligada a una determinada faja altitudinal; se trata más bien de comunidades vegetales muchas veces homogéneas en su composición florística, pero siempre integradas por plantas agresivas y al mismo tiempo poco exigentes desde el punto de vista ecológico.

En las sabanas fuertemente intervenidas se instalan otras especies gramíneas invasoras que, a menudo, han sido introducidas en Venezuela desde otras áreas geográficas. Tal es el caso del "capim melado" *(Melinis minutiflora)*, proveniente del Trópico africano, y del "gamelote" *(Panicum maximum)* de igual origen, que hoy en día han conquistado extensas áreas en las faldas inferiores del Avila, de la Silla y del Naiguatá, constituyendo dos tipos de sabana adventicia ya bien adaptadas a las condiciones ambientales del Valle de Caracas (VARESCHI, 1968).

Otros tipos de vegetación secundaria están constituidos por las áreas reforestadas durante las últimas décadas: las especies más utilizadas para tales fines han sido los "eucaliptos" *(Eucalyptus* div. sp.), los "pinos de Australia" *(Casuarina equisetifolia)*, los diferentes "pinos" *(Pinus* div. sp., *Cupressus* div. sp.), las "grevileas" (*Grevillea robusta*) y varias otras especies, casi siempre exóticas. Se espera que hoy en día las autoridades competentes y responsables para la reforestación de las áreas despobladas tomen más en consideración las numerosas y excelentes especies arbóreas autóctonas, que sin duda son las mejor adaptadas, no solamente para una plantación forestal sino también para la paulatina reconstitución de toda una comunidad vegetal harmónicamente desarrollada, que a largo plazo constituye la solución más válida de los agudos problemas de control de erosión, abastecimiento hídrico en cuencas, etc. Todos los visitantes del Parque Nacional "El Avila" pueden darse cuenta personalmente de las nefastas consecuencias obtenidas por medio de monocultivos de *Eucalyptus* sp. en los alrededores del Puesto de Recreación "La Zamurera" o bajando desde "El Papelón" hacia Caracas: hoy en día estos bosques estériles, sin renovación espontánea, constituyen verdaderos "desiertos biológicos" y el día que haya caído el último árbol en estas plantaciones, se habrá llegado otra vez al punto de partida de la necesidad de reforestar un área despoblada, pero con la gran desventaja que, mientras tanto, el suelo ha sido tan deteriorado que será sumamente difícil la plantación de nuevas especies.

El helechal, constituido casi exclusivamente por *Pteridium caudatum,* se encuentra en todas las áreas quemadas, desde la región de las sabanas hasta el subpáramo, donde frecuentemente está asociado con varias especies de "bambusillo".

Este helecho cosmopolita puede formar colonias muy densas, a veces hasta 2 ó 3 metros de alto, y en algunos casos se pueden ver individuos trepadores por medio de las pinas laterales. Los ejemplares jóvenes de esta especie tienen un aspecto curioso en el momento de desarrollo de la primera pina y recuerdan un báculo pastoral. El helechal constituye la primera fase de repoblación de terrenos fuertemente degradados por la acción del fuego y es particularmente persistente en las regiones más elevadas de selva nublada y de subpáramo. De los gruesos rizomas subterráneos rebrotan continuamente nuevos individuos, de manera que semillas de otras especies encuentran condiciones de germinación muy desfavorables a causa de la fuerte competencia interespecífica.

Finalmente, cabe mencionar entre la vegetación secundaria a las extensas plantaciones de hortalizas y plantas ornamentales, instaladas en la región superior de la vertiente norte del Avila desde hace muchos años por los habitantes del pueblo de San José de Galipán. Se trata, casi exclusivamente, de especies exóticas introducidas en Venezuela ya durante la época de la colonia y cultivadas desde entonces con buen éxito en algunas áreas de tierra templada, como por ejemplo en Galipán, en la Colonia Tovar o en varios sitios de los Andes. En otra sección del presente libro (pág. 44) el lector puede encontrar una lista con las especies cultivadas más comunes y reportadas para el área de la montaña del Avila.

CAPITULO IV

RELACIONES FITOGEOGRAFICAS

La flora del Avila, la Silla y del Naiguatá es altamente diversificada. El análisis de las muchas especies de árboles, arbustos, trepadoras, hierbas, orquídeas y de otras plantas terrestres o epífitas, revela relaciones muy interesantes con las floras de otras partes de Venezuela, al igual que con las floras de otros países. Aunque la mayoría de las especies presentan generalmente una distribución geográfica bastante amplia en Venezuela y regiones circundantes, existe un número considerable de otras especies estrechamente relacionadas con áreas fitogeográficas bien definidas. Podemos agrupar estas plantas en las siguientes categorías:

1. *Especies endémicas*

A través de aislamiento geográfico y evolución local desde tiempos geológicos más antiguos, se ha originado, en las laderas del Avila, de la Silla y del Naiguatá, cierto número de especies con distribución aparentemente restringida a este sector de la Cordillera de la Costa. Estos elementos endémicos están representados por las siguientes especies:

Connarus steyermarkii (Connaraceae)
Croizatia naiguatensis (Euphorbiaceae)
Henriettella manarae (Melastomataceae)
Anaectocalyx manarae (Melastomataceae)
Heisteria olivae (Olacaceae)
Linociera avilensis (Oleaceae)
Bulbophyllum manarae (Orchidaceae)
Piper naiguatanum (Piperaceae)
Licania subrotundata (Rosaceae)
Psychotria avilensis (Rubiaceae)
Chiococca naiguatensis (Rubiaceae)
Paullinia manarae (Sapindaceae)
Paullinia naiguatensis (Sapindaceae)
Paullinia toxicodendroides (Sapindaceae)
Calceolaria macropoda (Scrophulariaceae)

2. *Especies relacionadas con la Cordillera de la Costa*

Muchas de las especies de la flora del Avila se encuentran frecuentemente también en otras partes de la Cordillera de la Costa, pero no en los Andes. Las siguientes especies pertenecen a este grupo:

Didymopanax glabratus (Araliaceae)
Anemopaegma grandifolium (Bignoniaceae)
Gyranthera caribensis (Bombacaceae)
Caracasia tremadena (Marcgraviaceae)
Henriettella tovarensis (Melastomataceae)
Miconia funckii (Melastomataceae)

Lepanthes elaeanorae (Orchidaceae)
Catoblastus praemorsus (Palmae)
Cinchona henleana (Rubiaceae)
Ladenbergia moritziana (Rubiaceae)
Qualea calophylla (Vochysiaceae)

Debemos, también, llamar la atención sobre la interesante relación existente entre la flora de la vertiente norte del Cerro de Naiguatá y la flora del Parque Nacional "Henri Pittier" (Rancho Grande) en el Edo. Aragua. Muchas especies, particularmente de selva nublada, son comunes a ambas zonas, pero no se encuentran en la vertiente sur del Avila, de la Silla y del Naiguatá. Además, muchas especies previamente conocidas en el país sólo del Parque Nacional "Henri Pittier", han sido encontradas recientemente en la ladera norte de la Silla y del Naiguatá. Esto es debido a la falta de colecciones previas en estas regiones y a medida que éstas sean exploradas con más detalles, un número siempre mayor de especies resultará ser común para ambas áreas.

3. *Especies relacionadas con la flora andina*

El elemento andino más característico encontrado en la flora del Avila, de la Silla y del Naiguatá es el "incienso" *(Espeletia (Libanothamnus) neriifolia).* Todas las otras especies pertenecientes al género *Espeletia,* los famosos "frailejones" andinos, están distribuidos sólo en la Cordillera de los Andes desde el norte del Ecuador hasta Colombia y Venezuela; por lo tanto el Pico de Naiguatá y la Silla constituyen el límite más oriental de este género. Otra especie de afinidad principalmente andina, presente en la flora del Avila, es la "quina" *(Cinchona pubescens)* de las Rubiaceae.

A continuación se enumeran las restantes especies relacionadas con la flora andina y que crecen prevalentemente en los subpáramos de la Silla y del Pico de Naiguatá:

Ilex myricoides (Aquifoliaceae)
Tillandsia denudata (Bromeliaceae)
Achyrocline flavida (Compositae)
Stevia lucida (Compositae)
Verbesina laevifolia (Compositae)
Orthrosanthus chimboracensis var. *acorifolius* (Iridaceae)
Juncus effusus (Juncaceae)
Gardoquia discolor (Labiatae)
Lepechinia bullata (Labiatae)
Excremis coarctata (Liliaceae)
Rapanea dependens (Myrsinaceae)
Podocarpus harmsianus (Podocarpaceae; en selva nublada)
Acaena cylindrostachya (Rosaceae)

4. *Afinidades con la flora guayanesa y amazónica*

Un elemento interesante, aunque raro, de la flora del Avila, de la Silla y del Naiguatá se encuentra dentro de las pocas especies cuyo rango de distribución se extiende básicamente en la Amazonia o la Guayana en el sur de Venezuela. Un ejemplo de este grupo de especies es *Graffenrieda weddellii* de la familia Melastomataceae. Fuera de su existencia aislada en las laderas superiores de la vertiente norte del Cerro Naiguatá a 1.600 m de altura s.n.m., ésta se conoce en Venezuela sólo en lugares bajos en el Edo. Bolívar y en el Territorio Federal Amazonas. *Graffenrieda weddellii* parece ser una especie relicto, ahora aislada en el Cerro Naiguatá, donde se ha mantenido desde un período geológico anterior cuando, evidentemente, tenía una distribución geográfica mucho más amplia y continua en el país.

5. *Afinidades con la flora de las Antillas, América Central y México*

Un número discreto de especies encontradas en la flora del Avila, de la Silla y del Naiguatá tienen su centro de distribución geográfica en países situados al norte de Venezuela (en América central, México y en las islas de las Antillas), y alcanzan su límite sur en la Cordillera de la Costa o en algún otro punto del norte de Venezuela. Como ejemplo de este tipo de distribución se pueden mencionar las siguientes especies: las bromelias *Aechmea fendleri, Aechmea paniculigera, Tillandsia caribaea* y *Tillandsia utriculata*; la "parcha" *(Passiflora coriacea)* y la Rubiacea "peo" *(Tobagoa maleolens).*

Contraste entre las floras de la vertiente norte y la vertiente sur de las montañas del Avila, de la Silla y del Naiguatá

Cualquiera que haya caminado por las vertientes norte y sur de las montañas del Avila, de la Silla y del Naiguatá habrá notado, con toda seguridad, un buen número de diferencias en la apariencia general de la flora. Por ejemplo, la vertiente norte del Cerro Naiguatá que da hacia el mar, es más húmeda y está sujeta a una mayor precipitación anual que las vertientes que miran hacia Caracas, de manera que no es sorprendente encontrar especies diferentes en cada una de las dos laderas de estas montañas. En la actualidad se conocen al menos 220 especies que se encuentran solamente en las laderas septentrionales de las montañas del Avila, de la Silla y del Naiguatá, por arriba de los 900 m de altura s.n.m., y que no se han reportado en la vertiente sur. En la siguiente lista están enumeradas tales especies, ordenadas alfabéticamente por familias:

ACANTHACEAE
Justicia leptophylla
Justicia lindaviana

AMARANTHACEAE
Pleuropetalum sprucei

ANNONACEAE
Annona inconformis
Guatteria saffordiana

APOCYNACEAE
Aspidosperma polyneuron
Lacmellea costanensis
Mandevilla bella
Mandevilla moritziana
Peltastes manarae
Prestonia acutifolia
Prestonia morilloi
Stemmadenia grandiflora
Stenosolen heterophylla

ARACEAE
Anthurium cartilagineum
Anthurium costatum
Anthurium lilacinum
Caladium smaragdinum
Dieffenbachia seguine
Monstera adansoni
Monstera henri-pittieri
Monstera rosea
Philodendron aristeguietae
Philodendron inaequilatere
Philodendron pinnatifidum
Rhodospatha moritziana
Spathiphyllum lanceaefolium
Syngonium vellozianum

ASCLEPIADACEAE
Cynanchum beatricis
Marsdenia beatricis
Marsdenia manarae
Marsdenia naiguatensis
Matelea costanensis

BEGONIACEAE
Begonia fagopyroides
Begonia glabra
Begonia humilis
Begonia kunthiana

BIGNONIACEAE
Arrabidaea florida

BOMBACACEAE
Gyranthera caribensis
Pachira insignis

BORAGINACEAE
Tournefortia foetidissima

BROMELIACEAE
Aechmea paniculigera
Billbergia manarae
Catopsis nutans
Guzmania lingulata
Guzmania monostachia
Guzmania sanguinea
Hohenbergia stellata
Tillandsia anceps
Tillandsia bulbosa
Tillandsia flexuosa
Tillandsia tetrantha var. aurantiaca

CACTACEAE
Wittia amazonica

CAMPANULACEAE
Isotoma longiflora

CAPPARACEAE
Cleome pilosa

CELASTRACEAE
Maytenus guianensis

COMMELINACEAE
Gibasis geniculata

COMPOSITAE
Centratherum muticum
Eupatorium naiguatensis
Mikania banisterae
Pseudogynoxys benthamiana
Wedelia ambigens

CONNARACEAE
Connarus steyermarkii

CONVOLVULACEAE
Dicranostyles costanensis
Ipomoea mirandina
Merremia tuberosa

CUCURBITACEAE
Cayaponia selysioides
Gurania spinulosa
Psiguria triphylla

CYCLANTHACEAE
Asplundia spectabilis
Cyclanthus bipartitus

CYPERACEAE
Scleria arundinacea
Scleria secans

ERYTHROXYLACEAE
Erythroxylon gracilipes

EUPHORBIACEAE
Croizatia naiguatensis
Dalechampia dioscoriifolia
Tetrorchidium rubrivenium

FLACOURTIACEAE
Ryania speciosa var. stipularis

GENTIANACEAE
Leiphaimos aphylla
Lisianthus chelonoides

GESNERIACEAE
Besleria labiosa
Columnea scandens var. fendleri
Drymonia spectabilis
Episcia glabra
Nautilocalyx villosus

GRAMINEAE
Olyra latifolia

GUTTIFERAE
Chrysochlamys membranacea
Clusia articulata subsp. mirandensis
Oedematopus mirandensis
Rheedia brasiliensis

HELECHOS
Asplenium clausseni
Asplenium oligophyllum
Cyathea speciosa
Hemidictyum marginatum
Ophioglossum reticulatum
Polypodium dissimile
Vittaria graminifolia

HIPPOCRATEACEAE
Salacia pittieriana
Tontelea coriacea

LAURACEAE
Aniba gigantifolia

LEGUMINOSAE
Brownea longipedunculata
Canavalia brasiliensis
Inga darienensis
Lonchocarpus pentaphyllus
Mucuna altissima
Swartzia arborescens
Swartzia pinnata
Vigna vexillata

LILIACEAE
Smilax papyracea

LOGANIACEAE
Strychnos bredemeyeri

LORANTHACEAE
Phoradendron bilineatum
Phoradendron perrottetii

LYTHRACEAE
Cuphea epilobiifolia var. venezuelensis

MALPIGHIACEAE
Mascagnia ovatifolia

MARANTACEAE
Calathea casupito
Calathea lutea

MELASTOMATACEAE
Clidemia ampla
Graffenrieda weddellii
Henriettella manarae
Miconia funckii
Miconia lacera
Miconia macrodon
Miconia racemosa
Miconia sancti-philippi
Miconia spinulosa
Miconia virescens

MELIACEAE
Trichilia brachystachya
Trichilia pallida

MENISPERMACEAE
Abuta aristeguietae
Abuta longa
Hyperbaena domingensis

MONIMIACEAE
Siparuna stellulata var. manarae

MORACEAE
Dorstenia colombiana
Ficus citrifolia
Ficus pertusa
Poulsenia armata

MUSACEAE
Heliconia acuminata
Heliconia aurea
Heliconia caribaea
Heliconia costanensis
Heliconia revoluta

MYRSINACEAE
Cybianthus fendleri

MYRTACEAE
Eugenia albida
Eugenia ejensis
Eugenia octopleura
Gomidesia bonnettiasylvestris
Myrcia fallax
Myrcia guianensis
Plinia sp.

ORCHIDACEAE
Bulbophyllum manarae
Cycnoches chlorochilon
Epidendrum ciliare
Epidendrum cochleatum
Epidendrum nocturnum
Epidendrum teretifolium
Erythrodes major
Gongora quinquenervis
Lepanthopsis astrophora
Maxillaria ramosa
Pleurothallis hemirhoda
Pleurothallis loranthophylla
Pleurothallis pruinosa
Polystachya foliosa
Stelis porpax
Xylobium variegatum

OLACACEAE
Heisteria olivae

PALMAE
Bactris setulosa
Chamaedorea pinnatifrons
Desmoncus polyacanthos
Geonoma simplicifrons
Geonoma spinescens

PASSIFLORACEAE
Passiflora coriacea

PHYTOLACCACEAE
Ledenbergia seguiereoides

PIPERACEAE
Peperomia alata
Peperomia glabella
Peperomia magnoliaefolia
Peperomia petrophila
Piper glabrescens var. venezuelense
Pothomorphe umbellata

POLYGONACEAE
Coccoloba acuminata
Triplaris caracasana

RUBIACEAE
Bathysa pittieri
Chiococca naiguatensis
Coutarea hexandra
Faramea occidentalis var. meridionalis
Gonzalagunia dicocca subsp. venezuelensis
Guettarda frondosa
Isertia haenkeana var. mirandensis
Palicourea fendleri
Psychotria anceps
Psychotria araguana
Psychotria calciphila
Psychotria costularia
Psychotria hyalina
Psychotria racemosa
Psychotria sanmartensis var. costanensis
Tresanthera condaminoides

SAPINDACEAE
Cardiospermum grandifolium
Paullinia cauliflora
Paullinia livescens
Paullinia manarae
Paullinia naiguatensis
Paullinia toxicodendroides
Serjania rhombea
Talisia morilloi

SAPOTACEAE
Neoxythece pallida

SOLANACEAE
Cestrum racemosum
Solanum argenteum
Solanum asperrimum

SYMPLOCACEAE
Symplocos martinicensis

THEOPHRASTACEAE
Clavija nobilis

URTICACEAE
Phenax sonneratii
Pilea crugeriana
Pilea pubescens

VERBENACEAE
Aegiphila fendleri
Aegiphila quinduensis
Petrea aspera

VIOLACEAE
Rinorea oraria

VOCHYSIACEAE
Qualea calophylla

ZINGIBERACEAE
Renealmia nicolaioides
Zingiber officinale

Número total de especies exclusivas de las vertientes septentrionales de las montañas del Avila, de la Silla y del Naiguatá: 221.

Plantas introducidas y/o cultivadas en las montañas del Avila, de la Silla y del Naiguatá

En la siguiente lista están indicadas las plantas que han sido introducidas en Venezuela por el hombre y que se encuentran cultivadas o naturalizadas en la Flora del Avila, la Silla y Naiguatá. Estas especies son elencadas según el orden alfabético de las familias a las cuales pertenecen.

FAMILIA/ESPECIE	REGION DE ORIGEN
ACANTHACEAE	
Graptophyllum pictum	Nueva Guinea
Thunbergia alata	Africa tropical
ANACARDIACEAE	
Mangifera indica "mango"	India
ANNONACEAE	
Annona cherimola "chirimoya", "chirimorriñón"	Andes de Sur-América
Annona muricata "guanábano"	América tropical, probablemente Antillas
ASCLEPIADACEAE	
Gomphocarpus fruticosus "algodón de jardín" "bolas de toro"	Africa
BALSAMINACEAE	
Impatiens sultanii "coqueta", "niña bonita"	Africa
BIGNONIACEAE	
Jacaranda mimosifolia "guarupa"	Argentina
BORAGINACEAE	
Cynoglossum amabile "no me olvides"	China
Myosotis azorica "no me olvides"	Islas Canarias, Azores, Egipto

FAMILIA/ESPECIE	REGION DE ORIGEN
CAMPANULACEAE	
Isotoma longiflora	Antillas
CAPRIFOLIACEAE	
Lonicera japonica "madreselva"	Asia oriental
CARYOPHYLLACEAE	
Dianthus caryophyllus "clavel"	Eurasia
Stellaria media	Cosmopol., Europa
CASUARINACEAE	
Casuarina equisetifolia "pino de Australia"	Asia tropical, Australia
CHENOPODIACEAE	
Chenopodium ambrosioides "pasote"	América tropical
COMMELINACEAE	
Zebrina pendula "suelda con suelda"	América central
COMPOSITAE	
Achillea millefolium "nido de amor"	Eurasia
Aster pilosus "princesa"	América del Norte
Chrysanthemum maximum "margarita"	Europa
Chrysanthemum parthenium "santa maría"	Europa
Dahlia variabilis "dalia"	México, América Central
Emilia coccinea	Asia, Africa
Helichrysum bracteatum "botón de oro"	Australia
Lapsana communis	Europa y Asia
Matricaria chamomilla "manzanilla extranjera"	Europa y Asia
Pseudogynoxis benthamii	Brasil, Paraguay
Sonchus asper	Europa
Sonchus oleraceus "cerraja"	Europa
Taraxacum officinale "diente de león"	Europa (cosmopolita)
CONVOLVULACEAE	
Ipomoea batatas	México
Ipomoea nil	México
CRASSULACEAE	
Kalanchoe daigremontiana	Madagascar
Kalanchoe pinnata	Madagascar

FAMILIA/ESPECIE	REGION DE ORIGEN
CRUCIFERAE	
Brassica juncea "mostaza"	Asia
Coronopus didymus	Europa
Lepidium virginicum	América del Norte
Sisymbrium officinale	Europa
CUCURBITACEAE	
Cucumis melo "melón"	Asia y Africa tropical
Momordica charantia	Paleotropical
CUPRESSACEAE	
Cupressus arizonica "pino"	América del Norte
Cupressus lusitanica "pino"	México
CYPERACEAE	
Cyperus alternifolius "paraguito"	Africa
DIOSCOREACEAE	
Dioscorea alata "ñame"	Asia, Antillas
EUPHORBIACEAE	
Euphorbia peplus	Europa
Ricinus communis "Tártago"	Africa o India
GRAMINEAE	
Avena sativa	Europa
Briza maxima	Eurasia templada
Briza minor	Eurasia templada
Chloris gayana	Africa
Eleusine indica	Pantropical
Festuca dertonensis	Europa
Hackelochloa granularis	Pantropical
Hyparrhenia hirta	Africa y Mediterráneo
Hyparrhenia rufa "yaraguá"	Africa tropical
Lolium multiflorum	Eurasia
Lolium temulentum	Eurasia
Melinis minutiflora "capím melado"	Africa tropical
Oplismenus burmanni	Pantropical
Panicum maximum "guinea", "gamelote"	Africa
Pennisetum purpureum	Africa
Poa annua	Eurasia

FAMILIA/ESPECIE	REGION DE ORIGEN
Rhynchelytrum roseum "paja voladora", "serrana roja"	Paleotrópicos
Setaria palmifolia	Asia suroriental
Setaria verticillata	Eurasia y Africa
Sorghum vulgare "millo"	probablemente Africa tropical
Sporobolus poiretii	Neotrópicos
Stenotaphrum secundatum	Neotrópicos
IRIDACEAE	
Belamcanda chinensis	Asia
Gladiolus hortulanus (híbrido cultivado)	Especies originales de Sur-Africa
Iris confusa	Japón, China
LABIATAE	
Leonurus sibiricus "mastranto morado"	Eurasia
Rosmarinus officinalis "romero"	Mediterráneo
LAURACEAE	
Persea americana "aguacate"	México, América Central
LEGUMINOSAE (CAESALPINIOIDEAE)	
Delonix regia "flamboyán"	Madagascar
LEGUMINOSAE (MIMOSOIDEAE)	
Acacia decurrens var. *mollissima*	Australia, Tasmania
Mimosa bracaatinga	Brasil
LEGUMINOSAE (PAPILIONOIDEAE)	
Cajanus cajan	Paleotrópico
Lablab purpureus	Africa tropical
Phaseolus lunatus	América tropical
Trifolium repens "trébol"	Eurasia
Vicia sativa "arveja"	Europa
LILIACEAE	
Agapanthus orientalis "lirio africano"	Africa del Sur
MALVACEAE	
Abutilon striatum var. *thompsonii*	América Central
MALIACEAE	
Melia azedarach	Asia
Swietenia mahogani "caobo"	Santo Domingo

FAMILIA/ESPECIE	REGION DE ORIGEN
MORACEAE	
Morus alba	Asia oriental
MYOPORACEAE	
Bontia daphnoides	Antillas
MYRTACEAE	
Eucalyptus spp. "eucalipto"	Australia
Melaleuca leucadendron "melaleuca"	Australia
Syzygium jambos	Indias Orientales
NYCTAGINACEAE	
Bougainvillea glabra "trinitaria"	Brasil
Bougainvillea spectabilis "trinitaria"	Brasil
Mirabilis jalapa	México
ONAGRACEAE	
Fuchsia hybrida "fusia"	Sur-América
PASSIFLORACEAE	
Passiflora edulis "parchita"	Brasil, Argentina
PIPERACEAE	
Peperomia argyreia	Brasil
POLYGONACEAE	
Antigonon leptopus "bellísima"	México, Guatemala
Rumex acetosella	Europa
Rumex conglomeratus	Europa
PRIMULACEAE	
Anagallis arvensis forma *caerulea*	Europa
PROTEACEAE	
Grevillea robusta "grevilea"	Australia
ROSACEAE	
Duchesnea indica	Asia
Eriobotrya japonica "níspero del Japón"	China
Fragaria vesca "fresa"	Europa
RUBIACEAE	
Coffea arabica "café"	Africa
SALICACEAE	
Salix chilensis "sauce"	Parte austral de América del Sur

FAMILIA/ESPECIE	REGION DE ORIGEN
SAXIFRAGACEAE	
Hydrangea macrophylla "hortensia"	Japón
SCROPHULARIACEAE	
Veronica polita	Eurasia
SOLANACEAE	
Brugmansia suaveolens	Brasil
Cestrum diurnum	Antillas
Datura stramonium	Asia
Lycopersicon esculentum var. *cerasiforme* "tomate"	Andes
Solanum wrightii	Bolivia
UMBELLIFERAE	
Coriandrum sativum	Eurasia
VERBENACEAE	
Holmskioldia sanguinea "paraguito chino"	India, Himalaya
VIOLACEAE	
Viola odorata	Eurasia
ZINGIBERACEAE	
Hedychium coronarium "ilusión"	India, Himalaya
Hedychium gardnerianum "ilusión"	India
Zingiber officinale "gengibre"	Indias Orientales

Total plantas introducidas: 120 especies pertenecientes a 52 familias.

Subida al Topo Arvelo. Sabana con las blancas espigas de "cebadilla" y las varas floridas de la "cocuiza". (Foto: B. Manara)

Quebrada de Cotiza: sabanas secundarias y bosque de galería residual. (Foto: J. Steyermark)

Quebrada Maripérez: selva de galería entre sabanas. (Foto: B. Manara)

Interior de selva de galería. (Foto: J. Steyermark)

Refugio "No te apures". Selva de transición a 1.600 metros sobre el nivel del mar. (Foto: O. Huber)

Selva nublada, vertiente s (2.000 m), con "palma prapa *Catoblastus praemorsus*. (F to: Charles Brewer-Caria (página siguiente).

Macizo del Naiguatá, visto desde la Fila Maestra. Subpáramo. (Foto: B. Manara)

Quebrada Los Morochos (900 m), vertiente norte, con exuberante vegetación de selva nublada. (Foto: B. Manara)

Subpáramo en el camino hacia el Pico Oriental de la Silla. (Foto: O. Huber)

Subpáramo con un bosque enano de matas de "incienso" (*Espeletia neriifolia*). (Foto: B. Manara)

ensas selvas de la vertiente norte, 1.000 m sobre el nivel del mar (Foto: . Steyermark)

l Lagunazo (2.300 m), en pleno subpáramo. (Foto: B. Manara)

Vista al mar desde el Pico Occidental de la Silla (2.300 m). Al fondo: Caraballeda y Macuto. (Foto: O. Huber)

Resultado de la erosión de milenios, los Platos del Diablo, vistos desde el este, cerca de la cumbre del pico Naiguatá. (Foto: B. Manara)

Pico de Naiguatá (2.765 m), el punto más alto de la Cordillera de la Costa. (Foto: B. Manara)

Vista hacia el Este desde la cumbre del Pico de Naiguatá. (Foto: B. Manara)

Vista hacia el Oeste desde la cumbre del Pico de Naiguatá. En primer plano el Topo Galindo, en segundo plano la Silla, y a la izquierda el Valle de Caracas. (Foto: B. Manara)

Anfiteatro del Pico de Naiguatá, a 2.750 m sobre el nivel del mar. (Foto: B. Manara)

Efectos de los incendios de vegetación en los alrededores del Boquerón, 2.100 m sobre el nivel del mar. (Foto: O. Huber)

Llegue nuestro sincero reconocimiento a todos los que luchan en defensa de la Naturaleza. (Foto: B. Manara)

gonia guaduensis. (Foto: J. Steyermark)

Drymonia spectabilis. (Foto: J. Steyermark)

Philodendron grandifolium. (Foto: B. Manara)

losma benthamii
to: B. Manara)

Hymenocallis tubiflora. (Foto: J. Steyermark)

Hohenbergia stellata. (Foto: J. Steyermark)

Cobaea scandens. (Foto: J. Steyermark)

Nautilocalyx villosus. (Foto: J. Steyermark)

Calathea casupito y *Calathea lutea.* (Foto: B. Manara)

Renealmia thyrsoidea. (Foto: B. Manara)

Epidendrum secundum. (Foto: J. Steyermark)

Heliconia aurea. (Foto: B. Manara)

Guzmania sanguinea. (Foto: J. Steyermark)

Espeletia neriifolia (Foto: B. Manara)

Colonia de *Orthrosanthus chimboracensis* en subpáramo. (Foto: B. Manara)

rica microcarpa. (Foto: B. Manara)

Laplacea fruticosa. (Foto: J. Steyermark)

Aphelandra tetragona (Foto: B. Manara)

nochaetum humboldtianum. (Foto: J. Steyermark)

onia de *Lycopodium complanatum* en subpáramo. (Foto: B. Manara)

Colonia de *Schoenocaulon officinalis,* en sabana;1.300 m. (F. B. Manara)

Arcytophyllum nitidum subsp. *caracasanum.* (Foto: B. Manara)

Flores del subpáramo. (Foto: B. Manara)

Befaria glauca. (Foto: O. Huber)

Lomaria l'herminieri. (Foto: G.C.K. Dunsterville)

Oyedaea verbesinoides. (Foto: Charles Brewer-Carias)

us sp. (Foto: Charles Brewer-Carias)

eveveria bicolor. (Foto: B. Manara)

Ceroxylon klopstockia. (Foto: B. Manara)

Isertia haenkeana. (Foto: J. Steyermark)

Macfadyena unguis-cati. (Foto: J. Steyermark)

Humboldtiella ferruginea. (Foto: J. Steyermark)

Guzmania lingulata. (Foto: J. Steyermark)

Maxillaria setigera. (Foto: G.C.K. Dunsterville)

steria olivae. (Foto: B. Manara)

Monstera adansonii. (Foto: Ruth Mondolfi)

Pogonopus speciosus. (Foto: Ruth Mondolfi)

ciembre florido del subpáramo. (Foto: B. Manara)

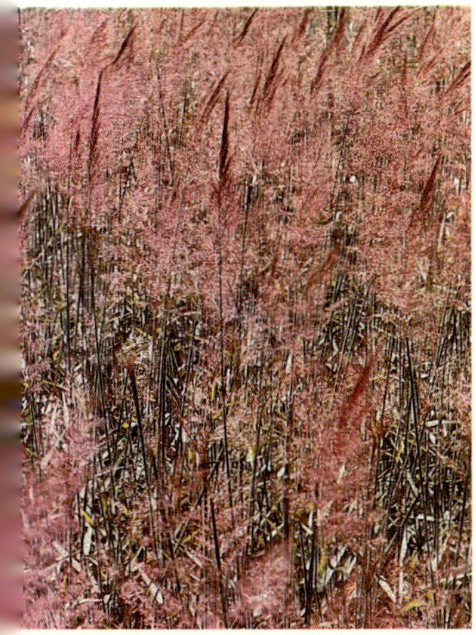

inis minutiflora. (Foto: Charles Brewer- Carias)

Homalium racemosum. (Foto: J. Steyermark)

Centrogenium roseo-album.(F. Charles Brewer-Carias)

Amphitecna latifolia. (Foto: Ruth Mondolfi)

Clusia minor. (Ruth Mondolfi)

Petrea aspera. (Foto: J. Steyermark)

Helecho arborescente (*Cyathea caracasana*). (Foto: B. Manara)

Columnea scandens var. *fendleri.* (Foto: J. Steyermark)

Guzmania monostachia. (Foto: J. Steyermark)

Urera baccifera. (Foto: B. Manara)

PARTE SISTEMATICA
(FLORISTICA)

RESUMEN FLORISTICO

Puesto que la flora del Avila, de la Silla y del Naiguatá ha sido coleccionada por botánicos y aficionados desde los tiempos de HUMBOLDT y BONPLAND, será una sorpresa para el lector el saber que aún en la actualidad su flora es relativamente poco conocida. Esto es debido, principalmente, al hecho que sólo una pequeña parte de estas montañas ha sido explorada. La mayor parte de la vertiente norte y especialmente del Cerro Naiguatá permanecen botánicamente inexploradas hasta el momento. También las quebradas más grandes ubicadas en el extremo oriental del Parque Nacional "El Avila" en el Edo. Miranda, tales como la Quebrada Galindo, la Quebrada Caurimare, la Quebrada Báquira y la Quebrada Ayala, son desconocidas desde el punto de vista botánico. La mayoría de las colecciones botánicas efectuadas en el pasado en el Parque Nacional "El Avila" han sido realizadas a lo largo de los senderos y caminos que llevan a Los Venados, Galipán, Las Flores, Boca de Tigre, Papelón, Silla de Caracas, Pico Occidental, Lagunazo y algunos otros puntos principales. A medida que las exploraciones se extiendan a otros puntos del Avila, de la Silla y del Naiguatá, se puede predecir que un gran número de especies se añadirán a las ya conocidas para la zona. Esta idea se apoya en el hecho que en los últimos trece años colecciones realizadas por Julián STEYERMARK, por Gilberto MORILLO y por Bruno MANARA en áreas previamente inexploradas han añadido más de 200 especies a la flora.

En la actualidad se conocen y se incluyen en este trabajo 1.741 especies de plantas con semillas (gimnospermas y fanerógamas) y 151 especies de helechos (pteridofitas), lo cual hace un total de 1.892 especies de plantas superiores. El siguiente resumen, ordenado alfabéticamente por familias, géneros y especies, indica el estado actual de la flora (NOTA: sólo se han incluido en esta flora aquellas especies representadas por especímenes de herbario; aquellas que solamente han sido reportadas o mencionadas en publicacions pero sin presentar una muestra documentada de la planta, no han sido consideradas en el presente trabajo).

FAMILIA	GENEROS	ESPECIES
Acanthaceae	12	21
Actinidiaceae	1	1
Amaranthaceae	7	10
Amaryllidaceae	7	9
Anacardiaceae	5	6
Annonaceae	3	8
Apocynaceae	7	15
Aquifoliaceae	1	2
Araceae	9	33
Araliaceae	3	5
Aristolochiaceae	1	5
Asclepiadaceae	10	22
Balanophoraceae	1	1
Balsaminaceae	1	1
Begoniaceae	1	8
Berberidaceae	1	1
Bignoniaceae	15	20
Bombacaceae	4	4
Boraginaceae	4	15
Bromeliaceae	10	42
Brunelliaceae	1	1
Burmanniaceae	1	1
Burseraceae	2	2

FAMILIA	GENEROS	ESPECIES
Cactaceae	6	6
Campanulaceae	3	6
Cannaceae	1	2
Capparaceae	3	5
Caprifoliaceae	2	2
Caricaceae	1	1
Caryophyllaceae	6	6
Casuarinaceae	1	1
Celastraceae	3	5
Chenopodiaceae	1	1
Chloranthaceae	1	1
Clethraceae	1	2
Combretaceae	1	1
Commelinaceae	9	13
Compositae	66	114
Connaraceae	1	1
Convolvulaceae	8	26
Crassulaceae	2	3
Cruciferae	6	6
Cucurbitaceae	13	17
Cunoniaceae	1	4
Cupressaceae	1	2
Cyclanthaceae	2	4
Cyperaceae	10	35
Dioscoreaceae	1	5
Ebenaceae	1	1
Elaeocarpaceae	1	3
Ericaceae	9	15
Erythroxylaceae	1	5
Euphorbiaceae	19	47
Flacourtiaceae	5	11
Gentianaceae	5	8
Geraniaceae	1	1
Gesneriaceae	11	14
Gramineae	62	156
Guttiferae	7	12
Haemodoraceae	1	1
Hippocrateaceae	4	4
Hydrophyllaceae	1	1
Iridaceae	8	8
Juncaceae	1	1

FAMILIA	GENEROS	ESPECIES
Labiatae	10	20
Lauraceae	5	9
Lecythidaceae	1	1
Leguminosae	53	140
Liliaceae	4	5
Loasaceae	5	5
Loganiaceae	2	2
Loranthaceae	6	18
Lythraceae	2	3
Malpighiaceae	9	15
Malvaceae	14	33
Marantaceae	3	4
Marcgraviaceae	2	2
Melastomataceae	10	42
Meliaceae	6	10
Menispermaceae	4	5
Monimiaceae	1	1
Moraceae	8	18
Musaceae	1	7
Myoporaceae	1	1
Myricaceae	1	2
Myrsinaceae	4	7
Myrtaceae	10	21
Nyctaginaceae	5	9
Ochnaceae	1	1
Olacaceae	2	2
Oleaceae	1	1
Onagraceae	2	3
Orchidaceae	58	173
Oxalidaceae	1	5
Palmae	7	10
Passifloraceae	1	17
Phytolaccaceae	7	7
Piperaceae	3	36
Plantaginaceae	1	1
Podocarpaceae	1	3
Polemoniaceae	1	2
Polygalaceae	3	12
Polygonaceae	6	8
Portulacaceae	2	2
Primulaceae	1	1
Proteaceae	3	6

FAMILIA	GENEROS	ESPECIES
Ranunculaceae	1	1
Rhamnaceae	3	3
Rosaceae	9	11
Rubiaceae	41	77
Rutaceae	2	7
Salicaceae	1	1
Sapindaceae	8	21
Sapotaceae	3	3
Saxifragaceae	2	2
Scrophulariaceae	10	14
Simaroubaceae	1	1
Solanaceae	14	49
Staphyleaceae	2	2
Sterculiaceae	3	7
Symplocaceae	1	4
Theaceae	3	3
Theophrastaceae	1	2
Thymelaeaceae	1	2
Tiliaceae	4	4
Tovariaceae	1	1
Turneraceae	1	2
Ulmaceae	2	2
Umbelliferae	5	6
Urticaceae	6	13
Valerianaceae	1	2
Verbenaceae	11	24
Violaceae	2	3
Vitaceae	2	4
Vochysiaceae	1	1

FAMILIA		GENEROS	ESPECIES
Zingiberaceae		4	8
Zygophyllaceae		1	1
TOTAL			
Spermatophyta	138	809	1.741
Pteridophyta		52	151
TOTAL			
Spermatophyta + Pteridophyta		861	1.892

LAS 10 FAMILIAS MAS CONSPICUAS EN TODA LA FLORA SON:

1. Orchidaceae	58	173
2. Gramineae	62	156
3. Pteridophyta	52	151
4. Leguminosae	53	140
5. Compositae	66	114
6. Rubiaceae	41	77
7. Solanaceae	14	49
8. Euphorbiaceae	19	47
9. Bromeliaceae	10	42
10. Melastomataceae	10	42

Estas representan un total de 991 especies, o sea el 52 por 100 de toda la flora.

CLAVE GENERAL DE LOS GRUPOS PRINCIPALES PARA LLEGAR A LAS FAMILIAS

1. a. Plantas sin flores ni frutos, reproduciéndose por medio de un polvillo marrón o negro (esporas) . . . . GRUPO I (Helechos) (página 139)
   b. Plantas con flores o frutos, reproduciéndose por medio de semillas 2
2. a. Plantas sin hojas propiamente dichas y sin coloración verde (clorofila) GRUPO II (página 73)

2a

   b. Plantas de color verde (clorofila) y con hojas verdaderas (en algunos casos el color verde podría estar oculto por pelos o escamas de color gris o plateado) 3
3. a. Todas las hojas reducidas a pequeñas escamas de menos de 2 mm de largo GRUPO III (página 73)
   b. Todas las hojas desarrolladas y obvias, usualmente mayores de 3 mm de largo 4
4. a. Espinas presentes en alguna parte de la planta . . . GRUPO IV (página 73)
   b. Espinas ausentes 5
5. a. Plantas no terrestres (creciendo sobre árboles, arbustos, rocas u objetos arriba del suelo) . . . . GRUPO V (página 77)
   b. Plantas terrestres, creciendo en el suelo 6
6. a. Plantas herbáceas, tallos blandos no leñosos, ni trepadoras 7
   b. Plantas leñosas en la base, árboles, arbustos o trepadoras o si no, entonces rastreras 10
7. a. Hojas en la mayoría opuestas (un par en cada nudo) o casi opuestas . . . 8

7a

   b. Hojas en la mayoría alternas (una sola en cada nudo) 9

7b

   c. Todas las hojas colocadas en la base o en el extremo apical de la planta GRUPO X (página 97)

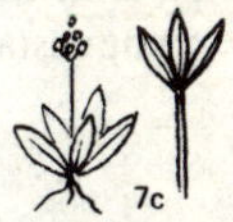
7c

8. a. Hojas no divididas hasta el nervio medio (simples) . GRUPO VI (página 79)

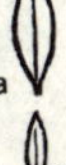
8a

   b. Hojas divididas hasta el nervio medio, las divisiones de la hoja (folíolos) completamente separadas entre sí y dispuestas a lo largo del nervio medio (hojas compuestas) . . . . GRUPO VII (página 85)

8b

9. a. Hojas no divididas hasta el nervio medio (simples) . GRUPO VIII (página 86)

9a

   b. Hojas divididas hasta el nervio medio, las divisiones de la hoja (folíolos) completamente separadas entre sí y dispuestas a lo largo del nervio medio (hojas compuestas) . . . . GRUPO IX (página 94)

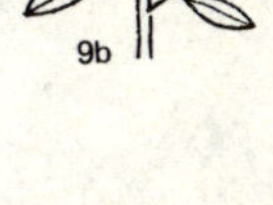
9b

10. a. Plantas trepadoras, rastreras o con tallos volubles 11

b. Arboles y arbustos o plantas leñosas por lo menos en la base 14

11. a. Hojas opuestas (un par en cada nudo) o casi opuestas 12

b. Hojas alternas (una sola en cada nudo) 13

12. a. Hojas no divididas hasta el nervio medio (simples . GRUPO XI (página 99)

12a

b. Hojas divididas hasta el nervio medio, las divisiones de la hoja (folíolos) completamente separadas entre sí y dispuestas a lo largo del nervio medio (hojas compuestas por folíolos a lo largo del raquis) . . . . GRUPO XII (página 101)

12b

13. a. Hojas no divididas hasta el nervio medio (simples) . . . . GRUPO XIII (página 101)

b. Hojas divididas hasta el nervio medio, las divisiones de la hoja (folíolos) completamente separadas entre sí y dispuestas a lo largo del nervio medio (hojas compuestas por folíolos a lo largo del raquis) . . GRUPO XIV (página 106)

14. a. Hojas opuestas (un par en cada nudo) o casi opuestas, algunas veces mezcladas con hojas alternas 15

b. Hojas alternas (una sola en cada nudo) o casi alternas, algunas veces mezcladas con hojas opuestas 16

c. Todas las hojas agrupadas en el ápice del tallo . . GRUPO XIX (página 138)

15. a. Hojas no divididas hasta el nervio medio (simples) . . . . GRUPO XV (página 107)

b. Hojas divididas hasta el nervio medio, las divisiones de la hoja (folíolos) completamente separadas entre sí y dispuestas a lo largo del nervio medio (hojas compuestas) . . . . GRUPO XVI (página 113)

16. a. Hojas no divididas hasta el nervio medio (simples) . . . . . . GRUPO XVII (página 114)

b. Hojas divididas hasta el nervio medio, las divisiones de la hoja (folíolos) completamente separadas entre sí y dispuestas a lo largo del nervio medio (hojas compuestas por folíolos a lo largo del raquis) . . . . GRUPO XVIII (página 133)

GRUPO I

HELECHOS (PLANTAS SIN FLORES NI FRUTOS, REPRODUCIENDOSE POR MEDIO DE UN POLVILLO MARRON O NEGRO (ESPORAS)

(ver página 139)

GRUPO II

PLANTAS SIN COLOR VERDE (CLOROFILA) Y SIN HOJAS VERDADERAS

1. a. Tallo amarillo-anaranjado, parecido a hilos o hebras de pelo, adherido a los tallos u hojas de otras plantas . . . . . . .CONVOLVULACEAE *(Cuscuta)*

   b. Tallo creciendo directamente del suelo, no adherido a otras plantas (hierbas terrestres) 2

2. a. El tallo grueso y duro, termina en una masa ancha, sólida y escamosa más gruesa que el tallo . . . . BALANOPHORACEAE *(Langsdorffia)*

   b. El tallo delicado y fino, no termina en una masa ancha y sólida 3

3. a. Flores amarillas, vistosas, 5-lobuladas; tallos con escamas opuestas entre sí . . . . GENTIANACEAE *(Leiphaimos)*

   b. Flores blancas, inconspicuas, 6-lobuladas; tallos con escamas alternas (una en cada nudo) . . . . BURMANNIACEAE *(Gymnosiphon)*

GRUPO III

TODAS LAS HOJAS REDUCIDAS A PEQUEÑAS ESCAMAS DE MENOS DE 2 mm DE LARGO

1. a. Plantas pequeñas de tallos no leñosos, menos de 1 m de largo . HELECHOS *(Psilotum, Lycopodium, Selaginella)*

   b. Arboles 2

2. a. Tallos con articulaciones; hojas dispuestas en círculos (verticilos) . . . . . . CASUARINACEAE

   b. Tallos sin articulaciones; hojas dispuestas en espiral u opuestas entre sí CUPRESSACEAE

GRUPO IV

ESPINAS PRESENTES EN ALGUNA PARTE DE LA PLANTA (AQUI TAMBIEN ESTAN INCLUIDAS PLANTAS CON CERDAS Y PUAS)

1. a. Espinas o púas presentes en frutos o flores 2

   b. Espinas o púas presentes en tallo, hojas o ejes que soportan a las hojas (pecíolos) 10

2. a. Todas las hojas muy angostas y muchas veces más largas que anchas . . . 3

2a

   b. Hojas diferentes a como se indica arriba 4

3. a. Hojas dispuestas alternamente sobre el tallo o todas en la base de la planta GRAMINEAE

   b. Hojas opuestas (un par en cada nudo) . . . . ASCLEPIADACEAE

4. a. Arboles altos . . . . ELAEOCARPACEAE

b. Plantas que nunca llegan a ser árboles 5

5. a. Tallos muy gruesos y carnosos, triangulares, cuadrangulares, pentagonales o hexagonales . . . . CACTACEAE

b. Tallos ni gruesos ni carnosos; tampoco 3-6 angulares 6

6. a. Hojas divididas en numerosos lóbulos muy angostos y largos semejantes a pelos . . . . UMBELLIFERAE *(Daucus)*

b. Hojas diferentes a como se indica arriba 7

7. a. Plantas trepadoras o volubles . . . . CUCURBITACEAE

b. Plantas ni trepadoras ni volubles 8

8. a. Hojas en forma de flecha o triangulares . . . . MALVACEAE *(Anoda)*

8a 

b. Hojas sin forma de flecha 9

9. a. Fruto grande, algo inflado, cubierto con púas; flores no agrupadas en una cabezuela densa, siendo cada flor una unidad solitaria y completa . . . . . . SOLANACEAE *(Datura)*

b. Fruto pequeño; flores agrupadas en una cabezuela densa, cada una consistiendo en varias hasta muchas flores pequeñas . . . . COMPOSITAE

c. Diferente a como se indica arriba, con flores pequeñas, amarillas, solitarias y completas y con fruto pequeño y no inflado . . TILIACEAE *(Triumfetta)*

10. (1.b)

a. Espinas o púas presentes solamente sobre las hojas 11

b. Espinas o púas siempre presentes sobre los tallos, troncos o ramas y también algunas veces presentes sobre el eje que soporta a la hoja (pecíolo) o sobre la hoja 13

11. a. Hojas peludas o suaves; hojas con los nervios laterales divergiendo a lo largo del nervio central . . . . SOLANACEAE *(Solanum)*

b. Hojas lisas o sin pelos, duras o gruesas; hojas cuando nervadas con todos los nervios dispuestos a lo largo de las hojas, paralelos entre sí y no partiendo del nervio medio 12

12. a. Las hojas terminan en una espina dura, rígida; hojas muy gruesas y carnosas, no se doblan ni parten fácilmente . . . . AMARYLLIDACEAE

b. Las hojas terminan en una espina suave y flexible; hojas menos gruesas y carnosas, se doblan o parten fácilmente . . . . BROMELIACEAE

13. a. Hojas divididas en varios segmentos (hojas compuestas por folíolos) . . . 14

13a

13a

b. Hojas no divididas en varios segmentos (simples) 23

13b
13b

14. a. Apice de la hoja terminando en forma de V, flecha o garfio . . . . PALMAE *(Desmoncus)*

b. Apice de la hoja sin los caracteres arriba mencionados 15

15. a. Todas las hojas nacen en el ápice de un tronco no ramificado 16

15a

15. b. Las hojas nacen en varios niveles de un tronco o tallo ramificado 17

16. a. Espinas largas, en forma de agujas; márgenes de las divisiones de las hojas (folíolos) rectos o con pocos dientes; folíolos largos y angostos, no divididos PALMAE

b. Espinas cortas, con la base gruesa o ancha; márgenes de los folíolos con numerosos dientes o cortes; folíolos con una o más divisiones . . . . HELECHOS ARBORESCENTES

17. a. Hojas con 50-100 o más divisiones (folíolos) pequeñas y angostas . . . . . . LEGUMINOSAE

b. Hojas con 3-30 folíolos medianos hasta grandes 18

18. a. Hojas con 3 folíolos solamente 19

18a

b. Hojas con 5 o más folíolos 20

18b

19. a. Márgenes de las hojas sin dientes; árboles . . LEGUMINOSAE *(Erythrina)*

19a

b. Márgenes de las hojas con dientes; arbustos o frútices . ROSACEAE *(Rubus)*

19b

c. Diferente a como se indica arriba, son plantas herbáceas (hierbas), las hojas sin dientes o casi . . . . CAPPARACEAE

20. a. Todas las divisiones (folíolos) de las hojas o los ejes que las soportan (peciólulos) naciendo del ápice del eje principal (pecíolo) que soporta a la hoja ROSACEAE *(Rubus)*

b. Todas las divisiones (folíolos) dispuestas a lo largo del eje principal (raquis) en disposición plumosa 21

20b

21. a. Hojas con olor penetrante al ser trituradas; unos puntos translúcidos se observan en las hojas cuando éstas son vistas contra la luz (usar lupa) . . . . RUTACEAE *(Zanthoxylum)*

b. Hojas sin olor penetrante al ser trituradas; sin puntos translúcidos en las hojas cuando éstas son vistas contra la luz (usar lupa) 22

22. a. Arbol con flores amarillas y con 13-25 divisiones (folíolos) en una hoja; sin apéndices en forma de espiral (zarcillos) en la inflorescencia o tallo . . . . . LEGUMINOSAE *(Geoffraea)*

b. Trepadora con flores blancas y con 7-11 divisiones (folíolos) en cada hoja; apéndices en forma de espiral (zarcillos) usualmente presentes en el tallo o en la base de la inflorescencia . . . . . . SAPINDACEAE *(Serjania mexicana)*

23. (13.b)

a. Tallos muy gruesos y carnosos con 5 ó 6 márgenes angulosos prominentes (costas) . . . . CACTACEAE

b. Tallos diferentes a como se indica arriba 24

24. a. Presencia de látex blanco o lechoso (al cortar el tallo o las hojas) 25

b. Ausencia de látex blanco o lechoso 26

25. a. Nervios laterales 8-15 en cada lado, conspicuamente extendidos y cercanos uno del otro; hojas casi tan anchas como largas o sólo ligeramente más largas que anchas . . . . EUPHORBIACEAE *(Hura)*

b. Nervios laterales 4-9 en cada lado, ascendentes y bien separados uno del otro; hojas claramente más largas que anchas MORACEAE *(Poulsenia)*

26. a. Márgenes de las hojas con dientes o lóbulos 27

b. Márgenes de las hojas sin dientes o casi sin dientes 30

27. a. Unos puntos translúcidos se observan por lo general cuando las hojas son vistas contra la luz (usar lupa) . . . . . . FLACOURTIACEAE *(Casearia)*

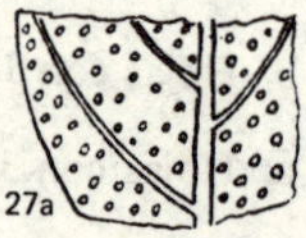
27a

b. Puntos translúcidos ausentes cuando las hojas son vistas contra la luz (usar lupa) 28

28. a. Nervios laterales más o menos uniformemente prominentes a ambos lados del nervio medio; hojas generalmente pubescentes . . . . . SOLANACEAE *(Solanum)*

b. Dos nervios laterales nacen de la base a cada lado del nervio medio y son con frecuencia más prominentes que los otros nervios laterales; hojas no pubescentes 29

29. a. Eje que soporta a la hoja (pecíolo) alargado, 2-16 cm de largo; plantas con pelos urticantes; márgenes de las hojas toscamente dentados . . . . URTICACEAE *(Urera baccifera)*

b. Pecíolo corto, 0,5-1,5 cm de largo; árboles sin pelos urticantes; márgenes de las hojas solamente inconspicua o someramente dentados . . . ULMACEAE *(Celtis)*

30. a. Una pequeña membrana verde (estípula) está conectada a la base de los ejes que soportan a las hojas (pecíolos) . . . . RUBIACEAE

30a

b. Estípulas ausentes en la base de los pecíolos 31

31. a. Hojas blancas en la parte inferior (envés) . . . . BERBERIDACEAE

b. Hojas nunca blancas en la parte inferior 32

32. a. Hojas con 3 nervios principales prominentes naciendo desde su base . . . 33

b. Hojas con los nervios inconspicuos o con los nervios laterales naciendo a diferentes niveles desde el nervio medio 34

33. a. Plantas trepadoras . . . . LILIACEAE *(Smilax)*

b. Arboles o arbustos . . . . ULMACEAE *(Celtis)*

34. a. Espinas sobre el tronco usualmente ramificadas . . . FLACOURTIACEAE *(Xylosma)*

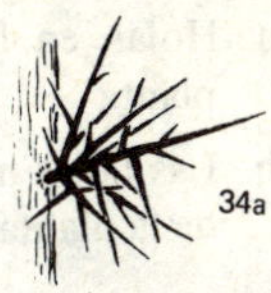

34a

b. Espinas no ramificadas 35

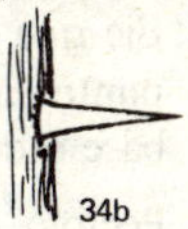

34b

35. a. Espinas numerosas, varias naciendo de la misma unión; hojas escasamente muestran algún nervio; tallos trepadores . . . . . CACTACEAE *(Pereskia)*

b. Espinas solitarias; las hojas usualmente muestran nervios; árboles o arbustos, algunas veces con los tallos trepadores 36

36. a. Tallos con partes engrosadas; flores masculinas reunidas en grupos pequeños y densos y dispuestas en las partes engrosadas del tallo . . . . EUPHORBIACEAE *(Adelia)*

36a

b. Tallos sin partes engrosadas; las flores diferentes a como se indica arriba . 37

37. a. Hojas en pares (un par en cada nudo) . . . . . VERBENACEAE *(Duranta)*

b. Hojas dispuestas alternamente (una en cada nudo) o en grupos (fascículos) 38

38. a. Arboles; hojas con frecuencia dispuestas en grupos (fascículos) o con disposición alterna; frecuentemente con espinas alargadas sobre el tallo . . . . . OLACACEAE *(Ximenia)*

b. Arbustos o tallos alargados y algo trepadores; hojas usualmente dispuestas alternamente (una en cada nudo); espinas más bien cortas y esparcidas . . . PHYTOLACCACEAE

c. Diferente a como se indica arriba; tallos trepadores y alargados; hojas dispuestas alternamente; espinas alargadas; flores con brácteas muy vistosas NYCTAGINACEAE *(Bougainvillea)*

GRUPO V
PLANTAS NO TERRESTRES (EPIFITAS, PARASITAS, ETC.) *CRECIENDO SOBRE ARBOLES, ARBUSTOS, ROCAS U OBJETOS ARRIBA DEL SUELO*

1. a. Hojas con una bifurcación, o con 2 o más lóbulos . . CYCLANTHACEAE

b. Hojas sin ninguna bifurcación ni con 2 o más lóbulos 2

2. a. Tallos y hojas semejantes a hilos, de color gris-plateado; planta formada por numerosos tallos largos y colgantes . . . . . BROMELIACEAE *(Tillandsia usneoides)*

b. Diferentes a como se indica arriba 3

3. a. Espinas delgadas y alargadas en la base de la planta; flores de color rosado-rojizo o salmón; hojas angostas y en forma de cinta, ausentes durante el período de floración de las plantas . . . . . . BROMELIACEAE *(Pitcairnia heterophylla)*

b. Diferentes a como se indica arriba 4

4. a. Hojas en forma de roseta o apretadamente agrupadas en la base de la planta 5

b. Las hojas no forman una roseta ni están estrechamente agrupadas en la base de la planta 7

5. a. Eje que soporta a la hoja (pecíolo) unido a la lámina de la hoja en algún punto entre la base y el centro; 2 o más nervios laterales naciendo desde la base o del nervio medio de la hoja . . . . PIPERACEAE *(Peperomia)*

5a

b. Pecíolo, cuando presente, unido al centro de la base de la hoja; la hoja es una prolongación directa del tallo o de la base de la planta 6

5b

6. a. Hojas con un nervio central principal o con varios hasta muchos nervios; las hojas pueden ser dobladas con facilidad a lo largo (conduplicadas); raíces usualmente expuestas y conspicuas, con frecuencia con un tejido esponjoso, blando, que rodea un centro más duro; las plantas con frecuencia tienen engrosamientos carnosos (seudobulbos) entre la hoja y la base de la planta ORCHIDACEAE

b. Hojas sin el nervio central principal; las hojas no se doblan fácilmente a lo largo; raíces por lo general ni expuestas ni conspicuas, comúnmente en forma de fibra o de hilo, sin un tejido, grueso y blando y sin engrosamientos carnosos (seudobulbos) . . . . BROMELIACEAE

7. a. Hojas sin flores ni frutos; con un polvillo marrón o negro (esporas) en la parte inferior (envés) de las hojas fértiles o sobre ramas especiales . . . . . . HELECHOS

b. Plantas con flores o frutos; ausencia del polvillo marrón o negro (esporas) . 8

8. a. Hojas con una cubierta gris; hojas muy angostas, menos de 2 mm de ancho BROMELIACEAE *(Tillandsia recurvata)*

b. Hojas diferentes a como se indica arriba 9

9. a. Plantas con el tallo verde y engrosado, sin hojas verdaderas; tallos gruesos y carnosos, anchos y comprimidos o 3-5-angulados . . . . . . CACTACEAE

b. Plantas diferentes a como se indica arriba, con hojas verdaderas presentes 10

10. a. Hojas dispuestas alternamente, cada hoja en distintos niveles a lo largo del tallo o de la rama 11

b. Hojas opuestas (un par en cada nudo), o en círculos (verticilos) con 3 ó 6 hojas en cada nudo 13

11. a. Hojas usualmente grandes y/o anchas; flores dispuestas sobre un eje carnoso alargado (espádice) con una parte adicional coloreada (espata) que rodea o sostiene la base del eje floral . . . . ARACEAE

b. Sin la combinación de caracteres indicados arriba 12

12. a. Flores dispuestas en una espiga alargada, delgada, en forma de cola y de color verde o blanco; hojas blandas o carnosas, fácilmente triturables o quebradizas . . . . PIPERACEAE *(Peperomia)*

b. Flores rojas, rosadas o blancas, solitarias, sobre ejes (pedicelos) delgados, parecidos a hilos; hojas duras o firmes, y no se pueden triturar ni romper con facilidad . . . . ERICACEAE

13. a. Plantas parásitas con tallos duros y quebradizos; raíces no visibles . . . . . LORANTHACEAE

b. Plantas no parásitas y con los tallos blandos y flexibles; raíces visibles . . 14

14. a. Flores no vistosas, dispuestas en una espiga delgada en forma de cola . . . . PIPERACEAE *(Peperomia)*

b. Flores vistosas, con frecuencia solitarias en las axilas de las hojas 15

15. a. Flores rojas; hojas cortas y angostas, menos de 8 cm de largo . . . . GESNERIACEAE *(Columnea)*

b. Flores blancas; hojas largas y anchas, 15-40 cm de largo . . . . GESNERIACEAE *(Episcia)*

GRUPO VI
PLANTAS TERRESTRES, NO TREPADORAS NI VOLUBLES, DE TALLOS BLANDOS O NO LEÑOSOS, HOJAS SIMPLES, OPUESTAS O EN CIRCULOS

1. a. Plantas con látex lechoso (al romper tallos u hojas) . . ASCLEPIADACEAE

b. Plantas sin látex lechoso 2

2. a. Puntos oscuros y dispersos en la parte inferior (envés) de la hoja (usar la lupa) . . . . GUTTIFERAE *(Hypericum)*

b. Puntos oscuros ausentes en la parte inferior (envés) de la hoja 3

3. a. Hojas profundamente segmentadas casi hasta el centro (lobuladas) 4

3a

b. Hojas no profundamente segmentadas (no lobuladas) 6

4. a. Lo que aparenta ser una sola flor es en realidad una cabezuela compuesta por muchas flores pequeñas, totalmente rodeada por una serie de brácteas o escamas verdes (involucro); estambres unidos en un tubo . COMPOSITAE

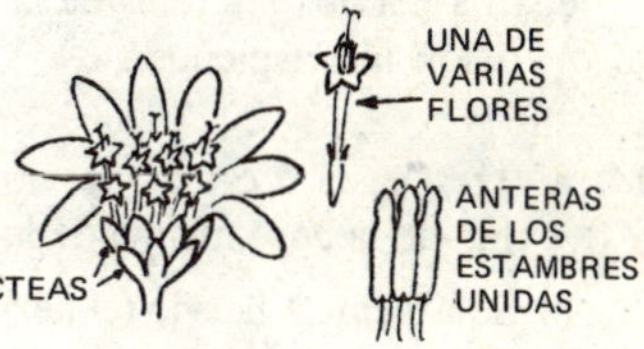

4a

b. Una sola flor, la porción exterior de color verde (cáliz) forma parte de una sola flor; estambres libres entre sí 5

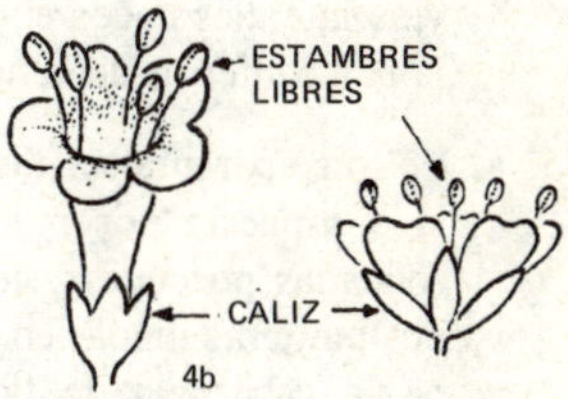

4b

5. a. Flores laxamente dispuestas sobre ejes alargados (pedicelos) . . . . GERANIACEAE

b. Flores dispuestas en cabezuelas densas, éstas en filas verticales y naciendo directamente de los tallos o ramas, sin ningún eje (pedicelo) interpuesto que las sostenga (flores sésiles) . . . . LABIATAE *(Leonurus)*

6. a. Márgenes de las hojas sin dientes 7

b. Márgenes de las hojas con dientes 34

7. a. Sólo 2 hojas por planta . . . . ORCHIDACEAE *(Malaxis)*

b. Más de 2 hojas por planta 8

8. a. Todas o casi todas las hojas en grupos de más de 2 en cada nudo 9

b. Todas las hojas en grupos de 2 en cada nudo 12

9. a. Una membrana (estípula) delgada, pálida o blancuzca y transparente, naciendo entre la base de los ejes que soportan a las hojas (pecíolos) . . . . . . CARYOPHYLLACEAE *(Polycarpon)*

b. Ninguna estípula delgada, pálida o blancuzca y transparente naciendo entre la base de los pecíolos 10

10. a. Flores azules, usualmente sobre ejes (pedúnculos) que nacen de un lado del tallo . . . . PRIMULACEAE

b. Flores blancas, verdosas o amarillentas, sobre ejes que nacen en el ápice del tallo o en los extremos terminales de las ramas 11

11. a. Todas las hojas pequeñas y angostas, 0,3-2 cm de largo, 0,3-1 cm de ancho, delgadas, no carnosas . . . . RUBIACEAE

b. Hojas en promedio usualmente más largas y más anchas, pero si son más pequeñas y angostas, entonces gruesas y carnosas . . . . . PIPERACEAE *(Peperomia)*

12. a. Una protuberancia (estípula) parecida a una hoja o fina como un pelo conectando la base de los ejes que soportan a las hojas (pecíolos) 13

b. Ninguna protuberancia presente entre la base de los pecíolos 14

13. a. Todos los nervios nacen juntos en la base de la hoja . . . . CARYOPHYLLACEAE *(Drymaria)*

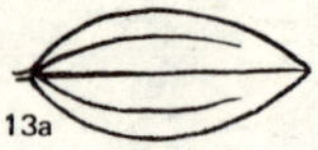
13a

b. Los nervios laterales de la hoja nacen en niveles diferentes del nervio medio o son inconspicuos . . . . RUBIACEAE

13b

14. a. Tres hasta 5 o más nervios principales naciendo en o exactamente por encima de la base misma de la hoja 15

b. Solamente 1 nervio (el nervio medio) es prominente o manifiesto, y/o los nervios laterales nacen en diferentes niveles del nervio medio (especialmente en la parte inferior de la hoja (envés)) 21

15. a. Lo que aparenta ser una flor es en realidad una cabezuela compuesta por muchas flores pequeñas, totalmente rodeadas por una serie de escamas o brácteas (involucro); anteras unidas en un tubo; flores individuales (rompa la cabezuela de flores) sin cáliz externo de color verde . . . . .COMPOSITAE

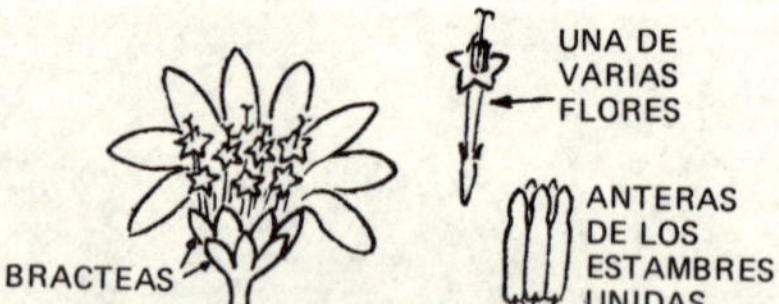

15a

b. Flores diferentes a como se indica arriba, cada una de las flores es una unidad completa, con las anteras no unidas en un tubo y con cáliz verde presente 16

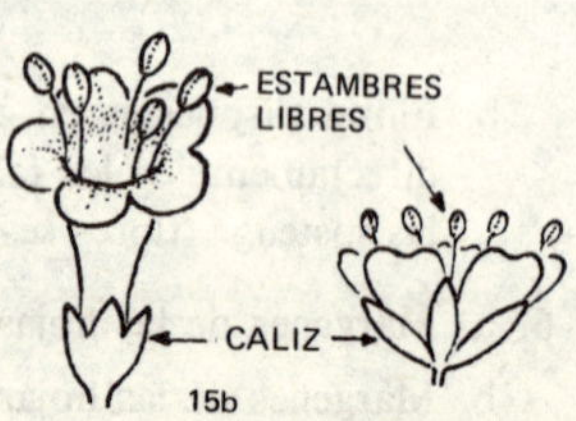

15b

16. a. Tallos y hojas peludos, los pelos algunas veces no aparentes o acostados sobre la superficie 17

b. Tallos y hojas sin pelos 19

17. a. Tallos y hojas más o menos carnosos o suculentos . . . . . . PIPERACEAE *(Peperomia)*

b. Tallos y hojas ni carnosos ni suculentos 18

18. a. Flores sobre un eje (raquis) angostamente alargado; casi todas las hojas naciendo en la mitad inferior de la planta . . . . . . SCROPHULARIACEAE *(Buchnera)*

b. Flores diferentes a como se indica arriba; hojas presentes en la mitad superior de la planta . . . . MELASTOMATACEAE

19. a. Flores azules, vistosas . . . . PRIMULACEAE

b. Las flores no son de color azul, pero sí diminutas o inconspicuas 20

20. a. Tallos y hojas más o menos carnosos o suculentos; flores dispuestas en una espiga alargada y delgada en forma de cola naciendo en o cerca del ápice del tallo . . . . PIPERACEAE *(Peperomia)*

b. Hojas más delgadas, ni carnosas ni suculentas; inflorescencia pequeña y ramificada, naciendo de los lados del tallo en las axilas de las hojas . . . . . . URTICACEAE *(Pilea)*

21. (14.b)

a. Hojas solamente 1-2 mm de ancho, 25-100 veces más largas que anchas, todas las hojas restringidas a la mitad inferior de la planta; flores sobre un eje (ráquis) alargado y angosto . . . . SCROPHULARIACEAE *(Buchnera)*

b. Diferentes a como se indica arriba 22

22. a. Flores agrupadas en cabezuelas pequeñas 23

b. Flores no agrupadas en cabezuelas pequeñas 25

23. a. Flores ocultas por pequeñas brácteas de color pajizo, verde pálido o blancas . . . . AMARANTHACEAE

b. Diferentes a como se indica arriba; si las brácteas están presentes, entonces con forma de hojas 24

24. a. Cada una de las flores sostenida o acompañada por una bráctea grande y en forma de hoja la cual oculta la base de la flor; hojas sin glándulas diminutas o puntos claros (usar lupa) . . . . ACANTHACEAE

b. Cada una de las flores visibles hasta la base, ni sostenidas ni acompañadas por brácteas grandes con forma de hoja; superficie de la hoja con puntos claros diminutos o glándulas (usar lupa) . . . . LABIATAE *(Minthostachys)*

25. a. Flores diminutas, brácteas y divisiones florales delgadas, de color pajizo, blancas o blanco-verdosas . . . . AMARANTHACEAE

b. Flores usualmente conspicuas, pero si diminutas entonces los pétalos y otras partes florales de color lavanda, rosado, rojizo o blanco 26

26. a. La mitad o más de la mitad inferior de la hoja estrechándose hasta la base del eje que la soporta (pecíolo alado); hojas 15-40 cm de largo; flores ocul-

tas en la base de la planta; plantas creciendo sobre rocas sombreadas o adheridas a los troncos o ramas de los árboles . . GESNERIACEAE *(Episcia)*

b. Sin la combinación de caracteres indicados arriba 27

27. a. Hojas por lo general más anchas en la base, la base con frecuencia en forma de corazón o redondeada; hojas sobre ejes evidentes (pecíolos) 28

b. Hojas usualmente angostadas hacia la base, generalmente más anchas por encima de la base o hacia la mitad, o si más anchas en o cerca de la base, entonces sin ejes verdaderos (pecíolos) 29

28. a. Hojas muy pequeñas, 1-3 cm de largo; pétalos blancos; flores sin tubo . . . . CARYOPHYLLACEAE *(Stellaria)*

b. Hojas en promedio más grandes; flores con un tubo amarillo, púrpura, rojo, rosado o blanco . . . . NYCTAGINACEAE

29. a. Cada pétalo separado de los otros, y puede desprenderse sin necesidad de arrancar el resto de la corola 30

29a

b. Pétalos unidos en un tubo, de manera que ninguna parte puede ser separada de otra sin arrancar la corola 33

29b

30. a. Nervios laterales 7-10 de cada lado en la parte inferior de la hoja (envés) LYTHRACEAE *(Cuphea epilobiifolia)*

b. Nervios laterales del envés o no manifiestos, o 6 o menos, a cada lado del nervio medio 31

31. a. Hojas gruesas y carnosas; la parte más externa de la flor (cáliz) consiste en 2 sépalos pequeños . . . . PORTULACACEAE *(Talinum)*

b. Hojas delgadas o por lo menos no carnosas; la parte más externa de la flor (cáliz) formada por un tubo alargado con líneas claras y oscuras alternativamente 32

32. a. Nervios laterales 4-6 de cada lado en la parte inferior de la hoja (envés); parte más externa de la flor (cáliz) sin o casi sin ningún diente o proyección LYTHRACEAE *(Cuphea micrantha)*

b. Nervios laterales ausentes o casi ausentes en el envés; la parte más externa de la flor (cáliz) dividida en distintos segmentos o los segmentos proyectándose visiblemente hacia uno de los extremos . . . . CARYOPHYLLACEAE *(Silene)*

33. (29.b)

a. La parte coloreada de la flor (corola) simétrica, con todas las divisiones de igual tamaño y forma . . . . GENTIANACEAE

b. La parte coloreada de la flor (corola) no simétrica, irregular, con frecuencia 2 lóbulos desiguales en forma y tamaño . . . . ACANTHACEAE

34. (6.b)

a. Ningún nervio visible en las hojas gruesas y carnosas . . CRASSULACEAE *(Kalanchoe)*

b. Nervios presentes, por lo menos en la parte inferior de la hoja (envés) . . . 35

35. a. Tres hasta 5 nervios principales nacen en o inmediatamente por arriba de la base de la hoja 36

b. Solamente 1 nervio (el nervio medio) prominente o manifiesto o, en caso contrario, los nervios laterales nacen en niveles diferentes del nervio medio (mirar especialmente el lado inferior de la hoja (envés)) 38

36. a. Lo que aparenta ser una sola flor es en realidad una cabezuela compuesta por muchas flores pequeñas, totalmente rodeadas por una serie de brácteas o escamas verdes (involucro); anteras unidas en un tubo; flores individuales (romper la cabezuela) sin la parte externa verde de la flor (cáliz) . . . . COMPOSITAE

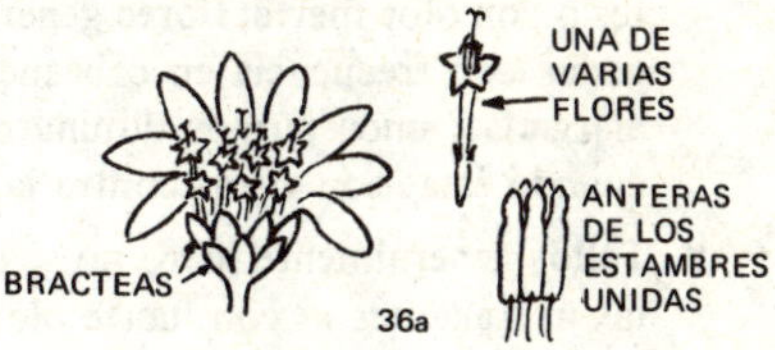

36a

b. Flores diferentes a como se indica arriba; cada una de las flores forma una sola unidad con las anteras no unidas y la parte verde externa de la flor presente (cáliz) 37

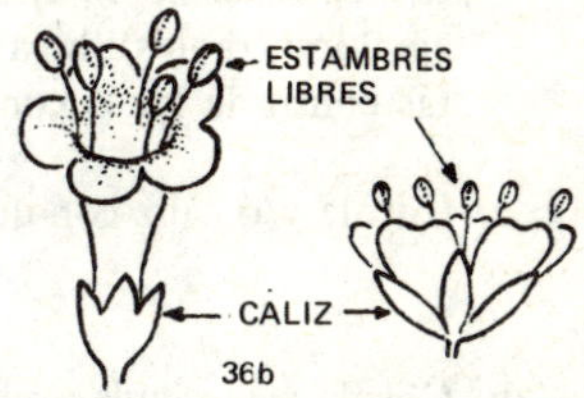

36b

37. a. Hojas muy angostas, muchas veces más largas que anchas; nervios dispuestos longitudinalmente y paralelos entre sí; flores azules, rosadas o purpúreas; casi todas las hojas restringidas a la parte más baja de la planta; flores dispuestas a lo largo de un eje angosto (raquis) . . SCROPHULARIACEAE *(Buchnera)*

b. Hojas a lo más, sólo varias veces más largas que anchas, no angostas; los nervios de las hojas arqueados o en ángulos; flores diminutas, verdosas; hojas presentes en la mitad superior del tallo . . . . URTICACEAE *(Pilea)*

38. a. Lo que aparenta ser una sola flor es en realidad una cabezuela compuesta por muchas flores pequeñas, totalmente rodeadas por una serie de brácteas o escamas verdes (involucro); anteras unidas en un tubo; flores individuales (romper la cabezuela) sin la parte externa de la flor (cáliz) . . . . COMPOSITAE

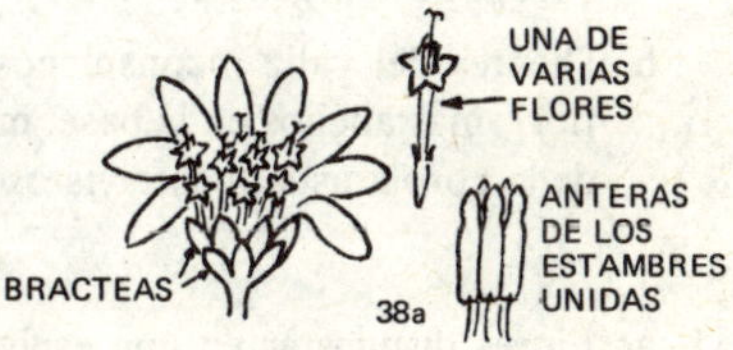

38a

b. Flores diferentes a como se indica arriba, cada una de las flores forma una sola unidad con las anteras no unidas y la parte externa de la flor presente (cáliz) 39

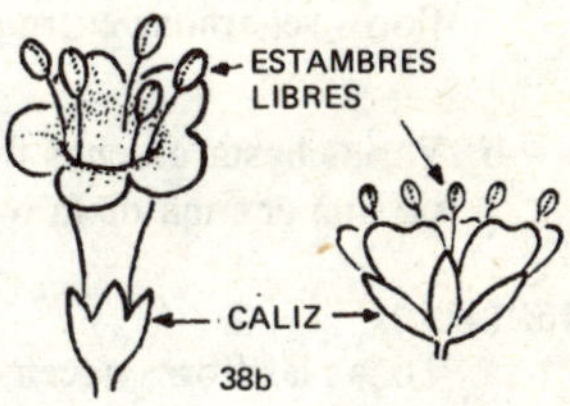

38b

39. a. Las hojas se pegan con facilidad a la ropa o a la piel; cada pétalo está separado del otro, haciendo posible despegar un pétalo sin desprender el resto de la corola . . . . LOASACEAE

b. Las hojas no se pegan a la ropa o a la piel; pétalos unidos uno al otro en un tubo, de manera que ninguna parte puede ser separada de otra sin arrancar la corola 40

40. a. La mitad o más de la mitad inferior de la hoja estrechándose conspicuamente hasta la base (pecíolo alado); hojas 15-40 cm de largo; flores ocultas en la

base de la planta; plantas creciendo sobre rocas sombreadas o adheridas a los troncos o a las ramas de los árboles . . . . GESNERIACEAE *(Episcia)*

b. Sin la combinación de los caracteres arriba indicados 41

41. a. Tallos cuadrangulares; hojas (cuando son trituradas) por lo general fragrantes o con olor fuerte; flores generalmente sin ejes propios (pedicelos) y agrupadas con frecuencia en cabezuelas densas o en inflorescencias angostas y alargadas; unos puntos diminutos o translúcidos se observan en las hojas cuando éstas son vistas contra la luz o con la lupa 42

b. Tallos generalmente (pero no siempre) con lados redondeados o curvos; hojas ni fragantes ni con fuerte olor (cuando son trituradas); flores usualmente dispuestas sobre ejes propios (pedicelos), éstos conectados a su vez a un eje floral (raquis); hojas sin puntos translúcidos o diminutos cuando son vistas contra la luz o con la lupa 46

42. a. Corola y/o cáliz con dos lóbulos, o con los lóbulos desiguales . LABIATAE

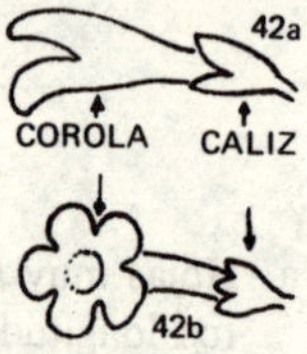

b. Corola más regular, con lóbulos casi iguales; cáliz con lóbulos más o menos iguales 43

43. a. Flores agrupadas en cabezuelas densas o en grupos 44

b. Flores dispuestas en inflorescencias alargadas 45

44. a. Dientes del cáliz conspicuos, delgados, alargados o con proyecciones parecidas a agujas; lóbulos de la corola usualmente no vistosos y el tubo de la corola no alargado . . . . LABIATAE

b. Dientes del cáliz inconspicuos (no confundir éstos con las brácteas de la flor), más anchos en la base, menos alargados y sin forma de agujas; lóbulos de la corola usualmente vistosos, el tubo de la corola más alargado . . . . .
VERBENACEAE

45. a. Flores dispuestas en una espiga alargada, angosta y con forma de cola, las flores separadas entre sí y dispuestas en fila una encima de la otra . . . . . .
VERBENACEAE

b. Varias hasta muchas flores dispuestas en círculos (verticilos), no solitarias y no una encima de la otra . . . . LABIATAE

46. (41.b)

a. Todas las flores nacen a los lados del tallo o por debajo del ápice 47

b. Todas las flores nacen sobre un eje (pedúnculo) el cual se encuentra en los extremos del tallo o ramas 51

47. a. Plantas con tallos y hojas densamente peludos . . . . . GESNERIACEAE

b. Plantas casi sin pelos o sin pelos 48

48. a. Hojas muy pequeñas, 1-4 cm de largo, 0,2-1 cm de ancho . . . . SCROPHULARIACEAE

b. Hojas mucho más largas y anchas 49

49. a. Base de las hojas envolviendo al tallo; base de cada par de hojas tocándose entre sí; hojas sin ejes que las soportan (pecíolos) SCROPHULARIACEAE

b. Hojas diferentes a como se indica arriba, las hojas todas angostas en la base y no envolviendo al tallo 50

50. a. Hierba pequeña con tallos delgados y extendidos; corola con un pequeño saco redondo de color amarillo . . SCROPHULARIACEAE *(Calceolaria)*

b. Hierba erecta, alta con tallos firmes; corola más larga que ancha, no en forma de saco . . . . GESNERIACEAE *(Besleria)*

51. (46.b)

a. Flores rojas o rojas y amarillas . . . . GESNERIACEAE

b. Flores anaranjadas, blancas o azul-lavanda 52

52. a. Flores azul-lavanda dispuestas en una inflorescencia alargada y angosta SCROPHULARIACEAE *(Angelonia)*

b. Flores anaranjadas o blancas, o blancas con lavanda 53

53. a. Flores anaranjadas . . . . SCROPHULARIACEAE *(Alonsoa)*

b. Flores blancas o blanco con lavanda . . . . GESNERIACEAE

GRUPO VII

PLANTAS TERRESTRES, HERBACEAS NO TREPADORAS, TALLO BLANDO O NO LEÑOSO; HOJAS COMPUESTAS Y OPUESTAS

1. a. Cada hoja compuesta termina en 2 segmentos (folíolos) separados (hojas paripinnadamente compuestas) . . . . ZYGOPHYLLACEAE

1a

b. Cada hoja compuesta termina en 1 folíolo separado (hoja imparipinnadamente compuesta) 2

1b

2. a. Folíolos con dientes en los márgenes . . . . COMPOSITAE

2a

b. Folíolos sin dientes en los márgenes 3

2b

3. a. Corola azul o purpúrea, algunas veces blanca, las partes (pétalos) unidas en la base formando un tubo corto; los estambres no sobresalen de la flor (incluidos) . . . . SOLANACEAE *(Cyphomandra)*

b. Corola blanca o verde con lavanda, los pétalos completamente libres entre sí, no unidos hasta formar un tubo; estambres sobresaliendo conspicuamente de la flor (exsertos) . . . . CAPPARACEAE

GRUPO VIII

PLANTAS TERRESTRES, HERBACEAS NO TREPADORAS, TALLO BLANDO O NO LEÑOSO, HOJAS SIMPLES Y ALTERNAS

1. a. Todas las hojas lineares o en forma de cinta y con márgenes paralelos o casi paralelos (como en las gramíneas); los nervios laterales generalmente rectos, paralelos entre sí y dispuestos longitudinalmente desde la base hasta el ápice 2

   b. Hojas o con otras formas, o con los nervios laterales ni rectos, ni paralelos entre sí, ni dispuestas longitudinalmente desde la base hasta el ápice 5

2. a. Flores azules, purpúreas, amarillas, amarillo con púrpura o anaranjado con negro, generalmente conspicuas 3

   b. Flores de color pajizo, verdes, amarillo-verdosas o pálidas, pequeñas o inconspicuas y acompañadas por varias escamas o brácteas 4

3. a. Tres estambres . . . . IRIDACEAE

   b. Seis estambres . . . . LILIACEAE

4. a. Base de la vaina de la hoja usualmente abierta de un lado; base de la lámina de la hoja con un apéndice (lígula) en forma de pelo o de membrana delgada, conectado internamente; tallos usualmente redondeados o con los lados encorvados, generalmente huecos o con una parte interna fácilmente removible, pero con las uniones (nudos) sólidos y duros; hojas de los tallos dispuestas en 2 filas, extendiéndose en 2 lados alternos del tallo . GRAMINEAE

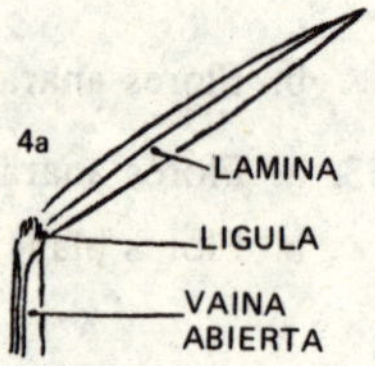

   b. Base de la vaina de la hoja usualmente con todos los lados cerrados, envolviendo fuertemente al tallo; generalmente ningún apéndice (lígula) está conectado internamente a la base de la hoja; tallos con frecuencia triangulares, también con lados redondeados, usualmente sólidos y suaves; hojas de los tallos usualmente en 3 filas, extendidas en 3 direcciones diferentes sobre el tallo . . . . CYPERACEAE

5. (1.b)

   a. Hojas con pelos densos de color gris-blanco o plateado en la cara inferior (envés), la superficie de la hoja oculta por pelos 6

   b. Hojas sin pelos, o si los tienen, entonces el envés de las hojas diferente a como se indica arriba 9

6. a. Lo que aparenta ser una flor es en realidad una cabezuela compuesta por muchas flores pequeñas, totalmente rodeadas por una serie de escamas o brácteas; anteras unidas en un tubo; flores individuales sin la parte verde externa de la flor (cáliz) . . . . COMPOSITAE

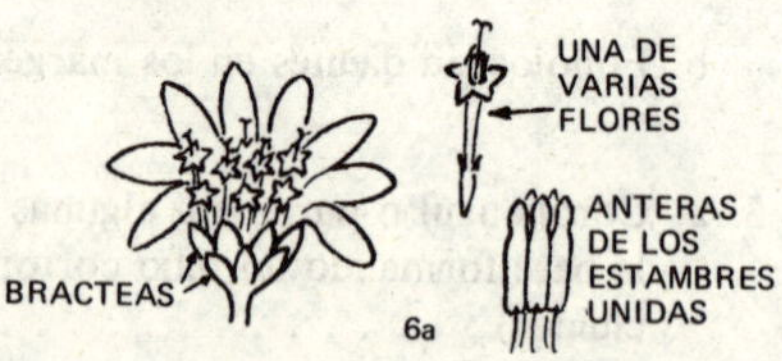

   b. Cada una de las flores forma una sola unidad y no está rodeada por la serie de brácteas o escamas; anteras no unidas; un cáliz verde o de otro color presente en el exterior de cada una de las flores . . . 7

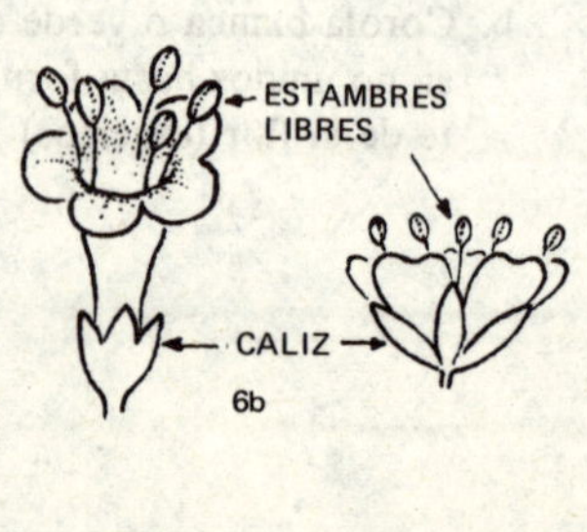

7. a. Flores solitarias, naciendo a lo largo del tallo en las axilas de las hojas . . . 8

b. Flores varias hasta muchas, agrupadas en un eje alargado (pedúnculo) que nace en los extremos del tallo o ramas; flores blancas . . BORAGINACEAE *(Heliotropium)*

8. a. Flores azules; pétalos unidos en una corola de forma circular . . . . CONVOLVULACEAE *(Evolvulus)*

b. Flores amarillas; pétalos separados entre sí . MALVACEAE *(Cienfuegosia)*

9. (5.b)

a. Eje que soporta a la hoja (pecíolo) unido a la parte verde de la hoja o entre la base y el centro o cerca del centro 10

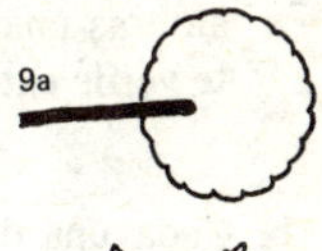
9a

b. Pecíolo unido a la base misma de la parte verde de la hoja 13

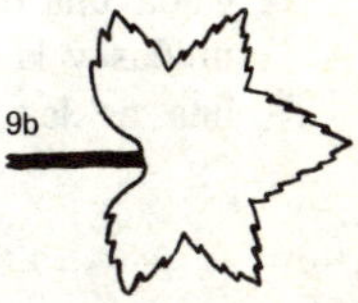
9b

10. a. Hojas profundamente lobuladas y/o con dientes en los bordes 11

b. Hojas ni lobuladas ni con dientes en los bordes 12

11. a. Plantas altas y erectas . . . . EUPHORBIACEAE *(Ricinus)*

b. Plantas pequeñas y rastreras . . . . UMBELLIFERAE *(Hydrocotyle)*

12. a. Hojas en promedio 3-10 cm de largo . . . . . . PIPERACEAE *(Peperomia)*

b. Hojas más grandes, en promedio 15-20 cm de largo . ARACEAE *(Caladium)*

13. a. Solamente 2 hojas en cada planta . . . . ORCHIDACEAE *(Malaxis)*

b. Más de 2 hojas en cada planta 14

14. a. Hojas muy gruesas y carnosas; ningún nervio visible en la hoja . . . . CRASSULACEAE *(Echeveria)*

b. Hojas diferentes a como se indica arriba, o menos carnosas o con 1 o más nervios visibles 15

15. a. Hojas solamente con el nervio medio visible 16

b. Hojas con más de 1 nervio visible 17

16. a. Flores rojas y amarillo con verde, alargadas . . . SCROPHULARIACEAE *(Castilleja)*

b. Flores rosadas, lavandas o blancas, pequeñas y no alargadas . . . . POLYGALACEAE

17. a. Márgenes de las hojas sin dientes o lóbulos 18

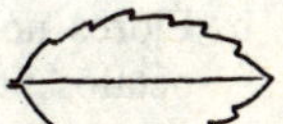
17a

b. Márgenes de las hojas con dientes o lóbulos 49

17b

18. a. Todos o la mayoría de los nervios principales naciendo en la misma base de la hoja (algunos nervios secundarios pueden nacer más arriba desde el nervio medio o desde otros nervios) 19

18a

b. La mayoría o todos los nervios laterales naciendo a lo largo del nervio medio 26

18b

19. a. Lo que aparenta ser una sola flor es en realidad una cabezuela compuesta por muchas flores pequeñas, totalmente rodeadas por una serie de brácteas o escamas; anteras unidas en un tubo; flores individuales sin la parte verde externa de la flor (cáliz) . . . . COMPOSITAE

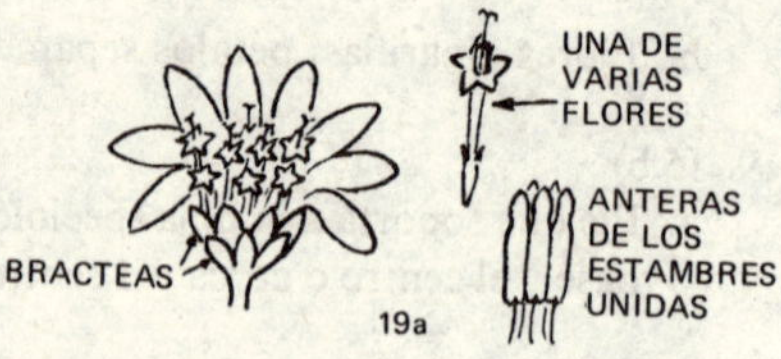

19a

b. Cada una de las flores forma una sola unidad con las anteras no unidas y la parte verde externa de la flor (cáliz) presente en cada una de las flores 20

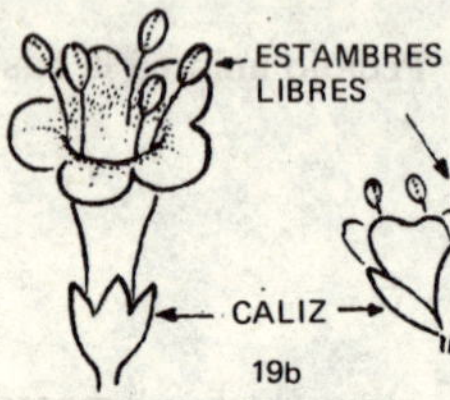

19b

20. a. Hojas con forma acorazonada y/o anchamente redondeadas en el ápice . 21

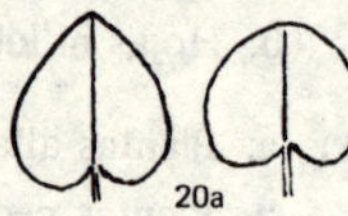
20a

b. Hojas diferentes a como se indica arriba 22

21. a. Tallos largos, rastreros; hierba de menos de 0,5 m de alto . SOLANACEAE *(Solanum asarifolium)*

b. Tallos no rastreros; planta de 1-2 m de alto . PIPERACEAE *(Pothomorphe)*

22. a. Hojas mucho más anchas que largas, y con forma irregular . . . . BEGONIACEAE

b. Hojas más largas que anchas 23

23. a. Solamente 3 nervios principales nacen en la base . . . . . . URTICACEAE *(Pouzolzia)*

b. Varios hasta muchos nervios finos nacen en la base de la hoja y dispuestos longitudinalmente 24

24. a. Plantas altas, de 1,5-2 m de alto, o aunque no sean altas, el eje floral nace del suelo separado de la base de la planta . . . . ZINGIBERACEAE

b. Plantas usualmente de 1 m o menos de alto 25

25. a. Flores dispuestas en una inflorescencia angosta y alargada; flores con uno de los 3 pétalos muy diferentes entre si; estambres 1 ó 2, inconspicuos . . . . ORCHIDACEAE

b. Flores no dispuestas en una inflorescencia angosta y alargada; flores con pétalos más o menos iguales; estambres 3-6, conspicuos . . . . COMMELINACEAE

26. (18.b)

a. Lo que aparenta ser una sola flor es en realidad una cabezuela compuesta por pocas hasta muchas flores pequeñas, totalmente rodeadas por una serie de brácteas o escamas (involucro); anteras unidas en un tubo; flores individuales sin la parte externa de la flor (cáliz) . . . . . COMPOSITAE

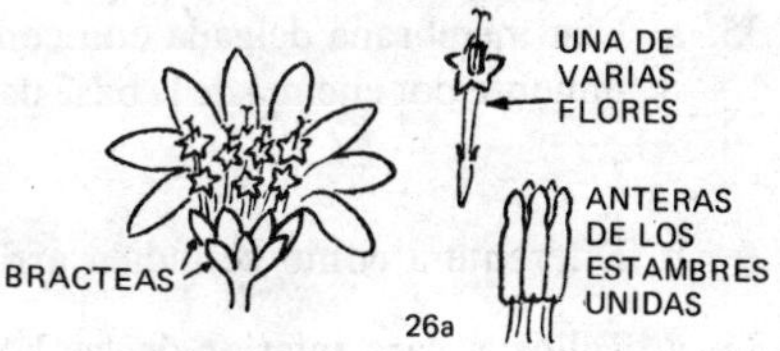

26a

b. Cada una de las flores forma una sola unidad con las anteras no unidas y la parte externa de la flor (cáliz) presente en cada una de las flores 27

26b

27. a. Todos los nervios laterales muy numerosos y paralelos entre sí, sin nervios transversales que conecten a los nervios laterales 28

b. Los nervios laterales no son ni numerosos ni paralelos entre sí y frecuentemente con nervios transversales que unen a los nervios laterales 32

28. a. Los nervios laterales forman un ángulo pequeño con el nervio medio, extendiéndose casi longitudinalmente . . . . ZINGIBERACEAE

b. Los nervios laterales forman con el nervio medio un ángulo que varía desde casi 45º hasta casi 90º (casi perpendiculares al nervio medio) 29

29. a. Tallos muy jugosos y carnosos, se parten con facilidad . . . . . ARACEAE *(Dieffenbachia)*

b. Tallos ni jugosos ni carnosos, no se parten con facilidad 30

30. a. Inflorescencia con brácteas grandes, alargadas, ascendentes u horizontales y conspicuamente coloreadas, las flores dispuestas en una estructura en forma de bote . . . . MUSACEAE

b. Inflorescencia sin brácteas conspicuamente coloreadas o alargadas, o las brácteas dispuestas en series cortas, verticales o cilíndricas 31

31. a. Una parte endurecida, corta y angosta (callo) o un collar prominente y delgado (lígula) unidos a la parte superior de la vaina de la hoja inmediatamente por debajo del limbo (lámina); flores blancas, blanco-lavandas o anaranjadas; fruto liso . . . . MARANTACEAE

b. Hojas diferentes a como se indica arriba; flores rojas o rojo-anaranjadas; fruto cubierto con proyecciones verrucosas . . . . CANNACEAE

32. (27.b)

a. Tallo u hojas con un jugo lechoso (látex) (cuando las hojas o tallos son partidos) (véase también N.º 46.a.) 33

b. Látex ausente en tallo u hojas (partir las hojas o tallos) 35

33. a. Flores azules, lavandas o blancas, conspicuas, de forma circular expandida CONVOLVULACEAE

b. Flores verdosas o blancuzcas, muy pequeñas e inconspicuas 34

34. a. Flores insertas sobre un soporte ensanchado en forma de plato, cuadrangular o redondo . . . . MORACEAE *(Dorstenia)*

34a

b. Flores sin los caracteres arriba mencionados . . . . . EUPHORBIACEAE

35. a. Una membrana delgada con cerdas en su margen superior rodea al tallo justamente por encima de la base del pecíolo . POLYGONACEAE *(Polygonum)*

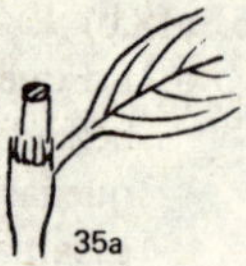
35a

b. Diferente a como se indica arriba 36

36. a. Tallos y cara inferior de las hojas (envés) con pelos en forma de estrellas EUPHORBIACEAE *(Croton ovalifolius)*

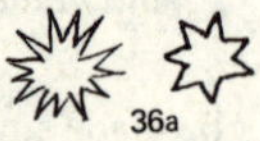
36a

b. Ausencia de pelos estrellados en tallos y en el envés 37

37. a. Flores numerosas dispuestas en una inflorescencia, la cual es usualmente alargada y muchas veces más larga que ancha 38

b. Flores, si son solitarias o escasas, dispuestas en una inflorescencia corta y/o ancha, pero si son numerosas, entonces las flores son irregulares en forma . 43

38. a. Flores verdosas o blancuzcas, microscópicas, no sobresalen de la superficie del eje floral (raquis), dispuestas en series espiraladas; hojas y tallos usualmente carnosos o suculentos . . . . PIPERACEAE

b. Flores blancas, azules, purpúreas, rosadas, no microscópicas, bien visibles o sobresalientes de la superficie del eje floral (raquis); hojas y tallos variados en textura, duros y fibrosos o blandos y carnosos 39

39. a. Eje que soporta la hoja (pecíolo) alargado, conspicuo, midiendo el más largo 1,5-8 cm 40

b. Pecíolo ausente o el más largo midiendo 1 cm 41

40. a. Tallos sin pelos o casi; hojas sin pelos o con pelos suaves e inconspicuos; eje que soporta la hoja (pecíolo) no bordeado por el tejido de la hoja . . . . . . PHYTOLACCACEAE

b. Tallos y hojas generalmente peludos, los tallos usualmente con pelos extendidos; pecíolo bordeado en la parte superior por el tejido de la hoja . . . . . BORAGINACEAE *(Heliotropium)*

41. a. Hojas (al ser trituradas) con olor fétido fuerte; flores con todas las divisiones ampliamente extendidas; hojas más grandes, en promedio (6–) 7-13 cm de largo . . . . PHYTOLACCACEAE *(Petiveria)*

b. Hojas (al ser trituradas) sin olor fétido; las divisiones de las flores no ampliamente extendidas; hojas más grandes generalmente 0,3-6 (–7) cm de largo 42

42. a. Flores usualmente sobre sus propios ejes (pedicelos) algunas veces muy cortos, insertados sobre el eje principal de la inflorescencia (raquis); corola de forma irregular, todas las partes libres y fácilmente separables una de la otra; eje floral erecto o vertical . . . . POLYGALACEAE *(Polygala)*

b. Flores sin sus propios ejes (pedicelos), naciendo directamente del eje principal de la inflorescencia (raquis); corola de forma regular, las partes unidas, de manera que la corola se desgarraría si se rompiera cualquiera de las partes; eje floral usualmente ampliamente extendido o casi horizontal . . . . . BORAGINACEAE

43. a. Flores numerosas; corola con forma y aspecto irregular (asimétrica y zigomorfa) . . . . POLYGALACEAE *(Polygala)*

b. Flores solitarias o pocas, dispuestas en una inflorescencia corta y/o ancha; corola con forma regular (simétrica y actinomorfa) 44

44. a. Flores con la corola amarilla o amarilla con marrón 45

b. Flores nunca amarillas 46

45. a. Hojas usualmente más angostas en la base que más arriba, 3-7 veces más largas que anchas; fruto seco no inflado; pétalos libres . . ONAGRACEAE

b. Hojas usualmente ensanchadas en la base, 1-2 veces más largas que anchas; fruto carnoso, con un saco inflado rodeándole; pétalos unidos . . . . SOLANACEAE *(Physalis)*

46. a. Tallos y hojas con un jugo lechoso (látex) (romper tallo u hojas) . . . . . . EUPHORBIACEAE

b. Tallos y hojas sin látex (romper tallo u hojas) 47

47. a. Hojas en promedio más anchas que 1,5 cm . . . . SOLANACEAE

b. Hojas usualmente pequeñas y angostas, solamente 0,1-1,5 cm de ancho . 48

48. a. Corola usualmente vistosa, azul, lavanda o blanca, de forma circular; tallos postrados, extendidos, o con ápices alargados . . . CONVOLVULACEAE *(Evolvulus)*

b. Corola inconspicua, blanco-verdosa o verde pálido, no de forma circular; tallos erectos o verticales . . . . EUPHORBIACEAE *(Phyllanthus)*

49. (17.b)

a. Hojas con lóbulos pequeños hasta prominentes 50

b. Hojas sin lóbulos 55

50. a. Lo que aparenta ser una flor es en realidad una cabezuela formada por pocas hasta numerosas flores diminutas, totalmente rodeadas por una serie de brácteas o escamas (involucro); anteras unidas en un tubo; flores individuales sin la parte verde externa de la flor (cáliz). . . COMPOSITAE

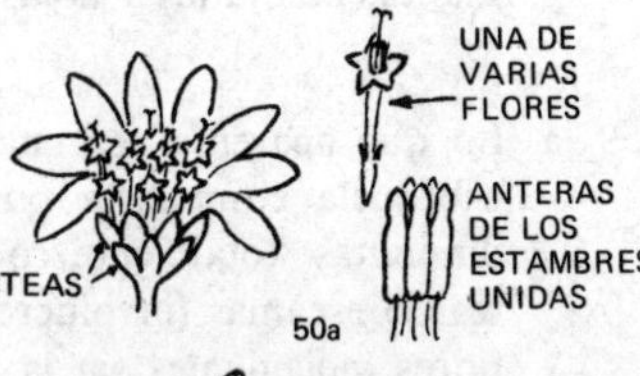

b. Cada una de las flores forma una sola unidad con las anteras no unidas; y la parte verde externa de la flor (cáliz) presente en cada una de las flores 51

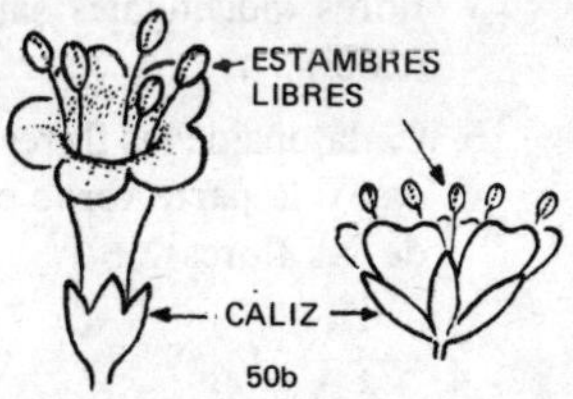

51. a. Plantas altas de 2-4 m, con abundante jugo lechoso (látex); hojas muy grandes . . . . CARICACEAE

b. Plantas pequeñas hasta medianas en tamaño, sin látex; hojas pequeñas hasta medianas 52

52. a. Hojas en forma de flecha o triangulares con 2 lóbulos en la base . . . . . . MALVACEAE

b. Hojas sin forma de flecha o triángulo 53

53. a. Planta pequeña con tallo trepador . . . . UMBELLIFERAE *(Hydrocotyle)*

b. Planta grande con tallo erecto 54

54. a. Hojas casi tan anchas como largas o hasta más anchas que largas; tallos y hojas con pelos diminutos con forma de estrella; fruto sin espinas . . . . . . MALVACEAE *(Malachra)*

b. Hojas generalmente más largas que anchas; tallos y hojas con pelos sin forma de estrella; fruto cubierto por espinas . . . . . TILIACEAE *(Triumfetta)*

55. (49.b)

a. Todos o casi todos los nervios principales nacen en la base misma de la hoja (algunos nervios secundarios pueden nacer más arriba del nervio medio u otros nervios) 56

b. Por lo general el nervio central es conspicuo, todos o casi todos los nervios laterales nacen del nervio central 59

56. a. Hojas más anchas que largas, o más anchas en un lado de la base . . . . . . BEGONIACEAE

b. Hojas generalmente más largas que anchas 57

57. a. Lo que aparenta ser una sola flor es en realidad una cabezuela compuesta por pocas hasta muchas flores diminutas, totalmente rodeadas por una serie de brácteas o escamas (involucro); anteras unidas en un tubo; flores individuales sin la parte verde externa de la flor (cáliz) . . . . . . COMPOSITAE

b. Cada una de las flores forma una sola unidad con las anteras no unidas y la parte verde externa (cáliz) de la flor presente en cada una de las flores . . 58

58. a. Plantas con tallos y hojas sin pelos . . . URTICACEAE *(Phenax sonneratii)*

b. Plantas con tallos y hojas peludos, los pelos con forma de estrella . . . . . . MALVACEAE

59. a. Lo que aparenta ser una sola flor es en realidad una cabezuela compuesta por pocas hasta muchas flores diminutas, totalmente rodeadas por una serie de brácteas o escamas (involucro); anteras unidas en un tubo; flores individuales sin la parte verde externa de la flor (cáliz) . . . . COMPOSITAE

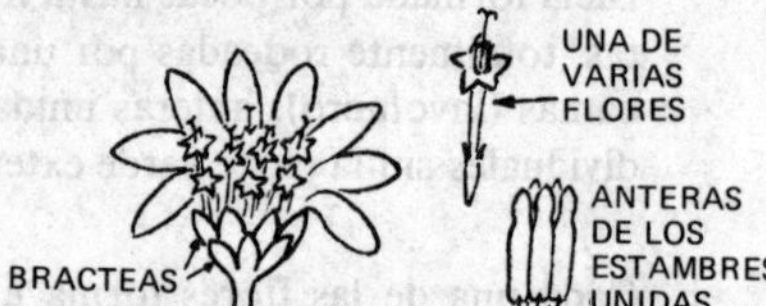

59a

b. Cada una de las flores forma una sola unidad con las anteras no unidas y la parte verde externa de la flor (cáliz) presente en cada una de las flores 60

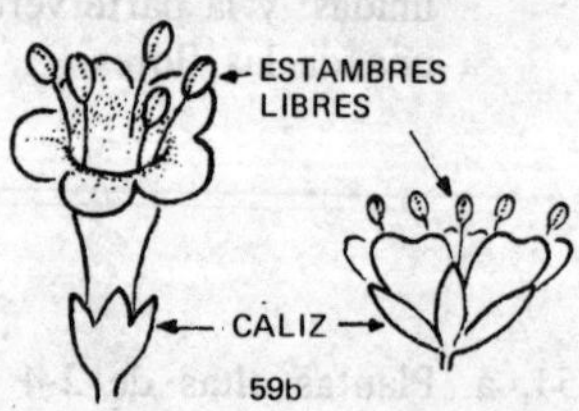

59b

60. a. Un pequeño apéndice (estípula), semejante a un pelo corto o una hoja pequeña o una membrana lacerada delgada, presente en la base de los peciolos o por lo menos en la base de los pecíolos de las hojas superiores de la planta . 61

60a

b. Ninguna estípula presente en la base de los pecíolos 67

61. a. Una estípula conspicua en la base del eje que sustenta la hoja (pecíolo), o en forma de hoja o de membrana delgada 62

b. Estípula inconspicua, diminuta, semejante a un pelo o hilo corto en la base de la hoja 64

62. a. Todos los bordes de la estípula con proyecciones delgadas, a veces semejante a un peine . . . . VIOLACEAE

b. Bordes de la estípula o enteros o con sólo el ápice fragmentado 63

63. a. Flores diminutas, verdosas o de color ladrillo; estípulas muy delgadas, con frecuencia con el ápice desgarrado o fragmentado . . . POLYGONACEAE *(Rumex)*

b. Flores conspicuas, blancas o con rosado; las estípulas aparecen usualmente como 2 conspicuas estructuras marrones, con el ápice en general ni desgarrado ni fragmentado . . . . BEGONIACEAE

64. a. Flores inconspicuas, verdosas, blancuzcas o color ante; las flores femeninas y los frutos, situadas solamente en la parte inferior de la inflorescencia; pelos de los tallos y hojas semejantes a los rayos del sol o en forma de estrella . . . EUPHORBIACEAE *(Croton ovalifolius)*

b. Flores conspicuas, amarillas, rosadas, ladrillo, lavanda o blancas; todas las flores poseen órganos femeninos reproductivos; tallos con pelos o simples o en forma de estrella o de rayos de sol 65

65. a. Pelos sólo simples, no estrellados 66

b. Pelos sólo en forma de estrella . . . . MALVACEAE

66. a. Fruto alargado, muchas veces más largo que ancho . . . . TILIACEAE *(Corchorus)*

b. Fruto corto y ancho, no alargado . . . . . . STERCULIACEAE *(Melochia)*

67. (60.b)

a. La base del eje que soporta la hoja (pecíolo) alargada o ensanchada en la parte que lo conecta al tallo . . . . UMBELLIFERAE

b. La base del pecíolo ni alargada ni ensanchada en la parte que lo conecta al tallo 68

68. a. Las hojas o flores al ser tocadas o trituradas producen un olor fétido o fuerte; flores muy diminutas, verdosas, dispuestas en pequeños grupos redondeados CHENOPODIACEAE

b. Ningún olor fétido fuerte en las hojas o flores al ser tocadas o trituradas; flores ni conspicuas ni tampoco verdes, usualmente blancas, purpúreas, lavandas, azules, rosadas y no dispuestas en pequeños grupos redondeados . . 69

69. a. Jugo lechoso (látex) presente en tallo y hojas (romper tallo y hojas) . . . . . CAMPANULACEAE *(Isotoma)*

b. Látex ausente en tallo y hojas (romper tallo y hojas) 70

70. a. La mayoría de los ejes que soportan las flores (pedicelos) están conectados al eje que sustenta la hoja (pecíolo), o parecen nacer del pecíolo . . . . TURNERACEAE

b. Los pedicelos siempre nacen directamente del tallo o del eje (raquis) de la flor 71

71. a. La corola consiste en 4-5 pétalos separados, cada pétalo puede ser fácilmente separado de la flor 72

71a

b. La corola consiste en pétalos unidos uno al otro, y ninguna parte de la corola puede ser separada sin que ésta se desprenda 73

71b

72. a. Un apéndice largo y delgado (espuela) cuelga por debajo de la flor; pétalos 5 BALSAMINACEAE

b. Sin apéndice (espuela) colgando por debajo de la flor; pétalos 4 . . . . . . CRUCIFERAE

73. a. Márgenes de las hojas con 25-100 dientes o proyecciones en cada lado . . . CAMPANULACEAE *(Siphocampylus)*

b. Márgenes de las hojas con menos de 10 dientes o proyecciones en cada lado 74

74. a. Flores dispersas en una inflorescencia ubicada en el extremo del tallo; anteras unidas en un tubo . . . . CAMPANULACEAE *(Lobelia)*

b. Flores generalmente naciendo de los lados de los tallos o por debajo del ápice foliar de la planta; anteras no unidas en un tubo 75

75. a. Hojas usualmente más anchas cerca de la base o en la mitad inferior . . . . SOLANACEAE

b. Hojas más anchas en la mitad superior, conspicuamente angostadas hacia la base 76

76. a. Hojas 0,5-1 cm de ancho, sólo ligeramente ensanchadas desde la base hasta el ápice; dientes de las hojas numerosos, muy juntos entre sí y agudos . . . SCROPHULARIACEAE *(Capraria)*

b. Hojas promediando 4-11 cm de ancho, con frecuencia conspicuamente ensanchadas en la mitad o en la mitad superior; dientes poco numerosos en el borde de la hoja, distantes entre sí y romos . . . SOLANACEAE *(Saracha)*

GRUPO IX
PLANTAS TERRESTRES, HERBACEAS NO TREPADORAS, TALLOS BLANDOS O NO LEÑOSOS: HOJAS COMPUESTAS, ALTERNAS O BASALES

1. a. Todas las hojas nacen en la base de la planta 2

1a

b. Por lo menos algunas de las hojas dispuestas alternadamente sobre el tallo . 4

1b

2. a. Las divisiones de las hojas (folíolos) en número de 16-31, las cuales aparecen a diferentes niveles del eje foliar (raquis) . . . . ROSACEAE *(Acaena)*

b. Hojas con solamente 3 folíolos naciendo en el ápice del pecíolo 3

3. a. Dientes presentes en los márgenes de las hojas . . . . ROSACEAE

b. Dientes ausentes en los márgenes de las hojas . . . . OXALIDACEAE

4. a. Hojas con 2 divisiones grandes . . . . . CYCLANTHACEAE *(Cyclanthus)*

4a

b. Hojas con 3 divisiones (folíolos) o más 5

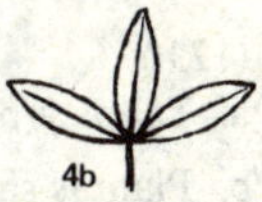

4b

5. a. Hojas con sólo 3 folíolos 6

b. Hojas con desde 4 hasta muchos folíolos 12

6. a. Hojas con dientes en los márgenes 7

b. Hojas sin dientes en los márgenes 8

7. a. Dientes muy diminutos; flores en cabezuelas densas . . . LEGUMINOSAE *(Trifolium)*

b. Dientes conspicuos; flores no dispuestas en cabezuelas densas . ROSACEAE

8. a. Espinas pequeñas usualmente presentes en el tallo o en la base del eje que soporta la hoja (pecíolo) . . . . CAPPARACEAE *(Cleome parviflora)*

b. Espinas ausentes en la planta 9

9. a. Base del eje que soporta la hoja (pecíolo) con un par de apéndices (estípulas) adicionales, los cuales pueden ser como pelos o tener la apariencia de brácteas en forma de hojas diminutas . . . . LEGUMINOSAE

b. Base del pecíolo sin ningún apéndice (estípula) 10

10. a. Hojas con el ápice redondeado o a lo más con una punta corta, pequeñas, 1-3,5 (–5,5) cm de largo . . . . OXALIDACEAE

b. Hojas con el ápice alargado, grandes, 7-20 cm de largo 11

11. a. Cada una de las divisiones de las hojas (folíolos) posee un eje individual de soporte (peciólulo) . . . . SOLANACEAE

b. Solamente un folíolo (el central) tiene peciólulo . . . . . TOVARIACEAE

12. (5.b)

a. Todas las divisiones de las hojas (folíolos) nacen en el mismo punto al final del eje principal (pecíolo) 13

12a

b. Todos los folíolos nacen a diferentes niveles a lo largo del pecíolo 16

12b

13. a. Tallos espinosos . . . . LEGUMINOSAE *(Mimosa)*

b. Tallos sin espinas 14

14. a. Folíolos con dientes en los márgenes . . . . . UMBELLIFERAE *(Sanicula)*

b. Folíolos sin dientes en los márgenes 15

15. a. Flores azul-púrpura con blanco y amarillo, y en forma de mariposa . . . . . LEGUMINOSAE *(Lupinus)*

b. Flores blancas o verde y púrpura, no con forma de mariposa . . . . CAPPARACEAE

16. (12.b)

a. Tallos y/o pecíolos espinosos . . . . LEGUMINOSAE *(Schrankia)*

b. Plantas sin espinas 17

17. a. Folíolos, por lo menos los que se encuentran en la mitad superior de la planta, todos finos y como pelos o hilos 18

b. Folíolos, ni como hilos ni como pelos, sin embargo, con frecuencia son muy angostos 21

18. a. Flores amarillas en el centro, rodeadas por proyecciones lineares blancas parecidas a pétalos . . . . COMPOSITAE *(Matricaria)*

b. Toda la flor blanca 19

19. a. Flores de color lavanda o rosadas, naciendo una sola del lado del tallo . . . . CONVOLVULACEAE *(Ipomoea capillacea)*

b. Flores blancas, numerosas y dispuestas en una inflorescencia situada en el ápice del tallo 20

20. a. Folíolos unidos en la base misma al eje central (raquis) por una banda foliácea angosta; lo que aparenta ser una sola flor es, en realidad, una cabezuela conteniendo muchas flores diminutas, totalmente rodeadas por una serie externa de brácteas angostas (involucro) . . . . . COMPOSITAE *(Achillea)*

b. Folíolos todos separados unos de otros, sin una banda foliácea a lo largo del eje central (raquis) de la hoja; cada flor es una sola unidad, no rodeada por un involucro externo de brácteas angostas . . . . UMBELLIFERAE

21. a. Lo que aparenta ser una sola flor es en realidad una cabezuela compuesta por pocas hasta muchas flores diminutas, totalmente rodeadas por una serie de brácteas o escamas (involucro); anteras unidas en un tubo; flores individuales sin la parte externa verde de la flor (cáliz) . . . . . COMPOSITAE

b. Cada una de las flores forma una sola unidad; no está rodeada por una serie de brácteas o escamas (involucro) 22

22. a. Los folíolos más grandes miden 3-20 cm de largo . . . . . SOLANACEAE

b. Los folíolos más largos miden solamente entre 0,2 y 2,5 cm 23

23. a. Cuatro pétalos, todos iguales . . . . CRUCIFERAE

b. Cinco pétalos, algunos de ellos desiguales o diferentes en tamaño y forma LEGUMINOSAE

GRUPO X

PLANTAS TERRESTRES, HERBACEAS NO TREPADORAS, CON TALLOS BLANDOS NO LEÑOSOS; HOJAS SIMPLES, TODAS BASALES O TODAS APICALES

1. a. Todas las hojas angostamente cilíndricas, en forma de agujas, completamente cerradas 2

   b. Hojas usualmente con una superficie ancha y plana, pero, si tienen forma de aguja, entonces por lo menos abiertas de un lado 3

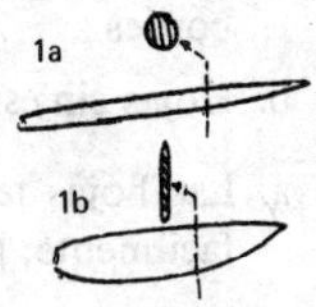

1a 1b

2. a. La inflorescencia se origina en el ápice del tallo . . . . CYPERACEAE *(Eleocharis)*

   b. La inflorescencia se origina a los lados del tallo . . . . JUNCACEAE

3. a. Hojas muy grandes y anchas adquiriendo forma de abanico, o casi o completamente cortadas hasta la base, formando 2 segmentos . . . . CYCLANTHACEAE

   b. Hojas sin forma de abanico ni bifurcadas en 2 segmentos 4

4. a. Espinas en la base de la planta, pero no sobre sus hojas; plantas sin hojas durante el período de floración, sin flores cuando hay hojas . . . . BROMELIACEAE *(Pitcairnia heterophylla)*

   b. Diferente a como se indica arriba; si las espinas están presentes, se encontrarán en los márgenes de las hojas y en el ápice de las mismas 5

5. a. Planta con jugo lechoso (látex) (romper hojas y pecíolos) 6

   b. Planta sin látex 8

6. a. Hojas muy grandes, 10-21 cm de ancho, situadas por arriba del suelo sobre un tallo erecto . . . . ARACEAE *(Dieffenbachia)*

   b. Hojas mucho más angostas, permaneciendo cerca del suelo y sobre un tallo más corto que en el caso anterior 7

7. a. Hojas más largas que anchas, los lados con muchos dientes pronunciados; flores amarillas; semillas con un penacho o pelos en forma de sombrilla COMPOSITAE *(Taraxacum)*

   b. Hojas diferentes a como se indica arriba; flores verdes, dispuestas en una base plana y cuadrangular; semillas sin pelos . . . MORACEAE *(Dorstenia)*

8. a. Eje que soporta la hoja (pecíolo) conectado a la hoja entre la base y el centro de la misma . . . . ARACEAE *(Caladium)*

   b. Pecíolo conectado a la hoja en la base misma de ella 9

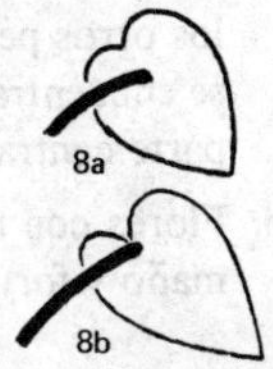

8a 8b

9. a. Hojas con forma de flecha . . . . ARACEAE *(Xanthosoma)*

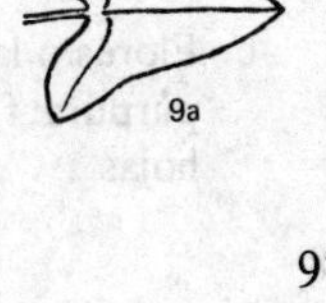

9a

   b. Hojas no en forma de flecha 10

10. a. Hojas con forma de corazón (con la base redondeada y prolongada en cada lado) . . . . ARACEAE *(Anthurium)*

b. Hojas diferentes a como se indica arriba 11

11. a. Hojas con ápice espinoso y con espinas o dientes agudos o ganchos en los bordes 12

b. Hojas sin espinas ni dientes agudos o ganchos en los bordes 13

12. a. Las hojas terminan en una espina dura y firme, no se doblan ni se parten fácilmente; hojas muy gruesas y carnosas . . . . . . AMARYLLIDACEAE

b. Las hojas terminan en una espina más suave y más flexible, y se doblan o se parten con facilidad; hojas menos carnosas y menos gruesas . . . . BROMELIACEAE *(Greigia)*

13. a. Los nervios laterales nacen del nervio medio en diferentes niveles 14

b. Todos los nervios nacen en o cerca de la base de la hoja, o se disponen a lo largo paralelos entre sí o por el contrario no visibles 17

14. a. Bordes de las hojas con dientes inconspicuos, romos, toscos, o irregulares COMPOSITAE *(Chaptalia)*

b. Bordes de las hojas sin dientes 15

15. a. Hojas sin pelos en ninguna de sus caras; hojas en promedio mucho más largas que 2-14 cm . . . . ARACEAE

b. Hojas con pelos en una o ambas superficies; hojas 2-14 cm de largo . . . 16

16. a. Hojas 7-14 cm de largo; 7-10 nervios laterales en cada lado del nervio medio . . . . ACANTHACEAE *(Stenandrium)*

b. Hojas más pequeñas, 2-7 cm de largo; 5-7 nervios laterales en cada lado del nervio medio . . . . GESNERIACEAE *(Koellikeria)*

17. a. Todos los nervios principales surgen de la base misma de la hoja pero no están paralelos entre sí . . . . PLANTAGINACEAE

b. Todos los nervios se disponen a lo largo de la hoja más o menos paralelos entre sí 18

18. a. Hojas ni lineares ni como de gramíneas 19

b. Todas las hojas lineares o como de gramíneas 21

19. a. Flores por lo menos con un pétalo (el labelo) diferente en tamaño y forma a los otros pétalos; raíces usualmente carnosas y parecidas a gusanos (cuando se encuentran en la tierra), o con un tejido esponjoso rodeando la endurecida parte central (cuando no se encuentran en la tierra) . . . . ORCHIDACEAE

19a

b. Flores con todos los pétalos, o las partes semejantes a pétalos, iguales en tamaño y forma o casi iguales 20

19b

20. a. Flores blancas, muy grandes; todas las flores nacen en el ápice de un tallo sin hojas . . . . AMARYLLIDACEAE

b. Flores o las brácteas que las rodean, rosadas, azules, purpúreas o verde con púrpura; flores dispersas en diferentes niveles, por lo general sobre tallos con hojas . . . . BROMELIACEAE *(Guzmania, Pitcairnia)*

21. a. Flores vistosas, azules, purpúreas, rojas, amarillas, blancas o, si son pequeñas, entonces por lo menos con los pétalos, o las partes que parecen pétalos, evidentes 22

b. Flores verdes, marrones o de color pajizo, pero si tienen otros colores, entonces sin pétalos, o partes que semejan pétalos, evidentes 24

22. a. Tres estambres . . . . IRIDACEAE

b. Seis estambres 23

23. a. Ovario y fruto situados debajo (ínfero) de la base de las otras partes de la flor . . . . AMARYLLIDACEAE

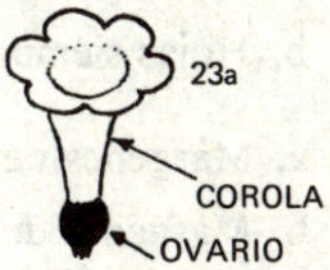

b. Ovario y fruto situados arriba (súpero) de la base de las otras partes de la flor . . . . LILIACEAE

24. a. Base de la vaina de la hoja usualmente abierta de un lado; base de la hoja misma con un apéndice (lígula) en forma de pelos o de membrana delgada, conectado internamente . . . . GRAMINEAE

b. Base de la vaina de la hoja usualmente cerrada en todos los lados, encerrando apretadamente al tallo; ningún apéndice (lígula) conectado internamente en la base de la hoja misma . . . . CYPERACEAE

GRUPO XI
PLANTAS TERRESTRES, TREPADORAS CON HOJAS SIMPLES, OPUESTAS

1. a. Todos los nervios laterales principales nacen en o cerca de la base de la hoja 2

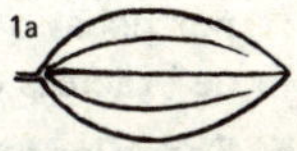

b. Los nervios laterales principales nacen en diferentes niveles del nervio medio 5

2. a. Hojas en forma de flecha, el tejido de la hoja formando un borde o ala a lo largo del eje que soporta la hoja (pecíolo) ACANTHACEAE *(Thunbergia)*

b. Hojas diferentes a como se indica arriba 3

3. a. Lo que parece ser una flor es, en realidad, una cabezuela formada por pocas hasta muchas flores diminutas, el conjunto rodeado por una serie de brácteas o escamas; estambres unidos en un tubo . . COMPOSITAE

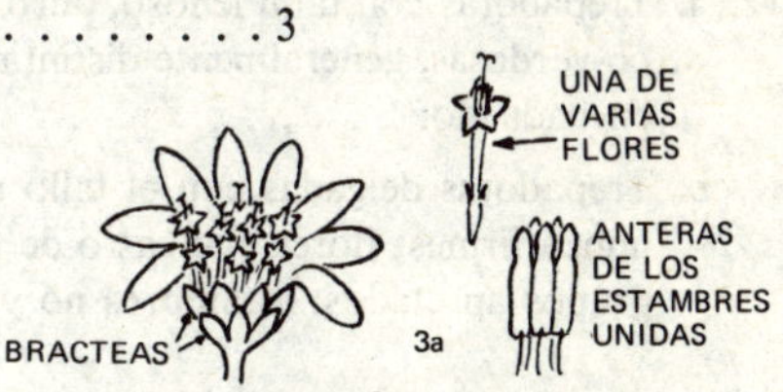

b. Cada una de las flores es una sola unidad y no está rodeada por una serie de escamas o brácteas, ni los estambres están unidos 4

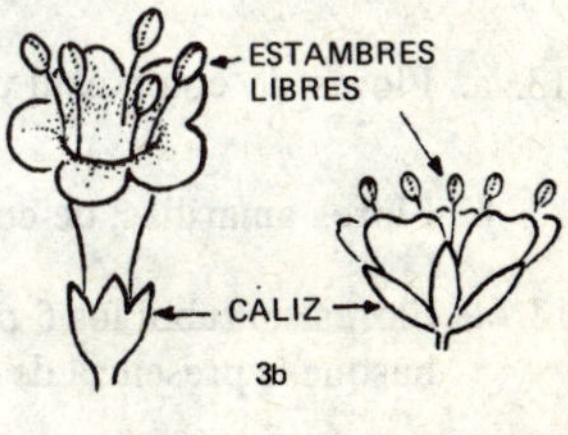

4. a. Tallos blandos y delgados, se rompen con facilidad; los nervios laterales principales nacen por encima de la base de la hoja . . . VALERIANACEAE

b. Tallos leñosos, duros de romper; los nervios laterales principales nacen en la base verdadera de la hoja . . . . LOGANIACEAE

5. (1.b)

a. Hojas o las partes parecidas a hojas dispuestas en círculos de 4 o más en el tallo . . . . RUBIACEAE *(Relbunium)*

b. Hojas siempre en pares (dos en cada nudo) o en círculos de 3 6

6. a. Márgenes de las hojas con dientes . . . . CAMPANULACEAE

b. Márgenes de las hojas sin dientes 7

7. a. Un apéndice (estípula) pequeño y verde uniendo las bases de los ejes que soportan las hojas (pecíolos) . . . . RUBIACEAE

b. Ningún apéndice (estípula) uniendo las bases de los pecíolos 8

8. a. Jugo lechoso (látex) presente en tallos y hojas (romper tallo u hojas) 9

b. Látex ausente 10

9. a. Flores con un tubo más largo que ancho; semillas con pelos largos de color marrón, marrón-anaranjado o marrón-amarillo; semillas mucho más largas que anchas, de forma angosta . . . . APOCYNACEAE

b. Flores sin tubo alargado; semillas con pelos largos blancos; semillas en forma de huevo u oblongas, solamente algo más largas que anchas . . . . . . ASCLEPIADACEAE

10. a. Lo que aparenta ser una sola flor es, en realidad, una cabezuela compuesta por pocas o muchas flores más pequeñas, el conjunto rodeado por una serie de brácteas o escamas; estambres unidos en un tubo . . . . COMPOSITAE

b. Cada flor forma una sola unidad, no está rodeada por una serie de brácteas o escamas ni tiene los estambres unidos en un tubo 11

11. a. Flores no vistosas, de color pajizo, verdosas o blancuzcas 12

b. Flores vistosas, amarillas, crema, azul-púrpura, rosado o rosado claro . . 13

12. a. Trepadoras con tallo leñoso, duro y tieso; hojas gruesas, firmes; flores blanco-verdosas, generalmente distintas y separadas entre sí; 3 estambres visibles en cada flor . . . . HIPPOCRATEACEAE

b. Trepadoras delgadas con el tallo más bien blando; hojas delgadas y suaves, nunca firmes; flores blancas o de color pajizo, usualmente en manojos o en grupos apretados; estambres no visibles en cada flor (inclusos) . . . . AMARANTHACEAE

13. a. Flores de color azul-púrpura, dispuestas en inflorescencias muy alargadas VERBENACEAE *(Petrea)*

b. Flores amarillas, de color crema, rosadas o rosado claro 14

14. a. Flores sin tubo, los 5 pétalos ancha e igualmente extendidos; frutos con alas; busque la presencia de un tipo peculiar de pelos, que están unidos en el centro

y extendidos en 2 direcciones opuestas, y que se hallan adheridos a la superficie del tallo u hoja (usar lupa) . . . . MALPIGHIACEAE

b. Flores con un tubo largo el cual se divide en 2 partes principales; frutos sin alas; los pelos no son como en el caso anterior . . . . CAPRIFOLIACEAE

GRUPO XII
PLANTAS TREPADORAS CON HOJAS COMPUESTAS Y OPUESTAS

1. a. Hojas con bordes dentados . . . . COMPOSITAE *(Bidens)*
   b. Hojas sin bordes dentados 2

2. a. Hojas con 5 divisiones (folíolos) . . . . . RANUNCULACEAE *(Clematis)*
   b. Hojas con 2-3 divisiones (folíolos) 3

3. a. Flores con forma de embudo o tubulares; frutos o semillas sin colas sedosas o plumosas . . . . BIGNONIACEAE
   b. Flores sin forma de embudo o tubulares; frutos o semillas con colas sedosas o plumosas . . . . RANUNCULACEAE *(Clematis)*

GRUPO XIII
PLANTAS TREPADORAS CON HOJAS ALTERNAS Y SIMPLES

1. a. Plantas con esporas marrones o negras, dispuestas en la parte inferior (envés) de las hojas o las esporas en ejes desarrollados separadamente; estas plantas nunca tienen flores ni frutos . . . . HELECHOS
   b. Plantas con flores o frutos, pero sin esporas 2

2. a. Plantas con espinas en algunas partes del tallo o ramas 3
   b. Plantas sin espinas 6

3. a. Todos los nervios principales nacen en la base de la hoja . . . . LILIACEAE *(Smilax)*

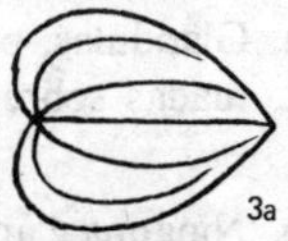

3a

   b. Algunos de los nervios nacen en diferentes niveles del nervio central 4

3b

4. a. Tallos y hojas con pelos . . . . SOLANACEAE *(Solanum)*
   b. Tallos y hojas sin pelos 5

5. a. Inflorescencia muy vistosa, con 3 brácteas grandes de color vistoso rodeando las 3 pequeñas flores; espinas prominentes frecuentes . . . . NYCTAGINACEAE *(Bougainvillea)*
   b. Inflorescencia sin colores vistosos, y con muchas flores pequeñas dispuestas en un eje (raquis) alargado; espinas no prominentes, pocas y dispersas . . . . PHYTOLACCACEAE

6. (2.b)

a. Todas las hojas como las de las gramíneas, muy angostas o muchas veces más largas que anchas, con todos los nervios dispuestos a lo largo de las hojas rectos y paralelos . . . . GRAMINEAE

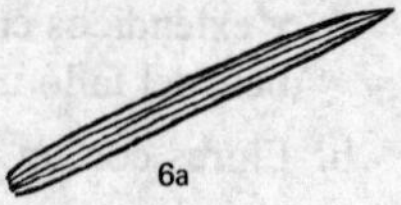
6a

b. Hojas diferentes a como se indica arriba 7

7. a. El eje que soporta la hoja (pecíolo) se une a la parte verde (lámina) cerca del centro de la hoja 8

7a

b. El pecíolo se une a la lámina de la hoja cerca o inmediatamente en la base de la misma 9

7b

8. a. Hojas con 2 lóbulos apuntando en diferentes direcciones . . . . PASSIFLORACEAE *(Passiflora coriacea)*

b. Hojas sin lóbulos . . . . TROPAEOLACEAE

9. a. El pecíolo se une a la parte verde (lámina) de la hoja inmediatamente arriba de la base misma de la hoja . . . . . . MENISPERMACEAE *(Cissampelos)*

b. El pecíolo se une a la parte verde (lámina) de la hoja exactamente en la base 10

10. a. Hojas o con dientes o con 2 o más lóbulos en alguna parte del borde . . . 11

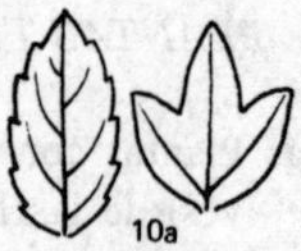
10a

b. Hojas sin dientes ni lóbulos 23

10b

11. a. Todos los nervios principales nacen en la base misma de la hoja 12

b. Algunos de los nervios nacen en varios niveles del nervio central 15

12. a. Glándulas, pedunculadas o no, en forma de copa, redondas u ovaladas, situadas sobre el pecíolo o cerca de la base del envés de la hoja . . . . PASSIFLORACEAE

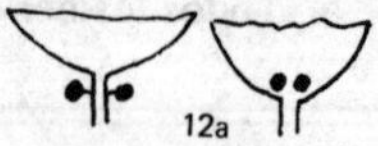
12a

b. Ninguna glándula como las que se describen anteriormente se encuentra en el pecíolo o en la parte inferior de la hoja (envés) 13

13. a. Apéndices (zarcillos) alargados, enrollados o retorcidos unidos a alguna parte de la planta . . . . CUCURBITACEAE

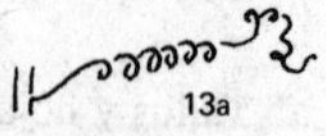
13a

b. Ningún apéndice (zarcillo) ni enrollado ni retorcido presente 14

14. a. Las hojas se pegan con facilidad a la ropa o piel . LOASACEAE *(Gronovia)*

b. Las hojas no se pegan con facilidad a la ropa o piel . . DIOSCOREACEAE

15. a. Apéndices (zarcillos) alargados, enrollados o retorcidos unidos a alguna parte de la planta 16

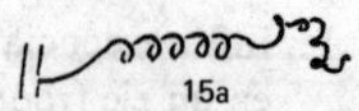
15a

b. Ningún apéndice (zarcillo) ni enrollado ni alargado presente 17

16. a. La inflorescencia nace del lado opuesto al eje que soporta la hoja (pecíolo); fruto carnoso . . . . VITACEAE

b. La inflorescencia nace en el mismo lado del pecíolo e inmediatamente encima de su unión con el tallo . . . . RHAMNACEAE

17. a. Hojas con lóbulos grandes 18

17a

b. Hojas solamente con dientes someros (inconspicuos) 19

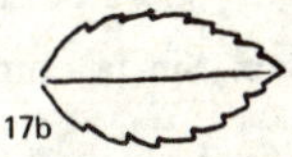
17b

18. a. Hojas grandes, gruesas y carnosas o coriáceas; flores no amarillas . . . . . ARACEAE

b. Hojas pequeñas o medianas; flores amarillas . . . . CONVOLVULACEAE

19. a. Plantas completamente sin pelos (glabras) 20

b. Plantas con pelos en el tallo y/u hojas 21

20. a. Hojas con dientes escasos e inconspicuos en los bordes; nervios laterales principales solamente 2-3 en cada lado; flores sin un tubo largo . . . . BEGONIACEAE

b. Hojas con dientes numerosos y conspicuos en los bordes; nervios laterales principales 6-12 en cada lado; flores con un tubo alargado . . . . CAMPANULACEAE (*Siphocampylus*)

21. a. Flores con un tubo alargado dividido en la parte superior; flores color rosado-rojo, rosado claro o rosado-púrpura y blanco; planta con jugo lechoso (látex) . . . . CAMPANULACEAE (*Siphocampylus*)

b. Diferente a como se indica arriba 22

22. a. Flores vistosas, amarillo-anaranjadas; lo que aparenta ser una sola flor es en realidad una cabezuela formada por muchas flores diminutas, el conjunto rodeado por una serie de brácteas o escamas (involucro); anteras unidas en un tubo . . . . COMPOSITAE (*Pseudogynoxys*)

b. Flores inconspicuas, verdosas; cada flor forma una sola unidad; anteras no unidas en un tubo . . . . EUPHORBIACEAE (*Tragia*)

23. (10.b)

a. Nervios laterales apenas visibles o no visibles en el grosor del tejido de la hoja . . . . MARCGRAVIACEAE

b. Nervios laterales de la hoja visibles 24

24. a. Todos los nervios principales nacen en la base misma de la hoja 25

b. Algunos nervios nacen en diferentes niveles del nervio central arriba de la base misma de la hoja 29

25. a. Los nervios ubicados en la base de la hoja están dispuestos en forma paralela y corren en líneas casi rectas y longitudinales 26

25a
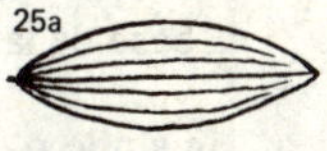

b. Los nervios se extienden desde la base de la hoja en varias direcciones y no están dispuestos rectos o paralelos longitudinalmente entre sí 27

25b
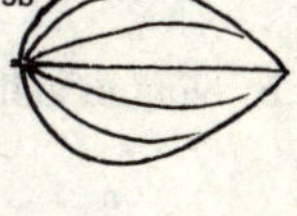

26. a. Hojas más bien delgadas; todos los ejes que soportan las flores (pedicelos) nacen juntos desde un mismo punto del eje principal que los soporta (pedúnculo) . . . . AMARYLLIDACEAE *(Bomarea)*

b. Hojas gruesas o como de cuero (coriáceas); los pedicelos nacen separadamente o en diferentes niveles del pedúnculo . . . . ORCHIDACEAE

27. a. Una porción engrosada o un apéndice presente en la base del eje que soporta la hoja (pecíolo) en su unión con el tallo principal; hojas dispuestas en 2 filas sobre el tallo . . . . LILIACEAE *(Smilax)*

b. Sin la combinación de caracteres indicados arriba 28

28. a. Los nervios principales ni prominentes ni elevados en la parte inferior de la hoja (envés); eje que soporta la hoja (pecíolo), por lo general, ligeramente hinchado en la unión con la parte verde (lámina) de la hoja; algunas veces hay apéndices alargados, enrollados o retorcidos (zarcillos); fruto carnoso MENISPERMACEAE

b. Los nervios principales usualmente elevados y prominentes en el envés; pecíolo no hinchado en la parte que se une a la lámina de la hoja; apéndices (zarcillos) alargados, enrollados o retorcidos siempre presentes; fruto seco y alado . . . . DIOSCOREACEAE

29. (24.b)

a. Apéndices (zarcillos) enrollados o retorcidos unidos a alguna parte de la planta 30

b. Sin apéndices (zarcillos) enrollados ni retorcidos 31

30. a. Tallos con articulaciones (nudos) engrosadas; flores inconspicuas, blanco-verdosas; inflorescencia plana, todos los pedicelos extendidos desde un punto central; el eje que soporta la inflorescencia (pedúnculo) y el zarcillo nacen del lado del tallo opuesto al eje que soporta la hoja (pecíolo) . . . . VITACEAE *(Cissus)*

b. Tallos sin articulaciones (nudos) engrosadas; inflorescencia alargada con flores conspicuamente blancas o rosadas; el pedúnculo nace en la axila de la hoja en el mismo lado que el pecíolo; con frecuencia hay zarcillos en el ápice del raquis . . . . POLYGONACEAE *(Antigonon)*

31. a. Una membrana tubular, delgada (vaina de una estípula u ócrea) rodea al tallo justamente arriba del eje que soporta la hoja (pecíolo) . . . . POLYGONACEAE *(Muehlenbeckia)*

b. Ninguna membrana tubular rodea al tallo arriba del pecíolo 32

32. a. 3-5 o más nervios nacen en la base misma de la hoja, pero otros nervios nacen arriba de la base de la hoja 33

b. Todos los nervios principales están esparcidos a diferentes niveles arriba de la base de la hoja, la hoja no aparenta ser 3-5 nervada en la base 34

33. a. Un anillo o una cicatriz circular rodea al tallo en la base de cada pecíolo . . . ARISTOLOCHIACEAE

b. Ningún anillo ni cicatriz circular rodea al tallo en la base de cada pecíolo . . MENISPERMACEAE

34. a. Apéndice pequeño (estípula) en forma de hoja en la base del pecíolo . . . . . BEGONIACEAE

34a

b. Ningún apéndice pequeño (estípula) en la base del pecíolo 35

35. a. Hojas y tallos evidentemente peludos . . BORAGINACEAE *(Tournefortia)*

b. Hojas y tallos sin pelos (glabros) 36

36. a. Flores en forma de mariposa con los pétalos de forma irregular; fruto con alas; glándulas redondas, diminutas, presentes en la base del eje que soporta la hoja (pecíolo) . . . . POLYGALACEAE *(Securidaca)*

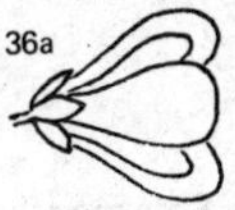
36a

b. Flores diferentes a como se indica arriba; fruto sin alas; ninguna glándula presente en la base del pecíolo 37

37. a. Nervios laterales ligeramente visibles en la hoja espesa; alguna parte de la inflorescencia o de la flor con forma de capucha o cuchara o una estructura hinchada (nectario) . . . . MARCGRAVIACEAE

b. Sin la combinación de caracteres indicados arriba 38

38. a. Flores con un tubo alargado, vistoso y coloreado 39

b. Flores, si son vistosas, entonces sin el tubo alargado y sin coloración conspicua 40

39. a. Tubo de la flor en forma de embudo o de trompeta angosta; hojas con frecuencia tan anchas como largas o sólo ligeramente más largas que anchas; tallos no leñosos, algunas veces mostrando jugo lechoso (látex) al ser partidos . . . . CONVOLVULACEAE

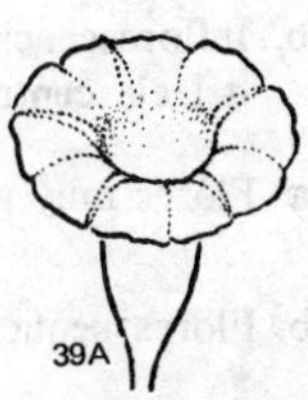
39A

b. Tubo de las flores muy angosto, cilíndrico o en forma de barril; hojas conspicuamente más largas que anchas; tallos leñosos que nunca muestran jugo lechoso (látex) . . . . ERICACEAE

39b

40. a. Flores inconspicuas, todas de color de la paja o blanco-verdosas, dispuestas en pequeños manojos densos sobre ejes alargados ramificados . . . . . . AMARANTHACEAE

b. Flores usualmente conspicuas, no del color de la paja; si son pequeñas e inconspicuas, entonces no dispuestas sobre ejes alargados ramificados . . . 41

41. a. Flores numerosas dispuestas en una inflorescencia mucho más ancha que larga . . . . BORAGINACEAE *(Tournefortia)*

b. Flores solitarias o pocas, o si numerosas, entonces la inflorescencia más larga que ancha 42

42. a. La parte coloreada de la flor (corola) con márgenes obviamente segmentados (lóbulos); tallos y hojas usualmente sin pelos . . . SOLANACEAE *(Solanum)*

b. La parte coloreada de la flor (corola) generalmente no segmentada; tallos y hojas usualmente más o menos peludos . . . . CONVOLVULACEAE *(Jacquemontia)*

GRUPO XIV
PLANTAS TREPADORAS CON HOJAS COMPUESTAS Y ALTERNAS

1. a. Bordes de las divisiones de la hoja (folíolos) con dientes o lóbulos 2

1a

b. Bordes de los folíolos sin dientes o lóbulos 6

1b

2. a. Solamente 3 folíolos presentes 3
b. 5-7 folíolos presentes 5

3. a. Todos los nervios principales de cada folíolo comienzan en la base misma del folíolo . . . . DIOSCOREACEAE
b. Los nervios principales de cada folíolo nacen en niveles diferentes del nervio central 4

4. a. Inflorescencia mucho más ancha que larga, con todos los ejes (pedicelos) naciendo desde el mismo punto central, semejantes a los rayos de una sombrilla . . . . VITACEAE
b. Inflorescencia más larga que ancha, los ejes dispuestos en diferentes niveles del eje central (raquis) . . . . SAPINDACEAE

5. a. Flores muy grandes y solitarias; hojas muy delgadas . PASSIFLORACEAE *(Passiflora pedata)*
b. Flores pequeñas y/o numerosas; hojas firmes y más gruesas . . . . SAPINDACEAE

6. (2.b)
a. Cada uno de los folíolos con 3 nervios principales naciendo en o muy cerca de la base misma 7
b. Cada uno de los folíolos con los nervios laterales dispuestos en varios niveles del nervio central 8

7. a. Proyecciones (estípulas y estipelas) diminutas o prominentes, en forma de hoja, usualmente presentes en la base del eje principal que soporta la hoja (pecíolo) o en la base de los segmentos separados (folíolos); flores de forma irregular, semejantes a mariposas, con 5 pétalos desiguales y 5 segmentos del cáliz . . . . LEGUMINOSAE *(Papilionaceae)*

7a

b. Ninguna proyección (estípula o estipelas) presente; flores de forma simétrica, diminutas, con 6 segmentos iguales extendidos . . . DIOSCOREACEAE

8. a. 4 o más folíolos presentes 9
b. Solamente 3 folíolos presentes 14

9. a. Todos los folíolos de las hojas o sus ejes (peciólulos) empiezan desde el mismo punto central en el ápice del eje principal que soporta la hoja (pecíolo) 10

9a

b. 2 ó 3 pares de folíolos nacen en niveles diferentes del eje central de la hoja (raquis) 11

9b

10. a. Hojas delgadas; folíolos menores de 10 cm de largo, sin peciólulos individuales (sésiles) . . . . CONVOLVULACEAE *(Merremia)*

b. Hojas gruesas o como de cuero (coriáceas); folíolos de más de 10 cm de largo, con peciólulos individuales . . . . . . ARACEAE *(Anthurium digitatum)*

11. a. Un apéndice (zarcillo) enrollado conectado al ápice del eje que soporta la hoja (pecíolo) . . . . POLEMONIACEAE

11a

b. Ningún apéndice (zarcillo) enrollado conectado al ápice del pecíolo 12

12. a. Proyecciones (estípulas o estipelas) diminutas en forma de brácteas usualmente presentes en la base del eje principal que soporta la hoja (pecíolo); flores generalmente amarillas o anaranjadas con forma irregular de mariposa, con 5 pétalos desiguales . . . . . . LEGUMINOSAE *(Papilionaceae)*

b. Ninguna proyección (estípula) presente en la base del pecíolo; flores de forma simétrica, con los pétalos o lóbulos iguales 13

13. a. Divisiones de las hojas (folíolos) con una punta corta hasta larga . . . . SOLANACEAE

b. Folíolos redondeados o anchamente encorvados en el ápice . . . . CONNARACEAE

14. (8.b)

a. Apéndices (zarcillos) delgados, enrollados, usualmente presentes en el tallo o en la base de la inflorescencia; proyecciones (estípulas) diminutas ausentes en la base del eje que soporta la hoja (pecíolo) . . . . SAPINDACEAE

b. Apéndices (zarcillos) delgados, enrollados ausentes en el tallo o inflorescencia; proyecciones (estípulas o estipelas) diminutas, usualmente presentes en la base del pecíolo o en la base de los ejes que soportan los folíolos (peciólulos) . . . . LEGUMINOSAE *(Papilionaceae)*

GRUPO XV
ARBOLES, ARBUSTOS O PLANTAS LEÑOSAS EN LA BASE, CON HOJAS SIMPLES Y OPUESTAS

1. a. Bordes de las hojas con dientes o con lóbulos 2

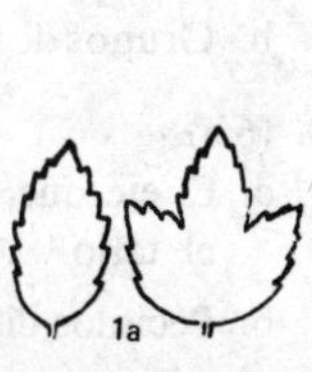

1a

b. Bordes de las hojas sin dientes ni lóbulos 12

1b

2. a. Bordes de las hojas inferiores con 3-5 lóbulos grandes . . . COMPOSITAE

b. Hojas con los bordes solamente dentados, pero no lobulados 3

3. a. Hojas con 3 o más nervios principales naciendo desde o cerca de la base de la hoja 4

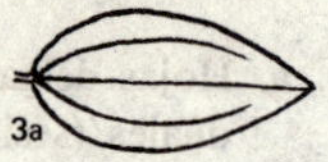
3a

b. Hojas con los nervios laterales principales naciendo en diferentes niveles del nervio central 5

3b

4. a. Lo que parece ser una sola flor es en realidad una cabezuela compuesta por varias hasta numerosas flores diminutas, en conjunto completamente rodeadas por 1 o más series de brácteas o escamas; anteras unidas en un tubo . . . . COMPOSITAE

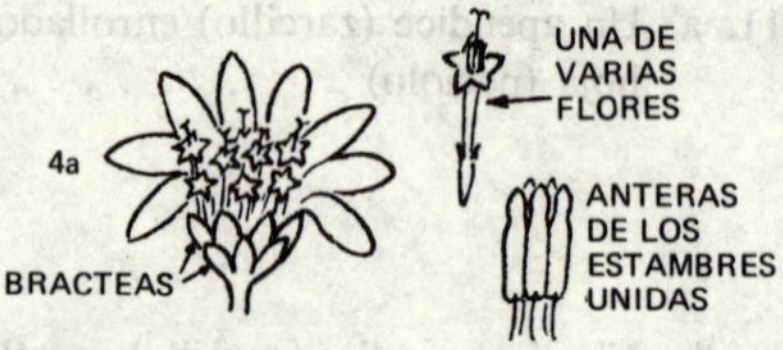

4a

b. Todas las flores distintas, cada una forma una sola unidad, no rodeadas por brácteas; anteras no unidas . MELASTOMATACEAE

5. a. Flores contenidas dentro de una cavidad en forma de campana o copa; fruto rojizo . . . . MONIMIACEAE

b. Flores y frutos diferentes a como se indica arriba 6

6. a. Flores agrupadas en densas cabezuelas 7

b. Flores no agrupadas en densas cabezuelas 10

7. a. Ningún cáliz verde presente alrededor de cada una de las flores de la cabezuela (romper la cabezuela de flores); estambres unidos en un tubo . . . . COMPOSITAE

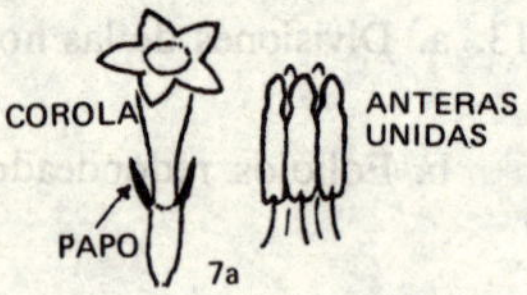

7a

b. Cada flor de la cabezuela con un cáliz verde externo; estambres no unidos en un tubo 8

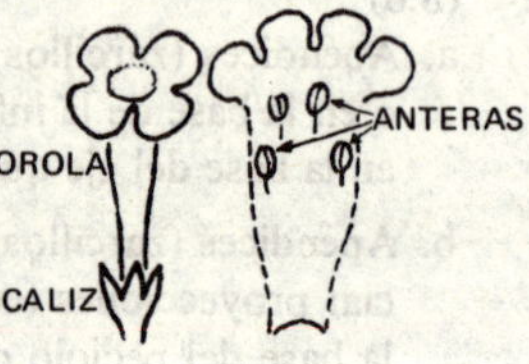

8. a. Una sola cabezuela de flores en el extremo de un eje floral (pedúnculo) o frutal no ramificado . . . . VERBENACEAE

b. Numerosas cabezuelas de flores dispuestas sobre un eje floral o frutal ramificado 9

9. a. Grupos de flores sin ejes (sésiles) y dispuestos verticalmente en filas, uno encima del otro . . . . LOGANIACEAE (*Buddleia*)

b. Grupos de flores con ejes (pedunculadas) . VERBENACEAE (*Lippia hirsuta*)

10. (6.b)

a. El eje que soporta la hoja (pecíolo) nace de un ensanchamiento tubular en el tallo . . . . CHLORANTHACEAE

b. Pecíolos diferentes a como se indica arriba 11

11. a. Tallos cuadrangulares (de forma cuadrada en corte transversal); flores rojas o blancas . . . . LABIATAE

b. Tallos irregularmente costillados o redondeados en los lados, nunca cuadrados en corte transversal (sin 4 ángulos); flores amarillas . . . .
GESNERIACEAE *(Besleria labiosa)*

12. (1.b)

a. Hojas con 3 o más nervios principales naciendo en o cerca de la base de la hoja 13

b. Hojas solamente con el nervio central, o con los nervios laterales naciendo en diferentes niveles a lo largo del nervio central 14

13. a. Lo que parece ser una sola f%or es en realidad una cabezuela compuesta por varias hasta numerosas flores diminutas, en conjunto rodeadas por 1 o más series de brácteas foliares; anteras unieas en un tubo . . . . COMPOSITAE

b. Todas las flores separadas entre sí, cada una forma una sola unidad completa, no rodeada por brácteas foliares; anteras no unidas . . . .
MELASTOMATACEAE

14. a. Cara inferior de las hojas (envés) con puntos pequeños y oscuros 15

b. Envés de las hojas sin puntos pequeños y oscuros 19

15. a. Hojas muy pequeñas, 1-5 mm de ancho, 10-15 mm de largo 16

b. Hojas mucho más anchas y mucho más largas 17

16. a. Arboles cultivados; hojas 1-2 mm de ancho, angostamente lineares (del mismo ancho a todo lo largo); flores blancas . . . . MYRTACEAE *(Melaleuca)*

b. Planta pequeña, leñosa, nativa; hojas más anchas, 2-5 mm de ancho, no lineares; flores amarillas . . . . GUTTIFERAE *(Hypericum)*

17. a. Hojas y tallos con fragancia de especias al ser trituradas; hojas con puntos translúcidos, claros y redondos (usar lupa) . . . . MYRTACEAE

b. Hojas y tallos sin fragancia de especias al ser trituradas; hojas sin puntos translúcidos claros y redondos (usar lupa) 18

18. a. Lado inferior de las hojas (envés) con nervios laterales evidentes; flores rojas; todas las flores dispuestas en grupos cortos sólo a lo largo de los tallos
LYTHRACEAE *(Pehria)*

b. Lado inferior de las hojas (envés) con los nervios laterales no evidentes; flores blancas o amarillas; flores dispuestas en grupos alargados ubicados o al final de las ramas o a los lados . . . . . LORANTHACEAE *(Gaiadendron)*

19. (14.b)

a. Puntos translúcidos presentes en las hojas cuando éstas son vistas a través de la luz (usar lupa) . . . . MYRTACEAE

19a

b. Puntos translúcidos ausentes en las hojas cuando éstas son vistas a través de la luz (usar lupa) 20

20. a. Hojas muy pequeñas y angostas, 1-4 mm de ancho, 5-22 mm de largo . . 21

b. Hojas mucho más largas y más anchas 22

21. a. Lado inferior de las hojas (envés) cubierto con una capa de pelos grises o blancos . . . . LABIATAE

b. Lado inferior de las hojas (envés) no cubierto con una capa de pelos . . . . RUBIACEAE *(Arcytophyllum)*

22. a. Nervios laterales de las hojas o ausentes o no claramente visibles 23

b. Nervios laterales de las hojas visibles, aunque algunas veces muy finos o delicados 25

23. a. Hojas muy gruesas o como de cuero (coriáceas) . . . . GUTTIFERAE

b. Hojas más delgadas, firmemente membranosas o membranosas 24

24. a. Una red de nervios diminutos elevada recubre la superficie inferior de la hoja; árboles grandes . . . . VOCHYSIACEAE

b. Ninguna red de nervios diminutos elevada recubre la superficie inferior de la hoja; arbustos o árboles pequeños . . . MALPIGHIACEAE *(Malpighia)*

25. a. Nervios laterales de las hojas en número de 15-100 a cada lado, 0,2-5 (–8) milímetros distanciados uno del otro 26

b. Los nervios laterales de las hojas son, en promedio, o menos numerosos a cada lado o están más distanciados entre si 32

26. a. Nervios laterales de las hojas ascendentes o en ángulo oblicuo al nervio medio . . . . GUTTIFERAE

26a

b. Nervios laterales de la hoja casi perpendiculares al nervio medio 27

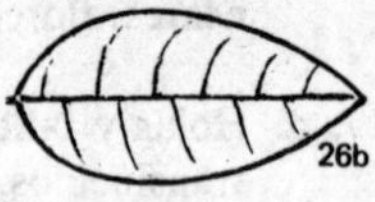

26b

27. a. Hay una red conspicua de nervios elevados entre los extendidos nervios laterales 28

b. No hay ninguna red conspicua de nervios elevados entre los nervios laterales 31

28. a. Nervios laterales solamente 1-1,5 mm distantes uno del otro; red de nervios diminutos visibles bajo la lupa; látex ausente (romper el tallo) . . . . VOCHYSIACEAE

b. Nervios laterales 2-5 (–8) mm distantes uno del otro; red de nervios prominente y visible a simple vista (por lo menos en el lado inferior (envés) de la hoja); látex usualmente presente (romper el tallo), sin embargo, algunas veces ausente 29

29. a. Hojas con el ápice generalmente redondeado o ampliamente encorvado . . . APOCYNACEAE *(Aspidosperma)*

b. Hojas con el ápice terminando en una punta corta hasta larga 30

30. a. Látex anaranjado, pegajoso; fruto carnoso . . . . GUTTIFERAE *(Vismia)*

b. Látex escaso o ausente; fruto duro y seco . . . . APOCYNACEAE *(Aspidosperma)*

31. a. Nervios laterales muy juntos, casi tocándose, solamente 0,2-0,5 mm distantes uno del otro . . . . GUTTIFERAE *(Calophyllum)*

b. Nervios laterales más separados, 2-4 mm de distancia entre uno y otro . . . . APOCYNACEAE *(Aspidosperma)*

32. (25.b)

a. Proyecciones o apéndices cortos (estípulas) uniendo las bases de por lo menos los pecíolos apicales o de las propias hojas . . . . RUBIACEAE

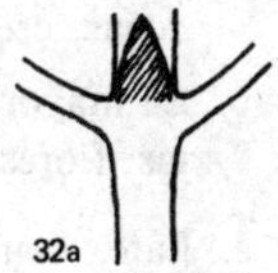

32a

b. Diferente a como se indica arriba 33

33. a. Lo que parece ser una flor es en realidad una cabezuela compuesta por pocas hasta muchas flores diminutas, en conjunto rodeadas por 1 o más series de brácteas o escamas (involucro); estambres unidos en un tubo; la parte exterior de cada una de las flores sin cáliz verde . . . . COMPOSITAE

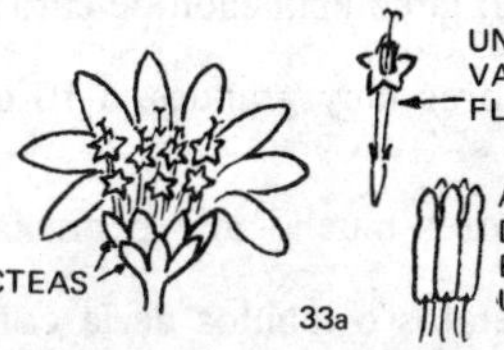

33a

b. Diferente a como se indica arriba 34

34. a. Lado inferior de la hoja (envés) plateado o blanco-grisáceo 35

b. Envés ni plateado ni blanco-grisáceo 37

35. a. Hojas redondeadas o ampliamente encorvadas en el ápice; látex ausente en tallos u hojas (pruebe a romperlos) . . . . MALPIGHIACEAE *(Byrsonima)*

b. Hojas cortas hasta con el ápice largo y puntiagudo; látex presente en tallos y hojas (pruebe a romperlos) 36

36. a. Todas las hojas opuestas (un par en cada nudo); látex pegajoso, anaranjado; ramas jóvenes sin puntos pálidos (lenticelas) . . . . GUTTIFERAE *(Vismia)*

b. La mayoría de las hojas alternas; látex no pegajoso, pálido o lechoso; ramas jóvenes con puntos pálidos (lenticelas) . . APOCYNACEAE *(Aspidosperma)*

37. a. Lado inferior de la hoja (envés) con pelos densos y suaves, de color moreno o herrumbre . . . . VERBENACEAE *(Citharexylum)*

b. Lado inferior de la hoja (envés) o sin pelos o con pelos nunca suaves . . . 38

38. a. Ejes de la inflorescencia (pedicelos) en forma de sombrilla, todos ellos naciendo en el ápice de un eje principal (pedúnculo) 39

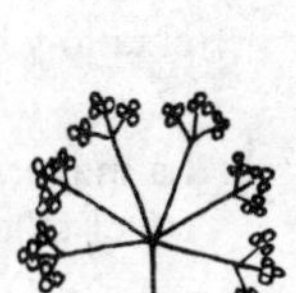

38a

b. Ejes de la inflorescencia dispuestos en forma diferente 41

39. a. Látex anaranjado presente en tallo y hojas (romper tallo y hoja); la parte superior del tallo y el lado inferior de la hoja cubiertos por una capa densa de pelos diminutos . . . . GUTTIFERAE *(Vismia)*

b. Látex ausente en tallo y hojas (romper tallo y hoja); lado inferior de todas las hojas o casi todas sin pelos 40

40. a. Nervios laterales elevados y prominentes en el envés de las hojas. . . . . CAPRIFOLIACEAE *(Viburnum)*

b. Nervios laterales no elevados, indiferenciados, o inconspicuos, en el lado inferior de la hoja (envés) . . . . NYCTAGINACEAE

41. a. La mayoría de las hojas dispuestas alternamente, flores muy pequeñas, verdosas, cremosas o amarillentas . . . . LAURACEAE

b. La mayoría de las hojas u opuestas o aglomeradas y aparentando ser opuestas; flores rosadas, amarillas, blancas o cremosas 42

42. a. Látex blanco presente en tallos y hojas (romper tallo y hoja); flores grandes y amarillas . . . . APOCYNACEAE *(Stemmadenia)*

b. Sin la combinación de caracteres mencionados arriba 43

43. a. Flores muy grandes, 6-10 o más cm de largo . . . . . . GENTIANACEAE *(Symbolanthus)*

b. Flores mucho más pequeñas 44

44. a. Pétalos o lóbulos de la corola conspicuamente alargados y muy angostos, 12-20 veces más largos que anchos . . . . OLEACEAE

b. Pétalos o lóbulos de la corola diferentes a como se indica arriba 45

45. a. Hojas con 15-30 nervios en cada lado . . . . LAURACEAE *(Aniba)*

b. Hojas con menos nervios en cada lado 46

46. a. Una red conspicua de nervios presente entre los nervios laterales de cada lado del envés de la hoja 47

b. Ninguna red conspicua de nervios presente entre los nervios laterales de cada lado del envés de la hoja 51

47. a. Apice de la hoja redondeado o anchamente encorvado 48

b. Apice de la hoja corta hasta largamente puntiagudo 50

48. a. Flores azul-púrpura, vistosas . . . . VERBENACEAE *(Petrea)*

b. Flores de otros colores 49

49. a. Todas las hojas opuestas; una proyección diminuta (estípula) presente entre el tallo y la base del eje que soporta la hoja (pecíolo) . . MALPIGHIACEAE *(Byrsonima)*

b. La mayoría de las hojas alternas; ninguna proyección (estípula) presente entre el tallo y el pecíolo . . . . ELAEOCARPACEAE

50. a. Todas las hojas opuestas; corola con un tubo corto o largo y angosto; pétalos y sépalos unidos . . . . VERBENACEAE

b. La mayoría de las hojas alternas; corola ausente; sépalos usualmente libres entre sí . . . . ELAEOCARPACEAE

51. (46.b)

a. Látex blanco o anaranjado presente en tallos u hojas (romper tallo u hojas) 52

b. Látex ausente en tallo y hojas 53

52. a. Látex blanco; parte más externa e inferior de la flor (cáliz) verde . . . . . .
APOCYNACEAE *(Stenosolen)*

b. Látex anaranjado; cáliz marrón o de color herrumbre . . . . GUTTIFERAE *(Vismia)*

53. a. Flores o frutos dispuestos sobre ejes que nacen principalmente de los extremos de tallos o ramas 54

b. Flores o frutos dispuestos sobre ejes que nacen principalmente de los lados del tallo 55

54. a. Inflorescencia alargada; la porción de la inflorescencia con flores o frutos desde varias hasta muchas veces más larga que ancha . . VERBENACEAE *(Citharexylum)*

b. Inflorescencia anchamente ramificada o pequeña, tan ancha como larga o más ancha que larga . . . . NYCTAGINACEAE

55. a. Hojas con el ápice redondeado; las flores nacen sobre un eje principal alargado (pedúnculo) más largo que el eje que soporta la hoja (peciolo) . . . .
LAURACEAE *(Ocotea)*

b. Hojas con el ápice angostado o corto hasta largamente puntiagudas; las flores nacen sobre un pedúnculo conspicuamente reducido el cual es más corto que el peciolo 56

56. a. La mayoría de las hojas dispuestas alternamente; flores en grupos densos, apenas ramificados, con pelos marrones . . . . RHAMNACEAE

b. Todas las hojas opuestas; flores en una inflorescencia ampliamente extendida, muy ramificada y sin pelos . . . . . . CELASTRACEAE *(Zinowiewia)*

GRUPO XVI
ARBOLES, ARBUSTOS O PLANTAS CON LA BASE LEÑOSA, CON HOJAS COMPUESTAS Y OPUESTAS

1. a. Todos los folíolos de las hojas nacen en el mismo punto del ápice del eje principal que soporta la hoja (pecíolo) (palmadamente compuestas) . . . .
BIGNONIACEAE *(Tabebuia)*

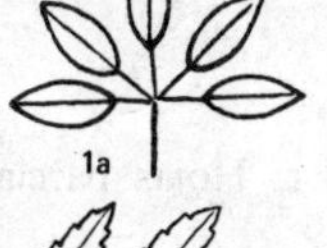
1a

b. Todos los folíolos de las hojas están unidos en diferentes niveles al eje principal de la hoja (raquis) (pinnadamente compuestas) 2

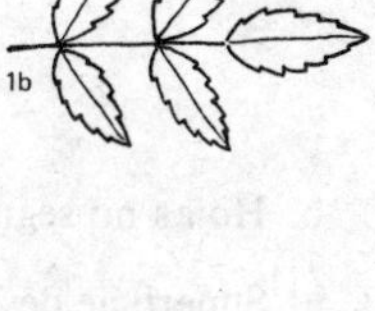
1b

2. a. La mayor parte de la planta tiene el tallo blando, solamente la base es algo leñosa; planta de 1-3 m de alto 3

b. La mayor parte de la planta tiene el tallo leñoso, planta (árbol o arbusto) de 3-25 m de alto 4

3. a. Bordes de las hojas con dientes; folíolos en número mayor de 5; hojas sin pelos; flores al final del tallo . . . . COMPOSITAE *(Dahlia)*

b. Bordes de las hojas sin dientes; folíolos en número de 3-5; hojas usualmente peludas en el lado inferior (envés); flores a los lados del tallo . . . .
SOLANACEAE *(Cyphomandra)*

4. a. Los folíolos laterales principales divididos hasta el centro, llegando a formar nuevos folíolos (bipinnadamente compuestos) . . . . . . BIGNONIACEAE *(Jacaranda)*

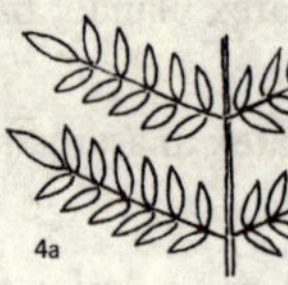
4a

b. Los folíolos laterales principales enteros (no forman nuevas divisiones) . . . 5

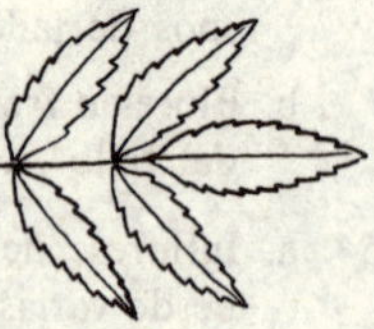
4b

5. a. Flores individuales, grandes y vistosas, amarillas; folíolos con márgenes prominentemente segmentados . . . . BIGNONIACEAE *(Tecoma)*

b. Flores individuales relativamente pequeñas, blancas o amarillo-verdosas . . 6

6. a. Folíolos relativamente pequeños, 0,8-1,2 cm de ancho, 1-1,5 cm de largo . . . CUNONIACEAE

b. Folíolos relativamente grandes, 2,2-5 cm de ancho, 4,5-15 cm de largo . . . 7

7. a. Cada hoja con un total de 5 folíolos . . . . STAPHYLEACEAE *(Turpinia)*

b. Cada hoja con un total de 11-23 folíolos . . . . BRUNELLIACEAE

GRUPO XVII

ARBOLES, ARBUSTOS O PLANTAS CON LA BASE LEÑOSA, CON HOJAS SIMPLES Y ALTERNAS

1. a. Bordes de las hojas sin dientes ni lóbulos 2

1a

b. Bordes de las hojas con dientes o lóbulos 113

1b

2. a. Hojas parcialmente segmentadas, desde el ápice hasta la mitad . . . . . . LEGUMINOSAE *(Bauhinia)*

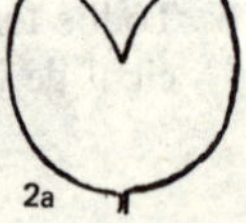
2a

b. Hojas no segmentándose hasta la mitad 3

3. a. Superficie de la hoja con una capa de resina pegajosa . . . SAPINDACEAE *(Dodonaea)*

b. Superficie de la hoja sin una capa de resina pegajosa 4

4. a. Algunos o todos los nervios (menos el nervio medio) nacen en o cerca de la base misma de la hoja (mirar especialmente el lado inferior de la hoja) . . 5

4a

b. Solamente 1 nervio (el nervio medio) prominente o manifiesto, pero los nervios laterales pueden o no nacer en diferentes niveles del nervio medio (mirar especialmente el lado inferior de la hoja) 14

4b

5. a. Lo que parece ser una sola flor es en realidad una cabezuela compuesta por varias hasta muchas flores diminutas, rodeadas por brácteas o escamas; anteras unidas en un tubo; ningún cáliz verde rodea la base exterior de cada flor . . . . COMPOSITAE

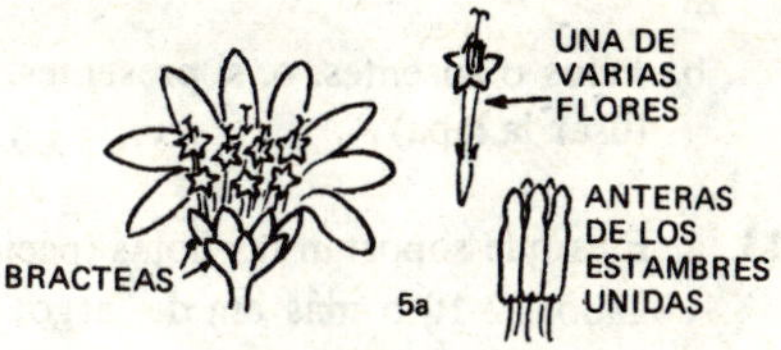

5a

b. Cada una de las flores forma una unidad individual y completa, anteras no unidas; un cáliz usualmente verde rodea la base exterior de cada una de las flores 6

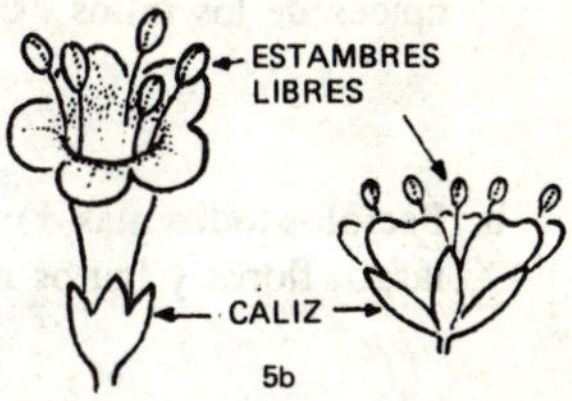

5b

6. a. El eje que soporta la hoja (pecíolo) se une a la hoja entre la base y el centro de la misma . . . . MORACEAE *(Cecropia)*

6a

b. El pecíolo se une a la hoja exactamente en la base de la misma 7

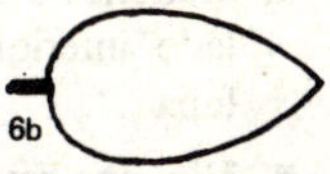
6b

7. a. Hojas muy grandes, 15-60 cm de ancho . . . BOMBACACEAE *(Ochroma)*

b. Hojas generalmente más angostas, usualmente 15 cm o menos de ancho . . 8

8. a. Una zona pálida en el lado inferior de la hoja (envés) formada por 2 nervios débiles, uno de cada lado, paralelos y cercanos al nervio medio; un apéndice pequeño, suelto (estípula) presente en la base, al menos en las hojas superiores de la ramita . . . . ERYTHROXYLACEAE

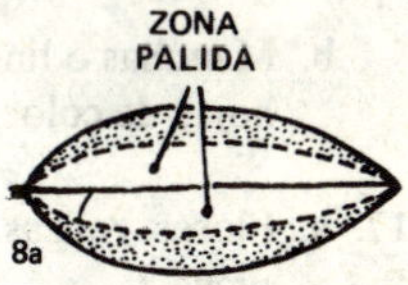

8a

b. Sin la combinación de caracteres indicados arriba 9

9. a. Tallos jóvenes, hojas e inflorescencia con pelos de color marrón-canela . . PROTEACEAE *(Panopsis)*

b. Diferente a como se indica arriba 10

10. a. Arbustos trepadores o con los tallos alargados; flores rosadas o color rosado-claro . . . . ERICACEAE *(Cavendishia)*

b. Sin la combinación de caracteres indicados arriba 11

11. a. Dos manchas pequeñas, oscuras, redondas o en forma de disco (cada una ubicada entre la unión del nervio medio y los nervios laterales más internos) presentes en la base del lado inferior (envés) de las hojas . . . . EUPHORBIACEAE

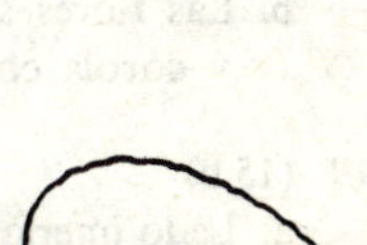
11a

b. Diferente a como se indica arriba 12

12. a. Pelos en forma de estrella presentes sobre los tallos, en la superficie de las hojas, sobre los nervios de las mismas, o sobre los ejes (pecíolos); glándulas pequeñas con o sin ejes en la base de la hoja (usar la lupa) . . . . EUPHORBIACEAE

12a

b. Pelos o ausentes, o, si presentes, entonces simples y no en forma de estrella (usar la lupa) 13

13. a. Ejes que soportan las hojas (pecíolos) muy desiguales, algunos o todos alargados, 2-10 o más cm de largo; flores y frutos nacen en las axilas o en los ápices de los tallos . . . . ARALIACEAE

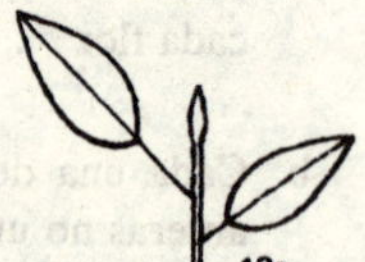
13a

b. Pecíolos todos más o menos iguales, todos generalmente menores de 2 cm de largo; flores y frutos nacen de ejes dispuestos a los lados del tallo . . . . . ULMACEAE

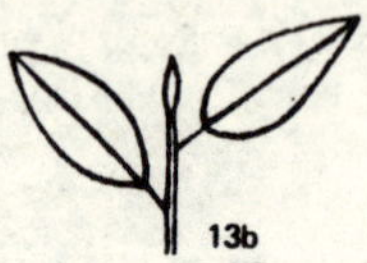
13b

14. (4.b)

a. Solamente el nervio medio visible 15

b. Nervios laterales visibles (por lo menos en las hojas secas), y nacen en niveles diferentes del nervio medio (mirar especialmente en el lado inferior de las hojas (envés)) 22

15. a. Manchas o líneas diminutas algunas veces oscuras (zoñas glandulares) en el lado inferior de las hojas o en la parte superior de las mismas (usar la lupa 16

b. Ninguna mancha ni línea presente en las hojas 19

16. a. Manchas presentes en ambos lados de las hojas (haz y envés); hojas color gris o verde-plateado, 1-2 mm de ancho . . . . MYRTACEAE *(Melaleuca)*

b. Manchas o líneas presentes solamente en el lado inferior de las hojas (envés); hojas de color verde oscuro u opaco, 5 mm o más de ancho 17

17. a. Flores rojizas, tubulares; ápice de las hojas con una protuberancia conspicua . . . . ERICACEAE *(Gaylussacia)*

b. Flores ni rojas, ni tubulares; ninguna protuberancia conspicua presente en el ápice de las hojas 18

18. a. Flores con líneas oscuras; ejes que soportan las flores ausentes o inconspicuos; cáliz y corola muy pequeños . . . . . . MYRSINACEAE *(Rapanea)*

b. Las flores sin líneas oscuras; ejes que soportan las flores evidentes; cáliz y corola conspicuos . . . . THEACEAE *(Ternstroemia)*

19. (15.b)

a. Lado inferior de las hojas (envés) de color plateado, o los bordes de ellas notablemente encorvados hacia abajo (revolutos) 20

b. Envés no plateado, aunque frecuentemente pálido; los bordes de las hojas generalmente planos 21

20. a. Flores y frutos nacen sobre ejes terminales o en el ápice de los tallos . . . . ERICACEAE *(Befaria)*

b. Flores y frutos nacen solamente en los lados de los tallos y en las ramas laterales . . . . ERYTHROXYLACEAE

21. a. Arbusto pequeño con hojas con pecíolos bien desarrollados (eje que soporta la hoja) . . . . MYOPORACEAE

b. Arboles grandes con hojas sin pecíolos o con pecíolos escasamente desarrollados . . . . PODOCARPACEAE

22. (14.b)

a. Base del eje que soporta la hoja (pecíolo) rodeada por una membrana tubular y corta (ócrea) . . . . POLYGONACEAE *(Coccoloba)*

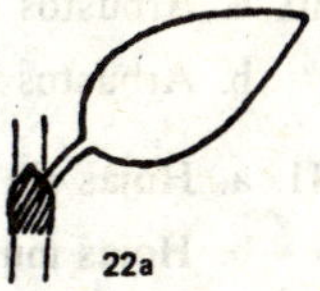

22a

b. Base del pecíolo sin membrana tubular y corta 23

23. a. Lo que parece ser una sola flor es en realidad una cabezuela compuesta por varias hasta muchas flores diminutas, en conjunto rodeadas por brácteas o escamas (involucro); anteras unidas en un tubo; ningún cáliz verde rodeando la parte externa de cada flor . . . . COMPOSITAE

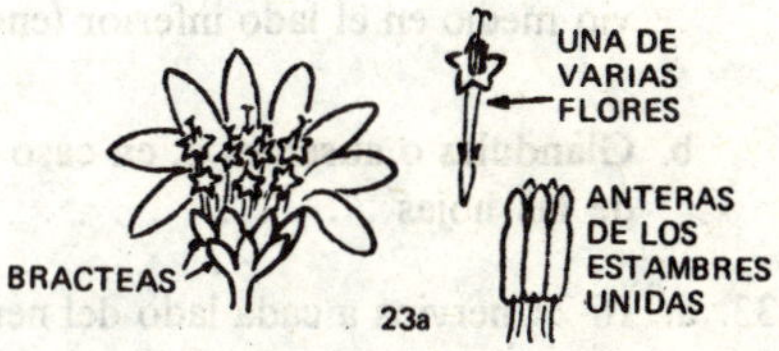

23a

b. Cada flor forma una sola unidad; anteras no unidas, cáliz verde usualmente presente en la parte externa de la flor 24

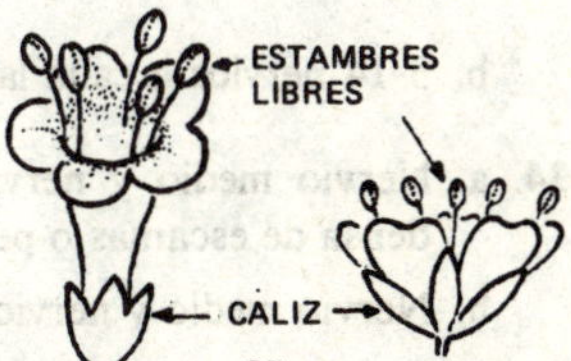

23b

24. a. Ambos lados de las hojas de color gris-plateado o azul-plateado . . . . . SOLANACEAE *(Nicotiana)*

b. Diferente a como se indica arriba 25

25. a. Jugo blanco, lechoso, cremoso, anaranjado o rojizo (látex) presente en ramas o/y hojas (romper tallos u hojas) 26

b. Ningún jugo blanco o de color (látex) presente en ramas u hojas (romper tallos u hojas) 29

26. a. Escamas de las yemas en el ápice de la rama generalmente sin pelos, la más externa cubre flojamente a las otras como una gorra en forma de pirámide triangular . . . . MORACEAE *(Ficus)*

b. Escamas de las yemas en el ápice de la rama usualmente peludas, varias y dispuestas apretadamente 27

27. a. Flores y frutos usualmente sobre un eje ramificado, situado en el ápice del tallo, algunas veces nacen a los lados de las axilas superiores; jugo anaranjado, rojizo o sólo ligeramente lechoso (látex) . . . . . APOCYNACEAE *(Aspidosperma)*

b. Flores y frutos nacen a lo largo de los tallos; látex blanco o lechoso 28

28. a. Escamas de las yemas usualmente cubiertas por una vellosidad sedosa y corta (pubescente) . . . . SAPOTACEAE

b. Escamas de las yemas sin vellosidad sedosa . . . . MORACEAE

29. (25.b)

a. Lado inferior de las hojas (envés) blanco, grisáceo, gris-plateado o azul-gris 30

b. Lado inferior de las hojas (envés) diferente a como se indica arriba, a lo más de color verde pálido 37

30. a. Arbustos con espinas 31

b. Arbustos o árboles sin espinas 32

31. a. Hojas sin pelos; pocas espinas . . . . BERBERIDACEAE

b. Hojas muy peludas; numerosas espinas . . . . . SOLANACEAE *(Solanum)*

32. a. Una glándula redonda y oscura presente en la base de ambos lados del nervio medio en el lado inferior (envés) de la hoja . . . . PASSIFLORA *(Passiflora lindeniana)*

32 a

b. Glándulas o ausentes o, en caso contrario, en la base del lado superior (haz) de las hojas 33

33. a. 16-21 nervios a cada lado del nervio medio de la hoja . . . . . ROSACEAE *(Parinari)*

b. 5-14 nervios a cada lado del nervio medio de la hoja 34

34. a. Nervio medio y nervios laterales completamente cubiertos por una capa densa de escamas o pelos en el lado inferior (envés) de las hojas 35

b. Nervio medio y nervios laterales ni ocultos ni completamente cubiertos . 36

35. a. Lado inferior (envés) de las hojas color gris-plateado o grisáceo, la capa de escamas sin pelos en los márgenes (usar lupa); tallos jóvenes no cubiertos por escamas blancas . . . . EUPHORBIACEAE *(Hieronyma)*

b. Lado inferior (envés) de las hojas blanco, la capa de escamas sostiene diminutos pelos (usar lupa); tallos jóvenes cubiertos por una lanosidad blanca SOLANACEAE *(Solanum)*

36. a. Eje que soporta la hoja (pecíolo) 0,4-0,8 cm de largo; hojas gruesas, como de cuero (coriáceas) o duras; 2 glándulas oscuras situadas en la base del lado superior de las hojas (usar lupa) . . . . ROSACEAE *(Licania)*

b. Pecíolo 1-4 o más cm de largo; hojas membranosas o flexibles; ninguna glándula presente en la base de las hojas . . . . . LAURACEAE *(Persea)*

37. (29.b)

a. Los nervios laterales más conspicuos, promediando generalmente entre 15-50 a cada lado del nervio medio de la hoja (mirar especialmente en el lado inferior (envés) de la hoja) 38

b. Los nervios laterales más conspicuos son en promedio menos de 15 a cada lado del nervio medio de la hoja (mirar especialmente en el lado inferior (envés) de las hojas) 45

38. a. Una línea circular opuesta a la base de cada eje que soporta la hoja (pecíolo) rodea al tallo . . . . POLYGONACEAE

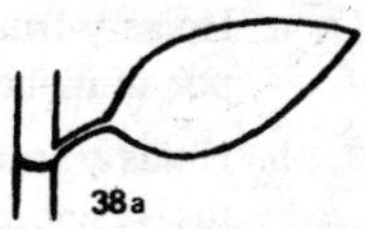
38a

b. Ninguna línea circular opuesta a la base de cada pecíolo 39

39. a. Planta pequeña y leñosa con un tallo simple sin ramas; todas las hojas agrupadas en el ápice del tallo . . . . THEOPHRASTACEAE

b. Arboles pequeños o grandes, con muchas ramas; hojas diferentemente dispuestas 40

40. a. Eje que soporta la hoja (pecíolo) apenas desarrollado o ausente 41

b. Pecíolo conspicuo, muy bien desarrollado 42

41. a. Hojas generalmente agrupadas en o cerca de los ápices de las ramas; hojas 7-9 cm de ancho, angostándose gradualmente hasta la base . LAURACEAE *(Aniba gigantifolia)*

41a

b. Hojas en grupos (fascículos), dispuestas en articulaciones engrosadas (nudos) a lo largo de las ramas; hojas 3-5,5 cm de ancho, conspicuamente angostadas en la mitad inferior . . . . BIGNONIACEAE *(Crescentia)*

41b

42. a. Hojas con olor a especias, usualmente mostrando puntos translúcidos cuando la hoja es vista contra la luz (usar lupa) . . . . MYRTACEAE

b. Diferente a como se especifica arriba 43

43. a. Líneas oscuras (zonas glandulares) dispersas en el lado inferior de la hoja (envés); inflorescencia laxamente ramificada con flores dispersas sobre largos ejes (pedicelos) . . . . MYRSINACEAE *(Parathesis)*

b. Ninguna línea oscura presente; inflorescencia densa, las flores dispuestas sobre pedicelos cortos, si los hay 44

44. a. Una red de nervios finos, formando diseños circulares, presente entre los nervios laterales principales; estos últimos rectos y paralelos, visibles en ambos lados de las hojas . . . . ANACARDIACEAE *(Mangifera)*

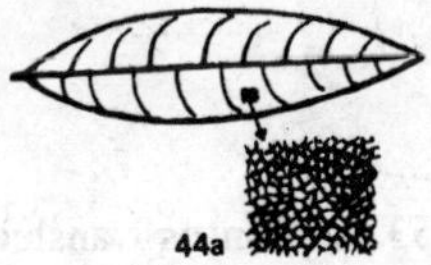
44a

b. Ninguna red de nervios finos presente en las hojas; o si la hay, entonces forma diseños más largos que anchos; nervios laterales principales o inconspicuos en el lado superior (haz) o, si conspicuos, entonces algunos de ellos no son paralelos ni rectos . . . . APOCYNACEAE *(Aspidosperma)*

45. (37.b)

a. Flores color púrpura-oscuro o azules 46

b. Flores ni color púrpura-oscuro ni azules 47

46. a. Flores dispuestas densamente en un eje vertical alargado (pedúnculo), que nace en el ápice del tallo; flores o frutos sin ejes (pedicelos) o con ejes poco desarrollados . . . . POLYGALACEAE *(Monnina)*

b. Flores laxa y espaciadamente dispuestas sobre un eje extendido (pedúnculo) que nace lateralmente del tallo y no en el ápice; flores o frutos sobre ejes alargados (pedicelos) . . . . SOLANACEAE *(Cyphomandra)*

47. a. Hojas y frutos con olor a especias; lado inferior (envés) de las hojas cubierto por diminutos puntos resinosos . . . . MYRICACEAE

b. Hojas y frutos sin olor a especias; lado inferior (envés) de las hojas sin puntos resinosos 48

48. a. Eje que soporta la hoja (pecíolo) ensanchado exactamente por debajo de su unión con la base de la hoja . . . . ELAEOCARPACEAE

b. Diferente a como se indica arriba 49

49. a. Pecíolos notablemente desiguales en tamaño 50

b. Pecíolos más o menos del mismo tamaño 52

50. a. Inflorescencia colgante, alargada y angosta . . . . . PHYTOLACCACEAE *(Ledenbergia)*

b. Diferente a como se indica arriba 51

51. a. Ejes que soportan las flores (pedicelos) o frutos (pedúnculos) dispuestos como los rayos de una sombrilla (todos partiendo de un mismo punto), cada uno de los ejes sosteniendo unas flores o frutos; flores blanco-verdosas . . . ARALIACEAE *(Dendropanax arboreus)*

51a

b. Los pedicelos y pedúnculos nacen en niveles diferentes a lo largo del eje; flores color rojo-anaranjado . . . . CAPPARACEAE *(Steriphoma)*

51b

52. a. Los ejes que sostienen las flores o frutos (pedicelos y pedúnculos) nacen en o cerca del ápice del tallo o en las ramas principales, pero también algunas veces a los lados del tallo 53

52a

b. Pedicelos y pedúnculos nacen sólo o principalmente a lo largo del tallo en vez de en el ápice 81

52b

53. a. Puntos translúcidos en las hojas cuando éstas son vistas contra la luz (usar lupa); hojas con fuerte olor al ser trituradas . . RUTACEAE *(Zanthoxylum)*

b. Diferente a como se indica arriba; hojas sin fuerte olor al ser trituradas . . 54

54. a. Arboles altos; las ramas y ramitas son muy difíciles de romper; flores con muchos estambres y apéndices agrupados en un anillo encorvado hacia un lado; el fruto se abre por una tapa leñosa (cuando maduro) . . . . LECYTHIDACEAE

54a

b. Diferente a como se indica arriba 55

55. a. Inflorescencia con 1 hasta 4 flores; fruto o muy alargado y muchas veces más largo que ancho, o globoso, grande y apenas más largo que ancho 56

b. Sin la combinación de caracteres arriba indicados 57

56. a. Flores blancas, todos los pétalos libres y no unidos en un tubo; fruto muy largo y angosto . . . . CAPPARACEAE *(Capparis)*

b. Flores amarillo-verdosas, los pétalos unidos en un tubo; fruto largo, globoso con la corteza dura . . . . BIGNONIACEAE *(Amphitecna)*

57. a. Inflorescencia alargada, más larga que ancha, con muchas flores 58

b. Inflorescencia contraída, más ancha que larga o tan ancha como larga, no alargada; con muchas flores o con 1-4 flores naciendo juntas en un solo lugar 76

58. a. Inflorescencia angosta, sin ramas o casi 59

b. Inflorescencia ancha, pero si es angosta, entonces siempre ramificada en alguna porción de ella 68

59. a. Los nervios más pequeños entre los nervios laterales principales forman una red elevada y conspicua . . . . PROTEACEAE

b. Diferente a como se indica arriba 60

60. a. Los pétalos forman un tubo 61

60a

b. Los pétalos no forman un tubo 63

60b

61. a. Plantas de menos de 1 m de alto; flores rojas; una protuberancia conspicua presente en el ápice de la hoja . . . . ERICACEAE *(Gaylussacia)*

b. Plantas mucho más altas; flores no rojas; sin protuberancia conspicua en el ápice de la hoja 62

62. a. El tubo de la flor se abre en 5 lóbulos cortos . . SOLANACEAE *(Cestrum)*

b. El tubo de la flor abriéndose eventualmente hasta la base en segmentos alargados y angostos . . . . PROTEACEAE

63. a. Flores individuales de la inflorescencia sin sus propios ejes (pedicelos); inflorescencia solamente 2,5-4 cm de largo . EUPHORBIACEAE *(Sebastiania)*

b. Flores individuales de la inflorescencia con sus propios ejes (pedicelos); inflorescencia mucho más larga 64

64. a. Nervios laterales principales conspicuamente elevados, dispuestos en forma más o menos recta hacia los bordes, sin ramificarse, o someramente bifurcados cerca del borde de la hoja . . . . CLETHRACEAE

b. Nervios laterales principales inconspicuos, débiles o no elevados, ramificándose o encorvándose verticalmente antes de alcanzar los bordes de la hoja 65

65. a. Arboles grandes o medianos, usualmente 10-25 m de alto 66

b. Arboles pequeños o arbustos, generalmente 2-8 m de alto 67

66. a. Hojas generalmente agrupadas en los ápices de las ramas; red de nerviecillos usualmente presente entre los nervios principales; fruto con dos alas anchas COMBRETACEAE

b. Hojas dispersas a lo largo de las ramas; red de nerviecillos de la hoja conspicua; fruto no alado . . . . PROTEACEAE *(Roupala grossedentata)*

67. a. Ramas (al ser partidas) con olor a carne enlatada; hojas tiesas, duras, como de cuero, de color gris-verdoso . . . . . PROTEACEAE *(Roupala montana)*

b. Ramas sin olor a carne enlatada; hojas delgadas, blandas o flexibles, de color verde claro o verde como el de las gramíneas . . . . PHYTOLACCACEAE

68. (58.b)
a. Lado inferior de las hojas con pelos diminutos en forma de estrella . . . . . BORAGINACEAE *(Cordia alliodora)*

b. Diferente a como se indica arriba 69

69. a. Los nerviecillos más pequeños elevados hasta formar una red conspicua y elevada . . . . PROTEACEAE

b. Diferente a como se indica arriba 70

70. a. Flores con pétalos unidos en un tubo corto o largo 71

70a

b. Flores con pétalos separados hasta la base o casi, pero sin formar un tubo 72

70b

71. a. Flores conspicuas, vistosas, 1-3 cm de largo, la corola sobrepasando bastante al cáliz; corola conspicuamente ensanchada hacia arriba. SOLANACEAE *(Cestrum)*

b. Flores pequeñas, 0,5-0,8 cm de largo, corola a lo más solamente dos veces más larga que el cáliz; corola más o menos del mismo diámetro desde la base hasta el ápice . . . . BORAGINACEAE

72. a. Flores muy vistosas con pétalos conspicuos 73

b. Flores pequeñas, no vistosas, con pétalos inconspicuos 74

73. a. Pétalos amarillos; el fruto carnoso, negro, nace en una base alargada y roja; hojas tiesas, duras y gruesas como el cuero (coriáceas) . . . . OCHNACEAE

b. Pétalos blancos; fruto seco; hojas más delgadas, blandas o flexibles . . . . SAXIFRAGACEAE

74. a. Eje que soporta la hoja (pecíolo) muy corto, 2-5 mm de largo; ramas algunas veces espinosas; fruto con un ala prominente . . . . PHYTOLACCACEAE *(Seguieria)*

b. Pecíolo más largo, o si muy corto, entonces las ramas nunca espinosas ni el fruto alado 75

75. a. Arboles medianos hasta grandes, 10-25 m de alto; eje de las flores (pedicelos) y parte externa de la flor (cáliz) con pelos cortos . . . . . LAURACEAE

b. Arbusto o árbol pequeño, 2-4 m de alto; ejes de las flores (pedicelos) y parte más externa de la flor (cáliz) sin pelos . . . . MYRSINACEAE *(Ardisia guianensis)*

76. (57.b)

a. Flores con todos los pétalos unidos arriba hasta adquirir forma ancha y circular, 8-10 mm de diámetro; solamente 1-4 flores nacen juntas en cualquier punto . . . . SOLANACEAE *(Capsicum)*

b. Diferente a como se indica arriba, las flores más numerosas o sin forma circular y ancha 77

77. a. Flores con el tubo más largo que ancho 78

b. Flores casi tan largas como anchas o solamente algo más largas 80

78. a. Por lo menos la mayoría de las hojas opuestas; inflorescencia más ancha que larga, los ejes más ramificados . . . . NYCTAGINACEAE *(Guapira)*

b. Todas o casi todas las hojas alternas; inflorescencia con el eje poco o nada ramificado 79

79. a. Hojas con 3-5 nervios principales solamente en cada lado del nervio medio; flores pequeñas, 0,5-0,8 cm de largo, corola a lo más 2 veces más larga que el cáliz; corola más o menos con el mismo diámetro desde la base al ápice BORAGINACEAE *(Cordia)*

b. Hojas usualmente con 7-12 nervios en cada lado del nervio medio; las flores conspicuas, vistosas, 1-3 cm de largo, sobrepasan al cáliz; corola ensanchada hacia arriba . . . . SOLANACEAE *(Cestrum)*

80. a. Tallos, hojas y ejes que soportan las hojas (pecíolos) sin pelos; nervios laterales principales de las hojas inconspicuos . . . . . . THYMELAEACEAE

b. Tallos, pecíolos y nervios en el lado inferior (envés) de las hojas peludos; nervios laterales principales conspicuos (mirar especialmente en el lado inferior) . . . . RHAMNACEAE

81. (52.b)

a. Flores solitarias en las axilas de las hojas o sobre el tallo 82

b. Flores más de 1 en las axilas de las hojas o sobre el tallo 87

82. a. Algunas de las ramas terminan en ápices espinosos; tallo de color ante claro o pálido, frecuentemente con nudos evidentes y engrosados; hojas conspicuamente ensanchadas arriba de la mitad . . . . EUPHORBIACEAE *(Adelia)*

b. Sin la combinación de caracteres indicados arriba 83

83. a. Hojas muy pequeñas, las más grandes 1,5-2,5 cm de largo . . . . AQUIFOLIACEAE *(Ilex scopulorum)*

b. Hojas más grandes 84

84. a. Flores con todos los pétalos unidos hasta adquirir una forma circular, blancos . . . . SOLANACEAE *(Capsicum)*

b. Diferentes a como se indica arriba 85

85. a. Lado inferior (envés) de las hojas con venación alargada, conspicua, dispuesta entre los nervios laterales principales; flores con 5 segmentos grandes . . . FLACOURTIACEAE *(Ryania)*

b. Sin la combinación de caracteres indicada arriba 86

86. a. Flores con 4 divisiones externas unidas entre sí (lóbulos del cáliz); fruto semiesférico, 3-4 cm de diámetro, con 4 lóbulos del cáliz conspicuos por debajo de la base . . . . EBENACEAE

b. Flores con 3 divisiones externas sueltas entre sí (sépalos); fruto no como se indica arriba, los sépalos ausentes o no conspicuamente desarrollados en el fruto . . . . ANNONACEAE

87. (81.b)

a. Apice de la hoja con una prominencia conspicua; corola roja, tubular; plantas de menos de 1 m de alto . . . . ERICACEAE *(Gaylussacia)*

b. Sin la combinación de caracteres indicados arriba 88

88. a. Extremo del eje que soporta la hoja (pecíolo) engrosado exactamente por debajo de la unión con la parte verde de la hoja (lámina) . . . . ELAEOCARPACEAE

b. Extremo del pecíolo no engrosado 89

89. a. 1 ó 2 zonas oscuras y hundidas usualmente presentes en cualquiera de los lados del nervio medio en la base del lado inferior (envés) de las hojas; flores blancas y numerosas dispuestas en inflorescencias alargadas . . ROSACEAE *(Prunus)*

b. Sin la combinación de caracteres indicados arriba 90

90. a. Flores unidas en un tubo más largo que ancho 91

b. Flores con los pétalos o separados y libres entre sí hasta la base, o al menos no unidos en un tubo más largo que ancho 94

91. a. Inflorescencia colgante cuando tiene flores o frutos, abiertamente ramificada, con flores dispuestas sobre ejes (pedicelos) alargados y muy finos . . . . . . NYCTAGINACEAE *(Neea anisophylla)*

b. Inflorescencia erecta o ascendente cuando tiene flores (algunas veces colgante cuando tiene frutos); flores sin ejes (pedicelos) o con ejes poco desarrollados 92

92. a. Inflorescencia con ramas delgadas bifurcadas, naciendo de un eje alargado; flores muy pequeñas, alrededor de 5 mm de largo, el tubo angosto en toda su longitud . . . . BORAGINACEAE *(Tournefortia)*

b. Inflorescencia diferente a como se indica arriba; flores más grandes, el tubo ensanchado hacia arriba 93

93. a. Flores con 4 divisiones externas conspicuas unidas entre sí (lóbulos del cáliz); frutos semiesféricos, más anchos que altos, 3-4 cm de diámetro, con 4 lóbulos del cáliz conspicuos por debajo de la base . . . . . EBENACEAE

b. Flores con 5 lóbulos del cáliz pequeños; frutos más largos que anchos (oblongos), menos de 1 cm de diámetro; la base del fruto está rodeada por un cáliz tubular o en forma de copa, con 5 lóbulos cortos . . . . . . SOLANACEAE *(Cestrum)*

94. (90.b)

a. Flores muy cerca del tallo, todas naciendo juntas de un mismo lugar y directamente del tallo 95

94a

b. Las flores nacen cada una sobre un eje largo o corto 105

94b

95. a. Puntos translúcidos presentes en el tejido de la hoja cuando ésta es vista contra la luz (usar lupa) . . . . FLACOURTIACEAE *(Casearia)*

b. Puntos translúcidos ausentes en el tejido de la hoja cuando ésta es vista contra la luz (usar lupa) 96

96. a. Algunas de las ramas con el ápice terminando en espinas; tallo de color ante claro o pálido, frecuentemente con nudos evidentes y engrosados; hojas conspicuamente ensanchadas arriba de la mitad . . . . EUPHORBIACEAE *(Adelia)*

b. Sin la combinación de caracteres mencionados arriba 97

97. a. Tallos, ejes que soportan las hojas (pecíolos) y por lo menos el lado inferior (envés) de las hojas con pelos 98

b. Tallos, pecíolos y lado inferior de las hojas sin pelos 99

98. a. No más de 2 flores nacen juntas; flores medianas hasta grandes con 3 proyecciones de aspecto alado; fruto grande y redondo . . . . ANNONACEAE *(Rollinia)*

b. Usualmente varias hasta muchas flores nacen juntas; flores muy pequeñas e inconspicuas, sin proyecciones de aspecto alado; fruto muy pequeño . . . . RHAMNACEAE

99. a. Hojas pequeñas, las más grandes 1,5-4 cm de largo 100

b. Hojas más grandes 101

100. a. Nervios en el lado inferior (envés) de las hojas conspicuos o elevados; las hojas se vuelven negras cuando secas; flores con órganos o femeninos o masculinos en una sola flor, pero no ambos en la misma flor (unisexual) . . . AQUIFOLIACEAE *(Ilex scopulorum)*

b. Nervios en el lado inferior (envés) de las hojas inconspicuos, no elevados y apenas visibles; hojas con frecuencia se vuelven pálidas o color verde-grisáceo cuando secas; flores cada una con órganos femeninos y masculinos (bisexual o hermafrodita) . . . . . . CELASTRACEAE *(Maytenus karstenii)*

101. a. Escamas cortas o apéndices accesorios (estípulas) presentes en la base por lo menos de las hojas superiores; eje de la flor (pedicelo) anguloso y ensanchado hacia arriba; lado inferior de las hojas algunas veces con una zona pálida en cualquiera de los lados del nervio medio . . . . . ERYTHROXYLACEAE

b. Sin la combinación de caracteres arriba indicados 102

102. a. Hojas muy grandes, 15-40 cm de largo . . . . . OLACACEAE *(Heisteria)*

b. Hojas generalmente más pequeñas, a lo más 20 cm de largo 103

103. a. Parte más externa verde de la flor (cáliz) conspicua, de 1 cm o más de largo, 4-partida; fruto grande, semiesférico, de 3-4 cm de diámetro . . . . EBENACEAE

b. Cáliz más pequeño, 0,5 o menos cm de largo, usualmente 5-partido; fruto más bien pequeño, más largo que ancho, nunca semiesférico, a lo más 1 cm de diámetro 104

104. a. Corola blanca, conspicua; sépalos o lóbulos del cáliz (parte externa de la flor) conspicuos, con una zona pálida a lo largo de los márgenes; el fruto no se abre por sí solo y las semillas no presentan ninguna cubierta blanca . . . . . SYMPLOCACEAE

b. Corola blanco-verdosa o amarillo-verdosa, inconspicua; sépalos o lóbulos del cáliz (parte externa de la flor) inconspicuos, sin una zona pálida a lo largo de los márgenes; fruto anaranjado, abriéndose por sí solo y las semillas con una cubierta blanca . . . . CELASTRACEAE *(Maytenus guianensis)*

105. (94.b)

a. Inflorescencia muy corta, densa; flores en grupos compactos de solamente 0,5-2,5 cm de largo 106

b. Inflorescencia sobre un eje alargado o ramificado (pedúnculo), usualmente de 4-25 cm de largo, pero, si es más corto, entonces el pedúnculo es alargado, o las flores naciendo sobre ejes (pedicelos) alargados 108

106. a. Ramas espinosas; superficie interna de los segmentos de la flor con conspicuos pelos largos . . . . OLACACEAE *(Ximenia)*

b. Diferente a como se indica arriba 107

107. a. Eje principal que sostiene a la inflorescencia (pedúnculo) alargado, mucho más largo que el eje que soporta la hoja (pecíolo); ramas difíciles de romper THYMELAEACEAE

b. Pedúnculo de la inflorescencia corto, igual o ligeramente más largo que el pecíolo; ramas fáciles de romper . . . . SYMPLOCACEAE

108. a. Inflorescencia muy angosta, casi o nada ramificada 109

b. Inflorescencia más o menos ramificada en alguna parte 111

109. a. Los pétalos forman un tubo largo, el cual se divide a veces hasta la base llegando a mostrar el estilo; nerviecillos más pequeños entre los nervios laterales o conspicuamente elevados hasta formar una red, o las ramas al ser partidas con olor a carne enlatada . . . . PROTEACEAE

b. Diferente a como se indica arriba 110

110. a. Inflorescencia colgante, 15-25 cm de largo o más; flores sobre ejes (pedicelos) largos y extendidos; hojas dispersas a lo largo de las ramas, no agrupadas en el ápice; fruto no alado; árbol pequeño . . . . PHYTOLACCACEAE *(Ledenbergia)*

b. Inflorescencia erecta, 5-10 cm de largo, las flores sobre ejes muy cortos (pedicelos) dispuestos cerca del eje floral principal (raquis); hojas agrupadas en el ápice de las ramas; fruto con 2 alas anchas; árbol grande . . . . COMBRETACEAE

111. a. Eje que soporta la hoja (pecíolo) muy corto, 2-5 mm de largo; ramas algunas veces espinosas; fruto con un ala prominente . . . . PHYTOLACCACEAE *(Seguieria)*

b. Pecíolo más largo, o si es muy corto, entonces las ramas nunca espinosas y el fruto no alado 112

112. a. Arboles medianos hasta grandes, 10-25 m de alto; eje de la flor (pedicelo) y parte externa de la misma (cáliz) con pelos cortos . . . . . LAURACEAE

b. Arbustos hasta árboles pequeños, 2-4 m de alto; pedicelos y cáliz sin pelos MYRSINACEAE *(Ardisia guianensis)*

113. (1.b)

a. El eje que soporta la hoja (pecíolo) se une a la misma entre el centro y la base o en el centro 114

113a

b. El pecíolo se une a la hoja en la base 115

113b

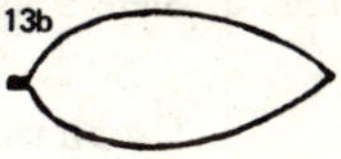

114. a. Lóbulos de las hojas sin dientes; hojas blancas en el lado inferior (envés) . . . MORACEAE *(Cecropia)*

b. Lóbulos de las hojas con dientes; hojas nunca blancas en el lado inferior (envés) . . . . EUPHORBIACEAE *(Ricinus)*

115. a. Algunos o todos los nervios (incluyendo el nervio medio) nacen juntos, en o cerca de la base de la hoja (mirar especialmente en el lado inferior de la hoja (envés)) 116

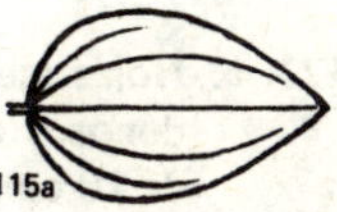

115a

b. Solamente el nervio principal (nervio medio) prominente o manifiesto, y/o los nervios laterales nacen en niveles diferentes del nervio medio (mirar especialmente en el lado inferior (envés) de las hojas) 133

115b

116. a. Tallos, hojas y ejes que soportan las hojas (pecíolos) con pelos urticantes 117

b. Tallos, hojas y pecíolos sin pelos urticantes 118

117. a. Hojas con 4 ó 5 lóbulos prominentes . . EUPHORBIACEAE *(Cnidoscolus)*

b. Hojas con dientes pero sin lóbulos . . . . URTICACEAE *(Urera)*

118. a. Lo que parece ser una sola flor, es en realidad una cabezuela compuesta por pocas hasta muchas flores más pequeñas, en conjunto rodeadas por una serie de escamas o brácteas (involucro); anteras unidas hasta formar un tubo; ningún cáliz verde rodea la base exterior de cada flor (rompa la cabezuela de flores) . .COMPOSITAE

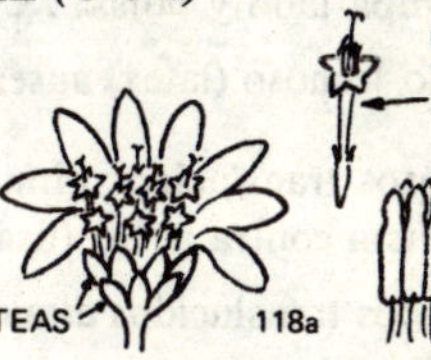

118a

b. Cada una de las flores forma una unidad individual y completa; anteras no unidas; un cáliz usualmente verde rodea la base exterior de cada una de las flores 119

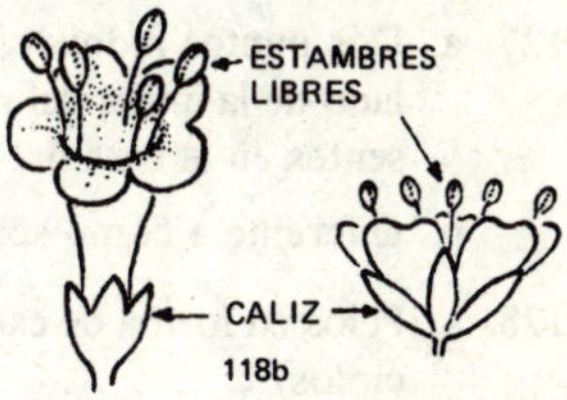

118b

119. a. Hojas con lóbulos pequeños o grandes naciendo de los márgenes 120

119a

b. Hojas con dientes, pero sin lóbulos conspicuos en los márgenes 125

119b

120. a. Tallos y hojas con un jugo lechoso (látex) abundante (rompa hojas o tallos) CARICACEAE

b. Jugo lechoso (látex) ausente 121

121. a. Siete-9 lóbulos prominentes proyectándose desde los márgenes de las hojas ARALIACEAE *(Oreopanax reticulatus)*

b. Usualmente 3-5 lóbulos proyectándose desde los márgenes de las hojas . 122

122. a. Glándulas pequeñas con o sin ejes en la base de la hoja o en el ápice del eje de la misma (peciolo) . . . . EUPHORBIACEAE *(Croton)*

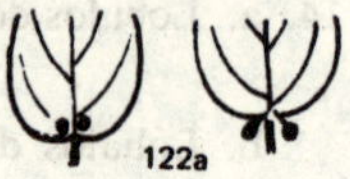
122a

b. Diferente a como se indica arriba 123

123. a. Hojas muy grandes, 15-60 cm de ancho; fruto muy grande, con pelos algodonosos o lanosos por dentro; flores blanco-cremosas, muy grandes, más de 10 cm de largo . . . . BOMBACACEAE *(Ochroma)*

b. Hojas en promedio más angostas; fruto y flores diferentes a como se indica arriba 124

124. a. Flores rojas: pelos en forma de estrella sobre tallo y/o lado inferior de las hojas (envés); frutos sin bordes fragmentados . . . . MALVACEAE

b. Flores nunca rojas; sin pelos estrellados sobre tallos y hojas; fruto con un borde laciniado semejante a los rayos del sol . . TILIACEAE *(Heliocarpus)*

125. (119.b)

a. Tallos, hojas o eje que soporta las hojas (peciolo) con jugo lechoso (látex) (rompa tallo y hojas) . . . . MORACEAE *(Morus)*

b. Jugo lechoso (látex) ausente 126

126. a. Puntos translúcidos diminutos presentes en el tejido de la hoja cuando ésta es vista contra la luz (usar lupa) . . . . . . FLACOURTIACEAE *(Prockia)*

b. Puntos translúcidos diminutos ausentes del tejido de la hoja 127

127. a. Dos puntos redondos o con forma de disco, pequeños y oscuros (uno a cada lado de la unión del nervio medio con los nervios laterales más internos) presentes en la base del lado inferior de la hoja . . . . . EUPHORBIACEAE

b. Diferente a como se indica arriba 128

128. a. Pelos en forma de estrella sobre tallo, hojas o ejes que soportan las hojas (pecíolos) 129

128a

b. Pelos sin forma de estrella sobre tallo, hojas o pecíolos 130

129. a. Flores rojas, amarillas, blancas o anaranjadas, con bordes o pétalos conspicuos; ninguna glándula presente en la base de la hoja . . . MALVACEAE

b. Flores verdes, color ante, cremosas o blancuzcas, no conspicuas; glándulas diminutas con o sin eje con frecuencia presentes en la base de la hoja . . . . EUPHORBIACEAE

130. a. Tallos con espinas . . . . ULMACEAE *(Celtis)*

b. Tallos sin espinas 131

131. a. Todas o casi todas las inflorescencias nacen en el ápice del tallo o ramas . . . TILIACEAE

b. Todas o casi todas las inflorescencias nacen de los lados del tallo o ramas 132

132. a. Arboles 10-20 m de alto; lado superior de las hojas (haz) áspero al tacto . . . ULMACEAE *(Trema)*

b. Arbustos hasta árboles pequeños, solamente 2-4 m de alto; lado superior de las hojas (haz) nunca áspero al tacto . . . . URTICACEAE

133. (115.b)

a. Lo que parece ser una sola flor, es en realidad una cabezuela formada por varias flores más pequeñas, en conjunto rodeadas por una serie de escamas o brácteas (involucro); anteras unidas hasta formar un tubo; ningún cáliz verde rodea la base de cada una de las flores . . . . COMPOSITAE

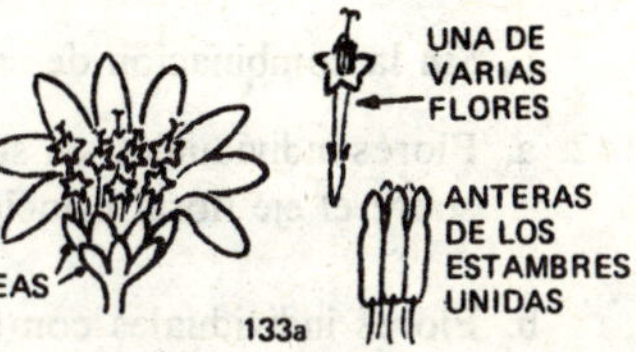

133a

b. Cada una de las flores forma una unidad individual; anteras no unidas; un cáliz verde rodea la base externa de cada una de las flores 134

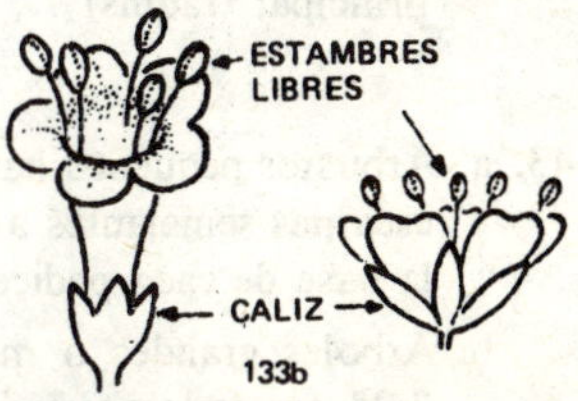

133b

134. a. La inflorescencia nace sólo o principalmente del ápice o cerca del ápice del tallo o al final de las ramas 135

b. La inflorescencia nace principalmente a los lados de los tallos o ramas, y algunas veces también en el ápice del tallo o ramas 148

135. a. Tallos, hojas y ejes que soportan las hojas (pecíolos) con jugo lechoso (látex) (rompa tallos u hojas) . . . . EUPHORBIACEAE

b. Jugo lechoso (látex) ausente 136

136. a. Arboles altos con ramas difíciles de romper; márgenes de las hojas con dientes muy inconspicuos; flores con estambres numerosos dispuestos sobre un anillo alargado, encorvado hacia un lado; el fruto maduro se abre por una tapa leñosa . . . . LECYTHIDACEAE

b. Sin la combinación de caracteres arriba indicados 137

137. a. Inflorescencia con un eje principal alargado, generalmente no ramificado y más largo que ancho 138

137a

b. Inflorescencia o con 1-2 flores, o con flores densamente agrupadas, o los ejes claramente ramificados 145

137b

138. a. Tallo corto, simple y no ramificado; todas las hojas agrupadas en el ápice del tallo . . . . THEOPHRASTACEAE

b. Diferente a como se indica arriba 139

139. a. Tallos, hojas o ejes que soportan las hojas (pecíolos) con escamas provistas o no de pelos marginales semejantes a rayos del sol o estrellas . . . . EUPHORBIACEAE *(Croton)*

b. Diferente a como se indica arriba 140

140. a. Inflorescencia solamente 2,5-4 cm de largo, sin pelos . EUPHORBIACEAE *(Sebastiania)*

b. Inflorescencia o más larga o con pelos o ambas cosas 141

141. a. Tallos, al romperlos, con olor a carne enlatada; hojas verde-grisáceas, sin pelos, con los nervios laterales apenas visibles; flores con un tubo angosto, el cual se divide a veces hasta la base, hasta mostrar un estilo largo y delgado PROTEACEAE *(Roupala montana)*

b. Sin la combinación de caracteres arriba mencionados 142

142. a. Flores individuales sin sus propios ejes (pedicelos) y dispuestas directamente sobre el eje floral principal (sésiles) . . . . BORAGINACEAE

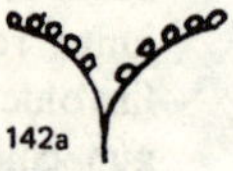

142a

b. Flores individuales con sus propios pedicelos dispuestos sobre el eje floral principal (raquis) 143

142b

143. a. Arbustos pequeños hasta medianos, 0,4-3 m de alto; hojas 1-7 cm de largo; escamas semejantes a hojas (brácteas) pequeñas y usualmente presentes en la base de cada pedicelo . . . . ERICACEAE

b. Arboles grandes o medianos, generalmente (5–) 10-40 m de alto; hojas 7-25 cm de largo; apéndices (brácteas) delgados, presentes o ausentes en la base de cada pedicelo 144

144. a. Eje de cada inflorescencia con 20-50 flores agrupadas; inflorescencia erecta; nervios laterales 8-13 de cada lado del nervio medio . CLETHRACEAE

b. Eje de cada inflorescencia usualmente con menos flores (5-19) y más separadas una de otra; inflorescencia extendida o colgante; nervios laterales 5-8 de cada lado del nervio medio . . . . . FLACOURTIACEAE *(Homalium)*

145. (137.b)

a. Flores sin sus propios ejes (pedicelos) y dispuestas directamente sobre el eje floral principal (sésiles) . . . . BORAGINACEAE

b. Flores con sus propios pedicelos y dispuestas sobre un eje floral principal (raquis) 146

146. a. Hojas muy grandes, densamente peludas en ambos lados; márgenes de las hojas desigualmente dentados; flores color azul-púrpura . . . . HYDROPHYLLACEAE

b. Hojas relativamente pequeñas, sin pelos o con pelos esparcidos por lo menos en la parte superior (haz); márgenes de las mismas más bien regularmente dentados; flores amarillas o blancas 147

147. a. Flores amarillas, solamente 1 ó 2 en cada inflorescencia . . . .
TURNERACEAE

b. Flores blancas, varias hasta muchas en una inflorescencia ramificada . . . .
ROSACEAE *(Hesperomeles)*

148. (134.b)

a. Tallos, hojas o ejes que soportan las hojas (pecíolos) con jugo lechoso (látex) (rompa tallo y hojas) . . . . .MORACEAE *(Trophis)*

b. Jugo lechoso (látex) ausente (rompa tallo y hojas) 149

149. a. Puntos translúcidos diminutos presentes en las hojas cuando éstas son vistas contra la luz (usar lupa) . . . . FLACOURTIACEAE *(Casearia)*

b. Puntos translúcidos diminutos ausentes en las hojas cuando éstas son vistas contra la luz (usar lupa) 150

150. a. Espinas largas presentes sobre el tronco y ramas . . . FLACOURTIACEAE *(Xylosma)*

b. Espinas ausentes en tronco y ramas, o, si presentes en los tallos, entonces muy cortas 151

151. a. Hojas solamente 3-7 mm de ancho, 10-30 veces más largas que anchas . . . .
SALICACEAE

b. Hojas mucho más anchas y relativamente menos veces más largas que anchas 152

152. a. Tallo corto, simple y sin ramificaciones; todas las hojas agrupadas en el ápice del tallo . . . . THEOPHRASTACEAE

b. Diferente a como se indica arriba, tallo ramificado 153

153. a. Tallos y hojas con olor a especias, cubiertos por puntos resinosos diminutos y de color marrón-amarillento . . . . MYRICACEAE

b. Diferente a como se indica arriba 154

154. a. Ramas con olor a carne enlatada (al ser partidas); flores en forma de tubo largo que se divide hasta la base para mostrar un estilo largo . . . .
PROTEACEAE *(Roupala montana)*

b. Diferente a como se indica arriba 155

155. a. Una sola flor grande, vistosa, nace en la axila de la hoja; hojas generalmente agrupadas en o cerca del ápice de las ramas . . . . THEACEAE *(Laplacea)*

b. Pocas hasta muchas flores en cada inflorescencia; hojas usualmente distribuidas más regularmente a lo largo de la rama 156

156. a. Tallos y/u hojas con espinas . . . . SOLANACEAE *(Solanum)*

b. Tallos y hojas sin espinas 157

157. a. Nervios laterales principales 15-30 de cada lado del nervio medio 158

b. Nervios laterales principales generalmente menos de 15 a cada lado del nervio medio 159

158. a. Lado inferior de las hojas (envés) con una cubierta de pelos sedosos de color blanco-grisáceo; inflorescencia muy corta con flores naciendo desde las axilas de las hojas . . . . THEACEAE *(Freziera)*

b. Lado inferior de las hojas (envés) nunca blanco-grisáceo; inflorescencia con muchas flores dispuestas sobre un eje alargado y ramificado . . . .
ACTINIDIACEAE

159. a. Algunas de las inflorescencias muy alargadas, no ramificadas, angostas y muchas veces más largas que anchas 160

b. Inflorescencias o cortas y agrupadas, o cortas, o ramificadas 161

160. a. Ninguna flor rodeada ni acompañada por un apéndice adicional (bráctea) en la base; flores blancuzcas, los pétalos unidos en un tubo cilíndrico y corto
BORAGINACEAE *(Cordia)*

b. Cada flor rodeada o acompañada por un apéndice adicional (bráctea) en la base; flores verdosas, sin tubo . . . . . . EUPHORBIACEAE *(Bernardia)*

161. a. Tallos y hojas sin pelos o casi 162

b. Tallos y hojas más o menos peludos 168

162. a. Las hojas más grandes tienen 1,5 cm de ancho, pero la mayoría de las hojas mide 0,4-1,5 cm de ancho y 0,6-4 (–4,5) cm de largo . . STERCULIACEAE *(Melochia parvifolia)*

b. Las hojas más grandes son mucho mayores de 1,5 cm de ancho, y el resto mide 1-7 cm de ancho y generalmente 2-20 cm de largo 163

163. a. Apice de las hojas ampliamente redondeado o ampliamente encorvado . 164

b. Apice de las hojas más angosto o terminado en punta 165

164. a. Habita en zonas frías entre 1.900-2.760 m de altitud; flores inconspicuas, blanco-verdosas, con órganos femeninos y masculinos en flores separadas, nunca ambos en la misma flor (unisexual); hojas negras cuando secas . . . .
AQUIFOLIACEAE *(Ilex myricoides)*

b. Habita en zonas más cálidas, entre el nivel del mar y 1.500 m de altitud; flores conspicuas, blancas, con órganos femeninos y masculinos en la misma flor (bisexuales o hermafroditas); hojas nunca negras cuando secas . . . . .
SYMPLOCACEAE

165. a. Flores diminutas, verdosas; inflorescencia muy ramificada . . . .
CELASTRACEAE *(Perrottetia)*

b. Flores vistosas, blancas, amarillo-cremosas, rosadas, purpúreo-rojizas o casi purpúreas; inflorescencia menos ramificada, o compacta con flores agrupadas 166

166. a. Arboles con flores amarillo-cremosas; fruto esférico, negro y verrucoso . . .
STERCULIACEAE *(Guazuma)*

b. Sin la combinación de caracteres mencionados arriba 167

167. a. Arbustos o árboles pequeños con los tallos y ramas completamente leñosos; inflorescencia más larga que ancha, flores sobre un eje corto; pétalos ligeramente unidos en la base, blancos . . . . SYMPLOCACEAE

b. Tallos arbustivos leñosos sólo hacia la base, el resto de la planta con tallos delgados no leñosos; inflorescencia generalmente compacta, no más larga que ancha, eje de la inflorescencia (pedúnculo) usualmente más alargado; pétalos no unidos en la base, rosados, purpúreos o blancos . . . .
STERCULIACEAE *(Melochia)*

168. (161.b)

a. Flores con corolas grandes, vistosas; pétalos unidos en lóbulos grandes y extendidos; tallos y hojas con pelos parecidos a estrellas . . . SOLANACEAE *(Solanum)*

b. Flores más pequeñas; pétalos no unidos, o si están unidos, entonces sin lóbulos grandes extendidos; tallos y hojas con pelos generalmente simples o solamente en forma de escamas 169

169. a. Flores inconspicuas, pardas o de color ante . . RHAMNACEAE *(Rhamnus)*

b. Flores conspicuas, con pétalos blancos, amarillos, amarillo-cremosos, rosados o casi púrpura, separados hasta la base o unidos en un tubo corto, cilíndrico y blanco 170

170. a. Flores de color amarillo-cremoso; fruto esférico, negro y verrucoso . . . . STERCULIACEAE *(Guazuma)*

b. Sin la combinación de caracteres arriba indicados 171

171. a. Apéndices (estípulas) muy finos y diminutos algunas veces presentes en la base del eje que soporta la hoja (pecíolo); arbustos o plantas pequeñas con tallos duros o leñosos solamente hacia la base, el resto del tallo no leñoso; flores rosadas, purpúreas, blancas o amarillas . . . . . STERCULIACEAE

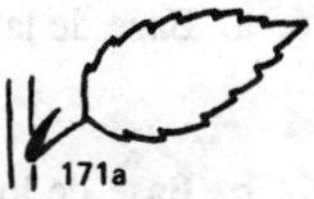

171a

b. Ningún apéndice (estípula) presente en la base del pecíolo; árboles o arbustos con tallos y ramas completamente leñosos; flores blancas o blancuzcas 172

172. a. Lado inferior (envés) de las hojas con pubescencia usualmente densa; flores con pétalos unidos en un tubo corto y cilíndrico; eje floral principal (pedúnculo) por lo general conspicuamente alargado o mucho más largo que el pecíolo . . . . BORAGINACEAE

b. Lado inferior (envés) de las hojas dispersa e inconspicuamente pubescente; flores con pétalos ligeramente unidos en la base, sin formar un tubo corto y cilíndrico; eje floral principal (pedúnculo) muy corto o ausente . . . . . . SYMPLOCACEAE

GRUPO XVIII

ARBOLES, ARBUSTOS O PLANTAS LEÑOSAS EN LA BASE, CON HOJAS COMPUESTAS Y ALTERNAS

1. a. Divisiones de las hojas (folíolos) con dientes en los márgenes 2

1a

b. Divisiones de las hojas (folíolos) sin dientes en los márgenes 8

1b

2. a. Espinas o cerdas presentes sobre tallos o ejes que soportan las hojas (pecíolos) 3

b. Espinas o cerdas ausentes 4

3. a. Los ejes de los folíolos (peciólulos) nacen todos en el ápice del pecíolo . . . .
ROSACEAE *(Rubus)*

3a

b. Los ejes de los folíolos (peciólulos) nacen en diferentes niveles a lo largo del eje principal de la hoja (raquis) . . . . RUTACEAE *(Zanthoxylum)*

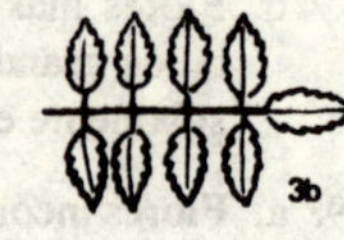
3b

4. a. Márgenes de las hojas con dientes prominentes y agudos 5

b. Márgenes de las hojas con dientes generalmente redondeados u obtusos . . 6

5. a. Hojas delgadas; eje principal de la hoja (raquis) usualmente ramificado en ejes adicionales . . . . MELIACEAE *(Melia)*

b. Hojas gruesas; raquis no ramificado . . . . PROTEACEAE

6. a. Base de la mayoría de los folíolos con lados desigualmente anchos . . . . .
STAPHYLEACEAE *(Huertea)*

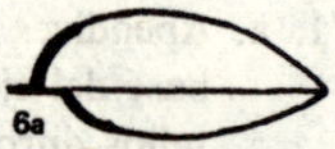
6a

b. Base de los folíolos con lados iguales, ambos lados más o menos igualmente angostados en la base 7

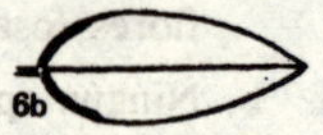
6b

7. a. Hojas con fuerte olor penetrante; muchos puntos translúcidos, diminutos, presentes en la hoja cuando ésta es vista contra la luz (usar lupa) . . . . .
RUTACEAE *(Zanthoxylum)*

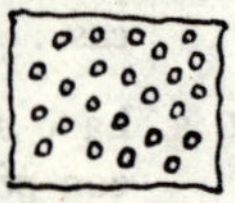
7a

b. Hojas sin olor intenso; puntos translúcidos ausentes en la hoja cuando ésta es vista contra la luz (usar lupa) . . . . SAPINDACEAE *(Matayba)*

8. (1.b)

a. Hojas frescas trituradas con olor fuerte y penetrante 9

b. Hojas sin olor fuerte o penetrante 10

9. a. Muchos puntos translúcidos, diminutos, presentes en las hojas cuando éstas son vistas contra la luz (usar lupa) . . . . RUTACEAE

b. Diferente a como se indica arriba . . . . BURSERACEAE *(Protium)*

10. a. Todos los folíolos nacen en el ápice del eje principal (pecíolo) 11

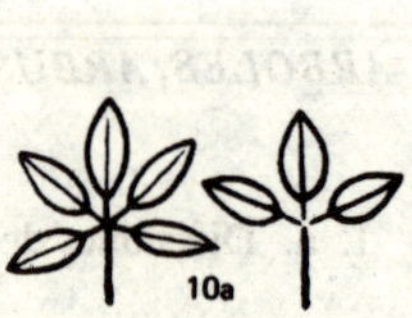
10a

b. Todos los folíolos nacen en diferentes niveles del eje (pinadamente), una división encima de la otra 18

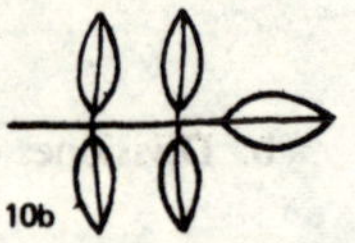
10b

11. a. Solamente 3 folíolos presentes en cada hoja 12

b. Más de 3 folíolos presentes en cada hoja 15

12. a. Tronco o tallos con espinas; flores rojas, anaranjadas o escarlatas . . . . .
LEGUMINOSAE *(Erythrina)*

b. Tronco o tallo sin espinas; flores verdosas, amarillas, blancas o azul-purpúreas 13

13. a. Flores color azul-púrpura . . . . SOLANACEAE *(Cyphomandra)*

b. Flores verdosas, amarillas o blancas 14

14. a. Los folíolos se angostan hacia el ápice y forman una punta larga . . . . TOVARIACEAE

b. Folíolos con el ápice redondeado o ligeramente puntiagudo . . . . . . ANACARDIACEAE *(Mauria)*

15. a. Folíolos sin ejes individuales (peciólulos) o con éstos de 1 cm o menos de largo 16

b. Folíolos con peciólulos claramente alargados 17

16. a. Arboles . . . . BOMBACACEAE

b. Arbustos pequeños, leñosos sólo en la base . . . . SOLANACEAE *(Cyphomandra)*

17. a. Flores muy grandes, solitarias y vistosas . . . . BOMBACACEAE *(Gyranthera)*

b. Flores muy pequeñas, muchas en cada inflorescencia . . . . ARALIACEAE *(Didymopanax)*

18. (10.b)

a. Hojas y frutos con olor fuerte o penetrante . . . . BURSERACEAE

b. Hojas y frutos sin olor fuerte o penetrante 19

19. a. Espinas o cerdas presentes en la planta . . . . LEGUMINOSAE

b. Espinas o cerdas ausentes en la planta 20

20. a. Número total de folíolos 100 o más en cada hoja . . . . . LEGUMINOSAE

b. Número total de folíolos 5-32 en cada hoja 21

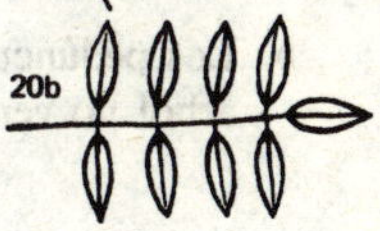

21. a. Flores azules o purpúreas . . . . LEGUMINOSAE

b. Flores de otros colores 22

22. a. Flores rojas o rojo-rosadas . . . . LEGUMINOSAE

b. Flores de otros colores 23

23. a. Eje principal de las hojas (raquis) ramificado . . . . LEGUMINOSAE

b. Eje principal de las hojas (raquis) no ramificado 24

24. a. Flores amarillas o amarillo y lavanda . . . . LEGUMINOSAE

b. Flores ni amarillas ni amarillo y lavanda 25

25. a. Flores generalmente dispuestas en inflorescencias redondas . . . . LEGUMINOSAE *(Inga)*

b. Flores dispuestas en una inflorescencia alargada o ramificada, nunca redonda 26

26. a. Flores con forma de mariposa, con pétalos de forma desigual o irregular . . LEGUMINOSAE

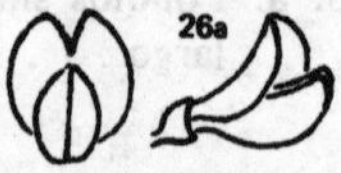
26a

b. Flores de forma simétrica, o por lo menos no como se indica arriba . . . 27

27. a. Eje principal de la hoja (raquis) y lado inferior de los folíolos peludos . . . 28

b. Raquis y lado inferior de los folíolos sin pelos o casi sin pelos 29

28. a. Frutos rojos, en grupos colgantes . . . . SIMAROUBACEAE *(Picramnia)*

b. Frutos nunca rojos, ni en grupos colgantes . . . . . MELIACEAE *(Ruagea)*

29. a. Base de casi todos los folíolos desigualmente ancha, o un lado más encorvado que el otro 30

29a

b. Bases de la mayoría de los folíolos iguales, ambos lados angostados o encorvados 33

29b

30. a. Folíolos relativamente pequeños, los más grandes 5 cm de largo 31

b. Folíolos relativamente más grandes, los más grandes 8-20 cm de largo . 32

31. a. El ápice de los folíolos termina en una punta delgada y alargada . . . . . . MELIACEAE *(Swietenia)*

b. El ápice de los folíolos de las hojas termina en una punta obtusa o roma . ANACARDIACEAE *(Spondias purpurea)*

32. a. Los ejes (pedúnculos) que sostienen las flores o frutos nacen en alguna parte por debajo del ápice de una rama con hojas; árbol venenoso, el cual causa irritación en la piel . . . . ANACARDIACEAE *(Toxicodendron)*

32a

b. Los pedúnculos de flores y frutos nacen en el ápice de una rama con hojas; árbol no venenoso . . . . ANACARDIACEAE *(Spondias)*

32b

33. a. Ambos lados de la base de los folíolos por lo general fuertemente encorvados o redondeados; yemas en el ápice del tallo y base de los ejes que soportan las hojas (pecíolos) con pelos . . . . MELIACEAE *(Cedrela)*

b. Base de los folíolos principalmente angostada o por lo menos no redondeada ni fuertemente curvada; yemas en el ápice del tallo usualmente sin pelos 34

34. a. Lado inferior (envés) de los folíolos con una red de nervios finos prominentes entre los nervios laterales principales; árbol venenoso, el cual causa irritación en la piel . . . . ANACARDIACEAE *(Mauria)*

b. Lado inferior (envés) de los folíolos sin red prominente de nervios finos . . 35

35. a. Apice de los folíolos generalmente redondeado u obtuso 36

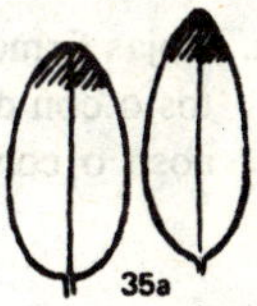

35a

b. Apice de los folíolos adelgazándose hasta una punta larga o corta 38

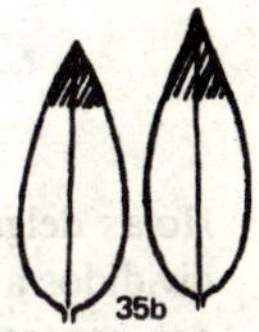

35b

36. a. Parte central del ápice del folíolo hundida o escotada y más baja que el resto del ápice; folíolo 6-9 cm de largo . . . . . ANACARDIACEAE *(Tapirira)*

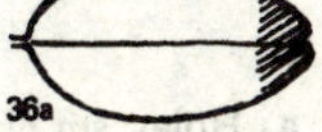

36a

b. Apice del folíolo nunca hundido en el centro; folíolos en promedio más grandes, 8-20 cm de largo 37

37. a. Nervios laterales del lado inferior (envés) de los folíolos prominentemente elevados; folíolos anchamente redondeados en el ápice, generalmente 4-9 cm de ancho . . . . MELIACEAE *(Guarea)*

b. Nervios laterales del lado inferior (envés) de los folíolos no prominentes ni ligeramente elevados; folíolos angostados en un ápice obtuso, generalmente 2,5-5 cm de ancho . . . . SAPINDACEAE *(Toulicia)*

38. a. Lado inferior (envés) de los folíolos con los nervios laterales prominentemente elevados; folíolos muy grandes, 7-8 cm de ancho, 15-20 cm de largo . . . MELIACEAE *(Trichilia)*

b. Lado inferior (envés) de los folíolos con los nervios laterales no prominentemente elevados o los folíolos en promedio más angostos y más cortos . . 39

39. a. La mayoría de los folíolos están dispuestos de manera casi opuesta sobre el eje (raquis) de la hoja . . . . MELIACEAE *(Trichilia)*

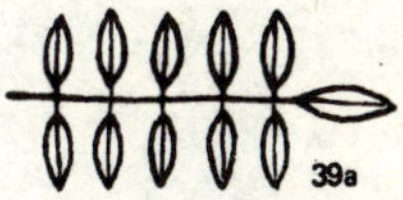

39a

b. La mayoría de los folíolos están dispuestos alternadamente sobre el eje (raquis) de la hoja 40

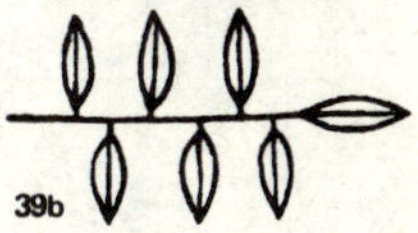

39b

40. a. Apice de los folíolos adelgazándose en una punta delgada y aguda; fruto ligeramente más largo que ancho, con superficie verrugosa . . MELIACEAE *(Trichilia)*

b. Apice de los folíolos adelgazándose en una punta plana u obtusa; fruto más ancho que largo . . . . SAPINDACEAE *(Matayba)*

GRUPO XIX

ARBOLES, ARBUSTOS O PLANTAS LEÑOSAS EN LA BASE, CON HOJAS AGRUPADAS EN EL APICE

1\. a. Hojas divididas hasta el centro en 3 o más segmentos separados (compuestas) 2

b. Hojas no divididas hasta el centro, o a lo más con una bifurcación de 2 lóbulos 3

2\. a. Hojas firmes o tiesas, no fácilmente triturables; márgenes de los foliolos rectos o con dientes superficiales; plantas con flores y frutos; tronco liso, espinoso o con anillos circundantes . . . . PALMAE

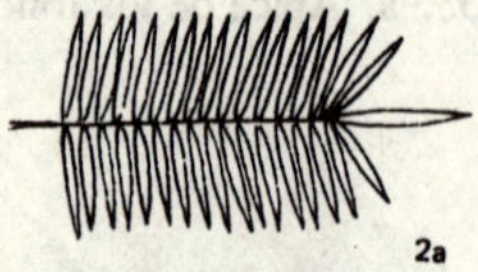

2a

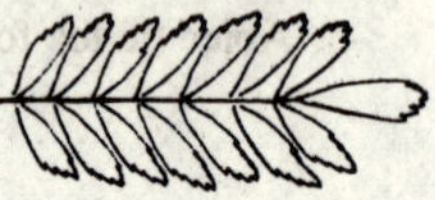

b. Hojas delgadas, delicadas o fácilmente triturables; márgenes de los folíolos divididos a su vez en segmentos más finos o con numerosos dientes; plantas con esporas (cuando fértiles) en el envés de las hojas, pero sin flores ni frutos; tronco con cicatrices ovaladas, redondeadas o en forma de diamante HELECHOS ARBORESCENTES

2b

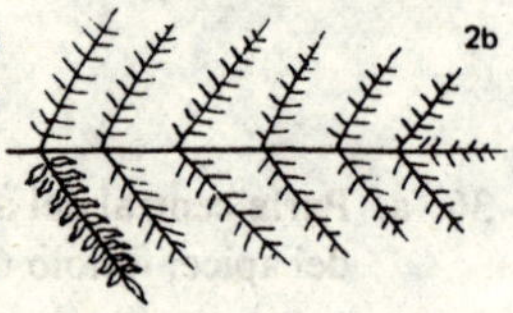

3\. a. Hojas sin ninguna bifurcación . . . . . . THEOPHRASTACEAE *(Clavija)*

b. Hojas con una bifurcación . . . . PALMAE

PTERIDOPHYTA (HELECHOS)

CLAVE PARA LOS GRUPOS PRINCIPALES DE HELECHOS

A. a. Helechos arborescentes (el tallo grueso, 0,5-10 m de alto, nacen desde el suelo y terminan en una copa de hojas) . . . . SUBGRUPO I (números 2-5)

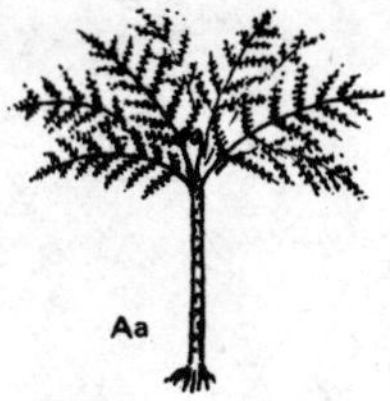

b. Helechos nunca arborescentes . . . . B

B. a. Plantas, o con tallos trepadores o rastreros, con los rizomas y los tallos sobre el suelo o subterráneos . . . . C (números 7-41)

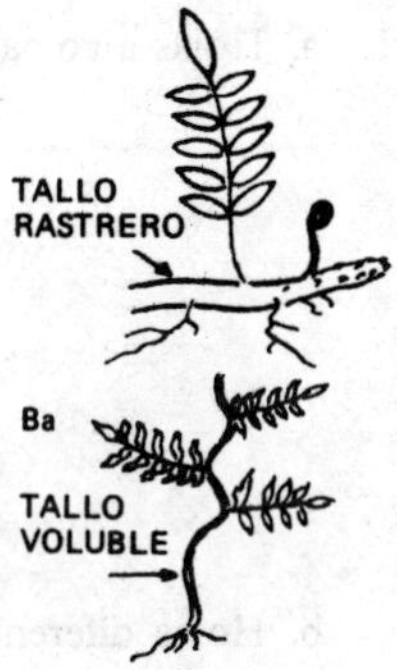

b. Plantas con tallos ni trepadores ni rastreros . . . . D (números 42-181)

C. a. Toda la hoja con el borde sin cortes ni dientes (hoja entera) . . . SUBGRUPO II (números 9-25)

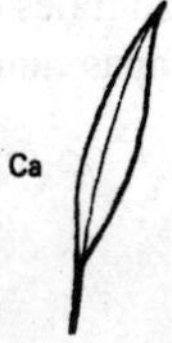

b. Toda la hoja con el borde o cortado o dividido (hoja compuesta) en unidades más pequeñas . . . . SUBGRUPO III (números 26-41)

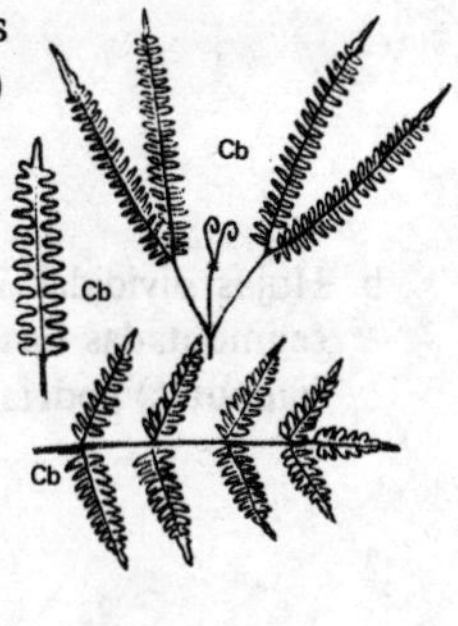

D. a. Toda la hoja con el borde sin dientes, lóbulos ni otras irregularidades (enteras) (aquí están incluidas las hojas muy pequeñas, pero completamente enteras de *Selaginella* y *Lycopodium*), o plantas con tallos huecos y articulados . . . . . SUBGRUPO IV (números 43-68)

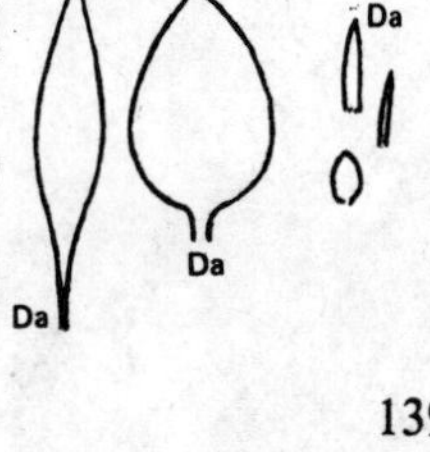

b. Toda la hoja con el borde con dientes, lóbulos o seccionada en divisiones más pequeñas o unidades (hoja compuesta) . E (SUBGRUPO V, números 69-181)

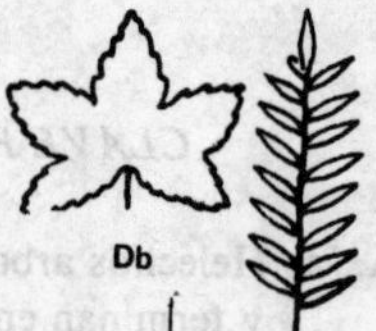

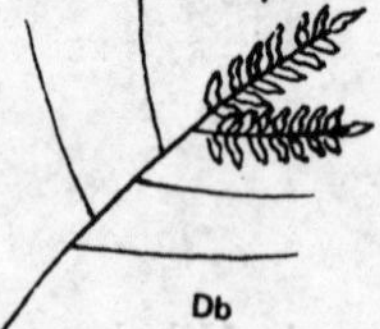

Db

E. a. Hojas algo parecidas a la palma de la mano . . . . (números 74-75)

Ea

Ea

b. Hojas diferentes a como se indica arriba . . . . F

F. a. Hojas divididas a lo más una sola vez (1-pinnada) en divisiones principales horizontales (pinnas), tomando la apariencia de una escalera, peine o pluma; las pinnas nunca son completamente segmentadas hasta el nervio medio . . . . G (números 76-150)

Fa

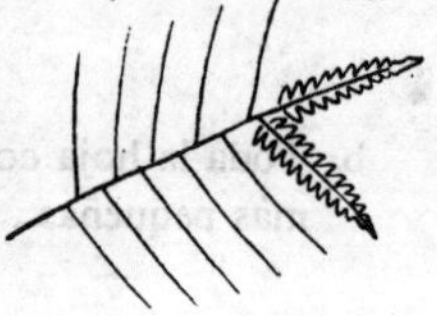

b. Hojas divididas 2 ó 3 veces (2 ó 3-pinnadas), de manera que las pinnas están segmentadas hasta el nervio medio y las resultantes divisiones más pequeñas (pínnulas) podrían o no volverse a dividir . . . . J (números 151-181)

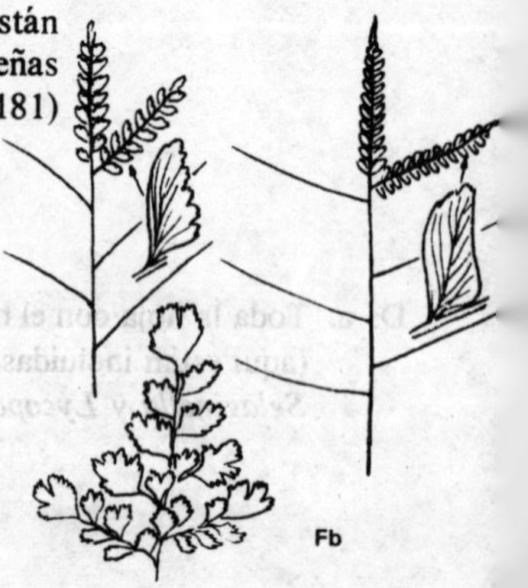

G. a. Pelos o escamas presentes sobre el eje que soporta la hoja (pecíolo), sobre el eje principal de la hoja (raquis) o sobre las divisiones de las hojas (pinnas o pínnulas) . . . . H (números 79-105)

b. No hay pelos o escamas alargadas, pero pueden encontrarse unas escamas anchas muy pegadas a la superficie del pecíolo o del raquis . . . . I (números 106-150)

H. a. Divisiones principales horizontales de las hojas (pinnas) sin dientes . . . . . (números 80-86)

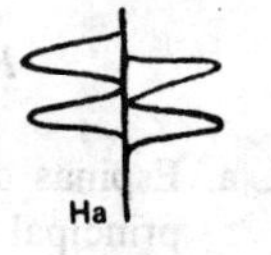

Ha

b. Pinnas con dientes o cortes a lo largo de los bordes . . . . . (números 87-105)

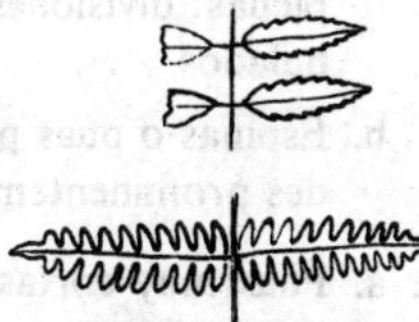

Hb

I. a. No hay ningún diente en las divisiones de las hojas (pinnas) . . . . (números 108-123)

Ia

b. Hay dientes, lóbulos o proyecciones en las pinnas . . . . . (números 124-150)

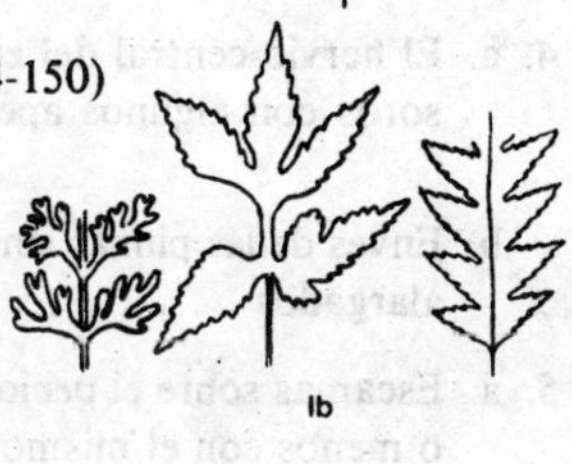

Ib

J. a. Eje principal de la hoja (raquis) ramificado en ejes adicionales alargados . . . . (números 151-162)

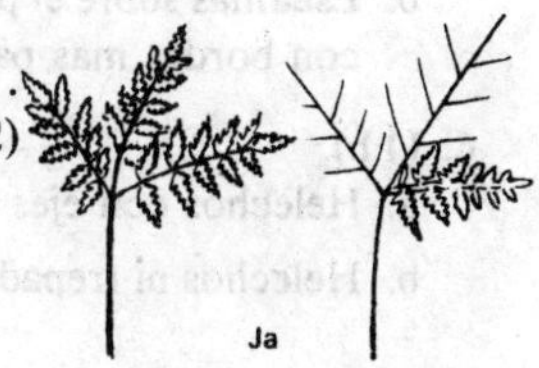

Ja

b. Raquis continuo y alargado, no ramificado en ejes adicionales alargados . . . (números 163-181)

Jb

Clave de los géneros y especies de helechos

1. a. Helechos arborescentes con tronco vistoso 0,5-10 m de alto 2
(SUBGRUPO I) (números 2-5)
   b. Helechos nunca arborescentes, sin tronco alto 6

SUBGRUPO I
HELECHOS ARBORESCENTES (números 2-5)

2. a. Espinas o púas ausentes en el eje que soporta la hoja (pecíolo) o en el eje principal de la hoja (raquis) o, si presentes en la base, entonces muy inconspicuas; divisiones de las hojas (pinnas) con los bordes ligeramente o no lobulados . . . . *Cyathea speciosa*
   b. Espinas o púas presentes en el pecíolo y/o en el raquis; pinnas con los bordes prominentemente segmentados o lobulados 3
3. a. Púas muy cortas, dispersas y generalmente restringidas a la parte más baja del pecíolo; puntos marrones que corresponden a grupos de esporas (soros) ubicados en el lado inferior de las hojas (envés) sin ninguna membrana delgada que las cubra; pelos delgados usualmente ausentes de los nervios centrales del envés de las pinnas . . . . 4 *(Trichipteris)*
   b. Púas y espinas prominentes, más conspicuas y presentes en mayor número a lo largo del pecíolo; soros rodeados por una membrana delgada; pelos delgados y pálidos usualmente presentes en el nervio central del envés de las pinnas . . . . 5 *(Cyathea)*
4. a. El nervio central del envés de las pinnas muestra escamas anchas y pálidas; soros con algunos apéndices en forma de pelo, apenas visibles . . . .
Trichipteris microphylla
   b. Envés de las pinnas sin escamas; soros prominentemente rodeados por pelos alargados . . . . *Trichipteris gibbosa*
5. a. Escamas sobre el pecíolo de color marrón-amarillento o marrón pálido, más o menos con el mismo color en toda la superficie . . . . *Cyathea fulva*
   b. Escamas sobre el pecíolo de color marrón-rojizo hasta marrón-rojizo oscuro, con bordes más pálidos . . . . *Cyathea caracasana* var. *caracasana*
6. (1.b)
   a. Helechos con ejes trepadores o con tallos largos trepadores 7
   b. Helechos ni trepadores ni con tallos largos trepadores 42

HELECHOS TREPADORES O RASTREROS (números 7-41)

7. a. Divisiones de las hojas muy delgadas, con el espesor de una sola célula, de manera que la luz pasa a través de la hoja (translúcida) . . . . *Trichomanes rupestris*
   b. Divisiones de las hojas más firmes, más de una célula de grosor, de manera que la luz no pasa a través de la hoja (opaca) 8

8. a. Borde de toda la hoja sin divisiones, o cortes o casi sin ellos 9
(SUBGRUPO II)

b. Borde de toda la hoja con divisiones o cortes evidentes 26
(SUBGRUPO III)

SUBGRUPO II
HELECHOS TREPADORES O RASTREROS CON HOJAS SIN DIVISIONES O CORTES (ENTERAS) (números 9-25)

9. a. Cada hoja en forma de pelo, aguja o escama, 3,5 mm o menos de ancho . 10
(Lycopodium)

9a

b. Cada hoja mucho más ancha, sin forma de pelo, aguja o escama 14

10. a. Tallos aplanados, que se ramifican en forma de abanico o mano; hojas en forma de escamas con el ápice corto . . . . *Lycopodium complanatum*

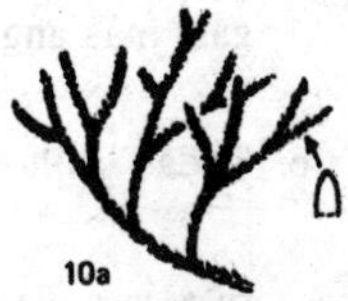
10a

b. Tallos cilíndricos, redondeados; hojas alargadas con el ápice largo 11

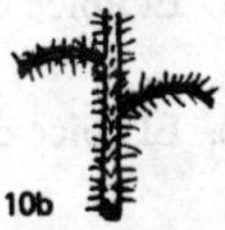
10b

11. a. Plantas aéreas (epífitas) con tallos colgantes, que nacen sobre troncos o las ramas de los árboles; hojas 2-3,5 mm de ancho . . . *Lycopodium passerinum*

b. Plantas terrestres que nacen sobre rocas o en el suelo; hojas generalmente más angostas 12

12. a. Hojas erectas hasta ascendentes, que permanecen cerca del tallo principal, y terminan en un ápice muy delicado con forma de pelo . *Lycopodium vestitum*

b. Hojas laxamente extendidas o ascendentes, no permanecen cerca del tallo principal ni terminan en un ápice en forma de pelo 13

13. a. Hojas primero extendiéndose y luego encorvándose o doblándose hacia arriba; las porciones con las esporas son cortas y ubicadas al final de la ramita cubierta de hojas . . . . *Lycopodium cernuum*

b. Todas las hojas extendidas o ascendentes, más o menos rectas; porciones con las esporas alargadas y separadas sobre ejes alargados y ramificados, que sostienen hojas reducidas o en forma de escamas . *Lycopodium clavatum*

14. (9.b)
a. Hojas de color plateado o gris-plateado, en el lado inferior (envés) . . . . .
Polypodium glaucophyllum

b. Envés nunca de color plateado o gris-plateado 15

15. a. Hojas y ejes que soportan las hojas (pecíolos) peludos 16

b. Hojas y pecíolos sin pelos 17

16. a. Hojas estériles (aquellas sin esporas en el envés) muy pequeñas, 0,6-4 cm de largo, 0,6-1,2 cm de ancho . . . . *Microgramma tecta*

b. Hojas estériles (aquéllas sin esporas en el envés) más grandes, 30-50 cm de largo, 4-6 cm de ancho . . . . *Elaphoglossum scolopendrifolium*

17. a. Nerviecillos de la hoja formando una red; hojas que sostienen las esporas (fértiles) en forma y tamaño similar a las que no tienen esporas; hojas fértiles con los grupos de esporas (soros) dispersos sobre la superficie y sin cubrir completamente el tejido de la hoja 18

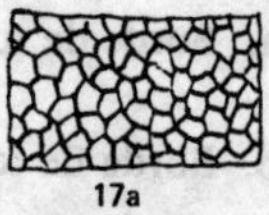
17a

b. Nerviecillos de la hoja generalmente libres entre sí y no formando una red, usualmente ocultos entre el tejido de la hoja, lo cual los hace difíciles de ver; hojas fértiles diferentes en tamaño y forma de las hojas estériles; hojas fértiles completamente cubiertas por esporas en el lado inferior (envés) . . . 20 *(Elaphoglossum)*

17b

18. a. Hojas estériles (aquellas sin puntos marrones de esporas en el envés) redondeadas o anchamente encorvadas en el ápice, solamente 1-4 cm de largo; hojas fértiles (aquellas con puntos marrones de esporas en el envés) más largas, más angostas y con el ápice terminando en punta . . . . *Microgramma vacciniifolia*

b. Todas las hojas terminan en una punta corta hasta larga 19

18b

19. a. El ápice de la hoja termina en una punta alargada en forma de cola . . . . *Polypodium percussum*

b. El ápice de la hoja termina en una punta corta u obtusa . . . . . *Polypodium lanceolatum*

20. a. Escamas fuertemente adheridas, usualmente cubriendo el lado inferior (envés) de las hojas o, por lo menos, el nervio medio en el envés 21

b. Escamas por lo general completamente ausentes o casi ausentes en el envés de las hojas 22

21. a. Hojas 2,8-6 cm de ancho; envés de las hojas de color marrón herrumbroso, marrón-grisáceo o herrumbroso, completa y densamente cubierto por escamas . . . . *Elaphoglossum cuspidatum*

b. Hojas 1-2,6 cm de ancho; envés de las hojas de color gris o verde-grisáceo, toda la superficie de la hoja o solamente el nervio medio cubierto por escamas diminutas . . . . *Elaphoglossum petiolatum*

22. a. Rizomas largos, trepadores y delgados, 2-3,5 mm de diámetro, las escamas se caen con facilidad; hojas angostas hasta tomar forma de V en la base, alcanzando 2-4 cm de distancia entre si . . . . *Elaphoglossum lingua*

b. Rizomas o más gruesos y usualmente con escamas más persistentes y conspicuas, o con las hojas generalmente más agrupadas y juntas; hojas con frecuencia angostándose más gradualmente en la base 23

23. a. Hojas estériles en promedio pequeñas, 8-15 cm de largo, 2-3 cm de ancho; hojas adelgazándose en un ápice alargado y angosto; eje que soporta la hoja (pecíolo) 10-13 cm de largo, casi tan largo como la hoja misma; base de la hoja más o menos con forma de V . . . . *Elaphoglossum conforme*

b. Hojas estériles en promedio más grandes, 30-70 cm de largo, 2,5-10 cm de ancho; hojas angostadas, pero sin el ápice alargado; pecíolo usualmente más corto que la hoja misma; base de la hoja adelgazándose gradualmente . . 24

24. a. Rizomas más bien cortos y trepadores, 4-6 mm de diámetro; hojas quebradizas . . . . *Elaphoglossum rigidum*

b. Rizomas más alargados, 6-30 mm de grosor; hojas más rígidas y más gruesas 25

25. a. Hojas 3,5-10 cm de ancho; escamas del rizoma 10-11 mm de largo . . . . *Elaphoglossum latifolium*

b. Hojas 2,5-5 cm de ancho; escamas del rizoma 15-16 mm de largo . . . . . *Elaphoglossum andicola*

SUBGRUPO III
HELECHOS TREPADORES O RASTREROS, CON HOJAS COMPUESTAS
(números 26-41)

26. (8.b)
a. Plantas trepadoras o volubles 27
b. Plantas no trepadoras ni volubles pero sí rastreras 28

27. a. Eje de la hoja (raquis) más o menos zigzagueante; hojas divididas en segmentos muy angostos, 1-2 mm de ancho . . . . *Eriosorus flexuosus*

b. Raquis nunca zigzagueante; hojas divididas en segmentos mucho más anchos . . . . *Lygodium venustum*

28. a. Plantas que usualmente forman colonias por medio de sus tallos rastreros por debajo del suelo 29

b. Plantas que nunca forman colonias; el tallo rastrea por encima de la superficie de las ramas o troncos de árboles 34

29. a. Hoja anchamente triangular, el eje (raquis) dividiéndose en su base en 3 ejes principales . . . . *Pteridium caudatum*

29a

b. Hojas nunca triangulares, el raquis dividiéndose sólo 1 ó 2 veces en otras 2 ramas principales 30

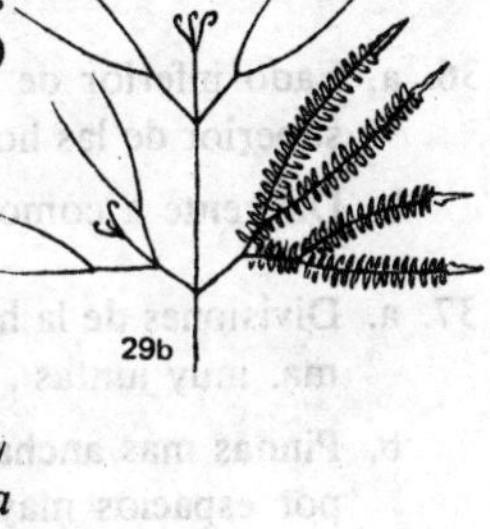
29b

30. a. Lado inferior de las hojas (envés) cubierto por una vellosidad algodonosa y diminuta . . . . *Gleichenia bifida*

b. Lado inferior de las hojas (envés) nunca cubierto por ninguna vellosidad algodonosa 31

31. a. Envés de color plateado o verde-azulado . . . . . *Dicranopteris flexuosa*

b. Envés de color verde pálido u opaco, nunca plateado ni verde-azulado . . 32

32. a. Escamas conspicuas, alargadas y densamente agrupadas en todas las bases de las bifurcaciones principales de la hoja . . . . *Hicriopteris bancroftii*

b. Bifurcaciones de la hoja sin escamas o con escamas diminutas apenas evidentes 33

33. a. Apice de las divisiones de la hoja (pinnas) parcialmente segmentado en la mitad (emarginado); nerviecillos de las mismas ramificados más de una vez a cada lado del nervio medio . . . . *Dicranopteris pectinata*

33a

b. Apice de las pinnas no segmentado en la mitad; nerviecillos de las mismas ramificados solamente una vez a cada lado del nervio medio . . . . *Sticherus nudus*

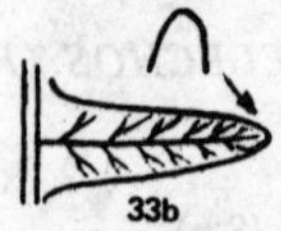

33b

34. (28.b)

a. Por lo menos las divisiones más bajas de la hoja (pinnas) no se conectan a sus bases por medio de tejido foliar 35

34a

b. Casi todas las divisiones de la hoja (pinnas) conectadas basalmente entre si por medio de un tejido foliar 36

34b

35. a. La mayoría de las pinnas angostadas en la base; nerviecillos de las mismas formando una red fina, conectándose uno a otro; escamas de los tallos rastreros (rizomas) adheridas fuertemente contra la superficie, nunca sueltas *Polypodium fraxinifolium*

b. La mayoría de las pinnas con las bases no angostadas o casi tan anchas como la parte principal de las mismas; nerviecillos de las pinnas bifurcándose o ramificándose, libres, nunca formando una red; escamas de los tallos rastreros (rizomas) sueltos, conspicuos y dispersos . . . *Polypodium dissimile*

36. a. Lado inferior de las hojas (envés) densamente cubierto por escamas; lado superior de las hojas (haz) escamoso 37

b. Diferente a como se indica arriba 38

37. a. Divisiones de la hoja (pinnas) 2-3 mm de ancho, uniformes en tamaño y forma, muy juntas . . . . *Polypodium polypodioides*

b. Pinnas más anchas, 3-8 mm de ancho, menos uniformes, separadas entre si por espacios mayores . . . . *Polypodium thyssanolepis*

38. a. Divisiones de la hoja (pinnas) por lo general no completamente cortadas hasta el nervio central, dejando 3-10 mm del tejido de la hoja entre el nervio medio y la base de las mismas; pinnas 0,9-5 cm de ancho . . . *Polypodium aureum*

b. Pinnas casi o completamente cortadas hasta el nervio central, dejando solamente 1-2 mm del tejido de la hoja entre el nervio medio y las bases de las mismas; pinnas 0,3-0,9 (–1,2) cm de ancho 39

39. a. Las dos pinnas más bajas de la hoja se extienden hacia abajo, las otras extendidas horizontalmente . . . . *Polypodium funckii*

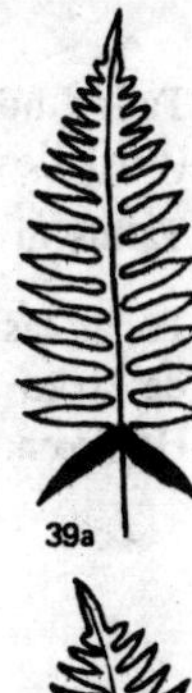
39a

b. Todas las pinnas de la hoja horizontalmente extendidas, con el aspecto de un peine o una pluma 40

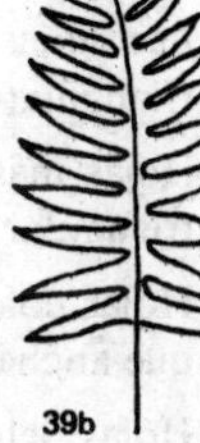
39b

40. a. Tallos rastreros (rizomas) azules o verde-grisáceo, sin escamas sueltas y delgadas; pinnas 4-12 cm de largo, las más bajas notablemente más pequeñas; nerviecillos más finos de las pinnas unidos en una red . *Polypodium loriceum*

b. Tallos rastreros (rizomas) con escamas delgadas, de color marrón-herrumbroso; pinnas 0,5-5 cm de largo, las más bajas conspicuamente más pequeñas; nerviecillos más finos de las pinnas bifurcándose o ramificándose, pero no unidos en una red 41

41. a. Hojas con olor a especias o pino; las pinnas más grandes de la hoja 0,3-1 centímetros de largo; ancho de la hoja completa 0,5-2 cm . . . . *Polypodium rigens*

b. Hojas sin olor a especias ni a pino; las pinnas más grandes de la hoja 2-4 centímetros de largo; ancho de la hoja completa 4,5-8 cm . . . . . *Polypodium pectinatum*

42. (6.b)

a. Toda la hoja con el borde sin dientes, lóbulos ni otras irregularidades (enteras) (aquí están incluidas las hojas muy pequeñas, pero completamente enteras de *Selaginella* y *Lycopodium*), o plantas con tallos huecos y articulados 43

b. Toda la hoja con el borde con dientes, lóbulos o seccionada en divisiones más pequeñas o unidades (hoja compuesta) 69

SUBGRUPO IV

HELECHOS TERRESTRES O EPIFITOS, NO VOLUBLES, CON HOJAS ENTERAS (sin dientes ni segmentados), *O TALLOS HUECOS Y ARTICULADOS* (números 43-68)

43. a. Tallos huecos y articulados, las partes articuladas dispuestas en círculos (verticilos) . . . . *Equisetum giganteum*

43a

b. Tallos ni articulados ni huecos 44

44. a. Todas las hojas diminutas, solamente 0,3-4 mm de ancho y 1-20 (–25) mm de largo 45

44a

b. Hojas en promedio o más anchas y/o más largas 56

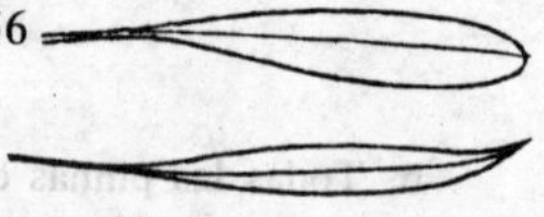
44b

45. a. Las hojas aparecen solamente como escamas diminutas; tallos y ramas triangulares . . . . *Psilotum nudum*

b. Hojas más evidentes y más desarrolladas; tallo aplanado o cilíndrico, nunca triangular 46

46. a. Hojas color verde oscuro, más bien firmes y/u opacas, 4-5 veces más largas que anchas . . . . 47 *(Lycopodium)*

b. Hojas delgadas o de color verde intenso o pálido, 2-3 veces más largas que anchas . . . . 52 *(Selaginella)*

47. a. Plantas aéreas (epífitas), que crecen sobre troncos o ramas de árboles . . 48

b. Plantas terrestres 50

48. a. Hojas más de 2,5 mm de ancho, 8 mm de largo, elípticas, ápice obtuso, más anchas en la mitad . . . . *Lycopodium aqualupianum*

b. Hojas a lo más 2 mm de ancho, 10-25 mm de largo, lineares o lanceoladas, usualmente del mismo ancho en toda la superficie o más anchas debajo de la mitad 49

49. a. Hojas muy angostas, 1 mm o menos de ancho, 20-25 mm de largo, 25-50 veces más largas que anchas . . . . *Lycopodium dichotomum*

b. Hojas 1-2 mm de ancho, 10-12 mm de largo, 5-10 veces más largas que anchas . . . . *Lycopodium subulatum*

50. a. Alguna parte de la planta rastrera u horizontal . . . . *Lycopodium cernuum*

b. Tallos siempre verticales, nunca rastreros 51

51. a. Todas las hojas erectas o ascendentes, más o menos paralelas al tallo . . . . *Lycopodium caracasicum*

b. Algunas hojas, especialmente las situadas en la parte inferior de las ramitas, colgantes (reflexas) o recurvadas . . . . *Lycopodium reflexum*

52. a. Planta parecida a un árbol en miniatura o a una pluma; tallo erecto, no ramificado en la parte más baja, 15-80 cm de alto 53

b. Planta nunca parecida a un árbol; tallo ramificado desde la base hasta el ápice, 6-40 cm de largo 54

53. a. Tallo rojo, 2-4 mm de grosor, 15-50 cm de alto . . . *Selaginella haematodes*

b. Tallo verde o del color de la paja, más delgado, 1 mm de grosor, 9-18 cm de alto . . . . *Selaginella viticulosa*

54. a. Planta en forma de roseta, las partes con hojas dispuestas en círculos y con frecuencia tocando el suelo; tallos ascendentes, sin raíces aéreas; hojas verde-azulosas . . . . *Selaginella pallescens*

b. Planta sin forma de roseta; tallos con raíces aéreas; hojas pálidas o de color verde grama 55

55. a. Algunas de las hojas sostienen diminutos pelos que nacen de sus bordes; planta 15-50 cm de largo; tallo 1,5 mm de grosor . . . . . *Selaginella mnioides*

b. Solamente dientes diminutos proyectándose desde los bordes de las hojas, pero no pelos; planta 6-16 cm de largo; tallo más delicado, 0,5 mm de grosor *Selaginella flagellata*

56. (44.b)

a. Hojas como las de las gramíneas, largas y angostas (lineares), solamente 1-3 mm de ancho . . . . *Vittaria graminifolia*

b. Hojas nunca lineares como las de las gramíneas, más anchas, 5-150 mm de ancho 57

57. a. Planta que crece en el suelo; solamente 1 hoja por planta . . . *Ophioglossum reticulatum*

b. Plantas aéreas (epífitas) que crecen sobre troncos o ramas de los árboles, o crecen sobre rocas; usualmente más de 1 hoja por planta 58

58. a. Nerviecillos de la hoja generalmente libres entre sí, pero difíciles de ver y ocultos en el tejido de la hoja; lado inferior (envés) de las hojas fértiles completamente cubierto de esporas marrones o negras; hojas fértiles con forma y tamaño diferente de las hojas estériles . . . . 59 *(Elaphoglossum)*

b. Nerviecillos de la hoja conectados uno a otro hasta formar una red; hojas fértiles con grupos de esporas dispersos sobre el envés, pero sin cubrirla completamente; hojas fértiles similares en forma y tamaño a las hojas estériles 66

59. a. Eje que soporta la hoja (pecíolo) y hojas con pelos extendidos, alargados y laxos 60

b. Pecíolo y hojas sin pelos o solamente con escamas 61

60. a. Plantas enanas; hojas estériles solamente 1,5-6 cm de largo, con el ápice redondeado; pecíolo solamente 0,5-2 cm de largo . *Elaphoglossum spathulatum*

b. Plantas nunca enanas; hojas estériles 8-30 cm de largo, usualmente con el ápice terminando en una punta larga; pecíolo 3-7 cm de largo . . . . *Elaphoglossum villosum*

61. a. Hojas estériles muy delgadas, casi transparentes . *Elaphoglossum flaccidum*

b. Hojas estériles usualmente gruesas, coriáceas (como cuero), u opacas, nunca delgadas 62

62. a. Escamas muy conspicuas, laxamente extendidas y densas en la parte inferior de la hoja y en los pecíolos; pecíolo muy corto, 1-3 cm de largo, mucho más corto que la hoja misma . . . . *Elaphoglossum plumosum*

b. Pocas escamas sobre el pecíolo o sobre la hoja, inconspicuas, ausentes, o fuertemente adheridas contra la superficie, pecíolo o más largo o ligeramente más corto que la hoja misma 63

63. a. Cara inferior de la hoja (envés) o por lo menos el nervio medio del envés usualmente cubierto por escamas fuertemente apretadas 64

b. Envés por lo general completamente libre de escamas o casi libre . . . . . *Elaphoglossum sporadolepis*

64. a. Hojas estériles más o menos redondeadas en el ápice . . . . *Elaphoglossum muscosum*

b. Hojas estériles con el ápice angostado o terminando en una punta larga . 65

65. a. Eje que soporta la hoja (pecíolo) 15-20 cm de largo, usualmente con numerosas escamas pequeñas . . . . *Elaphoglossum tectum*

b. Pecíolo más corto, 3-13 cm de largo, con escamas pequeñas escasas o casi ausentes . . . . *Elaphoglossum petiolatum*

66. (58.b)

a. Todos los nervios de las hojas dispuestos longitudinalmente . . . . *Polytaenium lineatum*

b. Nervios laterales principales de las hojas ascendentes, formando un ángulo con el nervio medio o dispuestos casi perpendicularmente a éste 67

67. a. Hojas 0,3-1,5 cm de ancho; nervios laterales principales no evidentes ni conspicuos, ni dispuestos perpendicularmente, por lo general entrelazados con nervios más finos . . . . *Polypodium angustifolium*

b. Hojas 4-15 cm de ancho; nervios laterales principales prominentes, rectos y paralelos, atravesando la hoja desde el nervio medio hasta los márgenes . 68

68. a. Hojas con la superficie brillante por lo menos en la parte superior (haz) y más bien delgadas, como de papel; nervios pequeños usualmente evidentes entre los nervios laterales principales . . . . *Polypodium phyllitidis*

b. Hojas con la superficie opaca, de consistencia más bien rígida y gruesa; nervios pequeños usualmente no evidentes entre los nervios laterales principales *Polypodium crassifolium*

SUBGRUPO V
HELECHOS TERRESTRES O EPIFITOS, NO VOLUBLES, CON HOJAS PALMADAS O COMPUESTAS (números 69-181)

69. (42.b)

a. Todas las divisiones de la hoja (folíolos o pinnas) parecidas a pelos o hilos *Trichomanes capillaceum*

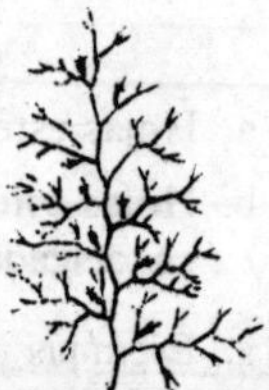
69a

b. Hoja diferente a como se indica arriba, folíolos o pinnas siempre más anchas 70

69b

70. a. Algunas o todas las hojas con el lado inferior (envés) cubierto por una capa de cera blanca 71

b. Envés sin una cubierta de cera blanca 73

71. a. Bordes de las divisiones de la hoja (folíolos) no segmentados; todos los folíolos de la mitad inferior de la hoja largos y angostos . . *Trismeria trifoliata*

b. Bordes de los folíolos segmentados, o divididos a su vez en hojitas más pequeñas 72

72. a. Márgenes de los folíolos (pinnas) conspicuamente enrollados hacia abajo, y, cuando segmentados, con ápices redondeados u ondulados . . *Pityrogramma tartarea*

b. Márgenes de las pinnas no enrollados hacia abajo, sino con dientes cortos que terminan en puntas agudas . . . . *Pityrogramma calomelanos*

73. a. Hoja en conjunto solamente 3 mm de ancho . . . . *Grammitis limula*

b. Hoja en conjunto más ancha 74

74. a. Hojas parecidas a una mano (digitadas), con los lóbulos en forma de dedos extendidos en o cerca de la base, y que adquieren forma redondeada o de corazón, o una figura de 5 lados 75

74a

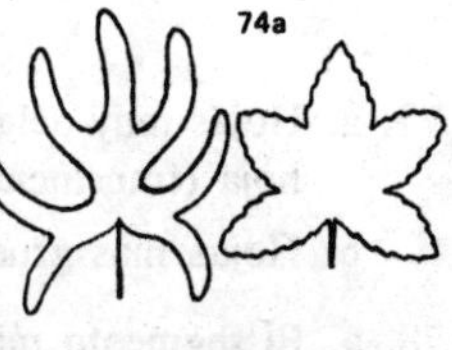

b. Hojas diferentes a como se indica arriba, los lóbulos principales dispuestos o en forma de escalera a lo largo del eje principal de la hoja (raquis) o en otras formas 76

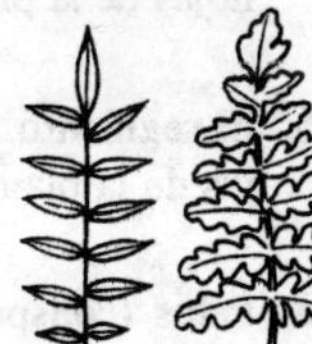

74b

75. a. Tallo y superficie inferior de la hoja sin pelos; red de nervios no evidente en el lado inferior (envés) de las hojas . . . . *Doryopteris pedata*

b. Tallo y superficie inferior de la hoja con pelos; red de nervios conspicua en el envés de las hojas . . . . *Hemionitis palmata*

76. a. Hojas divididas a lo más una sola vez (1-pinnada) en divisiones principales horizontales (pinnas), que toman la apariencia de una escalera, peine o pluma; las pinnas nunca son completamente segmentadas hasta el nervio medio 77

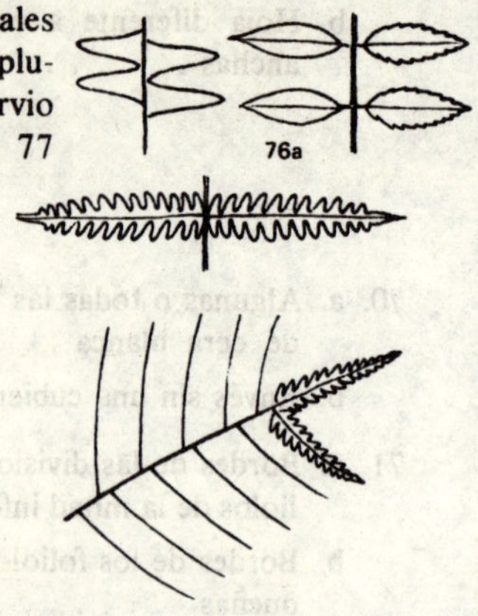

76a

b. Hojas divididas 2 ó 3 veces (2 ó 3-pinnadas), de manera que las pinnas están segmentadas hasta el nervio medio y las resultantes divisiones más pequeñas (pínnulas) podrían o no volverse a dividir 151

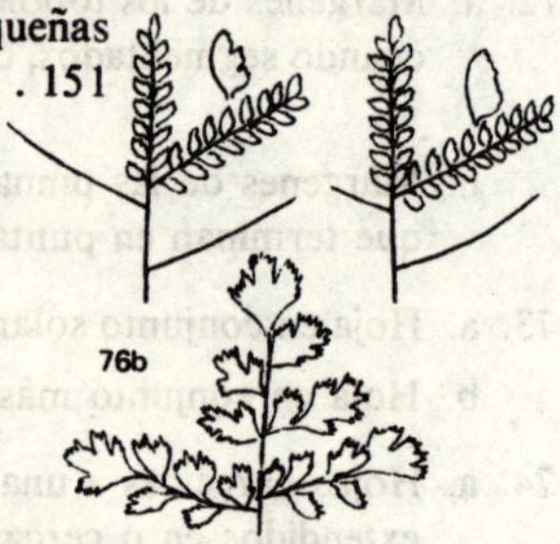

76b

77. a. Hojas muy delgadas, con una sola célula de grosor, la luz puede atravesar la hoja (translúcida) 78

b. Hojas más gruesas y opacas 79

78. a. El segmento más grande de la hoja mide 3-5 mm de ancho; la porción con hojas de la planta conspicuamente cubierta con pelos . . . *Sphaerocionium sericeum*

b. El segmento más grande de la hoja mide 1 mm de ancho; la porción con hojas de la planta con los márgenes rizados o encrespados . . *Sphaerocionium crispum*

79. a. Pelos (conspicuos o inconspicuos) o escamas pegados en alguna parte del pecíolo, del eje principal (raquis) o de la hoja 80

b. No hay pelos sobre las hojas, pecíolos y raquis; escamas, si presentes, anchas y no alargadas 106

80. a. Los bordes de las divisiones principales horizontales (pinnas) más grandes de la hoja no están segmentados ni dentados 81

80a

b. Los bordes de las pinnas más grandes de la hoja, segmentados o dentados 87

80b

81. a. Hojas fértiles (aquellas con esporas en el lado inferior de la hoja) con las divisiones más angostas que en las hojas estériles . . . . *Lomaria arborescens*

b. Hojas fértiles similares en tamaño a las hojas estériles 82

82. a. Las divisiones principales horizontales (pinnas) de la hoja 2,5-6 cm de ancho . . . . *Diplazium callipteris*

b. Las pinnas de la hoja, más angostas 83

83. a. Un número de 6-14 pinnas a cada lado del eje central (raquis), que termina en una punta larga o corta . . . . *Gymnopteris rufa*

b. Un número de 25-50 pinnas a cada lado del raquis, que usualmente termina en una punta redondeada o curva 84

84. a. Las pinnas más grandes de las hojas 3-12 cm de largo; plantas robustas de 30-60 cm de alto, con un tallo firme de 1,5-3 mm de grosor; con pelos conspicuos y alargados en la parte inferior del tallo . . . . . *Pteris longifolia*

b. Las pinnas más largas de la hoja 0,5-2,5 cm de largo; plantas de 5-20 cm de alto, con tallos relativamente delgados de 0,5-1 mm de grosor; pelos inconspicuos o cortos en la parte inferior del tallo 85

85. a. Las pinnas más bajas de la hoja anchamente triangulares y mucho más pequeñas que las otras . . . . *Polypodium pilosissimum*

b. Las pinnas más bajas de la hoja nunca anchamente triangulares, sólo ligeramente más pequeñas que las otras 86

86. a. Hojas con olor a pino o especias; las pinnas más grandes de la hoja 0,5-1,5 centímetros de largo; la hoja completa 0,5-3 cm de ancho . . . . *Polypodium rigens*

b. Hojas sin olor a pino o especias; las pinnas más grandes de la hoja 2-2,5 cm de largo; la hoja completa 4 cm de ancho . . . . . . *Polypodium apiculatum*

87. (80.b)

a. Solamente dientes diminutos e inconspicuos presentes a lo largo de los bordes de las divisiones horizontales (pinnas) de la hoja 88

87a

b. Dientes o lóbulos conspicuos proyectándose de los bordes de las pinnas de las hojas 91

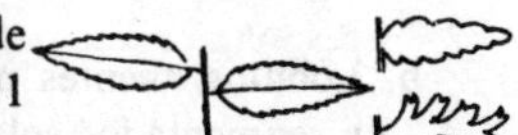

87b

88. a. Pinnas de la hoja 2,5-6 cm de ancho 89

b. Pinnas de la hoja generalmente más angostas 90

89. a. Base de las pinnas más grandes, ubicadas en la parte inferior y central de la hoja, ligeramente angostada o angulada; nerviecillos de las hojas unidos o conectados entre los bordes y el nervio medio . *Phanerophlebia juglandifolia*

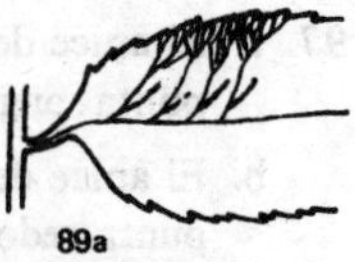

89a

b. Base de las pinnas más grandes, ubicadas en la parte inferior y central de la hoja, con márgenes más o menos rectos o casi cuadrados; nerviecillos de las hojas libres o bifurcados, ni unidos ni conectados entre sí . . . . *Diplazium callipteris*

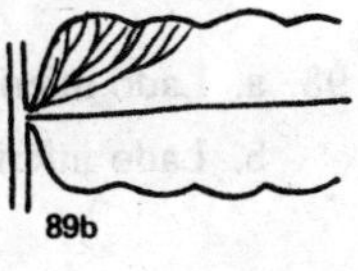

89b

90. a. Las pinnas en número de 1-8 a cada lado; las ubicadas en la parte inferior y central de la hoja con bordes con 40-100 o más dientes menores de 1 mm de ancho . . . . *Anemia phyllitidis*

b. Las pinnas en número de 7-15 a cada lado; las ubicadas en la parte inferior y central de la hoja con bordes con 10-30 proyecciones anchamente encorvadas o redondeadas, de 2-3 mm de ancho . . . . . *Asplenium oligophyllum*

91. a. Pinnas relativamente cortas, 1-6 cm de largo 92

b. Pinnas inferiores y de la parte media de la hoja 8-20 cm de largo 95

92. a. Las pinnas de la hoja en número de 2-4 a cada lado . . . *Asplenium pumilum*

b. Las pinnas en número de 5-10 a cada lado 93

93. a. Bordes de las pinnas usualmente con lóbulos no dentados (enteros), anchos y redondeados . . . . *Anemia villosa*

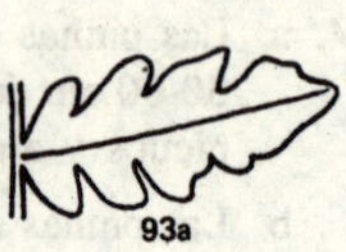

93a

b. Bordes de las pinnas con proyecciones dentadas, cortadas o irregulares . . 94

93b

94. a. Eje de la parte foliácea (raquis) de la hoja sin pelos y casi lisa; esporas sostenidas por un eje especial . . . . *Anemia hirsuta*

b. Raquis de la hoja con pelos o escamas alargadas de color negro-púrpura; esporas dispuestas en el envés de las hojas . . . . . . *Asplenium aethiopicum*

95. (91.b)

a. Bordes de las pinnas segmentados irregular y superficialmente; pinnas con forma más o menos romboidal . . . . *Asplenium dimidiatum*

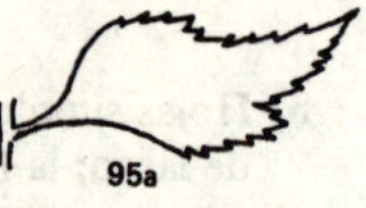

95a

b. Bordes de las pinnas más bien segmentados regularmente; pinnas generalmente oblongas u ovadas 96

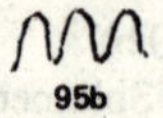

95b

96. a. Lóbulos, dientes o proyecciones de los bordes de las pinnas, segmentados casi hasta el nervio medio y casi unidos en el centro 97

96a

b. Lóbulos, dientes o proyecciones de los bordes de las pinnas, superficiales y segmentados solamente hasta la mitad del nervio medio o menos . . . 101

96b

97. a. El ápice de los dientes o lóbulos de los bordes de las pinnas termina en una punta angosta 98

b. El ápice de los dientes o lóbulos de los bordes de las pinnas termina en una punta redondeada o anchamente curvada . . . . 99 *(Lastrea)*

98. a. Lado inferior (envés) de las hojas con pelos conspicuos . . *Cyclosorus patens*

b. Lado inferior (envés) de las hojas más o menos sin pelos (glabro) . . *Lastrea sprengelii*

99. a. Los dientes, lóbulos o porciones segmentadas más pequeños de las pinnas con 15-20 pares de nervios finos; pelos más bien laxos, alargados y extendidos desde las costillas centrales de las pinnas . . . . *Lastrea engelii*

b. Los dientes, lóbulos o porciones segmentadas más pequeñas de las pinnas de la hoja con 6-8 pares de nervios finos; pelos diminutos y menos alargados en las costillas centrales de las pinnas 100

100. a. Hojas angostándose gradualmente hacia la base; superficie inferior de la hoja (envés) con glándulas diminutas (usar lupa) . . . . *Lastrea coarctata*

b. Hojas angostándose bruscamente hacia la base; envés de la hoja sin glándulas diminutas (usar lupa) . . . . *Lastrea concinna*

101. (96.b)

a. Hojas con puntos glandulares diminutos (usar lupa) o con glándulas o pelos finos . . . . 102 *(Stigmatopteris)*

b. Hojas sin puntos glandulares diminutos (usar lupa) . . . . 103 *(Goniopteris)*

102. a. La mayoría de las divisiones principales de la hoja (pinnas) o por lo menos las ubicadas en la parte inferior de la hoja, se conecta al eje central principal (raquis) por un eje muy corto (peciólulo) . . . . *Stigmatopteris nephrodioides*

b. La mayoría de las pinnas de la hoja con la base directamente conectada al raquis sin peciólulo (sésiles) . . . . *Stigmatopteris alloeoptera*

103. a. Los dientes o proyecciones de los bordes de las divisiones de la hoja (pinnas) son muy superficiales y solamente miden 1-4 mm de largo o alto . . . . . *Goniopteris poiteana*

b. Los dientes o proyecciones de los bordes de las pinnas son más prominentes, más largos y más profundos, 5-11 mm de largo o alto 104

104. a. Las últimas pinnas ubicadas en la parte inferior de la hoja, conectadas directamente al eje central principal (raquis). . . . . *Goniopteris subtetragona*

b. Las últimas pinnas ubicadas en la parte inferior de la hoja se conectan al raquis por medio de un eje corto (peciólulo) 105

105. a. 2-4 pares de nervios finos unidos hacia la base de cada depresión (seno) entre los márgenes lobulados de las pinnas . . . . *Goniopteris megalodus*

105a

b. Solamente 1 par de nervios finos unidos hacia la base de cada depresión (seno) entre los márgenes lobulados de las pinnas . *Goniopteris nephrodioides*

105b

106. (79.b)

a. Lado inferior (envés) de las hojas completamente cubierto de escamas . . 107

b. Lado inferior (envés) de las hojas diferente a como se indica arriba . . . 108

107. a. Las divisiones principales (pinnas) de la hoja, 2-3 mm de ancho, uniformes en tamaño y forma, y muy juntas entre sí . . . . . *Polypodium polypodioides*

b. Las pinnas de la hoja 3-8 mm de ancho, menos uniformes en tamaño y forma, y más ampliamente separadas entre sí . . . *Polypodium thyssanolepis*

108. a. Bordes de las divisiones principales (pinnas) de la hoja sin lóbulos ni proyecciones 109

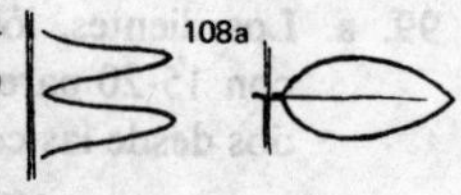
108a

b. Bordes de las pinnas (por lo menos de las hojas estériles) con dientes, lóbulos o proyecciones 124

108b

109. a. Eje que soporta la hoja (pecíolo) y eje principal de la hoja (raquis) de color negro y brillante . . . . *Adiantum macrophyllum*

b. Pecíolo y raquis de la hoja nunca de color negro 110

110. a. Solamente las divisiones principales (pinnas) más bajas de la hoja con uno o más lóbulos o porciones segmentadas . . . . *Tectaria martinicensis*

b. El par de pinnas más bajo, sin lóbulos ni porciones segmentadas 111

111. a. Las pinnas más grandes, 3-13 cm de ancho 112

b. La mayoría de las pinnas generalmente 0,5-2,5 cm de ancho 113

112. a. Todas las pinnas conectadas directamente al eje central principal (raquis) sin la intervención de ejes intermedios (peciólulos); nerviecillos de las hojas unidos o conectados . . . . *Hemidictyum marginatum*

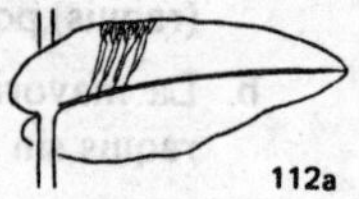
112a

b. Por lo menos las pinnas inferiores y las de la mitad de la hoja conectadas al eje central principal (raquis) por medio de peciólulos cortos; nerviecillos de las hojas, libres o bifurcados, ni unidos ni conectados entre sí . . . *Diplazium callipteris*

112b

113. a. Divisiones principales horizontales (pinnas) de la hoja solamente en número de 1-9 a cada lado 114

b. Usualmente 10-50 pinnas a cada lado de la hoja 115

114. a. Pinnas de la hoja usualmente redondeadas o ampliamente encorvadas en el ápice, 0,2-0,5 cm de ancho, 0,3-2,5 cm de largo . . . . . *Asplenium auritum*

b. Pinnas de la hoja todas con el ápice que termina en una punta larga, 0,5-2 cm de ancho, 2,5-13 cm de largo . . . . *Blechnum longifolium*

115. a. Bases de todas o casi todas las pinnas ubicadas en la parte inferior o central de la hoja, conectadas por medio de un tejido foliar, o una base continua común a lo largo del eje principal (raquis) 116

b. Bases de todas las pinnas ubicadas en la parte inferior o central de la hoja separadas por espacios una de otra, y no conectándose por medio de un tejido foliar a lo largo del eje principal (raquis) 120

116. a. Bases de todas o casi todas las pinnas ubicadas en la parte inferior o central de la hoja, conectadas por medio de un tejido foliar; pinnas generalmente 0,3-2,5 (–3) cm de largo, usualmente redondeadas o anchamente encorvadas en el ápice, algunas veces puntiagudas 117

b. Base de las pinnas ubicadas en la parte inferior o central de la hoja, continua y común a lo largo del raquis; pinnas generalmente 2-13 cm de largo, con el ápice que termina en una punta corta hasta larga 119

117. a. Pinnas 7-12 mm de ancho; hojas fértiles (aquéllas con esporas en la parte inferior) diferentes a las hojas estériles . . . . *Lomaria l'herminieri*

b. Pinnas 2-6 (–7) mm de ancho; hojas fértiles (aquéllas con esporas en la parte inferior) semejantes a las hojas estériles 118

118. a. Los 1-4 pares de pinnas ubicadas en la parte inferior de la hoja diferentes en forma y tamaño de las otras y mucho más pequeñas . . *Blechnum unilaterale*

b. Casi todas o todas las pinnas de la hoja similares y uniformes en tamaño . . *Asplenium auritum*

119. a. Pinnas extendidas horizontalmente, en ángulo recto con el eje central principal (raquis); pinnas casi uniformes, las más bajas sólo algo más pequeñas que las otras, pero semejantes; hojas fértiles semejantes a las estériles (vegetativas) . . . . *Blechnum occidentale*

b. Las pinnas ascendentes forman un ángulo agudo con raquis; los pares de pinnas más bajas diferentes en forma y tamaño de las otras y mucho más pequeñas; hojas fértiles diferentes a las hojas estériles (vegetativas) . . . . . *Lomaria meridensis*

120. (115.b)

a. Apice de las pinnas más grandes de la hoja o redondeado o ampliamente encorvado; pinnas generalmente 0,5-4,5 cm de largo 121

b. Apice de las pinnas más grandes de la hoja, corto hasta terminando en una punta larga y aguda; pinnas generalmente 5-20 cm de largo (algunas veces solamente 2 cm de largo) 122

121. a. Helechos pequeños epífitos, con la parte foliar solamente 1-2 cm de ancho y 5-60 cm de largo; pinnas de la hoja 0,5-1,2 cm de largo . . . . . . *Asplenium monanthes*

b. Helechos más grandes, usualmente terrestres, menos frecuentemente epífitos, con la parte foliar 3-8 cm de ancho y 30-130 cm de largo; pinnas 1,2-4,5 cm de largo . . . . *Nephrolepis cordifolia*

122. a. Bases de las pinnas ubicadas en la parte inferior o central de la hoja, angostadas en su conexión con el eje central principal (raquis) . . *Cyathea speciosa*

b. Bases de las pinnas ubicadas en la parte inferior o central de la hoja ensanchadas o redondeadas en su conexión con el raquis 123

123. a. Las bases de las pinnas inferiores y centrales de la hoja se conectan directamente al eje central principal (raquis) (pinnas sin peciólulo, sésiles); hojas fértiles semejantes a las estériles (vegetativas) . . . . *Blechnum occidentale*

123a

b. La base de las pinnas inferiores o centrales de la hoja con un eje muy corto (peciólulo), o la misma base algo angostada o ampliamente encorvada; una o ambas mitades de la base no llegan a tocar el raquis; hojas fértiles diferentes a las hojas estériles (vegetativas) . . . . *Lomaria arborescens*

123b

124. (108.b)

a. Dientes, lóbulos o porciones segmentadas dispuestos en los bordes de las divisiones horizontales principales de las hojas (pinnas) y se extienden hasta la mitad o más de la distancia entre el borde y el nervio medio, pero el tejido foliar no conecta las bases 125

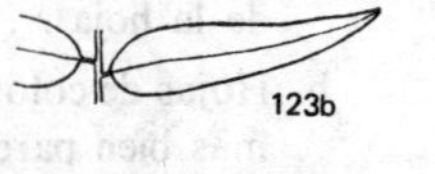
124a

b. Dientes, lóbulos o porciones segmentadas dispuestos en los bordes de las pinnas, superficiales o diminutos y se extienden mucho menos de la mitad de la distancia entre el borde y el nervio medio 133

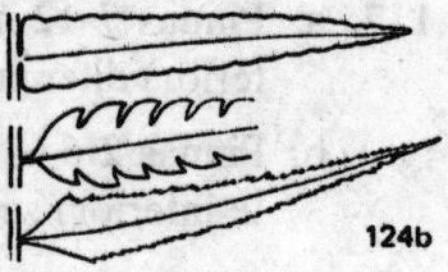

124b

125. a. El par inferior de pinnas usualmente con lóbulos o segmentos más grandes o irregulares, las otras segmentadas diferentemente . . . *Tectaria martinicensis*

b. Diferente a como se indica arriba 126

126. a. El par inferior de pinnas bifurcado en 3 partes principales . . . . *Pteris quadriaurita*

b. El par inferior de pinnas no ramificado en 3 ejes principales 127

127. a. Plantas pequeñas aéreas (epífitas); todas las divisiones de la hoja (pinnas) con segmentos muy angostos de 1-2 mm de ancho; zonas con esporas en o cerca de los ápices de los segmentos; solamente un nerviecillo presente en cada hojita de la pinna (pínnula) . . . . *Loxoscaphe theciferum*

b. Plantas que crecen usualmente sobre rocas o directamente en el suelo, rara vez epífitas; partes que sostienen las esporas dispuestas en forma diferente; pínnulas con más de 1 nerviecillo 128

128. a. Pinnas de la hoja en número de 1-7 a cada lado 129

b. Pinnas de la hoja en número de 10-50 a cada lado 130

129. a. Pinnas solamente en número de 1-2 a cada lado . . . . . *Asplenium pumilum*

b. Pinnas en número de 3-7 a cada lado . . . . *Asplenium obtusifolium*

130. a. Los dientes de las pinnas penetran casi hasta el nervio medio, son prominentes y espaciados regularmente, y 5-10 mm de largo y 1-2 mm de ancho . . . *Lastrea sprengelii*

b. Los dientes de las pinnas no penetran casi hasta el nervio medio, o, en caso contrario, están irregularmente espaciados, y son más cortos o más anchos que como se indica arriba 131

131. a. Pinnas de la hoja relativamente pequeñas, 0,5-1,8 cm de largo y 0,3-0,6 cm de ancho; tallos negros y semejantes a alambre . . . . *Asplenium formosum*

b. Pinnas de la hoja relativamente más grandes, 2-15 cm de largo, (0,5—) 1-2 centímetros de ancho; tallos ni negros ni como alambre 132

132. a. Hojas de color verde pálido, verde-azuloso, o verde-amarillento; pinnas 2-6 (—7,5) cm de largo; bordes de las mismas más o menos dispareja e irregularmente dentados, la base más prominentemente lobulada; eje central principal (raquis) con frecuencia bordeado por una franja angosta de tejido de la hoja . . . . *Asplenium auritum*

b. Hojas de color verde oscuro; pinnas 6-15 cm de largo; bordes de las mismas más bien pareja y regularmente dentados; raquis nunca bordeado por una franja de tejido de la hoja . . . . *Lastrea aspidioides*

133. (124.b)

a. El ápice de las hojas termina en un eje muy alargado, el cual eventualmente se prolonga hasta formar raíces en la tierra . . . . *Asplenium radicans*

b. El ápice de las hojas no se prolonga hasta formar raíces 134

134. a. Bases de las divisiones de la hoja (pinnas) conectadas entre sí por medio de tejido foliar a lo largo del eje principal (raquis) . . . *Plagiogyria semicordata*

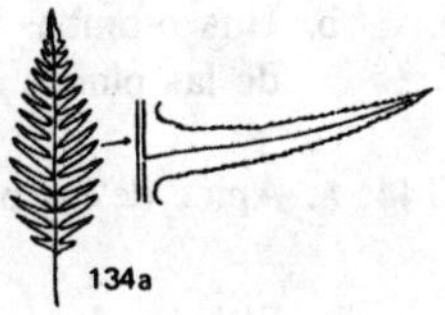
134a

b. Bases de todas o casi todas las pinnas, libres entre sí, no conectadas por un tejido foliar a lo largo del raquis 135

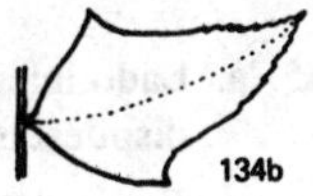
134b

135. a. Eje que soporta la hoja (pecíolo) y eje central principal de la hoja (raquis) de color negro y brillante; pinnas de la hoja 1,5-5,5 cm de ancho . . . *Adiantum macrophyllum*

b. Sin la combinación de caracteres arriba indicados 136

136. a. Las pinnas de la hoja en número de 1 ó 2 de cada lado . *Asplenium pumilum*

b. Las pinnas de la hoja desde 3 hasta muchas a cada lado 137

137. a. Las pinnas usualmente desiguales en forma, tamaño y dentición, 3-7 de cada lado . . . . *Asplenium obtusifolium*

b. Las pinnas básicamente semejantes en forma, tamaño y dentición; si menos de 7 de cada lado, entonces los bordes tienen dientes iguales entre sí . . . 138

138. a. Las pinnas más grandes de la hoja, generalmente (2,5–) 3-6 cm de ancho . 139

b. Las pinnas más grandes de la hoja 0,3-1,5 (–2,5) cm de ancho 141

139a

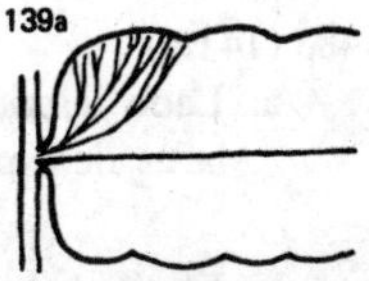

139. a. Base de las pinnas más grandes, situadas en la parte inferior y en la mitad de la hoja, más o menos con el margen recto (truncado) o casi cuadrado; nerviecillos de las hojas, libres o bifurcados, ni unidos ni conectados entre sí 140

b. Base de las pinnas más grandes, situadas en la parte inferior y en la mitad de la hoja, ligeramente angostada o angulosa; nerviecillos de las hojas unidos o conectados entre los bordes y el nervio medio . . . . *Phanerophlebia juglandifolia*

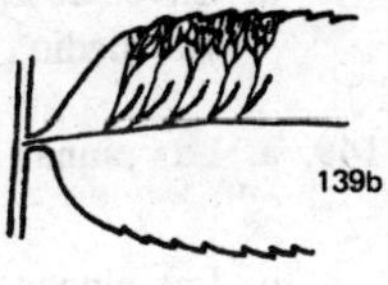
139b

140. a. Bordes de las pinnas con dientes o proyecciones diminutas de más o menos 1 mm de largo . . . . *Diplazium callipteris*

b. Bordes de las pinnas con dientes o lóbulos conspicuos de 2-8 mm de largo *Diplazium ottonis*

141. a. Pinnas más grandes de la hoja generalmente 5,5-20 cm de largo y/o (0,7–) 1-2,5 cm de ancho 142

b. Pinnas más grandes de la hoja generalmente menos de 5 cm de largo . . 148

142. a. Helechos de 1,5-2 m de altura, con la mayoría de las pinnas de la hoja 15-25 cm de largo . . . . *Cyathea speciosa*

b. Sin la combinación de caracteres mencionados arriba 143

143. a. Las bases de las pinnas están dispuestas en un ángulo conspicuo con el eje central principal (raquis); nervios de las pinnas muy prominentes . . . . . *Asplenium serra*

143a

b. Una o ambas bases de las pinnas más o menos paralelas al raquis; nervios de las pinnas no prominentes 144

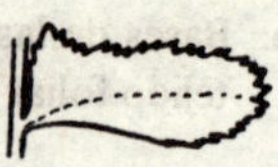
143b

144. a. Apice de las pinnas generalmente redondeado o ampliamente curvado . . . *Asplenium laetum*

b. El ápice de las pinnas termina en una punta corta hasta larga 145

145. a. Lado inferior (envés) de las pinnas con las zonas circulares de esporas (soros) dispuestas en una fila cerca de los bordes . . . . *Nephrolepis biserrata*

b. Envés de las pinnas con los soros circulares o alargados, dispuestos entre el borde y el nervio medio de la hoja 146

146. a. Cada una de las pinnas presenta un lado de la base con el margen más o menos recto y paralelo al eje central principal de la hoja (raquis); los bordes de la mayoría de las pinnas con dientes muy superficiales de solamente 1-2 mm de largo . . . . *Asplenium abscissum*

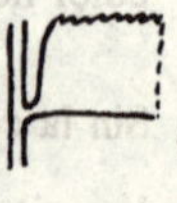
146a

b. Cada una de las pinnas presenta ambos lados de la base más o menos paralelos al raquis; los bordes de las pinnas con dientes anchos y prominentes, 2-8 mm de largo 147

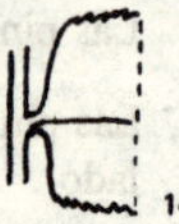
146b

147. a. Los 3-4 pares inferiores de pinnas de la hoja gradualmente más cortos que los otros . . . . *Lastrea aspidioides*

b. Los 3-4 pares inferiores de pinnas de la hoja, aproximadamente iguales a los otros . . . . *Diplazium ottonis*

148. (141.b)

a. Lado inferior (envés) de las divisiones de la hoja (pinnas) con puntos circulares de esporas (soros) dispuestos en una fila cerca del borde . . . *Nephrolepis cordifolia*

b. Envés de las pinnas con soros alargados dispuestos entre los bordes y el nervio medio 149

149. a. Las pinnas más grandes de la hoja miden en promedio 2-4,5 cm de largo . . *Asplenium laetum*

b. Las pinnas más grandes miden en promedio 0,5-2 cm de largo 150

150. a. Dientes usualmente presentes a lo largo de sólo uno de los bordes de las pinnas . . . . *Asplenium monanthes*

150a

b. Dientes usualmente presentes a lo largo de ambos bordes de las pinnas . . . *Asplenium claussenii*

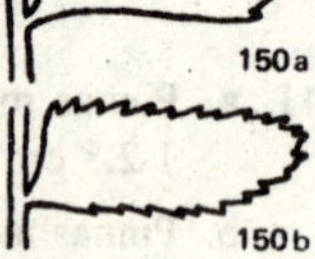
150b

151. (76.b)

a. El eje principal de la hoja (raquis) bifurcado o ramificado en ejes adicionales alargados 152

151a

b. Un solo eje principal (raquis) en la hoja 163

151b

152. a. Las hojas se ramifican desde la base en 3 ejes secundarios casi iguales, o con éstos dispuestos a lo largo del raquis central; hojas anchamente triangulares o pentagonales (5-anguladas) en los contornos 153

b. Hojas sin los tipos de ramificación anteriormente descritos 159

153. a. Helechos pequeños, 50 cm o menos de alto; porción foliar sólo 3-25 cm de largo . . . . *Botrychium cicutarium*

b. Helechos más grandes, con los ejes que soportan las hojas (pecíolos) robustos, 1 metro o más de alto; porción foliar 50-100 cm o más de largo . . . 154

154. a. Todas las divisiones (pinnas) más pequeñas de la hoja con muchos dientes puntiagudos proyectándose desde los bordes . . . . *Ctenitis effusa*

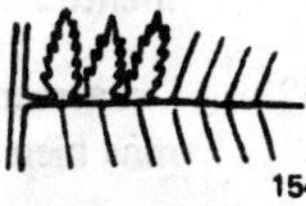

154a

b. Las pinnas más pequeñas de la hoja usualmente con borde liso o con algunos dientes redondeados 155

154b

155. a. Divisiones de las hojas (pinnas) firmes y quebradizas . *Pteridium caudatum*

b. Pinnas suaves o delgadas 156

156. a. Las porciones segmentadas más pequeñas de las pinnas 0,5-2,5 cm de largo 157

b. Las porciones segmentadas más pequeñas de las pinnas mucho más largas, 2,5-12 cm de largo 158

157. a. Las porciones segmentadas más pequeñas de las pinnas anchamente encorvadas en el ápice, el cual termina inclinado hacia un lado; las porciones segmentadas más pequeñas, 3-7 mm de ancho, $1\frac{1}{2}$-2 veces más largas que anchas; eje que soporta la hoja (pecíolo) con prominencias espinosas en la base . . . . *Pteris podophylla*

157a

b. Las porciones segmentadas más pequeñas de las pinnas, redondeadas en el ápice o terminan en una punta corta, no encorvada hacia un lado; las porciones segmentadas más pequeñas, 2-5 mm de ancho, 4-7 veces más largas que anchas; ninguna prominencia espinosa en la base del pecíolo . . . *Pteris quadriaurita*

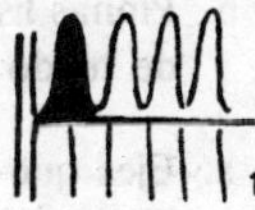

157b

158. a. Las porciones segmentadas más pequeñas de las pinnas, 10-35 mm de ancho . . . . *Pteris gigantea*

b. Las porciones segmentadas más pequeñas de las pinnas, 4-11 mm de ancho *Pteris altissima*

159. (152.b)

a. Divisiones de las hojas (pinnas) más o menos uniformemente angostadas hacia la base; por lo menos las terminales de la hoja en forma de V en la base; pinnas sobre ejes propios (peciólulos), profundamente segmentadas o lobuladas 160

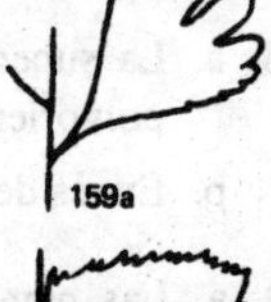

159a

b. Pinnas con lados desiguales; la base de un lado sigue estrechamente (paralela) al eje central (raquis) de la hoja, mientras que la base del otro lado se aleja del mismo ensanchándose; pinnas sin peciólulos, superficialmente dentados 161

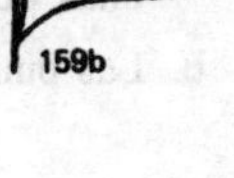

159b

160. a. Pinnas más pequeñas de la hoja sobre peciólulos de 1-2 cm de largo . . . . *Adiantum cuneatum*

b. Pinnas más pequeñas de la hoja sobre peciólulos cortos, 0,2-0,7 cm de largo *Adiantum capillus-veneris*

161. a. La hoja completa mucho más ancha que larga o tan ancha como larga, con forma de abanico, o ramificada como los dedos de la mano . . . . *Adiantum patens*

b. Toda la hoja, más larga que ancha, no ramificada como se indica anteriormente 162

162. a. Usualmente 8 o más ejes laterales principales presentes en una hoja; pinnas más bien delgadas y con nervios fácilmente visibles . . *Adiantum polyphyllum*

b. Solamente 1-8 ejes laterales principales presentes en una hoja; pinnas usualmente de textura más gruesa, los nervios difíciles de ver . . . . . . *Lindsaea klotzschiana*

163. (151.b)

a. Helechos pequeños, epífitos, que crecen sobre troncos y ramas de los árboles; hojas muy delgadas, con una sola célula de espesor, lo que permite que la luz atraviese la hoja 164

b. Helechos que usualmente crecen sobre el suelo o rocas 166

164. a. Porción foliar de la planta conspicuamente cubierta de pelos . . . . *Sphaerocionium sericeum*

b. Porción foliar de la planta sin pelos o casi 165

165. a. Divisiones de la hoja (pinnas) rizadas con los márgenes encorvados hacia atrás; eje central de la hoja (raquis) bordeado por una franja (ala) de tejido verde . . . . *Sphaerocionium crispum*

b. Pinnas lisas y aplanadas, sin los márgenes rizados; raquis sin una franja (ala) de tejido verde . . . . *Hymenophyllum nigrescens*

166. a. Ejes que soportan las hojas (peciolos) o por lo menos la parte superior del eje central (raquis) de la hoja, con pelos o escamas 167

b. Pecíolos y raquis de la hoja completamente sin pelos o con pelos o escamas diminutas e inconspicuas 174

167. a. Pinnas más pequeñas que la hoja (pero no los dientes) con el ápice angostamente puntiagudo . . . . *Polystichum aculeatum*

b. Pinnas más pequeñas de la hoja (pero no los dientes) con el ápice redondeado o casi cuadrado 168

168. a. La superficie inferior de la hoja (envés) densamente escamosa, las escamas polvorientas de color gris-marrón . . . . *Cheilanthes myriophylla*

b. Envés de la hoja no densamente escamoso 169

169. a. Las pinnas más pequeñas de las hojas tan anchas como largas o más anchas que largas . . . . *Eriosorus hispidulus*

b. Las pinnas más pequeñas de la hoja más largas que anchas 170

170. a. Las pinnas más pequeñas de la hoja con los lados de la base desiguales, un lado recto y el otro lado anchamente encorvado 171

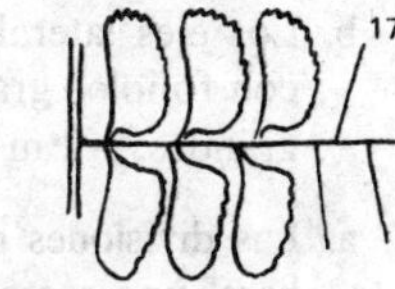

170a

b. Las pinnas más pequeñas de la hoja con los lados de la base más o menos iguales 172

170b

171. a. Plantas de menos de 1 metro de alto, con tallo delgado; 3-8 pinnas a cada lado de la hoja; las pínnulas más pequeñas 2-5 mm de ancho . . . *Adiantum pulverulentum*

b. Plantas de 1-2 metros de alto, con tallos robustos y firmes; numerosas (10 o más) pinnas a cada lado de la hoja; pínnulas más pequeñas, 10-12 mm de ancho . . . . *Didymochlaena truncatula*

172. a. Las divisiones principales horizontales (pinnas) divididas una sola vez . . . . *Lastrea sprengelii*

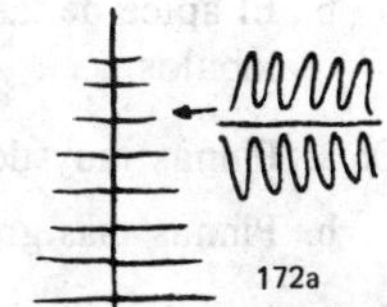

172a

b. Las pinnas divididas 2 veces, las más pequeñas divididas nuevamente . . 173

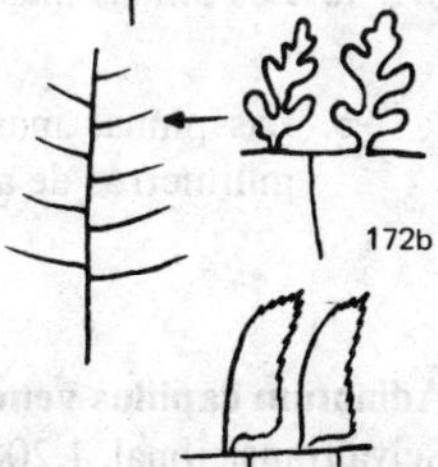

172b

173. a. Lado inferior (envés) de las hojas con pelos blancos, conspicuos y firmes *Thelypteris torresiana*

b. Envés de las hojas sin pelos (glabro) . . . . *Ctenitis subincisa*

174. (166.b)

a. Las divisiones más pequeñas de la hoja más largas que anchas 175

b. Las divisiones más pequeñas de la hoja casi tan anchas como largas o más anchas que largas 179

175. a. Todas las pinnas segmentadas en lóbulos muy angostos de sólo 1-2 mm de ancho . . . . *Asplenium cristatum*

b. Todas o casi todas las pinnas segmentadas en lóbulos más anchos 176

176. a. Los ejes laterales de la hoja divididos solamente una vez en ejes secundarios con folíolos pequeños 8-20 mm de largo, 3-5 mm de ancho; plantas menos de 1 metro de alto con tallos delgados 177

b. Los ejes laterales de la hoja divididos más de una vez en ejes secundarios con folíolos grandes, 4-20 cm de largo, 1-4 cm de ancho; plantas robustas, grandes, 1-2 m de alto con tallos gruesos 178

177. a. Las divisiones más pequeñas de la hoja con los lados muy desiguales en la base, uno recto y el otro lado anchamente encorvado y paralelo al eje . . . *Adiantum pulverulentum*

b. Las divisiones más pequeñas de la hoja con los lados iguales o más o menos en forma de V en la base . . . . *Asplenium radicans* var. *partitum*

178. a. No hay pelos en ninguna parte de las ramas foliares ni en la cara inferior de las pinnas . . . . *Diplazium hians*

b. Hay pelos diminutos en alguna parte de las ramas foliares o de la cara inferior de las pinnas . . . . *Diplazium expansum*

179. (174.b)

a. El ápice y lados de las pinnas usualmente sostienen proyecciones pequeñas en forma de dedos . . . . *Eriosorus hirtus*

b. El ápice de las pinnas usualmente con márgenes lisos o sin proyecciones o lóbulos 180

180. a. Pinnas muy delgadas . . . . *Adiantum concinnum*

b. Pinnas más gruesas y algo firmes 181

181. a. Las pinnas más grandes de las hojas 1-4 mm de largo, 1-2 mm de ancho . . . *Cheilanthes moritziana*

b. Las pinnas más grandes de las hojas 5-20 (–25) mm de largo, 3-15 (–25) milímetros de ancho . . . . *Pellaea ovata*

Adiantum capillus-veneris L. (Lám. 4, C)
Selva transicional, 1.200 m.

Adiantum concinnum H. B & W.
Selva de galería, 1.300-1.500 m.

Adiantum cuneatum Langsd. & Fisch.
Selva nublada, 1.700 m.

Adiantum macrophyllum Sw. (Lám. 5, D)
Selva veranera, selva nublada, 1.000-1.700 m.

Adiantum patens Willd. (Lám. 4, D)
Selva nublada, 1.300 m.

Adiantum polyphyllum Willd.
Selva de galería, 1.050-1.200 m.

Adiantum pulverulentum L. (Lám. 20, A)
Selva nublada, 1.000-1.600 m.

Anemia hirsuta Sw. (Lám. 4, G)
Sabana, 1.200-1.300 m.

Anemia phyllitidis (L.) Sw.
Selva veranera, 1.200 m.

Anemia villosa H. & B. (Lám. 5, E)
Selva nublada, 1.600 m.

Asplenium abscissum Willd.
Selva nublada, 1.700 m.

Asplenium aethiopicum (Burm.) Becherer (Lám. 8, I, J y K)
Asplenium praemorsum Sw.
Selva veranera, selva nublada, 1.000-1.500 m.

Asplenium auritum Sw. (Lám. 8, G, H)
Selva transicional, selva nublada, 1.500-1.800 m.

Asplenium claussenii Hieron.
Selva nublada, vertiente norte, 1.400-1.500 m.

Asplenium cristatum Lam. (Lám. 8, B)
Selva nublada, vertiente norte, 1.200-1.300 m.

Asplenium dimidiatum Sw. (Lám. 8, F)
Selva de galería y transicional, 1.200-1.400 m.

Asplenium formosum Willd. (Lám. 8, C)
Selva de galería, 1.300 m.

Asplenium monanthes L. (Lám. 8, D)
Subpáramo, 2.200-2.300 m.

Asplenium obtusifolium L. (Lám. 8, E)
Selva de galería, 1.300 m.

Asplenium oligophyllum Kaulf.
Selva nublada, vertiente norte, 1.200-1.300 m.

Asplenium pumilum Sw. (Lám. 4, I)
Selva de galería y transcional, 1.200-1.400 m.

Asplenium radicans L. var. **dentatum** (Klotzsch) Bonaparte (Lám. 8, A)
Asplenium flabellulatum Kunze
Selva nublada, 1.500 m.

Asplenium radicans var. **partitum** (Kl.) Hieron.
Selva nublada, 1.500 m.

Asplenium serra Langsd. & Fisch.
Selva nublada, 1.500 m.

Blechnum longifolium H.B.K. (Lám. 20, G)
Blechnum fraxineum Willd.
Selva de galería, 1.200 m.

Blechnum occidentale L. (Lám. 19, D)
Selva veranera y transicional, 1.000-1.200 m.

Blechnum unilaterale Sw.
Blechnum blechnoides Christ.
Selva transicional y nublada, 1.400-1.500 m.

Botrychium cicutarium Sw. (Lám. 14, D)
Selva nublada y subpáramo, 1.800-2.500 m.

Cheilanthes moritziana Kunze
Selva veranera, 1.000-1.200 m.

Cheilanthes myriophylla Desv.
Sobre piedras, selva de galería, 1.100 m.

Ctenitis effusa (Sw.) Copel.
Dryopteris effusa (Sw.) Ktze.
Selva nublada, 1.500-1.800 m.

Ctenitis subincisa (Willd.) Ching
Polypodium subincisum Willd.
Dryopteris subincisa (Willd.) Fée
Selva nublada, 1.600 m.

Cyathea caracasana (Kl.) Domin var. **caracasana**
Alsophila caracasana Kl.
Trichipteris caracasana (Kl.) Tryon
Selva nublada, 1.500 m.

Cyathea fulva (Mart. & Gal.) Fée
Cyathea aurea Kl.
Cyathea flaccida Mett.
Selva nublada, 1.300 m.

Cyathea speciosa Willd.
Hemitelia speciosa (Willd.) Kaulf.
Hemitelia integrifolia Kl.
Cnemidaria integrifolia (Kl.) Domin
Cnemidaria lindenii (Hook.) Tryon
Selva nublada, vertiente norte, 1.200-1.300 m.

Cyclosorus patens (Sw.) Christ.
Dryopteris stipularis Maxon
Selva veranera, 1.000 m.

Dicranopteris flexuosa (Schrad.) Underw.
Lugares abiertos, matorrales y bordes de los bosques, 1.200-1.300 m.

Dicranopteris pectinata (Willd.) Underw.
Lugares abiertos y bordes de los bosques, 1.100-1.400 m.

Didymochlaena truncatula (Sw.) Sm. (Lám. 14, A)
Selva nublada, 1.500-1.600 m.

Diplazium callipteris Fée
Selva nublada, 1.500 m.

Diplazium expansum Willd.
Selva nublada, 1.500 m.

Diplazium hians Kunze
Selva de transición, selva nublada, 1.400-1.500 m.

Diplazium ottonis Kl. (Lám. 19, E)
Selva nublada, 1.600 m.

Doryopteris concolor (Langsd. & Fisch.) Kuhn
Selva veranera y transicional, 1.100-1.300 m.

Doryopteris pedata (L.) Fée var. **palmata** (Willd.) Hicken (Lám. 5, I)
Selva de galería y selva veranera, 1.300-1.400 m.

Elaphoglossum andicola Moore (Lám. 11, A)
Selva nublada, 1.500 m.

Elaphoglossum conforme (Sw.) Schott
Selva nublada, 1.500-1.900 m.

Elaphoglossum cuspidatum (Willd.) Moore (Lámina 10, B)
Selva nublada, 1.900 m.

Elaphoglossum flaccidum (Fée) Moore
Selva nublada, 1.500 m.

Elaphoglossum latifolium (Sw.) J. Sm.
Selva nublada y subpáramo, 2.000-2.200 m.

Elaphoglossum lingua (Raddi) Brack. (Lám. 11, C)
Selva nublada, 1.500 m.

Elaphoglossum muscosum (Sw.) Moore
Subpáramo, 2.200 m.

Elaphoglossum petiolatum (Sw.) Urb.
Subpáramo, 2.200 m.

Elaphoglossum plumosum (Fée) Moore (Lám. 11, D)
Selva nublada, 1.700 m.

Elaphoglossum rigidum (Jacq.) Urb. (Lám. 10, C)
Elaphoglossum longifolium (Jacq.) Sm.
Selva veranera, selva transicional y subpáramo, 1.400-2.200 m.

Elaphoglossum scolopendrifolium (Raddi) J. Sm. (Lám. 10, A)
Selva veranera y transicional, 1.300-1.400 m.

Elaphoglossum spathulatum (Bory) Moore (Lámina 11, B; 20, D)
Selva de transición, selva nublada, 1.400-1.500 m.

Elaphoglossum sporadolepis (Kunze) Moore (Lámina 5, F)
Selva nublada, subpáramo, 2.000-2.300 m.

Elaphoglossum tectum (H. B. & W.) Moore
Sabana y selva nublada, 1.200-1.600 m.

Elaphoglossum villosum J. Sm.
Selva nublada, 1.300-1.700 m.

Equisetum giganteum L. (Lám. 12, B)
Selva veranera, 950 m.

Eriosorus flexuosus (H. & B.) Copel. (Lám. 9, B)
Grammitis flexuosa H. & B.
Subpáramo, 2.300 m.

Eriosorus hirtus (H. & B.) Copel. (Lám. 9, C)
Grammitis hirta H. & B.
Selva nublada y subpáramo, 1.700-2.400 m.

Eriosorus hispidulus (Kunze) Vareschi
Gymnogramma hispidula (Kunze) Kl.
Selva veranera y selva nublada, 1.000-1.800 m. Algunos especímenes identificados como *Eriosorus lindigii* (Mett.)Vareschi, provenientes del Cerro del Avila, han sido transferidos por Tryon bajo el nombre de *Eriosorus hispidulus*.

Goniopteris megalodus (Schk.) Presl.
Dryopteris megalodus (Schk.) Urb.
Selva de galería y selva nublada, 1.200-1.500 m.

Goniopteris nephrodioides (Hier.) Vareschi
Aspidium nephrodioides Kl.
Selva nublada, subpáramo, 2.100 m.

Goniopteris poiteana (Bory) Presl
Cafetales en selva de transición y veranera, 1.100-1.200 m.

Goniopteris subtetragona (Link) Vareschi
Polypodium subtetragonum Link
Dryopteris tetragona Urb.
Selva veranera y selva nublada, 1.000-1.500 m.

Grammitis limula (Christ) Lellinger (Lám. 15, C)
Polypodium limula Christ
Subpáramo, 2.180 m. Esta especie está mencionada bajo el nombre no publicado de *Nanopteris limula* (Christ) Vareschi en el Tomo II de los "Helechos de la Flora de Venezuela".

Gymnopteris rufa (L.) Bernh. (Lám. 13, B)
Hemionitis rufa (L.) Sw.
Selva veranera, 900-950 m.

Hemidictyum marginatum Presl (Lám. 14, C)
Selva nublada, vertiente norte, 900 m.

Hemionitis palmata L. (Lám. 13, A)
Lugares abiertos y selva veranera, 500-1.000 m.

Hicriopteris bancroftii (Hook.) Copel.
Gleichenia bancroftii Hook.
Selva transicional y lugares abiertos, 1.300-1.500 m.

Hymenophyllum nigrescens Liebm. (Lám. 4, B)
Selva nublada, 1.500-1.800 m.

Lastrea aspidioides(Willd.) Chr.
Selva veranera y selva de galería, 900-1.000 m.

Lastrea coarctata (Kunze) Moore
Dryopteris coarctata (Kunze) Christ.
Selva veranera y selva de galería, 900-1.000 m.

Lastrea concinna (Willd.) Moore
Dryopteris concinna (Willd.) Ktze.
Selva nublada, 1.500 m.

Lastrea engelii (Hieron.) Vareschi
Dryopteris engelii Hieron.
Thelypteris engelii (Hieron.) Morton
Selva veranera y selva nublada, 1.200-1.500 m.

Lastrea sprengelii Copel.
Selva nublada, 1.500-1.800 m.

Lindsaea klotzschiana Moritz (Lám. 6, A)
Selva nublada, 1.500 m.

Lomaria arborescens Kl. & Karst.
Blechnum arborescens (Kl. & Karst.) Tschudy
Subpáramo, 2.300 m.

Lomaria l'herminieri Bory (Lám. 5, B)
Blechnum l'herminieri (Bory) Mett.
Selva nublada, 1.700 m.

Lomaria meridensis Kl.
Blechnum meridense (Kl.) Mett.
Selva nublada, 1.500 m.

Loxoscaphe theciferum (Mett.) Moore (Lám. 5, C)
Asplenium theciferum Mett.
Selva nublada, 1.500-1.700 m.

Lycopodium aqualupianum Spring
Selva nublada, 2.000 m.

Lycopodium caracasicum Herter (Lám. 2, C)
Subpáramo, 2.500-2.700 m.

Lycopodium cernuum L. (Lám. 2, A)
Selva de transición y selva nublada, 1.300-1.500 m.

Lycopodium clavatum L. (Lám. 2, B)
Subpáramo, 2.300 m.

Lycopodium complanatum L. (Lám. 1, C)
Selva nublada y subpáramo, 1.500-2.300 m.

Lycopodium dichotomum Jacq. (Lám. 1, D)
Selva nublada, subpáramo, 1.800-2.000 m.

Lycopodium passerinoides H.B.K. (Lám. 1, B)
Selva nublada, subpáramo, 1.800-2.000 m.

Lycopodium reflexum Lam. (Lám. 2, D)
Selva nublada, 1.500 m.

Lycopodium subulatum Desv.
Selva de galería, selva nublada, 1.600-2.000 m.

Lycopodium vestitum Desv. (Lám. 1, A)
Subpáramo, 2.550 m.

Lygodium venustum Sw. (Lám. 6, B Lám. 7, B)
Selva veranera y transicional, 1.400-1.600 m.

Microgramma tecta (Kaulf.) Alston (Lám. 15, A)
Polypodium tectum Kaulf.
Microgramma piloselloides (Presl) Copel.
Polypodium piloselloides L.
Selva veranera y selva nublada, 1.200-1.500 m.

Microgramma vacciniifolia (Langsd. & Fisch.) Copel. (Lám. 15, B)
Polypodium vacciniifolium Langsd. & Fisch.
Selva veranera y transicional, 800-1.000 m.

Nephrolepis biserrata (Sw.) Schott
Selva veranera, 800-900 m.

Nephrolepis cordifolia (L.) Presl (Lám. 20, H)
Selva veranera hasta selva nublada, 1.200-1.800 m.

Ophioglossum reticulatum L. (Lám. 15, D)
Selva nublada, vertiente norte, 1.000 m.

Pellaea ovata (Desv.) Weath. (Lám. 20, C)
Pellaea flexuosa (Kaulf.) Link
Selva veranera, 800-900 m.

Phanerophlebia juglandifolia (H. & B.) J. Sm. (Lám. 14, B; 19, C)
Selva de galería, selva nublada, 1.500-1.600 m.

Pityrogramma calomelanos (L.) Link (Lám. 4, F)
Selva veranera y lugares abiertos, 800-1.300 m.

Pityrogramma tartarea (Cav.) Maxon
Selva veranera hasta subpáramo, 1.100-2.200 m.

Plagiogyria semicordata (Baker) Christ (Lám. 12, A)
Subpáramo, 2.700 m.

Polypodium angustifolium Sw. (Lám. 15, E)
Subpáramo, 2.200-2.700 m.

Polypodium apiculatum Kunze (Lám. 4, E; Lámina 15, G)
Selva nublada, subpáramo, 1.900-2.000 m.

Polypodium aureum L. (Lám. 20, F)
Selva de transición, selva nublada, vertiente norte, 900-1.500 m.

Polypodium crassifolium L. (Lám. 6, C)
Polypodium cinerascens Lindm.
Selva nublada, 1.500 m.

Polypodium dissimile L. (Lám. 17, A)
Polypodium plesiosorum Ktze.
Selva nublada, vertiente norte, 800-1.000 m.

Polypodium fraxinifolium Jacq. var. **ornatum** (Klotzsch) Hieron. (Lám. 5, H)
Selva de galería y selva nublada, 1.900 m.

Polypodium funckii Mett. (Lám. 16, B)
Selva nublada y subpáramo, 1.600-2.500 m.

Polypodium glaucophyllum Ktze. (Lám. 9, D)
Selva nublada, 1.500-1.800 m. Las hojas frescas se pueden comer y tienen un sabor dulce.

Polypodium lanceolatum L. (Lám. 5, G)
Polypodium elongatum Mett.
Selva nublada, 1.600-2.000 m.

Polypodium loriceum L. (Lám. 17, B)
Selva nublada, 1.600 m.

Polypodium pectinatum L. (Lám. 16, A)
Selva de galería y selva nublada, 1.600-1.800 m.

Polypodium phyllitidis L. (Lám. 6, D)
Selva de galería y selva nublada, 1.500-1.800 m.

Polypodium pilosissimum Mart. & Gal. (Lám. 15, F)
Selva nublada y subpáramo, 2.000 m.

Polypodium polypodioides (L.) Hitchc. (Lám. 20, E)
Selva veranera y transicional, 1.100-1.400 m.

Polypodium repens Aubl. (Lám. 9, E)
Selva nublada, 1.500 m.

Polypodium rigens Maxon (Lám. 4, A)
Selva nublada, subpáramo, 1.500-2.000 m. El fragante olor a pino de los frondes secos de esta especie es muy distintivo.

Polypodium thyssanolepis A. Br. (Lám. 4, H)
Selva veranera, selva de galería y selva transicional, 900-1.500 m. Esta planta aparenta estar seca durante el período de sequía y se desarrolla durante el período de lluvias.

Polystichum aculeatum (L.) Roth var. **platyphyllum** (Willd.) Christ.
Selva nublada y subpáramo, 1.500-2.000 m.

Polytaenium lineatum (Sw.) J. Sm. (Lám. 17, D)
Selva nublada, 1.600-1.800 m.

Psilotum nudum (L.) Griseb. (Lám. 9, A)
Selva veranera y selva de galería, 900 m.

Pteridium caudatum (L.) Maxon (Lám. 16, D)
Lugares abiertos y alterados, especialmente en zonas que han sido quemadas, 1.500-2.500 m.

Pteris altissima Poir.
Selva nublada, 1.500 m.

Pteris gigantea Willd. (Lám. 16, C; 19, B)
Selva de galería, selva nublada, 1.500-1.600 m.

Pteris longifolia L. (Lám. 5, A)
Selva veranera, comúnmente crece en paredes rocosas y entre las ranuras de las rocas, cemento y lugares alterados, 800-1.000 m.

Pteris podophylla Sw.
Selva de galería, selva nublada y subpáramo, 1.000-1.900 m.

Pteris quadriaurita Retz. (Lám. 19, A)
Selva de galería, 1.300-1.600 m.

Selaginella flagellata Spring (Lám. 3, B)
Selva nublada, 1.500 m.

Selaginella haematodes Spring
Selva nublada, 900-1.800 m., también en la vertiente norte. Una bella especie de tallo erecto.

Selaginella mnioides A. Br. var. **minor** A. Br. (Lámina 1, E)
Selaginella cirrhipes Spring
Selva nublada, 1.500 m.

Selaginella pallescens Spring
Selaginella cuspidata Link
Selaginella sulcangula Spring
Selva veranera, selva nublada, 900-1.500 m.

Selaginella viticulosa Kl. (Lám. 3, A)
Selva nublada, 900-1.500 m.

Sphaerocionium crispum (H. & B.) Kl.
Hymenophyllum crispum H. & B.
Subpáramo, 2.000 m.

Sphaerocionium sericeum (Sw.) Presl
Hymenophyllum sericeum Sw.
Selva nublada, 1.300-1.700 m.

Sticherus bifidus (Spreng.) Ching (Lám. 18, A)
Gleichenia bifida Spreng.
Selva veranera.

Sticherus nudus (Moritz ex Reich.) Nak. (Lám. 18, B)
Lugares abiertos y alterados, bordes de los bosques, 1.000-2.300 m.

Stigmatopteris alloeoptera (Kunze) Chr.
Dryopteris alloeoptera Chr.
Selva nublada, 1.500-2.000 m.

Stigmatopteris nephrodioides (Hook.) Chr.
Dryopteris orbicularis Christ.
Selva nublada, subpáramo, 2.100 m.

Tectaria martinicensis (Spreng.) Copel. (Lám. 20, B)
Aspidium martinicense Spreng.
Selva de galería y selva nublada, 1.300-1.700 m.

Thelypteris torresiana (Gaud.) Alston
Lastrea setigera Christ.
Polystichum torresianum Gaud.
Selva nublada, vertiente norte, 900-1.000 m. Este helecho grande, de hojas color verde-amarillento pálido, es nativo de los trópicos del Viejo Mundo, y se ha establecido por sí solo en Venezuela y en zonas húmedas boscosas de otros países tropicales. Esta especie ha sido confundida con *Dryopteris setigera* (Bl.) O. Ktze.

Trichipteris gibbosa (Kl.) Barrington
Sphaeropteris gibbosa (Kl.) Tryon
Alsophila gibbosa Kl.
Selva nublada, 1.500 m.

Trichipteris microphylla (Kl.) Tryon
Alsophila microphylla Kl.
Selva nublada, 1.500-1.900 m. Esta especie ha sido confundida con frecuencia con *Alsophila caraca-*

sana, la cual ha sido transferida a *Cyathea caracasana.*

Trichomanes capillaceum L. (Lám. 3, E)
Selva nublada, 1.500-1.900 m. Especie graciosa y delicada que crece sobre los troncos de helechos arborescentes.

Trichomanes radicans Sw. (Lám. 3, C)
Selva nublada, 1.500-1.700 m.

Trichomanes rupestre (Raddi) Van der Bosch (Lám. 3, D; 7, A)
Hymenophyllum rupestre Raddi
Selva de galería y selva nublada, 1.300-1.500 m.

Trismeria trifoliata (L.) Diels
Selva veranera y selva de galería, 800-1.100 m.

Vittaria graminifolia Kaulfuss (Lám. 17, C)
Vittaria filifolia Fée
Selva nublada, vertiente norte, 1.400-1.500 m.

LAMINA 1

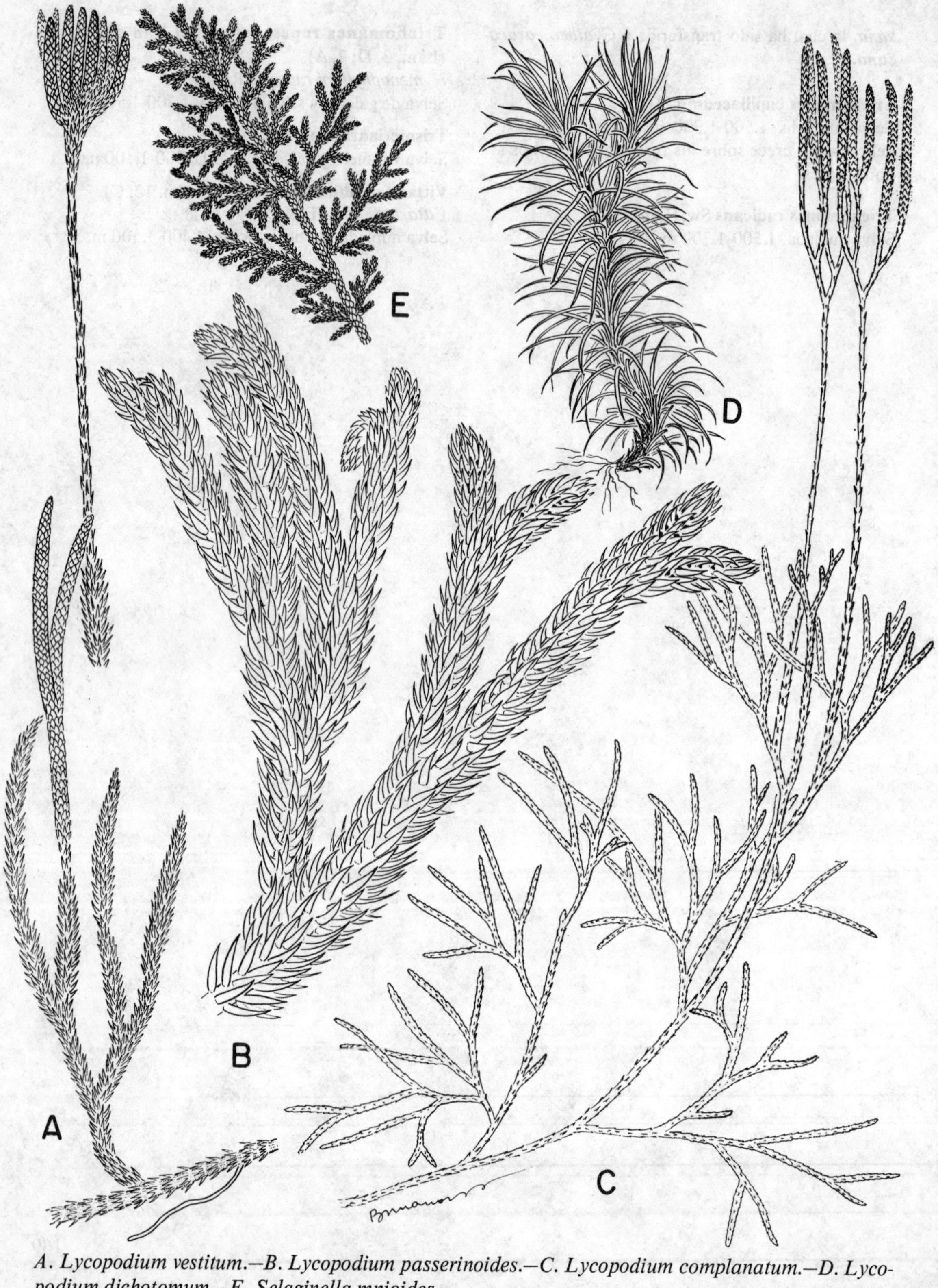

A. Lycopodium vestitum.—*B. Lycopodium passerinoides.*—*C. Lycopodium complanatum.*—*D. Lycopodium dichotomum.*—*E. Selaginella mnioides.*

LAMINA 2

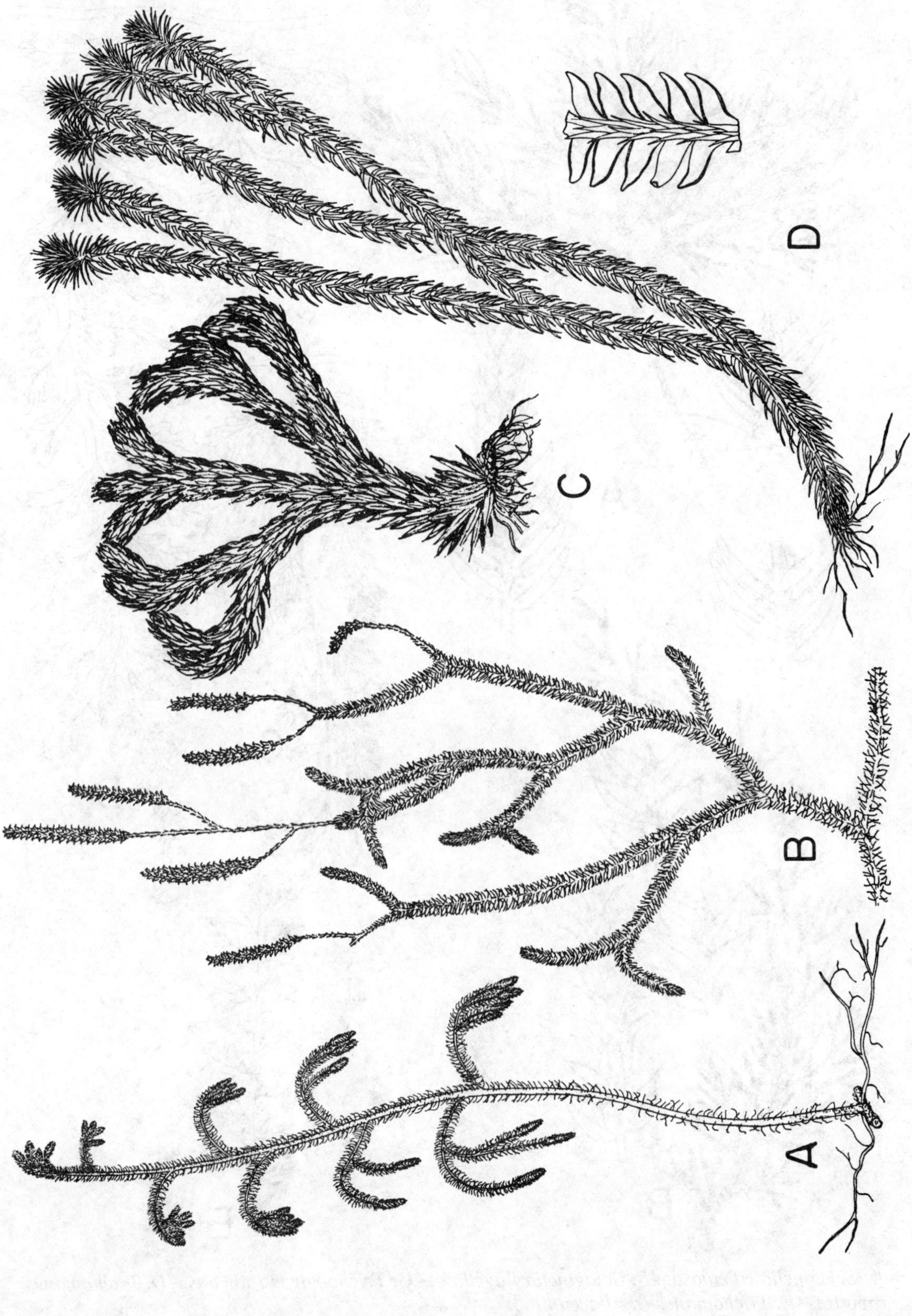

A. Lycopodium cernuum.–*B. Lycopodium clavatum.*–*C. Lycopodium caracasicum.*–*D. Lycopodium reflexum.*

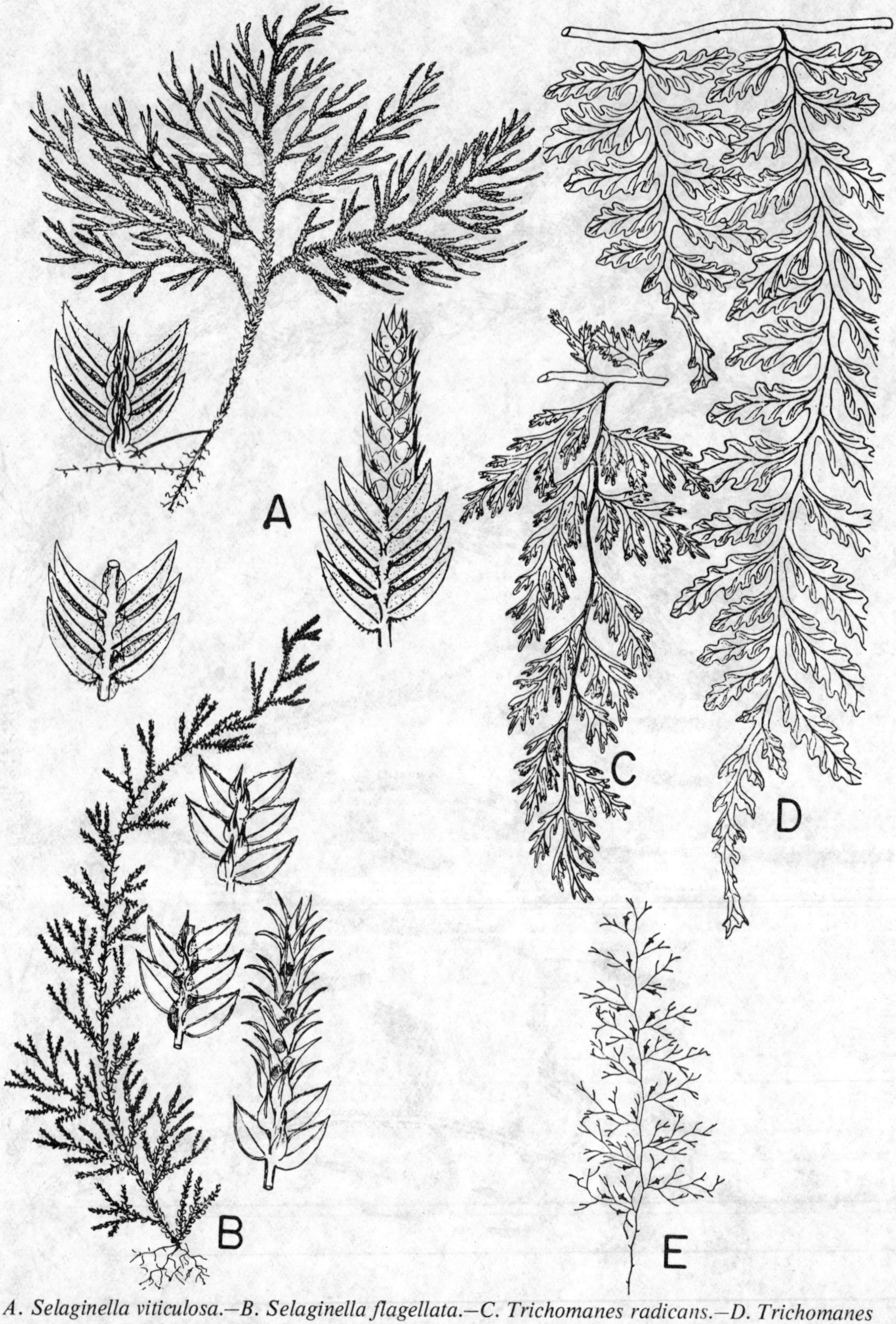

A. Selaginella viticulosa.–*B. Selaginella flagellata.*–*C. Trichomanes radicans.*–*D. Trichomanes rupestre.*–*E. Trichomanes capillaceum.*

LAMINA 4

A. Polypodium rigens.–B. Hymenophyllum nigrescens.–C. Adiantum capillus-veneris.–D. Adiantum patens.–E. Polypodium apiculatum.–F. Pityrogramma calomelanos.–G. Anemia hirsuta.–H. Polypodium thyssanolepis.–I. Asplenium pumilum.

LAMINA 5

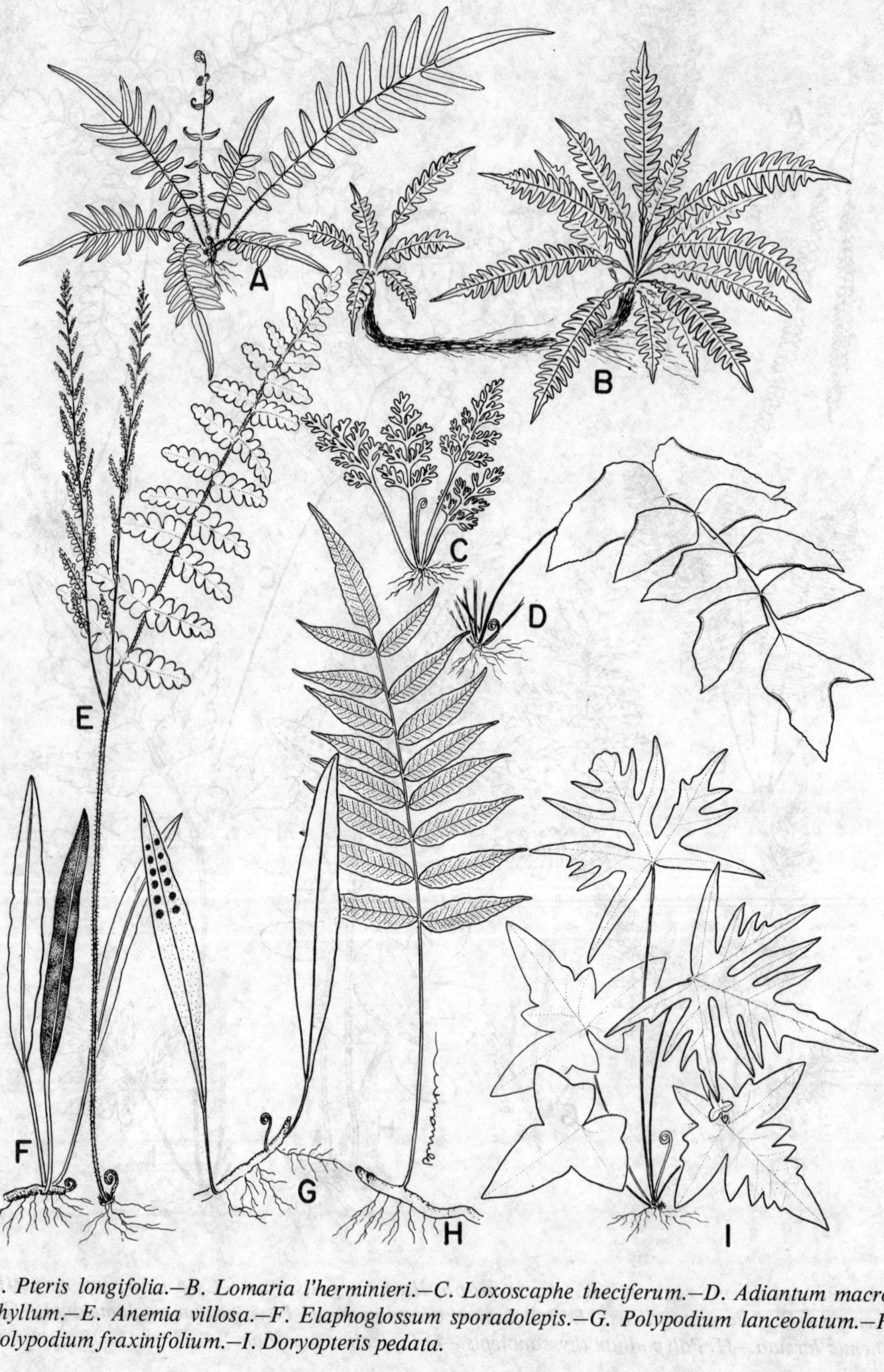

A. Pteris longifolia.–B. Lomaria l'herminieri.–C. Loxoscaphe theciferum.–D. Adiantum macrophyllum.–E. Anemia villosa.–F. Elaphoglossum sporadolepis.–G. Polypodium lanceolatum.–H. Polypodium fraxinifolium.–I. Doryopteris pedata.

LAMINA 6

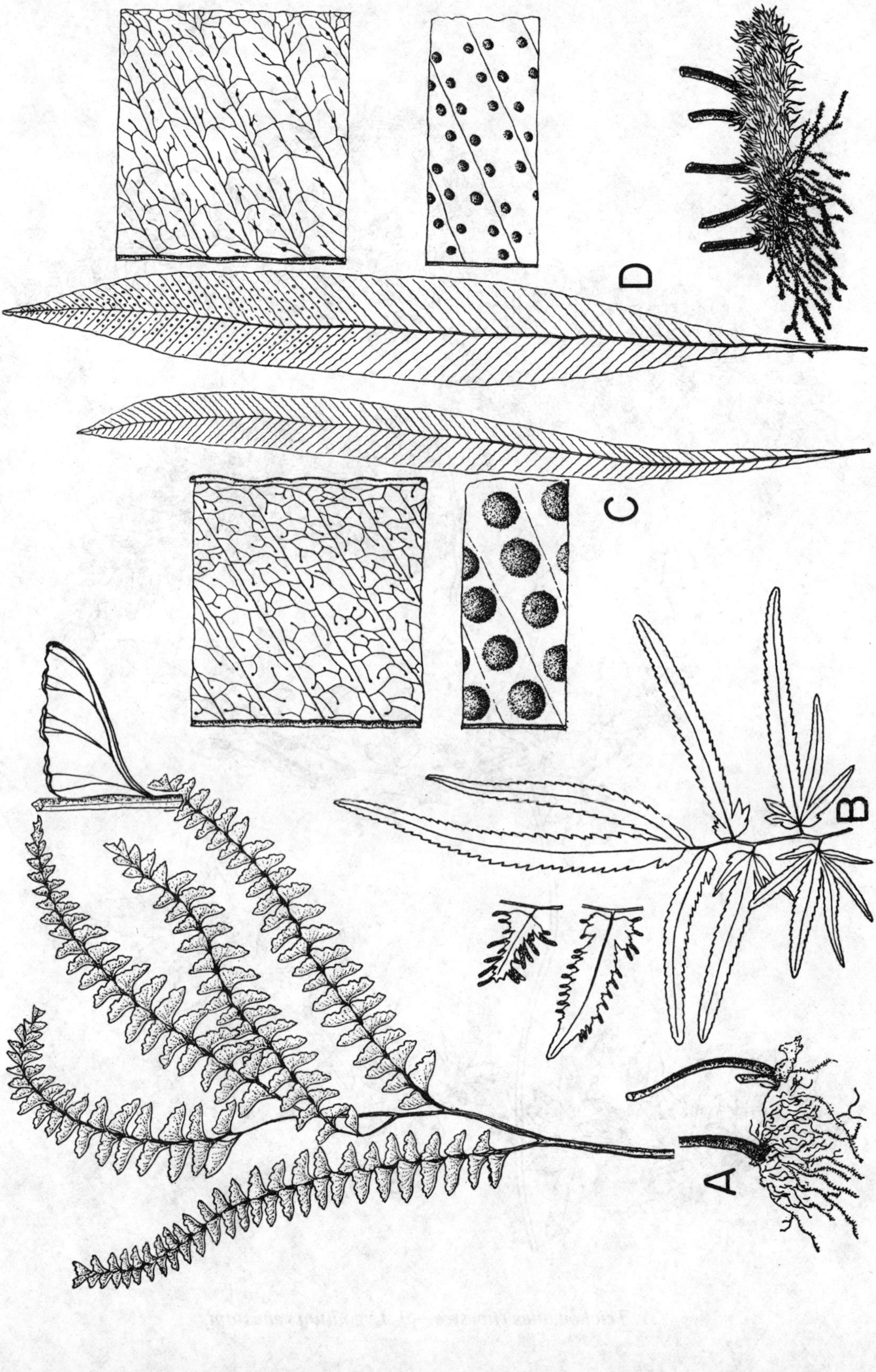

A. Lindsaea klotzscheana.–B. Lygodium venustum.–C. Polypodium crassifolium.–D. Polypodium phyllitidis.

A. Trichomanes rupestre.–B. Lygodium venustum.

LAMINA 8

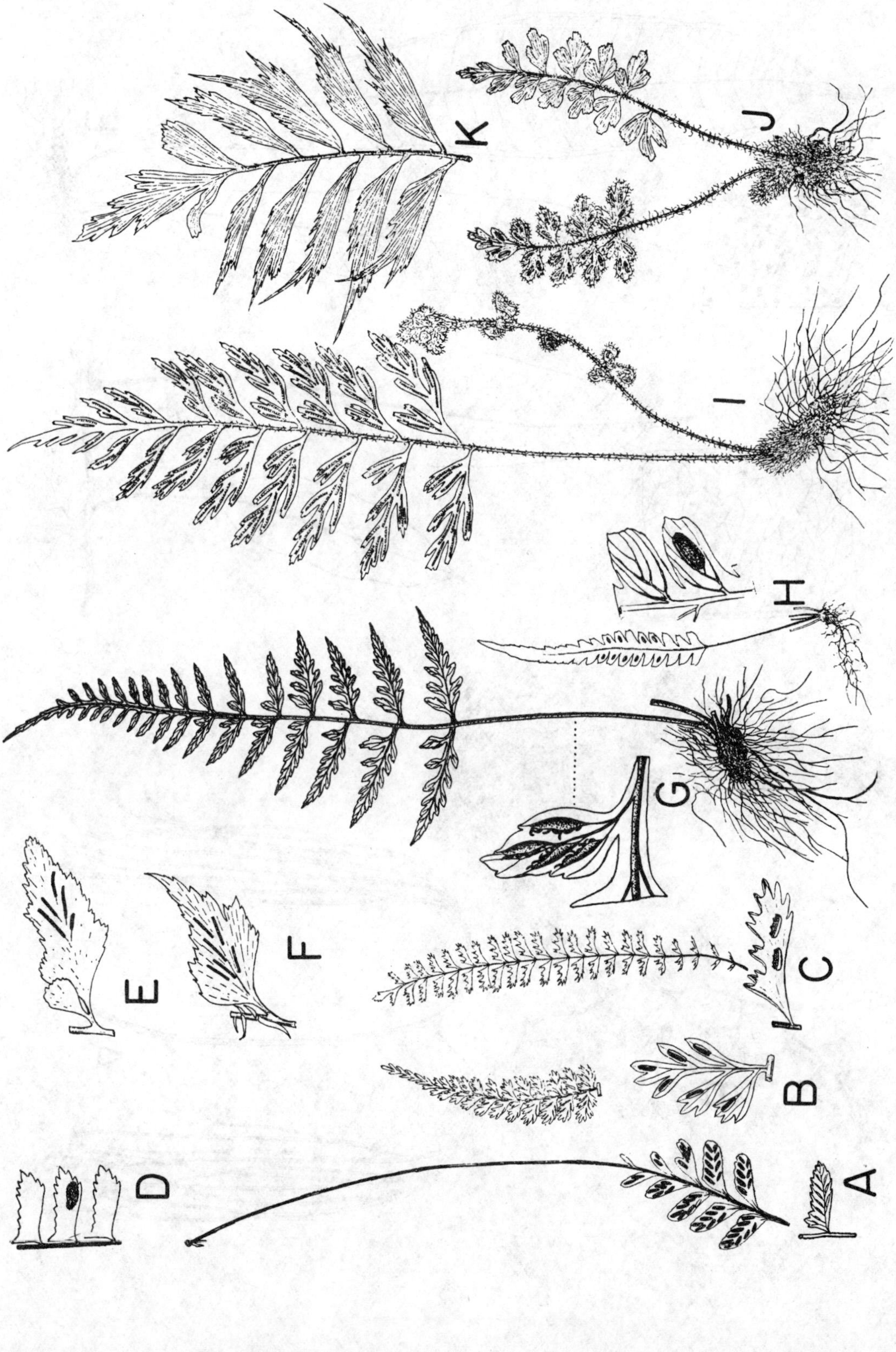

A. Asplenium radicans.–*B. Asplenium cristatum.*–*C. Asplenium formosum.*–*D. Asplenium monanthes.*–*E. Asplenium obtusifolium.*–*F. Asplenium dimidiatum.*–*G. Asplenium auritum.*–*H. Asplenium auritum.*–*I. Asplenium aethiopicum.*–*J. Asplenium aethiopicum.*–*K. Asplenium aethiopicum.*

LAMINA 9

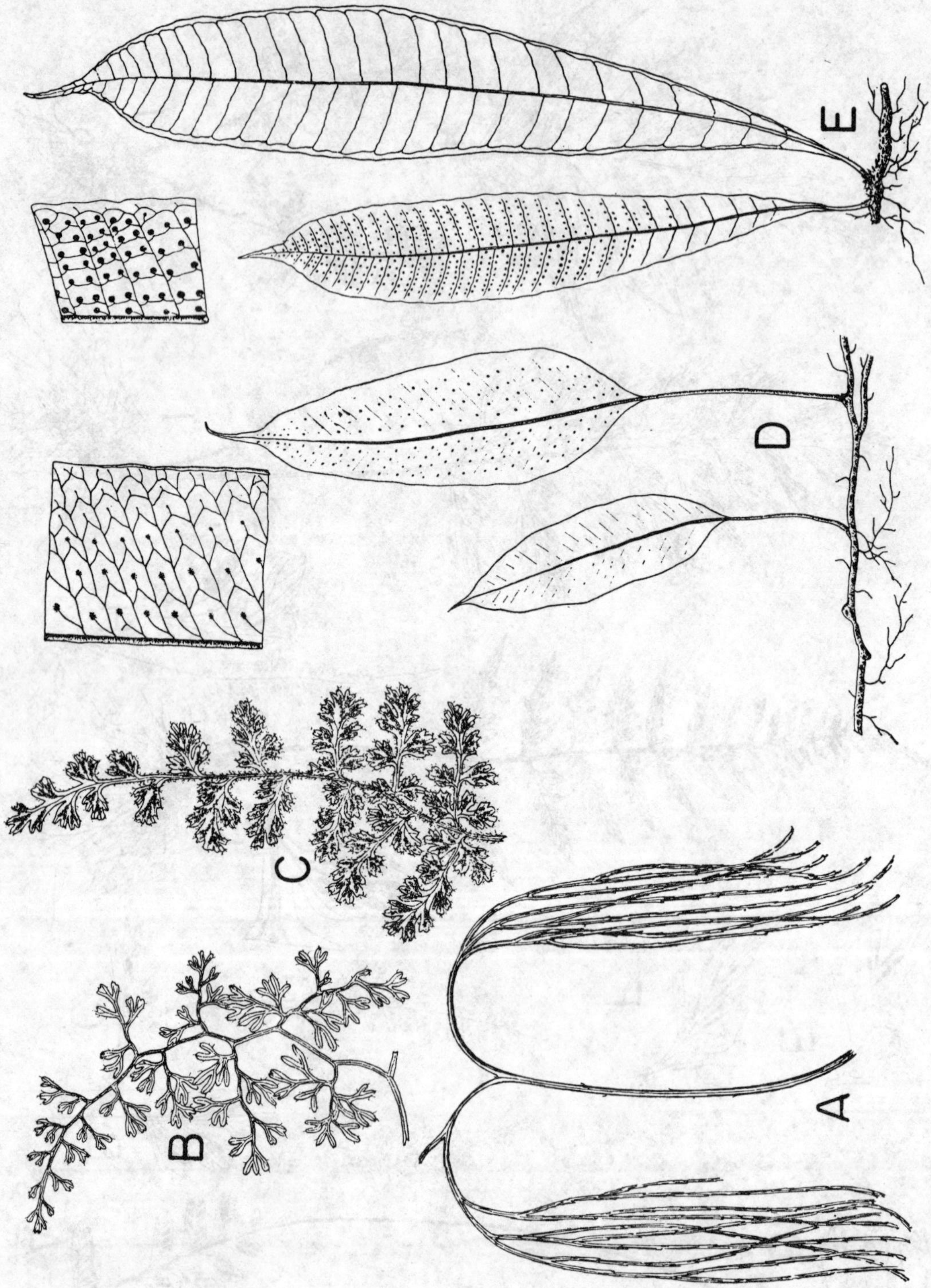

LAMINA 10

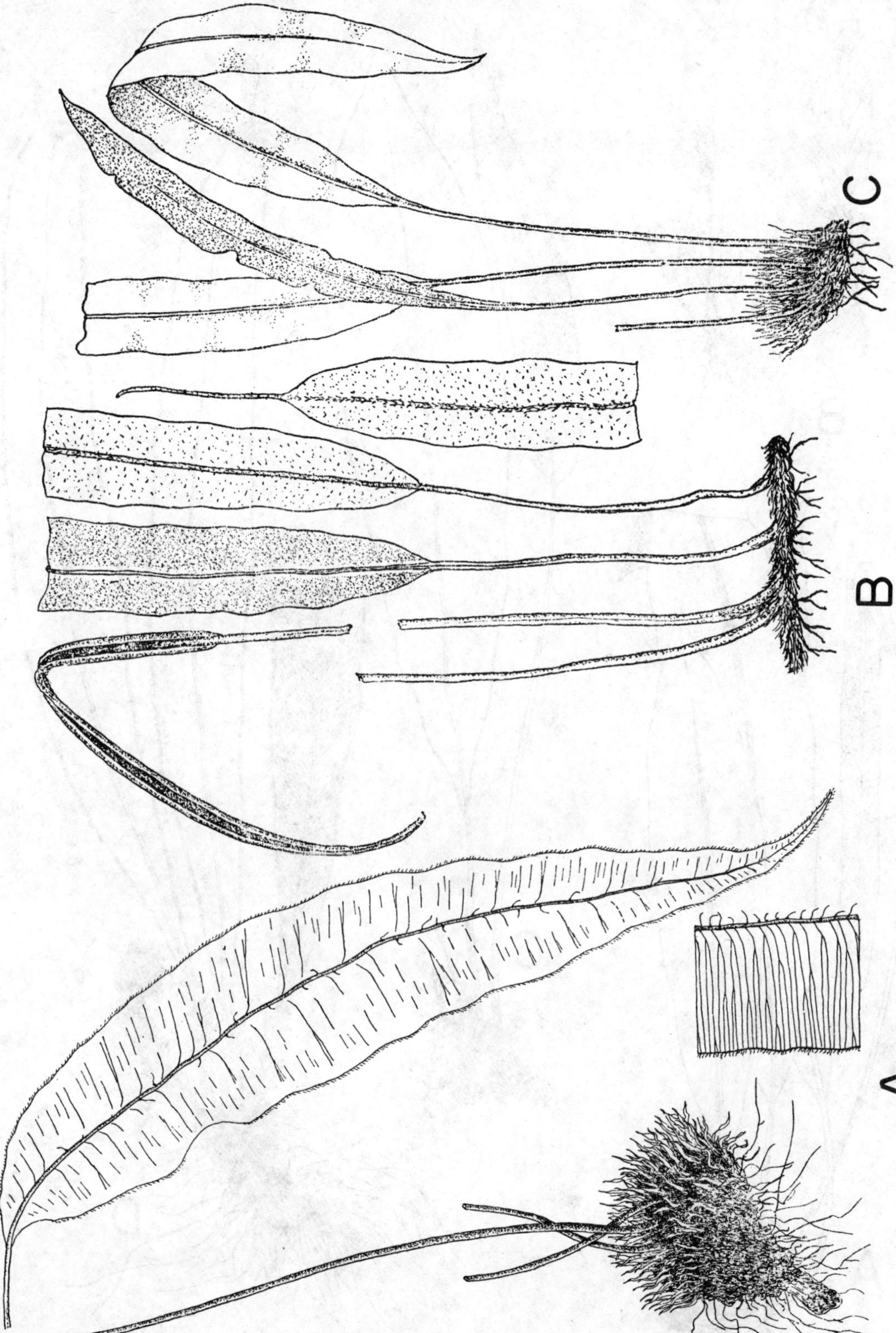

A. Elaphoglossum scolopendrifolium.—*B. Elaphoglossum cuspidatum.*—*C. Elaphoglossum rigidum.*

LAMINA 11

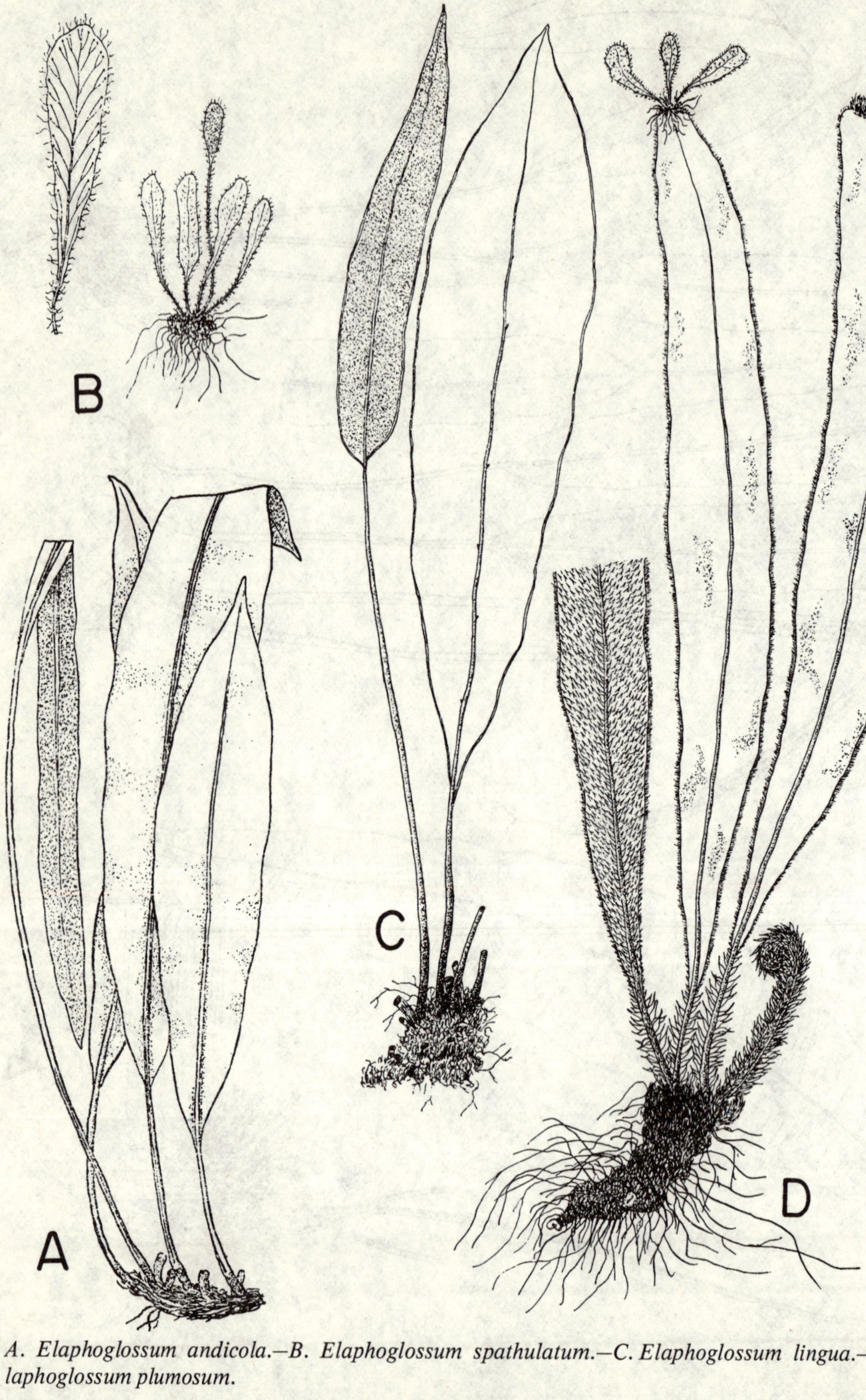

A. Elaphoglossum andicola.–B. Elaphoglossum spathulatum.–C. Elaphoglossum lingua.–D. E-laphoglossum plumosum.

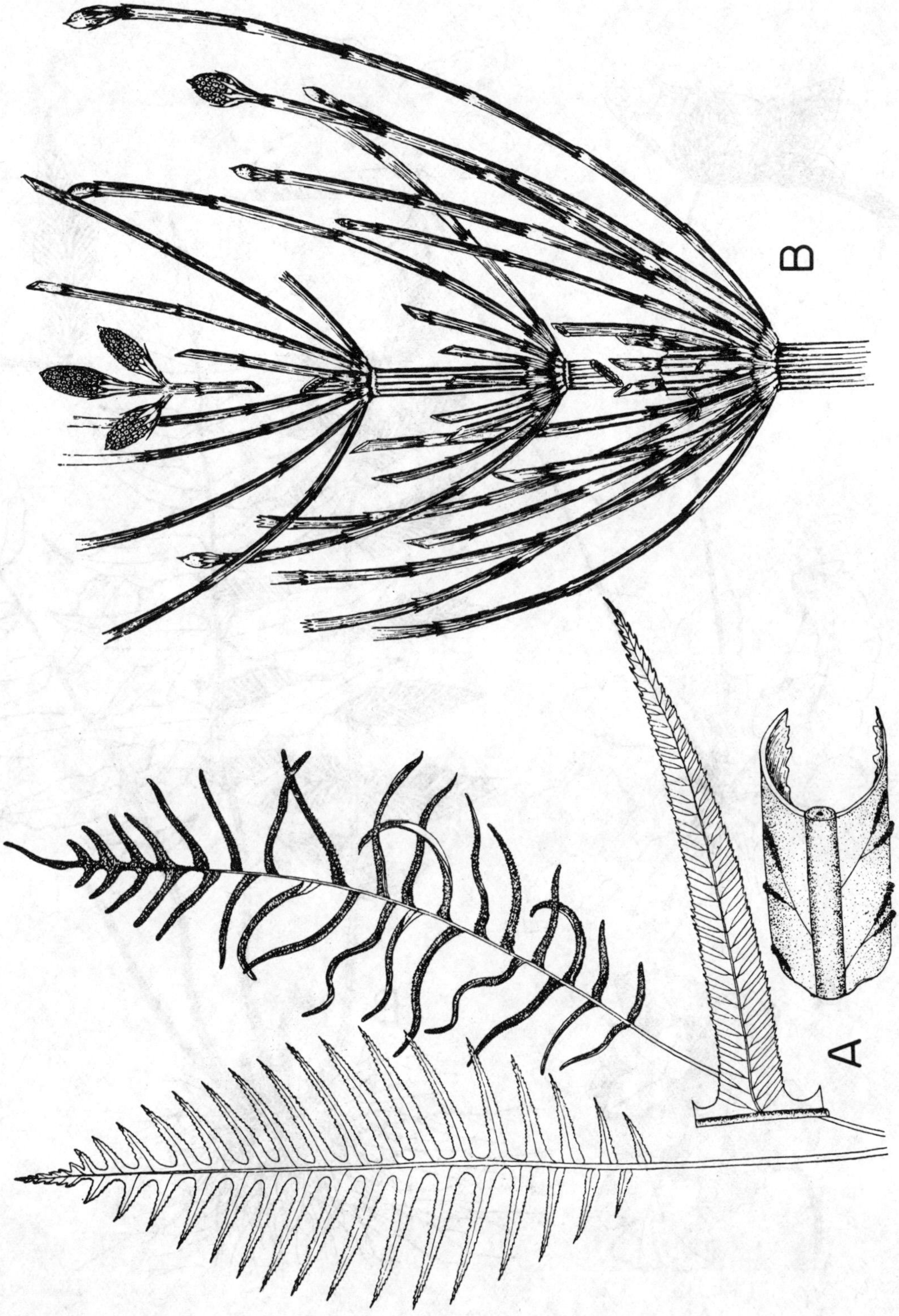

A. Plagiogyria semicordata.—*B. Equisetum giganteum.*

LAMINA 13

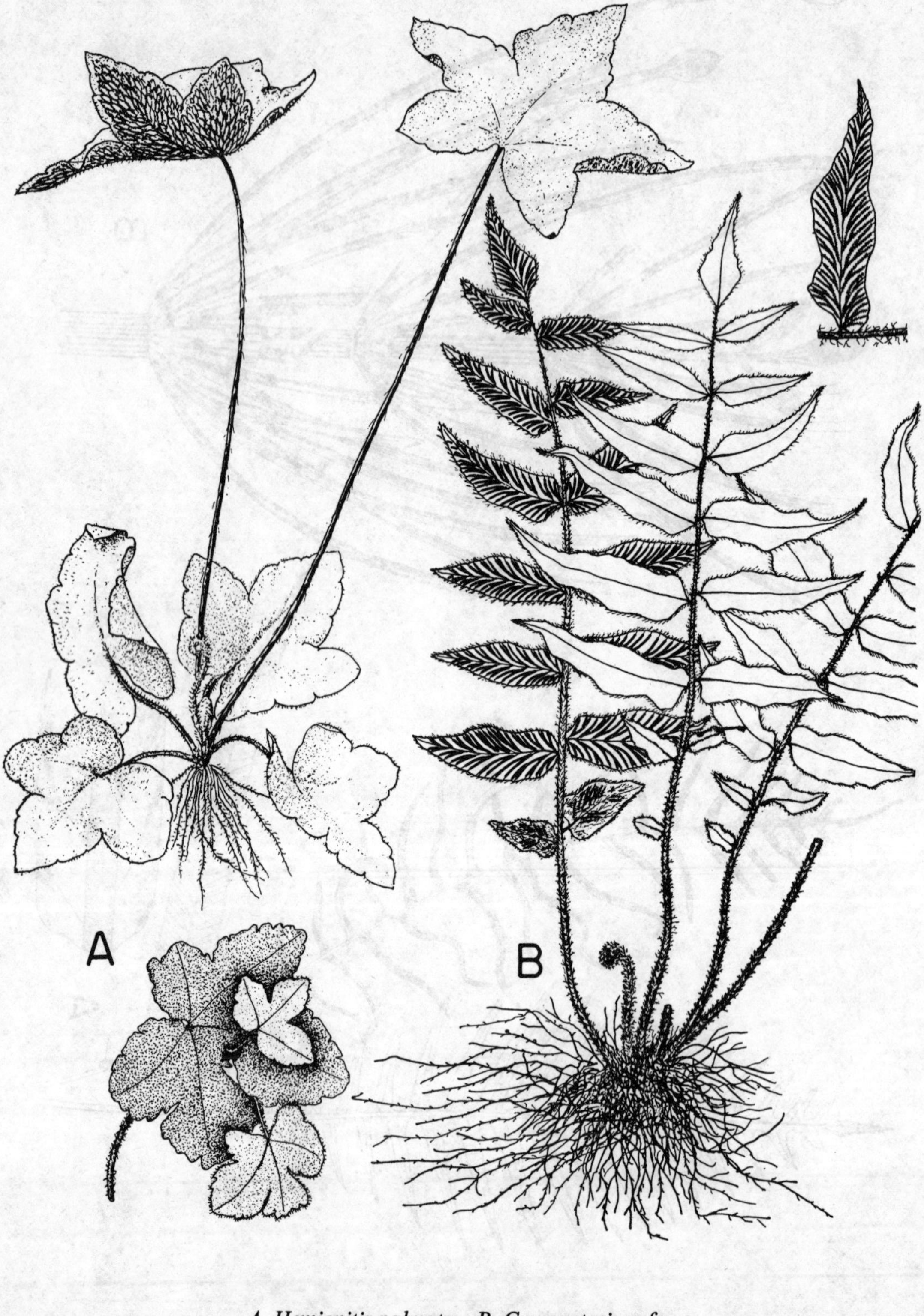

A. Hemionitis palmata.–B. Gymnopteris rufa.

LAMINA 14

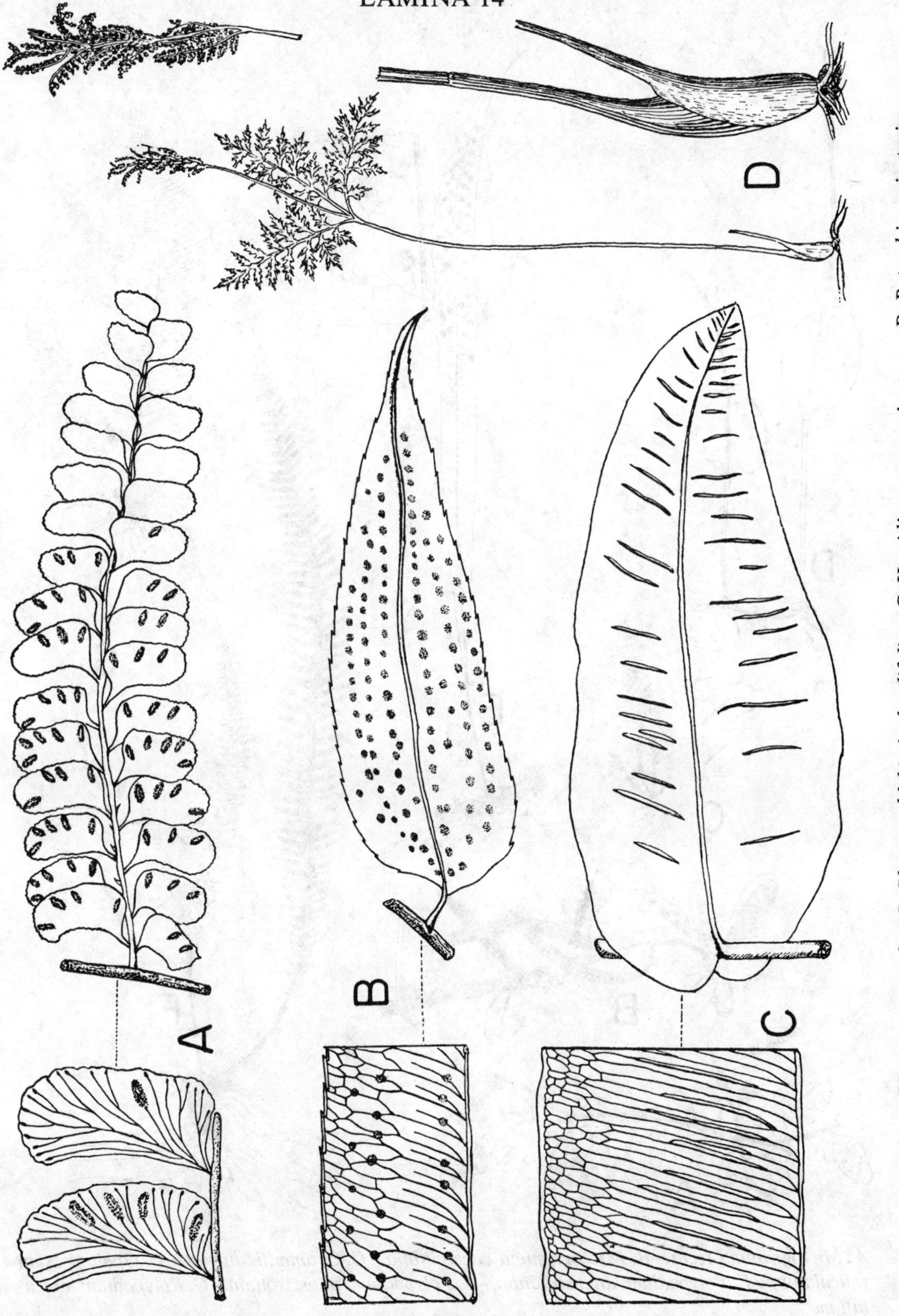

A. *Didymochlaena truncatula*.—B. *Phanerophlebia juglandifolia*.—C. *Hemidictyum marginatum*.—D. *Botrychium cicutarium*.

LAMINA 15

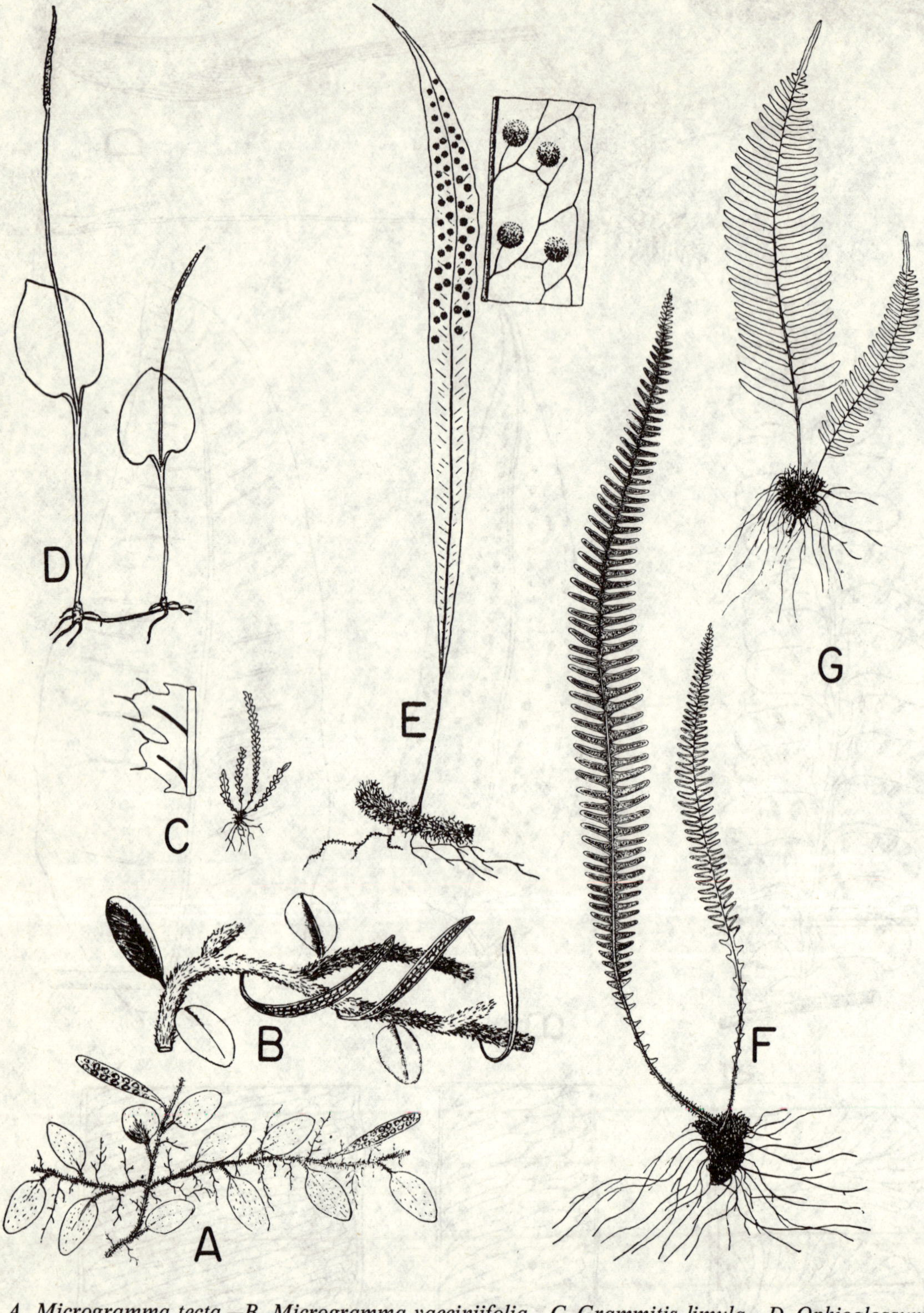

A. Microgramma tecta.–B. Microgramma vacciniifolia.–C. Grammitis limula.–D. Ophioglossum reticulatum.–E. Polypodium angustifolium.–F. Polypodium pilosissimum.–G. Polypodium apiculatum.

LAMINA 16

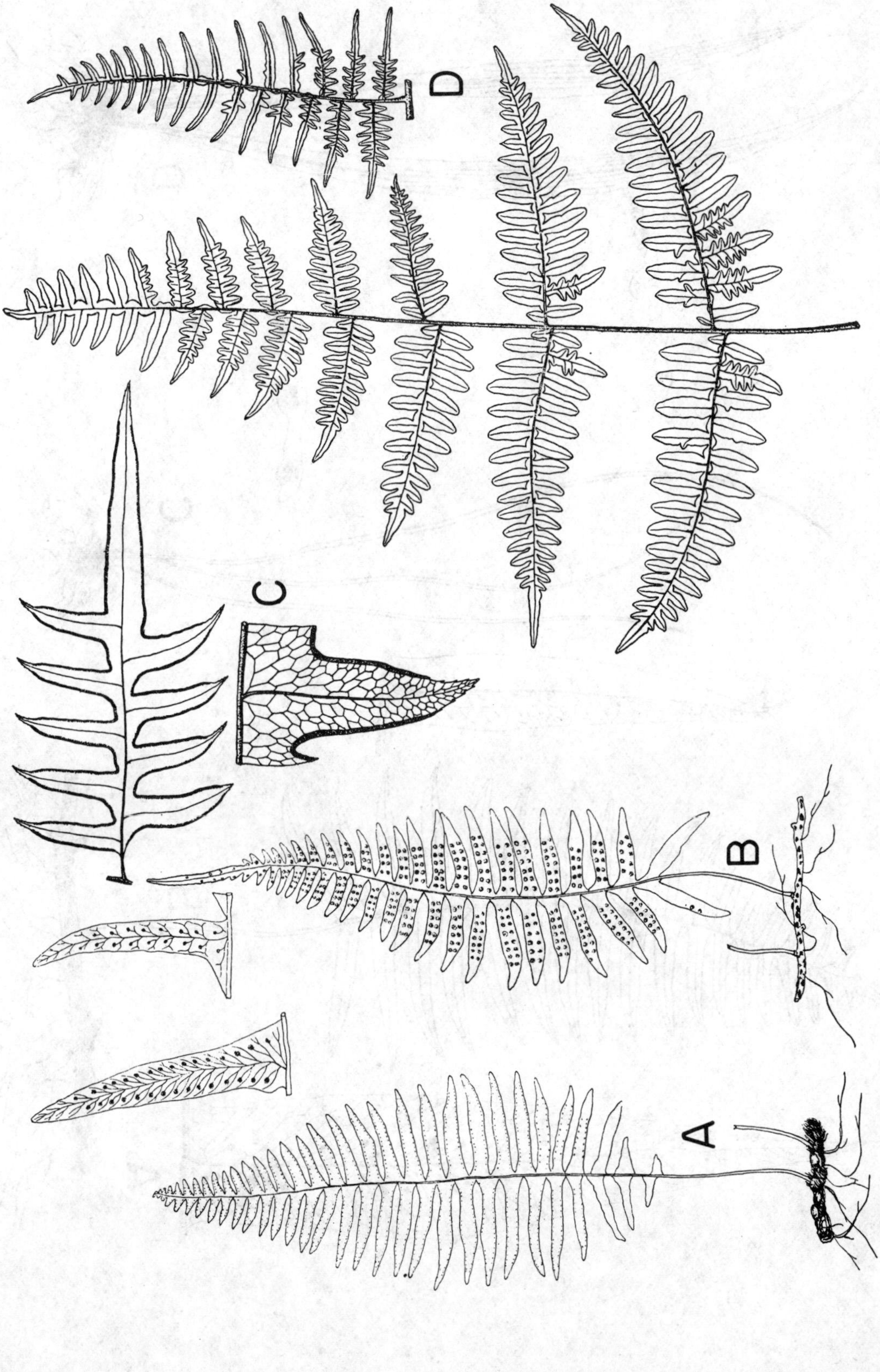

A. Polypodium pectinatum.—B. Polypodium funckii.—C. Pteris gigantea.—D. Pteridium caudatum.

LAMINA 17

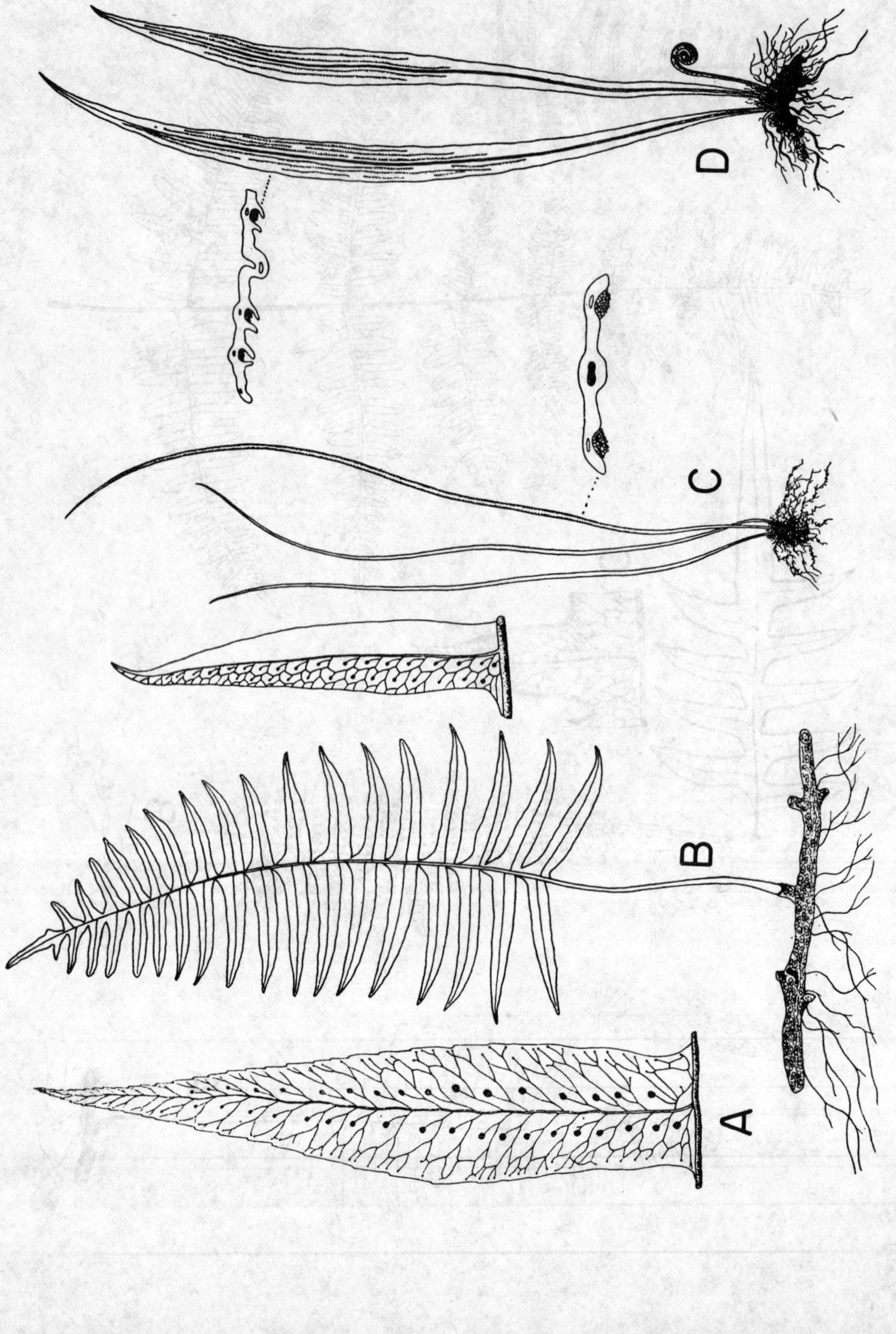

A. *Polypodium dissimile*.—B. *Polypodium loriceum*.—C. *Vittaria graminifolia*.—D. *Polytaenium lineatum*

LAMINA 18

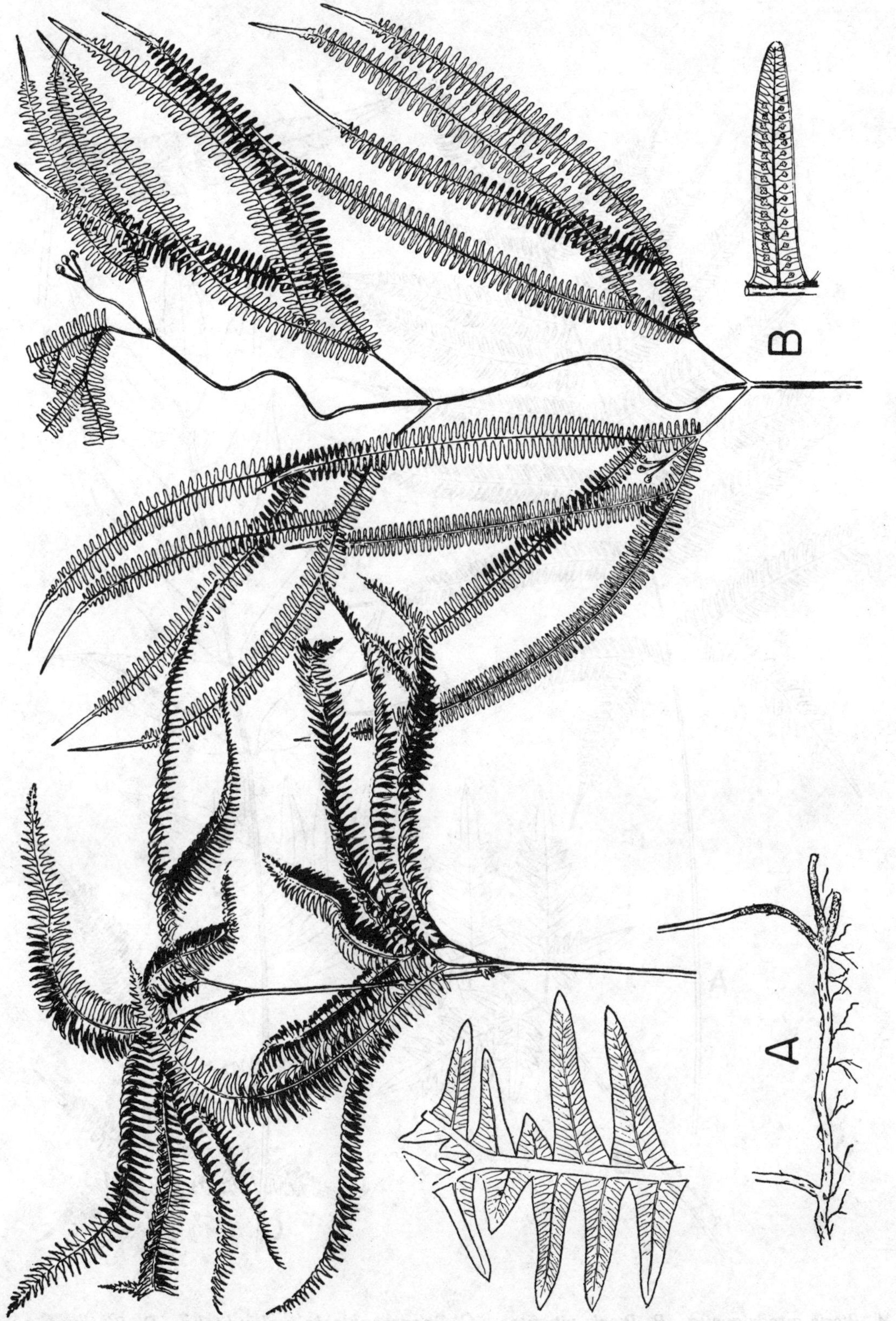

A. Sticherus bifidus.—*B. Sticherus nudus.*

LAMINA 19

A. Pteris quadriaurita.—*B. Pteris gigantea.*—*C. Phanerophlebia juglandifolia.*—*D. Blechnum occidentale.*—*E. Diplazium ottonis.*

LAMINA 20

A. Adiantum pulverulentum.–B. Tectaria martinicensis.–C. Pellaea ovata.–D. Elaphoglossum spathulatum.–E. Polypodium polypodioides.–F. Polypodium aureum.–G. Blechnum longifolium.–H. Nephrolepis cordifolia.

SPERMATOPHYTA o PHANEROGAMAE (MAGNOLIOPHYTA)

Fam. **ACANTHACEAE** (Dicotyledoneae)

Hierbas, arbustos o trepadoras. Hojas opuestas, simples, por lo general sin dientes. Estípulas ausentes. Brácteas de la inflorescencia con frecuencia grandes y conspicuas. Pétalos unidos en un tubo con 2 labios o abriéndose en 5 lóbulos más bien desiguales. Estambres, 2 ó 4. Ovario súpero. Fruto generalmente una cápsula seca, que se divide desde el ápice hacia la base, rara vez carnoso. Semillas 1 hasta muchas.

Clave de los géneros y especies

1. a. Tallos trepadores o rastreros 2
   b. Tallos ni trepadores ni rastreros 3

2. a. Eje que soporta la hoja (pecíolo) bordeado en toda su longitud por una extensión (ala) verde; flores anaranjadas o amarillas, rara vez blancas, con el centro negro-purpúreo . . . . *Thunbergia alata*
   b. Pecíolo sin borde alado; flores blancas con líneas purpúreas . . . *Mendoncia tovarensis*

3. a. Todas las hojas dispuestas en o cerca de la base de la planta . . *Stenandrium elegans*

3a

   b. Hojas dispuestas en pares a lo largo del tallo 4

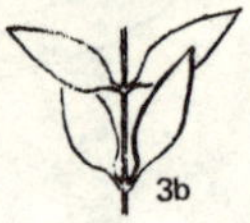

3b

4. a. Arbustos o plantas con tallo leñoso . . . . 5 *(Aphelandra)*
   b. Plantas sin tallos leñosos 7

5. a. Tallos sin pelos . . . . *Aphelandra tetragona*
   b. Tallos peludos 6

6. a. Las hojas más bajas de la planta 12-30 cm de largo, 6-10 cm de ancho; eje de la inflorescencia (raquis) con pubescencia blanca algodonosa; inflorescencia compuesta por 1, pocos o varios ejes . . . . *Aphelandra pulcherrima*
   b. Hojas más bajas de la planta 27-40 cm de largo, 12-17 cm de ancho; raquis con pubescencia algodonosa, pálida y opaca, nunca blanca; ejes de la inflorescencia generalmente numerosos . . . . *Aphelandra macrophylla*

7. a. Flores rodeadas o sostenidas por brácteas prominentes, que miden la mitad del largo de las flores o frecuentemente son más largas que éstas 8

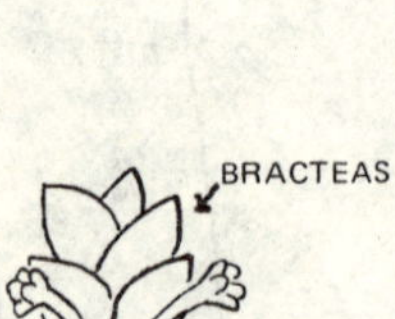

7a

   b. Flores siempre más prominentes que las brácteas situadas en su base . . . 10

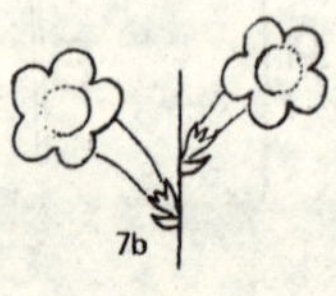

7b

8. a. Brácteas más anchas en la mitad inferior . . . . . *Blechum pyramidatum*

b. Brácteas más anchas en o por encima de la mitad 9

9. a. Brácteas esparcidamente peludas, con 3 nervios principales y venación prominentes . . . . *Dicliptera unguiculata*

b. Brácteas densamente peludas con 1 solo nervio (central) prominente, o en caso contrario con los nervios no prominentes . . . *Dicliptera moritziana*

10. a. Flores dispuestas próximas al tallo principal y no sostenidas por un eje especial (pedúnculo o raquis) alargado 11

10a

b. Flores usualmente dispuestas sobre un eje (pedúnculo o raquis) alargado, el cual nace del ápice o lados del tallo principal 14

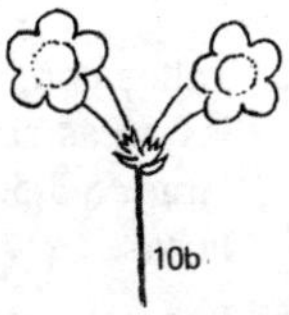

10b

11. a. Flores solamente 2-4, agrupadas en el mismo nivel sobre el tallo; flores grandes, la corola 3,5-5 cm de largo; flores sin brácteas en forma de hojas en la base . . . . *Ruellia geminiflora*

b. Flores varias hasta numerosas, agrupadas y densas en el mismo nivel sobre el tallo o eje; flores más pequeñas, la corola 1-2 cm de largo, usualmente con conspicuas brácteas en forma de hojas, situadas en la base, pero éstas algunas veces inconspicuas en las plantas con frutos 12

12. a. Brácteas debajo de cada flor, sin cerdas en el ápice . . . . *Dyschoriste repens*

b. Brácteas debajo de cada flor, con una cerda corta en el ápice 13

13. a. Brácteas densamente pubescentes, o con sólo un nervio central prominente, o en caso contrario con los nervios no prominentes . . . . . . *Dicliptera moritziana*

b. Brácteas esparcidamente peludas con 3 nervios principales y venación secundaria prominentes . . . . *Dicliptera unguiculata*

14. (10.b)

a. Flores reunidas todas en grupos densos y compactos, formando cabezuelas, dispuestas sobre el extremo de un eje muy alargado (pedúnculo) . . . *Ruellia fulgida*

b. Flores laxamente dispersas sobre ejes (raquis) muy alargados, o agrupadas en inflorescencias más largas que anchas 15

15. a. Flores laxamente dispersas cerca de los extremos de los pedúnculos alargados; corola roja, raras veces amarilla, 3,5-6 cm de largo . . . . *Ruellia macrophylla*

b. Flores densamente agrupadas a lo largo de un eje en una inflorescencia más larga que ancha; corola roja, lavanda o purpúrea, con o sin blanco o amarillo, 1,5-3,5 (–4) cm de largo 16

16. a. Eje de la inflorescencia (raquis) más o menos conspicuamente peludo, o usualmente con pelos extendidos fuera del eje 17

16a

b. Eje de la inflorescencia (raquis) sin pelos (glabro) o con pelos inconspicuos o fuertemente pegados (adpresos) a la superficie del eje 19

16b

17. a. Flores color rojo con amarillo, menos de 1,5 cm de largo; cáliz claramente peludo; flores con brácteas en la base, conspicuamente extendidas del eje floral, 7-10 mm de largo . . . . *Stenostephanus lasiostachyus*

b. Flores color violeta o púrpura, 3,5-4 cm de largo; cáliz generalmente sin pelos (glabro); flores con brácteas en la base inconspicuas, y no extendidas del eje floral 18

18. a. Tallos con pelos dispuestos en filas verticales; lado inferior (envés) de las hojas secas sin la zona nervada de color gris-plateado; hojas 16-16,5 cm de largo, 5,3-5,7 cm de ancho, redondeadas hasta ampliamente ensanchadas en la base . . . . *Justicia caracasana*

b. Los pelos del tallo no están dispuestos en filas verticales; envés de las hojas secas con una zona nervada de color gris-plateado; hojas 8-15 cm de largo, 3,3-5,1 cm de ancho, agudamente angostadas en la base . *Justicia lindaviana*

19. (16.b)

a. Tallos y/o ejes que sustentan las hojas (pecíolos) con pelos extendidos o alargados . . . . *Justicia lancifolia*

b. Tallos y pecíolos o sin pelos o con pelos cortos y fuertemente pegados (adpresos) a la superficie del tallo 20

20. a. Hojas con toda la superficie verde, sin partes amarillas; especie silvestre nativa 21

b. Hojas de color púrpura y verde con partes amarillas; planta de jardín, escapada del cultivo . . . . *Graptophyllum pictum*

21. a. Corola roja . . . . *Justicia secunda*

b. Corola lavanda o lavanda con blanco o amarillo 22

22. a. Eje que soporta la hoja (pecíolo) casi 1/3 tan largo como la hoja (lámina), 3,5-9 cm de largo; tallo generalmente simple y sin ramificar . . . . *Pseuderanthemum cuspidatum*

b. Pecíolo relativamente corto, solamente 1/7-1/20 del largo de la hoja, solamente 0,2-1 cm de largo; tallo generalmente ramificado . *Justicia leptophylla*

Aphelandra macrophylla Leonard
Selva nublada, 1.500 m. Flores rojas.

Aphelandra pulcherrima (Jacq.) H.B.K. "Sanguinaria" (Lám. 21, B)
Aphelandra glabrata Willd. ex Nees
Selva de galería, 1.500-1.600 m. Flores rojas.

Aphelandra tetragona (Vahl) Nees (Lám. 21, A)
Selva veranera y nublada, 1.000-1.500 m. Flores rojas.

Blechum pyramidatum (Lam.) Urb. *"Cascabelito"*
Blechum brownei Juss.
Selva veranera y lugares abiertos, 1.100 m. Maleza

herbácea, con flores lavanda. Hojas y brácteas con frecuencia de color púrpura.

Dicliptera moritziana Schauer
Selva tropófila y matorrales, 1.500 m. Planta herbácea ramificada, hasta 1 m de alto, con flores lavanda o rosadas colocadas dentro de brácteas densamente agrupadas. Esta especie es frecuentemente confundida con *Justicia carthaginensis* y otras especies de *Dicliptera.*

Dicliptera unguiculata Nees (Lám. 22, B)
Selva transicional y matorrales, 900-1.600 m. Planta herbácea, de hasta 1 m de alto, conspicuamente ramificada, con flores purpúreas colocadas dentro de brácteas densamente agrupadas. Esta especie ha sido confundida con *Dicliptera mucronifolia* y *Justicia carthaginensis.*

Dyschoriste repens (Nees) O. Ktze.
Lugares abiertos, 900 m. Plantas herbáceas, ramificadas.

Graptophyllum pictum (L.) Griff.
Comúnmente cultivada, algunas veces escapada de cultivo. Planta herbácea.

Justicia caracasana Jacq.
Lugares abiertos por debajo de la selva veranera, en la tierra caliente, vertiente norte. Flores vistosas, de color púrpura.

Justicia lancifolia (Nees) Lindau (Lám. 22, D)
Selva veranera, 1.500 m. Corola lavanda.

Justicia leptophylla Leonard
Selva nublada, vertiente norte, 1.000 m. Tubo de la corola blanco, lóbulos lavanda con manchas amarillas.

Justicia lindaviana Leonard (Lám. 23, A)
Zona transicional, vertiente norte, 1.400 m. Plantas herbáceas de hasta 1 m de alto.

Justicia secunda Vahl *"Mata de sangre"* (Lám. 22, C)
Selva nublada, 900 m. en el lado norte y alrededores de Caracas. De esta especie se extrae un colorante rojo.

Mendoncia tovarensis (Kl. & Karst. ex Nees) Leonard (Lám. 21, C)
Selva nublada, 1.500-1.900 m.

Pseuderanthemum cuspidatum (Nees) Radlk.
Selva nublada, 1.500 m. Corola lavanda.

Ruellia fulgida Andr. *"Flor de sangre"* (Lám. 22, A)
Selva de galería, lugares húmedos, 1.300-1.500 m.

Ruellia geminiflora H.B.K. *"Generala"* (Lám. 24, B)
Lugares abiertos secos y sabanas, 900-1.100 m.

Ruellia macrophylla Vahl *"Gallito"*
Selva tropófila y bordes sombreados de riachuelos, 1.220-1.400 m.

Stenandrium elegans Nees (Lám. 24, A)
Selva nublada, 1.700-2.000 m. Hermosa planta con hojas arrosetadas, de las laderas húmedas y sombreadas. Pequeñas flores de color rosado oscuro y blanco.

Stenostephanus lasiostachyus Nees (Lám. 23, B)
Quebradas húmedas, selva de galería, 1.500 m. Especie rara. Flores rojas con manchas amarillas.

Thunbergia alata Bojer *"Ojo de pajarito"* (Lám. 24, C)
Selva veranera y lugares perturbados, 1.000 m. Nativa de Africa tropical pero ampliamente naturalizada en Venezuela, en donde se encuentra como maleza en terrenos cultivados o en lugares en donde la vegetación original ha sido alterada. El color de la corola varía desde anaranjado o amarillo hasta blanco, con el centro púrpura-negro.

LAMINA 21: ACANTHACEAE

A. Aphelandra tetragona.–B. Aphelandra pulcherrima.–C. Mendoncia tovarensis.

LAMINA 22: ACANTHACEAE

A. Ruellia fulgida.–*B. Dicliptera unguiculata.*–*C. Justicia secunda.*–*D. Justicia lancifolia.*

LAMINA 23: ACANTHACEAE

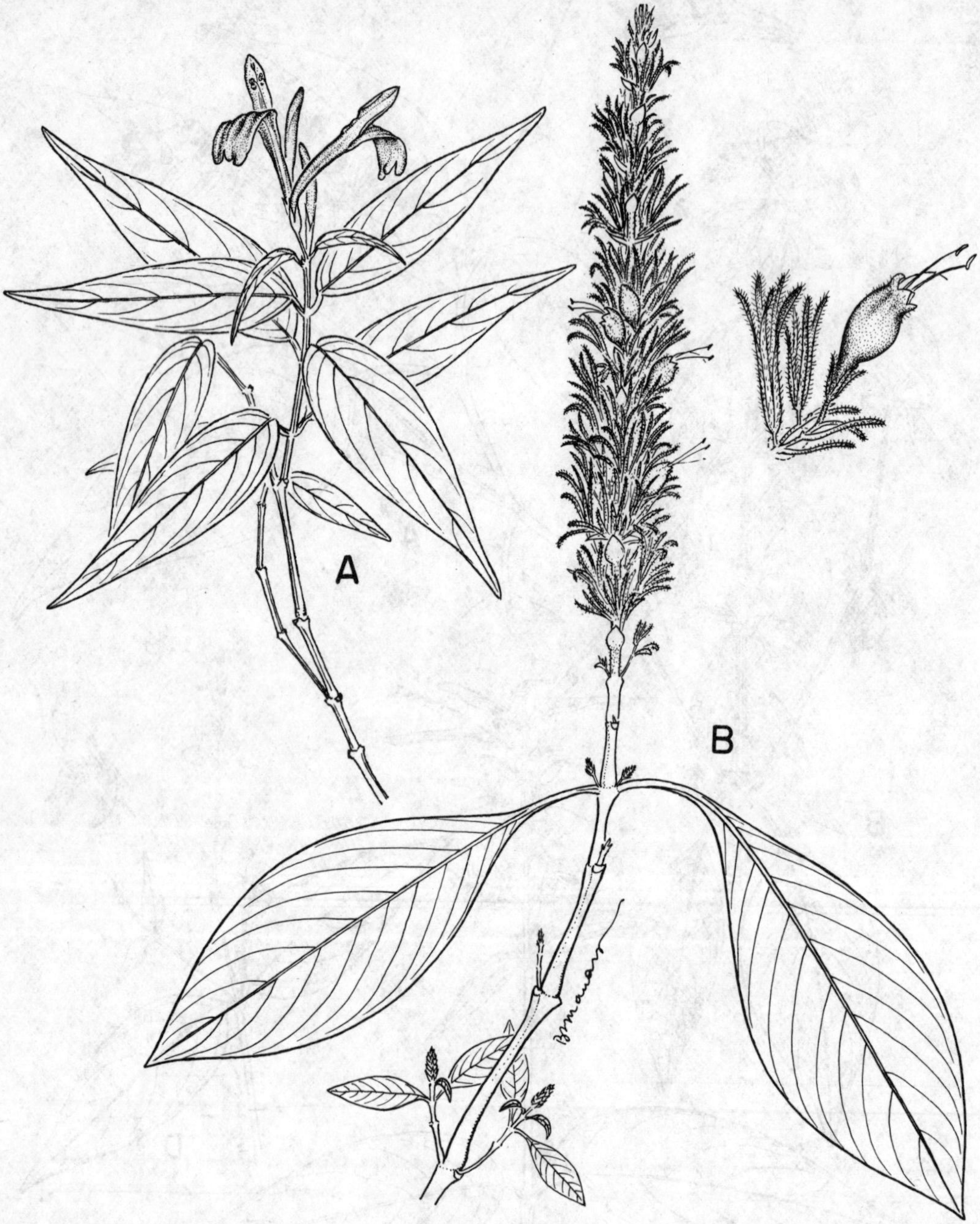

A. Justicia lindaviana.–*B. Stenostephanus lasiostachyus*

LAMINA 24: ACANTHACEAE

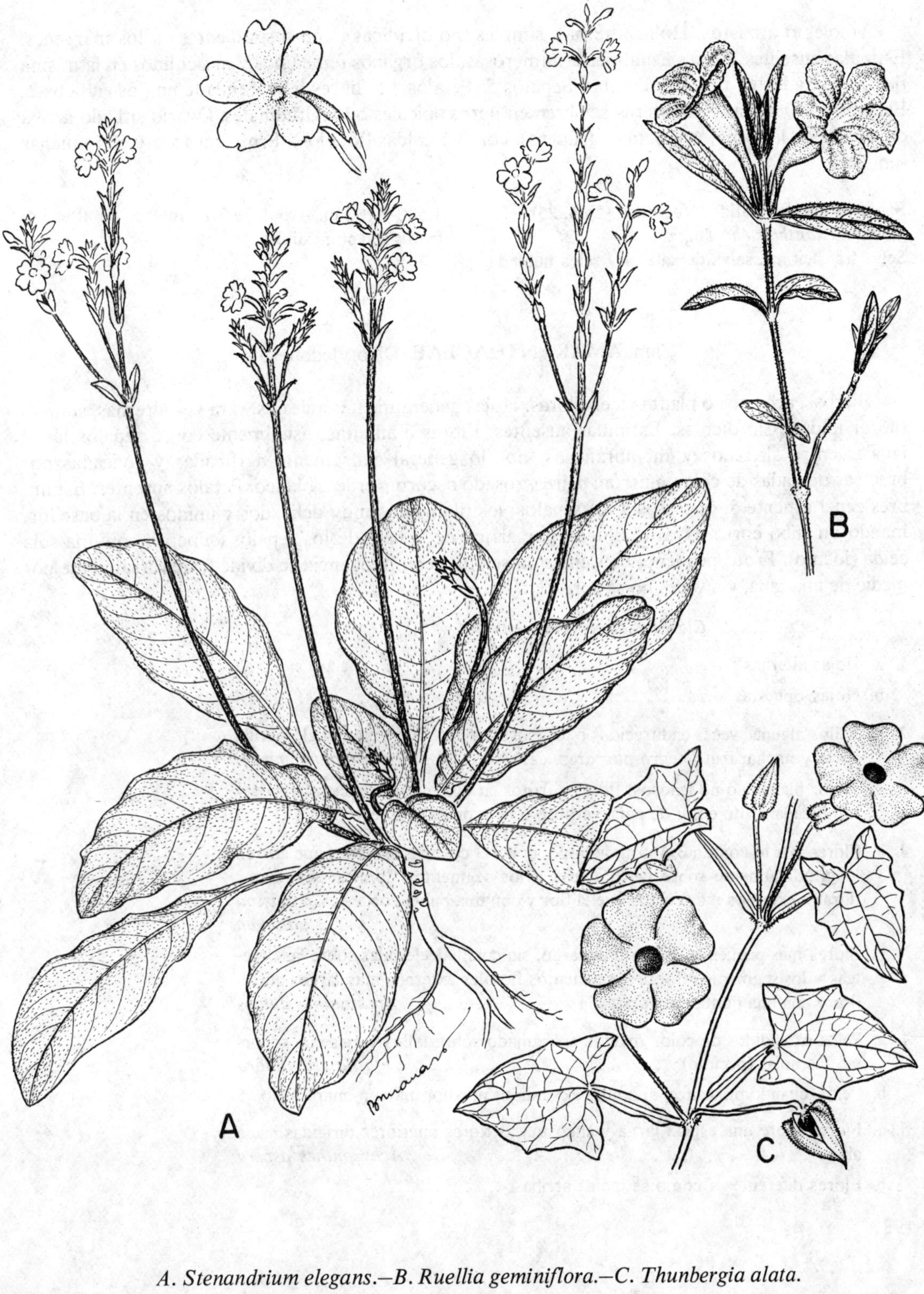

A. Stenandrium elegans.–B. Ruellia geminiflora.–C. Thunbergia alata.

Fam. **ACTINIDIACEAE** (Dicotyledoneae)

Arboles o arbustos. Hojas alternas, simples (no divididas), con o sin dientes en los márgenes. Estípulas ausentes. Flores usualmente numerosas, los órganos femeninos y masculinos en la misma flor o separados en flores diferentes. Sépalos 5. Pétalos 4-5, libres o ligeramente unidos en la base. Estambres 10 o más, las anteras se abren en poros apicales o longitudinales. Ovario situado arriba de la base de los sépalos y pétalos (súpero), con 3-5 celdas (lóculos). Fruto carnoso y con muchas semillas.

Saurauia excelsa Willd. *"Moquillo"* (Lám. 25)
Saurauia xanthotricha Turcz.
Selva transicional, selva de galería y selva nublada, 1.500-1.700 m. Arbol de 9-12 metros de alto. Los frutos son comestibles.

Fam. **AMARANTHACEAE** (Dicotyledoneae)

Hierbas, arbustos o plantas trepadoras. Hojas generalmente opuestas, rara vez alternas, simples (no divididas), sin dientes. Estípulas ausentes. Flores diminutas, usualmente con 5 sépalos libres iguales entre sí, secos y membranosos, por lo general densamente agrupadas y rodeadas por brácteas delgadas de color marrón, pajizo, rosado oscuro, verde o blanco. Pétalos ausentes. Estambres generalmente 5, opuestos a los sépalos, los filamentos muy delicados y unidos en la base formando un tubo corto. Ovario situado por arriba de la base de los sépalos (súpero), con una sola celda (lóculo). Fruto pequeño, con una sola semilla; con frecuencia se divide transversalmente por medio de una tapa, y a veces no se abre.

Clave de los géneros y especies

1. a. Hojas alternas 2
   b. Hojas opuestas 4

2. a. Tallos algunas veces endurecidos o leñosos; flores y frutos en una glomérula corta y ancha; fruto negro-purpúreo, carnoso . . . . *Pleuropetalum sprucei*
   b. Tallos blandos o no leñosos; flores y frutos en una inflorescencia alargada y ramificada; fruto color de paja, verdoso o marrón pálido, seco 3

3. a. Flores por lo común 3-4 mm de largo, con 1-3 costillas elevadas que corren longitudinalmente sobre las brácteas y los segmentos florales; segmentos florales externos más cortos que la flor y con una punta corta . . *Chamissoa altissima*
   b. Flores más pequeñas, 1-2 mm de largo, sin costillas elevadas sobre las brácteas y los segmentos florales; segmentos florales externos más largos que la flor y con una punta muy alargada . . . . *Amaranthus dubius*

4. a. Pelos extendidos de color marrón-anaranjado sobre tallos y ejes que soportan las hojas (pecíolo) . . . . *Pfaffia grandiflora*
   b. Pelos, cuando presentes, ni ambos extendidos ni color marrón-anaranjado . 5

5. a. Flores sobre una espiga larga y angosta, las flores inferiores dirigidas hacia abajo . . . . *Achyranthes aspera*
   b. Flores diferentes a como se indica arriba 6

LAMINA 25: ACTINIDIACEAE

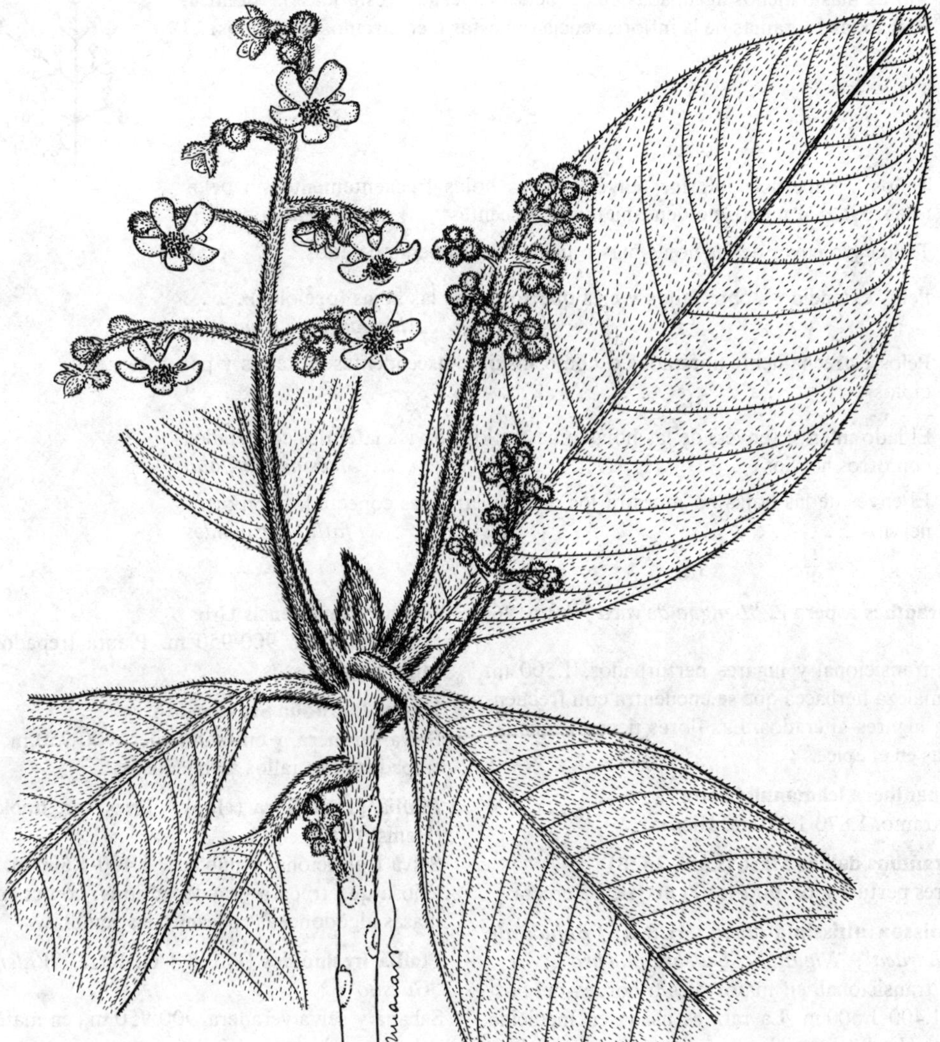

Saurauia excelsa.

6. a. Flores estrechamente dispuestas a lo largo de la inflorescencia conspicuamente ramificada, nunca agrupadas en cabezuelas densas, esféricas o redondeadas; al menos algunas de las ramas de la inflorescencia dispuestas alternadamente . . . . *Iresine diffusa*

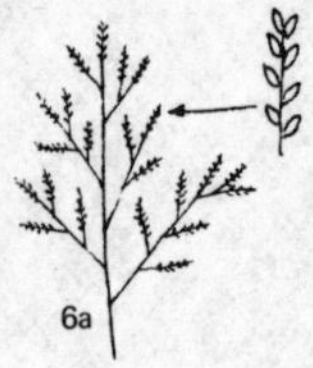

b. Flores más o menos agrupadas en pequeñas cabezuelas esféricas o redondeadas; todas las ramas de la inflorescencia opuestas o en círculos (verticilos) . 7

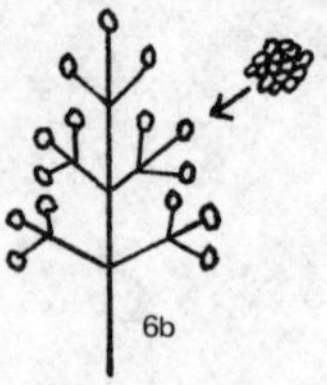

7. a. Tallos y superficie inferior (envés) de las hojas frecuentemente sin pelos (glabros), o al menos no densamente pubescentes . . . . *Iresine domingensis*

b. Tallos y/o envés de las hojas más o menos densamente peludos 8

8. a. Pelos extendidos sobre tallos y ejes que soportan las hojas (pecíolos) . . . . *Alternanthera lehmannii*

b. Pelos estrechamente apretados o como máximo ascendentes en tallos y pecíolos 9

9. a. El lado inferior (envés) de las hojas muestra los nervios laterales conectados con otros nervios . . . . *Iresine laurifolia*

b. El envés de las hojas no muestra los nervios laterales conectados con otros nervios . . . . *Pfaffia iresinoides*

Achyranthes aspera L. *"Lengua de vaca"* (Lám. 26, C)
Selva transicional y lugares perturbados, 1.500 m. Una maleza herbácea que se encuentra con frecuencia en lugares alterados. Las flores tienen pequeñas espinas en el ápice.

Alternanthera lehmannii Hieron.
Subpáramo, 1.870-1.970 m. Hierba.

Amaranthus dubius Mart. (Lám. 26, B)
Lugares perturbados, 900-1.100 m. Hierba erecta.

Chamissoa altissima (Jacq.) H.B.K. *"Bejuco de Guacharaca", "Nigüita", "Quiebra-quiebra".*
Selva transicional, en matorrales o bordes del bosque, 1.400-1.500 m. La raíz es usada en medicina casera. Hierba generalmente alta, erecta y glabra, pero con los tallos arqueados o subtrepadores.

Iresine diffusa H.B.K. ex Willd. (Lám. 26, A)
Iresine celosia L.
Iresine paniculata (L.) Kuntze
Selva transicional, selva veranera y sabana. Maleza herbácea común en matorrales y bordes de bosques de vegetación alterada, 900-1.970 m.

Iresine domingensis Urb.
Selva veranera, 900-950 m. Planta trepadora con tallos algo leñosos.

Iresine laurifolia Suessenguth
Selva veranera, y en matorrales, 900-950 m. Planta trepadora con tallos algo leñosos.

Pfaffia grandiflora (Hook.) Fries var. **hookeriana** (Hemsl.) Stutzer
Selva transicional y nublada, 1.400-1.600 m. Planta leñosa que trepa a grandes alturas; con conspicuas masas algodonosas rodeando las semillas.

Pfaffia iresinoides (H.B.K.) O. Ktze. *"Valeriana", "Güesito"*
Sabana y selva veranera, 900-950 m., en matorrales y lugares abiertos. Hierba erecta hasta trepadora, algunas veces con tallo leñoso. Planta conocida por sus propiedades tónicas.

Pleuropetalum sprucei (Hook. f.) Standl.
Selva nublada, vertiente norte, 900-1.300 m. Hierba erecta, con tallo simple hasta arbusto, 0,5-1 m de alto. El fruto de color negro-púrpura no es comestible.

LAMINA 26: AMARANTHACEAE

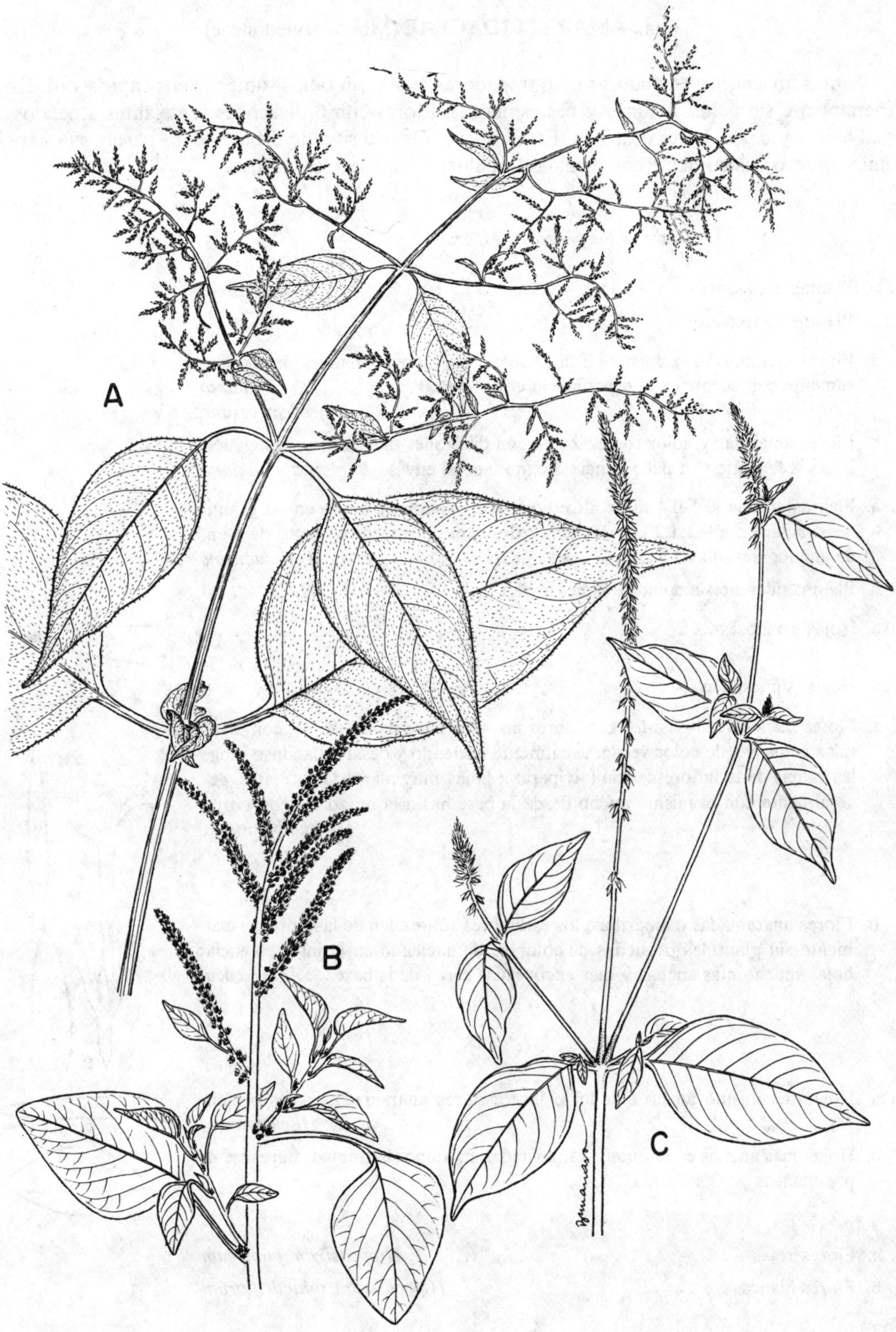

A. Iresine diffusa.—B. Amaranthus dubius.—C. Achyranthes aspera.

Fam. **AMARYLLIDACEAE** (Monocotyledoneae)

Plantas no leñosas, trepadoras o no trepadoras, con o sin tallos subterráneos engrosados. Hojas generalmente sin pelos, algunas veces espinosas. Flores con 6 divisiones semejantes a pétalos, de igual forma y color, libres o unidas. Estambres 6. Ovario situado debajo de las partes que semejan pétalos (ínfero), usualmente con 3 celdas (lóculos). Fruto seco o carnoso.

Clave de los géneros y especies

1. a. Plantas trepadoras . . . . .2 *(Bomarea)*
   b. Plantas no trepadoras 3

2. a. Flores anaranjadas y rojas con divisiones más o menos iguales; hojas densamente pubescente en la superficie inferior (envés) . . . . *Bomarea bredemeyerana*
   b. Flores amarillas y color rosado claro con divisiones fuertemente desiguales; hojas solamente con pubescencia diminuta en el envés . *Bomarea maakiana*

3. a. Plantas enanas, 0,1-0,4 m de alto; hojas muy angostas, como en las gramíneas, solamente 0,2-1,2 cm de ancho; flores muy pequeñas, menos de 1 cm de ancho, amarillas . . . . *Hypoxis decumbens*
   b. Plantas diferentes a como se indica arriba 4

4. a. Hojas espinosas 5

4a

   b. Hojas sin espinas 6

5. a. Flores blanco-verdosas; los estambres no sobresalen de las flores; con plántulas pequeñas de color verde, usualmente naciendo y desarrollándose sobre las ramas de la inflorescencia (vivíparas); hojas muy alargadas y rectas, generalmente con el mismo ancho desde la base hasta la mitad . . *Fourcroya humboldtiana*

5a

   b. Flores anaranjadas o amarillas; los estambres sobresalen de las flores; usualmente sin plántulas pequeñas de color verde naciendo en la inflorescencia; hojas mucho más anchas y más encorvadas cerca de la base . . *Agave cocui*

5b

6. a. Hojas del mismo ancho a todo lo largo; flores anaranjadas, rojas o blancas . . . . 7 *(Hippeastrum)*

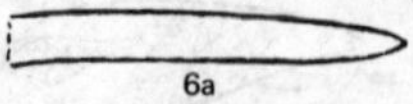
6a

   b. Hojas más anchas en la mitad y angostadas en ambos extremos; flores siempre blancas 8

6b

7. a. Flores rojas . . . . *Hippeastrum puniceum*
   b. Flores blancas . . . . *Hippeastrum solandriflorum*

8. a. Una membrana blanca conecta a todos los estambres; hojas 6-15 cm de ancho; tubo de la flor (11–) 12-30 cm de largo . . . . . *Hymenocallis tubiflora*

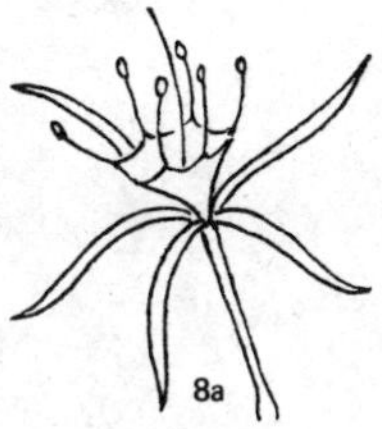

b. Ninguna membrana conecta los estambres; hojas generalmente 6 cm o menos de ancho; tubo de la flor 10-12 cm de largo . . . . *Crinum graciliflorum*

Agave cocui Trel. *"Cocúi"* (Lám. 27, A)
Sabanas, 800-1.000 m. El eje floral alcanza 4-10 m de altura. Las raíces, cuando son fermentadas, producen una bebida alcohólica. Las espinas maceradas son apreciadas por sus propiedades medicinales (reducción de tumores).

Bomarea bredemeyerana (Willd.) Herb. *"Granata"* (Lám. 28, B)
Bomarea acutifolia Herb.
Bomarea fanningiana Herb.
Bomarea polyantha Kraenzlin
Selva nublada y transicional, 1.500-1.800 m. Hierba.

Bomarea maakiana Kl. (Lám. 28, A)
Selva nublada y transicional, 1.500 m. Hierba.

Crinum graciliflorum Kunth & Bouché *"Lirio"*
Sabana, 1.300 m. Hierba.

Fourcroya humboldtiana Trel. *"Cocuiza"* (Lámina 27, B)
Sabana, 800-1.000 m. Las hojas producen una fibra fuerte (fique) usada para la fabricación de costales, chinchorros y mecates.

Hippeastrum puniceum (Lam.) Urb. *"Lirio sanjuanero"* (Lám. 29, B)
Amaryllis belladonna L.
Hippeastrum equestre (Ait.) Urb.
Sabana y bordes de la selva nublada, 900-1.000 m. Una forma ancestral de la variedad ampliamente cultivada en jardines. Hierba.

Hippeastrum solandriflorum Herb. *"Lirio sabanero"*
Amaryllis solandraeflora Lindl.
Sabana 800-1.000 m. Una hierba atractiva con 2-4 flores sobre el tallo alto.

Hymenocallis tubiflora Salisb. *"Lirio"* (Lám. 29, A)
Hymenocallis moritziana Kunth
Selva tropófila, 900-1.000 m. Atractiva hierba con flores muy fragantes con divisiones en forma de pétalos colgantes y de color blanco, tubo de la flor blanco-verdoso.

Hypoxis decumbens L. (Lám. 28, C)
Selva transicional y lugares perturbados, 1.500 m. Hierba enana, con flores amarillas que nacen del tallo subterráneo engrosado (cormo). Las hojas fuertemente costadas.

LAMINA 27: AMARYLLIDACEAE

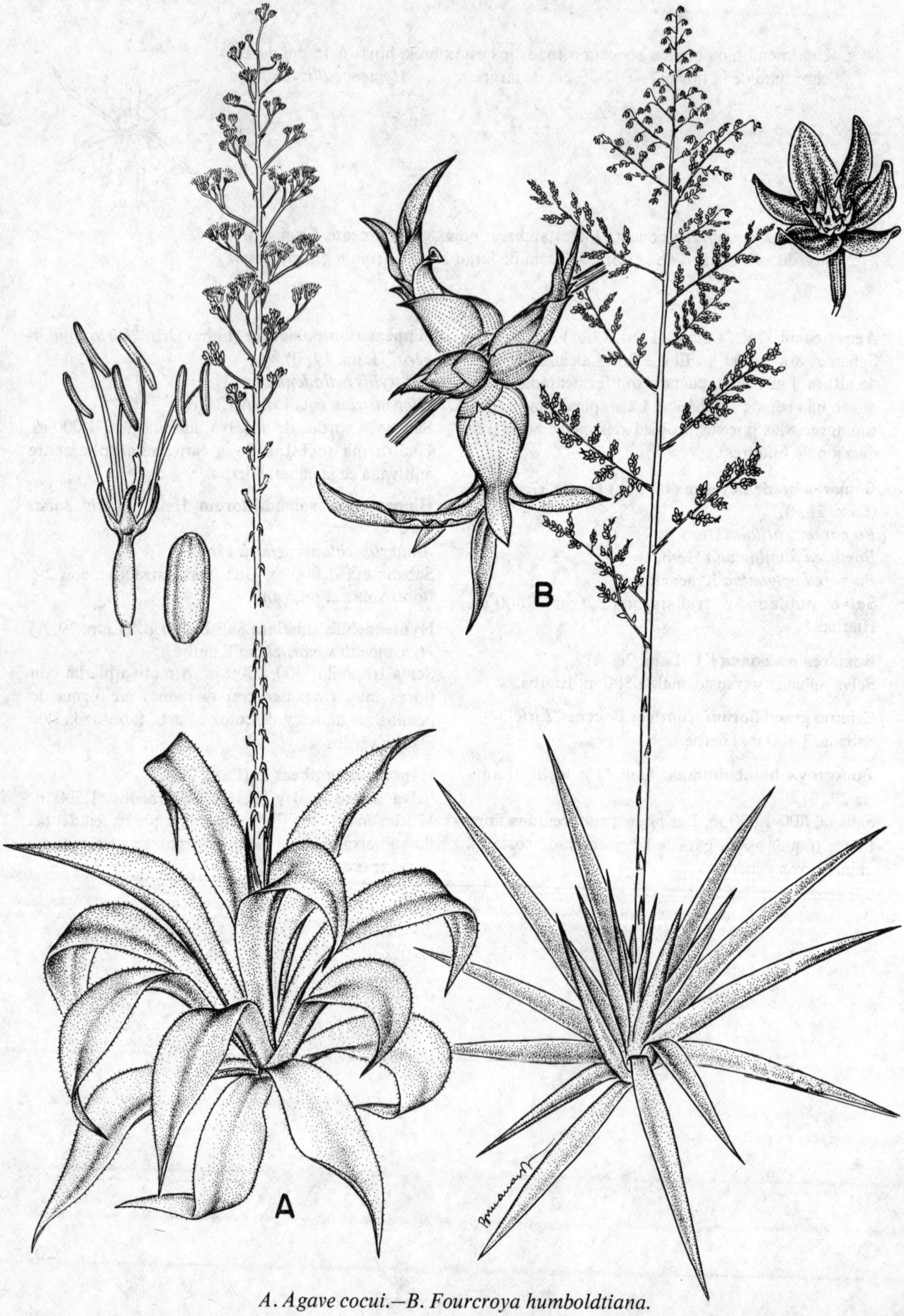

A. Agave cocui.—B. Fourcroya humboldtiana.

LAMINA 28: AMARYLLIDACEAE

A. Bomarea maakiana.–B. Bomarea bredemeyerana.–C. Hypoxis decumbens.

LAMINA 29: AMARYLLIDACEAE

A. Hymenocallis tubiflora.—B. Hippeastrum puniceum.

Fam. **ANACARDIACEAE** (Dicotyledoneae)

Arbustos o árboles, frecuentemente con savia o aceites irritantes. Hojas generalmente alternas, simples (no divididas) o divididas (compuestas) con una sola hojuela en el extremo (imparipinadamente compuestas). Estípulas usualmente ausentes, o muy inconspicuas. Flores pequeñas, blanco-verdosas o amarillentas, usualmente en inflorescencias densamente ramificadas. Sépalos 3-7-partidos. Pétalos 3-5 (-7) o ausentes, libres entre sí o unidos en la base. Estambres usualmente 10, pero igualmente 1, 5, ó 6-9. Ovario situado arriba de la base de los sépalos y pétalos (súpero). Fruto usualmente carnoso y generalmente con 1 sola semilla.

Clave de los géneros y especies

1a

1. a. Hojas simples (no cortadas hasta el nervio medio) 2

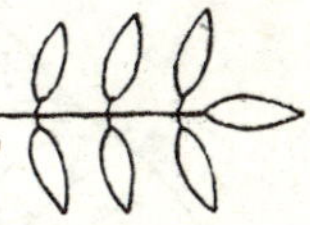

1b

b. Hojas compuestas (divididas hasta el nervio medio formando segmentos separados entre sí) 3

2. a. Hojas con una punta larga . . . . *Mangifera indica*

b. Hojas con una punta corta o redondeada . . . . *Mauria heterophylla*

3a

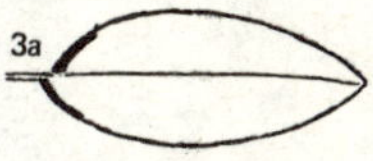

3. a. 11-25 folíolos presentes en cada hoja; un lado de la base de los folíolos es más largo u oblicuo que el otro 4

3b

b. 3-9 folíolos presentes en cada hoja; folíolos generalmente con los lados de la base iguales; incluye especies venenosas y no venenosas 6

4. a. Los ejes que soportan las flores y los frutos (pedúnculos) nacen de algún lugar por debajo del ápice del tallo; árbol venenoso; fruto pequeño, esférico, alrededor de 1 cm de diámetro, blanco con líneas verticales, la piel externa se separa del fruto cuando maduro; nervios laterales del lado inferior (envés) de los folíolos más bien elevados o prominentes . . . *Toxicodendron striatum*

b. Los pedúnculos de flores y frutos nacen del ápice del tallo; árbol no venenoso; fruto comestible, oblongo o con forma de huevo (ovoideo), grande, 3-4 centímetros de largo, rojo, amarillo-anaranjado o color púrpura; nervios laterales del envés de los folíolos ni elevados ni prominentes 5

5. a. El ápice de los folíolos es una punta larga o angosta, generalmente 6-10 cm de largo; flores blancuzcas o cremosas que florecen cuando el árbol tiene hojas . . . . *Spondias mombin*

b. El ápice de los folíolos es una punta corta o redondeada, generalmente 2-5 cm de largo; flores rojizas, que florecen cuando el árbol no tiene hojas *Spondias purpurea*

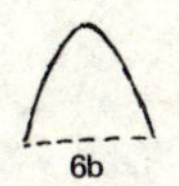

6a

6. a. No irritante a la piel; usualmente 7-9 (rara vez 2 ó 5) folíolos en cada hoja; folíolos generalmente redondeados o hendidos en el ápice . . . . . . *Tapirira dunstervilleorum*

6b

b. Irritante a la piel; usualmente 3-5 (rara vez 7) folíolos en cada hoja; folíolos generalmente angostados en el ápice . . . . *Mauria heterophylla*

LAMINA 30: ANACARDIACEAE

A. Mangifera indica.–B. Tapirira dunstervilleorum.

LAMINA 31: ANACARDIACEAE

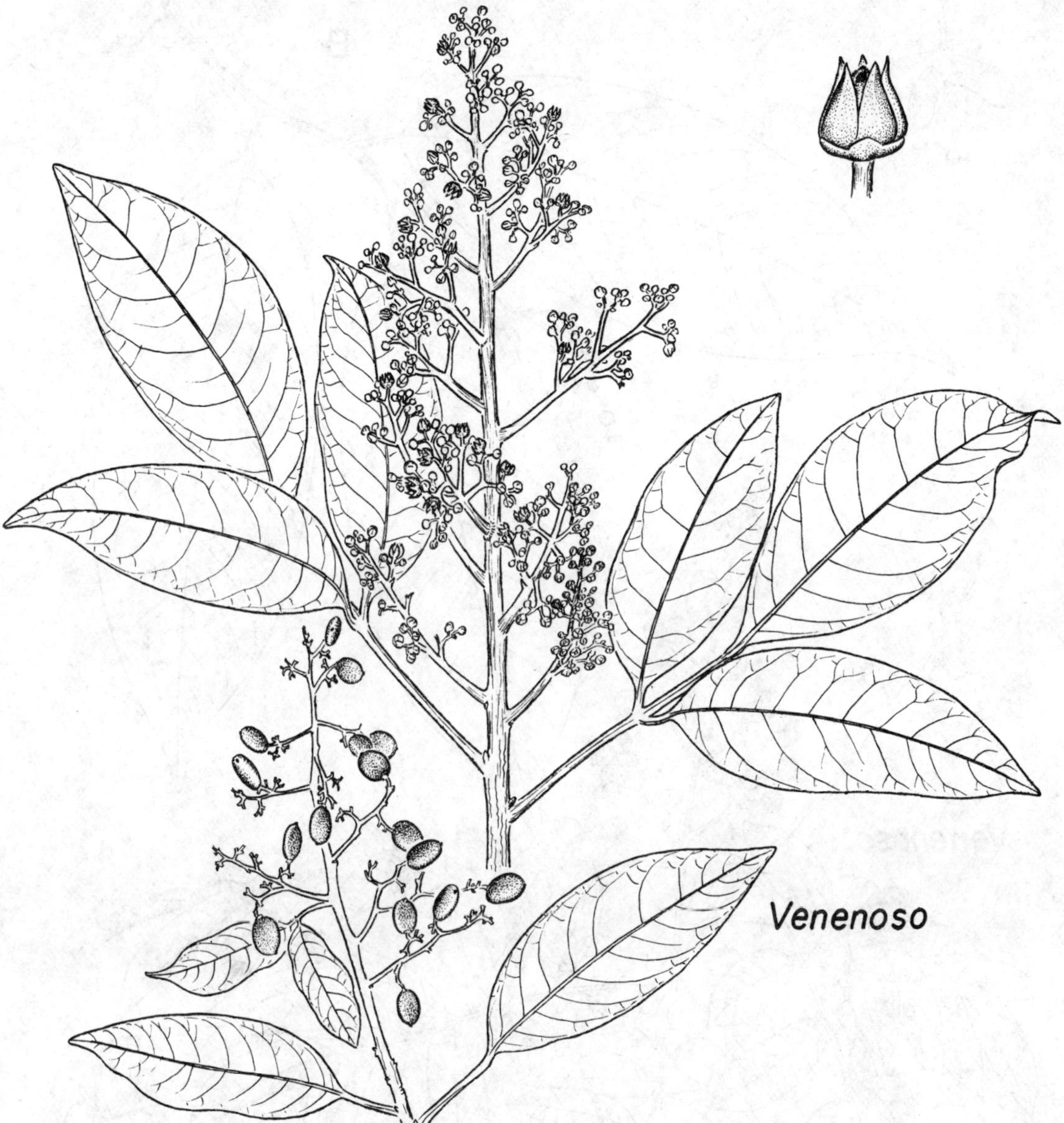

A. Mauria heterophylla.

LAMINA 32: ANACARDIACEAE, ANNONACEAE

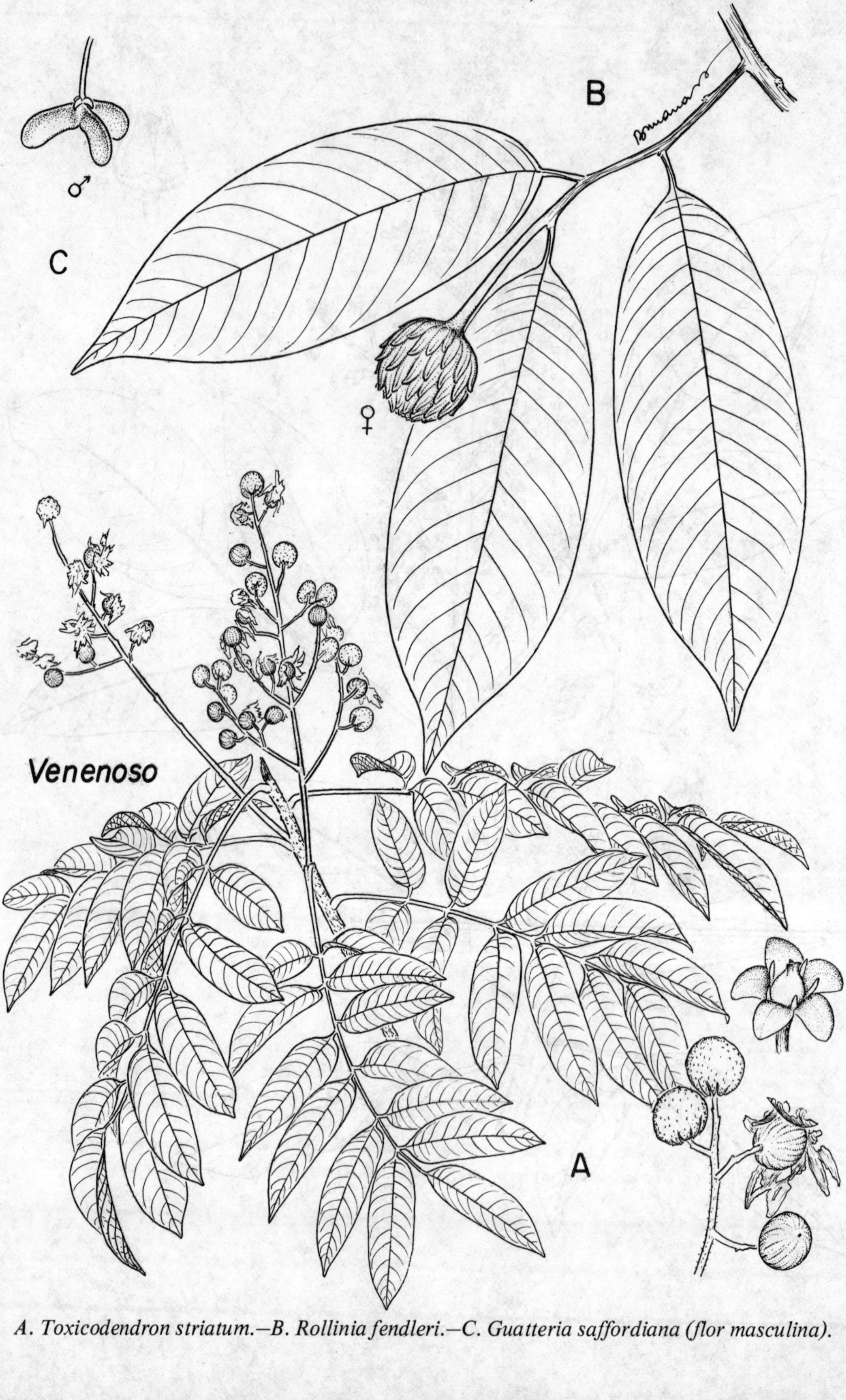

A. Toxicodendron striatum.–B. Rollinia fendleri.–C. Guatteria saffordiana (flor masculina).

Mangifera indica L. *"Mango"* (Lám. 30, A)
Nativa de la India, pero es cultivada y con frecuencia naturalizada a cierta distancia de los cultivos.

Mauria heterophylla H.B.K. *"Mara blanca"* (Lám. 31)
Mauria simplicifolia H.B.K.
Selva transicional, selva nublada y selva veranera, con frecuencia en quebradas, 900-1.600 m. Arbol 3-15 m de alto. *M. simplicifolia* es una variante con hojas simples en vez de compuestas y por esto se creyó al principio que era una especie diferente, pero observaciones posteriores demostraron que el mismo árbol puede tener ambos tipos de hojas.

Spondias mombin L. *"Jobo"*
Selva tropófila, selva de galería y selva transicional, 1.200-1.300 m. Arbol de hasta 20 m de alto. El fruto, cuando maduro, es amarillo y de sabor agridulce.

Spondias purpurea L. *"Ciruelo"*
Selva tropófila, 1.000 m. Algunas veces cultivado y naturalizado. Flores con pétalos rojos o casi purpúreas, a las cuales les suceden frutos rojo-anaranjados o purpúreos, comestibles. Este árbol es por lo general más pequeño que *S. mombin,* variando desde 5-12 m de altura.

Tapirira dunstervilleorum Steyerm., Aristeg. & Wurd. *"Perico"* (Lám. 30, B)
Selva nublada, 1.400-1.500 m. Arbol raro 10-15 m.

Toxicodendron striatum (R. & P.) Ktze. *"Manzanillo de cerro" "Cacuche"* (Lám. 32, A)
Rhus striata R. & P.
Rhus juglandifolia H.B.K.
Selva de transición, selva nublada, 1.400-1.600 m. Arbol de 5-15 m de alto con flores blancas al igual que los frutos. Cualquier parte del árbol produce irritación en la piel de ciertas personas.

Fam. ANNONACEAE (Dicotyledoneae)

Arboles generalmente pequeños o medianos. Hojas simples, alternas y sin dientes. Estípulas ausentes. Flores usualmente de colores no evidentes, poco vistosas, que constan por lo común de 3 sépalos libres o ligeramente unidos en la base, 3 ó 6 pétalos usualmente libres (no unidos) y numerosos estambres dispuestos en forma de espiral. Pistilos pocos hasta numerosos, libres (no unidos) en cada flor. Ovario situado arriba de la base de los sépalos y pétalos (súpero). Fruto carnoso, que consta de varios hasta muchos carpelos, los cuales son libres y separados entre sí o unidos en una sola estructura.

Clave de los géneros y especies

1. a. Tallos jóvenes y ejes que soportan las hojas (pecíolo) densamente peludos . 2
   b. Tallos jóvenes y pecíolos sin pelos o casi sin pelos 3

2. a. Arboles cultivados; hojas con el ápice corto y redondeado; lado inferior de la hoja (envés) densa y suavemente peludo; nervios principales a cada lado del nervio medio prominentes o elevados, usualmente 10-20 en cada lado . . . . *Annona cherimola*
   b. Arbol nativo de bosques vírgenes; con hojas que se adelgazan en una punta larga y angosta; lado inferior de la hoja sólo ligeramente peludo; nervios principales a cada lado del nervio medio, inconspicuos, no elevados, sólo 8-10 en cada lado . . . . *Guatteria venezuelana*

3. a. Nervios principales en el lado inferior de la hoja (envés) inconspicuos, apenas evidentes, generalmente 6-8 (–9) en cada lado 4
   b. Nervios principales en el envés de la hoja prominentes, elevados o evidentes, generalmente 10-20 en cada lado 5

4. a. Arbol nativo de bosques vírgenes; hojas muy grandes, 5-15 cm de ancho, 13-19 cm de largo; fruto no comestible . . *Annona montana, A. inconformis*

b. Arbol cultivado en zonas alteradas o abiertas; hojas en promedio más pequeñas, 3-5,5 cm de ancho, 7-15 cm de largo; fruto comestible . . . *Annona muricata*

5. a. El fruto consta de varias unidades separadas y distintas, cada una unida a un eje delgado; flores sin alas . . . . *Guatteria saffordiana*

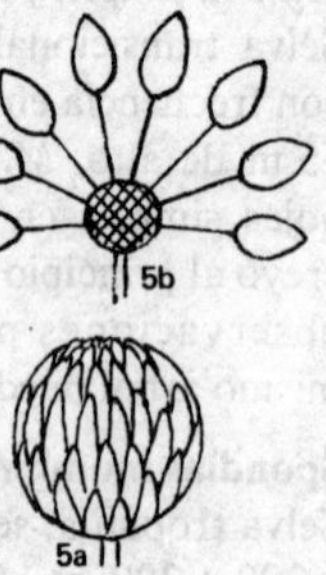

b. Fruto con todas las partes unidas y diferentes a como se indica arriba; flores con 3 alas 6

6. a. Sépalos delgados, planos y no quillados . . . . *Rollinia mucosa*

b. Sépalos engrosados por fuera o con una quilla sobre el nervio medio, más o menos cóncavos y no planos . . . . *Rollinia fendleri*

Annona cherimola Mill. *"Chirimoya" "Chirimorriñón"* (Lám. 33, B)
Selva nublada, 1.600 m., vertiente norte. Arbol 5-10 m de alto, cultivado por sus frutos comestibles de sabor dulce.

Annona inconformis Pittier *"Guanábano cimarrón"*
Selva nublada y selva de galería, 1.000-1.500 m. Arbol de 8-10 m de alto con hojas brillantes de color verde oscuro. El fruto es ingerido por varios animales, pero no sirve para el consumo humano. Esta especie es apenas distinguible de la siguiente.

Annona montana Macf. *"Guanábano cimarrón"*
Selva nublada y selva de galería, 1.000-1.500 m. Arbol de 8-10 m de alto, con hojas brillantes de color verde oscuro. El fruto de color verde pálido puede alcanzar hasta 15 cm de diámetro y tiene espinas cortas. Al igual que *Annona inconformis* el fruto no sirve para el consumo humano.

Annona muricata L. *"Guanábano"* (Lám. 33, A)
Arbol comúnmente cultivado, 5-10 m de alto. Nativo de América tropical. El interior comestible del fruto es comúnmente empleado para hacer jugos y postres.

Guatteria saffordiana Pittier (Lám. 32, C; 33, C)
Selva nublada, 1.400-1.500 m, vertiente norte. Arbol 15-20 m de alto con hojas extendidas en dos direcciones.

Guatteria venezuelana R. E. Fries
Selva transicional y nublada, 1.500 m. Arbol pequeño o mediano, 10-15 m de altura.

Rollinia fendleri R. E. Fries *"Anoncillo"* (Lám. 32, B)
Selva transicional y nublada, 900-1.300 m. Arbol pequeño de hasta 12 m de altura. Esta especie y la siguiente se asemejan a *Guatteria saffordiana* en el carácter de las hojas.

Rollinia mucosa (Jacq.) Baill.
Selva nublada, vertiente norte, 900-1.000 m. Arboles de 10-20 m de altura. Esta especie de árbol ha sido identificada erróneamente como *R. pulchrinervis* A. DC.

LAMINA 33: ANNONACEAE

A. Annona muricata.–B. Annona cherimola.–C. Guatteria saffordiana (fruto).

Fam. **APOCYNACEAE** (Dicotyledoneae)

Arbustos, árboles o trepadoras, rara vez hierbas con tallos blandos, usualmente con savia lechosa o de color. Hojas generalmente opuestas o en círculos (verticilos), rara vez alternas, simples (no divididas) y sin dientes (enteras). Estípulas generalmente ausentes. Las flores por lo general tienen 5 lóbulos en la corola y 5 en el cáliz. Corola usualmente en forma de tubo o embudo, expandida en la parte superior hasta formar 5 lóbulos todos torcidos o doblados en una sola dirección. Estambres generalmente 5, conectados al tubo de la corola. Ovario usualmente situado por encima de la base del tubo de la corola (súpero, algunas veces algo ínfero). El fruto consiste por lo general en 2 divisiones papiráceas (parecidas a papel) alargadas, con penachos de pelos de color casi marrón o marrón-amarillento unidos a las semillas, el fruto también puede consistir en 2 valvas planas y endurecidas, con semillas anchas y aladas, o puede tomar la forma de un órgano carnoso o jugoso, alargado, con una o muchas semillas sin penachos.

Clave de los géneros y especies

1. a. El eje que soporta la hoja (pecíolo) se une a la hoja entre el centro y la base (hoja peltada) . . . . *Peltastes manarae*

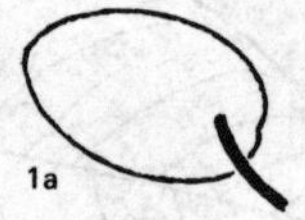

   b. El pecíolo se une a la hoja en la base misma 2

2. a. Arboles o arbustos; semillas sin penacho de pelos, fruto o blanco y carnoso o duro, grueso o aplanado 3
   b. Plantas trepadoras o volubles con tallos alargados; fruto delgado y alargado, las semillas con penacho de pelos 8
3. a. Hojas siempre opuestas; savia blanca y conspicua; flores 1,5-5 cm de largo 4

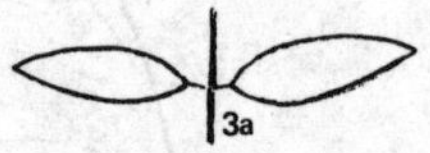

   b. Hojas generalmente alternas, algunas veces subopuestas; savia blanca, amarilla o anaranjada; flores con corola inconspicua, amarilla o grisácea, 0,5 centímetros de largo o menos . . . . 6 *(Aspidosperma)*

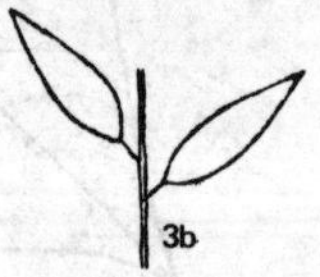

4. a. Arbol de 15-25 metros de alto; fruto carnoso, blando y subhemisférico, con 1 solo cuerpo, 2,2-3 cm de diámetro . . . . *Lacmellea costanensis*
   b. Arbustos o árboles pequeños 2,5-4 m de alto; fruto ni carnoso, ni blando, ni subhemisférico, usualmente compuesto por un par de estructuras 5
5. a. Flores blancas, pequeñas, 1,5 cm de largo; cáliz de color verde y muy pequeño, menos de 0,3 cm de largo . . . . *Stenosolen heterophyllus*
   b. Flores amarillas, mucho más grandes, 3,5-5 cm de largo; cáliz de color verde, muy prominente y semejante a hojas, 1-2 cm de largo . . . *Stemmadenia grandiflora*
6. a. Nervios laterales prominentes solamente en el lado inferior (envés) de las hojas, 9-15 de cada lado; hojas más bien delgadas y papiráceas (como de papel) . . . . *Aspidosperma vargasii*

b. Nervios laterales prominentes en ambas caras (envés y haz), 20-50 en cada lado; hojas gruesas, como cuero (coriáceas al tacto) 7

7. a. Hojas generalmente redondeadas en el ápice; nervios laterales definidos solamente en el lado superior (haz) de la hoja, dispuestos rectos hasta el margen, no se ramifican ni se entrelazan con nervios intermedios; fruto grande, 10-16 cm de largo, sin manchas . . . . *Aspidosperma cruentum*

b. Hojas generalmente angostadas en el ápice; los nervios laterales se ramifican y entrelazándose con nervios intermedios en ambas caras de la hoja (envés y haz); fruto pequeño, 4-5 cm de largo, con manchas . . . . . *Aspidosperma polyneuron*

8. (2.b)

a. Sin glándulas diminutas en forma de espina o diente en la base del eje que soporta la hoja (peciolo); glándulas diminutas a menudo presentes a lo largo del nervio medio en el lado superior (haz) de la hoja . . . . . 9 *(Mandevilla)*

b. Con glándulas diminutas en forma de espina o diente en la base del peciolo; sin glándulas diminutas a lo largo del nervio medio en el haz de la hoja . . 12 *(Prestonia)*

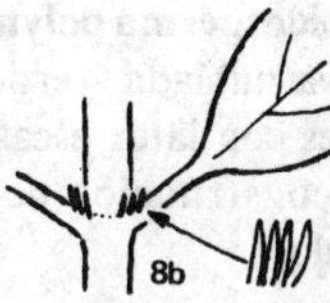

8b

9. a. Hojas pequeñas, 1-3,5 cm de ancho, 3-7 (–9,5) cm de largo; flores con un tubo muy angosto (salviforme) y no ensanchado; tubo de la corola 1,5-2,5 centímetros de largo . . . . *Mandevilla subsagittata*

b. Hojas en promedio más grandes, 3-7,5 cm de ancho, 7-14 cm de largo; tubo de la flor con forma de trompeta y ensanchado hacia arriba; corola (cuando está completamente desarrollada) 4-5 cm de largo 10

10. a. Corola purpúrea o blanca en los lóbulos; flores solitarias; lado superior (haz) de la hoja sin profundas concavidades nervadas 11

b. Corola amarilla o anaranjada con verde pálido; flores usualmente varias o muchas en cada inflorescencia; haz de la hoja usualmente con profundas concavidades nervadas . . . . *Mandevilla moritziana*

11. a. Corola con lóbulos blancos; hojas angostas o adelgazándose hacia la base *Mandevilla bella*

b. Corola con lóbulos purpúreos; hojas usualmente redondeadas o acorazonadas en la base . . . . *Mandevilla veraguasensis*

12. a. Hojas con todos los nervios fuertemente elevados en el lado inferior (envés); hojas muy grandes, 8-14 cm de ancho; flores con el tubo blanco con líneas rosadas, lóbulos amarillos con nervios marrones y manchas rosadas en la base . . . . *Prestonia morilloi*

b. Hojas sin nervios elevados en el envés; hojas más angostas, 2-5,5 cm de ancho; flores generalmente verde-amarillentas, o amarillentas, o verdosas . . 13

13. a. Ejes que sostienen a las flores (pedicelos) dispersos a lo largo del eje floral principal (raquis), formando una inflorescencia alargada; lóbulos de cáliz muy cortos, solamente 1,5-2 mm de largo . . . . *Prestonia acutifolia*

13a

b. Pedicelos agrupados cerca del ápice del raquis; lóbulos de cáliz más conspicuos, 3-7 mm de largo 14

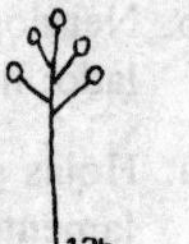

13b

14. a. Lóbulos del cáliz sueltos, con las puntas angostas, 6-7 mm de largo . . . . . *Prestonia exserta*

b. Lóbulos del cáliz erectos, más rígidos, con las puntas cortas, 3-4 mm de largo . . . . *Prestonia coalita*

Aspidosperma cruentum Woodson
Selva nublada, 1.500 m. Arboles con savia anaranjada, rojiza o blancuzca.

Aspidosperma polyneuron M. Arg.
Selva nublada, vertiente norte, 1.100-1.300 m. Arboles con látex escaso o ausente. La madera se usa en construcción de vigas, muebles y machihembrado.

Aspidosperma vargasii A. DC. *"Yema de huevo" "Amarillo"*
Selva tropófila, 850-1.000 m, vertiente norte. Arbol de 5-10 m de alto, con savia lechosa, pálida. El nombre de "amarillo" se debe al color amarillo de su madera, la cual se usa en trabajos de machihembrado, mientras que la corteza se emplea para curtir pieles. Fruto con conspicuas manchas pálidas.

Lacmellea costanensis Steyerm. *"Arbol de vaca negra"* (Lám. 34, A) ·
Selva nublada, vertiente norte, 1.100-1.300 m. Arboles 15-25 m de alto, con látex blanco y denso, de sabor dulce. Fruto subesférico, carnoso y con alrededor de 2,5 cm de diámetro.

Mandevilla bella (Pittier) Woodson (Lám. 34, B)
Selva nublada, vertiente norte, 1.000 m. Liana trepadora, flor con lóbulos blancos y el tubo interiormente amarillo y verde pálido por fuera.

Mandevilla moritziana (M. Arg.) D. Sm. (Lám. 36, A)
Selva nublada, vertiente norte, 1.500 m. Trepadora.

Mandevilla subsagittata (R. & P.) Woods. (Lám. 34, C)
Selva tropófila, 600-1.200 m. Trepadora. Flores con lóbulos amarillos, pero de color anaranjado-rojizo o color ladrillo en la abertura de la boca y sobre el tubo.

Mandevilla veraguasensis (Seem.) Hemsl. (Lámina 35, A)
Selva de galería, 1.300 m. Trepadora con flores purpúreas muy hermosas.

Peltastes manarae Steyerm. (Lám. 36, B)
Selva nublada, vertiente norte, 900-1.000 m. Trepadora. Las hojas peltadas diferencian a *Peltastes* del resto de los géneros de esta familia. Flores en grupos de 6-8, que nacen a los lados del tallo, 6,2-6,5 cm de largo y de color verde pálido con amarillo pálido en la base.

Prestonia acutifolia (Benth. ex M. Arg.) K. Schun.
Lugares abiertos, vertiente norte, 900 m. Trepadora. Corola amarillo-verdosa con la abertura de la boca de color blanco.

Prestonia coalita (Vell.) Woods. (Lám. 36, D)
Selva nublada, vertiente norte, 900-1.000 m. Trepadora. Tubo de la corola verde pálido, mientras que los lóbulos son amarillo-limón.

Prestonia exserta (A. DC.) Standl.
Selva tropófila, 400-600 m. Trepadora. Flores amarillas.

Prestonia morilloi Markgraf (Lám. 36, C)
Selva transicional, vertiente norte, 700-800 m.

Stemmadenia grandiflora (Jacq.) Miers *"Cojón de verraco"* (Lám. 35, B)
Selva nublada, selva transicional, vertiente norte, 900 m. Arbusto con hojas grandes y anchas. Corola vistosa de color amarillo. Fruto duro, alcanza 3 cm de largo y 1,5 cm de diámetro.

Stenosolen heterophyllus (Vahl) Markgraf
Tabernaemontana heterophylla Vahl
Selva nublada, vertiente norte, 950-1.300 m. Arbusto o árbol pequeño 2,5-3 m de alto, corolas pequeñas de color blanco.

LAMINA 34: APOCYNACEAE

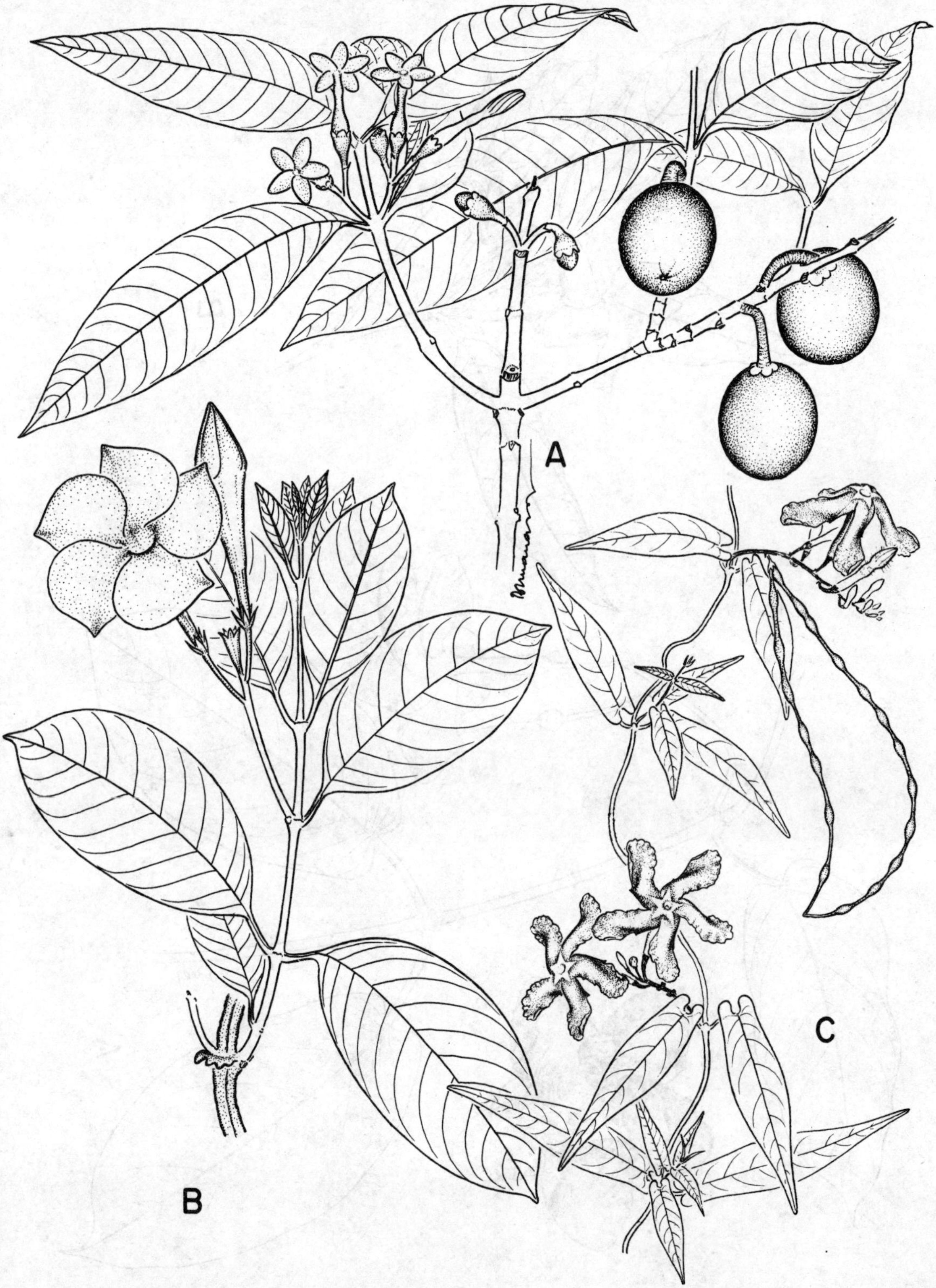

A. Lacmellea costanensis.—*B. Mandevilla bella.*—*C. Mandevilla subsagittata.*

LAMINA 35: APOCYNACEAE

A. *Mandevilla veraguasensis.*—B. *Stemmadenia grandiflora*

LAMINA 36: APOCYNACEAE

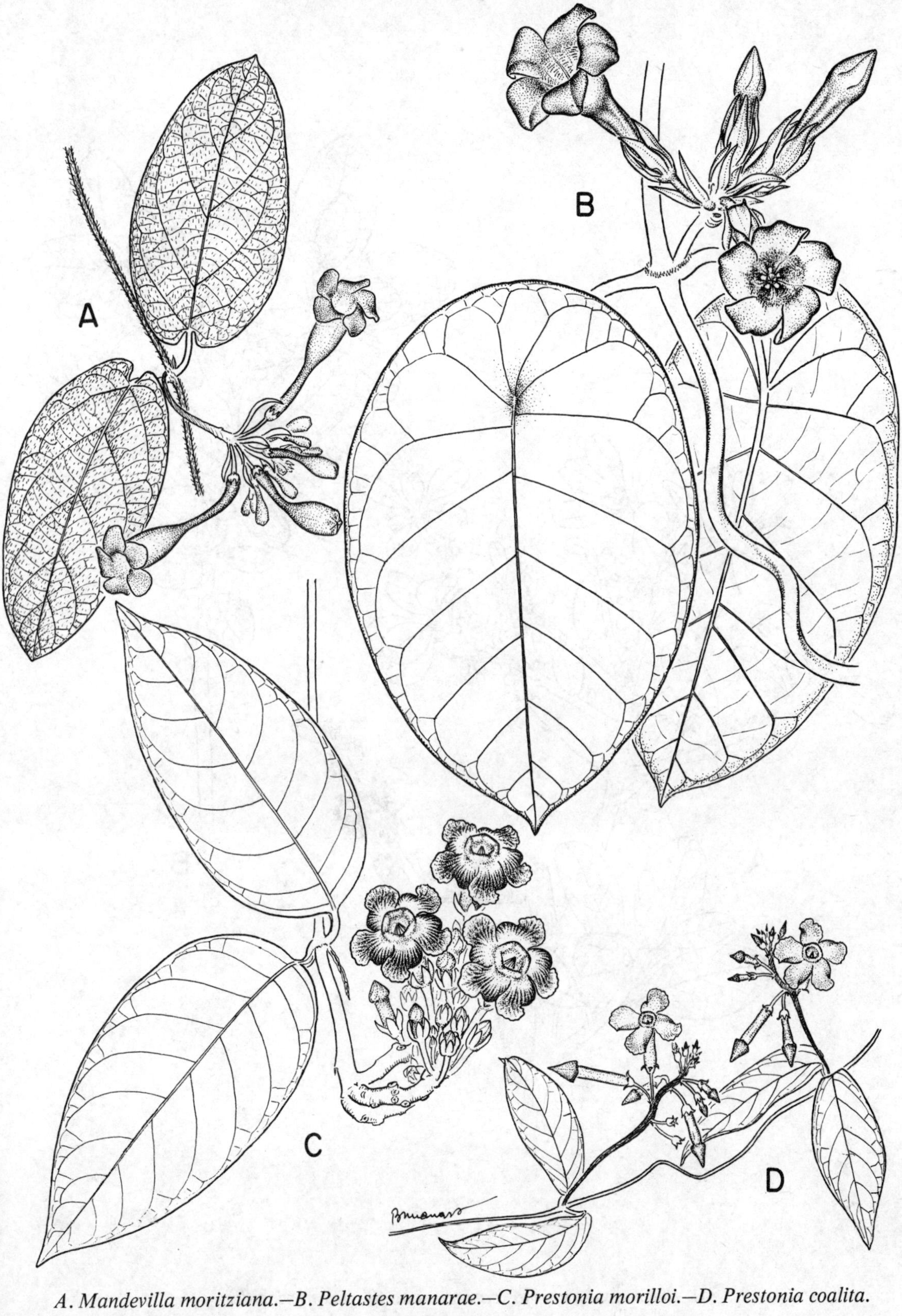

A. Mandevilla moritziana.–B. Peltastes manarae.–C. Prestonia morilloi.–D. Prestonia coalita.

LAMINA 37: AQUIFOLIACEAE

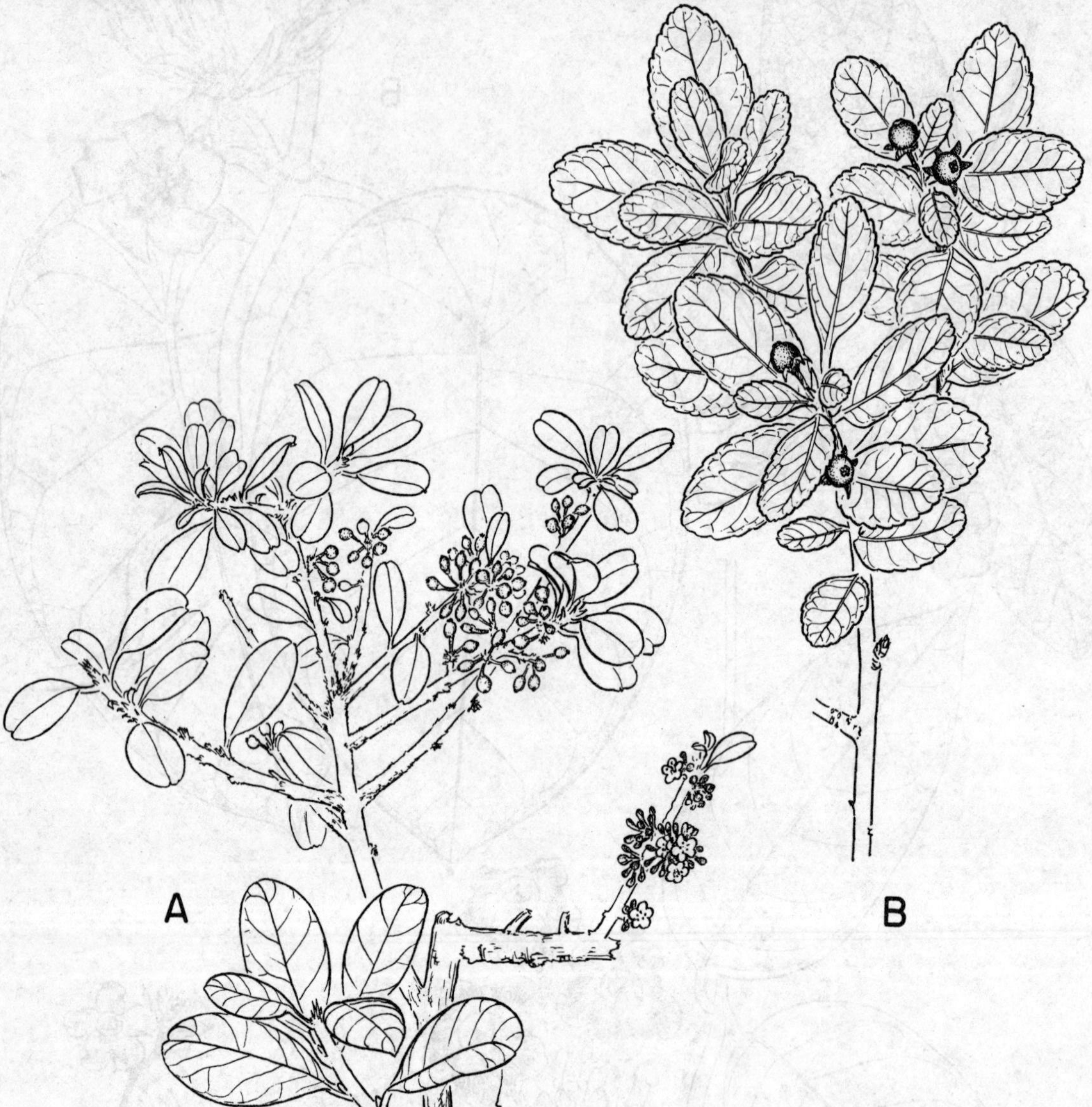

A. Ilex scopulorum var. caracasana.—B. Ilex myricoides.

Fam. **AQUIFOLIACEAE** (Dicotyledoneae)

Arboles o arbustos. Hojas generalmente alternas, simples (no divididas). Estípulas ausentes o diminutas. Flores pequeñas, inconspicuas de color blancuzco o blanco-verdoso, con 3-6 sépalos ligeramente unidos en la base y 4-6 (-9) pétalos, los cuales son libres (no unidos) o ligeramente unidos en la base. Pétalos en igual número que los estambres 4-6 (-9). Ovario situado arriba de la base del cáliz y de los pétalos (súpero), con 3 hasta muchas celdas (lóculos). Fruto pequeño, subesférico y ligeramente carnoso, semillas usualmente 4 (hasta 8), de consistencia ósea.

Clave de las especies

1. a. Bordes de las hojas con proyecciones o dientes de contornos redondeados o semicirculares . . . . *Ilex myricoides*
   b. Hojas sin dientes o proyecciones redondeadas sobre los bordes . . . . . *Ilex scopulorum* var. *caracasana*

Ilex myricoides H.B.K. (Lám. 37, B)
Ilex naiguatina Loes.
Subpáramo, 2.300-2.600 m. Arbusto de 1-1,5 m de alto.

Ilex scopulorum H.B.K. var. **caracasana** Loes. (Lám. 37, A)
Subpáramo, 2.200-2.300 m. Arbusto de 1-1,5 m de alto.

Fam. **ARACEAE** (Monocotyledoneae)

Plantas usualmente con las hojas grandes, terrestres, aéreas (epifitas) o trepadoras, por lo general con el tallo blando, con savia a veces irritante, acuosa, lechosa, o que contiene cristales de oxalato de calcio. Hojas simples (no divididas), cortadas, lobuladas, o divididas (compuestas) en segmentos separados (folíolos), alternas sobre el tallo o con todas las hojas en la base, éstas con una vaina basal. Flores usualmente dispuestas sobre un eje carnoso (espádice) y alargado, rodeado en la base por un apéndice (espata) carnoso, grueso, ancho, en forma de lengüeta y coloreado. Partes femeninas y masculinas dispuestas en la misma flor, o separadas, colocadas en forma de espiral sobre el eje carnoso, o en porciones diferentes sobre el eje, con 4-6 segmentos unidos o separados. Estambres usualmente 2, 4 u 8. Ovario usualmente situado arriba de la base de los segmentos florales (súpero), pero algunas veces hundido en un eje carnoso e ínfero en relación a los segmentos florales. Fruto carnoso y jugoso, con 1 hasta muchas semillas.

Clave de los géneros y especies

1. a. Hojas divididas en segmentos completamente separados (hojas compuestas) *Anthurium digitatum*

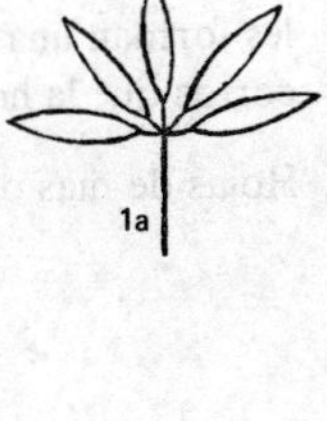
1a

b. Hojas enteras, o no divididas en segmentos completamente separados . . . 2

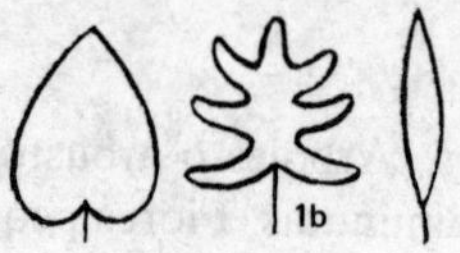

2. a. Plantas terrestres o que crecen sobre rocas, ni trepadoras ni epífitas sobre ramas o árboles 3
   b. Plantas trepadoras o epífitas sobre ramas o árboles 17

3. a. Hojas sin lóbulos (enteras) 4
   b. Hojas con lóbulos que se proyectan desde los lados o la base 10

4. a. Todas las hojas nacen cerca o en el ápice del tallo 5

   b. Todas las hojas naciendo en o cerca de la base de la planta 6

5. a. Hojas 10-21 cm de ancho; nervios de la mitad inferior de la hoja generalmente ascendentes con los extremos encorvados hacia arriba; tallos jugosos, suculentos, exudan una savia lechosa y cáustica . . . *Dieffenbachia seguine*
   b. Hojas 25-35 cm de ancho; nervios de la mitad inferior de la hoja por lo general ampliamente extendidos, casi perpendiculares al nervio medio; tallos ni jugosos ni exudando ninguna savia lechosa y cáustica . . . . . *Rhodospatha moritziana*
6. a. Hojas generalmente redondeadas o ensanchadas en la base . . . . *Anthurium amoenum*
   b. Hojas por lo general conspicua o agudamente angostadas en la base . . . 7
7. a. Los nervios finos (terciarios) localizados entre los nervios laterales principales, tienen la apariencia de líneas delgadas, muy próximas y paralelas unas a otras, sin formar una red (se aprecia mejor cuando la hoja está seca); eje que soporta la hoja (pecíolo) muy alargado, más largo o igualando en tamaño a la hoja, 0,75-1,5 m de largo . . . . *Spathiphyllum lanceaefolium*
   b. Los nervios finos (terciarios) localizados entre los nervios laterales principales forman una red (se aprecia mejor cuando la hoja está seca); pecíolos más cortos que la hoja 8
8. a. Hojas de más o menos el mismo ancho en toda su longitud . . . . *Anthurium bredemeyeri*

b. Hoja conspicuamente más ancha en, cerca o por encima de la mitad, conspicuamente angostada en la base 9

9. a. Nervios laterales principales muy engrosados y elevados en el lado inferior (envés) de la hoja . . . . *Anthurium crassinervium*

b. Nervios laterales principales ni conspicuamente elevados ni engrosados en el lado inferior (envés) de la hoja . . . . *Anthurium lilacinum*

10. (3.b)

a. Hoja fuertemente lobulada en los bordes . . . . *Philodendron pinnatifidum*

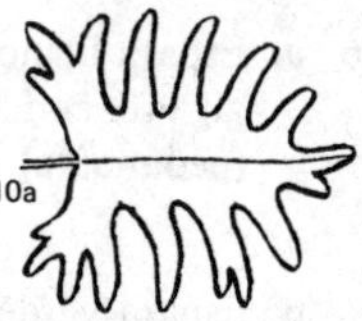

10a

b. Hoja con lóbulos prominentes solamente desde la base 11

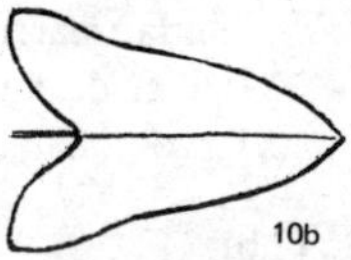

10b

11. a. Hojas con lóbulos puntiagudos, que se extienden desde la base hasta adquirir forma de flecha 12

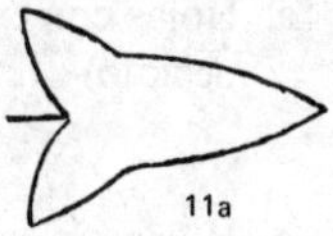

11a

b. Hojas con lóbulos redondeados, que adquieren forma de corazón; hierbas pequeñas o plantas sin tallo o tronco blando y grueso 13

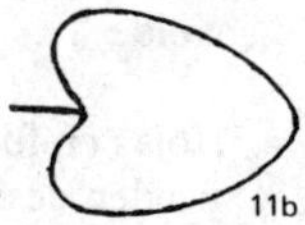

11b

12. a. Hierba gigante, 1-2 m de alto, con tallo (tronco) jugoso y grueso, 10-20 cm de diámetro; las hojas más grandes son de 50 cm o más de ancho en la mitad . . . . *Xanthosoma undipes*

b. Hierba más pequeña, 0,7-0,9 m de alto, con tallo de 1-3 cm de diámetro; hojas más grandes sólo 15-35 cm de ancho en la mitad . . *Xanthosoma nitidum*

13. a. El eje que sustenta la hoja (pecíolo) se une a la lámina de la hoja entre la mitad y la base (peltada); la planta nace de un tallo subterráneo, tuberoso y engrosado; hojas delgadas, con lóbulos cortos e inconspicuos de 1,5-5 cm de largo . . . . *Caladium smaragdinum*

13a

b. Pecíolo unido a la lámina de la hoja en la base misma; estas plantas no nacen de un tallo subterráneo, tuberoso y engrosado; hojas gruesas con lóbulos conspicuos 8-15 cm de largo, que sobresalen de la base 14

13b

14. a. Apice del pecíolo con una parte abultada más gruesa que el resto del pecíolo; los nervios finos (terciarios) localizados entre los nervios laterales principales forman una red (se aprecia mejor cuando la hoja está seca) 15

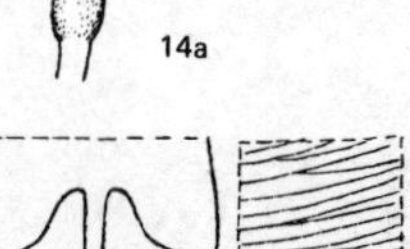

14a

b. Apice del pecíolo ni abultado ni más grueso que el resto del eje; los nervios finos (terciarios) localizados entre los nervios laterales principales aparecen como líneas finas, muy próximas y paralelas entre sí y no forman una red *Philodendron grandifolium*

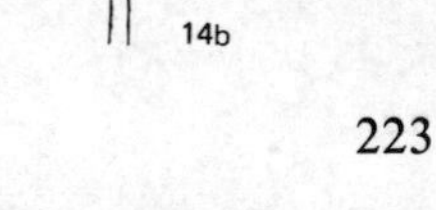

14b

15. a. Espata (bráctea amplia que envuelve la inflorescencia) de color blanco hasta rosado, más ancha en la mitad inferior, ampliamente ovada u ovalada con el borde ampliamente encorvado, erecta (3,5—) 4-12 cm de ancho; espádice (espiga con eje carnoso) blanco hasta rosado . . *Anthurium nymphaeifolium*

b. Espata blanca, verde o color marrón-púrpura, con anchura más o menos uniforme en la mayor parte de su longitud, lanceolada o en forma de cinta, con los márgenes rectos, extendida o colgante, por lo general 1,5-3,5 (4-6) cm de ancho; espádice lavanda, negro- o marrón-purpúreo, verde o blancuzco . 16

16. a. Espata blanca, 12,5-15 cm o más de largo; espádice negro-púrpura; planta gigante con hojas hasta de 1,2 m de largo; eje que soporta a la inflorescencia (pedúnculo) más corto que el eje que soporta la hoja (pecíolo) . . *Anthurium costatum*

b. Espata verde hasta marrón-purpúrea, 7-10 (—12) cm de largo; espádice lavanda, marrón-púrpura o blancuzco; planta con hojas más pequeñas, 0,35-0,6 m de largo; pedúnculo igual o más largo que el pecíolo 0,6-0,7 m de largo . . . . *Anthurium cartilagineum*

17. (2.b)

a. Hojas con expansiones (alas) delgadas a lo largo del eje que soporta a la hoja pecíolo) 18

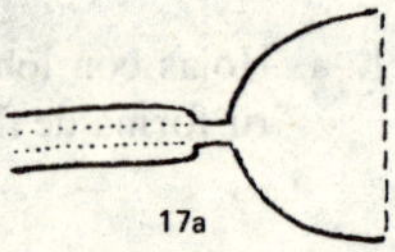
17a

b. Hojas sin expansiones (alas) delgadas y de color verde a lo largo del pecíolo 21

18. a. Hojas en forma de flecha, con 2 lóbulos puntiagudos prominentes que se extienden desde la base . . . . *Syngonium vellozianum*

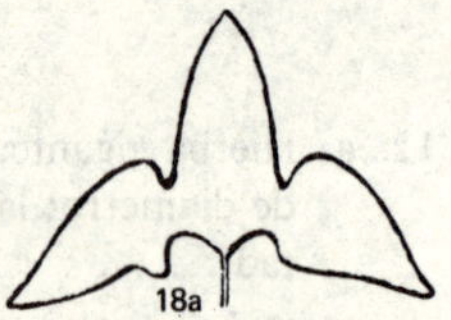
18a

b. Sin lóbulos en las hojas 19

19. a. Eje que soporta la hoja (pecíolo) alado en toda su longitud hasta la base de la parte verde (lámina) de la hoja . . . . *Philodendron aristeguietae*

b. Pecíolo alado sólo en una parte de su longitud 20

20. a. Lado superior de la hoja (haz) brillante; nervios principales del lado inferior (envés) no prominentemente elevados . . . . . . *Philodendron karstenianum*

b. Lado superior de la hoja opaco; nervios principales del lado inferior de la hoja prominentemente elevados . . . . *Philodendron inaequilatere*

21. a. Hojas profundamente cortadas hacia el centro con las porciones resultantes de los cortes terminando en un ápice puntiagudo 22

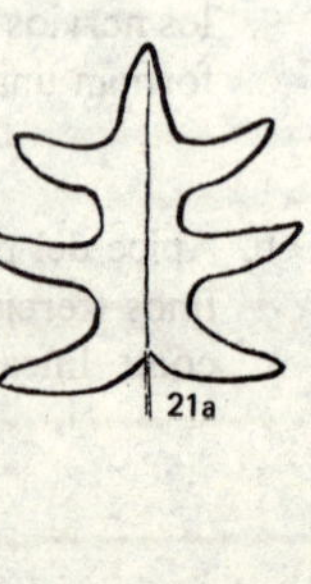
21a

b. Hojas o no cortadas, o con huecos o con lóbulos redondeados en la base o a los lados, pero nunca con lóbulos profundamente cortados ni terminando en ápices puntiagudos 23

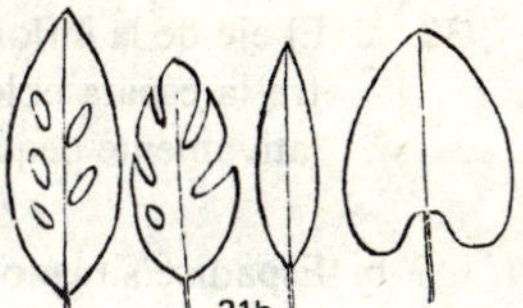
21b

22. a. Hojas sin huecos, pero profundamente lobuladas (palmadamente dispuestas) *Anthurium longissimum*

b. Hojas con huecos y profundamente lobuladas . . . . . . *Monstera adansonii*

23. a. Hojas enteras, sin lóbulos ni huecos 24

b. Hojas o con huecos o con lóbulos redondeados extendiéndose de la base o de los lados, y usualmente con forma de corazón en la base 27

24. a. Hojas maduras agudamente angostadas o adelgazándose hacia la base . . 25

b. Hojas maduras redondeadas, ensanchadas o anchamente encorvadas en la base 26

25. a. Hojas pequeñas, generalmente 2,5-4,5 cm de ancho . . *Anthurium scandens*

b. Hojas mucho más anchas, 10-20 cm de ancho en y por arriba de la mitad . . *Anthurium lilacinum*

26. a. Tallos cubiertos por pequeñas protuberancias verrugosas . *Monstera irritans*

b. Tallos lisos, diferentes a como se indica arriba . . . . *Monstera henri-pittieri*

27. a. Hojas redondeadas, ensanchadas o ampliamente encorvadas basalmente, sin lóbulos basales, pero con huecos 28

b. Hojas maduras con 2 lóbulos basales grandes, redondeados o puntiagudos, que le dan a la base de la hoja forma de corazón, pero sin huecos, o rara vez con lóbulos formados a los lados 29

28. a. Tallos cubiertos por prqueñas protuberancias verrugosas . *Monstera irritans*

b. Tallos lisos, diferentes a como se indica arriba . . . . *Monstera henri-pittieri*

29. a. Lóbulos de las hojas puntiagudos . . . . *Syngonium vellozianum*

b. Lóbulos de las hojas redondeados 30

30. a. Hojas con varios hasta muchos lóbulos redondeados que nacen a los lados y en la base . . . . *Philodendron danteanum*

b. Hojas con solamente 2 lóbulos grandes, que nacen en la base, dándole a la hoja forma de corazón 31

31. a. Los nervios finos (terciarios) localizados entre los nervios laterales principales forman una red (se aprecia mejor cuando la hoja está seca); el ápice del eje que soporta la hoja (pecíolo) tiene una parte abultada más gruesa que el resto del mismo; el largo eje floral (espádice) presenta en su base una espata aplanada y delgada 32

31a

b. Los nervios finos (terciarios) localizados entre los nervios laterales principales, tienen la apariencia de líneas delgadas muy próximas y paralelas unas a otras (se aprecia mejor en la hoja seca); el pecíolo no tiene una parte abultada más gruesa que el resto del mismo; el largo espádice está rodeado y más o menos oculto por la espata carnosa 35

31b

32. a. El eje de la inflorescencia (espádice) se eleva sobre un eje (estipe) situado entre la espata coloreada y la base del espádice; lóbulos basales de la hoja relativamente pequeños, 3,5-9 cm de largo, 3-6,5 cm de ancho . . . *Anthurium subsagittatum*

b. Espádice situado directamente sobre la espata, o si sobre un eje, entonces la hoja tiene lóbulos más grandes; lóbulos basales de la hoja grandes y conspicuos, 9-19 cm de largo, 9-20 cm de ancho 33

33. a. Espata blanca hasta rosada, más ancha en la mitad inferior, anchamente ovada u ovalada, erecta, (3,5–) 4-12 cm de ancho; espádice blanco hasta rosado . . . . *Anthurium nymphaeifolium*

b. Espata generalmente verde o algunas veces color marrón opaco por dentro, de ancho más o menos uniforme en casi toda su longitud, con forma de cinta o lanceolada, extendida o colgante, 1,5-3,5 cm de ancho; espádice color lavanda hasta marrón-lavanda, rara vez blanco 34

34. a. Espata 15-30 cm de largo; espádice colgante en período de floración; hoja relativamente delgada; planta siempre trepadora . . . . *Anthurium humboldtianum*

b. Espata (4,5–) 7-10 (–12) cm de largo; espádice erecto en período de floración; hoja relativamente gruesa y coriácea (como cuero); planta generalmente terrestre, menos frecuentemente epifita . . . . . *Anthurium cartilagineum*

35. a. Eje que soporta la hoja (pecíolo) con la superficie rugosa, especialmente en la mitad superior; base del pecíolo con una vaina o tejido persistente, flojo, fibroso y fragmentado . . . . *Philodendron rubens*

b. Pecíolo liso, sin la superficie rugosa y sin partes fragmentadas, fibrosas o sueltas en su base 36

36. a. La unión de los 2 lóbulos basales (seno) de la hoja forma un triángulo en forma de V; los nervios más conspicuos presentes sobre el lado inferior (envés) de la hoja son muy numerosos, 40-50 de cada lado, muy próximos entre sí con sólo 0,5-1,5 cm de distancia . . . . *Philodendron tenue*

b. La unión de los 2 lóbulos basales (seno) de la hoja forma aberturas anchas, redondeadas o en forma de U; los nervios más conspicuos sobre el envés son relativamente pocos, 6-15 de cada lado, y relativamente distantes uno de otro por 2-7 cm 37

37. a. Lóbulos en la base de la hoja extendidos hacia afuera y poco profundos, solamente 1/5-1/10 de la longitud de la hoja . . . . *Philodendron krugii*

b. Los lóbulos en la base de la hoja están más dirigidos hacia abajo y no extendidos, más prominentes y 1/3-1/5 de la longitud de la hoja 38

38. a. Unión de los 2 lóbulos basales (seno) de la hoja bordeado por un nervio ancho prominente; margen interno de los lóbulos basales recto en la parte superior del seno, después más bien abruptamente curvado hacia adentro . . . *Philodendron grandifolium*

38a
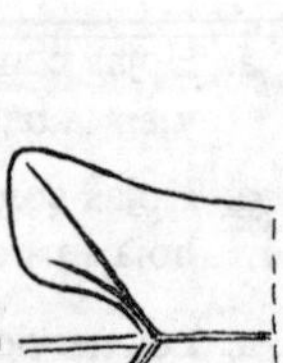

38b

b. Unión de los 2 lóbulos (seno) de la hoja no bordeado por un nervio ancho prominente, margen interno de los lóbulos basales más o menos recto o gradualmente encorvado . . . . *Philodendron fraternum*

Anthurium amoenum Kunth
Selva nublada, 1.500-2.000 m. Planta terrestre.

Anthurium bredemeyeri Schott (Lám. 38, B)
Selva nublada, 2.000 m. Planta terrestre.

Anthurium cartilagineum (Desf.) Kunth
Selva nublada, vertiente norte, 1.600-1.700 m. Planta terrestre o epífita con espata verde oliva y el espádice lavanda opaco.

Anthurium costatum C. Koch
Selva nublada, vertiente norte, 900-1.000 m. Planta terrestre con espata blanca y espádice púrpura-negro.

Anthurium crassinervium (Jacq.) Schott (Lám. 45, C)
Selva tropófila, 1.100 m hasta selva nublada, 2.200 m. Planta terrestre o que crece sobre rocas, con hojas largas dispuestas en rosetas grandes.

Anthurium digitatum (Jacq.) G. Don (Lám. 38, A)
Selva veranera y selva nublada, 900-1.200 m. Epífita.

Anthurium humboldtianum Kunth *"Piragua"* (Lám. 39, A; 40, A)
Selva nublada. Planta trepadora.

Anthurium lilacinum Bunting
Selva nublada, vertiente norte, 900-1.000 m. Planta terrestre o epífita, con hojas grandes, alargadas, sin lóbulos. Espata verde opaco con bordes color rojo casi purpúreo o marrón; espádice marrón-púrpura.

Anthurium longissimum Pittier *"Piragua"* (Lámina 42, A)
Selva nublada, 1.000 m, vertiente norte. Planta trepadora con espata y espádice muy largo.

Anthurium nymphaeifolium Koch & Bouché *"Piragua"* (Lám. 41, A)
Selva transicional y selva nublada, 1.500-2.000 m. Planta hermosa, terrestre, rara vez epífita, con espata vistosa de color blanco o rosado al igual que el espádice. Las partes florales muestran gran variabilidad en el tamaño y coloración.

Anthurium scandens (Aubl.) Engl. *"Piragua"* (Lám. 39, B)
Selva nublada, 1.400-1.800 m. Planta epífita con hojas pequeñas. La espata de color verde pálido es muy corta y refleja, solamente 5-7,5 mm de ancho, el espádice de color blanco-verdoso.

Anthurium subsagittatum (H.B.K.) Kunth *"Piragua"*
Selva nublada, 1.500-1.800 m. Planta trepadora con hojas lobuladas en la base.

Caladium smaragdinum Bunting (Lám. 42, B)
Selva nublada, vertiente norte, 800-1.000 m. Planta terrestre.

Dieffenbachia seguine (Jacq.) Schott *"Lengua de suegra"* (Lám. 44, A)
Dieffenbachia maculata (Lodd.) G. Don
Dieffenbachia picta Schott
Selva nublada, vertiente norte, 900-1.100 m y selva de galería, vertiente sur, 1.300 m. Planta terrestre, 0,5-1 m de alto, con pocas hojas no lobuladas dispuestas en el ápice del grueso tallo. Las flores inconspicuas tienen una espata verde. Frutos anaranjados. Las hojas pueden ser solamente verdes o con manchas gris-blanco. La planta, al ser cortada, despide un olor desagradable parecido al del mapurite. La savia pálida, lechosa, contiene cristales de oxalato de calcio, los cuales pueden producir irritación en la piel, y si se ingiere, puede causar inflamación y parálisis parcial en los músculos de la garganta, impidiendo el habla, lo cual ha llevado a llamar a esta planta *"lengua de suegra"*.

Monstera adansonii Schott (Lám. 43, B, G y H)
Selva nublada, vertiente norte, 900 m. El fruto maduro es comestible y de sabor dulce.

Monstera henri-pittieri Bunting (Lám. 43, F)
Selva nublada, vertiente norte, 900-1.000 m. Planta trepadora y epífita a la vez, con hojas grandes, sin lóbulos y con pocos o ningún hueco. La espata gruesa, ancha, de color ante-rosado, se desprende tempranamente dejando el espádice a la vista, éste de color blanco-cremoso, alargado y grueso. El fruto para ser ingerido deberá estar completamente maduro o por lo contrario causará inflamación e irritación en la boca debido a los cristales de oxalato de calcio presentes en su tejido.

Monstera irritans Simmonds
Selva nublada, vertiente norte, 1.100-1.500 m. Similar a *Monstera henri-pittieri* pero el pecíolo y el eje de la inflorescencia se caracterizan por tener la superficie rugosa.

Philodendron aristeguietae Bunting *"Piragua"*
Selva nublada, vertiente norte, 1.100-1.500 m. Planta trepadora.

Philodendron danteanum Bunting
Selva nublada, 1.500-2.000 m. Encontrada originalmente en el Cerro del Avila y cultivada en el Parque del Este.

Philodendron fraternum Schott (Lám. 41, B)
Selva nublada, 1.500-1.900 m. Planta trepadora, con hojas en forma de corazón, con costillas de color purpúreo-rojizo en el lado inferior (envés). Inflorescencia en el período de floración con una espata pequeña de 7-8 cm largo, de color purpúreo-rojizo o rojo vino en la mitad inferior externa, amarillo-cremoso en la mitad superior externa, mientras que por dentro es de color rojo-vino. El espádice es blanco y purpúreo-rojizo. En fruto la espata es alargada hasta 12-13 cm de largo.

Philodendron grandifolium (Jacq.) Schott (Lámina 43, A; 45, B)
Selva nublada, vertiente norte, 1.000 m. Planta trepadora con hojas grandes en forma de corazón, conspicuamente costilladas sobre la superficie inferior (envés). Espata grande de hasta 19 cm de largo, 3 cm de ancho, blanca por fuera, blanca con purpúreo-rojizo por dentro, mientras que el espádice es blanco.

Philodendron inaequilatere Bunting
Selva nublada, vertiente norte, 1.000 m. Planta trepadora.

Philodendron karstenianum Schott (Lám. 40, B)
Selva nublada, 1.500-1.900 m. Planta trepadora.

Philodendron krugii Engl. (Lám. 39, C; 43, E)
Selva nublada, 900-1.600 m. Planta trepadora con hojas más pequeñas que *P. fraternum, P. grandifolium* y *P. tenue.* La espata es de color verde pálido o verde-blancuzco y de 10 cm de largo.

Philodendron pinnatifidum (Jacq.) Kunth (Lámina 43, C)
Selva nublada, vertiente norte, 1.300 m. Comúnmente cultivada en jardines.

Philodendron rubens Schott *"Piragua"* (Lám. 43, D)
Selva nublada, 1.000-1.500 m. Planta trepadora, con hojas en forma de corazón e inflorescencia alargada; la espata 15-20 cm de largo, 3,8-4 cm de ancho, de color verde pálido, blanco o rosado-rojo por fuera, rojo-vino y lavanda, rosado claro con blanco, o purpúreo-rojizo opaco por fuera. El espádice alargado, de color blanco, alcanza hasta 26 cm. Fibras viejas persistentes en la base del pecíolo son características de esta especie.

Philodendron tenue C. Koch *"Piragua"* (Lám. 42, C)
Philodendron gracile C. Koch & Agostini
Selva nublada, vertiente norte, 900-1.100 m. Planta trepadora con hojas muy ornamentales, nervios numerosos y conspicuamente hundidos. La espata es de color rojo oscuro o verde por fuera, blanco por dentro.

Rhodospatha moritziana (Schott) Bunting (Lámina 44, B)
Selva nublada, vertiente norte, 900-1.000 m. Planta terrestre con tronco erecto y delgado. La espata es de color crema, el espádice marrón-gris.

Spathiphyllum lanceaefolium (Jacq.) Schott
Selva nublada, vertiente norte, 1.000 m. Planta terrestre con espata de color blanco.

Syngonium vellozianum Schott (Lám. 40, C)
Cultivada, y naturalizada en el Cerro del Avila, en donde se encuentra en selva transicional y selva veranera, 900-1.000 m.

Xanthosoma nitidum Bunting (Lám. 46)
Selva tropófila y transicional, 1.100 m. Espata blanca.

Xanthosoma undipes (Koch) Koch *"Ocumo bravo"* (Lám. 45, A)
Xanthosoma jacquinii Schott
Selva de galería y selva nublada, 1.500-1.600 m. Planta terrestre con tallo grueso de 1-2 m de alto, con hojas grandes en forma de flecha, 1-2 m de largo. El jugoso tallo y las hojas, cuando son picadas o trituradas, producen un olor desagradable acompañado por una savia lechosa.

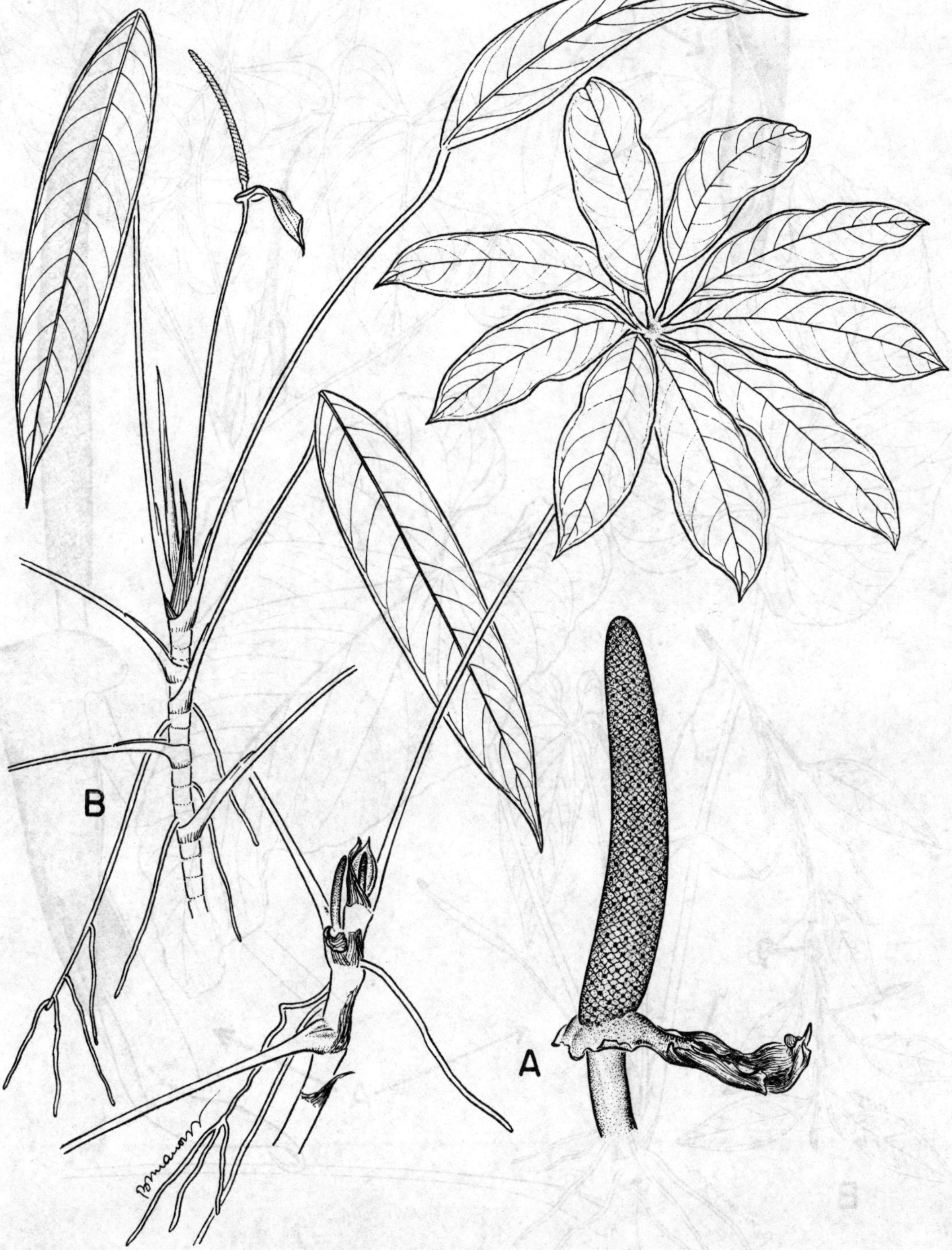

A. Anthurium digitatum.—B. Anthurium bredemeyeri.

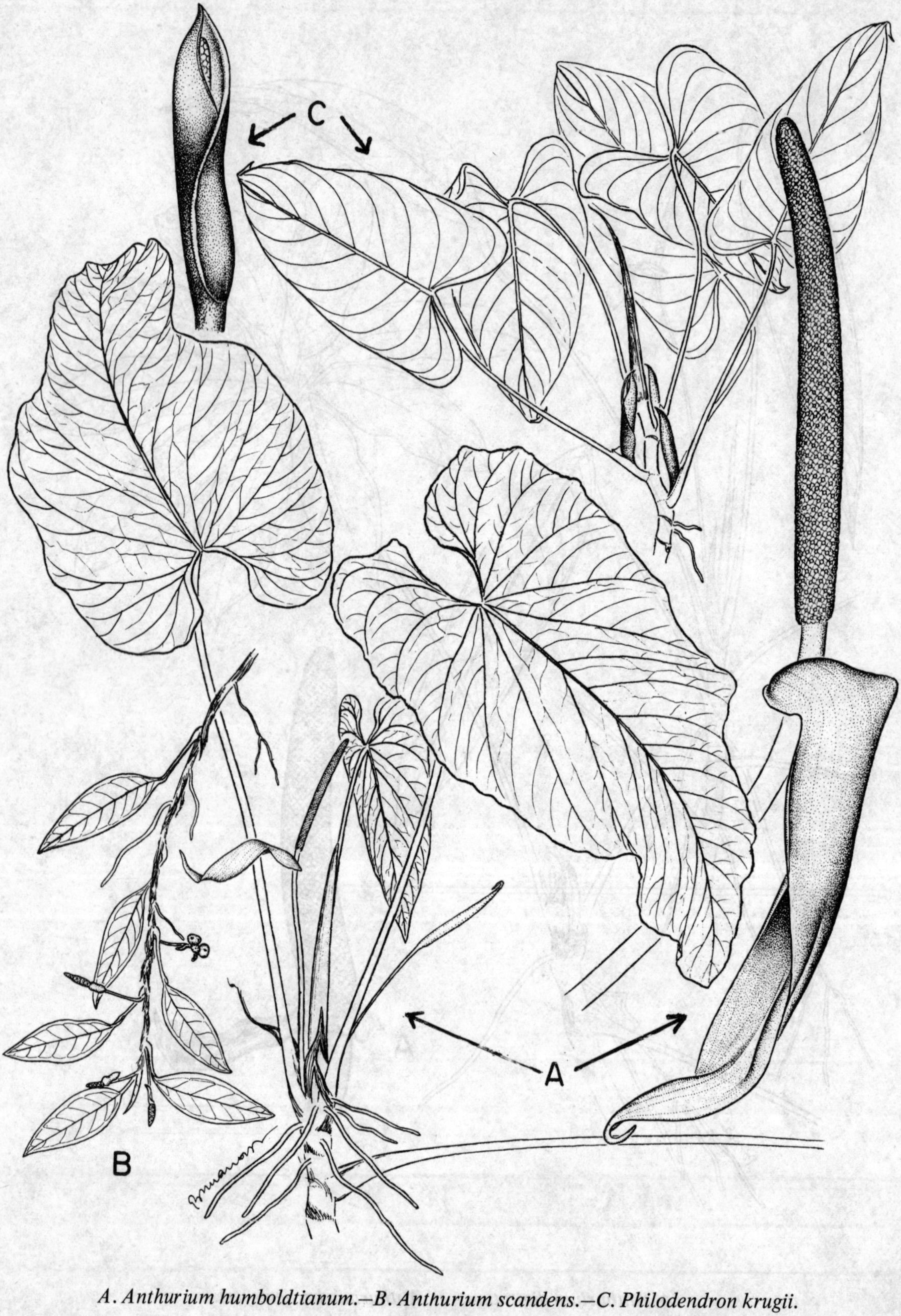

A. Anthurium humboldtianum.—B. Anthurium scandens.—C. Philodendron krugii.

LAMINA 40: ARACEAE

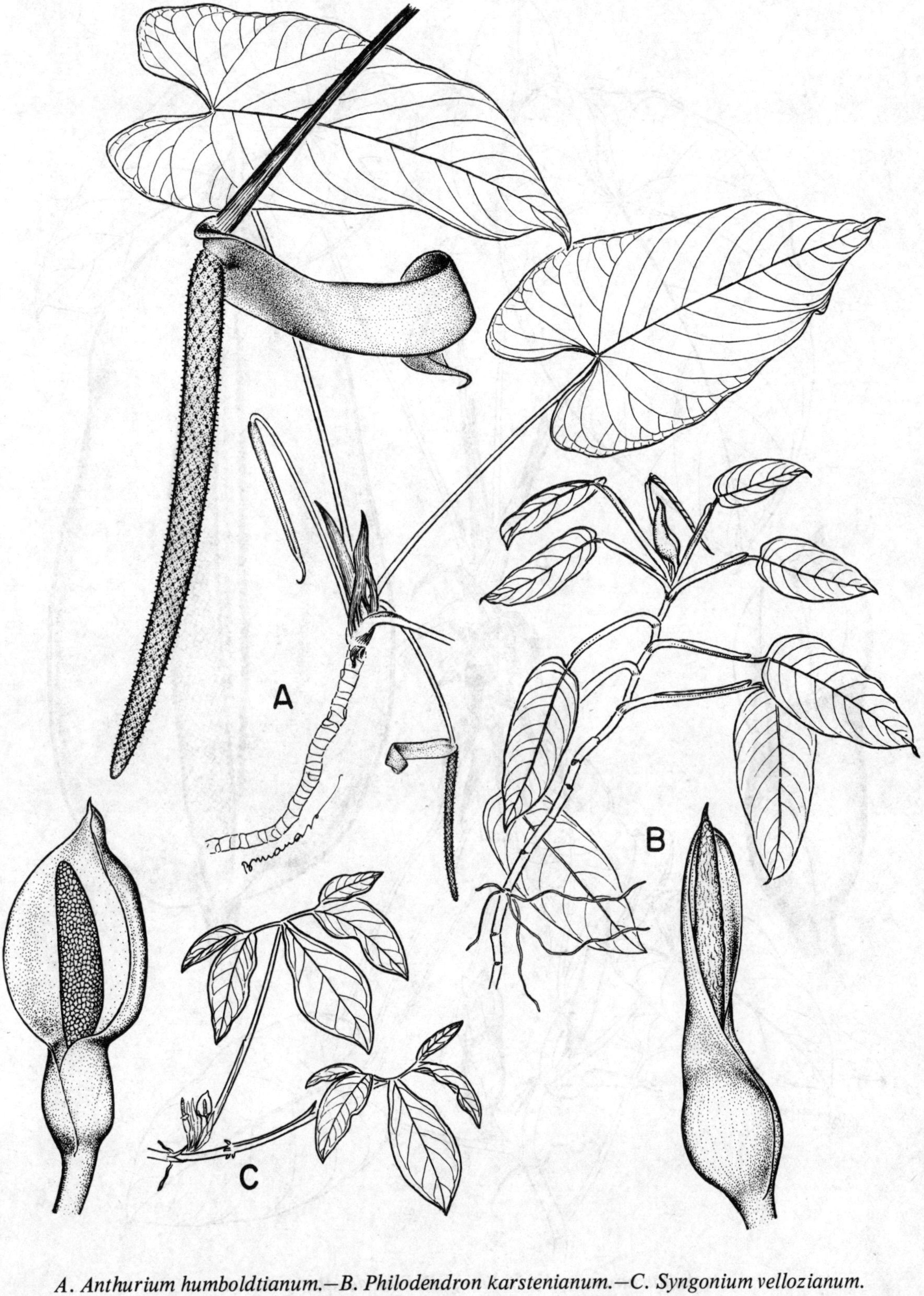

A. Anthurium humboldtianum.—B. Philodendron karstenianum.—C. Syngonium vellozianum.

LAMINA 41: ARACEAE

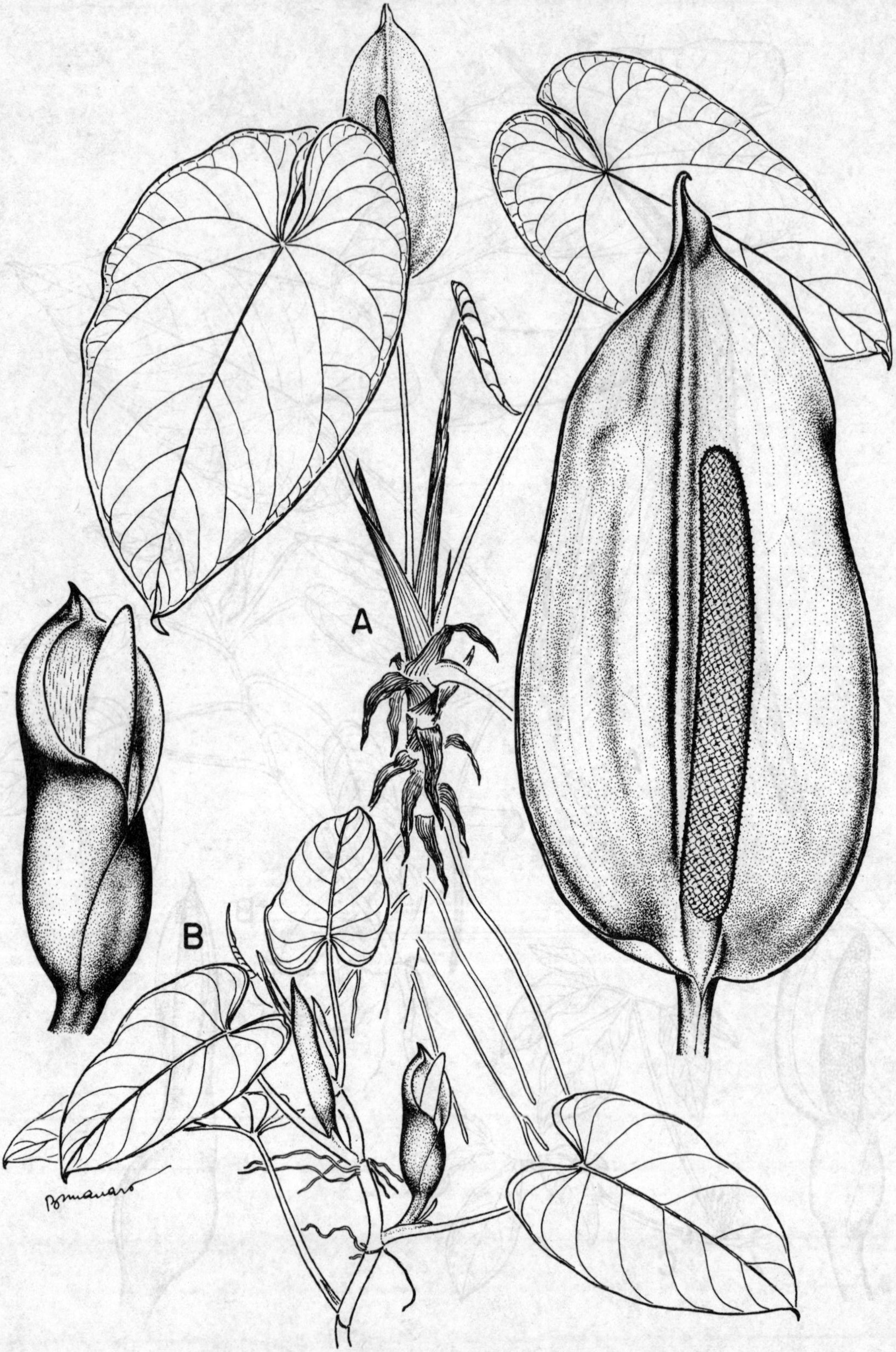

A. Anthurium nymphaeifolium.—B. Philodendron fraternum.

LAMINA 42: ARACEAE

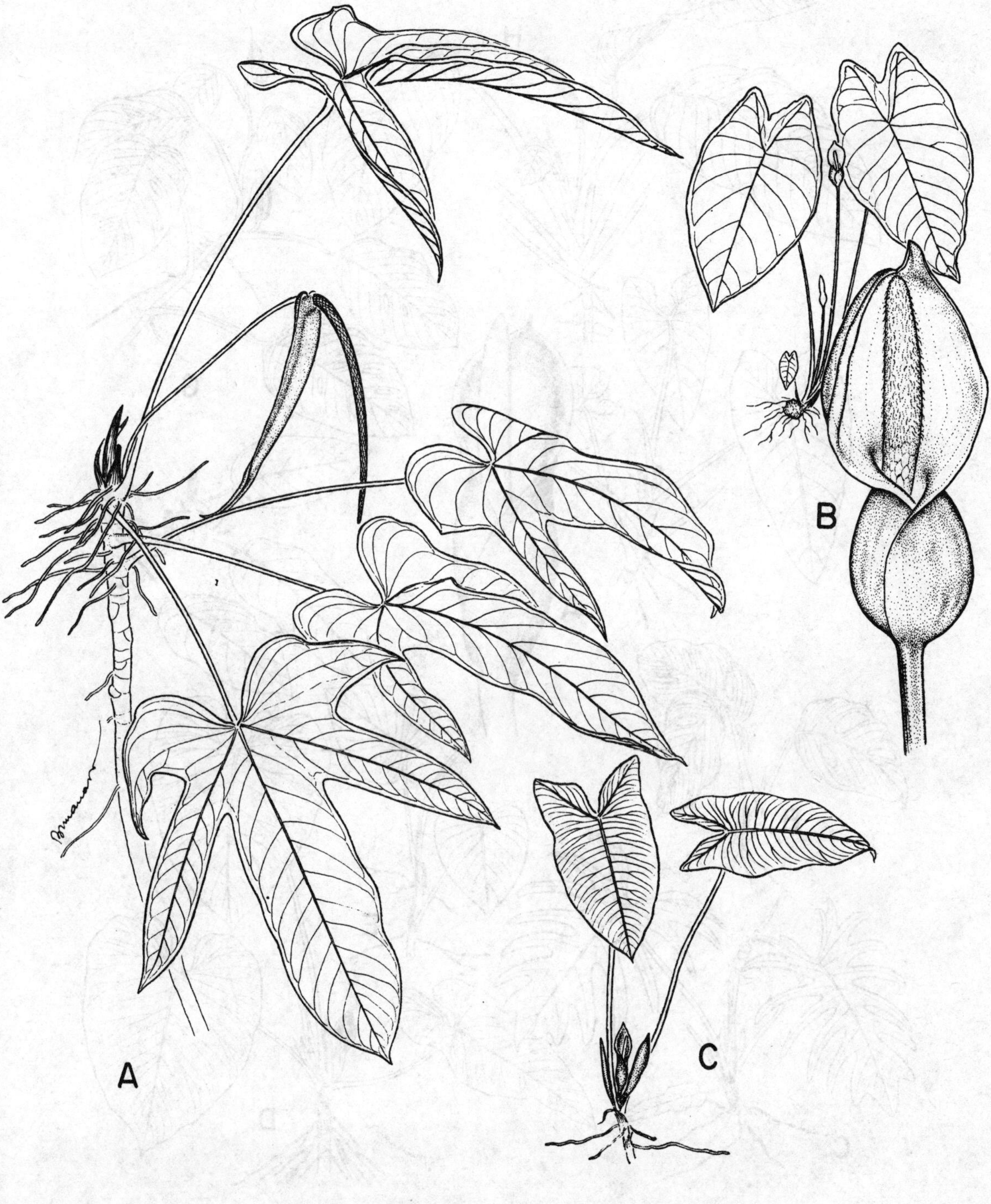

A. Anthurium longissimum.—B. Caladium smaragdinum.—C. Philodendron tenue.

LAMINA 43: ARACEAE

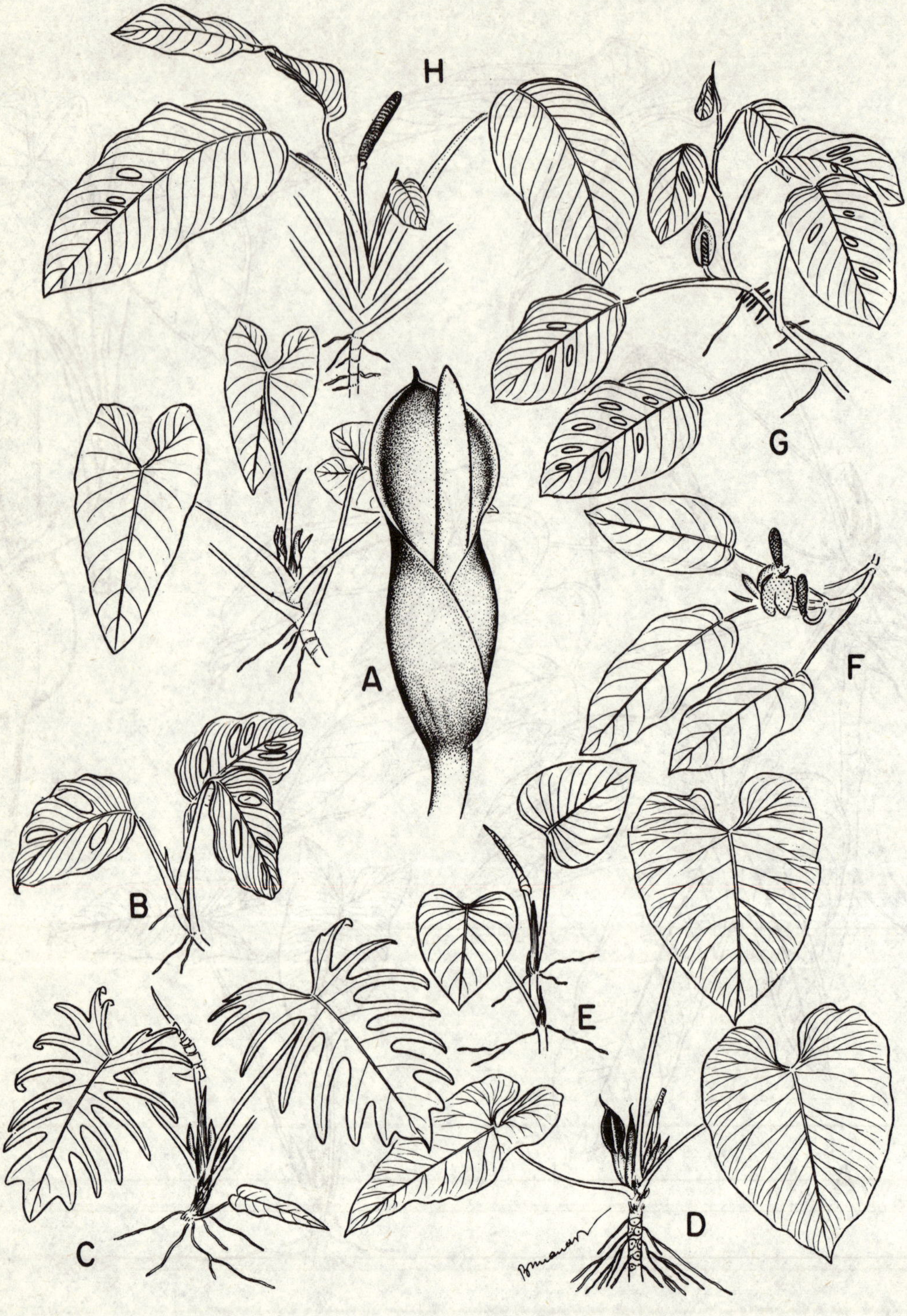

A. Philodendron grandifolium.–B. Monstera adansonii.–C. Philodendron pinnatifidum.–D. Philodendron rubens.–E. Philodendron krugii.–F. Monstera henri-pittieri.–G. Monstera adansonii.–H. Monstera adansonii.

LAMINA 44: ARACEAE

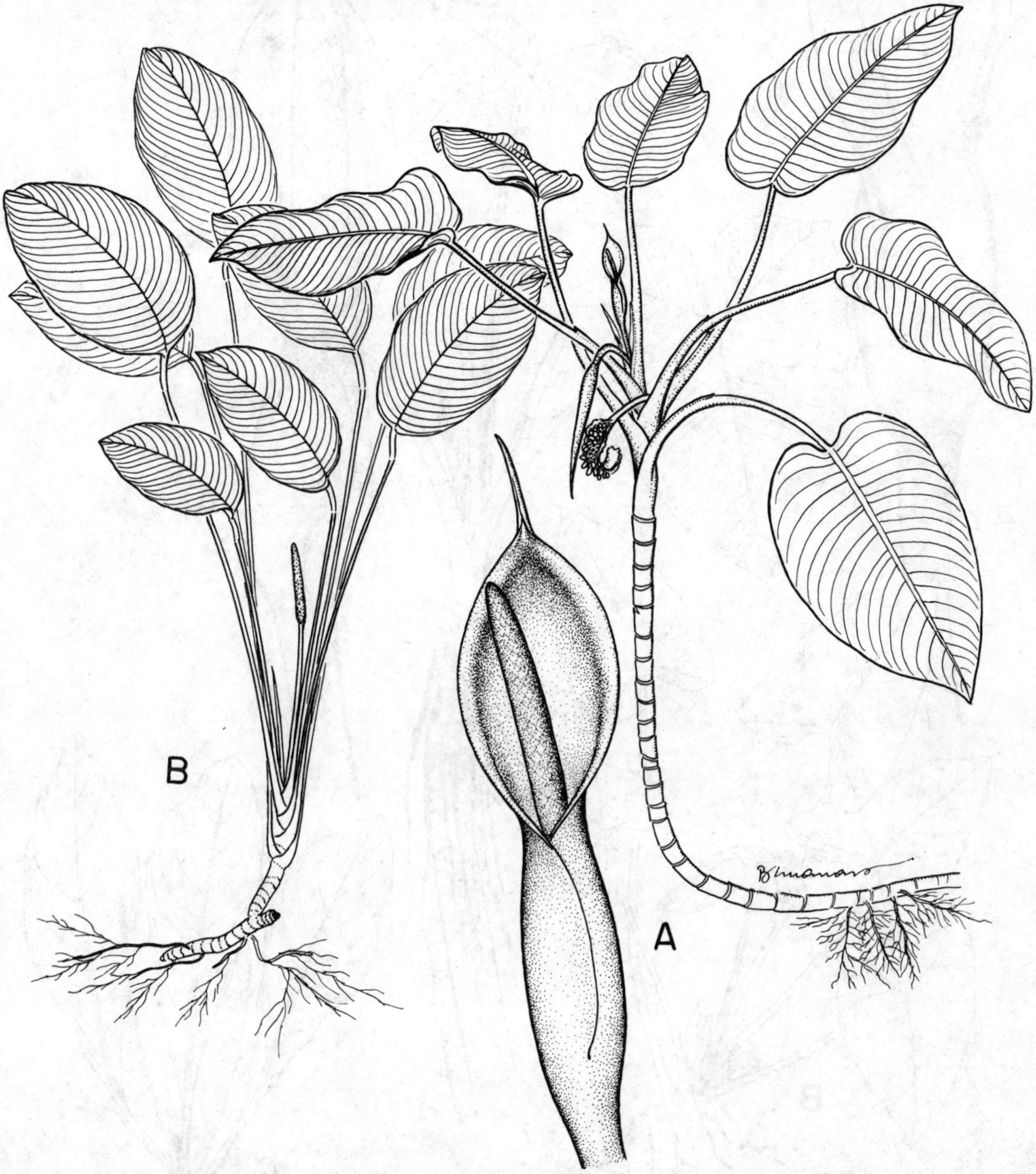

A. Dieffenbachia seguine.–B. Rhodospatha moritziana.

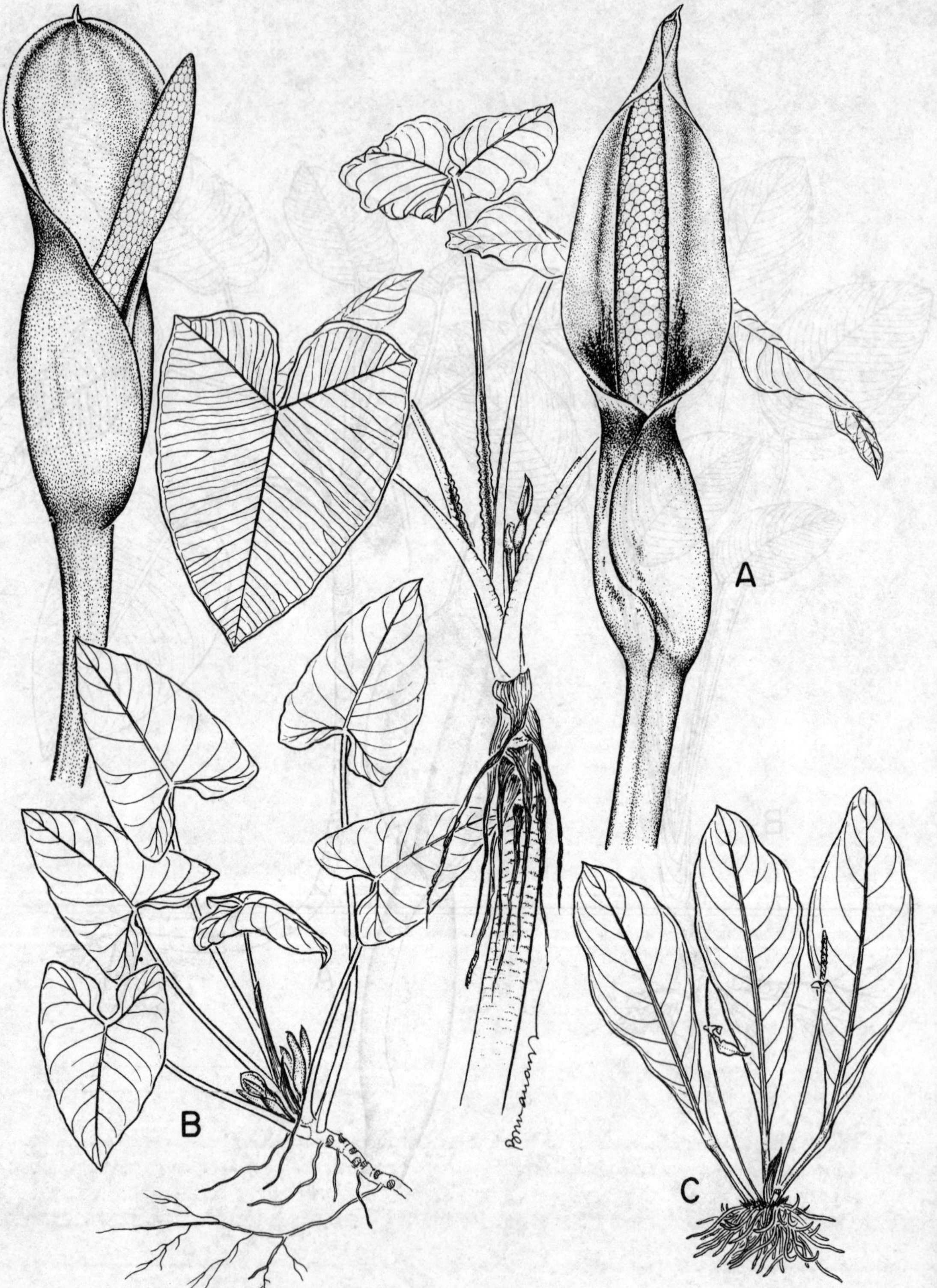

A. Xanthosoma undipes.—B. Philodendron grandifolium.—C. Anthurium crassinervium.

LAMINA 46: ARACEAE

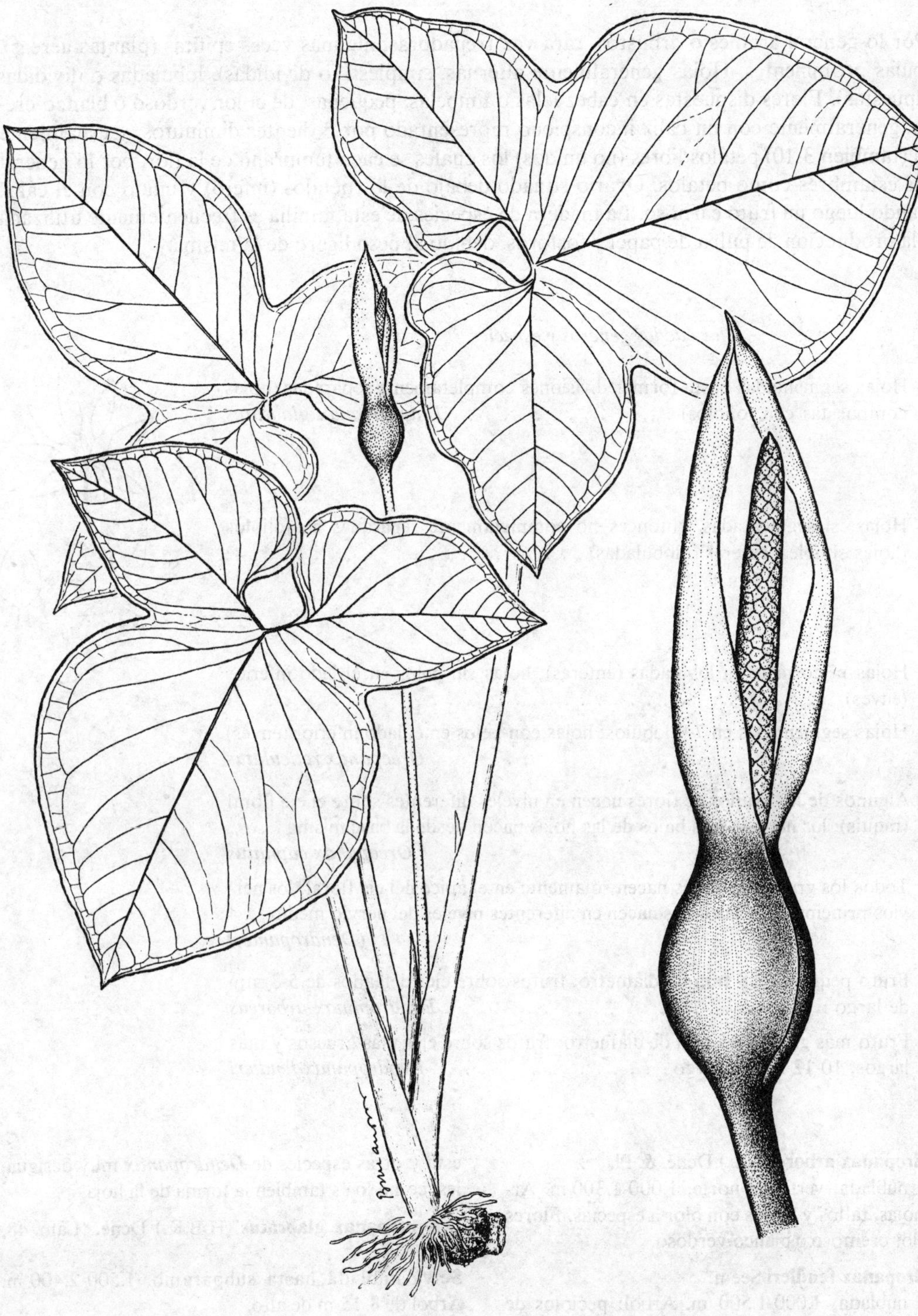

Xanthosoma nitidum.

Fam. **ARALIACEAE** (Dicotyledoneae)

Por lo general árboles o arbustos, rara vez trepadoras, algunas veces epífitas (plantas aéreas). Estípulas prominentes. Hojas generalmente alternas, simples (no divididas), lobuladas o divididas (compuestas). Flores dispuestas en cabezuelas o umbelas, pequeñas, de color verdoso o blanco-cremoso, generalmente con un cáliz inconspicuo representado por 5 dientes diminutos, y usualmente con 5 (también 3-10) pétalos libres (no unidos) los cuales se caen temprano de la flor, por lo general tantos estambres como pétalos. Ovario situado debajo de los pétalos (ínfero) y unido con el cáliz, formando luego un fruto carnoso. La madera de especies de esta familia es frecuentemente utilizada para la producción de pulpa de papel y fósforos, debido al peso ligero de la misma.

Clave de los géneros y especies

1. a. Hojas segmentadas hasta formar divisiones completamente separadas (hojas compuestas con folíolos) . . . . *Didymopanax glabratus*

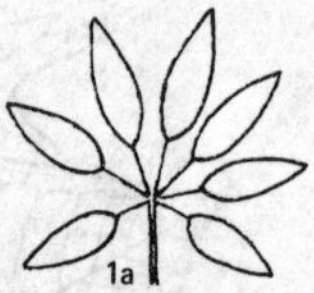
1a

b. Hojas, si segmentadas, entonces no completamente separadas en folíolos (hojas simples, enteras o lobuladas) 2

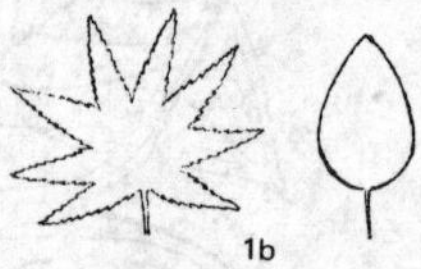
1b

2. a. Hojas ni cortadas ni lobuladas (enteras); hojas sin pelos en el lado inferior (envés) 3

b. Hojas segmentadas en 7-9 lóbulos; hojas con pelos en el lado inferior (envés) *Oreopanax reticulatus*

3. a. Algunos de los grupos de flores nacen en niveles diferentes sobre el eje floral (raquis); los nervios más bajos de las hojas nacen desde la base misma . . . . *Oreopanax capitatus*

b. Todos los grupos de flores nacen solamente en el ápice del eje floral; los nervios principales de las hojas nacen en diferentes niveles del nervio medio . . 4 *(Dendropanax)*

4. a. Fruto pequeño, 5-8 mm de diámetro; frutos sobre ejes delgados de 5-8 mm de largo . . . . *Dendropanax arboreus*

b. Fruto más grande, 15 mm de diámetro; frutos sobre ejes más gruesos y más largos, 10-12 mm de largo . . . . *Dendropanax fendleri*

Dendropanax arboreus (L.) Dcne. & Pl.
Selva nublada, vertiente norte, 1.000-1.300 m. Arbol; hojas, tallos y frutos con olor a especias. Flores de color cremoso o blanco-verdoso.

Dendropanax fendleri Seem.
Selva nublada, 1.000-1.500 m. Arbol; pecíolos de esta y otras especies de *Dendropanax* muy desiguales, como lo es también la forma de la hoja.

Didymopanax glabratus (H.B.K.) Dcne. (Lám. 48, B)
Selva nublada hasta subpáramo, 1.500-2.400 m. Arbol de 8-15 m de alto.

LAMINA 47: ARALIACEAE

Oreopanax reticulatus.

LAMINA 48: ARALIACEAE

A. Oreopanax capitatus.—B. Didymopanax glabratus.

Oreopanax capitatus (Jacq.) Dcne. *"Mosquito"*, *"Candelero"*, *"Apio de monte"* (Lám. 48, A)
Selva tropófila, selva transicional y selva nublada, 900-1.800 m. Este árbol también puede crecer como epífito, pero no como parásito, sobre otros árboles. Flores blanco-cremosas y muy fragrantes. Hojas muy variables en tamaño y forma y con pecíolos largos y desiguales. La madera de esta planta es ligera y de color blanco.

Oreopanax reticulatus (Willd.) Dcne. *"Yagrumo macho"* (Lám. 47)
Oreopanax moritzii Harms
Selva nublada, 1.450-2.000 m. Arbol. El color marrón opaco o pardo-amarillento del lado inferior (envés) de las hojas es característico de esta especie.

Fam. **ARISTOLOCHIACEAE** (Dicotyledoneae)

Plantas herbáceas o leñosas, usualmente trepadoras o con tallos extendidos. Hojas alternas, simples (no divididas), y sin dientes (enteras). Estípulas ausentes. Flores (en las especies venezolanas) con forma extraña e irregular, consistiendo en un tubo del perianto fuertemente encorvado o doblado (cáliz petaloideo) con las partes unidas, el tubo expandido en la parte superior en una porción, semejante a un pétalo, ensanchada y usualmente vistosa y coloreada. Estambres usualmente 6 (o más), dispuestos sobre una columna cerca de la base en la parte interior del tubo del perianto y libres o unidos al estilo. Ovario usualmente situado debajo de la base del tubo del perianto (ínfero) con 4-6 celdas (lóculos). Fruto una cápsula seca la cual se divide desde la base hacia arriba para exponer unas filas horizontales de semillas planas.

Clave de las especies

1. a. Los nervios laterales principales de las hojas nacen tanto en diferentes niveles del nervio medio, como desde la base de la hoja . . . *Aristolochia maxima*

1a

b. Todos los nervios nacen juntos desde la base de la hoja 2

1b

2. a. Hojas más anchas que largas o altas, orbiculares, anchamente redondeadas por arriba de la mitad; flores con 2 labios alargados, 10-20 cm de largo . . 3

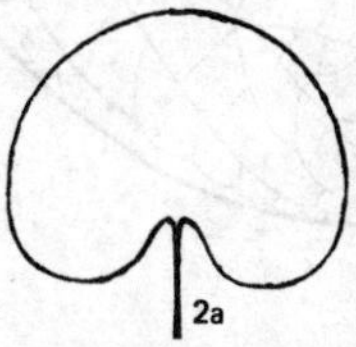
2a

b. Hojas más largas que anchas, ovado-oblongas, subtriangulares, o con forma de violín, angostadas por arriba de la mitad; flores sin 2 labios, pero con una parte parecida a un pétalo, expandida o achatada, de 6 cm o menos de largo 4

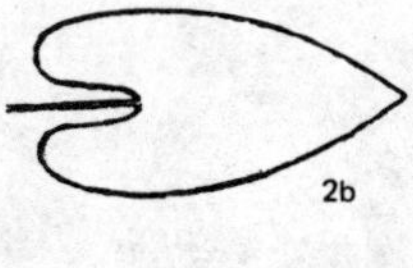
2b

LAMINA 49: ARISTOLOCHIACEAE

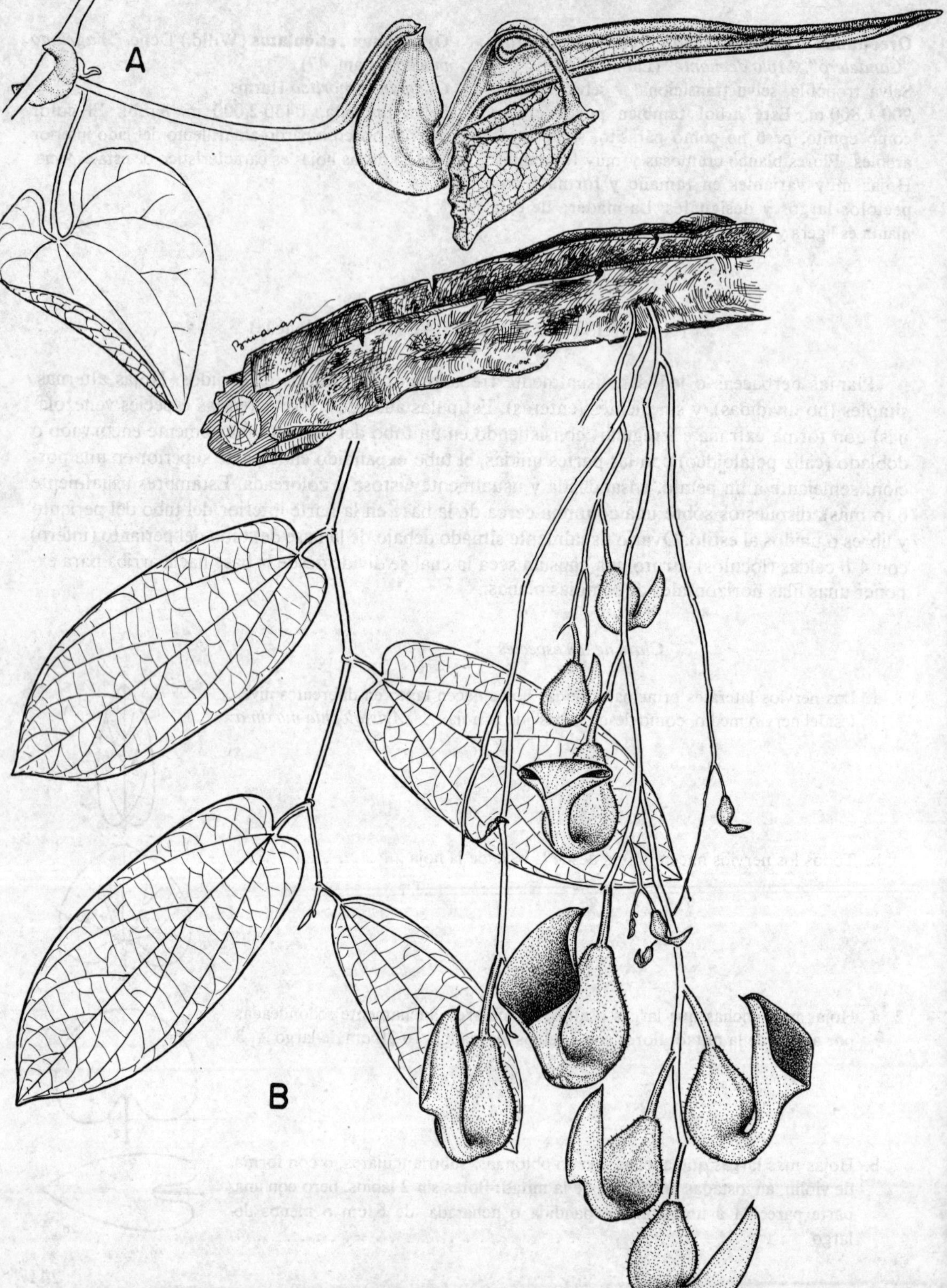

A. Aristolochia ringens.–*B. Aristolochia maxima.*

3. a. Apice de la hoja ampliamente redondeado; labio superior de la flor, lineal, angostamente alargado, 2-3 cm de ancho . . . . *Aristolochia ringens*

b. Apice de la hoja ligeramente puntiagudo; labio superior de la flor, orbicular y redondeado, 7-8 cm de ancho . . . . *Aristolochia hians*

4. a. La parte plana y ensanchada de la flor con forma de pétalo ampliamente oblonga u ovoidea, 3,5-6 cm de ancho . . . . *Aristolochia odoratissima*

b. La parte plana y ensanchada de la flor con forma de pétalo mucho más angosta y con forma de espátula o lanza, 0,8-1,5 cm de ancho . . . *Aristolochia rugosa*

Aristolochia hians Willd.
Selva veranera, matorrales y lugares abiertos, 800-1.000 m.

Aristolochia maxima L. *"Guaco" "Flor de calico"* (Lám. 49, B)
Selva tropófila y selva nublada, hasta 900 m de altitud, vertiente norte. La inflorescencia ramificada y con numerosas flores, puede nacer de la base de la planta, separada del tallo con hojas o a lo largo de este mismo tallo. Flores 7-8 cm de largo, de color lavanda-marrón por fuera, castaño-amarillo por dentro, con manchas marrón oscuro y púrpura. Las raíces son apreciadas por sus propiedades medicinales.

Aristolochia odoratissima L.
Aristolochia odoratissima var. *pandurata* (Jacq.) Hoehne
Aristolochia pandurata Jacq.
Selva veranera, 800-1.000 m. Flores de color púrpura y amarillo.

Aristolochia ringens Vahl (Lám. 49, A)
Selva veranera y matorrales, hasta 900 m de altitud. Flores alargadas, de color amarillo-verdoso y marrón, tienen un apéndice alargado y angosto de 16-20 cm de largo. Flores con olor desagradable.

Aristolochia rugosa Lam.
Aristolochia barbata Jacq.
Aristolochia dictyantha Duchr.
Aristolochia dictyantha var. β *schomburgkii* (Kl.) Duchr.
Aristolochia eurystoma Duchr. var. *microphylla* Duchr.
Matorrales, lugares abiertos y al borde de la selva, selva transicional y selva veranera, 800-1.000 m.

Fam. ASCLEPIADACEAE (Dicotyledoneae)
(por Gilberto Morillo)

Hierbas erectas, plantas trepadoras o rastreras, herbáceas o leñosas; generalmente con jugo lechoso (látex). Hojas opuestas o verticiladas, simples y enteras, con nervios pinnados, rara vez ausentes. Flores generalmente pequeñas o medianas, pocas veces grandes, con estructura compleja, el cáliz y la corola 5-partidos; la corola por lo general con un tubo más corto que los lóbulos. Estambres generalmente unidos entre sí formando una estructura central llamada "ginostegio" y el polen agrupado en masas llamadas "polinios". La base de la corola o el ginostegio con apéndices carnosos o membranosos que forman la "corona". Pistilo bicarpelar rodeado por el ginostegio. Fruto seco, alargado o esférico, que se abre en la madurez para exponer las semillas, las cuales son aplanadas y por lo general con un penacho de pelos blancos en uno de sus extremos.

Clave de los géneros y especies

1. a. Plantas erectas 2

b. Plantas trepadoras o rastreras 3

2. a. Tallos blanco-verdosos, con numerosos pelos blancos notables a simple vista; pétalos de color blanco o crema; fruto inflado, esférico, con espinas flexibles y largas en la superficie . . . . *Gomphocarpus fruticosus*

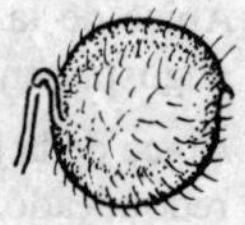
2a

b. Tallos y parte superior de los pecíolos color morado-marrón o marrón-rojizo hasta verdes, con pelos dispersos claramente visibles sólo bajo la lupa; pétalos de color rojo o anaranjado; fruto alargado, con superficie lisa . . . . . *Asclepias curassavica*

2b

3. a. Base de la hoja corta o profundamente acorazonada; hojas con pelos numerosos al menos en una cara 4

3a

b. Base de la hoja encorvada (obtusa), redonda, aguda o en forma de cuña; hojas con o sin pelos 14

3b

4. a. Hojas adultas sin pelos o con pocos pelos blancos dispersos (usar lupa) . . 5

b. Hojas adultas por lo general con numerosos pelos al menos en una cara (a simple vista o usar lupa) 7

5. a. Hojas adultas grandes, mayores de 10 cm de largo, 7 cm de ancho, con 6 a 12 glándulas en la base de la cara superior; flores de color rojo oscuro; frutos grandes, de 10-23 cm de largo, lisos . . . . *Marsdenia macrophylla*

b. Hojas adultas pequeñas o medianas, generalmente menores de 10 cm de largo, 7 cm de ancho, con 4-5 glándulas en la cara superior; flores de color blanco, crema o verde; frutos relativamente pequeños, menores de 8 cm de largo, alargados o lisos 6

6. a. Tallos (al menos los jóvenes) con pelos gruesos de color amarillo o amarillo-rojizo, rara vez grises; base de la hoja por lo general claramente acorazonada, con un seno de 2 mm de profundidad o mayor; inflorescencia con pocas flores (2-4) de color verde; frutos con prominencias en forma de alas . . . . *Matelea viridiflora*

b. Tallos sin pelos o con pelos finos de color blanco; hoja inconspicuamente acorazonada, con un seno (cavidad) no mayor de 1 mm de profundidad; inflorescencia con numerosas flores (7-12) de color blanco o crema; frutos lisos . . . . *Sarcostemma clausum*

7. (4.b)

a. Tallos con pelos gruesos de color amarillo, amarillo-rojizo o marrón-amarillento, los pelos generalmente notables a simple vista pero en todo caso conspicuos a través de la lupa; flores de color verde oscuro, verde combinado con crema, marrón o anaranjado; frutos alados 8

b. Tallos sin pelos o con pelos finos generalmente blancos o grises, poco notables a simple vista; flores de color castaño, rojo oscuro, crema o blanco-verdosas; frutos lisos 12

8. a. Hojas adultas por lo general más de 4 veces más largas que los pecíolos; tallos adultos y pecíolo con pelos medianos o largos (1-2,5 mm de largo), conspicuos a simple vista; flor en forma de campana 9

b. Hojas adultas por lo general menos de 4 veces más largas que los pecíolos; tallos adultos y pecíolos con pelos generalmente cortos o medianos (hasta 1 mm de largo), en general visibles sin la lupa pero poco conspicuos; flor en forma de rueda 10

9. a. Segmentos exteriores de la flor (sépalos) grandes, mayores de 8 mm de largo, 3 mm de ancho; flor de 1,5 cm de diámetro o mayor, con pétalos anaranjados o marrones; frutos cubiertos por pelos largos (1-2,5 mm de largo), conspicuos a simple vista; plantas de los matorrales, márgenes de los caminos y de la selva tropófila y transicional, generalmente por debajo de los 1.200 m sobre el nivel del mar . . . . *Matelea trianae*

b. Segmentos exteriores de la flor (sépalos) pequeños, menores de 5 mm de largo, 2 mm de ancho; flor hasta 1 cm de diámetro, con pétalos de color verde o verde y cremoso; fruto con pelos pequeños (menores de 1 mm de largo), por lo general inconspicuos a simple vista; plantas de la selva nublada, generalmente por arriba de los 1.700 m sobre el nivel del mar . . . . . *Matelea humboldtiana*

10. a. Base interna de la flor con un anillo carnoso con numerosos pelos largos y conspicuos; pétalos verdes y lisos en la base, amarillentos y rugosos en el ápice . . . . *Gonolobus lasiostomus*

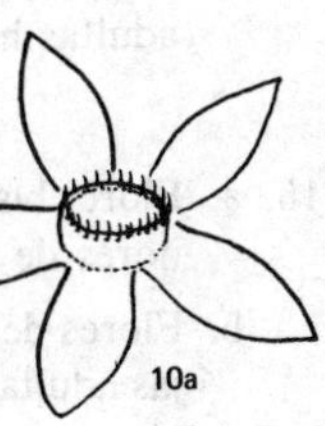

10a

b. Base interna de la flor con un anillo carnoso sin pelos o con pelos cortos e inconspicuos; pétalos de color verde, verde-cremosos o cremosos, completamente lisos o ligeramente rugosos en el ápice 11

11. a. Segmentos exteriores de la flor (sépalos) largos (7-12 mm de largo), con pocos pelos en el centro y la base de la superficie externa; flor 3,5-5,5 cm de diámetro; pétalos largos (11-25 mm de largo) agudos en el ápice, color verde oscuro . . . . *Gonolobus riparius*

b. Segmentos exteriores de la flor (sépalos) cortos (3,5-4 mm de largo) con numerosos pelos en toda la superficie externa; flor ca. 2 cm de diámetro; pétalos cortos (7 mm de largo), redondeados en el ápice, de color cremoso o una combinación de verde y crema . . . . *Gonolobus* sp.

12. (7.b)

a. Tallos adultos delgados, con pelos numerosos a lo largo de los entrenudos y los nudos (con frecuencia notables a simple vista); hojas adultas pequeñas o medianas, generalmente menores de 10 cm de largo y 7 cm de ancho; inflorescencia con pocas flores (2-4) de color crema o blanco-verdoso . . . *Oxypetalum cordifolium*

b. Tallos adultos gruesos, con entrenudos sin pelos y los nudos con algunos pelos finos (por lo general sólo visibles bajo la lupa); hojas adultas generalmente mayores de 10 cm de largo, 7 cm de ancho; inflorescencia con muchas flores (10 o más) de color rojo oscuro o castaño 13

13. a. Hojas relativamente delgadas, membranosas, con 4-5 glándulas en la base de la cara superior; flores de color castaño . . . . . *Marsdenia naiguatensis*

b. Hojas más o menos gruesas, carnosas o coriáceas, con 6-12 glándulas en la base de la cara superior; flores de color rojo oscuro . . . . *Marsdenia macrophylla*

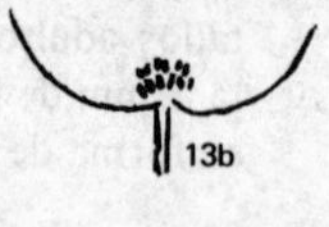

14. (3.b)

a. Hojas con numerosos pelos en las dos caras; tallos adultos con pelos numerosos y densos, claramente visibles a simple vista 15

b. Hojas sin pelos o con pelos en una sola cara; tallos adultos sin pelos o con pelos dispersos, en filas o agrupados en los nudos, por lo general sólo visibles bajo la lupa (pelos uniformemente distribuidos y con frecuencia notables a simple vista en *Cynanchum mucronatum*) 16

15. a. Tallos y hojas con pelos largos de color amarillo-rojizo o marrón-amarillento; hojas adultas mayores de 3,5 cm de ancho; las flores nacen de un eje mayor de 1 cm de largo . . . . *Matelea humboldtiana*

b. Tallos y hojas con pelos cortos de color blanco o gris-amarillento; hojas adultas hasta 3,2 cm de ancho; las flores nacen casi directamente del tallo *Ditassa oxyphylla*

16. a. Flores blancas; hojas adultas menores de 4 cm de ancho y generalmente menores de 8 cm de largo 17

b. Flores de color rojo, negro o una combinación de verde claro y marrón; hojas adultas generalmente mayores de 4 cm de ancho, 8 cm de largo 22

17. a. Hojas casi sésiles y muy angostas, con pecíolos de 0,1 cm de largo y limbo menor de 0,2 cm de ancho . . . . *Cynanchum cassythoides*

b. Hojas corta hasta largamente pecioladas y más anchas que en el caso anterior; pecíolos 0,3 cm de largo o mayores y limbo mayor de 0,4 cm de ancho 18

18. a. Hojas conspicuamente ensanchadas en los 2/3 a 3/4 basales y abruptamente angostadas en el tercio o cuarto apical, formando una prolongación 0,7-1,4 cm de largo . . . . *Cynanchum manarae*

b. Hojas sin una abrupta diferencia entre el ancho de la base y el ápice; el ápice gradualmente aguzado, obtuso o truncado 19

19. a. Línea entre la base de los ejes que soportan a las hojas (interpeciolar) generalmente bien definida, con 3 o más pequeños apéndices (estípulas) a cada lado del nudo; tallos y con frecuencia las hojas (al menos una cara) de color marrón claro, marrón oscuro o negro cuando secos; hojas generalmente persistentes 20

b. Línea entre la base de los ejes que soportan las hojas (interpeciolar) ausente o poco diferenciada, con 2 pequeños apéndices (estípulas) a cada lado del nudo; tallos y hojas de color verde claro o verde oscuro cuando secos; hojas con frecuencia tempranamente caducas 21

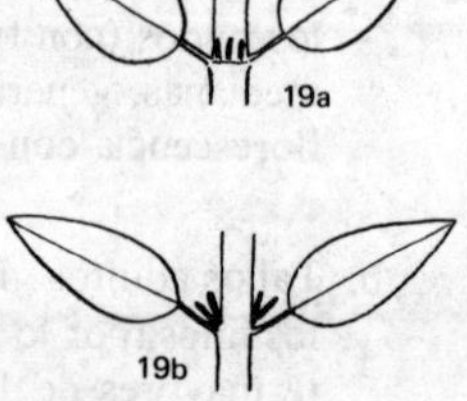

20. a. Tallos sin pelos; nudos de los tallos conspicuamente engrosados, con apéndices (estípulas) largos (0,5-0,8 mm de largo) en forma de espina; hojas adultas mayores de 4 cm de largo; flores 1,0-1,3 cm de diámetro . . . . *Blepharodon mucronatum*

b. Tallos generalmente cubiertos con pelos cortos y numerosos; nudos de los tallos ligeramente engrosados, con apéndices (estípulas) triangulares cortos (hasta 0,5 mm de largo); hojas adultas menores de 3,5 cm de largo; flores hasta 0,4 cm de diámetro . . . . *Cynanchum mucronatum*

21. a. Flores pequeñas hasta 0,6 cm de diámetro, que nacen directamente de los tallos; hojas con 4-6 pares de nervios laterales, generalmente separados entre sí por más de 0,8 cm; plantas de la selva nublada virgen . . . . . *Cynanchum beatricis*

b. Flores medianas, 1 cm de diámetro o mayores, nacen de un eje (pedúnculo) mayor de 3 cm de largo; hojas con 7-12 pares de nervios laterales, generalmente separados entre sí por menos de 0,5 cm; plantas comunes en matorrales, márgenes de carreteras y caminos y en general en lugares con vegetación secundaria . . . . *Sarcostemma clausum*

22. (16.b)

a. Cara inferior de la hoja aterciopelada, con numerosos pelos densamente agrupados, con frecuencia notables a simple vista . . *Marsdenia macrophylla*

b. Cara inferior de la hoja no aterciopelada, sin pelos o con pelos cortos dispersos, visibles bajo la lupa 23

23. a. Inflorescencia con 1 sola flor bien desarrollada (rara vez 2); flores grandes (2,8-3,2 cm de diámetro) en forma de rueda; pétalos verdes con conspicuos nervios de color marrón 24

b. Inflorescencia con varias flores en igual estado de desarrollo; flores pequeñas o medianas (menores de 1,5 cm de diámetro), en forma de campana; pétalos uniformemente rojos o negros, con nervios inconspicuos 25

24. a. Cara inferior de la hoja generalmente cubierta por pelos cortos, visibles bajo la lupa; eje de la inflorescencia (pedúnculo) generalmente largo (2,5-8,0 cm de largo); segmentos externos de la flor (sépalos) alargados, 0,7-1,1 cm de largo, 0,3-0,5 cm de ancho . . . . *Matelea manarae*

b. Cara inferior de la hoja sin pelos; eje de la inflorescencia generalmente corto, 0,3-0,8 cm de largo; segmentos exteriores de la flor (sépalos) redondeados, 0,55-0,65 cm de largo, 0,5-0,65 cm de ancho . . . . . *Matelea costanensis*

25. a. Parte inferior del eje que soporta la hoja (peciolo) en forma de quilla; flores pequeñas, hasta 0,6 cm de diámetro; pétalos menos de 2,5 mm de largo . . . *Marsdenia beatricis*

b. Parte inferior del peciolo redondeada; flores medianas, 0,8 cm de diámetro o mayores; pétalos más de 3 mm de largo 26

26. a. Tallos y peciolo sin pelos; hojas con la base aguda, subaguda o en forma de cuña (cuneadas) y con 3-6 glándulas en la cara superior; flores de color negro . . . . *Marsdenia manarae*

b. Tallos jóvenes, peciolos y con frecuencia los nudos de los tallos adultos con pelos finos de color marrón claro (visjbles bajo la lupa); hojas con la base anchamente obtusa o redondeada y con 6-12 glándulas en la cara superior; flores de color rojo oscuro . . . . *Marsdenia macrophylla*

Asclepias curassavica L. *"Coralito", "Camburito", "Desdicha", "Flor de duende", "Leche de sapo", "Mabita", "Raíz de ofidio", "Yunquillo"* (Lám. 50, D)
Común en lugares abiertos, márgenes de quebradas y con frecuencia en lugares donde la vegetación original ha sido alterada. Hierba. Las raíces cocidas se han empleado en el tratamiento de la lepra y también como purgativo y astringente. La raíz seca es vomitiva y además se usa en enfermedades de la piel de origen venéreo. El látex contiene varios glucósidos venenosos para algunos animales y para el hombre.

Blepharodon mucronatum (Schlecht.) Decne. *"Orosul de beber"*
Común en los matorrales y en la selva decidua; menos frecuente en la selva transicional, 100-1.400 m. Trepadora.

Cynanchum beatricis Morillo
Selva nublada, 1.000-1.500 m. Rara. Trepadora.

Cynanchum cassythoides Suesseng.
Selva nublada, 1.800-2.000 m. Rara. Trepadora.

Cynanchum manarae Morillo (Lám. 51, C)
Selva nublada, vertiente sur, 1.600 m. Rara. Trepadora.

Cynanchum mucronatum H.B.K. (Lám. 51, E)
Metastelma mucronatum (H.B.K.) Dcne
Frecuente. Desde la selva nublada (vertiente norte) hasta el subpáramo, 1.000-2.500 m. Flores con olor dulce. Trepadora.

Ditassa oxyphylla Turcz.
Frecuente en la selva veranera y transicional, también en matorrales, 0-1.200 m. Trepadora.

Gomphocarpus fruticosus R. Br. *"Algodón de jardín", "Bolas de toro"* (Lám. 50, E)
Nativa de Africa y a veces cultivada como planta ornamental. Frútice poco leñoso en la base.

Gonolobus lasiostomus Decne *"Lecherote"* (Lámina 51, A)
Común en selva transicional, 500-1.400 m. Flores con olor fétido. Trepadora.

Gonolobus riparius H.B.K.
Selva transicional y nublada, 900-1.500 m. Trepadora.

Gonolobus sp. (Lám. 50, B)
Selva nublada, 1.000-1.500 m. Trepadora.

Marsdenia beatricis Morillo
Selva tropófila y transicional, 700-800 m. Trepadora.

Marsdenia macrophylla (H.B.K.) Fourn. *"Orosul"*
Frecuentemente encontrada en matorrales, selva tropófila y transicional, rara vez en selva nublada, 0-1.200 m. Trepadora.

Marsdenia manarae Morillo (Lám. 51, D)
Selva nublada, 900-1.400 m. Trepadora.

Marsdenia naiguatensis Morillo
Selva nublada (vertiente norte), 800-1.000 m. Trepadora.

Matelea costanensis Morillo
Selva nublada y transicional, 800-1.000 m. Trepadora.

Matelea humboldtiana Spellman & Morillo
Lachnostoma tigrinum H.B.K.
Selva nublada y subpáramo, 1.700-2.500 m. Trepadora.

Matelea manarae Morillo (Lám. 50, C)
Selva nublada, 1.400-2.100 m. Trepadora.

Matelea trianae (Dcne. ex Triana) Spellman (Lámina 50, A)
Macroscepis trianae Dcne. ex Triana
Frecuente en la selva húmeda con alta temperatura, matorrales y quebradas de selva transicional, 200-1.100 m. Trepadora.

Matelea viridiflora (Meyer) Woodson (Lám. 51, B)
Matorrales, selva húmeda macrotérmica, selva transicional, 0-1.200 m. Trepadora.

Oxypetalum cordifolium (Vent) Schlechter. *"Bejuco de estrella"*
Matorrales secos hasta selva nublada, pero es más frecuente en la selva transicional y nublada, 200-2.000 m. Trepadora. Apreciada como medicinal.

Sarcostemma clausum (Jacq.) Roem. & Schult. *"Bejuco del diablo", "Bejuco de leche", "Flor de seda", "Bejuco de playa", "Bejuco de ajo"*
Frecuente en matorrales secos, sabanas, márgenes de los caminos y en general en lugares con vegetación secundaria, 0-1.100 m. Trepadora. El látex se emplea para combatir irritación de los ojos.

LAMINA 50: ASCLEPIADACEAE

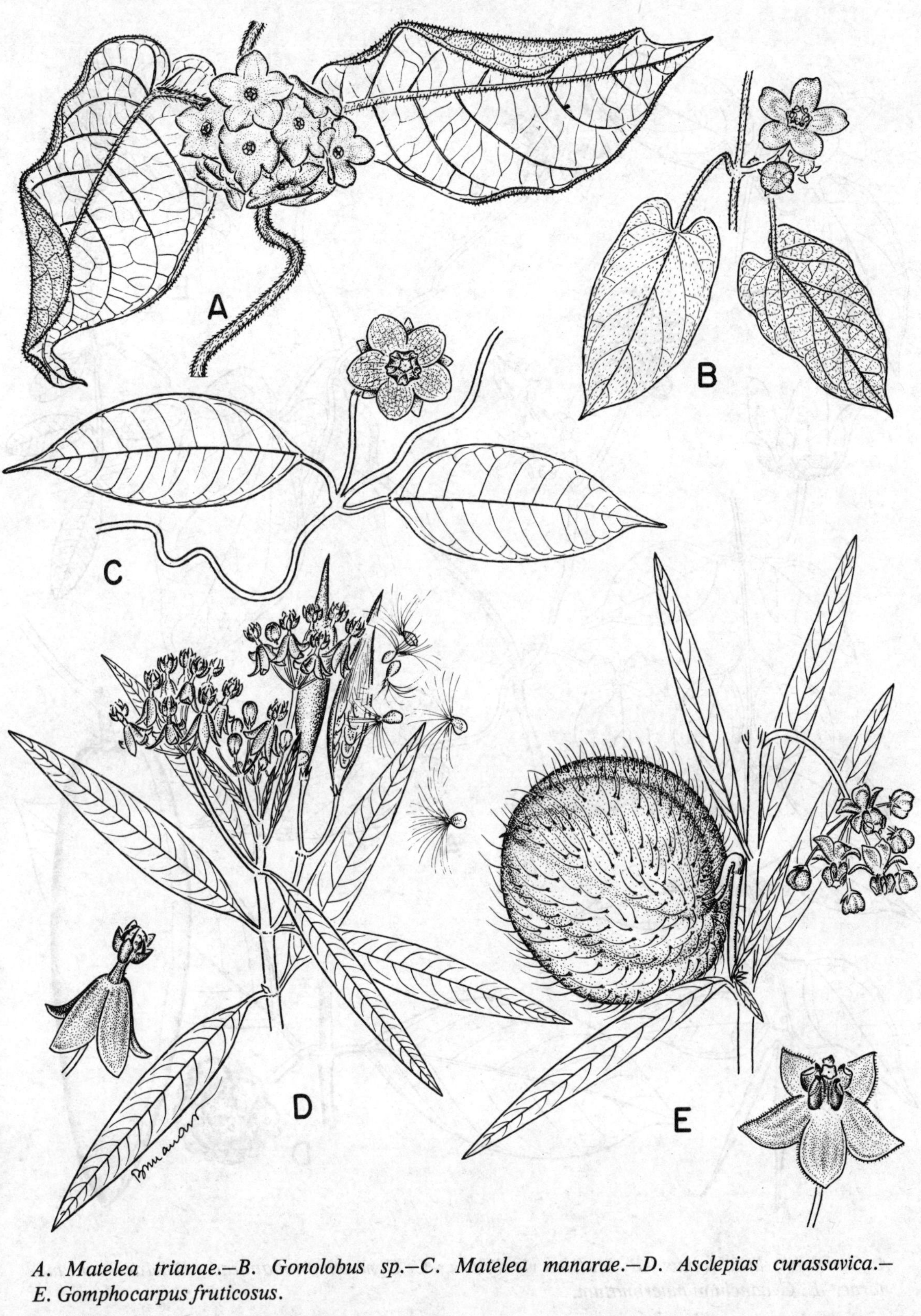

A. Matelea trianae.–B. Gonolobus sp.–C. Matelea manarae.–D. Asclepias curassavica.–E. Gomphocarpus fruticosus.

LAMINA 51: ASCLEPIADACEAE

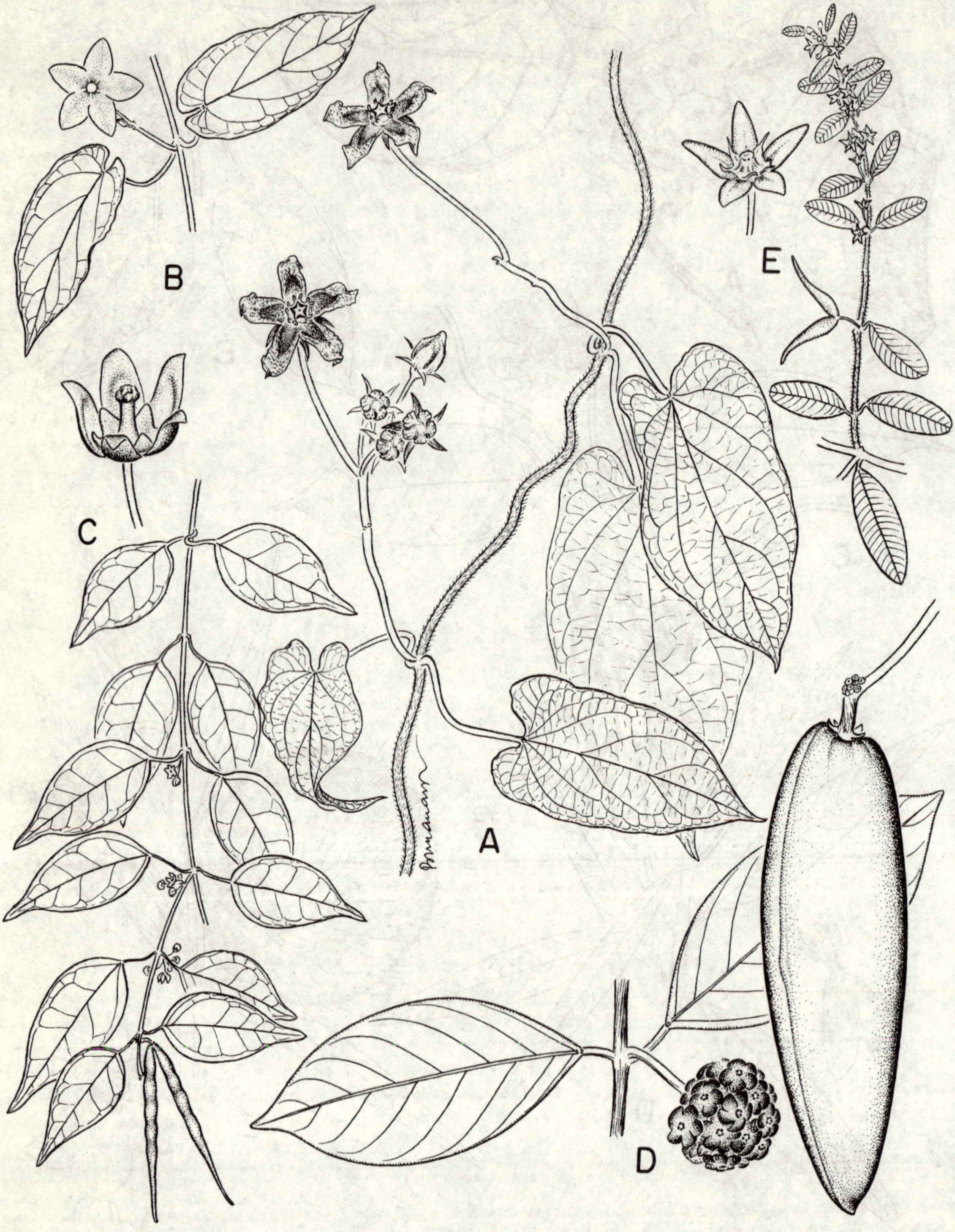

A. Gonolobus lasiostomus.–B. Matelea viridiflora.–C. Cynanchum manarae.–D. Marsdenia manarae.–E. Cynanchum mucronatum.

Fam. **BALANOPHORACEAE** (Dicotyledoneae)

Plantas de tamaño reducido, pardas o color amarillo-marrón, parásitas, crecen sobre raíces de otras plantas (p. ej. *Inga edulis*). Sin hojas verdes. Plantas con aspecto de hongos o con estructura de color similar, con un tallo no ramificado, carnoso, el cual sostiene una porción llena de flores pequeñas, densamente agrupadas, de un solo sexo (masculinas o femeninas). Las flores masculinas con o sin perianto (porción parecida a una flor). El perianto, cuando presente, tiene 3-8 lóbulos. Estambres de las flores masculinas 1-8. Flores femeninas con 2 labios, tubulares o ausentes. Ovario situado por debajo de las partes del perianto (ínfero). Fruto en forma de nuez.

Langsdorffia hypogaea Mart. (Lám. 52, A)
Langsdorffia moritziana Karsten
Selva nublada, 1.200-2.000 m. Las flores femeninas dispuestas densamente agrupadas sobre una estructura semicircular que nace desde un eje grueso, mientras que las masculinas están dispuestas en cabezuelas separadas sobre ejes alargados uno encima del otro, verticalmente a lo largo de un eje alargado y engrosado. Tallos cubiertos por escamas marrones, sobrepuestas y apretadas. Cada cabezuela de flores cubierta por numerosas brácteas gruesas, marrones, color caoba hasta rojo coral, las cuales encierran un eje vertical y grueso que sostiene numerosas y diminutas flores masculinas o femeninas. Partes de la planta que semejan pétalos, encerradas por brácteas gruesas, marrón-rojizas o rojo coral opaco. Estambres amarillentos o cremosos. Los tallos que se encuentran debajo de las escamas tienen una cubierta de pelos.

Fam. **BALSAMINACEAE** (Dicotyledoneae)

Plantas herbáceas, con tallos blandos. Hojas simples, usualmente alternas (en la especie presente en Venezuela), raramente opuestas o verticiladas. Flores generalmente vistosas por su coloración intensa, constituidas por 3, raras veces 5 sépalos, de los cuales uno es semejante a un pétalo y se prolonga hacia abajo formando una espuela alargada; 5 pétalos desiguales (a veces 3 debido a uniones entre ellos). Estambres 5. Ovario situado arriba de la base de las otras partes florales (súpero), constituido por 5 celdas (lóculos).

Impatiens sultanii Hook. f. *"Coqueta", "Niña bonita"* (Lám. 52, B)
Planta introducida de Africa, naturalizada en áreas arbustivas y en sitios húmedos y sombreados, a 1.500 m. Hierba con tallos algo carnosos, hasta 0,5 m de alto, frecuentemente cultivada en jardines. Las flores son generalmente de color rosado intenso, rosado pálido, rojo o blanco.

LAMINA 52: BALANOPHORACEAE; BALSAMINACEAE

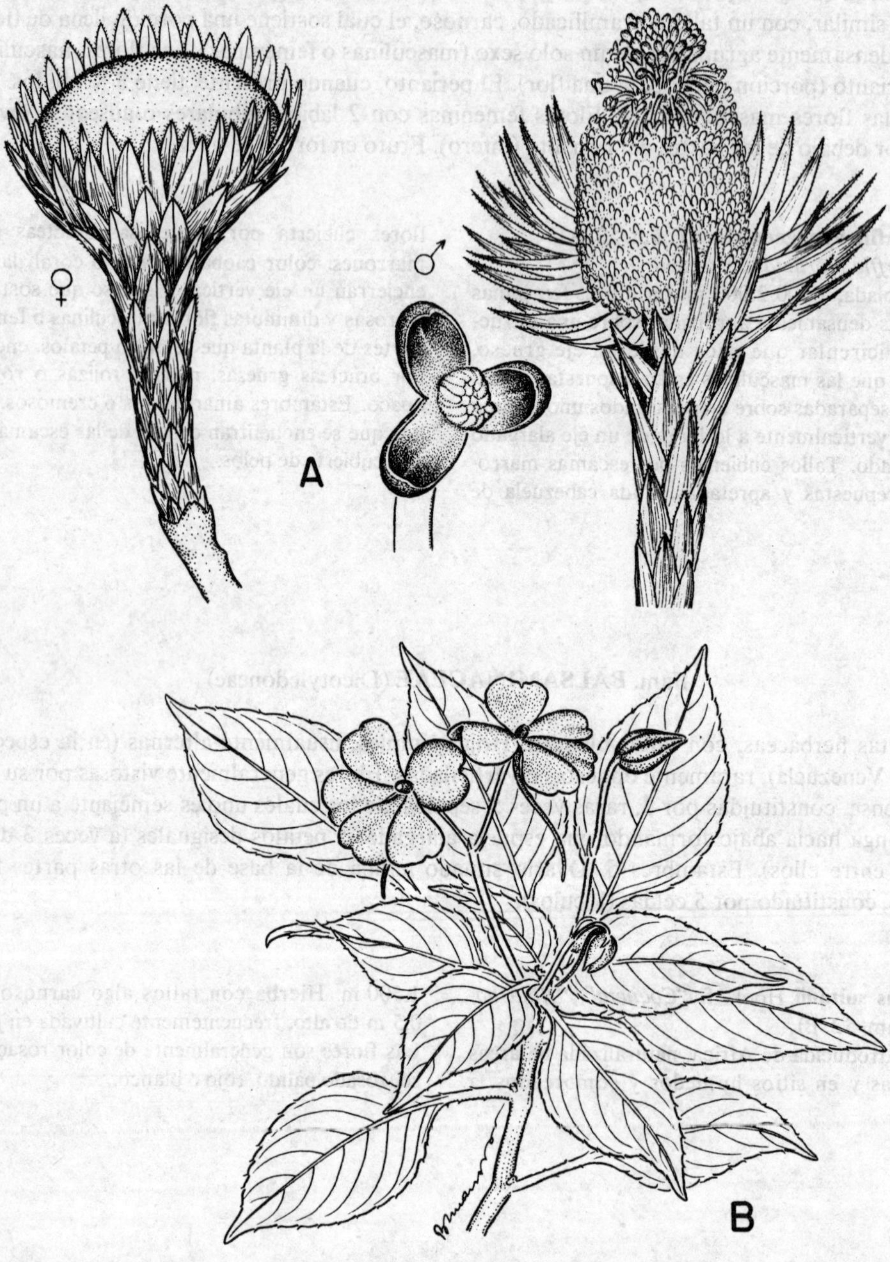

A. Langsdorffia hypogaea.—*B. Impatiens sultani.*

Fam. **BEGONIACEAE** (Dicotyledoneae)

Plantas herbáceas, con tallos blandos, generalmente carnosos o suculentos. Hojas carnosas, usualmente alternas y con frecuencia en dos filas, simples o lobuladas. Estípulas presentes, pero éstas caen temprano. Las flores femeninas y masculinas se encuentran separadas pero en la misma planta (monoica). Las flores masculinas usualmente tienen 4 partes que semejan pétalos (en dos pares) libres, 2 pétalos y 2 sépalos, y numerosos estambres. Las flores femeninas usualmente son menos vistosas y usualmente tienen 2-5 (hasta muchas) partes que semejan pétalos y generalmente 3 (también 2-5) estilos. Ovario situado debajo de las partes que semejan pétalos (ínfero). El fruto es una cápsula seca, frecuentemente alada, con muchas semillas.

Género único: BEGONIA.

Clave de las especies

1. a. Tallos trepadores . . . . *Begonia glabra*
   b. Tallos no trepadores 2
2. a. Hojas más anchas que largas . . . . *Begonia dichotoma*
   b. Hojas más largas que anchas 3
3. a. Hojas generalmente sin dientes (enteras) . . . . *Begonia fagopyroides*
   b. Hojas con dientes 4
4. a. Casi todas las hojas con forma de corazón y con una de las mitades basales más ancha que la otra 5
   b. Casi todas las hojas sin forma de corazón y con las dos mitades basales casi iguales y uniformes 6
5. a. Tallos y ejes que soportan las hojas (pecíolos) por lo general sin pelos . . . . *Begonia humilis*
   b. Tallos y pecíolos generalmente con pelos . . . . *Begonia scabrida*
6. a. Tallos y ejes que soportan las hojas (pecíolos) sin pelos o casi sin pelos . . . *Begonia guaduensis*
   b. Por lo menos la parte superior del tallo, al igual que los pecíolos con pelos . 7
7. a. Superficie de la hoja áspera y desigual, nervios formando una red elevada con el lado inferior (envés) de las hojas . . . . *Begonia buddleifolia*
   b. Superficie de la hoja diferente a como se indica arriba . . . *Begonia ulmifolia*

Begonia buddleifolia A. DC.
Begonia pilderia DC.
Selva veranera, 1.100 m. Sobre rocas. Tallos de color ladrillo. Pétalos blancos.

Begonia dichotoma Jacq.
Selva nublada, 900-1.500 m. Hierba de 1-2 m de alto. Flores numerosas, pequeñas, de color blanco o con manchas rosado claro, dispuestas sobre una inflorescencia ancha y plana en el ápice del tallo.

Begonia fagopyroides Kunth & Bouché
Selva nublada, vertiente norte, 1.500-1.650 m. Tallos extendidos, de hasta por lo menos 1 m de largo, con articulaciones de color marrón-rojizo. Hojas de color verde oscuro y oblicuamente dobladas sobre el pecíolo.

Begonia glabra Aubl.
Selva nublada, vertiente norte, 900 m. Hojas carnosas, suculentas, muy atractivas.

LAMINA 53: BEGONIACEAE

A. Begonia ulmifolia.–B. Begonia guaduensis.–C. Begonia humilis.

LAMINA 54: BERBERIDACEAE

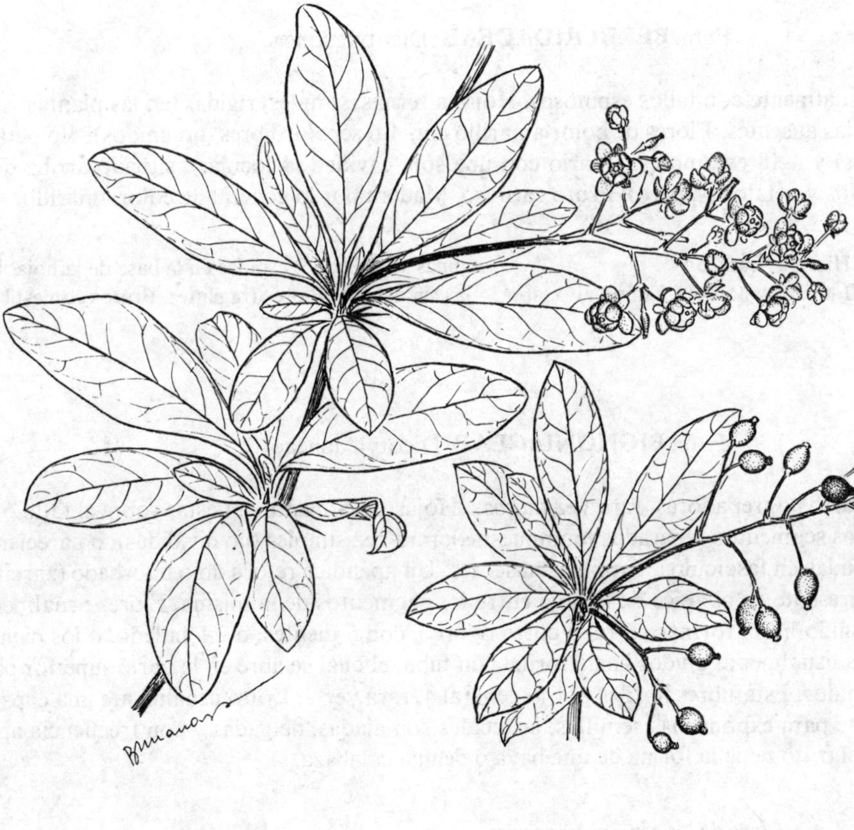

Berberis vitellina.

Begonia guaduensis H.B.K. (Lám. 53, B)
Begonia ottonis Walp.
Begonia kunthiana Walp.
Selva nublada, vertiente norte, 900-1.000 m. Tallos de 1 m de alto.

Begonia humilis Ait. (Lám. 53, C)
Selva transicional y selva nublada, 900 m, vertiente norte.

Begonia scabrida A. DC.
Subpáramo, 2.000 m.

Begonia ulmifolia Willd. (Lám. 53, A)
Laderas boscosas y rocosas, usualmente sobre márgenes rocosos, selva tropófila, 700-1.200 m. Tallos de color ladrillo o marrón opaco al igual que las brácteas de las flores. El tallo varía entre 0,5-1 m de alto, pero puede ser más alto cuando es cultivado. Hojas por lo general fuertemente nervadas.

Fam. **BERBERIDACEAE** (Dicotyledoneae)

Arbustos, usualmente con tallos espinosos. Hojas alternas, simples, rígidas (en las plantas venezolanas). Estípulas ausentes. Flores de color amarillo con 4-6 sépalos libres (no unidos), 4-6 pétalos libres (no unidos) y 4-18 estambres. Ovario con una sola cavidad (1-locular), situado arriba de la base de los sépalos y pétalos (súpero). Fruto carnoso. Madera por lo general de color amarillo.

Berberis vitellina Hieron. (Lám. 54)
Subpáramo, 2.200 m. Arbusto de 1-2 m de alto, algunas veces con 2 espinas en la base de la hoja. Hojas sin dientes. Flores fragantes. Frutos comestibles.

Fam. **BIGNONIACEAE** (Dicotyledoneae)

Arboles, arbustos o trepadoras, rara vez hierbas. Hojas usualmente opuestas sobre el tallo o divididas en 2 o más segmentos separados (compuestas), rara vez simples (no divididas), o pareciendo alternas o agrupadas en fascículos. Estípulas ausentes. Un apéndice retorcido o bifurcado (zarcillo) con frecuencia presente en el ápice de la hoja entre los segmentos de la misma. Flores usualmente vistosas. Cáliz unido hasta formar un tubo corto o largo, con 5 dientes, o 2-lobulado, o los dientes ausentes. Pétalos usualmente unidos hasta formar un tubo, el cual se abre en la parte superior para dividirse en 5 lóbulos. Estambres fértiles por lo general 4, rara vez 2. Fruto usualmente una cápsula seca que se divide para exponer las semillas, las cuales son aladas, delgadas y con frecuencia aplanadas; rara vez el fruto tiene la forma de una baya o de una calabaza.

Clave de los géneros y especies

1. a. Arboles y arbustos 2
   b. Trepadoras 6

2. a. Hojas simples, o alternamente dispuestas sobre el tallo o en grupos o en fascículos dispuestos a lo largo de las ramas 3

2a

b. Hojas divididas en varios hasta muchos segmentos separados (folíolos) . . . 4

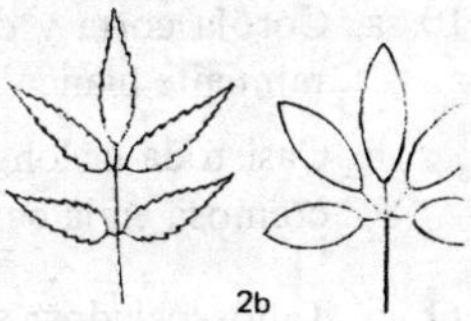
2b

3. a. Hojas dispuestas alternamente sobre el tallo . . . . *Amphitecna latifolia*

b. Hojas dispuestas en grupos o fascículos . . . . *Crescentia cujete*

4. a. Hojas divididas en numerosos (más de 20) segmentos separados (folíolos) pequeños . . . . *Jacaranda mimosifolia*

b. Hojas divididas en 5-9 folíolos separados 5

5. a. Hojas con un folíolo apical y los otros naciendo lateralmente del eje de la hoja (raquis) (imparipinadas) . . . . *Tecoma stans*

5a

b. Todos los segmentos de la hoja nacen en el ápice del eje (pecíolo de la hoja (palmadamente compuestas) . . . . *Tabebuia chrysantha*

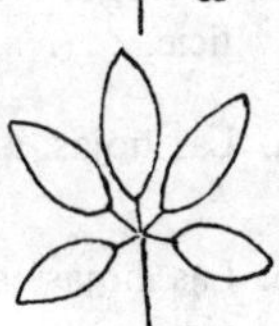
5b

6. (1.b)

a. Ramitas hexagonales; corola sin forma de embudo, con la parte abierta superior (boca) casi cerrada por 2 lóbulos principales; cáliz semejante a un anillo extendido con los márgenes ondulados . . *Amphilophium paniculatum*

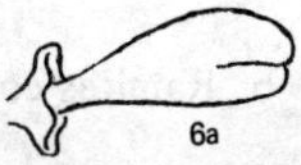
6a

b. Ramitas redondas o cuadrangulares; corola en forma de embudo o trompeta; cáliz diferente a como se indica arriba 7

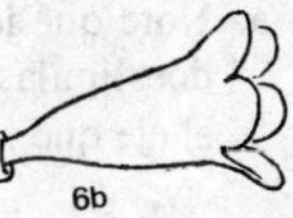
6b

7. a. Segmentos de las hojas conspicuamente blanquecinos en el lado inferior (envés) . . . . *Arrabidaea candicans*

b. Segmentos de la hoja inconspicuamente blanquecinos en el lado inferior . . 8

8. a. Cáliz conspicuamente dividido a lo largo de uno de los lados, con lados muy desiguales . . . . *Phryganocydia corymbosa*

8a

b. Cáliz más o menos regular o uniformemente cortado o apenas mostrando dientes o lóbulos 9

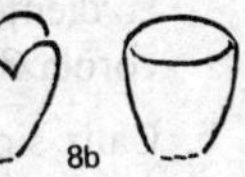
8b

9. a. Flores generalmente blancas, cremosas o amarillas pero con ausencia de los colores rosado-lavanda o purpúreo 10

b. Flores generalmente color lavanda, purpúreas o rosadas, pero si los colores blanco o amarillo están presentes, entonces éstos ocupan solamente una pequeña porción en la flor 14

10. a. Corola corta y densamente peluda sobre la superficie externa; corola generalmente blanca con amarillo por dentro . . . . *Lundia corymbifera*

b. Casi toda la longitud de la corola sin pelos; corola color amarillo pálido o cremosa en la base, el resto blanco o amarillo oro por todas partes 11

11. a. Tallos peludos; superficie inferior de la hoja rugosa, dispareja y con pelos *Anemopaegma rugosum*

b. Tallos sin pelos (glabros); hojas lisas y sin pelos 12

12. a. Zarcillos con 3 garfios prominentes e iguales . . . . *Macfadyena unguis-cati*

b. Zarcillos diferentes a como se indica arriba 13

13. a. Proyecciones semejantes a hojas (seudoestípulas) presentes en la base del eje que soporta la hoja (pecíolo); folíolos de las hojas 2-10 cm de largo, 1-6 cm de ancho; lóbulos de la corola de color cremoso, el resto de color amarillo pálido . . . . *Anemopaegma karstenii*

b. Proyecciones semejantes a hojas (seudoestípulas) ausentes, pero con estructuras rígidas, leñosas y puntiagudas en la base del pecíolo; folíolos 13-19 cm de largo, 6-9,5 cm de ancho; corola de color amarillo vivo en toda la superficie . . . . *Anemopaegma grandifolium*

14. a. Las hojas, al ser trituradas, desprenden un fuerte olor a cebolla o a ajo . . . *Pachyptera hymenaea*

b. Las hojas, al ser trituradas, no desprenden un fuerte olor a cebolla o a ajo 15

15. a. Ramitas cuadrangulares 16

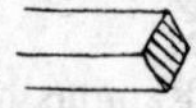
15a

b. Ramitas con lados curvos o redondeados 18

15b

16. a. Note que los fascículos de pequeñas estructuras rígidas y puntiagudas (seudoestípulas) están situadas generalmente en el tallo principal en la unión con el eje que soporta la hoja (pecíolo) o el eje que soporta a la inflorescencia . . *Clytostoma sciuripabalum*

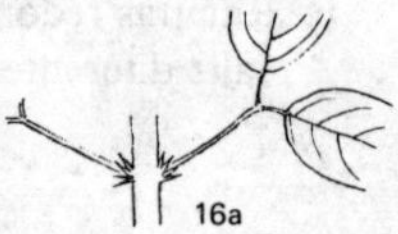
16a

b. Los fascículos que se describen arriba están ausentes 17

17. a. Proyecciones (estípulas) pequeñas conectadas a la base del eje que soporta la hoja (pecíolo) cerca del tallo . . . . *Cydista diversifolia*

b. Sin proyecciones conectadas a la base del pecíolo . . . *Cydista aequinoctialis*

18. a. Cáliz prominentemente costado con depresiones intermedias acanaladas, la superficie externa de apariencia algo verrugosa, con los bordes terminados en dientes conspicuamente puntiagudos; hojas divididas en 2 ó 3 segmentos; corola 8-9 cm de largo . . . . *Mansoa verrucifera*

b. Cáliz sin costillas ni canales, la superficie externa no verrugosa y los bordes terminan en proyecciones diminutas o lóbulos anchos y redondeados; hojas divididas usualmente en 3 segmentos; corola más pequeña, 2,5-4,6 cm de largo 19

19. a. Lado inferior de la hoja (envés) generalmente con pelos esparcidos; hojas usualmente angostadas en la base y con el ápice que termina en una punta

larga; cáliz densa y diminutamente pubescente (con pelos); corola menos de 2 cm de largo . . . . *Arrabidaea florida*

b. Envés de la hoja por lo general densamente peludo; hojas usualmente redondeadas en la base y con el ápice redondeado o terminando en una punta corta; cáliz esparcidamente peludo; corola generalmente 3-4,6 cm de largo *Arrabidaea corallina*

Amphilophium paniculatum (L.) H.B.K. var. **mollicomum** (Pittier) Gentry *"Pico de pato"* (Lám. 56, A)
Amphilophium mollicomum Pittier
Selva tropófila, 1.100-1.200 m. Trepadora con hojas generalmente divididas en 2 segmentos.

Amphitecna latifolia (Mill.) Gentry (Lám. 55, B)
Dendroides latifolius (Mill.) Gentry
Enallagma latifolia (Mill.) Small
Enallagma cucurbitina (L.) Baill. ex Schum.
Crescentia cuspidata Miers
Selva de galería, 900 m. Arbol pequeño hasta mediana con fruto grande y duro.

Anemopaegma karstenii Bur. & K. Schum.
Selva tropófila y selva transicional, 1.000-1.500 m. Trepadora con hojas de 2 ó 3 folíolos.

Anemopaegma grandifolium (Jacq.) Merrill & Sandw. (Lám. 57, A)
Selva tropófila, 1.200 m. Trepadora con flores grandes y de color amarillo brillante.

Anemopaegma rugosum (Schlecht.) Sprague (Lámina 57, B)
Selva transicional y nublada, 1.200-1.500 m. Trepadora con hojas con 2 ó 3 folíolos.

Arrabidaea candicans (L. Rich.) DC. (Lám. 59, A)
Selva tropófila y nublada, 1.000-1.800 m. Trepadora con hojas usualmente con 3 folíolos, algunas veces con 2.

Arrabidaea corallina (Jacq.) Sandw. (Lám. 55, A)
Bignonia corallina Jacq.
Selva tropófila y selva transicional, 1.000-1.500 m. Trepadora con hojas usualmente con 3 folíolos, algunas veces con 2.

Arrabidaea florida DC.
Selva nublada, vertiente norte, 1.000 m. Trepadora con hojas usualmente con 3 folíolos, algunas veces con 2.

Clytostoma sciuripabalum Bur. & K. Schum. (Lámina 56, C)
Selva nublada, vertiente norte y selva veranera, vertiente sur, 900-1.100 m. Trepadora con protuberancias diminutas, rígidas sobre el tallo, peculiares y muy características de esta especie.

Crescentia cujete L. *"Totumo", "Taparo", "Güire", "Cucharo"*
Arbol pequeño o mediano. Nativo de América Central y cultivado por su fruto de gran tamaño, redondeado y de corteza dura, el cual es usado como recipiente o simplemente como adorno casero. La pulpa se emplea como purgativo y ungüento para infecciones de la piel.

Cydista aequinoctialis (L.) Miers (Lám. 58, C)
Selva veranera, 900-1.000 m. Trepadora.

Cydista diversifolia (H.B.K.) Miers *"Bejuco de torsalo"* (Lám. 59, C)
Anemopaegma vargasianum DC.
Selva veranera, 900-1.000 m. Trepadora.

Jacaranda mimosifolia D. Don *"Guarupa"* (Lámina 58, B)
Nativa de Argentina. Arbol cultivado. Con grandes ramajes de flores vistosas de color azul-púrpura y hojas semejantes a helechos o encajes.

Lundia corymbifera (Vahl) Sandw. (Lám. 56, B)
Selva tropófila y transicional, 900-1.100 m. Hojas con 2 ó 3 folíolos. Esta trepadora es muy hermosa cuando tiene flores, las cuales son de color blanco y amarillo por dentro y están dispuestas en densas masas sobre las ramitas.

Macfadyena unguis-cati (L.) Gentry (Lám. 57, C)
Bignonia unguis-cati L.
Doxantha unguis-cati (L.) Miers
Selva veranera, 1.000-1.200 m. Trepadora alta, con flores de color amarillo intenso y muy vistosas.

Mansoa verrucifera (Schlecht.) Gentry
Bignonia verrucifera Schlecht.
Selva tropófila, 900-1.000 m. Trepadora con hojas de 2 ó 3 folíolos.

Pachyptera hymenaea (DC.) Gentry
Selva tropófila y transicional, 900-1.000 m. Trepadora. Hojas con los folíolos siempre en pares.

LAMINA 55: BIGNONIACEAE

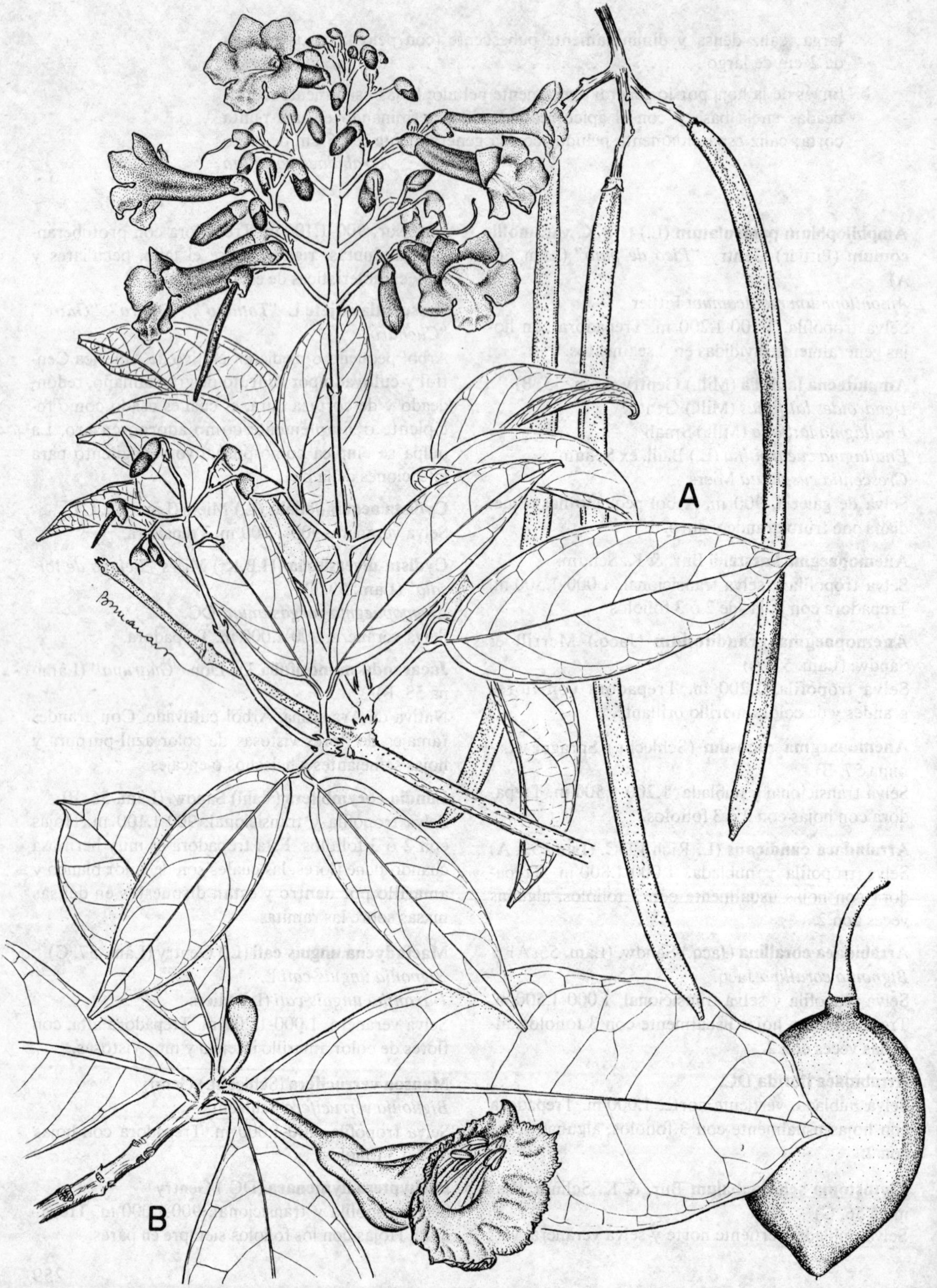

A. Arrabidaea corallina.—*B. Amphitecna latifolia.*

LAMINA 56: BIGNONIACEAE

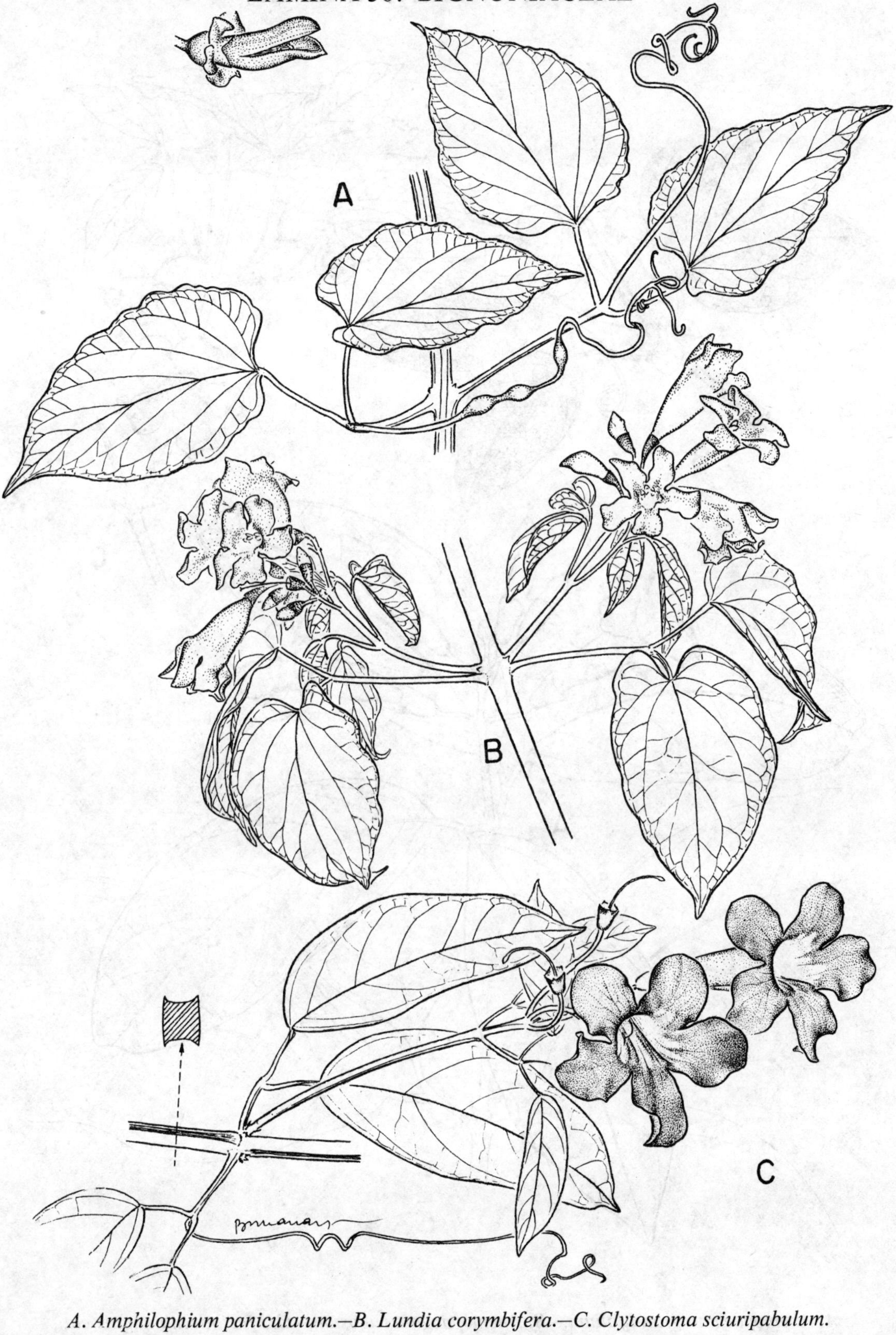

A. Amphilophium paniculatum.–B. Lundia corymbifera.–C. Clytostoma sciuripabulum.

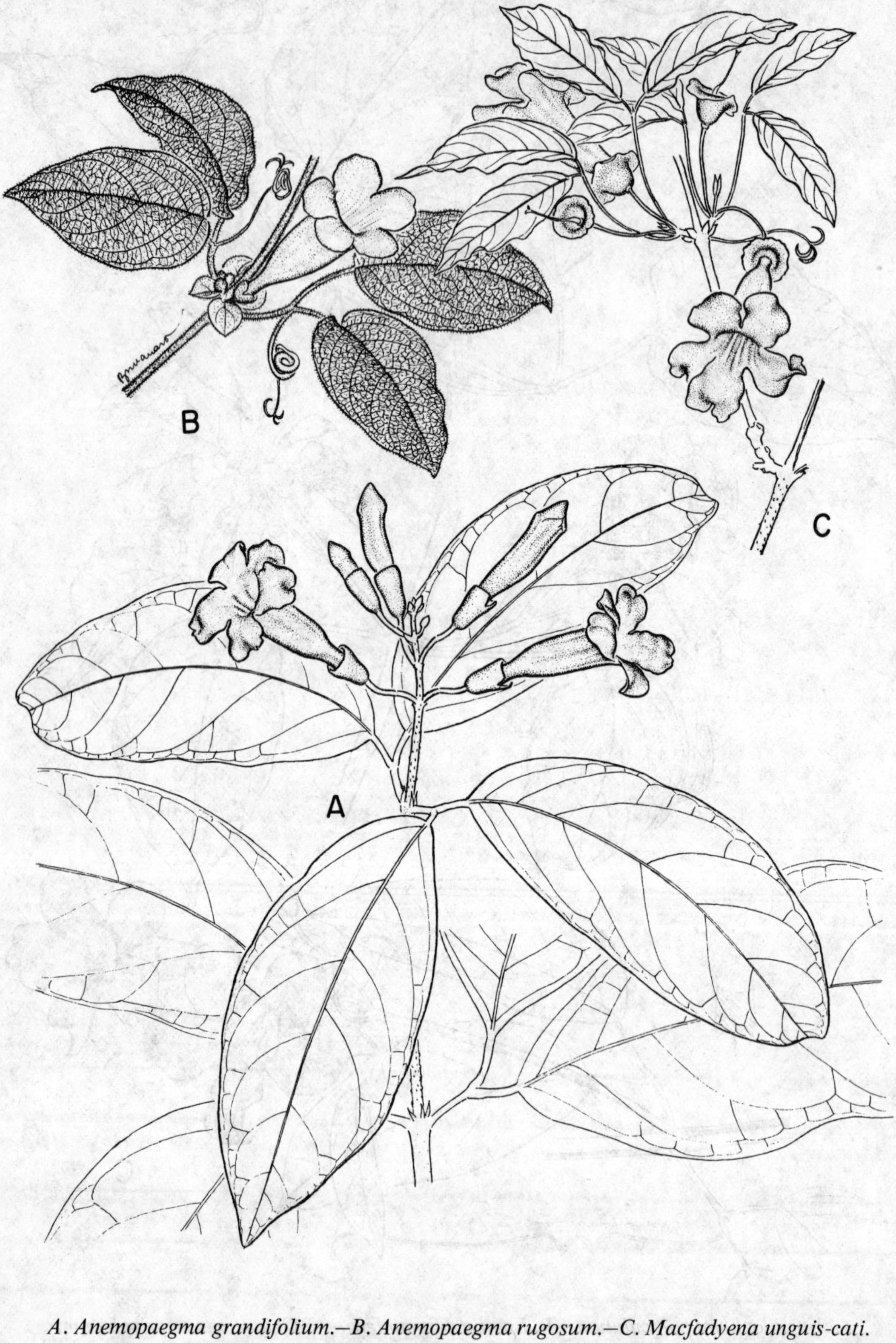

A. Anemopaegma grandifolium.–B. Anemopaegma rugosum.–C. Macfadyena unguis-cati.

LAMINA 58: BIGNONIACEAE

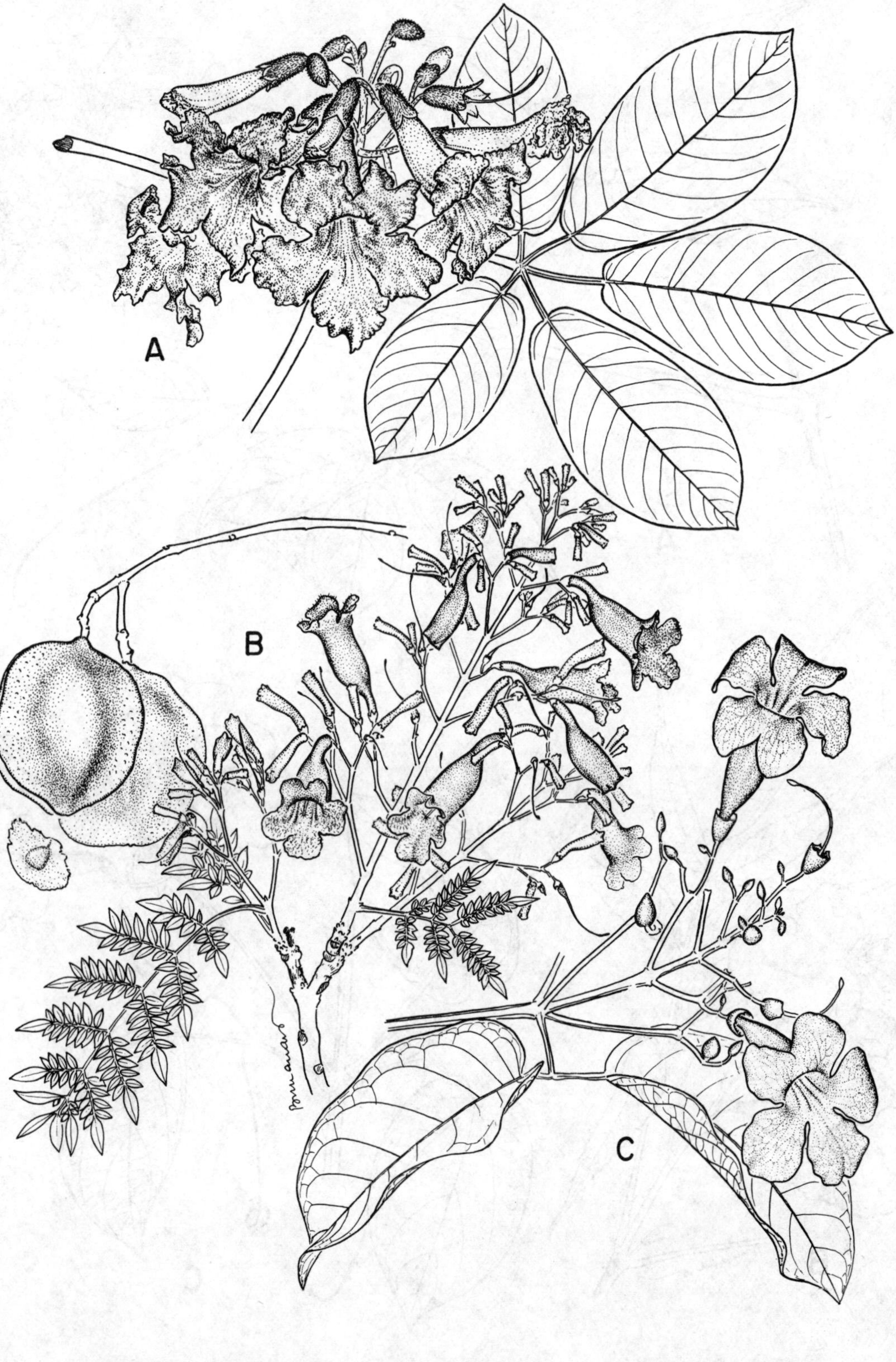

A. Tabebuia chrysantha.–B. Jacaranda mimosifolia.–C. Cydista aequinoctialis.

LAMINA 59: BIGNONIACEAE

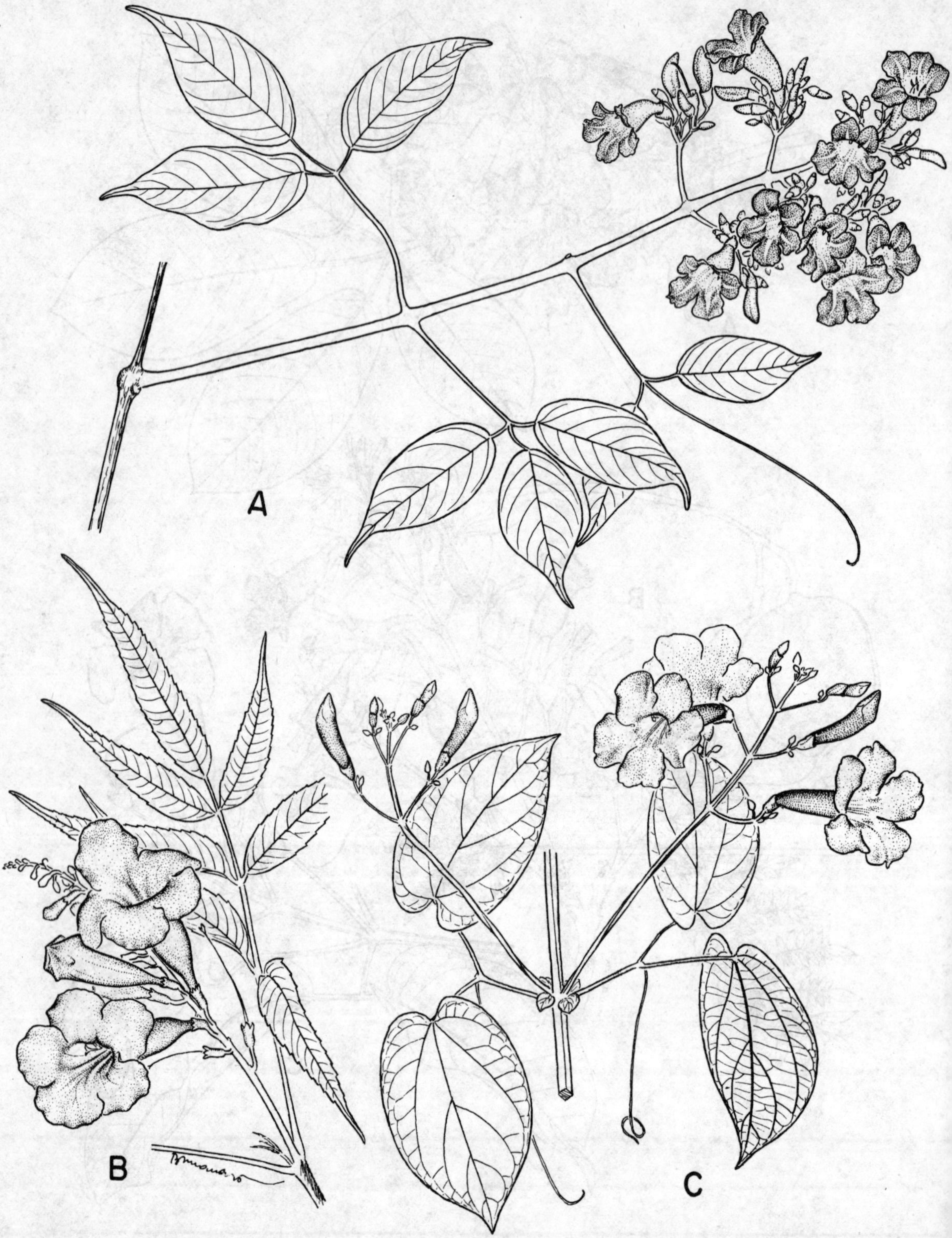

A. Arrabidaea candicans.–B. Tecoma stans.–C. Cydista diversifolia.

Phryganocydia corymbosa (Vent.) Bur. & K. Schum.
Selva tropófila y transicional, 800-900 m y altitudes más bajas. Trepadora con las hojas siempre con los folíolos en pares.

Tabebuia chrysantha (Jacq.) Nichls. *"Araguaney"* (Lám. 58, A)
Tabebuia spectabilis Planch.
Selva tropófila, 900 m. y altitudes más bajas. Las vistosas flores de color amarillo son pequeñas o medianas y aparecen antes que las hojas. La madera de esta planta es extremadamente dura.

Tecoma stans (L.) Juss. ex H.B.K. *"Fresnillo", "Flor amarilla"* (Lám. 59, B)
Selva tropófila, 900-1.100 m y altitudes más bajas. Arbusto con vistosos grupos de flores amarillas, los cuales aparecen al mismo tiempo que las hojas. Un té preparado con las hojas de esta planta se utiliza como diurético.

Fam. **BOMBACACEAE** (Dicotyledoneae)

Arboles o arbustos, con el tronco algunas veces espinoso. Con frecuencia madera de peso liviano. Corteza usualmente difícil de desprender. Hojas alternas, simples o palmadamente compuestas, frecuentemente con pelos en forma de estrellas o escamas. Estípulas presentes, con frecuencia se caen temprano. Flores usualmente grandes y conspicuas. Sépalos 5, libres o unidos. Pétalos usualmente 5, rara vez 4, libres (no unidos). Estambres muchos o reducidos a 5, unidos en una columna en la base, o libres. Ovario situado arriba de la base de los pétalos (súpero). Fruto seco, que se divide en 3-5 valvas, o algunas veces en forma de baya. Semillas numerosas, con o sin lana, o algunas veces con una ala.

Clave de los géneros y especies

1. a. Hojas meramente anguladas o lobuladas, no divididas en segmentos separados (folíolos) . . . . *Ochroma pyramidale*

   b. Hojas divididas en segmentos separados (hojas compuestas de folíolos) . . 2

2. a. Segmentos de la hoja (folíolos) dispuestos sobre ejes alargados (peciólulos) de más de 1 cm de largo; flores blanco-cremosas con solamente 5 estambres *Gyranthera caribensis*

   b. Folíolos sin peciólulos, o éstos sólo 0,2-1 cm de largo; flores de color rosado hasta rojizas o color vino, con numerosos estambres 3

3. a. Hojuelas (folíolos) redondeadas o ensanchadas en el ápice, frecuentemente con el ápice hundido (emarginado); hojuelas usualmente sin peciólulos (sésiles) o éstos muy cortos y gruesos; nervios principales ligeramente ascendentes formando ángulo con el nervio medio, generalmente 10-12 de cada lado; cáliz 2,5-3 cm de largo; pétalos medidos con los estambres, 23-28 cm de largo; fruto grande y globular . . . . *Pachira insignis*

   b. Hojuelas (folíolos) redondeadas hasta puntiagudas en el ápice; peciólulos usualmente más desarrollados, alargados y delgados; nervios principales generalmente perpendiculares al nervio medio, usualmente 12-18 de cada lado; cáliz 2 cm de largo; pétalos medidos con los estambres, 8-9 cm de largo; fruto más largo que ancho, oblongo, puntiagudo en uno de los extremos . . . *Bombacopsis trinitensis*

LAMINA 60: BOMBACACEAE

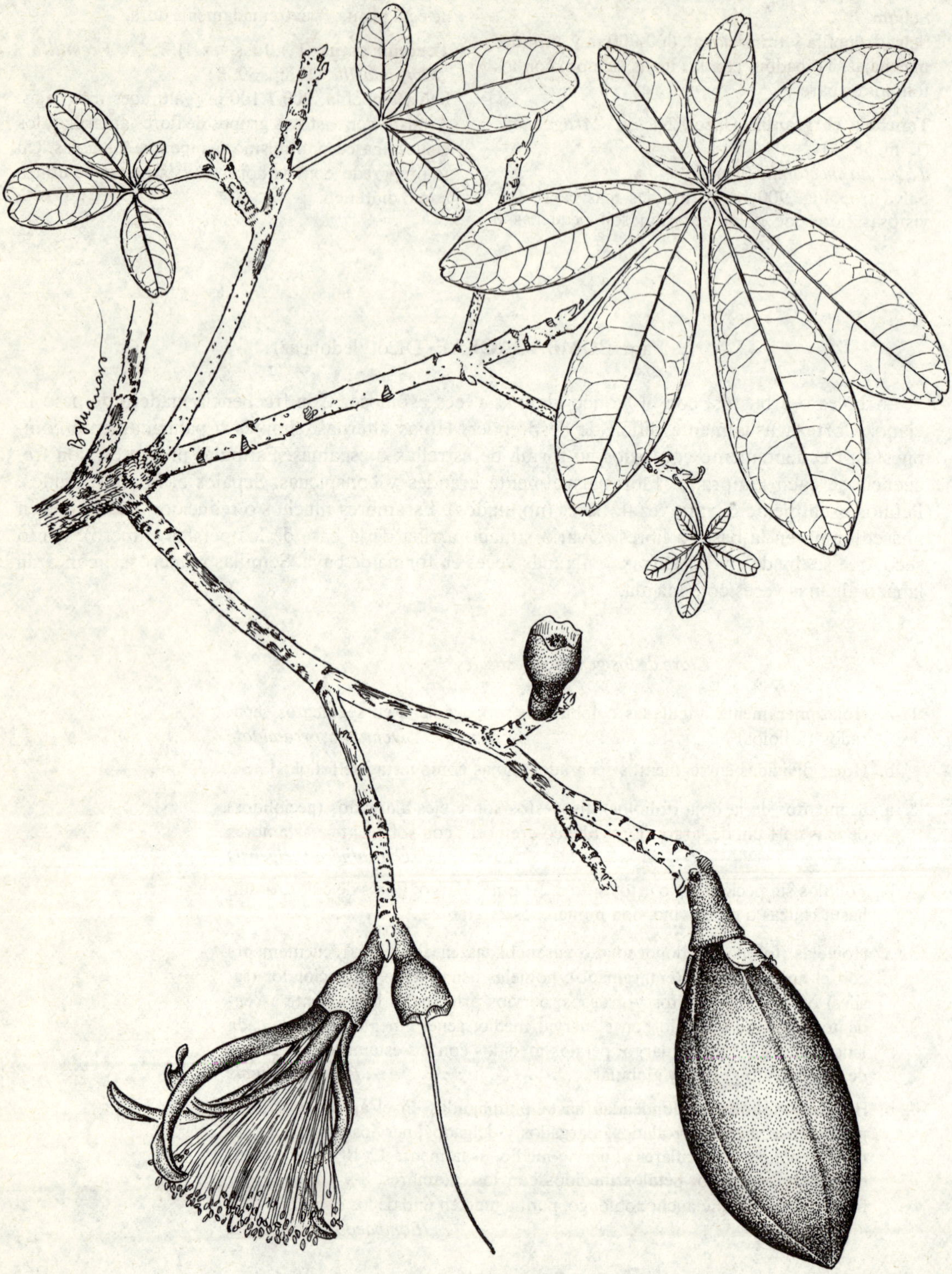

Bombacopsis trinitensis.

Bombacopsis trinitensis (Urb.) Robyns (Lám. 60)
Bombacopsis pachiroides Pittier
Selva nublada, vertiente norte, 950-1.300 m. Arbol de 15 m de alto, con hojas agrupadas en los ápices de las ramas, hojas de color plateado en el lado inferior (envés).

Bombacopsis trinitensis var. **mucronulata** (Pittier) A. Robyns
Bombacopsis mucronulata Pittier
Selva de galería, 1.200 m. La típica *Bombacopsis trinitensis* tiene las hojuelas redondeadas en el ápice y se encuentra en la vertiente norte de la selva nublada, mientras que la var. *mucronulata* tiene hojas con el ápice puntiagudo y por lo general se encuentra en la selva de galería, pero puede aparecer igualmente en la selva nublada.

Gyranthera caribensis Pittier *"Cucharón", "Candelo", "Niño"*
Selva nublada, vertiente norte, 900-1.100 m. Arbol gigante, alcanza hasta 40 m de alto. Flores de 20-30 cm de largo, eventualmente se transforman en frutos alargados de 25-30 cm de largo, semillas numerosas y aladas.

Ochroma pyramidale (Cav. ex Lam.) Urb. *"Balso"*
Ochroma lagopus Sw.
Ochroma obtusa Rowlee
Selva veranera y transicional, 1.000-1.100 m y altitudes más bajas. Este es un árbol de rápido crecimiento y posee la madera más liviana que se pueda encontrar en Venezuela. Las flores espectaculares, con forma de trompeta, tienen pétalos blanco-cremosos que alcanzan 15 cm de largo; los frutos son cápsulas alargadas de hasta 30 cm de largo, llenas de semillas cubiertas con masas lanosas. Esta lana se usa para la fabricación de salvavidas, sombreros de fieltro y para rellenar colchones y almohadas.

Pachira insignis (Sw.) Sav. *"Castaño", "Castañón"*
Selva veranera, vertiente norte, 900 m. Frutos grandes y ovados, que contienen semillas redondas, las cuales algunas veces son ingeridas luego de ser horneadas o cocidas y tienen gusto parecido al castaño europeo *(Castanea sativa)*. Este árbol es frecuentemente cultivado como ornamental.

Fam. BORAGINACEAE (Dicotyledoneae)

Arboles, arbustos, hierbas o trepadoras, frecuentemente pubescentes. Hojas generalmente alternas, algunas veces opuestas o dispuestas en círculos (verticilos), con o sin dientes. Estípulas ausentes. Flores con frecuencia azules, purpúreas o blancas (rara vez amarillas o anaranjadas). Sépalos 5, libres o unidos en la base. Corola con 5 lóbulos iguales o generalmente iguales. Estambres 5, colocados sobre el tubo de la corola. Ovario situado arriba de la base del tubo de la corola (súpero). Fruto carnoso o seco y con forma de nuez, con 1, 2 ó 4 semillas duras.

Clave de los géneros y especies

1. a. Plantas trepadoras o subtrepadoras 2
   b. Hierbas, arbustos o árboles 4
2. a. Hojas y tallos sin pelos o casi sin pelos . . . . *Tournefortia bicolor*
   b. Hojas y tallos diminuta o fuertemente pubescentes 3
3. a. Hojas y tallos muy pubescentes (con pelos), los tallos con pelos cortos y extendidos . . . . *Tournefortia hirsutissima*
   b. Hojas y tallos diminutamente pubescentes, los pelos apretados contra la superficie, pero visibles con lupa . . . . *Tournefortia psilostachya*

4. a. Plantas herbáceas pequeñas o casi herbáceas (no leñosas) 5

b. Arboles o arbustos (o plantas con tallos leñosos) 10

5. a. Flores azules (rara vez blancas) 6

b. Flores blancas 7

6. a. Hojas angostamente oblongas, 0,3-1,5 cm de ancho, conectadas directamente al tallo (sésiles) . . . . *Cynoglossum amabile*

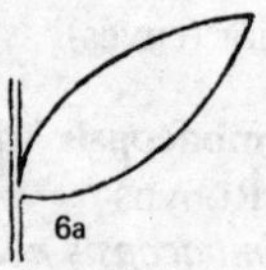

b. Hojas más anchas (ovadas o anchamente lanceoladas), (2–) 3-10 cm de ancho, conectadas al tallo por medio de un eje (pecíolo) . *Heliotropium indicum*

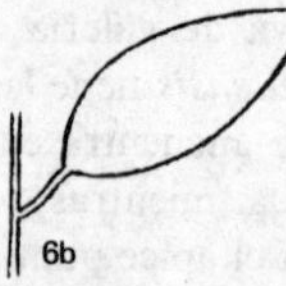

7. a. Hojas angostas, menos de 1,5 cm de ancho; lado inferior (envés) de la hoja cubierto por muchos pelos, generalmente visibles 8

b. Hojas más anchas, usualmente más de 1,5 cm de ancho; lado inferior de la hoja no cubierto por pelos o los pelos relativamente más escasos y menos conspicuos 9

8. a. Hojas generalmente dispuestas en forma alterna sobre el tallo, solitarias y naciendo en diferentes niveles; unas proyecciones semejantes a hojas pequeñas (brácteas) sobresalen de la base de algunas de las flores; plantas con raíces anuales . . . . *Heliotropium fruticosum*

b. Hojas dispuestas sobre el tallo en grupos de 2 ó 3; ninguna proyección semejante a hojas pequeñas presente en la inflorescencia; plantas con raíces perennes . . . . *Heliotropium ternatum*

9. a. Hojas con márgenes ondulados, (2,5–) 3-10 cm de ancho, ensanchadas alrededor de la base; eje que soporta la hoja (pecíolo) 1-6 cm de largo . . . . . *Heliotropium indicum*

b. Hojas con márgenes no ondulados, (1–) 1,5-4 cm de ancho, angostadas en la base; pecíolo solamente 0,5-1 cm de largo . . . *Heliotropium angiospermum*

10. (4.b)

a. Flores y frutos colocados solamente de un lado del eje de la inflorescencia (raquis) y dispuestos en filas angostas; frutos dispersos sobre el eje de la infrutescencia; lóbulos del cáliz angostos, cáliz dividido casi hasta la base . . 11

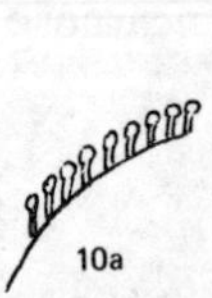

b. Flores o frutos agrupados, o rodeando todos los lados del eje de la inflorescencia (raquis) o dispuestos en cabezuelas densas; lóbulos del cáliz angostos, cáliz con un tubo bien desarrollado o no segmentado profundamente hasta la base 12

11. a. Hojas y tallos sin pelos (glabros) o casi sin pelos . . *Tournefortia foetidissima*

b. Hojas y tallos con pelos . . . . *Tournefortia scabrida*

12. a. Flores sobre una espiga alargada y dispuestas en forma de dedos 13

b. Flores dispuestas en forma diferente a como se indica arriba 14

13. a. Arbusto de 1-2 m de alto, con frutos rojos; hojas generalmente pequeñas y angostas, 0,5-2,5 (–4,5) cm de ancho, ligeramente más anchas en la mitad, de forma oblanceolada o lanceolado-elípticas . . . . . . *Cordia curassavica*

b. Arbusto o árbol pequeño, con frutos blancos; hojas generalmente más grandes y más anchas, generalmente 3-12 cm de ancho, usualmente mucho más anchas en la mitad o en la base, por lo común anchamente ovadas . . *Cordia cylindrostachya*

14. a. Lado inferior de la hoja (envés) con pelos diminutos en forma de estrella; flores grandes y vistosas . . . . *Cordia alliodora*

14a

b. Lado inferior de la hoja solamente con pelos simples (en caso de ser presentes); flores pequeñas, no vistosas 15

15. a. Hojas generalmente 1-3 (–4) cm de ancho; flores en grupos compactos pequeños . . . . *Cordia polycephala*

b. Hojas más grandes, generalmente 5-8 cm de ancho; flores dispuestas en un grupo aplanado en el ápice, ancho y suelto . . . . *Cordia aristeguietae*

Cordia alliodora (R. & P.) Oken *"Pardillo"* (Lámina 61)
Selva transicional y selva nublada, 1.000-1.600 m. Arbol de 8-20 m de alto, con flores vistosas de color blanco, las flores se diferencian a distancia en el bosque. La madera es muy apreciada por su firmeza y elasticidad.

Cordia aristeguietae Agostini
Selva transicional, 1.000-1.500 m. Arbol mediano.

Cordia curassavica (Jacq.) R. & S. *"Cariaquito"*
Sabana y selva veranera, 1.000-1.200 m. Arbusto. Hojas de tamaño variable.

Cordia cylindrostachya (Ruiz & Pavón) Roem. & Schult. *"Basura prieta"*
Cordia caracasana DC.
Selva transicional y selva nublada, 1.500-2.000 m. Arbusto con flores blancas y con hojas generalmente grandes, las cuales son de tamaño variable.

Cordia polycephala (Lam.) Johnst.
Sabana, 900-1.000 m. Arbusto con flores inconspicuas y hojas pequeñas.

Cynoglossum amabile Stapf & Drummond *"No me olvides"*
Lugares abiertos y perturbados, 1.500 m. Hierba ornamental introducida de China. Otra hierba con el nombre "no me olvides" es *Myosotis azorica,* que también se cultiva como ornamental en jardines y es originaria de las islas Canarias, Azores y Egipto.

Heliotropium angiospermum Murray
Selva veranera y sabana, 900-1.200 m. Planta herbácea, con frecuencia se encuentra en lugares alterados y cultivados.

Heliotropium fruticosum L. (Lám. 62, C)
Sabana y selva veranera, usualmente en lugares secos y abiertos, 1.100-1.500 m. Planta herbácea.

Heliotropium indicum L. *"Rabo de alacrán"*
Sabana, selva veranera y lugares no cultivados, 900-1.100 m. Al igual que los otros miembros de este género, las flores están dispuestas de cierta forma que asemejan a una cola de alacrán (inflorescencia escorpioidea).

Heliotropium ternatum Vahl
Sabana, 1.100-1.200 m. Plantas herbáceas con pubescencia densa de color blanco-gris. Algunas plantas identificadas como *Heliotropium ottonis* Lehm. (una especie diferente) han sido a veces confundidas con *H. ternatum.*

Tournefortia bicolor Sw.
Matorrales en selva veranera, 1.100 m. Trepadora arbustiva con flores blancas, fragantes.

Tournefortia foetidissima L.
Selva nublada y transicional, vertiente norte, 900 m. Arbusto de 2-4 m de alto, con flores blancas. Las espigas colgantes con frutos blancos son muy atractivas.

Tournefortia hirsutissima L. (Lám. 62, B)
Matorrales en selva veranera y transicional, 900-1.000 m. Trepadora arbustiva con flores blancas.

LAMINA 61: BORAGINACEAE

Cordia alliodora.

LAMINA 62: BORAGINACEAE

A. Tournefortia scabrida.—B. Tournefortia hirsutissima.—C. Heliotropium fruticosum.

Tournefortia psilostachya H.B.K.
Selva veranera, 1.600 m. Trepadora con flores blancas, pequeñas. La determinación de esta especie necesita investigación más detallada.

Tournefortia scabrida H.B.K. (Lám. 62, A)
Selva nublada, 1.800 m. Arbol de 3-12 m de alto. Las hojas tienen la superficie áspera y son desigualmente nervadas. Las flores y frutos son blancos. La determinación de esta especie necesita investigación más detallada.

Fam. **BROMELIACEAE** (Monocotyledoneae)

Plantas no leñosas que crecen en el suelo, sobre rocas o árboles, sobre cables telefónicos o postes. Las hojas generalmente crecen en forma de roseta desde el ápice de un tallo corto o rara vez dispersas en diferentes niveles de un tallo elevado, márgenes con o sin dientes o espinas. Inflorescencia usualmente con brácteas, ejes y/o flores de colores brillantes. Flores constituidas externamente por un cáliz de 3 (rara vez 2) sépalos, usualmente de color verde, e internamente por una corola con 3 pétalos separados (libres) o connados (unidos) de color rosado-rojo, azul, púrpura, amarillo, verde o blanco; estambres 6. Ovario situado arriba (súpero) o por debajo (inferior) de la base del cáliz y de la corola. Fruto, una baya o cápsula seca. Semillas frecuentemente con un apéndice en forma de plumas, o sin apéndice.

Clave de los géneros y especies

1. a. Las hojas no crecen en forma de roseta desde la base del tallo, sino que están dispersas a lo largo del tallo en niveles diferentes 2

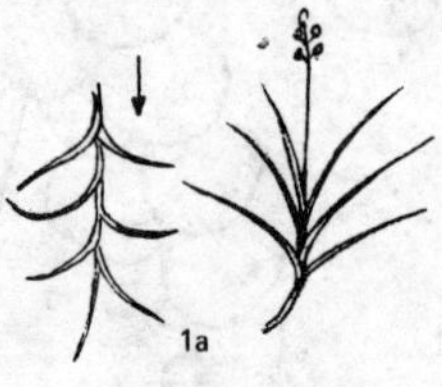

b. Hojas principales formando una roseta o generalmente agrupadas en la base de la planta 4

2. a. Tallos colgantes y conspicuamente alargados . . . . . . *Tillandsia usneoides*
b. Tallos erectos o, si son colgantes, entonces muy cortos 3

3. a. Hojas con una cubierta densa de pelos grises . . . . . . *Tillandsia recurvata*
b. Hojas sin cubierta de pelos . . . . *Tillandsia tenuifolia*

4. a. Espinas alargadas y delgadas presentes solamente en la base de la planta . . *Pitcairnia heterophylla*
b. Diferente a como se indica arriba, pero si hay espinas, entonces las hay en cualquier otra parte de la planta 5

5. a. Bordes de las hojas con dientes o espinas cortas o largas 6

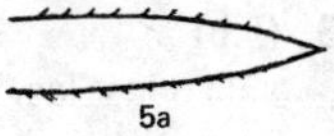
5a

b. Bordes de las hojas sin dientes o espinas 13

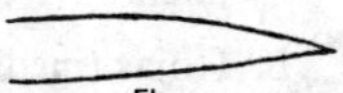
5b

6. a. Plantas terrestres, que crecen en el suelo 7

b. Plantas que crecen sobre árboles (epífitas) o rocas 8

7. a. Hojas gruesas y rígidas, muy alargadas hasta más de 2 m o más; espinas de las hojas muy largas y pungentes . . . . *Bromelia pinguin*

b. Hojas relativamente más delgadas, más blandas y que se doblan fácilmente, menos de 1,5 m de largo; dientes de la hoja muy pequeños e inconspicuos *Greigia albo-rosea*

8. a. Hojas cubiertas por un polvo escamoso de color blanco; inflorescencia con una cubierta lanosa de color blanco . . . . *Aechmea bromeliifolia*

b. Hojas e inflorescencia diferentes a como se indica arriba 9

9. a. Las hojas se envuelven unas a otras fuertemente hasta formar un tubo erecto *Billbergia rosea*

9a

b. Hojas ampliamente extendidas 10

9b

10. a. Flores en grupos densamente apretados, pero cada uno de los grupos separado uno del otro . . . . *Hohenbergia stellata*

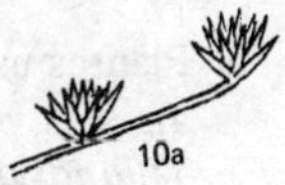
10a

b. Flores solitarias dispersas o pocas flores juntas, pero no en grupos densos 11

10b

11. a. Hojas 2-4 cm de ancho; flores solamente en número de 7-10 sobre el eje floral . . . . *Billbergia manarae*

b. Hojas 5,5-7 cm de ancho; flores numerosas sobre el eje floral 12

12. a. Espinas de la mitad superior de la hoja no prominentes, dispersas, pequeñas y delgadas, solamente 0,5-1 mm de largo y 5-10 mm de distancia entre sí; hojas hasta 5,5 cm de ancho; flores 23 mm de largo; sépalos 12 mm de largo . . . . *Aechmea fendleri*

b. Espinas de la mitad superior de la hoja muy prominentes, firmes, robustas, más juntas, 2-4 mm de largo, 3-5 mm de distancia entre sí; hojas de hasta 7 cm de ancho; flores más pequeñas, 13 mm de largo; sépalos 5 mm de largo . . . . *Aechmea paniculigera*

13. (5.b)

a. Todas las hojas muy angostas en toda su longitud, 4 mm o menos de ancho 14

b. Hojas (medidas por encima de la base) 5 mm o más de ancho 16

14. a. Hojas 15 o menos, torciéndose o curvándose irregularmente, los márgenes fuertemente enrollados hasta formar lados más o menos redondeados . . . . *Tillandsia bulbosa*

b. Hojas muy numerosas, 25 o más, más o menos rectas, erectas o ascendentes, más o menos aplanadas 15

15. a. Hojas rígidas, usualmente 15-45 cm de largo, rara vez más cortas; inflorescencia 20-60 mm de ancho, 2-5 cm de largo . . . . *Tillandsia juncea*

b. Hojas más blandas, 5-10 (—13) cm de largo; inflorescencia más pequeña, 5-10 mm de ancho, 2-3 cm de largo . . . . *Tillandsia tenuifolia*

16. a. Ambas superficies de las hojas gruesamente cubiertas por escamas sueltas, grandes, de color blanco-gris . . . . *Tillandsia gardneri*

b. Ambas superficies de las hojas o sin escamas, o diferentes a como se indica arriba, o las escamas diminutas y menos obvias 17

17. a. Todas las hojas retorcidas o encorvadas desde la base hacia una dirección, no extendidas en forma de roseta simétrica . . . . *Tillandsia flexuosa*

17a

b. Diferentes a como se indica arriba 18

18. a. Plantas por lo general terrestres, rara vez aéreas (epífitas); hojas en forma de cinta, colgando flojamente hacia el suelo, nunca rígidas; las hojas no forman rosetas simétricas ni se extienden regularmente desde el centro de la planta 19 *(Pitcairnia)*

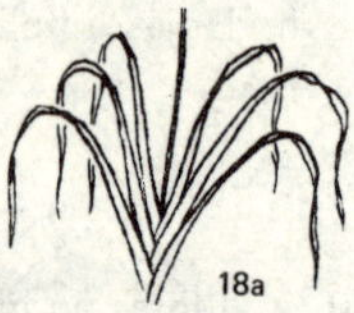

18a

b. Plantas usualmente aéreas (epífitas), que crecen sobre árboles o ramas, pero algunas veces sobre rocas (rara vez terrestres como *Guzmania ventricosa* y *Tillandsia denudata*); hojas rígidas, firmes, dispuestas en forma de rosetas más o menos simétricas, más o menos extendidas regularmente en varias direcciones desde el centro de la planta 20

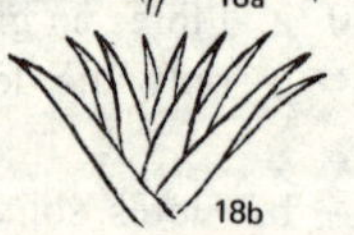

18b

19. a. Hojas 4,5-5,5 cm de ancho en casi toda su longitud; flores blancas hasta cremosas . . . . *Pitcairnia altensteinii*

b. Hojas por lo general 3 cm de ancho; flores amarillas o rojas . . . . *Pitcairnia microcalyx*

20. a. Hojas 5-10 cm de largo, 0,2-0,7 cm de ancho . . . . . *Tillandsia tenuifolia*

b. Hojas más largas y/o más anchas 21

21. a. Flores hundidas o escondidas en el centro de la roseta de hojas, no dispuestas sobre un eje alargado (pedúnculo) . . . . *Guzmania sanguinea*

b. Las flores nacen sobre un pedúnculo 22

22. a. Toda la inflorescencia colgando o inclinada hacia un lado 23

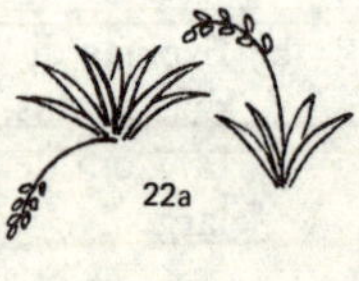

22a

b. Toda la inflorescencia erecta o más o menos vertical, pero algunas veces con ramas arqueadas o colgantes 30

22b

23\. a. Inflorescencia no ramificada, todas las flores nacen directamente del eje principal (sésiles sobre el raquis) 24

b. Inflorescencia con algunas ramas laterales que parten desde el eje principal (raquis), las flores dispuestas sobre estas ramas laterales 27

23b

24\. a. Plantas con varios hasta numerosos ejes florales, cada eje nace y cuelga de las axilas de las hojas; ejes de la inflorescencia muy delgados, como hilos . . *Tillandsia complanata*

b. Plantas por lo general con un solo eje floral; ejes florales no semejantes a hilos 25

25\. a. Hojas relativamente delgadas y flexibles, aplanadas, de color verde puro en toda la superficie 26

b. Hojas relativamente rígidas con márgenes encorvados, de color gris-plateado . . . . *Vriesea incurva*

26\. a. Eje de la inflorescencia cubierto por brácteas verdes semejantes a hojas . . . *Tillandsia biflora*

b. Eje de la inflorescencia ni cubierto ni oculto por brácteas verdes semejantes a hojas . . . . *Catopsis nutans*

27\. a. Ejes principales laterales de la inflorescencia muy alargados, 24-28 cm de largo . . . . *Vriesea robusta*

b. Ejes principales laterales de la inflorescencia mucho más cortos, 2-20 cm de largo 28

28\. a. Ejes principales laterales de la inflorescencia bien separados uno del otro, y extendidos desde el eje principal (raquis) . . . . . . *Tillandsia tetrantha* var. *aurantiaca*

b. Ejes principales laterales de la inflorescencia agrupados y próximos entre sí, ascendentes o colgantes 29

29\. a. Hojas más o menos planas, con la superficie no conspicuamente cubierta por escamas de color grisáceo; inflorescencia generalmente con 5-10 ramas laterales o ejes ascendentes, usualmente 1½-3 veces más largas que anchas, 6-13 cm de ancho . . . . *Tillandsia compacta*

b. Hojas con márgenes encorvados hacia arriba, la superficie externa (por arriba de la base ensanchada) cubierta por escamas de color gris o gris-verde; inflorescencia con un máximo de 4 ramas o ejes ascendentes, erectos o colgantes, usualmente 2½-15 veces más larga que ancha y 1,5-6 cm de ancho *Vriesea incurva*

30. (22.b)

a. Brácteas cerca del ápice de la inflorescencia de color rojo oscuro, las otras brácteas con líneas blancas y color negro-púrpura; flores blancas . . . . . *Guzmania monostachia*

b. Sin la combinación de caracteres indicados arriba 31

31. a. Inflorescencia generalmente no ramificada o con ramas cortas y muy juntas 32

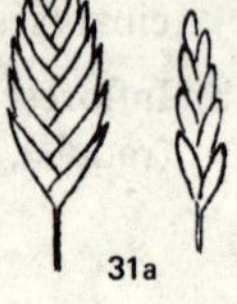

31a

b. Inflorescencia ramificada, las ramas nacen de los lados del eje principal (raquis) 40

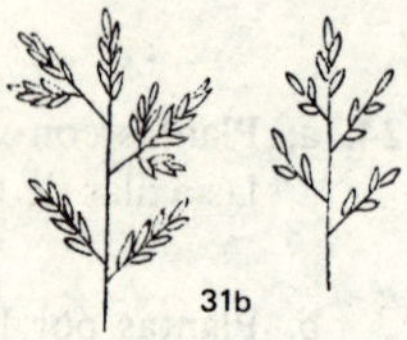

31b

32. a. Flores rodeadas por brácteas dispuestas en forma de roseta, anchas y encorvadas de color rojo o amarillo . . . . *Guzmania lingulata*

b. Flores no rodeadas por una roseta de brácteas anchas y encorvadas de color rojo o amarillo 33

33. a. Las brácteas que rodean al grupo de flores se encuentran en 2 filas regularmente alternas y con frecuencia se sobreponen estrechamente 34

b. Las brácteas que rodean al grupo de flores no se encuentran en 2 filas regularmente alternas 38

34. a. Las brácteas situadas en la porción inferior del pedúnculo que soporta la inflorescencia, terminan en ápices foliáceos alargados y angostos, marcadamente diferentes a las brácteas de las flores 35

b. La mayoría de las brácteas del pedúnculo no terminan en ápices foliáceos alargados y angostos 37

35. a. Inflorescencia angosta, 1-2 cm de ancho; brácteas de la inflorescencia delgadas y fáciles de romper . . . . *Tillandsia valenzuelana*

b. Inflorescencia gruesa, 2,5-6,5 cm de ancho; brácteas de la inflorescencia rígidas, duras y difíciles de romper 36

36. a. Casi toda la hoja es de color verde en ambas caras, generalmente aplanada, muchas veces con líneas color rojo-vino o rojo-púrpura en la base . . . . . *Tillandsia anceps*

b. Casi toda la hoja está cubierta por una densa escamosidad de color gris-verde, sin líneas color rojo-vino ni rojo-púrpura en la base; hojas gruesas, frecuentemente con los márgenes encorvados . . . . . . *Tillandsia fasciculata*

37. a. Hojas relativamente delgadas, 1-1,5 cm de ancho, generalmente verdes en ambos lados, aplanadas; las brácteas que rodean las flores y frutos están lo suficientemente separadas como para exponer el eje de la inflorescencia . . . *Tillandsia monadelpha*

b. Hojas relativamente gruesas, 2-3,5 cm de ancho, de color por lo general gris o gris-verde, cubiertas por una capa escamosa, con los márgenes generalmente encorvados; las brácteas que rodean las flores y frutos se sobreponen estrechamente y cubren el eje de la inflorescencia . . . . . . *Vriesea incurva*

38. (33.b)

a. Hojas basales 3-6 cm de ancho, 50-80 cm de largo; las brácteas principales del eje de la inflorescencia (pedúnculo) y las que rodean a las flores son muy gruesas y prominentes, 2,5-5 cm de ancho . . . . *Guzmania ventricosa*

b. Hojas basales mucho más angostas, 0,6-2,5 cm de ancho por encima de la base, 15-30 cm de largo; brácteas principales del pedúnculo y las que rodean a las flores sólo 0,5-1 cm de ancho 39

39. a. Todas las brácteas del pedúnculo terminan en ápices foliáceos alargados y angostos; inflorescencia con flores densamente agrupadas, casi tan ancha como larga o solamente 1 ½-3 veces más larga que ancha . . . . *Tillandsia myriantha*

b. Brácteas superiores del pedúnculo con ápices foliáceos menos alargados; inflorescencia más suelta y con menos flores, las flores más separadas, inflorescencia frecuentemente 6-8 veces más larga que ancha . . . . . *Tillandsia valenzuelana*

40. (31.b)

a. Hojas basales principales angostadas hasta formar un ápice delgado (1-2 milímetros de ancho) y alargado que se extiende por aprox. ⅓ de la longitud total de la hoja; las brácteas foliáceas inferiores que sostienen los ejes laterales inferiores de la inflorescencia son más largas que éstos . . . *Tillandsia longifolia*

40a

b. Hojas basales principales angostadas, pero en forma diferente a como se describe arriba; brácteas inferiores que sostienen los ejes laterales inferiores de la inflorescencia diferentes a como se describen arriba 41

41. a. Hojas basales principales muy anchas, 5,5-9 cm o más de ancho en la mayor parte de su extensión por arriba de la base 42

b. Hojas basales principales mucho más angostas, 0,5-4 cm de ancho en la mayor parte de su extensión por arriba de la base 46

42. a. Eje principal de la inflorescencia (raquis) con brácteas erectas y conspicuas de color verde que se sobreponen estrechamente . . . . *Guzmania ventricosa*

b. Eje principal de la inflorescencia (raquis) con las brácteas separadas unas de otras, y éstas no son de color verde 43

43. a. Brácteas de las flores 2-3 cm de ancho, 3-4 cm de largo; ejes principales laterales de la inflorescencia ampliamente extendidos (horizontales) desde el eje central principal (raquis) . . . . *Tillandsia fendleri*

b. Brácteas de las flores, más angostas y más cortas; ejes principales laterales mayormente ascendentes o erectos desde el raquis 44

44. a. Flores y frutos extendiéndose horizontalmente o formando un ángulo recto con los ejes laterales; ejes laterales de la inflorescencia cortos, 2-8 cm de largo, usualmente en número de 5-12. . *Tillandsia tetrantha* var. *aurantiaca*

b. Flores y frutos agrupados y ascendentes y sin formar un ángulo recto con los ejes laterales; ejes laterales de la inflorescencia más alargados, 5-25 cm de largo, usualmente más numerosos 45

45\. a. Brácteas de las flores 1,2 cm de largo; hojas 35-55 cm de largo; planta 0,7 m de alto . . . . *Tillandsia tovarensis*

b. Brácteas de las flores 1,5-2 cm de largo; hojas 50-90 cm de largo; planta 1,3 m de alto . . . . *Tillandsia denudata*

46\. (41.b)

a. Plantas (incluyendo los ejes de las inflorescencias) usualmente 1-2 m de alto o más; inflorescencia claramente más larga que las hojas 47

b. Plantas (incluyendo los ejes de las inflorescencias) 0,2-0,8 (rara vez 1) m de alto; inflorescencia más corta o con frecuencia igualando o excediendo ligeramente al tamaño de las hojas 48

47\. a. Planta de hasta 1 m de alto; grupo de flores o brácteas muy juntas, las brácteas sobreponiéndose unas a otras estrechamente; ramas (ejes) de la inflorescencia dispuestas muy próximas una de otra . . . . *Vriesea robusta*

b. Planta de hasta 2 m de alto; grupos de flores o brácteas separadas por espacios conspicuos; ramas (ejes) de la inflorescencia sueltamente ramificadas y ampliamente separadas una de otra . . . . *Tillandsia utriculata*

48\. a. Eje de la inflorescencia (pedúnculo) generalmente oculto por las hojas; brácteas del pedúnculo muy angostas y cilíndricas, alcanzando a la inflorescencia 49

b. Pedúnculo alargado y plenamente visible, no oculto por las hojas; las brácteas de la inflorescencia no son ni angostas ni cilíndricas 50

49\. a. Brácteas de las flores, más o menos firmes y rígidas, agudamente puntiagudas en el ápice, 3,5-5 cm de largo, 2-3 cm de ancho; inflorescencia usualmente 3-6 cm de ancho, mucho más larga que ancha . . . *Tillandsia fasciculata*

b. Brácteas de las flores, delgadas, redondeadas o ampliamente encorvadas en el ápice, 1-2,5 cm de largo, 1-1,5 cm de ancho; inflorescencia usualmente 1,5-3 cm de ancho, ligeramente más larga que ancha o casi tan ancha como larga . . . . *Tillandsia myriantha*

50\. a. Brácteas de la inflorescencia, conspicuas, 1,5-3 cm de ancho; inflorescencia compacta y gruesa, el eje que soporta la inflorescencia (pedúnculo) generalmente oculto por las brácteas 51

b. Brácteas de la inflorescencia mucho más angostas, 0,5-1 cm de ancho; inflorescencia sueltamente ramificada, pedúnculo expuesto, no oculto por las brácteas 52

51\. a. Los ejes principales laterales de la inflorescencia están muy separados uno del otro y extendidos desde el eje principal (raquis); flores o frutos extendidos horizontalmente o en ángulo recto con los ejes; brácteas florales, sépalos y ejes con pelos o escamas . . . . *Tillandsia tetrantha* var. *aurantiaca*

b. Los ejes principales laterales de la inflorescencia están densamente agrupados, ascendentes o colgantes; flores o frutos densamente agrupados y ascendentes, no formando ángulo recto con sus ejes; brácteas florales, sépalos y ejes sin pelos . . . . *Tillandsia compacta*

52. a. Inflorescencia a veces con 2 ramas; brácteas de la inflorescencia 2-4 cm de largo, adelgazándose hasta formar una punta angosta . . . . *Vriesea incurva*

b. Inflorescencia siempre muy ramificada con varios hasta muchos ejes laterales o ramas; brácteas de la inflorescencia, 1 cm o menos de largo, usualmente redondeadas o ampliamente encorvadas en el ápice 53

53. a. Las hojas terminan en un ápice corto ensanchado; eje de la inflorescencia (raquis) sin escamas; brácteas de las flores, sin escamas o como máximo esparcidamente escamosas; ejes laterales de la inflorescencia alargados, 4-8 cm de largo; flores individuales y brácteas agrupadas densamente sobre las ramas, inicialmente tocándose una a otra . . . . *Tillandsia spiculosa*

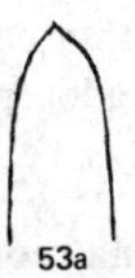

53a

b. Las hojas terminan en un ápice angostado hasta alargado y delgado; raquis densamente escamoso con escamas de color herrumbre, extendidas, o a veces sin pelos; brácteas de las flores, cubiertas con escamas marrón-herrumbre o con pelos; ejes laterales de la inflorescencia más cortos, menos alargados, 1-5 cm de largo; las flores individuales y brácteas están más separadas sobre las ramas (no se tocan) 54

53b

54. a. Raquis usualmente más o menos zigzagueante; brácteas de las flores y eje de la inflorescencia densamente escamosos, escamas de color marrón-herrumbre . . . . *Tillandsia caribaea*

54a

b. Raquis recto o algunas veces zigzagueante; brácteas de las flores densamente peludas y escamosas; eje de la inflorescencia con escamas extendidas o a veces sin pelos . . . . *Tillandsia adpressa*

54b

Aechmea bromeliifolia (Rudge) Baker *"Diente de león"*
Selva veranera; crece sobre árboles al igual que en las grietas de los riscos, 1.000 m. Inflorescencia erecta y con flores densamente agrupadas.

Aechmea fendleri André (Lám. 63, A)
Selva nublada, 1.575-1.820 m. Terrestre o epífita. Hermosa planta con el eje de la inflorescencia color salmón o rosado-rojo y con los ejes de las flores (pedicelos) del mismo color. Pétalos violeta o lavanda-azul.

Aechmea paniculigera (Sw.) Griseb.
Selva nublada, vertiente norte, 900-1.000 m. Crece sobre piedras grandes. Hermosa planta con brácteas de la inflorescencia de color rosado-coral, pétalos púrpura y cáliz verde con ápices rosado-coral. La inflorescencia es muy larga, extendida, ascendente o arqueada.

Billbergia manarae Steyermark (Lám. 64, B)
Selva nublada, vertiente norte, 1.000 m. Eje y sépalos de color rosado-coral oscuro, pétalos violeta. Hojas generalmente de color verde.

Billbergia rosea Hort. ex Beer
Selva veranera, 800-1.100 m. Hermosa planta con inflorescencia colgante la cual tiene brácteas vistosas de color rosado-coral. Hojas variegadas y manchadas. Una especie rara, la cual no ha sido encontrada recientemente en estado silvestre.

Bromelia pinguin L. *"Maya"*
Planta terrestre con hojas largas, rígidas y con espinas puntiagudas. Fruto comestible de sabor ácido. Selva veranera, 1.000 m.

Catopsis nutans (Sw.) Griseb.
Selva nublada, vertiente norte, 900-1.000 m. Planta pequeña, epifita, con hojas verde oscuras y brillantes, inflorescencia arqueada con flores inconspicuas.

Greigia albo-rosea (Griseb.) Mez (Lám. 67, E)
Selva nublada, 1.900 m. Especie terrestre con hojas color verde oscuro e inconspicuamente dentadas en

los bordes. Las flores están ocultas en las bases de las hojas inferiores.

Guzmania lingulata (L.) Mez var. **lingulata** (Lám. 67, B)
Selva nublada, vertiente norte, 1.000 m. Una especie muy vistosa cuando tiene flores; los grupos de flores rodeados por brácteas foliáceas de color rojo oscuro.

Guzmania monostachia (L.) Rusby ex Mez (Lámina 65, A)
Selva nublada, vertiente norte, 900-1.000 m. Esta planta es sorprendentemente bella cuando florece; la inflorescencia con las flores tiene una combinación de los colores blanco, negro y rojo, los colores nacionales de Alemania, de allí se deriva el nombre común de "Bandera alemana", que algunas veces se le aplica a esta planta. Esta especie es relativamente pequeña en comparación con otras especies nativas.

Guzmania sanguínea (André) André ex Mez (Lámina 64, D)
Selva nublada, vertiente norte, 1.000 m. Planta algo insólita debido a que los grupos de flores amarillas nacen directamente en el centro de la roseta foliar (flores sin eje que las soporte, o sea sésiles). Estas flores permanecen sumergidas en el agua de lluvia recogida por la planta misma y están rodeadas por una bella roseta de hojas rojas, amarillas y anaranjadas.

Guzmania ventricosa (Griseb.) Mez (Lám. 66, C)
Selva nublada y subpáramo, 1.900-2.300 m. Terrestre o epífita. Las hojas de color verde puro forman una roseta grande. Flores de color verde.

Hohenbergia stellata Schult. f. (Lám. 63, B)
Selva nublada, vertiente norte, 900-1.000 m, crece sobre piedras grandes. Esta planta sorprendentemente grande desarrolla hojas muy largas, y la inflorescencia puede alcanzar más de 1 m de alto. El grupo de flores de color azul-púrpura está rodeado por brácteas rosado oscuras, las cuales se vuelven blancas al principio y eventualmente azul oscuras.

Pitcairnia altensteinii (Lk., Kl. & Otto) Lem., var. **altensteinii** (Lám. 68, A)
Selva nublada, 1.600-1.800 m. Planta terrestre vistosa, con eje floral erecto, brácteas de color rojo y flores cremosas.

Pitcairnia heterophylla (Lindl.) Beer, f. **heterophylla** (Lám. 68, B)
Selva veranera y nublada, 900-1.600 m. Planta epífita sobre árboles o rocas. Las flores por lo general son de color rosado-salmón hasta rosadas, pero también se conocen unas formas con flores blancas. (f. *albiflora).*

Pitcairnia microcalyx Baker var. **microcalyx** (Lámina 71, B)
Subpáramo, 2.300-2.500 m. Especie terrestre, usualmente con flores amarillas. Igualmente una variedad con flores rojas se encuentra en el Avila (var. *schlimii*).

Tillandsia adpressa André var. **tonduziana** (Mez) L.B. Smith
Subpáramo, 2.300-2.500 m.

Tillandsia anceps Lodd. (Lám. 67, C)
Selva nublada, vertiente norte, 900-1.000 m. Cuando tiene flores, esta planta es muy llamativa, por ser éstas de color azul, dispuestas sobre una inflorescencia aplanada y ancha.

Tillandsia biflora R. & P. (Lám. 64, C)
Selva nublada, 1.900-2.000 m. Una especie epífita, pequeña, con hojas de color verde y brácteas florales rosadas dispuestas en la parte superior de la planta. Flores de color rosado pálido. Inflorescencia casi horizontal y ampliamente extendida.

Tillandsia bulbosa Hook.
Selva nublada, vertiente norte, 900-1.000 m. Algunas veces crece sobre piedras sombreadas o peñascos (litófita), pero es más frecuente sobre árboles (epífita). La planta es de color verde-oliva opaco con hojas encorvadas.

Tillandsia caribaea L.B. Smith (Lám. 70, B)
Selva nublada y subpáramo, 2.300-2.600 m. Flores blancas, mientras que las brácteas son de color marrón-púrpura opaco y gris.

Tillandsia compacta Griseb. var. **compacta** (Lámina 70, A)
Selva nublada y subpáramo, 1.100-2.400 m. Planta epífita, vistosa, con hojas de color azul-verde con manchas purpúreas, con frecuencia color rojo-púrpura hasta marrón-negro en la base y con brácteas y ejes de la inflorescencia de color rosado-salmón, rojo o anaranjado.

Tillandsia complanata Benth. (Lám. 64, A)
Selva nublada y subpáramo, 1.775-2.600 m. Los ejes delgados y colgantes de la inflorescencia terminan en cabezuelas compactas y cortas formadas por brácteas apretadamente agrupadas, de color ro-

sado-coral, las cuales rodean las flores rosadas o color azul-púrpura.

Tillandsia denudata André (Lám. 66, B)
Subpáramo, 2.300-2.500 m. Planta grande, terrestre o algunas veces epífita, la cual puede alcanzar 1,5-2 m de alto cuando tiene flores. La inflorescencia es muy vistosa, tiene el tallo de color rojo-coral oscuro y las brácteas sostienen flores violeta.

Tillandsia fasciculata Sw.
Selva veranera, 1.000 m. Especie de tamaño mediano con hojas firmes.

Tillandsia fendleri Griseb. var. **fendleri** (Lám. 63, C; 67, C)
Selva nublada, 1.600 m. Especie epífita, grande, con brácteas vistosas de color coral o rosado-rojo al igual que los ejes florales; flores violeta. Esta planta alcanza 2 m de altura.

Tillandsia flexuosa Sw.
Selva tropófila, vertiente norte, 400-700 m y altitudes más bajas. Flores por lo general de color rosado-coral, frecuentemente visitadas por pájaros *"reinita"*, los cuales son atraídos por el néctar de las flores. Esta planta por lo general se consigue en lugares muy secos. Las hojas irregularmente retorcidas de color gris-verde pálido y las inflorescencias abiertamente ramificadas y alargadas son características de esta especie.

Tillandsia gardneri Lindl.
Selva de galería y selva nublada, 1.500-1.650 m. Las hojas angostas y de color gris-plateado son casi tan largas como la inflorescencia, la cual consiste en una corta cabezuela de pocas flores rosadas o color lavanda pálido. Esta planta es una de las especies más pequeñas encontradas en el Avila.

Tillandsia juncea (R. & P.) Poir.
Selva transicional y selva nublada, 1.000-1.500 m. La corta y compacta inflorescencia es igualada o excedida por las hojas angostas, rígidas y de color gris-verde.

Tillandsia longifolia Baker (Lám. 67, A)
Selva nublada, 1.900 m. Esta especie epífita tiene hojas que miden más de 1 m de largo y la inflorescencia mide casi 2 m de altura. La inflorescencia es muy ramificada, las hojas son de color verde opaco en el lado superior (haz) y gris-rojizo-verdoso en el envés.

Tillandsia monadelpha (E. Morr.) Baker
Selva nublada, 1.000 m, vertiente norte.

Tillandsia myriantha Baker (Lám. 68, C)
Selva nublada y selva de galería, 1.400-1.600 m. Las hojas erectas o ascendentes, planas, rígidas y cubiertas por escamas grisáceas, presentan una coloración marrón en la base. Las hojas son de igual tamaño o algo más reducidas que las inflorescencias cortas y compactas. Las flores son de color rosado-purpúreo, tornándose color púrpura.

Tillandsia recurvata (L.) L. *"Tiña"* (Lám. 69, C)
Selva veranera y transicional, 900-1.500 m. Especie común y pequeña, con hojas escamosas, angostas y de color blanco-plateado; inflorescencia muy pequeña sobre tallos delgados. Esta planta es frecuente en lugares secos.

Tillandsia spiculosa Griseb. (Lám. 69, B)
Selva nublada, 1.500-1.800 m. Hojas anchas y planas, más cortas que las inflorescencias muy ramificadas, las cuales sostienen numerosas cabezuelas pequeñas de flores.

Tillandsia tenuifolia L. *"Guicho"* (Lám. 68, D)
Tillandsia pulchella Hook.
Selva nublada y selva de galería, 1.200-1.650 m. Una especie muy pequeña, la cual a menudo tiene tallos alargados colgantes en grupos sueltos desde los árboles; la pequeña inflorescencia está sostenida por un pedúnculo muy delgado el cual emerge de un grupo de hojas cortas y lineares, las cuales igualan o exceden en largo a la inflorescencia.

Tillandsia tetrantha R. & P. var. **aurantiaca** (Griseb.) Sm. (Lám. 70, C)
Subpáramo, 2.400 m, vertiente norte; una especie insólita por tener las brácteas, que sostienen las flores anaranjadas, de color amarillo, caso de coloración floral muy rara en las bromelias presentes en el Avila.

Tillandsia tovarensis Mez (Lám. 66, A)
Tillandsia arnoldiana Harms
Subpáramo, 2.400-2.600 m. El color rosado-rojo oscuro de las brácteas contrasta con el púrpura de las flores. Esta planta usualmente es terrestre y de apariencia similar a *Tillandsia denudata,* pero la inflorescencia es más ramificada (tripinada), las hojas son más cortas y las brácteas florales algo más reducidas.

Tillandsia usneoides (L.) L. *"Barba de palo"* (Lám. 65, B)
Selva veranera hasta selva nublada, 900-1.500 m y altitudes más bajas. Colgante de las ramas de los árboles, con tallos filiformes, alargados, semejantes

LAMINA 63: BROMELIACEAE

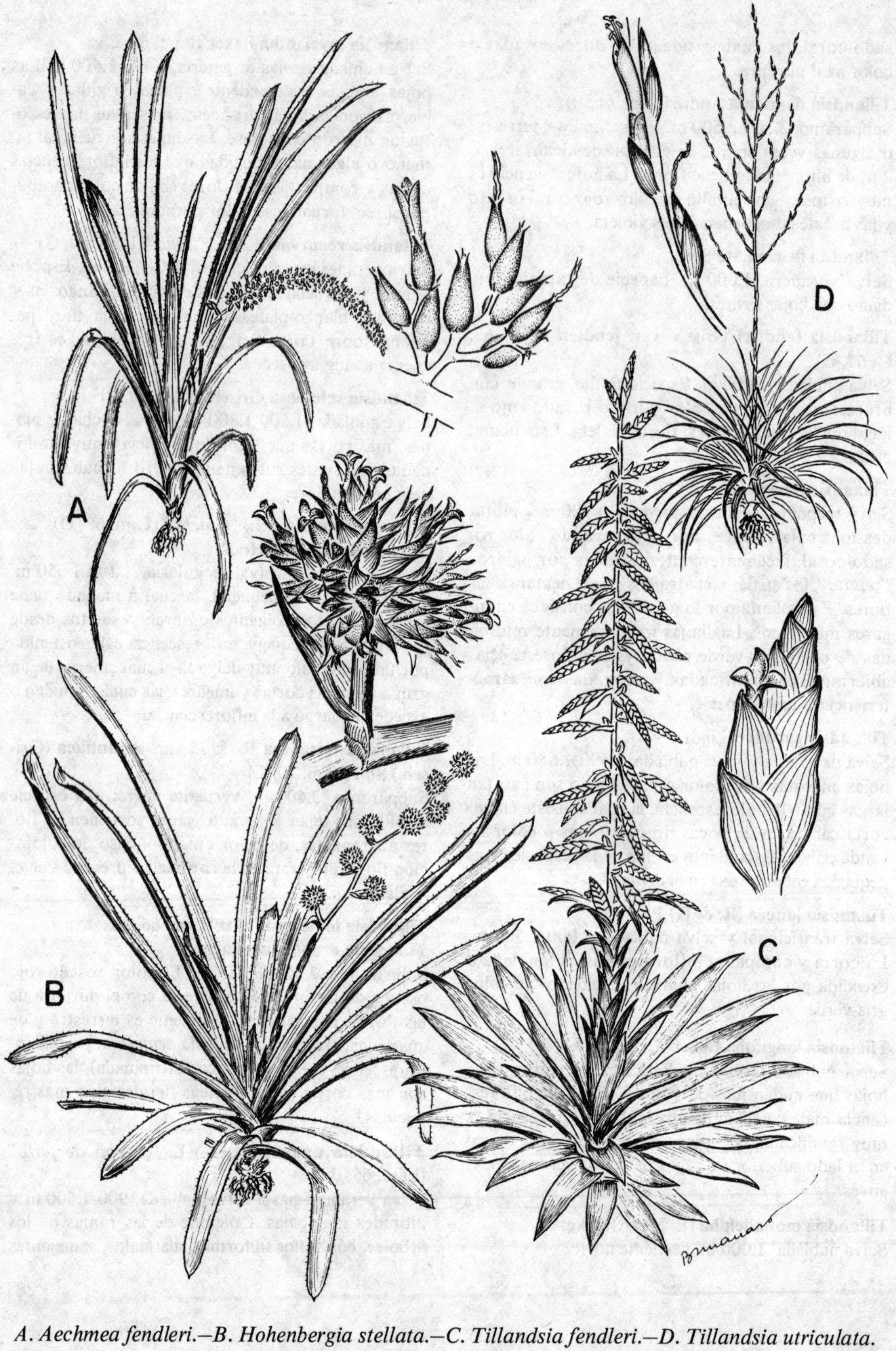

A. Aechmea fendleri.–B. Hohenbergia stellata.–C. Tillandsia fendleri.–D. Tillandsia utriculata.

LAMINA 64: BROMELIACEAE

A. Tillandsia complanata.–B. Billbergia manarae.–C. Guzmania sanguinea.–D. Tillandsia biflora.

A. Guzmania monostachia.–B. Tillandsia usneoides.

A. Tillandsia tovarensis.–B. Tillandsia denudata.–C. Guzmania ventricosa.

LAMINA 67: BROMELIACEAE

A. Tillandsia longifolia.–B. Guzmania lingulata.–C. Tillandsia fendleri.–D. Tillandsia anceps.–E. Greigia albo-rosea.

LAMINA 68: BROMELIACEAE

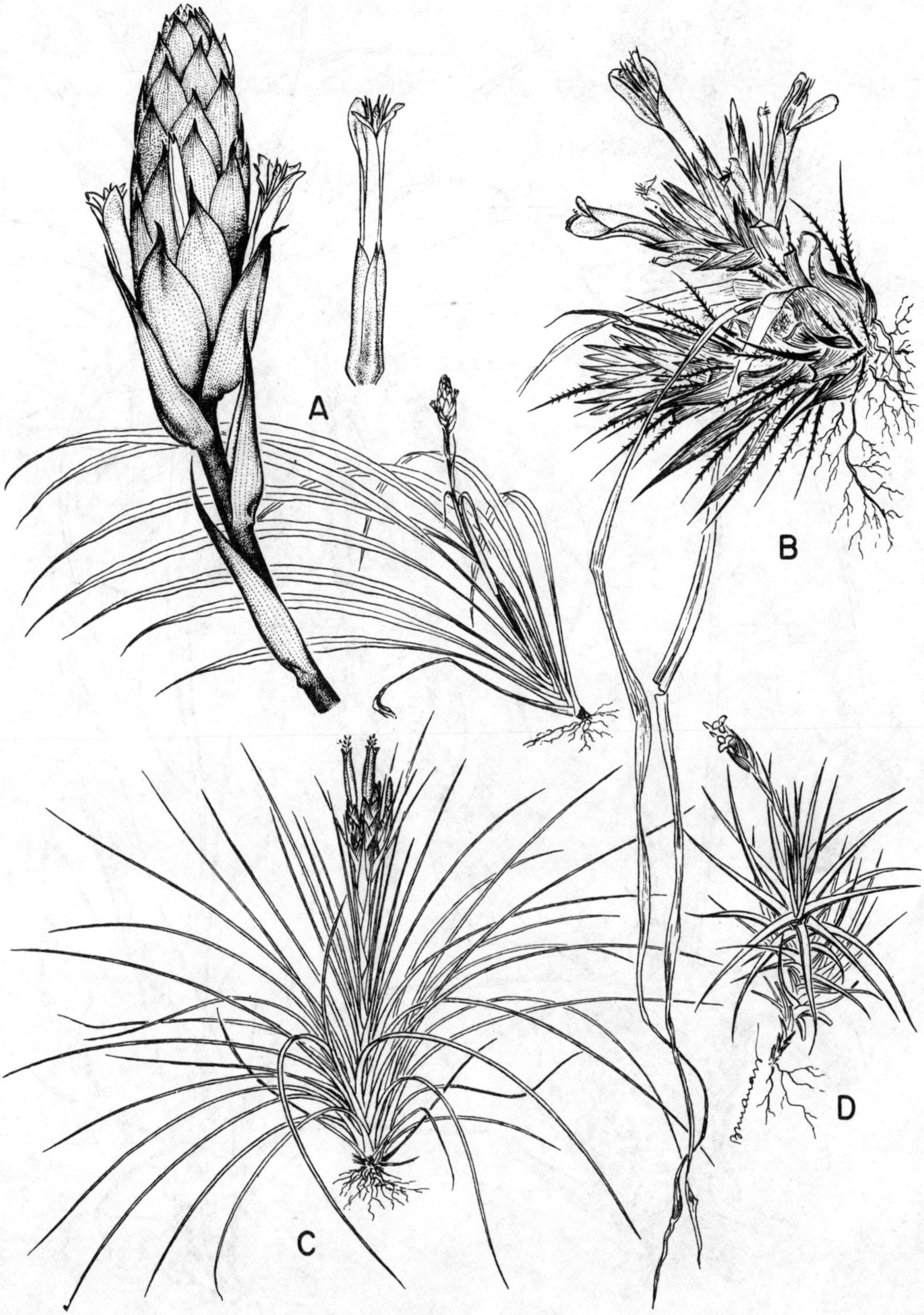

A. Pitcairnia altensteinii.–B. Pitcairnia heterophylla.–C. Tillandsia myriantha.–D. Tillandsia tenuifolia.

A. Vriesea incurva.–B. Tillandsia spiculosa.–C. Tillandsia recurvata.

LAMINA 70: BROMELIACEAE

A. Tillandsia compacta.–B. Tillandsia caribaea.–C. Tillandsia tetrantha var. aurantiaca.–D. Vriesea incurva.

A. Vriesea robusta.—B. Pitcairnia microcalyx var. microcalyx.—C. Vriesea incurva.

a una barba gris. Las flores pequeñas son de color verde pálido.

Tillandsia utriculata L. (Lám. 63, D)
Selva veranera, 1.000 m. Una especie epífita, grande, con las hojas firmes y apretadas en la base. La inflorescencia es muy ramificada, con flores pequeñas y brácteas verdes.

Tillandsia valenzuelana A. Rich.
Subpáramo, 2.300-2.500 m. Una especie pequeña con inflorescencias delgadas.

Vriesea incurva (Griseb.) L.B. Smith (Lám. 69, A; 70, D; 71, C)
Tillandsia incurva Griseb.
Selva nublada, 1.500-1.650 m. La inflorescencia gruesa y alargada es con frecuencia sobrepasada por las hojas de color verde con la base marrón. Cuando tiene flores, la inflorescencia es muy llamativa con sus flores de color verde-oliva dispuestas sobre un fondo de brácteas de color rosado.

Vriesea robusta (Griseb.) L.B. Smith (Lám. 71, A)
Subpáramo, 2.400-2.450 m. Las hojas crecen en rosetas densas de color verde-gris. Las brácteas de color rosado-coral rodean flores con márgenes purpúreas. El eje de la inflorescencia (pedúnculo) erecto, pero las ramas laterales son por lo general inclinadas o arqueadas hacia un lado o hasta colgantes.

Fam. **BRUNELLIACEAE** (Dicotyledoneae)

Arboles medianos hasta pequeños. Hojas opuestas o en círculos (verticilos), simples (no divididas) o pinadamente compuestas (imparipinadas con 1 solo folíolo en el ápice), folíolos dentados en los bordes. Estípulas presentes pero caedizas. Flores pequeñas, dispuestas sobre inflorescencias ramificadas, femeninas o masculinas, y consisten en un cáliz (perianto) simple, 5-partido. Pétalos ausentes. Estambres 8-12 en las flores masculinas, insertos en la base de un disco. Flores femeninas usualmente con 4 carpelos separados (no unidos). Ovario situado arriba (superior) de la base de las divisiones del perianto. Fruto, una cápsula seca.

Brunellia comocladifolia Cuatr. subsp. **funckiana** (Tul.) Cuatr. *"Caóbano"*, *"Caobillo"* (Lám. 72)
Brunellia funckiana Tul.
Selva nublada, 1.500-2.000 m. Arboles de hasta 20 m de alto con hojas opuestas compuestas de 15-40 cm de largo. Cada hoja con 11-23 segmentos (folíolos). Flores de color amarillo-verdoso.

Fam. **BURMANNIACEAE** (Monocotyledoneae)

Hierbas pequeñas y finas, usualmente terrestres, saprofíticas (viven sobre materia orgánica descompuesta), sin clorofila (rara vez epífita o con hojas verdes). Hojas reducidas a pequeñas escamas (en las plantas del Avila), alternas, simples (no divididas), sin dientes. Flores usualmente pequeñas, que consisten en un tubo cilíndrico con 6 divisiones dispuestas en 2 círculos (verticilos). Estambres 3 ó 6. Ovario situado por debajo de la base del tubo floral (ínfero). Fruto seco.

Gymnosiphon suaveolens (Karst.) Urban (Lám. 73, A)
Selva nublada, 1.800-1.900 m. Planta terrestre con tallo blanco, ramificada en la parte superior, con pocas hasta varias flores blancas dispuestas sobre ejes (pedicelos) delgados. Las pocas y finas raíces obtienen sus nutrientes a partir de hojas en descomposición. Estas plantas se encuentran usualmente como individuos solitarios, ampliamente separados uno de otro.

LAMINA 72: BRUNELLIACEAE

Brunellia comocladifolia ssp. funckiana.

LAMINA 73: BURMANNIACEAE; BURSERACEAE

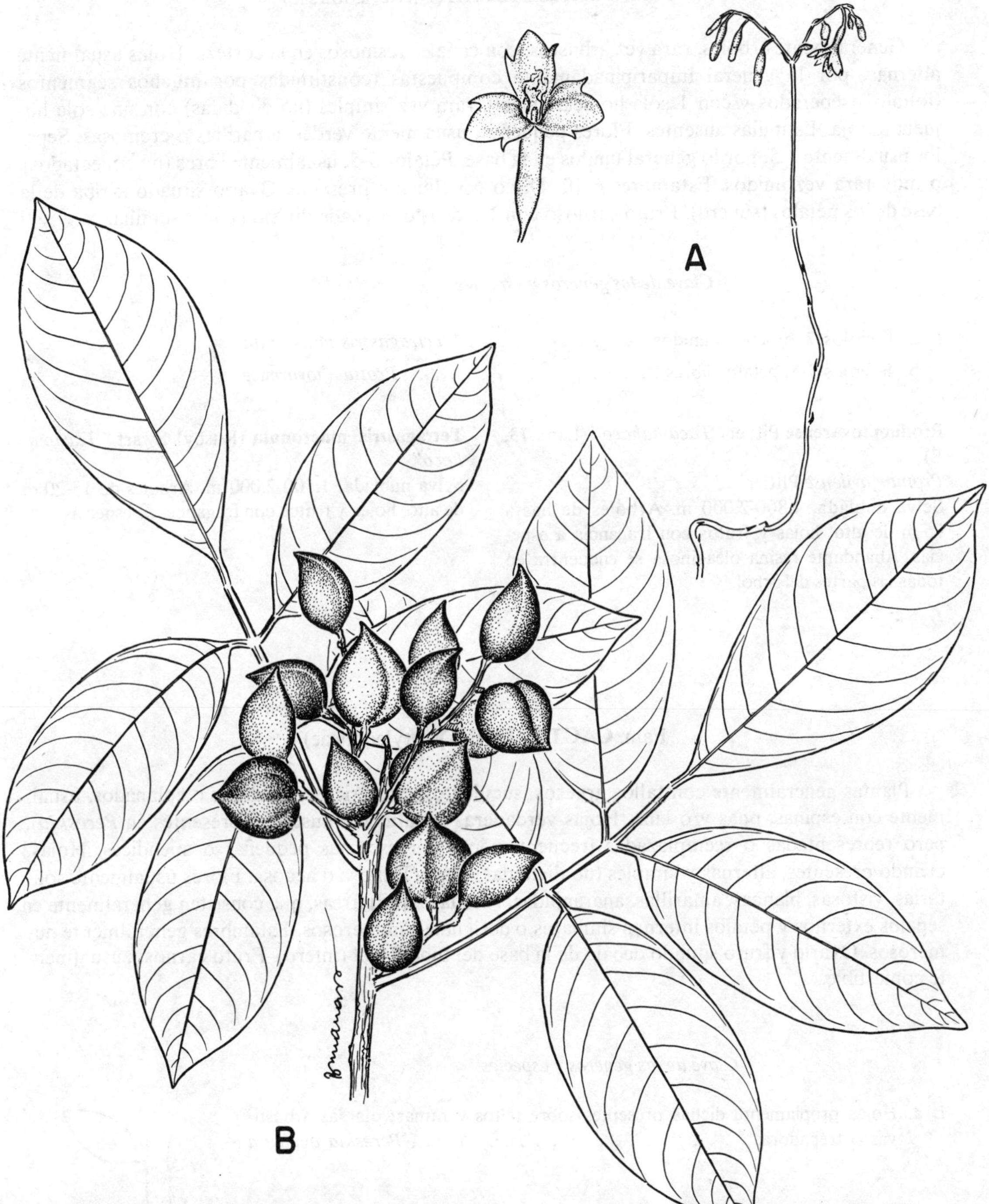

A. Gymnosiphon suaveolens.—B. Protium tovarense.

Fam. **BURSERACEAE** (Dicotyledoneae)

Generalmente árboles, rara vez arbustos, con canales resinosos en la corteza. Hojas usualmente alternas, por lo general imparipinadamente compuestas (constituidas por muchos segmentos (folíolos) separados y con 1 sola hojuela apical), rara vez simples (no divididas) con una sola hojuela u hoja. Estípulas ausentes. Flores pequeñas, usualmente verdes, amarillas o cremosas. Sépalos usualmente 3-5, por lo general unidos en la base. Pétalos 3-5, usualmente libres (no conectados), o muy rara vez unidos. Estambres 6-10. Disco usualmente presente. Ovario situado arriba de la base de los pétalos (súpero). Fruto carnoso con 1-5 divisiones, cada división con 1 semilla.

Clave de los géneros y especies

1. a. Folíolos 7-9; pétalos unidos . . . . *Tetragastris mucronata*
   b. Folíolos 3-5; pétalos libres . . . . *Protium tovarense*

Protium tovarense Pittier *"Tacamahaco"* (Lám. 73, B)
Protium avilense Pittier
Selva nublada, 1.800-2.000 m. Arboles de hasta 25 m de alto, hojas y frutos con fragancia a especias. Abundante resina oleaginosa se encuentra en todas las partes del árbol.

Tetragastris mucronata (Rusby) Swart *"Tacamahaco"*
Selva nublada, 1.500-2.000 m. Arboles de 15-20 m de alto, hojas y frutos con fragancia de especias.

Fam. **CACTACEAE** (Dicotyledoneae)

Plantas generalmente con tallos gruesos, suculentos, cilíndricos, angulosos o aplanados, usualmente con espinas, púas y/o lana. Hojas verdaderas usualmente ausentes (presentes en *Pereskia*), pero representadas o reemplazadas frecuentemente por escamas pequeñas o apéndices. Hojas, cuando presentes, alternas y simples (no divididas). Savia lechosa o acuosa. Flores usualmente solitarias, vistosas, blancas, amarillas, anaranjadas, rosadas o purpúreas, que consisten generalmente en sépalos externos y pétalos internos similares o desiguales, numerosos. Estambres generalmente numerosos. Ovario y fruto situado debajo de la base del tubo floral (ínfero). Fruto carnoso, usualmente comestible.

Clave de los géneros y especies

1. a. Hojas propiamente dichas presentes sobre tallos y ramas; plantas arbustivas o trepadoras . . . . *Pereskia aculeata*

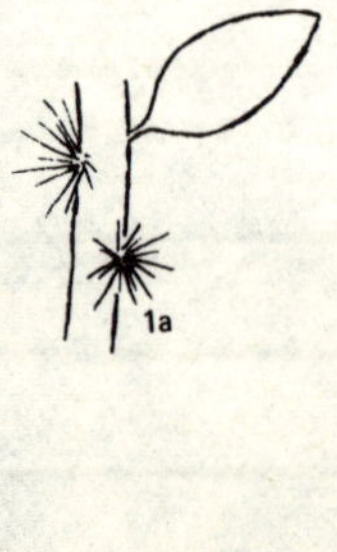
1a

b. Hojas ausentes; sólo tallos o espinas presentes; plantas epífitas o terrestres . 2

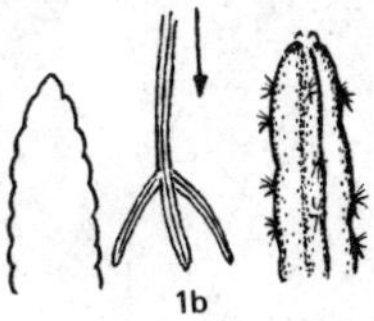
1b

2. a. Plantas columnares, altas, terrestres con espinas sobre los tallos . . . *Cereus hexagonus*

b. Epífitas (aéreas) o litófitas (crecen sobre rocas), sin espinas 3

3. a. Tallos completamente aplanados o con sólo 3 ángulos y con los márgenes ondulados 4

b. Tallos cilíndricos, redondeados o con 4 ángulos (raramente 3 ó 5), no ondulados en los márgenes 5

4. a. Tallos con las ondulaciones marginales cortas y 1,5-2 cm de distancia entre sí; las flores se abren durante el día, y son purpúreas y rosado-rojo, 2,5-3 cm de largo . . . . *Wittia amazonica*

4a

b. Tallos con las ondulaciones marginales más largas y más separadas entre sí; las flores se abren durante la noche, y son blancuzcas hasta cremosas, de por lo menos 15 cm de largo . . . . *Epiphyllum phyllanthus*

4b

5. a. Tallos cuadrangulares o pentagonales . . . . *Selenicereus inermis*

5a

b. Tallos cilíndricos o redondeados . . . . *Rhipsalis cassutha*

5b

Cereus hexagonus (L.) Mill. *"Reina de la noche"* (Lám. 75, C)
Sabana, selva veranera y lugares abiertos, 900-1.000 m. Cardón columnar, alto, con flores grandes blancas, fragantes, que abren durante la noche.

Epiphyllum phyllanthus (L.) Haw. *"Reina de la noche"* (Lám. 75, A)
Selva tropófila, 1.100 m. Crece sobre rocas. Flores con tubo largo, blancas, con escasa fragancia, cada flor abre durante la noche y su período de duración es de menos de 10 horas.

Pereskia aculeata Mill. *"Guamacho", "Agarra-por-detrás"* (Lám. 74, B)
Selva tropófila, 1.000-1.300 m. Tallos cubiertos por espinas fuertes. Flores blancas. Fruto globular de color anaranjado, comestible y de sabor ácido; las hojas son algunas veces cocidas y comidas como verdura.

Rhipsalis cassutha Gaertn. (Lám. 74, A)
Selva tropófila y transicional, 1.200-1.600 m. Tallos largos, delgados, ramificados y colgantes. Las flores pequeñas, de color blanco, crecen desde los lados del tallo. El fruto pequeño, globoso y de color blanco es muy pegajoso y fácilmente transportable por los pájaros. Esta planta se presta bien para ser cultivada en cestas ornamentales colgantes.

Selenicereus inermis (Otto) Br. & Rose (Lám. 75, B)
Cereus inermis Otto
Selva tropófila y selva de galería, 1.000-1.300 m. Con frecuencia crece sobre peñascos y bordes rocosos, así como también sobre árboles. Las flores son muy vistosas, con tubo alargado de color blanco, rosado opaco y verde pálido por fuera. La base de la flor tiene pelos punzantes. Los tallos son, por lo general, cuadrangulados, pero pueden ser también triangulares o pentagonales.

Wittia amazonica K. Schum. (Lám. 74, C)
Wittia panamensis Britt. & Rose
Selva nublada, 1.000-1.100 m, vertiente norte. Las flores vistosas de color púrpura y rosado nacen de los márgenes de los tallos ondulados y son muy llamativas. Con frecuencia crece sobre rocas, pero también como epífita sobre árboles.

LAMINA 74: CACTACEAE

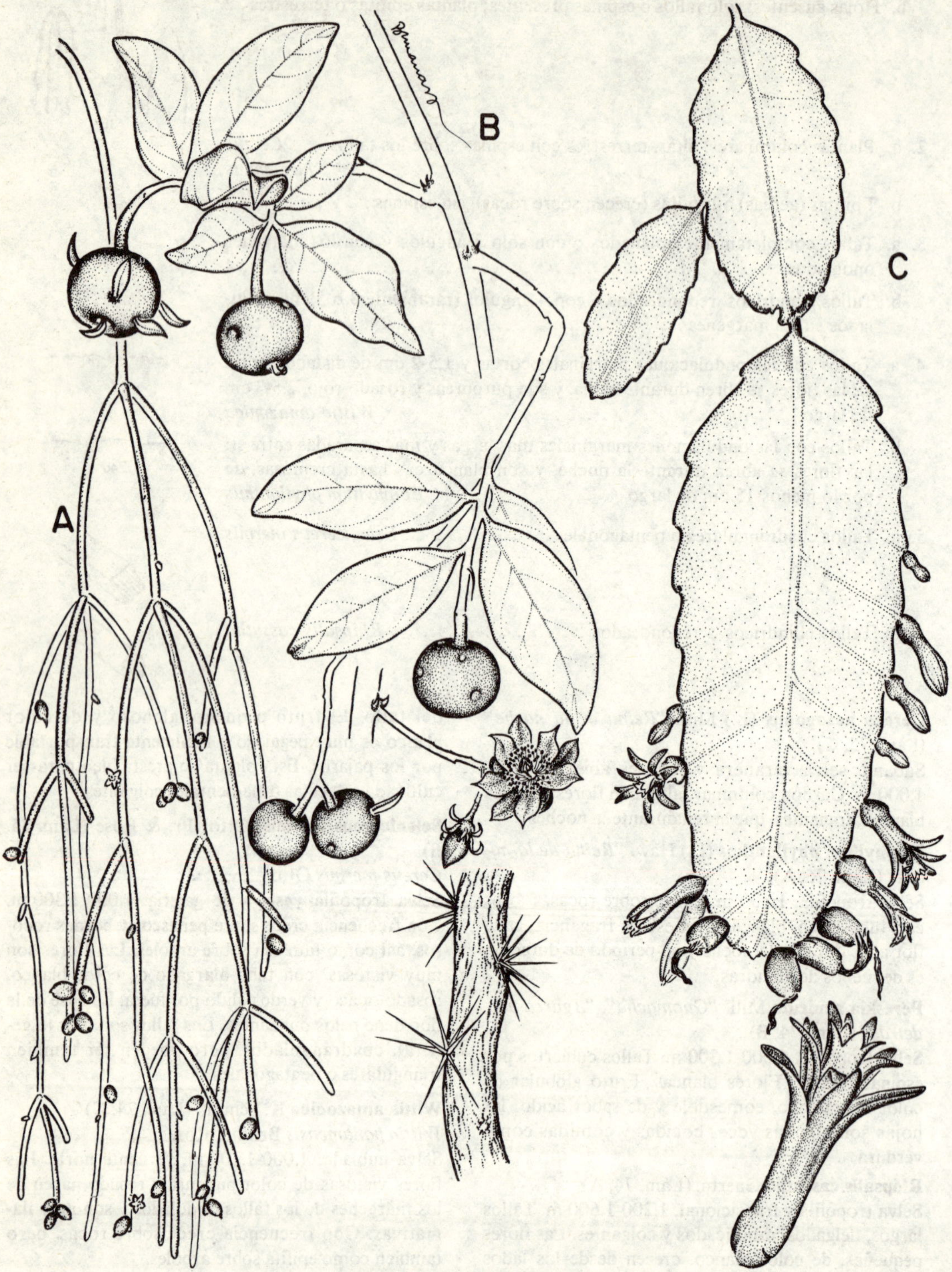

A. Rhipsalis cassutha.—*B. Pereskia aculeata.*—*C. Wittia amazonica.*

LAMINA 75: CACTACEAE

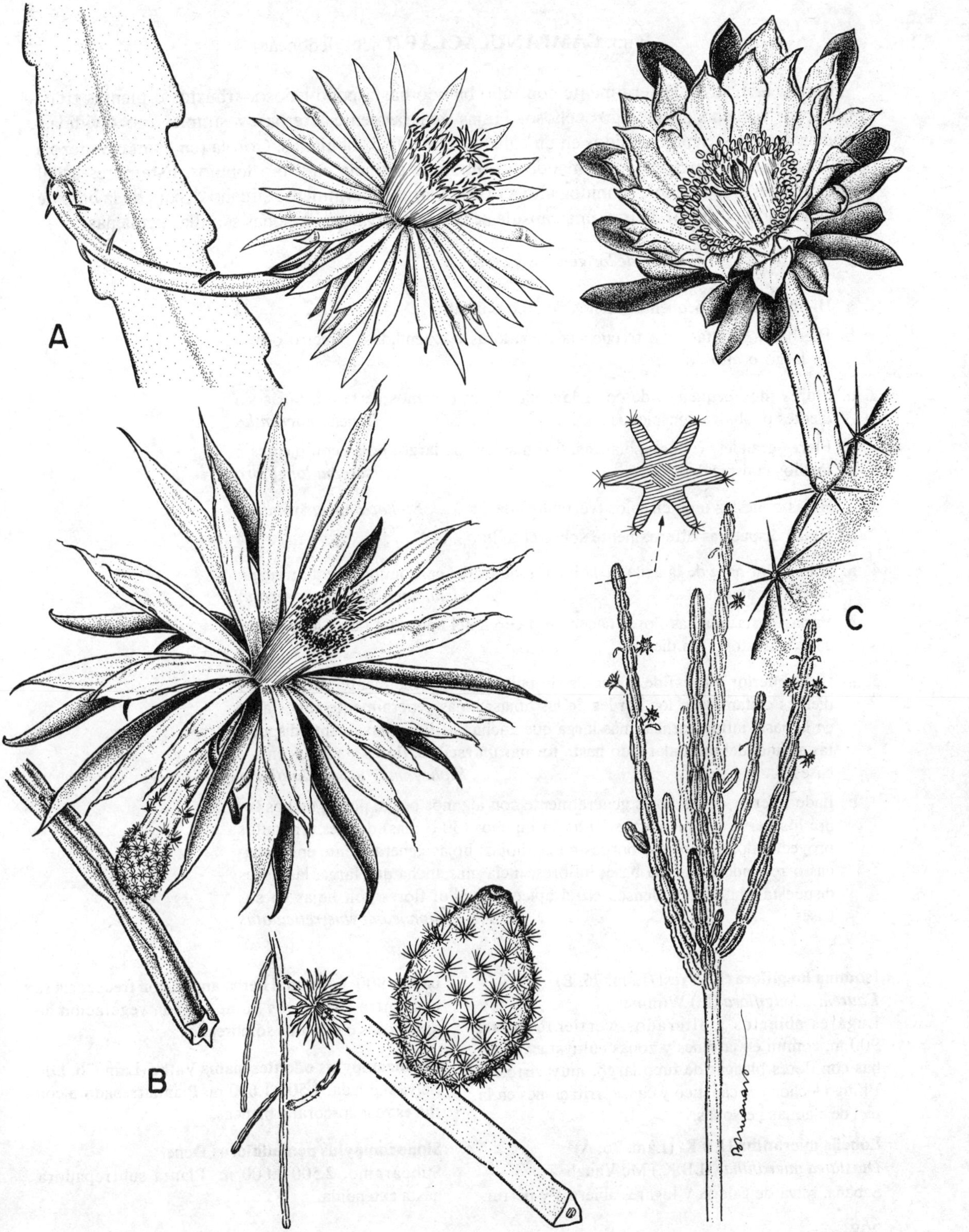

A. Epiphyllum phyllanthus.—*B. Selenicereus inermis.*—*C. Cereus hexagonus.*

Fam. **CAMPANULACEAE** (Dicotyledoneae)

Hierbas terrestres, generalmente con tallo blando hasta poco leñoso, arbustos o plantas trepadoras, con frecuencia con jugo lechoso. Hojas generalmente alternas y simples (no divididas). Estípulas ausentes. Sépalos unidos en un cáliz usualmente 5-lobulados. Corola (en plantas venezolanas) irregular (no simétrica) y formando un tubo que termina en 2 ó 5 lóbulos. Estambres usualmente 5, libres y separados, o unidos uno a otro. Ovario generalmente situado debajo de la base del tubo de la corola (ínfero). Fruto, una cápsula seca o una baya, con muchas semillas pequeñas.

Clave de los géneros y especies

1. a. Hierbas erectas pequeñas, menos de 50 cm de alto 2
   b. Hierbas más altas, con frecuencia trepadoras o extendidas, 1 metro o más de largo o alto 3
2. a. Flores muy pequeñas, de color lavanda, 1 cm o menos de largo; hojas sin dientes o lóbulos conspicuos . . . . *Lobelia micrantha*
   b. Flores grandes, vistosas, blancas, 9 o más cm de largo; hojas con dientes o lóbulos conspicuos . . . . *Isotoma longiflora*
3. a. Hojas opuestas o en círculos (verticilos) de 3 . . . . *Siphocampylus volubilis*
   b. Hojas dispuestas alternamente sobre el tallo 4
4. a. Sólo 1 flor nace de la axila de la hoja; lóbulos del cáliz ampliamente triangulares y dentados . . . . *Siphocampylus odontosepalus*
   b. Varias hasta muchas flores nacen en o cerca del ápice del tallo; lóbulos del cáliz angostos y sin dientes 5
5. a. Lado inferior (envés) de las hojas sin pelos o casi; usualmente sólo con 3-5 dientes distantes en los bordes de las hojas; hojas generalmente angostadas en la base; inflorescencia más larga que ancha, las flores laxamente dispuestas al final del tallo alargado hasta formar un racimo; flores sin hojas en sus bases . . . . *Siphocampylus penduliflorus*
   b. Lado inferior de las hojas generalmente con algunos pelos, por lo menos sobre los nervios; usualmente 10 hasta muchos (30 o más) dientes diminutos proyectándose desde los bordes de las hojas; hojas generalmente ensanchadas o redondeadas en la base; inflorescencia más ancha que larga, las flores dispuestas en grupos densos en el ápice del tallo; flores con hojas en sus bases . . . . *Siphocampylus reticulatus*

Isotoma longiflora (L.) Presl (Lám. 76, B)
Laurentia longiflora (L.) Wimmer
Lugares abiertos y alterados, vertiente norte, 900 m, común en jardines y zonas cultivadas. Hierbas con flores blancas de tubo largo, muy vistosas. El jugo lechoso es cáustico y causa irritaciones en la piel de algunas personas.

Lobelia micrantha H.B.K. (Lám. 76, A)
Diastatea micrantha (H.B.K.) Mc Vaugh
Sabana, selva de galería y lugares abiertos y perturbados, 900-1.500 m. Hierba anual; con frecuencia se encuentra en lugares húmedos con vegetación de gramíneas o en sitios sombreados.

Siphocampylus odontesepalus Vatke (Lám. 76, D)
Selva nublada, 1.500-1.600 m. Planta trepadora con flores rosado-coral y blancas.

Siphocampylus penduliflorus Dcne.
Subpáramo, 2.500-2.600 m. Planta subtrepadora hasta extendida.

LAMINA 76: CAMPANULACEAE

A. Lobelia micrantha.–B. Isotoma longiflora.–C. Siphocampylus reticulatus.–D. Siphocampylus odontosepalus.

Siphocampylus reticulatus (Willd.) Vatke, Kl. & Karst. *"Flor de sangre"* (Lám. 76, C)
Sabana, selva transicional, selva nublada y subpáramo, 1.100-2.600 m. Extremadamente variable, crece como una hierba de 30 cm hasta 1 m de alto o hasta subtrepadora; la densidad de pelos y la forma de las hojas son igualmente variables.

Siphocampylus volubilis (H.B.K.) G. Don
Selva nublada, 1.665-2.060 m. Planta trepadora o extendida con flores rosado-rojas, rosado-orquídea y blancas. Rara vez coleccionada.

Fam. CANNACEAE (Monocotyledoneae)

Plantas herbáceas, frondosas, grandes, que nacen de tallos o tubérculos subterráneos engrosados. Hojas grandes y finamente nervadas. Flores irregulares (no simétricas), generalmente rojas, anaranjadas o amarillas, que consisten externamente de 3 sépalos angostos, libres (no conectados), e internamente de 3 pétalos desiguales, unidos en un tubo. Estambres 6, pero con aspecto de pétalos y modificados en su forma, solamente 1 estambre fértil (con polen). Ovario situado debajo de la base del tubo de la corola (infero). Fruto verrucoso, dividido en 3 partes, contiene varias semillas duras en cada división.

Género único: CANNA.

Clave de las especies

1. a. Brácteas de la inflorescencia más cortas que las flores, anchas y redondeadas en el ápice, 1-2 cm de largo; pétalos 3-3,7 cm de largo; sépalos 1-1,2 cm de largo . . . . *Canna indica*

   b. Brácteas de la inflorescencia más largas que las flores, angostamente lanceoladas, conspicuamente puntiagudas en el ápice, 6,5-12 cm de largo; pétalos 4-6 cm de largo; sépalos 1,5-2 cm de largo . . . . *Canna ottonis*

Canna indica L. *"Capacho"* (Lám. 77, B)
Selva de galería y selva nublada, 950-1.600 m. Usualmente en quebradas húmedas. Flores de color rojo con uno de los pétalos manchado de anaranjado. Unas variedades de esta especie son comúnmente cultivadas en jardines y plazas públicas.

Canna ottonis (Bouché) Kränzlin *"Capacho"* (Lám. 77, A)
Canna heliconiifolia Hort.
Selva de galería y selva nublada, 1.300-1.500 m. Con frecuencia crece en quebradas húmedas y a lo largo de cascadas. Flores de color rojo.

LAMINA 77: CANNACEAE

A. Canna ottonis.—*B. Canna indica*.

Fam. **CAPPARACEAE (CAPPARIDACEAE)** (Dicotyledoneae)

Plantas herbáceas con tallo blando, arbustos o árboles. Hojas usualmente alternas, simples (no divididas) o palmadamente divididas (compuestas). Estípulas diminutas. Flores con frecuencia vistosas, simétricas o asimétricas (irregulares), con 4 (hasta 8) sépalos desiguales o casi iguales, libres o unidos y usualmente con 4 pétalos generalmente libres (no conectados), o rara vez sin pétalos. Estambres 4, 6, 8 o más, iguales o desiguales entre sí. Ovario con frecuencia elevado sobre un eje especialmente alargado (ginóforo) y situado arriba de la base de los pétalos (súpero). Fruto, una cápsula seca o una baya, con muchas semillas.

Clave de los géneros y especies

1. a. Arbol con hojas simples, no divididas 2

   b. Nunca árboles; plantas con hojas divididas en segmentos separados (folíolos) 3

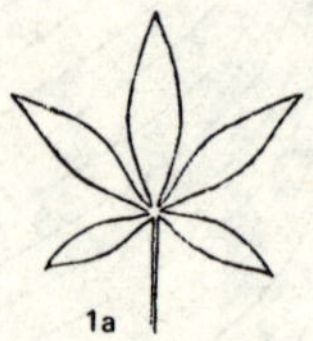

1a

2. a. Flores anaranjadas; las hojas usualmente terminan en un ápice largo y puntiagudo . . . . *Steriphoma paradoxum*

   b. Flores blancas o cremosas; las hojas usualmente terminan en un ápice corto y obtuso . . . . *Capparis flexuosa*

3. a. Segmentos (folíolos) más grandes, 10-12 cm de largo; flores purpúreas y verdes . . . . *Cleome moritziana*

   b. Folíolos generalmente 1,5-10 cm de largo; flores blancas o blancas y lavanda 4

4. a. Hojas con 3 folíolos, cada uno obtuso en el ápice; hierbas 0,3-0,5 m de alto; flores pequeñas e inconspicuas, pétalos 5 mm o menos de largo . . . *Cleome aculeata*

   b. Hojas con 5-7 folíolos, cada uno puntiagudo en el ápice; hierbas de 1-2 m de alto; flores grandes y vistosas, pétalos 10-20 mm de largo . . *Cleome spinosa*

Capparis flexuosa (L.) L.
Selva veranera, 800-900 m. Arbol pequeño, 6 m o menos de alto; fruto rojo, alargado y colgante, mientras que las flores son de color crema.

Cleome aculeata L. *"Garcita"*
Selva de galería en sitios húmedos, 1.500 m. Con espinas diminutas en la base del eje que soporta la hoja (pecíolo).

Cleome moritziana Kl. *"Yucón"* (Lám. 78)
Selva nublada, 1.660-2.000 m. Hierba alta con hojas de color verde-gris en el lado inferior (envés). Los pétalos son de color verde-oliva pálido, mientras que los filamentos son de color lavanda opaco en la mitad superior y verde pálido en la mitad inferior.

Cleome spinosa Jacq. (Lám. 79, B)
Cleome pubescens Sims
Selva transicional, 1.300 m. Hierba.

Steriphoma paradoxum (Jacq.) Endl. (Lám. 79, A)
Selva tropófila, 700-1.050 m. Arbol pequeño, 3-4 m de alto. Flores vistosas, de color anaranjado-rojizo.

LAMINA 78: CAPPARACEAE

Cleome moritziana.

LAMINA 79: CAPPARACEAE

A. Steriphoma paradoxum.–B. Cleome spinosa.

Fam. **CAPRIFOLIACEAE** (Dicotyledoneae)

Usualmente arbustos, árboles pequeños o plantas trepadoras. Hojas opuestas, usualmente simples, algunas veces divididas (compuestas). Estípulas usualmente ausentes, pero presentes en algunos géneros. Flores simétricas o asimétricas (irregulares), el cáliz con 5 dientes o lóbulos, corola cortamente unida en la base y uniformemente 5-lobulada o con un tubo alargado que se divide en 2 labios principales. Estambres 5 (rara vez 4). Ovario situado debajo de la base del tubo de la corola (ínfero). Fruto carnoso.

Clave de los géneros y especies

1. a. Trepadora; corola alargada, 4 cm de largo, irregular, 2-lobulada . . *Lonicera japonica*

   b. Arbol o arbusto; corola corta, 1 cm o menos de largo, regular, 5-lobulada . . *Viburnum tinoides*

Lonicera japonica Thunb. *"Madreselva"* (Lám. 80, B)
Lugares perturbados y cultivados, 1.500 m. Cultivada en Galipán. Flores fragantes de color crema.

Viburnum tinoides L. f. var. **venezuelense** (Killip & Smith) Steyerm. (Lám. 80, A)
Selva transicional, selva nublada y subpáramo, 1.600-2.400 m. Arbusto o árbol pequeño, 3-7 m de alto, con numerosas flores blancas, pequeñas y fragantes dispuestas en una inflorescencia aplanada y ancha.

Fam. **CARICACEAE** (Dicotyledoneae)

Arboles, arbustos o plantas herbáceas, con abundante savia lechosa (látex), el tronco usualmente no ramificado. Hojas alternas, profundamente lobuladas, sobre ejes (pecíolos) largos. Estípulas ausentes. Las flores femeninas o masculinas, nacen sobre inflorescencias conectadas al tallo por debajo de la inserción de las hojas, las flores femeninas solitarias y sin ejes (sésiles), las flores masculinas varias, dispuestas sobre ramificaciones soportadas por un eje alargado (pedúnculo). Las flores masculinas consisten en una corola blanca, delgada, que se divide en 5 lóbulos y tiene 10 estambres. Cáliz pequeño, 5-lobulado. Flores femeninas con 5 pétalos separados o unidos en un tubo corto con el ovario situado arriba de la base de los pétalos (súpero). Fruto, una baya carnosa, grande, con muchas semillas dispersas dentro de 1 sola celda (lóculo).

Carica microcarpa Jacq. subsp. **microcarpa** *"Lechocillo"* (Lám. 81)
Selva tropófila y selva nublada, 1.000-1.500 m. Arbol pequeño o casi herbáceo, 2-4 m de altura; fruto de color anaranjado, 3-4 cm de largo, 2-5 cm de diámetro, insípido al gusto. El jugo de cualquier parte de la planta sirve para ablandar la carne.

LAMINA 80: CAPRIFOLIACEAE

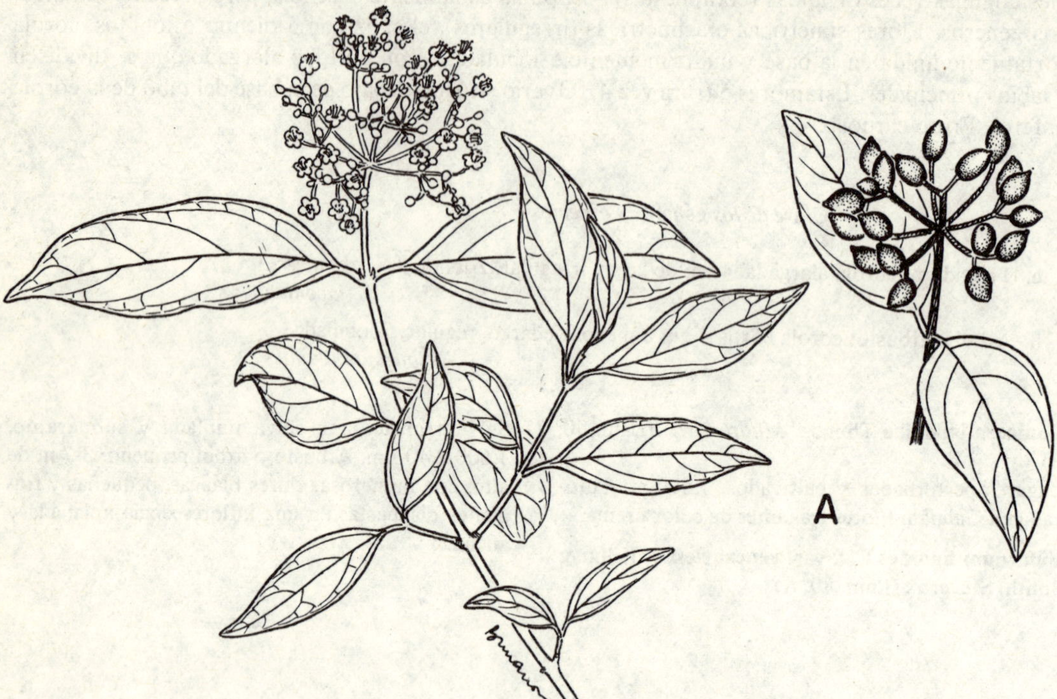

A. Viburnum tinoides.–*B. Lonicera japonica*.

LAMINA 81: CARICACEAE

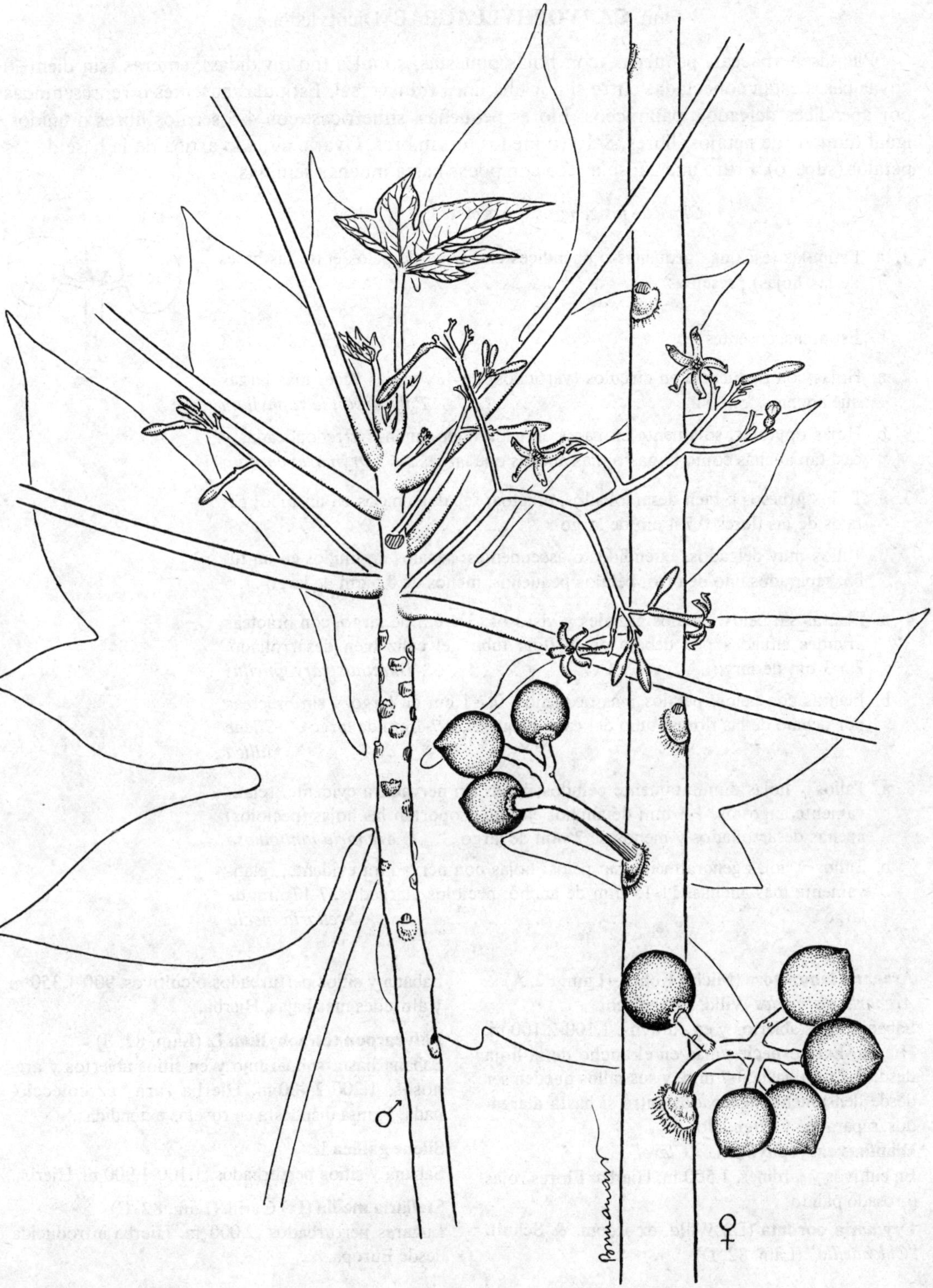

Carica microcarpa.

Fam. **CARYOPHYLLACEAE** (Dicotyledoneae)

Plantas herbáceas, pequeñas, con hojas opuestas, simples (no divididas), enteras (sin dientes) cuyas bases están conectadas entre sí por una línea transversal. Estípulas ausentes o representadas por apéndices delgados, papiráceos. Flores pequeñas, simétricas, con 4-5 sépalos libres o unidos, igual número de pétalos, libres, 8-10 (o menos) estambres. Ovario situado arriba de la base de los pétalos (súpero). Fruto una cápsula seca con pocas hasta muchas semillas.

Clave de los géneros y especies

1. a. Estípulas (escamas pequeñas o apéndices en forma de pelos entre las bases de las hojas) presentes 2

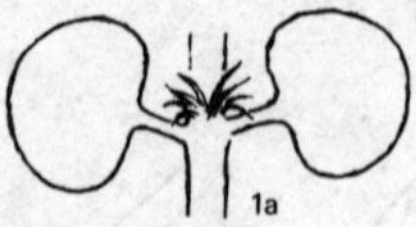

1a

b. Estípulas ausentes 3

2. a. Hojas con frecuencia en círculos (verticilos) de 4, y varias veces más largas que anchas . . . . *Polycarpon tetraphyllum*

b. Hojas opuestas, solamente en pares en cada nudo, anchas y redondeadas y casi tan anchas como largas o más anchas que largas . . . *Drymaria cordata*

3. a. Tallos gruesos o bien desarrollados, erectos; sépalos unidos en un tubo; pétalos de las flores 0,7-4 cm de largo 4

b. Tallos muy delgados, extendidos o ascendentes; sépalos no unidos en un tubo, separados uno de otro; pétalos pequeños, menos de 0,5 cm de largo . . 5

4. a. Plantas sin pelos; pétalos grandes y vistosos, 3-4 cm de largo, con brácteas grandes situadas por debajo de la flor; tubo del cáliz bien desarrollado, 2,5-3 cm de largo . . . . *Dianthus caryophyllus*

b. Plantas con pelos; pétalos más pequeños, 0,7-1 cm de largo y sin brácteas por debajo de las flores; tubo del cáliz pequeño, 0,7-1 cm de largo . . *Silene gallica*

5. a. Tallos y hojas diminutamente peludos; hojas sin nervadura evidente, relativamente angostas, 1-6 mm de ancho; ejes que soportan las hojas (pecíolos) apenas desarrollados y menos de 2 mm de largo . . . . *Arenaria lanuginosa*

b. Tallos y hojas generalmente sin pelos; hojas con nervadura evidente, relativamente más anchas, 11-15 mm de ancho; pecíolos alargados, 7-17 mm de largo . . . . *Stellaria media*

Arenaria lanuginosa (Mich.) Rohrb. (Lám. 82, A)
Arenaria alsinoides Willd. ex Schlecht.
Sabana, sitios abiertos y en cultivos, 1.100-2.100 m. Hierba. Esta especie varía en el ancho de la hoja desde 1-2 mm hasta 3-7 mm, y sus tallos pueden ser desde densamente agrupados entre sí hasta alargados, separados y extendidos.

Dianthus caryophyllus L. *"Clavel"*
En cultivos y jardines, 1.500 m. Hierba. Flores rojas o rosado pálido.

Drymaria cordata (L.) Willd. ex Roem. & Schult. *"Chicharillo"* (Lám. 82, D)
Sabana y sitios perturbados o cultivos, 900-1.350 m y altitudes más bajas. Hierba.

Polycarpon tetraphyllum L. (Lám. 82, B)
Sabana hasta subpáramo y en sitios abiertos y arenosos, 1.200-2.400 m. Hierba rara vez coleccionada. Planta dispuesta en rosetas extendidas.

Silene gallica L.
Sabana y sitios perturbados, 1.100-1.900 m. Hierba.

Stellaria media (L.) Cyrill. (Lám. 82, C)
Lugares perturbados, 2.000 m. Hierba introducida desde Europa.

LAMINA 82: CARYOPHYLLACEAE

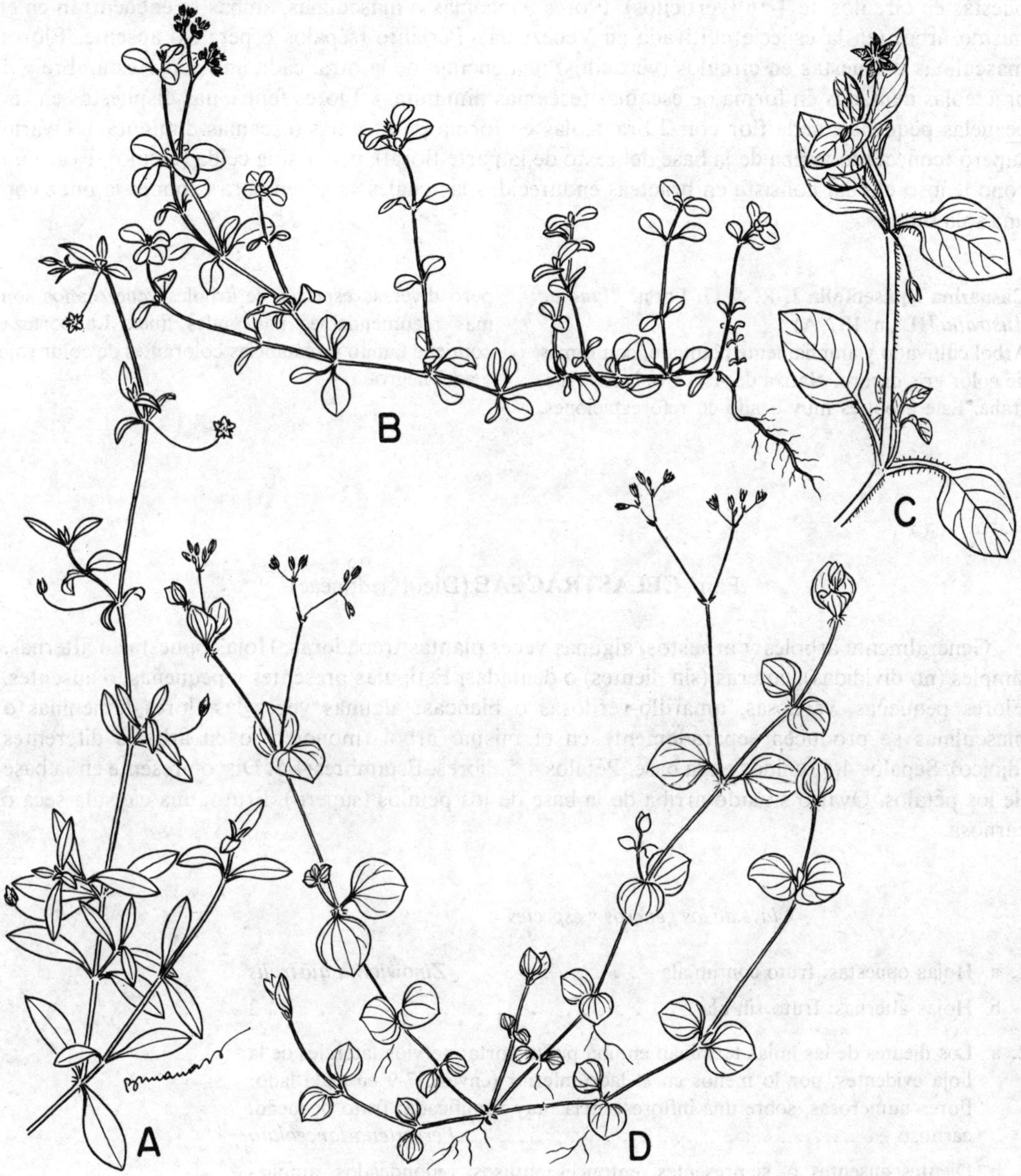

A. Arenaria lanuginosa.–B. Polycarpon tetraphyllum.–C. Stellaria media.–D. Drymaria cordata.

Fam. **CASUARINACEAE** (Dicotyledoneae)

Arboles siempreverdes, con muchas ramas articuladas dispuestas en círculos (verticilos). Las hojas están representadas por una vaina que sostiene diminutas escamas en forma de dientes dispuestas en círculos de 4-16 (verticilos). Flores femeninas o masculinas, ambas se encuentran en el mismo árbol (en la especie cultivada en Venezuela). Perianto (sépalos o pétalos) ausente. Flores masculinas dispuestas en círculos (verticilos) una encima de la otra, cada una con 1 estambre y 4 bractéolas dentadas en forma de escamas (escamas diminutas). Flores femeninas dispuestas en cabezuelas pequeñas, cada flor con 2 bractéolas en forma de escamas (escamas diminutas). Ovario súpero (conectado arriba de la base del resto de la parte floral), con 1 sola celda (lóculo). Fruto un cono leñoso el cual consiste en brácteas endurecidas las cuales se abren para exponer la nuez con una sola semilla.

Casuarina equisetifolia J. R. & G. Forst. *"Pino de Australia"* (Lám. 107, A)
Arbol cultivado y ampliamente plantado, con ramas de color gris oscuro. Nativa de Asia tropical y Australia. Este árbol es muy usado en reforestaciones, pero diversas especies de árboles venezolanos son más recomendables para tales fines. La corteza contiene tanino y sustancias colorantes de color rojo y azul-negro.

Fam. **CELASTRACEAE** (Dicotyledoneae)

Generalmente árboles y arbustos, algunas veces plantas trepadoras. Hojas opuestas o alternas, simples (no divididas), enteras (sin dientes) o dentadas. Estípulas presentes y pequeñas, o ausentes. Flores pequeñas, verdosas, amarillo-verdosas o blancas; algunas veces las flores femeninas o masculinas se producen separadamente en el mismo árbol (monoico) o en árboles diferentes (dioico). Sépalos 4-5, unidos en la base. Pétalos 4-5, libres. Estambres 4-5. Disco presente en la base de los pétalos. Ovario situado arriba de la base de los pétalos (súpero). Fruto, una cápsula seca o carnosa.

Clave de los géneros y especies

1. a. Hojas opuestas; fruto con un ala . . . . *Zinowiewia australis*
   b. Hojas alternas; fruto sin ala 2

2. a. Los dientes de las hojas terminan en una punta corta; nervios laterales de la hoja evidentes, por lo menos en el lado inferior (envés), 7-9 en cada lado; flores numerosas, sobre una inflorescencia muy ramificada; fruto pequeño, carnoso . . . . *Perrottetia lanceolata*
   b. Dientes ausentes o, si presentes, entonces obtusos, redondeados, ampliamente encorvados, o con frecuencia apenas evidentes; nervios laterales de la hoja difícilmente visibles; flores pocas dispuestas en inflorescencias pequeñas, cortas y poco ramificadas; fruto, una cápsula alargada y endurecida . 3 *(Maytenus)*

3. a. Hojas delgadas, flexibles, abundantemente dentadas a lo largo de los bordes *Maytenus pittieriana*

b. Hojas más gruesas y firmes, no dentadas 4

4. a. Hojas secas con una capa grisácea o pálida, con frecuencia con el ápice ampliamente encorvado; hojas 2-6 cm de largo, 1-4 cm de ancho; eje que soporta la hoja (pecíolo) 2-6 mm de largo; fruto maduro 10-13 mm de largo . . . . *Maytenus karstenii*

b. Hojas secas ni grisáceas ni pálidas; hojas 9-18 cm de largo, 3,5-6,5 cm de ancho; pecíolo 10 mm de largo; fruto maduro 15-20 mm de largo . *Maytenus guianensis*

Maytenus guianensis Kl. (Lám. 83, B)
Maytenus longipes Eriq.
Selva nublada, vertiente norte, 900-1.000 m. Arbol pequeño hasta mediano, con fruto de color anaranjado, que expone una semilla con cubierta blanca.

Maytenus karstenii (Kl.) Reiss (Lám. 83, D)
Selva nublada y subpáramo, 1.000-2.500 m. Arbol pequeño, 3-5 m de alto, fruto de color anaranjado, con semillas cubiertas de blanco.

Maytenus pittieriana Steyerm. *"Zapatero"* (Lám. 83, C)
Maytenus floribunda Pittier, no *M. floribunda* Reiss.
Maytenus tetragona de algunos autores, no Griseb.
Selva de galería y selva veranera, 900-1.100 m. Arbol pequeño con hojas deciduas (caedizas).

Perrottetia lanceolata Karst. (Lám. 83, A)
Selva de galería, 1.200-1.500 m. Arbol pequeño hasta mediano, 7-10 m de alto. Flores amarillo-verdosas. Fruto rojo y blanco.

Zinowiewia australis Lundell *"Canalete"*
Selva transicional y selva nublada, 1.600-1.800 m. Arbol de 20-30 m de alto, con un tronco columnar, recto, con estribos en la base.

Fam. **CHENOPODIACEAE** (Dicotyledoneae)

Plantas herbáceas (en Venezuela). Hojas alternas, simples (no divididas) en las plantas venezolanas. Estípulas ausentes. Flores diminutas, verdosas, dispuestas en pequeños grupos redondeados, cada flor con los segmentos del perianto (cáliz) ligeramente unidos, 5-partidos, sin pétalos y con 5 (o menos) estambres opuestos a los segmentos del perianto. Ovario con una sola celda (lóculo), situado usualmente arriba de la base de los segmentos del perianto (súpero). Fruto pequeño con 1 semilla negra (en las plantas venezolanas).

Chenopodium ambrosioides L. *"Pasote"* (Lám. 84)
Sitios incultos y perturbados, 900-1.000 m. Una maleza que crece cerca de lugares habitados. Todas las partes de la flor tienen fuerte olor aromático. Una decocción con las semillas de esta planta es usada con frecuencia como vermífugo, para la expulsión de lombrices estomacales. Las hojas frescas son con frecuencia usadas para sazonar *caraotas negras* y otras comidas.

LAMINA 83: CELASTRACEAE

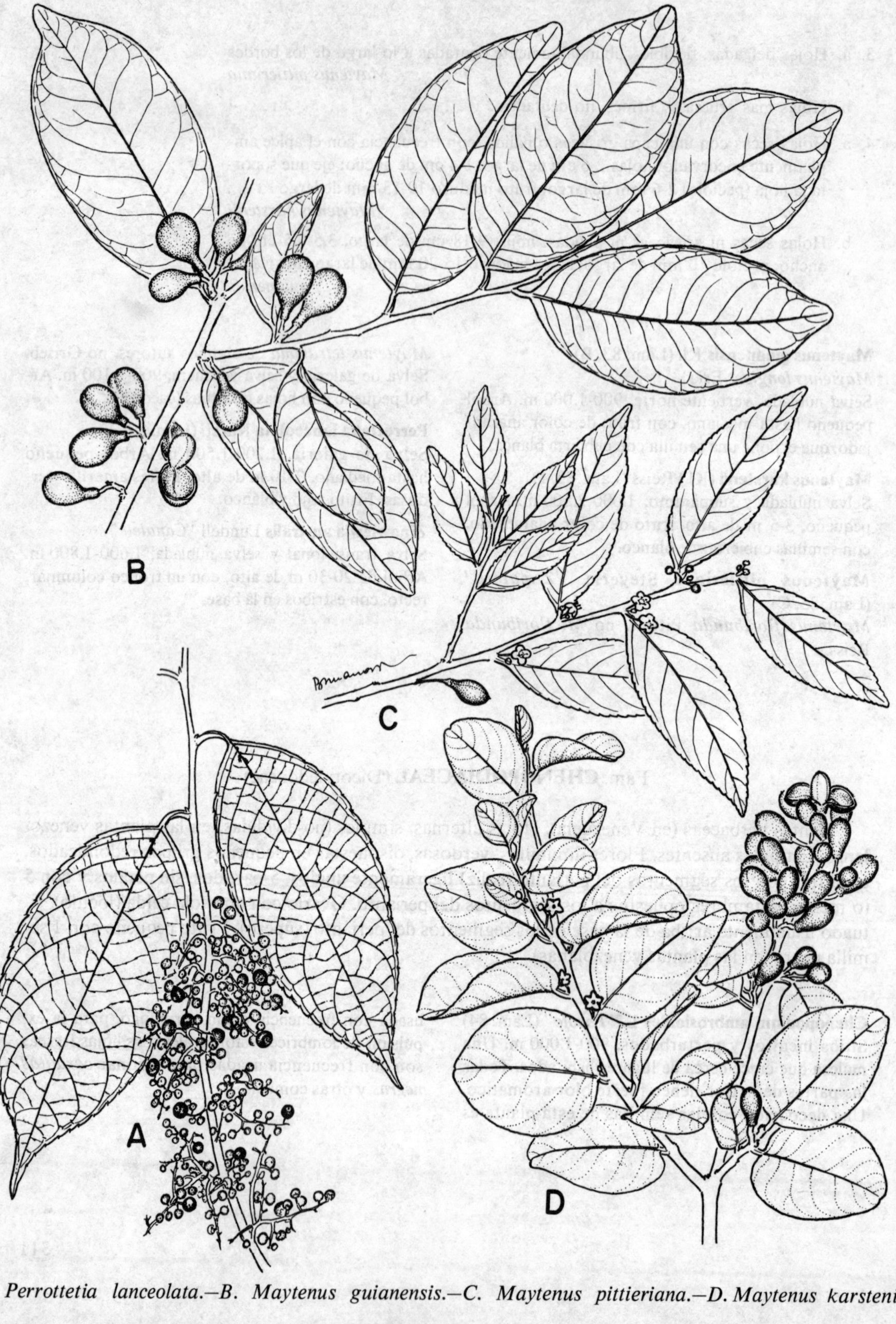

A. Perrottetia lanceolata.—*B. Maytenus guianensis.*—*C. Maytenus pittieriana.*—*D. Maytenus karstenii.*

LAMINA 84: CHENOPODIACEAE

Chenopodium ambrosioides.

Fam. **CHLORANTHACEAE** (Dicotyledoneae)

Arboles usualmente pequeños, algunas veces arbustos. Todas las partes de la planta tienen olor a especias. Hojas opuestas, simples (no divididas), generalmente dentadas y conectadas en las bases por medio de una línea transversal hasta formar una vaina. Estípulas diminutas. Flores verdosas, las flores femeninas y masculinas están unidas o separadas en la base. Flores masculinas con 1 hasta 3 estambres y sin perianto (sépalos y pétalos). Flores femeninas con un perianto diminuto, 3-dentado. Ovario desnudo, con 1 sola celda (lóculo), situado arriba de la base del perianto femenino (súpero). Fruto carnoso.

Hedyosmum brasiliense Mart. (Lám. 85)
Hedyosmum pseudo-andromeda Solms
Selva nublada, 1.500-2.000 m. Arbol de hasta 8-10 m de alto, con follaje con fragancia a especias. Las inflorescencias son de color verde o blanco-verdoso, cilíndricas y alargadas; los frutos se vuelven blancos en la madurez.

Fam. **CLETHRACEAE** (Dicotyledoneae)

Arboles o arbustos. Hojas alternas, simples, sin estípulas, usualmente agrupadas hacia los ápices de las ramas. Flores blancas, numerosas, en inflorescencias alargadas situadas en los extremos de las ramas, cáliz con 5 hendiduras profundas y 5 pétalos libres y separados uno del otro o sólo ligeramente unidos en la base. Estambres 10-12. Ovario situado arriba de la base de los pétalos (súpero), dividido en 3 partes, las cuales más tarde se transforman en un fruto de forma capsular que contiene muchas semillas y con 3 valvas.

Género único: CLETHRA.

Clave de las especies

1. a. Hojas densamente peludas en el lado inferior (envés) . . . . . *Clethra lanata*
   b. Hojas sin pelos (glabras) o casi sin pelos en el lado inferior . *Clethra fagifolia*

Clethra fagifolia H.B.K. var. **fagifolia** *"Sapo"*
Selva nublada, 1.525-1.600 m. Arbol de 8-10 m de alto. Las flores de esta especie e igualmente las de la próxima son muy fragantes.

Clethra lanata Martens & Galeotti *"Sapo"*, *"Aguanoso"* (Lám. 86)
Clethra smithii Briq.
Selva nublada, transicional y sabanas, 1.300-1.500 m. Arbol mediano hasta pequeño. Las hojas gruesas y peludas son del color anteplateado en el lado inferior (envés), con los nervios color ante-marrón, y están sostenidas por un eje (pecíolo) peludo de color pardo-amarillento. La madera fuerte y de fina textura de este árbol es usada para la fabricación de muebles.

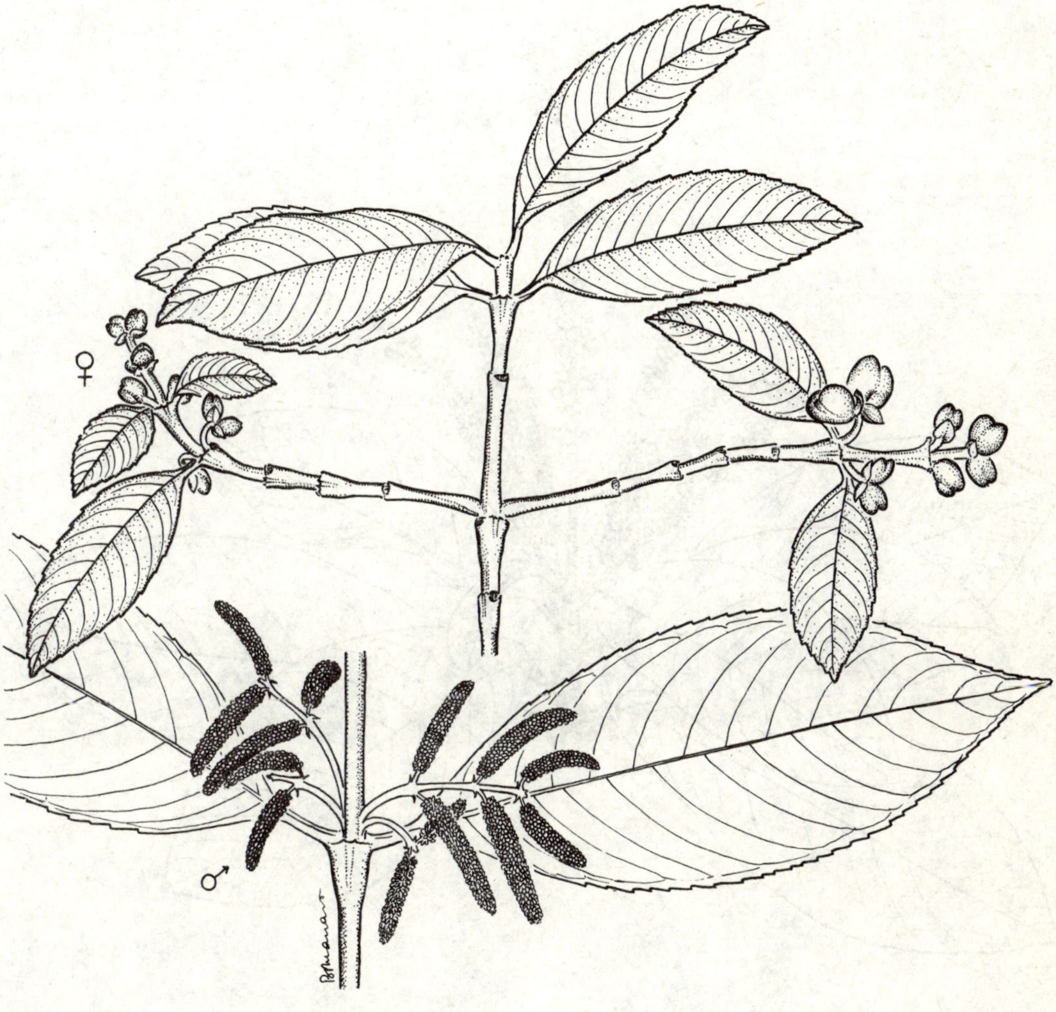

Hedyosmum brasiliense.

LAMINA 86: CLETHRACEAE

Clethra lanata.

LAMINA 87: COMBRETACEAE

Terminalia guyanensis.

Fam. **COMBRETACEAE** (Dicotyledoneae)

Arboles o arbustos, algunas veces plantas trepadoras, generalmente sin espinas. Hojas usualmente alternas, rara vez opuestas o en círculos (verticiladas), simples (no divididas), sin estípulas. Flores con sépalos unidos formando un tubo con 4-5 (hasta 8) lóbulos en el ápice y con 4-5 pétalos no unidos (libres) situados en la parte superior del tubo del cáliz o algunas veces sin pétalos. Estambres 4-5 u 8-10, rara vez 2, situados en la parte interior superior del tubo del cáliz. Ovario con una sola celda (lóculo) situado debajo de los pétalos (ínfero) y unido al tubo del cáliz.

Terminalia guyanensis Eichl. (Lám. 87)
Selva veranera y selva de galería, 900-1.300 m. Arbol pequeño hasta grande con flores blancuzcas y frutos alados.

Fam. **COMMELINACEAE** (Monocotyledoneae)

Plantas herbáceas carnosas o jugosas, con tallos rastreros o erectos, con frecuencia les nacen raíces en las articulaciones (nudos). Hojas alternas, simples (no divididas), sin dientes (enteras), con una vaina en la base. Flores azules, purpúreas, rosado-pálidas o blancas, con 3 partes exteriores (sépalos) usualmente libres, y con 3 pétalos generalmente libres, iguales o desiguales entre sí, y usualmente con 6 estambres algunas veces reducidos en número. Ovario usualmente con 3 celdas (lóculos), situado arriba de la base de los pétalos y sépalos (súpero). Fruto, una cápsula que se abre por medio de valvas, rara vez carnosa.

Clave de los géneros y especies

1. a. Los ejes que sostienen las flores (pedúnculos), conspicuamente alargados y nacen de los lados del tallo debajo de las vainas de las hojas . . . . *Campelia zanonia*

   b. Los pedúnculos florales, si son alargados, nacen del ápice del tallo o en la axila superior, en donde las hojas se unen al tallo 2

2. a. Plantas rastreras con la parte superior de la hoja con líneas longitudinales de color gris y con la parte inferior de la hoja de color rosado-púrpura . . . . *Zebrina pendula*

   b. Sin la combinación de caracteres arriba indicados 3

3. a. Flores encerradas o rodeadas por una envoltura doblada de color verde, o por una depresión que semeja un saco (espata) 4

3a

   b. Flores ni encerradas ni rodeadas por una envoltura doblada de color verde ni por una depresión que semeja un saco (espata) 9

4. a. Varias hasta muchas espatas dobladas nacen en el ápice del tallo, una encima de la otra . . . . *Callisia insignis*

4a

b. Solamente 1 ó 2 espatas dobladas en el ápice del tallo 5

4b

5. a. La envoltura doblada de color verde (espata) abierta completamente hasta la base 6

ABIERTO
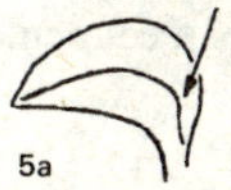
5a

b. La envoltura doblada de color verde (espata) cerrada en uno de sus extremos 8

CERRADO
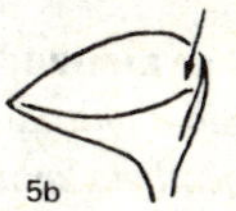
5b

6. a. Tallo erecto 7
b. Tallo rastrero o postrado . . . . *Commelina diffusa*

7. a. La envoltura doblada de color verde (espata) y el eje que la soporta son peludos . . . . *Phaeosphaerion efoveolatum*

b. La espata y el eje que la soporta, sin pelos . . . . *Phaeosphaerion persicariaefolium*

8. a. Bordes de la vaina de la hoja densamente peludos; vainas de las hojas gruesas, 1,5-4 cm de largo, 3-8 mm de ancho; grupos de flores dispuestos sobre ejes de 25-35 mm de largo, los cuales se proyectan desde las vainas . . . . . *Commelina robusta*

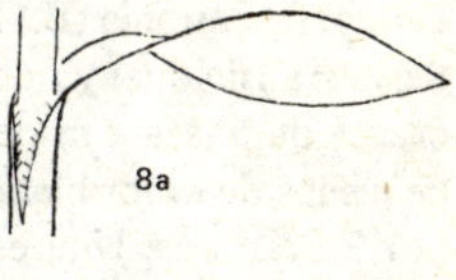
8a

b. Bordes de la vaina de la hoja sin pelos o con pelos escasos; vainas de las hojas más delgadas y más cortas, 1-1,5 cm de largo, 2-4 mm de ancho; grupos de flores dispuestos sobre ejes más cortos, de 5-10 mm de largo y generalmente incluidos en la vaina de la hoja . . . . *Commelina erecta*

9. (3.b)
a. Eje que sostiene a las flores (pedúnculo) conspicuamente alargado en el ápice del tallo; flores con las partes exteriores de color verde (sépalos) conspicuos, de 7-10 mm de largo . . . . *Tinantia erecta*
b. Pedúnculo más corto y solamente 0,5-2,5 cm de largo; flores con los sépalos muy pequeños e inconspicuos, solamente 2-4 mm de largo 10

10. a. Lado inferior de la hoja (envés) usualmente de color púrpura; vainas de la parte superior del tallo y ambos lados de las hojas con pelos . . . . . *Gibasis geniculata*
b. Sin la combinación de caracteres arriba indicados 11

11. a. Hojas delgadas; flores ubicadas sobre pedicelos (ejes) 2-4 veces más largos que las mismas; flores laxamente dispuestas en inflorescencias que a su vez están sobre ejes (pedúnculos) irregularmente ramificados y alargados . . . . *Aploleia monandra*

11a

b. Hojas más gruesas o más carnosas; flores sobre pedicelos más cortos, que pueden ser de menor, igual o, raramente, mayor longitud que las flores mismas; flores dispuestas en grupos densos y redondeados o en umbelas con el ápice aplanado 12

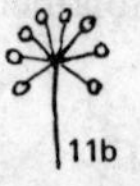
11b

12. a. Eje que sostiene las flores (pedúnculo) sin pelos; sépalos 4-6 mm de largo *Tripogandra serrulata*

b. Pedúnculo peludo; sépalos 1,8-4 mm de largo . . . . *Tripogandra multiflora*

Aploleia monandra (Sw.) H. E. Moore
Callisia monandra (Sw.) Schult. & Schult.
Leptocallisia monandra (Sw.) Ludwig & Rohweder
Selva transicional, vertiente norte, 700-900 m. Pétalos blancos, casi transparentes. Hierba delicada con tallos delgados y débiles.

Callisia insignis C. B. Clarke
Sitios sombreados, en selva veranera, vertiente norte, 200-800 m. Hierba postrada con flores blancuzcas y casi azules.

Campelia zanonia (L.) H.B.K. (Lám. 89, 1)
Selva transicional y nublada, 1.300-1.600 m. Hierba erecta de hasta 1 m de alto. Los grupos de flores pequeñas de color blanco o púrpura están rodeados por 2 brácteas. Una especie común en el bosque. Las hojas son usualmente verdes, pero en cultivos se encuentra también una forma con estrías blancas sobre las hojas.

Commelina diffusa Burm. *"Suelda-con-suelda"* (Lám. 89, D)
Sitios húmedos y perturbados, selva veranera y transicional, 900-1.100 m. Las flores pequeñas de color azul nacen de las axilas internas de las hojas superiores.

Commelina erecta L. *"Suelda-con-suelda"*
Commelina elegans H.B.K.
Commelina virginica L.
Selva transicional y nublada, 900-1.400 m. La espata doblada de color verde que rodea a las flores varía desde peluda hasta sin pelos, y las hojas varían en tamaño y forma.

Commelina robusta Kunth *"Suelda-con-suelda"*
Selva transicional y nublada, 1.100-1.500 m. Flores azules al igual que en *C. erecta,* pero más grandes que en *C. diffusa.*

Gibasis geniculata (Jacq.) Rohweder (Lám. 88, C)
Aneilema geniculata (Jacq.) Woods.
Selva nublada, vertiente norte, 800-1.000 m. Planta rastrera con hojas carnosas, las cuales son con frecuencia de color púrpura en el lado inferior (envés).

Phaeosphaerion efoveolatum Clarke (Lám. 88, B)
Selva veranera, 1.300 m. Hierba mediana con tallos erectos.

Phaeosphaerion persicariaefolium (DC.) Clarke
Athyrocarpus persicariaefolius (DC.) Hemsl.
Commelinopsis persicariaefolia (DC.) Pichon
Selva veranera y transicional, vertiente norte, 600-900 m. Hierba mediana con tallos erectos, los cuales tienen raíces en los nudos. Con frecuencia forman colonias.

Tinantia erecta (Jacq.) Schlecht. (Lám. 88, A; 89, B)
Selva transicional y nublada, 1.500-1.800 m. Flores vistosas de color azul. Planta ornamental con tallo erecto de hasta 1 m de alto. Las hojas de plantas estériles son algunas veces confundidas con las de cierto género de orquídeas terrestres, el cual es *Erythrodes.*

Tripogandra multiflora (Sw.) Raf. (Lám. 89, C)
Tripogandra cumanensis (Kunth) Woodson
Tripogandra floribunda (H.B.K.) Woodson
Tradescantia cumanensis Kunth
Selva transicional y nublada, 900-1.700 m. Flores blancas.

Tripogandra serrulata (Vahl) Woodson
Selva transicional y sitios abiertos, 900-1.500 m. Flores blancas.

Zebrina pendula Schnizl. *"Suelda-con-suelda"* (Lám. 88, D)
Ocasionalmente naturalizada en zonas alteradas. Una planta comúnmente cultivada, ornamental, con tallos rastreros. Nativa de América Central.

LAMINA 88: COMMELINACEAE

A. Tinantia erecta.—B. Phaeosphaerion efoveolatum.—C. Gibasis geniculata.—D. Zebrina pendula.

A. Campelia zanonia.—B. Tinantia erecta.—C. Tripogandra multiflora.—D. Commelina diffusa.

Fam. **COMPOSITAE (ASTERACEAE)** (Dicotyledoneae)

Hierbas pequeñas o grandes, a veces trepadores, o arbustos o árboles, con o sin jugo lechoso (látex), con frecuencia con aceites resinosos. Hojas alternas u opuestas, con o sin dientes, simples o divididas en segmentos separados (folíolos). Estípulas ausentes. Flores a simple vista confundidas con una sola flor, pero en realidad (cuando son separadas) consisten en 2 o más flores pequeñas estrechamente agrupadas (rara vez una sola flor en un género de la Guayana), rodeadas por varias hasta muchas brácteas que semejan hojas o escamas (involucro). Todas las flores son de un mismo tipo o se dividen en: 1) una serie externa (flores del radio) que semejan pétalos, y 2) una serie interior (flores del disco). Cada pequeña flor consiste de un tubo corolar angosto; las flores del disco son generalmente simétricas y divididas en 4-5 lóbulos, mientras que las flores del radio son irregulares y terminan en una estructura semejante a una cinta plana o a un pétalo 2-labiado. El ovario con 1 sola celda (lóculo), situado debajo del tubo floral (ínfero) y el fruto se transforma en un aquenio parecido a una semilla. El cáliz conectado al ápice del ovario y reducido a pelos, cerdas o escamas conocidas como papus (papo), pero puede estar ausente y no ser de color verde, como ocurre normalmente en los cálices de otras flores.

CLAVE DE LOS GRUPOS PRINCIPALES DE LAS COMPOSITAE

A. a. Hojas con segmentos (folíolos) completamente separados (hojas compuestas) GRUPO I (números 2-13)

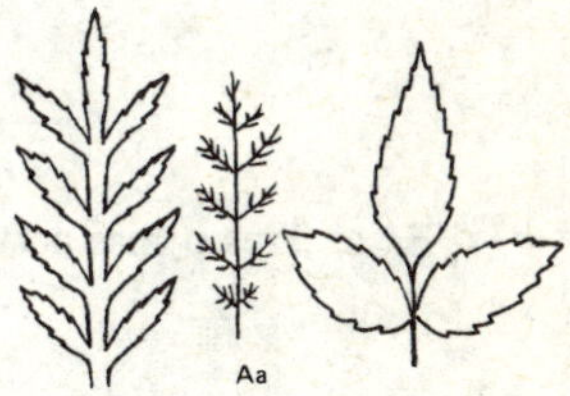

Aa

b. Hojas con o sin dientes superficiales o profundos o con lóbulos, pero nunca divididas en segmentos separados (folíolos) (hojas simples, bien sean enteras y/o dentadas y/o lobuladas). . . . . B

B. a. Lado inferior (envés) de las hojas cubierto por una lanosidad gris o blanca . . . GRUPO II (números 15-27)

b. Envés de las hojas peludo o liso, pero no cubierto por una lanosidad gris o blanca C

C. a. Todas las hojas nacen en la base de la planta . . . . GRUPO III (número 28)

Ca

b. Las hojas nacen en varios niveles del tallo . . . . D

D. a. Todas las hojas, o por lo menos las inferiores, opuestas o en círculos de 3 hojas . . . . E

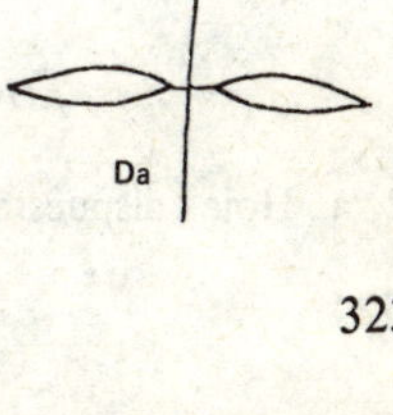

Da

b. Todas las hojas, o por lo menos las inferiores, alternas . . . . F

Db

E. a. Todos los nervios principales nacen en o cerca de la base misma de la hoja (basinervadas) . . . . GRUPO IV (números 31-74)

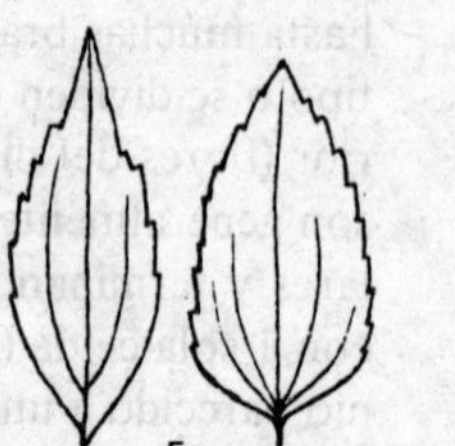
Ea

b. Todos o casi todos los nervios principales nacen en diferentes niveles del nervio medio (penninervias) . . . . GRUPO V (números 75-89)

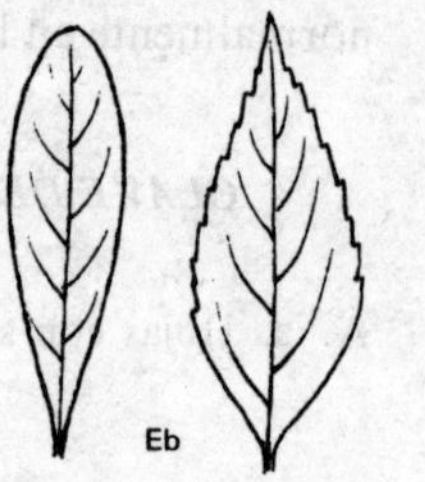
Eb

F. a. Tres o más nervios principales nacen en la base de la hoja (basinervadas) . . . GRUPO VI (números 91-95)

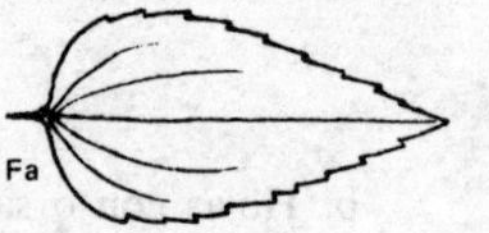
Fa

b. Todos o casi todos los nervios principales laterales, nacen en varios niveles del nervio medio (penninervias). . . . . GRUPO VII (números 96-140)

Fb

Clave de los géneros y especies

1. a. Algunas o todas las hojas son compuestas por folíolos (o sea, divididas en segmentos separados, no conectados entre sí en sus bases) 2

1a

b. Hojas simples, bien sean enteras y/o dentadas y/o lobuladas, pero en este último caso los segmentos o lóbulos de la hoja están claramente conectados entre sí en sus bases 14

GRUPO I
HOJAS COMPUESTAS (Números 2-13)

2a

2. a. Hojas dispuestas en forma alterna sobre el tallo 3

b. Hojas dispuestas en forma opuesta sobre el tallo 6

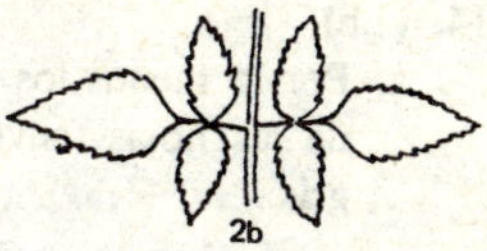
2b

3. a. Todos los segmentos separados (folíolos), finos o semejantes a pelos 4

b. Folíolos ni finos ni semejantes a pelos 5

4. a. Toda la flor, blanca . . . . *Achillea millefolium*

b. Flores con el centro amarillo y blanco en los bordes . *Matricaria chamomilla*

5. a. Toda la flor, amarilla, rodeada por un tubo cilíndrico cerrado . . . . *Tagetes subulata*

b. Flores externas de color blanco, las centrales de color amarillo; cabezuela rodeada por una serie de brácteas cortas no unidas entre sí . . . . *Chrysanthemum parthenium*

6. (2.b)
a. Segmentos (folíolos) de algunas o todas las hojas solamente 3-5 7

b. Folíolos de todas las hojas (7–) 9-26 11

7. a. Plantas trepadoras . . . . *Bidens squarrosa*

b. Plantas no trepadoras 8

8. a. Todas las flores color púrpura-rosado o las flores externas púrpura-rosado y las flores internas amarillas; plantas leñosas en la base, arbustivas, 3-5 m de alto . . . . *Dahlia variabilis*

b. Todas las flores amarillas, o las más externas blancas y las otras amarillas 9

9. a. Las flores situadas en la parte externa de la cabezuela son blancas, las internas amarillas . . . . *Bidens pilosa* var. *radiata*

b. Todas las flores amarillas 10

10. a. Segmentos separados (folíolos) generalmente 3, los segmentos laterales mucho más pequeños que el terminal; tallo poco ramificado . . *Bidens tenera*

b. Folíolos usualmente 3-5, segmentos laterales no marcadamente más pequeños que el terminal; tallo usualmente muy ramificado . . . . *Bidens pilosa* var. *pilosa*

11. (6.b)
a. Cabezuelas con flores externas de color púrpura, las internas amarillas; planta leñosa en la base, arbustiva, 3-5 m de alto . . . . *Dahlia variabilis*

b. Cabezuelas amarillas o con flores externas de color blanco; hierbas anuales con tallo blando en la base, 1 m o menos de alto 12

12. a. Los segmentos separados (folíolos) principales, profundamente divididos en segmentos adicionales . . . . *Bidens riparia*

b. Los folíolos principales sin dividir 13

13. a. Total de folíolos en una hoja 11-27 . . . . *Tagetes subulata*

b. Total de folíolos en una hoja no más de 7 . . . . . *Bidens pilosa* var. *radiata*

14. (1.b)

a. Por lo menos los tallos jóvenes superiores y/o por lo menos el lado inferior de las hojas (envés) completamente cubiertos por una lanosidad blanca o gris 15

b. Tallos y envés de las hojas con o sin pelos, pero nunca cubiertos por una lanosidad densa de color blanco o gris 28

GRUPO II

HOJAS SIMPLES LANUGINOSAS EN EL ENVES (Números 15-27)

15. a. Todas las hojas nacen en la base de la planta 16

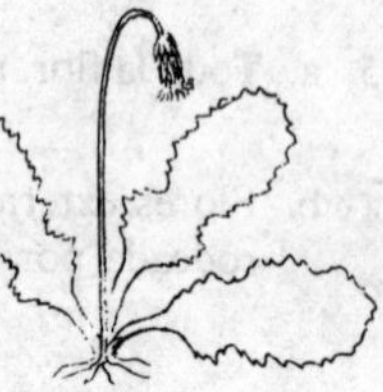

15a

b. Algunas o todas las hojas nacen a lo largo del tallo 17

16. a. Hojas con cortes profundos a lo largo de los bordes . . . . *Chaptalia nutans*

b. Hojas irregularmente dentadas a lo largo de los bordes . . . . . *Chaptalia runcinata*

17. a. Hojas opuestas entre sí a lo largo del tallo 18

17a

b. Hojas alternas entre sí a lo largo del tallo 20

17b

18. a. Tallos trepadores; flores blancas . . . . *Mikania banisteriae*

b. Tallos no trepadores; flores amarillas 19

19. a. Hojas diminutamente dentadas a lo largo de los bordes; cabezuelas numerosas, pequeñas, 6 mm de diámetro con las flores externas (radio) muy cortas . . . . *Liabum asclepiadeum*

b. Hojas conspicuamente dentadas a lo largo de los bordes; cabezuelas poco numerosas, grandes, 1,5-2 cm de diámetro, excluyendo las flores externas (radio) . . . . *Liabum megacephalum*

20. a. Tallos con un ala prominente que se extiende a lo largo del mismo; hojas finamente dentadas . . . . *Pterocaulon virgatum*

b. Tallo sin ala a lo largo del mismo; hojas sin dientes en los bordes 21

21. a. Hojas con numerosos nervios laterales dispuestos en ángulos rectos con el nervio medio; árboles o arbustos leñosos, 2-8 m de alto; cabezuelas con flores externas de color blanco . . . . *Espeletia neriifolia*

b. Hojas solamente con el nervio central prominente o con 3-5 nervios que se ramifican en la base; hierbas pequeñas o algo leñosas en la base, de hasta 1,5 m de alto; cabezuelas sin flores externas de color blanco 22

22. a. Hojas con 3-5 nervios visibles que se ramifican en la base o en el nervio medio 23

b. Hojas con solamente el nervio principal visible 26

23. a. Los nervios laterales de la hoja nacen en varios niveles del nervio medio . . . *Trixis inula*

b. Los nervios laterales de la hoja nacen en la base misma o un poco más arriba de la base de la hoja 24

24. a. Flores de color anaranjado brillante y dispuestas en cabezuelas grandes; hojas 2-6 cm de ancho, 8-15 cm de largo . . . . *Lycoseris latifolia*

b. Flores de color amarillo-cremoso, blanco, ante, marrón o gris, dispuestas en cabezuelas pequeñas; hojas más angostas y más cortas, 0,3-1,2 cm de ancho, 2-8 cm de largo 25

25. a. Hojas de 4-8 cm de largo, laxamente extendidas y algo distanciadas a lo largo del tallo . . . . *Achyrocline vargasiana*

b. Hojas de 2-3 cm de largo, suberectas y dispuestas muy próximas entre sí a lo largo del tallo . . . . *Achyrocline flavida*

26. (22.b)

a. Cada cabezuela con sólo 4-8 flores; hojas más o menos del mismo ancho desde la base hasta el ápice, solamente 2-7 mm de ancho . . . . *Achyrocline satureoides*

b. Cada cabezuela con 15 o más flores; hojas notablemente ensanchadas hacia arriba, 4-15 mm de ancho 27

27. a. Por lo menos las cabezuelas inferiores sostenidas por pequeñas hojas en la base; cabezuelas esparcidas a lo largo de la parte superior del tallo como también en el ápice; cabezuelas rodeadas por brácteas pardas . . . . *Gnaphalium purpureum*

b. Cabezuelas no sostenidas por hojas prominentes; cabezuelas dispuestas en el ápice del tallo, en una inflorescencia ramificada más ancha que larga; cabezuelas rodeadas por brácteas color plateado claro o color ante . . . . . *Gnaphalium elegans*

GRUPO III
HOJAS BASALES (Número 28)

28. (14.b)

a. Todas las hojas nacen en la base misma de la planta; eje floral (pedúnculo) sin hojas . . . . *Taraxacum officinale*

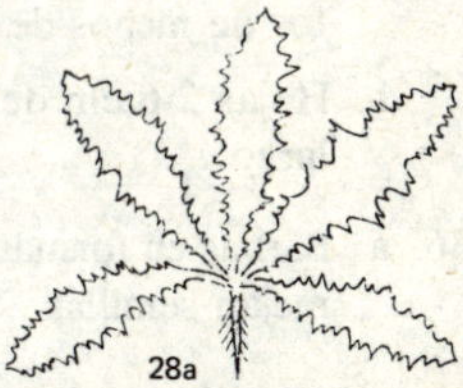

28a

b. Las hojas nacen en varios niveles a lo largo del tallo, aunque algunas veces pueden estar dispuestas también en la base 29

29. a. Todas las hojas (o por lo menos las inferiores del tallo) dispuestas en círculos (verticilos) de 3 o más hojas, u opuestas 30

b. Todas las hojas (o por lo menos las inferiores del tallo) dispuestas en forma alterna sobre el tallo 90

30. a. Todos los nervios principales nacen en la base de la hoja (basinervadas) . 31

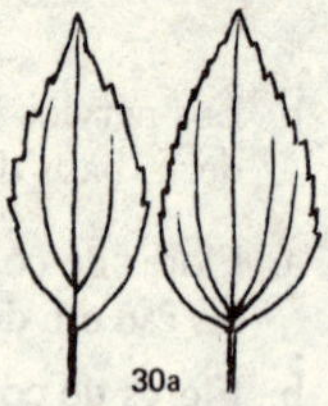

30a

b. Todos o casi todos los nervios laterales nacen en varios niveles del nervio medio (pinadamente nervadas) 75

30b

GRUPO IV

HOJAS SIMPLES OPUESTAS BASINERVADAS (Números 31-74)

31. a. Plantas trepadoras 32

b. Plantas nunca trepadoras ni volubles 34

32. a. Cada cabezuela contiene sólo 4 flores y está rodeada solamente por 1 fila (serie), la cual contiene 4 brácteas . . . . *Mikania micrantha*

b. Cada cabezuela contiene 12-25 flores y está rodeada por 3-5 filas (series) de brácteas 33

33. a. Cabezuelas con flores externas de color blanco, las otras flores amarillas; por lo menos la parte superior del tallo usualmente cubierta de pelos extendidos . . . . *Calea caracasana*

b. Cabezuelas de flores amarillas; tallos sin pelos (glabros) o con pelos inconspicuos y estrechamente pegados a la superficie . . . . . . *Calea solidaginea*

34. (31.b)

a. Todas las hojas muy angostas, solamente 1,5-3 mm de ancho 35

b. Hojas mucho más anchas 36

35. a. Hojas de hasta 2 cm de largo; cabezuelas sobre ejes (pedúnculos) muy cortos de menos de 0,5 cm de largo . . . . *Pectis pygmaea*

b. Hojas 2-6 cm de largo; cabezuelas sobre pedúnculos obvios de 0,5-3 cm de largo . . . . *Pectis elongata*

36. a. Barbas en forma de garfios conectadas a los frutos (aquenios), los cuales semejan semillas . . . . *Acanthospermum australe*

36a

b. Aquenios sin barbas en forma de garfios 37

37. a. Por lo menos algunas de las hojas con 4-5 lóbulos grandes; hojas muy grandes, 15-30 cm de largo y ancho 38

b. Hojas sin lóbulos grandes; hojas más pequeñas 39

38. a. Todas las flores amarillas; hojas angostadas en la base . . *Polymnia riparia*

b. Cabezuelas con las flores externas blancas, las internas amarillas; hojas con la base redondeada o acorazonada . . . . *Montanoa quadrangularis*

39. a. Cabezuelas con las flores externas de color blanco rodeando las flores amarillas o marrón-amarillo 40

b. Cabezuelas de flores sin la combinación de caracteres arriba indicados . . 41

40. a. Hierbas enanas o hierbas anuales pequeñas, 0,2-0,5 metros de alto . . . . *Galinsoga caracasana*

b. Hierbas altas o plantas arbustivas, 1 metro o más de alto . *Calea caracasana*

41. a. Flores blancas, blanco-cremosas, purpúreas o purpúreas y blancas 42

b. Flores amarillas o anaranjado-amarillas 66

42. a. Tallos completamente sin pelos (glabros) 43

b. Tallos con pelos diminutos o conspicuos 47

43. a. Bordes de las hojas sin dientes 44

b. Bordes de las hojas con dientes pequeños o grandes 45

44. a. Cabezuelas sostenidas por ejes obvios (pedúnculos) que nacen del ápice del tallo o ramas; casi todas las hojas, más anchas en la base o en la mitad . . . *Psila trinervis*

b. Cabezuelas dispuestas directamente sobre el ápice del tallo, no sostenidas por ningún pedúnculo; hojas generalmente del mismo ancho en toda su longitud . . . . *Ichthyothere terminalis*

45. a. Por lo menos las hojas superiores acorazonadas en la base; cabezuelas dispuestas sobre ejes (pedúnculos) de 0,5-1,5 cm de largo; cabezuelas bien separadas entre sí . . . . *Brickellia diffusa*

b. Hojas angostadas o redondeadas en la base; cabezuelas sin pedúnculos o sobre ejes cortos, a lo más 0,7 cm de largo 46

46. a. Hojas angostadas en la base; cada cabezuela con solamente 5 flores . . . . . *Eupatorium iresinoides*

b. Hojas redondeadas o ensanchadas en la base; cada cabezuela con 12 flores *Eupatorium celtidifolium*

47. (42.b)

a. Inflorescencias usualmente con 1 (rara vez 2-3) cabezuela 48

b. Inflorescencias usualmente con varias hasta numerosas cabezuelas 50

48. a. Tallos conspicuamente 4-angulados . . . . *Melanthera aspera*

b. Tallos no 4-angulados 49

49. a. Hojas redondeadas en la base; eje que soporta la hoja (pecíolo) solamente 0,2-0,6 cm de largo . . . . *Riencourtia pittieri*

b. Hojas angostadas en la base; pecíolos más largos, 1-3 cm de largo . . . . *Lagascea mollis*

50. a. Cada cabezuela rodeada por 5-6 brácteas (involucro), dispuestas en una sola fila (serie) . . . . 51 *(Stevia)*

50a

b. Cada cabezuela rodeada por más de 6 brácteas (involucro), dispuestas usualmente en 2-6 filas (series) superpuestas 53

50b

51. a. Apice de las hojas anchamente encorvado y no termina en una punta corta o angosta; cabezuelas flojamente dispuestas sobre ejes individuales (pedúnculos) de 1-3 cm de largo; los pedúnculos son más largos que cada cabezuela *Stevia wageneri*

b. El ápice de las hojas usualmente termina en una punta corta o angosta, algunas veces anchamente encorvada u obtusa; cabezuelas en grupos densos y próximos entre sí, o sin ejes o sobre pedúnculos mucho más cortos que las cabezuelas 52

52. a. Las brácteas que rodean las cabezuelas están cubiertas por glándulas dispuestas sobre un eje . . . . *Stevia elongata*

b. Las brácteas que rodean las cabezuelas están cubiertas de pelos, pero sin glándulas dispuestas sobre ejes . . . . *Stevia rhombifolia*

53. a. Solamente 5 cerdas (papus) conectadas a cada fruto (aquenio), el cual semeja una semilla . . . . *Ageratum conyzoides*

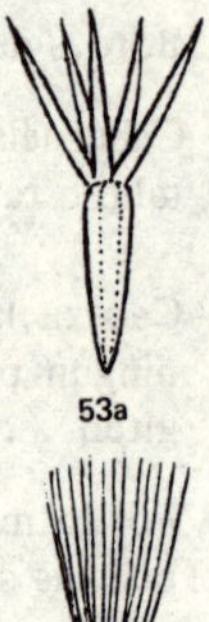

53a

b. Más de 5, usualmente numerosas, cerdas (papus) conectadas a cada aquenio 54

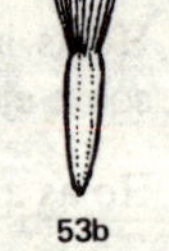

53b

54. a. Los 3-5 nervios principales más bajos nacen un poco más arriba de la base de la hoja, pero siempre en el tercio inferior de ella (plinervadas) 55

b. Los 3-5 nervios principales más bajos nacen en la base misma de la hoja (basinervadas) 56

55. a. Hojas sin pelos (glabras) en el lado inferior (envés); tallos generalmente sin pelos (glabros) . . . . *Eupatorium naiguatensis*

b. Tallos y envés de las hojas densamente peludos . . *Eupatorium inulaefolium*

56. a. Casi todas las hojas alternas a lo largo del tallo; sólo las hojas inferiores son opuestas . . . . *Eupatorium ballotaefolium*

b. Todas o casi todas las hojas opuestas a lo largo del tallo 57

57. a. Cada cabezuela muy angosta, 1-2,5 mm de ancho, contiene 5 flores . . . . *Eupatorium iresinoides*

b. Cada cabezuela más ancha, contiene 8 hasta muchas flores 58

58. a. Cada cabezuela rodeada por brácteas (involucro) dispuestas en 2-3 filas (series) 59

b. Cada cabezuela rodeada por brácteas dispuestas en 4-6 o más filas (series) 62

59. a. Las cabezuelas individuales son relativamente pocas y distantes entre sí, dispuestas sobre ejes alargados (pedúnculos) . . . . *Eupatorium pauciflorum*

b. Las cabezuelas individuales son numerosas o agrupadas en inflorescencias compactas 60

60. a. Lado inferior de las hojas (envés) sin pelos (glabro) . . . . . . *Eupatorium microstemon*

b. Envés de las hojas, por lo menos sobre los nervios principales, más o menos peludo 61

61. a. Brácteas que rodean las cabezuelas, dispuestas en 2 filas (series), generalmente peludas; las flores individuales, que componen la cabezuela, tienen el ápice peludo . . . . *Eupatorium ibaguense*

61a

b. Brácteas que rodean las cabezuelas, dispuestas en 3 filas (series), generalmente sin pelos; flores individuales que componen la cabezuela completamente glabras . . . . *Eupatorium pycnocephalum*

61b

62. a. 30-50 o más dientes presentes a lo largo de los bordes de cada hoja; eje que soporta la hoja (pecíolo) 1-8 cm de largo 63

b. 20 o menos dientes presentes a lo largo de los bordes de cada hoja; pecíolo 0,5-2 cm de largo 64

63. a. Pecíolo 1-4 cm de largo; cabezuelas individuales con 15-23 flores . . . . . *Eupatorium steetzii*

b. Pecíolo 3-8 cm de largo; cabezuelas individuales con 10-13 flores . . . . . . *Eupatorium vargasianum*

64. a. Inflorescencias con numerosas cabezuelas densamente agrupadas, las cabezuelas individuales angostamente cilíndricas, 2-3 mm de ancho, más o menos 3 veces más largas que anchas . . . . *Eupatorium odoratum*

64a

b. Inflorescencia con cabezuelas más separadas entre sí y relativamente menos agrupadas; las cabezuelas individuales con forma anchamente acampanada, 3-6 mm de ancho, más o menos 2 veces más largas que anchas 65

64b

65. a. Pelos o glándulas pequeños cubriendo la superficie de la parte superior verde de las brácteas, las cuales rodean la cabezuela; base de la hoja angostada hasta adquirir forma de una V ancha . . . . *Eupatorium urticoides*

b. Sin pelos o glándulas diminutas cubriendo la superficie de la parte superior verde de las brácteas que rodean la cabezuela; base de la hoja generalmente ensanchada hasta adquirir forma redondeada o algo acorazonada . . . . . *Eupatorium xestolepis*

66. (41.b)
a. Cabezuelas sin ejes alargados (pedúnculos), todas las cabezuelas conectadas directamente al tallo y sostenidas por hojas 67
b. Todas las cabezuelas están dispuestas sobre pedúnculos alargados y evidentes 69

67. a. Hojas sin pelos (glabras) en las dos caras . . . . *Flaveria trinervia*
b. Hojas con pelos por lo menos en el lado inferior (envés) 68

68. a. La parte verde de la hoja (lámina) no continúa a lo largo del eje que la sostiene (pecíolo); un ala grande, aplanada y redonda, conectada a cada flor individual y madura . . . . *Elvira biflora*
b. La lámina de la hoja continúa hacia abajo a lo largo de los lados del peciolo; ningun ala redonda y plana conectada a flores individuales . . . . *Synedrella nodiflora*

69. a. Cabezuelas vistosas con las flores externas (radios) alargadas, 6-15 mm de largo; plantas generalmente 0,8-2,5 m de alto 70
b. Cabezuelas no vistosas, con las flores externas (radios), si presentes, muy cortas, 5 mm o menos de largo; plantas pequeñas, 0,15-0,7 m de alto, con tallos blandos 72

70. a. Los tallos más bien blandos, pero no leñosos; hojas angostas, 0,3-1,5 cm de ancho; las flores externas (radios) alargadas, 6 mm de largo . . *Sclerocarpus coffeacolus*
b. Los tallos algo leñosos; hojas 2-8,5 cm de ancho; las flores externas (radios) alargadas, 10-15 mm de largo 71

71. a. Escamas (paleas) tiesas y con una punta larga, presentes entre las bases de cada flor y con pelos en la parte superior . . . . *Wedelia ambigens*
b. Escamas (páleas) más delgadas, más blandas, con una punta más corta u obtusa, presentes entre las bases de cada flor, y sin pelos (glabras) . . *Wedelia caracasana*

72. a. Cabezuelas más viejas e inferiores colgantes, algo globulares y ensanchadas después de la floración, pero permanecen muy pequeñas; cada cabezuela contiene 5-6 flores . . . . *Milleria quinqueflora*
b. Todas las cabezuelas erectas, con forma de cono o huevo (ovoides); cada cabezuela con numerosas flores 73

73. a. Eje que soporta la cabezuela (pedúnculo) con pelos extendidos conspicuos; ninguna arista conectada al ápice de la parte que semeja una semilla (aquenio) de la flor . . . . *Jaegeria hirta*
b. Pedúnculo de la cabezuela, o sin pelos (glabro) o diminutamente peludo; 2 pequeñas cerdas conectadas al ápice del aquenio de la flor 74

74. a. Hojas 2-5 cm de ancho, ovado-lanceoladas, 1 ⅓-1 ½ veces más largas que anchas; eje que soporta la hoja (pecíolo) 5-30 mm de largo; cabezuela 10 milímetros de largo . . . . *Spilanthes ocymifolia* f. *radiifera*
f. *radiifera*

b. Hojas 0,5-2,5 cm de ancho, lanceoladas, 2-4 veces más largas que anchas; pecíolo 2-10 mm de largo o no evidente; cabezuela 5-8 mm de largo . . . . .
Spilanthes uliginosa

GRUPO V
HOJAS SIMPLES OPUESTAS PENNINERVIAS (Números 75-89)

75. (30.b)
a. Hojas burdamente lobuladas con 3-5 lóbulos grandes y prominentes . . . .
Verbesina caracasana

75a

b. Hojas con o sin dientes en los bordes, pero no burdamente lobuladas . . . 76

76. a. Plantas trepadoras o volubles 77
b. Plantas ni trepadoras ni volubles 78

77. a. Hojas 3-7 cm de ancho, con puntos glandulares negros sobre el lado inferior (envés); cabezuelas 5 mm de largo . . . . *Mikania nigropunctulata*
b. Hojas 2-3 cm de ancho, con puntos glandulares pero no de color negro en el envés; cabezuelas 9 mm de largo . . . . *Mikania allartii*

78. a. Hojas con fuerte olor desagradable, proveniente de las glándulas localizadas en los bordes de las mismas 79
b. Hojas diferentes a como se indica arriba 80

79. a. Parte de la flor que semeja una semilla (aquenio), cuando madura, 7-9 mm de largo y casi sin pelos . . . . *Porophyllum ruderale*
b. Aquenio, cuando maduro, 11-13 mm de largo y con pelos . . . *Porophyllum ruderale* var. *macrocephalum*

80. a. Tallos, hojas y otras partes sin pelos (glabras); las hojas con barniz resinoso y pegajoso . . . . *Stevia lucida*
b. Sin la combinación de caracteres arriba indicados 81

81. a. Cabezuelas de flores blancas, purpúreas, o blancas y negras 82
b. Cabezuelas de flores amarillas o anaranjado-amarillas 87

82. a. Cada cabezuela rodeada por 3-6 brácteas (involucro) . . . . *Clibadium surinamense*
b. Cada cabezuela rodeada por más de 6 brácteas (involucro) 83

83. a. Hojas redondeadas o anchamente encorvadas en el ápice . . . . *Eupatorium amygdalinum*
b. Hojas cortas hasta largo-puntiagudas en el ápice 84

84. a. Eje que soporta la hoja (pecíolo) sin pelos (glabro); hojas 3-6,5 cm de ancho *Eupatorium naiguatensis*

b. Pecíolo peludo; hojas 5-12 cm de ancho 85

85. a. Lado inferior de las hojas (envés) esparcidamente peludo sobre los nervios principales, sin pelos en el resto; márgenes de las hojas ligeramente dentados . . . . *Eupatorium heteroneurum*

b. Envés de las hojas densamente peludo; márgenes de las hojas fuerte y prominentemente dentados 86

86. a. Pecíolo 1-4 cm de largo; cada cabezuela formada por 15-23 flores . . . . . *Eupatorium steetzii*

b. Pecíolo 3-8 cm de largo, cada cabezuela formada por 10-13 flores . . . . . *Eupatorium vargasianum*

87. (81.b)

a. Arbol o arbusto grande, 3-12 m de alto; flores externas (del radio) de cada cabezuela 13-23 mm de largo . . . . *Oyedaea verbesinoides*

b. Arbustos pequeños o hierbas no leñosas; flores externas (del radio) ausentes o 10-15 mm de largo 88

88. a. Tallos sin pelos (glabros) o casi; cabezuelas sin las flores externas (del radio); cabezuelas solitarias sobre un eje alargado (pedúnculo) . . . . *Bidens tenera*

b. Tallos más o menos peludos; cabezuelas con conspicuas flores externas (del radio), 10-15 mm de largo; cabezuelas usualmente 3 o más sobre un pedúnculo 89

89. a. Eje que soporta la hoja (pecíolo) 1-4,5 cm de largo; cabezuelas 1,5 cm de diámetro (excluyendo las flores del radio) . . . . *Wedelia ambigens*

b. Pecíolos 0,5-0,8 cm de largo; cabezuelas más pequeñas, 1 cm de diámetro (excluyendo las flores del radio) . . . . *Aspilia avilensis*

90. (29.b)

a. Hojas con 3 o más nervios principales (incluyendo el nervio medio) que nacen en o cerca de la base de la hoja (basinervadas) 91

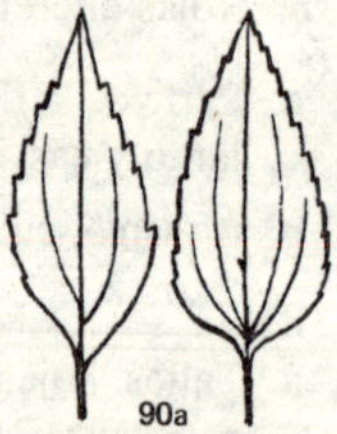

90a

b. Todos o casi todos los nervios principales laterales nacen en varios niveles del nervio medio (pinadamente nervadas) 96

90b

GRUPO VI

HOJAS SIMPLES ALTERNAS BASINERVADAS (Números 91-95)

91. a. Hojas muy grandes, 4-19 cm de ancho; cabezuelas muy grandes, 2-3 cm de diámetro (excluyendo las flores del radio) 92

b. Hojas mucho más pequeñas, 0,3-3,5 cm de ancho; cabezuelas mucho más pequeñas, 0,5-1 cm de diámetro (excluyendo las flores del radio) 93

92. a. Las partes que semejan pétalos (radio) de las cabezuelas, de color anaranjado o rojo-anaranjado; casi todas las hojas superiores no 3-lobuladas . . . . *Tithonia rotundifolia*

b. Las partes que semejan pétalos (radio) de las cabezuelas, de color amarillo; casi todas las hojas superiores 3-lobuladas . . . . *Tithonia diversifolia*

93. a. Flores purpúreas o color rosado-lavanda; bordes de las hojas prominentemente dentados u ondulados 94

b. Flores blancas, cremosas o amarillas; bordes de las hojas sin dientes . . . 95

94. a. Cada lado de la hoja usualmente con 6-10 dientes en los bordes; los dientes inferiores de la hoja usualmente más largos o más conspicuos que los del medio o los superiores; inflorescencia más bien compacta y con ejes cortos *Eupatorium ballotaefolium*

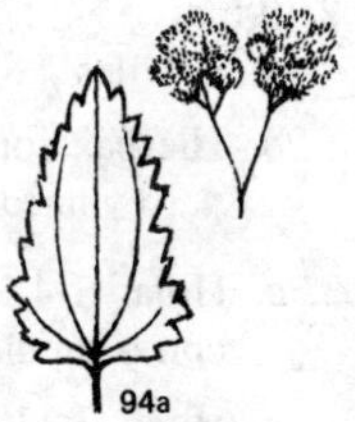
94a

b. Cada lado de la hoja usualmente con 12-24 dientes en cada borde; todos los dientes por lo general con apariencia más bien igual o uniforme, dándole a la hoja un borde más uniforme y regularmente dentado; inflorescencia por lo común más ramificada con ejes más largos . . . . *Trichogonia rhadinocarpa*

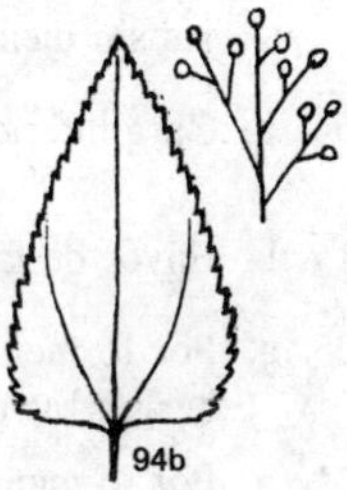
94b

95. a. Flores blancas o cremosas; hojas sin pelos (glabras), más o menos resinosas o cubiertas por una substancia parecida a un barniz . . . . . . *Psila trinervis*

b. Flores amarillas o anaranjado-amarillas; hojas con pelos . . . *Sclerocarpus coffeacolus*

GRUPO VII

HOJAS SIMPLES ALTERNAS PENNINERVIAS (Números 96-140)

96. (90.b)

a. Base de las hojas superiores rodeando o encerrando directamente al tallo (subamplexicaule) 97

b. Base de por lo menos las hojas superiores y centrales, ni rodeando ni encerrando al tallo, con o sin eje (pecíolo) 102

97. a. Plantas con savia blanca o lechosa (rompa el tallo u hojas); flores amarillas 98

b. Ninguna savia blanca o lechosa presente (rompa el tallo u hojas); flores rojas, rosadas, blancas o amarillas 99

98. a. La base de la hoja se extiende en una punta aguda . . . . *Sonchus oleraceus*

b. La base de la hoja se extiende en una proyección redondeada . *Sonchus asper*

99. a. Bordes de las hojas generalmente sin dientes o con pocos dientes 100

b. Bordes de las hojas usualmente con muchos dientes 101

100. a. Tallos ramificados . . . . *Trixis divaricata*

b. Tallos no ramificados . . . . *Orthopappus angustifolius*

101. a. Flores rojizas o color rosado-rojo; cabezuelas pocas y dispersas; plantas pequeñas, 0,5 m o menos de alto . . . . *Emilia coccinea*

b. Flores de colores cremosos; cabezuelas numerosas y próximas entre sí; plantas más altas, de hasta 1 m de alto . . . . *Erechtites hieracifolia*

102. (96.b)

a. Arboles 103

b. Hierbas con tallos blandos o no leñosos, o arbustos leñosos, o trepadoras, pero nunca árboles 105

103. a. Hojas 1-4,5 cm de ancho; hojas finamente peludas en ambas caras; hojas con o sin dientes en los bordes . . . . *Tessaria integrifolia*

b. Hojas 3-11 cm de ancho; hojas nunca peludas en la cara superior (haz); hojas sin dientes en los bordes 104

104. a. Cara inferior (envés) de la hoja densamente lanoso y peludo . . . . *Pollalesta macrophylla*

b. Envés de la hoja esparcidamente peludo . . . . *Pollalesta acuminata*

105. a. Por lo menos las hojas superiores y centrales poseen ejes (pecíolos); sin embargo, los pecíolos pueden ser muy cortos 106

b. Por lo menos las hojas superiores sin pecíolos evidentes (hojas sésiles) . . 129

106. a. Hojas profundamente divididas hasta el centro 107

106a

b. Hojas no profundamente divididas hasta el centro; en caso contrario las cabezuelas no presentan una combinación de flores externas de color blanco y de flores centrales amarillas 108

107. a. Cabezuelas vistosas, 1-1,5 cm de diámetro (incluyendo las flores del radio), con conspicuas flores del radio de color blanco y flores centrales de color amarillo . . . . *Chrysanthemum parthenium*

b. Cabezuelas nunca vistosas, numerosas pero pequeñas, 0,3-0,5 cm de diámetro, todas de color blanco . . . . *Parthenium hysterophorus*

108. a. Hojas con superficie resinosa o barnizado-brillante; plantas completamente sin pelos (glabras); hojas con o sin dientes en los bordes . . *Baccharis nitida*

b. Sin la combinación de los caracteres arriba indicados 109

109. a. Plantas con fuerte olor desagradable 110

b. Plantas sin fuerte olor desagradable 112

110. a. Tallos y hojas con pelos; sin glándulas de aceite evidentes en las hojas o en las brácteas que rodean a las flores . . . . *Pluchea odorata*

b. Plantas completamente sin pelos (glabras); glándulas de aceite conspicuas presentes en los bordes de las hojas y en las brácteas que rodean a las flores 111

111. a. Parte de la flor que semeja una semilla (aquenio), cuando maduro, 7-9 mm de largo y casi sin pelos (glabra) . . . . *Porophyllum ruderale*

b. Aquenio, cuando maduro, 10-13 mm de largo y con pelos . . . *Porophyllum ruderale* var. *macrocephalum*

112. a. Flores amarillas o anaranjadas 113

b. Flores blancas, de color crema o con tonos púrpura 116

113. a. Plantas trepadoras o rastreras; flores anaranjadas . . . . . .*Pseudogynoxys benthamii*

b. Plantas ni trepadoras ni rastreras y si acaso algo trepadoras, entonces con flores amarillas 114

114. a. Cabezuelas grandes y vistosas, rodeadas por brácteas interiores de colores brillantes; hojas agrupadas desde la base hasta el extremo del tallo, las hojas casi del mismo ancho en toda su longitud . . . . . *Helichrysum bracteatum*

b. Cabezuelas pequeñas, no vistosas, ni rodeadas por brácteas de color brillante; hojas no agrupadas, usualmente más anchas en la base, en la mitad o más arriba de la mitad 115

115. a. Plantas herbáceas pequeñas, de tallos blandos, 15-50 cm de alto, con jugo lechoso (rompa el tallo o las hojas); bordes de las hojas prominentemente dentados . . . . *Lapsana communis*

b. Plantas grandes arbustivas o arbustos, 0,5-3 m de alto, sin jugo lechoso; bordes de las hojas sin dientes o con pocos dientes en o por encima de la mitad *Trixis inula*

116. (112.b)

a. Flores blancas o cremosas 117

b. Flores purpúreas, rosado-lavanda, o de color púrpura con blanco 120

117. a. Bordes de las hojas conspicuamente dentados o segmentados . . . *Erechtites valerianaefolia*

b. Bordes de las hojas sin dientes o con dientes muy pequeños e inconspicuos 118

118. a. Hojas generalmente redondeadas o anchamente encorvadas en el ápice . . . *Vernonia brasiliana*

b. Hojas adelgazándose en una punta apical corta o larga 119

119. a. Flores blancas; cada cabezuela rodeada por 3 o más filas (series) de brácteas (involucro) . . . .*Vernonia scorpioides*

b. Flores cremosas; cada cabezuela rodeada por 1 fila definida o 2 filas (series) indefinidas de brácteas (involucro) . . . . *Trixis inula*

120. (116.b)

a. Una sola cabezuela dispuesta en el extremo del tallo . *Centratherum muticum*

b. Más de una cabezuela en el extremo del tallo 121

121. a. Cabezuelas rodeadas por 3 brácteas que semejan hojas . . . . *Elephantopus mollis*

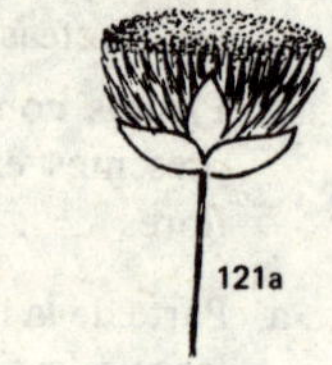

121a

b. Cabezuelas no rodeadas por 3 brácteas que semejan hojas 122

122. a. Algunas o todas las cabezuelas nacen a lo largo del tallo y cerca de la base de las hojas 123

122a

b. Todas las cabezuelas situadas en una inflorescencia, la cual se encuentra en el extremo del tallo principal o de las ramas 124

122b

123. a. Las brácteas que rodean las cabezuelas, se adelgazan en una punta larga y delgada . . . . *Vernonia remotiflora*

b. Las brácteas que rodean las cabezuelas son cortamente puntiagudas en el ápice, u obtusas o anchamente encorvadas . . . . *Vernonia moritziana*

124. a. Casi todas las cabezuelas, dispuestas en la mitad inferior del eje floral, con una hoja prominente en la base . . . . *Pseudelephantopus spicatus*

b. Cabezuelas sin una hoja prominente en la base de las mismas 125

125. a. Hojas agudamente dentadas o cortadas a lo largo de los bordes, con o sin pelos . . . . *Erechtites valerianaefolia*

b. Hojas no agudamente dentadas a lo largo de los bordes, predominantemente peludas 126

126. a. Inflorescencia recta, angosta y vertical, con las cabezuelas dispuestas verticalmente y una por encima de la otra . . . . . . *Pseudelephantopus funckii*

b. Inflorescencia usualmente más ancha que alta, o con ejes alargados, extendidos y ramificados 127

127. a. Hojas generalmente redondeadas o anchamente encorvadas en el ápice . . . *Vernonia brasiliana*

b. Hojas adelgazándose en una punta corta o larga en el ápice 128

128. a. Lado inferior de las hojas (envés) con una red prominente de nervios, los cuales conectan los nervios principales laterales; lado superior de la hoja (haz)

frecuentemente rugoso y peludo (la red de nervios se muestra aquí por medio de surcos o depresiones) . . . . *Vernonia canescens*

b. Envés de las hojas sin una red prominente de nervios; haz de la hoja más frecuentemente sin pelos (glabro) o ligeramente peludo y no rugoso (sin red de nervios formando surcos o depresiones) . . . . *Vernonia scorpioides*

129. (105.b)

a. Flores amarillas; plantas con savia lechosa (rompa el tallo y hojas) . . . 130

b. Flores blancas, color blanco y amarillo, púrpura o color pajizo; plantas sin savia lechosa (rompa tallos y hojas) 131

130. a. Hojas finamente dentadas; parte que semeja una semilla (aquenio) con pelos finos conectados al ápice de las flores . . . . *Hieracium avilae*

b. Hojas prominentemente dentadas, las hojas inferiores con frecuencia conspicuamente cortadas; aquenio sin pelos en el ápice de las flores . . . *Lapsana communis*

131. a. Todas o casi todas las hojas profundamente cortadas . . . . . *Parthenium hysterophorus*

131a

b. Diferentes a como se indica arriba 132

132. a. Cabezuelas sin ejes (pedúnculos) y nacen directamente a lo largo del tallo en las axilas de las hojas . . . . *Vernonia moritziana*

b. Diferente a como se indica arriba 133

133. a. Plantas arbustivas de 2-3 m de alto, con hojas grandes, 6,5-40 cm de largo, 2-15 cm de ancho 134

b. Plantas más pequeñas, hojas en promedio más pequeñas 135

134. a. Tallos y hojas sin pelos (glabros); hojas finamente dentadas o sin dientes; cabezuelas sin flores externas (del radio) alargadas . . . *Verbesina laevifolia*

b. Tallos y hojas peludos; hojas irregularmente dentadas; las cabezuelas poseen flores externas (del radio) alargadas . . . . *Verbesina turbacensis*

135. a. Cabezuelas con flores externas (del radio) blancas y con las internas de color amarillo 136

b. Cabezuelas todas de un solo color, blancas, cremosas o de color ante . . 138

136. a. Bordes de las hojas con dientes obtusos o burdos; cabezuela de 3-7 cm de diámetro (incluyendo las flores del radio) . . . . *Chrysanthemum maximum*

b. Bordes de las hojas centrales y superiores sin dientes; cabezuelas más pequeñas, 1,5-2 cm de diámetro (incluyendo las flores del radio) 137

137. a. Plantas erectas, 50 cm o más de alto; hojas centrales o superiores lineares, del mismo ancho desde la base hasta el ápice; cabezuelas numerosas, dispuestas en una inflorescencia . . . . *Aster pilosus*

b. Plantas con tallos rastreros o extendidos; hojas centrales y superiores generalmente más anchas en y por encima de la mitad; cabezuelas solitarias o pocas, situadas en el extremo de un tallo foliáceo . . *Erigeron karwinskianus*

138. a. Cabezuelas más largas que anchas; cada cabezuela son solamente 4 flores *Orthopappus angustifolius*

b. Cabezuelas más anchas que largas o casi tan anchas como largas; cada cabezuela con 20 o más flores . . . . 139 *(Conyza)*

139. a. Hojas muy angostas, linear-lanceoladas, 1-3 (–5) mm de ancho; cabezuelas rodeadas por brácteas completamente sin pelos (glabras) . . . . . . *Conyza canadensis* var. *pusilla*

b. Hojas más anchas, las inferiores 5-30 mm de ancho; cabezuelas de flores rodeadas por brácteas con pelos o sin pelos (glabras) 140

140. a. Hojas principales generalmente dispuestas en la base de la planta, en forma de roseta; cabezuelas rodeadas por brácteas peludas; cabezuelas 7-8 mm de largo, 10 mm de ancho . . . . *Conyza chilensis*

b. Hojas principales dispersas a lo largo del tallo y no agrupadas en la base; cabezuelas rodeadas por brácteas sin pelos (glabras); cabezuelas sólo 6 mm de largo . . . . *Conyza bonariensis*

Acanthospermum australe (Loefl.) Kuntze (Lámina 93, G)
Sabana, 1.000-1.280 m. Flores amarillas; tallos extendidos, herbáceos.

Achillea millefolium L. *"Nido de amor"*
Nativa del Viejo Mundo. Cultivada en Galipán como planta ornamental, 1.500 m. Igualmente usada como forraje, medicina o para sazonar la comida. Las hojas tienen un olor fuerte. Flores blancas.

Achyrocline flavida Blake
Subpáramo, 2.500-2.600 m. Tallos pequeños, algo arbustivos, con la base endurecida.

Achyrocline satureioides DC. *"Viravira"*
Subpáramo y sabana, 1.500-2.600 m. Plantas pequeñas, generalmente con tallo blando.

Achyrocline vargasiana DC.
Subpáramo y sabana, 1.600-2.600 m. Plantas pequeñas, generalmente con tallo blando.

Ageratum conyzoides L. *"Rompe zaragüellas"*
Sabana, selva veranera y sitios alterados, 900-1.600 m. Maleza común, anual, con tallos blandos de hasta 1,5 m de alto. Flores color lavanda o blancas. Una infusión de esta planta se usa para el tratamiento de cierta forma de artritis en los dedos.

Aspilia avilensis Arist. & Steyerm.
Selva nublada, 1.400-1.900 m. Hierba de 1-1,2 m de alto, con flores amarillas.

Aster pilosus Willd. *"Princesa"*
Nativa de los Estados Unidos. Ocasionalmente cultivada en Galipán como planta ornamental, 1.500 m. Hierba ramificada.

Baccharis nitida (Ruiz & Pavón) Pers. (Lám. 90, D)
Subpáramo, 1.800-2.200 m. Planta arbustiva de hasta 2 m de alto, con flores blanco-cremosas.

Bidens pilosa L. var. **pilosa** *"Cadillo rocero"* (Lám. 93, C)
Sabana y lugares alterados, 800-1.000 m. Maleza anual.

Bidens pilosa L. var. **radiata** Sch. Bip.
Sabana y lugares alterados, 800-1.000 m. Maleza anual.

Bidens riparia H.B.K.
Sabana, 1.000 m. Hierba anual.

Bidens squarrosa H.B.K. (Lám. 91, C)
Selva veranera y selva transicional, 1.000-1.600 m. Planta trepadora con tallo blando.

Bidens tenera O. E. Schultz
Sabana, 850-900 m. Hierba anual.

Brickellia diffusa (Vahl) Gray
Sabana y selva veranera, 850-1.500 m. Hierba anual con cabezuelas angostas.

Calea caracasana (H.B.K.) O. Kuntze (Lám. 91, A)
Sabana, selva veranera, selva transicional y subpáramo, 1.500-2.200 m. Planta arbustiva con flores amarillas.

Calea solidaginea H.B.K.
Selva veranera y selva transicional y borde de selva nublada, 1.000-2.000 m. Tallos usualmente leñosos en la base, hasta formar ramas alargadas y subtrepadoras.

Centratherum muticum (H.B.K.) Les. (Lám. 94, D)

Sitios abiertos, vertiente norte, 800 m. Hierba ramificada, 40-80 cm de alto.

Chaptalia nutans (L.) Polak
Sabana y sitios abiertos, 800-1.000 m. Planta herbácea.

Chaptalia runcinata H.B.K.
Subpáramo y sitios abiertos, 800-2.200 m. Planta herbácea.

Chrysanthemum maximum Ram. *"Margarita"*
Nativa de Europa. Cultivada como planta ornamental en Galipán, 1.500 m. Planta herbácea.

Chrysanthemum parthenium (L.) Bernh. *"Santa María"* (Lám. 92, D)
Nativa de las regiones del Mediterráneo. Cultivada como planta ornamental en Galipán, 1.500 m. Algunas veces escapadas del cultivo y naturalizadas a 1.900 m. Apreciada por sus propiedades medicinales.

Clibadium surinamense L. *"Barbasco"*
Sabana, selva veranera y transicional, en matorrales, 800-1.500 m. Arbusto de 1-3 m de alto, con pequeñas cabezuelas de flores blancuzcas con anteras negras. Se emplea en medicina casera.

Conyza bonariensis (L.) Cronq.
Selva transicional, subpáramo y lugares alterados, 1.600-2.200 m. Hierba anual.

Conyza canadensis (L.) Cronq. var. **pusilla** (Nutt.) Cronq.
Sabana, 1.000 m. Una maleza anual de hasta 2 m de alto.

Conyza chilensis Spreng.
Sabana y lugares abiertos alterados, 900-1.500 m. Maleza anual.

Dahlia variabilis Desf. *"Dalia"*
Sabana, matorrales y lugares frescos abiertos, 1.500-2.000 m. Nativa de México y América Central, cultivada por sus cabezuelas vistosas y grandes. Se encuentran formas con flores dobles de color rosado-lavanda. Plantas arbustivas en forma de árboles, hasta 3 m de alto.

Elephantopus mollis H.B.K. *"Lengua de vaca"*
Selva transicional, 1.500 m. Hierba perenne, 0,4-1 m de alto.

Elvira biflora (L.) DC.
Selva y lugares abiertos alterados, 800-1.800 m. Hierba anual, pequeña.

Emilia coccinea (Sims) Sweet (Lám. 92, B)
Nativa de Asia y Africa, naturalizada en lugares alterados, sabanas y sitios abiertos en la selva transicional y selva veranera, 800-1.600 m.

Erechtites hieracifolia (L.) Raf. ex DC. *"Cerraja"*
Lugares cultivados y alterados y sitios abiertos de la sabana, selva transicional y selva veranera, 800-1.500 m. Hierba perenne.

Erechtites valerianaefolia (Wolf) DC.
Selva nublada, 1.500-1.800 m. Hierba anual.

Erigeron karwinskianus DC. *"Amores secos"* (Lám. 90, B)
Lugares abiertos que bordean a las quebradas y selva transicional, 1.500 m. Plantas herbáceas con tallos alargados, colgantes o extendidos; con frecuencia forman masas densas.

Espeletia (Libanothamnus) **neriifolia** (H.B.K.) Sch. Bip. ex Wedd. *"Incienso"* (Lám. 96, A)
Libanothamnus neriifolius (B. ex H.) Ernst
Subpáramo, 2.000-2.600 m. Arbusto o árbol pequeño, 2-8 m de alto. *E. neriifolia,* presente en los cerros del Avila y Naiguatá, constituye el límite oriental del rango de distribución del género *Espeletia* (Frailejones), el cual es común en los Andes desde Venezuela hasta el norte de Ecuador. El hábito profusamente ramificado, característico de la presente especie, contrasta mucho con el hábito en forma de roseta con hojas grandes de la mayoría de las especies andinas de Frailejón.

Eupatorium amygdalinum Lam. *"Clavel sabanero"*
Sabana, 800-1.000 m. Planta perenne, 1-1,5 m de alto.

Eupatorium ballotaefolium H.B.K. (Lám. 90, C)
Conoclinum prasiifolium DC.
Selva y lugares abiertos en la selva veranera y selva transicional, 800-1.100 m. Hierba perenne.

Eupatorium celtidifolium Lam. var. **hirtellum** Rob.
Selva veranera, 800-1.200 m. Planta arbustiva.

Eupatorium heteroneurum (Ernst) Robinson
Selva nublada y selva transicional, 1.500 m. Planta arbustiva.

Eupatorium ibaguense Sch. Bip. ex Hieron.
Selva nublada y subpáramo, lugares abiertos, 2.000-2.200 m. Planta herbácea.

Eupatorium inulaefolium H.B.K.
Sabana, 900-1.500 m. Planta arbustiva.

Eupatorium iresinoides H.B.K. var. **glabrescens** Steetz
Sabana y selva veranera, 950-1.600 m. Planta herbácea o algo leñosa en la base.

Eupatorium microstemon Cass.
Sabana y lugares abiertos, 800-2.100 m. Planta herbácea.

Eupatorium naiguatensis (Badillo) Steyermark
Critonia naiguatensis (Badillo) King & Rob.
Steyermarkinia naiguatensis Badillo
Selva nublada, vertiente norte, 1.400-1.500 m. Trepadora con hojas delgadas y flores blancas.

Eupatorium odoratum L. *"Pesebrito"*
Sabana, 800-1.550 m. Planta arbustiva, 1-2 m de alto.

Eupatorium pauciflorum H.B.K.
Sabana, selva veranera y lugares abiertos en subpáramo, 900-2.200 m. Hierba anual.

Eupatorium pycnocephalum Less. var. **caucanum** Rob. *"Curía"*
Sabana y lugares abiertos que bordean la selva veranera, 800-1.400 m. Hierba arbustiva, 0,2-0,8 m de alto.

Eupatorium steetzii Rob. (Lám. 96, C)
Lugares abiertos en subpáramo y selva nublada, 2.000-2.200 m. Planta arbustiva de hasta 2 m de alto.

Eupatorium steetzii var. **macrocephalum** Arist.
Similar a la anterior pero con cabezuelas más grandes.

Eupatorium urticoides Sch. Bip. ex Hieron.
Sabana, 900-1.500 m. Planta herbácea.

Eupatorium vargasianum DC.
Lugares abiertos, 1.500 m. Planta arbustiva, 2-3 m de alto.

Eupatorium xestolepis Rob. var. **appendiculatum** Badillo
Matorrales en selva veranera, selva nublada y selva transicional, 900-1.650 m. Planta herbácea, algunas veces con tallos subtrepadores o alargados.

Flaveria trinervia (Spreng.) C. Mohr
Sabana, 800-900 m. Hierba anual.

Galinsoga caracasana (DC.) Sch. Bip. *"Canilla de blanco"*
Sabana, lugares abiertos y alterados, 800-1.200 m. Maleza anual, pequeña.

Gnaphalium elegans H.B.K.
Sabana y lugares abiertos en subpáramo, 900-2.200 m. Planta herbácea.

Gnaphalium purpureum L. *"Mirabira colorada"*
Lugares abiertos y perturbados, selva nublada y subpáramo, 1.600-2.100 m. Una maleza pequeña con tallos cortos ramificados o no.

Helichrysum bracteatum Andr. *"Botón de oro"*
Nativa de Australia. Cultivada como planta ornamental en Galipán, 1.500 m. Las brácteas de color vistoso de esta hierba anual persisten y retienen el color cuando están secas.

Hieracium avilae H.B.K.
Subpáramo, 2.000-2.300 m. Hierba con flores amarillas.

Ichthyothere terminalis (Spreng.) Blake *"Galicosa"*
Sabana, 1.000-1.100 m. Una planta característica de la sabana, con hojas lisas y tallos que terminan con cabezuelas pequeñas de flores blancas. Esta planta se usa como remedio en la medicina casera.

Jaegeria hirta (Lag.) Less.
Lugares abiertos y alterados en la selva transicional, 1.500-1.550 m. Hierba anual.

Lagascea mollis Cav.
Sabana y lugares alterados, 800-1.000 m. Hierba anual.

Lapsana communis L. (Lám. 93, A)
Nativa de Europa y Asia. Lugares alterados y abiertos en selva transicional y selva veranera, 800-1.600 m. Hierba anual con jugo lechoso y flores amarillas.

Liabum asclepiadeum Sch. Bip.
Selva veranera y sabana, 900-1.000 m. Planta herbácea.

Liabum megacephalum Sch. Bip. (Lám. 95, A)
Subpáramo, 2.000-2.200 m. Planta herbácea con flores amarillas, vistosas.

Lycoseris latifolia (Don) Benth. (Lám. 92, C)
Lugares abiertos en selva transicional y selva veranera, 1.000-1.500 m. Planta abustiva, 1,5-2,5 m de alto con cabezuelas vistosas de flores anaranjadas.

Matricaria chamomilla L. *"Manzanilla extranjera"*
Nativa de Europa y Asia. Cultivada en jardines de Galipán, 1.500 m. Hierba erecta con olor a especias en las hojas. Las flores son comúnmente usadas en té y medicinas.

Melanthera aspera (Jacq.) Rendle *"Cariaquito blanco"*
Sabana, 900-1.000 m. Hierba con flores blancas.

Mikania allartii Robinson
Selva transicional, 1.500 m. Trepadora.

Mikania banisteriae DC.
Selva transicional, 1.500 m. Trepadora.

Mikania micrantha H.B.K. *"Guaco"*
Selva transicional y lugares abiertos bordeando la selva nublada, 900-1.500 m. Trepadora.

Mikania nigropunctulata Hieron.
Selva nublada, 2.000 m. Trepadora.

Milleria quinqueflora L.
Sabana, 800-900 m. Hierba anual.

Montanoa quadrangularis Sch. Bip. *"Fava santa", "Anime"*
Selva transicional, selva de galería y selva nublada, 1.500-1.700 m. Planta arbustiva o de aspecto arbóreo, 4-10 m de alto. El interior blando (médula) de color blanco es algunas veces empleado en trabajos de artesanía en los Andes de Venezuela.

Orthopappus angustifolius (Sw.) Gleason
Sabana y lugares abiertos, 800-900 m. Hierba perenne.

Oyedaea verbesinoides DC. *"Tara", "Tara amarilla"* (Lám. 90, A)
Sabana y lugares abiertos en selva transicional y selva nublada, 900-2.000 m. Arbusto o árbol común, 3-12 m de alto. Florece mayormente durante la época de Navidad (*"Flor de Navidad"*), recubriendo las laderas de las montañas con sus flores de color amarillo brillante.

Parthenium hysterophorus L. *"Escoba amarga"*
Sabana y lugares alterados, 800-900 m. Maleza común anual con flores pequeñas de color blanco y con hojas divididas. Algunas veces esta planta es usada para hacer escobas.

Pectis elongata H.B.K. *"Comino rústico"*
Sabana, 800-1.300 m. Hierba anual. Hojas y tallos manifiestan olor a especias al ser triturados.

Pectis pygmaea H.B.K.
Sabana, 800-1.000 m. Hierba anual. Hojas y tallos manifiestan olor a especias al ser triturados.

Pluchea odorata (L.) Cass. *"Salvia"*
Lugares abiertos en selva transicional, selva veranera y selva nublada, 800-2.000 m. Hojas y flores, al ser trituradas, producen un fuerte olor desagradable.

Pollalesta acuminata (H.B.K.) Arist. *"Zamurito"*
Oliganthes acuminata H.B.K.
Selva veranera y transicional, 1.500-1.700 m. Arbol pequeño, 3-6 m de alto.

Pollalesta macrophylla (Sch. Bip.) Arist. *"Zamurito"*
Oliganthes macrophylla Sch. Bip.
Selva nublada y transicional, 1.500-1.800 m. Arbol 3-6 m de alto.

Polymnia riparia H.B.K. *"Pailón"*
Sabana, selva de galería y lugares húmedos en selva transicional, 1.000-1.800 m. Hierba gigante, 2-3 m de alto con médula blanca y blanda en las ramas, algunas veces se emplea en arte popular venezolano.

Porophyllum ruderale (Jacq.) Cass. *"Anamú"*
Porophyllum porophyllum (L.) Kuntze
Hierba anual, alta, con fuerte y desagradable olor. Sabanas y lugares alterados, 800-1.500 m.

Porophyllum ruderale var. **macrocephalum** (DC.) R. R. Johnson *"Anamú"* (Lám. 93, D)
Porophyllum macrocephalum DC.
Sabana y lugares alterados, 800-950 m. Hierba anual, alta, 1-2 m de alto con olor desagradable.

Pseudelephantopus funckii (Turcz.) Philipson
Selva de galería y lugares abiertos en selva veranera, 900-1.100 m. Hierba perenne.

Pseudelephantopus spicatus (Juss.) Rohr.
Sabana y lugares abiertos, 800-900 m. Planta herbácea.

Pseudogynoxys benthamii (Baker) Cabrera
Cultivada y algunas veces escapada del cultivo, creciendo en matorrales y lugares abiertos en la selva, vertiente norte, 600-700 m. Trepadora vistosa con flores grandes y de color naranja.

Psila trinervis (Lam.) Cabrera *"Chilca"*
Baccharis trinervis (Lam.) Pers.
Sabana, lugares abiertos y alterados en selva veranera y subpáramo, 800-2.500 m. Arbusto.

Pterocaulon virgatum (L.) DC.
Sabana, 1.000 m. Planta herbácea.

Riencourtia pittieri Blake
Sabana, 900-1.000 m. Planta herbácea.

Sclerocarpus coffeacolus (Sch. Bip.) Klatt (Lám. 93, F)
Aldama dentata (La Llave & Lex.) DC.

Sabana y lugares abiertos y alterados, 800-2.500 m. Hierba arbustiva con tallos delgados y flores amarillas.

Sonchus asper (L.) Hill
Lugares abiertos y alterados, 2.000 m. Nativa de Europa. Hierba anual con jugo lechoso. Las hojas jóvenes se pueden cocinar y comer como vegetales verdes.

Sonchus oleraceus L. *"Cerraja"* (Lám. 92, A)
Nativa de Europa. Lugares abiertos y alterados en selva veranera, selva transicional y selva nublada, 800-1.500 m. Hierba anual con jugo lechoso. Las hojas jóvenes se pueden cocinar y comer como vegetales verdes.

Spilanthes ocymifolia (Lam.) A. H. Moore f. **radiifera** A. H. Moore *"Corrimiento"*
Sabana y lugares abiertos, 800-1.200 m. Planta herbácea.

Spilanthes uliginosa Sw.
Lugares abiertos en selva transicional, 1.600 m. Planta herbácea.

Stevia elongata H.B.K. var. **caracasana** (DC.) Rob.
Lugares abiertos secos, 1.100-2.100 m. Planta herbácea.

Stevia lucida Lag. *"Chilca"* (Lám. 91, B)
Subpáramo, en lugares abiertos, 2.000-2.600 m. Arbusto con la base algo leñosa, 1-1,5 m de alto.

Stevia rhombifolia H.B.K. var. **rhombifolia** (Lám. 91, C)
Lugares abiertos en selva veranera y selva transicional, 900-1.800 m. Planta herbácea con la parte inferior del tallo algo leñosa.

Stevia wageneri Hieron. (Lám. 93, E)
Sabana y lugares abiertos en selva transicional y selva veranera, 1.200-2.300 m. Planta herbácea.

Synedrella nodiflora (L.) Gaertn.
Sabana y lugares abiertos, 800-900 m. Hierba pequeña, anual.

Tagetes subulata Cerv. (Lám. 93, B)
Sabana y sitios abiertos, 800-1.500 m. Hierba anual con olor a especias.

Taraxacum officinale Weber *"Diente de león"* (Lám. 94, A)
Lugares abiertos frescos alterados, 1.600 m. Introducida desde Europa. Hierba pequeña con flores amarillas. Las hojas jóvenes son comestibles cuando son cocidas y usadas como vegetales verdes y muy estimadas como tales en Europa y Estados Unidos. El contenido en vitaminas de esta planta es muy alto.

Tessaria integrifolia Ruiz & Pavón *"Barredero"*
Sabana y lugares alterados, 800-1.500 m. Arbusto o árbol pequeño, 3-8 m de alto.

Tithonia diversifolia (Hemsl.) Gray (Lám. 94, B)
Lugares abiertos y alterados, 800-1.000 m. Arbusto 2-3 m de alto con flores amarillas.

Tithonia rotundifolia (Mill.) Blake (Lám. 94, C)
Sabana, selva de galería y lugares abiertos y alterados, 800-1.200 m. Arbusto 1-2 m de alto con flores anaranjado-rojizas.

Trichogonia rhadinocarpa Rob.
Sabana y lugares abiertos en selva veranera, 800-1.500 m. Hierba arbustiva con flores purpúreas.

Trixis divaricata (H.B.K.) Spreng. *"Juan de la calle"* (Lám. 95, D)
Selva transicional, 1.500 m. Planta semitrepadora-arbustiva o con la base algo leñosa, con flores crema o amarillentas.

Trixis inula Crantz *"Juan de la calle"*
Trixis frutescens P. Br.
Trixis radialis (L.) Lag. & Jackson
Lugares abiertos y matorrales en selva veranera y selva transicional, 800-900 m. Planta erecta o algo trepadora, leñosa.

Verbesina caracasana Rob. & Greenm.
Sabana y matorrales abiertos bordeando la selva nublada y transicional. Planta arbustiva, ramificada.

Verbesina laevifolia Blake (Lám. 96, C)
Selva nublada y subpáramo, 1.700-2.600 m. Planta arbustiva.

Verbesina turbacensis H.B.K. *"Tarilla"*
Verbesina exalata Steyermark
Selva veranera y selva transicional, 1.500-1.700 m. Hierba arbustiva, 2-3 m de alto.

Vernonia brasiliana Druce *"Palotal"*
Sabana y lugares abiertos al borde de la selva, 800-1.100 m. Planta con tallo leñoso en la parte baja, de hasta 2 m de alto.

Vernonia canescens H.B.K.
Sabana y lugares abiertos en selva veranera, selva transicional y subpáramo, 900-2.000 m. Plantas un poco leñosas en la base, a veces trepadoras.

LAMINA 90: COMPOSITAE

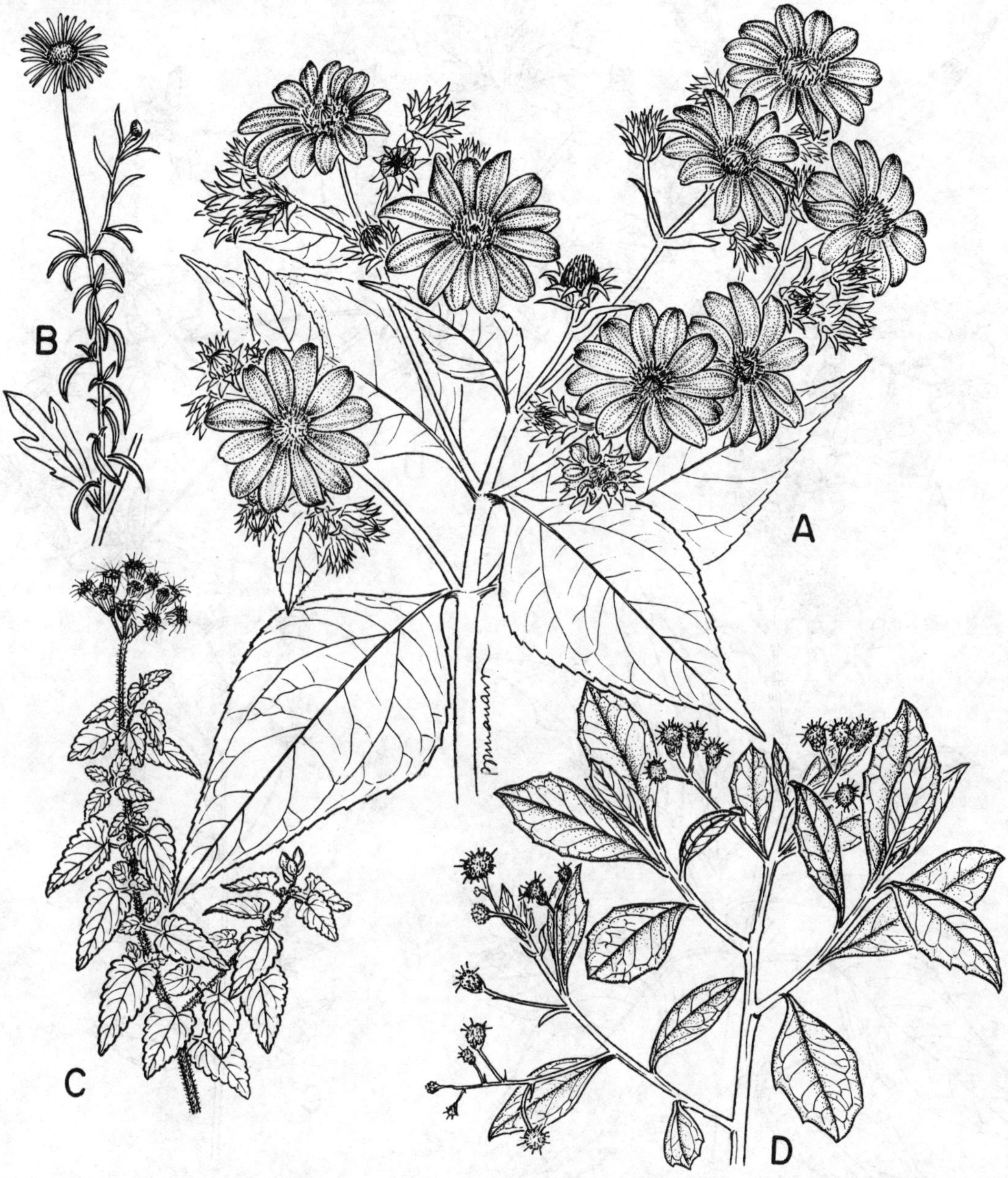

A. Oyedaea verbesinoides.–B. Erigeron karwinskianus.–C. Eupatorium ballotaefolium.–D. Baccharis nitida.

LAMINA 91: COMPOSITAE

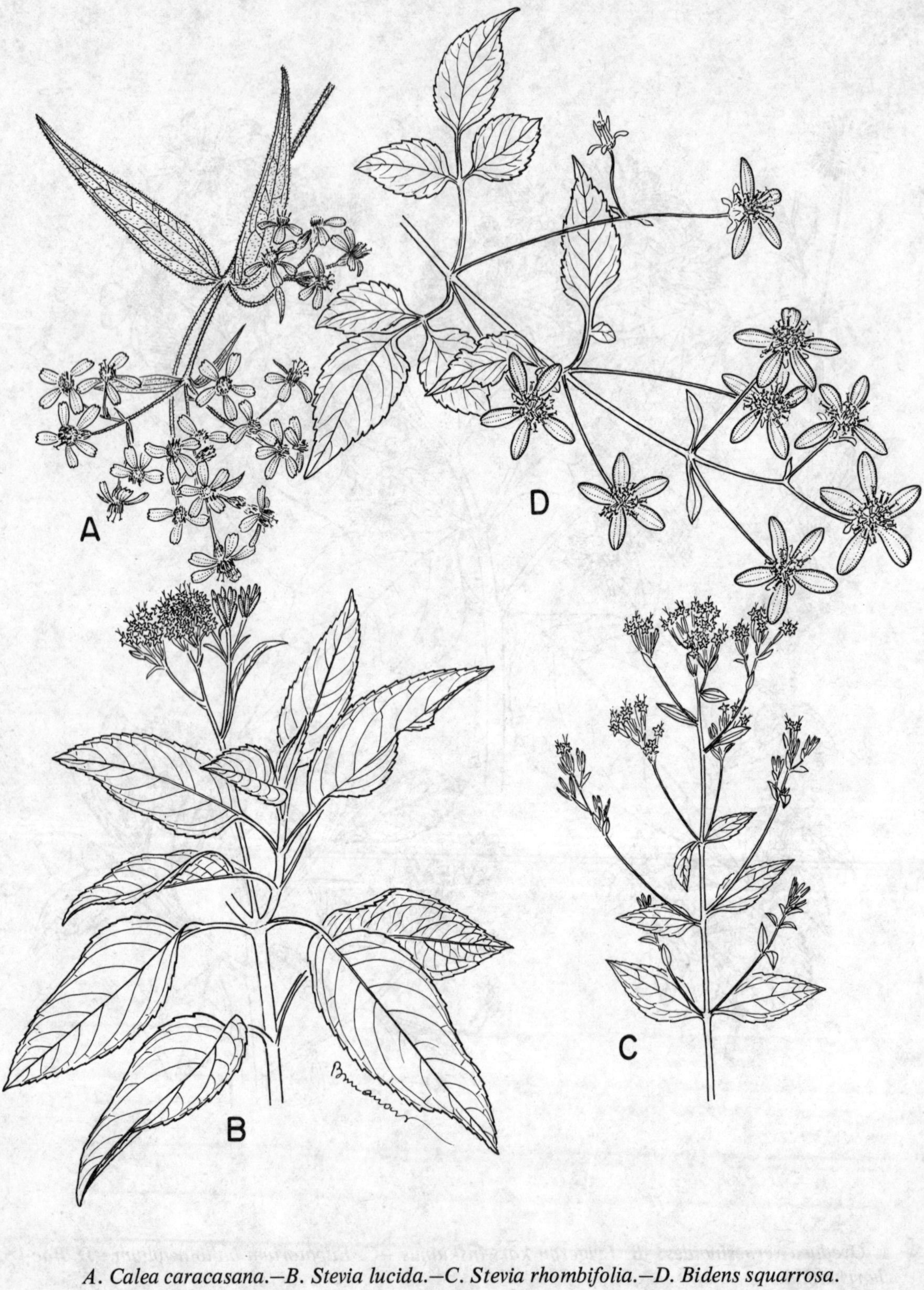

A. Calea caracasana.–B. Stevia lucida.–C. Stevia rhombifolia.–D. Bidens squarrosa.

LAMINA 92: COMPOSITAE

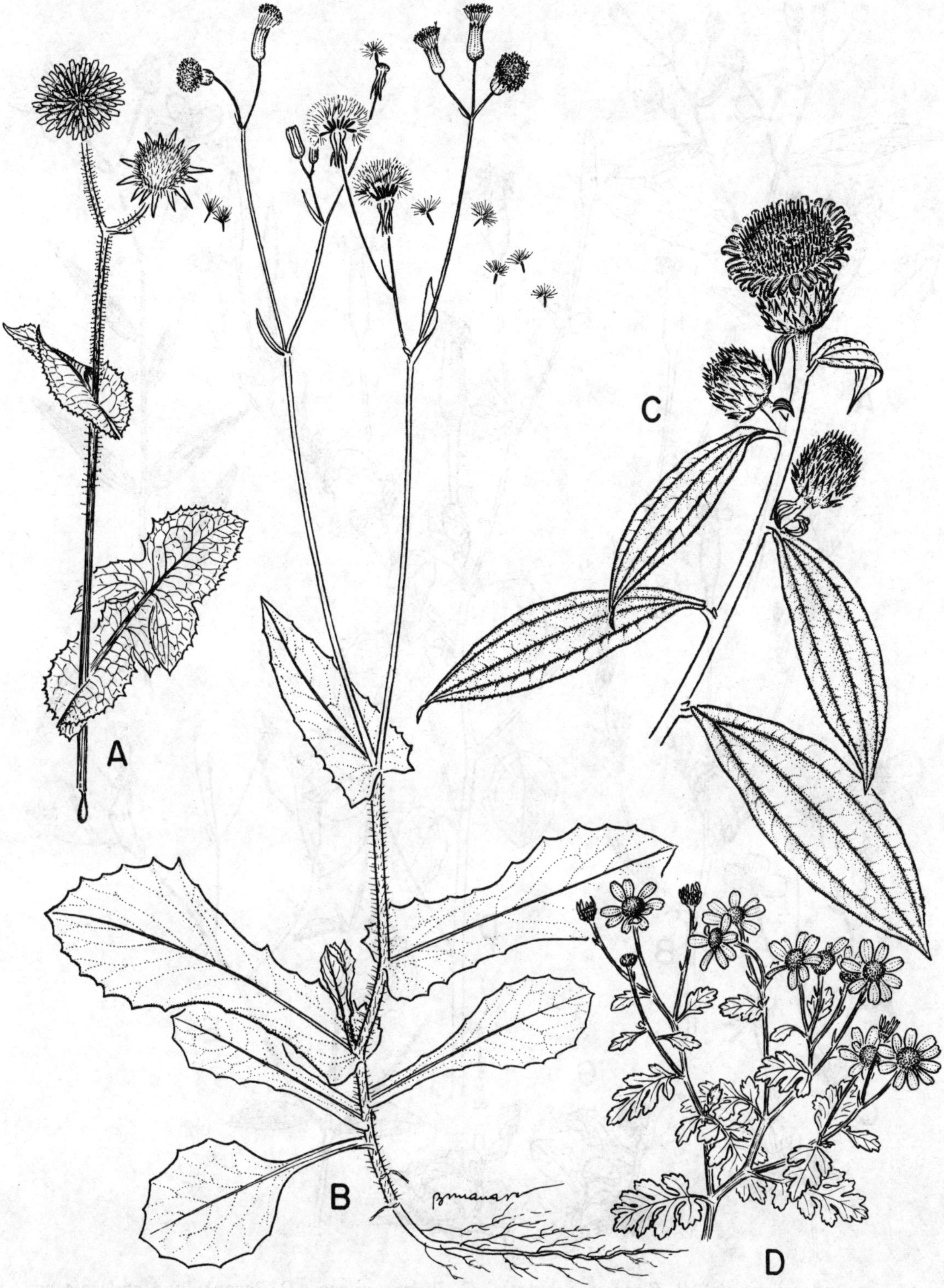

A. Sonchus oleraceus.–B. Emilia coccinea.–C. Lycoseris latifolia.–D. Chrysanthemum parthenium.

LAMINA 93: COMPOSITAE

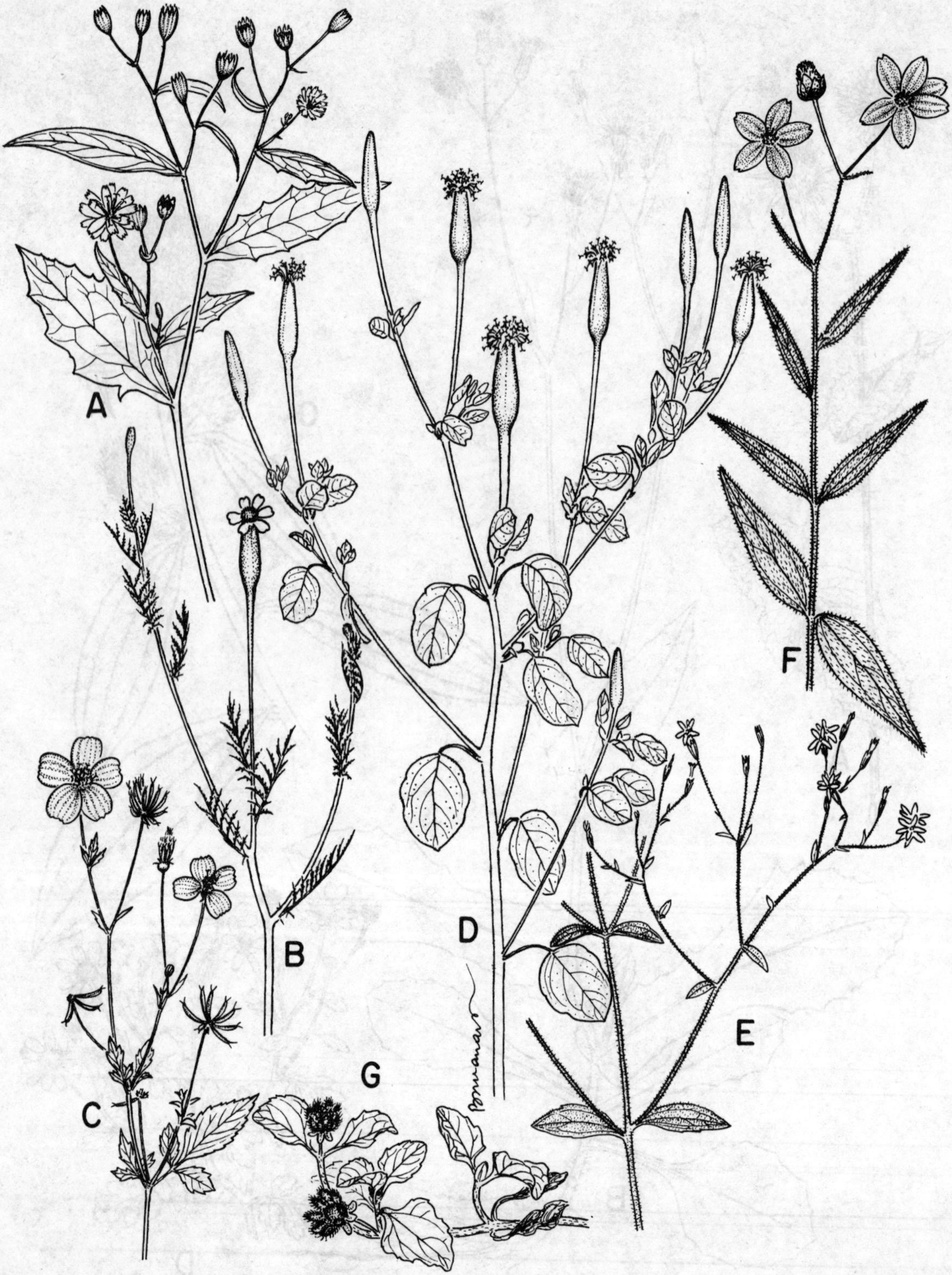

A. Lapsana communis.–B. Tagetes subulata.–C. Bidens pilosa.–D. Porophyllum ruderale var. macrocephalum.–E. Stevia wageneri.–F. Sclerocarpus coffeacolus.–G. Acanthospermum australe.

LAMINA 94: COMPOSITAE

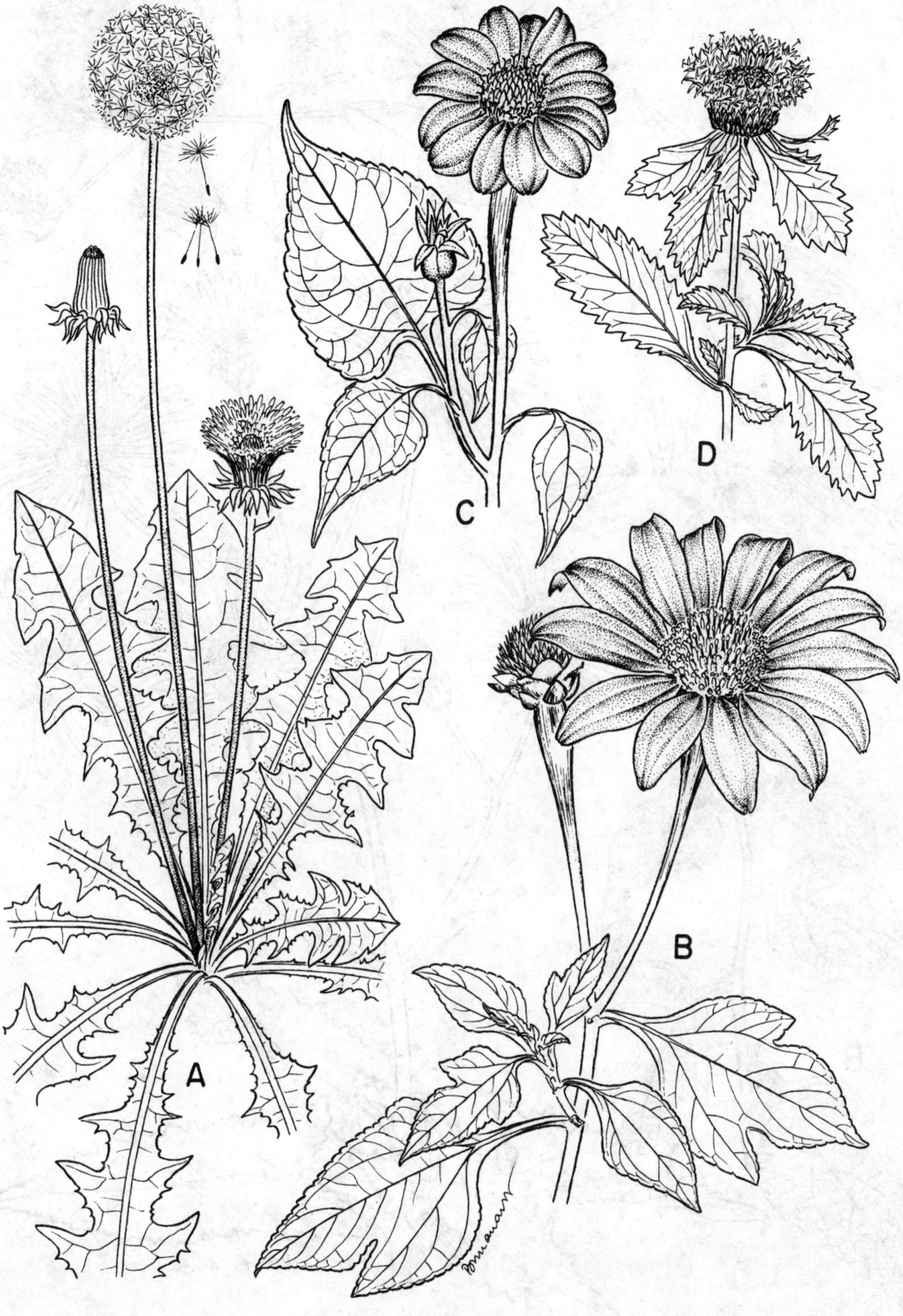

A. Taraxacum officinale.–B. Tithonia diversifolia.–C. Tithonia rotundifolia.–D. Centratherum muticum.

LAMINA 95: COMPOSITAE

A. Liabum megacephalum.–B. Vernonia scorpioides.–C. Vernonia moritziana.–D. Trixis divaricata.

LAMINA 96: COMPOSITAE

A. Espeletia neriifolia.—*B. Wedelia caracasana.*—*C. Verbesina laevifolia.*—*D. Eupatorium steetzii.*

Vernonia moritziana Sch. Bip. (Lám. 95, C)
Sabana y lugares abiertos, 900-1.600 m. Planta herbácea.

Vernonia remotiflora Rich.
Sabana y lugares abiertos, 800-900 m. Hierba anual.

Vernonia scorpioides (Lam.) Pers. (Lám. 95, B)
Sabana y lugares abiertos en selva veranera y selva transicional, 800-1.500 m. Planta arbustiva con tallos inferiores endurecidos, 1-1,5 m de alto.

Wedelia ambigens Blake
Selva veranera, 400 m, vertiente norte. Trepadora arbustiva.

Wedelia caracasana DC. *"Buba"* (Lám. 96, B)
Sabana y lugares abiertos al borde de la selva veranera, 800-1.100 m. Arbusto ramificado, pequeño, 1-3 m de alto, con ramas delgadas y pequeñas cabezuelas de flores amarillas.

Fam. **CONNARACEAE** (Dicotyledoneae)

Trepadoras leñosas, arbustos o árboles. Hojas alternas, sin dientes (enteras), usualmente divididas en segmentos separados (compuestas) e imparipinadamente compuestas (con uno de los segmentos (folíolos) dispuesto en el ápice). Estípulas ausentes. Flores pequeñas de color crema o blancuzcas, con 5 sépalos unidos basalmente o libres y 5 pétalos generalmente separados uno de otro o apenas unidos en la base. Estambres usualmente 5 ó 10. Ovario súpero, con 5 unidades separadas, cada una de ellas con una sola cavidad (lóculo), o reducido a una sola cavidad. Fruto seco, con 1 ó 2 semillas.

Connarus steyermarkii Prance (Lám. 97, A)
Selva nublada, vertiente norte, 1.500-1.635 m. Trepadora leñosa. El eje floral y las brácteas cubiertos por una pubescencia (pelos) marrón-rojiza.

Fam. **CONVOLVULACEAE** (Dicotyledoneae)

Usualmente plantas volubles o trepadoras, o hierbas erectas, rara vez arbustivas, comúnmente con jugo lechoso. Hojas alternas, simples con o sin lóbulos, a veces profundamente lobuladas, o a veces divididas en segmentos separados (hojas compuestas). Estípulas ausentes. Flores rojas, azules, moradas, rosadas, blancas o amarillas, generalmente grandes y vistosas. Sépalos 5, generalmente libres (no unidos). Pétalos unidos en un tubo cilíndrico o en forma de trompeta, abriéndose en el ápice en 5 lóbulos o dientes, o sin lóbulos manifiestos. Estambres 5, adheridos a la base del tubo de la corola. Ovario situado arriba de la base del tubo de la corola (súpero). Fruto usualmente seco con 1-4 cavidades (lóculos), y por lo general se abre en la madurez.

Clave de los géneros y especies

1. a. Plantas parásitas sin hojas verdes; tallos con forma de hilos, amarillos o anaranjados . . . . *Cuscuta campestris*

1a

   b. Plantas no parásitas; tallos verdes o casi marrones; hojas desarrolladas y verdes 2

2. a. Plantas con tallos leñosos, altas 3

b. Plantas con tallos generalmente blandos 4

3. a. Hojas con forma de corazón en la base . . . . *Turbina abutiloides*

3a

b. Hojas redondeadas o ampliamente encorvadas (obtusas) en la base . . . . . *Dicranostyles costanensis*

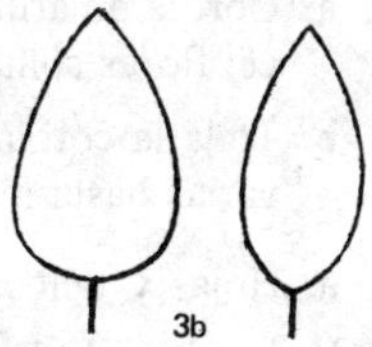

3b

4. a. Hojas divididas hasta el centro o la base formando segmentos (folíolos) separados (hojas compuestas) 5

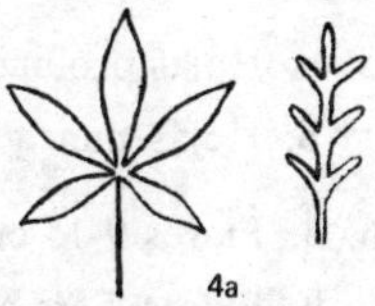

4a

b. Hojas simples, con márgenes enteros con o sin lóbulos, o algunas veces con 5-7 lóbulos conspicuos 8

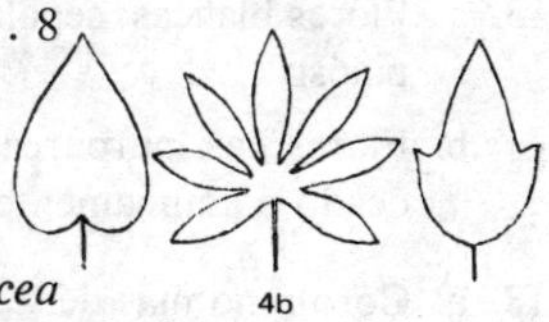

4b

5. a. Hierba pequeña, erecta . . . . *Ipomoea capillacea*

b. Plantas trepadoras o rastreras 6

6. a. Márgenes de los folíolos irregular y conspicuamente cortados . . . *Merremia dissecta*

b. Márgenes de los folíolos no como arriba 7

7. a. Flores blancas; hojas divididas en 3-5 segmentos (folíolos), ninguno de ellos con lóbulos . . . . *Merremia macrocalyx*

b. Flores azul-lavanda o blancas con rojo-purpúreo; hojas divididas en 5 folíolos, de los cuales los más bajos tienen un lóbulo o un corte profundo . . . . *Ipomoea cairica*

8. a. Hojas con ejes conspicuos (pecíolos) usualmente 0,5 cm o más de largo . . 9

b. Hojas sin pecíolos (sésiles) o éstos con menos de 0,5 cm de largo 29

9. a. Corola roja 10

b. Corola de otros colores 11

10. a. Tubo de la corola a lo más 5 mm de ancho, angosto en toda su longitud; corola menos de 2,5 cm de diámetro en el ápice; los sépalos pequeños, a lo más 3 mm de largo, terminan en un apéndice angosto 2-5 mm de largo; hojas con o sin dientes o segmentadas en 3-7 lóbulos . . . *Ipomoea hederifolia*

b. Tubo de la corola 10-12 mm de ancho en la parte más ancha; corola de 3-4 cm de diámetro en el ápice; sépalos más grandes, 10 mm de largo, no terminan en apéndices angostos; hojas siempre sin dientes . . . . *Ipomoea signata*

11. a. Corola amarilla o principalmente amarilla 12

b. Corola de otros colores 14

12. a. Hojas profundamente 7-lobuladas . . . . *Merremia tuberosa*

b. Hojas sin lóbulos 13

13. a. Corola amarilla con el tubo morado adentro; sépalos puntiagudos en el ápice; flores solitarias o pocas en cada inflorescencia . . . . *Ipomoea ochracea*

b. Toda la corola amarilla; sépalos redondeados en el ápice; flores usualmente varias hasta muchas en cada inflorescencia . . . . *Merremia umbellata*

14. a. Hojas y tallos ambos sin pelos 15

b. Las hojas o los tallos, o ambos, esparcida hasta densamente peludos . . . 22

15. a. Hojas profundamente 5-7-lobuladas . . . . *Ipomoea batatas*

b. Hojas nunca 5-7-lobuladas 16

16. a. Flores 9-15 cm de largo 17

b. Flores 7 cm o menos de largo 18

13. a. Flores blancas; sépalos exteriores con un ápice angostamente alargado y espinoso . . . . *Ipomoea alba*

b. Flores casi purpúreas hasta blancas; sépalos exteriores con el ápice redondeado o ampliamente encorvado . . . . *Ipomoea calantha*

18. a. Corola no más de 2,5 cm de largo 19

b. Corola 4-7 cm de largo 20

19. a. La inflorescencia pasa entre los lóbulos basales de la hoja . . . . . . *Ipomoea aristolochiaefolia*

19a

b. La inflorescencia no pasa entre los lóbulos de la base de la hoja . . . . . . *Jacquemontia pentantha*

19b

20. a. Tubo de la corola cilíndrico, más o menos con la misma anchura desde la base hasta el ápice; ápice de la corola doblado hacia abajo; sépalos ampliamente redondeados en el ápice, 1,5-2 cm de largo; corola de color purpúreo-rojizo o rosado-púrpura oscuro . . . . *Ipomoea mirandina*

b. Tubo de la corola en forma de embudo, ampliado por arriba de la mitad hasta el ápice; ápice de la corola no doblado hacia abajo; sépalos angostamente puntiagudos en el ápice o con un apéndice o arista alargado, 0,4-1 cm de largo, que nace en el ápice; corola azul, lavanda o color púrpura con blanco 21

21. a. Bordes de los sépalos con una zona prominente, blanca o más pálida y delgada; corola azul o azul y blanco; sépalos triangulares y angostamente puntiagudos, 0,4-0,6 cm de largo . . . . *Ipomoea tricolor*

b. Bordes de los sépalos sin una zona como se indicó arriba; corola blanca con el centro color púrpura o lavanda, o púrpura en todas partes . . . . *Ipomoea batatas*

22. (14.b)

a. La inflorescencia pasa entre los lóbulos basales de la hoja . . . . *Ipomoea aristolochiaefolia*

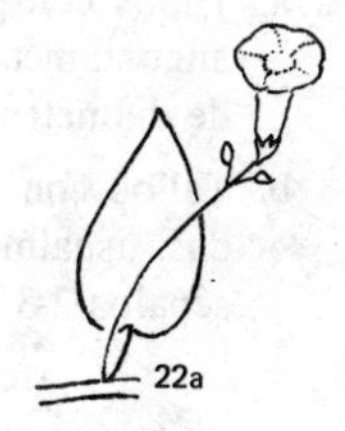
22a

b. Inflorescencia no como se indica arriba 23

22b

23. a. Los sépalos muy alargados, 15-25 mm de largo . . . . *Ipomoea nil*

b. Los sépalos más cortos, 2-16 mm de largo 24

24. a. Corola relativamente pequeña, 0,7-2 cm de diámetro en el ápice 25

b. Corola más ancha, más de 2 cm de diámetro en el ápice 27

25. a. Sépalos redondeados en el ápice y sin pelos; corola blanca . . . *Convolvulus nodiflorus*

b. Sépalos con el ápice corto o terminado en una punta larga; corola generalmente azul, rara vez blanca 26

26. a. Hojas 2-6 cm de ancho, sin pelos (glabras); tallos generalmente glabros; sin embargo, pueden ser también pubescentes; corola hasta 2 cm de largo . . . *Jacquemontia pentantha*

b. Hojas y tallos 0,7-3 cm de ancho, con pelos o cubiertos de un indumento pubescente (pelos diminutos glandulares o estrellados) (usar lupa); corola 0,7-1,1 cm de largo . . . . *Jacquemontia sphaerostigma*

27. a. Sépalos exteriores ampliamente encorvados (obtusos) o redondeados en el ápice . . . . *Ipomoea calantha*

b. Sépalos exteriores puntiagudos o angostados en el ápice 28

28. a. Tallos por lo general rastreros y con raíces en los nudos; sépalos sin pelos en la base . . . . *Ipomoea batatas*

b. Tallos generalmente ni rastreros ni con raíces en los nudos; sépalos con pelos en la parte basal . . . . *Ipomoea purpurea*

29. (8.b)

a. Las flores sin ejes que las sostengan (pedicelos) o casi sin ejes, nacen directamente del tallo principal . . . . *Evolvulus sericeus*

b. Las flores nacen del tallo sobre ejes (pedúnculos) bien desarrollados . . . 30

30. a. El envés de la hoja tiene 2-4 pares de nervios generalmente bien visibles; las hojas más grandes generalmente 8-15 mm de ancho . . . . *Evolvulus tenuis* subsp. *longifolius*

b. El envés de la hoja sin nervios laterales o éstos casi no visibles; las hojas más grandes 1-7 mm de ancho 31

31. a. Tallos con pelos muy pegados (adpresos) a la superficie; hojas linear hasta angostamente lanceoladas, usualmente 1-3 mm de ancho; corola 3-4,5 mm de diámetro en el ápice; sépalos 2-2,5 mm de largo . . . . . *Evolvulus filipes*

b. Tallos con pelos extendidos; hojas oblongas, oblongo-elípticas o lanceoladas, usualmente 4-10 mm de ancho; corola 5-7 mm de diámetro en el ápice; sépalos 2-3 mm de largo . . . . *Evolvulus alsinoides*

Convolvulus nodiflorus Desr. *"Tripa de pollo"* (Lám. 99, E)
Sabana y lugares abiertos, 900-1.500 m. Hierba perenne, trepadora.

Cuscuta campestris Yuncker *"Hilo de oro", "Fideos", "Amor seco"*
Sabana, matorrales y lugares abiertos, 900-1.000 m. Hierba parásita, enredadera con flores de color blanquecino.

Dicranostyles costanensis Steyermark & Austin (Lám. 97, B)
Selva nublada, vertiente norte, 1.000-1.200 m. Trepadora leñosa. Corola blanca o blanquecina.

Evolvulus alsinoides L. (Lám. 98, D)
Sabana, 1.100-1.600 m. Hierba anual con la corola de color azul.

Evolvulus sericeus Sw. (Lám. 98, E, F)
Sabana, 900-1.000 m. Hierba pequeña, perenne, con pelos sedosos de color gris. Corola blanca o color azul pálido.

Evolvulus tenuis Mart. ex Choisy subsp. **longifolius** (Choisy) Von Ooststr. (Lám. 97, C)
Sabana, 1.000-1.200 m. Hierba perenne. Corola azul o blanca.

Ipomoea alba L. (Lám. 99, A)
Matorrales y sitios abiertos, 1.500 m. Hierba trepadora. Corola blanca.

Ipomoea aristolochiaefolia G. Don (Lám. 100, B)
Ipomoea tweedei de autores, no Hook.
Sabana, 1.500 m. Hierba trepadora, corola lavanda o purpúrea.

Ipomoea batatas (L.) Lam. *"Batata"* (Lám. 98, B)
Cultivada en lugares abiertos, 900-1.000 m. Hierba trepadora o rastrera. Sus raíces carnosas son comestibles, de sabor dulce. Rara vez se consigue con frutos. Las hojas varían desde enteras hasta lobuladas y profundamente 5-7 lobuladas. Flores con frecuencia blancas con el centro púrpura, pero también completamente color púrpura o lavanda.

Ipomoea cairica (L.) Sweet (Lám. 99, D)
Ipomoea palmata Forsk.
Sabana, 850-1.200 m. Hierba trepadora o rastrera. Corola azul-lavanda o blanca con la garganta purpúreo-rojiza.

Ipomoea calantha Griseb. (Lám. 98, A)
Matorrales y lugares abiertos al borde de la selva veranera y selva transicional, 900-1.500 m. Hierba voluble.

Ipomoea capillacea Gray (Lám. 101, C)
Ipomoea muricata Cav.
Ipomoea pseudo-linum Pittier
Sabana, 1.200-1.400 m. Hierba erecta, perenne. Corola rosada, color rosado oscuro o púrpura con blanco cerca de la parte más baja del tubo.

Ipomoea hederifolia L. (Lám. 99, C; 100, C)
Ipomoea coccinea de autores, no L.
Matorrales y lugares abiertos al borde de la selva veranera y selva de transición, 1.000-1.600 m. Trepadora. Corola roja o roja y amarilla.

LAMINA 97: CONNARACEAE; CONVOLVULACEAE

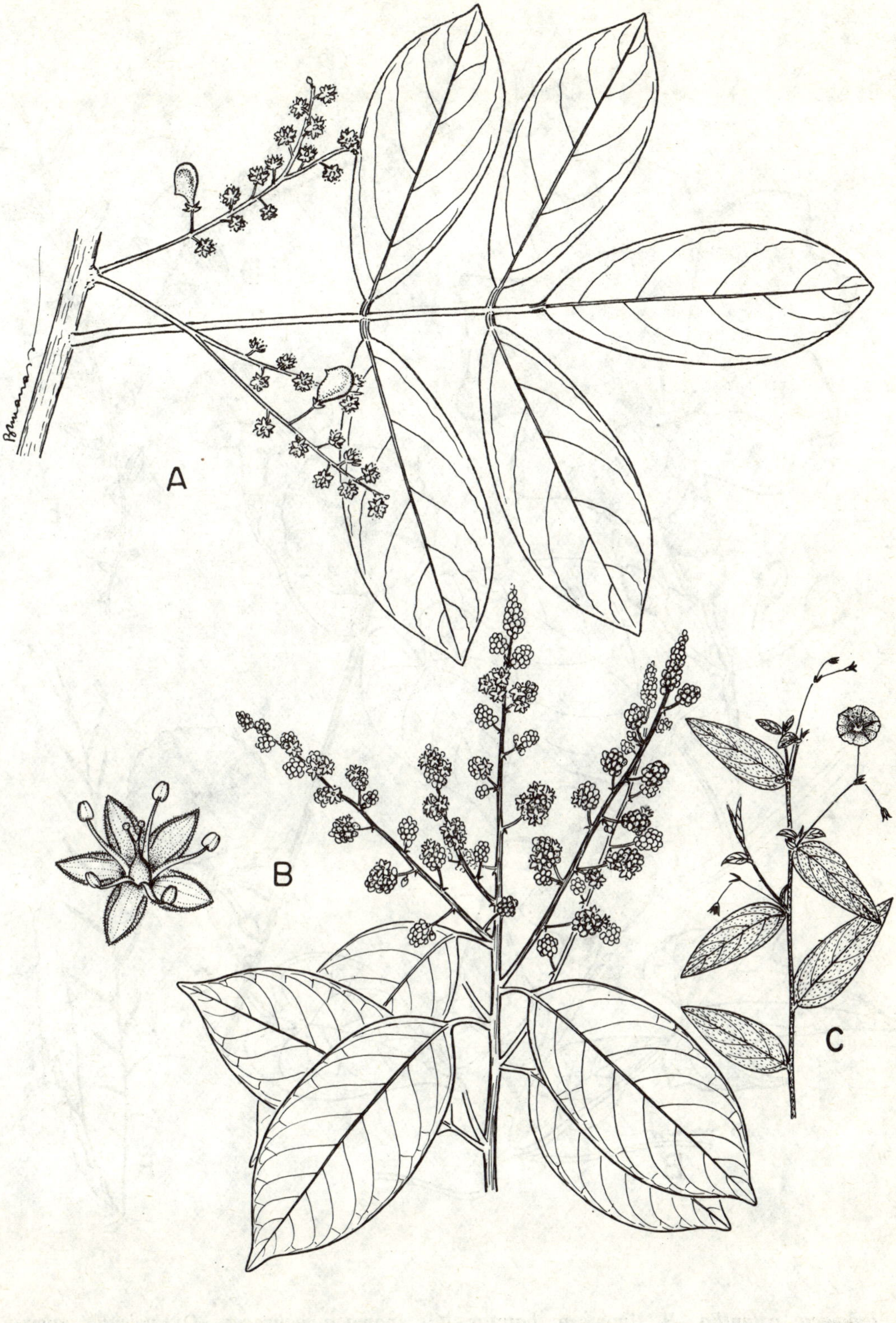

A. Connarus steyermarkii.—B. Dicranostyles costanensis.—C. Evolvulus tenuis subsp. longifolius.

LAMINA 98: CONVOLVULACEAE

A. Ipomoea calantha.–B. Ipomoea batatas.–C. Ipomoea ochracea.–D. Evolvulus alsinoides.–E. Evolvulus sericeus.–F. Evolvulus sericeus.

LAMINA 99: CONVOLVULACEAE

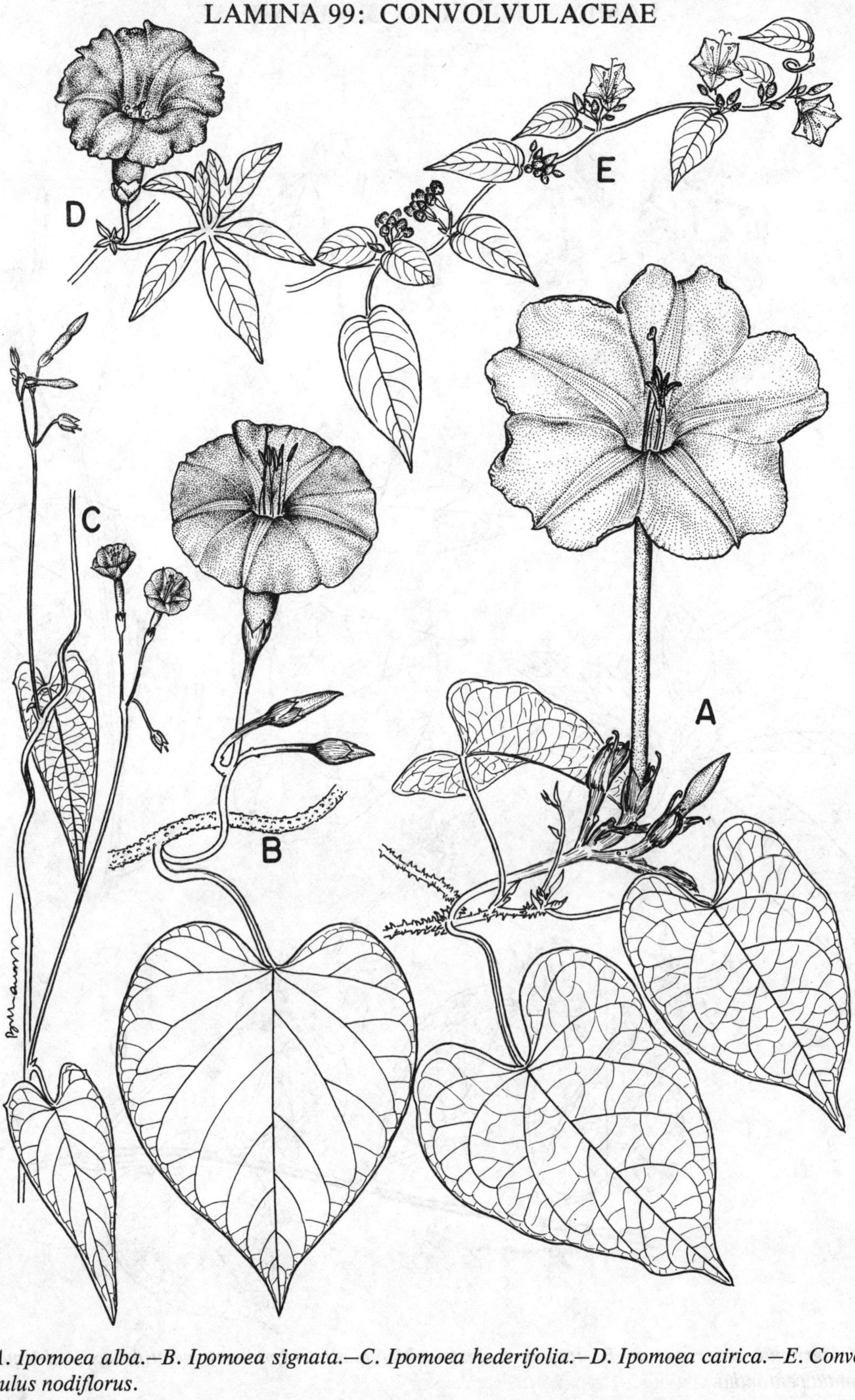

A. Ipomoea alba.–B. Ipomoea signata.–C. Ipomoea hederifolia.–D. Ipomoea cairica.–E. Convolvulus nodiflorus.

LAMINA 100: CONVOLVULACEAE

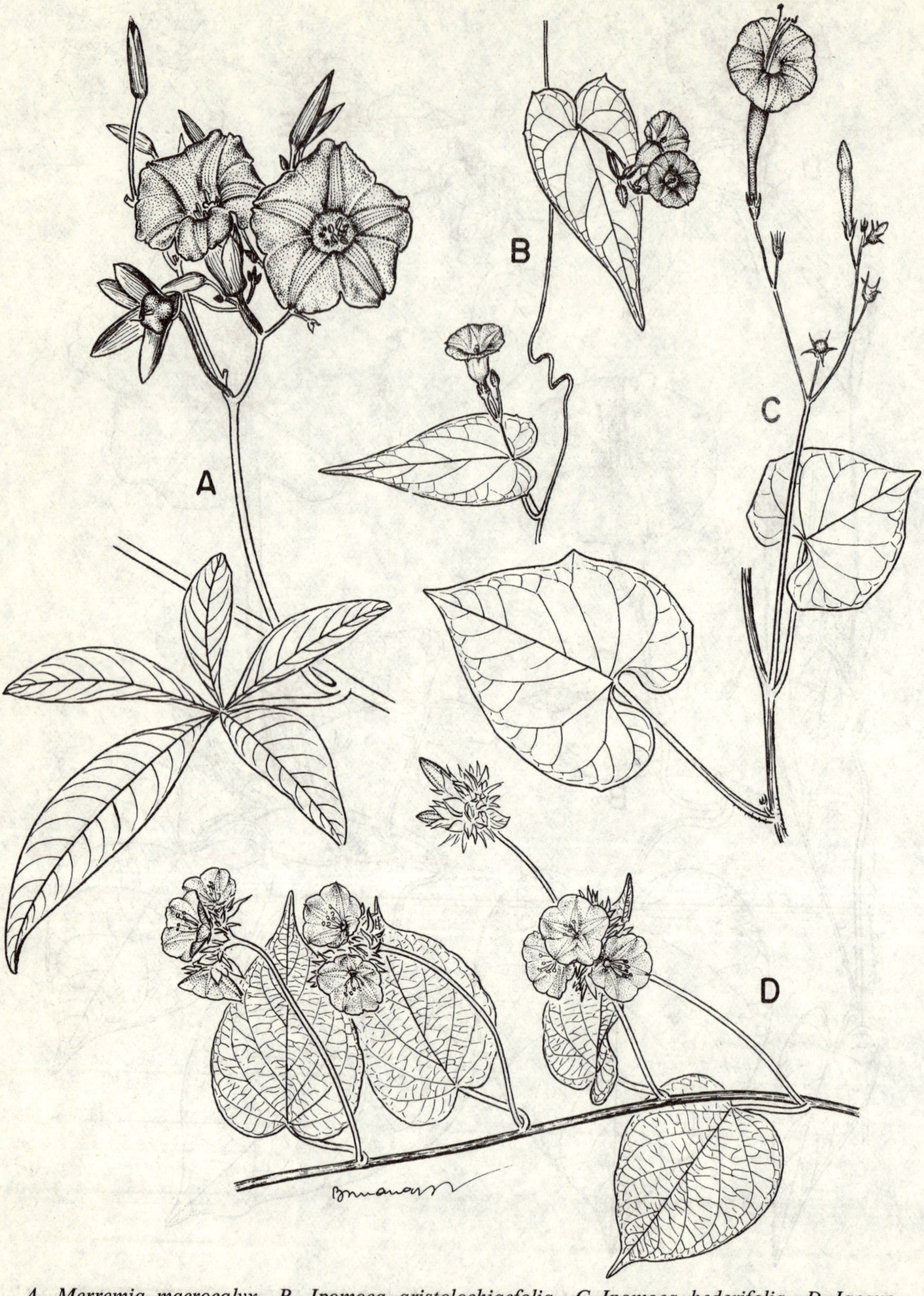

A. Merremia macrocalyx.–B. Ipomoea aristolochiaefolia.–C. Ipomoea hederifolia.–D. Jacquemontia pentantha.

LAMINA 101: CONVOLVULACEAE

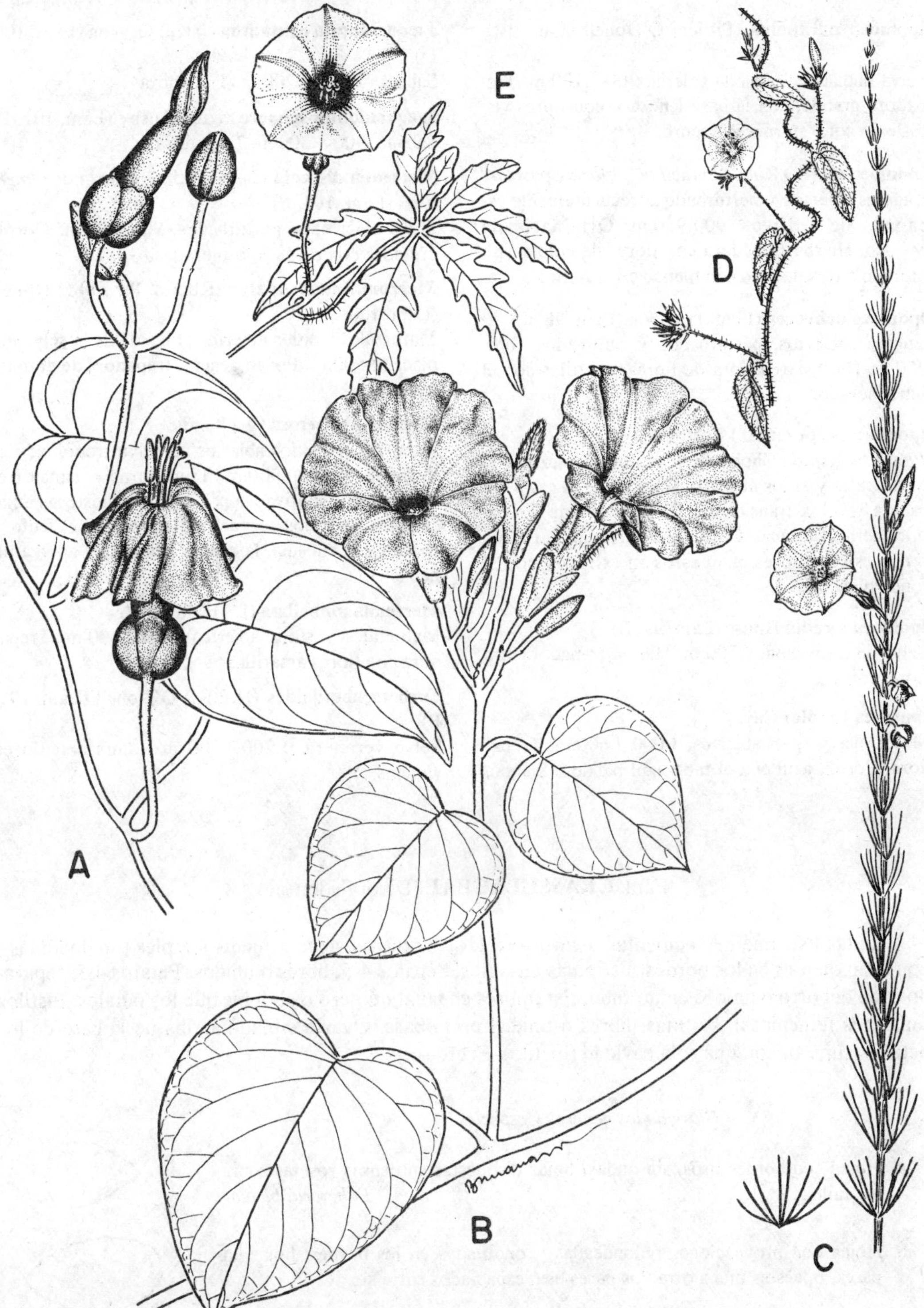

A. Ipomoea mirandina.–B. Turbina abutiloides.–C. Ipomoea capillacea.–D. Jacquemontia sphaerostigma.–E. Merremia dissecta.

Ipomoea mirandina (Pittier) O'Donell (Lám. 101, A)
Selva nublada y selva de galería, 900-1.100 m. Trepadora grande, con la base leñosa y con flores vistosas de color purpúreo oscuro.

Ipomoea nil (L.) Roth *"Bejucillo", "flor de pascua"*
Lugares abiertos y perturbados, frecuentemente escapada de cultivos, 900-950 m. Originaria de México. Hierba trepadora con flores de color azul, morado o rosado-rojo con blanco en el centro.

Ipomoea ochracea (Lindl.) G. Don (Lám. 98, C)
Lugares abiertos, perturbados y cultivados, 900-950 m. Hierba trepadora de flores amarillas con el tubo morado.

Ipomoea purpurea (L.) Roth
Pharbitis hispida Choisy de "Catálogo Venezolano"
Matorrales y sitios abiertos al borde de la selva veranera y selva transicional, 1.200-1.400 m. Trepadora herbácea anual. Corola purpúrea, azul, rosada o con estos colores dispuestos en estrías y con el fondo blanco.

Ipomoea signata House (Lám. 99, B)
Selva de transición, 1.500 m. Hierba trepadora con flores rojas.

Ipomoea tricolor Cav.
Matorrales y sitios abiertos, 1.000-1.600 m. Trepadora. Corola azul con el tubo azul pálido o blanco.

Jacquemontia pentantha (Jacq.) G. Don (Lám. 100, D)
Sabana, 1.000-1.200 m. Trepadora.

Jacquemontia sphaerostigma Rusby (Lám. 101, D)
Sabana, 900-1.300 m. Trepadora.

Merremia dissecta (Jacq.) Hall. f. *"Pasta de almendra"* (Lám. 101, E)
Sitios abiertos y perturbados, 900-950 m. Corola cremosa con rayas rojo-moradas.

Merremia macrocalyx (Ruiz & Pavón) O'Donell (Lám. 100, A)
Matorrales y sitios abiertos al borde de la selva nublada, 1.500 m. Por lo general trepadora de gran tamaño.

Merremia tuberosa (L.) Rendle
Matorrales y sitios abiertos en selva tropófila, vertiente norte, 700-900 m. Trepadoras o lianas frecuentemente cultivadas por sus flores vistosas amarillas; los sépalos se vuelven leñosos en el fruto y rodean a la cápsula, la cual es brillante y apergaminada.

Merremia umbellata (L.) Hall. f.
Matorrales y sitios abiertos, 900-1.100 m. Trepadora con flores amarillas.

Turbina abutiloides (H.B.K.) O'Donell (Lám. 101, B)
Selva veranera, 1.200-1.300 m. Liana con flores violetas.

Fam. **CRASSULACEAE** (Dicotyledoneae)

Plantas usualmente suculentas o carnosas. Hojas gruesas, generalmente simples (no divididas), con o sin dientes en los bordes. Estípulas ausentes. Sépalos 4-5, libres o unidos. Pétalos 4-5, separados uno del otro o unidos en un tubo. Estambres en igual número o el doble que los pétalos. Pistilos (unidades femeninas) 3 o más, libres o unidos en la base. Ovario situado arriba de la base de los pétalos (súpero) con una sola cavidad (lóculo). Fruto seco.

Clave de los géneros y especies

1. a. Hojas con bordes lisos, sin ondas; hojas dispuestas en densas rosetas sobre los tallos . . . . *Echeveria bicolor*

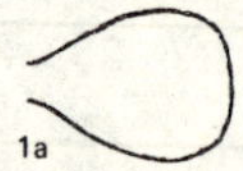

b. Hojas con proyecciones redondeadas y onduladas en los bordes; hojas en pares, opuestas una a otra, los pares bien espaciados entre sí 2

2. a. Hojas de color verde pálido, planas, con márgenes con proyecciones ampliamente redondeadas . . . . *Kalanchoe pinnata*

b. Hojas de color gris-verdoso con manchas purpúreas, opacas, con los márgenes encorvados hacia arriba y adentro, bordes con proyecciones más cortas, y más angostamente puntiagudas . . . . . . *Kalanchoe daigremontiana*

Echeveria bicolor (H.B.K.) Walther (Lám. 103, A)
Subpáramo, 2.500 m. Hierba arrosetada, carnosa. Crece sobre suelo rocoso o entre rocas. Las hojas tienen un color verde-plateado pálido, las más bajas con frecuencia con tintes ladrillo-rosado. Flores con sépalos de color verde claro y pétalos ladrillo-salmón, los cuales son amarillos hacia el ápice. Esta es una planta muy ornamental.

Kalanchoe daigremontiana R. Hamet & H. Perr. de la Bath. (Lám. 102, A)
Nativa de Madagascar. Hierba carnosa. Escapada del cultivo y comúnmente naturalizada en lugares alterados, 900-1.200 m. Los márgenes de las hojas sostienen diminutas plantas jóvenes, capaces de llegar a la madurez. Las flores son de color rosado-gris opaco o gris-lavanda.

Kalanchoe pinnata (Lam.) Pers. (Lám. 102, B)
Bryophyllum pinnatum (Lam.) Oken
Hierba carnosa pantropical, frecuentemente naturalizada en riberas húmedas, en selvas secundarias o alteradas, en selva veranera y selva transicional, 1.200-1.600 m. Las flores son colgantes, de color marrón-rojizo opaco, con cáliz inflado de color verde claro. El margen de la hoja es ondulado y lleva plantas jóvenes diminutas capaces de crecer en plantas adultas. Las hojas superiores pueden estar divididas en segmentos separados.

Fam. **CRUCIFERAE (BRASSICACEAE)** (Dicotyledoneae)

Plantas usualmente herbáceas, con tallos generalmente blandos y acuosos, con frecuencia con savia de sabor picante. Hojas usualmente alternas, con o sin dientes, con frecuencia lobuladas y segmentadas, o uniformemente cortadas en segmentos separados. Estípulas ausentes. Flores blancas, rosadas, lavanda, rojas o amarillas, con 4 sépalos libres (no unidos) y 4 pétalos libres (rara vez ausentes), los cuales se extienden en forma de cruz (de ahí el nombre de la familia). Estambres generalmente 6, a veces en número mayor o menor. Ovario situado arriba de la base de los pétalos y sépalos (súpero). Fruto seco, se abre generalmente por valvas.

Clave de los géneros y especies

1. a. Plantas que crecen en el agua . . . . *Nasturtium officinale*

b. Plantas que crecen sobre el suelo, no en el agua 2

2. a. Tallos, frutos y hojas cubiertos por pelos finos . . . . *Sisymbrium officinale*

b. Tallos, frutos y hojas sin pelos (glabros) o casi sin pelos 3

3. a. Hojas que nacen del tallo meramente dentadas, pero no profundamente cortadas, disectadas o divididas 4

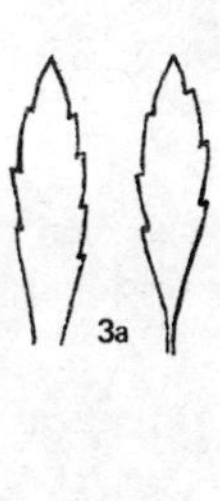

LAMINA 102: CRASSULACEAE

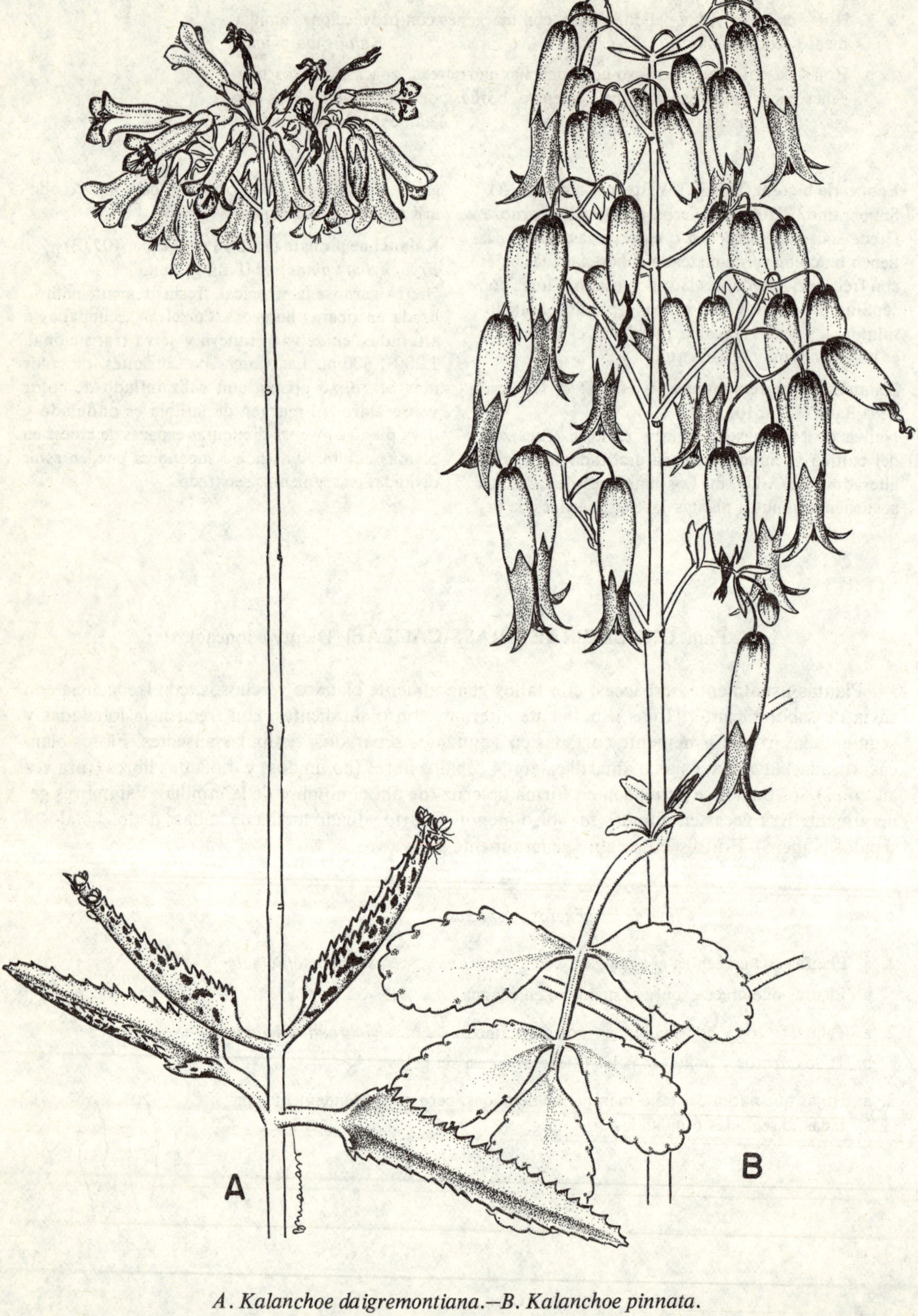

A. Kalanchoe daigremontiana.—*B. Kalanchoe pinnata.*

b. Hojas que nacen del tallo profundamente cortadas, disectadas o divididas . 5

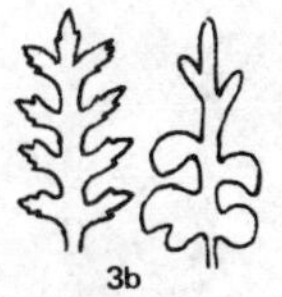

3b

4. a. Flores vistosas con pétalos amarillos . . . . *Brassica juncea*

   b. Flores diminutas con pétalos blancos . . . . *Lepidium virginicum*

5. a. Plantas con mal olor; tallos comprimidos y extendidos a baja altura; la inflorescencia nace de los lados de los tallos y las ramas; fruto y ovario redondeados, aproximadamente tan anchos como largos . . . *Coronopus didymus*

   b. Plantas sin mal olor; tallos generalmente erectos; la inflorescencia nace del ápice de tallos y ramas; fruto y ovario alargados, angostos y muchas veces más largos que anchos . . . . *Cardamine africana*

Brassica juncea (L.) Coss var. **juncea** *"Mostaza"* (Lám. 103, D)
Sitios abiertos y alterados, 1.800-2.000 m. Hierba de tamaño mediano, introducida de Asia, de donde es probablemente nativa.

Cardamine africana L. (Lám. 103, B y C)
Cardamine bonariensis Pers. var. *flaccida* (Cham. & Schl.) Macbr.
Maleza, con frecuencia se encuentra en cafetales y cultivos, 900-1.500 m. Distribución pantropical.

Coronopus didymus (L.) Smith
Maleza, con frecuencia se encuentra en jardines y cultivos o lugares alterados, 1.500 m. Nativa de Europa.

Lepidium virginicum L. (Lám. 103, F)
Maleza de lugares alterados, 1.000-1.300 m. Los frutos pequeños y picantes se utilizan en la alimentación de canarios y otras aves canoras. Introducida de América del Norte.

Nasturtium officinale R. Br. *"Berro"* (Lám. 103, E)
Roripa nasturtium aquaticum (L.) Hayek
Riachuelos y manantiales, selva de galería y transicional, 1.500-1.700 m. Estas plantas crecen en aguas de manantiales. Las hojas frescas de esta planta son picantes y aromáticas y frecuentemente usadas en ensaladas; tienen propiedades curativas en casos de escorbuto y enfermedades del hígado.

Sisymbrium officinale (L.) Scop. var. **officinale**
En lugares alterados. Introducida desde Europa. 1.500-1.900 m. Hierba; flores amarillas, fruto 1-1,5 cm de largo.

Fam. **CUCURBITACEAE** (Dicotyledoneae)

Plantas trepadoras o rastreras, usualmente con tallo blando, con apéndices (zarcillos) ramificados o no ramificados, alargados, retorcidos, con forma de pelos o de cuerda, usualmente localizados arriba de la base del eje que soporta la hoja (pecíolo). A menudo con tallos pentagonales. Hojas alternas, con o sin dientes, con frecuencia lobuladas o divididas en segmentos separados (compuestas). Estípulas ausentes. Flores usualmente masculinas o femeninas, con un cáliz tubular que sostiene usualmente 5 (algunas veces 3 ó 6) lóbulos o dientes y una corola por lo general con 5 (algunas veces 3 ó 6) pétalos generalmente unidos (rara vez separados), los cuales forman un tubo cuando están unidos. Flores masculinas con frecuencia con 5 estambres unidos y sin ovario. Flores femeninas con el ovario situado debajo de la base del tubo de la corola (ínfero). Ovario con 1 ó 3 cavidades (lóculos). Fruto usualmente carnoso y semejante a una baya, con la corteza dura o blanda, contiene pocas o muchas semillas.

LAMINA 103: CRASSULACEAE; CRUCIFERAE

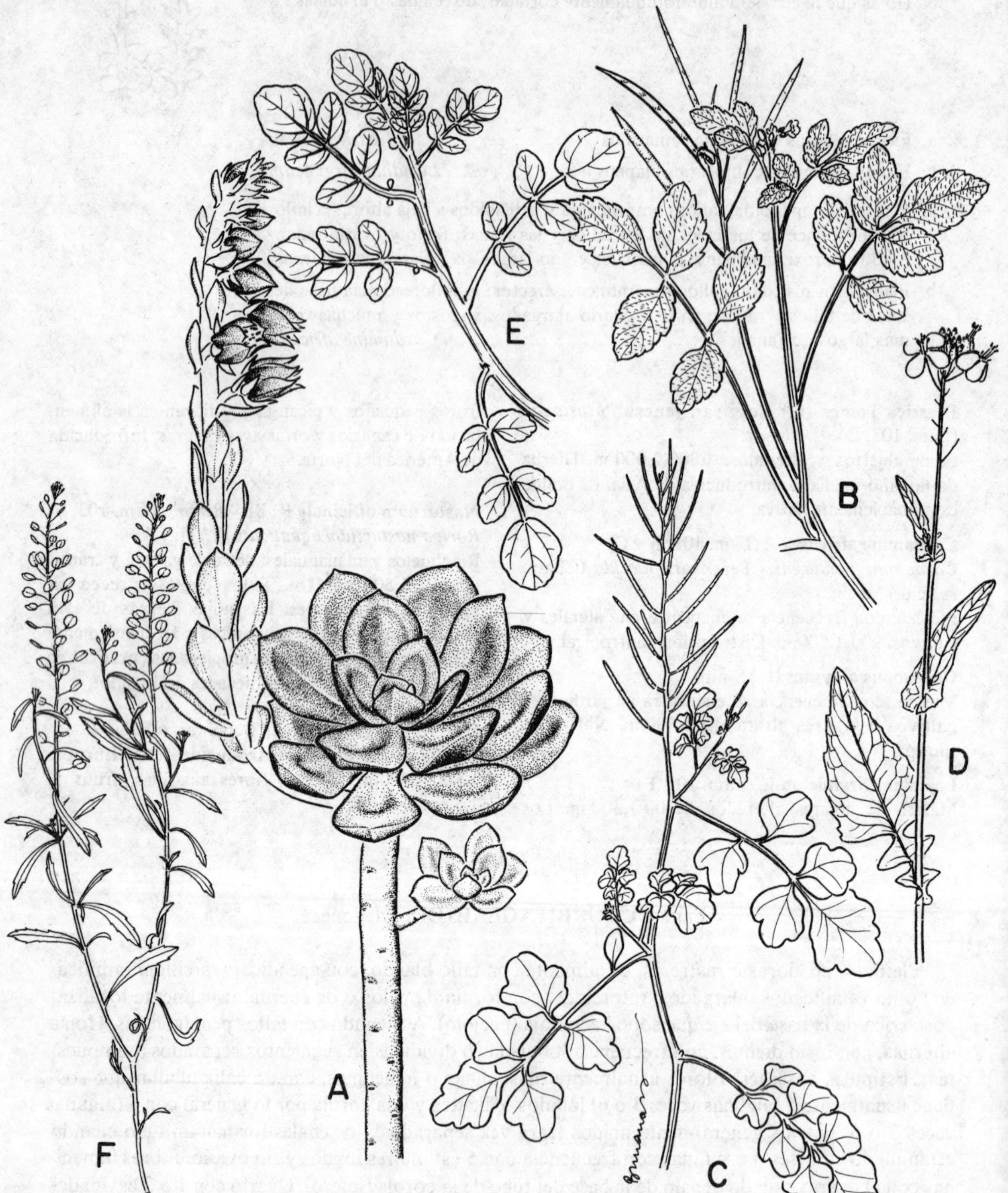

A. Echeveria bicolor.—*B. Cardamine africana.*—*C. Cardamine africana.*—*D. Brassica juncea.*—*E.* - *Nasturtium officinale.*—*F. Lepidium virginicum.*

*Clave de los géneros y especies**

1\. a. Apéndices (zarcillos) retorcidos, alargados, que usualmente nacen en la base de las hojas, ramificándose cerca del ápice y enrollándose en forma de espiral arriba y debajo del punto de ramificación; 3 estilos; fruto con 1 sola semilla, lisa; semilla globosa . . . . *Sicydium araguense*

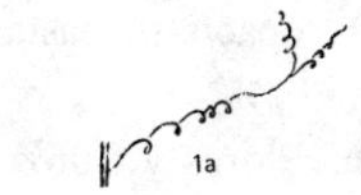

b. Apéndices retorcidos, alargados, que usualmente nacen en la base de las hojas, o no ramificados, o si son ramificados en 2-6 apéndices, entonces se dividen cerca de la base y se retuercen en forma de espiral solamente arriba del punto de ramificación; 1 estilo; fruto con 2 hasta muchas semillas, pero si tiene una sola semilla, entonces lleno de cerdas; semillas no globosas . . . 2

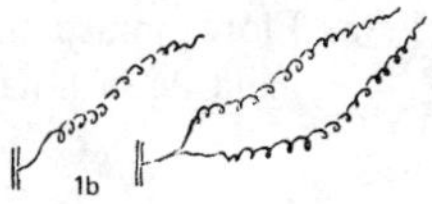

2\. a. Flores con tubo y sépalos conspicuos de color rojo o rojo-anaranjado; pétalos amarillos, erectos, angostos e inconspicuos . . . . . *Gurania spinulosa*

b. Flores con tubo y sépalos verdes; pétalos rojos, color rosado pálido, amarillos, blancos, o verdosos, más o menos extendidos 3

3\. a. Pétalos de color rosado pálido o rojo 4

b. Pétalos de color amarillo, blanco o verdoso 5

4\. a. Pétalos rojos; hojas más o menos gruesas, que usualmente se dividen en 3 segmentos, cada uno con un eje (compuestas); flores masculinas (estaminíferas) sin ejes (sésiles) . . . . *Psiguria triphylla*

b. Pétalos de color rosado pálido; hojas más bien delgadas, no divididas en segmentos separados (simples), como máximo lobuladas o segmentadas; flores masculinas (estaminíferas) con ejes cortos (pedicelos) . . *Psiguria racemosa*

5\. a. Tubo de la flor alargado y cilíndrico 6

b. Tubo de la flor con forma o de campana, taza o más bien plano y con forma de disco 8

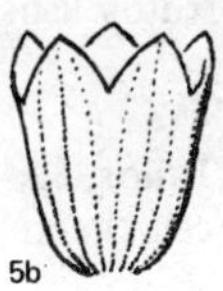

6\. a. Pétalos profundamente cortados en el ápice hasta formar 2 lóbulos alargados; ovario y fruto liso; zarcillos no ramificados . . . *Ceratosanthes palmata*

b. Pétalos no cortados, sino angostados hacia el ápice; ovario y fruto aristados o espinosos; zarcillos con frecuencia 2-3-ramificados . . . . 7 *(Rytidostylis)*

7\. a. Espinas del fruto prominentes, 1,5-7 mm de largo; flores masculinas (estaminadas) con ejes (pedicelos) 3-8 mm de largo; planta más o menos glabra *Rytidostylis carthaginensis*

b. Espinas del fruto pequeñas, densas, 1 mm o menos de largo; flores masculinas (estaminadas) con ejes (pedicelos) 5-17 mm de largo; planta generalmente pubescente . . . . *Rytidostylis brevisetosa*

* Por C. Jeffrey.

8. a. Flores grandes, con forma de campana, blancas con rayas verde pálidas; corola 3,5-5 cm de largo; cáliz 2-4 cm de largo; fruto de color anaranjado opaco, de hasta 18 cm de largo, 8 cm de ancho, liso . . . . . *Calycophysum spectabile*

b. Flores y frutos sin la combinación de caracteres arriba indicados 9

9. a. Flores masculinas (estaminíferas) y femeninas (pistiladas) solitarias en la axila de la hoja 10

9a

b. Flores masculinas (estaminíferas) no solitarias, sino en grupos o racimos pequeños o grandes; flores femeninas (pistiladas) solitarias, agrupadas o en racimos 11

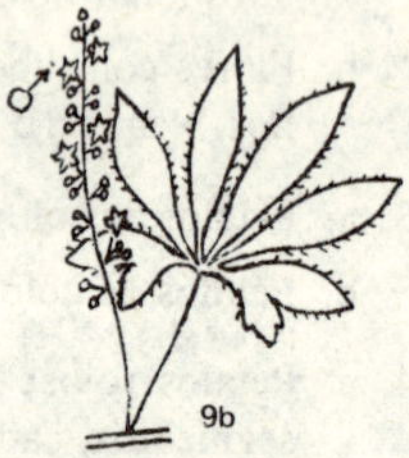
9b

10. a. Hojas con lóbulos conspicuamente dentados y ondulados (sinuado)-lobulados; flores masculinas (estaminíferas) con una bráctea conspicua de color verdoso situada en la mitad inferior del eje (pedicelo); fruto arrugado, costado, puntiagudo y que se abre violentamente cuando maduro; pétalos color amarillo claro . . . . *Momordica charantia*

10a

b. Hojas con lóbulos inconspicuamente dentados y con forma de triángulo; flores masculinas (estaminíferas) sin bráctea conspicua en el eje (pedicelo); frutos lisos, redondeados, no abiertos; pétalos verdosos . . . . . *Cayaponia selysioides*

11. a. Tallos, ejes que soportan las hojas (pecíolos), hojas y ejes de las flores (pedicelos) con pelos o púas evidentes, con frecuencia largos y extendidos . . . 12

b. Tallos, pecíolos, hojas y pedicelos sin pelos o con pelos pequeños e inconspicuos, no extendidos 14

12. a. Pelos tiesos, ásperos; flores masculinas (estaminíferas) en grupos pequeños; zarcillos no ramificados; ovario y fruto sin espinas . . . . . . *Cucumis melo*

b. Pelos delgados, suaves; flores masculinas (estaminíferas) en racimos largos; algunos o todos los zarcillos ramificados; ovario y fruto espinosos 13

13. a. Zarcillos con 4-5 divisiones; flores femeninas (pistiladas) 15-20 dispuestas en grupos densos con ejes de 1-3 cm de largo; frutos 9-10 mm de largo, con 1 semilla, no se abren (indehiscentes) . . . . *Sicyos polyacanthus*

b. Zarcillos con 2-3 divisiones o rara vez no divididos; flores femeninas (pistiladas) 1-4 dispuestas en grupos sin ejes (sésiles) o con ejes de hasta 1 cm de largo; los frutos 3,5-5,5 cm de largo con varias semillas, se abren por un hueco (opérculo) . . . . *Echinopepon racemosus*

14. a. Flores femeninas (pistiladas) sin ejes (sésiles) y dispuestas en cabezuelas densas sobre un eje corto (pedúnculo); frutos agrupados, con 1 sola semilla, densamente peludos, cubiertos por espinas delgadas; zarcillo con 4-5 ramificaciones . . . . *Sicyos polyacanthus*

b. Flores femeninas con ejes (pedicelos) y solitarias o distantes una de otra; frutos no agrupados, con 2 o más semillas, sin pelos, lisos o con espinas dispersas; zarcillos con 2-3 ramificaciones o sin ninguna 15

15. a. Eje de la inflorescencia ramificado, flores masculinas y femeninas mezcladas en una panícula flojamente ramificada (esparcida), con frecuencia con apéndices semejantes a hojas; flores bien separadas entre sí . *Cayaponia racemosa*

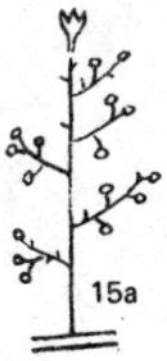
15a

b. Eje de la inflorescencia no ramificado, flores femeninas y masculinas en inflorescencias separadas, las flores masculinas (estaminíferas) en racimos, y las femeninas (pistiladas) solitarias; flores por lo general no muy separadas entre sí 16

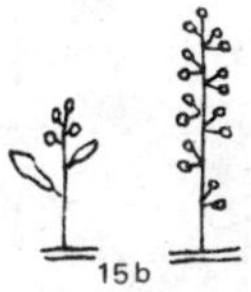
15b

16. a. Ovario y fruto lisos; estambres con anteras enrolladas (convolutas) unidas, que forman una cabezuela más o menos globosa; hojas siempre simples, sin embargo, usualmente lobuladas . . . . *Elateriopsis caracasana*

16a

b. Ovario y fruto con espinas carnosas; estambres con forma de disco, con la antera circular horizontal; hojas algunas veces divididas en segmentos separados (compuestas) y pecioluladas, pero también algunas veces simples, sin embargo, con frecuencia segmentadas o lobuladas 17

16b

17. a. Las hojas se dividen en segmentos separados, cada una de ellas con un eje (compuestas) . . . . *Cyclanthera leptostachyoides*

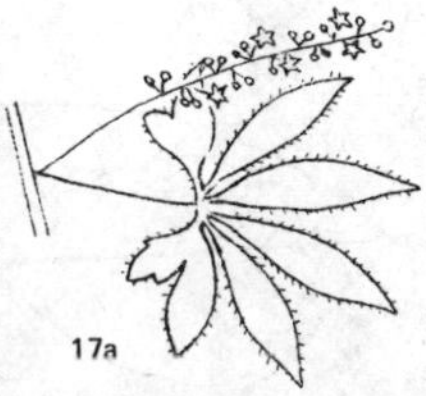
17a

b. Hojas simples . . . . *Cyclanthera brachystachya*

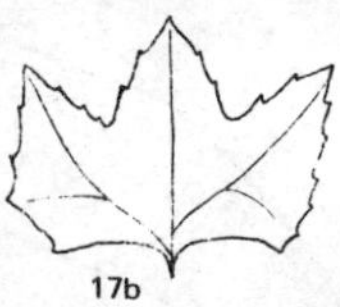
17b

Calycophysum spectabile (Cogn.) C. Jeffrey & Trujillo (Lám. 105, D)
Selva nublada y selva transicional, 1.500-1.700 m. Las flores de esta trepadora son relativamente grandes en comparación con otras especies de la misma familia conocidas del Cerro del Avila.

Cayaponia racemosa (Mill.) Cogn.
Selva tropófila, 1.300 m. Hierba trepadora.

Cayaponia selysioides C. Jeffrey
Selva nublada, vertiente norte, 1.000-1.300 m. Hierba trepadora.

Ceratosanthes palmata (L.) Urb.
Ceratosanthes corniculata (Lam.) Cogn.
Ceratosanthes latiloba Cogn.
Selva tropófila, 1.100-1.200 m. Trepadora.

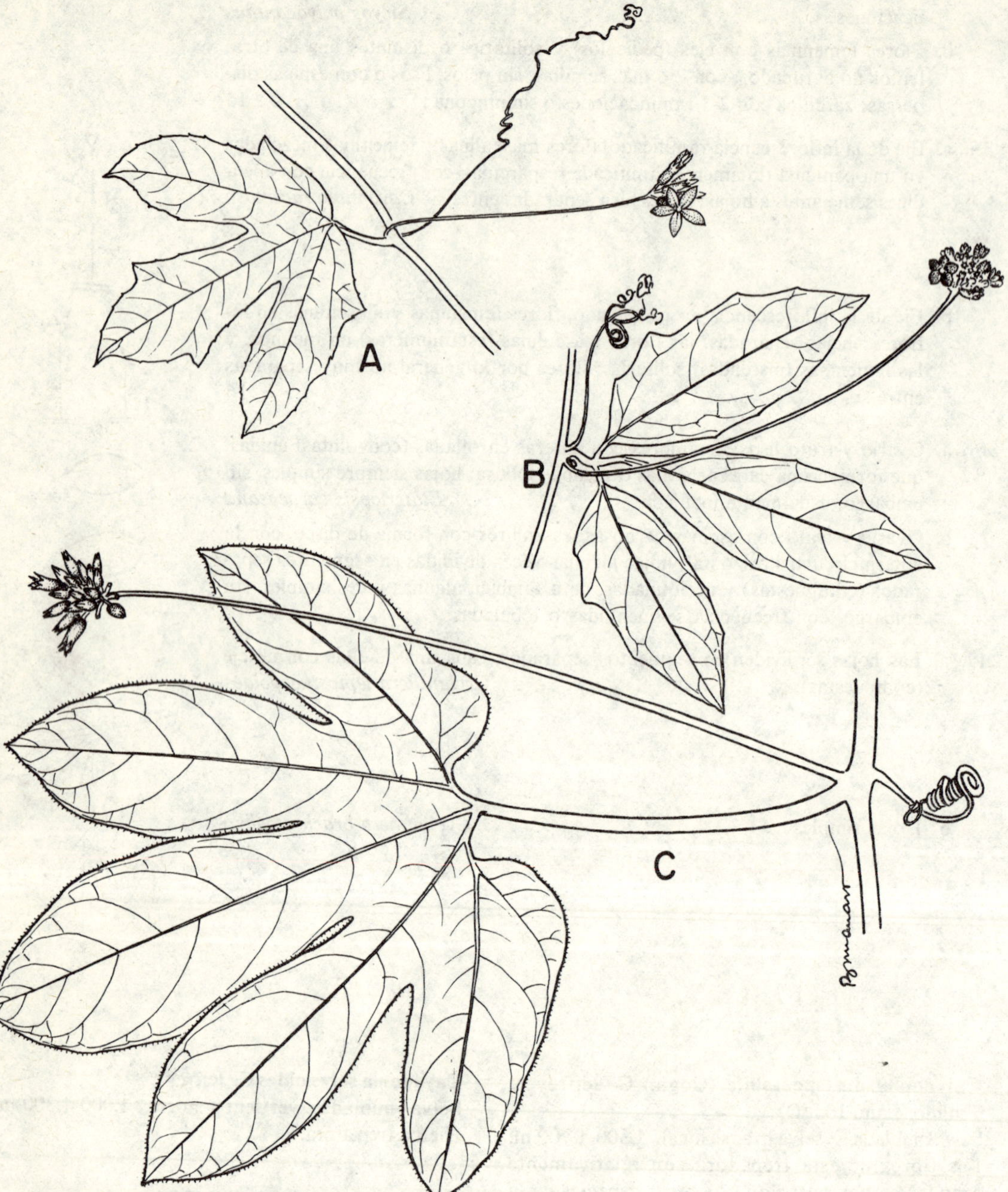

A. Psiguria racemosa.–B. Psiguria triphylla.–C. Gurania spinulosa.

LAMINA 105: CUCURBITACEAE

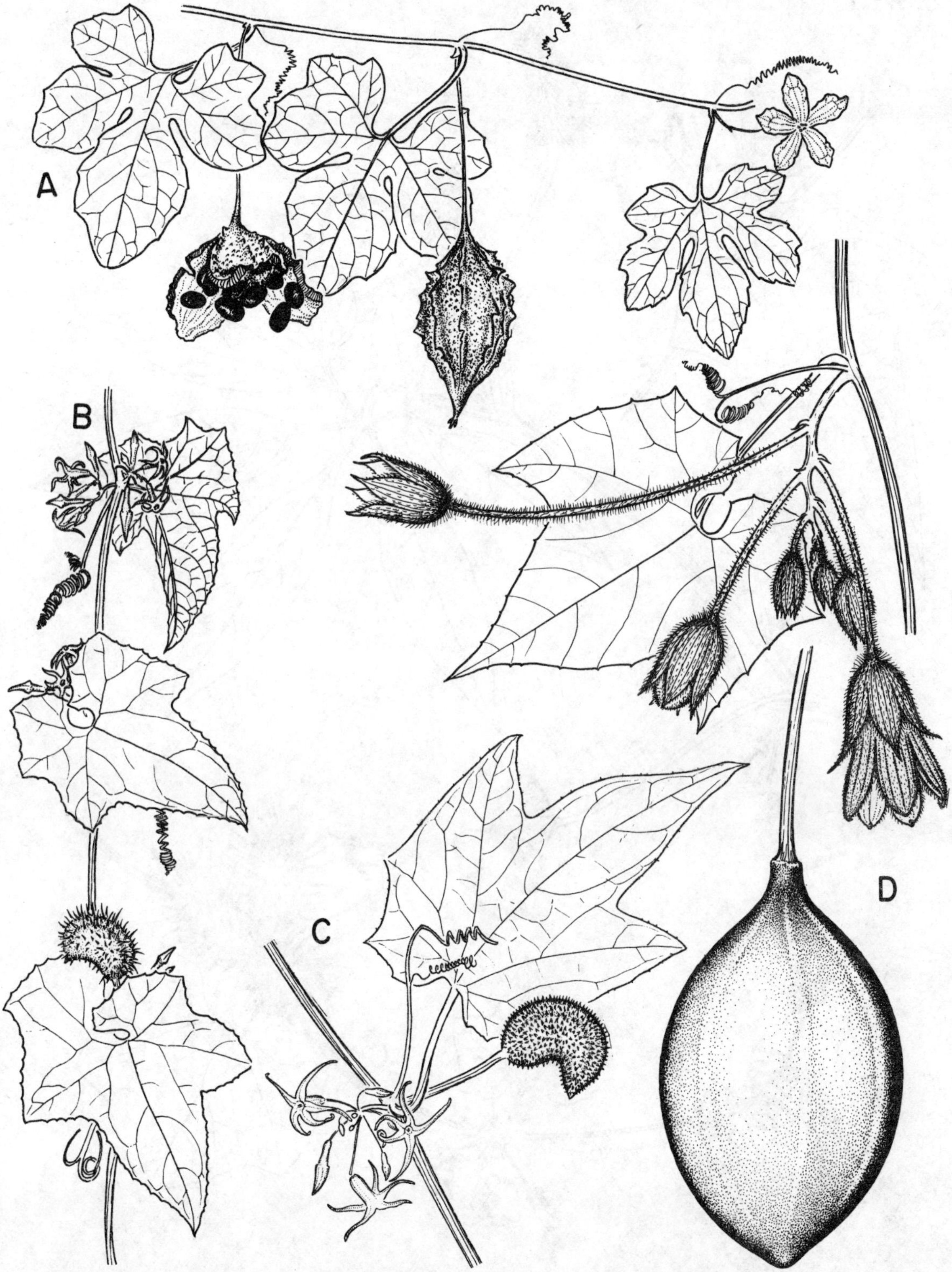

A. Momordica charantia.–B. Rytidostylis carthaginensis.–C. Rytidostylis brevisetosa.–D. Calycophysum spectabile.

A. Cyclanthera brachystachya.–B. Cyclanthera leptostachyoides.–C. Echinopepon racemosus.

Cucumis melo L. *"Melón"*
Nativa de Asia tropical y subtropical. Escapada de zonas de cultivo, 1.100 m. Trepadora rastrera.

Cyclanthera brachystachya (Ser.) Cogn. (Lámina 106, A)
Cyclanthera explodens Naud.
Cyclanthera glauca Cogn.
Selva de galería y selva transicional, 1.300-1.500 m. Trepadora.

Cyclanthera leptostachyoides C. Jeffrey (Lám. 106, B)
Cyclanthera leptostachya de autores, no Benth.
Selva nublada, 900-1.500 m. Trepadora.

Echinopepon racemosus (Steud.) C. Jeffrey (Lám. 106, C)
Echinocystis muricata (Vell.) Cogn.
Echinocystis polycarpa Cogn.
Echinocystis coulteri de autores, no Cogn.
Selva transicional y selva veranera, 1.100-1.600 m. Trepadora.

Elateriopsis caracasana Ernst
Selva veranera y selva de galería, 1.200-1.300 m. Trepadora.

Gurania spinulosa (Poepp. & Endl.) Cogn. (Lám. 104, C)
Gurania wageneriana Cogn.
Selva nublada, vertiente norte, 900-1.000 m. Trepadora.

Momordica charantia L. *"Cundeamor"* (Lám. 105, A)
Maleza de todos los trópicos, lugares abiertos y alterados, 800-1.000 m. Trepadora.

Psiguria racemosa C. Jeffrey (Lám. 104, A)
Selva transicional y selva veranera, 1.100-1.300 m. Trepadora.

Psiguria triphylla (Miq.) C. Jeffrey (Lám. 104, B)
Anguria triphylla Miq.
Anguria warscewiczii Hook. f.
Selva nublada y selva transicional, vertiente norte, 800-1.000 m.

Rytidostylis brevisetosa Steyerm. (Lám. 105, C)
Selva nublada, 1.700-1.800 m. Trepadora.

Rytidostylis carthaginensis (Jacq.) o Ktze. (Lámina 105, B)
Rytidostylis trilobata (Schlecht.) O. Ktze.
Elaterium trilobatum Schlecht.
Elaterium quinquelobatum Cogn.
Selva de galería y selva transicional, 1.100-1.300 m. Trepadora.

Sicydium araguense Steyermark & Trujillo
Selva nublada, 1.650-1.700 m. Trepadora.

Sicyos polyacanthus Cogn.
Selva de galería, 1.200-1.300 m. Trepadora.

Fam. CUNONIACEAE (Dicotyledoneae)

Arboles o arbustos. Hojas rara vez simples, usualmente divididas (compuestas) en segmentos separados, opuestas o en círculos (verticilos) de 3. Estípulas ausentes. Flores de color blanco-cremoso, pequeñas, usualmente dispuestas en grupos densos alargados situados en el ápice de una rama frondosa, usualmente con 4-5 sépalos libres o basalmente unidos y 4-5 pétalos separados, libres uno del otro. Estambres 4-5, 8-10 o muchos más. Ovario usualmente con 2 unidades unidas o separadas (carpelos), situado arriba de la base de los pétalos (súpero). Fruto seco, que se divide y contiene varias hasta numerosas semillas.

Género único: WEINMANNIA.

Clave de las especies de Weinmannia

1. a. Tallos, ejes que soportan las hojas y nervio medio en el lado inferior (envés) de las divisiones de la hoja (folíolos) con pelos 2
b. Hojas y pecíolos sin pelos 3

2. a. Grupo de flores denso, continuo; inflorescencia 1,5-4,5 cm de largo; hoja completa 1,5-4,5 cm de largo; divisiones de la hoja (folíolos) 3-4 de cada lado . . . . *Weinmannia lansbergiana*

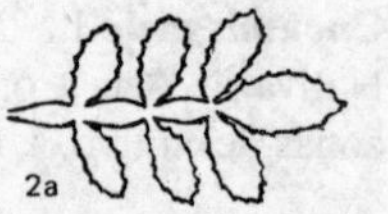
2a

b. Grupo de flores ni denso, ni continuo; inflorescencia 6,5-10 cm de largo; hoja completa 5-7 cm de largo, folíolos 5-6 de cada lado . . . . . *Weinmannia lechleriana*

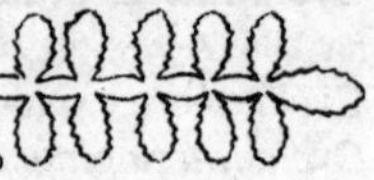
2b

3. a. Folíolo terminal de la hoja 3-7 cm de largo; folíolos laterales 2-4 cm de largo, en número de 2-3 de cada lado . . . . *Weinmannia sorbifolia*

b. Folíolo terminal 1,5-2 (–4) cm de largo; folíolos laterales 0,7-2 (–2,5) cm de largo, en número de 3-5 de cada lado . . *Weinmannia glabra* var. *caripensis*

Weinmannia glabra L. f. var. **caripensis** (H.B.K.) Engler *"Curtidor"*
Selva nublada y subpáramo, 1.500-2.200 m. Arbol pequeño, 3-5 m de alto. La corteza rica en taninos, fue usada comúnmente para curtir pieles.

Weinmannia lansbergiana Engler (Lám. 107, C)
Weinmannia venezuelensis Killip & Smith
Subpáramo, 2.400-2.600 m. Arbusto de 1-2 m de alto.

Weinmannia lechleriana Engler
Selva nublada, 1.500 m. Arbol pequeño.

Weinmannia sorbifolia H.B.K. var. **sorbifolia**
Selva transicional y selva nublada, 1.600-2.000 m. Arbol de hasta 8 m de alto.

Fam. **CUPRESSACEAE** (Coniferae)

Arboles o arbustos con hojas aromáticas reducidas a pequeñas escamas dispuestas en círculos (verticilos) u opuestas sobre las ramas. Flores pequeñas, situadas en los extremos de las ramas cortas, las flores masculinas y femeninas separadas en el mismo árbol (monoico) o en árboles diferentes (dioico). Las flores masculinas en grupos de forma ovoidea u oblonga, contienen 2-24 unidades (estambres) que sostienen esporas, y dispuestas en el borde del lado inferior de una pequeña microsporofila en forma de escama. Flores femeninas globosas, con 1-2 divisiones que contienen las semillas (macrosporofila), las cuales se vuelven duras y foliáceas después de la fertilización. Fruto, un cono seco leñoso con escamas *(Cupressus)* o carnoso *(Juniperus)*.

Género único: CUPRESSUS.

Clave de las especies de Cupressus

1. a. Comúnmente cultivada; ramitas delgadas, más o menos péndulas; hojas puntiagudas, aquilladas, no engrosadas en el ápice; conos 1,2 cm o menos de ancho . . . . *Cupressus lusitanica*

b. Menos frecuentemente cultivada; ramitas gruesas, erectas o extendidas; hojas obtusas y engrosadas en el ápice; conos 2-2,5 cm de ancho . . *Cupressus arizonica*

LAMINA 107: CASUARINACEAE (A); CUNONIACEAE (C); CUPRESSACEAE (B)

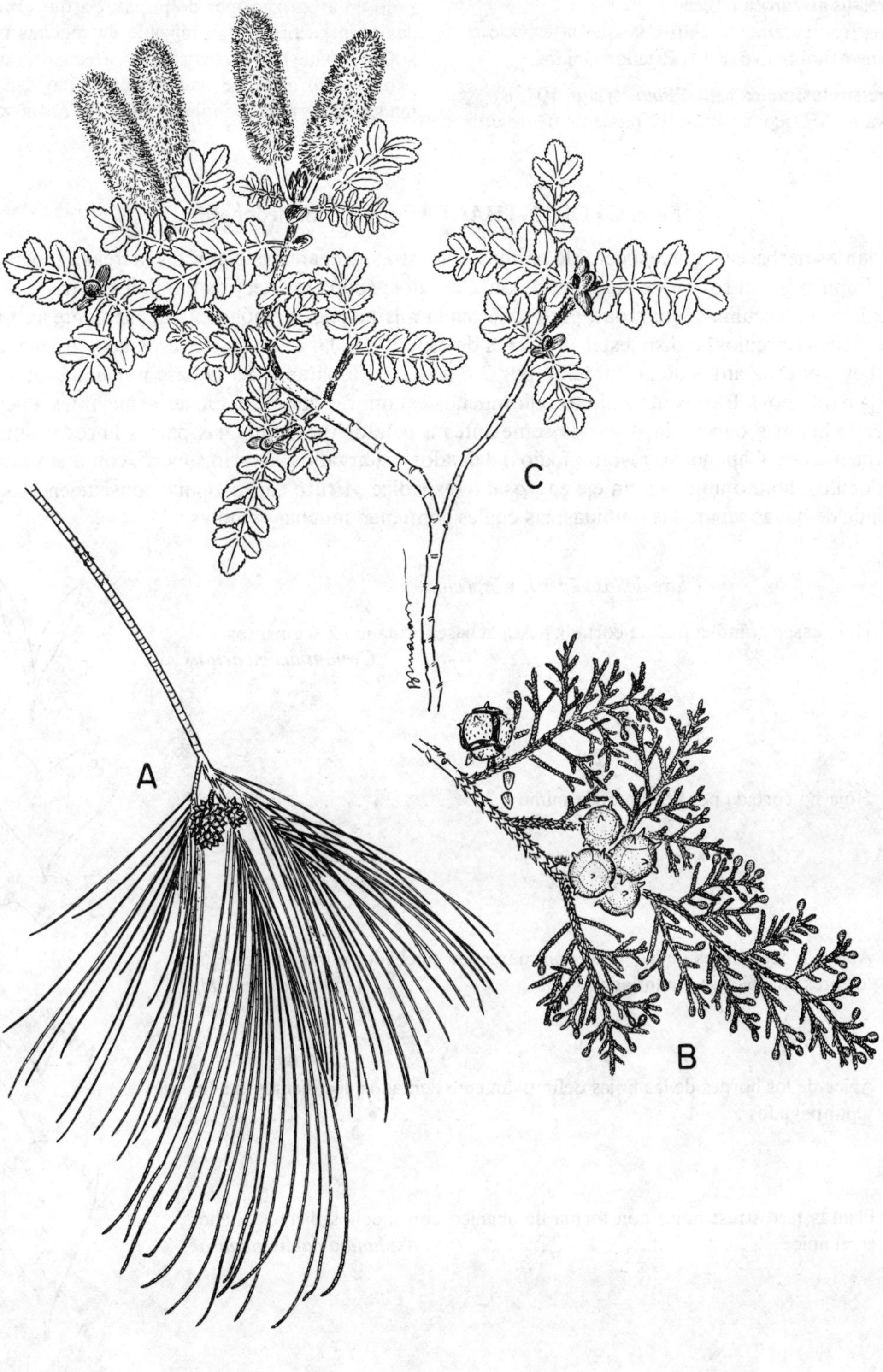

A. Casuarina equisetifolia.—*B. Cupressus lusitanica.*—*C. Weinmannia lansbergiana.*

Cupressus arizonica Greene
Menos frecuentemente cultivada que la especie siguiente. Arbol nativo de los Estados Unidos.

Cupressus lusitanica Mill. *"Pino"* (Lám. 107, B)
Nativa de México; árbol muy frecuentemente utilizado en arborizaciones de plazas, parques o avenidas y en jardines. Naturalizado en muchas partes, 800-1.500 m. Las ramas son con frecuencia usadas para la decoración de las festividades navideñas. La madera y las hojas contienen un aceite resinoso.

Fam. **CYCLANTHACEAE** (Monocotyledoneae)

Plantas herbáceas, con aspecto de palmas, terrestres, trepadoras o epífitas (aéreas). Hojas enteras (simples) y con forma de abanico, o con 2 lóbulos; todos los nervios paralelos entre sí. Flores femeninas y masculinas separadas, pero todas en la misma planta (monoica), densamente agrupadas en verticilos (círculos) o dispuestas en forma de espiral a lo largo de un eje (espádice) grueso. Inflorescencia rodeada antes de la floración por 2-6 pliegues (espatas) y en la base por una bráctea que semeja a una hoja. Flores masculinas con muchos estambres con o sin partes semejantes a pétalos. Flores femeninas con o sin 4 partes semejantes a pétalos (perianto), las partes libres o unidas y usualmente con 4 apéndices (estaminodios) delgados y alargados. Ovario súpero, con una sola cavidad (lóculo), libre o unido en un eje engrosado (espádice). Fruto carnoso, que consiste en una serie continua de bayas separadas o unidas, las cuales contienen muchas semillas.

Clave de los géneros y especies

1. a. Hoja casi o completamente cortada hasta la base formando 2 segmentos . . . *Cyclanthus bipartitus*

1a

b. Hoja no cortada por debajo de la mitad 2

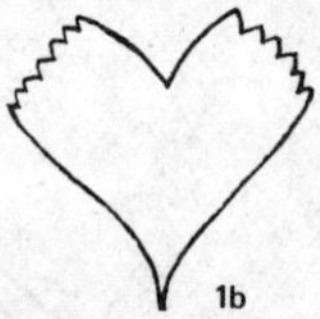
1b

2a

2. a. Apice de los bordes de las hojas con márgenes hinchados e irregulares, y sin dientes conspicuos o puntiagudos . . . . *Asplundia spectabilis*

2b

b. Apice de los bordes de las hojas definitivamente dentados, los dientes agudos y puntiagudos 3

3a

3. a. Plantas terrestres; hojas con forma de abanico con muchos dientes anchos en el ápice . . . . *Asplundia caput-medusae*

LAMINA 108: CYCLANTHACEAE

A. Asplundia caput-medusae.–B. Cyclanthus bipartitus.

LAMINA 109: CYCLANTHACEAE

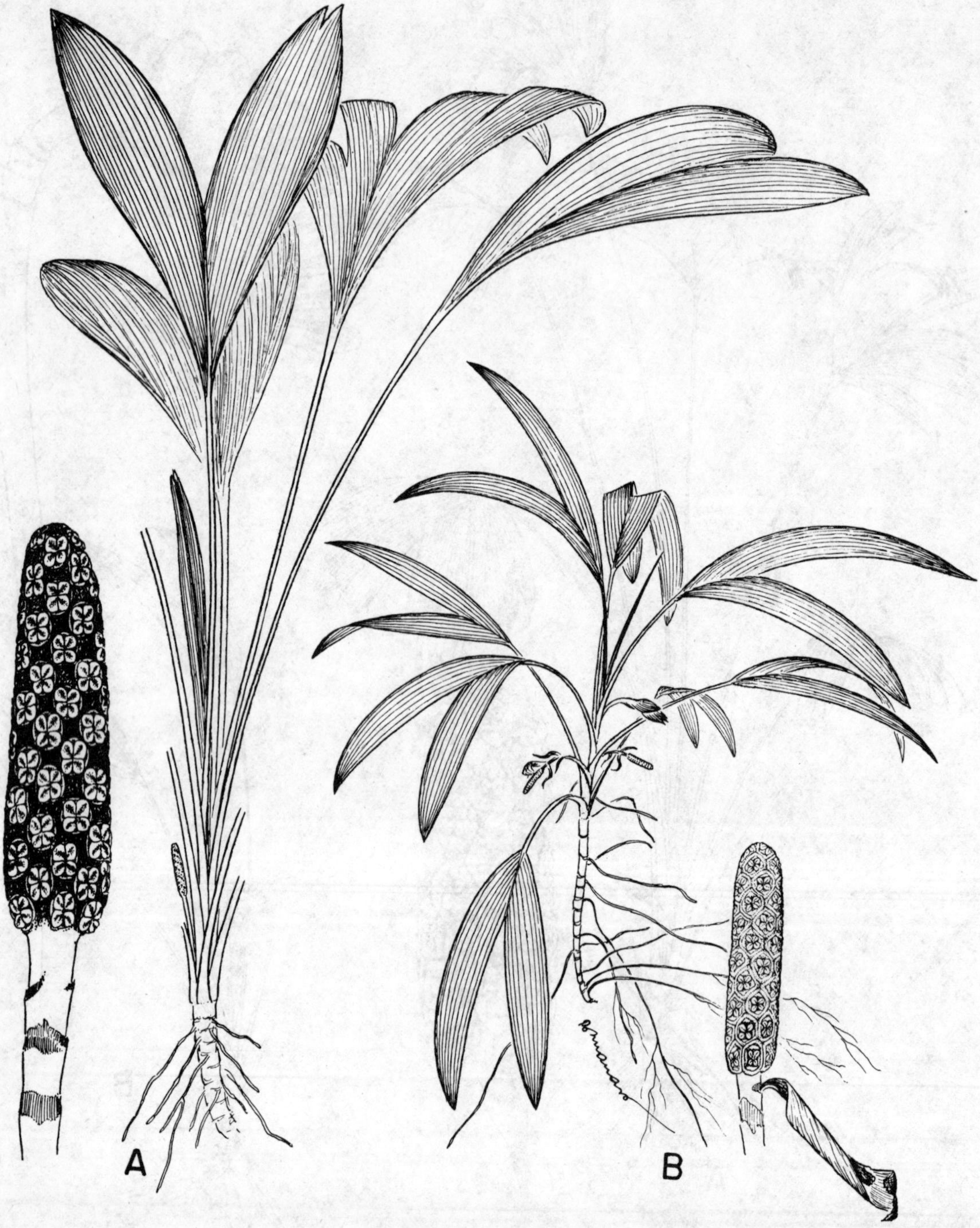

A. Asplundia sp.—B. Asplundia moritziana.

b. Planta epífita (aérea); las hojas se bifurcan en 2 lóbulos por arriba de la porción media . . . . *Asplundia moritziana*

3b

Asplundia caput-medusae (Hook. f.) Harling (Lámina 108, A)
Selva nublada, 900-1.500 m. Flores dispuestas en series en forma de espiral.

Asplundia moritziana (Kl.) Harling (Lám. 109, B)
Carludovica moritziana Kl.
Selva nublada, 1.500-1.800 m. Flores dispuestas en series en forma de espiral.

Asplundia spectabilis Harling
Selva nublada, vertiente norte, 700-800 m. Planta terrestre con hojas cortadas someramente en 2 lóbulos anchos, cada lóbulo con el borde superior algo irregular y accidentado.

Cyclanthus bipartitus Poit. *"Colepato"* (Lám. 108, B)
Selva nublada, vertiente norte, 900 m. Planta terrestre con flores en hileras o filas dispuestas horizontalmente una arriba de la otra.

Fam. **CYPERACEAE** (Monocotyledoneae)

Plantas herbáceas, con aspecto de gramíneas, algunas veces trepadoras. Tallos sólidos en el centro, cilíndricos, aplanados o triangulares o cuadrangulares. Hojas generalmente semejantes a las de las gramíneas, usualmente angostas, la parte angosta (vaina) que rodea al tallo no se abre por un lado (como en las gramíneas). Lígula usualmente ausente. Flores pequeñas, con partes en forma de escamas (brácteas) de color verdoso, marrón o negro dispuestas en espiguillas dispersas o agrupadas, las cuales constan de 1 o más flores. Sépalos y pétalos reemplazados por escamas o púas o con estas partes ausentes. Estambres 1-6 (usualmente 3). Ovario con 1 sola cavidad (lóculo), situado arriba de la base de las escamas o púas (súpero). Fruto duro con 1 sola semilla (núcula, aquenio).

Clave de los géneros y especies

1. a. Plantas con tallos y hojas articulados; hojas ordinarias aplanadas no desarrolladas . . . . 2 *(Eleocharis)*

1a

b. Plantas con tallos y hojas no articulados; hojas ordinarias aplanadas o brácteas presentes 3

2. a. Tallos 3-10 mm de diámetro; espigas floríferas (en el ápice del tallo) no más gruesas que el tallo . . . . *Eleocharis elegans*

   b. Tallos 1-2 mm de diámetro; espigas floríferas (en el ápice del tallo) mucho más gruesas que el tallo . . . . *Eleocharis montana*

3. a. Cabezuelas de flores rodeadas por brácteas que semejan hojas, prominentes y de color blanco . . . . *Dichromena ciliata*

   b. Cabezuelas de flores no rodeadas por brácteas de color blanco 4

4. a. Plantas con un tallo corto, grueso y duro, coronado con hojas plumosas o como pelos . . . . *Bulbostylis paradoxa*

4a

   b. Plantas diferentes a como se indica arriba 5

5. a. Apéndices delgados con forma de ganchos que sobresalen del eje floral; inflorescencia no ramificada, angosta, y con flores densamente agrupadas y próximas entre sí sobre un eje alargado muchas veces más largo que ancho *Uncinia hamata*

5a

   b. Diferentes a como se indica arriba 6

6. a. Apice del tallo con una sola cabezuela de flores (inflorescencia) . . . . . . *Abilgaardia monostachya*

6a

   b. Apice del tallo con más de 1 inflorescencia o grupo de flores 7

7. a. Los márgenes de las hojas y tallos algunas veces desgarran o cortan agudamente la piel; frutos en forma de una pequeña nuez dura (núcula), blanca o negra . . . . 8 *(Scleria)*

7a

   b. Los márgenes de las hojas y tallos no desgarran ni cortan la piel; fruto no como arriba 12

8. a. Hojas 3-5 cm de ancho . . . . *Scleria arundinacea*

   b. Hojas mucho más angostas 9

9. a. Plantas trepadoras o con tallos alargados, extendidos, de 1 m o más de alto; las hojas desgarran o cortan la piel 10

   b. Plantas ni trepadoras ni con tallos alargados ni extendidos, menos de 1 m de alto; las hojas no desgarran ni cortan la piel 11

10. a. Hojas por lo general (0,6) 1-1,8 cm de ancho . . . . *Scleria bracteata*

    b. Hojas 0,2-0,6 cm de ancho . . . . *Scleria secans*

11. a. Inflorescencia no ramificada, sin eje que la soporte (sésil) y con brácteas y escamas con pelos; hojas peludas . . . . *Scleria hirtella*

b. Inflorescencia ramificada, con ejes y con brácteas o escamas sin pelos (glabras); hojas glabras . . . . *Scleria purdiei*

12. (7.b)

a. Hojas parecidas a pelos, hilos o muy angostas, 0,5-2 mm de ancho 13

12a

b. Hojas más anchas, 3 mm o más de ancho 21

12b

13. a. Base de la planta con fibras conspicuas semejantes a pelos . . . . *Rhynchospora caracasana*

b. Base de la planta sin fibras que semejan pelos 14

14. a. Pelos finos y delicados presentes en el ápice de la vaina de la hoja (en donde la parte de la hoja se separa del tallo) . . . . 15 *(Bulbostylis)*

14a

b. Sin pelos finos en el ápice de la vaina de la hoja 16

15. a. Flores dispuestas en grupos densos de color marrón oscuro, muchas de las espiguillas individuales de las flores sin ejes que semejan pelos . . . . . *Bulbostylis junciformis*

15a

b. La mayoría de las espiguillas individuales de flores sobre un eje semejante a un pelo . . . . *Bulbostylis capillaris*

15b

16. a. Escamas de las flores de color marrón oscuro o castaño 17

b. Escamas de las flores de color verde pálido, ante, pajizo o marrón pálido . 18

17. a. Flores dispuestas en grupos compactos . . . . *Rhynchospora rugosa*

17a

b. Flores dispuestas en inflorescencias sueltas, la mayoría de las espiguillas sobre ejes alargados, semejantes a pelos . . . . *Fimbristylis dichotoma*

17b

18. a. Espiguillas individuales de flores muy pocas, generalmente 2-7 en cada inflorescencia . . . . *Rhynchospora flexuosa* subsp. *tepuiana*

b. Espiguillas individuales de flores numerosas, 10-100 en cada inflorescencia 19

19. a. Espiguillas sin ejes (sésiles), agrupadas en una sola inflorescencia semejante a una cabezuela, la cual a su vez no tiene ningún eje (sésil) . *Cyperus ischnos*

19a

b. Diferente a como se indica arriba, por lo menos algunas de las espiguillas nacen sobre ejes parecidos a pelos 20

20. a. Inflorescencia con brácteas alargadas y conspicuas en forma de hojas, las brácteas más largas 8-30 cm de largo; espiguillas de flores ensanchadas o redondeadas en el ápice . . . . *Cyperus surinamensis*

b. Inflorescencia con brácteas cortas, angostas, en forma de pelos, las brácteas generalmente 2-6 cm de largo; espiguillas de flores angostas y angostamente puntiagudas en el ápice . . . . *Rhynchospora tenuis*

21. (12.b)

a. Plantas sin hojas ordinarias en la base del tallo, pero con la inflorescencia rodeada por 15-20 brácteas alargadas en forma de hojas que a su vez tienen forma de sombrillas . . . . *Cyperus alternifolius*

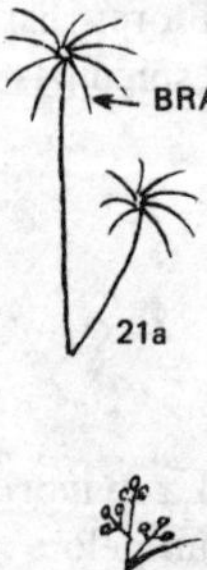

21a

b. Plantas diferentes a como se indica arriba; hojas ordinarias presentes sobre o en la base del tallo 22

21b

22. a. Las inflorescencias tienen en parte flores masculinas y en parte flores femeninas sobre el mismo eje; la porción superior consiste por lo general de flores masculinas (con polen), mientras que la restante consiste en flores femeninas completamente encerradas dentro de un pequeño saco, con o sin aquenio (aquenio parecido a una semilla) . . . . 23 *(Carex)*

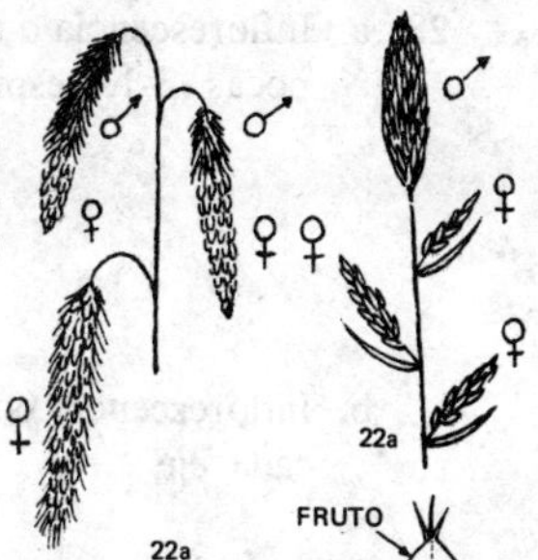

b. Inflorescencia diferente a como se indica arriba; la porción que parece una semilla (aquenio) o las flores femeninas no encerradas dentro de un pequeño saco, sino acompañadas solamente por una escama 25

23. a. Escamas de las flores, marrón-negruzcas o color castaño; inflorescencia muy alargada, el eje eventualmente colgante . . . . *Carex jamesonii*

b. Escamas de las flores, verdes, grises o marrón-amarillentas; inflorescencia erecta o ascendente 24

24. a. Inflorescencia ramificada, con 4 hasta numerosos ejes y espiguillas; escamas de las flores, marrón-amarillentas . . . . *Carex polystachya*

b. Inflorescencia no ramificada o con sólo 2-3 ejes; escamas de las flores, verdes . . . . *Carex virescens*

25. a. Las espiguillas de flores, agrupadas en masas densas con aspecto de cabezuelas 26

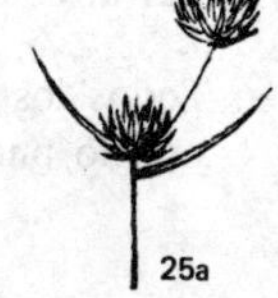

b. Las espiguillas de flores, generalmente separadas una de otra, no agrupadas en densas masas que semejan cabezuelas 28

26. a. Las masas con aspecto de cabezuelas son globosas o más o menos hemisféricas, casi tan anchas como largas . . . . *Rhynchospora exaltata*

b. Las masas con aspecto de cabezuelas son más largas que anchas, más o menos columnares 27

27. a. Las masas con aspecto de cabezuelas están por lo general densamente agrupadas y no tienen eje alargado, separado y diferenciado . . . *Cyperus flavus*

b. Las masas con aspecto de cabezuelas están generalmente sobre un eje alargado (pedúnculo), el cual alcanza hasta 20 cm de largo . . . *Cyperus mutisii*

28. a. Inflorescencia o no ramificada o ligeramente ramificada, o con relativamente pocas (3-12) espiguillas en cada eje 29

28a

b. Inflorescencia conspicuamente ramificada, o con numerosas espiguillas en cada eje 32

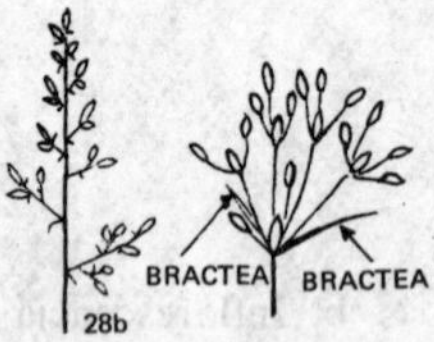

28b

29. a. Escamas de las espiguillas, de color verde pálido . . . . . . *Cyperus diffusus*

b. Escamas de las espiguillas de color marrón nuez u oscuras 30

30. a. Espiguillas mucho más largas (5-8 veces) que anchas . . . *Cyperus rotundus*

b. Espiguillas sólo ligeramente más largas (a lo más 2-3 veces) que anchas . . 31

31. a. Casi todas las espiguillas están dispuestas sobre ejes alargados con aspecto de hilo, bien separadas y no agrupadas entre sí . . . . *Fimbristylis dichotoma*

b. Espiguillas muy agrupadas y próximas entre sí . . . . *Rhynchospora rugosa*

32. (28.b)

a. Las brácteas ubicadas en la base de la inflorescencia son muy alargadas, 20-60 cm de largo; espiguillas de la inflorescencia todas erectas hasta ligeramente ascendentes; plantas 1-1,5 m de alto . . . . *Cyperus prolixus*

b. Sin la combinación de caracteres arriba indicados 33

33. a. Todos los ejes de la inflorescencia nacen en forma de sombrilla desde un mismo punto central 34

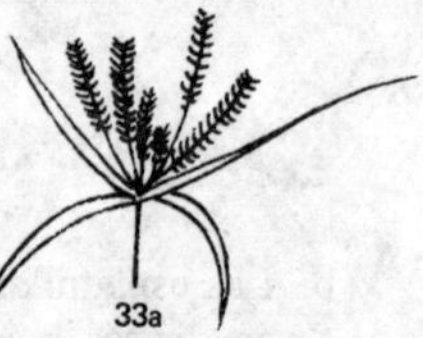
33a

b. Todos los ejes de la inflorescencia nacen en niveles diferentes 35

33b

34. a. Escamas de las flores de color verde pálido o blanco-verdoso; espiguillas extendidas sobre ejes separados, largos, parecidos a pelos . . . . . . *Cyperus friburgensis*

b. Escamas de las flores, amarillas o marrón-doradas; espiguillas sin ejes separados y dispuestas cerca del eje central . . . . *Cyperus tenuis*

35. a. Hojas numerosas dispuestas a lo largo del tallo; espiguilla con escamas de color ante-gris o blancuzcas; espiguillas pequeñas, 4-5,5 mm de largo . . . . *Rhynchospora polyphylla*

b. Sólo 3-5 hojas dispuestas a lo largo del tallo; espiguillas con escamas de color marrón pálido hasta marrón-rojizo o castaño; espiguillas más largas, 6-10 mm de largo 36

36. a. Espiguillas con escamas de color marrón-rojizo o castaño; espiguillas 1-2 milímetros de ancho, angostas hasta largo-puntiagudas; brácteas semejantes a pelos, conspicuas y alargadas en la inflorescencia . . *Rhynchospora aristata*

36a

b. Espiguillas con escamas de color marrón pálido u opaco; espiguillas más anchas y más gruesas, generalmente 2,5-3 mm de ancho y con una punta más corta; brácteas más cortas y menos conspicuas en la inflorescencia . . . *Rhynchospora robusta*

36b

Abilgaardia monostachya (L.) Vahl (Lám. 110, C)
Fimbristylis monostachya Hassk.
Sabana, 950-1.300 m.

Bulbostylis capillaris Kunth *"Caujera"*
Sabana, 1.000-1.600 m. Planta anual, delicada, con un penacho de hojas que semejan pelos y las unidades de la inflorescencia (espiguillas) solitarias sobre ejes delgados, alargados (pedúnculos).

Bulbostylis junciformis (H.B.K.) Lindman
Sabana, 900-1.250 m. Esta planta se parece a *Bulbostylis capillaris,* pero es perenne y las unidades de la inflorescencia (espiguillas) más agrupadas en grupos de 3-5.

Bulbostylis paradoxa (Spreng.) Lindman *"Cagada del señor", "Taurepán"*
Sabana, 1.000-1.200 m. Planta de hábito muy insólito, el cual es el de una palma en miniatura, hasta 20 cm de alto. Tronco grueso (de hasta 4 cm de diámetro), de color ennegrecido, que le permite sobrevivir a los fuegos en la sabana.

Carex jamesonii Boott (Lám. 111, F)
Subpáramo, 2.400 m. Crece cerca del agua y en sitios húmedos.

Carex polystachya Sw. ex Wahl.
Sabana, selva veranera y subpáramo, 1.000-1.800 metros.

Carex virescens Muehlenb. var. **costata** (Schwein.) Desv. (Lám. 111, E)
Subpáramo, en tierra húmeda, 2.200-2.400 m.

Cyperus alternifolius L. *"Paragüito"*
Sabana, 900-950 m. Nativa de Africa tropical y madagascar. Cultivada como planta ornamental y con frecuencia naturalizada en lugares húmedos.

Cyperus diffusus Vahl *"Corocillo"*
Sabana, selva veranera y selva transicional, 950-1.500 m.

Cyperus flavus (Vahl) Nees (Lám. 111, C)
Cyperus cayennensis Britton
Sabana, 900-1.600 m.

Cyperus friburgensis Boeckl. (Lám. 112, A)
Selva veranera, 1.000 m.

Cyperus ischnos Schlecht.
Sabana, 950-1.000 m.

Cyperus mutisii (H.B.K.) Griseb. *"Paragüey"*
Sabana y selva transicional, 1.200-1.500 m.

Cyperus prolixus H.B.K.
Sabana y selva de galería, 1.200 m.

Cyperus rotundus L. *"Corocillo"*
Selva de galería, 900-1.100 m. Una mala hierba pantropical de prados y jardines, la cual se extiende por sus tallos subterráneos que tienen pequeños tubérculos engrosados en sus extremos.

Cyperus surinamensis Rottb.
Selva de galería y sabana, 950 m.

Cyperus tenuis Sw. (Lám. 112, B)
Selva de galería y sabana, 950-1.200 m.

Dichromena ciliata Vahl *"Granadillo"* (Lám. 110, B)
Rhynchospora ciliata (Vahl) Kük.
Sabana, 900-1.100 m. Planta pequeña, atractiva por sus brácteas de color blanco que rodean las cabezuelas de flores.

Eleocharis elegans (H.B.K.) Roem. & Schult. *"Junco", "Junquillo"*
Sabana y selva de galería, 950-1.200 m. Lugares húmedos.

LAMINA 110: CYPERACEAE

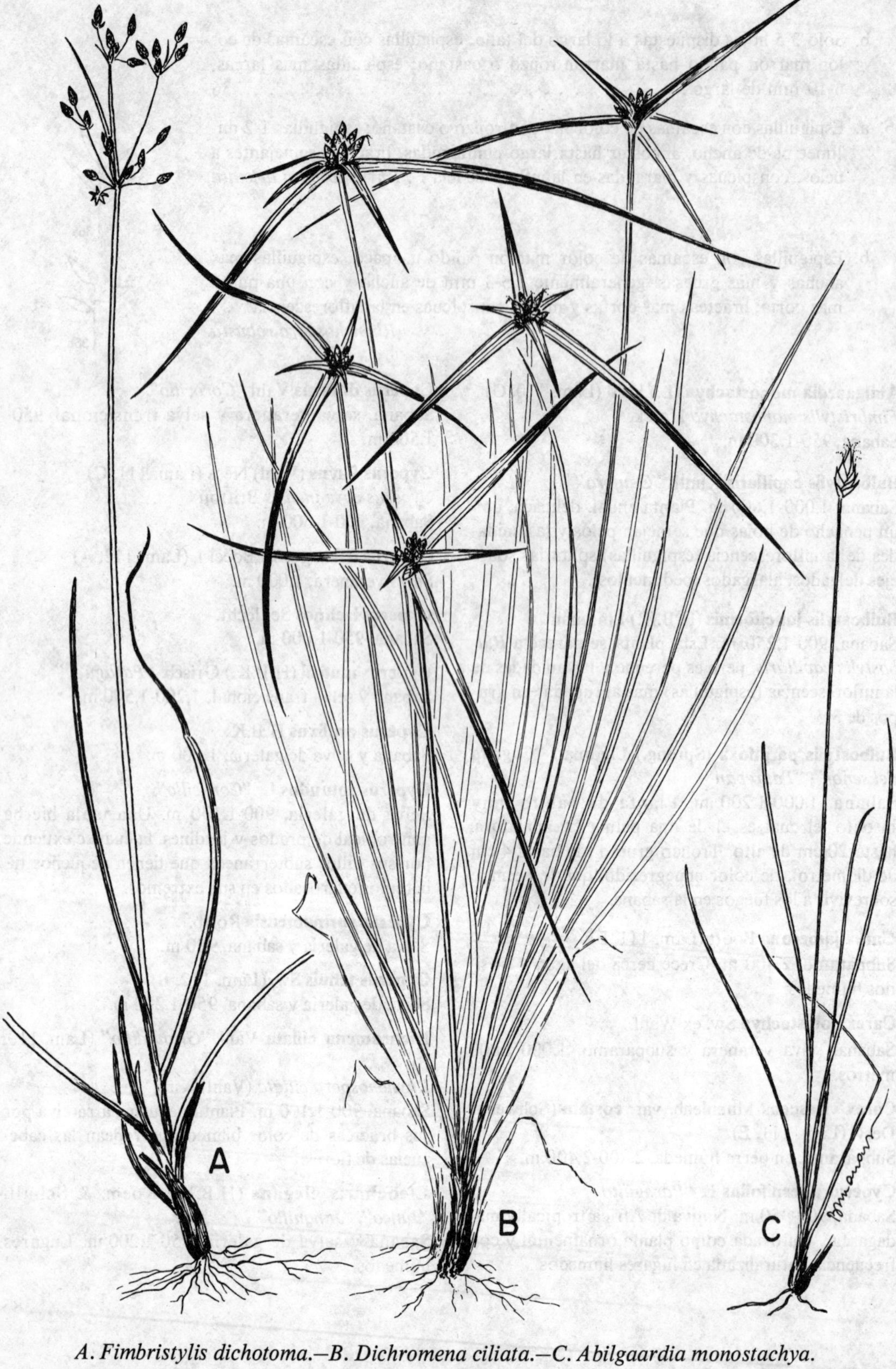

A. Fimbristylis dichotoma.—B. Dichromena ciliata.—C. Abilgaardia monostachya.

LAMINA 111: CYPERACEAE

A. Rhynchospora flexuosa subsp. tepuiana.–B. Rhynchospora robusta.–C. Cyperus flavus.–D. Rhynchospora exaltata.–E. Carex virescens.–F. Carex jamesonii.

LAMINA 112: CYPERACEAE

A. Cyperus friburgensis.–B. Cyperus tenuis.–C. Scleria bracteata.–D. Uncinia hamata.

Eleocharis montana (H.B.K.) Roem. & Schult. *"Junco", "Junquillo"*
Sabana, lugares húmedos, 1.000 m.

Fimbristylis dichotoma (L.) Vahl (Lám. 110, A)
Sabana, 900-1.100 m.

Rhynchospora aristata Boeckl.
Rhynchospora moritziana Boeckl.
Subpáramo, lugares húmedos, 2.000-2.300 m.

Rhynchospora caracasana (Kunth) Boeckl.
Dichromena caracasana Kunth
Selva transicional en lugares abrigados, 1.200-1.700 m. Especie rara vez coleccionada.

Rhynchospora exaltata Kunth (Lám. 111, D)
Selva nublada y subpáramo, 1.650-2.350 m. Plantas altas con hojas alargadas dispersas a lo largo del tallo. La especie *Rhynchospora holoschoenoides (R. cyperoides)* ha sido identificada erróneamente algunas veces como *R. exaltata.*

Rhynchospora flexuosa Clarke subsp. **tepuiana** (Steyermark) Koyama (Lám. 111, A)
Rhynchospora tenerrima Boeckl., no Nees ex Spreng.
Rhynchospora setacea de autores, no (Berg.) Boeckl.
Rhynchospora tepuiana Steyermark
Subpáramo, 2.300-2.500 m.

Rhynchospora polyphylla Vahl
Selva veranera y selva transicional, 1.200-1.400 m. En quebradas y zonas boscosas. El tallo densamente recubierto por hojas y las inflorescencias pálidas son características típicas de esta especie.

Rhynchospora robusta (Kunth) Boeckl. (Lám. 111, B)
Sabana, selva de galería y subpáramo, 1.000-2.300 m. Sitios húmedos.

Rhynchospora rugosa (Vahl) Gale
Sabana y subpáramo, en sitios húmedos, 1.000-2.350 m.

Rhynchospora tenuis Link
Subpáramo, 2.300-2.500 m.

Scleria arundinacea Kunth
Selva nublada, vertiente norte, 800-1.000 m.

Scleria bracteata Cav. *"Cortadera"* (Lám. 112, C)
Selva veranera, selva transicional y selva nublada, 1.200-1.800 m. Las hojas y los tallos con bordes cortantes, son capaces de desgarrar la piel. Esta planta forma con frecuencia enredaderas densas.

Scleria hirtella Sw. *"Gengibrillo"*
Sabana, 1.000-1.200 m.

Scleria purdiei Clarke
Sabana, 950-1.100 m.

Scleria secans (L.) Urb.
Selva nublada, vertiente norte, 900-1.300 m. Los tallos subtrepadores y extendidos son capaces de desgarrar la piel con sus bordes cortantes.

Uncinia hamata (Sw.) Urban (Lám. 112, D)
Selva nublada, 1.500-1.800 m.

Fam. DIOSCOREACEAE (Monocotyledoneae)

Plantas herbáceas trepadoras o volubles. Hojas usualmente alternas, simples (no divididas) o divididas (compuestas), generalmente con forma ovalada o con forma de flecha con la base acorazonada y los bordes sin dientes pero algunas veces con lóbulos. Eje que soporta la hoja (pecíolo) usualmente retorcido o con una articulación en la base. Inflorescencia angosta y alargada; flores muy pequeñas, las femeninas y masculinas normalmente separadas y en plantas diferentes (dioica). Segmentos (periantos) de las flores 6, en 2 series, ligeramente unidas en la base. Flores masculinas con 6 estambres. Flores femeninas con ovario de 3 cavidades (lóculos), situado debajo de la base del perianto (ínfero). Fruto seco, usualmente una cápsula con 3 alas (en las plantas venezolanas).

Género único: DIOSCOREA.

Clave de las especies de Dioscorea

1\. a. Hojas 3-segmentadas, 3-lobuladas o divididas (compuestas) en 3 folíolos . . . *Dioscorea trifoliata*

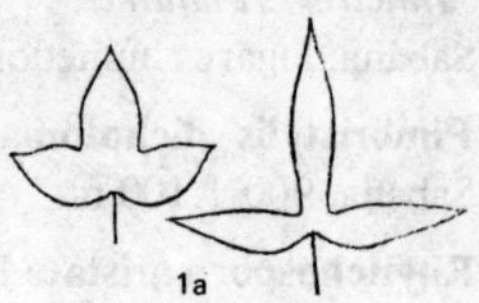
1a

b. Hojas nunca 3-partidas 2

2\. a. Tallos con 4 alas conectadas a los lados . . . . *Dioscorea alata*

2a

b. Tallos no alados 3

3\. a. Hojas con 11-13 nervios . . . . *Dioscorea birschelii*

3a

b. Hojas con 7-9 nervios 4

3b

4\. a. Hojas acorazonadas en la base, los lóbulos basales conspicuos; el lado inferior (envés) de la hoja con una red conspicua de nervios sueltos . . . . . . *Dioscorea polygonoides*

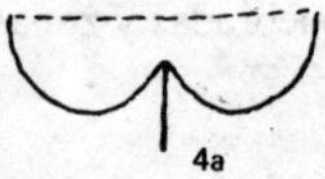
4a

b. Hojas sólo ligeramente lobuladas en la base, ésta anchamente redondeada o cortada casi transversalmente (truncada), el envés sin red de nervios conspicuos . . . . *Dioscorea fendleri*

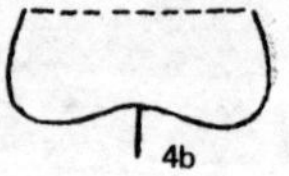
4b

Dioscorea alata L. *"Ñame"*
Nativa de Asia y de las Antillas. Cultivada y algunas veces naturalizada.

Dioscorea birschelii Harms ex Knuth
Dioscorea caracasensis R. Knuth
Selva veranera, 1.000-1.200 m.

Dioscorea fendleri R. Knuth (Lám. 114, B)
Selva nublada, 1.500-2.000 m.

Dioscorea polygonoides Humb. & Bonpl. ex Willd. (Lám. 113, A y B)
Dioscorea caracasana Kunth
Dioscorea piperifolia Kl.
Dioscorea alata sensu Bello, no L.
Selva transicional y selva nublada, 900-1.500 m.

Dioscorea trifoliata H.B.K. (Lám. 114, A)
Dioscorea triloba Karsten ex Knuth
Selva veranera, selva de galería, y selva nublada en la vertiente norte, 1.000-1.300 m.

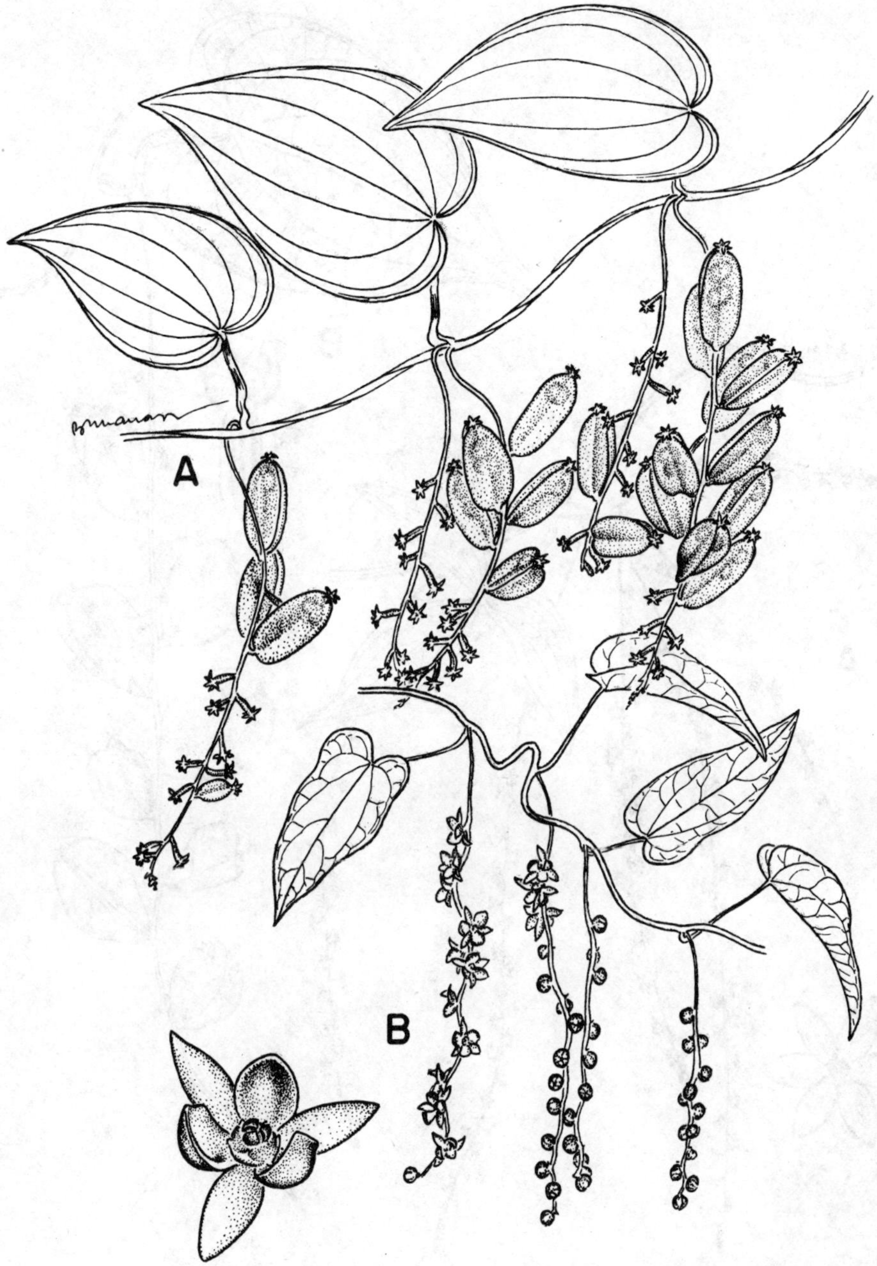

A. Dioscorea polygonoides –planta femenina.–*B. Dioscorea polygonoides* –planta masculina.

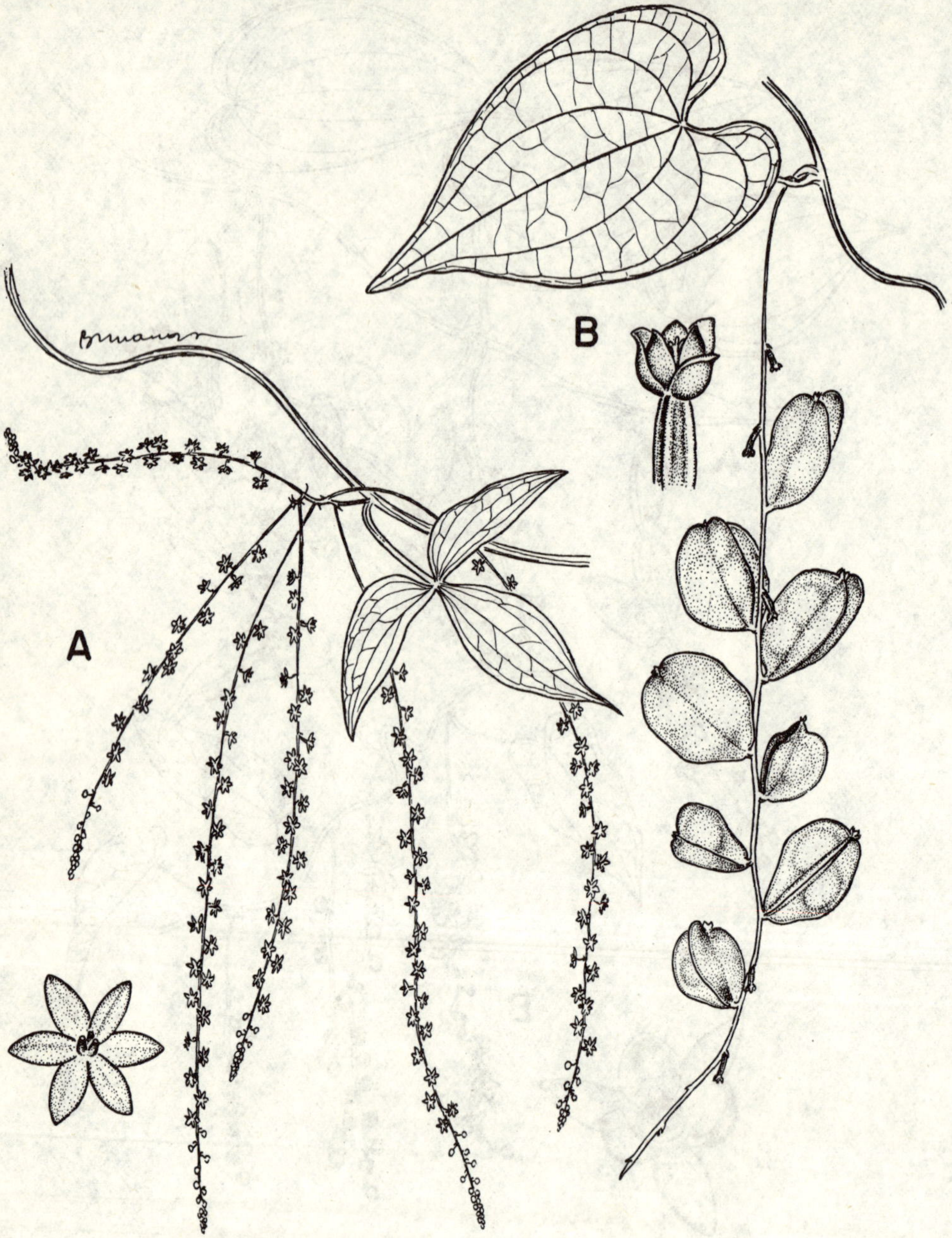

A. Dioscorea trifoliata.—*B. Dioscorea fendleri.*

Fam. **EBENACEAE** (Dicotyledoneae)

Arboles o arbustos. Hojas alternas, simples, márgenes sin dientes (enteras). Estípulas ausentes. Flores pequeñas, usualmente separadas en flores femeninas y flores masculinas, dispersas a los lados de las ramas con hojas. Flores femeninas (pistilíferas) generalmente solitarias o en número menor que las flores masculinas (estaminíferas). Flores masculinas usualmente varias naciendo juntas sobre las ramas. Cáliz unido, con 3-7 lóbulos los cuales persisten en el fruto (en *Diospyros* frecuentemente 4). Corola pequeña, unida en 3-7 lóbulos torcidos hacia la derecha. Estambres en igual número que los lóbulos de la corola, o el doble o numerosos. Ovario situado arriba de la base de las otras partes florales (súpero), con 2 hasta muchas cavidades (lóculos). Fruto usualmente carnoso, que no se abre.

Género único: DIOSPYROS.

Diospyros tetranda Hiern (Lám. 115)
Selva transicional, vertiente norte, 1.300 m. Arbol de 5-10 m de alto con frutos carnosos, grandes y esféricos.

Fam. **ELAEOCARPACEAE** (Dicotyledoneae)

Arboles o arbustos. Hojas alternas, simples (no divididas) ni lobuladas. Estípulas presentes. Flores pequeñas. Sépalos 4-11, libres o unidos, con los bordes tocándose en las yemas (valvados). Pétalos generalmente libres y separados en la base, en igual número que los sépalos, o completamente ausentes. Estambres numerosos, las anteras usualmente se abren en poros. Ovario situado arriba de la base de los pétalos o sépalos (súpero). Fruto, una cápsula seca o una baya carnosa.

Género único: SLOANEA.

Clave de las especies de Sloanea

1. a. Eje que soporta la hoja (pecíolo) alargado, 2-7 cm de largo; hojas grandes, 7-21 cm de largo, 10-14 cm de ancho . . . . *Sloanea lasiocarpa*
   b. Pecíolos cortos, 0,3-0,5 cm de largo; hojas pequeñas, 2-6 cm de largo, 1,5-3 cm de ancho 2
2. a. Fruto cubierto por numerosas espinas . . . . *Sloanea obtusifolia*
   b. Fruto no cubierto por espinas, o con muy pocas espinas; superficie del fruto cubierta por una densa capa de color marrón . . . . *Sloanea caribaea*

Sloanea caribaea Krug & Urban (Lám. 116, A)
Selva nublada, 1.900 m. Arbol de 8 m de alto.

Sloanea lasiocarpa Pittier (Lám. 116, B)
Selva transicional y selva nublada, 1.600-1.700 m. Arbol grande de hasta 25 m de alto. Parte externa de las flores y las ramas de la inflorescencia de color verde-grisáceo; anteras de color ante.

Sloanea obtusifolia (Moric.) Schum. *"Cobalonga"*
Selva nublada, 1.800-1.900 m. Arbol de gran tamaño, alcanzando hasta 25 m de altura.

LAMINA 115: EBENACEAE

Diospyros tetrandra.

LAMINA 116: ELAEOCARPACEAE

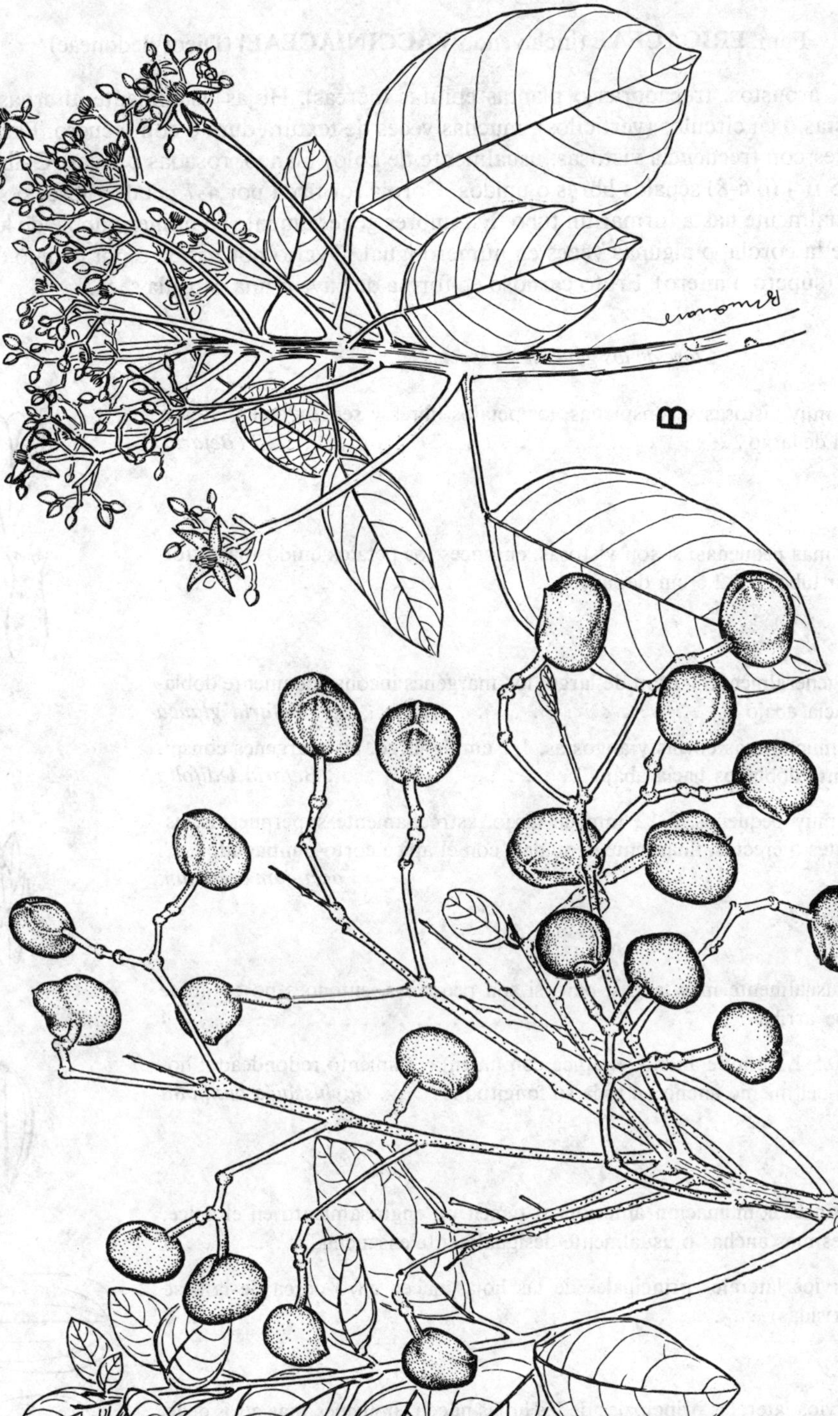

A. Sloanea caribaea.—*B. Sloanea lasiocarpa.*

Fam. **ERICACEAE** (incluyendo **VACCINIACEAE)** (Dicotyledoneae)

Arboles, arbustos, trepadoras o plantas epífitas (aéreas). Hojas usualmente alternas, algunas veces opuestas o en círculos (verticilos), muchas veces de textura dura o como cuero. Estípulas ausentes. Flores con frecuencia vistosas, usualmente de color blanco, rosadas o rojas. Cáliz normalmente con 5 ó 4 (o 6-8) sépalos libres o unidos. Corola formada por 4-7 pétalos libres o separados o unidos usualmente hasta formar un tubo. Estambres generalmente en número doble de los pétalos o lóbulos de la corola, o algunas veces en número igual. Ovario por arriba o por debajo de la base de la corola (súpero o ínfero). Fruto carnoso en forma de baya o una cápsula seca.

Clave de los géneros y especies

1. a. Flores muy vistosas y conspicuas, los pétalos libres y separados en la base, 3-6 cm de largo . . . . 2 *(Befaria)*

1a

b. Flores más pequeñas; si son vistosas, entonces los pétalos unidos hasta formar un tubo, 0,5-2,6 cm de largo 3

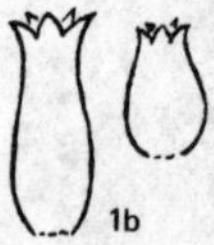
1b

2. a. Hojas generalmente 3-7 cm de largo, los márgenes inconspicuamente doblados hacia abajo . . . . *Befaria glauca*

b. Hojas mucho más cortas y angostas, 1-2 cm de largo, los márgenes conspicuamente doblados hacia abajo . . . . *Befaria ledifolia*

3. a. Hojas muy pequeñas, 8-12 mm de largo, estrechamente superpuestas, ascendentes o erectas, finamente dentadas, con el ápice corto-puntiagudo . . . *Vaccinium crenatum*

3a

b. Hojas usualmente más largas, pero si son pequeñas, entonces no como se describe arriba 4

4. a. Hojas 0,5-1,3 cm de ancho, el ápice con un engrosamiento redondeado; hojas casi del mismo ancho en toda su longitud . . . . . *Gaylussacia buxifolia*

4a

b. Hojas sin la combinación anterior; si tienen un engrosamiento en el ápice, entonces más anchas o usualmente desigualmente ensanchadas 5

5. a. Los nervios laterales principales de las hojas nacen en o cerca de la base (basinervadas) 6

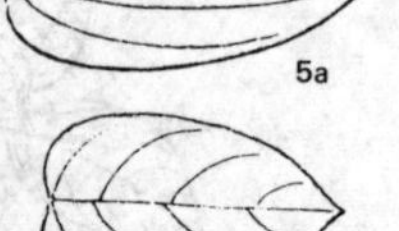
5a

b. Los nervios laterales principales de las hojas nacen en niveles más altos de la base (pinnatinerves) 9

5b

6. a. Nervios de las hojas, prominentes en el lado inferior (envés); hojas 6-20 cm de largo, 3-9 cm de ancho; corola 1,3-2,6 cm de largo, con el ápice de color rojo vermejo, coral o blanco 7

b. Nervios de las hojas no prominentes y poco evidentes en el envés; hojas más pequeñas, 3-6 cm de largo, 1,2-2,5 cm de ancho; corola más corta, 0,9-1 cm de largo, toda roja 8

7. a. Hojas peludas en el lado inferior (envés); lado externo de las flores peludo *Cavendishia pubescens*

b. Hojas sin pelos (glabras) en el envés; lado externo de las flores sin pelos . . . *Cavendishia splendens*

8. a. Las hojas terminando en una punta larga . . . . . . *Themistoclesia pendula*

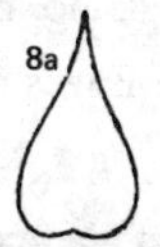

b. Hojas con el ápice corto o sólo obtusamente angostado . . . *Sphyrospermum majus*

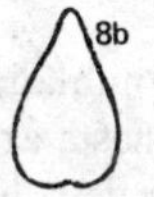

9. (5.b)
a. Hojas más anchas cerca del ápice o arriba de la mitad . *Gaultheria alnifolia*

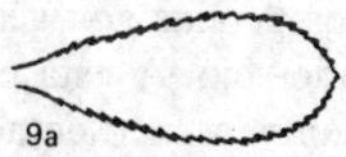

b. Hojas más anchas en o por debajo de la mitad 10

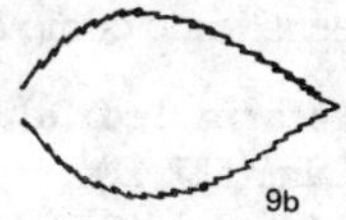

10. a. Hojas conspicuamente acorazonadas o escotadas en la base 11
b. Hojas sin forma de corazón ni escotadas en la base 12

11. a. Flores usualmente rosadas o rojas; tallos usualmente sin pelos provistos de glándulas en la punta . . . . *Gaultheria cordifolia*
b. Flores blancas o blancas con rosado; tallos usualmente con pelos provistos de glándulas en la punta . . . . *Gaultheria odorata*

12. a. Arbustos; márgenes de las hojas con dientes numerosos y finos; hojas 2-4 centímetros de largo, 0,8-2 cm de ancho; corola blanca o con líneas color rosado pálido . . . . *Vaccinium meridionale*

b. Plantas trepadoras o epífitas leñosas con ramas alargadas; hojas sin dientes en los márgenes, 4-25 cm de largo, 1,5-9 cm de ancho; corola de color rojo-coral o rojo bermejo con el ápice blanco 13

13. a. Anteras (localizadas en la base interna del tubo de la corola) con las puntas unidas casi hasta el ápice y con la parte dorsal del conectivo sin espuelas o protuberancias en todas las anteras . . . . *Macleania nitida*

b. Anteras (localizadas en la base interna del tubo de la corola) con las puntas divididas hasta la base y con la parte dorsal de los conectivos (la parte que toca el tubo de la corola) con una espuela diminuta o una protuberancia en cada lado de anteras alternas 14

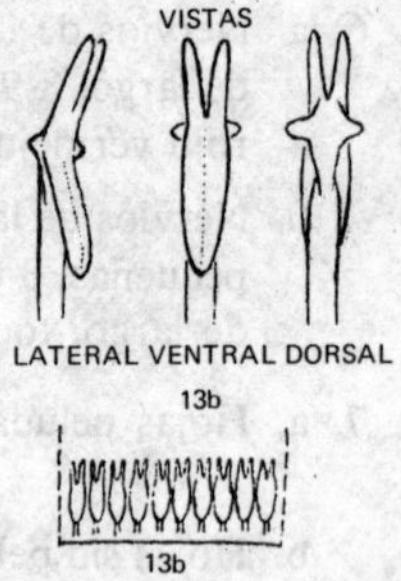

14. a. Lado inferior (envés) de las hojas peludo . . . . *Psammisia penduliflora*

b. Envés de las hojas sin pelos (glabro) . . . .*Psammisia hookeriana*

Befaria glauca H. & B. *"Rosa del Avila"* (Lám. 118, A)
Selva nublada y subpáramo, 1.500-2.400 m. Arbusto hasta árbol pequeño, 1,5-6 m de alto. Las hojas son de color plateado en el lado inferior (envés). Los pétalos son vistosos, de color blanco hasta rosado-rojo. A esta especie pertenece también un especimen recolectado en el Avila y erróneamente identificado como *Befaria resinosa.*

Befaria ledifolia H.B.K. *"Rosa del Avila"* (Lám. 117, D)
Subpáramo, 2.200-2.670 m. Arbusto pequeño, 0,8-2 m de alto. Flores de color rojo-coral.

Cavendishia pubescens (H.B.K.) Hemsley
Selva nublada, 1.600-1.900 m. Planta epífita leñosa, con brácteas vistosas de color rosado, muy ornamentales.

Cavendishia splendens (Kl.) Hoer. *"Coral"* (Lám. 119, A)
Selva nublada, 1.600-2.000 m. Planta epífita leñosa, con flores blancas con brácteas grandes de color rosado.

Gaultheria alnifolia (Dun.) A. C. Smith (Lám. 117, B)
Gaultheria glabra DC.
Thibaudia alnifolia Dun.
Selva nublada y subpáramo, 1.600-2.400 m. Arbusto pequeño; las flores blancas, pequeñas y en forma de campana están dispuestas en inflorescencias alargadas.

Gaultheria cordifolia H.B.K.
Selva nublada y subpáramo, 1.800-2.400 m. Arbusto pequeño. No es seguro si esta especie es diferente de *Gaultheria odorata* o es sólo una forma de ésta adaptada a grandes alturas. *Gaultheria scabra* puede a su vez ser sólo una forma de *G. cordifolia* o *G. odorata.*

Gaultheria odorata Willd. *"Pesjua"* (Lám. 117, C)
Selva nublada y subpáramo, 1.500-2.300 m. Arbusto pequeño. *Gaultheria cordifolia* podría ser una forma de esta especie propia de lugares más altos.

Gaylussacia buxifolia H.B.K. (Lám. 118, B)
Subpáramo, 2.300-2.670 m. Planta leñosa pequeña de hasta 1-1,5 m de alto con numerosas hojas pequeñas y con flores tubulares rosadas hasta color rojo coral.

Macleania nitida (H.B.K.) Hier. *"Cacagüito"* (Lám. 117, A)
Selva nublada hasta subpáramo, 1.600-2.400 m. Planta epífita, leñosa. Las hojas varían desde ápice redondeado hasta puntiagudo y con la base redondeada hasta angostada. El hábito, las hojas y las flores de esta especie son prácticamente indistinguibles de la especie *Psammisia hookeriana* de la cual puede ser separada solamente por diferencias técnicas de los estambres.

Psammisia hookeriana Klotzsch
Selva nublada, 1.600-2.000 m. Planta epífita, leñosa. Ver comentarios de *Macleania nitida* en lo que se refiere al hábito, hojas y flores. Las hojas en esta especie tienen generalmente el ápice largo y puntiagudo, pero son grandes y tienen la misma nervación de *Macleania nitida.*

Psammisia penduliflora Klotzsch *"Coral"*
Subpáramo, 1.800-2.400 m. Planta epífita, leñosa; con flores rojizas.

Sphyrospermum majus Griseb. (Lám. 118, C)
Subpáramo, 2.400 m. Corola rosada, pero con va-

LAMINA 117: ERICACEAE

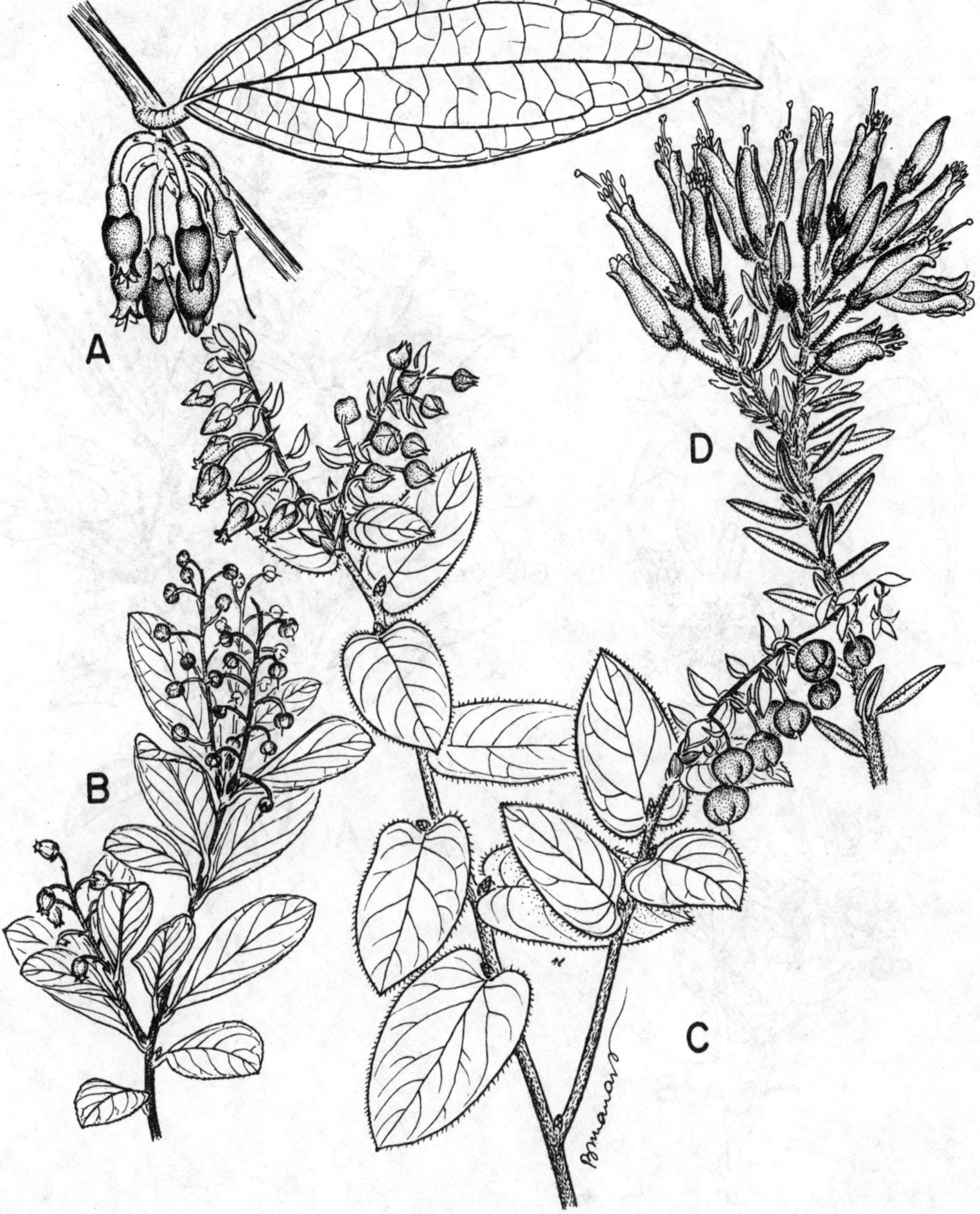

A. Macleania nitida.—B. Gaultheria alnifolia.—C. Gaultheria odorata.—D. Befaria ledifolia.

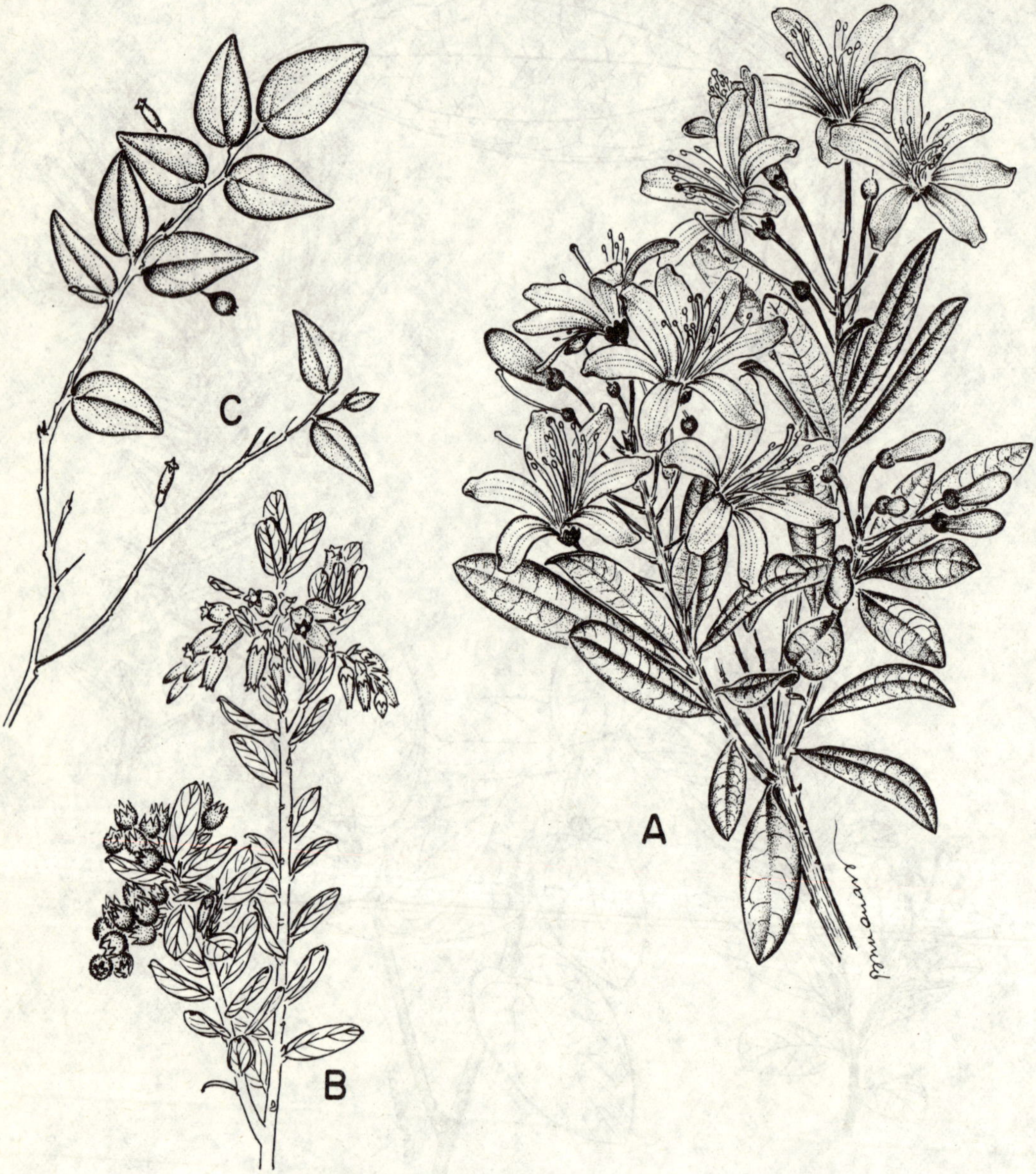

A. Befaria glauca.–B. Gaylussacia buxifolia.–C. Sphyrospermum majus.

LAMINA 119: ERICACEAE

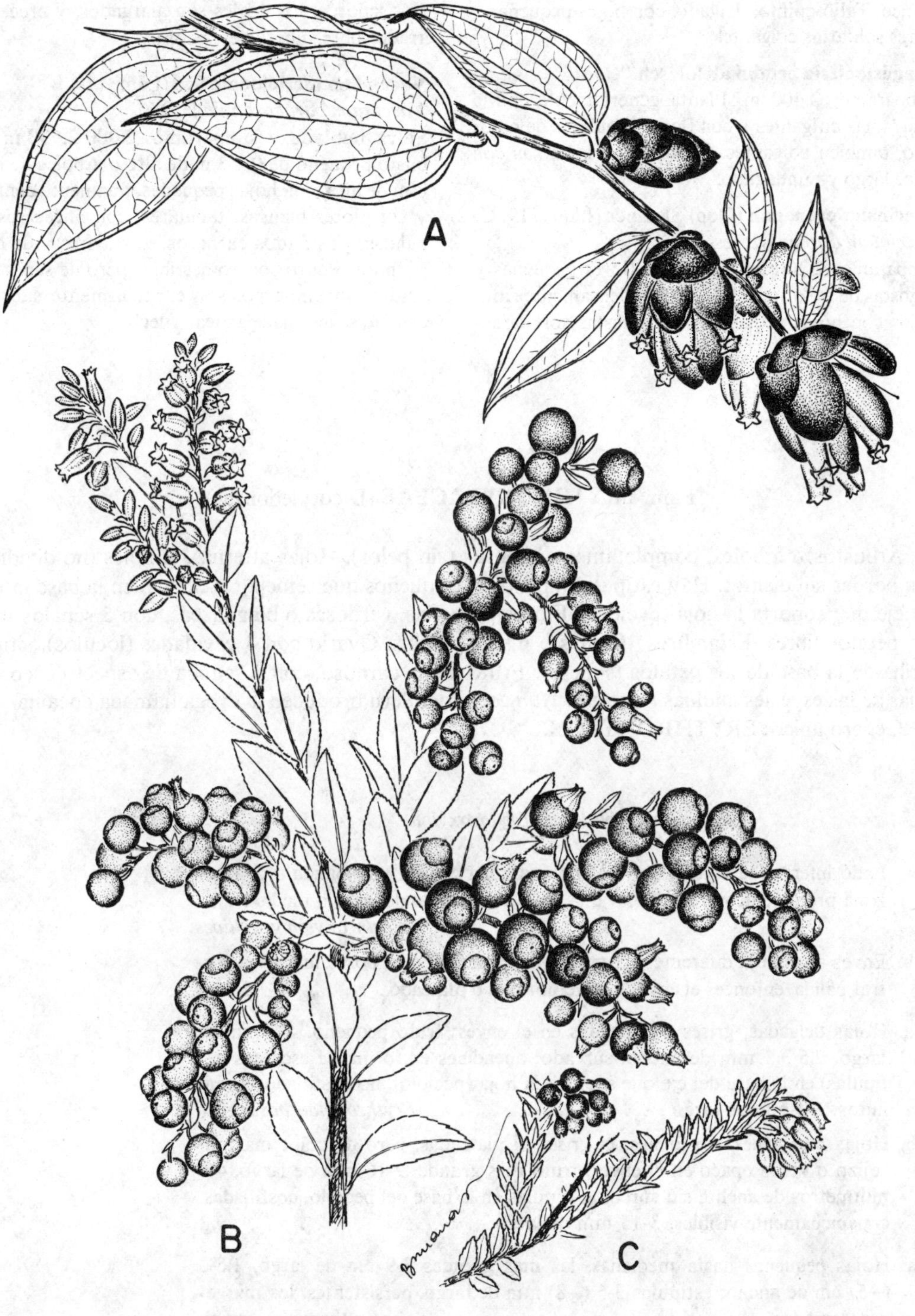

A. Cavendishia splendens.–*B. Vaccinium meridionale.*–*C. Vaccinium crenatum.*

riantes de rojo, blanco o lila. Fruto carnoso, lila y blanco. Tallo epífito, delgado, con hojas pequeñas y flores solitarias colgantes.

Themistoclesia pendula Klotzsch *"Coral"*
Subpáramo, 2.400 m. Planta generalmente epífita con ramas colgantes y con flores tubulares de color rojo, también colgantes. Predominan las hojas con ápice largo y puntiagudo.

Vaccinium crenatum (Don) Sleumer (Lám. 119, C)
Vaccinium ottonis Klotzsch
Subpáramo, 2.200-2.670 m. Las flores pequeñas y angostas de color rojo y los tallos densamente frondosos con hojas pequeñas superpuestas son características típicas de esta especie. El arbusto tiene tallos leñosos, los cuales son alargados, y crece postrado sobre superficies rocosas.

Vaccinium meridionale Sw. (Lám. 119, B)
Vaccinium caracasanum H.B.K.
Selva nublada y subpáramo, 2.000-2.670 m. Arbusto pequeño de 0,4-3 m de alto o árboles de hasta 8 m de alto, con hojas pequeñas, finamente dentadas y con flores blancas, tubulares, con líneas rosadas pálidas. Los frutos carnosos, globulares y de color púrpura oscuro son comestibles pero de sabor algo ácido; sin embargo, son especialmente sabrosos cuando se les añade azúcar y leche.

Fam. **ERYTHROXYLACEAE** (Dicotyledoneae)

Arbustos o árboles, completamente glabros (sin pelos). Hojas alternas, simples (no divididas) con bordes sin dientes. Hay estípulas (apéndices pequeños que semejan escamas) en la base interna del eje que soporta la hoja (pecíolo). Flores pequeñas, verdosas o blancuzcas, con 5 sépalos libres y 5 pétalos libres. Estambres 10, más o menos unidos. Ovario con 3 cavidades (lóculos), situado arriba de la base de los pétalos (súpero). Fruto duro, carnoso, con 1 semilla de aspecto óseo. Las hojas de las especies andinas *(Erythroxylon coca)* del Perú producen la droga llamada cocaína.

Género único: ERYTHROXYLON.

Clave de las especies de Erythroxylon

1. a. Lado inferior de la hoja (envés) con una zona central más pálida o con una zona prominente bordeada por una línea a cada lado del nervio medio . . . . *Erythroxylon gracilipes*

   b. Envés de la hoja diferente a como se indica arriba, o, si posee una zona central pálida, entonces el envés es de color gris o plateado 2

2. a. Hojas delgadas, grises o plateadas en el envés; fruto pequeño, 4-7 mm de largo, 2,5-3,5 mm de ancho, surcado; apéndices en forma de escamas (estípulas) en la base del eje que soporta la hoja (pecíolo), no costillados, diminutos, 1-2 mm de largo . . . . *Erythroxylon havanense*

   b. Hojas más gruesas o firmes, ni grises ni plateadas, pero de color marrón-rojizo o verde opaco en el envés; fruto más grande, 9-16 mm de largo, 4-6 milímetros de ancho, sin surcos; estípulas en la base del pecíolo, costilladas, conspicuamente visibles, 3-15 mm de largo 3

3. a. Hojas pequeñas hasta medianas, las más grandes 3-9 cm de largo, 1,5-3 (—5) cm de ancho; estípulas 3-5 (—8) mm de largo, persistentes, los márgenes dentados . . . . *Erythroxylon rufum*

LAMINA 120: ERYTHROXYLACEAE

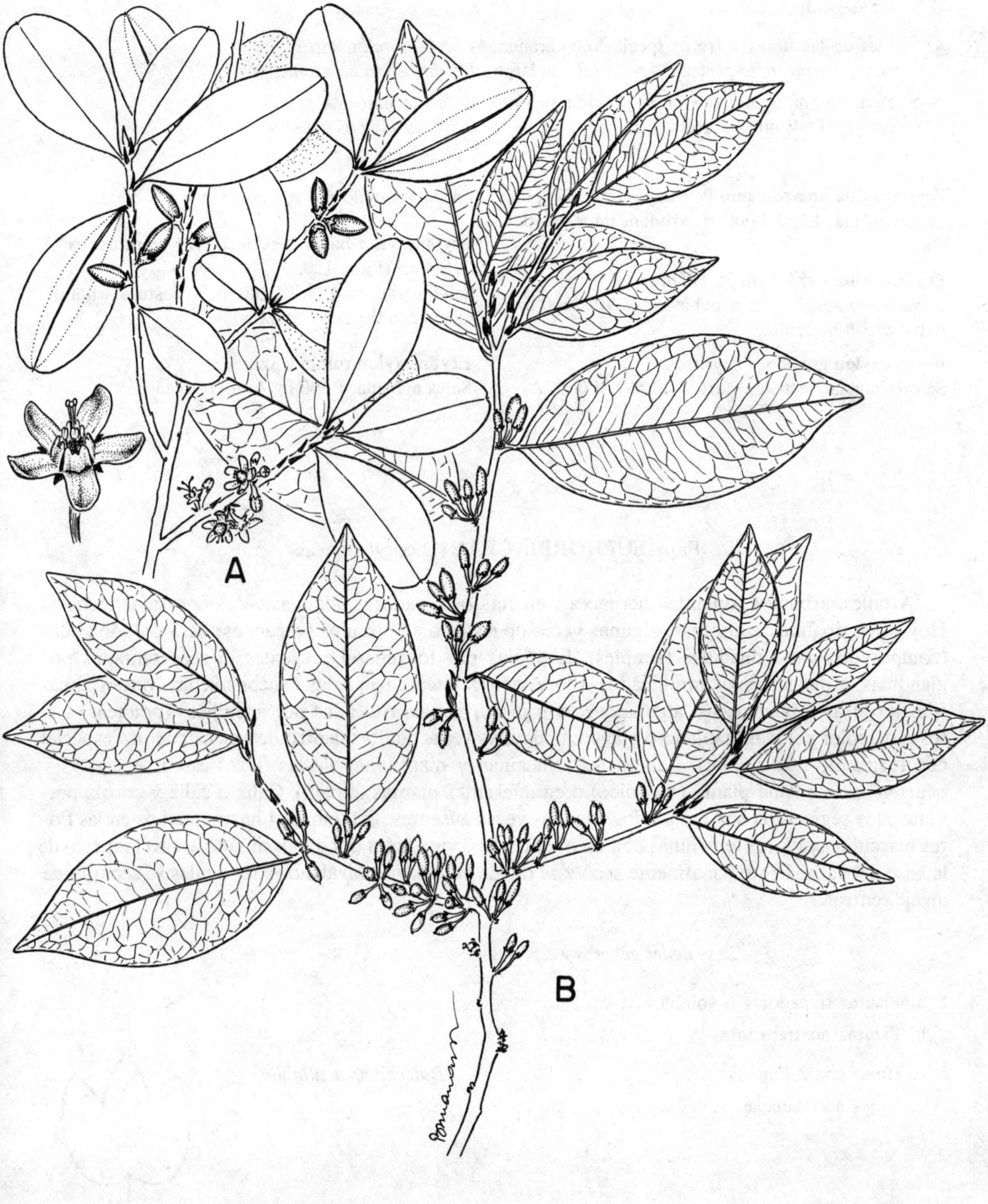

A. Erythroxylon havanense.—B. Erythroxylon amazonicum.

b. Hojas más grandes, las más grandes 10-19 cm de largo, (3,5—) 4-7 cm de ancho; estípulas más prominentes, 6-15 mm de largo, caducas, los márgenes no dentados 4

4. a. Ejes de las flores o frutos (pedicelos) agrandados en la porción superior y conspicuamente angulados, 4,5-15 mm de largo . *Erythroxylon amazonicum*

b. Pedicelos ni agrandados en la porción superior ni conspicuamente angulados, 2-3 (—4) mm de largo . . . . *Erythroxylon citrifolium*

Erythroxylon amazonicum Peyritsch (Lám. 120, B)
Selva nublada, 1.500-2.000 m. Arbol de unos 4 m de alto.

Erythroxylon citrifolium St. Hilaire
Selva transicional y selva nublada, 1.390-1.600 m. Arbol de 3-8 m de alto.

Erythroxylon gracilipes Peyritsch
Selva nublada, vertiente norte, 1.000-1.300 m. Arbol de 3-4 m de alto con flores de color crema.

Erythroxylon havanense Jacq. var. **continentis** O. E. Schulz (Lám. 120, A)
Selva veranera, 1.000-1.200 m. Arbusto o árbol pequeño con flores blancuzcas.

Erythroxylon rufum Cav.
Selva nublada, 1.500 m. Arbol pequeño.

Fam. EUPHORBIACEAE (Dicotyledoneae)

Arboles, arbustos o plantas herbáceas, erectas o trepadoras, algunas veces con savia lechosa. Hojas principalmente alternas, algunas veces opuestas o en círculos (verticilos) de 3 ó 4, divididas (compuestas) o no divididas (simples). Estípulas por lo general presentes, o representadas por glándulas, espinas o pelos ramificados. Flores generalmente pequeñas e inconspicuas, verdes, amarillo-verdosas o blancuzcas, algunas veces rojo-purpúreas, rodeadas por apéndices (brácteas) vistosas de color rojo, anaranjado o blanco, o algunas veces ocultas dentro de una estructura especial con forma de taza (ciatio). Las partes femeninas y masculinas de las flores están separadas y ocurren en la misma planta (monoico) o en diferentes plantas (dioico). Cáliz o cáliz y corola presentes, los segmentos libres o unidos, algunas veces ausentes. Estambres 1 hasta muchos en las flores masculinas. Flores femeninas con un ovario con 3 cavidades (lóculos), situado arriba (súpero) de la base del cáliz. Fruto usualmente seco y se divide en 3 partes bivalvadas, las cuales se separan de un eje central.

Clave de los géneros y especies

1. a. Plantas trepadoras o volubles 2

b. Plantas no trepadoras 4

2. a. Hojas con 3 lóbulos . . . . *Dalechampia tiliifolia*

b. Hojas no lobuladas 3

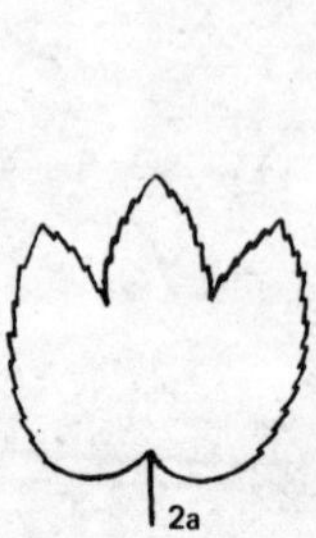

2a

3. a. Hojas cuyos nervios principales nacen desde la base; márgenes de las hojas ligeramente o nada dentados, o con los dientes apenas evidentes; hojas más grandes 5-12 cm de ancho . . . . *Dalechampia dioscoriifolia*

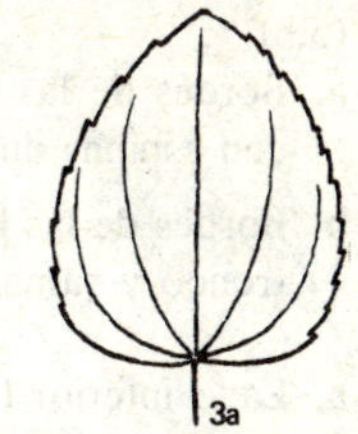

3a

b. Hojas cuyos nervios principales nacen en diferentes niveles del nervio medio; márgenes de las hojas con dientes obvios; hojas 0,5-2,5 cm de ancho *Tragia volubilis*

3b

4. a. Arboles 12-30 m de alto 5

b. Arboles más pequeños, arbustos o plantas herbáceas con tallo blando o con los tallos ligeramente endurecidos o leñosos en la base 13

5. a. Los nervios principales (incluyendo el nervio medio) en número de 3-5, nacen juntos desde la base de la hoja (basinervadas) 6

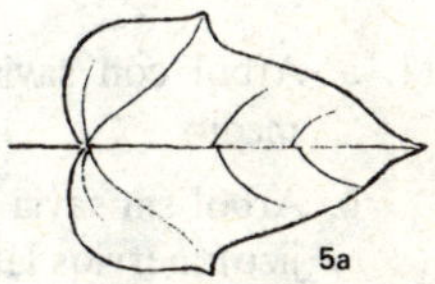

5a

b. Los nervios laterales principales nacen en niveles diferentes del nervio medio encima de la base de la hoja (penninervias) 9

5b

6. a. Hojas sin lóbulos y sin pelos conspicuos . . . . *Alchornea triplinervia*

b. Hojas con lóbulos, o con pelos, o con ambos caracteres 7

7. a. Tallos y ejes que soportan las hojas (pecíolos) al igual que las hojas, con pubescencia (pelos) suave y densa; pelos sueltos o alargados . *Croton speciosus*

b. Tallos y pecíolos al igual que las hojas, con una cubierta escamosa o caposa; pelos o escamas presentes, pero siempre cortos y/o apretadamente comprimidos contra la superficie (adpresos) 8

8. a. Dos glándulas presentes en la base del lado inferior (envés) de la hoja; glándulas usualmente con ejes, algunas veces sin ejes; inflorescencia 8-14 cm de largo; flores masculinas relativamente pocas . . . . *Croton huberi*

8a

b. Dos glándulas presentes en la base del lado superior (haz) de la hoja; glándulas siempre sin ejes (sésiles); inflorescencia 15-45 cm de largo; flores masculinas muy numerosas . . . . *Croton gossypifolius*

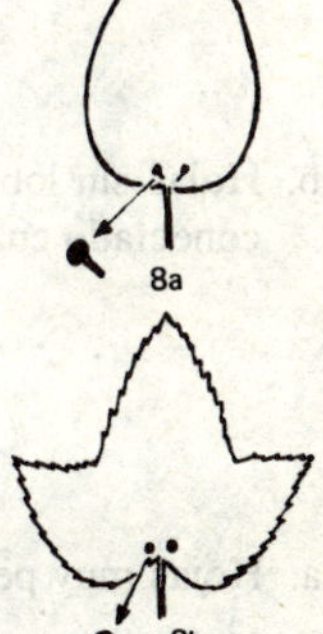

8b

9. (5.b)

a. Bordes de las hojas con dientes obvios y toscos; tronco y ramas cubiertos con espinas duras y agudas . . . . *Hura crepitans*

b. Bordes de las hojas sin dientes o con dientes muy pequeños e inconspicuos; tronco y ramas sin espinas 10

10. a. Lado inferior (envés) de la hoja, de color verde-plateado; sin glándula en el ápice del eje que soporta la hoja (pecíolo) . . . . *Hieronyma moritziana*

b. Envés de la hoja de color verde oscuro u opaco; 2 glándulas situadas en el ápice del pecíolo 11

11. a. Arbol con savia lechosa; nervios laterales 20-30 en cada lado del nervio medio . . . . *Sapium stylare*

b. Arbol sin savia lechosa (pero la savia sí puede ser de color anaranjado o rojizo); nervios laterales 7-18 en cada lado del nervio medio 11

12. a. Savia de color rojizo o anaranjado; hojas con 12-18 nervios laterales en cada lado del nervio medio; glándulas inconspicuas, no extendidas y comprimidas contra la superficie del ápice del pecíolo; hojas generalmente ensanchadas, redondeadas o acorazonadas en la base . . . . *Croton xanthochloros*

b. Sin savia lechosa o de otro color; hojas con 7-9 nervios laterales en cada lado del nervio medio; glándulas horizontalmente extendidas y conspicuas en el ápice del pecíolo; hojas angostadas o adelgazándose en la base . . . . . . *Tetrorchidium rubrivenium*

13. (4.b)

a. Hojas con 5-11 lóbulos prominentes; eje que soporta la hoja (pecíolo) conectado entre la base y el centro de la hoja . . . . *Ricinus communis*

13a

b. Hojas sin lóbulos o con menos de 5 lóbulos; pecíolo ausente, o si presente, conectado en la base misma de la hoja 14

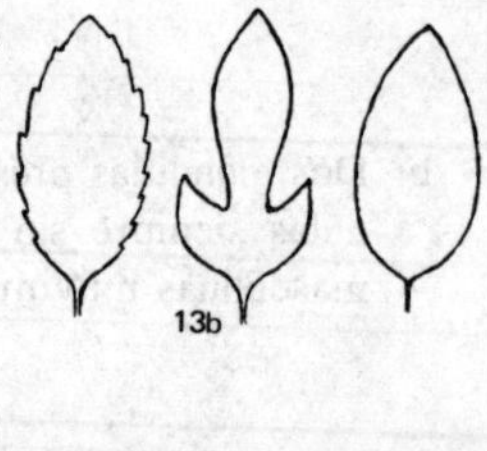

13b

14. a. Hojas muy pequeñas, 5-15 mm de largo, 2-6 (−15) mm de ancho 15

b. Hojas más grandes que las descritas anteriormente 18

15. a. Tallos extendidos sobre la tierra (postrados) o casi, formando una estera . . . *Euphorbia prostrata*

b. Tallos verticales (erectos) 16

16. a. Hojas opuestas . . . . *Euphorbia glomerifera*

16a

b. Hojas alternas a lo largo del eje foliar, semejantes a una hoja compuesta 17 *(Phyllanthus)*

16b

17. a. Plantas pequeñas, herbáceas, de menos de 1 m de alto; hojas más grandes mucho más largas que anchas, 2-6 mm de ancho . . *Phyllanthus lathyroides*

b. Arbusto o planta arbustiva de más de 1 m de alto; hojas más grandes 5-18 mm de ancho . . . . *Phyllanthus micrandrus*

18. (14.b)
a. Hojas generalmente con lóbulos 19

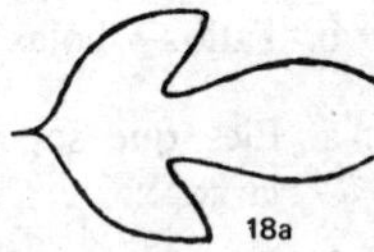
18a

b. Hojas no lobuladas, sin embargo, pueden o no presentar dientes 22

19. a. Plantas herbáceas con tallos blandos . . . . *Euphorbia heterophylla*

b. Arboles o arbustos con tallos y ramas leñosas 20

20. a. Parte superior de los tallos, con pelos urticantes . . . *Cnidoscolus kunthiana*

b. Sin pelos urticantes o irritantes 21

21. a. Tallos, ejes que soportan las hojas (pecíolos) y hojas, con pubescencia (pelos) densa y suave; pelos esparcidos o alargados . . . . . . *Croton speciosus*

b. Tallos, pecíolos y hojas, con una cubierta densa de escamas; pelos o escamas presentes pero cortos y muy comprimidos contra la superficie . . *Croton gossypifolius*

22. (18.b)
a. Algunas de las ramas terminan en puntas espinosas: ramas muy pálidas con zonas (nudos) agrandadas, pequeñas o conspicuas; flores (solamente las masculinas) en grupos sobre el tallo o en la base del eje que soporta la hoja (pecíolo) . . . . *Adelia ricinella*

22a

b. Ninguna de las ramas termina en puntas espinosas; sin la combinación de caracteres arriba indicados 23

23. a. Hojas en pares (opuestas) o en círculos (verticilos) de 3 ó 4 24

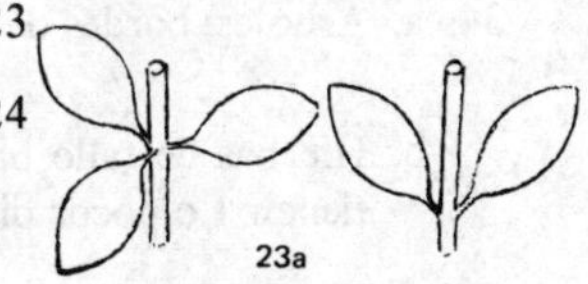
23a

b. Algunas de las hojas o todas, dispuestas alternamente sobre el tallo . . . 32

23b

24. a. Plantas con jugo lechoso (látex) 25

b. Plantas sin látex . . . . *Croton hirtus*

25. a. Arboles o arbustos; ejes que soportan las hojas (pecíolos) 2,5-5 cm de largo 26

b. Plantas herbáceas, pequeñas o con tallo blando 27

26. a. Hojas de color rojo o ladrillo . . . . *Euphorbia caracasana*

b. Hojas de color verde opaco o gris-plateado . . . . . . *Euphorbia cotinifolia*

27. a. Bordes de las hojas con dientes finos, diminutos 28

b. Bordes de las hojas sin dientes, lisos 29

28. a. Tallos y/o cara inferior (envés) de las hojas, con pelos; flores en grupos densos . . . . *Euphorbia hirta*

b. Tallos y hojas sin pelos (glabros) . . . . *Euphorbia hyssopifolia*

29. a. Ejes que soportan las hojas (pecíolos) generalmente (5–) 10-50 mm de largo 30

b. Pecíolos casi ausentes, a lo más sólo 1-4 mm de largo 31

30. a. Pecíolos generalmente con pelos . . . . *Euphorbia insulana*

b. Pecíolos usualmente sin pelos (glabros) . . . . *Euphorbia graminea*

31. a. Hojas dispuestas muchas veces en grupos de 3; nervios de las hojas, débiles y apenas evidentes, los nervios laterales nacen en niveles diferentes a lo largo del nervio medio, ninguno de los nervios prominente, ni nacen juntos en la base de la hoja; hojas todas pequeñas, 1-1,5 cm de largo, a lo más 1 ¾ veces más largas que anchas . . . . *Euphorbia peplus*

b. Hojas dispuestas siempre en pares, opuestas una a otra; los 3 nervios principales (incluyendo el nervio medio) son generalmente prominentes y nacen juntos desde la base de la hoja; hojas generalmente (0,8–) 1-5 cm de largo, 2-10 veces más largas que anchas . . . . *Euphorbia hyssopifolia*

32. (23.b)

a. Plantas con jugo lechoso (látex) 33

b. Plantas sin látex, pero si hay jugo presente, entonces será de otro color . . 37

33. a. Algunas de las hojas con dientes que se proyectan desde los bordes . . . 34

b. Todas las hojas con los bordes lisos o sin dientes 35

34. a. Arboles; bordes de las hojas con muchos dientes finos o diminutos . . *Mabea occidentalis*

b. Hierbas de tallo blando; los bordes de las hojas, si son dentados, entonces tienen 1 o pocos dientes grandes y toscos . . . . . . *Euphorbia heterophylla*

35. a. Todas las hojas, largas y angostas, muchas veces (10-25) más largas que anchas, 0,3-1,1 cm de ancho, los bordes más o menos rectos y paralelos . *Euphorbia heterophylla* var. *graminifolia*

b. Hojas generalmente sólo 2-6 veces más largas que anchas, los lados usualmente encorvados hacia afuera de manera que la hoja se angosta en cada extremo, 1-5 cm de ancho . . . . *Croton ovalifolius*

36. a. Ejes que soportan las hojas (pecíolos), 1 cm o menos de largo, sin pelos; nervios laterales no visibles; flores agrupadas con brácteas grandes, sobrepuestas; planta herbácea 0,2-0,45 m de alto . . . . *Euphorbia gollmeriana*

b. Pecíolos 1-3 cm de largo, generalmente peludos; hojas generalmente con los nervios laterales evidentes; flores sin brácteas sobrepuestas; planta herbácea 0,5-1,5 m de alto . . . . *Euphorbia insulana*

37. (32.b)

a. Plantas pequeñas usualmente menos de 0,7 m de alto 38

b. Arbustos o árboles usualmente más de 1 m de alto 39

38. a. Bordes de las hojas con dientes prominentes; hojas 0,5-7,5 cm de ancho . . . *Croton hirtus*

b. Bordes de las hojas no dentados o escasamente dentados; hojas 0,5-1,5 cm de ancho . . . . *Croton ovalifolius*

39. a. Hojas muy pequeñas, 5-15 (25) mm de largo, 5-15 (–18) mm de ancho . . . *Phyllanthus micrandus*

b. Sin la combinación de caracteres arriba indicados, las hojas usualmente mucho más grandes 40

40. a. Hojas sin nervios laterales conspicuos o evidentes 41

b. Hojas con nervios laterales conspicuos o evidentes 42

41. a. La inflorescencia o ejes de las flores nacen siempre de los extremos del tallo o ramas; hojas 2-4 (–6) cm de largo, 1 ½-2 veces más largas que anchas, usualmente con la punta corta . . . . *Sebastiania granatensis*

b. La inflorescencia o ejes de las flores nacen siempre de los lados del tallo o de las ramas; hojas 4,5-15 cm de largo, 3-4 veces más largas que anchas, usualmente se adelgazan en una punta larga . . . . . . *Acalypha tenuifolia*

42. a. Lado inferior (envés) de las hojas, sin pelos ni escamas o casi sin ellos (usar lupa) 43

b. Envés de las hojas con pocos hasta muchos pelos o escamas diminutas (usar lupa) 51

43. a. Bordes de las hojas sin dientes o con dientes distantes 0,5-1,5 cm entre sí . 44

b. Bordes de las hojas con dientes más numerosos y más juntos, distantes 0,2-0,7 cm entre sí 46

44. a. Hojas con forma de corazón en la base . . . . *Croton pungens*

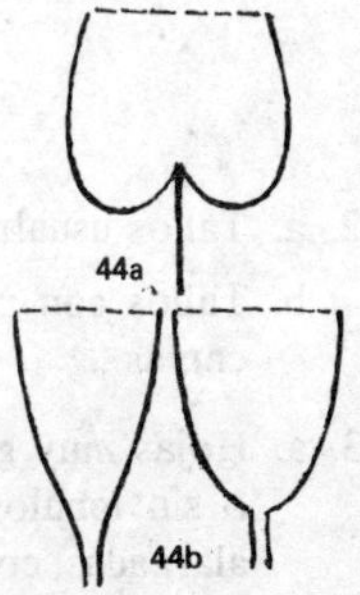

b. Hojas sin forma de corazón en la base 45

45. a. 2 glándulas presentes en el ápice del eje que soporta la hoja (pecíolo) . . . . *Tetrorchidium rubrivenium*

b. Sin glándulas presentes en el ápice del pecíolo . . . . *Croizatia naiguatensis*

46. a. Algunos pelos diminutos en forma de estrella presentes en el lado inferior (envés) de la hoja, eje que soporta la hoja, tallo y flores . . . *Croton pungens*

46a

b. Sin pelos en forma de estrella presentes en la planta 47

47. a. Una glándula redonda, aplanada, situada en cada mitad del lado inferior (envés) de la hoja y cerca de su base; pecíolo 0,2-1 cm de largo . . . *Bernardia venezuelana*

b. Ninguna glándula presente en el envés de la hoja; pecíolo con frecuencia más largo 48

48. a. Hojas 1-4 cm de ancho . . . . *Acalypha tenuifolia*

b. Hojas 6-18 cm de ancho 49

49. a. Hojas angostadas en la base . . . . *Acalypha cuneata*

b. Hojas redondeadas o ensanchadas en la base 50

50. a. Hojas relativamente firmes y gruesas; inflorescencias de flores femeninas dispuestas sobre ejes gruesos y con las flores dispuestas próximas entre sí *Acalypha macrostachya*

b. Hojas relativamente delgadas y delicadas en espesor; inflorescencias de flores femeninas sobre ejes con aspecto de hilo, con las flores más separadas *Acalypha villosa*

51. (42.b)

a. La inflorescencia o eje floral nace en los extremos del tallo principal o en los extremos de las ramas del tallo . . . . 52 *(Croton)*

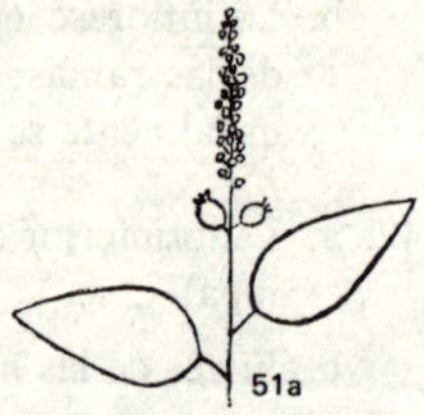
51a

b. Inflorescencia o eje floral usualmente situado a lo largo del tallo 62

51b

52. a. Tallos usualmente con pelos largos extendidos y conspicuos 53

b. Tallos con pelos cortos, los cuales no son largos ni extendidos, o con escamas 55

53. a. Hojas muy grandes, 10-20 cm de largo, 10-20 cm de ancho, los bordes con o sin lóbulos o proyecciones; usualmente 6 glándulas o menos, delgadas, alargadas, con ejes, situadas en la base de la hoja . . . . . . *Croton speciosus*

b. Hojas muy pequeñas con los bordes siempre sin lóbulos; glándulas, si presentes, pequeñas e inconspicuas, o por lo menos sin ejes en la base de la hoja misma 54

54. a. Bordes de la hoja, sin dientes o con dientes muy diminutos o inconspicuos . . *Croton bredemeyeri*

b. Bordes de la hoja, con dientes conspicuos . . . . *Croton populifolius*

55. a. Lado inferior (envés) de las hojas cubierto por escamas o pelos diminutos, pero éstos no ocultan la superficie, o los pelos o escamas inconspicuos . . 56

55a

b. Lado inferior de las hojas por lo común densamente cubierto por pelos o escamas de color marrón, ante, gris o plateado, los cuales dominan la superficie 59

56. a. Glándulas diminutas, en forma de disco situadas en la base de la hoja donde ésta se junta con el eje que la sostiene (pecíolo) 57

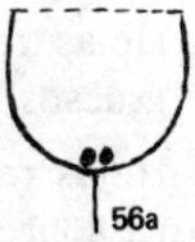
56a

b. Ninguna glándula en forma de disco, visible en la unión de la base de la hoja con el pecíolo 58

57. a. Base de la hoja usualmente acorazonada; las hojas se adelgazan en un ápice largo . . . . *Croton pungens*

b. Base de la hoja redondeado o anchamente encorvado, pero no en forma acorazonada; las hojas terminan en un ápice corto o encorvado . . . . . *Croton caracasanus*

58. a. Bordes de la hoja, sin dientes o con dientes inconspicuos . . *Croton curranii*

b. Bordes de la hoja, con dientes conspicuos . . . . *Croton caracasanus*

59. (55.b)

a. Hojas grandes, 10-20 cm de largo, 10-20 cm de ancho; hojas usualmente con 3 lóbulos o proyecciones grandes, pero éstas ausentes algunas veces . . . *Croton gossypifolius*

b. Hojas en promedio más pequeñas; hojas siempre sin lóbulos o proyecciones grandes 60

60. a. Las hojas generalmente terminan en una punta corta; generalmente con 4-6 nervios laterales en cada lado del nervio medio . . . . *Croton ruizianus*

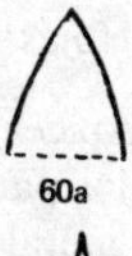
60a

b. Las hojas se adelgazan en una punta larga; generalmente 6-7 nervios laterales en cada lado del nervio medio 61

60b

61. a. Hojas frecuentemente con forma muy acorazonada en la base; hojas más grandes 7-17 cm de largo, 3,5-11 cm de ancho . . . . *Croton pungens*

b. Hojas con frecuencia más redondeadas o angostadas en la base, algunas veces ligeramente acorazonadas en la base; las hojas más grandes son, en promedio, más pequeñas que en el caso anterior, generalmente 4,5-7 (–9) cm de largo, 1,5-3 (–5) cm de ancho . . . . *Croton bredemeyeri*

62. (51.b)

a. Tallos con pelos largos y extendidos 63

62a

b. Tallos sin pelos o con pelos cortos apretados contra la superficie 65

62b

63. a. Hojas 5-18 cm de ancho, 10-25 cm de largo 64

b. Hojas en promedio más angostas y más cortas . . . . . *Acalypha cuspidata*

64. a. Hojas relativamente firmes y gruesas; inflorescencia femenina sobre ejes gruesos, las flores dispuestas próximas entre sí . . . *Acalypha macrostachya*

b. Hojas relativamente delgadas y delicadas en espesor; inflorescencia femenina sobre ejes semejantes a hilos, las flores más separadas entre sí . . . . . *Acalypha villosa*

65. a. Eje que soporta la hoja (pecíolo) 0,2-1 cm de largo 66

b. Pecíolo usualmente 1 cm o más de largo 68

66. a. Dientes, cuando presentes en los bordes de las hojas, anchamente encorvados, ondulados o no proyectándose hacia afuera; los nervios laterales principales de las hojas se arquean hacia arriba y no son prominentemente elevados en el lado inferior (envés) . . . . *Acalypha tenuifolia*

66a

b. Dientes más bien prominentes y adelgazándose en una punta o proyección hacia afuera de los bordes; nervios laterales principales de las hojas usualmente más rectos, ascendentes y más bien prominentemente elevados en el envés 67

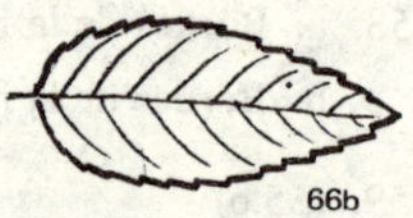

66b

67. a. Envés de las hojas obviamente peludo . . . . *Bernardia jacquiniana*

b. Envés de las hojas apenas o diminutamente peludo, por lo menos sobre los nervios . . . . *Bernardia venezuelana*

68. a. Hojas 6-18 cm de ancho, 10-25 cm de largo . . . . . *Acalypha macrostachya*

b. Hojas usualmente en promedio más pequeñas 69

69. a. Apices de los dientes de las hojas anchamente redondeados o encorvados; los pares de nervios laterales más bajos de la hoja, ramificados; 4-6 nervios laterales en cada lado del nervio medio; nervios transversales inconspicuos *Acalypha cuspidata*

b. Apice de los dientes de las hojas terminando en una punta corta, pero los dientes menos conspicuos y más cortos; los pares de nervios laterales más bajos no ramificados; 7-8 nervios laterales en cada lado del nervio medio; nervios transversales conspicuos en ambas caras y elevados en el envés de la hoja . . . . *Acalypha diversifolia*

Acalypha cuneata Poepp. & Endl.
Selva veranera, 900-1.200 m. Arbusto de hasta 3 m de alto.

Acalypha cuspidata Jacq. (Lám. 121, C)
Selva transicional, 1.000-1.500 m. Arbusto.

Acalypha diversifolia Jacq.
Selva veranera, 1.100-1.300 m. Arbusto.

Acalypha macrostachya Jacq. *"Suasadora"* (Lám. 122, A)
Selva transicional, selva veranera y selva nublada, 500-1.900 m. Arbusto o árbol pequeño, 2-5 m de alto.

Acalypha macrostachya var. **hirsutissima** M. Arg.
Una variante con más pelos, se encuentra algunas veces en la selva de galería a 1.300-1.500 m.

Acalypha tenuifolia M. Arg. (Lám. 121, A)
Acalypha microphylla Pittier
Selva veranera, selva de galería y selva nublada, vertiente norte, 1.000-1.300 m. Arbusto 1-3 m de alto.

Acalypha villosa Jacq.
Selva nublada, vertiente norte, 900-1.200 m. Planta algo arbustiva, 2,5 m de alto con flores de color verdoso.

Adelia ricinella L. *"Polegallo"*
Selva veranera y sabana, 800-1.100 m. Arbusto o árbol pequeño de 3-5 m de alto. Flores blancas o blanco-verdoso pálido dispuestas sobre ramas frondosas o sin hojas, frutos anaranjados.

Alchornea triplinervia (Spreng.) M. Arg. *"Cañaflote"*
Selva nublada, 1.500-1.900 m. Arbol de 10-30 m de alto.

Bernardia jacquiniana M. Arg. (Lám. 121, B)
Selva de galería y selva veranera, 900-1.200 m. Arbusto pequeño.

Bernardia venezuelana Steyermark
Selva nublada, 1.600-2.000 m. Arbusto 2-3 m de alto con flores y frutos verdes.

Cnidoscolus kunthiana (M. Arg.) Pax & Hoffm. (Lám. 125, B)
Jatropha kunthiana M. Arg.
Selva veranera, 1.000-1.300 m. Arbol 2-3 m de alto.

Croizatia naiguatensis Steyermark
Selva nublada, vertiente norte, 2.000 m. Arbol 5-6 m de alto.

Croton bredemeyeri M. Arg. *"Sarasara"*
Selva veranera, 900-1.000 m. Arbusto pequeño. Esta especie se distingue difícilmente de *Croton scaber* Willd., y posiblemente ambas constituyan una sola especie.

Croton caracasanus Pittier
Selva de galería y selva veranera, 1.000-1.200 m. Arbusto o árbol pequeño de hasta 5 m de alto.

Croton currani Blake
Selva veranera, 900 m. Arbusto.

Croton gossypifolius Vahl *"Sangredrago"* (Lám. 123, C)
Selva veranera y selva transicional, 900-1.600 m. Arbol 2-15 m de alto.

Croton hirtus L'Herit (Lám. 124, D)
Sabana y bordes de la selva veranera, 900-1.100 m. Planta herbácea o arbusto pequeño.

Croton huberi Steyermark
Selva nublada, 1.900-2.000 m. Arbol 20-25 m de alto. El follaje de ésta, como de casi todas las especies de *Croton*, se torna anaranjado o rojizo cuando viejo o antes de caerse del árbol.

Croton ovalifolius West ex Vahl *"Amargosito"*
Sabana y bordes de la selva veranera, 900-1.000 m. Pequeña planta con muchos tallos, con hojas pequeñas, y ligeramente endurecida en la base. Esta planta es considerada localmente de valor medicinal.

Croton populifolius Lam. *"Carcanapire"*
Sabana y selva veranera, en matorrales, 1.000-1.300 m. Arbusto de 1-2 m de alto.

Croton pungens Jacq. (Lám. 123, B)
Selva transicional y selva nublada, 1.400-1.800 m. Arbusto 2-4 m de alto.

Croton ruizianus M. Arg. var. **podadenius** M. Arg.
Croton redolens Pittier
Selva veranera, 700-1.000 m. Arbusto con flores cremosas.

Croton speciosus M. Arg. (Lám. 123, A)
Selva transicional y selva nublada, 1.200-1.600 m. Arbol 4-25 m de alto.

Croton xanthochloros Croizat *"Cucharo blanco"*, *"Canelón"*, *"Torco"*, *"Sarasara"*
Croton multicostata Pittier, no M. Arg.
Selva transicional y selva nublada, 700-1.200 m. Arbol de 8-25 m de alto con jugo anaranjado o rojo; flores cremosas.

Dalechampia discoriifolia Poepp.
Selva nublada, vertiente norte, 950 m. Trepadora.

Dalechampia tiliifolia Lam. *"Picapica"* (Lámina 121, E)

Euphorbia caracasana M. Arg.
Selva veranera, 1.300-1.400 m. Arbusto o árbol pequeño comúnmente cultivado por su follaje de color ladrillo-rojizo.

Euphorbia cotinifolia L. *"Lechero"* (Lám. 122, B)
Sabana y matorrales en selva veranera, 900-1.700 m. El jugo lechoso de los tallos y hojas puede causar erupciones en la piel e irritación en algunas personas sensibles.

Euphorbia glomerifera (Millsp.) L. C. Wheeler *"Hierba de boca"*
Chamaesyce glomerifera Millsp.
Lugares perturbados y en cultivos, 800-1.000 m. Maleza. Las hojas usualmente ovaladas, obovadas u oblongas son más anchas que las de *Euphorbia hyssopifolia*

Euphorbia gollmeriana Klotzsch
Sabana, 1.000 m. Hierba.

Euphorbia graminea Jacq.
Selva transicional y lugares cultivados, 1.200-1.500 m. Hierba.

Euphorbia heterophylla L. *"Lechosito"* (Lám. 124, B)
Sabana y bordes de selva veranera, 1.000-1.100 m. Hierba.

Euphorbia heterophylla var. **graminifolia** (Michx.) Engelm.
Una variación con hojas más angostas de *E. heterophylla.*

Euphorbia hirta L. *"Golondrina", "Yerba de pollo"*
Sabana y lugares abrigados o alterados al borde de la selva veranera, 900-1.000 m. Hierba.

Euphorbia hyssopifolia L.
Euphorbia brasiliensis Lam. var. *hyssopifolia* (L.) Boiss. in DC.
Chamaesyce hyssopifolia (L.) Small
Maleza en sabanas y lugares perturbados, 800-1.100 m. Hierba con hojas usualmente de tipo angosto (lineares hasta oblongo-lineares o lanceolado-lineares).

Euphorbia insulana Vell. var. **tovarensis** (Boiss.) Croiz. (Lám. 124, A)
Selva transicional, 1.100-1.500 m. Las flores de esta hierba están rodeadas por brácteas pequeñas de color blanco.

Euphorbia peplus L.
Hierba. Introducida de Europa, en selva transicional y selva nublada, 1.200-1.500 m.

Euphorbia prostrata Ait. *"Aparraíta"*
Chamaesyce prostata (Ait.) Small
Euphorbia chamaesyce L.
Lugares alterados y abiertos, 800-1.000 m. Maleza. Esta planta es usada en decocción como purgante.

Hieronyma moritziana (M. Arg.) Pax & Hoffm. var. **fendleri** (Briq.) Pax & Hoffm. (Lám. 121, D)
Selva nublada, 1.800-1.900 m. Arbol 15-25 m de alto.

Hura crepitans L. *"Jabillo", "Habillo"* (Lám. 125, C)
Selva veranera y selva de galería, 1.100 m. El jugo lechoso de este árbol es venenoso y puede causar graves irritaciones si cae en los ojos. Llega a alcanzar hasta 25 m de altura y es muy plantado por su rápido crecimiento y por su sombra.

Mabea occidentalis Benth. *"Nigüito"* (Lám. 122, C)
Selva transicional y selva de galería, 1.200 m. Arbol 5-8 m de alto, con abundante látex blanco.

Phyllanthus lathyroides H.B.K. *"Flor escondida"* (Lám. 124, C)
Lugares alterados y cultivados que bordean la selva transicional y selva veranera, 900-1.000 m. Maleza común en los jardines. Las flores diminutas están ocultas entre las hojas.

Phyllanthus micrandrus M. Arg. *"Cardón"*
Selva veranera, 1.100 m. Arbusto 1-2 m de alto.

Ricinus communis L. *"Tártago"* (Lám. 125, A)
Introducida desde Africa o La India y naturalizada en lugares alterados, cultivados de la sabana y otros lugares abiertos, 800-1.000 m. De las semillas se extrae un aceite de mucho valor, que se utiliza tanto en industria como medicinalmente.

Sapium stylare M. Arg.
Sapium biglandulosum (L.) M. Arg.
Selva nublada y selva veranera, 1.000-1.600 m. Arbol de hasta 25 m de alto. Las diferencias entre esta especie, *Sapium aubletianum* y *S. biglandulosum* son mínimas.

Sebastiania granatensis M. Arg.
Selva veranera, 800-1.000 m. Arbol pequeño o arbusto. Unos especímenes identificados como *Se-*

LAMINA 121: EUPHORBIACEAE

A. Acalypha tenuifolia.–B. Bernardia jacquiniana.–C. Acalypha cuspidata.–D. Hieronyma moritziana.–E. Dalechampia tiliifolia.

LAMINA 122: EUPHORBIACEAE

A. Acalypha macrostachya.–B. Euphorbia cotinifolia.–C. Mabea occidentalis.

LAMINA 123: EUPHORBIACEAE

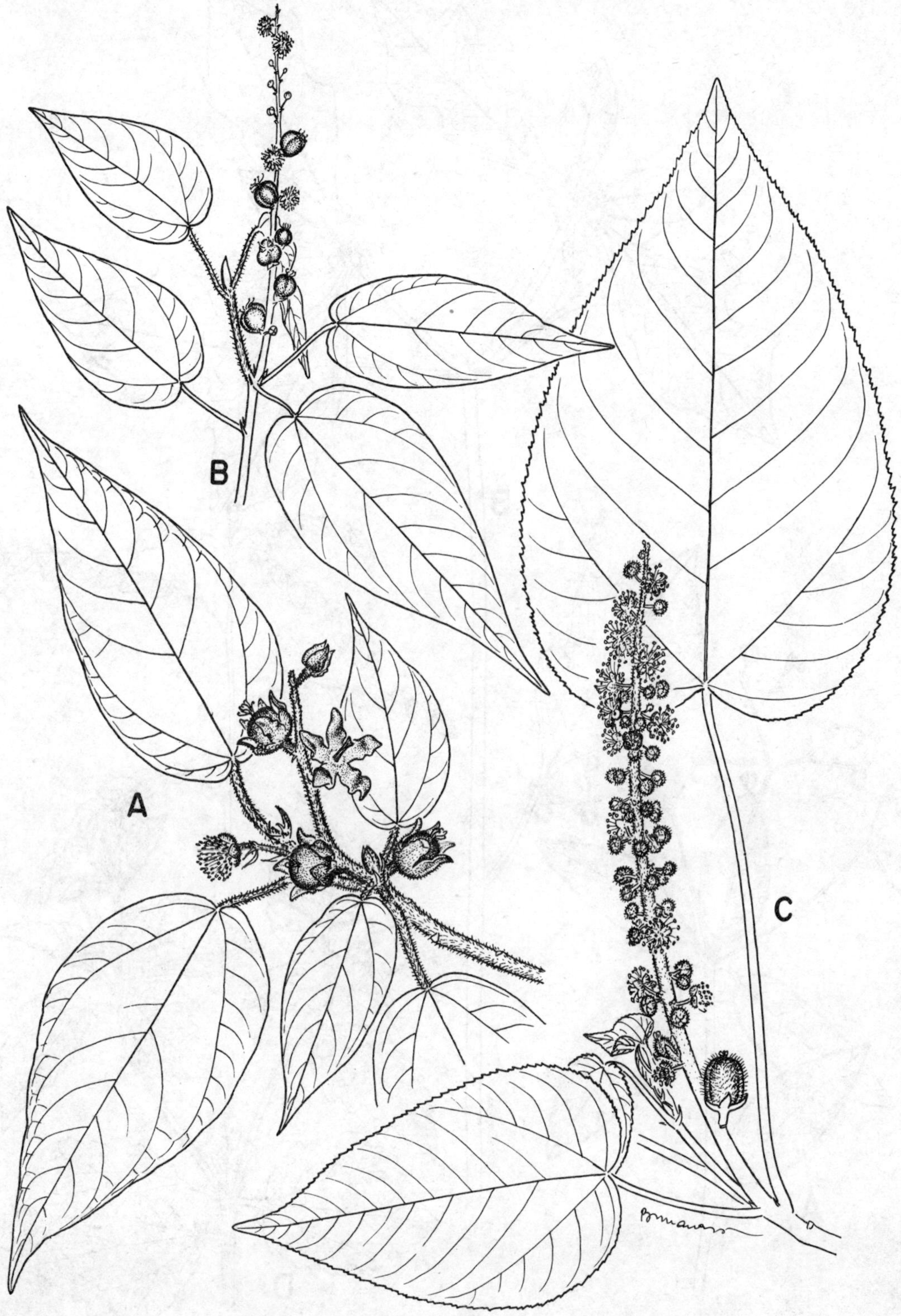

A. Croton speciosus.–B. Croton pungens.–C. Croton gossypifolius.

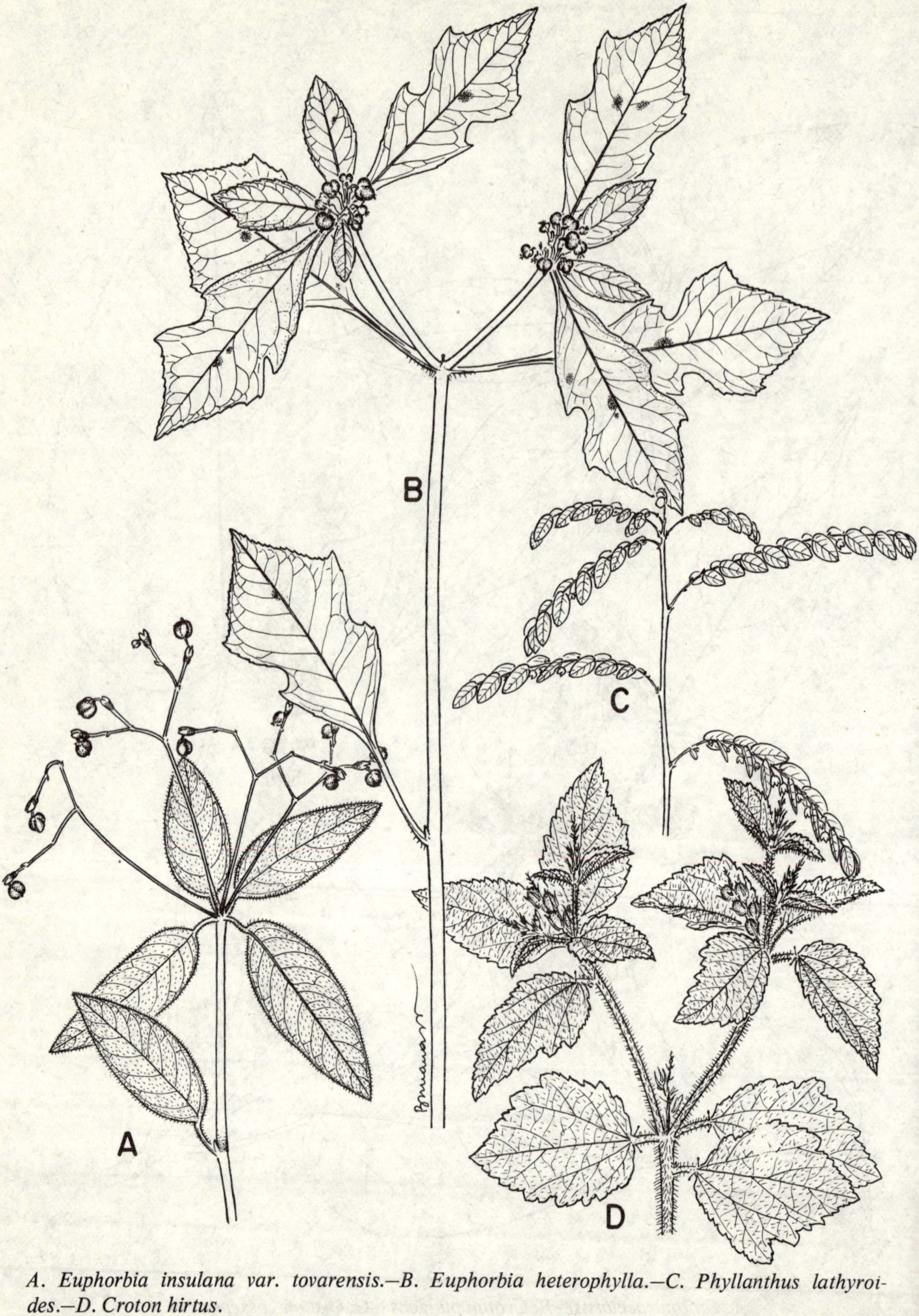

A. Euphorbia insulana var. tovarensis.–B. Euphorbia heterophylla.–C. Phyllanthus lathyroides.–D. Croton hirtus.

LAMINA 125: EUPHORBIACEAE

A. Ricinus communis.–B. Cnidoscolus kunthiana.–C. Hura crepitans.

bastiania venezolana Pax & Hoffm. han sido confundidos con *S. granatensis.*

Tetrorchidium rubrivenium Poepp. & Endl. *"Marfil"*
Selva nublada, vertiente norte, 1.500 m. Arbol 5-12 m de alto.

Tragia volubilis L. *"Pringamoza"*
Selva veranera y selva nublada, 900-1.300 m. Trepadora. Los pelos de tallos y hojas pueden causar irritación en la piel o inflamación. Esta planta es usada algunas veces como medicina.

Fam. **FLACOURTIACEAE** (Dicotyledoneae)

Arboles o arbustos, algunas veces con espinas. Hojas en 2 filas, usualmente alternas, simples (no divididas), con frecuencia provistas de puntos o líneas translúcidos (mirar la hoja contra la luz y usar lupa). Estípulas usualmente presentes, pero a menudo deciduas. Flores amarillas, blancas, verdosas, cremosas o color rosado-lavanda; algunas veces separadas las femeninas de las masculinas, pequeñas o grandes. Sépalos 2-15, usualmente libres (no conectados). Pétalos libres, igualando o excediendo en número a los sépalos, o algunas veces ausentes. Estambres en número igual o más numerosos que los sépalos. Ovario usualmente situado arriba de la base de los pétalos (súpero), o en varios niveles por debajo de la base de los pétalos (ínfero), usualmente con 1 cavidad (lóculo). Fruto, una cápsula seca o una baya carnosa.

Clave de los géneros y especies

1. a. Flores grandes y conspicuas, 3,5-5 cm de diámetro, los sépalos 1,5-2 cm de largo; solamente 1 flor presente en la base de la hoja . . . . *Ryania speciosa*

   b. Flores más pequeñas, menos de 1,5 cm de diámetro, los sépalos 0,5 cm o menos de largo; varias hasta muchas flores presentes en la inflorescencia . . 2

2. a. Hojas con 6-8 nervios principales que nacen en la base misma de la hoja (basinervadas); flores amarillas . . . . *Prockia flava*

2a
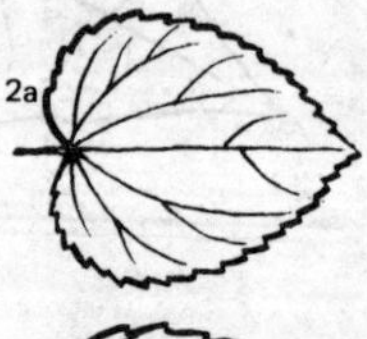

   b. Hojas con los nervios laterales principales que nacen en varios niveles del nervio medio arriba de la base de la hoja (peninervias); flores blancas, cremosas o verdosas 3

2b

3. a. Flores dispuestas en una inflorescencia alargada, más larga que ancha . . . *Homalium racemosum*

3a

   b. Flores dispuestas en grupos y con ejes cortos o sin eje, nacen de los lados de las ramas 4

3b

4. a. Todo el lado inferior (envés) de la hoja, incluyendo los nervios, con densa y suave pubescencia (pelos); plantas con tallos espinosos 5

b. El envés de la hoja generalmente sin pelos, pero con los nervios algunas veces peludos; plantas con o sin espinas 6

5. a. Hojas relativamente pequeñas; pedicelos (ejes) de las flores masculinas, más de 3 mm de largo cuando éstas están bien desarrolladas, los pedicelos delgados . . . . *Xylosma ciliatifolium*

b. Hojas relativamente más grandes; pedicelos de las flores masculinas 2-3 mm de largo; cuando las flores están completamente desarrolladas, los pedicelos más gruesos . . . . *Xylosma rubicundum*

6. a. Espinas presentes sobre los tallos o ramas, o las ramas terminando con ápices espinosos 7

b. Espinas ausentes de tallos o ramas, las ramas no terminan en ápices espinosos 8

7. a. Tallos o ramas y hojas sin pelos (glabros); tallos o ramas con espinas largas, delgadas; sin puntos translúcidos en las hojas (mirar las hojas contra la luz y usar la lupa) . . . . *Xylosma benthamii*

b. Tallos jóvenes con pelos; nervios del lado inferior (envés) de las hojas, algunas veces peludos; los tallos o ramas terminan en ápices espinosos, pero los tallos mismos no tienen espinas largas y delgadas; puntos translúcidos presentes en las hojas (mirar las hojas contra la luz y usar lupa) . . . . *Casearia spinescens*

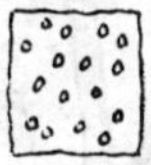

7b

8. a. Hojas adelgazándose en una punta larga, el ápice algo encorvado hacia un lado 9

b. Hojas adelgazándose en una punta corta, o si terminan en una punta larga, el ápice no encorvado hacia un lado 10

9. a. Hojas generalmente oblongas, más o menos equiláteras en la base; reticulación de las venas y vénulas más bien oscuras . . . . . . *Casearia sylvestris* var. *sylvestris*

b. Hojas más o menos ovadas u oblongo-ovadas, más o menos inequiláteras en la base; reticulación de las venas y vénulas marcadamente elevada en ambas caras . . . . *Casearia sylvestris* var. *lingua*

10. a. Hojas más o menos densamente pubescentes en el envés . . *Casearia mollis*

b. Hojas glabras 11

11. a. Eje que soporta la hoja (pecíolo) 3-15 mm de largo; fruto grande, 2-5 cm de largo y ancho . . . . *Casearia tremula*

b. Pecíolo más corto, 2-5 (–6) mm de largo; fruto más pequeño, 1-1,5 cm de largo . . . . *Casearia guianensis*

LAMINA 126: FLACOURTIACEAE

A. Casearia sylvestris var. sylvestris.—B. Casearia mollis.—C. Homalium racemosum.

LAMINA 127: FLACOURTIACEAE

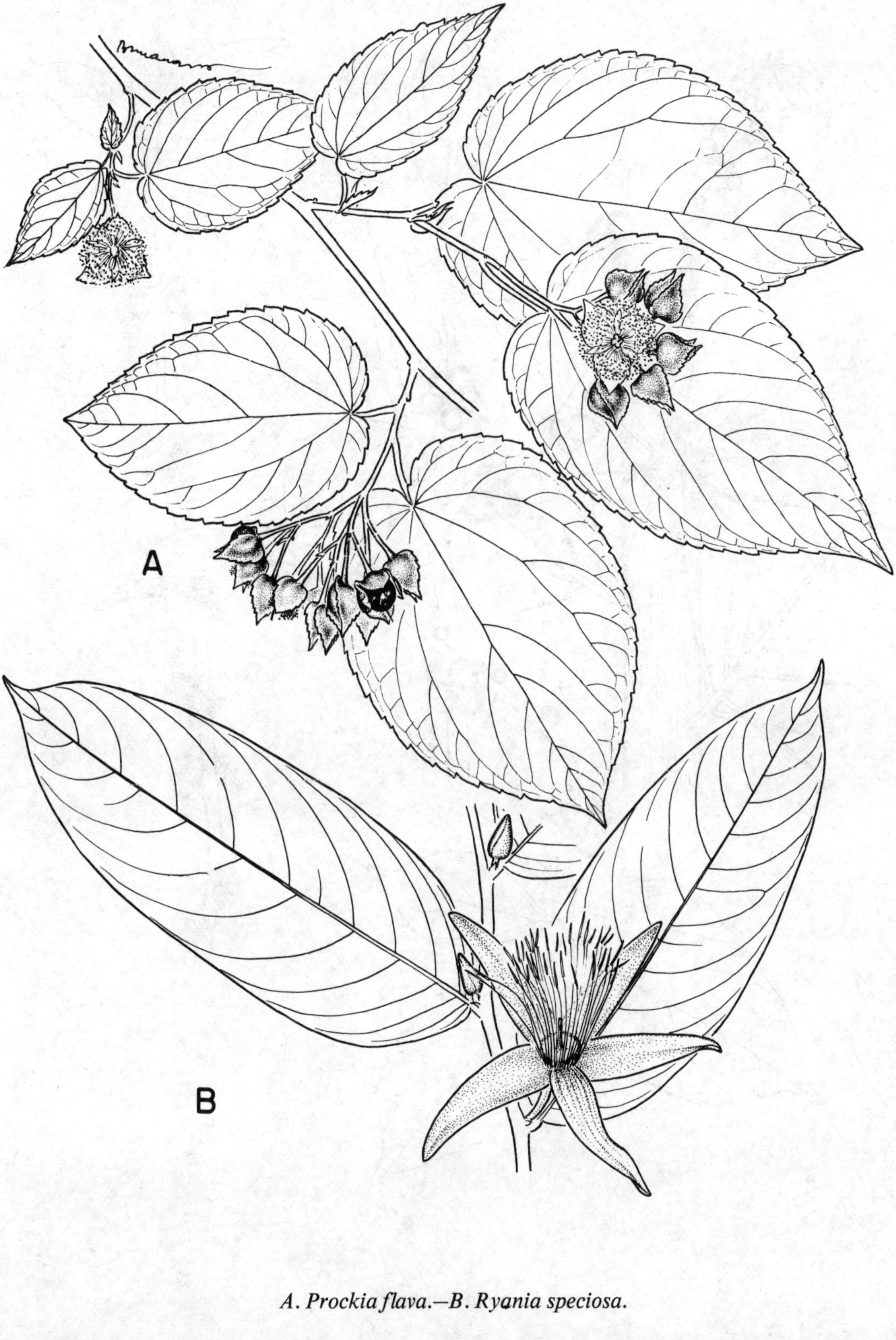

A. Prockia flava.–B. Ryania speciosa.

LAMINA 128: FLACOURTIACEAE

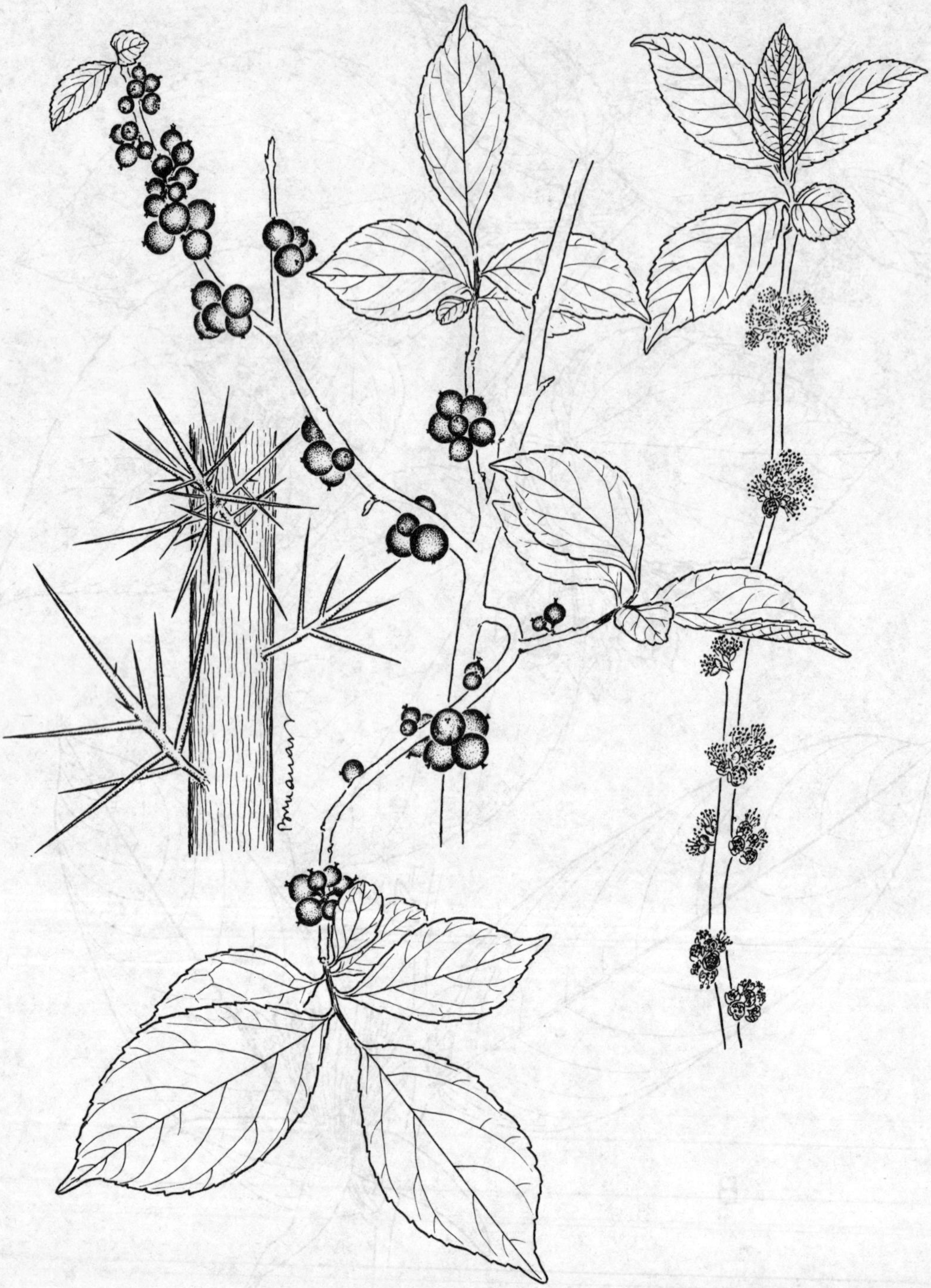

Xylosma benthamii.

Casearia guianensis (Aubl.) Urb. *"Punteral"*
Selva tropófila y selva transicional, 700-1.400 m. Arbol pequeño. Flores fragantes. Fruto rojo.

Casearia mollis H.B.K. *"Tapaculo"* (Lám. 126, B)
Selva veranera, 1.300 m. Arbol de hasta 20 m de alto. Flores blancas y vistosas. Muchas muestras bajo el nombre de *Casearia hirsuta* Sw. y de *Casearia arguta* H.B.K. han sido confundidas con *Casearia mollis.*

Casearia spinescens (Sw.) Benth. *"Punteral blanco"*
Selva tropófila, 1.000-1.200 m. Arbol pequeño o arbusto.

Casearia sylvestris Sw. *"Macacomo", "Macapiritú"* (Lám. 126, A)
Sabana, selva veranera, selva transicional y selva nublada, 1.000-1.550 m. De hábito variable, desde árboles enanos 0,5 m de alto hasta árboles pequeños de 3 m de alto. Las hojas varían en forma y en tamaño de los dientes que se encuentran en los bordes.

Casearia sylvestris var. **lingua** (Camb.) Eichl. *"Macacomo"*
Selva veranera y selva transicional, 1.300-1.500 m. Flores pequeñas, blancas.

Casearia tremula (Griseb.) Wright *"Totumillo", "Naranjillo montañero"*
Samyda tremula Griseb.
Selva transicional y selva nublada, 1.400-1.635 m. Arbusto o árbol, 3-25 m de alto. Frutos grandes, amarillentos y carnosos. Hojas con frecuencia redondeadas en la base y con el ápice terminando en una punta corta.

Homalium racemosum Jacq. *"Marfil"* (Lám. 126, C)
Homalium pittieri Blake
Selva de galería y selva tropófila, 1.000-1.100 m. Arbol 12-20 m de alto con flores blanco-cremosas, 11-13 mm de diámetro.

Prockia flava Karsten *"Guácimo de montaña"* (Lám. 127, A)
Selva tropófila y bordes de sabana, 900-1.200 m. Arbol pequeño con flores amarillas y hojas anchas basalmente

Ryania speciosa Vahl var. **stipularis** (Lind. & Planch.) Monachino *"Ciezo"* (Lám. 127, B)
Selva nublada, vertiente norte, 900-1.100 m. Arbol pequeño 3-4 m de alto. Flores rosado-marrón con filamentos numerosos. El ganado se enferma luego de ingerir cualquier parte de la planta debido al alcaloide tóxico *ryanodine* producido por esta planta.

Xylosma benthamii (Tul.) Tr. & Planch. (Lám. 128)
Xylosma pallidifolium Sleumer
Selva tropófila, 1.000-1.200 m. Las ramas y el tronco de este pequeño árbol son espinosos. Los frutos son bayas rojas, pequeñas y están dispuestos en grupos sobre las ramas desnudas. Las flores blancas reunidas en grupos aparecen mientras el árbol está aún sin hojas.

Xylosma ciliatifolium (Clos) Eichler
Selva de galería y selva veranera, 1.500-1.600 m. Arbol pequeño o arbusto con tronco espinoso. En Venezuela esta especie ha sido confundida con *Casearia hirsuta* Sw. y *Xylosma velutinum* (Tul.) Tr. & Planch.

Xylosma rubicundum (Karsten) Gilg
Selva tropófila, 1.000-1.200 m. Arbol pequeño, con tronco espinoso.

Fam. **GENTIANACEAE** (Dicotyledoneae)

Plantas herbáceas (no leñosas), usualmente con savia amarga. Hojas usualmente verdes, generalmente opuestas, algunas veces reducidas a escamas pequeñas en el caso de las hierbas saprofíticas, que no tienen clorofila. Estípulas ausentes. Flores grandes o pequeñas, de color variado. Sépalos unidos en un cáliz con 4-5 dientes o lóbulos. Pétalos unidos en un tubo con 4-5 lóbulos. Estambres en número igual que los lóbulos de la corola. Ovario situado arriba de la base del tubo de la corola (súpero), usualmente con una sola cavidad (lóculo). Fruto seco, que se abre en 2 valvas, usualmente con muchas semillas pequeñas.

Clave de los géneros y especies

1a

1. a. Plantas sin hojas verdes (saprofíticas), todas las hojas reducidas a escamas; flores amarillas . . . . *Leiphaimos aphylla*

   b. Plantas con hojas verdes 2

2. a. Plantas 0,15-0,7 m de alto; corola 0,5-1,5 cm de largo 3

   b. Plantas más grandes, 1-2 m de alto; corola 2,5-10 cm de largo 4

3. a. Corola muy pequeña, 0,5-1 cm de largo; hojas 6-13 mm de largo; cáliz 3-6 mm de largo . . . . *Erythraea quitensis*

   b. Corola 1-1,5 cm de largo; hojas 30-70 mm de largo; cáliz 7-10 mm de largo *Schultesia lisianthoides*

4. a. Corola 7-10 cm de largo; cáliz grande, 3-4,5 cm de largo . 5 *(Symbolanthus)*

   b. Corola 2,5 cm de largo; cáliz 0,7-1 cm de largo . . . *Lisianthus chelonoides*

5. a. Corola de color rosado o rosado-pálido con lóbulos blancos 6

   b. Corola de color blanco-verdoso, blanco o cremoso 7

6. a. Hojas angostas, 2-6 cm de ancho . . . . *Symbolanthus tricolor*

   b. Hojas más anchas, 7-12 cm de ancho . . . . . . *Symbolanthus magnificus*

7. a. Tallos con ángulos alados . . . . *Symbolanthus vasculosus*

   b. Tallos sin ángulos alados . . . . *Symbolanthus latifolius*

Erythraea quitensis H.B.K. (Lám. 129, C)
Sabanas y lugares abrigados, 1.050-1.500 m. Hierba pequeña anual con pétalos rosado-pálidos hasta con corolas blancas.

Leiphaimos aphylla (Jacq.) Gilg (Lám. 129, B)
Selva nublada, vertiente norte, 1.000-1.600 m. Esta planta tiene flores amarillas, semejantes a estrellas y crece hasta 15 cm o menos de alto. Planta saprofítica (planta sin clorofila, pero capaz de fabricar su propio nutrimento del humus).

Lisianthus chelonoides L. (Lám. 129, A)
Selva transicional y selva nublada, vertiente norte, 900 m. Hierba con tallo blando, 1-2 m de alto.

Schultesia lisianthoides (Griseb.) Benth. & Hook
Sabana, 1.000-1.200 m. Planta herbácea, menos de 1 m de alto, con flores rosado-pálidas.

Symbolanthus latifolius Gilg
Selva nublada y selva transicional, 1.600-1.800 m. Hierba arbustiva con tallos cuadrangulares.

Symbolanthus magnificus Gilg
Selva nublada y selva transicional, 1.500-1.800 m. Hierba arbustiva con tallos redondeados y sin alas.

Symbolanthus tricolor Gilg
Subpáramo, 2.200 m. Hierba arbustiva con tallos ligeramente cuadrangulares.

Symbolanthus vasculosus (Griseb.) Gilg (Lám. 129, D)
Selva nublada, 1.500-1.600 m. Hierba arbustiva con tallos cuadrangulares, alados.

LAMINA 129: GENTIANACEAE

A. Lisianthus chelonoides.–B. Leiphaimos aphylla.–C. Erythraea quitensis.–D. Symbolanthus vasculosus.

Geranium venezuelae.

Fam. **GERANIACEAE** (Dicotyledoneae)

Plantas usualmente herbáceas (con tallos blandos). Hojas opuestas o alternas, simples (no divididas) con dientes o lóbulos, o divididas (compuestas) en segmentos separados. Estípulas presentes. Flores blancas, rosado-pálidas o rosadas, usualmente con 5 sépalos libres (no unidos), 5 pétalos libres y 5, 10 ó 15 estambres (algunas veces menos de 5). Ovario situado arriba de la base de los pétalos (súpero) y usualmente divididos en 3-5 partes (carpelos), cada uno con una semilla.

Geranium venezuelae R. Knuth (Lám. 130)
Selva nublada y subpáramo, 1.500-2.200 m. Planta herbácea, pequeña y con tallos extendidos; hojas cortadas y profundamente lobuladas; flores pequeñas, rosadas, con pétalos extendidos.

Fam. **GESNERIACEAE** (Dicotyledoneae)

Hierbas o arbustos, que crecen directamente sobre el suelo (terrestres) o epífitas (aéreas) sobre troncos o sobre rocas (litófitas). Tallos frecuentemente trepadores o colgantes, al igual que erectos. Hojas usualmente en pares (opuestas), algunas veces en círculos (verticilos) de 3, o alternas, o formando grupos basales (rosetas), con frecuencia peludas y con colores ornamentales. Estípulas ausentes. Flores con cáliz de 5 lóbulos unidos, iguales o desiguales, corola usualmente de color brillante, con un tubo conspicuo e irregular, agrandado, el cual se abre en la parte superior en 4-5 lóbulos iguales o desiguales. Estambres 4, en pares o rara vez 2. Ovario situado arriba de la base del tubo de la corola (súpero) o debajo de éste (ínfero), con una sola cavidad (lóculo). Fruto seco o carnoso, con numerosas y diminutas semillas. Muchas plantas ornamentales pertenecen a esta familia.

Clave de los géneros y especies

1. a. Tallos trepadores, extendidos o notablemente alargados 2
   b. Tallos diferentes a como se indica arriba 3
2. a. Corola de color amarillo-cremoso; cáliz verde pálido, con dientes casi púrpuros; hojas conspicuamente dentadas . . . . *Drymonia serrulata*
   b. Corola con líneas de color rosado-rojo; cáliz rosado con nervios purpúreos; hojas sólo ligeramente dentadas . . . . *Drymonia spectabilis*
3. a. Plantas aéreas (epífitas), que crecen sobre árboles o ramas . . . . *Columnea scandens*
   b. Plantas terrestres, o que también crecen sobre rocas (litófitas) 4
4. a. Hojas generalmente agrupadas en la base de la planta en forma de roseta; hojas muy pequeñas . . . . *Koellikeria erinoides*

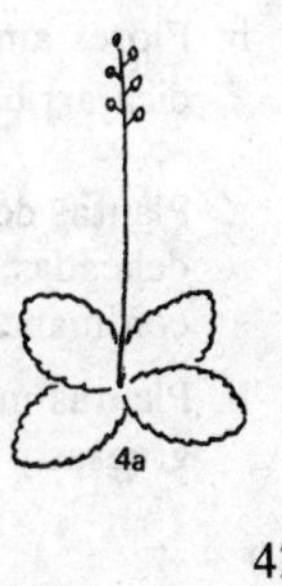
4a

b. Hojas opuestas (en pares) sobre el tallo; hojas medianas hasta grandes . . . 5

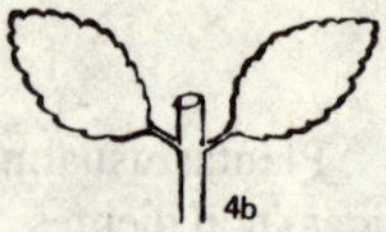
4b

5. a. Hojas no claramente separadas en una porción foliácea y un eje (pecíolo); tallos extendidos horizontalmente . . . . *Episcia glabra*

5a

b. Hojas claramente separadas en una porción foliácea y un pecíolo; la mayoría o todos los tallos, erectos 6

5b

6. a. Un lado basal de la hoja es más corto que el otro . . *Monopyle subdimidiata*

6a

b. Hojas generalmente con la base simétrica 7

6b

7. a. Tallos con 2-3 pares de hojas . . . . *Diastema longiflorum*

b. Tallos con 4 o más pares de hojas 8

8. a. Hojas muy peludas, por lo menos en la cara inferior (envés) 9

b. Hojas sin pelos (glabras) o inconspicuamente peludas en la cara inferior . 11

9. a. Flores blancas con líneas casi purpúreas . . . . *Nautilocalyx villosus*

b. Flores escarlatas, rojas o rojo-anaranjadas con manchas amarillas 10

10. a. El ápice de las hojas generalmente redondeado, ampliamente encorvado (obtuso) o termina en una punta corta; hojas con frecuencia en círculos (verticilos) de 3; eje que soporta la hoja (pecíolo) corto, 0,2-1,5 cm de largo; lóbulos del cáliz más cortos que el tubo, y terminan en un ápice corto . . . . *Rechsteineria caracasana*

10a

b. El ápice de las hojas generalmente termina en una punta larga; hojas generalmente opuestas (en pares); pecíolo más largo, 1,5-4 cm de largo; lóbulos del cáliz angostados, más largos que el tubo, y terminan en un ápice largo *Kohleria hirsuta*

10b

11. a. Flores blancas; inflorescencia conspicuamente ramificada, con las ramas en pares . . . . *Monopyle subdimidiata*

b. Flores amarillas, anaranjadas o rojas; inflorescencia diferente a como se indica arriba 12

12. a. Plantas delicadas, con tallo blando, menos de 0,5 m de alto; hojas delgadas y delicadas; flores con un tubo angosto, alargado, de color rojo-anaranjado con manchas amarillas sobre los lóbulos . . . . . . *Achimenes pedunculata*

b. Plantas más grandes con tallo duro o leñoso, 1 m o más de alto; hojas más gruesas y firmes; flores sin manchas . . . . 13 *(Besleria)*

13. a. Bordes de las hojas con dientes conspicuos y próximos entre sí; flores con ejes (pedicelos) muy cortos, o sin ejes . . . . *Besleria labiosa*

13a

b. Bordes de las hojas con dientes inconspicuos, más bien distantes entre sí; flores sobre pedicelos 1,5-6 cm de largo 14

13b

14. a. Flores amarillas . . . . *Besleria connata*

b. Flores rojo-anaranjadas . . . . *Besleria mucronata*

Achimenes pedunculata Benth. (Lám. 131, C)
Selva nublada o selva de galería, 1.600 m. Hierba delicada con flores vistosas de color anaranjado, con un tubo largo y con manchas amarillas sobre los lóbulos.

Besleria connata Morton
Selva nublada, 1.660-2.060 m. Planta arbustiva en la base, 1 m de alto. Hojas verde-plateadas en la cara inferior (envés).

Besleria labiosa Hanst. (Lám. 131, D)
Selva nublada, vertiente norte, 900-1.000 m. Planta con la base algo leñosa, el resto del tallo blando, 1-2 m de alto; corola amarilla, de forma muy irregular. Hojas conspicuamente dentadas y con los nervios profundamente acanalados en la cara superior (haz).

Besleria mucronata Hanst. (Lám. 132, D)
Selva nublada, 1.400-1.750 m. Planta con la base algo leñosa, 2 m de alto, con flores rojo-anaranjadas.

Columnea scandens L. var. **fendleri** (Sprague) Wiehler (Lám. 133, D)
Columnea fendleri Sprague
Selva nublada, vertiente norte, 1.000-1.500 m. Planta epífita con flores rojas.

Diastema longiflorum Benth. (Lám. 133, A)
Diastema caracasanum Klotzsch
Selva nublada y selva de galería, 1.400-1.600 m. Hierba delicada, que crece alrededor de piedras húmedas de quebradas. Corola blanca, con púrpura sobre los lóbulos y estrías amarillas por dentro.

Drymonia serrulata (Jacq.) Mart. ex DC. (Lám. 132, B)
Selva transicional, y selva nublada, 900-1.600 m. Las hojas de esta trepadora ligeramente leñosa con frecuencia son de color vino-púrpura en el lado inferior (envés). Corola amarillo-cremoso.

Drymonia spectabilis (H.B.K.) Morton (Lám. 132, A)
Selva nublada, vertiente norte, 900-1.000 m. Hermosa planta epífita con los sépalos de color rosado con nervios púrpuras y la corola color crema con nervios igualmente purpúreos. Las hojas son gruesas y carnosas.

Episcia glabra (Hook.) Hanst. (Lám. 131, B)
Selva nublada, vertiente norte, 900-1.000 m. Planta que crece usualmente a lo largo de bordes rocosos o como epífita sobre árboles. Las hojas alargadas son lisas y sin pelos (glabras). Flores de color blanco-cremoso ocultas debajo de las hojas y con los lóbulos fragmentados en el margen. Esta especie es muy ornamental.

Koellikeria erinoides (DC.) Mansf. *"Calzoncillos del diablo"* (Lám. 133, B)
Koellikeria argyrostigma (Hook.) Regel
Achimenes erinoides DC.
Selva nublada y selva de galería, a menudo al borde de las sabanas, 1.100-1.500 m. Hierba pequeña. Usualmente crece sobre rocas húmedas y sombreadas o sobre la tierra húmeda.

LAMINA 131: GESNERIACEAE

A. Nautilocalyx villosus.–B. Episcia glabra.–C. Achimenes pedunculata.–D. Besleria labiosa.–E. - Kohleria hirsuta.

LAMINA 132: GESNERIACEAE

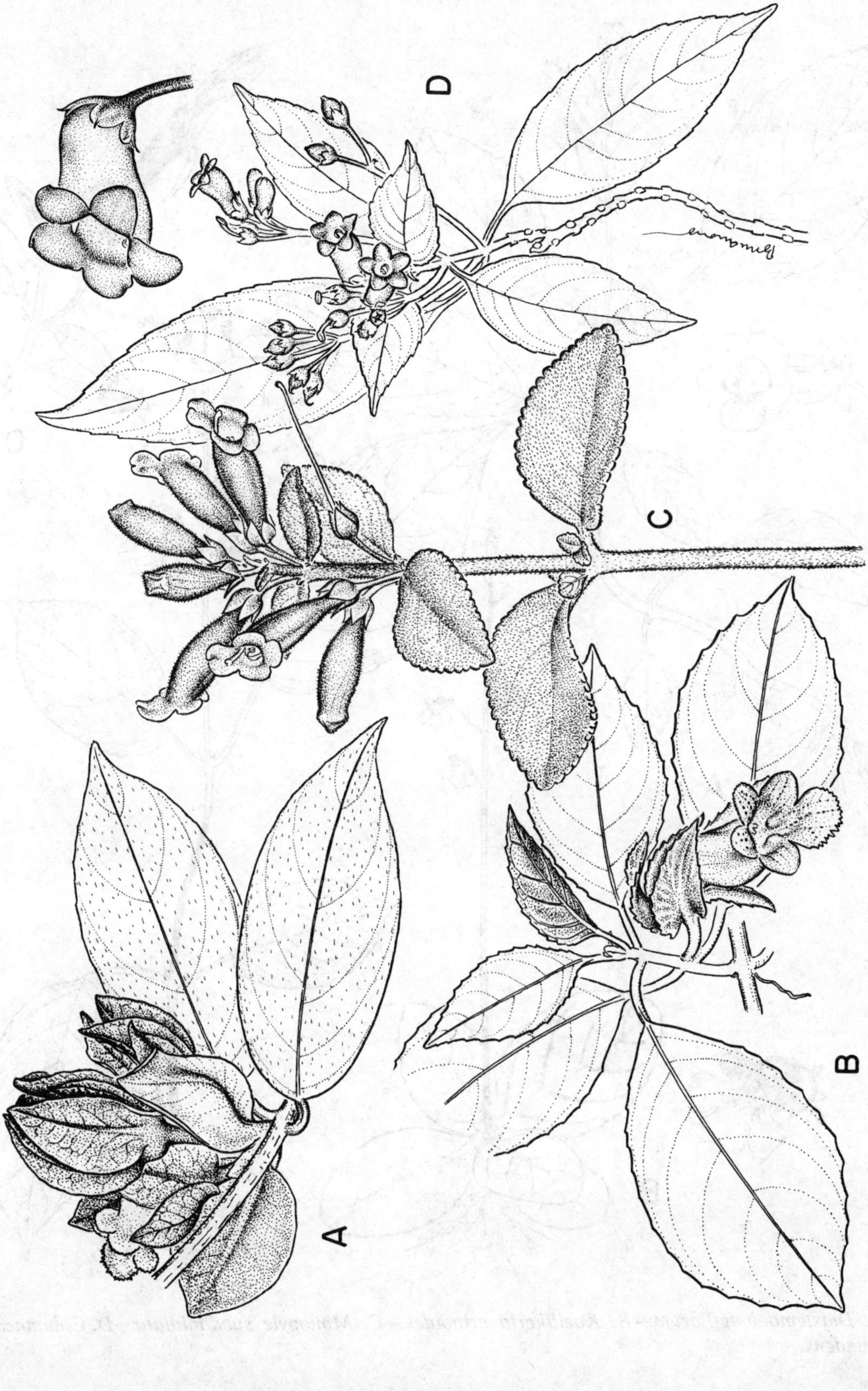

A. Drymonia spectabilis.—B. Drymonia serrulata.—C. Rechsteineria caracasana.—D. Besleria mucronata.

LAMINA 133: GESNERIACEAE

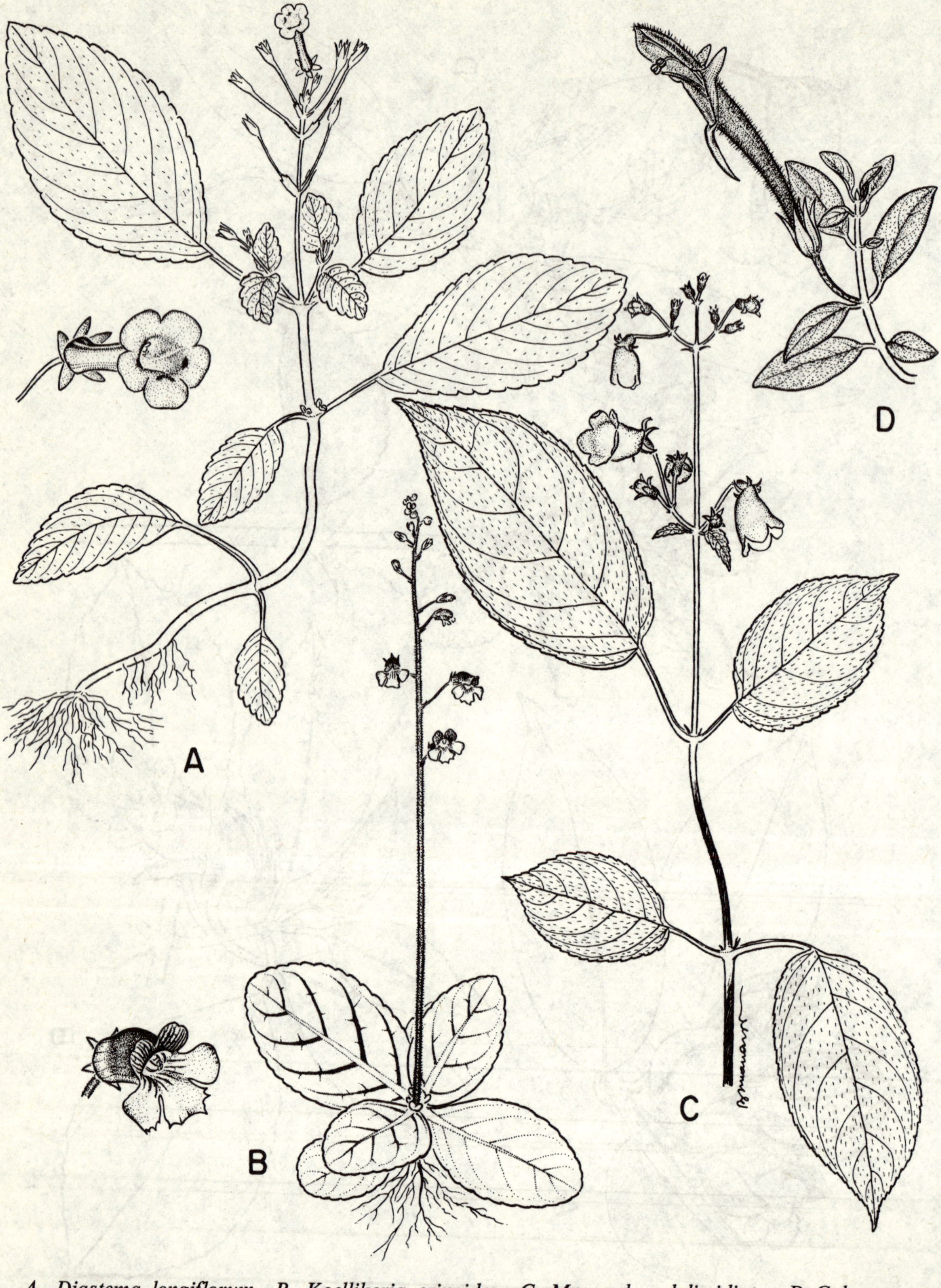

A. Diastema longiflorum.–B. Koellikeria erinoides.–C. Monopyle subdimidiata.–D. Columnea scandens.

Kohleria hirsuta (H.B.K.) Regel *"Tucilla"* (Lám. 131, E)
Kohleria pycnosuzygium (Donn. Sm.) Badillo
Selva transicional, selva de galería y selva nublada, 1.000-1.600 m. Hierba que se encuentra con frecuencia sobre bordes rocosos o en sitios húmedos y sombríos. Las flores son muy vistosas con lóbulos color rojo-bermejo. Las hojas densamente peludas son de color verde-plateado en el lado inferior (envés). La planta es algunas veces cultivada como ornamental. Las raíces maceradas en agua son apreciadas como remedio para enfermedades de los riñones.

Monopyle subdimidiata (Kl. & Hanst.) Mansf. (Lám. 133, C)
Monopyle leucantha Moritz
Selva nublada, 1.500-1.600 m. Hierba de 0,5-0,9 m de alto, con flores blancas y atractivas; las hojas tienen algunas veces manchas rojizas en el envés.

Nautilocalyx villosus (Kunth & Bouché) Sprague (Lám. 131, A)
Selva transicional y selva nublada, vertiente norte, 1.000 m. Con frecuencia crece en bordes rocosos húmedos, al igual que en colonias a lo largo de bancos húmedos de pequeños arroyos. Hierba muy atractiva con hojas densamente peludas y con corola grande de color blanco con líneas purpúreas.

Rechsteineria caracasana (Otto & Dietr.) Kuntze *"Calzoncillo del diablo"* (Lám. 132, C)
Rechsteineria vargasii (DC.) O. Ktze.
Selva de galería y borde de sabana, 900-1.100 m y altitudes más bajas. Hierba. Con frecuencia crece en las zanjas de las rocas. Esta planta es muy atractiva con sus hojas rugosas, aterciopeladas en el lado inferior (envés), con dientes lavanda opacos en los bordes de las hojas y su inflorescencia vistosa con corola color rojo-bermejo y amarillo en el ápice. Sin embargo esta planta es difícil de cultivar luego que es transplantada y no es fácil que sobreviva. Además, esta planta posee un período de reposo después de la floración, cuando el tallo con las flores se muere para luego producir nuevos retoños.

Fam. **GRAMINEAE (POACEAE)** (Monocotyledoneae)

Plantas herbáceas con tallo blando o algunas veces con tallo leñoso, redondo o algo aplanado, hueco o sólido. Hojas en 2 filas, usualmente largas y angostas, o a veces cortas y anchas, generalmente con nervios paralelos, dispuestos a lo largo de la lámina de la hoja; la base de la hoja se prolonga en una vaina que envuelve el tallo propiamente dicho. En la parte interna, entre la lámina de la hoja y la vaina, hay un apéndice pubescente o membranoso llamado *lígula*. Las flores están dispuestas en *espiguillas*, las cuales contienen 1 hasta muchos *flósculos* con 2 brácteas basales vacías, las *primeras* y *segundas (glumas)*. Por arriba de las glumas están los flósculos verdaderos, cada flósculo consta de 2 brácteas (la externa aristada o no, llamada *lemma* y la interna llamada *pálea)*, 2-3 diminutas escamas del perianto *(lodículas)*, 1-3 ó 6 estambres y un pistilo 1-locular con ovario súpero. Fruto duro con 1 sola semilla; la semilla adherida a la cubierta del fruto *(cariopsis)*.

CLAVE DE LOS GRUPOS PRINCIPALES

A.a. Bambúes o plantas con tallos generalmente leñosos, duros de romper . . . . . . GRUPO I (números 2-14)

b. Tallos no leñosos . . . . B

B. a. Inflorescencia roja, rosada o color rojo-púrpura . . . . (números 16-18)

b. Inflorescencia usualmente de otros colores C

C. a. Todas las ramas principales (2 o más) de la inflorescencia nacen en el mismo nivel o casi, a lo largo del tallo o en el ápice del mismo dándole a la inflorescencia una forma de V, de mano, de abanico o de sombrilla . . . . GRUPO II (números 20-48)

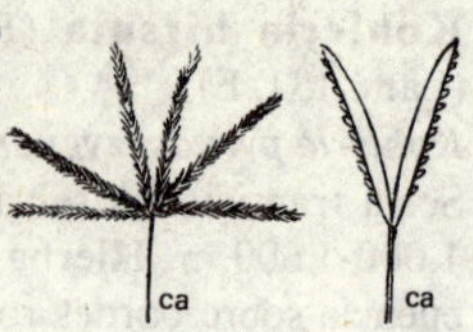

b. Las ramas principales de la inflorescencia nacen en varios niveles del eje central, la inflorescencia consta por tanto de una o más ramas laterales, o, si las ramas laterales faltan, entonces consta de 1 solo eje evidente con flores apretadas entre sí . . . . D

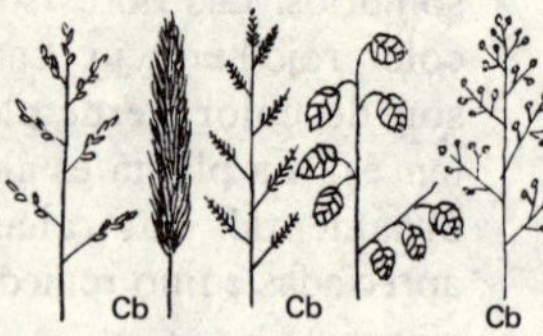

D. a. La inflorescencia consta de 1 eje angosto, generalmente continuo y con flores apretadas entre sí, sin embargo, si el eje es ramificado, las ramas son erectas o se mantienen cerca del eje central principal . . . . E

b. Inflorescencia con ramificación más o menos abierta, con algunas o todas las ramas laterales alejándose del eje principal . . . . F

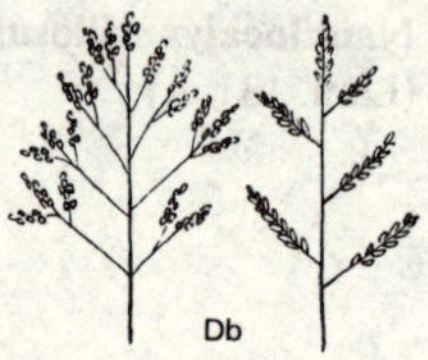

E. a. Aristas, cerdas, espinas cortas o largas, o pelos suaves o firmes se proyectan visiblemente desde alguna parte de los grupos de flores . . . . . . GRUPO III (números 51-102)

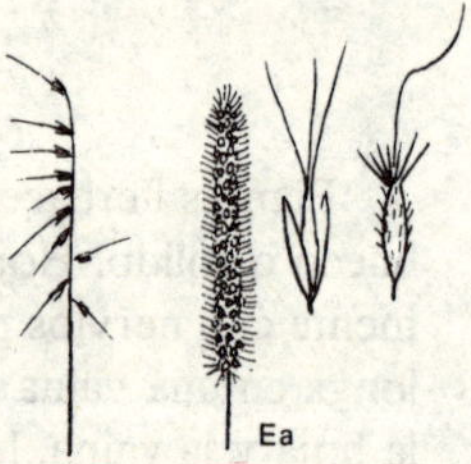

b. Sin aristas, cerdas, espinas ni pelos alargados, suaves o firmes proyectándose desde los grupos de flores (pero las partes de las flores mismas pueden sostener o estar cubiertas de pelos suaves) . . . . . . GRUPO IV (números 103-138)

F. a. Aristas cortas o alargadas o apéndices semejantes a pelos proyectándose desde grupos de flores . . . . GRUPO V (números 139-158)

b. Sin aristas o apéndices semejantes a pelos proyectándose desde las flores . . G GRUPO VI (números 159-214)

G. a. Las flores individuales dispuestas solamente a lo largo de uno de los lados de los ejes o ramas de la inflorescencia . . . . (números 163-173)

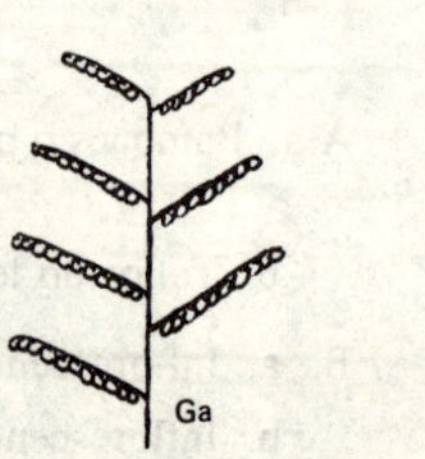

b. Las flores individuales nacen en varios lados de los ejes o ramas de las inflorescencias . . . . (números 174-214)

Gb

Clave de los géneros y especies

1. a. Tallos leñosos o difíciles de romper, semejantes a bambúes, con frecuencia algo volubles, leñosos o arbustivos . . . . 2 (GRUPO I)

   b. Tallos no difíciles de romper ni leñosos y no semejantes a bambúes 15

GRUPO I (números 2-14)

2. a. Partes del tallo, vainas y base de las hojas con conspicuos pelos largos o con flecos similares a pelos; varias flores en cada espiguilla 3

2a

   b. Partes del tallo, vainas y base de las hojas, sin pelos largos ni flecos similares a pelos, o si hay pelos presentes, entonces las espiguillas con una sola flor; de lo contrario la espiguilla presenta varias flores 5

3. a. Vainas que rodean los tallos y nudos de los mismos en la base del círculo de hojas, cubiertos por conspicuos pelos extendidos . . . . . *Chusquea hispida*

   b. Vainas y nudos en los tallos sin pelos conspicuos 4

4. a. Un fleco o peine o aristas en forma de pelos se encuentran a lo largo de los bordes de la vaina de la hoja (por debajo de la hoja misma); hojas mayores de 12 mm de ancho y 10,5 cm de largo; grupos de flores no purpúreos . . . *Aulonemia subpectinata*

   b. Un fleco de aristas en forma de pelos se encuentra formando un círculo en el ápice de la vaina, en la base de la hoja, pero no a lo largo del borde superior de la vaina por debajo de la hoja; hojas 12 mm de ancho y 10,5 cm de largo; grupos de flores purpúreos . . . . *Aulonemia purpurata*

5. a. Apice de las hojas anchamente encorvado (obtuso) o con una punta corta; hojas pequeñas, 1-5 cm de largo, dispuestas en 2 filas a lo largo del tallo, extendidas horizontalmente en solo 2 direcciones opuestas . . . *Olyra latifolia*

5a

   b. Hojas diferentes a como se indica arriba, con ápice más largo o más angosto, o extendiéndose en varias direcciones o en varios ángulos 6

6. a. Ramas principales con las hojas y/o flores dispuestas en círculos (verticilos) alrededor del tallo 7

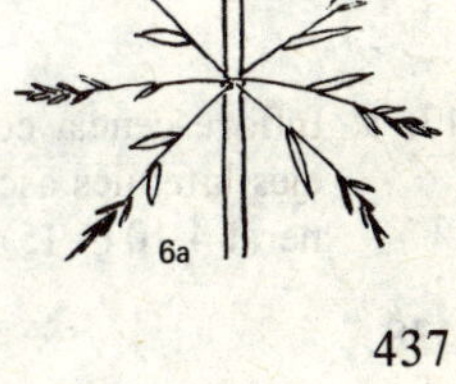

6a

b. Ramas principales con las hojas y/o flores no dispuestas en círculos (verticilos) alrededor del tallo 11

7. a. Tallos sólidos (con médula) entre los nudos; hojas 20-30 veces más largas que anchas 8

b. Tallos huecos entre los nudos; hojas generalmente 7-16 (—20) veces más largas que anchas 9

8. a. Eje que soporta las flores o los frutos, 2-4 cm de largo, el eje floral principal con brácteas superpuestas de color pajizo situadas por debajo de la porción florígera . . . . *Chusquea spencei*

b. Eje que soporta las flores o los frutos más largo, 6-20 cm de largo, el eje floral principal desnudo, sin brácteas superpuestas situadas debajo de la porción florígera . . . . *Chusquea fendleri*

9. a. Tallos jóvenes y ejes florales, con una cubierta microscópica de pelos (usar lupa) . . . . *Arthrostylidium pubescens*

b. Tallos jóvenes y ejes florales, sin una cubierta microscópica de pelos 10

10. a. Las hojas en promedio muy angostas, 2-8 mm de ancho, usualmente 10-16 veces más largas que anchas y de un ancho aproximadamente igual desde la base hasta el ápice; ejes florales más o menos rectos y de longitud igual o casi igual al eje de la hoja . . . . *Rhipidocladum parviflorum*

b. Las hojas en promedio relativamente más anchas (8—) 11-17 mm de ancho, usualmente 7-10 veces más largas que anchas, generalmente más anches hacia la base; ejes florales algo encorvados o irregularmente ramificados, generalmente más cortos que el eje de la hoja . . . . . *Arthrostylidium venezuelae*

10b

11. (6.b)

a. Flor con una arista delgada . . . . 12 *(Olyra)*

11a

b. Flor sin arista . . . . 13 *(Lasiacis)*

12. a. Inflorescencia generalmente más larga que las hojas, 10-15 cm de largo, muy ramificada; el eje principal de la inflorescencia (pedúnculo) 15-25 cm de largo, nace de los lados y de los extremos de los tallos . *Olyra fasciculata*

b. Inflorescencia más corta o de igual longitud que las hojas, por lo general 5-10 cm de largo, cortamente ramificada; el eje principal de la inflorescencia (pedúnculo) 2-10 cm de largo, nace de los extremos de los tallos . . *Olyra latifolia*

13. a. Inflorescencia con pocas flores (por lo general menos de 10) y con pocos ejes laterales ascendentes; hojas mayores relativamente angostas, por lo general 4-10 (—15) mm de ancho . . . . *Lasiacis nigra*

b. Inflorescencia con numerosas flores sobre varios hasta muchos ejes laterales; hojas mayores por lo general 15-40 mm de ancho (algunas hojas más angostas) 14

14. a. Inflorescencia 4-9 cm de largo, relativamente corta y compacta; hojas con forma de lanza ancha, un lado anchamente redondeado o acorazonado y más ancho que el otro lado; hojas mayores en su mayoría 25-40 mm de ancho, generalmente 2,5-5 veces más largas que anchas . . . *Lasiacis ruscifolia*

b. Inflorescencia por lo general 10-20 cm de largo (a veces más corta), relativamente más larga y con ejes laterales más separados que en el caso anterior; hojas con forma de lanza angosta, con ambas mitades más angostas; hojas mayores en su mayoría 15-30 mm de ancho, generalmente 6-10 veces más largas que anchas . . . . *Lasiacis sorghoidea*

15. (1.b)
a. Inflorescencia de intenso color rojizo, rosado o morado-rojizo 16
b. Inflorescencia de color diferente de los indicados arriba 19

16. a. Plantas con olor intenso; tallos y hojas cubiertas con numerosos pelos pegajosos . . . . *Melinis minutiflora*

b. Plantas sin olor intenso; tallos y hojas sin numerosos pelos pegajosos . . . 17

17. a. Inflorescencia formada por un eje angosto generalmente continuo, los grupos de flores se encuentran cercanos al eje principal, nunca sobre ramas alargadas . . . . *Aegopogon cenchroides*

b. Inflorescencia con ramas laxamente separadas entre sí, o la inflorescencia es más ancha con ramas extendidas o alargadas 18

18. a. Flores con pelos largos coloreados . . . . *Rhynchelytrum roseum*

b. Flores sin pelos largos coloreados . . . . *Agrostis alba*

19. a. Todos los ejes principales de la inflorescencia nacen en el mismo nivel o casi, a lo largo del tallo o en el ápice del mismo, dándole a la inflorescencia una forma de V, de mano, de abanico o de sombrilla . . . . 20 (GRUPO II)

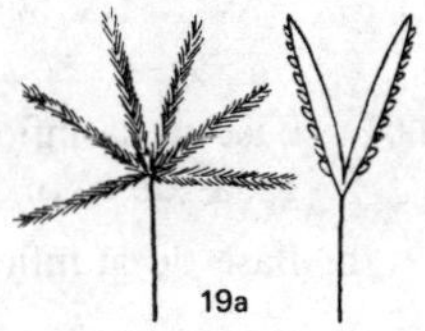

19a

b. Los ejes principales de la inflorescencia nacen en niveles diferentes sobre el tallo o sobre el eje central principal, la inflorescencia por tanto consiste en 1 o más ejes laterales 49

19b

GRUPO II (números 20-48)

20. a. Una arista delgada está presente en cada flor, la cual también puede tener pelos 21

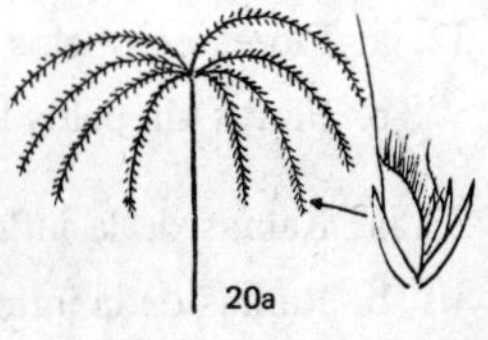

20a

b. Flores sin aristas, pero pelos pueden estar presentes o ser abundantes . . . 30

21. a. Hojas cortas, 2-5 cm de largo . . . . *Gymnopogon spicatus*

b. Hojas más largas 22

22. a. Aristas muy largas, 2,5-8,5 cm de largo; inflorescencia 8-23 cm de largo . 23

b. Aristas por lo general 1 cm de largo o menores, si más largas entonces la inflorescencia 3-5 cm de largo 25

23. a. Aristas 2,5-3,5 cm de largo; plantas por lo general menores de 1 m de alto *Trachypogon gracilis*

b. Aristas 3,5-8 cm de largo; plantas por lo general mayores de 1 m de alto . 24

24. a. Hojas por lo general dirigidas hacia abajo (reflejas); aristas 3,5-5 cm de largo . . . . *Trachypogon ligularis*

b. Hojas no dirigidas hacia abajo; aristas más largas, hasta 8,5 cm de largo . . *Trachypogon plumosus*

25. a. Aristas muy cortas, apenas visibles, 2-3 mm de largo . . . . *Chloris gayana*

b. Aristas más conspicuas, 2,5-30 mm de largo 26

26. a. 5-18 ejes nacen en el ápice del tallo; aristas más o menos rectas 27

b. Sólo 2-3 ejes nacen en cada inflorescencia a diferentes niveles del tallo; aristas dobladas o torcidas 29

27. a. Flores por lo general sin pelos . . . . *Chloris radiata*

b. Flores por lo general con pelos 28

28. a. Ejes de la inflorescencia encorvados y alargados, 7-13 cm de largo . . . . . *Chloris polydactyla*

b. Ejes de la inflorescencia más bien rectos y cortos, 4-8 cm de largo . . *Chloris virgata*

29. a. Base de la inflorescencia generalmente rodeada o cubierta por vainas alargadas de color marrón . . . . *Andropogon angustatus*

b. Base de la inflorescencia generalmente sobresaliendo de la vaina . . . . . . *Hyparrhenia hirta*

30. (20.b)

a. Los bordes de cada eje (raquis) de color marrón-rojizo o dorado, con ancho total de 5-9 mm . . . . *Paspalum stellatum*

b. Los bordes de cada eje (raquis) de color diferente; cuando mayores de 5 mm de ancho, entonces de color verde 31

31. a. Alguna parte de la inflorescencia, conspicuamente pubescente (con pelos) . 32

b. Inflorescencia sin pelos o con pelos inconspicuos 41

32. a. Flores con pelos largos y sedosos 33

b. Flores sin pelos largos o sedosos 36

33. a. Ramas de la inflorescencia 5-25 cm de largo 34

b. Ramas de la inflorescencia más cortas, 1,5-2 cm de largo 35

34. a. Inflorescencia con 2-7 ramas evidentes, las ramas 5-10 cm de largo . . . .
Paspalum humboldtianum

b. Inflorescencia con 15-20 o más ramas evidentes, las ramas 15-25 cm de largo . . . . *Paspalum saccharoides*

35. a. Hojas 1-2 mm de ancho, ápice aplanado y con una punta; tallos delgados, hasta 0,75 cm de alto; por lo general 2-3 ejes en cada inflorescencia . . . .
Andropogon leucostachyus

b. Hojas en su mayoría 3-5 mm de ancho, con el ápice algo doblado hacia dentro; tallos más gruesos, hasta 1 m de alto; por lo general 3-5 ejes en cada inflorescencia . . . . *Andropogon selloanus*

36. (32.b)

a. Eje de la inflorescencia (raquis) con pelos amarillo-dorados o marrones, cortos y extendidos 37

b. Eje de la inflorescencia sin pelos extendidos de color marrón o amarillo-dorado 38

37. a. Parte central del eje (raquis) 1-2 mm de ancho y extendiéndose más allá de las flores; tallos más bien gruesos . . . . *Axonopus chrysoblepharis*

b. Parte central del eje (raquis) más angosto, menos de 1 mm de ancho; tallos más delgados . . . . *Axonopus pulcher*

38. a. Flores finales individuales (espiguillas) con una punta angosta en el ápice, 6-7 mm de largo, cada flor sobre un eje conspicuo, alargado . . . . *Panicum olyroides*

38a

b. Flores finales individuales (espiguillas) redondeadas, obtusas o con una punta corta, 1,2-3,5 mm de largo 39

38b

39. a. Inflorescencia con sólo 1-2 ejes presentes . . . . *Paspalum unispicatum*

b. Inflorescencia con 2-60 ejes presentes 40

40. a. Hojas 3 mm de ancho; planta anual, con raíces en los nudos inferiores del tallo o el tallo doblado o cerca del suelo, tallos 0,25-0,80 m de alto . . . . .
Digitaria fragilis

b. Hojas 6-25 mm de ancho; planta perenne, que crece en una macolla densa y erecta, tallos 0,3-1 m de alto . . . . *Paspalum paniculatum*

41. (31.b)

a. Cada grupo de flores (espiguilla) formado por más de una flor (generalmente representada por más de 3 partes superpuestas); cada eje de la inflorescencia (raquis) incluyendo las flores, 5-7 mm de ancho; la lígula (apéndice membranoso en el lado interno de la base de la hoja) irregularmente cortada
Eleusine indica

41a

b. Cada grupo de flores (espiguilla) formado por una sola flor (generalmente representada por 1 ó 2 partes superpuestas); cada eje de la inflorescencia (raquis) incluyendo las flores, 0,5-3 mm de ancho; lígula formada por una membrana diminuta o por una banda de pelos blancos 42

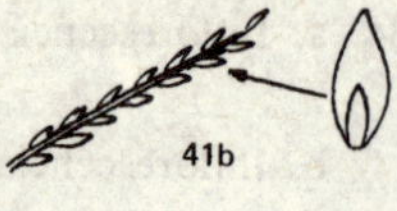
41b

42. a. Plantas sin tallos largos rastreros o sin raíces 43

b. Plantas con tallos largos y rastreros o con raíces 45

43. a. Flores individuales sin ejes que las sostengan, paralelas al eje principal y estrechamente apretadas contra él, no extendiéndose laxamente desde el eje *Axonopus affinis*

b. Flores individuales situadas sobre ejes cortos, que forman un ángulo con el eje principal, y eventualmente laxamente extendidas y claramente separadas del eje 44

44. a. Nudos del tallo, sin pelos . . . . *Digitaria venezuelae*

b. Nudos del tallo, con pelos . . . . *Digitaria villiculmis*

44b

45. a. Vainas de las hojas (parte que rodea el tallo por debajo de la lámina de la hoja) con la superficie más o menos cubierta de pelos . *Digitaria sanguinalis*

b. Vainas de las hojas sin pelos o con muy pocos pelos (pero el margen puede tener pelos) 46

46. a. Tallos y vainas de las hojas sin pelos; hojas 2-4 mm de ancho; todos los ejes principales de la inflorescencia nacen de la base misma de la inflorescencia *Cynodon dactylon*

b. Nudos del tallo o márgenes de las hojas, con pelos; hojas 4-15 mm de ancho; los ejes principales de la inflorescencia nacen con frecuencia a diferentes niveles de la inflorescencia o nacen juntos en la propia base 47

47. a. Vainas de las hojas no pubescentes; ejes principales de la inflorescencia 2-5, con frecuencia nacen a diferentes niveles de la inflorescencia; las flores individuales (espiguillas) están separadas entre sí 1-2 mm . *Axonopus compressus*

b. Vainas de las hojas, pubescentes en los márgenes; ejes principales de la inflorescencia 2, nacen juntos en la base de la inflorescencia; flores individuales estrechamente agrupadas y superpuestas 48

48. a. Ejes de la inflorescencia relativamente cortos, generalmente 2,5-7 cm de largo; flores individuales (espiguillas) 2,5-3,8 mm de largo, sin pelos o casi sin pelos . . . . *Paspalum notatum*

b. Ejes de la inflorescencia usualmente más largos, por lo general 7-15 cm de largo; flores individuales (espiguillas) 1,4-1,8 mm de largo, notablemente pubescentes en los márgenes . . . . *Paspalum conjugatum*

49. (19.b)

a. Inflorescencia con un solo eje angosto, continuo y con flores más o menos agrupadas; las ramas laterales, si están presentes, usualmente muy cortas, erectas y apretadas contra el eje central principal 50

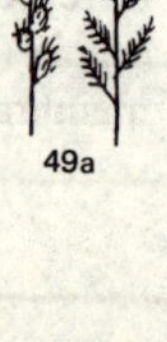
49a

b. Inflorescencia ramificada, con algunas o todas las ramas principales extendidas desde el eje central principal y produciendo una inflorescencia más bien laxamente abierta . . . . 139 (GRUPO V)

49b

50. a. Aristas delgadas, suaves o tiesas, semejantes a pelos o cerdas, púas cortas o espinas sobresalientes o conectadas a las partes florales o presentes en el eje floral . . . . 51 (GRUPO III)

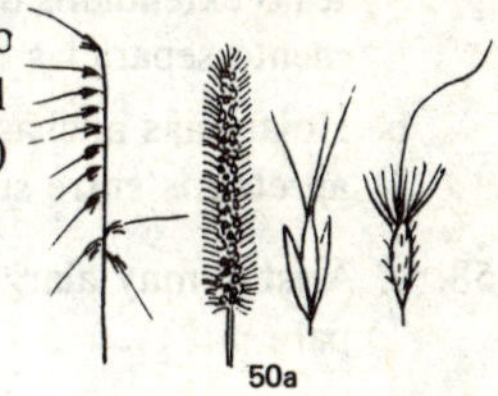

50a

b. Sin la combinación de caracteres indicados arriba . . . . . 103 (GRUPO IV)

GRUPO III (números 51-102)

51. a. Grupos de flores con espinas agudas . . . . *Cenchrus echinatus*

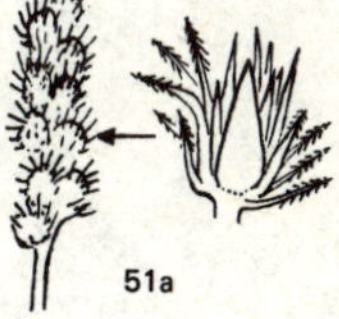

51a

b. Grupos de flores sin espinas agudas 52

52. a. Inflorescencia de color marrón, castaño, amarillo o algo púrpura 53

b. Inflorescencia generalmente verde, blanca, gris o plateada, algunas veces parda o pajiza 69

53. a. Todas las hojas nacen en la base de la planta; hojas 0,5-1 mm de ancho, con los bordes enrollados . . . . *Danthonia secundiflora*

b. Algunas de las hojas nacen sobre el tallo, mientras que otras nacen desde la base de la planta; hojas más anchas, con la superficie aplanada y los bordes no enrollados 54

54. a. Hojas parecidas a agujas, muy angostas, con los lados doblados hacia adentro, menos de 2 mm de ancho . . . . *Aristida adscensionis*

b. Hojas diferentes a como se indica arriba, más anchas 55

55. a. Hojas conspicuamente más anchas en o por debajo de la mitad, los bordes opuestos no paralelos entre sí, lo cual le da una forma lanceolado-elíptica hasta anchamente lanceolada; grupos individuales de flores ascendentes o erectos 56

55a

b. Hojas con forma alargada o linear, más o menos del mismo ancho y con los bordes opuestos más o menos paralelos 57

55b

56. a. Hojas generalmente 1,5-6 cm de largo; grupo de flores y eje de la inflorescencia densamente peludos . . . . *Oplismenus burmanni*

b. Hojas algunas veces más largas hasta 6-10 cm de largo; grupos de flores y eje de la inflorescencia menos peludos hasta casi sin pelos . . . . *Oplismenus hirtellus*

57. a. Hojas muy angostas, solamente 1-2 mm de ancho; grupos de flores colgantes o extendidos desde el eje; grupos individuales de flores (espiguillas) laxamente separadas entre sí . . . . *Aegopogon cenchroides*

b. Hojas más anchas, 2-18 mm de ancho; grupos de flores más densos y más apretados entre sí 58

58. a. Aristas muy alargadas, tan largas o más largas que la inflorescencia principal . . . . *Heteropogon contortus*

58a

b. Aristas siempre más cortas que la inflorescencia principal 59

58b

59. a. Cerdas de la inflorescencia semejantes a plumas, eventualmente se caen de las flores 60

b. Cerdas de la inflorescencia no semejantes a plumas, persistentes 61

60. a. Inflorescencia de color púrpura o marrón-púrpura; hojas generalmente 4-12 (−15) mm de ancho; espigas (excluyendo las aristas) 6-10 mm de ancho . . . *Pennisetum setosum*

b. Inflorescencia generalmente de color amarillo o pajiza; hojas generalmente más anchas, 10-23 mm de ancho; espigas (excluyendo las aristas) 10-15 mm de ancho, las aristas ampliamente extendidas . . . . *Pennisetum purpureum*

61. a. Aristas 3-5 cm de largo; nudos de los tallos con pelos sedosos adpresos al tallo . . . . *Trachypogon montufari*

b. Aristas 0,5-2 cm de largo; nudos de los tallos sin pelos o con los tallos peludos debajo de los nudos 62

62. a. Hojas generalmente agrupadas en la base de la planta, los bordes doblados hacia adentro . . . . *Stipa ichu*

b. Hojas conectadas a diferentes niveles sobre el tallo, planas, no dobladas hacia adentro en los bordes 63

63. a. Flores individuales o las brácteas o vainas que las encierran, grandes, 20-25 milímetros de largo; las vainas de las hojas (las cuales cubren parte del tallo)

usualmente peludas; inflorescencia a menudo interrumpida (mostrando espacios intermedios) . . . . *Hyparrhenia bracteata*

b. Flores individuales o las brácteas o vainas que las encierran, más cortas; vainas de las hojas usualmente sin pelos; inflorescencia densa y más continua 64

64. a. Cerdas presentes en la base de las flores, las cerdas rectas, ni dobladas ni torcidas . . . . 65 *(Setaria)*

64a

b. Cerdas presentes en el ápice de las flores, usualmente encorvadas, dobladas o torcidas 66

64b

65. a. Cerdas numerosas con las barbas dirigidas hacia arriba; plantas con raíces anuales (mueren después del primer año) . . . . *Setaria geniculata*

b. Cerdas relativamente pocas con las barbas apuntando hacia abajo; plantas con raíces perennes (duran más de 2 años y muestran los tallos viejos y las bases de las hojas) . . . . *Setaria verticillata*

66. a. Partes de las flores (glumas) de color púrpura o marrón-púrpura oscuro, alrededor de las cerdas 67

b. Glumas de color verde pálido, ante o pajizo, alrededor de las cerdas . . . 68

67. a. Superficie de la hoja con pelos finos y suaves; flores individuales 4-5 mm de largo . . . . *Calamagrostis pittieri*

b. Superficie de la hoja sin pelos o algunas veces solamente con los bordes peludos; flores individuales 3-3,5 mm de largo . . . . *Arundinella hispida*

68. a. Cerdas cortas, 5-8 mm de largo, con forma de una corona conectada al ápice de cada flor . . . . *Pappophorum mucronulatum*

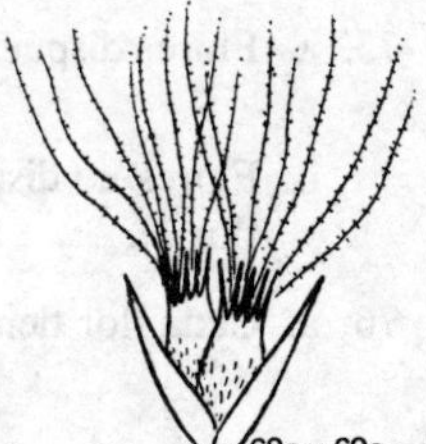

68a y 69a

b. Cerdas más alargadas, 12-25 mm de largo, no forman una corona . . . . . *Pereilema crinitum*

69. (52.b)

a. Cerdas en forma de corona conectadas al ápice de cada flor . *Pappophorum mucronulatum*

b. Cerdas diferentes a como se indica arriba 70

70. a. Hojas 15-65 mm de ancho, por lo general fuertemente nervadas 71

b. Hojas más angostas, por lo común no fuertemente nervadas 73

71. a. Ejes de la inflorescencia muy cortos; hojas casi del mismo ancho desde la base hasta el ápice; cerdas presentes en la base de todas las flores . . . . . *Setaria vulpiseta*

b. Ejes de la inflorescencia alargados; hojas más anchas entre la base y el ápice; cerdas presentes en la base de algunas pero no todas las flores 72

72. a. Ejes de la inflorescencia generalmente erectos o ascendentes; cerdas inconspicuas, no más del doble del largo de las flores . . . . . . *Setaria palmifolia*

b. Algunos de los ejes de la inflorescencia anchamente extendidos; cerdas conspicuas, de hasta 15 mm de largo . . . . *Setaria paniculifera*

73. a. Hojas muy angostas, 2 mm o menos de ancho, el doblez de los márgenes forma algunas veces un tubo 74

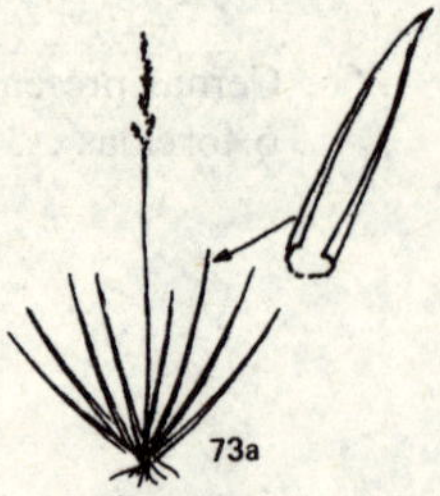

73a

b. Hojas generalmente planas, pero si los bordes se doblan hacia adentro, entonces las hojas usualmente 2 mm o menos de ancho (1,5-2 mm de ancho en *Andropogon tener*) 80

73b

74. a. Hojas muy alargadas, 30-60 cm de largo; flores suavemente pubescentes . . *Stipa ichu*

b. Hojas generalmente más cortas; flores sin pelos 75

75. a. Flores dispuestas en 2 filas alternas en la espiguilla; espiguillas con 3-6 flores *Festuca dertonensis*

b. Flores no dispuestas en 2 filas alternas en la espiguilla; espiguillas con 1 sola flor 76

76. a. Cada flor tiene 1 cerda, a lo más 4,5 mm de largo . . . . *Calamagrostis naiguatensis*

76a

b. Cada flor tiene 3 cerdas alargadas, conspicuas de 10-20 mm de largo . . . 77 *(Aristida)*

76b

77. a. Plantas delicadas anuales (que mueren al final del año al comienzo de la época de sequía) con sistema de raíces delicado 78

b. Plantas perennes (duran más de 2 años) con sistema de raíces firme, con tallos y bases viejas de las hojas presentes 79

78. a. Apéndices (aurículas) en la base de la hoja sin pelos . . *Aristida adscensionis*

b. Apéndices (aurículas) en la base de la hoja con pelos alargados y sedosos . . *Aristida setifolia*

79. a. Parte más baja (1.ª gluma) de flores individuales 9-10 mm de largo, más larga que la segunda parte (2.ª gluma); hojas 10-15 cm de largo . . *Aristida venezuelae*

b. 1.ª gluma de flores individuales 5-6 mm de largo, más corta que la 2.ª gluma; hojas 6-7 cm de largo . . . . *Aristida pittieri*

80. (73.b)

a. Flores densamente cubiertas por pelos sueltos, extendidos, suaves y blancos en una inflorescencia semejante a una pluma 81

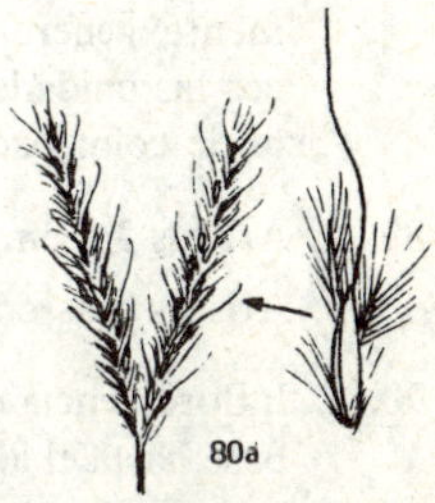

80a

b. Flores no cubiertas por pelos suaves, blancos o, si están cubiertas, entonces la inflorescencia no es densa ni semejante a una pluma, ni los pelos están laxamente extendidos 83

81. a. Brácteas foliáceas, erectas y alargadas que sobresalen de la inflorescencia . . *Andropogon bicornis*

b. Sin brácteas foliáceas erectas o alargadas que sobresalen de la inflorescencia 82

82. a. Nudos de los tallos densamente peludos; aristas o cerdas delgadas, conectadas en los ápices de las flores . . . . *Andropogon saccharoides*

b. Nudos de los tallos usualmente sin pelos; por lo menos el lado inferior de las hojas no tiene pelos; cerdas o aristas ausentes en las flores . . . . *Paspalum saccharoides*

83. a. La inflorescencia está interrumpida por hojas sobre el tallo floral 84

b. La inflorescencia siempre se desarrolla por encima de las hojas y nunca está interrumpida por éstas 87

84. a. Hojas planas, extendidas algo horizontalmente en sólo 2 direcciones, relativamente cortas, 1,5-6 cm de largo; flores cubiertas por pubescencia sedosa de color blanco . . . . *Andropogon brevifolius*

b. Hojas con bordes algo enrollados, erectas hasta ascendentes en más de 2 direcciones, relativamente más largas (5-10 cm de largo); flores sin pubescencia suave y sedosa 85

85. a. Hojas 1,5-2 mm de ancho; espiguillas apretadamente dispuestas a lo largo del eje . . . . *Andropogon tener*

b. Hojas 2-6 mm de ancho; espiguillas algo sueltas y dispersas a lo largo del eje 86

86. a. Flores con pelos . . . . *Andropogon hirtiflorus*

b. Flores sin pelos . . . . *Andropogon semiberbis*

87. (83.b)

a. Bordes de las hojas generalmente enrollados, las hojas 0,5-3 mm de ancho 88

b. Bordes de las hojas planos, no enrollados, generalmente 3-17 mm de ancho 91

88. a. Ejes laterales de la inflorescencia separados entre sí por espacios obvios de 0,5-2 cm de largo; las partes (glumas) de las flores que encierran las cerdas usualmente algo purpúreas o de matiz oscuro . . . . . *Bouteloua americana*

b. Todas o casi todas las ramas o unidades de la inflorescencia reunidas densamente, generalmente no separadas por espacios obvios (excepto algunas veces las unidades inferiores); glumas que encierran a las cerdas ni purpúreas ni de color oscuro . . . . 89 *(Aristida)*

89. a. Aristas 3-4 cm de largo . . . . *Aristida leptochaeta*

b. Aristas más cortas, 1-1,5 cm de largo 90

90. a. Inflorescencia corta, 5-7 cm de largo, flores densamente agrupadas desde la base hasta el ápice . . . . *Aristida neesiana*

b. Inflorescencia más larga, 8-20 cm de largo, con las unidades o ramas inferiores algunas veces separadas de las superiores . . . . . *Aristida recurvata*

91. (87.b)

a. Bordes de las hojas con pelos cortos, rígidos o dispuestos en forma de peine; flores individuales con filas de cerdas diminutas en forma de garfios; inflorescencia 4-10 cm de largo, muy angosta y muy densamente floreada . . . . *Tragus berteronianus*

b. Sin la combinación de los caracteres arriba indicados 92

92. a. Flores dispuestas en 1 ó 2 filas a lo largo del eje principal, el cual está bordeado en toda su longitud por una membrana semejante a una cinta . . . *Paspalum humboldtianum*

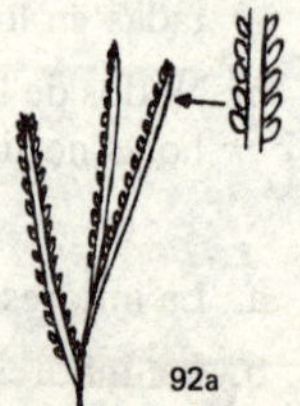
92a

b. Sin la combinación de caracteres arriba indicados 93

93. a. Grupos individuales de flores (espiguillas) nacen directamente del eje principal de la inflorescencia, sin ejes (sésiles) o casi sin ejes 94

93a

b. Las espiguillas nacen sobre ejes alargados o ramas, las cuales a su vez nacen del eje principal de la inflorescencia 97

93b

94. a. Las espiguillas están dispuestas en una inflorescencia que semeja una cola, cilíndrica, densa y compactada; cerdas dispuestas en la base de las flores *Setaria verticillata*

b. Las espiguillas están dispuestas menos densamente en la inflorescencia; cerdas dispuestas en el ápice de las flores 95

95. a. Espiguillas dispuestas en más de 2 filas, sobre más de 2 lados del eje floral *Brachypodium mexicanum*

b. Espiguillas dispuestas solamente en 2 filas, colocadas marginalmente a ambos lados del eje floral . . . . 96 *(Lolium)*

96. a. Las partes inferiores (glumas) de cada espiguilla, tan largas o más largas que toda la espiguilla misma . . . . *Lolium temulentum*

96a

b. Glumas de cada espiguilla mucho más cortas que la espiguilla misma . . . *Lolium multiflorum*

96b

97. (93.b)

a. Flores individuales encerradas por partes (glumas) pardas de 12-20 mm de largo . . . . *Andropogon condensatus*

b. Flores individuales encerradas por glumas más cortas, pálidas, verdosas o purpúreas, de 3-4 mm de largo 98

98. a. Las cerdas o partes semejantes a pelos nacen en y entre la base de la flor *Setaria macrostachya*

b. Las cerdas o partes semejantes a pelos nacen en los ápices de las flores . . 99

99. a. Plantas de 1-2 m de alto con tallos robustos; ramas o ejes de la inflorescencia en forma de escoba, estrechamente ascendentes hasta erectas; hojas firmes y tiesas . . . . *Arundinella confinis*

b. Plantas usualmente menos de 1 m de alto; ramas o ejes de la inflorescencia algunas veces más extendidos, pero menos ascendentes y menos erectos; hojas suaves 100

100. a. Aristas 5-10 mm de largo . . . . *Trisetum deyeuxioides*

b. Aristas 1-4 mm de largo 101

101. a. Hojas más o menos 2 mm de ancho, 5-8 cm de largo; plantas con tallos cortos y delgados de hasta 0,45 m de alto . . . . *Agrostis basalis*

b. Hojas generalmente 5-17 mm de ancho, 10-30 cm de largo; plantas con tallos más bien robustos de hasta 1 m de alto 102

102. a. Inflorescencia compacta, con flores densamente dispuestas, las ramas laterales solamente 0,5-2 cm de largo, con casi ningún espacio entre las ramas; partes inferiores (glumas) de cada flor con los ápices redondeados . . . . *Polypogon interruptus*

b. Inflorescencia con flores dispuestas menos densamente, con ramas laterales más alargadas, 2-9 cm de largo, mostrando más espacios entre las ramas; glumas de cada flor gradualmente angostándose en un ápice delgado . . . . *Polypogon elongatus*

GRUPO IV (números 103-138)

103. (50.b)

a. Hojas anchamente encorvadas (obtusas) o con el ápice romo; plantas formando vástagos y rastreras por medio de tallos horizontales con raíces adventicias . . . . *Stenotaphrum secundatum*

103a

b. Hojas con una punta angosta; plantas en macollas y no rastreras por medio de tallos horizontales con raíces adventicias 104

103b

104. a. La inflorescencia aparece como 1 solo eje solitario no ramificado, con las flores densamente reunidas sin espacios o casi sin espacios entre ellas . . 105

104a

b. La inflorescencia aparece como un eje central con 2 o más ramas laterales principales 116

104b

105. a. Flores dispuestas en 1 ó 2 filas a lo largo del eje principal 106

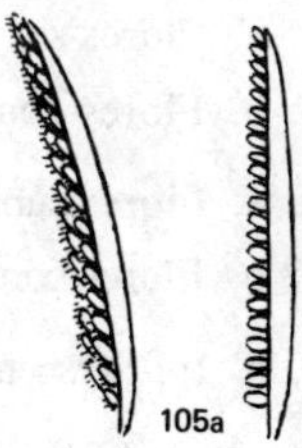
105a

b. Flores diferentes a como se indica arriba 115

105b

106. a. Una ala delgada, membranosa se proyecta a ambos lados del eje de la inflorescencia y cubre parcialmente o rodea a las flores 107

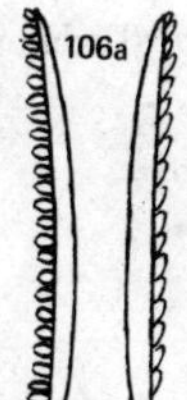
106a

b. Ninguna ala sobresale del eje de la inflorescencia, o algunas veces está sólo ligeramente desarrollada o no rodea ni cubre parcialmente las flores . . . 111

106b

107. a. Ala del eje, de color verde; flores proyectándose más o menos hacia afuera y horizontalmente con respecto al eje floral . . . . 108 *(Thrasya)*

107a

b. Ala del eje, de color marrón; las flores no se proyectan horizontalmente con respecto al eje 110

107b

108. a. Flores sin pelos o casi sin pelos . . . . *Thrasya hitchcockii*

b. Flores con pelos 109

109. a. Flores cubiertas por pelos sedosos . . . . *Thrasya petrosa*

b. Flores con pelos extendidos . . . . *Thrasya venezuelana*

110. a. Inflorescencia, incluyendo las alas, 3-4,5 mm de ancho . . . . . . *Paspalum heterotrichon*

b. Inflorescencia, incluyendo las alas, 5-9 mm de ancho . . *Paspalum stellatum*

111. (106.b)

a. Inflorescencia con 2 tipos de flores y de colores, las flores alternativamente verdes y blancuzcas y alternativamente con o sin unas filas de celdillas o perforaciones (alveoladas) . . . . *Hackelochloa granularis*

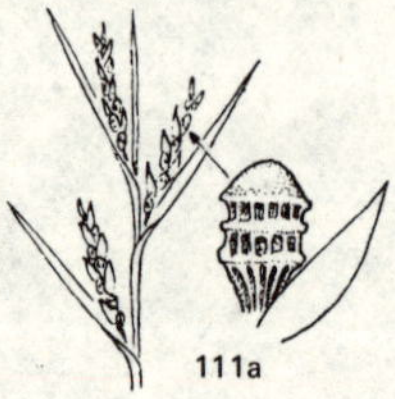

111a

b. Todas las flores de la inflorescencia semejantes en tipo y color 112

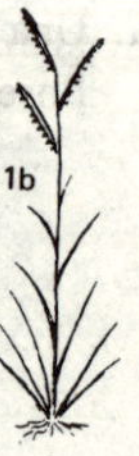

111b

112. a. Eje de la inflorescencia y/o flores densamente peludos y sedosos 113

b. Eje de la inflorescencia y flores sin pelos 114

113. a. Flores extendiéndose horizontalmente del eje de la inflorescencia . *Eriochloa distachya*

b. Flores erectas o ascendentes o muy pegadas al eje . . *Elyonurus tripsacoides*

114. a. Flores angostándose en un ápice corto y puntiagudo; nudos de los tallos sin pelos o esparcidamente peludos . . . . *Paspalum unispicatum*

b. Flores redondeadas hasta anchamente encorvadas (obtusas) en el ápice; nudos de los tallos con frecuencia densamente peludos . . . *Paspalum pilosum*

115. (105.b)

a. Flores sin pelos (glabras), con frecuencia verde-negruzcas, gris-verdosas o de matiz oscuro . . . . *Sporobolus poiretii*

b. Flores con cerdas cortas, amarillo-verdosas o pajizas . . . *Eragrostis ciliaris*

116. (104.b)

a. Inflorescencias con sólo 2 ramas (ejes) 117

b. Inflorescencias con más de 2 ramas (ejes) 120

117. a. Una ala delgada o membranosa o un borde sobresale a ambos lados del eje de la inflorescencia y cubre parcialmente o rodea las flores 118

b. Ninguna ala sobresale del eje de la inflorescencia, o por lo menos no rodea ni cubre parcialmente a las flores 119

118. a. Inflorescencia, incluyendo las alas, 6-9 mm de ancho . . *Paspalum stellatum*

b. Inflorescencia, incluyendo las alas, 3-4,5 mm de ancho . . . . . *Paspalum heterotrichon*

119. a. Flores y eje de la inflorescencia densamente peludos; flores extendiéndose horizontalmente al eje de la inflorescencia . . . . *Eriochloa distachya*

b. Flores y eje de la inflorescencia sin pelos; flores estrechamente pegadas al eje de la inflorescencia . . . . *Paspalum unispicatum*

120. (116.b)

a. Inflorescencias interrumpidas o separadas por hojas; inflorescencias con 2 tipos de flores, alternativamente verdes y blancuzcas y alternativamente con y sin unas filas de celdillas o perforaciones (alveoladas) . . . . *Hackelochloa granularis*

b. La inflorescencia sobresale por encima de las hojas; inflorescencia con todas las flores del mismo color 121

121. a. Una ala delgada y membranosa o un borde sobresale a ambos lados del eje de la inflorescencia y cubre parcialmente o rodea a las flores; flores no rodeadas por ningún borde fragmentado 122

121a

b. Ninguna ala se proyecta del eje de la inflorescencia, o por lo menos no lo suficientemente desarrollada para rodear o para cubrir parcialmente las flores; las flores podrían o no estar rodeadas por un borde fragmentado . . 123

121b

122. a. Flores con pelos sedosos; inflorescencia, incluyendo las alas, 6-8 mm de ancho; alas purpúreas o verdes . . . . *Paspalum trachycoleon*

b. Flores sin pelos (glabras); inflorescencia, incluyendo las alas, 1-2 mm de ancho; alas de color verde . . . . *Paspalum candidum*

123. a. Ramas (ejes laterales) de la inflorescencia usualmente bien separadas entre sí 124

123a

b. Ramas (ejes laterales) de la inflorescencia agregadas o próximas entre sí . 132

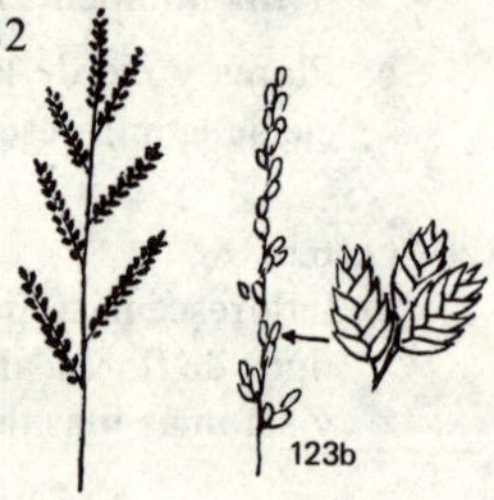
123b

124. a. Flores densamente agrupadas y dispuestas en 2 o más filas a lo largo del eje de la inflorescencia 125

124a

b. Flores más o menos separadas entre sí y no dispuestas en filas 127

124b

125. a. Hojas y tallos usualmente peludos; flores rodeadas por un borde rebeteado (ala) . . . . *Paspalum fimbriatum*

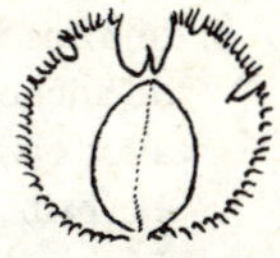
125a

b. Hojas y tallos sin pelos o casi sin pelos; flores no rodeadas por ningún borde rebeteado 126

126. a. Flores y ejes de la inflorescencia usualmente de color púrpura oscuro; superficie de las flores sin cicatrices o arrugas horizontales . . *Paspalum lividum*

b. Flores y ejes de la inflorescencia (cuando maduros) de color marrón y amarillo-marrón; superficie de las flores con frecuencia marcada con arrugas horizontales . . . . *Paspalum plicatulum*

127. a. Hojas más bien cortas, 1-7 (–9) cm de largo, 3 ½-15 veces más largas que anchas 128

b. Hojas relativamente más largas, 4-20 cm de largo, generalmente 20-70 veces más largas que anchas 131

128. a. Hojas 9-18 mm de ancho, con frecuencia ascendentes, usualmente más anchas en la mitad y angostadas en ambos extremos . . . . . *Pseudechinolaena polystachya*

b. Hojas 2-6 mm de ancho, usualmente ancha u horizontalmente extendidas, casi del mismo ancho en la mayor parte de su extensión 129

129. a. Tallos rastreros, con raíces en los nudos, y hasta 2 m de largo; hojas anchamente extendidas (casi horizontalmente), 7-11 veces más largas que anchas; tallos sin pelos; vainas de la base de las hojas peludas en los bordes superiores; hojas sin pelos alargados . . . . *Isachne rigens*

b. Tallos formando macollas cortas, no alargados, solamente 0,2-0,6 m de alto; hojas rígidamente ascendentes o erectas, 20-30 veces más largas que anchas; tallos peludos; vainas de la base de las hojas peludas; hojas generalmente peludas con pelos delgados 130

130. a. Hojas obviamente peludas; espiguillas individuales 2,1-2,5 mm de largo . . . *Panicum arenicoloides*

b. Hojas menos conspicuamente peludas; espiguillas individuales 2 mm de largo . . . . *Panicum aciculare*

131. a. Nudos de los tallos diminutamente peludos; ejes laterales de las ramas de la inflorescencia más o menos zigzagueantes u ondulados; las flores enteras caen tempranamente de los ejes . . . . *Leersia hexandra*

b. Nudos de los tallos, sin pelos (glabros); ejes laterales o ramas de la inflorescencia ni zigzagueantes ni ondulados, las partes más bajas (glumas) de las flores usualmente persistentes . . . . *Agrostis alba*

132. (123.b)

a. Eje de la inflorescencia y/o flores, conspicuamente peludos 133

b. Eje de la inflorescencia y flores, sin pelos (glabros) o casi sin pelos 135

133. a. Inflorescencia relativamente corta y angosta, 1-14 cm de largo, 0,3-1 cm de ancho; plantas relativamente pequeñas, 5-50 cm de alto; ejes laterales de la inflorescencia muy cortos y arrimados al eje principal . . *Eragrostis ciliaris*

b. Inflorescencia relativamente más larga y ancha, 15-25 cm de largo, 1-5 cm de ancho; plantas relativamente más altas, usualmente 50-150 cm o más de alto; ejes laterales de la inflorescencia alargados y proyectándose fuera del eje principal 134

134. a. Eje de la inflorescencia conspicuamente peludo, pero las flores sólo ligeramente peludas con pelos estrechamente adheridos . . . . *Eriochloa punctata*

b. Eje de la inflorescencia sin pelos o inconspicuamente peludo, pero las flores con densos pelos largos . . . . *Trichachne insularis*

135. a. Grupos de flores abrazados o encerrados por vainas (espatas) conspicuas de color marrón o marrón-rojizo, 10-20 mm de largo . . . *Andropogon virgatus*

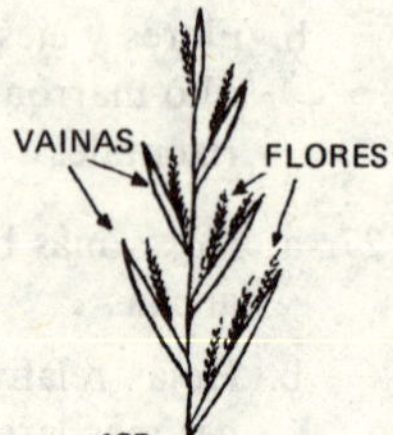

135a

b. Grupos de flores ni abrazados ni encerrados por vainas (espatas) marrones o marrón-rojizas 136

135b

136. a. Flores dispuestas en 2 ó 3 filas a lo largo de uno de los lados del eje de la flor (raquis) . . . . *Paspalum paniculatum*

b. Diferente a como se indica arriba 137

137. a. Ejes laterales de la inflorescencia en un primer tiempo juntos y agrupados, pero anchamente extendidas en la madurez en círculos (verticilos) separados entre sí . . . . *Sporobolus pyramidatus*

b. Ejes laterales de la inflorescencia siempre estrechamente ascendentes hasta erectos 138

138. a. Ejes laterales de la inflorescencia apenas desarrollados o muy cortos, la inflorescencia muy densamente agrupada; las 2 partes inferiores (glumas) son desiguales en cada flor diminuta . . . . *Sporobolus poiretii*

b. Ejes laterales de la inflorescencia usualmente bien desarrollados y alargados, extendiéndose fuera del eje central y produciendo una inflorescencia de apariencia menos densamente agrupada; las 2 glumas son casi iguales en cada flor diminuta . . . . *Sporobolus indicus*

139. (49.b)

a. Prolongaciones o apéndices cortos o alargados, semejantes a pelos o cerdas (aristas) o pelos conspicuos presentes y proyectándose de alguna parte de la planta . . . . 140 (GRUPO V)

139a

b. Ni aristas ni cerdas conectadas a las flores, pero podría haber pelos presentes o abundantes . . . . 159 (GRUPO VI)

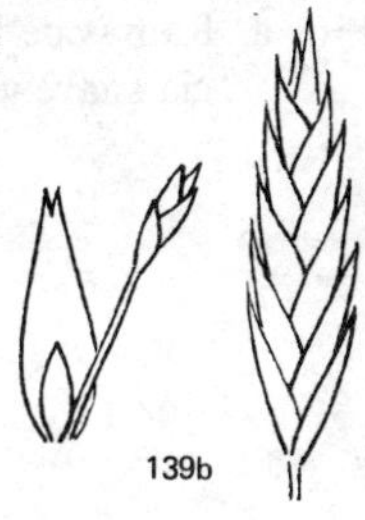
139b

GRUPO V (números 140-158)

140. a. Inflorescencia conspicuamente peluda, pero ninguna de las flores ni los ejes de las mismas poseen aristas o cerdas . . . . *Paspalum saccharoides*

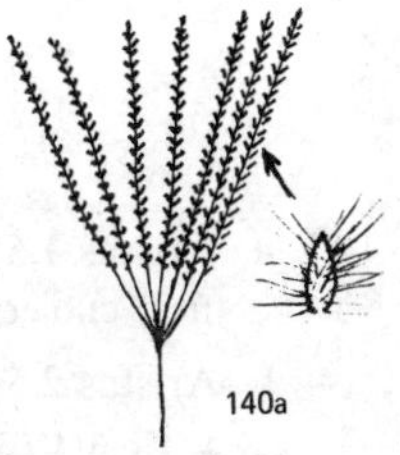
140a

b. Alguna parte de la flor o ejes de las flores (raquis) de la inflorescencia tienen aristas o cerdas cortas o alargadas 141

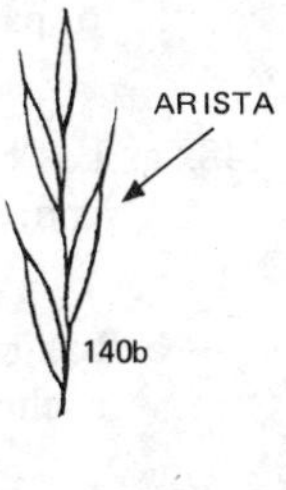

140b

141. a. Hojas muy anchas, 3-10 cm de ancho, plegadas; nervios de las hojas conspicuos 142

b. Hojas más angostas y no plegadas; nervios de las hojas menos conspicuos 143

142. a. Inflorescencia relativamente angosta, 3-5 cm de ancho o más o menos del mismo ancho desde la base hasta el ápice . . . . *Setaria paniculifera*

b. Inflorescencia relativamente ancha, 10-15 cm de ancho, obviamente más ancha entre la base y el ápice . . . . *Sorghum vulgare*

143. a. Base de las hojas con un margen de apéndices largos semejantes a pelos de color casi púrpura . . . . *Aulonemia purpurata*

b. Diferente a como se indica arriba 144

144. a. Flores o alguna parte de la inflorescencia conspicuamente peludas, con frecuencia rosadas, casi purpúreas, plateadas o blancas, pero también amarillas, color ante o marrón 145

b. Flores o alguna parte de la inflorescencia usualmente no peludas o sólo diminutamente peludas, generalmente de color verde, amarillo o marrón . 153

145. a. Aristas alargadas, 1,5-4 cm de largo 146

b. Aristas más cortas, 0,3-1,1 cm de largo 149

146. a. Ramas de la inflorescencia cortas y densas reunidas entre sí, con pubescencia suave y blanco-plateada . . . . *Stipa ichu*

b. Ramas de la inflorescencia anchamente separadas entre sí o distantes y alargadas, extendiéndose fuera del eje principal, sin presentar apariencia de pelos suaves 147

147. a. Aristas 1,5-2 cm de largo; porciones florales de las ramas oscuras o marrones, cubiertas con pelos marrón-dorados . . . . *Hyparrhenia rufa*

b. Aristas 2,5-4 cm de largo; porciones florales de las ramas (ejes) color verdegris, marrón-pálido o color ante (color pajizo), cubiertos por pelos blancos o pálidos 148

148. a. Las brácteas superpuestas de la inflorescencia con pelos y de 1 mm de ancho; inflorescencia 3-4 mm de ancho; aristas 2,5-3 cm de largo . . . . . . *Hyparrhenia hirta*

b. Las brácteas superpuestas de la inflorescencia sin pelos y de 1,5-2 mm de ancho; inflorescencia más o menos 5 mm de ancho, aristas 3-4 cm de largo *Diectomis fastigiata*

149. a. Numerosas hojas secas, rizadas y viejas permanecen conectadas a la base de la planta . . . . *Cortaderia roraimensis*

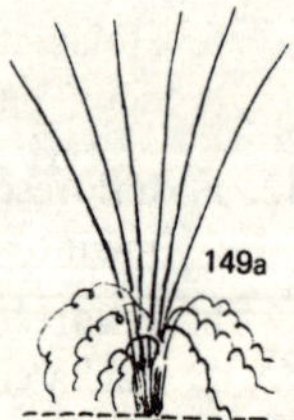

b. Diferente a como se indica arriba 150

150. a. Casi todas las hojas reunidas en la base de la planta 151

b. Casi todas las hojas dispersadas a lo largo de la planta 152

151. a. Aristas 3-5 mm de largo; las partes inferiores externas (glumas) de los grupos de flores (espiguillas), 4-6 mm de largo . . . *Calamagrostis naiguatensis*

b. Aristas por lo menos 10 mm de largo; las glumas inferiores de las espiguillas 10 mm de largo . . . . *Stipa ichu*

152. a. Inflorescencia relativamente ancha, 10-15 cm de ancho; tallos gruesos; plantas 1-1,5 m de alto . . . . *Sorghum vulgare*

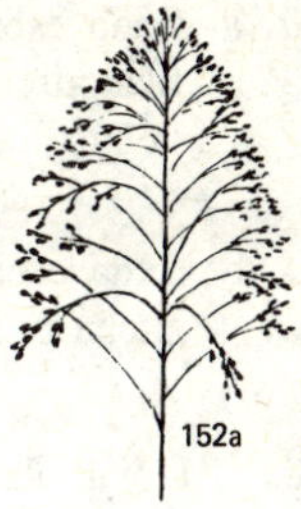
152a

b. Inflorescencia relativamente angosta, 1,5-3,5 cm de ancho; tallos delgados; planta 0,3-0,9 m de alto . . . . *Trisetum deyeuxioides*

152b

153. (144.b)
a. Hojas cortas, solamente 2-5 cm de largo . . . . *Gymnopogon spicatus*
b. Hojas más largas, 5-30 cm o más de largo 154

154. a. Los grupos individuales finales de flores (espiguillas) grandes, 20-35 mm de largo (excluyendo las aristas) 155
b. Las espiguillas finales más pequeñas, 3-15 mm de largo (excluyendo las aristas) 156

155. a. Vainas de las hojas abiertas de un lado; hojas 4-30 mm de ancho; aristas 2-4 cm de largo; grupo de flores sobre ejes generalmente extendidos . . *Avena sativa*

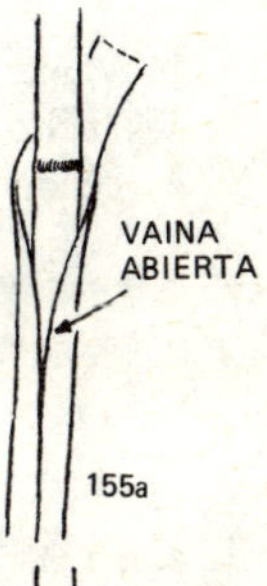

155a

b. Vainas de las hojas cerradas en casi toda su longitud; hojas 3-5 (–8) mm de ancho; aristas 0,2-0,5 cm de largo; grupo de flores sobre ejes generalmente ascendentes hasta erectas . . . . *Bromus catharticus*

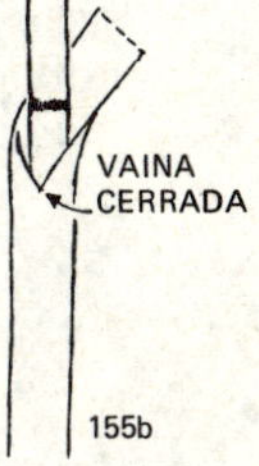

155b

156. a. Aristas 10-15 mm de largo; grupos individuales finales de flores (espiguillas) 10-15 mm de largo, mucho más largos que anchos 157
b. Aristas más cortas, solamente 1,5-5 mm de largo, espiguillas finales más cortas, 2-6 mm de largo 158

157. a. Cada espiguilla consiste en 1 sola flor; las flores no están dispuestas en 2 filas alternas; hojas 1-3 mm de ancho; lígula (apéndice interno conectado a la base de la hoja) blanca, alargada y fragmentada, 5-10 mm de largo . . . *Triniochloa stipoides*

b. Cada espiguilla consiste en 3-6 o más flores; las flores dispuestas en 2 filas alternas; hojas más o menos 1 mm de ancho; sin lígula alargada evidente . . *Festuca dertonensis*

158. a. Hojas planas, 5-10 mm de ancho . . . . *Polypogon elongatus*

b. Hojas con márgenes enrollados, 1-3 mm de ancho . . . . . . *Calamagrostis naiguatensis*

GRUPO VI (números 159-214)

159. (139.b)

a. Grupos de flores individuales finales (espiguillas) de la inflorescencia 20-35 milímetros de largo 160

b. Grupos de flores individuales finales (espiguillas) de la inflorescencia más pequeñas 161

160. a. Vaina de las hojas (la parte debajo de la hoja que rodea al tallo) abierta de un lado; hojas 4-30 mm de ancho; aristas 2-4 cm de largo; espiguillas sobre ejes generalmente extendidos . . . . *Avena sativa*

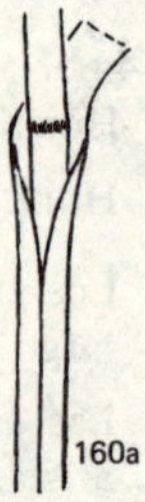

160a

b. Vaina de las hojas cerrada en casi toda su longitud; hojas 3-5 (–8) mm de ancho; aristas 0,2-0,5 cm de largo; espiguillas sobre ejes generalmente ascendentes o erectos . . . . *Bromus catharticus*

160b

161. a. Hojas 3-6 cm de ancho, anchamente elíptico-lanceoladas, los bordes encorvados hasta formar una hoja más ancha en la mitad y angostada en ambos extremos . . . . *Pharus glaber*

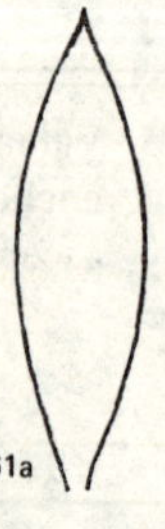

161a

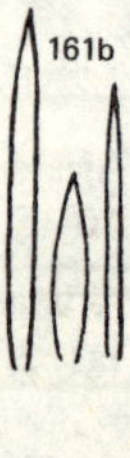

161b

b. Hojas más angostas o con los bordes rectos y más paralelos, lo que hace que la hoja tome la forma de una cinta o de forma linear, angostada en el ápice 162

162. a. Flores individuales dispuestas a lo largo de uno de los lados de los ejes o ramas de la inflorescencia 163

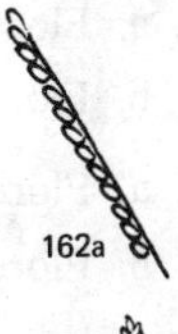
162a

b. Flores individuales dispuestas en varios lados del eje floral en vez de un solo lado 174

162b

163. a. Una membrana o ala o borde prominente y delgado se proyecta a ambos lados del eje de la inflorescencia, cubriendo parcialmente o rodeando las flores 164

163a

b. Ninguna membrana se proyecta a los lados de los ejes de la inflorescencia, o por lo menos no suficientemente desarrollada para rodear o cubrir parcialmente las flores 168

164. a. Flores sin pelos . . . . *Paspalum candidum*

b. Flores con pelos 165

165. a. Flores dispersas laxamente en la inflorescencia . . . . *Digitaria sanguinalis*

b. Flores estrechamente agrupadas y reunidas entre sí 166

166. a. El borde ubicado a lo largo del eje de la inflorescencia (raquis) es de color rojizo o amarillo-dorado . . . . *Paspalum heterotrichon*

b. El borde ubicado a lo largo del raquis es de color verdoso o casi púrpura 167

167. a. El borde ubicado a lo largo del raquis es de color verdoso, 2-3 mm de ancho *Paspalum humboldtianum*

b. El borde ubicado a lo largo del raquis es de color púrpura o verde con púrpura, 4-6 mm de ancho . . . . *Paspalum trachycoleon*

168. (163.b)

a. Hojas más anchas en o debajo de la mitad, los bordes curvos y no paralelos *Panicum pulchellum*

b. Hojas casi del mismo ancho en toda su longitud, con los bordes más o menos rectos o paralelos, dándole forma de cinta o linear 169

169. a. Flores rodeadas por una ala ancha con flecos . . . . *Paspalum fimbriatum*

169a

b. Flores no rodeadas por una ala con flecos 170

170. a. Flores dispersas laxamente en la inflorescencia . . . . . *Digitaria sanguinalis*

b. Flores estrechamente agrupadas y reunidas entre sí 171

171. a. Flores individuales 1,2-1,5 mm de largo . . . . *Paspalum paniculatum*

b. Flores individuales 2-3 mm de largo 172

172. a. Flores densamente peludas . . . . *Paspalum humboldtianum*

b. Flores nunca peludas 173

173. a. Flores y eje de la inflorescencia (raquis) usualmente de color púrpura oscuro; superficie de las flores sin zonas horizontales elevadas . . *Paspalum lividum*

b. Flores y raquis (cuando maduros) de color marrón oscuro y amarillo-marrón; superficie de las flores con frecuencia con zonas horizontales elevadas *Paspalum plicatulum*

174. (162.b)

a. Grupos de flores individuales finales (espiguillas) colgantes, casi tan anchas como largas o algunas veces más anchas que largas, 4-10 mm de ancho . 175 *(Briza)*

174a

b. Grupos de flores individuales finales (espiguillas) generalmente extendidas, ascendentes o erectas y usualmente más largas que anchas y angostas . 176

174b

175. a. Espiguillas 2-4 mm de largo . . . . *Briza minor*

b. Espiguillas 10-15 mm de largo . . . . *Briza maxima*

176. a. Hojas dispuestas en 2 direcciones (norte y sur o este y oeste), más o menos horizontalmente extendidas desde el tallo; ápice de las hojas más bien obtuso o solamente corto-puntiagudo; base de la hoja casi recta o cuadrada . *Olyra latifolia*

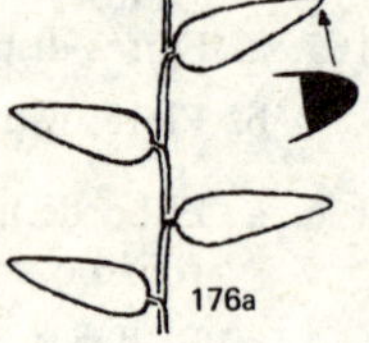
176a

b. Hojas dispuestas de otra forma, con el ápice delgado y puntiagudo o angostas o encorvadas en la base 177

177. a. Hojas muy angostas, 1-5 mm de ancho 178

b. Hojas más anchas, 5-30 mm de ancho 198

178. a. Los grupos de flores individuales finales (espiguillas) consisten en más de 1 flor (indicada por varias brácteas superpuestas o agrupadas) 179

178a

b. Las espiguillas finales consisten en 1 sola flor (indicada por no más de 3 partes de las flores) o rara vez con 2-3 flores (en *Sporobolus brasiliensis*) . 185

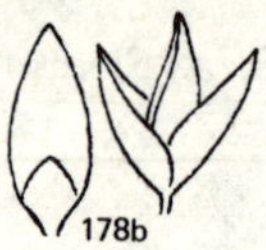
178b

179. a. Cada grupo individual de flores (espiguillas) ligeramente más largo que ancho o casi tan ancho como largo, 1-3 flores, 1,5 mm o menos de largo . . . . *Sporobolus brasiliensis*

b. Cada espiguilla obviamente más larga que ancha, usualmente (2—) 3-13 flores, 3-8 mm de largo 180

180. a. Ejes principales (ramas) de la inflorescencia relativamente pocos, generalmente 4-10; inflorescencia relativamente corta y ancha, 1,5-8 cm de largo . . . . *Poa annua*

b. Ramas de la inflorescencia numerosas, usualmente 15-50; inflorescencia usualmente 8-25 cm o más de largo, con frecuencia mucho más larga que ancha pero también casi tan ancha como larga . . . . 181 *(Eragrostis)*

181. a. Hojas conspicuamente peludas en toda o casi toda su longitud . . *Eragrostis fragilis*

b. Hojas sin pelos (glabras) en toda o casi toda su longitud, o sólo esparcidamente peludas en el lado superior (haz) 182

182. a. Hojas algunas veces esparcidamente peludas en la cara superior (haz) de la base; plantas con raíces firmes y perennes (indicado por las hojas viejas persistentes en la base de los tallos) . . . . *Eragrostis lugens*

b. Hojas más o menos sin pelos (glabras) en toda la superficie; plantas con raíces delicadas y anuales 183

183. a. Grupos de flores individuales finales (espiguillas) 2-4 veces más largos que anchos, más anchos en la base de la mitad (subovados u ovado-lanceolados) y angostos en el ápice, generalmente 1,2-2 mm de ancho . . . . . *Eragrostis mexicana*

b. Espiguillas finales casi 4-5 veces más largas que anchas, casi del mismo ancho desde la base hasta el ápice (lineares o lanceoladas), y solamente 0,5-1 milímetros de ancho 184

184. a. Ramas (ejes) de la inflorescencia dispuestas cerca del eje principal de la inflorescencia (más o menos adpresas) . . . . *Eragrostis pectinacea*

b. Ramas (ejes) de la inflorescencia extendidas desde el eje principal de la inflorescencia . . . . *Eragrostis pilosa*

185. (178.b)

a. Inflorescencia relativamente corta, 1-5 (–7) cm de largo, casi tan ancha como larga o poco más larga que ancha 186

b. Inflorescencia relativamente más alargada, usualmente 6-30 cm de largo, o usualmente más larga que ancha 188

186. a. Hojas horizontalmente extendidas, más o menos en ángulos rectos al eje principal; tallos con frecuencia rastreros; casi todas las hojas y tallos sin pelos (glabros) . . . . *Isachne rigens*

b. Hojas erectas o rígidamente ascendentes; tallos en macollas, no rastreros; tallos o alguna parte de las hojas con frecuencia peludos 187

187. a. Hojas obviamente peludas; espiguillas individuales 2,1-2,5 mm de largo . . . *Panicum arenicoloides*

b. Hojas menos conspicuamente peludas; espiguillas individuales 2 mm de largo . . . . *Panicum aciculare*

188. a. Partes inferiores (glumas) de cada grupo de flores (espiguillas) más cortas que el resto de las flores 189

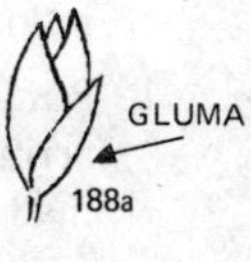

b. Glumas de cada espiguilla más largas que el resto de las flores 190

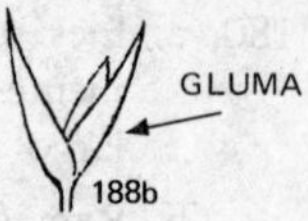

188b

189. a. Cada espiguilla siempre con 1 sola flor; plantas con tallos delgados y raíces anuales . . . . *Sporobolus tenuissimus*

b. Cada espiguilla con 1-3 flores; plantas con tallos más gruesos y raíces perennes . . . . *Sporobolus brasiliensis*

190. a. Ejes principales inferiores de la inflorescencia sin flores en su parte basal (entre los primeros 0,5-6 cm de su longitud); ejes principales inferiores, delicados y semejantes a pelos . . . . 191 *(Agrostis)*

b. Ejes principales inferiores de la inflorescencia, al igual que los centrales y los superiores, densamente floreados en toda su longitud o sin flores solamente en el primer cm o menos de su parte basal 195

191. a. Porción desnuda del eje principal de la inflorescencia, áspera al tacto . . . *Agrostis humboldtiana*

b. Porción desnuda del eje principal de la inflorescencia, sin pelos y suave al tacto 192

192. a. Tramo inferior del eje principal de la inflorescencia, desnudo (sin flores) en 2-6 cm de su longitud . . . . *Agrostis subrepens*

b. Tramo inferior del eje principal de la inflorescencia, desnudo (sin flores) sólo en 0,5-1,5 cm de su longitud 193

193. a. Flores sin pelos o proyecciones . . . . *Agrostis venezuelana*

b. Flores con dientes diminutos y ásperos o proyecciones (se apreciarán unos pelos diminutos si se usa la lupa) 194

194. a. Ejes (ramas) de la inflorescencia generalmente erectos hasta ascendentes, lo que le da una apariencia llena o condensada; una prolongación delgada semejante a un pelo o arista, presente en cada flor (usar lupa) . *Agrostis basalis*

b. Ejes (ramas) de la inflorescencia generalmente extendidos y más laxos; sin ninguna arista delgada presente . . . . *Agrostis alba*

195. (190.b)

a. Flores presentes sobre los ejes de la inflorescencia desde la base hasta el ápice 196

b. Flores generalmente ausentes en la base de las ramas laterales de la inflorescencia 198

196. a. Inflorescencia muy alargada, pero solamente 3-15 mm de ancho . . . . . *Sporobolus indicus*

b. Inflorescencia relativamente más ancha, 20-30 mm o más de ancho . . . . *Agrostis alba*

197. a. Ramas laterales de la inflorescencia sin flores desde la parte inferior hasta la mitad de su longitud; flores individuales finales (espiguillas) 1,5 mm de largo; inflorescencias maduras 1,5-6 cm de ancho . . . . *Sporobolus pyramidatus*

b. Ramas laterales de la inflorescencia sin flores solamente en y justamente por arriba de la parte inferior; espiguillas 2,5-4 mm de largo; inflorescencias maduras 1,5-3 cm de ancho . . . . *Sporobolus cubensis*

198. (177.b)
a. Hojas más largas 15-40 cm o más de largo 199
b. Hojas más largas usualmente 2,5-14 (−16) cm de largo 205

199. a. Cada flor, ubicada sobre un eje delgado y alargado (pedicelo), y cada flor siempre bien separada de la otra 200

199a

b. La mayoría de las flores, sin pedicelo o con un pedicelo muy corto, y usualmente estrechamente agrupadas y próximas entre sí, o tocándose entre sí 201

199b

200. a. Hojas 1,3-3 cm de ancho; flores maduras color marrón oscuro o verde oscuro, 3 mm de largo, romas en el ápice . . . . *Panicum glutinosum*
b. Hojas 0,7-1,3 cm de ancho; flores maduras color verde pálido o color pajizo, 6-7 mm de largo, delgadas y puntiagudas en el ápice . *Panicum olyroides*

201. a. Flores usualmente marrones, amarillas o negras 202
b. Flores de otros colores 203

202. a. Lígula diminuta y apenas evidente; flores individuales pequeñas, 2-2,5 mm de largo, sólo ligeramente corto-puntiagudas, sin pelos (glabras) . . *Panicum fasciculatum*

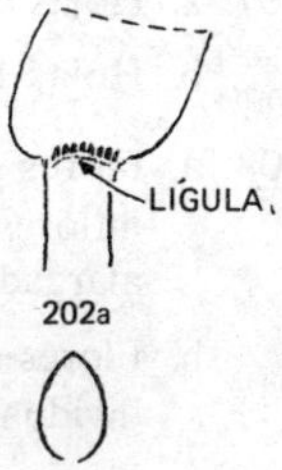

202a

b. Lígula conspicuamente peluda y sedosa; flores individuales más grandes, 5-8 mm de largo, adelgazándose en una punta larga . . . . *Sorghum vulgare*

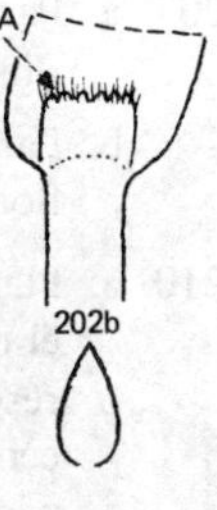

202b

203. a. Plantas usualmente 1-2,5 m de alto; base de la hoja (la parte que se une al tallo) usualmente muy peluda; ramas laterales principales de la inflorescencia numerosas (15 o más), firmes y más bien tiesas . . . *Panicum maximum*
b. Plantas usualmente menos de 1 m de alto; base de la hoja (en donde se une al tallo) sin pelos (glabra) o inconspicuamente peluda; ramas laterales principales de la inflorescencia usualmente menos de 12, delicadas y semejantes a pelos 204

204. a. Flores más o menos densamente reunidas a lo largo de casi toda la extensión de los ejes (ramas) de la inflorescencia; nudos de los tallos usualmente expuestos y sin pelos . . . . *Cinna poaeformis*

204a

b. Flores reunidas densamente sólo en los extremos o partes superiores de los ejes (ramas) de la inflorescencia; nudos de los tallos usualmente cubiertos por las vainas de las hojas y ligeramente peludos . . . *Leersia distichophylla*

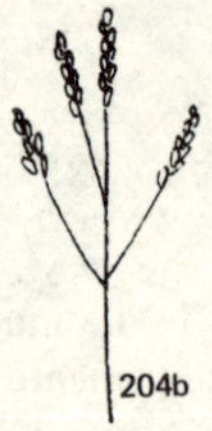

204b

205. (198.b)

a. Flores usualmente de color marrón oscuro, amarillo o negro . . . . *Panicum fasciculatum*

b. Flores verdes, de color pajizo, algo purpúreas o con otros matices de color 206

206. a. Flores individuales (espiguillas) 4-5 mm de largo, con una punta delgada y puntiaguda 207

b. Espiguillas más pequeñas, 1,5-2 mm de largo, generalmente redondeadas o anchamente encorvadas (obtusas) en el ápice, o por lo menos no terminan en una punta angosta 208

207. a. Hojas 0,5-1 cm de ancho . . . . *Ichnanthus venezuelanus*

b. Hojas 1,5-3 cm de ancho . . . . *Ichnanthus nemoralis*

208. a. Flores generalmente reunidas o dispuestas estrechamente en las ramas de la inflorescencia, ni separadas ni aisladas sobre un eje (pedicelo) individual y alargado 209

b. Flores usualmente bien separadas entre sí por medio de un eje (pedicelo) individual y alargado 211

209. a. Parte inferior de las ramas de la inflorescencia más o menos uniformemente floreada en toda la extensión . . . . *Agrostis alba*

b. Parte inferior de las ramas de la inflorescencia generalmente desnuda (sin flores) 210

210. a. Plantas usualmente de 1 m o más de alto; unión de las ramas principales con el eje de la inflorescencia usualmente sin pelos; ramas laterales de la inflorescencia más bien numerosas, con frecuencia 10 o más y alargadas, 3-10 centímetros de largo, y anchamente extendidas hasta ascendentes; ejes superiores de la inflorescencia algo, pero no mucho, más cortos que los ejes centrales . . . . *Panicum sellowii*

b. Plantas usualmente algo menos de 1 m de alto; la unión de las ramas principales con el eje central de la inflorescencia usualmente tiene un penacho de pelos; ramas laterales de la inflorescencia más bien pocas, 4-10; ramas superiores de la inflorescencia usualmente cortas, solamente 1-3 cm de largo, ascendentes hasta erectas, y generalmente mucho más cortas que las ramas más bajas . . . . *Panicum trichidiachne*

211. a. Los nudos de los tallos especialmente peludos; vaina y lámina de las hojas generalmente peludas 212

b. Los nudos de los tallos, las vainas y las láminas de las hojas con frecuencia sin pelos (glabros) 214

212. a. Plantas más bien altas, hasta 1,25 m de alto; inflorescencia madura generalmente 6-11 cm de largo . . . . *Panicum viscidellum*

b. Plantas más cortas, 0,2-0,45 m de alto; inflorescencia madura generalmente 2-7 cm de largo 213

213. a. Flores individuales ligeramente peludas; hojas con pelos . *Panicum olivaceum*

b. Flores individuales sin pelos o sólo apenas peludas; hojas sin pelos o esparcidamente peludas . . . . *Panicum tremulosum*

214. a. Plantas de 0,15-1,55 m de alto; tallos sin pelos; nudos de los tallos sin pelos o sólo ligeramente peludos . . . . *Panicum sphaerocarpon*

b. Plantas más pequeñas, hasta casi 1 m de alto; tallos ligeramente o nada peludos (glabros); nudos de los tallos usualmente con pelos extendidos . . . *Panicum tremulosum*

Aegopogon cenchroides Humb. & Bonpl. ex Willd. (Lám. 141, D)
Lugares alterados, selva transicional, selva nublada y subpáramo, 900-2.550 m. Plantas anuales.

Agrostis alba L.
Subpáramo, 2.000-2.400 m.

Agrostis basalis Luces
Subpáramo, 2.100 m. Plantas perennes.

Agrostis humboldtiana Steud. *"hierba de páramo"*
Subpáramo, 2.500-2.650 m. Plantas perennes.

Agrostis subrepens (Hitchc.) Hitchc.
Subpáramo, 2.200-2.300 m.

Agrostis venezuelana Mez.
Subpáramo, 2.000-2.670 m.

Andropogon angustatus (Presl) Steud.
Sabana, 1.200-1.300 m.

Andropogon bicornis L. (Lám. 146, C)
Sabana, 1.500 m.

Andropogon brevifolius Sw. *"chinchorrillo"*
Sabana, 1.150-1.200 m.

Andropogon condensatus H.B.K. *"paja cola de mula"*
Sabana, 1.500-1.900 m. Plantas perennes.

Andropogon hirtiflorus (Nees) Kunth (Lám. 142, B)
Sabana, 1.500 m. Plantas perennes.

Andropogon leucostachyus H.B.K. *"rabo de mono"* (Lám. 143, A)
Sabana, 900-1.200 m.

Andropogon saccharoides Sw. *"rabo de zorro"* (Lám. 134, A)
Sabana hasta subpáramo, 1.200-2.600 m.

Andropogon selloanus (Hack.) Hack. *"rabo de zorro"*
Sabana, 1.200-1.400 m. Planta perenne.

Andropogon semiberbis (Nees) Kunth (Lám. 147, F)
Lugares alterados, al borde de la selva nublada.

Andropogon tener (Nees) Kunth
Sabana, 1.500-1.900 m. Plantas perennes.

Andropogon virgatus Desv. ex Hamilton
Sabana, 1.300 m.

Aristida adscensionis L.
Lugares abiertos, 1.200-1.300 m.

Aristida leptochaeta Hack.
Sabana, 900 m.

Aristida neesiana Trin. & Rupr.
Sabana, al borde de selva transicional y subpáramo, 1.800-2.400 m.

Aristida pittieri Henr.
Sabana, 1.300-1.500 m. Plantas perennes, las cuales forman pequeñas colonias.

Aristida recurvata H.B.K. (Lám. 144, E)
Sabana, 1.200-1.500 m. Plantas perennes.

Aristida setifolia H.B.K.
Sabana, 1.200-1.300 m. Plantas perennes.

Aristida venezuelae Henr.
Sabana, 1.300 m.

Arthrostylidium pubescens Rupr. *"bambucillo"* (Lám. 139, B)
Selva nublada, 1.900 m.

Arthrostylidium venezuelae (Steud.) Mc Clure *"bambucillo"*
Selva nublada, 2.000 m. Planta común.

Arundinella confinis (Schult.) Hitchc. & Chase *"pasto de Aragua"*
Sabana, 1.300-1.400 m. Plantas perennes.

Arundinella hispida (H. & B.) Kuntze (Lám. 144, A)
Sabana, 1.500 m.

Aulonemia purpurata (Mc Clure) Mc Clure
Arthrostylidium purpuratum Mc Clure
Selva nublada, 1.900-2.000 m.

Aulonemia subpectinata (O. Ktze.) Mc Clure *"bambucillo"* (Lám. 140, A)
Arthrostylidium subpectinatum O. Kuntze
Selva nublada y subpáramo, 1.900-2.600 m. Plantas en macollas.

Avena sativa L. *"avena"*
Lugares alterados, 1.500 m. Nativa de Europa.

Axonopus affinis Chase
Selva de galería, 1.700 m.

Axonopus chrysoblepharis (Lag.) Chase
Sabana, 1.200-1.300 m. Plantas perennes.

Axonopus compressus (Sw.) Beauv. (Lám. 134, B)
Sabana, 1.500-1.900 m.

Axonopus pulcher (Nees) Kuhlmann
Sabana, 1.000-1.300 m. Plantas perennes.

Bouteloua americana (L.) Scribn.
Sabana, 1.300 m. Plantas que forman pequeñas colonias.

Brachypodium mexicanum (R. & S.) Link
Subpáramo, 2.300 m.

Briza maxima L. (Lám. 141, B)
Lugares alterados al borde de la selva nublada, 1.800-2.100 m. Introducida en Venezuela.

Briza minor L. (Lám. 141, C; 145, B)
Lugares alterados al borde de la selva nublada, 1.800-2.100 m. Introducida en Venezuela.

Bromus catharticus Vahl *"triguillo"*, *"hierba de caballo"* (Lám. 145, D; 147, E)
Lugares alterados y sabanas, 1.000-2.000 m.

Calamagrostis naiguatensis Swallen
Subpáramo, 2.500-2.760 m. Conocida solamente del Pico de Naiguatá.

Calamagrostis pittieri Hack.
Subpáramo y borde de selva nublada, 1.500-2.760 m.

Cenchrus echinatus L. *"cadillo"* (Lám. 141, A)
Sabana y lugares alterados, 1.300-1.500 m. Hierba anual.

Chloris gayana Kunth *"Hierba de Rhodes"* (Lám. 134, C)
Sabana, 1.300 m. En lugares alterados. Hierba introducida desde Africa.

Chloris polydactyla (L.) Swartz (Lám. 141, E)
Sabana, 1.050-1.300 m.

Chloris radiata (L.) Swartz (Lám. 148, A)
Lugares abiertos y alterados, y sabanas, 1.300 m.

Chloris virgata Swartz
Sabana, 1.300 m.

Chusquea fendleri Munro *"carricillo"* (Lám. 139, A)
Selva nublada y subpáramo, 2.000-2.200 m.

Chusquea hispida Mc Clure *"carricillo"*
Selva veranera, 1.400 m. Plantas subtrepadoras que forman matorrales.

Chusquea spencei Ernst *"carricillo"*, *"bambucillo"*
Subpáramo, 2.000-2.765 m. Formando matorrales densos.

Cinna poaeformis (H.B.K.) Scribn. & Merrill (Lám. 148, D)
Subpáramo, 2.600-2.700 m.

Cortaderia roraimensis (N. E. Brown) Pilger
Subpáramo, 2.300 m.

Cynodon dactylon (L.) Pers. *"Hierba bermuda"* (Lám. 149, B)
Sabana y sitios abiertos, 1.000-1.100 m. Valiosa para controlar la erosión en tierras secas y calientes.

Danthonia secundiflora Presl
Subpáramo y sabana, 1.000-2.640 m. Plantas perennes.

Diectomis fastigiata (Sw.) H.B.K. *"saeta de sol"* (Lám. 142, A)
Sabana y lugares abiertos, 1.200 m.

Digitaria fragilis (Steud.) Luces
Sabana, 1.400 m.

Digitaria sanguinalis (L.) Scop. *"pata de cangrejo", "pata de gallina"* (Lám. 144, D; 148, C)
Sabana y lugares alterados, 900-1.500 m.

Digitaria venezuelae Henr.
Sabana, 1.300 m.

Digitaria villiculmis Henr.
Sabana y selva transicional, 1.500-1.600 m.

Eleusine indica (L.) Gaertn. *"guarataro", "pata de gallo", "pata de gallina"* (Lám. 141, G)
Sabana y lugares alterados, 900-1.300 m. Introducida del Viejo Mundo. Planta anual.

Elyonurus tripsacoides H. & B.
Sabana, 900-1.200 m.

Elyonurus tripsacoides var. **ciliaris** (H.B.K.) Hack.
Sabana, 1.200 m.

Eragrostis ciliaris (L.) Link *"hierba de hormiga", "paja de conejo"* (Lám. 135, B)
Sabana y lugares alterados y abiertos, 1.400 m.

Eragrostis fragilis Swallen
Sabana y al borde de la selva nublada, 1.100-1.500 m. Plantas perennes.

Eragrostis lugens Nees *"paja de niño"*
Sabana, 1.300-1.600 m.

Eragrostis mexicana (Lag.) Link
Sabana, 1.600 m.

Eragrostis pectinacea (Michx.) Nees (Lám. 141, H)
Lugares alterados, 1.300 m.

Eragrostis pilosa (L.) Beauv. *"grama de fideos"*
Lugares abiertos y sabana, 900-1.000 m.

Eriochloa distachya H.B.K.
Sabana y borde de selva veranera, 1.000-1.200 m.

Eriochloa punctata (L.) Desv. (Lám. 135, D)
Sabana, 800-1.200 m.

Festuca dertonensis (All.) Aschers.
Lugares abiertos, 2.160 m. Introducida desde Europa.

Gymnopogon spicatus (Spreng.) Kuntze
Sabana, 900-1.100 m.

Hackelochloa granularis (L.) Kuntze (Lám. 136, B)
Sabana, 800-1.200 m. Introducida en Venezuela.

Heteropogon contortus (L.) Beauv. (Lám. 136, C)
Sabana, 1.100-1.300 m.

Hyparrhenia bracteata (H. & B.) Stapf
Sabana, 1.500 m.

Hyparrhenia hirta (L.) Stapf *"paja de loma"*
Sabana, 1.500 m. Hierba introducida del Viejo Mundo.

Hyparrhenia rufa (Nees) Stapf *"yaraguá", "paja alazana"*
Sabana y lugares abiertos, 1.200 m. Introducida desde Africa tropical.

Ichnanthus nemoralis (Schrad.) Hitchc.
Selva nublada, vertiente norte, 1.000-1.300 m.

Ichnanthus venezuelanus Mez
Selva de galería y selva veranera, 1.100-1.200 m.

Isachne rigens (Swartz) Trin.
Sabana y borde de la selva transicional, 1.500-1.600 m.

Lasiacis nigra Davidse
Selva transicional y selva nubada, 1.400-1.600 m. Planta subtrepadora con tallos leñosos.

Lasiacis ruscifolia (H.B.K.) Hitchc.
Selva nublada, 1.500 m.

Lasiacis sorghoidea (Desv. ex Hamilt.) Hitch. & Chase var. **sorghoidea** (Lám. 148, E)
Sabana, borde de selva de galería, 1.200-1.300 m. Plantas con tallos trepadoras.

Leersia distichophylla Bal. & Pont. (Lám. 149, C)
Leersia grandiflora (Doell.) Prod.
Sabana y selva veranera, 900-1.300 m.

Leersia hexandra Sw. *"Lambedora"*
Sabana, 1.200 m.

Lolium multiflorum Lam.
Subpáramo, 2.400 m. Introducida de Eurasia.

Lolium temulentum L. (Lám. 144, C)
Subpáramo, 1.900 m. Introducida de Eurasia.

Melinis minutiflora Beauv. *"Capím melado", "Sebo de Flandes"* (Lám. 143, G)
Sabana, selva veranera, selva transicional y selva nublada. Introducida desde Africa, cubre densamente grandes zonas. Una mala hierba. Perenne, con inflorescencias rosado-purpúreas, las ramas extendidas cuando tienen flores, y erectas después de la floración.

Olyra fasciculata Trin.
Selva nublada, 1.500 m.

Olyra latifolia L. *"carricillo"*
Selva nublada, vertiente norte, 800-1.300 m.

Oplismenus burmanni (Retz.) Beauv.
Selva de galería, 1.300 m. Forma pequeñas colonias. Introducida en las Américas.

Oplismenus hirtellus (L.) Beauv. (Lám. 143, H)
Selva transicional y selva nublada, 1.500-1.600 m.

Panicum aciculare Desv. ex Poir.
Sabana, 1.500-1.600 m. Plantas perennes.

Panicum arenicoloides Ashe (Lám. 142, C)
Sabana y lugares secos, 1.500 m.

Panicum fasciculatum Sw. *"granadilla"*
Selva veranera, 1.100 m.

Panicum glutinosum Sw. (Lám. 146, A)
Sabana y selva transicional, 1.600-1.800 m.

Panicum maximum Jacq. *"Guinea"*, *"Gamelote"* (Lám. 148, B)
Sabana, 1.000-1.300 m. Se cultiva comúnmente para forraje. Nativa de Africa e introducida en América. Muy resistente al fuego y sequía. También es una maleza.

Panicum olivaceum Hitchc. & Chase
Subpáramo, 2.400-2.700 m.

Panicum olyroides H.B.K.
Sabana, 1.200-1.300 m. Planta perenne.

Panicum pulchellum Raddi
Selva de galería, 1.300 m. Forma una cubierta en el suelo de la selva.

Panicum sellowii Nees (Lám. 143, D)
Sabana y borde de la selva nublada, 1.500-1.600 m.

Panicum sphaerocarpon Ell. (Lám. 136, A)
Selva nublada y subpáramo, 1.600-2.550 m.

Panicum tremulosum Mez (Lám 143, E)
Subpáramo, 2.000-2.640 m. Planta perenne.

Panicum trichidiachne Doell
Sabana y selva de galería, 1.300-1.400 m.

Panicum viscidellum Scribn.
Sabana y subpáramo, 1.600-2.700 m.

Pappophorum mucronulatum Nees (Lám. 135, C)
Sabana, 1.300 m.

Paspalum candidum (Humb. & Bonpl.) Kunth
Subpáramo, 2.200 m.

Paspalum conjugatum Bergius (Lám. 138, C)
Sabana, 1.400 m. Planta perenne.

Paspalum fimbriatum H.B.K.
Sabana, 1.000 m.

Paspalum heterotrichon Trin. (Lám. 144, F)
Sabana, 1.300-1.500 m.

Paspalum humboldtianum Flügge (Lám. 143, C)
Sabana, 1.200-1.600 m. Planta perenne.

Paspalum lividum Trin.
Sabana y selva transicional, 1.300-1.800 m.

Paspalum notatum Flügge (Lám. 136, D)
Sabana, 1.300-1.400 m. Frecuentemente cultivada como césped, la grama más común en Caracas y sus alrededores.

Paspalum paniculatum L. (Lám. 147, C)
Sabana, 1.500-2.000 m.

Paspalum pilosum Lam. (Lám. 147, B)
Sabana, 1.400-1.600 m.

Paspalum plicatulum Michx. *"Gamelotillo"* (Lám. 147, A)
Sabana, 800-2.000 m.

Paspalum plicatulum var. **longipilum** Hack.
Sabana, 900 m.

Paspalum saccharoides Nees (Lám. 145, A)
Sabana, 1.300-1.500 m.

Paspalum stellatum Humb. & Bonpl. (Lám. 144, G)
Sabana, 1.000-1.500 m. Planta perenne.

Paspalum trachycoleon Steud. (Lám. 145, C)
Sabana, 1.300 m.

Paspalum unispicatum (Scribn. & Merr.) Nash
Sabana, 900-1.300 m.

Pennisetum purpureum Schumach *"hierba elefante"* (Lám. 149, D)
Sabana y selva veranera, 1.000 m. Nativa de Africa.

Pennisetum setosum (Sw.) Rich. (Lám. 142, D)
Sabana y selva veranera, 1.000-1.500 m. Espiga con frecuencia de color púrpura.

Pereilema crinitum Presl (Lám. 137, A)
Sabana, 1.600 m.

Pharus glaber H.B.K.
Selva veranera, 1.300 m.

Poa annua L. (Lám. 137, B)
Lugares alterados en sabana y selva veranera,

también en cafetales, 1.500-1.600 m. Introducida a Venezuela de las regiones templadas de Eurasia.

Polypogon elongatus H.B.K.
Selva nublada y subpáramo, 1.800-2.000 m.

Polypogon interruptus H.B.K.
Sabana, selva veranera y selva transicional, 1.200-1.900 m.

Pseudechinolaena polystachya (H.B.K.) Stapf (Lám. 146, B)
Selva nublada, selva transicional y selva de galería, 900-1.500 m.

Rhipidocladum parviflorum (Trin.) Mc Clure *"bambucillo"*
Arthrostylidium trinii Rupr.
Selva nublada y subpáramo, 2.000-2.200 m.

Rhynchelytrum roseum (Nees) Stapf & Hubb. ex Bews *"Paja voladora", "Serrana roja"*. (Lám. 138, A; 143, B)
Tricholaena repens (Willd.) Hitchc.
Lugares alterados y sabana, 800-1.300 m. Planta perenne. Introducida a Venezuela y completamente naturalizada.

Setaria geniculata (Lam.) Beauv. *"limpia botella", "gusanillo"* (Lám. 143, J)
Sabana, 900-1.500 m.

Setaria macrostachya H.B.K. (Lám. 147, D)
Lugares alterados, 1.500 m.

Setaria palmifolia (Willd.) Stapf
Panicum palmifolium Koen.
Panicum plicatum Willd.
Selva de galería y selva veranera, 1.000-1.200 m. Planta muy ornamental. Introducida a Venezuela.

Setaria paniculifera (Steud.) Fourn.
Selva de galería, 1.000-1.100 m.

Setaria verticillata (L.) Beauv.
Lugares alterados, 1.000-1.100 m. Introducida a Venezuela del Viejo Mundo.

Setaria vulpiseta (Lam.) Roem. & Schult. (Lám. 149, A)
Sabana, 1.050 m. Cultivada como planta ornamental.

Sorghum vulgare Pers. *"Millo", "sorgo"* (Lám. 140, B)
Lugares alterados, 1.000 m. Introducida en Venezuela del Viejo Mundo. Hay muchas variedades de esta planta en cultivo.

Sporobolus brasiliensis (Raddi) Hack. (Lám. 143, I)
Sabana y selva veranera, 1.400-1.600 m. Plantas perennes.

Sporobolus cubensis Hitchc.
Sabana, 1.300 m. Planta perenne.

Sporobolus indicus (L.) R. Br. (Lám. 135, A)
Sabana y lugares alterados, 800-1.600 m. Plantas perennes.

Sporobolus poiretii (Roem. & Schult.) Hitchc. (Lám. 143, F)
Selva transicional y lugares alterados, 1.300-1.600 m. Plantas perennes. Introducida de las regiones neotropicales.

Sporobolus pyramidatus (Lam.) Hitchc.
Sabana, 1.300 m. Plantas perennes.

Sporobolus tenuissimus (Schrank) Kuntze
Selva transicional y selva nublada, 1.400-2.150 m.

Stenotaphrum secundatum (Walt.) Kuntze *"Paja San Agustín"*. (Lám. 141, F)
Sabana y lugares alterados, 1.300-1.400 m. Introducida en Venezuela para ser usada como grama. Es muy popular en Caracas y alrededores.

Stipa ichu (Ruiz & Pavón) Kunth
Subpáramo, 1.900 m.

Thrasya hitchcockii Chase
Sabana, 1.000-1.500 m.

Thrasya petrosa (Trin.) Chase
Sabana, 1.500 m. Plantas perennes.

Thrasya venezuelana Chase
Sabana, 1.300 m.

Trachypogon gracilis Anderss. *"Saeta"*
Sabana, 900-1.100 m.

Trachypogon ligularis Nees *"Saeta"*
Sabana, 1.300-1.600 m.

Trachypogon montufari (H.B.K.) Nees *"Saeta"*
Sabana y subpáramo, 1.500-2.700 m. Plantas peennes.

Trachypogon plumosus (H. & B.) Nees *"Saeta"* (Lám. 144, B)
Sabana, 1.200-1.500 m.

Tragus berteronianus Schult. (Lám. 137, C)
Sabana, 1.200 m.

Trichachne insularis (L.) Nees *"Paja de zorro", "Rabo de zorro"*
Sabana, 900-1.300 m.

Triniochloa stipoides (H.B.K.) Hitch. (Lám. 138, B)
Subpáramo, 2.000-2.700 m.

Trisetum deyeuxioides (H.B.K.) Kunth
Sabana y lugares abiertos, 1.300-1.400 m.

LAMINA 134: GRAMINEAE

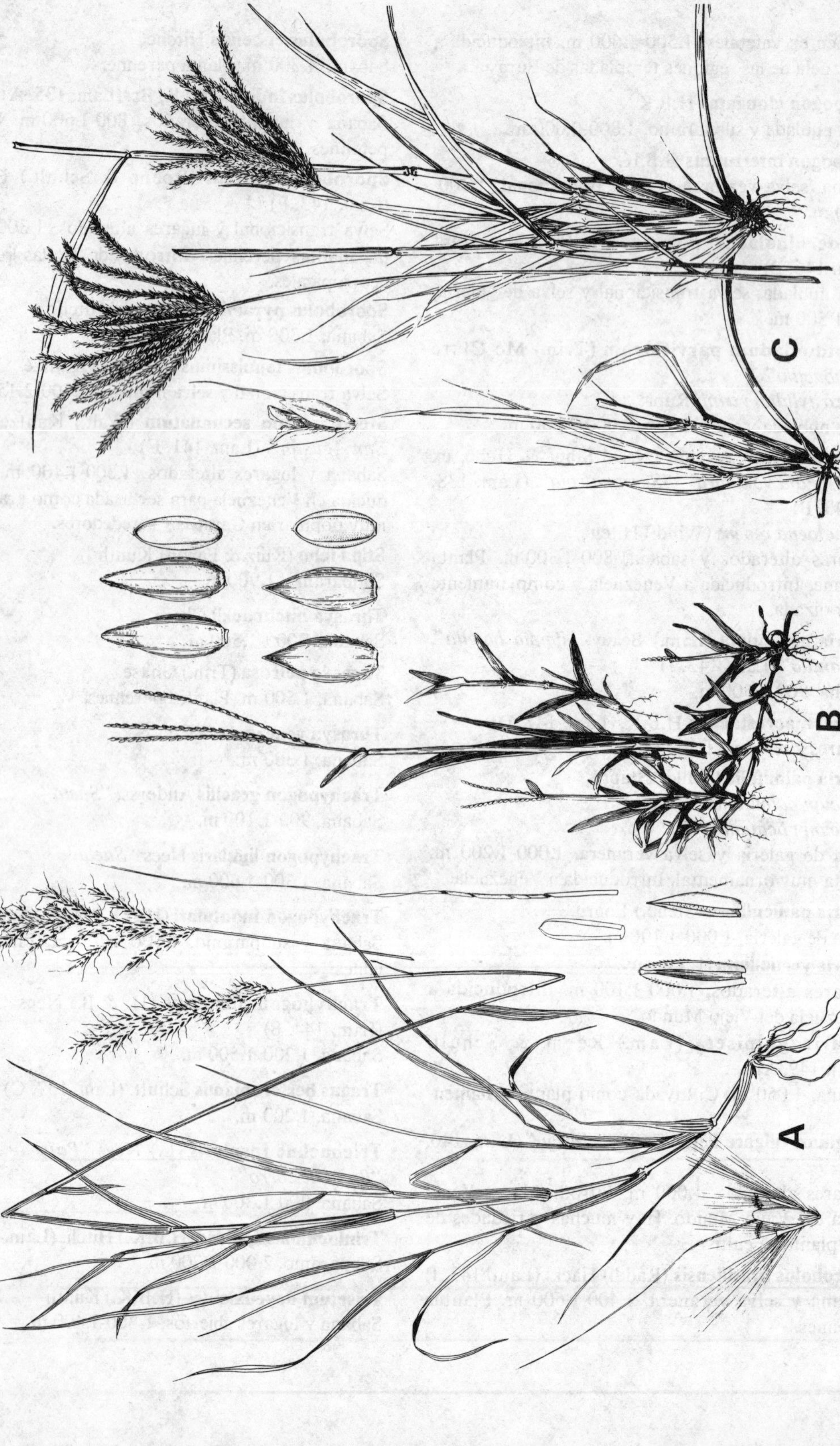

A. *Andropogon saccharoides* — B. *Axonopus compressus* — C. *Chloris gayana*

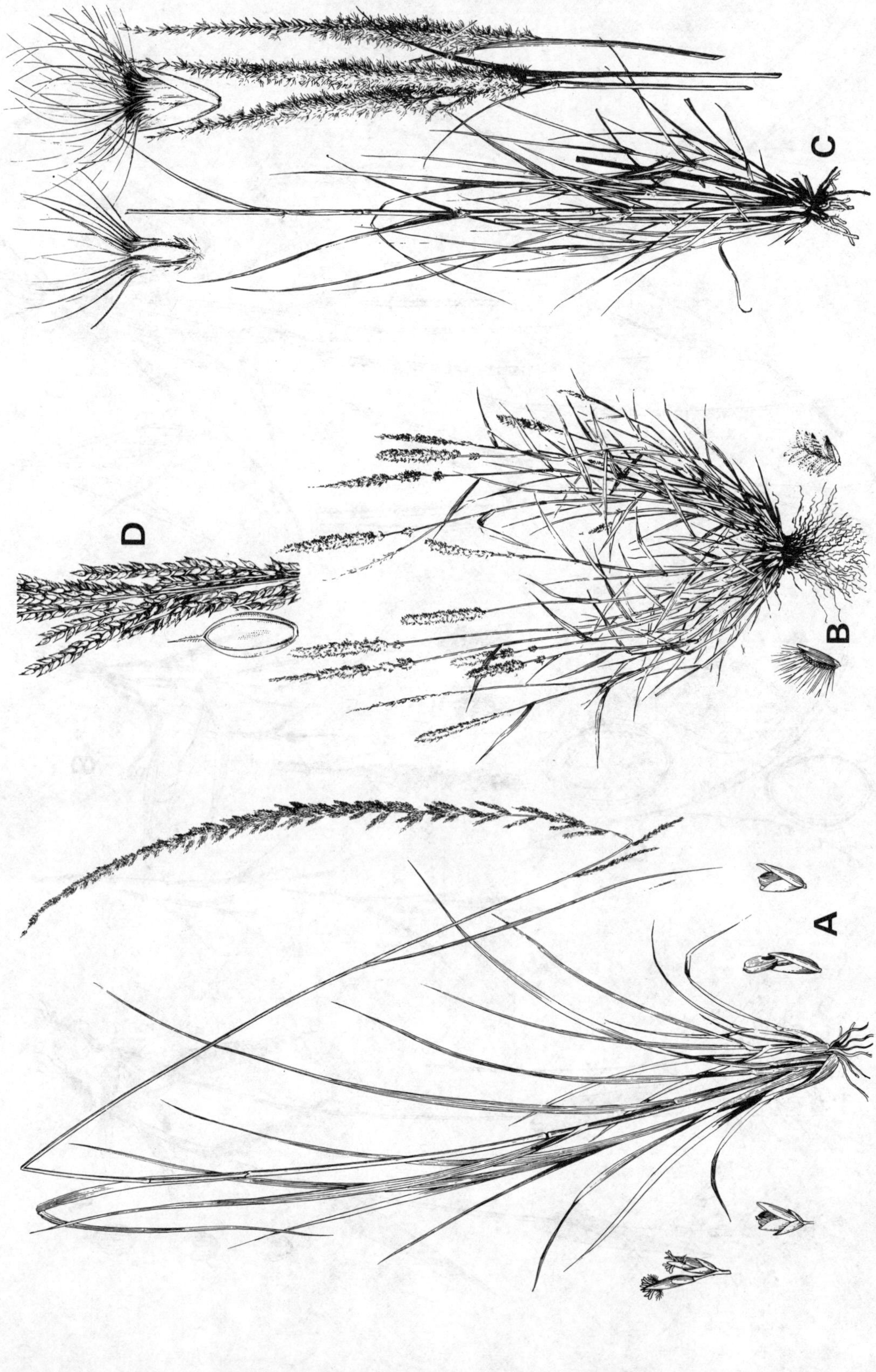

A. Sporobolus indicus.—*B. Eragrostis ciliaris.*—*C. Pappophorum mucronulatum.*—*D. Eriochloa punctata.*

LAMINA 136: GRAMINEAE

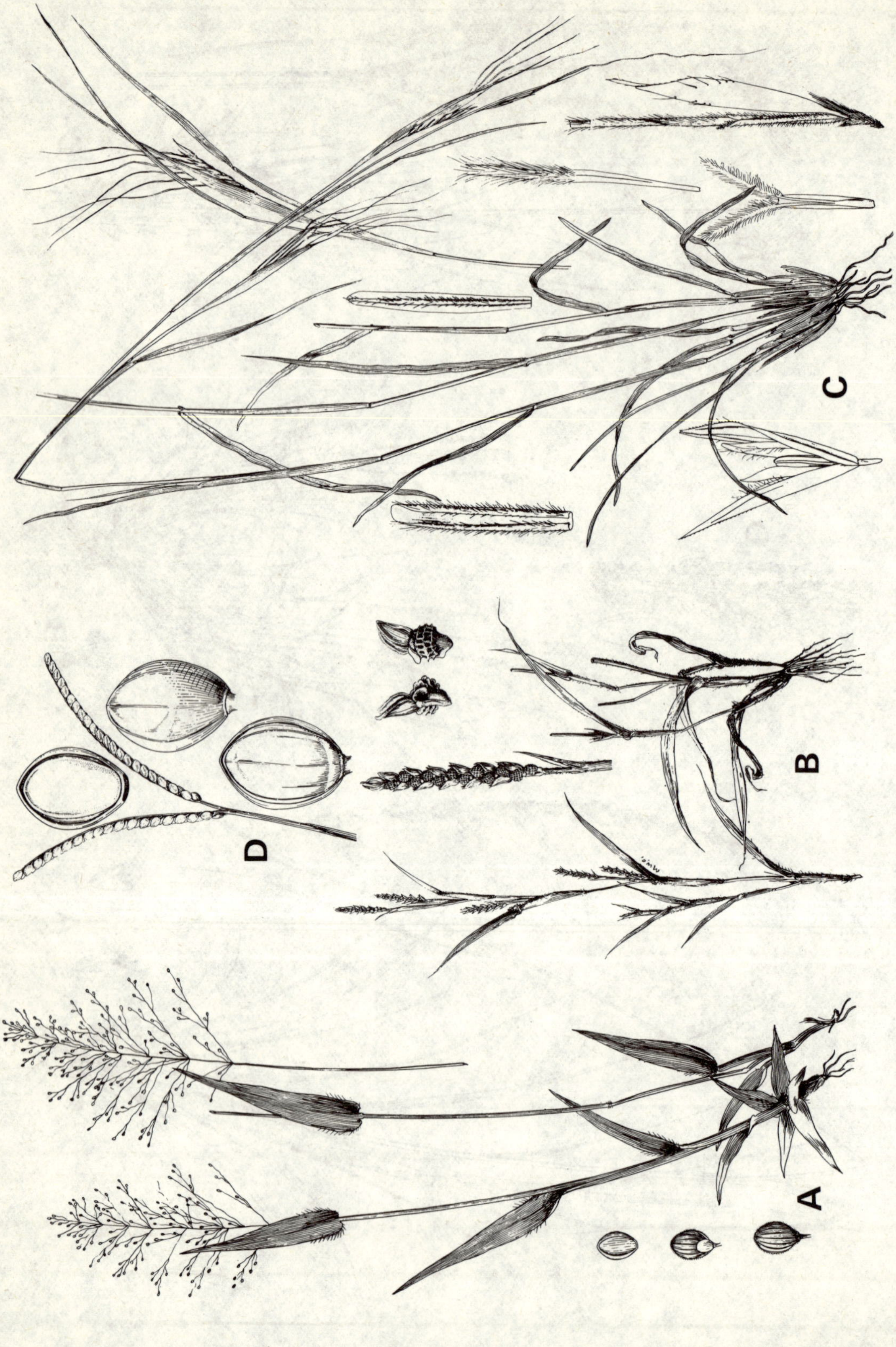

A. Panicum sphaerocarpon.–B. Hackelochloa granularis.–C. Heteropogon contortus.–D. Paspalum notatum.

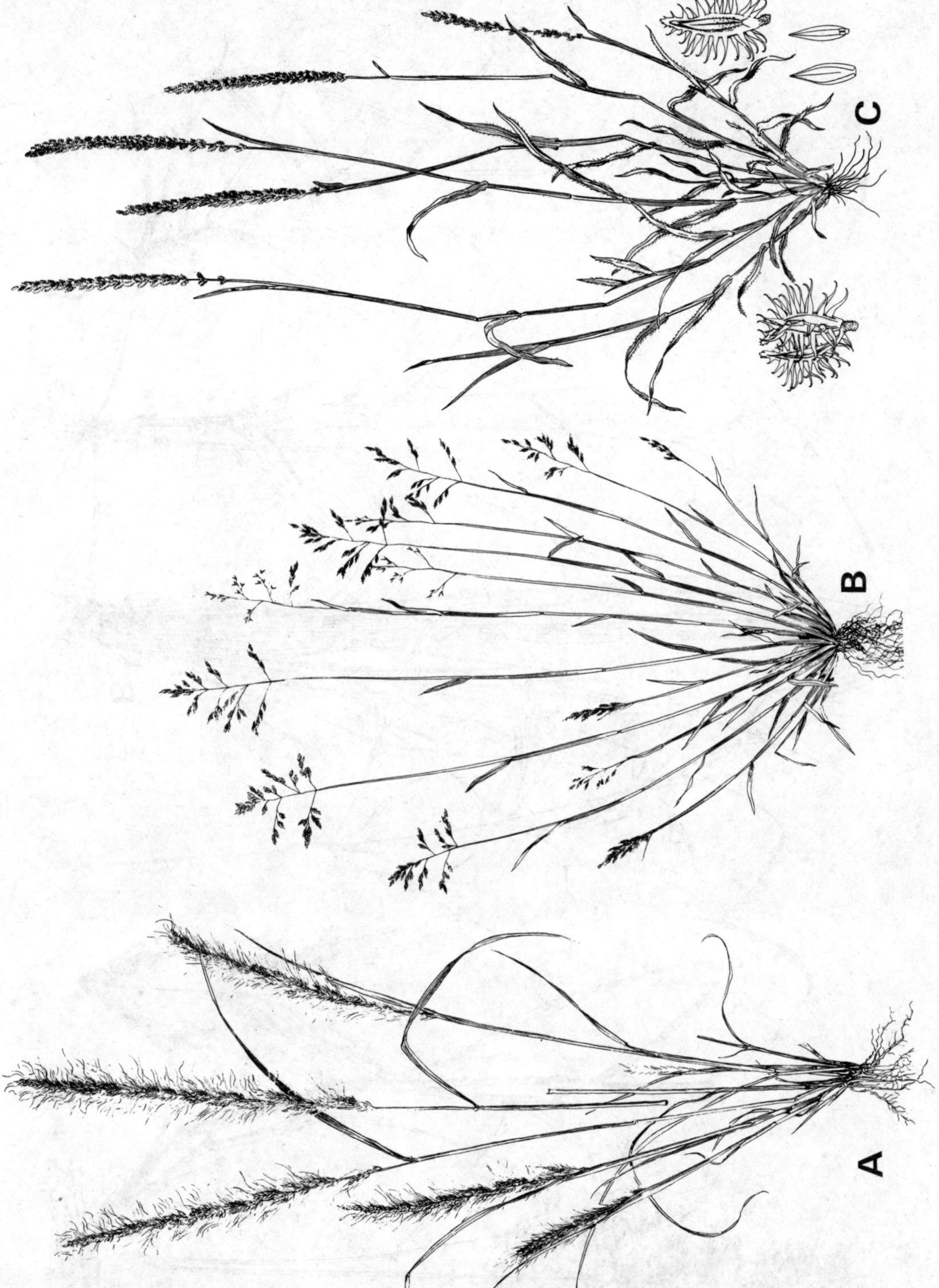

A. *Pereilema crinitum*.—B. *Poa annua*.—C. *Tragus berteronianus*.

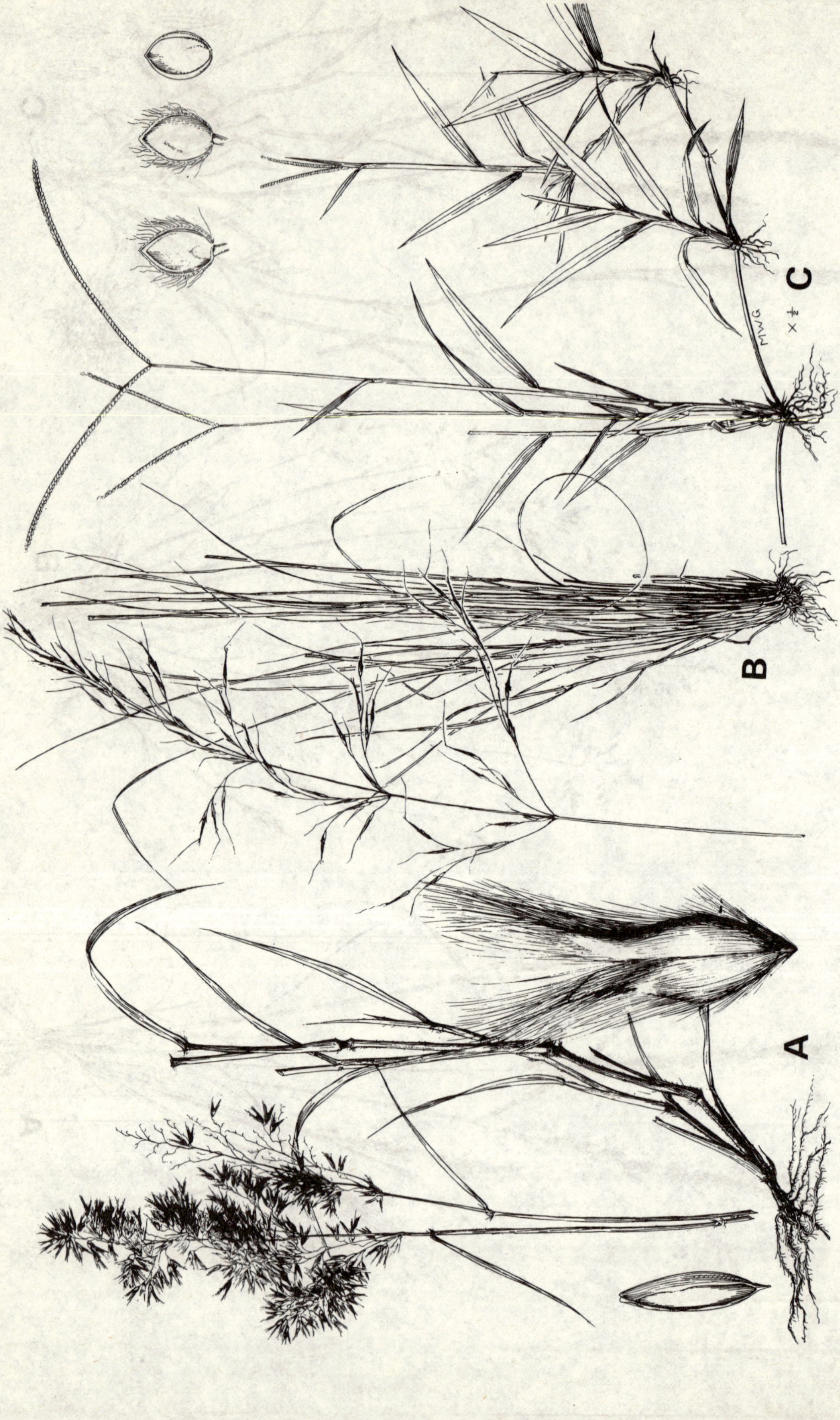

A. *Rhynchelytrum roseum*

B. *Triniochloa stipoides*

C. *Paspalum conjugatum*

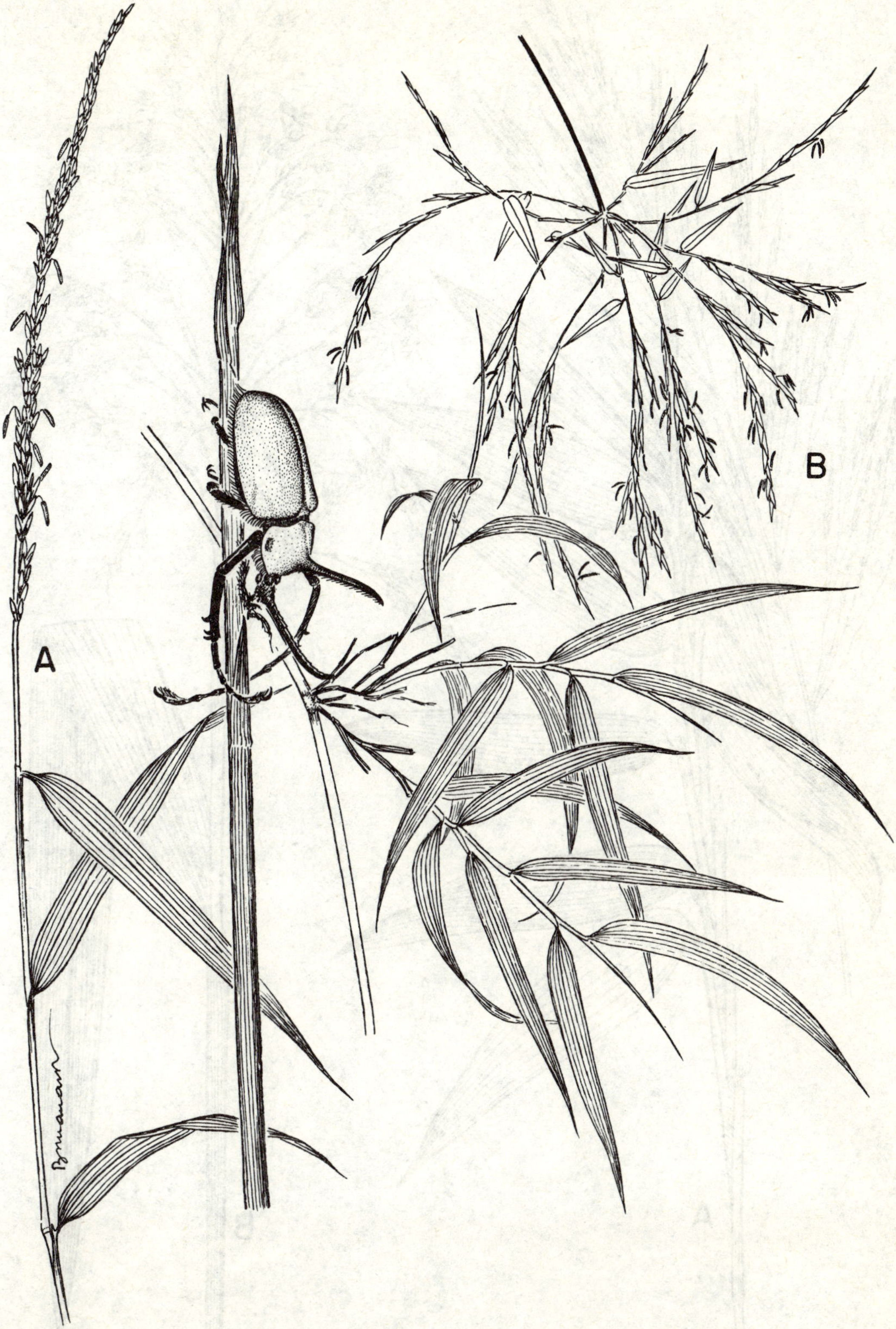

A. Chusquea fendleri.–B. Arthrostylidium pubescens.

A. Aulonemia subpectinata.–B. Sorghum vulgare.

LAMINA 141: GRAMINEAE

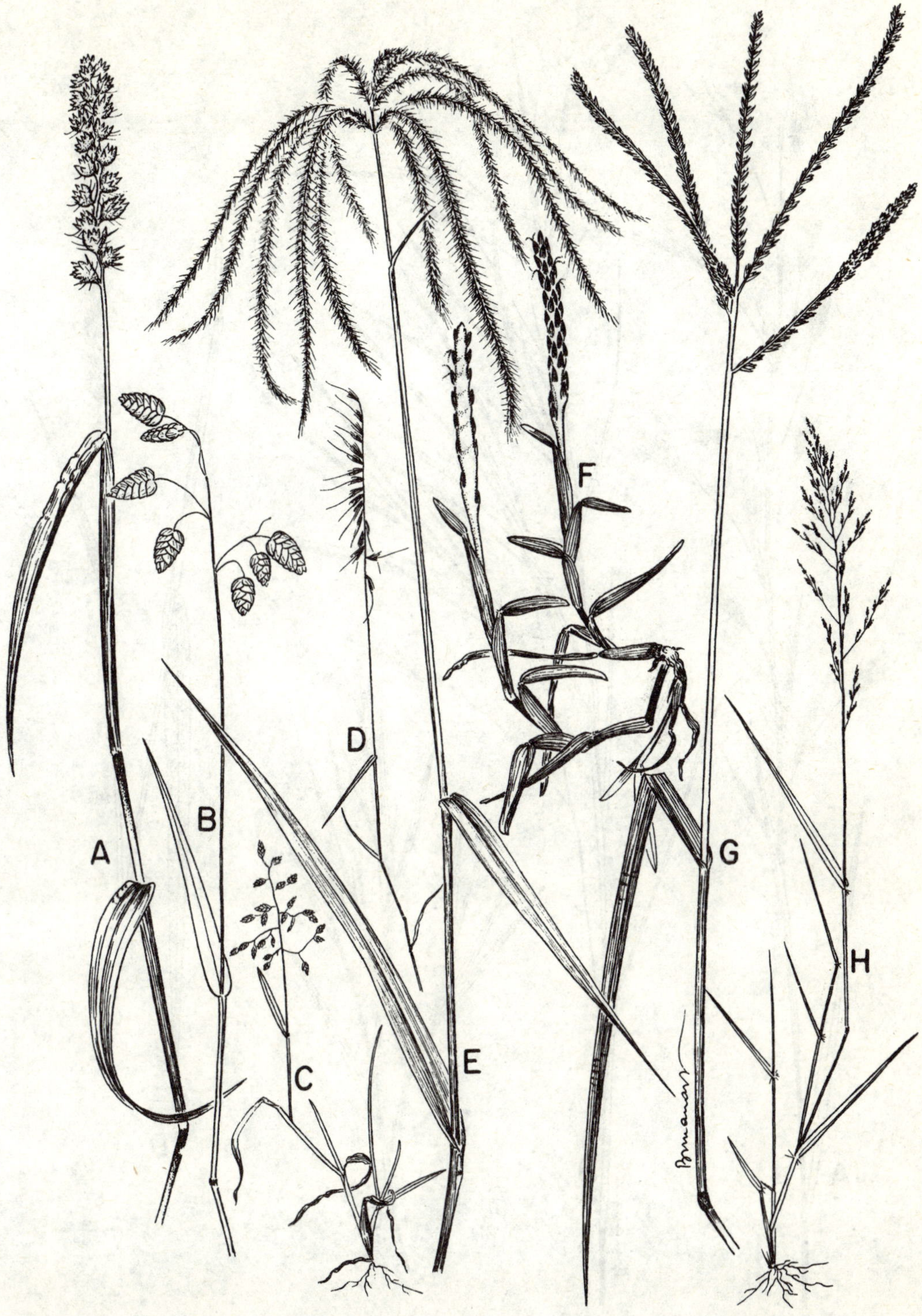

A. Cenchrus echinatus.–*B. Briza maxima.*–*C. Briza minor.*–*D. Aegopogon cenchroides.*–*E. Chloris polydactyla.*–*F. Stenotaphrum secundatum.*–*G. Eleusine indica.*–*H. Eragrostis pectinacea.*

A. Diectomis fastigiata.–B. Andropogon hirtiflorus.–C. Panicum arenicoloides.–D. Pennisetum setosum.

LAMINA 143: GRAMINEAE

A. Andropogon leucostachyus.—B. Rhynchelytrum roseum.—C. Paspalum humboldtianum.—D. Panicum sellowii.—E. Panicum tremulosum.—F. Sporobolus poiretii.—G. Melinis minutiflora.—H. Oplismenus hirtellus.—I. Sporobolus brasiliensis.—J. Setaria geniculata.

A. Arundinella hispida.–B. Trachypogon plumosus.–C. Lolium temulentum.–D. Digitaria sanguinalis.–E. Aristida recurvata.–F. Paspalum heterotrichon.–G. Paspalum stellatum.

LAMINA 145: GRAMINEAE

A. Paspalum saccharoides.–B. Briza minor.–C. Paspalum trachycoleon.–D. Bromus catharticus.

A. Panicum glutinosum.–B. Pseudechinolaena polystachya.–C. Andropogon bicornis.

LAMINA 147: GRAMINEAE

A. Paspalum plicatulum.—B. Paspalum pilosum.—C. Paspalum paniculatum.—D. Setaria macrostachya.—E. Bromus catharticus.—F. Andropogon semiberbis.

A. Chloris radiata.—*B. Panicum maximum.*—*C. Digitaria sanguinalis.*—*D. Cinna poaeformis.*—*E. Lasiacis sorghoidea.*

LAMINA 149: GRAMINEAE

A. Setaria vulpiseta.—*B. Cynodon dactylon.*—*C. Leersia distichophylla.*—*D. Pennisetum purpureum.*

Fam. **GUTTIFERAE** (incluyendo **HYPERICACEAE**) (Dicotyledoneae)

Arboles, arbustos o plantas herbáceas, algunas veces epífitas, algunas veces con raíces aéreas naciendo de la base del tronco; savia con frecuencia amarilla o blanca. Hojas usualmente opuestas, algunas veces alternas, no divididas (simples) y sin dientes. Estípulas ausentes. Flores femeninas o masculinas dispuestas en algunos casos en plantas diferentes (dioicas); flores blancas, amarillas o rosado-pálidas. Sépalos 2-6 o más, libres. Pétalos libres, 2-6 o más o rara vez ninguno. Estambres usualmente muchos, algunas veces unidos en grupos. Ovario situado arriba de la base de los pétalos (súpero). Fruto, una cápsula seca o algunas veces carnosa, con una hasta muchas semillas.

Clave de los géneros y especies

1. a. Hierbas pequeñas o arbustos enanos, con hojas pequeñas y angostas . . . 2
   b. Arboles o arbustos altos 3

2. a. Plantas arbustiva 0,5-1 m de alto; todas las hojas de la parte superior de la planta, dispuestas densamente y parcialmente sobrepuestas una a la otra; flores solitarias en el ápice del tallo . . . . *Hypericum caracasanum*
   b. Hierba pequeña; hojas situadas en pares a todo lo largo del tallo, más ampliamente separadas por distancias de 0,5-2 cm entre cada par; flores numerosas, en inflorescencias muy ramificadas . . . . . . *Hypericum silenoides*

3. a. Inflorescencia o infrutescencia colgante; fruto rojo, carnoso, casi 1 cm de largo . . . . *Chrysochlamys membranacea*
   b. Inflorescencia o infrutescencia erecta o extendida; fruto, si es de color rojo, mucho más grande 4

4. a. Hojas plateadas, blancuzcas o marrón-rojizas en la cara inferior (envés), más bien delgadas o membranosas; savia rojo-anaranjada . . . . 5 *(Vismia)*
   b. Hojas nunca plateadas, ni blancuzcas ni marrón-rojizas en el envés, gruesas o coriáceas (como de cuero); savia amarilla, blanca o incolora 6

5. a. Envés de la hoja gris o plateado; nervios 10-13 de cada lado . . . . . *Vismia baccifera* subsp. *dealbata*
   b. Envés de la hoja pardo-amarillento; 6-8 nervios de cada lado . . . . *Vismia lindeniana*

6. a. Nervios laterales de la hoja conectados entre sí por una conspicua red de nerviecillos . . . . *Rheedia brasiliensis*
   b. Hojas sin red de nerviecillos, los nervios laterales principales paralelos . . . 7

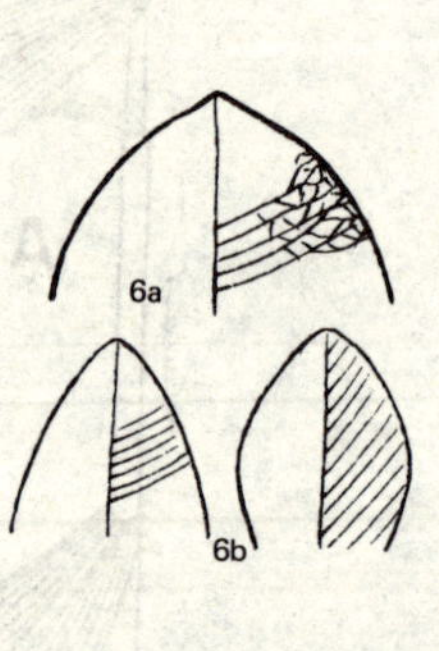

7. a. Hojas con nervios laterales numerosos y finos, muy juntos entre sí . . . . *Calophyllum brasiliense*
   b. Hojas con nervios laterales no evidentes, cuando la planta está viva, o mostrándose inconspicuamente nervados y bien espaciados entre sí 8

8. a. Flores muy pequeñas dispuestas sobre un eje con varias ramas . . . . . .
Oedematopus mirandensis

b. Flores agrupadas, vistosas, solitarias o pocas o dispuestas sobre un eje esparcidamente ramificado . . . . 9 *(Clusia)*

9. a. Hojas angostándose en un eje bien distinto (pecíolo), 0,5-3 cm de largo, el pecíolo no bordeado por tejido foliáceo 10

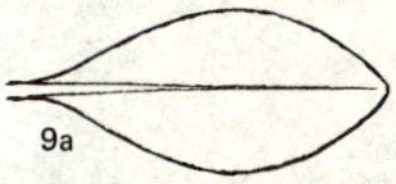

b. Hojas casi sin pecíolo (sésiles) o con un pecíolo no evidente debido a la presencia de un tejido foliáceo que lo bordea 11

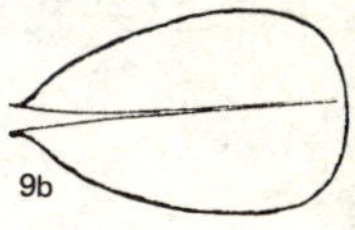

10. a. Hojas elípticas u obovadas, más anchas en la mitad y adelgazándose en una punta (ápice) obtusa (ampliamente encorvada) o redondeada; flores con pétalos 1-1,2 cm de largo . . . . *Clusia minor*

b. Hojas más anchas arriba de la mitad con un ápice redondeado o casi recto; flores con pétalos 3-4 cm de largo . . . . *Clusia rosea*

11. a. Flores grandes y vistosas con pétalos blancos; flores masculinas (estaminales) en grupos de 3 sobre ejes (pedicelos) delgados . . . . . *Clusia articulata* subsp. *mirandensis*

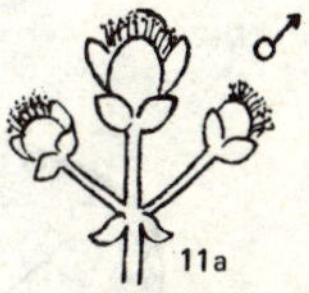

b. Flores más pequeñas con pétalos verdosos o blanco-verdosos; flores masculinas (estaminales) no en grupos de 3 y sobre pedicelos cortos y gruesos . . .
Clusia multiflora

Calophyllum brasiliense Camb. *"Cojón"*
Selva nublada, 1.500-2.000 m. Arbol 25-30 m de alto, con látex amarillo.

Chrysochlamys membranacea Tr. & Pl.
Selva nublada, vertiente norte, 700-800 m. Arbol 5-7 m de alto. Fruto rojo, vistoso.

Clusia articulata Vesque subsp. **mirandensis** Maguire (Lám. 151, A)
Selva nublada, vertiente norte, 900 m. Arbol 10 m de alto con pétalos pequeños, blancos.

Clusia minor L. *"Copey"* (Lám. 151, B)
Selva de galería y bordes de sabana, en lugares secos, 1.000 m. Arbol pequeño, 3-5 m de alto, con flores color rosado-oscuro. De esta especie sólo se conocen árboles femeninos que producen frutos fertilizándose por sí mismos (partenogénesis).

Clusia multiflora H.B.K. *"Copey", "Tampaco"* (Lám. 151, C y D)
Selva transicional, selva nublada, subpáramo, 1.500-2.200 m. Arbol pequeño de 3-10 m de alto, con savia blanca. Las flores son pequeñas y de color verde-cremoso hasta blanco-cremoso. Esta especie es bastante variable en forma y tamaño en lo que se refiere a las hojas, al igual que en los frutos. Lo que una vez fue llamado *Clusia sessilis* Klotzsch ex Engler está ahora incluido en este complejo.

Clusia rosea L. *"Quiripiti", "Copey"* (Lám. 150)
Sabana y selva de galería, 1.000-1.200 m. Arbol grande, algunas veces hasta 25 m de alto, con pétalos de aspecto ceroso, grandes, de color rosado pálido con blanco, hasta rosado. La resina de este árbol es usada en medicina doméstica.

LAMINA 150: GUTTIFERAE

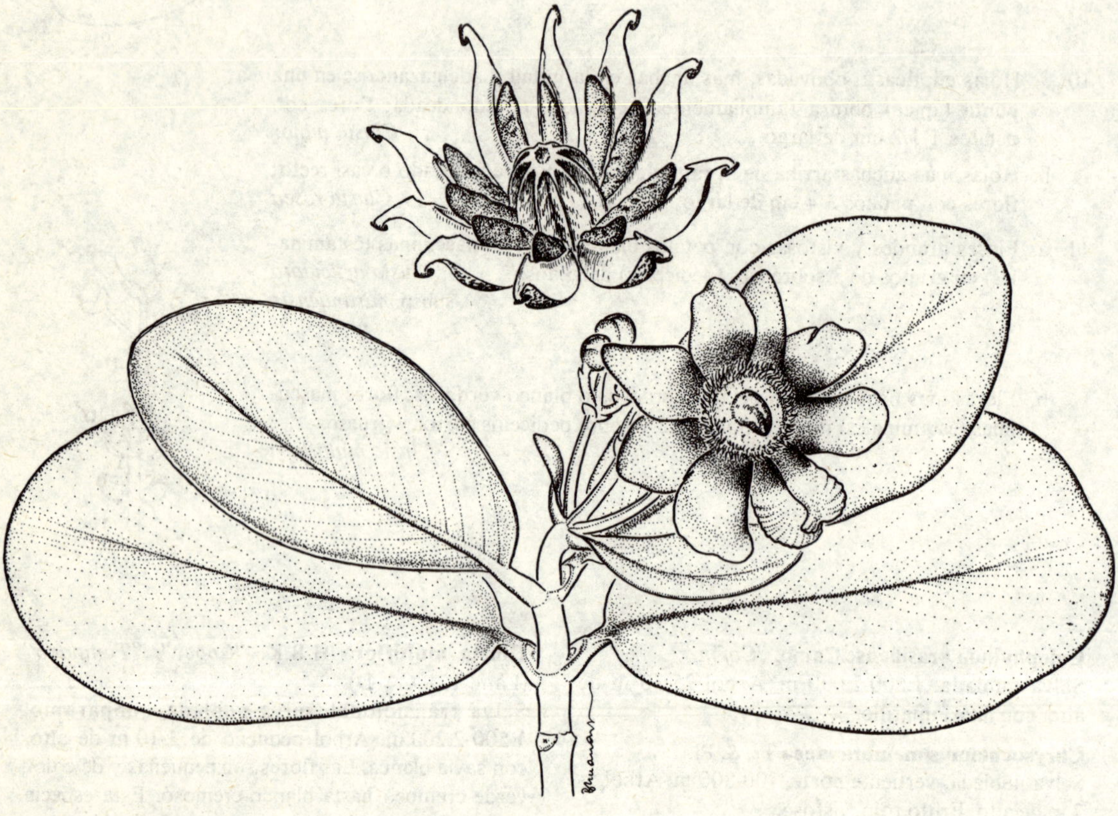

Clusia rosea.

LAMINA 151: GUTTIFERAE

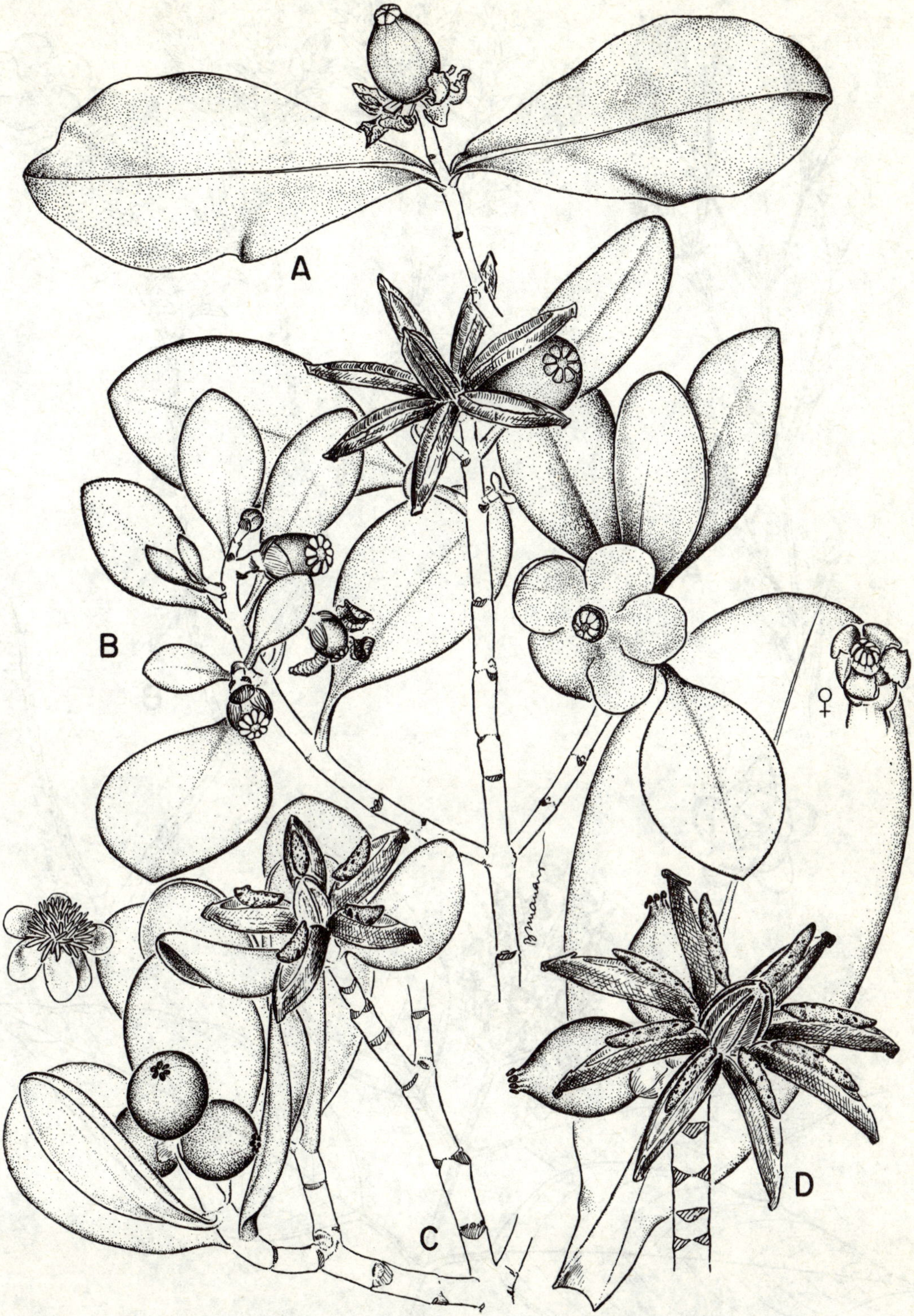

A. Clusia articulata subsp. mirandina.–B. Clusia minor.–C. y D. Dos especímenes pertenecientes al complejo de Clusia multiflora.

LAMINA 152: GUTTIFERAE

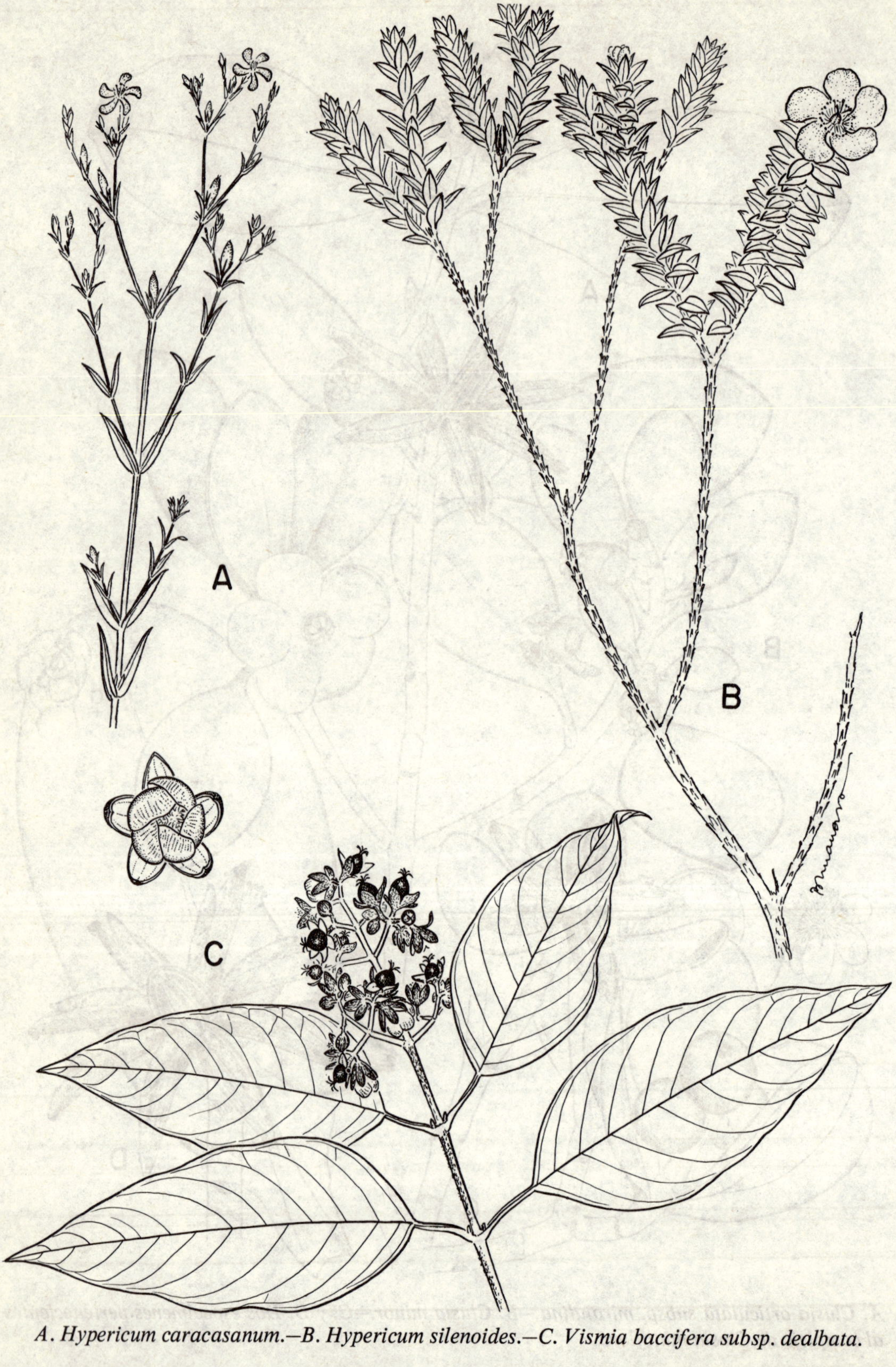

A. Hypericum caracasanum.—B. Hypericum silenoides.—C. Vismia baccifera subsp. dealbata.

Hypericum caracasanum H.B.K. (Lám. 152, A)
Subpáramo, 2.000-2.640 m. Los pétalos y hojas tienen manchas negras. Planta arbustiva o leñosa en la base, 0,5-1 m de alto.

Hypericum silenoides Juss. (Lám. 152, B)
Hypericum thesiifolium H.B.K.
Hypericum uliginosum H.B.K.
Sabana, selva transicional y lugares abiertos alterados, 1.400-2.000 m. Planta arbustiva o fruticosa.

Oedematopus mirandensis Maguire
Selva nublada, vertiente norte, 1.500-1.635 m. Arbol 10 m de alto con savia blanca, pálida.

Rheedia brasiliensis Mart. *"Madroño"*
Selva nublada, vertiente norte, 1.390-1.500 m. Arbol delgado, 5-8 m de alto con savia blanca hasta amarillenta; pétalos amarillo-cremosos.

Vismia baccifera (L.) Tr. & Pl. subsp. **dealbata** (H.B.K.) Ewan *"Onotillo"* (Lám. 152, C)
Sabana y selva transicional, 1.100-1.400 m, a menudo en lugares alterados o selva secundaria. Arbol mediano, savia anaranjado-rojiza, la cual mancha las manos y ropas y es difícil de quitar.

Vismia lindeniana Dcne. in Turcz. *"Onotillo", "Lacre"*
Vismia ferruginea H.B.K. var. *lindeniana* Dcne.
Selva transicional y selva nublada, 1.350-2.120 m.

Fam. **HAEMODORACEAE** (Monocotyledoneae)

Plantas herbáceas pequeñas, con las hojas ubicadas usualmente en la base de la planta y dispuestas en forma de abanico (en las plantas de Venezuela). Flores con 6 segmentos cortados hasta la base (en las especies del Avila) o ligeramente unidos en un tubo, los segmentos dispuestos en 2 series. Estambres 6 ó 3. Ovario situado arriba (súpero) o debajo (infero) de la base de los segmentos florales, usualmente con 3 cavidades (lóculos). Fruto seco.

Xiphidium caeruleum Aubl. (Lám. 153)
Selva de galería en quebrada, 1.300 m. Semejante en la disposición de las hojas al *Iris*. Las flores son pequeñas, blancas y dispuestas en inflorescencias ramificadas y alargadas.

Fam. **HIPPOCRATEACEAE** (Dicotyledoneae)

Usualmente trepadoras leñosas, rara vez arbustos o árboles pequeños. Hojas usualmente opuestas, simples (no divididas). Estípulas pequeñas o ausentes. Flores pequeñas, verdes o blancuzcas. Sépalos libres, usualmente 5. Pétalos generalmente 5, libres (separados uno de otro), ubicados fuera de o por debajo de un disco ensanchado o agrandado. Estambres usualmente 3, situados dentro del disco. Ovario situado arriba de la base de los pétalos (súpero) y oculto dentro del disco, ovario con 3 cavidades (lóculos). Fruto, una cápsula seca y dura, que se divide o permanece cerrada, algunas veces alado.

Clave de los géneros y especies

1. a. Bordes de las hojas sin dientes, hojas coriáceas, usualmente redondeadas en la base y el ápice; fruto, una estructura engrosada 2

b. Casi todas las hojas tienen bordes ondulados o con dientes redondeados; fruto aplanado, diferente a como se indica arriba 3

1b

2. a. Nervios laterales obsoletos o apenas evidentes en la cara inferior (envés) de la hoja, sumergidos; flores con pétalos obvios, 4-5 mm de largo; fruto con una cubierta burda de escamas de color marrón . . . . . *Salacia pittieriana*

b. Nervios laterales evidentes o elevados en la cara inferior de la hoja; flores con pétalos diminutos 1-2 mm de largo; fruto liso . . . . . *Tontelea coriacea*

3. a. Hojas usualmente angostas o puntiagudas en ambos extremos; fruto con 3 alas grandes, bifurcadas, extendidas, semejantes a las alas de las mariposas, 10-15 cm de ancho; flores dispuestas sobre una inflorescencia corta, más cortas que las hojas . . . . *Anthodon decussatum*

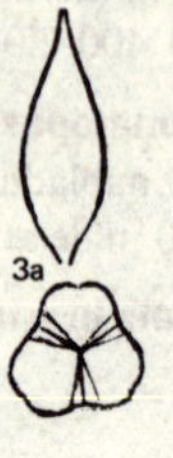
3a

b. Hojas usualmente redondeadas en la base, con frecuencia redondeadas o angostas hasta romas (obtusas) en el ápice; fruto aplanado, oblongo, las divisiones separadas 2-3 cm de ancho; flores dispuestas en una inflorescencia con muchas ramas, con frecuencia igualando el largo de las hojas o más largas, 3-13 cm de largo . . . . *Hippocratea volubilis*

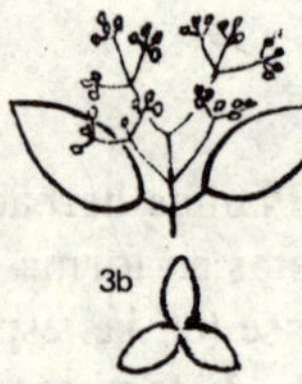
3b

Anthodon decussatum R. & P.
Salacia brevistaminea Pittier
Selva de galería, 900 m. Liana trepadora.

Hippocratea volubilis L. (Lám. 154, A)
Selva de galería, 1.000 m. Liana trepadora.

Salacia pittieriana A. C. Sm. (Lám. 154, B)
Selva nublada, vertiente norte, 1.300-1.500 m. Liana trepadora.

Tontelea coriacea A. C. Smith
Selva nublada, vertiente norte, 700-800 m. Liana trepadora.

Fam. **HYDROPHYLLACEAE** (Dicotyledoneae)

Plantas herbáceas o arbustivas, algunas veces espinosas. Hojas alternas u opuestas, simples (en las especies venezolanas) o divididas (compuestas) en segmentos separados. Estípulas ausentes. Flores blancas, azules, lavandas o rosadas, con el cáliz 5-lobulado unido en la parte baja, corola 5-lobulada, igualmente unida y usualmente con 5 estambres situados cerca de la base del tubo de la corola. Ovario situado arriba de la base del tubo de la corola (súpero) o semiínfero. El fruto es una cápsula seca.

Wigandia caracasana H.B.K. *"Borrajón"* (Lám. 155)
Sabana y selva transicional, a menudo en lugares secos, pedregosos y abiertos, 900-1.000 m. Hierba arbustiva, 2-5 m de alto con hojas grandes, con pelos ásperos y flores púrpuras. Las flores secas, las raíces y el jugo de las hojas son empleados en la medicina doméstica.

LAMINA 153: HAEMODORACEAE

Xiphidium caeruleum.

LAMINA 154: HIPPOCRATEACEAE

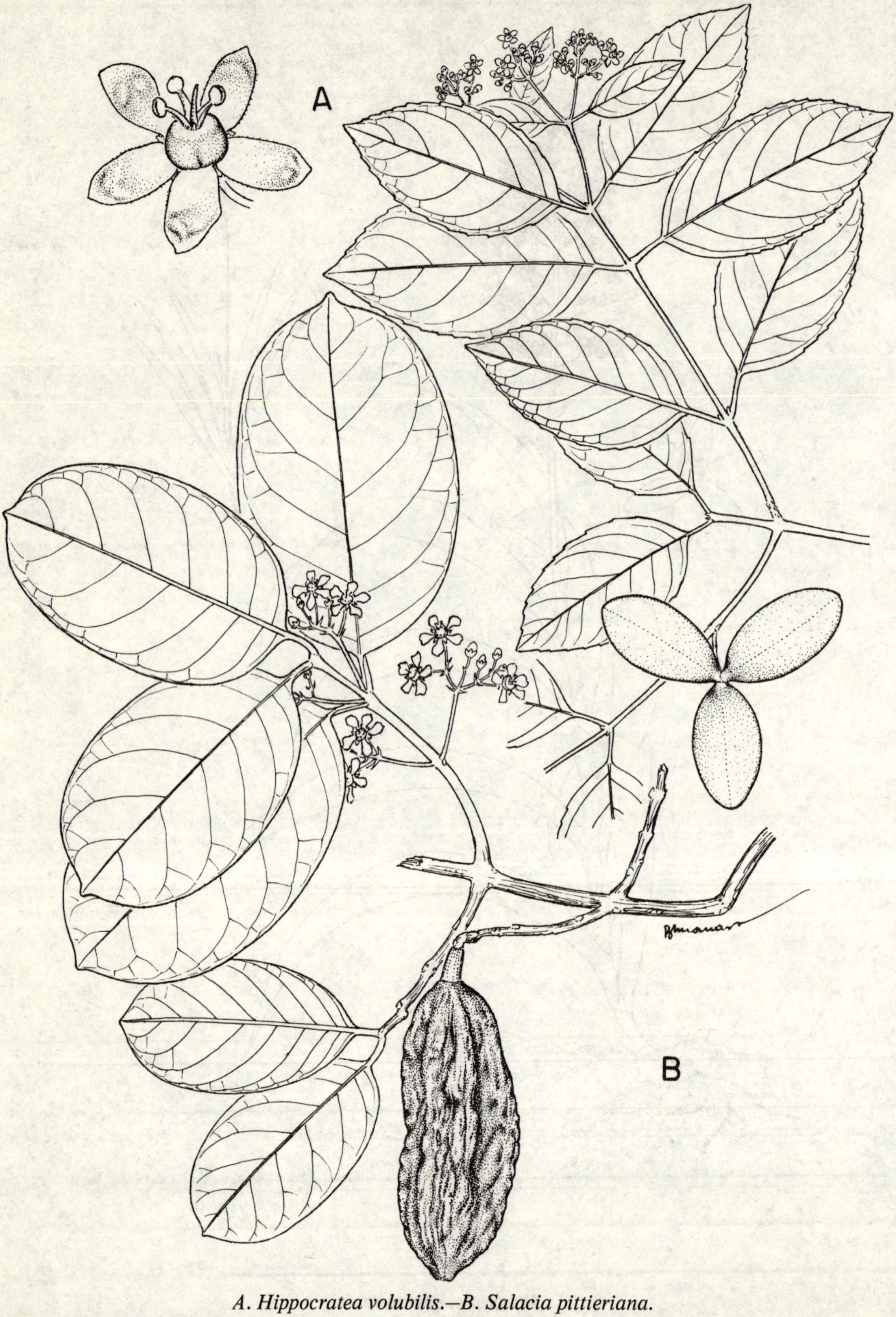

A. Hippocratea volubilis.–B. Salacia pittieriana.

LAMINA 155: HYDROPHYLLACEAE

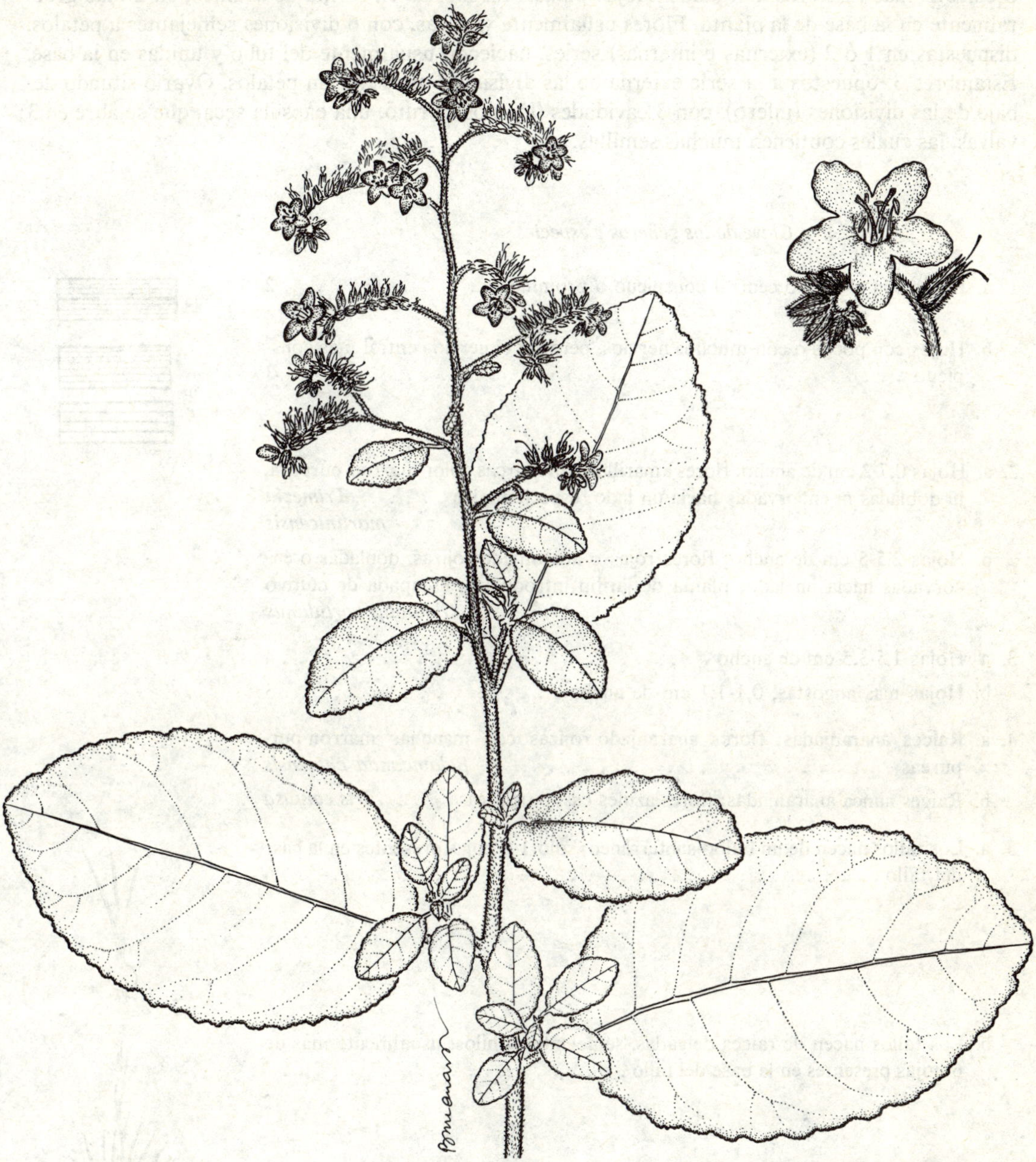

Wigandia caracasana.

Fam. **IRIDACEAE** (Monocotyledoneae)

Plantas herbáceas, con tallos blandos, con raíces subterráneas agrandadas, parecidas a bulbos, o con rizomas rastreros alargados. Hojas planas, dispuestas en forma de abanico, en 2 filas generalmente en la base de la planta. Flores usualmente vistosas, con 6 divisiones semejantes a pétalos, dispuestas en 1 ó 2 (externas e internas) series, naciendo usualmente del tubo y unidas en la base. Estambres 3, opuestos a la serie externa de las divisiones que semejan pétalos. Ovario situado debajo de las divisiones (ínfero), con 3 cavidades (lóculos). Fruto, una cápsula seca, que se abre en 3 valvas, las cuales contienen muchas semillas.

Clave de los géneros y especies

1. a. Hojas con el nervio central conspicuo o prominente 2

1a

b. Hojas con pocos o con muchos nervios, pero sin el nervio central más conspicuo 3

1b

2. a. Hojas 0,7-2 cm de ancho; flores amarillas con marcas color marrón-púrpura, ni dobladas ni encorvadas hacia un lado; especie nativa . . . . . . *Trimezia martinicensis*

b. Hojas 2,5-5 cm de ancho; flores rojas o anaranjado-rojizas, dobladas o encorvadas hacia un lado; planta de jardín introducida, escapada de cultivo *Gladiolus hortulanus*

3. a. Hojas 1,5-3,5 cm de ancho 4

b. Hojas más angostas, 0,1-1,1 cm de ancho 5

4. a. Raíces anaranjadas; flores anaranjado-rojizas con manchas marrón-purpúreas . . . . *Belamcanda chinensis*

b. Raíces nunca anaranjadas; flores azules casi purpúreas . . . . . *Iris confusa*

5. a. Los tallos nacen de un bulbo subterráneo; sólo 1-6 hojas presentes en la base del tallo 6

5a

b. Los tallos nacen de raíces delgadas, semejantes a hilos; usualmente más de 6 hojas presentes en la base del tallo 7

5b

6. a. La hoja superior ubicada por debajo de la inflorescencia es muy alargada, 10-30 cm de largo; hojas 3-10 mm de ancho; inflorescencia conectada directamente a la base de la hoja situada inmediatamente debajo; los 3-6 pares de brácteas de la inflorescencia son 3-5 mm de ancho; 3 o más flores presentes en una inflorescencia ancha . . . . *Cipura paludosa*

   b. Lo hoja superior ubicada por debajo de la inflorescencia, relativamente más corta, 3,5-8 cm de largo; hojas 1-3 mm de ancho; inflorescencia conectada a un eje delgado que nace de la hoja situada inmediatamente debajo; las 2 brácteas de la inflorescencia son 2-3 mm de ancho; solamente 1-2 flores presentes en una inflorescencia muy angosta . . . . *Cypella linearis*

7. a. Hojas 5-11 mm de ancho, dispuestas en forma de abanico; tallos sin alas o bordes (ninguna extensión verde localizada a lo largo de los lados del tallo principal) . . . . *Orthrosanthus chimboracensis*

   b. Hojas 3-5 mm de ancho, laxamente erectas y no dispuestas en forma de abanico; tallos provistos de una ala angosta o un borde (una extensión verde dispuesta a lo largo de los lados del tallo principal) . . *Sisyrinchium micranthum*

Belamcanda chinensis (L.) DC.
Nativa de Asia. Escapada de cultivo, 1.500 m. Las hojas son parecidas a las de *Iris*, pero las raíces y rizomas de color anaranjado la distinguen fácilmente de *Iris*. Los grupos de semillas negras de la planta en fruto son parecidos a los frutos de la "mora" *(Rubus)*.

Cipura paludosa Aubl. *"Espadilla"* (Lám. 157, B)
Sabana, 900-1.250 m. Hierba pequeña.

Cypella linearis (H.B.K.) Baker
Sabana, 900-1.200 m. Hierba pequeña.

Gladiolus hortulanus Bailey *"Gladiola", "Bandera Española"* (Lám. 158, A)
Escapada de cultivos, en sitios abiertos, alterados y sabana, 1.500-1.900 m. Flores de varios colores, pero especialmente rojas, rosado-rojas y formas rojas y amarillas son las que se encuentran más frecuentemente en estado semi-silvestre en las laderas del Cerro del Avila.

Iris confusa Sealy (Lám. 158, B)
Nativa de Japón y China. Escapada de cultivo y bien establecida en lugares alterados a 1.500-1.600 m del Cerro del Avila. Esta planta mide 30-50 cm de alto y forma colonias con flores muy vistosas de color azul-lavanda, las cuales sostienen crestas doradas.

Orthrosanthus chimboracensis (H.B.K.) Baker var. **acorifolius** (H.B.K.) Steyerm. *"Espadilla"* (Lám. 157, A)
Orthrosanthus acorifolius (H.B.K.) Rav. subsp. *acorifolius*
Subpáramo, 2.200-2.400 m. Las hojas conspicuas en forma de abanico y las flores azules de esta especie de regiones elevadas la hacen fácilmente distinguible. Una forma con flores blancas es igualmente conocida.

Sisyrinchium micranthum Cav. *"Espadilla"* (Lám. 156, A)
Sabana y lugares alterados, 1.500 m. Hierba pequeña, con hojas parecidas a las de las gramíneas y flores pequeñas de color amarillo pálido con marcas marrones.

Trimezia martinicensis (Jacq.) Herb. *"Espadilla de loma"* (Lám. 156, B)
Sabana y lugares alterados al borde de la selva transicional, 1.000-1.540 m. Las flores vistosas son de color amarillo con líneas marrón-purpúreas. Esta hierba nace de un tallo subterráneo, pequeño, sólido y con forma de bulbo.

LAMINA 156: IRIDACEAE

A. Sisyrinchium micranthum.–B. Trimezia martinicensis.

LAMINA 157: IRIDACEAE

A. Orthrosanthus chimboracensis var. acorifolius.–*B. Cipura paludosa.*

LAMINA 158: IRIDACEAE; JUNCACEAE

A. *Gladiolus hortulanus*.–B. *Iris confusa*.–C. *Juncus effusus*.

Fam. **JUNCACEAE** (Monocotyledoneae)

Plantas herbáceas (no leñosas), semejantes a las gramíneas, frecuentemente con raíces peludas. Las hojas usualmente están dispuestas en ramilletes basales, delgadas, planas o cilíndricas con vainas abiertas o cerradas en la parte inferior de las hojas mismas. Flores muy pequeñas, de color pajizo, marrón o blanco-verdoso con 6 divisiones parejas y angostas, o semejantes a escamas, las cuales están libres en la base. Estambres 6 ó 3, opuestos a las divisiones florales. Ovario situado arriba de la base de las divisiones que semejan escamas (súpero), con 1 ó 3 cavidades (lóculos). Fruto, una cápsula seca, dehiscente (que se abre), con 3 hasta muchas semillas.

Juncus effusus L. (Lám. 158, C)
Subpáramo, 2.600-2.740 m. Formando macollas en lugares húmedos, con frecuencia en lugares en donde se encuentran colonias de avispas. Hojas color verde oscuro, erectas y cilíndricas, mientras que las flores son parduzcas.

Fam. **LABIATAE (LAMIACEAE)** (Dicotyledoneae)

Plantas herbáceas, arbustos o árboles. Tallos usualmente cuadrangulares (especialmente en las plantas herbáceas), aromáticas o con fuerte olor a menta. Hojas opuestas o en círculos (verticilos), simples (no divididas), con o sin dientes o lóbulos. Estípulas ausentes. Flores usualmente de forma irregular, cáliz con 5 dientes o lóbulos unidos, iguales o desiguales, o con 2 lóbulos o labios principales, la corola con un tubo, el cual se abre en uno de los extremos en un labio superior y otro inferior, o algunas veces en forma más regular. Estambres en 2 ó 4 pares. Ovario 4-lobulado, situado arriba de la base de la corola (súpero). Fruto con 4 nuececillas pequeñas, las cuales están ocultas dentro del tubo del cáliz.

Clave de los géneros y especies

1. a. La mayoría de las hojas fuertemente lobuladas o cortadas . . . . *Leonurus sibiricus*

1a

b. Todas o casi todas las hojas con o sin dientes, pero siempre sin lóbulos . . 2

2. a. Hojas muy angostas, en forma de agujas, 1-2 mm de ancho, base y ápice del mismo ancho, los bordes fuertemente doblados hacia abajo; lado inferior (envés) de la hoja sin nervios . . . . *Rosmarinus officinalis*

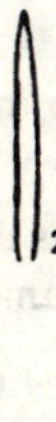
2a

b. Hojas usualmente más anchas y no del mismo ancho a todo lo largo; envés de las hojas con nervios claramente visibles 3

3. a. Hojas muy pequeñas, 0,6-2 cm de largo, 0,3-0,7 cm de ancho . . *Gardoquia discolor*

b. Hojas en promedio más grandes 4

4. a. Arbustos o árboles pequeños, 1,5-4 m de alto; cada borde de la hoja con 50 o más dientes finos, redondeados . . . . *Lepechinia bullata*

4a

b. Plantas con tallo blando o arbusto de menos de 1,5 m de alto; bordes de la hoja sin dientes o con no más de 40 dientes en cada lado 5

5. a. Cáliz fuertemente 2-labiado, no más de 2-3 lóbulos o dientes presentes . . . 6

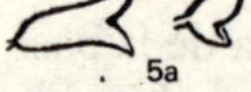

5a

b. Cáliz con 5 dientes o lóbulos, ligeramente desiguales o iguales entre si . . . 12

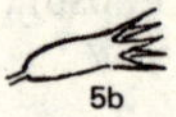

5b

6. a. Cáliz 2-3 mm de largo, cubierto por pelos glandulares; corola muy pequeña, 4-5 mm de largo . . . . *Salvia occidentalis*

b. Cáliz y corola ambos más largos que en el caso anterior 7

7. a. Todos los lóbulos del cáliz redondeados en el ápice . *Scutellaria purpurascens*

b. Lóbulos del cáliz usualmente con los ápices cortos y angostos, algunas veces con ápices cortos y redondeados . . . . 8 *(Salvia)*

8. a. Tallos con pelos conspicuamente alargados y extendidos . . *Salvia coccinea*

b. Tallos con o sin pelos, pero con los pelos ni conspicuos ni extendidos ni alargados 9

9. a. Flores rojas 10

b. Flores azules, purpúreas, blancas o con la combinación de estos colores . 11

10. a. Hojas angostadas en la base; ejes de las flores (pedicelos) ausentes, flores dispuestas directamente sobre el tallo (sésiles) . . . . . . *Salvia axilliflora*

b. Hojas anchas y con forma de corazón en la base; flores dispuestas sobre pedicelos alargados, los cuales nacen de los extremos de los tallos . . *Salvia rubescens*

11. a. Bordes de las hojas con pelos; hojas generalmente ensanchadas en la base o por debajo de la mitad; base de la hoja misma terminando en el ápice del pecíolo; cara inferior (envés) de la hoja frecuentemente peluda . . . . . *Salvia tiliaefolia*

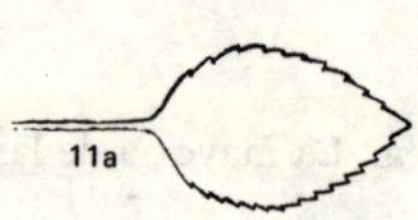

b. Bordes de las hojas usualmente sin pelos; hojas gradualmente angostadas en la base hasta formar una V, la base de la hoja misma angostada y continuada a lo largo del pecíolo; envés de la hoja generalmente sin pelos (glabro) . . . . *Salvia angulata*

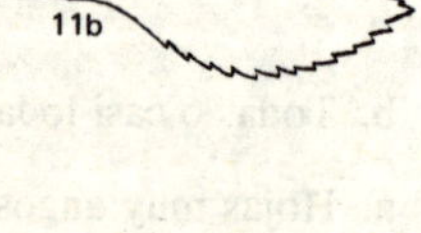

12. (5.b)

a. Lado inferior (envés) de la hoja usualmente aterciopelado o suavemente lanoso y de color blanco 13

b. Envés de la hoja o no blanco aterciopelado, o con los bordes más bien conspicuamente dentados 14

13. a. Flores dispuestas en las axilas de las hojas; hojas sin dientes o con dientes inconspicuos y distanciados entre sí; hojas más anchas en la mitad . . *Minthostachys mollis*

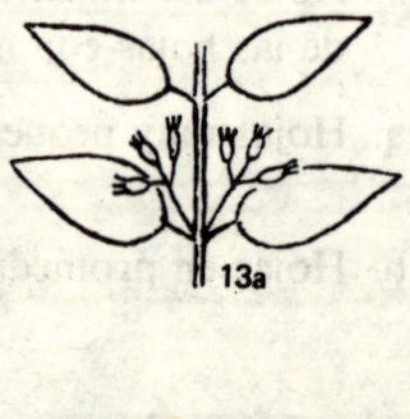

13a

b. Flores dispuestas en espigas alargadas o grupos que nacen en los extremos de las ramas laterales; hojas usualmente dentadas o más anchas en la base *Hyptis mutabilis* var. *canescens*

13b

14. a. Cabezuelas o grupos de flores usualmente dispuestos sobre ejes alargados (pedúnculos) 0,5-6 cm de largo . . . . 15 *(Hyptis)*

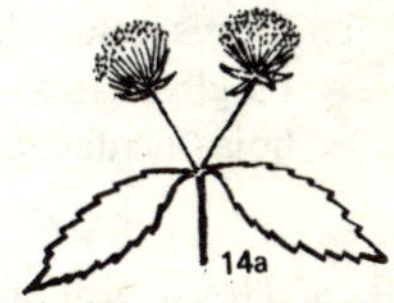
14a

b. Cabezuelas o grupos de flores sin pedúnculos o éstos generalmente sólo 0,5-1 cm de largo 19

14b

15. a. Tallos con pelos conspicuamente extendidos 16

b. Tallos sin pelos conspicuamente extendidos 18

16. a. Por lo menos las hojas más bajas del tallo tienen ejes conspicuos (pecíolos), éstos 1,5-4,5 cm de largo; casi todas las hojas del tallo son más anchas en las bases; flores dispuestas en grupos pequeños, 0,4-1 cm de diámetro . . . *Hyptis umbrosa*

b. Todas las hojas del tallo con peciolos cortos, sólo 0,2-0,8 cm de largo; casi todas las hojas más anchas en o arriba de la mitad; flores dispuestas en grupos más grandes, 1-2 cm de diámetro 17

17. a. Solamente 1 flor aparece en el extremo de un eje de 2-6 cm de largo; base de la hoja, redondeada o encorvada (obtusa) . . . . *Hyptis vilis*

b. Grupos de flores con o sin ejes (pedúnculos), los ejes sólo 0,5-1,5 cm de largo; base de la hoja usualmente adelgazándose progresivamente o angostada . . . . *Hyptis brachiata*

18. a. Hojas del tallo central angostadas en la base y con ejes (pecíolos) de 0,2-0,6 centímetros de largo; grupos de flores subglobosos, 0,8-1,5 cm de diámetro y dispuestos sobre ejes (pedúnculos) 1-3,5 cm de largo . . *Hyptis lantanaefolia*

b. Hojas del tallo principal anchas o ampliándose en la base (no se incluyen las hojas más pequeñas que se encuentran en las ramas principales laterales), con pecíolos generalmente 0,6-5,5 cm de largo; grupo de flores numerosos dispuestos sobre pedúnculos alargados, los grupos 0,5-1,2 cm de diámetro, con o sin ejes, los ejes 0,2-0,5 cm de largo . . . . *Hyptis mutabilis*

19. (14.b)

a. Los grupos de flores están dispuestos en forma más o menos continua sobre el eje alargado y no conspicuamente separados en intervalos por hojas . . . *Hyptis mutabilis*

b. Los grupos de flores, ni dispuestos continuamente ni conspicuamente separados en intervalos por hojas 20

20. a. Flores azules o color azul-púrpura, dispuestas en cabezuelas globulares; grupos de flores rodeados en la base por brácteas angostas, verdes, sin dientes y terminadas en un ápice angosto . . . . . *Marsypianthes chamaedrys*

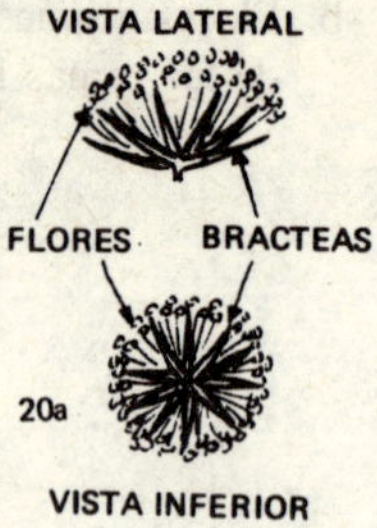

b. Flores color rosado-lavanda o algo purpúreas, dispuestas en cabezuelas semi-globulares, con pocas flores; cada grupo de flores con frecuencia posee hojas dentadas en la base, pero no tiene brácteas angostas y dentadas . . 21 *(Stachys)*

21. a. Hojas generalmente peludas; ejes que soportan las hojas (pecíolos) más bajas, 1-6 cm de largo; hojas más bajas de los tallos anchamente redondeadas o acorazonadas en la base, 1,5-5 cm de ancho . . . . . *Stachys fendleri*

b. Hojas inconspicuamente peludas, los pelos restringidos principalmente a los nervios; pecíolo 0,3-0,5 cm de largo; hojas más bajas de los tallos generalmente angostadas o encorvadas (obtusas) en la base, 0,8-1,3 cm de ancho *Stachys arvensis*

Gardoquia discolor H.B.K. *"Poleo"* (Lám. 159, B)
Satureia discolor (H.B.K.) Briq.
Subpáramo, 2.100-2.400 m. Planta arbustiva de hasta 1,5 m de alto, con hojas pequeñas, con el lado inferior blanco-grisáceo y flores pequeñas de color lavanda-rosáceo.

Hyptis brachiata Briq.
Hyptis fulva Epling
Sabana, 1.000-1.200 m. Planta arbustiva o subarbustiva.

Hyptis lantanaefolia Poit. (Lám. 159, A)
Sabana, 1.000-1.800 m. Planta arbustiva o subarbustiva.

Hyptis mutabilis (Rich.) Briq.
Sabana, 900-950 m. Planta herbácea de hasta 1,5 m de alto, con flores lavanda hasta purpúreas.

Hyptis mutabilis var. **canescens** (Poit.) Epling
Sabana, 1.200-1.500 m. Hierba arbustiva, alta.

Hyptis mutabilis var. **spicata** Briq.
Sabana, 900-1.500 m. Hierba arbustiva, alta.

Hyptis umbrosa Salzm.
Sabana y selva tropófila, 1.100 m. Planta herbácea.

Hyptis vilis Kunth & Bouché
Selva tropófila, 1.500 m. Planta herbácea.

Leonurus sibiricus L. *"Mastranto morado"* (Lám. 159, C)
Introducida de Eurasia. Sabana y bordes de la selva de galería, 900-1.500 m. Hierba de hasta 1 m de alto, con grupos de flores purpúreas.

Lepechinia bullata (H.B.K.) Epling *"Orégano montañero"* (Lám. 160, A)
Sphacele bullata H.B.K.
Sphacele parviflora Benth.
Subpáramo, 2.200-2.400 m. Arbusto o arbolito, 1,5-4 m de alto, con flores blancas. Las hojas son muy rugosas, con la superficie finamente elevada y los nervios hundidos en ella. Esta especie es frecuentemente confundida con *Lepechinia salviaefolia* o con *Sphacele salviaefolia,* pero *Lepechinia bullata* tiene el cáliz y los lóbulos más largos, el cáliz menos densamente pubescente con pelos más cortos, y el envés de la hoja también menos pubescente y con pelos más cortos.

Marsypianthes chamaedrys (Vahl) Ktze.
Marsypianthes hyptoides Mart. ex Benth.
Sabana y lugares abiertos y alterados, 900-1.500 m.

LAMINA 159: LABIATAE

A. Hyptis lantanaefolia.—B. Gardoquia discolor.—C. Leonurus sibiricus.—D. Salvia angulata.

A. Lepechinia bullata.–B. Stachys arvensis.–C. Salvia axilliflora.

LAMINA 161: LABIATAE

A. Salvia occidentalis.–*B. Salvia rubescens.*

Hierba con fuerte olor y con flores pequeñas de color algo púrpura.

Minthostachys mollis (Kunth) Griseb. *"Oreganote"*
Bystropogon mollis H.B.K.
Selva transicional, 1.500 m. Planta arbustiva con la base algo leñosa, 1-1,2 m de alto, con flores blancas o blanco con lila. Las hojas tienen un olor fragante parecido al de la *"hierba buena"*.

Rosmarinus officinalis L. *"Romero"*
Nativa de la región mediterránea. Lugares alterados, 1.300-1.500 m. Las hojas secas tienen un olor dulce y son usadas para dar sabor a algunos platos y en medicina. Flores pequeñas, blancas y purpúreas.

Salvia angulata Benth. (Lám. 159, D)
Selva tropófila, 900-1.600 m. Planta arbustiva con la base algo leñosa.

Salvia axilliflora Epling (Lám. 160, C)
Selva tropófila y selva transicional, 1.200-1.600 m. Hierba arbustiva.

Salvia coccinea Juss. ex Murr.
Salvia pseudococcinea Jacq.
Salvia coccinea f. *pseudococcinea* (Jacq.) Voss
Salvia coccinea var. *pseudococcinea* (Jacq.) Gray
Sabana, selva de galería, bordes de la selva tropófila y lugares abiertos y alterados, 900-1.300 m. Hierba con flores color rojo oscuro.

Salvia occidentalis Sw. (Lám. 161, A)
Selva de galería, selva tropofila, cafetales y lugares alterados, 900-1.100 m. Hierba con flores diminutas de color azul. Esta especie es confundida algunas veces con *Priva lappulacea* (cadillito), la cual pertenece a la familia Verbenaceae; ésta tiene las flores dispuestas alternamente sobre el eje, en vez de opuestas o en grupos opuestos como en *Salvia occidentalis.*

Salvia rubescens Kunth in H. & B. (Lám. 161, B)
Selva de galería, 1.600 m. Planta herbácea de hasta 2 m de alto con flores rojas, grandes, 2-2,5 cm de largo.

Salvia tiliaefolia Vahl
Selva transicional y cafetales y lugares alterados, 1.500-1.600 m. Hierba con flores azules.

Scutellaria purpurascens Sw.
Selva tropófila y sitios alterados, 900-1.000 m. Hierba con flores azul-púrpura oscuro.

Stachys arvensis L. (Lám. 160, B)
Sabana, selva tropófila y lugares alterados, 900-1.900 m. Hierba.

Stachys fendleri Briq.
Sabana y lugares alterados, 1.500-1.900 m. Hierba.

Fam. **LAURACEAE** (Dicotyledoneae)

Usualmente árboles o arbustos; con frecuencia la madera, la corteza, los tallos y, algunas veces, las hojas son aromáticas o con fuerte esencia. Hojas generalmente alternas, rara vez casi opuestas o en círculos (verticilos), simples (no divididas), y sin dientes sobre los bordes. Estípulas ausentes. Flores pequeñas, sin corolas; cáliz un tubo corto, de color ante-cremoso o amarillo-verdoso, el cual se divide en 4 ó 6 segmentos dispuestos en 1 ó 2 series (interna y externa). Estambres usualmente 9 ó 12, dispuestos en 3 ó 4 series. Ovario con 1 sola cavidad (lóculo), inserto arriba de la base del tubo del cáliz (súpero) y con un solo óvulo; fruto en forma de baya, carnoso y con una sola semilla, rodeado en la base por la copa del cáliz (ensanchado).

Clave de los géneros y especies

1. a. La lámina foliar se adelgaza gradualmente hasta la base del eje que soporta la hoja (peciolo); hojas con 15-30 nervios de cada lado del nervio medio . . . *Aniba gigantifolia*

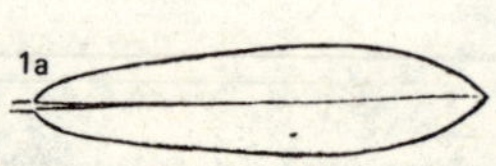

b. La lámina foliar termina abruptamente en un pecíolo; hojas con 4-14 nervios de cada lado del nervio medio 2

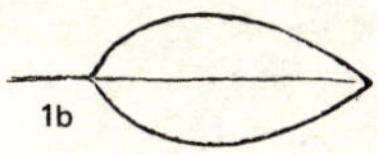
1b

2. a. Hojas pequeñas, 5-7,5 cm de largo, 2,5-4 cm de ancho; pecíolo muy corto, sólo 0,2 cm de largo; inflorescencia 2-4 (–7) cm de largo . . . . *Ocotea congestifolia*

b. Sin la combinación de caracteres arriba indicados; las hojas usualmente más largas, pero si son pequeñas, entonces los pecíolos 0,5-6 cm de largo y la inflorescencia más larga 3

3. a. Ejes y ramas jóvenes de la inflorescencia con cicatrices prominentes alineadas longitudinalmente; la copa que rodea la mitad inferior del fruto o de la flor tiene marcas semejantes a verrugas . . . . *Aniba cicatrosa*

3a

b. Sin la combinación de caracteres arriba indicados 4

4. a. Hojas generalmente 5,5-19 cm de ancho; nervios laterales de las hojas 6-14 de cada lado del nervio medio y conspicuos en la cara inferior (envés); flores 8 mm de diámetro 5

b. Hojas generalmente 2,5-6,5 cm de ancho; nervios laterales a menudo 4-5, algunas veces 6-10 de cada lado del nervio medio, conspicuos o inconspicuos en la cara inferior; flores con frecuencia más pequeñas 6

5. a. Hojas con 9-14 nervios laterales principales de cada lado del nervio medio; la inflorescencia nace de los lados de tallos jóvenes cerca o debajo del ápice, 12-20 cm de largo; superficie interna de la serie externa de las divisiones florales, sin pelos (glabras); árbol nativo con fruto pequeño 6-8 mm de largo . . . . *Persea caerulea*

b. Hojas con 6-9 nervios laterales principales de cada lado del nervio medio; la inflorescencia nace en el extremo del tallo o rama, 2,5-10 cm de largo; superficie interna de la serie externa de las divisiones florales, con pelos; árbol cultivado con frutos grandes, comestibles, 5-15 cm de largo . . . . . *Persea americana*

6. a. Nervios laterales 8-10 de cada lado del nervio medio de la hoja . . . . *Ocotea tubulosa*

b. Nervios laterales 4-5 de cada lado del nervio medio de la hoja 7

7. a. El par de nervios inferiores de la hoja es más conspicuo que los otros pares superiores . . . . *Phoebe cinnamomifolia*

b. El par de nervios inferiores de la hoja es casi tan prominente como los superiores 8

8. a. Hojas 12-17 cm de largo; eje que soporta la hoja (pecíolo), nervio medio, superficie inferior (envés) de la hoja, eje de la inflorescencia y las partes más jóvenes de las ramas, generalmente sin pelos (glabros); parte exterior de las flores, generalmente sin pelos o con pelos esparcidos . *Nectandra rectinervia*

b. Hojas 4-11 cm de largo; pecíolo, nervio medio y, usualmente, la superficie inferior de la hoja (envés), eje de la inflorescencia y la parte más joven de las ramas con una cubierta diminuta de pelos de color marrón pálido o marrón-grisáceo; parte exterior de la corola, densamente cubierta por una pubescencia (pelos) fina y apretada contra la superficie . . . . *Nectandra steyermarkiana*

LAMINA 162: LAURACEAE

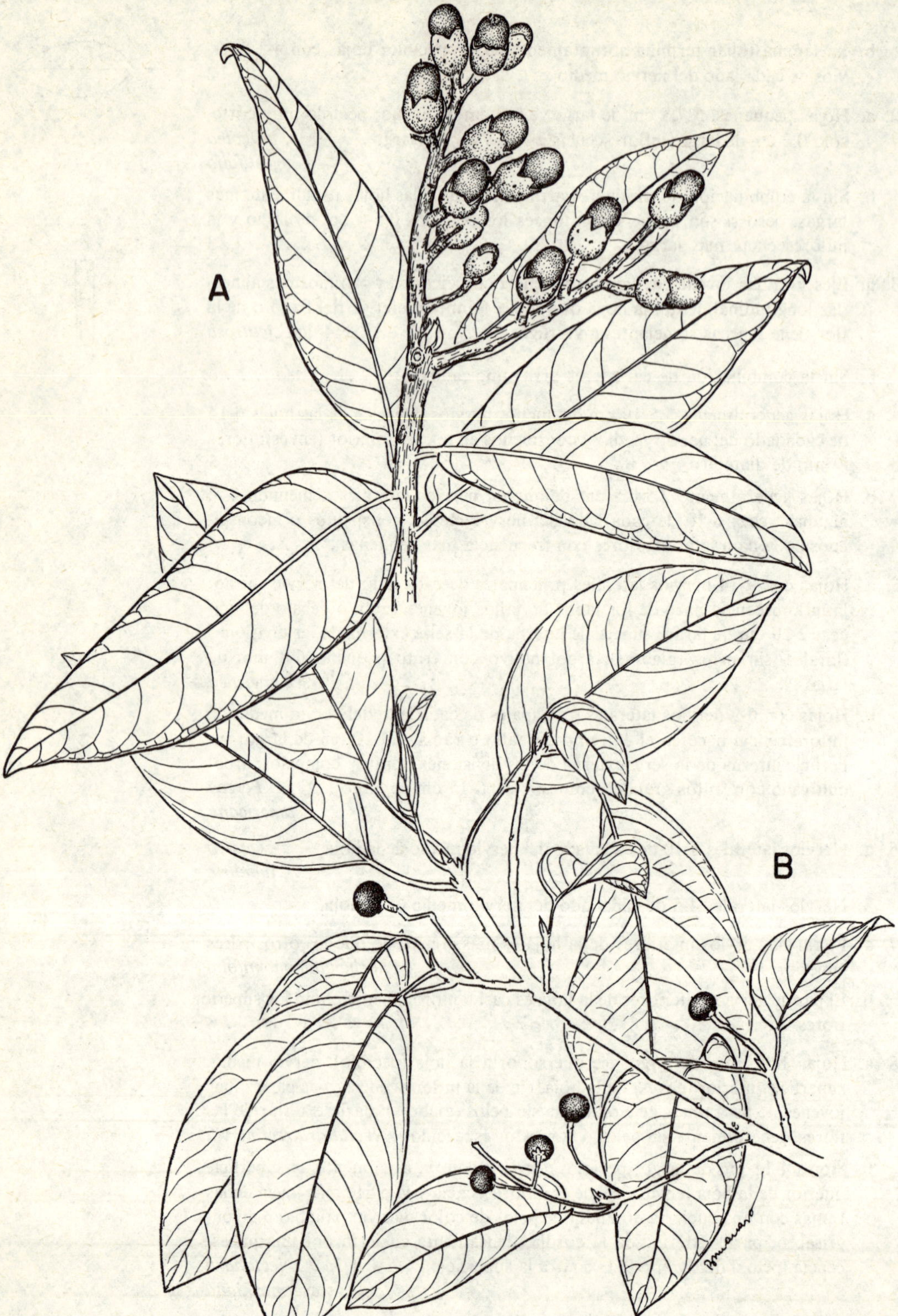

A. Aniba cicatrosa.–B. Persea caerulea.

LAMINA 163: LECYTHIDACEAE

Eschweilera fendleriana.

Aniba cicatrosa Allen (Lám. 162, A)
Selva nublada, 1.900 m. Arbol 8-15 m de alto.

Aniba gigantifolia O. C. Schmidt
Selva nublada, vertiente norte, 900-1.000 m. Hermoso árbol de 10-15 m de alto con hojas grandes, ascendentes-erectas, agrupadas en los extremos de las ramas. Lado inferior de la hoja, de color antepardo.

Nectandra rectinervia Meissn.
Selva tropófila, 900 m. Arbol.

Nectandra steyermarkiana Allen *"Laurel"*
Selva nublada, 1.700-2.000 m. Arbol 10-15 m de alto. Las ramas, al ser trituradas, despiden un olor desagradable; flores blancas, vistosas y de olor fragante.

Ocotea congestifolia Lasser
Selva tropófila, 1.000 m. Arbol.

Ocotea tubulosa Lasser
Selva tropófila, 1.000 m. Arbol.

Persea americana Mill. *"Aguacate"*
Sabana y selva de galería y lugares alterados, 900-1.000 m. Arbol ampliamente cultivado por sus frutos comestibles.

Persea caerulea (R. & P.) Mez *"Aguacatillo"* (Lám. 162, B)
Persea lignipetala Lasser
Selva tropófila, selva de galería y sabana, 900-1.500 m. Arbol común, 8-15 m de alto, con frutos pequeños apetecidos por pájaros y otros animales.

Phoebe cinnamomifolia (H.B.K.) Nees
Selva transicional y selva nublada, 1.500-1.900 m. Arbol pequeño.

Fam. **LECYTHIDACEAE** (Dicotyledoneae)

Usualmente árboles grandes con madera muy dura. Hojas alternas, simples (no divididas), algunas veces con glándulas en los bordes. Estípulas ausentes. Flores usualmente grandes, vistosas, de una estructura peculiar. El cáliz con 2 ó 4-6 lóbulos unidos en la base, mientras que la corola consiste de 4-8 pétalos libres o unidos en la base. Estambres numerosos y en varias series, unidos en la base, con los filamentos con frecuencia fuertemente encorvados hacia un lado de la flor. Ovario generalmente situado debajo de la base de los pétalos (ínfero), o casi ínfero, con 2 hasta muchas celdas (lóculos). El fruto maduro es una estructura leñosa que se abre por medio de una tapa transversal, o algunas veces no se abre, cuando es carnoso.

Eschweilera fendleriana Miers (Lám. 163)
Selva nublada, 1.500-2.200 m. Arbol grande de hasta 25 m de alto, con pétalos blanco-cremosos manchados con rosado oscuro, estambres amarillos.

Fam. **LEGUMINOSAE (FABACEAE)** (Dicotyledoneae)

Arboles, arbustos, hierbas o plantas trepadoras, algunas veces con espinas o púas. Hojas alternas, rara vez opuestas, generalmente divididas (compuestas) en 2 hasta muchos segmentos (folíolos), rara vez simples y no divididas. Estípulas usualmente presentes, pero algunas veces se caen rápidamente de la planta, o rara vez ausentes. Flores de forma regular y de forma asimétrica o irregular. Sépalos usualmente 5 (rara vez 3, 4 ó 6), libres en la base o unidos en un tubo. Pétalos libres hasta la base o unidos en un tubo, de forma igual o similar o de forma desigual y no similar, usualmente en igual número que los sépalos, rara vez ausentes. Estambres en igual número o doblando el número de los pétalos, o algunas veces numerosos, libres o unidos. Ovario situado arriba de la base de los pétalos o el cáliz (súpero). Fruto usualmente seco, se abre en 2 valvas (legumbre), y encierra una hasta muchas semillas pero algunas veces es carnoso, o no se abre en la madurez.

La familia de las Leguminosae es usualmente dividida en 3 subfamilias (algunos autores las tratan como 3 familias separadas), que son:

I. a. Pétalos por lo general de forma igual y usualmente unidos en la base o arriba de la base, sus márgenes apenas tocándose en la yema (valvados) . . . . Subfamilia MIMOSOIDEAE (MIMOSACEAE cuando es considerada como familia)

b. Pétalos desiguales o irregulares en forma, sus márgenes sobrepuestos en la yema (imbricados) II

II. a. Estambres no unidos en la base; pétalos sólo ligeramente desiguales en forma y en tamaño . . . . Subfamilia CAESALPINIOIDEAE (CAESALPINIACEAE cuando es considerada como familia)

b. Estambres usualmente unidos en la base; usualmente 1 pétalo marcadamente diferente en forma y tamaño de los otros pétalos . . . . Subfamilia PAPILIONOIDEAE (PAPILIONACEAE cuando es considerada como familia)

CLAVE DE LAS DIVISIONES PRINCIPALES DE LAS LEGUMINOSAE

A. a. Hojas simples (no divididas) . . . . números 1-9

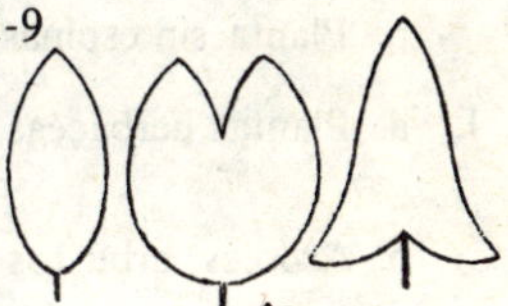

Aa

b. Hojas divididas en 2 o más segmentos separados (folíolos) (hojas compuestas) . . . . B

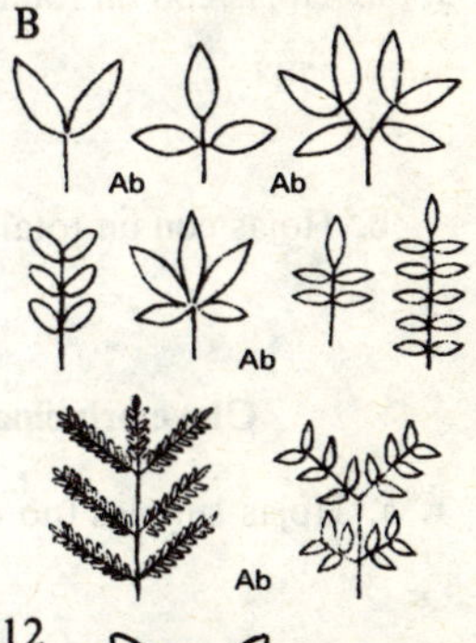

B. a. Hojas constituidas por 2 folíolos solamente . . . . números 10-12

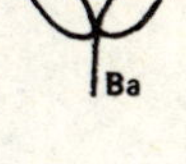

Ba

b. Hojas constituidas por 3 o más folíolos C

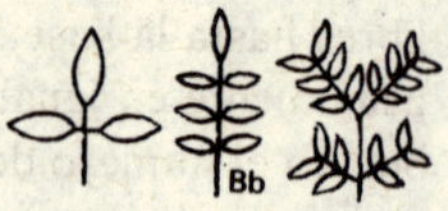

C. a. Hojas con solamente 3 folíolos (trifolioladas) . . . . números 13-74

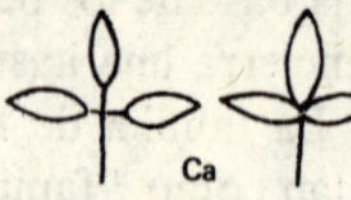

b. Hojas con 4 o más folíolos (pinadas o bipinadas) . . . . D

D. a. Hojas con un solo folíolo en el ápice (imparipinadamente compuestas) . . . E

b. Hojas con 2 folíolos en el ápice (paripinadamente compuestas) . . . . G

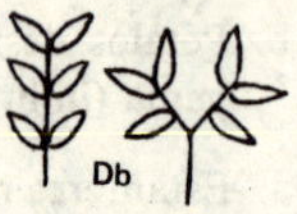

E. a. Hojas con un total de 5-7 (rara vez hasta 11) folíolos . . . . números 79-95

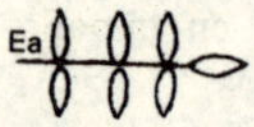

b. Hojas con un total de 9-31 folíolos . . . . F

F. a. Espinas presentes en alguna parte de la planta (algunas veces muy esparcidas, dispersas o inconspicuas) . . . . números 96-99

b. Plantas sin espinas . . . . números 100-112

G. a. Hojas con un total de 4 folíolos . . . . números 113-121

b. Hojas usualmente con 6 o más folíolos . . . . H

H. a. Espinas o púas usualmente presentes en alguna parte de la rama o del eje que soporta la hoja (pecíolo) . . . . números 122-131

b. Planta sin espinas I

I. a. Plantas herbáceas o pequeñas, con tallo poco o nada leñoso hacia la base . . . números 163-173

b. Arboles, arbustos o plantas con tallos leñosos . . . . J

J. a. Hojas con un total de 6-32 folíolos . . . . números 133-153

b. Hojas con un total de 100 o más folíolos . . . . números 154-162

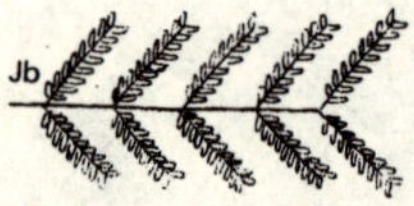

Clave principal de los géneros y especies de Leguminosae

1. a. Hojas simples (no divididas), sin embargo algunas veces con 2 lóbulos . . 2

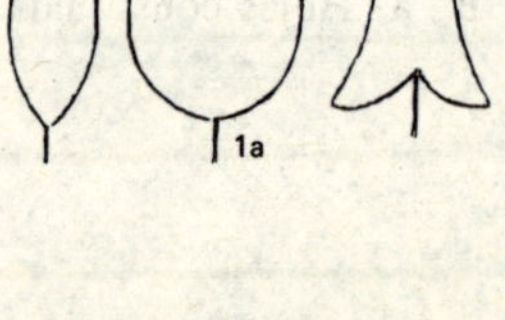

b. Hojas compuestas (divididas), con 2 o más segmentos separados (foliolos) 10

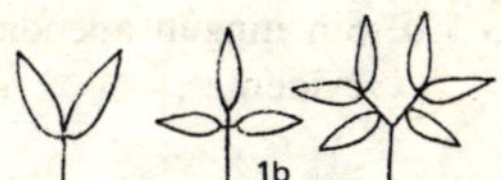

1b

1b

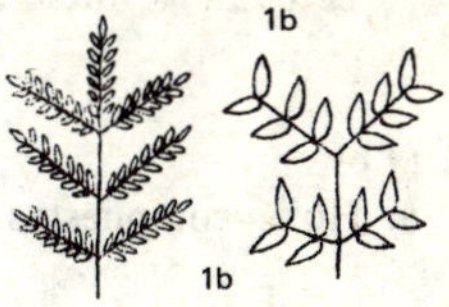

1b

2. a. Cada hoja con una ranura o corte, ligero o profundo, en el centro del ápice (bilobadas) 3

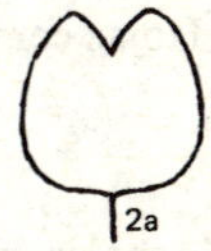

2a

b. Hojas diferentes a como se indica arriba (enteras) 6

3. a. Arboles o arbustos con hojas 5-15 cm de largo, 4-13 cm de ancho 4

b. Trepadoras con hojas 2-6 cm de largo, 1,5-5 cm de ancho 5

4. a. Cara inferior de la hoja (envés) sin pelos (glabra) o casi sin pelos; espinas ausentes; cáliz marrón-rojizo; fruto sin pelos . . . . . *Bauhinia megalandra*

b. Envés de la hoja diminutamente pubescente; ramas espinosas; cáliz gris-verdoso; fruto con pelos . . . . *Bauhinia aculeata*

5. a. Lóbulos de la hoja con el ápice redondeado . . . . . . *Bauhinia emarginata*

5a

b. Lóbulos de la hoja con el ápice puntiagudo . . . . . . *Bauhinia cumanensis*

5b

6. (2.b)

a. Hojas triangulares o con forma de flecha . . . . . . *Centrosema sagittatum*

6a

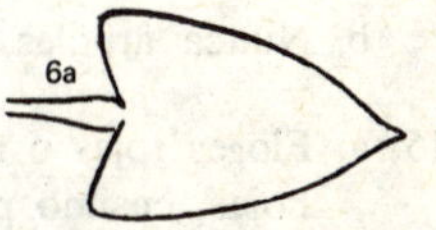

b. Hojas ni triangulares ni con forma de flecha 7

7. a. Arboles . . . . *Swartzia arborescens*

b. Plantas herbáceas, o por lo menos no son árboles 8

8. a. Un apéndice (estípula) de color verde con forma de V o de flecha conectado al tallo entre las hojas . . . . *Crotalaria stipularis*

8a

b. Sin ningún apéndice (estípula) de color verde con forma de V o de flecha evidente 9

9\. a. Flores generalmente amarillas o con líneas purpúreas; hojas más anchas arriba de la mitad . . . . *Crotalaria retusa*

b. Flores generalmente rosadas o lavanda con rosado oscuro; hoja más ancha cerca de la mitad o del mismo ancho en toda su longitud . . . . *Desmodium pachyrrhizum*

10\. (1.b)

a. Hojas compuestas por sólo 2 segmentos separados (folíolos) 11

b. Hojas compuestas con 3 o más folíolos 13

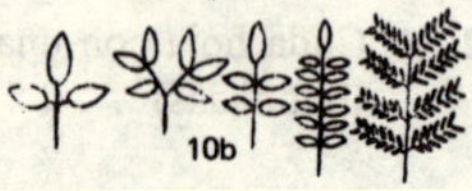

11\. a. Arboles, arbustos o trepadoras leñosas . . . . *Bauhinia cumanensis*

b. Hierba pequeña con flores amarillas 12

12\. a. Folíolos con el ápice anchamente redondeado; hojas casi sin ejes (pecíolos) o con éstos muy cortos, 3 mm o menos de largo; tallos y hojas con pelos . . *Cassia rotundifolia*

b. Folíolos con el ápice puntiagudo o redondeado; hojas con pecíolos obvios, 10-17 mm de largo; tallos y hojas sin pelos o esparcidamente peludos . . . *Zornia curvata*

13\. (10.b)

a. Hojas divididas en 3 segmentos separados (folíolos) (trifolioladas) 14

b. Hojas divididas en 4 o más folíolos (pinadas o bipinadas o palmadas) . . . 75

14\. a. Arboles 15

b. Nunca árboles 20

15\. a. Flores rojas o anaranjadas, que nacen usualmente sobre ramas sin hojas; hojas, cuando presentes, con todos los nervios principales naciendo en la base . . . . 16 *(Erythrina)*

b. Sin la combinación de caracteres arriba indicados 17

16\. a. Cara inferior de la hoja (envés) de color verde-plateada; segmentos separados de las hojas (folíolos) con el ápice redondeado o encorvado (obtuso); el segmento central de la hoja usualmente más largo que ancho; cáliz con sépalos 1,5 cm o más de largo; flores relativamente pocas, más o menos en número de 8 . . . . *Erythrina glauca*

b. Envés de color verde; folíolos con el ápice largo o angosto; el segmento central de la hoja usualmente tan ancho o más ancho que largo; cáliz con sépalos pequeños, 0,4-0,5 cm de largo; flores más numerosas, en número de 15-30 sobre el eje . . . . *Erythrina poeppigiana*

17. a. Eje de la hoja con un borde angosto de color verde conectando las bases de los segmentos separados (folíolos) de las hojas; flores amarillas con un solo pétalo . . . . *Swartzia arborescens*

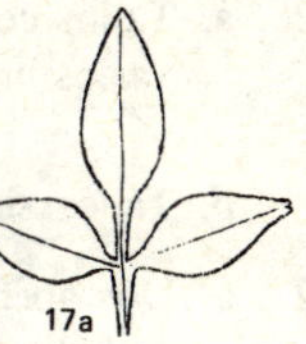

17a

b. Ningún borde presente a lo largo del eje de la hoja; flores purpúreas o una combinación de lavanda, rosado y blanco 18

18. a. Lado inferior (envés) de las hojas con los nervios densamente peludos; semillas rojas; fruto sin alas . . . . *Ormosia avilensis*

b. Envés de las hojas sin pelos (glabro) o casi sin pelos; semillas nunca rojas; fruto con una ala 19

19. a. Las hojas se vuelven oscuras cuando secas; inflorescencia muy corta, 1-3 cm de largo, las flores muy agrupadas; fruto con una ala larga en un extremo *Machaerium latialatum*

b. Las hojas permanecen verdes cuando secas; inflorescencia alargada, más larga de 3 cm; fruto alado enteramente . . . . . *Lonchocarpus pentaphyllus*

20. (14.b)

a. Trepadoras o tallos trepadores sobre otras plantas 21

b. Plantas no trepadoras 52

21. a. Flores y frutos dispuestos sobre un eje colgante muy largo, el cual mide 1 m o más de largo; fruto muy ancho (2-5 cm de ancho), con pelos cerdosos densos, negros o marrón oscuros, irritantes . . . . *Mucuna altissima*

b. Flores y frutos conectados a un eje más corto o erecto; fruto sin pelos cerdosos 22

22. a. Lado inferior (envés) de la hoja cubierto por puntos resinosos 23

22a

b. Lado inferior de la hoja sin puntos resinosos 24

23. a. Segmento (folíolo) central 1-3,5 cm de largo, 1-2,5 cm de ancho, con ápice romo (obtuso) . . . . *Rhynchosia minima*

b. Folíolo central 8-12 cm de largo, 4-8,5 cm de ancho, con el ápice angosto o agudo . . . . *Rhynchosia pyramidalis*

24. a. El fruto se pega fácilmente a la ropa u otros objetos; bordes del fruto ondulados o constreñidos . . . . 25 *(Desmodium)*

b. Fruto diferente a como se indica arriba 26

25. a. La cara superior de las hojas (haz) usualmente con una raya gris-plateada; tallos triangulares, generalmente extendidos o rastreros cerca del suelo . . . *Desmodium intortum*

b. Cara superior de las hojas usualmente sin rayas; tallos más o menos redondeados, generalmente ascendentes cuando trepadores . . . . . . *Desmodium prehensile*

26. a. Tallos con 8-12 proyecciones agrupadas, alargadas y peludas, dispuestas en varios lugares a lo largo del tallo . . . . *Phaseolus erythroloma*

26a

b. Tallos sin proyecciones peludas 27

27. a. Dos apéndices conspicuos, angostos (estipelas), 3-5 mm de largo, presentes en la base de cada uno de los 3 segmentos separados (folíolos) de la hoja . 28

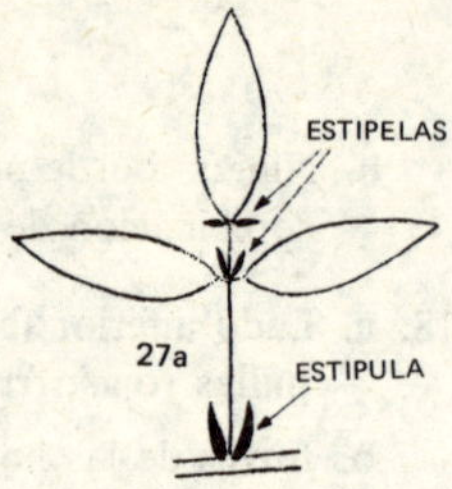

27a

b. Estipelas en la base de cada uno de los 3 folíolos ausentes o no suficientemente desarrolladas o de sólo 1-2 mm de largo 36

28. a. Tallo y cara inferior (envés) de la hoja conspicuamente peludos 29

b. Tallo y envés de la hoja sin pelos (glabros) o sólo esparcidamente pubescente 31

29. a. Flores y frutos conectados a ejes relativamente cortos, los cuales son menos de 5 cm de largo y más cortos que las hojas . . . . *Clitoria rubiginosa*

b. Flores y frutos conectados a ejes relativamente largos, los cuales miden 10-30 cm de largo y son, usualmente, más largos que las hojas . . 30 *(Vigna)*

30. a. Flores amarillas; cáliz con 4 lóbulos o dientes, 4-5 mm de largo; corola 1-1,5 cm de largo . . . . *Vigna luteola*

b. Flores color lavanda-azul y blanco, con manchas amarillas o púrpura con amarillo; cáliz con 5 lóbulos o dientes, 10-12 mm de largo; corola 1,8-2,5 centímetros de largo . . . . *Vigna vexillata*

31. a. Eje de la inflorescencia usualmente con zonas agrandadas en la base de las flores . . . . *Lablab purpureus*

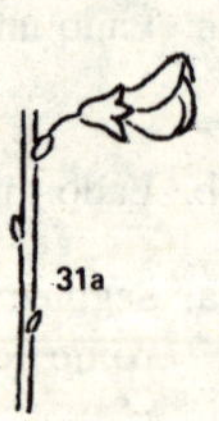
31a

b. Eje de la inflorescencia sin zonas agrandadas en la base de las flores . . . 32

32. a. Flores y frutos dispuestos sobre ejes conspicuamente alargados 10-30 cm de largo, los cuales exceden a las hojas; fruto densamente pubescente (con pelos) 33

b. Sin la combinación de caracteres arriba indicados 34

33. a. Flores amarillas; cáliz con 4 lóbulos o dientes, 4-5 mm de largo; corola 1-1,5 cm de largo . . . . *Vigna luteola*

b. Flores color lavanda-azul y blanco, con manchas amarillas o púrpura con amarillo; cáliz con 5 lóbulos o dientes, 10-12 mm de largo; corola 1,8-2,5 centímetros de largo . . . . *Vigna vexillata*

34. a. Fragmentos costillados pequeños (bractéolas), de color verde en la base de la flor; fruto muy angosto, casi 5-7 mm de ancho, y casi del mismo ancho en todo lo largo, terminando abruptamente en un ápice largo, semejante a una espina . . . . 35 *(Centrosema)*

34a

b. Ninguna bractéola costillada, pequeña y de color verde, aparece en la base de la flor; fruto 10 mm o más de ancho, y ensanchado entre la base y el ápice, adelgazándose gradualmente hasta terminar en un ápice alargado . . . . *Clitoria glaberrima*

35. a. Hojuelas pequeñas, 0,9-1,7 cm de ancho; eje que soporta la hoja (pecíolo) corto, 0,5-1,5 cm de largo . . . . *Centrosema brasilianum*

b. Hojuelas más grandes, 2,5-8,5 cm de ancho; pecíolos más largos, 2,5-9 cm de largo . . . . *Centrosema macrocarpum*

36. (27.b)

a. Zonas agrandadas presentes en la base de las flores sobre el eje de la inflorescencia 37

36a

b. Sin zonas agrandadas ubicadas en la base de las flores sobre el eje de la inflorescencia 46

37. a. Usualmente 1 sola flor o un grupo de pocas flores ubicado en el extremo del eje floral 38

b. Flores varias hasta muchas dispuestas en una serie alargada a lo largo de la mitad superior del eje floral 42

38. a. Hojas muy angostas, 0,3-0,7 (–1,5) cm de ancho, 5-10 veces más largos que anchos . . . . *Phaseolus linearis*

b. Hojas mucho más anchas, 1 ½-3 veces más largas que anchas 39

39. a. Tallos leñosos; lóbulos más bajos del cáliz con el ápice corto (agudo) y arqueado . . . . *Phaseolus caracalla*

b. Tallos blandos, no leñosos; lóbulos más bajos del cáliz con el ápice encorvado (obtuso) y recto 40

40. a. Segmentos separados (folíolos) con el ápice encorvado (obtuso) . . *Phaseolus adenanthus*

b. Folíolos con el ápice angosto y alargado 41

41. a. Los 2 lóbulos superiores del cáliz completamente unidos en un borde recto (truncado) . . . . *Phaseolus candidus*

b. Los 2 lóbulos superiores del cáliz no completamente unidos, sino terminando en un borde con 2 lóbulos . . . . *Phaseolus appendiculatus*

42. (37.b)

a. Segmentos separados (folíolos) relativamente angostos, 0,3-2,5 cm de ancho; flores relativamente pequeñas, 5-15 mm de largo, con 1 pétalo fuertemente encorvado o enrollado; fruto angosto, 2-3 mm de ancho . . . . . 43 *(Phaseolus)*

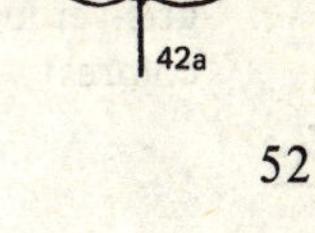
42a

b. Folíolos relativamente más anchos, los más grandes 3-8 cm de ancho; flores relativamente más grandes, 20-25 mm de largo, sin un pétalo fuertemente encorvado o enrollado; fruto mucho más ancho, 1,5-3 cm de ancho . . . 45

42b

43. a. Folíolos 0,7-2,5 cm de ancho, 1 ½-3 veces más largos que anchos . . . . . *Phaseolus lathyroides*

b. Folíolos 0,3-0,7 (–1,5) cm de ancho, 5-10 veces más largos que anchos . . 44

44. a. Flores usualmente 1 o pocas, dispuestas en grupos en el extremo del eje . . . *Phaseolus linearis*

b. Flores varias hasta muchas, dispersas y separadas sobre el alargado eje de la inflorescencia . . . . *Phaseolus gracilis*

45. a. Tallo, eje que soporta la hoja (pecíolo) y cara inferior de los folíolos sin pelos (glabros); cáliz grande, prominente, con solamente 2 lóbulos principales redondeados . . . . *Canavalia brasiliensis*

b. Tallo, pecíolo y cara inferior de los folíolos generalmente peludos o algunas veces sin pelos; cáliz con 5 lóbulos de punta larga, nunca 2-lobulado . . . . *Dioclea guianensis*

46. (36.b)

a. Flores y frutos agrupados en el ápice del eje floral 47

b. Flores y frutos dispersos a lo largo del eje floral 48

47. a. Flores amarillas; hojas y tallos casi sin pelos o con pelos esparcidos; cáliz con 4 lóbulos o dientes, 4-5 mm de largo; corola 1-1,5 cm de largo . . *Vigna luteola*

b. Flores color lavanda-azul y blanco, con manchas amarillas o púrpura con amarillo; hojas y tallos por lo general conspicuamente peludos, los tallos con los pelos apuntando hacia abajo; cáliz con 5 lóbulos o dientes, 10-12 mm de largo; corola 1,8-2,5 cm de largo . . . . *Vigna vexillata*

48. a. Segmentos separados (folíolos) más anchos en la base; por lo menos el segmento central termina en una punta angosta o aguda 49

b. Folíolos más anchos alrededor de la mitad; generalmente redondeados, obtusos o curvos en el ápice 50

49. a. Flores amarillas; tallos, eje que soporta la hoja (pecíolo) y cara inferior de las hojas (envés) con densa pubescencia diminuta y con una red de nerviecillos conspicua . . . . *Rhynchosia pyramidalis*

b. Flores lavanda pálido o purpúreas; tallos, pecíolo y envés de la hoja sin pelos o inconspicuamente peludos y sin una conspicua o elevada red de nerviecillos . . . . *Phaseolus lunatus*

50. a. Cara inferior (envés) de las hojas con nervios inconspicuos o apenas evidentes; envés de las hojas nunca de color gris-verdoso, casi con el mismo color que en la cara superior (haz) . . . . *Calopogonium galactioides*

b. Envés de las hojas con nervios evidentes y algo elevados; envés de las hojas gris-verdoso, grisáceo o por lo menos verde pálido (más o menos con dos colores) 51

51. a. Tallos y ejes que soportan las hojas (pecíolos) con pelos densos, amarillo-marrón y apuntando hacia abajo (retrorsos); envés de las hojas densa y estrechamente peludo; fruto densamente cubierto con pelos alargados . . . . *Teramnus uncinatus*

b. Tallos y pecíolos con pelos pálidos o blancos, flojamente extendidos y nunca apuntando hacia abajo; envés de las hojas con pelos cortos e inconspicuos; fruto con pelos cortos y estrechamente pegados a la superficie (adpresos) *Galactia striata*

52. (20.b)

a. Flores generalmente amarillas o amarillas con líneas color rojo-púrpura o lavanda 53

b. Flores con otros colores, predominando los tonos de púrpura, lavanda, rosado, blanco o una combinación de los mismos 61

53. a. Hojas directamente conectadas al tallo, sin ningún eje (pecíolo); flores dispuestas en grupos densos a lo largo y cerca del tallo, en la base de las hojas, y son más cortos que las hojas . . . . *Eriosema crinitum*

53a

b. Hojas conectadas al tallo por intermedio de un pecíolo; flores en los extremos de los tallos o en inflorescencias pedunculadas 54

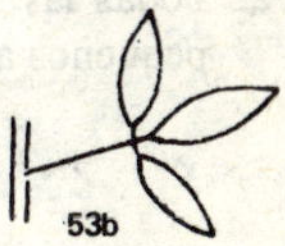

53b

54. a. Arbusto 1-3 m de alto, por lo menos leñoso en la base; hojas con o sin puntos resinosos 55

b. Plantas herbáceas o no leñosas, usualmente 1 m o menos de alto, pero si es más alta, entonces las hojas no tienen puntos resinosos 56

55. a. Hojas con puntos resinosos . . . . *Cajanus cajan*

b. Hojas sin puntos resinosos . . . . *Crotalaria anagyroides*

56. a. Flores dispuestas en grupos pequeños y densos; fruto plano, comprimido; hojas usualmente con pelos cerdosos extendidos fuera de los bordes . . . 57 *(Stylosanthes)*

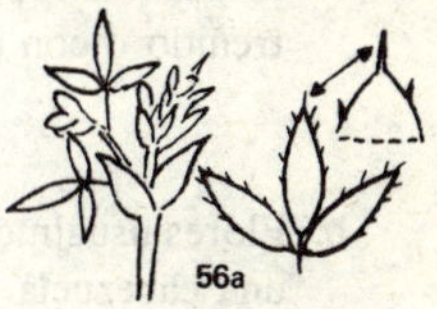

56a

b. Flores dispuestas sobre un eje alargado; fruto inflado; hojas sin pelos cerdosos que se extiendan fuera de los bordes 59

56b

57. a. Hojas no reunidas entre sí y separadas por distancias de (1,5–) 3-6 cm; tallos usualmente con pelos largos y extendidos . . *Stylosanthes guyanensis*

b. Hojas reunidas entre sí, con frecuencia con menos de 1 cm de distancia entre sí, o con hasta 2 cm de distancia; tallos usualmente con pelos ascendentes o estrechamente pegados (adpresos) 58

58. a. Cara inferior (envés) de la hoja con nervios fuertemente elevados, 4-6 de cada lado del nervio medio; segmentos separados (folíolos) usualmente con una punta larga; flores dispuestas en cabezuelas densas y anchas . . . . . *Stylosanthes tuberculata*

b. Envés de las hojas con nervios ligeramente elevados, 3-4 de cada lado del nervio medio; folíolos obtusos o con el ápice terminando en una punta corta; flores dispuestas en cabezuelas más angostas y oblongas . . *Stylosanthes mexicana*

59. a. Segmentos separados (folíolos) angostándose gradualmente o con el ápice puntiagudo; flores grandes, 1,6-2 cm de largo . . . . *Crotalaria anagyroides*

b. Folíolos redondeados o anchamente encorvados en el ápice; flores más pequeñas, 1-1,5 cm de largo 60

60. a. Tallo y eje que soporta la hoja (pecíolo) más o menos peludos; fruto peludo *Crotalaria incana*

b. Tallo y pecíolo generalmente sin pelos (glabros); fruto sin pelos (glabro) o con pubescencia esparcida . . . . *Crotalaria mucronata*

61. (52.b)

a. Todas las hojas nacen del suelo o de los tallos rastreros; hojas con dientes pequeños a lo largo de los bordes . . . . *Trifolium repens*

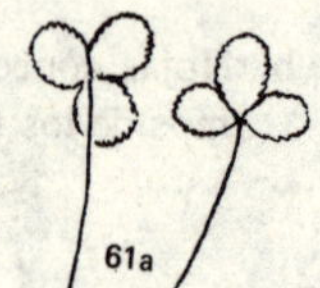
61a

b. Hojas dispersas a lo largo del tallo o en el ápice del mismo; hojas sin dientes a lo largo de los bordes 62

61b

62. a. Flores usualmente muchas y dispuestas sobre ejes alargados o ramificados; flores sin pétalos enrollados o fuertemente encorvados; el fruto se pega fácilmente a la ropa u otros objetos; fruto provisto de un borde ondulado, constreñido o con dentaciones profundas . . . . 63 *(Desmodium)*

62a

b. Flores usualmente 1 hasta pocas, dispuestas en un grupo denso o semejante a una cabezuela, situado en el extremo del eje floral; flores con un pétalo enrollado o fuertemente curvado; el fruto no se pega ni tiene márgenes ondulados . . . . 74 *(Phaseolus)*

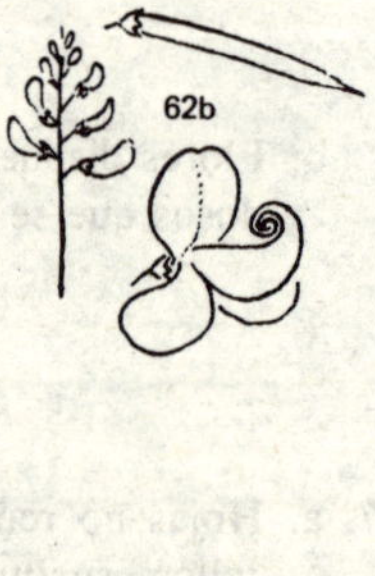
62b

63. a. Cara inferior (envés) de las hojas cubierta por una pubescencia gruesa y aterciopelada . . . . *Desmodium sericophyllum*

b. Envés de las hojas diferente a como se indica arriba 64

64. a. Cada unidad del fruto muy pequeña, generalmente 1-2 mm de largo, 1-2 mm de ancho; las unidades del fruto separadas entre sí por constricciones profundas . . . . *Desmodium procumbens*

b. Cada unidad madura del fruto 4-8 mm de largo y usualmente más larga que ancha; las unidades del fruto usualmente continuas, las porciones constreñidas se encuentran principalmente a lo largo de uno solo de los bordes . 65

65. a. Flores en grupos densos tan anchos como largos o sólo un poco más largos que anchos; flores y ejes de las flores con pelos conspicuos y extendidos y de color pardo-marrón . . . . *Desmodium barbatum*

b. Flores flojamente dispersadas sobre ejes alargados, la inflorescencia siempre mucho más larga que ancha; flores y ejes de las flores sin pelos conspicuos y extendidos 66

66. a. Tallos generalmente rastreros o extendidos cerca del suelo, pero algunas veces trepadores 67

b. Tallos generalmente verticales (erectos) o ascendentes, algunas veces eventualmente subtrepadores 70

67. a. Segmento separado central (folíolo) de cada hoja usualmente más ancho que largo o tan ancho como largo, usualmente de forma casi redondeada . . *Desmodium molliculum*

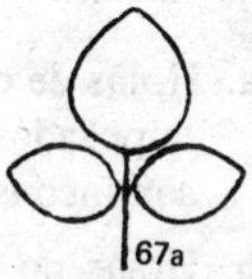
67a

b. Folíolo central de cada hoja usualmente más largo que ancho y generalmente de forma no redondeada 68

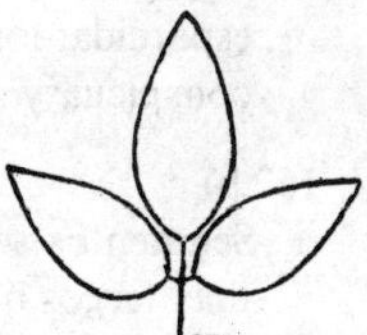
67b

68. a. Folíolos usualmente puntiagudos o angostados en el ápice; cara superior de la hoja (haz) usualmente con una raya gris-plateada a lo largo del centro; folíolos relativamente grandes o medianos, 2,5-10 cm de largo, 1,5-4,5 (–7) centímetros de ancho . . . . *Desmodium intortum*

b. Folíolos redondeados o anchamente encorvados en el ápice; haz de las hojas usualmente sin rayas; folíolos relativamente pequeños, 0,5-2,5 cm de largo, 0,3-1,5 cm de ancho 69

69. a. Apéndices pequeños (estípulas) en la base del eje que soporta la hoja (pecíolo) solamente 2-4 mm de largo; ejes (pedicelos) de las flores y frutos 3-7 mm de largo; articulaciones del fruto angostas, 1,5 mm de alto, mucho más largas (más de 2 veces) que altas; segmentos (folíolos) $1\frac{1}{2}$-4 veces más largos que anchos . . . . *Desmodium scorpiurus*

b. Estípulas en la base del pecíolo más alargadas, más conspicuas y con ápice largo, 5-9 mm de largo; pedicelos de las flores y frutos más alargados, 7-15 milímetros de largo; las articulaciones de los frutos son más grandes, 2,5-3 milímetros de alto; folíolos tan anchos como largos o hasta $1\frac{1}{2}$ veces más largos que anchos . . . . *Desmodium adscendens*

70. (66.b)

a. Inflorescencia generalmente muy ramificada con numerosas flores o frutos densamente agrupados; ejes que soportan las hojas (pecíolos) más bien cortos en la mitad superior del tallo, 2-7 mm de largo; articulaciones del fruto profundamente constreñidas a lo largo de ambos bordes . . . . *Desmodium cajanifolium*

b. Inflorescencia no ramificada o si está ramificada, las ramas pocas y flojamente floreadas; flores o frutos nunca reunidos entre sí; pecíolos de la parte superior del tallo en promedio más largos, 9-30 mm de largo; articulaciones del fruto constreñidas principalmente a lo largo de un solo borde 71

71. a. Tallos y pecíolos sin pelos (glabros) o casi sin pelos; eje de la inflorescencia sin pelos o con pelos más bien esparcidos. . . *Desmodium campyloclados*

b. Tallos y pecíolos con pelos cortos; eje de la inflorescencia con numerosos pelos cortos 72

72. a. Nervios laterales de la cara inferior (envés) de las hojas más bien prominentes y elevados, 6-10 de cada lado del nervio medio . . . . *Desmodium canum*

b. Nervios laterales del envés de las hojas generalmente inconspicuos y no prominentes, generalmente 5-6 de cada lado del nervio medio 73

73. a. Hojas de color gris-plateado en el envés, con numerosos pelos estrechamente pegados a la superficie, los nerviecillos finos entre los nervios principales son inconspicuos y no elevados . . . . *Desmodium prehensile*

b. Hojas no de color plateado en el envés y casi sin pelos o con pubescencia esparcida; los nerviecillos finos entre los nervios principales forman una red conspicua y elevada . . . . *Desmodium distortum*

74. (62.b)

a. Segmentos separados (folíolos) de la hoja 0,7-2,5 cm de ancho, $1\frac{1}{2}$-3 veces más largos que anchos . . . . *Phaseolus lathyroides*

b. Folíolos de la hoja 0,3-0,7 (–1,5) cm de ancho, 5-10 veces más largos que anchos . . . . *Phaseolus linearis*

75. (13.b)

a. Todos los folíolos dispuestos en forma de dedos o abanico, o sea, que nacen desde un mismo punto en el extremo del eje que soporta la hoja (pecíolo) (hojas palmadas) . . . . *Lupinus meridanus*

75a

b. La mayoría de las hojas nacen a lo largo de un eje (raquis) 76

75b

76. a. Las hojas terminan con 1 solo folíolo en el ápice (imparipinnadas) 77

76a

b. Las hojas terminan con 2 segmentos en el ápice (paripinnadas) 113

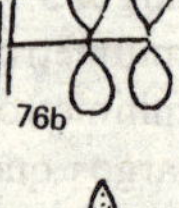

76b

77. a. Folíolos y cáliz conspicuamente punteados con glándulas; plantas con olor desagradable . . . . 78 *(Dalea)*

77a

b. Folíolos y cáliz sin puntos glandulares; plantas sin olor desagradable conspicuo 79

78. a. Cabezuelas maduras de flores siempre más largas que anchas, y usualmente mucho más largas que anchas; flores azules hasta purpúreas; segmentos separados (folíolos) de la hoja muy angostos, linear-oblongos, 0,5-1,5 mm de ancho . . . . *Dalea phymatodes*

b. Cabezuelas maduras de flores, tan anchas como largas o sólo ligeramente más largas que anchas; flores color lila pálido o rosado con amarillo o colores cremas; folíolos más anchos, ovalado-elípticos u obovoideos, 2-7 mm de ancho . . . . *Dalea barbata*

79. a. Segmentos separados (folíolos) de toda la hoja en número de 5-7 (algunas veces hasta 11) 80

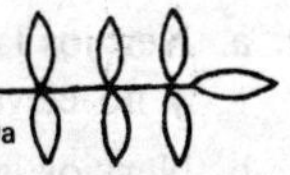
79a

b. Folíolos en total en número de 9-31 en toda la hoja 96

79b

80. a. Arboles 81

b. Plantas trepadoras, o hierbas erectas con o sin los tallos ligeramente leñosos 92

81. a. Hojas opuestas (hojas completas con sus pecíolos dispuestos en pares opuestos sobre las ramas) . . . . *Platymiscium diadelphum*

b. Hojas alternas (hojas completas con sus pecíolos dispuestos alternadamente sobre las ramas) 82

82. a. Espinas presentes sobre el tallo en la base del pecíolo de la hoja . . . . . *Machaerium humboldtianum*

b. Plantas sin espinas 83

83. a. Cara inferior (envés) de los segmentos separados (folíolos), con pubescencia densa y suave 84

b. Envés de los folíolos sin pelos (glabro) o sólo diminutamente peludo . . . 85

84. a. Total de folíolos generalmente en número de 7-11; bordes de los folíolos fuertemente enrollados hacia abajo; eje que soporta la hoja (pecíolo) y eje principal de la hoja (raquis) densamente hasta aterciopeladamente peludos; semilla roja y negra . . . . *Ormosia tovarensis*

b. Total de folíolos usualmente en número de 5; bordes de los folíolos planos y no enrollados hacia abajo; pecíolo y raquis escasa o ligeramente peludos; semillas rojas . . . . *Dussia coriacea*

85. a. Flores y frutos conectados directamente al tronco principal del árbol o a los lados de las ramas principales del árbol 86

b. Flores y frutos conectados a los ápices o extremos de las ramas 87

86. a. Flores amarillas . . . . *Swartzia pinnata*

b. Flores color rosado pálido o rosado-lavanda . . . . *Gliricidia sepium*

87. a. Flores con solamente 1 pétalo amarillo; eje de la hoja (raquis) con un borde verde y angosto extendido entre las bases de los segmentos separados (folíolos) . . . . *Swartzia arborescens*

b. Sin la combinación de caracteres arriba indicados 88

88. a. Segmentos separados (folíolos), con puntos translúcidos, los cuales se aprecian cuando los folíolos son vistos a través de la luz con una lupa; cáliz sin pelos (glabro) . . . . *Lonchocarpus violaceus*

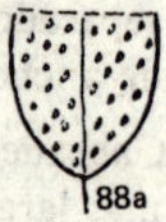
88a

b. Folíolos sin puntos translúcidos (observe los folíolos contra la luz con la lupa); cáliz peludo 89

89. a. Nervios laterales de la cara inferior (envés) de los folíolos muy inconspicuos y no elevados 90

b. Nervios laterales del envés de los folíolos elevados y prominentes 91

90. a. Folíolos casi siempre en número de más de 5; las hojas permanecen verdes cuando secas; folíolos 1-3 cm de ancho; flores color rosado-pálido o rosado-lavanda con blanco . . . . *Gliricidia sepium*

b. Folíolos nunca más de 5; las hojas se vuelven oscuras cuando secas; folíolos usualmente más anchos, hasta 8 cm de ancho; flores blanco-cremosas con púrpura . . . . *Machaerium latialatum*

91. a. Cada folíolo con 10-17 nervios de cada lado del nervio medio; nervio medio y nervios principales del envés de los folíolos mostrando algo de pubescencia *Ormosia avilensis*

b. Cada folíolo con 8-10 nervios de cada lado del nervio central; nervio central y nervios principales del envés de los folíolos sin pelos . . *Ormosia venezolana*

92. (80.b)

a. Plantas herbáceas erectas con hojas pubescentes de color grisáceo; flores color salmón o ladrillo . . . . *Indigofera lespedezioides*

b. Plantas trepadoras con hojas generalmente verdes, menos peludas o sin pelos 93

93. a. Trepadoras leñosas con espinas y flores purpúreas 94

b. Trepadoras sin espinas; flores amarillas o anaranjado-amarillas 95

94. a. Cara inferior (envés) de los segmentos separados (folíolos) más pálida que la cara superior (haz) y con nervios laterales conspicuos, evidentes o ligeramente elevados . . . . *Machaerium floribundum*

b. Envés de los folíolos casi del mismo color que el haz y sin nervios laterales conspicuos o elevados . . . . *Machaerium humboldtianum*

95. a. Flores numerosas en inflorescencias densamente floreadas; flores pequeñas, 5-7 mm de largo; fruto con una ala prominente situada en un extremo . . . *Nissolia fruticosa*

95a

b. Inflorescencia con pocas flores; flores más grandes y más vistosas, 11-20 milímetros de largo; fruto sin ala . . . . . *Chaetocalyx scandens* var. *pubescens*

96. (79.b)

a. Espinas presentes en alguna de las partes vegetativas de la planta o en los ejes florales o sobre el tronco (pero algunas veces esparcidas o inconspicuas) 97

b. Espinas ausentes de la planta 100

97. a. Pelos abundantes o presentes sobre los tallos jóvenes y ejes vegetativos o florales . . . . *Machaerium tovarense*

b. Pelos completamente ausentes o muy esparcidos sobre tallos jóvenes y ejes vegetativos o florales 98

98. a. Segmentos separados (folíolos) grandes, 5-12 cm de largo, 2-7 cm de ancho, adelgazándose en un ápice largo y angostamente puntiagudo . . *Machaerium floribundum*

b. Folíolos pequeños, 1-4,8 cm de largo, 0,7-2 cm de ancho, redondeados en el ápice 99

99. a. Flores amarillas; cara inferior (envés) de los folíolos con nervios laterales prominentemente elevados . . . . *Geoffraea spinosa*

b. Flores color púrpura o lavanda; envés de los folíolos sin nervios laterales prominentes o elevados . . . . *Machaerium robiniaefolium*

100. (96.b)

a. Arboles, arbustos o trepadoras leñosas 101

b. Plantas herbáceas o arbustivas o subarbustos pequeños con tallos duros 110

101. a. Trepadoras de gran tamaño (trepan muy alto) . . . . *Machaerium tovarense*

b. Arboles o arbustos 102

102. a. Segmentos separados (folíolos) generalmente redondeados en el ápice . . 103

102a

b. Folíolos generalmente con una punta corta hasta larga u obviamente angostados en el ápice 105

102b

103. a. Folíolos y eje de la hoja (raquis) sin pelos; flores y frutos conectados al tronco principal del árbol o a los lados de las ramas . . . . . *Swartzia pinnata*

b. Cara inferior (envés) de los folíolos y raquis de la hoja peludos; flores y frutos conectados principalmente a los extremos o ápices de las ramas . . 104

104. a. Folíolos grandes, 8-30 cm de largo, 4-12 cm de ancho; ápice de los folíolos ni cortado ni escotado en el centro; folíolos con bordes usualmente enrollados hacia abajo . . . . *Ormosia tovarensis*

b. Folíolos pequeños, 3-6 cm de largo, 1,5-3 cm de ancho; ápice de los folíolos cortados o escotados en el centro (emarginados); segmentos sin bordes enrollados hacia abajo . . . . *Bowdichia virgilioides*

105. a. Flores o frutos usualmente conectados directamente al tronco principal del árbol 106

b. Flores o frutos dispuestos en o cerca de los extremos de las ramas 107

106. a. Flores amarillas, con 1 solo pétalo . . . . *Swartzia pinnata*

b. Flores rosado-pálidas, rosadas, o color rosado-lavanda, con más de 1 pétalo *Gliricidia sepium*

107. a. Segmentos separados (folíolos) de la hoja con puntos o líneas translúcidas visibles cuando observados contra la luz (usar lupa) . . . . . *Lonchocarpus violaceus*

b. Folíolos sin puntos o líneas translúcidas cuando son observados contra la luz (usar lupa) 108

108. a. Folíolos dispuestos en forma alterna a lo largo del eje principal (raquis) de la hoja . . . . *Dalbergia enneaphylla*

108a

b. Folíolos dispuestos en forma opuesta sobre el raquis de la hoja 109

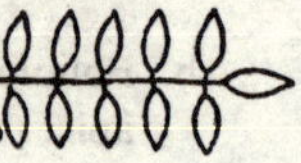

108b

109. a. Folíolos más grandes 5-8 cm de ancho; nervios laterales de la cara inferior de los folíolos elevados y prominentes, 10-17 a cada lado del nervio medio. *Ormosia avilensis*

b. Folíolos más grandes 1-3 cm de ancho; nervios laterales de la cara inferior de los folíolos inconspicuos y no elevados, 6-9 de cada lado del nervio medio *Gliricidia sepium*

110. (100.b)

a. Segmentos separados (folíolos) y cáliz conspicuamente marcados con glándulas; plantas de olor desagradable . . . . 111 *(Dalea)*

110a

b. Folíolos y cáliz sin glándulas conspicuas; plantas sin olor desagradable . 112

111. a. Cabezuelas de flores maduras siempre más largas que anchas y usualmente mucho más largas que anchas; flores azules hasta purpúreas; folíolos muy angostos, linear-oblongos, 0,5-1,5 mm de ancho . . . . . *Dalea phymatodes*

b. Cabezuelas de flores maduras tan anchas como largas o sólo ligeramente más largas que anchas; flores blancas o cremosas con púrpura pálido o rosado; folíolos más anchos, ovalado-elípticos u obvoideos, 2-7 mm de ancho *Dalea barbata*

112. a. Los ejes florales nacen de los extremos de los tallos o ramas; flores color rosado-lavanda, más bien pocas y flojamente dispersas sobre el eje floral; fruto recto o casi recto . . . . *Tephrosia leptostachya*

b. Los ejes florales nacen generalmente de los lados del tallo; flores color salmón-anaranjadas o ladrillo, numerosas y reunidas sobre el eje floral; fruto curvo . . . . *Indigofera suffruticosa*

113. (76.b)

a. Número total de segmentos separados (folíolos) en una hoja completa solamente 4 114

113a

b. Número total de segmentos separados (folíolos) en una hoja completa 6 (rara vez 4) hasta más de 200 122

113b

114. a. Plantas con olor desagradable; folíolos y pétalos punteados con glándulas *Poiretia scandens*

b. Plantas sin olor desagradable; folíolos y pétalos no punteados con glándulas 115

115. a. Plantas herbáceas pequeñas . . . . *Cassia absus*

b. Arboles o arbustos 116

116. a. Flores amarillas con pétalos separados y libres en la base; estambres 10 o menos 117

116a

b. Flores blancas o cremosas, los pétalos diminutos y unidos; estambres numerosos 120

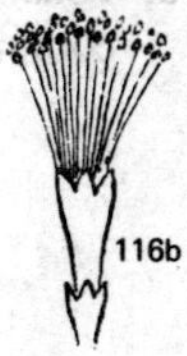

116b

117. a. Cara inferior (envés) de los segmentos separados (folíolos) y eje de la hoja (raquis) con pelos 118

b. Envés de los folíolos y raquis de la hoja sin pelos o casi sin pelos 119

118. a. Apice de los folíolos angostamente puntiagudo . . . . *Cassia oxyphylla*

b. Apice de los folíolos redondeado o anchamente encorvado (obtuso) . . . . *Cassia emarginata*

119. a. Folíolos generalmente 2-3 cm de ancho; ápice de los segmentos con frecuencia redondeados o anchamente encorvados, no una punta angosta; flores relativamente pequeñas, los pétalos usualmente 1-2 cm de largo . . . *Cassia foliosa*

b. Folíolos 2,5-10 cm de ancho; ápice de los segmentos adelgazándose en una punta angosta; flores relativamente grandes; los pétalos usualmente 2,5-3 centímetros de largo . . . . *Cassia fruticosa*

120. a. Apice de los segmentos separados (folíolos), redondeado o anchamente encorvado; tallos con espinas; eje principal de la hoja (raquis) bifurcado, resultando 2 folíolos en los extremos de cada bifurcación . . . . *Pithecellobium ligustrinum*

b. Apice de los folíolos angosto o angostamente puntiagudo; tallos sin espinas; eje principal (raquis) continuo, sin divisiones; todos los folíolos nacen del eje principal 121

121. a. Ejes (peciólulos) que soportan los folíolos alargados, 7-8 mm de largo; disco redondo ni presente ni evidente entre la base de los folíolos; cara inferior (envés) de los folíolos, sin pelos . . . . *Inga darienensis*

b. Peciólulos de los folíolos más cortos, 1-4 mm de largo; disco redondo presente entre la base de los segmentos; envés de los folíolos con numerosos pelos cortos, estrechamente pegados (adpresos) . . . . *Inga punctata*

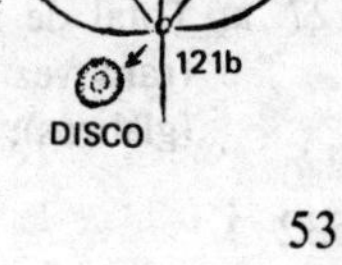

121b

122. (113.b)

a. Alguna parte de la rama o eje que soporta la hoja (pecíolo), con espinas o púas 123

b. Espinas o púas ausentes de la planta 132

123. a. Todos los segmentos separados (folíolos) más grandes y ubicados al final de la hoja son muy pequeños, no más de 3 mm de ancho y de 10 mm de largo 124

b. Todos o casi todos los folíolos más grandes y ubicados al final de la hoja son mucho más grandes, 0,8-2 cm de ancho, 1,5-5 cm de largo 130

124. a. Todas las 4 (rara vez 2) ramas principales laterales (pinnas) de cada hoja compuesta nacen en los extremos del eje (pecíolo) . . . . . . *Mimosa pudico*

124a

b. Algunas o casi todas las ramas principales laterales (pinnas) de cada hoja compuesta nacen en diferentes niveles a lo largo del eje principal (raquis); rara vez solamente 2 ramas foliáceas (pinnas) presentes 125

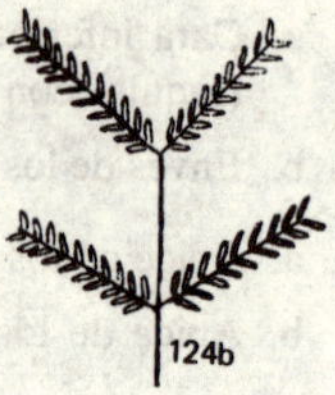

124b

125. a. El eje de la hoja (raquis) soporta solamente 4-6 (rara vez 2) ramas foliáceas, principales, laterales (pinnas) . . . . *Schrankia hamata*

b. El raquis soporta usualmente 8 (rara vez menos)-40 ramas foliáceas, principales, laterales (pinnas) 126

126. a. Espinas robustas, alargadas, generalmente 0,5-4,5 cm de largo; espinas usualmente dispuestas en los nudos del tallo; parte superior del tallo más o menos zigzagueante 127

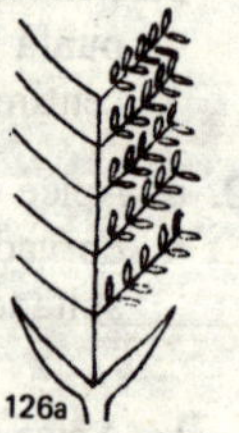

126a

b. Espinas cortas y delgadas, solamente 1-2 mm de largo, algunas veces apenas evidentes; espinas dispersadas a lo largo del tallo entre los nudos; tallos no zigzagueantes 129

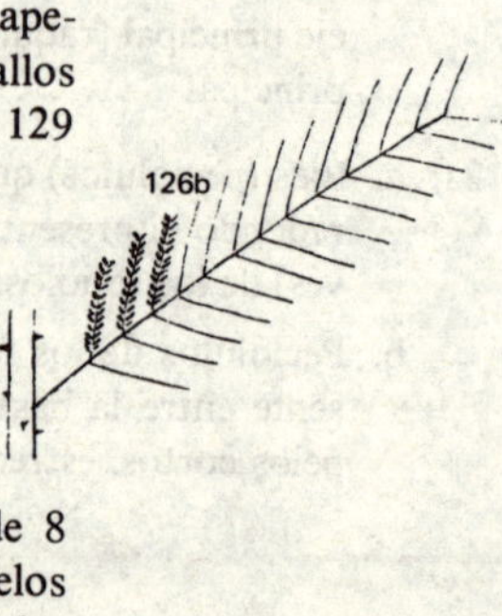

126b

127. a. Total de ramas foliáceas laterales (pinnas) generalmente en número de 8 (rara vez 6)-12 en toda la hoja compuesta; tallos generalmente sin pelos (glabros); segmentos separados (folíolos) generalmente glabros; fruto madu-

ro sin pelos, 1-1,5 cm de ancho, inflado, con lados redondeados y con una pulpa sólida y dulce . . . . *Acacia farnesiana*

b. Total de pinnas generalmente en número de 10 (rara vez 8)-40 en toda la hoja compuesta; tallos generalmente peludos; folíolos más o menos peludos, por lo menos sobre los bordes; fruto maduro diminutamente peludo, 0,6-0,8 cm de ancho, generalmente aplanado o ligeramente inflado, sin pulpa gruesa y dulce 128

128. a. Fruto usualmente con bordes algo ondulados o constreñidos entre las semillas cuando maduro; total de pinnas generalmente en número de 10-16 en toda la hoja compuesta . . . . *Acacia tortuosa*

b. Fruto generalmente con bordes rectos o con márgenes sólo ligeramente ondulados cuando maduro; total de pinnas generalmente en número de 10-40 en toda la hoja compuesta . . . . *Acacia macracantha*

129. a. Flores rosadas, lavandas o rosadas con blanco; eje de la hoja (raquis) soportando un total de 14-20 ramas foliáceas laterales (pinnas); los pares de pinnas de la hoja conspicuamente separadas entre si por distancias de 0,7-2 centímetros; segmentos separados (folíolos), ejes (peciólulos) y eje que sostiene a la hoja (pecíolo) generalmente sin pelos (glabros) o con pelos inconspicuos; eje principal (raquis) de la hoja muy espinoso . . . *Mimosa spiciflora*

b. Flores blancas hasta amarillo-cremosas; raquis con un total de 28-40 pinnas; los pares de pinnas dispuestos próximos entre sí, con 0,4-1 cm de distancia; peciólulos y pecíolos con frecuencia densamente peludos; eje principal (raquis) de la hoja sin espinas o inconspicuamente espinoso . . . *Acacia paniculata*

130. (123.b)

a. Segmentos separados (folíolos) generalmente redondeados o anchamente encorvados alrededor del ápice; tallo con pelos conspicuos extendidos en la parte superior . . . . *Mimosa debilis*

b. Folíolos general y gradualmente angostados y agudamente puntiagudos en el ápice; tallos, cuando peludos, con pelos cortos e inconspicuos 131

131. a. Fruto cubierto por numerosas púas o cerdas . . . . *Mimosa floribunda*

b. Fruto no cubierto por cerdas . . . . *Mimosa albida*

132. (122.b)

a. Arboles o arbustos con tallos leñosos 133

b. Plantas herbáceas o pequeñas, con tallos no leñosos o sólo ligeramente leñosos en la base 163

133. a. Número total de segmentos separados (folíolos) 6 (rara vez 4)-32 en una hoja 134

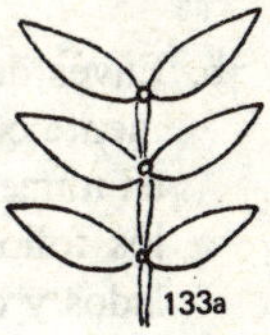
133a

b. Número total de folíolos 100 o más en una hoja, y todos muy diminutos, solamente 0,5-3 mm de ancho, 2-15 mm de largo 154

133b

134. a. Todo o parte del eje principal (raquis), bordeado a ambos lados por un tejido verde conectivo (ala), que se extiende entre las bases de los folíolos . . 135

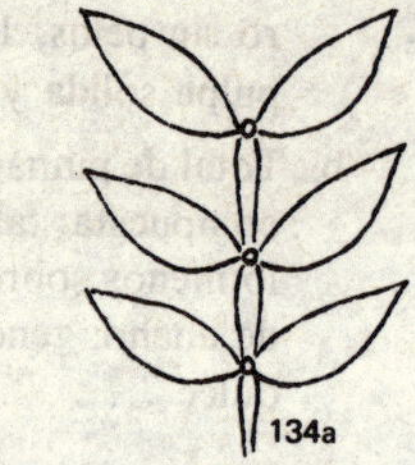

134a

b. Ninguna parte del eje de la hoja (raquis) está bordeada por ninguna ala verde conectiva, que se extienda entre las bases de los folíolos 140

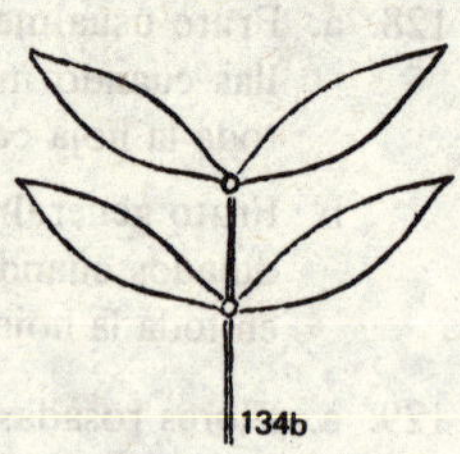

134b

135. a. Eje de la hoja (raquis) y parte superior de los tallos, sin pelos (glabros) o casi sin pelos . . . . *Inga sapindoides*

b. Raquis de la hoja y parte superior de los tallos, con pelos 136

136. a. Pelos, cuando presentes, sobre la cara inferior (envés) de las hojas y generalmente restringidos al nervio medio y nervios laterales (algunas veces dispersos sobre la superficie); pelos sobre tallos jóvenes, ejes que soportan las hojas (pecíolos), y eje principal (raquis), conspicuos, extendidos y alargados 137

b. Pelos cubriendo los nervios, al igual que toda la superficie inferior (envés) de los folíolos; pelos cortos y densos, no extendidos ni conspicuamente alargados, sobre los tallos jóvenes, pecíolos y eje principal de la hoja (raquis) . 138

137. a. El ala foliácea de color verde que bordea el eje principal (raquis) es muy ancha y conspicua, 7-20 mm de ancho; cáliz 20-22 mm de largo; corola 30-33 milímetros de largo . . . . *Inga fastuosa*

b. El ala foliácea de color verde que bordea el raquis es angosta y menos conspicua, 3-5 mm de ancho; cáliz 10-13 mm de largo; corola 16-20 mm de largo . . . . *Inga villosissima*

138. a. Envés de los folíolos diminuta o cortamente peludo, ni aterciopelado ni suave al tacto; nervios a cada lado del nervio medio, en número de 15-25; glándulas situadas entre los folíolos sobre el lado superior (haz), grandes y prominentes; fruto alargado, cilíndrico y con protuberancias o surcos . . . . *Inga edulis*

b. Envés de los folíolos suavemente peludo o aterciopelado al tacto y densamente cubierto de pelos; nervios a cada lado del nervio medio generalmente en número de 10-15; glándulas pequeñas y menos conspicuas situadas entre los folíolos en la cara superior (haz); fruto comprimido, aplanado en los lados y con márgenes engrosados formando ángulo recto, o si largo y cilíndrico, entonces con lados redondeados 139

139. a. Fruto formando ángulo recto y engrosado en los márgenes, aplanado y comprimido en los lados; folíolos generalmente ampliamente encorvados, redondeados o cortamente puntiagudos en el ápice; flores reunidas en inflores-

cencias dispuestas desde la base hasta el ápice de las mismas; cáliz 7-9 mm de largo, obviamente más largo que ancho . . . . *Inga fendleriana*

b. Fruto largo y cilíndrico con surcos y protuberancias; folíolos generalmente cortos hasta largo-puntiagudos en el ápice; flores prominentes solamente en la parte superior de la inflorescencia, la parte inferior del eje floral, desnuda en 3-6 cm; cáliz 5-6 mm de largo, ligeramente más largo que ancho . . . *Inga oerstediana*

140. (134.b)

a. Eje de la hoja ramificado en 2 o más ejes laterales, los cuales sostienen los segmentos (folíolos) (hojas bipinadas) . . . . *Leucaena trichodes*

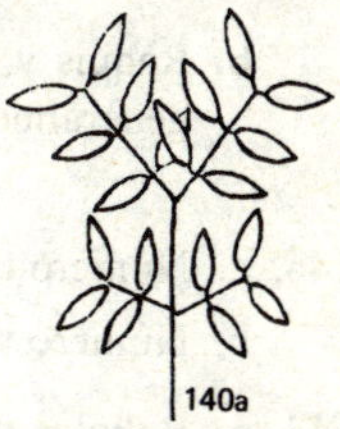

140a

b. Eje de la hoja no ramificado, de tal manera que los folíolos están conectados a 1 solo eje principal central (hojas pinadas) 141

140b

141. a. Todos los pétalos de las flores son libros hasta la base y conspicuos; estambres 10 o menos, no protuberantes de las flores; folíolos relativamente pequeños, 1,5-6,5 (–8) cm de largo 142

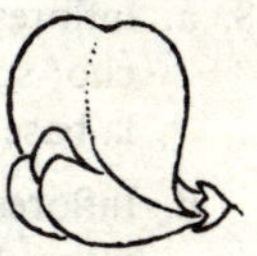

141a

b. Pétalos unidos en un tubo y no conspicuos; estambres conspicuos, muy numerosos y largamente sobresaliendo de la flor; folíolos en promedio más grandes, 6-25 cm de largo 152

141b

142. a. Flores de color rojo oscuro, escarlata o rosado pálido 143

b. Flores amarillas, blancas o blanco con amarillo 144

143. a. Flores color rosado-pálido o rosado; ejes que soportan las hojas (pecíolos), ejes que soportan las hojuelas (peciólulos), y tallos jóvenes, sin pelos . . . *Brownea longipedicellata*

b. Flores color rojo oscuro o escarlata; pecíolos, peciólulos y tallos jóvenes cubiertos por pelos cortos . . . . *Brownea grandiceps*

144. a. Flores blancas con lavanda pálido o amarillo, muy irregulares (asimétricas) y con forma de mariposa (2-labiadas), los pétalos desiguales 145

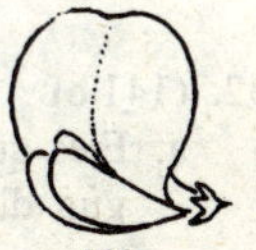

144a

b. Flores amarillas, más simétricas, con los pétalos más iguales y extendidos o en forma de copa, ni con forma de mariposa ni 2-labiadas 146

144b

145. a. Eje de la hoja (raquis) y lado inferior de los folíolos densamente peludos; folíolos generalmente puntiagudos o angostados en el ápice . . *Humboldtiella ferruginea*

b. Raquis y cara inferior de los folíolos con pocos pelos o sin pelos; folíolos generalmente redondeados o anchamente curvados en el ápice . . . . *Humboldtiella arborea*

146. a. Número total de folíolos en una hoja completa 16-30 147

b. Número total de folíolos en una hoja completa 6 (rara vez 4)-14 149

147. a. Folíolos de la hoja completa en número de 16-30 y de 1-2 (–2,5) cm de ancho, 3-8 cm de largo; ninguna glándula presente sobre el eje de la hoja (raquis) o el eje que sostiene a la hoja (pecíolo) . . . . *Cassia spectabilis*

b. Folíolos de la hoja completa en número de 18 o menos y en promedio más angostos y más cortos, 0,5-1,5 cm de ancho, 1-3,5 cm de largo; una glándula elevada o alargada presente sobre el raquis entre las bases de algunos o todos los folíolos 148

148. a. Inflorescencia con relativamente pocas flores; fruto maduro 3-5 mm de ancho; solamente 1 glándula alargada presente en el eje principal (raquis), en la base de los folíolos más bajos . . . . *Cassia biflora*

b. Inflorescencia con flores numerosas; fruto maduro 7 mm o más de ancho; glándulas alargadas presentes en la base de todos los folíolos del raquis . . . *Cassia robiniaefolia*

149. a. La mayoría de los folíolos, generalmente más anchos por encima de la mitad hasta el ápice; total de folíolos 6-10 en una hoja completa 150

b. La mayoría de los folíolos usualmente más anchos en la mitad o casi del mismo ancho en toda su longitud; total de segmentos en una hoja completa 10-18 151

150. a. Tallos, eje principal (raquis) y lado inferior de los folíolos sin pelos o casi sin pelos . . . . *Cassia bicapsularis*

b. Tallos, raquis y cara inferior de los folíolos más o menos peludos . . . *Cassia indecora*

151. a. Inflorescencia con relativamente pocas flores; frutos maduros 3-5 mm de ancho; 1 sola glándula alargada presente sobre el eje principal (raquis) en la base de los segmentos más bajos (folíolos) . . . . *Cassia biflora*

b. Inflorescencia con numerosas flores; frutos maduros 7 mm o más de ancho; glándulas alargadas presentes en la base de todos los folíolos del raquis . . . *Cassia robiniaefolia*

152. (141.b)

a. Ejes que soportan los folíolos (peciólulos) alargados, 7-8 mm de largo; ningún disco (glándula) redondo presente ni evidente entre las bases del lado superior de los folíolos . . . . *Inga darienensis*

b. Peciólulos de los folíolos más cortos, 1-4 mm de largo; un disco redondo (glándula) presente entre las bases del lado superior de los folíolos 153

153. a. Flores individuales dispuestas sobre ejes de 1-2 mm de largo; cara inferior (envés) de los folíolos sin pelos o casi sin pelos o esparcidamente peludos . . *Inga nobilis*

b. Flores sin ejes (sésiles); envés de los folíolos con numerosos pelos cortos estrechamente pegados a la superficie (adpresos) . . . . . . *Inga punctata*

154. (133.b)

a. Flores de color anaranjado-rojo, con pétalos grandes, 5-7 cm de largo . . . *Delonix regia*

b. Flores de otros colores y más pequeñas 155

155. a. Tallos y hojas sin pelos 156

b. Tallos y/u hojas con pelos 159

156. a. Flores en espigas alargadas y angostas; cada hoja completa con 16-18 ejes foliáceos (pinnas), cada pinna con segmentos (folíolos) diminutos . . . . . *Piptadenia robusta*

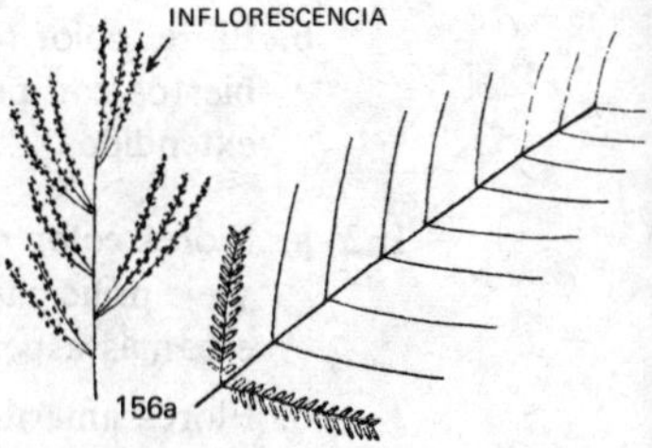

156a

b. Flores dispuestas en grupos hemisféricos o globulares; cada hoja completa con 8-12 ejes foliáceos (pinnas), cada una de las pinnas con folíolos diminutos 157

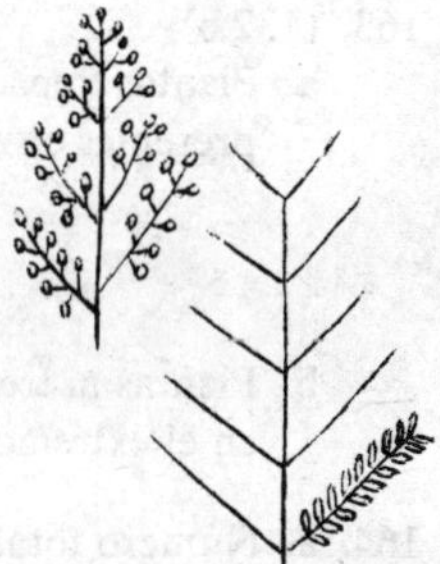
156b

157. a. Arboles grandes, 15-25 m de alto; cabezuelas de flores numerosas, dispuestas en inflorescencias sobre ejes ramificados . . . . *Pithecellobium polycephalum*

b. Arbustos de hasta 3,5 m de alto, o plantas pequeñas y leñosas; pocas cabezuelas de flores y dispuestas sobre ejes no ramificados 158

158. a. Planta pequeña, ligeramente leñosa, 0,8-1 m de alto; folíolos más pequeños 6-8 mm de largo, 1,5 mm de ancho; flores blancas y rosado-pálidas o rosadas . . . . *Calliandra caracasana*

b. Arbusto de 3-3,5 m de alto; folíolos más pequeños 7-15 mm de largo, 1,5-2,5 milímetros de ancho; flores blancas; tallos conspicuamente 4-angulados . . . *Calliandra tetragona*

159. (155.b)

a. Cada hoja completa con 24-30 ejes foliáceos laterales (pinnas) con segmentos diminutos (folíolos) frecuentemente de color gris-plateado . . . . *Acacia decurrens*

b. Cada hoja completa con 8-14 (−20) ejes foliáceos laterales (pinnas) con folíolos diminutos nunca de color gris-plateado 160

160. a. Flores dispuestas sobre un eje alargado, formando grupos parecidos a una cola o a dedos . . . . *Mimosa arenosa*

160a

b. Flores agrupadas sobre un eje corto, formando grupos redondos 161

160b

161. a. Flores blancas o blanco-cremosas; fruto sin pelos; tallos y eje principal de la hoja (raquis) usualmente cubiertos por pelos largos y extendidos . . . *Acacia hirsuta*

b. Flores color rosado-coral con blanco, o completamente amarillas; frutos cubiertos con pelos o escamas; tallos y raquis no cubiertos por pelos largos extendidos 162

162. a. Flores color rosado-coral y blanco; eje que soporta la hoja (pecíolo), frutos y eje principal de la hoja (raquis) con pelos cortos, pero nunca cubiertos con escamas ásperas . . . . *Calliandra glomerulata*

b. Flores amarillas; tallos, pecíolos, frutos y raquis cubiertos por pelos ásperos, prominentes, semejantes a escamas . . . . *Mimosa bracaatinga*

163. (132.b)

a. Plantas trepadoras o rastreras; flores color azul-lavanda; zarcillos enrollados presentes en el extremo del eje principal (raquis) . . . . *Vicia sativa*

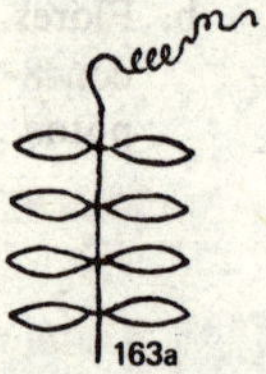
163a

b. Plantas ni trepadoras ni rastreras; flores amarillas o blancas; ningún zarcillo en el extremo del eje principal (raquis) 164

164. a. Número total de segmentos (folíolos) en una hoja completa 6-22 165

164a

b. Número total de segmentos (folíolos) en una hoja completa 24-100 o más 169

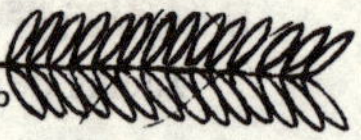
164b

165. a. Folíolos más grandes, 0,7-1,7 cm de ancho; una glándula oscura, conspicua y alargada presente en la base del par inferior de folíolos . . *Cassia biflora*

165a

b. Folíolos más grandes, en promedio más angostos; ninguna glándula conspicua, oscura y alargada presente en el eje principal (raquis) 166

166. a. 2 hasta 7 flores o frutos dispuestos en cada eje; fruto con un borde conspicuamente festoneado-marginado 167

166a

b. Solamente 1 flor o 1 fruto usualmente dispuesto en cada eje; fruto amarillo-marrón o verdoso con ambos bordes rectos 168

167. a. Los frutos se vuelven negros cuando maduros y tienen 5-9 articulaciones *Aeschynomene elegans*

b. El fruto permanece amarillo-marrón cuando maduro y tiene sólo 4-5 articulaciones . . . . *Aeschynomene brasiliana*

168. a. Tallos con frecuencia sin pelos o con pelos esparcidos e inconspicuos o menos de 1 mm de largo; 8-14 folíolos en cada hoja completa, relativamente pequeños, 5-7 mm de largo, 1-2 mm de ancho; estípulas (en la base de los ejes que soportan las hojas (pecíolos)) relativamente pequeñas, 2-5 mm de largo; todos los folíolos más o menos de igual forma y tamaño . . . . *Cassia serpens*

b. Tallos conspicuamente peludos, con pelos extendidos, alargados 1,5-4,5 milímetros de largo; 6-10 folíolos en cada hoja completa, relativamente más grandes, 8-20 mm de largo, 3-9 mm de ancho; estípulas (en la base del pecíolo) relativamente más largas, 6-16 mm de largo, los pares superiores de folíolos son más agrandados por arriba de la mitad que los otros de la misma hoja . . . . *Cassia pilosa*

169. (164.b)

a. Flores blancas; hojas bipinadas, o sea divididas en ejes laterales adicionales (pinnas) los cuales a su vez llevan folíolos; los frutos nacen juntos y dispuestos en forma de dedos . . . . *Desmanthus virgatus*

b. Flores amarillas; hojas simplemente pinadas, o sea con todos los segmentos naciendo del eje principal (raquis) y sin ejes laterales (pinnas); los frutos no nacen juntos ni dispuestos en forma de dedos 170

170a

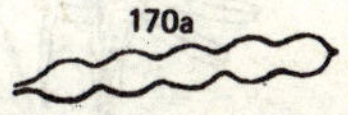

170. a. 2 hasta 7 flores o frutos dispuestos en cada eje; fruto con 1 o ambos bordes festoneado-marginados 171

170b

b. Usualmente 1 flor o fruto dispuesto en cada eje, o si hay más de 1, entonces ambos márgenes de los frutos tienen bordes rectos 172

171. a. Tallos generalmente sin pelos; cada segmento (folíolo) con 1 solo nervio conspicuo . . . . *Aeschynomene sensitiva*

171a

b. Tallos usualmente peludos; cada folíolo con 2 o más nervios conspicuos . . *Aeschynomene americana*

171b

172. a. Tallos extendidos o cercanos al suelo, pero nunca verticales; la pequeña glándula situada cerca de la base de los segmentos (folíolos) es alargada y elevada sobre un eje más largo que la misma glándula . . . . . . *Cassia trichopoda*

172a

b. Tallos erectos o ascendentes; la pequeña glándula situada cerca de la base de los folíolos tiene forma de copa o redondeada, y no tiene ningún eje, o el eje es más corto que la misma glándula 173

172b

173. a. Los folíolos más pequeños miden 5 mm de largo . . . . . . *Cassia simplex*

b. Los folíolos más pequeños son más grandes, 10-15 mm de largo . . . *Cassia patellaria*

LAMINA 164: LEGUMINOSAE

A. Aeschynomene americana.–B. Cassia patellaria.–C. Bauhinia aculeata.–D. Bauhinia cumanensis.

A. Brownea grandiceps.—B. Brownea longipedicellata.

A. Indigofera suffruticosa.—*B. Cassia robiniaefolia.*—*C. Cassia bicapsularis.*

LAMINA 167: LEGUMINOSAE

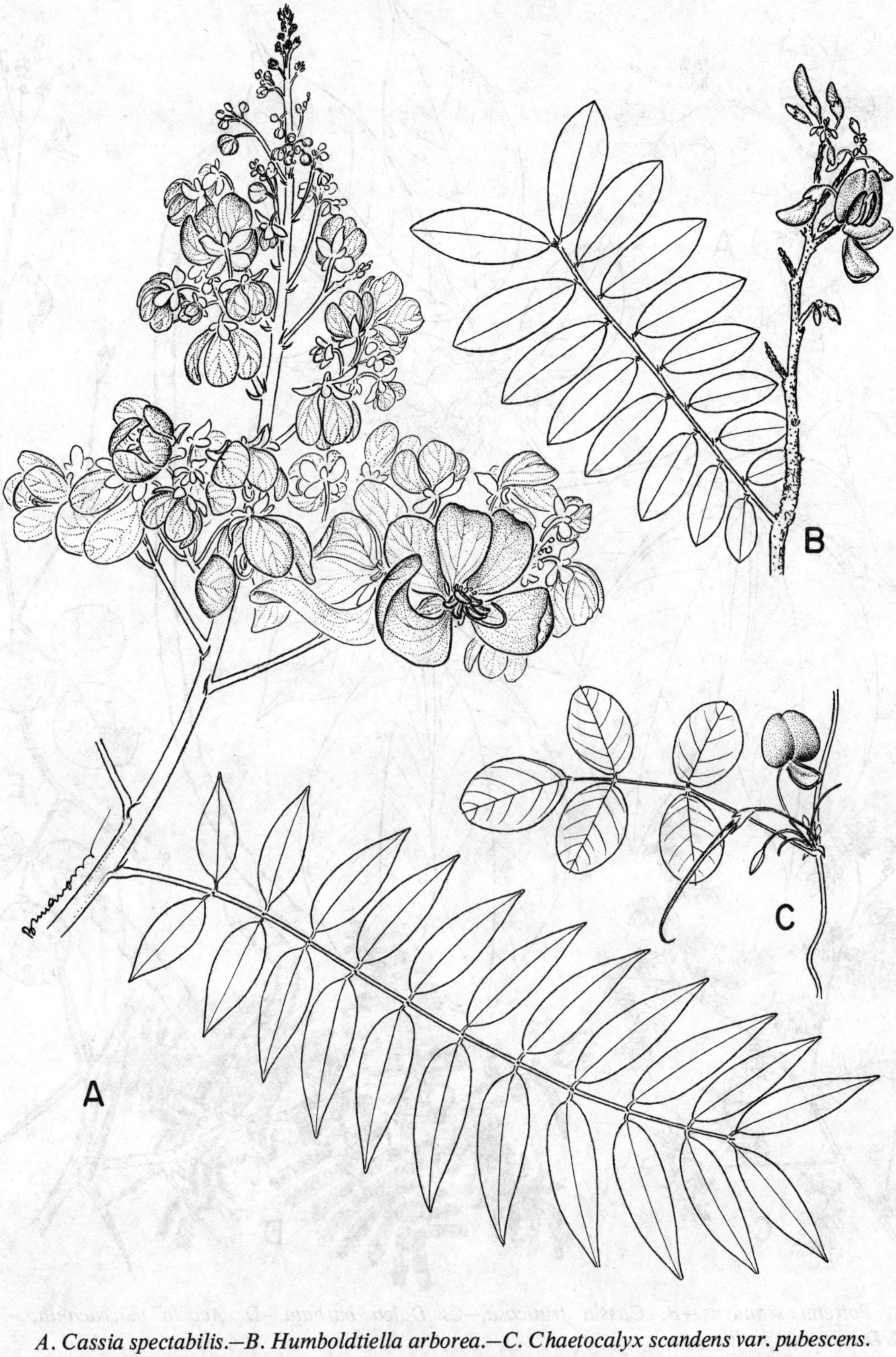

A. Cassia spectabilis.–B. Humboldtiella arborea.–C. Chaetocalyx scandens var. pubescens.

LAMINA 168: LEGUMINOSAE

A. Poiretia scandens.–B. Cassia fruticosa.–C. Dalea barbata.–D. Acacia macracantha.– E. Desmodium molliculum.

LAMINA 169: LEGUMINOSAE

A. Acacia decurrens.–B. Mimosa arenosa.–C. Leucaena trichodes.

A. Inga villosissima.–B. Inga oerstediana.–C. Calliandra caracasana.–D. Calliandra tetragona.

LAMINA 171: LEGUMINOSAE

Inga punctata.

LAMINA 172: LEGUMINOSAE

A. Acacia paniculata.—*B. Gliricidia sepium.*—*C. Machaerium robiniaefolium.*—*D. Mimosa spiciflora.*

LAMINA 173: LEGUMINOSAE

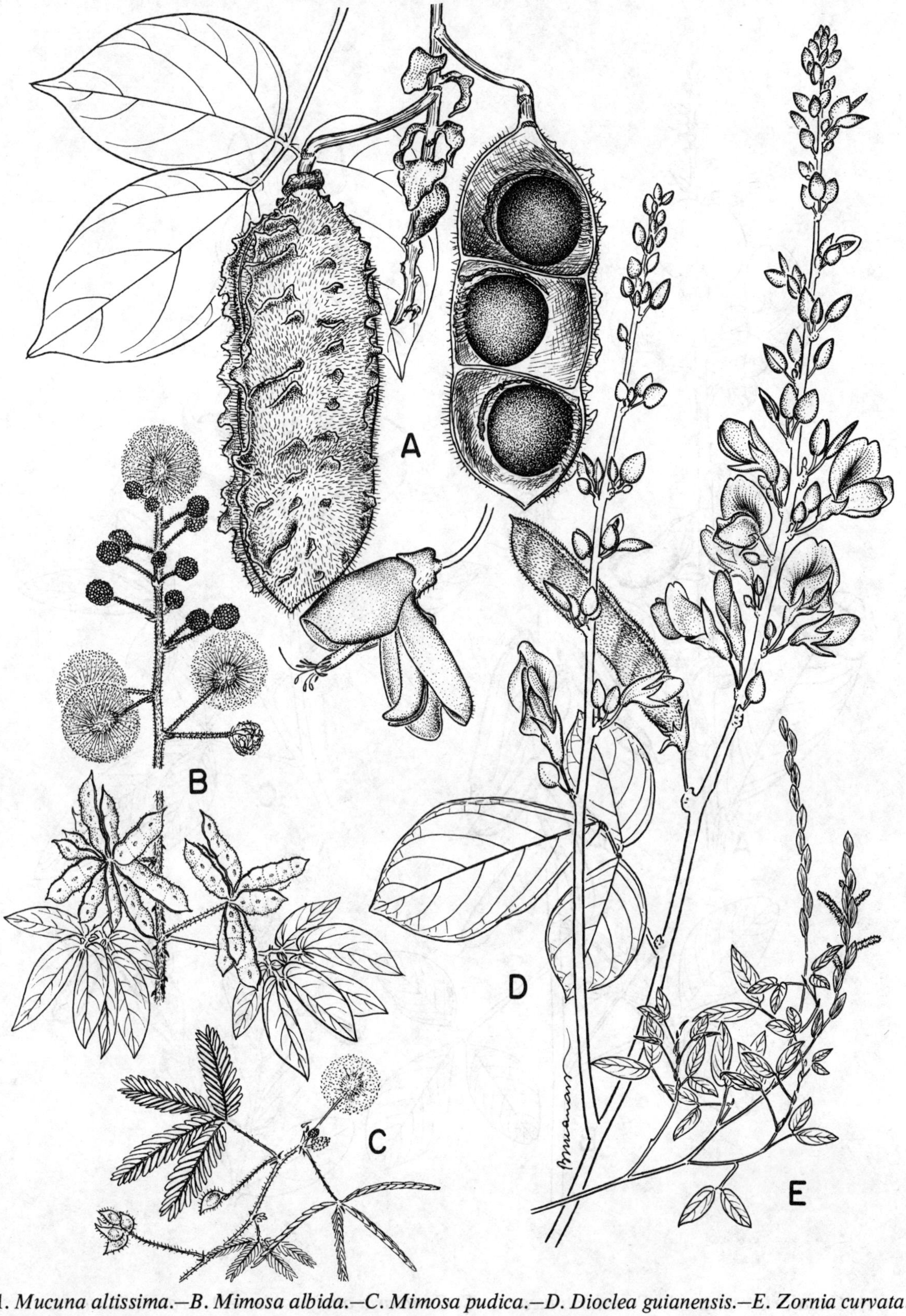

A. Mucuna altissima.—B. Mimosa albida.—C. Mimosa pudica.—D. Dioclea guianensis.—E. Zornia curvata.

LAMINA 174: LEGUMINOSAE

A. Crotalaria retusa.–B. Crotalaria incana.–C. Crotalaria anagyroides.–D. Crotalaria stipularis.

LAMINA 175: LEGUMINOSAE

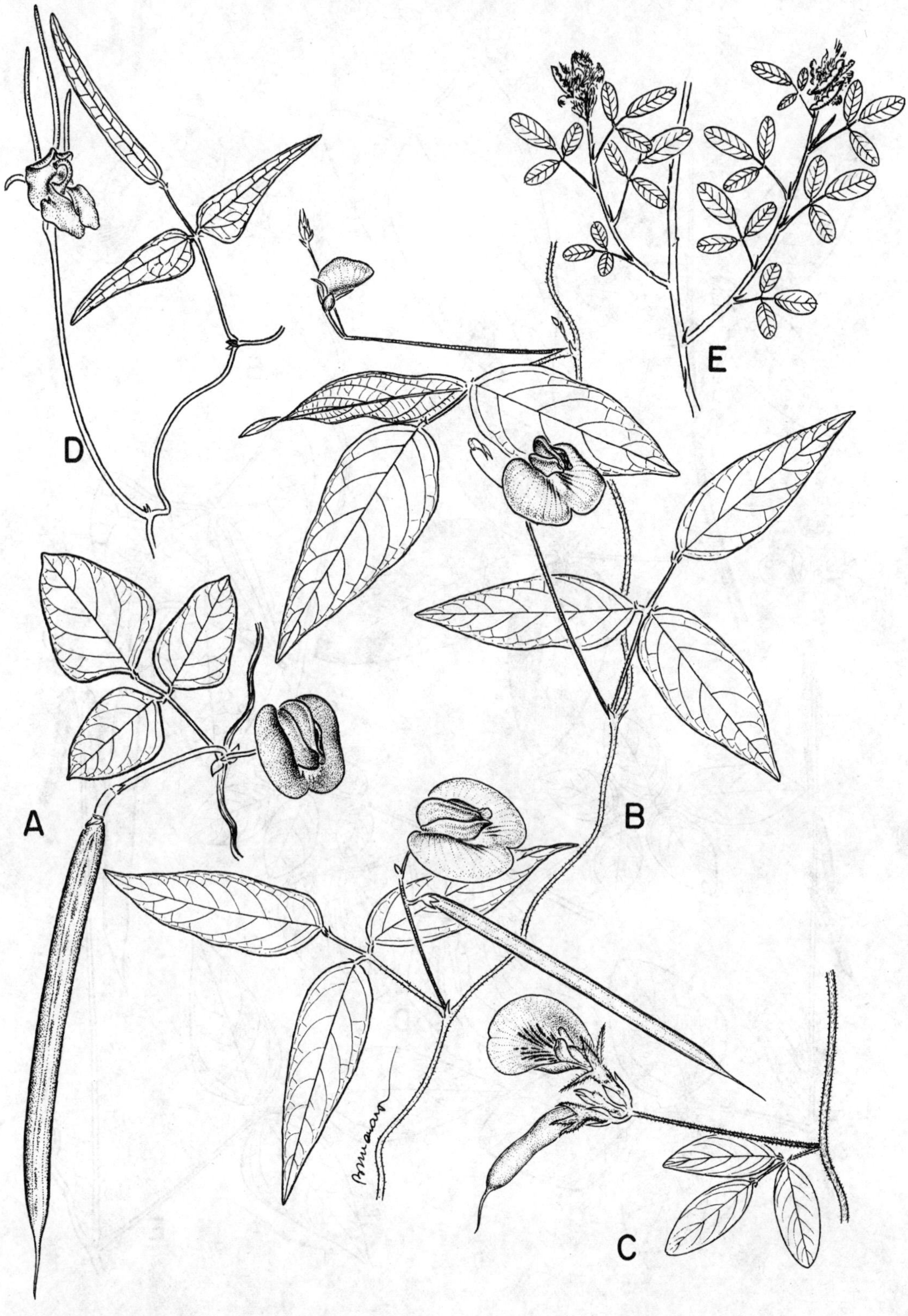

A. Centrosema brasilianum.–*B. Centrosema macrocarpum.*–*C. Clitoria rubiginosa.*–*D. Phaseolus lathyroides.*–*E. Desmodium barbatum.*

LÁMINA 176: LEGUMINOSAE

A. Desmodium intortum.–B. Centrosema sagittatum.–C. Phaseolus erythroloma.–D. Nissolia frutescens.–E. Vigna luteola.

A. Indigofera lespedezioides.–*B. Cajanus cajan.*–*C. Desmodium cajanifolium.*–*D. Machaerium tovarense.*–*E. Dalea phymatodes.*

LAMINA 178: LEGUMINOSAE

A. Ormosia tovarensis.–B. Erythrina poeppigiana.–C. Erythrina glauca.

Lonchocarpus violaceus.

LAMINA 180: LEGUMINOSAE

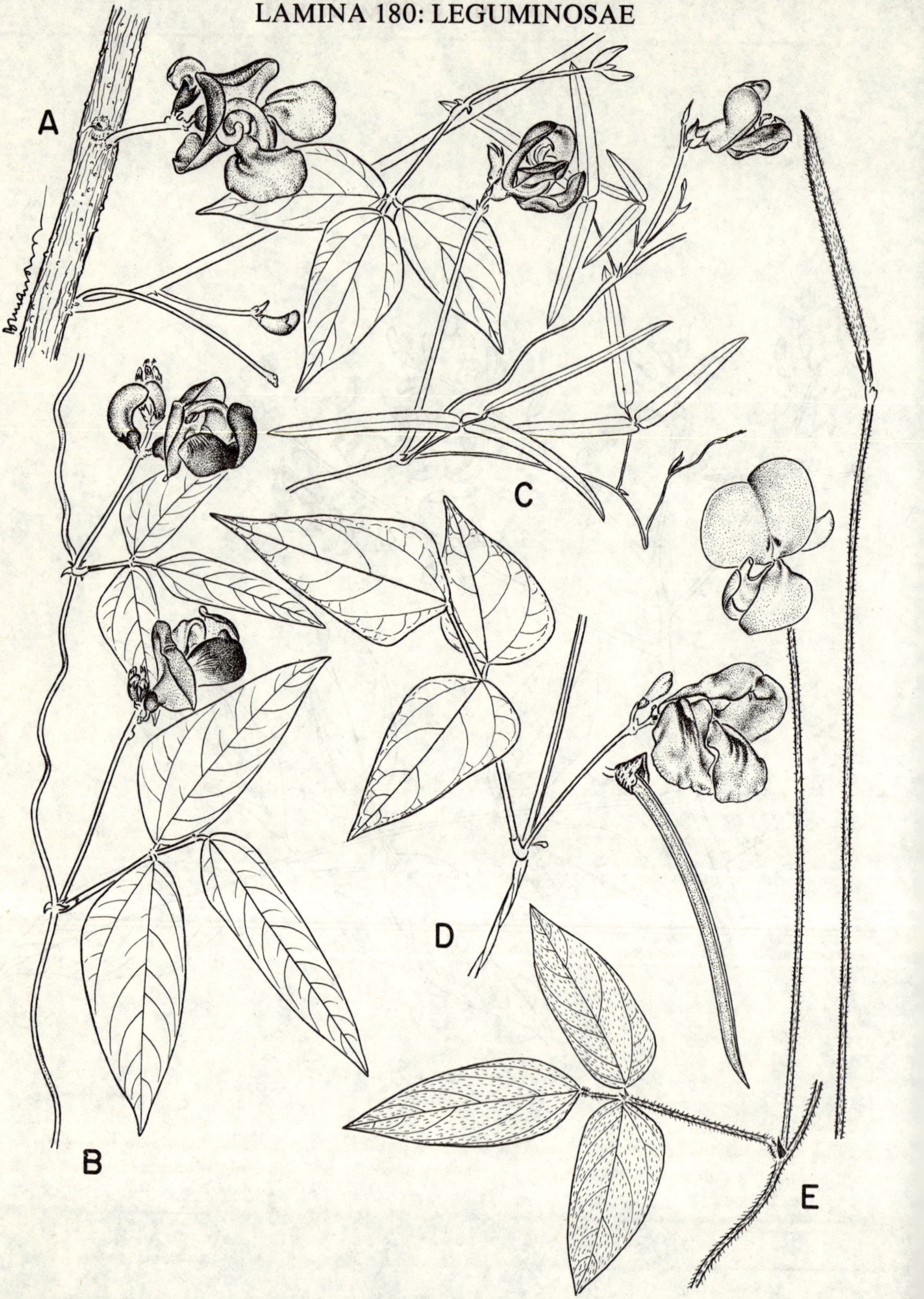

A. Phaseolus caracalla.–B. Phaseolus candidus.–C. Phaseolus linearis.–D. Phaseolus candidus.–E. Vigna vexillata.

A. Phaseolus lunatus.—*B. Stylosanthes guyanensis.*—*C. Teramnus uncinatus.*

LAMINA 182: LEGUMINOSAE

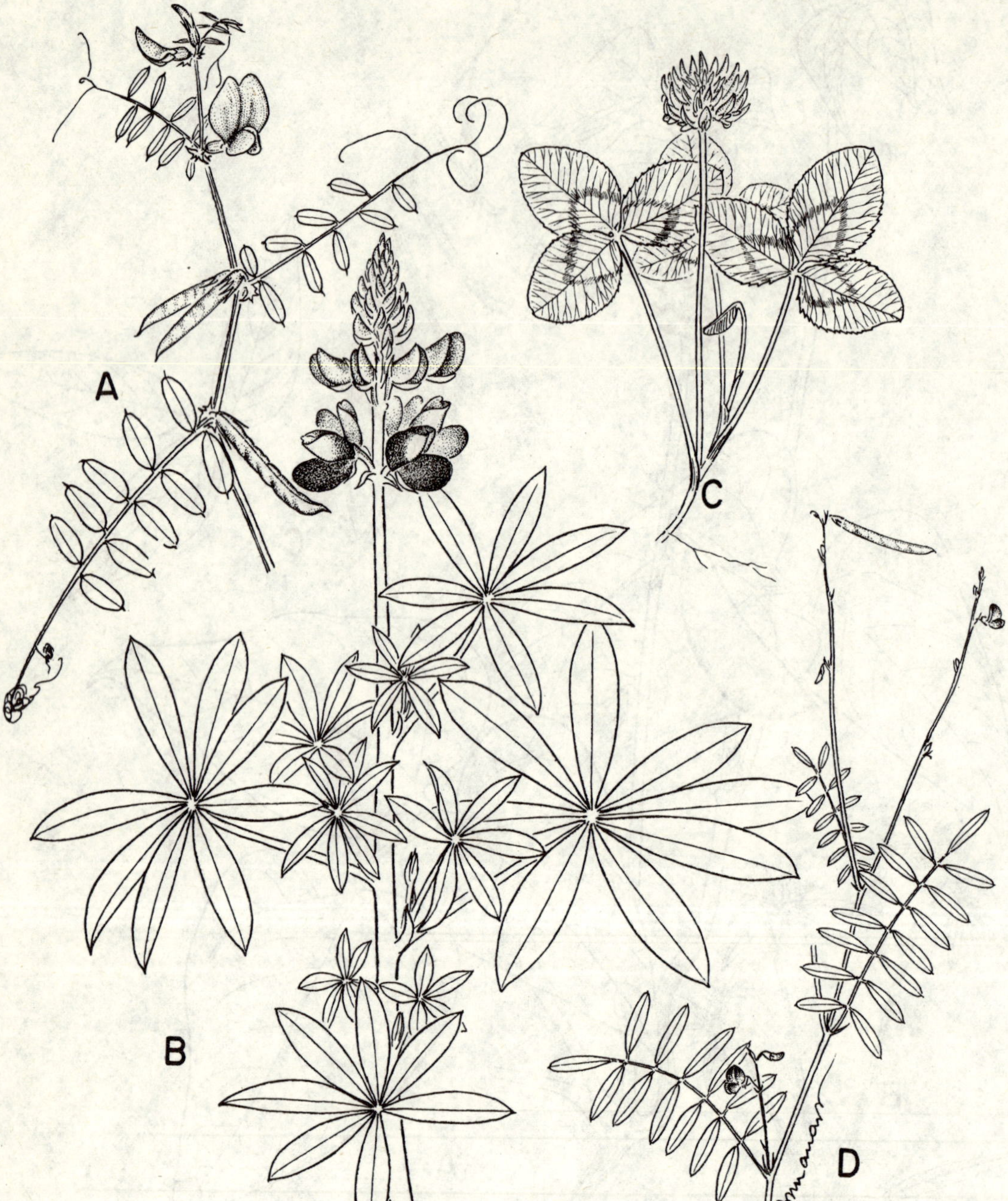

A. Vicia sativa.–B. Lupinus meridanus.–C. Trifolium repens.–D. Tephrosia leptostachya.

SUBFAMILIA CAESALPINIOIDEAE (Familia CAESALPINIACEAE)

Bauhinia aculeata L. (Lám. 164, C)
Bauhinia mirandina Pittier
Selva veranera, 900-1.200 m. Arbol pequeño.

Bauhinia cumanensis H.B.K. (Lám. 164, D)
Bauhinia minutifolia Pittier
Schnella minutifolia Pittier
Matorrales en selva veranera, 900-1.200 m. Trepadora.

Bauhinia emarginata Mill. *"Dibrito"*
Selva veranera, 900-1.200 m. Arbol.

Bauhinia megalandra Griseb. *"Urape"*
Selva veranera, 900-1.000 m. Arbusto o árbol pequeño de hasta 3 m de alto.

Brownea grandiceps Jacq. *"Rosa de montaña"* (Lám. 165, A)
Selva de galería, 1.000-1.300 m. Uno de los árboles más bellos del Avila. Las flores grandes, vistosas y de color rojo están dispuestas en cabezuelas grandes y redondas. Las hojas jóvenes se desdoblan en una forma que sugiere un gracioso cortinaje de color verde con manchas marrones.

Brownea longipedicellata Huber (Lám. 165, B)
Selva nublada, vertiente norte, 900-1.100 m. Los pétalos son rosados con filamentos color rosado-pálido; en comparación de *Brownea grandiceps,* esta especie tiene inflorescencias con un menor número de flores y más separadas entre sí.

Cassia absus L.
Grimaldia absus (L.) Britt. & Rose
Sabana y selva de galería, 800-900 m. Hierba anual.

Cassia bicapsularis L. *"Cachimbito"* (Lám. 166, C)
Adipera spiciflora Pittier
Sabana y matorrales, 800-1.000 m. Planta arbustiva, erecta, más o menos leñosa en la base.

Cassia biflora L.
Peiranisia biflora (L.) Pittier
Sitios abiertos en lugares secos, 800-1.000 m. Arbusto 0,5-4 m de alto.

Cassia emarginata L. *"Brusca macho"*
Isandrina emarginata (L.) Britt. & Rose
Selva veranera, 900-1.000 m. Las hojas tienen un olor más bien fuerte y desagradable. Arbol o arbusto 3-5 m de alto.

Cassia foliosa (Pittier) Pittier
Chamaefistula foliosa Pittier
Chamaefistula rosei Pittier, no *Cassia rosei* Standl.
Chamaefistula pumila Br. & Rose ex Pitt., no *Cassia pumila* Lam.
Sabana, lugares abiertos y secos. Arbusto o árbol pequeño.

Cassia fruticosa Mill. *"Velero"* (Lám. 168, B)
Chamaefistula fruticosa (Mill.) Pittier
Cassia bacillaris L.
Chamaefistula bacillaris L.
Selva transicional, 1.000-1.500 m. Arbusto o árbol pequeño.

Cassia indecora H.B.K.
Adipera indecora (H.B.K.) Britton & Rose
Sabana, 1.500 m. Arbol pequeño.

Cassia oxyphylla Kunth
Chamaefistula oxyphylla (Kunth) G. Don
Cassia axillaris Pittier
Cassia hemicardia Pittier
Chamaefistula hemicardia (Pittier) Pittier
Sabana y selva transicional, 900-1.500 m. Arbol pequeño o arbusto.

Cassia patellaria DC. (Lám. 164, B)
Chamaecrista patellaria (DC.) Greene
Sabana, 1.000-1.600 m. Hierba anual.

Cassia pilosa L.
Chamaecrista pilosa (L.) Greene
Selva veranera y sabana, 900 m. Planta herbácea.

Cassia robiniaefolia Benth. (Lám. 166, B)
Peiranisia saeri Britton & Rose
Cassia saeri Britton & Rose
Selva transicional y selva de galería, 1.000-1.500 m. Arbol, usualmente hasta 5 m de alto, rara vez más alto. Flores grandes, vistosas y de color amarillo.

Cassia rotundifolia Pers.
Chamaecrista rotundifolia (Pers.) Greene
Sabana, 800-1.000 m. Hierba.

Cassia serpens L.
Chamaecrista serpens (L.) Greene
Sabana, 1.000-1.300 m. Planta herbácea, pequeña.

Cassia simplex Standl.
Chamaecrista simplex Standl.
Cassia hypnotica Vell.
Sabana y selva transicional, 1.100-1.600 m. Hierba pequeña.

Cassia spectabilis DC. *"Chiquichique"*, *"Cañafístolo macho"* (Lám. 167, A)
Pseudocassia spectabilis (DC.) Britt. & Rose.
Selva veranera, 900-1.300 m. Arbol 6-10 m de alto, con inflorescencias vistosas, amarillas. Esta planta es empleada algunas veces como medicinal.

Cassia trichopoda Benth.
Chamaecrista trichopoda (Benth.) Britt. & Rose
Sabana, 900-1.000 m. Hierba.

Delonix regia (Bojer) Raf. *"Flamboyán"*
Nativa de Madagascar. Frecuentemente plantado como árbol ornamental, 5-10 m de alto.

Swartzia arborescens (Aubl.) Pittier
Selva nublada, vertiente norte, 900-1.000 m. Arbol 8-10 m de alto.

Swartzia pinnata (Vahl) Willd.
Selva nublada, vertiente norte, 1.000-1.100 m. Arbol de 8 m de alto.

SUBFAMILIA MIMOSOIDEAE (Familia MIMOSACEAE)

Acacia decurrens Willd. var. **mollissima** Willd. (Lám. 169, A)
Selva transicional en cultivos y lugares perturbados, 1.300-1.650 m. Introducida de Australia y Tasmania. Arbol de 5-15 m de alto con flores amarillas.

Acacia farnesiana (L.) Willd. *"Cují aromo"*, *"Pauji"*, *"Aromo"*
Poponax farnesiana (L.) Raf.
Sabana, 1.000-1.100 m. Arbol de 3-4 m de alto con flores amarillas.

Acacia hirsuta Schlecht.
Senegalia hirsuta (Sch.) Pittier
Selva de galería, 1.200 m. Arbusto.Flores blancuzcas, dispuestas en cabezuelas globulares.

Acacia macracantha Benth. (Lám. 168, D)
Acacia flexuosa H. & B.
Poponax flexuosa (H. & B.) Raf.
Acacia obtusa H. & B.
Sabana, 900-1.100 m. Arbol 3-8 m de alto. Flores amarillas.

Acacia paniculata Willd. *"Tiamo flecha"*, *"Tiamo güire"* (Lám. 172, A)
Senegalia paniculata (Willd.) Killip
Selva de galería, 700-1.100 m. Arbol pequeño, arbusto o planta con ramas trepadoras. Flores cremosas o blancuzcas.

Acacia tortuosa (L.) Willd. *"Cují negro"*
Acacia canescens Mart. & Gal.
Poponax canescens Britton ex Britton & Killip
Sabana y matorrales en lugares secos, 900-1.100 m. Arbusto o árbol pequeño de 3-8 m de alto; flores amarillas.

Calliandra caracasana Benth. (Lám. 170, C)
Selva veranera, 1.000 m. Arbol pequeño.

Calliandra glomerulata Karst. *"Cansa caballo"*
Selva veranera, 1.000 m. Arbol pequeño, con frecuencia cultivado en jardines caraqueños.

Calliandra tetragona (Willd.) Benth. *"Cujicito"* (Lám. 170, D)
Selva transicional, 1.000-11.600 m. Los tallos de esta especie son conspicuamente cuadrangulares.

Desmanthus virgatus Willd.
Matorrales, lugares alterados y borde de la selva de galería, 900-1.000 m. Planta pequeña con tallos arbustivos, duros en la base.

Inga darienensis Seem. *"Guamo"*
Selva nublada, vertiente norte, 1.390-1.635 m. Arbol de 20 m de alto, con flores blancas.

Inga edulis Mart. *"Guamo"*
Selva transicional, 1.600 m. Arbol de 10-15 m de alto. Flores blanco-cremosas o blancas.

Inga fastuosa (Jacq.) Willd. *"Guamo"*
Selva transicional, selva veranera y borde de la sabana, 700-1.100 m. Frutos grandes y planos, con semillas rodeadas por una pulpa blanca y de sabor dulce, comestible en esta y otras especies. Flores blanco-cremosas.

Inga fendleriana Benth. *"Guamo"*
Selva transicional y borde de la selva de galería, 1.200 m. Arbol 6-8 m de alto; flores blanco-cremosas.

Inga nobilis Willd. *"Guamo"*, *"Guamo montañero"*
Selva transicional, 1.500 m. Arbol de 10-15 m de alto. Flores blancas. Esta especie es algunas veces confundida con *Inga punctata.*

Inga oerstediana Benth. *"Guamo"* (Lám. 170, B)
Selva transicional, 1.600 m. Arbol de 10-15 m de alto. Flores blancas.

Inga punctata Willd. *"Guamo caraota"* (Lám. 171)
Selva veranera, 1.000-1.200 m. Arbol de 10-20 m de alto. Flores blancas.

Inga sapindoides Willd. *"Guamo bejuco"*
Inga caracasana Pittier
Selva veranera, 900-1.000 m. Arbol 10-20 m de alto. Flores blancas.

Inga villosissima Benth. *"Guamo"* (Lám. 170, A)
Selva transicional y borde de la selva nublada, 1.600-1.900 m. Arbol de 12-15 m de alto. Flores blancas.

Leucaena trichodes Benth. *"Ramón"* (Lám. 169, C)
Selva veranera, 930-1.300 m. Arbol 8 m de alto. Flores blancas y muy fragantes.

Mimosa albida Humb. & Bonpl. *"Melaíto"* (Lámina 173, B)
Sabana y matorrales, 900-1.000 m. Arbusto de 1,5 m de alto. Flores rosadas o rosado-pálidas.

Mimosa arenosa Poir. *"Cují"*, *"Narauli"* (Lám. 169, B)
Sabana y selva veranera, 900-1.100 m. Arbusto o árbol pequeño de 3-7 m de alto, con flores blancas.

Mimosa bracaatinga Hoehne *"Bracatinga"*
Selva de transición y borde de la selva nublada, 1.500-1.700 m. Arbol nativo del Brasil, 6-15 m de alto, con flores amarillas. Esta especie es cultivada y a menudo utilizada en reforestaciones.

Mimosa debilis Humb. & Bonpl.
Sabana, 1.000-1.2000 m. Arbusto de 1-2 m de alto.

Mimosa floribunda Willd.
Selva veranera y matorrales, 900-1.000 m. Arbusto o algunas veces parcialmente trepador, 1,5-3 m de alto.

Mimosa pudica L. *"Dormidera"* (Lám. 173, C)
Sabana y lugares alterados, 900-950 m. Hierba pequeña, con tallos extendidos, delgados o algo arbustivos, 0,2-1,5 m de alto. Flores casi rosadas con blanco. Nótese como se cierran las hojas y hojuelas de esta planta al ser tocadas (movimiento sensitivo o seismonástico).

Mimosa spiciflora Karst. (Lám. 172, D)
Sabana y selva veranera, 900-950 m. Flores rosadas. Planta trepadora.

Piptadenia robusta Pittier *"Hueso de pescado"*
Selva veranera, 900-1.000 m. Arbol de 10-15 m de alto. Flores amarillo-cremosas.

Pithecellobium ligustrinum Klotzsch
Selva transicional, 1.100-1.200 m. Arbol de 5-8 m de alto. Flores blancas.

Pithecellobium polycephalum Benth.
Selva veranera, 900-1.000 m. Arbol, con flores blancas.

Schrankia hamata H. & B.
Leptoglottis hamata (H. & B.) Standley
Sabana, 900-1.000 m. Hierba o arbusto pequeño.

SUBFAMILIA PAPILIONOIDEAE (Familia PAPILIONACEAE)

Aeschynomene americana L. *"Cujicillo"* (Lám. 164, A)
Sabana, 900-1.000 m. Arbusto o hierba grande, 0,5-1 m de alto. Flores amarillo pálidas con líneas pardas.

Aeschynomene brasiliana (Poir.) DC. var. **venezolana** Rudd
Sabana, 900-1.000 m. Hierba ramificada de hasta 1 m de alto, con flores color ante-amarillento.

Aeschynomene elegans Schl. & Cham.
Sabana, 900-1.500 m. Hierba arbustiva.

Aeschynomene sensitiva Sw. var. **sensitiva**
Selva de galería y selva veranera, 900 m. Hierba arbustiva de hasta 2 m de alto.

Bowdichia virgilioides H.B.K. *"Alcornoque"*
Sabana, 900-1.000 m. Arbusto o árbol pequeño, con flores purpúreas.

Cajanus cajan (L.) Millsp. *"Quinchonchillo"*, *"Quinchoncho"* (Lám. 177, B)
Cajanus bicolor DC.
Cajanus indicus Spreng.
Sabana y matorrales, 930-1.300 m. Nativa de los trópicos del Viejo Mundo. Cultivada por su semilla, considerada como una importante planta alimenticia en la India.

Calopogonium galactioides (H.B.K.) Benth. ex Hemsl.
Matorrales, borde de sabana y selva veranera, 1.500-1.700 m. Tallos alargados y extendidos.

Canavalia brasiliensis Mart. ex Benth.
Selva nublada, vertiente norte, 900 m. Flores vistosas de color rosado oscuro, dispuestas en racimos colgantes con muchas flores.

Centrosema brasilianum (L.) Benth. (Lám. 175, A)
Sabana, 1.200 m. Flores color rosado pálido-lavanda. Hierba trepadora o voluble.

Centrosema macrocarpum Benth. (Lám. 175, B)
Sabana, matorrales y lugares alterados, 1.200-1.800 m. Hierba trepadora o voluble con corola rosado-lavanda.

Centrosema sagittatum (H. & B.) Brandeg. ex Riley (Lám. 176, B)
Centrosema hastatum Benth.
Selva veranera, 1.300 m. Hierba. Flores amarillo-cremosas con líneas purpúreas.

Chaetocalyx scandens (L.) Urban var. **pubescens** (DC.) Rudd (Lám. 167, C)
Selva transicional, 900-1.000 m. y más bajo. Trepadora de flores amarillas.

Clitoria glaberrima Pittier *"Anima"*
Selva transicional, 1.600-1.770 m. Hierba.

Clitoria rubiginosa (A. Juss.) Pers. *"Generala"* (Lám. 175, C)
Sabana, 1.200 m. Hierba con flores blancas con nervios purpúreos o rojizos.

Crotalaria anagyroides H.B.K. *"Quinchonchillo"* (Lám. 174, C)
Sabana y matorrales, 900-1.500. Hierba arbustiva o con tallos algo endurecidos en la base.

Crotalaria incana L. *"Maraquita"* (Lám. 174, B)
Matorrales y borde de la selva transicional, 900-1.000 m. Hierba arbustiva de hasta 1 m de alto.

Crotalaria mucronata Desv.
Sabana, 1.200 m. Hierba arbustiva.

Crotalaria retusa L. *"Maraquita"* (Lám. 174, A)
Sabana y lugares alterados, 1.200-1.300 m. Hierba.

Crotalaria stipularis Desv. *"Espadilla"* (Lám. 174, D)
Sabana, 930-1.400 m. Hierba pequeña, anual.

Dalbergia enneaphylla Pittier
Selva veranera, 900-1.000 m. Planta arbustiva.

Dalea barbata Oerst. (Lám. 168, C)
Sabana, selva veranera y selva transicional, 900-1.500 m. Flores color lila pálido o rosadas con amarillo o crema. Arbusto bajo, leñoso, 0,5-1,5 m de alto.

Dalea phymatodes Willd. (Lám. 177, E)
Parosela dalea (L.) Britton
Sabana y lugares alterados y abiertos, 930-1.500 m. Planta herbácea con flores azules o purpúreas.

Desmodium adscendens (Sw.) DC. *"Guacarillo"*
Sabana y lugares alterados, 930-1.000 m. Planta herbácea, generalmente 0,5 m de alto o menos.

Desmodium barbatum (L.) Benth. & Oerst. *"Pegapega"* (Lám. 175, E)
Sabana, 1.000-1.300 m. Planta herbácea.

Desmodium cajanifolium (H.B.K.) DC. (Lám. 177, C)
Sabana y matorrales, 900-1.200 m. Planta fruticosa hasta arbustiva, con la base leñosa, 1-2,5 m de alto.

Desmodium campylocladoss Hemsl.
Matorrales en selva transicional, 1.700-1.800 m. Hierba.

Desmodium canum (Gmel.) Schinz & Thellung *"Pegapega"*
Sabana y matorrales, 900-1.100 m. Plantas herbáceas o algo endurecidas en la base, de hasta 1 m de alto.

Desmodium distortum (Aubl.) Macbr.
Sabana y sitios abrigados y frescos, 900-1.000 m. Planta herbácea erecta.

Desmodium intortum Mill. *"Pegapega"* (Lám. 176, A)
Sabana y selva veranera, 900-1.500 m. Tallos generalmente extendidos a baja altura sobre el suelo, a veces subtrepadores o volubles sobre otras plantas.

Desmodium molliculum (H.B.K.) DC. *"Pegapega"* (Lám. 168, E)
Sabana y selva veranera, 1.500-1.600 m. Tallos rastreros o extendidos a baja altura sobre la tierra.

Desmodium pachyrrhizum Vogel *"Pegapega"*
Sabana, 900-1.100 m. Planta herbácea, erecta.

Desmodium prehensile Schlecht. *"Pegapega"*
Sabana, 900-1.000 m. Planta herbácea con tallos de hasta 1-1,2 m de largo.

Desmodium procumbens (Mill.) Hitchc. *"Pegapega"*
Desmodium transversum Gray
Selva veranera y transicional, 1.300-1.400 m. Plantas delgadas, herbáceas, muy ramificadas y con frecuencia con tallos extendidos a poca altura sobre el suelo.

Desmodium scorpiurus (Sw.) Desv. *"Pegapega"*
Sabana y selva veranera, 900-1.100 m. Hierba pequeña con tallos extendidos sobre el suelo.

Desmodium sericophyllum Schlecht.
Sabana y selva veranera, 900-1.500 m. Hierba con tallos erectos o subtrepadora.

Dioclea guianensis Benth. *"Frijolillo"* (Lám. 173, D)
Selva veranera, selva transicional y matorrales, 900-1.300 m y más bajo. Planta trepadora o voluble. Flores vistosas, grandes y de color púrpura.

Dussia coriacea Pierce
Selva transicional y selva nublada, 1.500-1.700 m. Arbol de 25 m de alto. Flores color rosado-púrpura, lilas y blancas. Madera blanda.

Eriosema crinitum (H.B.K.) G. Don *"Celedonia"*
Sabana, 900-1.000 m. Planta herbácea, con tallos erectos hasta extendidos, flores amarillas.

Erythrina glauca Willd. *"Bucare"* (Lám. 178, C)
Selva de galería, 900-1.500 m. Tallo y ramas con espinas. Arbol de hasta 25 m de alto. Florece usualmente cuando la planta no tiene hojas, lo cual ocurre en la estación seca, entre enero y marzo.

Erythrina poeppigiana (Walp.) O.F. Cook *"Bucare* (Lám. 178, B)
Sabana, selva de galería y selva veranera, 900-1.000 m. Arbol grande de hasta 25 m de alto. Tallo y ramas espinosos. Las hojas y tallos jóvenes y las yemas de las flores de esta y otras especies son algunas veces cocidos y usados como vegetales, de sabor similar a las vainitas. Las flores rojas o rojo-carmesí aparecen antes que las hojas.

Galactia striata (Jacq.) Urban.
Sabana, 1.000 m. Trepadora delgada o tallos largos extendidos, con flores casi púrpuras

Geoffraea spinosa Jacq. *"Taque"*
Selva veranera, 900-1.000 m. Arbol 8-10 m de alto con ramas espinosas, flores amarillas, frutos comestibles, carnosos.

Gliricidia sepium (Jacq.) Steud. *"Mata ratón", "Madre de cacao"* (Lám. 172, B)
Matorrales, lugares alterados y bordes de caminos en lugares abiertos, 900-1.200 m. Arbol pequeño de 3-8 m de alto. Con frecuencia plantada formando cercas vivas en hileras. Las flores rosado-pálidas hasta casi blancas usualmente aparecen antes que las hojas en la estación seca. Esta planta es venenosa para las ratas y otros animales, pero las hojas son con frecuencia ingeridas por el ganado sin que les cause ningún efecto dañino.

Humboldtiella arborea (Griseb.) Hermann *"Jebe"* (Lám. 167, B)
Callistylon arboreum (Griseb.) Pittier
Selva veranera, 1.000-1.100 m. Arbol pequeño. Flores muy fragantes y vistosas, blancas con amarillo.

Humboldtiella ferruginea (Griseb.) Harms *"Jebe"*
Robinia ferruginea Griseb.
Selva veranera, 1.000 m. Arbol pequeño; flores muy fragantes, vistosas, blancas con amarillo.

Indigofera lespedezioides H.B.K. *"Raíz de zamuro"* (Lám. 177, A)
Sabana y lugares abiertos secos, 900-1.200 m. Plantas herbáceas con tallos endurecidos en la base, hasta 1 m o menos de alto. Flores color salmón.

Indigofera suffruticosa Mill. *"Añil"* (Lám. 166, A)
Sabana y borde de la selva veranera y selva de galería, 1.100-1.600 m. Hierba alta o algo leñosa en la base, de hasta 1,5 m de alto. Flores color salmón-rojizo o rosadas. Esta es una de las especies que ha sido utilizada para obtener el color añil.

Lablab purpureus (L.) Sweet *"Tapirucusu"*
Dolichos purpureus L.
Dolichos lablab L.
Matorrales y selva veranera, 900-1.000 m. Trepadora con flores color púrpura oscuro y lavanda con blanco. El tallo y el eje floral son de color púrpura oscuro, mientras que el lado inferior de la hoja tiene los nervios purpúreos. Con frecuencia cultivada en jardines como planta ornamental. Probablemente nativa de Africa tropical. Las vainas jóvenes pueden ser cocidas y comidas como vainitas.

Lonchocarpus pentaphyllus (Poir.) DC.
Selva transicional, 700-800 m, vertiente norte. Arbol 5-6 m de alto, con flores purpúreas.

Lonchocarpus violaceus (Jacq.) DC. *"Majomo"* (Lám. 179)
Selva transicional, 1.500 m. Arbol 10 m de alto, con flores purpúreas.

Lupinus meridanus Moritz ex C.P. Smith *"Chocho blanco"* (Lám. 182, B)
Lugares abiertos y alterados, 2.000 m. Planta herbácea anual, 0,5-1 m de alto, con flores azul-lavanda.

Machaerium floribundum Benth. *"Uña de gavilán"*
Selva veranera, 1.300 m. Arbol.

Machaerium humboldtianum Vogel *"Uña de gavilán"*
Sabana, 900 m. Arbol 4-7 m de alto con flores purpúreo-rojizas.

Machaerium latialatum Pittier
Sabana y selva veranera, 500-800 m. Arbol de 3-6 m de alto, con flores purpúreas.

Machaerium robiniaefolium Vogel *"Cascarón"* (Lám. 172, C)
Selva veranera, 900-1.000 m. Arbol 4-6 m de alto, con cáliz y eje de la flor marrón, corola lavanda-rosado.

Machaerium tovarense Pittier (Lám. 177, D)
Selva veranera y selva transicional, 900-1.200 m. Arbusto trepador con pubescencia (pelos) marrón-rojiza.

Mucuna altissima (Jacq.) DC. *"Ojo de zamuro"* (Lám. 173, A)
Matorrales en selva veranera y selva nublada, 700-1.500 m. Los ejes de las flores (pedúnculos) son colgantes y muy alargados, y por lo mismo son excepcionales y fácilmente reconocibles en la flora del Avila. Las púas que cubren el fruto maduro pueden causar irritación a la piel: por tanto debe evitarse el contacto con el mismo, ya que sería peligroso que éstas entraran en contacto con los ojos. La corola es verdosa, mientras que el fruto es marrón. Las flores son polinizadas por murciélagos (quiropterófilas).

Nissolia fruticosa Jacq. (Lám. 176, D)
Selva de galería y selva transicional, 1.300 m. Trepadora con flores color amarillo-anaranjado mate.

Ormosia avilensis Pittier *"Arrocillo"*
Selva transicional, 1.600-1.700 m. Arbol de tamaño mediano.

Ormosia tovarensis Pittier *"Pionío colorado"* (Lám. 178, A)
Selva nublada y selva transicional, 1.500-1.700 m. Arbol de 10-15 m de alto con semillas rojas y negras. Esta especie es fácilmente reconocible por los folíolos con bordes marcadamente doblados hacia abajo (folíolos revolutos).

Ormosia venezolana Rudd *"Pionío colorado"*
Selva veranera, 1.400 m. Arbol con semillas rojas.

Phaseolus adenanthus Meyer
Matorrales y lugares alterados, 1.500 m. Planta voluble.

Phaseolus appendiculatus Benth.
Selva nublada, 900-1.600 m. Planta trepadora, herbácea (con tallo blando). Flores blanco-cremosas con lila o marcas purpúreas.

Phaseolus candidus Vell. (Lám. 180, B y D)
Selva nublada, 900-1.500 m. Trepadora.

Phaseolus caracalla L. (Lám. 180, A)
Selva veranera, 1.350 m. Planta trepadora con la base leñosa; flores lila y blanco-cremosas.

Phaseolus erythroloma Mart. (Lám. 176, C)
Selva veranera, 1.100 m. Planta trepadora con hojas peludas y flores casi purpúreas.

Phaseolus gracilis Poeppig ex Benth.
Sabana, 1.000 m. Tallos cortos, erectos o extendidos, pero algunas veces trepando sobre plantas pequeñas. Hierba con flores rojo-purpúreas o rojo-ladrillo.

Phaseolus lathyroides L. *'Frijol de monte"* (Lámina 175, D)
Sabana, 1.000 m. Planta herbácea, anual, con tallos erectos o ligeramente volubles. Flores color rojo-púrpura oscuro hasta casi negro-púrpura.

Phaseolus linearis H.B.K. *"Barbasquito"* (Lámina 180, C)
Sabana, 900-1.200 m. Planta herbácea, perenne, con tallos ascendentes hasta trepadores. Flores rojizo-purpúreas.

Phaseolus lunatus L. *"Guaracara"*, *"Caraota de año"*, *"Pira de año"*, *"Tapirama"* (Lám. 181, A)
Sitios alterados y en cultivos, 1.400-1.900 m. Planta con tallo blando, trepador, con flores casi purpúreas y verdes. Cultivada por sus semillas blandas, las cuales tienen sabor diferente al de la caraota común.

Platymiscium diadelphum Blake *"Roble"*
Selva veranera y transicional, lado norte, 850-1.000 m. Arbol de 15-25 m de alto. Las flores, muy vistosas, usualmente aparecen antes que las hojas al final de la estación seca, muy fragantes, de color amarillo con uno de los pétalos color marrón-púrpura en la base.

Poiretia scandens Vent. (Lám. 168, A)
Sabana y sitios alterados, 1.200 m. Trepadoras con olor desagradable; flores casi amarillas.

Rhynchosia minima (L.) DC. *"Guasi"*
Matorrales en selva veranera y sitios alterados, 900-1.200 m. Trepadora con flores amarillas.

Rhynchosia pyramidalis (Lam.) Urb.
Rhynchosia phaseoloides (Sw.) DC.
Lugares alterados y matorrales en selva nublada y

selva transicional, 700-1.800 m. Planta trepadora con flores amarillas y semillas color rojo escarlata y negro. Las semillas tienen una combinación de colores similar a la de *Ormosia tovarensis,* pero son más pequeñas y según algunos son venenosas.

Stylosanthes guyanensis (Aubl.) Sw. subsp. **guyanensis** *"Tabardillero"* (Lám. 181, B)
Sabana y sitios alterados, 900-1.200 m. Hierba con flores amarillas o anaranjado-amarillentas.

Stylosanthes mexicana Taub.
Stylosanthes diarthra Blake
Sabana, 900-1.000 m. Planta herbácea con flores amarillas.

Stylosanthes tuberculata Blake
Sabana, 900-1.200 m. Planta herbácea con flores anaranjado-amarillentas.

Tephrosia leptostachya DC. *"Barbasco"* (Lám. 182, D)
Sabana, 900-1.400 m. Hierba con flores lavanda-rosadas.

Teramnus uncinatus (L.) Sw. (Lám. 181, C)
Sabana y matorrales. 900-1.000 m. Hierba trepadora, delgada, con flores casi purpúreo-blancas.

Trifolium repens L. *"Trébol"* (Lám. 182, C)
Introducida en Venezuela. Nativa de Europa y Asia. Lugares alterados y en cultivos, 2.000-2.200 m. Plantas herbáceas, pequeñas con flores blancas y fragantes; son una fuente para producir miel de buena calidad.

Vicia sativa L. *"Arveja"* (Lám. 182, A)
Introducida de Europa. Lugares alterados y en cultivos, 1.200-1.950 m. Hierba voluble o enredadera con flores azul-lavanda o purpúreas.

Vigna luteola (Jacq.) Benth. (Lám. 176, E)
Vigna repens Kuntze
Lugares alterados, 1.000 m. Flores amarillas. Pantropical. Hierba voluble.

Vigna vexillata (L.) Rich. *"Bejuco marrullero"* (Lám. 180, E)
Matorrales y lugares alterados y abiertos, vertiente norte, 900 m. Planta herbácea trepadora con flores amarillas y purpúreas. Las flores y frutos están conectados a ejes alargados, los cuales son mucho más largos que las hojas.

Zornia curvata Mohlenbrock *"Encarrujada"* (Lám. 173, E)
Sabana y lugares alterados, 900-1.200 m. Plantas herbáceas, pequeñas con flores amarillas. Esta y especies relacionadas son utilizadas localmente como remedio contra la diarrea.

Fam. **LILIACEAE** (incluye **SMILACACEAE**) (Monocotyledoneae)

Plantas herbáceas o trepadoras leñosas *(Smilax).* Hojas solamente basales o sobre el tallo, alternas o en círculos (verticilos). Tallos algunas veces espinosos *(Smilax).* Flores con frecuencia vistosas (excepto las de *Smilax)* con perianto petaloideo (divisiones semejantes a pétalos) dispuesto en 2 series de 3 divisiones cada una, por lo general no diferenciado en sépalos y pétalos, los segmentos libres o a veces unidos en un tubo. Estambres 6, rara vez en número mayor o menor. Ovario por lo general con 3 cavidades (lóculos), usualmente situado arriba de la base de las divisiones petaloideas (súpero). Fruto seco o carnoso.

Clave de los géneros y especies

1. a. Plantas trepadoras; hojas en su mayoría no más de 3 veces más largas que anchas . . . . 2 *(Smilax)*
   b. Plantas nunca trepadoras ni volubles; hierbas; hojas muchas veces más largas que anchas 3

2. a. Tallos conspicuamente zigzagueantes, usualmente espinosos; eje que soporta la hoja (pecíolo) 3-9 mm de largo; flores masculinas dispuestas sobre ejes cortos (pedicelos), solamente 4-8 mm de largo . . . . *Smilax mexicana*

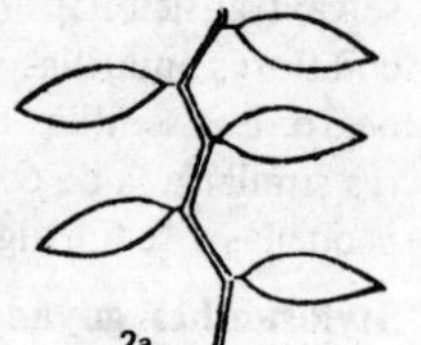
2a

b. Tallos inconspicuamente zigzagueantes; pecíolos 10-20 mm de largo; flores masculinas dispuestas sobre pedicelos 10 mm de largo . . *Smilax papyracea*

3. a. Flores pequeñas, cremosas o blanco-verdosas, dispuestas en una inflorescencia angosta . . . . *Schoenocaulon officinale*

b. Flores vistosas, azules o purpúreas, rara vez blancas, en grupos densos o cortos 4

4. a. Todas las hojas nacen de la base de la planta, ninguna hoja está conectada al tallo de la inflorescencia; todas las flores están conectadas a ejes delgados (pedicelos) los cuales nacen de un mismo punto en el ápice del tallo . . . . *Agapanthus orientalis*

4a

b. Algunas de las hojas están conectadas al tallo de la inflorescencia; flores esparcidas a lo largo del tallo en niveles diferentes . . . . *Excremis coarctata*

4b

Agapanthus orientalis (L.) Hoffmgg. *"Lirio africano"* (Lám. 183, B)
Nativa de Africa del Sur. En cultivos en sitios abiertos, y naturalizado, 1.500-2.000 m. Cultivada en jardines por sus flores azul-purpúreas. Algunos autores la colocan en la familia de las Amaryllidaceae.

Excremis coarctata (Ruiz & Pavon) Baker (Lámina 183, C)
Subpáramo, 2200-2.400 m. Hierba atractiva con flores de 2 cm de diámetro. Con frecuencia ocurre en habitats similares a los de *Orthrosanthus chimboracensis*, al cual es algo parecida, pero tiene hojas más anchas y no dispuestas en forma de abanico. Se encuentra ocasionalmente una forma de *Excremis* con flores blancas (forma *alba* Steyermark).

Schoenocaulon officinale (Schlecht. & Cham.) Gray ex Benth. *"Cebadilla"* (Lám. 183, A)
Sabadilla officinalis (Schlecht. & Cham.) Standl.
Sabana, 1.100-1.500 m. Esta planta crece de un bulbo subterráneo. Las semillas son venenosas y son usadas algunas veces como vermífugo.

Smilax mexicana Griseb. *"Zarzaparilla"*, *"Bejuco de corona"* (Lám. 183, D)
Selva transicional, 1.100-1.500 m. Liana con tallos duros y espinosos.

Smilax papyracea Duham
Selva nublada, vertiente norte, 1.000-1.300 m. Una especie relacionada, *Smilax kunthii* Killip & Morton (*S. floribunda* H.B.K.), se diferencia de la presente por tener las flores masculinas sobre pedicelos más gruesos y más cortos (sólo 3-5 mm de largo).

LAMINA 183: LILIACEAE

A. Schoenocaulon officinale.–B. Agapanthus orientalis.–C. Excremis coarctata.–D. Smilax mexicana.

Fam. **LOASACEAE** (Dicotyledoneae)

Plantas herbáceas, usualmente erectas, rastreras o trepadoras, algunas veces con pelos urticantes. Hojas opuestas o alternas, enteras o con los bordes ligera o fuertemente divididos (compuestas) en segmentos separados. Las hojas se caracterizan por adherirse a la ropa y otros objetos. Estípulas ausentes. Flores pequeñas o medianas, blancas o amarillas, con 4-5 sépalos usualmente unidos y 4-5 pétalos generalmente libres (no unidos), con escamas (semejantes a pétalos) alternando con los pétalos. Tubo del cáliz unido con el ovario. Estambres numerosos, libres o unidos en haces opuestos a los pétalos. Ovario situado debajo de la base de los pétalos (ínfero), con 1 ó 2-3 cavidades (lóculos). Fruto, una cápsula seca con 1 hasta muchas semillas pequeñas.

Clave de los géneros y especies

1\. a. Plantas trepadoras o con tallos alargados y rastreros; hojas con los nervios principales naciendo en la base de las mismas (basinervadas) . . . *Gronovia scandens*

1a

b. Plantas nunca trepadoras; hojas con los nervios laterales naciendo a lo largo del nervio medio en niveles diferentes (pinatinervadas) 2

2\. a. Hojas conspicuamente partidas hasta el centro (compuestas), divididas en segmentos separados (hojuelas); plantas con pelos urticantes . . . . . *Loasa triphylla*

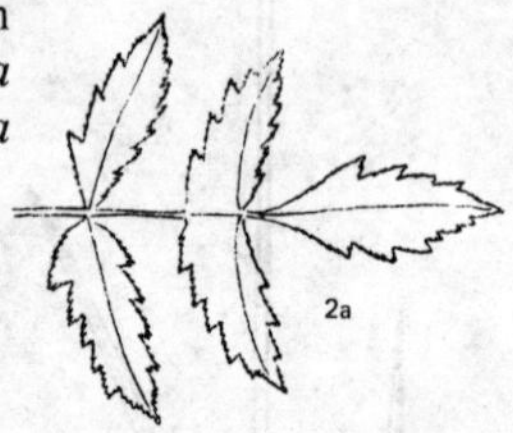

2a

b. Hojas sólo finamente dentadas a lo largo de los bordes, pero no conspicuamente divididas; plantas sin pelos urticantes 3

3\. a. Flores amarillas, conspicuas; hojas alternas . . . . *Mentzelia aspera*

b. Flores blancas, inconspicuas; hojas opuestas 4

4\. a. Superficie superior (haz) de las hojas con pelos uniformemente similares entre sí; cáliz con dientes inconspicuos, 1,5 mm de largo o menos; pétalos 1-1,5 mm de largo . . . . *Sclerothrix fasciculata*

b. El haz de las hojas muestra 2 tipos de pelos, a saber: pelos diminutos, numerosos y apretados a la superficie (adpresos), situados entre pelos más largos; cáliz con dientes conspicuos, 2-2,5 mm de largo o menos; pétalos 4-5 milímetros de largo . . . .*Klaprothia mentzelioides*

LAMINA 184: LOASACEAE

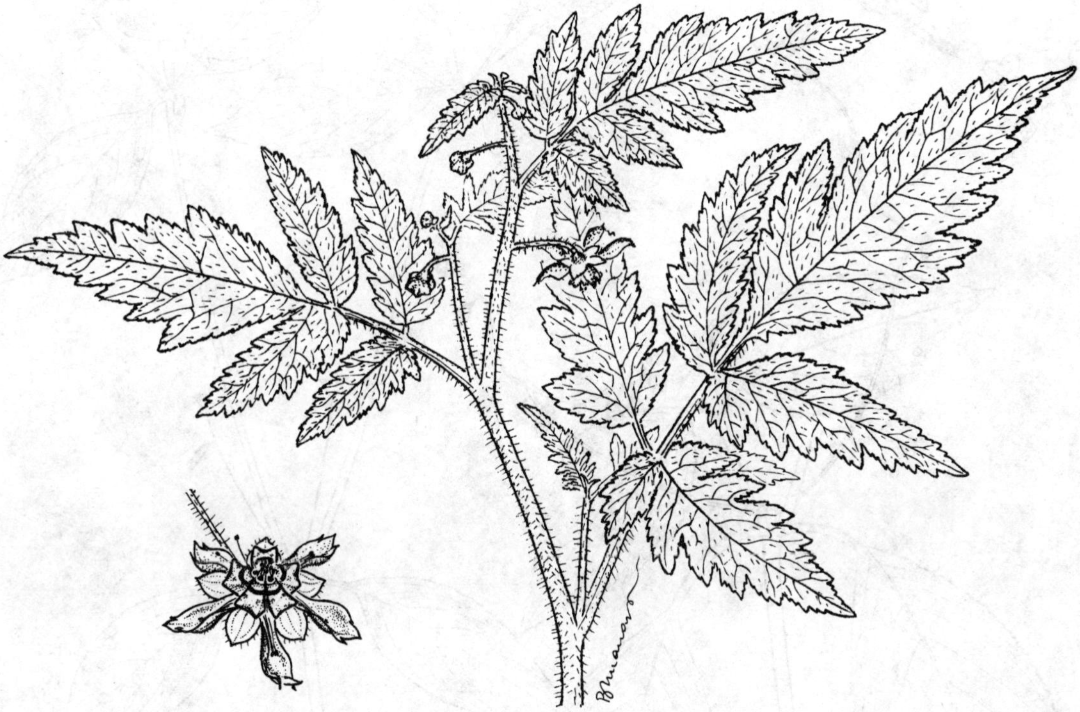

Loasa triphylla var. papaverifolia.

LAMINA 185: LOASACEAE

A. Gronovia scandens.–B. Klaprothia mentzelioides.–C. Sclerothrix fasciculata.

Gronovia scandens L. *"Pegapega de bejuco"* (Lám. 185, A)
Selva veranera, 1.000 m. Plantas trepadoras o rastreras, con pelos urticantes y con hojas 5-lobuladas y acorazonadas en la base. Flores con pétalos color amarillo pálido.

Klaprothia mentzelioides H.B.K. (Lám. 185, B)
Selva de galería, 1.100 m. Las hojas se adhieren fácilmente a la ropa y piel. Plantas herbáceas de menos de 1 m de alto.

Loasa triphylla Juss. var. **papaverifolia** (H.B.K.) Urb. & Gilg (Lám. 184)
Selva nublada y de galería, 1.200-1.700 m. Hierba alta, con pétalos más bien vistosos y blancos. Los pelos urticantes penetran la ropa y dejan una persistente sensación de picazón.

Mentzelia aspera L. *"Pegajosa"*
Selva veranera y sitios abiertos, 900-1.100 m. Las hojas de esta planta se adhieren fácilmente a la piel y ropa, debido a los pelos en forma de garfio que poseen.

Sclerothrix fasciculata Presl (Lám. 185, C)
Selva transicional, 1.400-1.500 m. Hierba pequeña hasta mediana, con flores inconspicuas de color blanco hasta cremosas. Las hojas se pegan a la piel y ropas.

Fam. **LOGANIACEAE** (Dicotyledoneae)

Hierbas, arbustos, árboles o trepadoras. Hojas generalmente opuestas o en círculos (verticilos) y simples (no divididas). Estípulas ausentes o representadas por una línea o borde engrosado. Cáliz usualmente con 4-5 dientes o lóbulos. Corola con 4 ó 5 divisiones, las cuales están unidas en un tubo basalmente. Estambres 4 ó 5. Ovario usualmente situado arriba de la base de la corola (súpero), generalmente con 2 cavidades (lóculos). Fruto usualmente seco, algunas veces carnoso.

Clave de los géneros y especies

1. a. Arbustos o árboles pequeños; hojas con los nervios laterales naciendo en diferentes niveles del nervio medio (pinatinervadas) . . . . *Buddleia americana*

1a
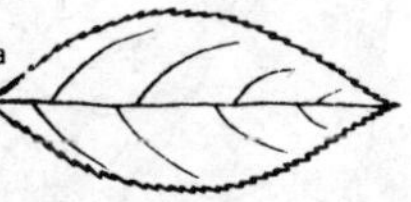

   b. Trepadoras altas; hojas con 3 nervios principales naciendo juntos en o cerca de la base (basinervadas) . . . . *Strychnos bredemeyeri*

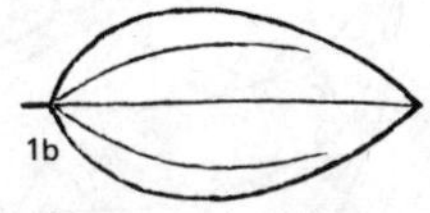
1b

Buddleia americana L. *"Tabacote"* (Lám. 186, A)
Buddleia dentata H.B.K.
Buddleia verbascifolia H.B.K.
Selva veranera y selva transicional, 1.100-1.600 m. Arbusto de 1-4 m de alto con las ramas y el lado inferior de las hojas con pelos. Las hojas finamente dentadas; flores dispuestas en grupos densos, fragantes, pequeñas y de color amarillo y blanco.

Strychnos bredemeyeri (Schultes) Sprague & Sandwith (Lám. 186, B)
Strychnos pedunculata Benth.
Selva nublada, 900-1.500 m. De las raíces de varias especies de *Strychnos* los indios del Amazonas y de la Guayana producen el *curare,* potente veneno empleado en las puntas de las flechas para la caza. Una especie de *Strychnos* del Viejo Mundo produce la *estricnina,* ampliamente usada en medicina.

LAMINA 186: LOGANIACEAE

A. Buddleia americana.–B. Strychnos bredemeyeri.

Fam. **LORANTHACEAE** (Dicotyledoneae)

Plantas con un hábito de crecimiento arbustivo o agrupado, usualmente parásitas sobre árboles o arbustos; rara vez ocurren como árboles o arbustos terrestres. Hojas opuestas o en círculos (verticilos), rara vez alternas, simples (no divididas), algunas veces reducidas a escamas. Estípulas ausentes. Flores usualmente pequeñas, algunas veces separadas las femeninas de las masculinas, por lo general estrechamente agrupadas en espigas simples o ramificadas, firmes o quebradizas, racimos o panículas, ocasionalmente solitarias, a veces con colores vistosos y llamativos, pero por lo general verdosas, amarillentas o blancuzcas. Divisiones de las flores (perianto) usualmente en 2 series, a veces 1 sola serie, la porción inferior externa del cáliz unida al ovario. Pétalos libres o unidos en un tubo. Estambres en número igual al de las divisiones del perianto y colocados sobre o en la base de las mismas. Ovario situado por debajo de la base de los pétalos (ínfero). Fruto carnoso, con pulpa pegajosa.

Clave de los géneros y especies *

1\. a. Arboles o arbustos erectos, terrestres e independientes (no parásitos); cara inferior de las hojas con puntos oscuros . . . . *Gaiadendron tagua*

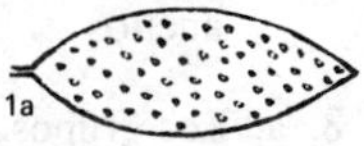
1a

b. Plantas parásitas, que crecen sobre troncos o ramas de árboles o arbustos; sin puntos oscuros en la cara inferior de las hojas 2

2\. a. Hojas alternas sobre el tallo, con una sola hoja en cada nivel . . . *Antidaphne fendleri*

2a

b. Hojas opuestas sobre el tallo o en círculos (verticilos) de 3 hojas en cada nivel 3

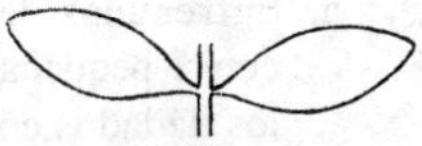
2b

3\. a. Hojas aparentemente ausentes, reducidas a escamas diminutas . . . . . . *Dendrophthora squamigera*

3a

b. Hojas presentes, obviamente desarrolladas 4

4\. a. Hojas 1-3 cm de largo, ensanchadas por arriba de la mitad; ejes de los frutos o flores agrandados (dilatados) hacia el extremo superior . . *Dendrophthora clavata*

b. Hojas más grandes o no ensanchadas por arriba de la mitad; ejes que soportan flores o frutos no agrandados hacia el extremo superior 5

5\. a. Flores con cáliz y corola presentes; flores no hundidas en el eje, creciendo desde la superficie externa del eje 6

5a

* Por Carlos Rizzini.

b. Flores solamente con cáliz; corola ausente; flores hundidas en el eje . . . 10

5b

6. a. Hojas con un eje corto (peciolo); hojas redondeadas en el ápice o a lo más con el ápice terminando en una punta corta; ramas jóvenes con escamosidad marrón-rojiza; ejes de las flores y frutos no ramificados . *Phthirusa pyrifolia*

b. Hojas con pecíolos conspicuamente desarrollados; las hojas terminan en un ápice angosto o agudo; tallo y ramas sin escamas marrón-rojizas; ejes de las flores y frutos ramificados 7

7. a. Hojas 3-5 cm de largo, 0,8-2 cm de ancho, agudamente angostadas en la base; ejes de las flores y frutos 1-3 cm de largo . . . *Struthanthus terniflorus*

b. Hojas 5-11 cm de largo, 3-7 cm de ancho, ligeramente redondeadas o encorvadas (obtusas) en la base; ejes de las flores y frutos más largos y más anchos . . . . 8 *(Phthirusa adunca)*

8. a. Los grupos de flores sin ejes (pedicelos) . . . . *Phthirusa adunca* var. *adunca*

b. Los grupos de flores con ejes (pedicelos) 9

9. a. Los ejes de frutos y flores con ramas laterales (paniculadamente ramificados) *Phthirusa adunca* var. *magdalenae*

b. Los ejes de frutos y flores sin ramas laterales (con disposición racemosa) . . *Phthirusa adunca* var. *orinocensis*

10. (5.b)

a. Entrenudos del tallo no uniformes, alternando los de lados redondeados y con 3 pequeñas escamas tubulares estrechamente dispuestas (catáfilos), con los de lados comprimidos sin escamas tubulares (catáfilos) . . *Phoradendron paradoxum*

10a

b. Entrenudos de los tallos uniformes 11

10b

11. a. Ramas provistas de espigas floríferas no sólo en las axilas de las hojas sino también a lo largo de los entrenudos (o sea en las axilas de sendos catáfilos) *Phoradendron rigidum*

11a

b. Ramas con espigas floríferas insertas sólo en las axilas de las hojas o en las dicotomías 12

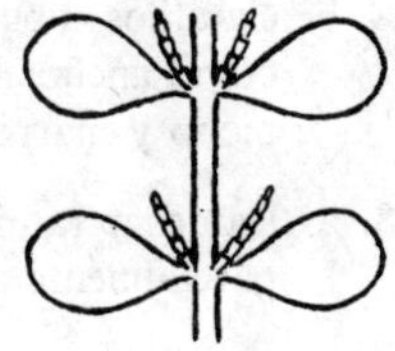
11b

12. a. Cada dicotomía termina en 2 ramitas laterales y una espiga florífera central *Phoradendron cymosum*

b. Tallo no dicotómico-cimoso 13

13. a. Catáfilos (pequeñas escamas conectadas a las ramas en los entrenudos) en número de 2-3 pares, tubulosos, grandes, presentes en todos los entrenudos. *Phoradendron fendlerianum*

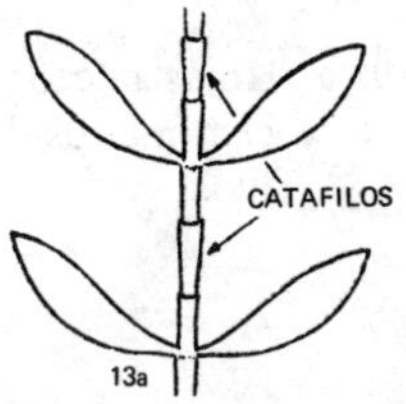

13a

b. Catáfilos presentes en número de 1 par solamente, ubicado sólo en el entrenudo basal 14

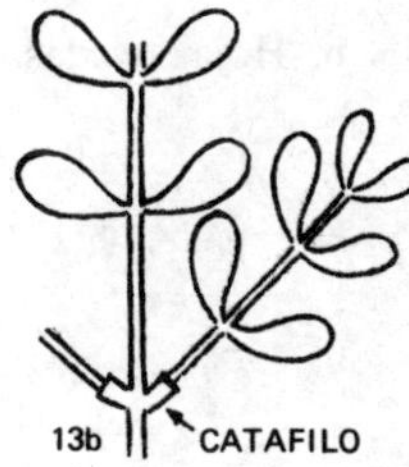

13b

14. a. Hojas obovadas (más anchas arriba de la mitad), típicamente emarginadas (con el ápice hundido en el centro) 15

14a

b. Hojas variando desde oblongas a lanceoladas (más anchas en o debajo de la mitad), ápice no emarginado 16

14b

15. a. Eje de la flor (espiga) 3-6 mm de largo (en fruto hasta 15 mm), con 6 flores en cada articulación de la espiga; fruto desde la juventud manifiestamente verruculoso o noduloso . . . . *Phoradendron mucronatum*

b. Espiga 10-20 mm de largo, con 10-14 (–18) flores en cada articulación de la espiga; fruto liso . . . . *Phoradendron trinervium*

16. a. Hojas oblongas; eje de la flor (espiga) 2-3 cm de largo, con 14-22 flores en cada articulación de la espiga, las flores dispuestas en 4 series . . . . *Phoradendron bilineatum*

b. Hojas ovadas o lanceoladas; espiga más larga y con muchas flores (multiflora) 17

17. a. Catáfilos (las pequeñas escamas conectadas a los entrenudos del tallo) diminutos, con forma de un anillo poco profundo y más ancho que alto (anuliforme); hojas típicamente falcadas (de forma más o menos plana y curva como una hoz) y oblicuas, el margen cartilaginoso y rojizo-marrón . . . . *Phoradendron perrottetii*

17a

b. Catáfilos tubulosos, en forma de copa o más altos que anchos o tan altos como anchos (poculiformes); hojas nada o poco falcadas, el margen inconspicuo y marrón-oscuro 18

17b

18. a. Ramas y ramitas 4-aladas; hojas con la base peciolar escotada, abrazando parcialmente a las ramas . . . . *Phoradendron tovarense*

18a

b. Ramas y ramitas simplemente comprimidas o angulosas, no 4-aladas; las hojas no abrazan a las ramas 19

18b

19. a. Hojas falcado-lanceoladas (encorvadas hacia un lado o asimétricas), 1,5-3 centímetros de ancho, 8-15 cm de largo . . . . . *Phoradendron tubulosum*

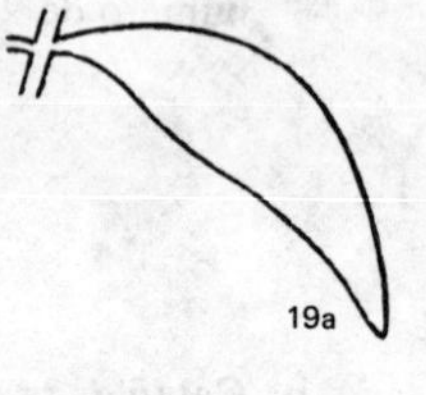

19a

b. Hojas ovadas, más anchas en la base, 2,5-5 cm de ancho, 5-10 cm de largo *Phoradendron granaticolum*

Antidaphne fendleri (van Tiegh.) Engler
Selva transicional, selva nublada y en cafetales, 1.000-1.600 m.

Dendrophthora clavata (Benth.) Urb. (Lám. 189, C)
Subpáramo, 2.000 m. La inflorescencia está sostenida por un eje.

Dendrophthora squamigera (Benth.) O. Ktze. (Lámina 188, B)
Subpáramo, 2.000-2.400 m.

Gaiadendron tagua (H.B.K.) D. Don *"Tábano"* (Lám. 187)
Selva nublada y subpáramo, 1.500-2.000 m. Arbusto o arbolito de 2-10 m de alto. Flores fragantes de color blanco o blanco-cremoso, dispuestas en racimos erectos y alargados.

Phoradendron bilineatum Urb. *"Tiña"*
Selva nublada, vertiente norte, 1.000-1.300 m.

Phoradendron cymosum Urb. *"Tiña"*
Selva nublada, 1.500 m.

Phoradendron fendlerianum Eichler *"Tiña"* (Lám. 190, B)
Selva transicional, 1.500-1.600 m. Algunas veces parásita sobre *copey* (*Clusia*)

Phoradendron granaticolum Trel. *"Tiña"*
Selva veranera, 1.000 m.

Phoradendron mucronatum (DC.) Kr. & Urb. *"Tiña"*
Phoradendron minor (Eichl.) Trel.
Selva veranera, 900-1.000 m.

Phoradendron paradoxum Urb. *"Tiña"*
Selva transicional, 1.400 m.

Phoradendron perrottetii (DC.) Eichl. *"Tiña"*
Selva nublada, vertiente norte, 1.390-1.490 m. Parásita sobre árboles de *Zanthoxylum rhoifolium*. Flores pardo-amarillentas. Articulaciones del eje de la inflorescencia (espiga) de color verde oliva.

Phoradendron rigidum Urb.
Selva nublada, 1.600-1.900 m.

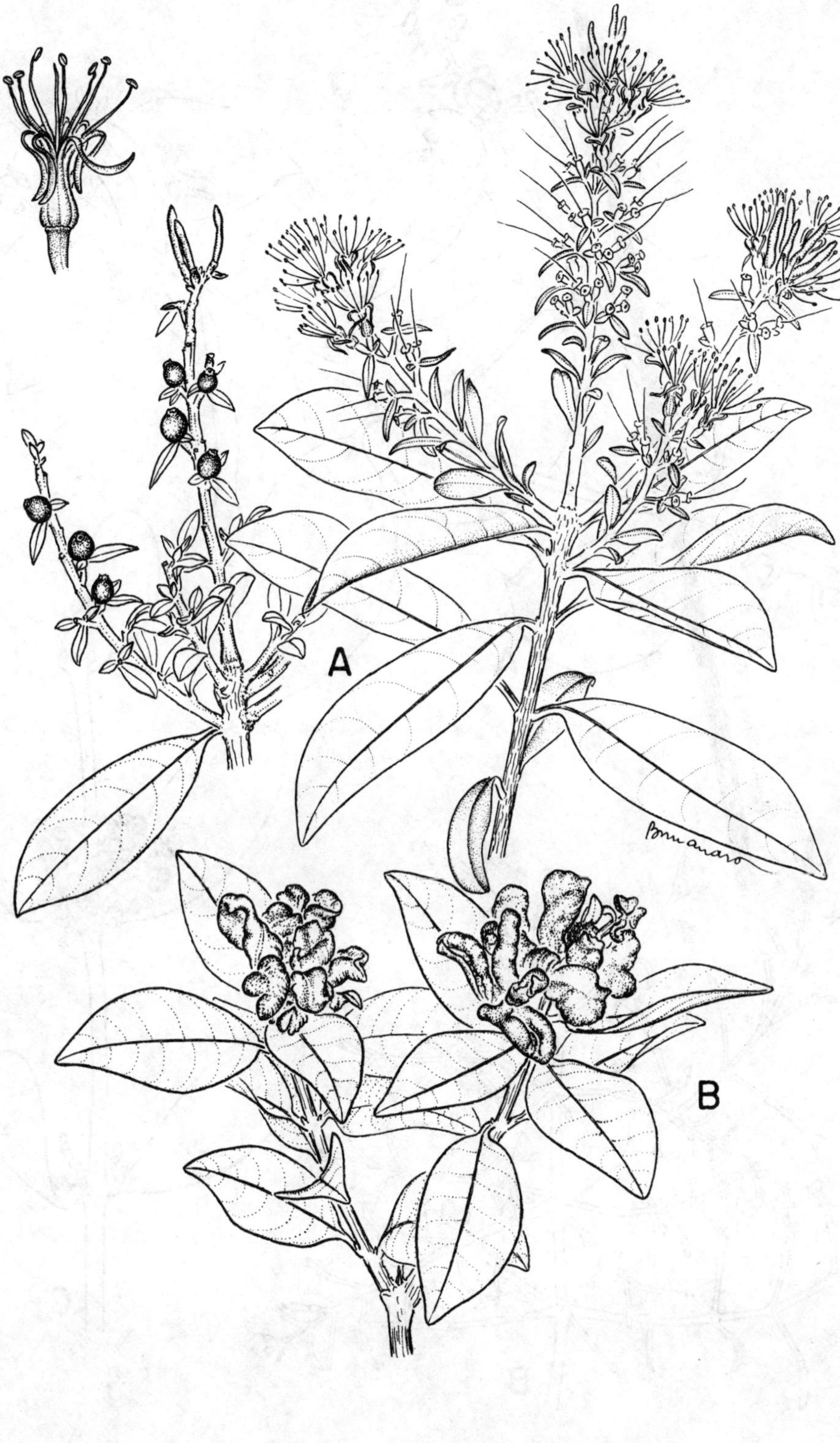

A y B. Gaiadendron tagua.

LAMINA 188: LORANTHACEAE

A. Phthirusa adunca.–B. Dendrophthora squamigera.–C. Phoradendron sp.

LAMINA 189: LORANTHACEAE

A. Phoradendron trinervium.—*B. Phoradendron trinervium.*—*C. Dendrophthora clavata.*

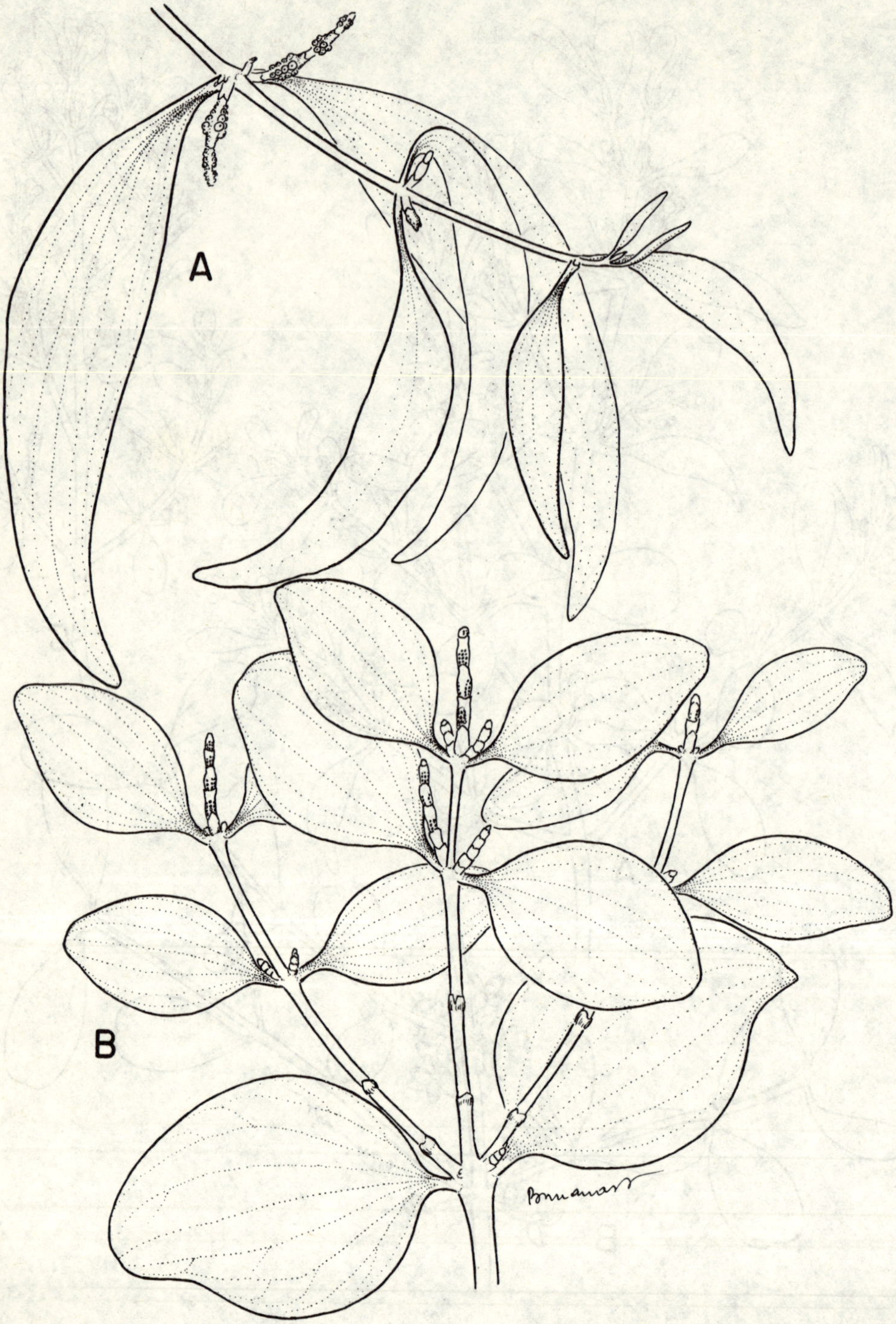

A. Phoradendron tubulosum.–B. Phoradendron fendlerianum.

Phoradendron tovarense (Urb.) Trel. *"Tiña"*
Selva transicional, 1.500 m. Los frutos pegajosos son transportados por pájaros de árbol en árbol.

Phorandendron trinervium (Lam.) Griseb. *"Tiña"* (Lám. 189, A y B)
Selva nublada, 1.600-1.900 m.

Phoradendron tubulosum (Urb.) Trel. *"Tiña"* (Lám. 190, A)
Selva nublada y selva transicional, 1.500-1.600 m. Algunas veces se encuentra como parásita sobre *tara amarilla (Oyedaea verbesinoides)* y *majagua (Heliocarpus americanus).*

Phthirusa adunca (Meyer) Maguire var. **adunca** *"Tiña"* (Lám. 188, A)
Phthirusa paniculata (H.B.K.) Macbride
Selva veranera, 1.000-1.500 m. Algunas veces se encuentra como parásita sobre el *pino de Australia (Casuarina equisetifolia).*

Phthirusa adunca var. **magdalenae** (Cham. & Schl.) Rizzini *"Tiña"*
Selva nublada, vertiente norte, 900-1.000 m.

Phthirusa adunca var. **orinocensis** (Spreng.) Steyerm. *"Tiña"*
Phthirusa orinocensis (Spreng.) Eichler
Selva transicional, 1.500 m.

Phthirusa pyrifolia (H.B.K.) Eichler *"Tiña"*
Selva veranera, selva transicional y selva nublada, 1.200-1.800 m. Algunas veces se encuentra como parásita sobre *aguacatillo (Persea caerulea).*

Struthanthus terniflorus (Willd.) Eichl. *"Guate-pajarito", "Tiña"*
Selva veranera y selva nublada, 1.500 m. Forma frecuentemente colonias alargadas y colgantes.

Fam. **LYTHRACEAE** (Dicotyledoneae)

Hierbas, arbustos o árboles. Hojas usualmente opuestas, algunas veces en círculos (verticilos), rara vez alternas, simples (no divididas), sin dientes en los bordes, algunas veces marcadas con puntos oscuros. Estípulas usualmente ausentes o muy diminutas. Cáliz tubular o en forma de copa, generalmente con 4, 6 u 8 (hasta 16) lóbulos unidos, con frecuencia con dientes extra entre los lóbulos. Pétalos con frecuencia 4 ó 6, rara vez 2 o ausentes, algunas veces hasta 16. Estambres usualmente doblando en número a los pétalos, conectados en varios niveles del cáliz. Ovario inserto arriba de la base del tubo del cáliz (súpero). Fruto seco.

Clave de los géneros y especies

1. a. Arboles o arbustos; hojas con puntos oscuros en el lado inferior . . . *Pehria compacta*

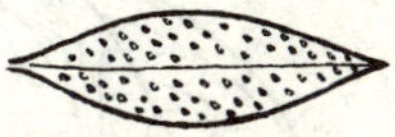

   b. Plantas herbáceas; hojas sin puntos oscuros en el lado inferior 2

2. a. Tallos con pelos extendidos; hojas generalmente 1,5-3 cm de largo; flores mezcladas con brácteas en forma de hojas . . . . *Cuphea micrantha*

   b. Tallos sin pelos, o con pelos muy diminutos; hojas generalmente mucho más largas, 4-11 cm de largo; flores sin brácteas en forma de hojas . . . *Cuphea epilobiifolia* var. *venezuelensis*

LAMINA 191: LYTHRACEAE

Pehria compacta.

Cuphea epilobiifolia Koehne var. **venezuelensis** Koehne
Selva nublada, vertiente norte, 900-1.000 m. Común a lo largo de las cascadas y márgenes de pequeños arroyos. Cáliz y pétalos lavanda. Hierba 0,5-1 m de alto.

Cuphea micrantha H.B.K.
Sabana y selva transicional, 1.100-1.400 m. Planta herbácea, pequeña con pétalos casi purpúreos.

Pehria compacta (Rusby) Sprague *"Indiecito"* (Lám. 191)
Grislea secunda Loefl.
Selva transicional y selva de galería, 1.100-1.600 m. Arbusto 3-5 m de alto con flores vistosas de color rosado-rojo, las cuales están dispuestas en grupos cortos y axilares. Cada una de las flores con 8 estambres.

Fam. **MALPIGHIACEAE** (Dicotyledoneae)

Trepadoras, árboles o arbustos. Alguna parte del tallo, hojas o inflorescencia usualmente tiene un tipo especial de pelos *(pelos malpighiáceos)* delgados, finos, estrechamente apretados contra la superficie y con ramas dispuestas en 2 direcciones completamente opuestas, originándose desde un punto central. Hojas usualmente opuestas, simples (no divididas), con frecuencia con glándulas sobre el eje que soporta la hoja (pecíolo). Estípulas usualmente presentes, unidas al pecíolo, a la base del mismo. Sépalos 5, libres (no conectados entre sí), por lo general con glándulas en el lado externo. Pétalos 5, libres (no conectados entre sí), más bien iguales, pero uno de ellos a veces con forma un poco diferente y todos ellos estrechamente angostados hacia la base. Estambres 5 ó 10. Ovario situado por arriba de la base de las otras partes florales (súpero). Fruto carnoso o seco, con frecuencia con alas.

Clave de los géneros y especies

1. a. Márgenes de las hojas con glándulas muy pequeñas y oscuras . . . . *Stigmaphyllon bogotense*

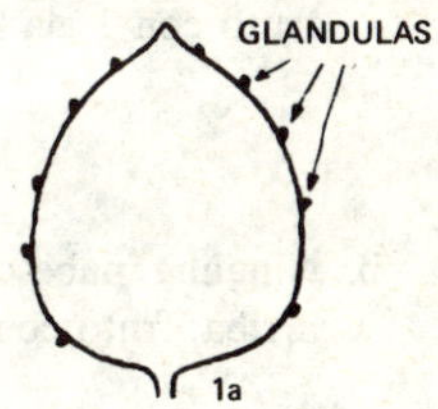

b. Ninguna glándula en los márgenes de las hojas 2

2. a. Apéndices diminutos, delgados (estípulas) presentes cerca de la base del eje que soporta la hoja (pecíolo) . . . . *Hiraea velutina*

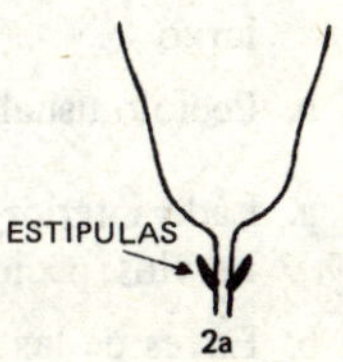

b. Ningún apéndice (estípula) presente cerca de la base del pecíolo 3

3. a. Lado inferior de la hoja (envés) con 2 glándulas pequeñas, redondas situadas en la base a cualquier lado del nervio medio 4

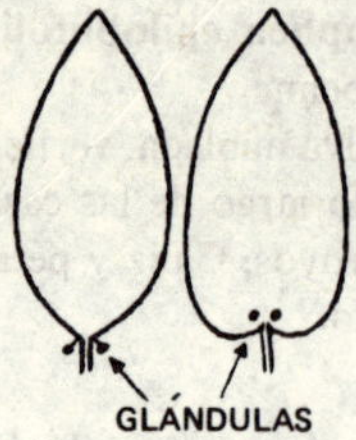

3a

b. Envés sin glándulas pequeñas en la base 6

4. a. Envés generalmente sin pelos (glabro) . . . . *Banisteriopsis martiniana*

b. Envés densamente peludo 5

5. a. Arbusto o árbol pequeño; hojas con el ápice angostándose en una punta corta o larga . . . . *Banisteriopsis cornifolia*

b. Trepadora; hojas con el ápice ampliamente encorvado terminando en una protuberancia angosta . . . . *Gaudichaudia albida*

6. a. Envés con una cubierta densa, de color blanco, gris-plateado o gris-marrón . 7

b. Envés diferente a como se indica arriba 8

7. a. Pétalos amarillentos; envés de color gris-marrón; ápice de las hojas ampliamente redondeado . . . . *Heteropterys macrostachya*

b. Pétalos rosados o color rosado oscuro; envés de por lo menos las hojas más jóvenes, blanco o plateado; ápice de las hojas angostándose en una punta corta o larga . . . . *Banisteriopsis muricata*

8. a. Trepadoras, con pétalos rosados, purpúreos o rosado-pálidos 9

b. Diferente a como se indica arriba; flores usualmente amarillas, rara vez blancas o rosado-pálidas 10

9. a. Una pubescencia blanca o gris-plateada cubre los ejes de las flores (pedicelos), eje de la inflorescencia, cáliz y las pequeñas hojas de la inflorescencia; fruto con 1 ala larga . . . . *Banisteriopsis muricata*

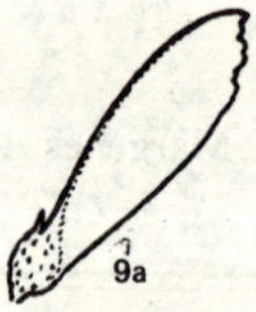
9a

b. Ninguna pubescencia gris-plateada o blanca cubre las partes indicadas arriba; fruto con 3 alas iguales . . . . *Mascagnia ovatifolia*

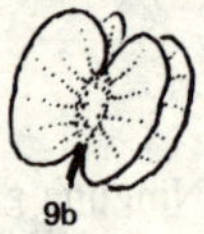
9b

10. a. Eje que soporta la hoja (pecíolo) casi ausente, solamente 1-3 (–5) mm de largo . . . . *Malpighia glabra*

b. Pecíolo usualmente más desarrollado y alargado 11

11. a. Lado inferior (envés) de por lo menos las hojas jóvenes, con pelos sobre los nervios; pecíolo y parte superior del tallo, con pelos . . *Byrsonima crassifolia*

b. Envés de las hojas sin pelos sobre los nervios; pecíolo y parte superior del tallo generalmente sin pelos (glabros) 12

12. a. Apice de las hojas usualmente redondeado o ampliamente encorvado (obtuso); los nerviecillos del envés de las hojas forman una red prominente; fruto carnoso; pétalos rosados, rosado-pálidos o/y blancos . . . *Byrsonima reticulata*

12a

b. Apice de las hojas usualmente terminando en una punta corta hasta larga; los nerviecillos del envés de la hoja generalmente no forman una red prominente, aunque ésta puede estar presente algunas veces; fruto seco, alado; pétalos amarillos 13

13. a. Eje de la inflorescencia con muchos apéndices foliáceos (brácteas), conspicuos, cuando en flor; cada uno de los frutos tiene 4 alas dispuestas en forma de X 14

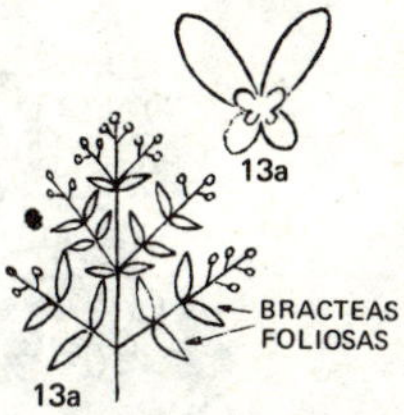

b. Eje de la inflorescencia con brácteas pequeñas, inconspicuas y esparcidas; fruto con una sola ala 15

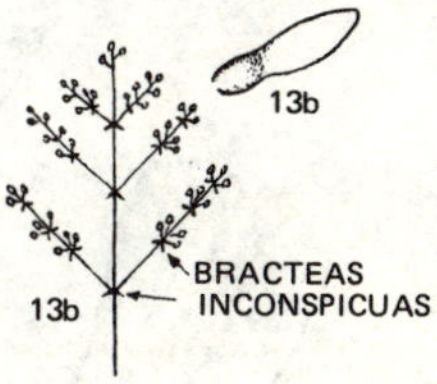

14. a. Envés de las hojas con 6 nervios prominentes a cada lado del nervio medio; eje que soporta la hoja (pecíolo) 8-12 mm de largo; ápice de la hoja con una punta corta; flores dispuestas a lo largo de un eje alargado (racemiforme) *Tetrapterys anisoptera*

b. Envés de las hojas con 7-8 nervios a cada lado del nervio medio, no prominentes; pecíolo 4-6 mm de largo; ápice de la hoja con una punta larga; flores dispuestas en forma de sombrilla (umbeliformes), extendidas hacia afuera y partiendo de un punto central . . . . *Tetrapterys acutifolia*

15. a. Los nerviecillos de las hojas forman una red fina o inconspicua; nervios laterales de las hojas elevados en el lado inferior, 8-10 a cada lado del nervio medio . . . . *Heteropterys acutifolia*

b. Los nerviecillos de las hojas ni forman red ni son evidentes; nervios laterales de las hojas, finos e inconspicuos, no elevados, 5-8 a cada lado del nervio medio . . . . *Heteropterys escalloniifolia*

Banisteriopsis cornifolia (H.B.K.) Robinson ex Small
Banisteria cornifolia H.B.K.
Selva nublada, 1.500 m. Arbusto trepador o arbusto erecto.

Banisteriopsis martiniana (Juss.) Cuatr.
Banisteria elegans Tr. & Pl.
Banisteria martiniana Juss.
Banisteria leptocarpa Benth.
Selva nublada, 1.800-1.900 m. Planta trepadora.

Banisteriopsis martiniana var. **grandifolia** (Ndzu.) Cuatr.
Banisteria elegans var. *grandifolia* Ndzu.
Selva nublada, 2.000 m. Planta trepadora.

Banisteriopsis muricata (Cav.) Cuatr. (Lám. 192, A)
Banisteria argentea (H.B.K.) Spreng.

LAMINA 192: MALPIGHIACEAE

A. Banisteriopsis muricata.—*B. Tetrapterys anisoptera.*—*C. Gaudichaudia albida.*

LAMINA 193: MALPIGHIACEAE

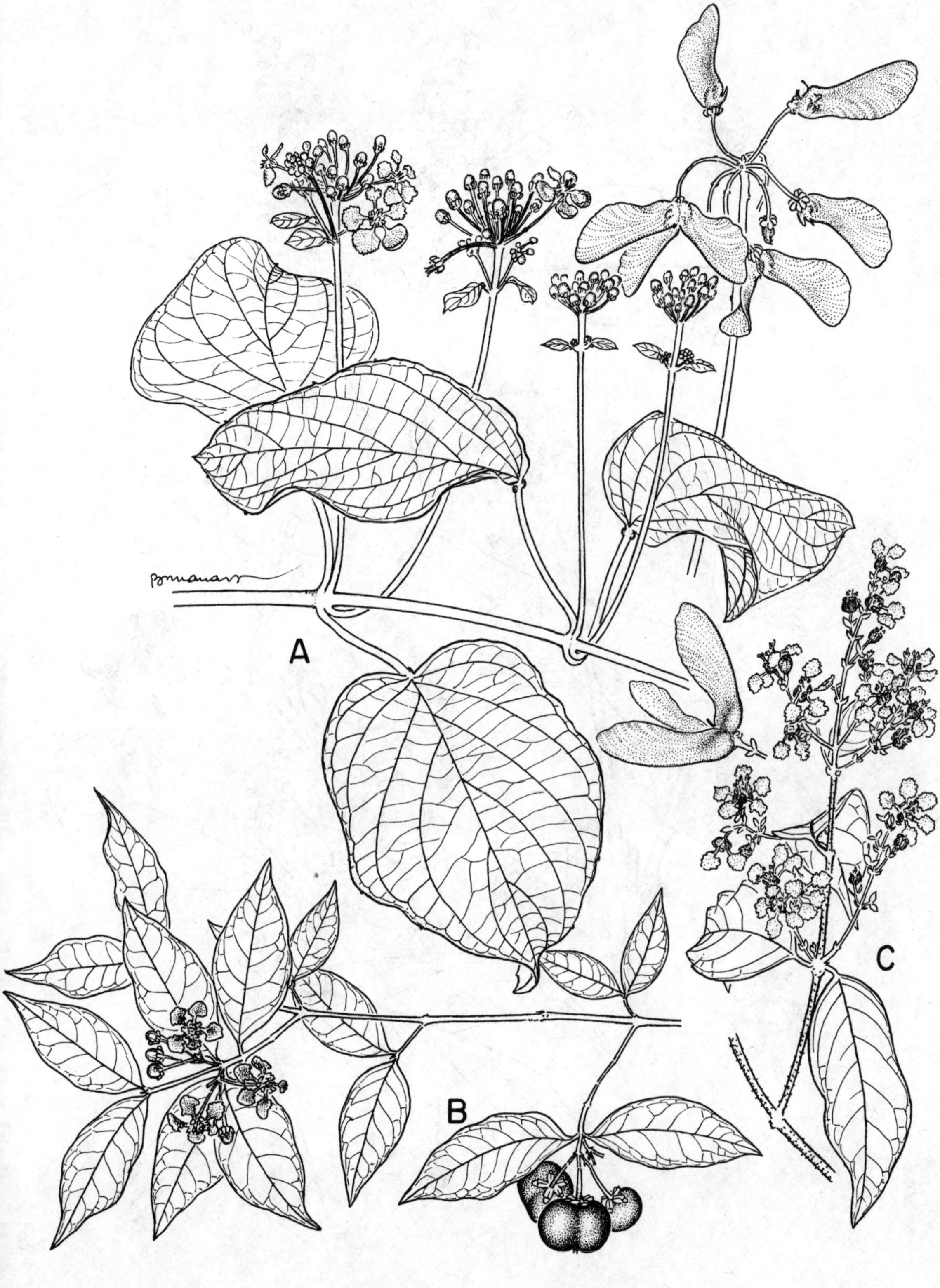

A. Stigmaphyllon bogotense.—B. Malpighia glabra.—C. Heteropterys acutifolia.

LAMINA 194: MALPIGHIACEAE

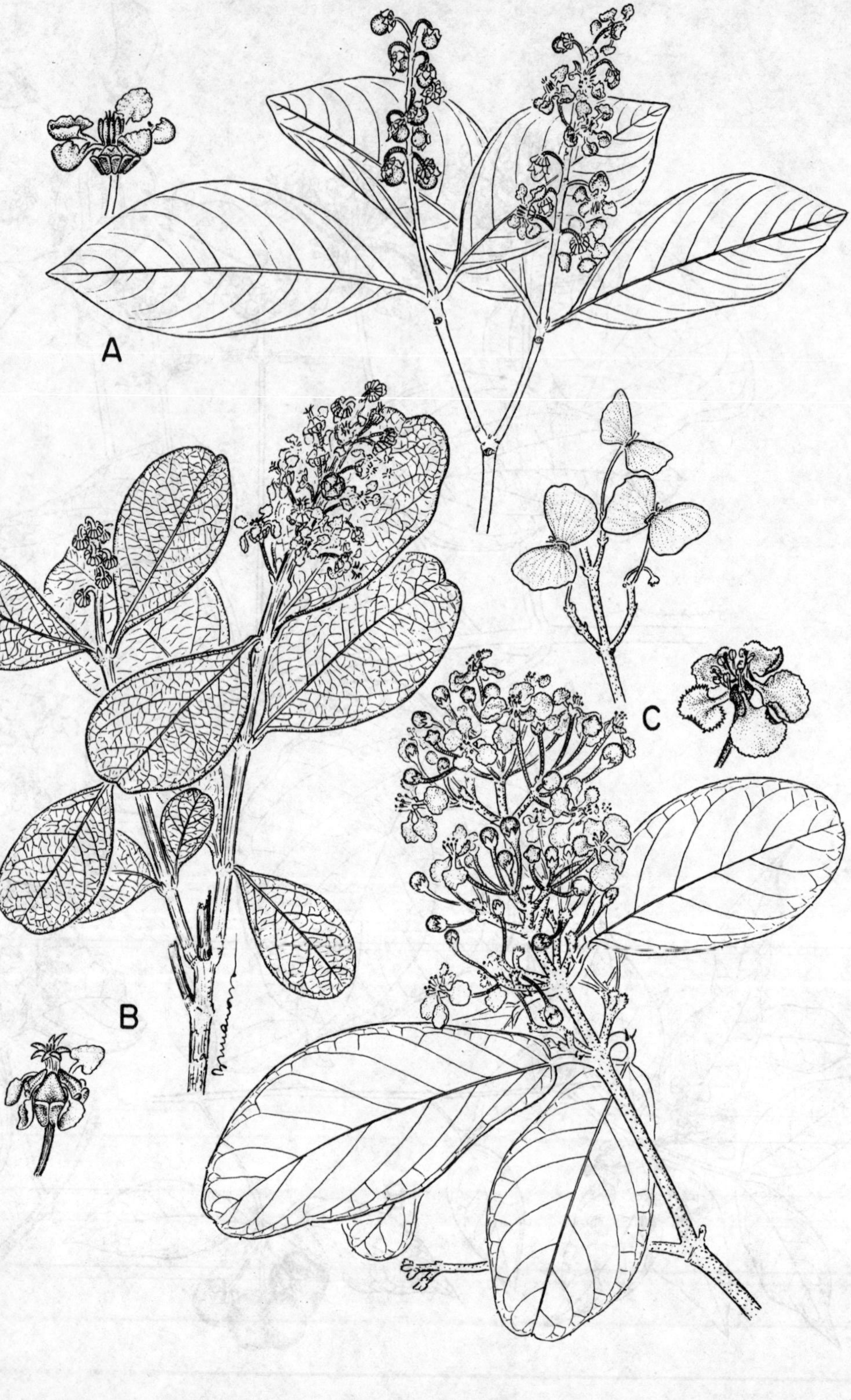

A. Byrsonima crassifolia.—B. Byrsonima reticulata.—C. Hiraea velutina.

Sabana y selva veranera, 900-1.100 m. Planta trepadora.

Byrsonima crassifolia H.B.K. *"Chaparro manteco"* (Lám. 194, A)
Sabana y lomas secas abiertas, 1.300-1.500 m. Arbol pequeño, 2-5 m de alto, con flores amarillas o amarillo-anaranjadas, fruto comestible con sabor ligeramente dulce. La corteza es usada para curtir cuero.

Byrsonima reticulata Kl. & Karst. (Lám. 194, B)
Selva nublada, 1.500-1.900 m. Arbol pequeño de hasta 6 m de alto. Esta especie ha sido confundida con *Byrsonima frondosa* Mart., la cual no ha sido encontrada en Venezuela.

Gaudichaudia albida Ch. & Schl. (Lám. 192, C)
Selva veranera, 1.300-1.500 m. Planta trepadora con flores amarillas. Hojas con pelos blancos en el envés. Tallos igualmente con pubescencia blanca.

Heteropterys acutifolia Juss. (Lám. 193, C)
Selva nublada, 1.700 m. Planta trepadora. Las plantas del cerro del Avila han sido confundidas con *Heteropterys laurifolia* (L.) Juss.

Heteropterys escalloniifolia Juss.
Selva de galería, 1.100-1.200 m. Arbusto trepador o árbol pequeño.

Heteropterys macrostachya Juss.
Selva de galería, selva veranera y selva nublada, 900-1.300 m. Planta trepadora.

Hiraea velutina Niedenzu (Lám. 194, C)
Selva veranera, 1.000-1.200 m. Planta trepadora que alcanza gran altura.

Malpighia glabra L. *"Semeruco"* (Lám. 193, B)
Selva veranera y lomas secas, 1.000-1.500 m. Frutos rojos, comestibles, jugosos y de sabor ácido.

Mascagnia ovatifolia (Kunth) Griseb.
Selva transicional, vertiente norte, 700-800 m. Planta trepadora.

Stigmaphyllon bogotensis Tr. & Pl. (Lám. 193, A)
Selva veranera y selva transicional, 1.300 m. Planta trepadora sobre árboles y rastrera sobre el suelo. Flores amarillas, conspicuas.

Tetrapterys acutifolia Cav.
Selva de galería y selva nublada, 900-1.500 m. Arbusto trepador.

Tetrapterys anisoptera Juss. (Lám. 192, B)
Selva nublada, 900-1.500 m. Arbol pequeño o arbusto.

Fam. MALVACEAE (Dicotyledoneae)

Hierbas o arbustos, rara vez árboles. Tallos, hojas e inflorescencia usualmente poseen pelos con forma de estrella o rayos de sol, algunas veces con diminutas escamas apretadas. Hojas alternas, simples (no divididas), los nervios principales usualmente nacen de la base (basinervias). Estípulas presentes. El cáliz consiste usualmente en 5 (rara vez 3) sépalos libres o unidos, con o sin pequeñas hojas, de color verde (involucro). Pétalos 5, amarillos, anaranjados, rosados, rojos o blancos, rara vez purpúreos, libres (separados en la base), usualmente conectados en la base de los estambres. Estambres numerosos, usualmente unidos en un tubo. Ovario situado arriba de la base de cáliz y corola (súpero). Fruto usualmente seco.

Clave de los géneros y especies *

1. a. Cáliz sostenido por un involucro (calículo) formado por proyecciones angostas, verdes, semejantes a hojuelas 2

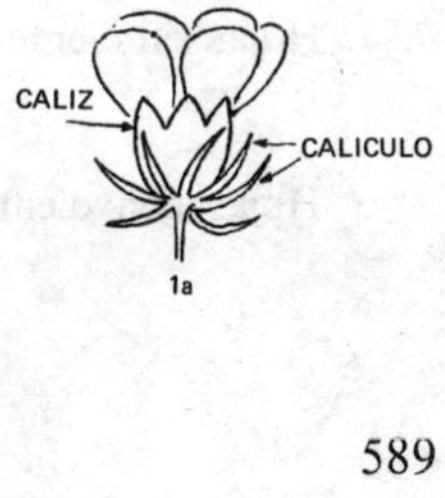

* Por Antonio Krapovickas.

b. Cáliz no sostenido por ningún involucro (calículo) 13

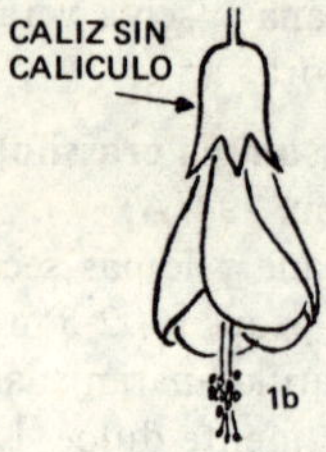

2. a. Involucro situado por debajo del cáliz, formado por 3 hojuelas 3

b. Involucro formado por más de 5 hojuelas 5

3. a. Inflorescencia formada por muchas flores ubicadas al final del tallo, sin hojas *Malvastrum americanum*

b. Flores solitarias o ubicadas a lo largo del tallo en las axilas a la base de las hojas 4

4. a. Pelos estrechamente apretados contra la superficie de tallos y hojas (adpresos y estrigosos); el cáliz cubre o rodea el fruto . . *Malvastrum coromandelianum*

b. Los pelos son suaves al tacto; el cáliz en la madurez se abre en forma de estrella . . . . *Malvastrum scoparium*

5. a. Los pétalos son más cortos que el tubo formado por los estambres 6

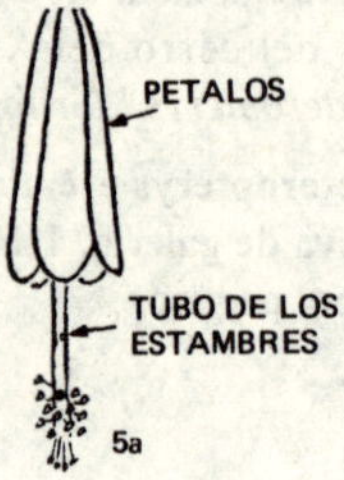

b. Los pétalos son más largos o iguales que el tubo formado por los estambres . 7

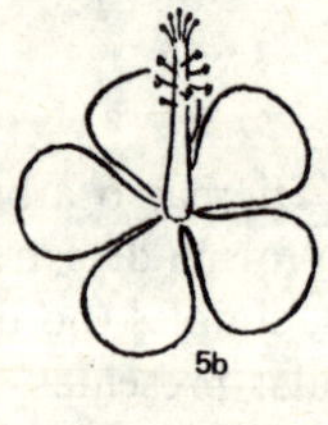

6. a. Flores rojas, 3-5 cm de largo; arbusto de 2-3 m de alto; fruto carnoso; hojas frecuentemente 3-lobuladas, de hasta 20 cm de largo y 17 cm de ancho . . . *Malvaviscus cuspidatus*

b. Flores rojas o blancas, 1,2-2 cm de largo; tallo de 1 m o menos de alto; fruto seco; hojas rara vez 3-lobuladas, de hasta 9 cm de largo y 9 cm de ancho *Hibiscus brasiliensis*

7. a. Hojas sin dientes (enteras) . . . . *Cienfuegosia affinis*

b. Hojas con dientes 8

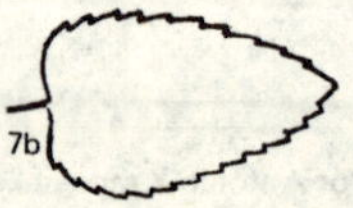

8. a. Semillas lanosas . . . . *Hibiscus brasiliensis*

b. Semillas sin pelos o con pelos cortos, pero no lanosas 9

9. a. Hojas triangulares, con los lados desiguales (asimétricos); plantas con tallos extendidos hasta cerca del suelo; pétalos 2-4 cm de largo . . . . . . *Pavonia cancellata*

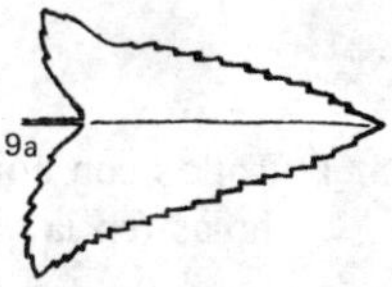
9a

b. Hojas nunca triangulares, con lados iguales (simétricos); plantas con tallos erectos; pétalos 1-2 cm de largo 10

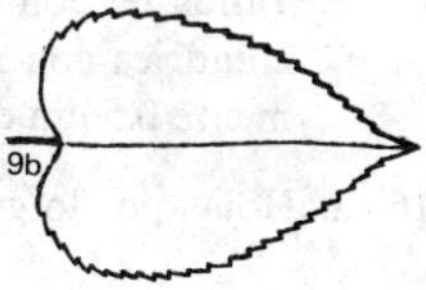
9b

10. a. Flores casi sin ejes (sésiles) 11

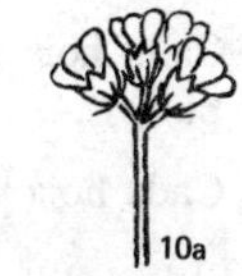
10a

b. Flores con ejes (pedicelos o pedúnculos) 12

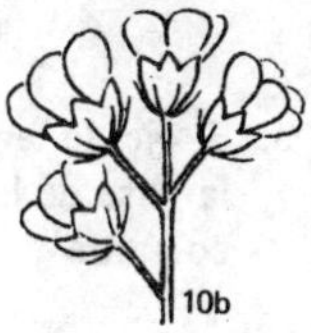
10b

11. a. Involucro ubicado en la base del cáliz formado por 5 ó 6 segmentos anchos, de color verde (brácteas involucrales) . . . . *Pavonia fruticosa*

b. Involucro formado por 8 ó 10 segmentos angostos, de color verde (brácteas involucrales) . . . . *Pavonia nemoralis*

12. a. Flores solitarias en las axilas; pétalos de hasta 2 cm de largo; planta sin pelos glandulares o pegajosos; las divisiones del fruto (carpelos) con 3 aristas largas . . . . *Pavonia spinifex*

b. Inflorescencias anchas con muchas flores; los pétalos no superan 1 cm de largo; plantas con pelos pegajosos; carpelos sin aristas . . . . . . *Pavonia paniculata*

13. (1.b)

a. Hojas sin dientes (enteras) 14

13a

b. Hojas con dientes 16

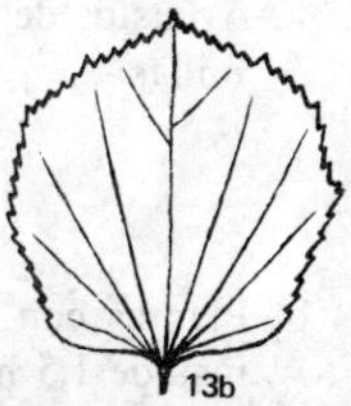
13b

14. a. Hojas angostas (linear-lanceoladas), solamente 0,5-1 cm de ancho . . . *Sida linifolia*

14a

b. Hojas acorazonadas y ampliamente ovadas 15

14b

15. a. Tallos con hojas hasta el ápice, con solamente 1-5 flores en las axilas de las hojas (en la base); pétalos amarillos con rojo en la base, 2,5-3 cm de largo *Bakeridesia integerrima*

b. Tallos no con hojas hasta el ápice sino que terminan en una inflorescencia cilíndrica con muchas flores y sin hojas; pétalos blancos o amarillos, solamente 0,5 cm de largo . . . . *Wissadula contracta*

16. a. Hojas por lo general profundamente cortadas en 5 lóbulos conspicuos . . . *Abutilon striatum* var. *thompsonii*

b. Hojas diferentes a como se indica arriba 17

17. a. Cada hoja sostiene en la base 1 hasta 4 pares de apéndices angostos (estípulas) . . . . *Malachra alceifolia*

b. Cada hoja sostiene 1 par de estípulas angostas en la base 18

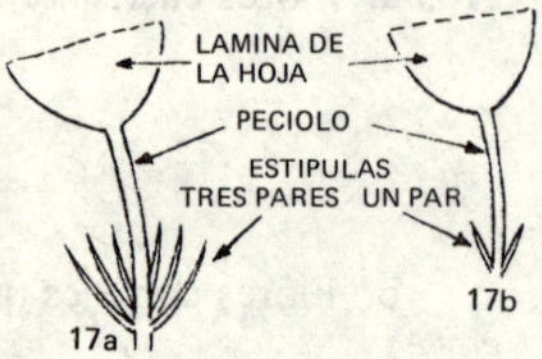

17a 17b

18. a. El eje de la flor (pedicelo o pedúnculo) pasa a través del espacio situado en la base de la hoja (seno), y está situado en su lado superior; fruto inflado y colgante . . . . *Herissantia crispa*

18a

b. El pedúnculo está separado de la hoja y no aparece como en la descripción anterior; fruto ni colgante ni inflado 19

19. a. Tallos cubiertos por pelos glandulares, pegajosos 20

b. Tallos ni pegajosos ni con pelos glandulares 21

20. a. Plantas con olor desagradable; hojas color verde pálido, con ambos lados aterciopelados o con pelos suaves; fruto algo más grande que el cáliz . . . *Bastardia viscosa*

b. Plantas sin olor desagradable; hojas color verde oscuro, casi sin pelos o con pelos que no cubren la superficie; fruto más pequeño que el cáliz y rodeado por éste . . . . *Sida glutinosa*

21. a. Arbustos de 2-3 m de alto; cada división del fruto (carpelo) con varias semillas 22

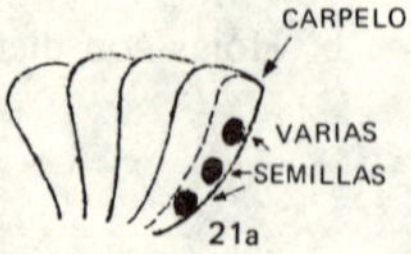

21a

b. Plantas con tallos blandos o ligeramente leñosos en la base, no alcanzan más de 1,5 m de altura (algunas veces hasta 2 m en *Sida paniculata*); cada carpelo con una sola semilla 25

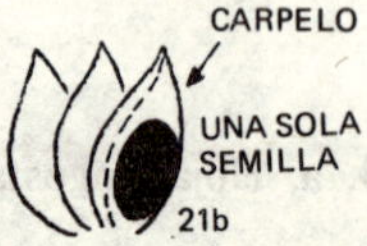

21b

22. a. Eje de las flores (pedicelos o pedúnculos) 4-12 cm de largo; flores 1 ó 2 en cada axila; ramas con hojas hasta el ápice; los pétalos rodean o encierran las partes masculinas y femeninas de la flor . . . . . *Abutilon geminiflorum*

b. Ejes de las flores (pedicelos o pedúnculos) 1-2 cm de largo; flores numerosas y distribuidas a lo largo de las ramas; hojas reducidas hacia el ápice de las ramas; los pétalos colgantes o ascendentes, por tanto exponiendo las partes masculinas y femeninas de la flor 23

23. a. Pétalos 5 mm de largo, 2 mm de ancho; fruto 5-8 mm de largo, las divisiones del fruto (carpelos) sin aristas . . . . *Abutilon stenopetalum*

b. Pétalos 10 mm de largo y más de 5 mm de ancho; fruto 10 mm de largo o más largo; carpelos con aristas 24

24. a. El fruto con el pequeño cáliz conspicuamente doblado hacia atrás (reflexo), el fruto completamente visible hacia la base . . . . *Abutilon pyramidale*

b. El fruto con el cáliz bien desarrollado y cubriendo su base, no reflexo . . . . *Abutilon giganteum*

25. (21.b)

a. Hojas triangulares, con forma de flecha en la base (hastadas), algunas veces con 5 lóbulos . . . . *Anoda hastata*

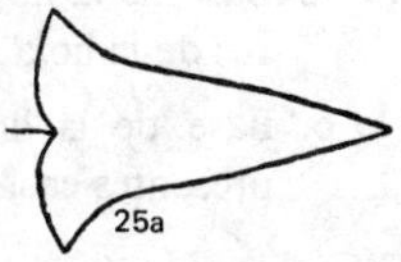

25a

b. Hojas ni triangulares ni lobuladas 26

26. a. Hojas densamente peludas y aterciopeladas en ambas caras; cáliz doblado hacia atrás (reflexo) y no rodea ni encierra al fruto . . *Gaya gaudichaudiana*

b. Hojas sin pelos o con pelos esparcidos en la superficie superior; el cáliz siempre rodea o encierra al fruto 27

27. a. Hojas dispuestas en 2 hileras o direcciones sobre las ramas 28

27a

b. Hojas dispuestas en más de 2 hileras o direcciones sobre las ramas (en forma de espiral) 29

28. a. Frutos con 5 divisiones (carpelos) . . . . *Sida glomerata*

b. Frutos con 6-10 carpelos . . . . *Sida acuta*

29. a. Pétalos rojos o purpúreos, 4 mm de largo, doblados hacia atrás (reflexos) . *Sida paniculata*

b. Pétalos amarillos, anaranjados, blancos o rojos, pero nunca doblados hacia atrás (reflexos) 30

30. a. Hojas muy pequeñas, solamente 0,6-2 cm de largo; tallos extendidos o cerca del suelo 31

b. Hojas más grandes; tallos erectos o ascendentes 32

31. a. Pétalos amarillos o blancos; flores dispuestas sobre ejes largos (pedicelos o pedúnculos), que nacen en las axilas de las hojas a todo lo largo del tallo . . . *Sida procumbens*

b. Pétalos rojizos, color salmón, o casi púrpura; flores casi sin ejes (sésiles), densamente agrupadas en el extremo de los tallos . . . . *Sida ciliaris*

32. a. Hojas acorazonadas; plantas con pelos largos y simples, bastante visibles sobre el tallo, eje que soporta la hoja (pecíolo) y cáliz . . . . *Sida urens*

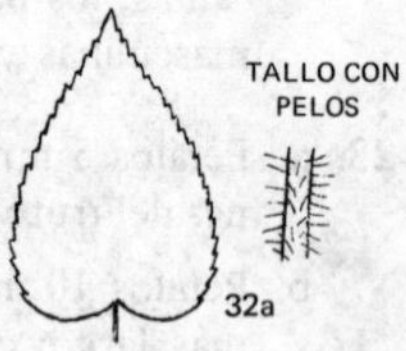

b. Hojas nunca acorazonadas, usualmente angostadas o ligeramente encorvadas (obtusas) en la base (algunas veces ligeramente acorazonadas en *Sida spinosa*); plantas sin pelos largos y simples 33

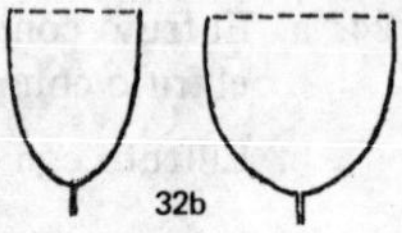

33. a. Base de la hoja, angostada; dientes presentes solamente en los 2/3 superiores de la hoja . . . . *Sida rhombifolia*

b. Base de la hoja, encorvada (obtusa) o ligeramente acorazonada; dientes presentes casi hasta la base de la hoja . . . . *Sida spinosa*

Abutilon geminiflorum H.B.K. (Lám. 195, B)
Selva transicional y matorrales, 1.400-1.500 m. Arbusto.

Abutilon giganteum (Jacq.) Sweet
Matorrales y selva tropófila, 1.000-1.200 m. Arbusto.

Abutilon pyramidale Turcz.
Selva tropófila y matorrales, 1.100-1.200 m. Arbusto.

Abutilon stenopetalum Garcke
Selva tropófila y matorrales, 900-1.100 m. Arbusto.

Abutilon striatum Dickson var. **thompsonii** Veitch (Lám. 196, C)
Arbusto cultivado, algunas veces naturalizado. Introducido de América Central. Encontrado en el Cerro del Avila a 1.600 m.

Anoda hastata Cav. *"Violeta"* (Lám. 195, D)
Anoda acerifolia DC.
Selva veranera y transicional y lugares alterados o abiertos, 1.100-1.400 m. Plantas herbáceas con pétalos rosado-purpúreos hasta lavanda. Esta especie ha sido confundida con *Anoda cristata* (L.) Sch.

Bakeridesia integerrima (Hooker) Bates
Lugares abiertos y alterados, 900 m. Plantas herbáceas.

Bastardia viscosa (L.) H.B.K. ex Griseb. *"Chivatera"*
Sabana y lugares alterados, 1.000-1.100 m. Un polvo preparado con las hojas de esta planta se usa algunas veces en medicina doméstica. Hierba pequeña hasta mediana, tallos flexibles y fuertes.

Cienfuegosia affinis (H.B.K.) Hochr. *"Algodón de sabana"* (Lám. 195, A)
Hibiscus affinis H.B.K.
Hibiscus sulfureus H.B.K.
Cienfuegosia phlomidifolia (St. Hil.) Garcke
Sabana y lugares abiertos, 1.050-1.300 m. Plantas herbáceas, medianas.

Gaya gaudichaudiana St. Hil. (Lám. 197, A)
Sabana, 1.000 m. Hierba o arbusto pequeño, hasta 1,5 m de alto. Esta especie es confundida algunas veces con *Gaya subtriflora* H.B.K., cuyo fruto tiene 20 divisiones (carpelos), en vez de 10-12 como en *G. gaudichaudiana*.

Herissantia crispa (L.) Briz.
Gayoides crispum (L.) Small
Sabana y lugares abiertos, 900-1.200 m. Plantas herbáceas.

Hibiscus brasiliensis L.
Lugares alterados y abiertos, 800-1.000. Plantas

herbáceas, algunas veces ligeramente leñosas en la base, de hasta 1,5 m de alto.

Malachra alceifolia Jacq. *"Malva"*
Sabana y lugares alterados, 800-1.200 m. Usada como medicina doméstica. Hierba robusta.

Malvastrum americanum (L.) Torrey
Lugares alterados y abiertos, 900-1.000 m. Hierba, algunas veces excediendo los 2 m de altura.

Malvastrum coromandelianum (L.) Garcke (Lám. 197, F)
Lugares alterados y abiertos, 900-1.000 m. Hierba con tallos fuertes de hasta 1 m de alto.

Malvastrum scoparium (L'Her.) A. Gray
Lugares alterados y abiertos, 900-1.000 m. Hierba.

Malvaviscus cuspidatus Turcz. *"Cayena", "Malvito"* (Lám. 195, C; 196, A)
Selva transicional y selva de galería, 1.300-1.600 m. Arbusto comúnmente cultivado, 2-4 m de alto, con flores vistosas de color rojo. Los pelos y la forma de la hoja varían considerablemente. Las plantas del Cerro del Avila han sido previamente identificadas como *Malvaviscus arboreus* var. *arboreus*, var. *longifolius* y var. *pendulifolius*, pero nuestro material del Avila es diferente a esta especie y sus variedades.

Pavonia cancellata Cav.
Sabana y borde de selva veranera, 900-1.000 m. Hierba con tallos extendidos, alargados o subtrepadores; flores con pétalos amarillos.

Pavonia fruticosa (Mill.) Fawc. & Rendle *"Cadillo de agua"*
Matorrales y lugares alterados en selva tropófila y transicional, 900-1.000 m. Hierba con tallos fuertes.

Pavonia nemoralis St. Hil. ex Naud.
Pavonia rosea Schl., no Moris
Matorrales y lugares alterados en selva veranera y transicional, 900-1.000 m. Hierba con tallos fuertes.

Pavonia paniculata Cav.
Sabana, matorrales y lugares alterados en selva veranera y transicional, 800-1.200 m. Hierba alta o ligeramente endurecida en la base, 1-2 m de alto.

Pavonia spinifex (L.) Cav.
Lugares alterados en selva transicional, 1.200 m. Hierba con tallos.

Sida acuta Burm. *"Escoba"* (Lám. 197, B)
Sabana y lugares alterados, 850-1.200 m. Los tallos de muchas especies de *Sida* son usados como escobas para barrer. Hierba de tamaño mediano, con tallos fuertes y de hasta 1,5 m de alto.

Sida ciliaris L. (Lám. 197, D)
Sabana y lugares alterados, 900-1.100 m. Planta herbácea, que con frecuencia se encuentra a lo largo de los caminos, carreteras y lugares alterados. La especie *Sida anomala* St. Hil., algunas veces es confundida con *S. ciliaris*, pero se diferencia por sus frutos con carpelos encrestados.

Sida glomerata Cav. *"Escoba babosa"*
Sabana y lugares abiertos o alterados, 1.000-1.100 m. Hierba arbustiva de hasta casi 1 m de alto.

Sida glutinosa Commers. ex Cav. *"Escoba"*
Sabana y lugares alterados en selva veranera y selva de galería, 900-1.100 m. Hierba arbustiva de hasta 1,5 m de alto.

Sida linifolia Juss. ex Cav. (Lám. 197, C)
Sabana y lugares alterados, 1.000-1.200 m. Hierba.

Sida paniculata L.
Matorrales en selva veranera, 1.000-1.200 m. Hierba arbustiva que algunas veces excede los 2 m de alto.

Sida procumbens Sw.
Sabana y lugares alterados, 900-1.100 m. Hierbas pequeñas con tallos cerca del suelo.

Sida rhombifolia L. *"Escoba babosa"*
Sabana y lugares alterados, 1.000-1.300 m. Hierbas arbustivas usualmente pequeñas hasta medianas.

Sida spinosa L. *"Escoba"* (Lám. 197, E)
Sabana y lugares alterados, 900-1.100 m. Hierba pequeña hasta grande con raíces anuales.

Sida urens L.
Sabana y lugares alterados, 1.000-1.300 m. Hierba arbustiva de hasta 1,5 m de alto.

Wissadula contracta (Link) R. E. Fries
Lugares abiertos y alterados, 900-1.100 m. Planta arbustiva con tallos duros, de hasta 2 m o más de alto.

LAMINA 195: MALVACEAE

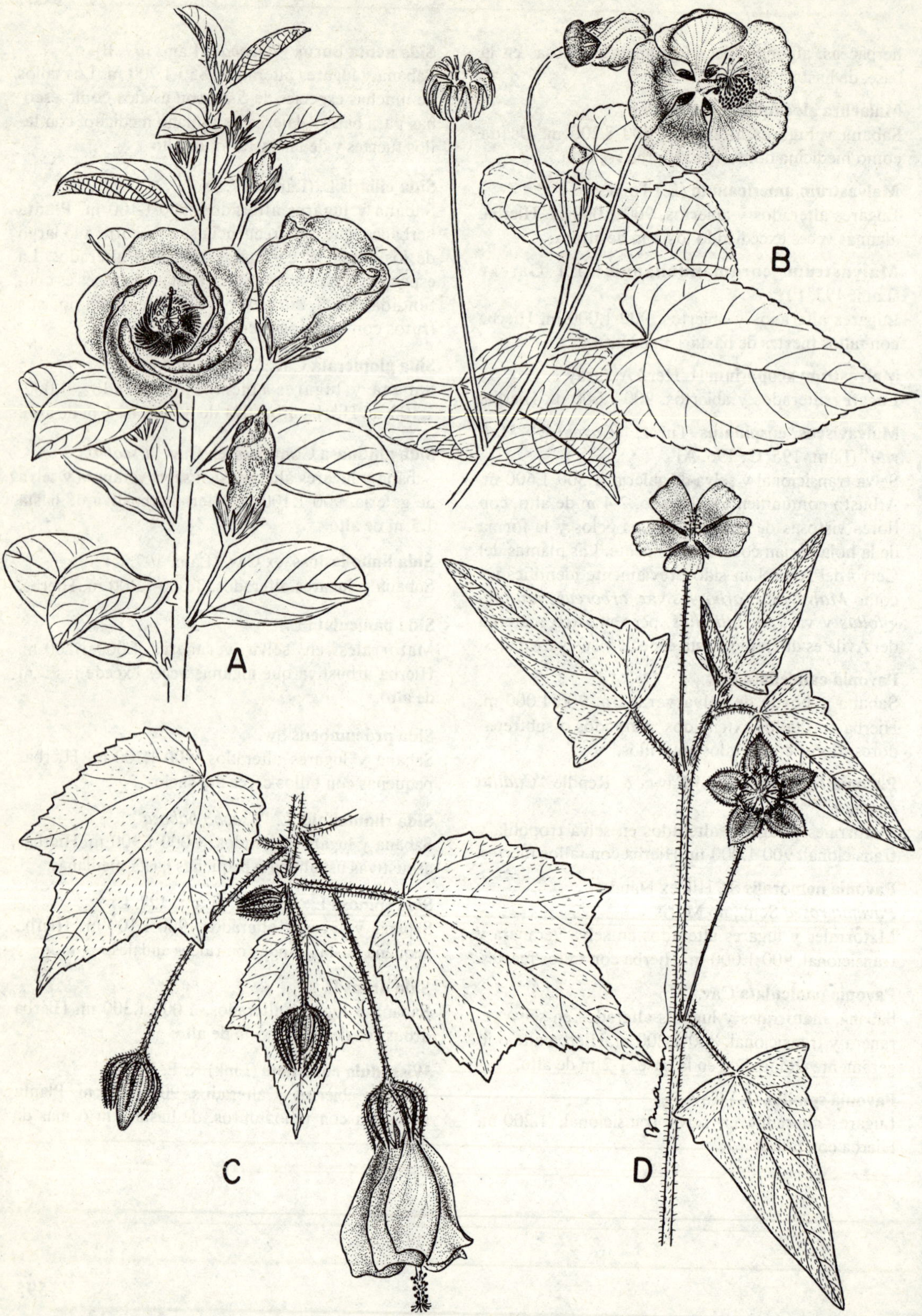

A. Cienfuegosia affinis.–B. Abutilon geminiflorum.–C. Malvaviscus cuspidatus.–D. Anoda hastata.

LAMINA 196: MALVACEAE

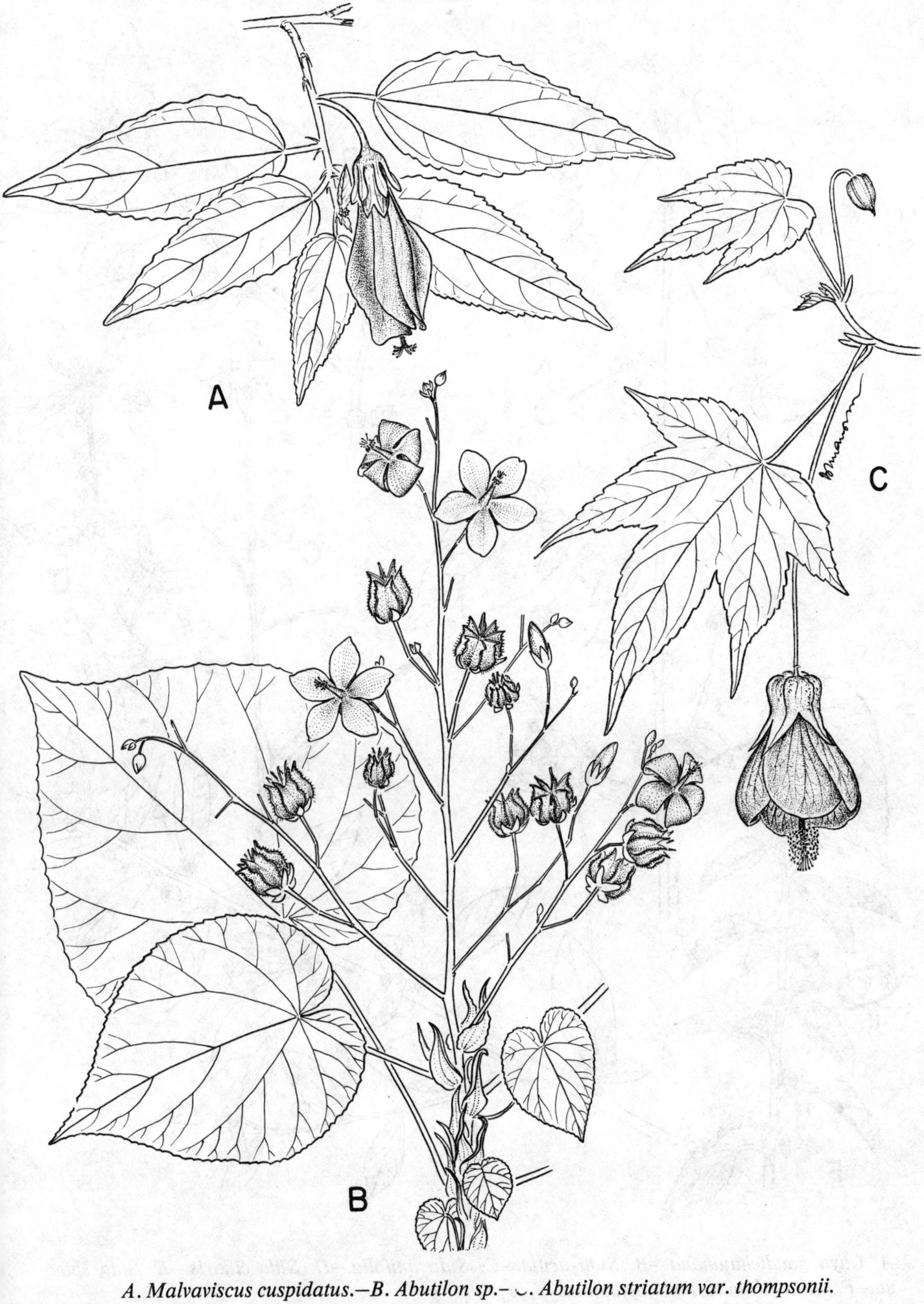

A. Malvaviscus cuspidatus.–B. Abutilon sp.–C. Abutilon striatum var. thompsonii.

A. Gaya gaudichaudiana.–B. Sida acuta.–C. Sida linifolia.–D. Sida ciliaris.–E. Sida spinosa.–F. Malvastrum coromandelianum.

Fam. **MARANTACEAE** (Monocotyledoneae)

Plantas herbáceas (tallo blando). Hojas con nervación plumosa (pinadamente nervadas) usualmente envainadoras en la base y con un abultamiento (callo) debajo de la porción foliar (lámina). Flores con los 3 sépalos externos libres (no unidos), pero con los pétalos internos unidos en un tubo, el cual se agranda en la parte superior hasta formar usualmente 3 lóbulos desiguales blancos o de color. 1 solo estambre fértil (con polen), acompañado por un borde semejante a un pétalo. Otros estambres estériles (sin polen) representados por apéndices semejantes a pétalos (estaminodios). Ovario situado debajo del tubo de la corola (ínfero), con 3 o con 1 solo lóculo. Fruto seco o carnoso.

Clave de los géneros y especies

1. a. Hojas conectadas a un eje muy alargado (pecíolo) de 50-70 cm de largo; hojas muy grandes, 50-100 cm de largo, 25-60 cm de ancho; flores entre numerosas brácteas agrupadas, dispuestas en forma de espiral y estrechamente sobrepuestas 2

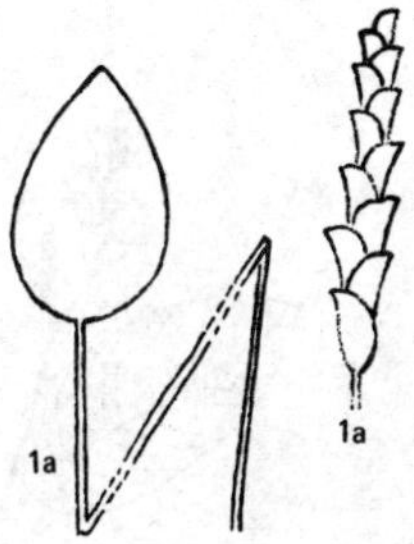

b. Hojas conectadas a pecíolos cortos (por lo menos las hojas superiores), 0,2-20 cm de largo; hojas más pequeñas, 10-45 cm de largo, 6-13 cm de ancho; flores acompañadas por pocas brácteas aplanadas o extendidas . . 3

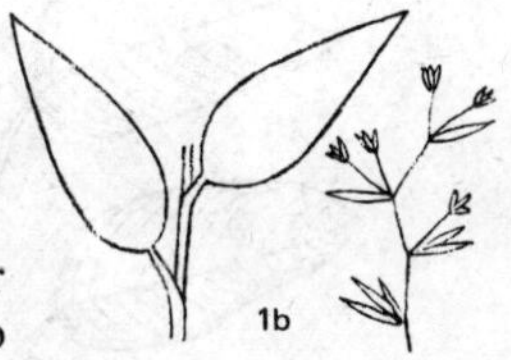

2. a. Hojas color verde opaco en el envés; brácteas de la inflorescencia de color anaranjado o rojo; inflorescencia 1 o pocas sobre un eje (pedúnculo) peludo por debajo de las brácteas inferiores; flores de color salmón o anaranjado *Calathea casupito*

b. Hojas con el lado inferior (envés) de color blanco-plateado; brácteas de la inflorescencia de color castaño-marrón o marrón-rojizo; inflorescencias varias hasta numerosas sobre un eje sin pelos (glabro); flores de color amarillo o anaranjado . . . . *Calathea lutea*

3. a. Flores y brácteas de las flores vistosas; hojas sobre un eje (pecíolo) de (0,5–) 1-20 cm de largo; hojas 10-45 cm de largo, 6-13 cm de ancho, más bien gruesas y coriáceas . . . . *Stromanthe jacquinii*

b. Flores blancas con brácteas verde pálido, no vistosas; hojas con un pecíolo de 0,2-1 cm de largo; hojas 5-20 cm de largo, 1,5-5,5 cm de ancho, delgadas y papiráceas, doblándose rápidamente al secarse . . . . . *Marantha tonckat*

LAMINA 198: MARANTACEAE

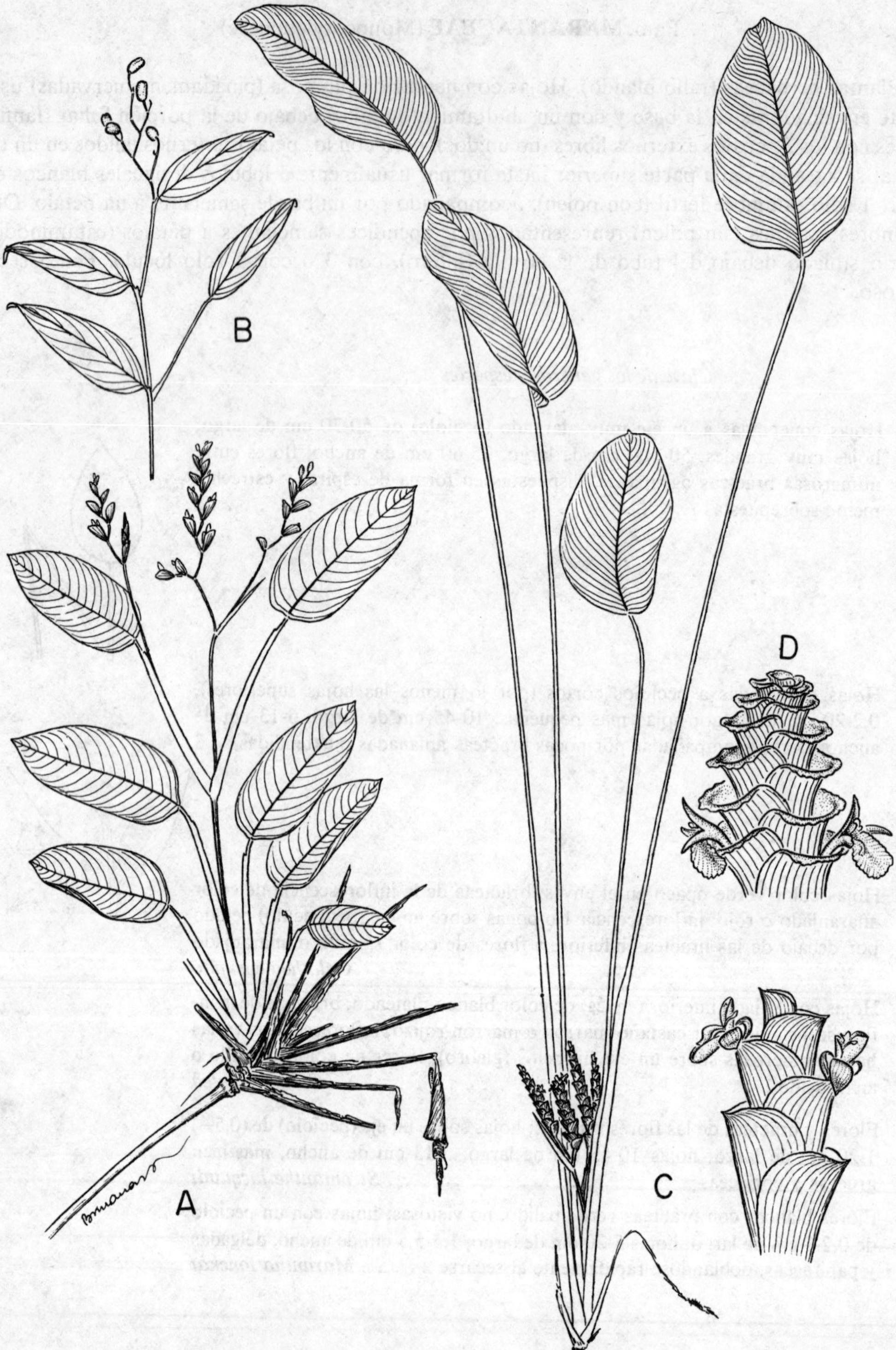

A. Stromanthe jacquinii.–B. Maranta tonckat.–C. Calathea lutea.–D. Calathea casupito.

Calathea casupito (Jacq.) Meyer (Lám. 198, D)
Selva nublada, vertiente norte, 1.600 m.

Calathea lutea (Aubl.) G. F. W. Mey. *"Casupo"* (Lám. 198, C)
Selva nublada, vertiente norte, 900 m. Las hojas con frecuencia son usadas para envolver comida y otros artículos.

Maranta tonckat Aubl. *"Guate"* (Lám. 198, B)
Selva transicional y selva de galería, 900-1.600 m. Frutos rojos. Los rizomas de esta planta contienen una fécula usada en las comidas infantiles y de convalecientes. Esta especie ha sido confundida con material previamente identificado como *Maranta arundinacea* L. y *M. divaricata* Roscoe.

Stromanthe jacquinii (Roem. & Schult.) Kennedy & Nicolson (Lám. 198, A)
Maranta lutea Jacq.
Selva de galería y selva nublada, 900-1.500 m.

Fam. MARCGRAVIACEAE (Dicotyledoneae)

Trepadoras leñosas, con frecuencia epífitas sobre los troncos o en las copas de los árboles. Hojas alternas, gruesas y coriáceas, sin dientes, simples (no divididas), las hojas jóvenes y estériles (sin flores) completamente diferentes de las más viejas de las ramas con flores. Estípulas ausentes. Flores en los extremos de las ramas, algunas veces colgando de ejes, sosteniendo brácteas en forma de saco, espuela o cántaro, de color brillante, las cuales secretan néctar. Sépalos 4-5 (–7), libres o unidos. Pétalos 4-5, libres o unidos arriba de la base. Estambres 3 hasta muchos. Ovario situado arriba de la base (súpero) de las otras partes florales. Fruto seco.

Clave de los géneros y especies

1. a. Flores dispuestas sobre una inflorescencia alargada, erecta y densamente agrupada . . . . *Caracasia tremadena*

1a

b. Flores dispuestas en una inflorescencia colgante, los ejes de las flores extendidos y dispuestos en forma de círculo . . . . *Marcgravia trianae*

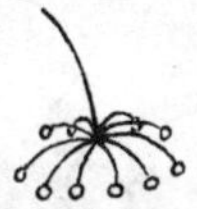

1b

Caracasia tremadena (Ernst) Szysz. (Lám. 199, B)
Selva nublada y veranera, 1.300-1.800 m. Todas las flores similares en tamaño, forma y color.

Marcgravia trianae Baill. (Lám. 199, A)
Selva nublada, vertiente norte, 1.390-1.600 m. Las flores centrales de la inflorescencia, que parece un círculo, son estériles y diferentes en tamaño, forma y color de las del lado exterior. Las flores son visitadas por colibríes (tucucitos o chupaflores) debido a su néctar; los nectarios son de color rosado-salmón y amarillo, el cáliz amarillo-verdoso, las anteras color lavanda, los filamentos rojo coral y el ovario color coral.

LAMINA 199: MARCGRAVIACEAE

A. Marcgravia trianae.–*B. Caracasia tremadena.*

Fam. **MELASTOMATACEAE** (Dicotyledoneae)

Plantas herbáceas, arbustos o árboles, rara vez trepadoras. Hojas opuestas (en las especies del Avila) o algunas veces aparentemente alternas, simples (no divididas); por lo general prominentemente nervadas desde la base (en las especies del Avila), nervios principales usualmente 3-9, dispuestos longitudinalmente desde la base hasta el ápice de la hoja y generalmente con nervios transversales prominentes. Estípulas ausentes. Flores blancas, rosadas, rojizas o purpúreas, rara vez amarillas. Cáliz tubular o en forma de copa, con los sépalos, pétalos y estambres dispuestos en el margen apical del tubo del cáliz. Pétalos usualmente 4-6, libres (no unidos). Estambres generalmente doblando el número de pétalos, algunas veces más numerosos. Ovario situado arriba (súpero) o debajo (ínfero) de la base de las otras partes florales, con 2-10 lóculos. Fruto carnoso y comestible, o seco. Esta familia es una de las más conspicuas y dominantes de la flora de Venezuela.

Clave de los géneros y especies

1. a. Cara inferior (envés) de las hojas cubierto por una capa densa de color blanco o plateado 2

   b. Envés de las hojas ni blanco ni plateado 3

2. a. Tallos 4-angulados . . . . *Miconia stenostachya*

   b. Tallos con lados redondeados . . . . *Miconia albicans*

3. a. Todas las flores nacen de los lados del tallo o debajo de las hojas superiores, pero no en los extremos del tallo 4

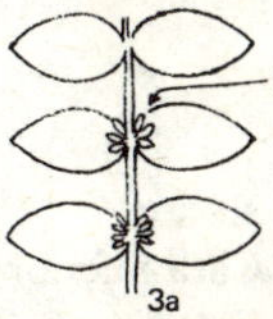

3a

   b. Por lo menos algunas, si no todas, las flores nacen en el extremo del tallo o de las ramas 9

3b

4. a. Hojas agudamente angostadas en la base; algunos de los nervios longitudinales principales de las hojas nacen del nervio principal, arriba de la base de la hoja (plinervadas) 5

4a

   b. Hojas acorazonadas, redondeadas o encorvadas en la base; todos los nervios longitudinales principales de las hojas nacen en la base misma de la hoja (basinervadas) . . . . 7 *(Clidemia)*

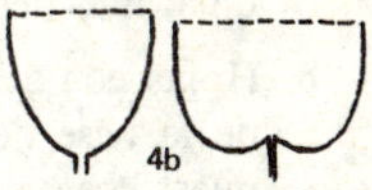
4b

5. a. Tallos, ambas superficies de las hojas y el eje que las sostiene (pecíolo) densamente peludos (pubescentes); pelos extendidos más allá de los bordes de las hojas . . . . *Clidemia sericea*

b. Pubescencia no evidente o menos densa; sin pelos extendidos más allá de los bordes de las hojas . . . . 6 *(Henriettella)*

6. a. Todos los nervios longitudinales principales nacen en la parte baja de la hoja, a los 0,5-1,7 cm arriba de la base; ejes de las flores (pedicelos) 3-6 mm de largo . . . . *Henriettella tovarensis*

6a

b. 2 de los nervios longitudinales más internos nacen cerca de la mitad de la hoja, 4-6 cm arriba de la base; pedicelos casi ausentes, solamente 1 mm de largo . . . . *Henriettella manarae*

6b

7. a. Cara inferior (envés) de la hoja casi sin pelos, o con pelos esparcidos o inconspicuos . . . . *Clidemia ampla*

b. Envés de la hoja obviamente peludo, especialmente sobre los nervios 8

8. a. Eje que soporta la hoja (pecíolo) ausente o sólo poco desarrollado, 1-5 mm de largo; nervios transversales elevados o prominentes en el lado inferior de la hoja . . . . *Clidemia ciliata*

b. Pecíolo bien desarrollado y obvio, 5-16 mm de largo; nervios transversales apenas elevados y menos prominentes en el lado inferior de la hoja . . . . *Clidemia hirta*

9. (3.b)

a. Hojas usualmente con sólo 3 nervios longitudinales principales más fuertes, que nacen en o cerca de la base de la hoja (algunas veces un nervio longitudinal más débil puede apreciarse cerca o a lo largo de cada borde) 10

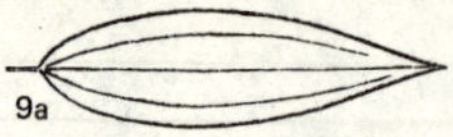

9a

b. Hojas con 5 o más nervios longitudinales principales, que nacen en o cerca de la base de la hoja (algunas veces incluyendo un nervio más débil, dispuesto cerca o a lo largo de cada borde) 24

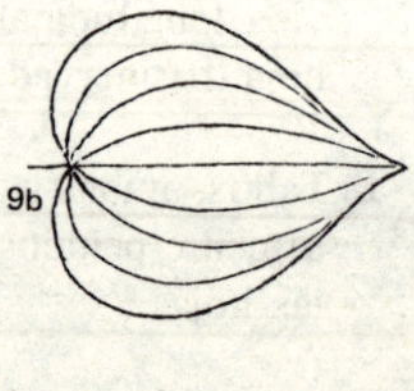

9b

10. a. Tallos conspicua o inconspicuamente 4-angulados 11
b. Tallos con lados redondeados 14

11. a. Plantas pequeñas, o casi herbáceas, a lo más 0,7 m de alto; tallos conspicuamente 4-angulados . . . . *Pterolepis pumila*
b. Arboles pequeños o arbustos, definitivamente leñosos; tallos menos conspicuamente 4-angulados 12

12. a. Todos los 3 nervios longitudinales nacen en la base misma de la hoja; pétalos y cáliz con 4 lóbulos; estambres 8 . . . . *Miconia resimoides*

12a

b. 2 de los nervios longitudinales principales nacen un poco arriba de la base de la hoja; pétalos y lóbulos del cáliz 5; estambres 10 13

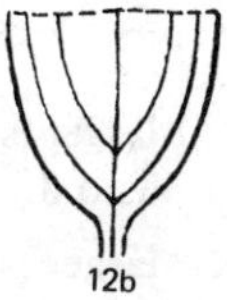

12b

13. a. Bordes de la hoja diminutamente dentados . . . . *Miconia ulmarioides*
b. Bordes de las hojas sin dientes . . . . *Miconia ulmarioides*

14. (10.b)
a. Solamente 1-3 flores o frutos nacen de un par de hojas; flores sobre ejes (pedicelos) largos, 2,5-8 cm de largo; pétalos grandes, de color rosado oscuro, 25-40 mm de largo . . . . *Meriania longifolia*
b. Flores o frutos numerosos dispuestos en los extremos de los pedúnculos; flores sobre ejes (pedicelos) mucho más cortos; pétalos pequeños, blancos o rosados, menos de 5 mm de largo 15

15. a. Tallos y ejes de la inflorescencia cubiertos por pelos extendidos, purpúreo-rojizos, de 3-10 mm de largo . . . . *Miconia lacera*
b. Pelos, cuando presentes, no alargados como se indica arriba 16

16. a. Cara inferior (envés) de la hoja conspicuamente peludo 17
b. Envés de la hoja sin pelos o con pelos esparcidos o inconspicuos 19

17. a. Cara superior (haz) de las hojas sin pelos; envés con pubescencia densa y de color marrón-rojizo . . . . *Miconia rubiginosa*
b. Ambas caras de las hojas con pelos 18

18. a. Pétalos usualmente blancos, 5-7 mm de largo; hojas 1-3,5 cm de ancho . . . *Tibouchina longifolia*
b. Pétalos usualmente rosado-pálidos, 9-12 mm de largo; hojas 0,6-1,8 cm de ancho . . . . *Tibouchina geitneriana*

19. a. Hojas redondeadas u obtusamente encorvadas en la base 20

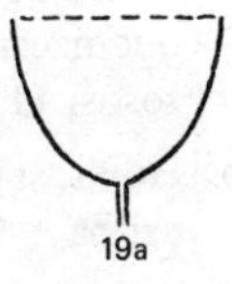

19a

b. Hojas agudamente angostadas en la base 21

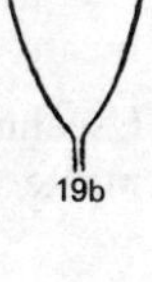

19b

20. a. Márgenes de las hojas, sin dientes o pelos; hojas 6-17 cm de ancho, con nervios transversales prominentes en la cara inferior; eje que soporta la hoja (peciolo) generalmente 2-5 cm de largo; árbol de 3-8 m de alto . . . *Miconia sancti-philippi*

b. Márgenes de las hojas usualmente con numerosos dientes rojizos o pelos finos; hojas 1-5 cm de ancho, con nervios transversales apenas evidentes en la cara inferior (envés); peciolo 0,4-2 cm de largo; arbustos, generalmente 0,5-2,5 (–4) m de alto . . . . *Miconia ciliata*

21. a. Ramas de la inflorescencia y parte inferior (hipantio) de la flor con una casposidad diminuta o una cubierta escamosa 22

b. Ramas de la inflorescencia e hipantio de la flor sin o casi sin la cubierta casposa o escamosa 23

22. a. Márgenes de las hojas con dientes finos, lo que hace un borde disparejo; arbusto de 1-3 m de alto . . . . *Miconia virescens*

b. Márgenes de las hojas lisos, sin dientes en los bordes; árbol de 6-12 m de alto . . . . *Miconia lonchophylla*

23. a. Márgenes de las hojas usualmente con pelos protuberantes, estrechamente espaciados; ejes de la inflorescencia (cuando está en flor) con brácteas obvias, extendidas o protuberantes . . . . *Miconia ciliata*

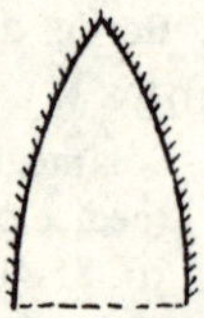
23a

b. Márgenes de las hojas sin pelos protuberantes; ejes de la inflorescencia (cuando está en flor) sin brácteas obvias . . . . *Miconia theaezans*

24. (9.b)

a. Hojas casi tan anchas como largas, generalmente de forma redonda, 10-25 centímetros de ancho, 10-25 cm de largo; sin dientes en los bordes; hojas generalmente sin pelos . . . . *Graffenrieda latifolia*

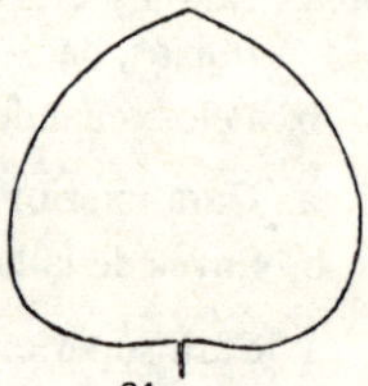
24a

b. Hojas usualmente más largas que anchas o más angostas, pero, cuando 10-23 cm de ancho (como en *Miconia macrodon*), entonces conspicuamente peludas y con dientes en los bordes 25

24b

25. a. Hojas conspicuamente peludas (6–) 10-23 cm de ancho; dientes presentes en los bordes de las hojas, hojas con 7-9 nervios longitudinales principales, que nacen de la base; flores grandes, 2-3 cm de diámetro con 8 pétalos vistosos, 11,5-21 mm de largo . . . . *Miconia macrodon*

b. Hojas, si peludas, más angostas o sin la combinación de caracteres indicados arriba 26

26. a. Plantas pequeñas, casi herbáceas, a lo más 0,7 m de alto; tallos conspicuamente 4-angulados . . . . *Pterolepis pumila*

b. Usualmente árboles, arbustos o plantas más grandes; tallos inconspicuamente 4-angulados 27

27. a. Hojas generalmente sin pelos, pero con frecuencia con escamas casposas sobre la cara inferior (envés) 28

b. Hojas por lo menos en el envés, más o menos peludas 42

28. a. Algunos de los nervios longitudinales principales (los 3 interiores) nacen arriba de la base de la hoja y no en la base misma (plinervadas) 29

28a

b. Todos los nervios longitudinales principales nacen en la base misma de la hoja (basinervadas) 34

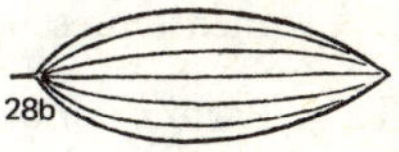

28b

29. a. Pétalos 4, de color rosado-rojo, grandes, 18-30 mm de largo; hojas relativamente pequeñas, 2-5 (—7) cm de largo . . . . *Monochaetum humboldtianum*

b. Sin la combinación de caracteres arriba indicados 30

30. a. Tallos, ejes que soportan las hojas (pecíolos) y nervios de la cara inferior (envés) de la hoja completamente sin pelos (glabros) . . . *Miconia spinulosa*

b. Tallos, pecíolos y nervios del envés de la hoja con una cubierta escamosa diminuta 31

31. a. Bordes de las hojas con dientes diminutos, pero definidos . *Miconia virescens*

b. Bordes de las hojas sin dientes 32

32. a. Flores de color rosado-coral oscuro, muy vistosas, con pétalos 15-18 mm de largo, 7-10 mm de ancho; hojas 8-16 cm de ancho . . . . . . *Meriania macrophylla*

b. Flores blancas, mucho más pequeñas, con pétalos 3,5-4 mm de largo, 1,5-2 milímetros de ancho; hojas más pequeñas y más angostas, 3-9 cm de ancho 33

33. a. Hojas delgadas, membranosas; fruto seco; flores y frutos dispuestos sobre ejes (pedicelos) alargados, 3-5 mm de largo, en grupos semejantes a una sombrilla (umbeliformes) . . . . *Graffenrieda moritziana*

b. Hojas más gruesas, más coriáceas; fruto carnoso; flores y frutos sin pedicelos o éstos apenas desarrollados . . . . *Miconia lonchophylla*

34. (28.b)

a. Dientes (definidos o inconspicuos) presentes en los bordes de las hojas . . 35

b. Hojas con bordes sin dientes (enteras) 37

35. a. Articulaciones superiores del tallo (donde el tallo se une a la base del eje que soporta la hoja) y usualmente la base de las hojas, con un grupo denso de pelos; bordes de las hojas con dientes prominentes y regularmente espaciados . . . . *Miconia racemosa*

b. Articulaciones superiores del tallo diferentes a como se indica arriba, pero con una cubierta casposo-escamosa diminuta sobre alguna parte del tallo superior, pecíolo y nervios del lado inferior de la hoja 36

36. a. Base de la hoja redondeada o anchamente encorvada . . . *Miconia laevigata*

36a

b. Base de la hoja angostada o aguda . . . . *Miconia virescens*

36b

37. a. Cara inferior (envés) de las hojas de color marrón pálido o color ante hasta amarillo-marrón, con una cubierta densa y escamosa 38

b. Envés de las hojas sin ninguna cubierta escamosa, o las escamas eventualmente presentes no cubren la superficie 39

38. a. Parte exterior del cáliz y fruto de color verde-plateado; ápice del cáliz con dientes cortos o inconspicuos; cara inferior de las hojas no cubierta con proyecciones resinosas diminutas (papilas) . . . . . . *Miconia dodecandra*

38a

b. Parte exterior del cáliz y fruto de color verde pálido u oliva; ápice del cáliz con dientes conspicuos; cara inferior de las hojas cubierta con papilas resinosas, diminutas . . . . *Graffenrieda weddellii*

38b

39. a. Ambas caras de la hoja con una red fina y rugosa de nervios, los de la cara inferior fuertemente elevados, los de la cara superior fuertemente surcados o acanalados . . . . *Miconia sylvatica*

b. Superficies de las hojas diferentes a como se indica arriba 40

40. a. Hojas gruesas, coriáceas; pétalos 5-6 mm de largo . . *Miconia sancti-philippi*

b. Hojas más delgadas, membranosas; pétalos sólo 2-3 mm de largo 41

41. a. Pétalos 2-2,5 mm de largo . . . . *Miconia sylvatica*

b. Pétalos 3 mm de largo . . . . *Miconia laevigata*

42. (27.b)

a. Hojas 0,6-3,5 cm de ancho 43

b. Hojas generalmente 4-16 cm de ancho 47

43. a. Los nervios longitudinales principales internos nacen arriba de la base de la hoja (plinervadas) 44

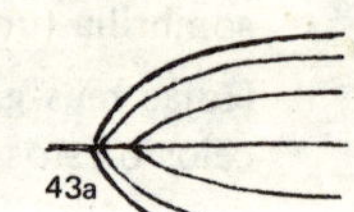

43a

b. Todos los nervios longitudinales principales nacen en la base misma de la hoja (basinervadas) 45

43b

44. a. Pétalos 4, de color rosado oscuro o rosado-rojo, grandes, 18-30 mm de largo; hojas relativamente pequeñas, 2-5 (–7) cm de largo . . *Monochaetum humboldtianum*

b. Pétalos 5, blancos, pequeños, 2,5-3 mm de largo; hojas relativamente más grandes, 7-13 cm de largo . . . . *Miconia ibaguensis*

45. a. Base de la hoja redondeada hasta acorazonada; tallos con pelos extendidos, de color rojo-púrpura; fruto carnoso . . . . *Leandra lindeniana*

b. Base de la hoja aguda hasta obtusamente angostada; tallos con pelos nunca de color rojo-púrpura, generalmente pegados a la superficie (adpresos) o más o menos extendidos; fruto seco 46

46. a. Pétalos usualmente de color blanco, 5-7 mm de largo; hojas 1-3,5 cm de ancho, 3,5-10 cm de largo . . . . *Tibouchina longifolia*

b. Pétalos usualmente de color rosado-pálido, 9-12 mm de largo; hojas 0,6-1,8 centímetros de ancho, 2,5-5,5 cm de largo . . . . . . *Tibouchina geitneriana*

47. (42.b)

a. Los nervios principales longitudinales internos y superiores nacen arriba de la base de la hoja (plinervadas) 48

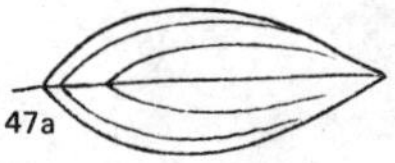

47a

b. Todos los nervios principales longitudinales nacen en o cerca de la base misma de la hoja (basinervadas) 50

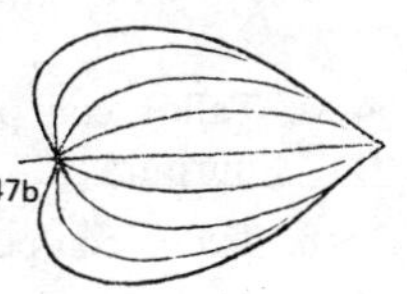

47b

48. a. Flores individuales pequeñas, numerosas y agrupadas, los pétalos 2,5-3 mm de largo; eje que soporta la hoja (pecíolo) 0,5-1 cm de largo . . . . . *Miconia ibaguensis*

b. Flores individuales grandes y vistosas, relativamente pocas en una inflorescencia, los pétalos 16-20 mm de largo; pecíolos más alargados, 1,5-8 cm de largo 49

49. a. Pétalos blancos; el eje principal que sostiene las flores (pedúnculo) es muy corto, 1 cm o menos de largo; los pelos del eje que sostiene la hoja (pecíolo) y de los tallos jóvenes son alargados y conspicuamente extendidos . . . . *Miconia funckii*

b. Pétalos rosados; pedúnculo más largo, 5-6 cm de largo; pelos del pecíolo y de los tallos jóvenes no conspicuamente extendidos . . *Anaectocalyx manarae*

50. a. Eje que sostiene la hoja (pecíolo) casi ausente o a lo más sólo 0,5 cm de largo *Miconia rufescens*

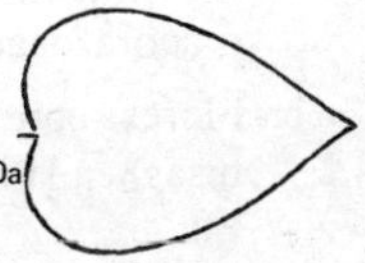

50a

b. Pecíolo evidente o conspicuo, 1-7 cm de largo 51

50b

51. a. Cara superior (haz) de la hoja completamente glabra (sin pelos) 52

b. Haz de la hoja esparcida hasta densamente peludo 53

52. a. Flores de color rosado-coral oscuro, muy vistosas, con pétalos 15-18 mm de largo, 7-10 mm de ancho; parte verde más baja (hipantio y tubo del cáliz) de la flor 6-6,5 mm de largo; hojas 8-16 cm de ancho, con pelos escamosos esparcidos y cortos en la cara inferior y sobre los nervios . . *Meriania macrophylla*

b. Flores de color blanco y mucho más pequeñas, con pétalos 2-2,8 mm de largo, 1,6-2,3 mm de ancho; parte verde más baja (hipantio y tubo del cáliz) de la flor 2-3 mm de largo; hojas 5-10 cm de ancho, densamente peludas en la parte inferior . . . . *Miconia dolichopoda*

53. a. Flores o frutos agrupados en cabezuelas densas y compactas . . . . *Miconia leiotricha*

53a

b. Flores o frutos dispuestos en grupos alargados o ramificados 54

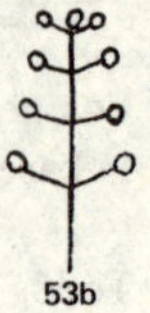

53b

54. a. Tallos con pelos largos, conspicuos, extendidos y de color vino o rojo-púrpura 55

b. Tallos con pelos cortos, pero no conspicuamente extendidos 56

55. a. Hojas 5-10 cm de largo, 2,5-5,5 cm de ancho; flores y frutos dispuestos sobre ejes no ramificados o cortamente ramificados . . . . . . *Leandra lindeniana*

b. Hojas 11-25 cm de largo, 6-12 cm de ancho; flores y frutos sobre ejes alargados y ramificados, los ejes 5-12 cm de largo . . . . . *Miconia aeruginosa*

56. a. Lóbulos del cáliz conspicuos, alargados, persistentes, de hasta 5 mm de largo; inflorescencia angosta, las flores sin ejes (pedicelos) individuales; apéndices (brácteas) persistentes, angostos y alargados dispuestos en la base de las flores . . . . *Miconia laevipilis*

b. Lóbulos del cáliz apenas evidentes, o tempranamente caedizos del cáliz; inflorescencia nunca angosta, las flores dispuestas sobre ejes cortos o alargados, 0,2-1 cm de largo; ningún apéndice alargado (bráctea) persistente en la base de las flores 57

57. a. Flores dispuestas sobre ejes alargados, 5-10 mm de largo; hojas redondeadas o acorazonadas en la base . . . . *Miconia tuberculata*

b. Flores sobre ejes cortos, 1-2 mm de largo; hojas meramente encorvadas (obtusas) en la base . . . . *Anaectocalyx manarae*

Anaectocalyx manarae Wurdack (Lám. 201, B)
Selva nublada, 1.900 m. Arbusto o árbol pequeño, 2-6 m de alto. Las flores son grandes y vistosas.

Clidemia ampla Cogn.
Selva nublada, vertiente norte, 900 m. Arbusto de 2-3 m de alto, flores con pétalos blancos, 2-3 mm de largo.

Clidemia ciliata D. Don var. **ciliata** (Lám. 200, C)
Selva veranera y sabana, 1.200-1.600 m. Arbusto 1-3 m de alto, flores con pétalos blancos, solamente 1,6-2,6 mm de largo.

Clidemia hirta (L.) D. Don (Lám. 205, C)
Sabana y selva veranera, 1.100-1.500 m. Planta con la base algo leñosa, 0,5-2 (–3) m de alto, flores con pétalos blancos 8,5-10 mm de largo.

Clidemia sericea D. Don (Lám. 200, B)
Sabana, 1.500 m. Arbusto pequeño, 0,2-2 m de alto.

Graffenrieda latifolia (Naud.) Triana
Selva nublada y selva transicional, 1.600 m. Esta especie es fácilmente reconocible por sus hojas anchas y casi orbiculares. Arbol de hasta 15 m de alto.

Graffenrieda moritziana Triana
Selva nublada, 1.200-1.900 m. Arbusto o árbol pequeño, 2-8 m de alto.

Graffenrieda weddellii Naud.
Selva nublada, vertiente norte, 1.600 m. Arbol de 10 m de alto, flores con pétalos blanco-rosáceos, 7,5-14 mm de largo. Especie de muy rara ocurrencia, encontrada además en Venezuela sólo en el Territorio Federal Amazonas.

Henriettella manarae Wurd. (Lám. 201, A)
Selva nublada, vertiente norte, 1.500-1.635 m. Arbol pequeño, delgado, 3-4 m de alto, muy raro y conocido en Venezuela solamente de la vertiente norte del Cerro Naiguatá (endémico).

Henriettella tovarensis Cogn.
Selva nublada, 1.500-1.800 m. Arbol 4-12 m de alto.

Leandra lindeniana (Naud.) Cogn.
Leandra fendleri Cogn.
Selva veranera y selva transicional, 1.200-1.600 m. Arbusto de 0,5-1 m de alto, flores con pétalos blancos.

Meriania longifolia (Naud.) Cogn. *"Santa María"* (Lám. 206, B)
Selva de transición y selva nublada, 900-1.800 m. Una de las especies más hermosas de esta familia. Arbol de usualmente 4-12 m de alto, con hojas lisas, de color verde oscuro, y flores grandes, vistosas y de color rosado intenso.

Meriania macrophylla (Benth.) Tr. (Lám. 202, A)
Selva nublada, 1.600 m. Arbol de 8-18 m de alto, con grandes masas de flores muy conspicuas de color rosado-rojo intenso.

Miconia

Este género de las Melastomataceae, y *Psychotria* de la familia de las Rubiaceae, son los 2 géneros más grandes de Venezuela. Alrededor de 180 especies de *Miconia* y 178 de *Psychotria* son conocidas en Venezuela. 25 especies de *Miconia* han sido encontradas hasta ahora en las montañas del Avila y Naiguatá.

Miconia aeruginosa Naud.
Selva nublada, 2.000-2.200 m. Arbusto o árbol de 2-4 m de alto. Esta especie ha sido confundida previamente con *Miconia chaetodon,* la cual hasta la fecha no ha sido coleccionada en el Avila.

Miconia albicans (Sw.) Triana *"Taparón"*
Sabana y selva transicional, 900-1.500 m. Arbusto frecuente de 1-2 (–5) m de alto.

Miconia ciliata (L. C. Rich.) DC. (Lám. 204, B)
Sabana y lugares abiertos, 900-1.500 m. Arbusto común, 0,5-2,5 (–4) m de alto.

Miconia dodecandra (Desr.) Cogn. *"Canilla de Venado"* (Lám. 203, B)
Selva nublada, 1.800 m. Arbol de 6-20 m de alto. Planta conspicua cuando tiene flores y con numerosas inflorescencias de color blanco-rosáceo.

Miconia dolichopoda Naud.
Selva nublada, 1.500 m. Arbol (3–) 10-15 m de alto.

Miconia funckii Wurd.
Heterotrichum schlimii (Naud.) Tr.
Selva nublada, vertiente norte, 900 m. Arbol pequeño, 2,5 m de alto.

Miconia ibaguensis (Bonpl.) Triana
Sabana y matorrales, 1.200 m. Arbusto pequeño, 1,5-2,5 m de alto.

Miconia lacera (Bonpl.) Naud.
Selva veranera, vertiente norte, 900 m. Arbusto pequeño, 1-2,5 m de alto.

Miconia laevigata (L.) DC.
Selva veranera y sabana, 900-1.000 m. Arbusto de 0,5-3 m de alto.

Miconia laevipilis Wurd. (Lám. 205, A)
Selva nublada, 2.000 m. Arbusto de 0,5-4 m de alto.

Miconia leiotricha Wurd. (Lám. 202, B)
Heterotrichum lucidum Triana
Selva nublada y subpáramo, 1.200-2.400 m. Arbusto de 2-3 m de alto.

Miconia lonchophylla Naud.
Selva transicional y selva nublada, 1.500-1.800 m. Arbol de 6-12 m de alto.

Miconia macrodon (Naud.) Wurd.
Heterotrichum macrodon (Naud.) Pl.
Selva nublada, 900-1.100 m. Plantas herbáceas hasta ligeramente leñosas en la base, 1,5-3 (–5) m de alto. Hojas jóvenes con pelos de color rojizo, bordes de las hojas con pelos purpúreos.

LAMINA 200: MELASTOMATACEAE

A. Miconia stenostachya.—B. Clidemia sericea.—C. Clidemia ciliata.

LAMINA 201: MELASTOMATACEAE

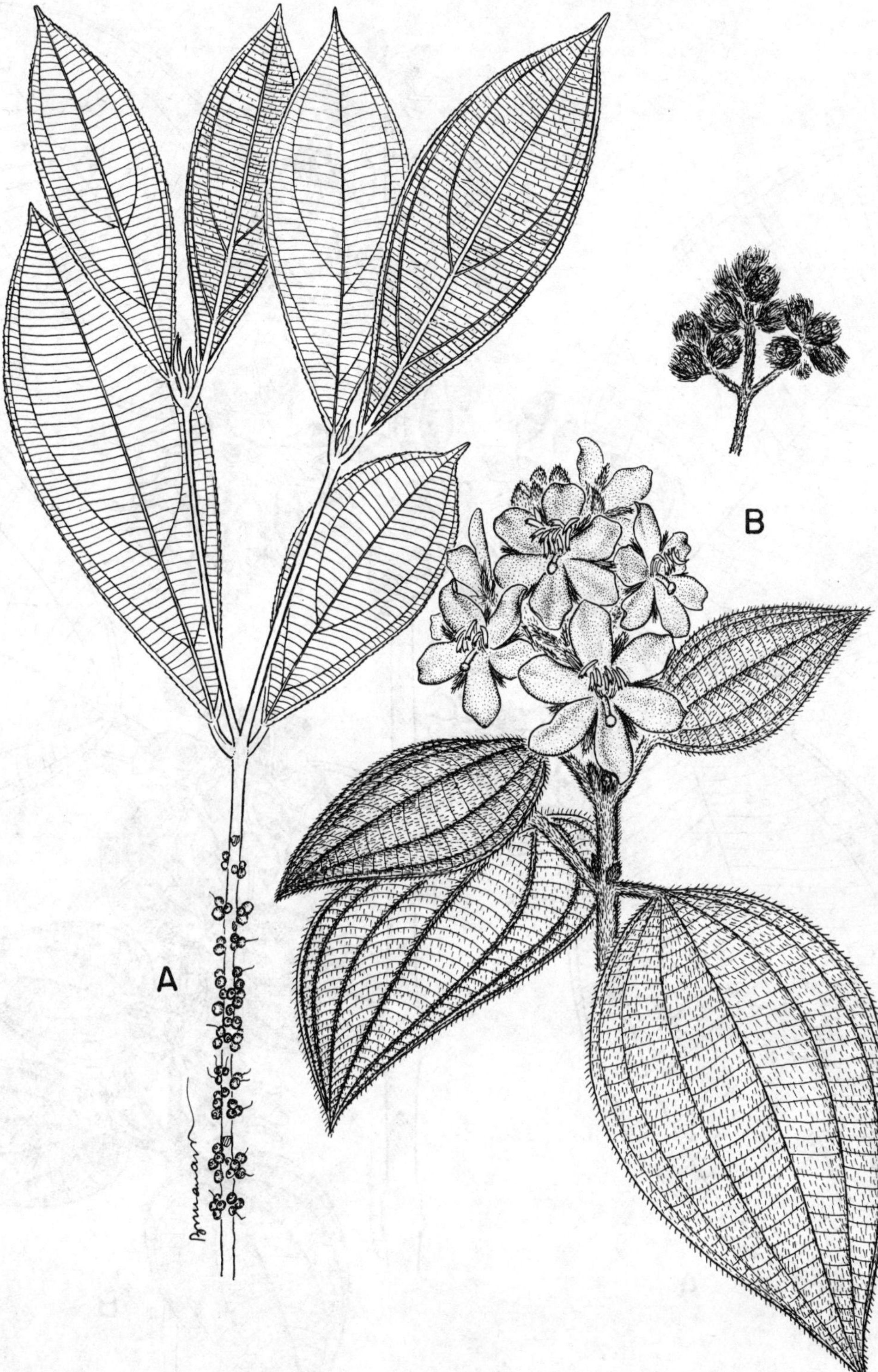

A. Henriettella manarae.—B. Anaectocalyx manarae.

LAMINA 202: MELASTOMATACEAE

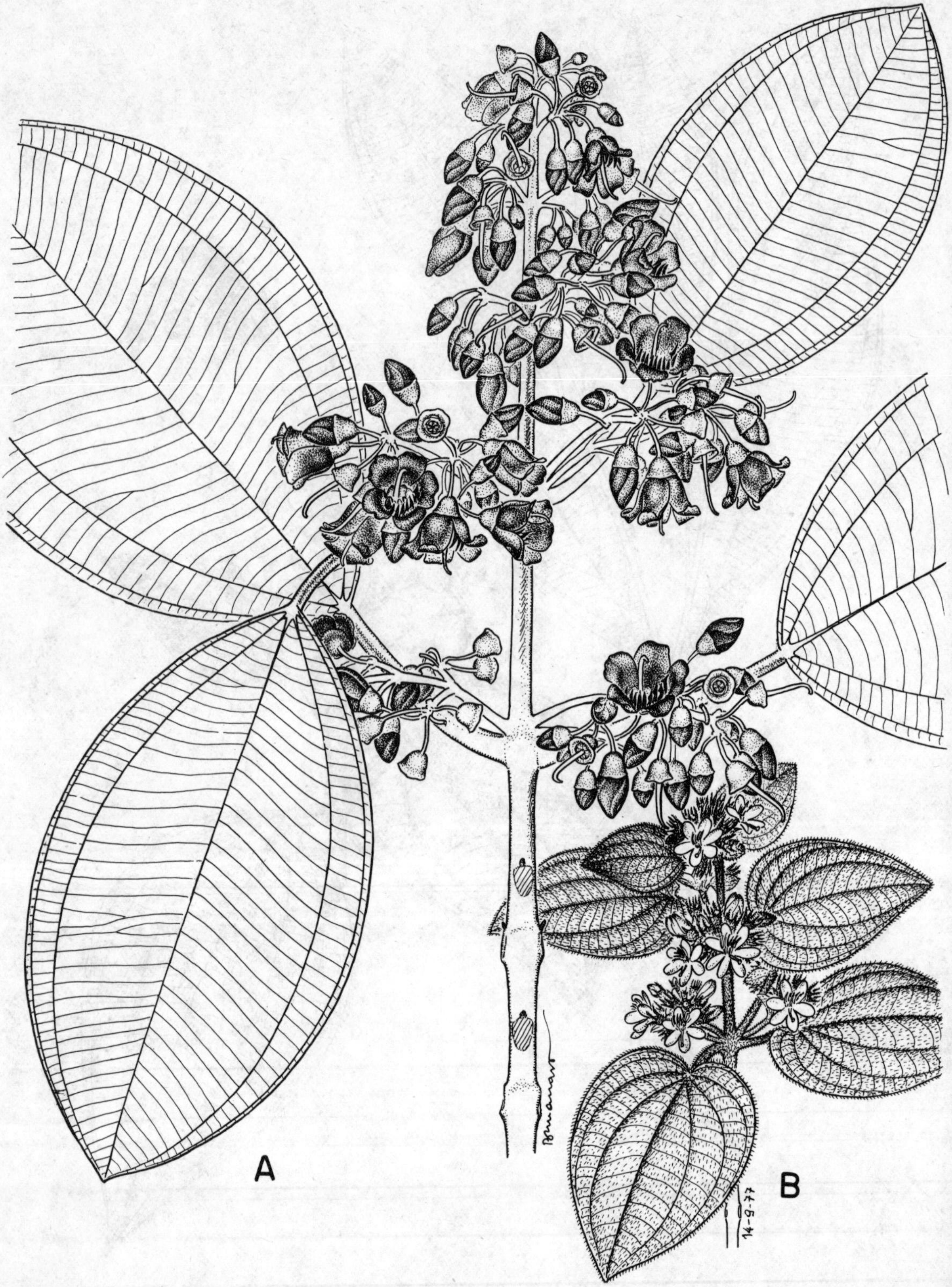

A. Meriania macrophylla.—*B. Miconia leiotricha.*

LAMINA 203: MELASTOMATACEAE

A. Tibouchina longifolia.—B. Miconia dodecandra.—C. Miconia theaezans.—D. Miconia spinulosa.

LAMINA 204: MELASTOMATACEAE

A. Pterolepis pumila.—B. Miconia ciliata.—C. Miconia tuberculata.

LAMINA 205: MELASTOMATACEAE

A. Miconia laevipilis.—B. Tibouchina longifolia.—C. Clidemia hirta.

LAMINA 206: MELASTOMATACEAE

Miconia racemosa (Aubl.) DC.
Selva nublada, vertiente norte, 2.000 m. Arbusto de 0,5-5 m de alto.

Miconia resimoides Cogn.
Selva nublada, 1.500 m. Arbusto o árbol pequeño, 2,5-4 m de alto.

Miconia rubiginosa (Bonpl.) DC.
Sabana, 1.000-1.500 m. Arbusto o árbol pequeño, 0,8-4 (–10) m de alto.

Miconia rufescens (Aubl.) DC.
Sabana, 1.100 m. Arbusto, 0,5-1,5 (–3) m de alto.

Miconia sancti-philippi Naud.
Selva nublada, vertiente norte, 1.600 m. Arbol de 3-10 m de alto.

Miconia spinulosa Naud. (Lám. 203, D)
Selva transicional y selva nublada, 950-1.900 m. Arbusto o árbol pequeño, 1-6 m de alto.

Miconia stenostachya DC. (Lám. 200, A)
Sabana, 900 m. Arbusto de 0,5-2 m de alto.

Miconia sylvatica (Schlecht.) Naud.
Selva de galería y selva veranera, 900-1.500 m. Arbusto o árbol pequeño, (1–) 3-5 m de alto.

Miconia theaezans (Bonpl.) Cogn. (Lám. 203, C)
Selva nublada, y subpáramo, 1.500-2.000 m. Arbol pequeño o mediano, 3-5 m de alto, rara vez más pequeño. Fruto blanco. Muy variable en hojas e inflorescencias.

Miconia tuberculata (Naud.) Triana (Lám. 204, C)
Heterotrichum rostratum (Naud.) Gleason
Selva veranera y selva transicional y sabana, 900-1.500 m. Arbusto o árbol pequeño, 1-5 m de alto.

Miconia ulmarioides Naud.
Selva transicional, 1.500 m. Arbusto o árbol pequeño, 2-3 (–10) m de alto. Algunos ejemplares de esta especie, recolectados en el Avila, han sido erróneamente identificados como *Miconia arbutifolia* Naud.

Miconia virescens (Vahl) Triana
Selva nublada, vertiente norte, 900 m. Arbusto de 1-3 m de alto.

Monochaetum humboldtianum (Kunth & Bouché) Kunth ex Walpers (Lám. 206, A)
Selva transicional, selva nublada y subpáramo, 1.500-2.400 m. Arbusto de 0,3-3 m de alto. Hojas pequeñas, 0,8-2,5 cm de ancho. Esta es una de las hermosas especies de la familia con flores vistosas de color rosado-rojo. La variedad *hirtum* con hojas más densamente pubescentes, también se encuentra en el cerro del Avila.

Pterolepis pumila (Bonpl.) Cogn. (Lám. 204, A)
Selva transicional y sabana, 1.200-1.400 m. Una planta casi herbácea, de hasta 0,7 m de alto.

Tibouchina geitneriana (Schl.) Cogn.
Tibouchina moritziana Cogn.
Sabana y selva veranera, 900-1.600 m. Planta casi herbácea, con tallo delgado, 0,3-1,5 m de alto.

Tibouchina longifolia (Vahl) Baillon (Lám. 203, A; 205, B)
Sabana, selva veranera y selva transicional, 900-1.500 m. Planta casi herbácea, de tallo delgado, 0,3-1 m de alto.

Fam. **MELIACEAE** (Dicotyledoneae)

Usualmente árboles o arbustos, la madera algunas veces fragante, la corteza algunas veces con líquido lechoso. Hojas alternas, usualmente divididas hasta el eje central (compuestas) en segmentos separados (folíolos), con o sin un segmento en el ápice, algunas veces simples y sin dividir, algunas veces con líneas o puntos translúcidos (usar la lupa). Estípulas ausentes. Las inflorescencias nacen generalmente de las axilas de las hojas o algunas veces en el extremo de las ramas. Sépalos 4-5 (–6), algo unidos en la base. Pétalos (3) 4-5 (6-14), libres hasta la base o algunas veces unidos en la base o con el tubo estaminal. Estambres libres o usualmente unidos en un tubo, (3-5) 8-10 (23). Ovario situado arriba de la base de los pétalos (súpero). Fruto carnoso, o una cápsula seca, rara vez una nuez.

Clave de los géneros y especies

1. a. Bordes de los segmentos (folíolos) con numerosos dientes conspicuos; eje central (raquis) de la hoja con numerosos ejes secundarios, generalmente bipinados . . . . *Melia azedarach*

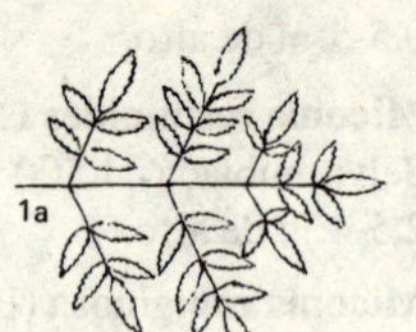

b. Bordes de los folíolos sin dientes; raquis no ramificado 2

2. a. La hoja compuesta termina en un solo folíolo (imparipinada) 3

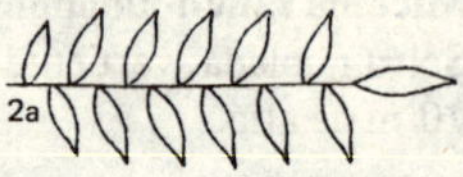

b. La hoja compuesta termina en 2 folíolos (paripinada) 9

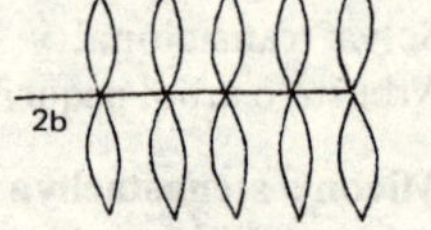

3. a. Cara inferior (envés) de los segmentos (folíolos) cubierta por una pubescencia suave, densa y de color marrón; folíolos grueso-coriáceos . . . . *Ruagea pubescens*

b. Envés de los folíolos sin pubescencia densa y marrón; folíolos nunca grueso-coriáceos 4

4. a. Número de folíolos de una hoja 9-15 (—21) . . . . *Trichilia hirta*

b. Número de folíolos de una hoja 3-9 5

5. a. Folíolos generalmente redondeados en el ápice . . . . . . *Guarea kunthiana*

b. Folíolos generalmente con una punta apical larga hasta corta 6

6. a. Folíolos con 20 o más nervios laterales a cada lado del nervio medio (mirar especialmente en la cara inferior de los folíolos) . . . . . *Trichilia magnifica*

b. Folíolos con 6-15 nervios laterales a cada lado del nervio medio (mirar especialmente en la cara inferior) 7

7. a. Eje que soporta la hoja (pecíolo) y eje de la inflorescencia, peludos; fruto cubierto con proyecciones cerdosas . . . . *Trichilia brachystachya*

b. Pecíolo y eje de la inflorescencia sin pelos o casi sin pelos; fruto sin proyecciones cerdosas 8

8. a. Folíolos en número de 7-9, por lo general dispuestos alternadamente a lo largo del raquis; nervios laterales del envés de los folíolos muy inconspicuos; superficie del fruto, dispareja y con proyecciones verrugosas, pero no peludas; inflorescencia alargada, usualmente igualando o casi igualando en longitud a la hoja . . . . *Trichilia verrucosa*

b. Folíolos en número de 3-5, dispuestos opuestos entre sí a lo largo del raquis; nervios laterales del envés de los folíolos, elevados y más conspicuos; superficie del fruto con pelos sedosos, pero no verrugosa; inflorescencia corta y más corta que la longitud de la hoja . . . . *Trichilia montana*

9. (2.b)

a. Segmentos (folíolos) en número de 12-20 en cada hoja compuesta; 15-25 nervios laterales a cada lado del nervio medio . . . . *Cedrela montana*

b. 4-10 folíolos en cada hoja compuesta; 6-12 nervios laterales a cada lado del nervio medio 10

10. a. Apice de los folíolos anchamente redondeado u obtusamente angostado; nervios laterales de los folíolos, prominentes; yema del ápice de la hoja cubierta por una pubescencia marrón-pálida; pecíolo y raquis de la hoja diminutamente peludos . . . . *Guarea kunthiana*

b. Apice de los folíolos definitivamente puntiagudo; nervios laterales de los folíolos inconspicuos en la cara inferior (envés); yema del ápice de la hoja no cubierta por pelos; pecíolo y raquis de la hoja sin pelos . *Swietenia mahogani*

Cedrela montana Turcz. *"Cedro amargo"* (Lámina 207, A)
Selva nublada, y selva transicional, 1.800-2.000 m. Arbol grande, 20 o más m de alto. Arbol importante por la fina calidad de su madera, usada en ebanistería y carpintería. La fragancia de esta madera evita el ataque de insectos. Tallos con hojas algunas veces confundidos con *Spondias mombin.* Este último tiene yemas y tallos jóvenes sin pelos, en vez de peludos como en *Cedrela montana.*

Guarea kunthiana A. Juss. *"Cedrillo de montana"* (Lám. 207, C)
Selva nublada y selva transicional, 1.500-1.600 m. Arbol de 10-25 m de alto o algunas veces más alto. Fruto rojizo.

Melia azedarach L. *"Paraíso"*
Nativa de Asia. Cultivada como árbol ornamental. Arbol de 9 m o menos de alto. Los frutos lisos, de color amarillo pálido y al igual que otras partes del árbol, son venenosos.

Ruagea pubescens Karst. *"Caóbano blanco"*
Guarea ruagea C. DC.
Guarea fulgens Karst.
Selvas de galería y selva nublada, hasta 2.000 m. Arbol de 25 m de alto. Segmentos (folíolos) de la hoja usualmente 7. Frutos anaranjados.

Swietenia mahogani Jacq. *"Caobo"* (Lám. 207, D)
Introducida de la Isla de Santo Domingo, nativa de Las Antillas. Arbol cultivado, de 10-20 m de alto. Fruto de color marrón pálido.

Trichilia brachystachya Kl.
Trichilia trinitensis Juss.
Selva veranera y selva transicional, vertiente norte, 700-800 m. Arbol pequeño hasta mediano, 5-10 m de alto.

Trichilia hirta L. *"Cedrillo"* (Lám. 208, A)
Trichilia spondioides Sw.
Selva transicional, 1.200-1.600 m. Arbol o arbusto de 3-15 m de alto, semillas con una cubierta roja.

Trichilia magnifica Baehni & Macbride
Trichilia lanceolata Pittier, no DC.
Selva nublada, 1.700 m. Arbol de 15-25 m de alto con semillas rojas.

Trichilia montana H.B.K. (Lám. 207, B)
Selva nublada, 1.600-1.800 m. Arbol de 20 m de alto.

Trichilia verrucosa C. DC.
Selva nublada, 1.500 m. Arbol de 10-15 m de alto.

LAMINA 207: MELIACEAE

A. Cedrela montana.–B. Trichilia montana.–C. Guarea kunthiana.–D. Swietenia mahogani.

LAMINA 208: MELIACEAE; MONIMIACEAE

A. Trichilia hirta.–B. Siparuna stellulata var. manarae.

Fam. **MENISPERMACEAE** (Dicotyledoneae)

Generalmente plantas trepadoras sin zarcillos, algunas veces árboles o arbustos. Hojas alternas, usualmente simples (no divididas), generalmente sin dientes o lóbulos, usualmente con los nervios principales naciendo en la base de la hoja (basinervadas), rara vez con los nervios naciendo en niveles diferentes del nervio medio (peninervadas). Estípulas ausentes. Flores muy pequeñas, de color verdoso, blancuzcas o amarillentas, con los órganos femeninos y masculinos separados en plantas diferentes (dioicas). Sépalos libres (separados), en círculos de 3. Pétalos libres (no unidos) en 1 ó 2 círculos (verticilos) de 3, o ausentes. Estambres de las flores masculinas 3 ó 6, tantos como los pétalos, o numerosos. Plantas femeninas con 3, 6 o más unidades (carpelos) que sostienen la semilla, separadas, rara vez solamente 1, los carpelos situados arriba de la base de las otras divisiones florales (súpero). Fruto carnoso, con 1 semilla.

Clave de los géneros y especies

1\. a. Hojas con pelos en la cara inferior (envés); eje que soporta la hoja (pecíolo) peludo 2

b. Hojas sin pelos o casi sin pelos en el envés; pecíolo sin pelos 3

2\. a. Nervios del envés de la hoja débiles, inconspicuos; hojas delgadas, casi tan anchas como largas; pecíolo con frecuencia conectado un poco arriba de la base de la lámina foliar; fruto de color anaranjado-escarlata, pequeño, blando y carnoso . . . . *Cissampelos pareira*

b. Nervios del envés de la hoja elevados, conspicuos; hojas más gruesas, algo coriáceas, generalmente más largas que anchas; pecíolo conectado directamente a la base de la lámina foliar; fruto grande, duro . . *Abuta aristeguietae*

3\. a. Los nervios principales de la hoja nacen en niveles diferentes del nervio medio (peninervadas) . . . . *Hyperbaena domingensis*

3a

b. Los nervios principales de la hoja nacen juntos en la base misma de la hoja (basinervadas) 4

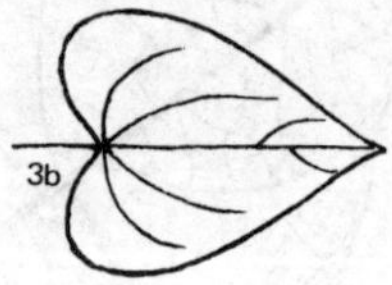
3b

4\. a. Hojas delgadas, membranosas, más anchas en la base . . *Disciphania ernstii*

b. Hojas más gruesas, coriáceas, más anchas en la mitad y angostadas hacia la base . . . . *Abuta longa*

Abuta aristeguietae Krukoff
Selva nublada, vertiente norte, 950-1.600 m. Frutos de color anaranjado, 4-5 cm de largo, 2,5-3 cm de ancho en la madurez.

Abuta longa Krukoff & Barneby
Selva nublada, vertiente norte, 900-1.000 m. Los frutos de color amarillo.

Cissampelos pareira L. *"Oreja de tigre"* (Lám. 209, A)
Selva veranera y selva transicional, con frecuencia en matorrales, 1.000-1.800 m. Con frecuencia colgando en densas enredaderas. Las raíces amargas son usadas algunas veces para el tratamiento de fiebres y mordeduras de culebras.

Disciphania ernstii Eichl. var. **ernstii** (Lám. 209, B)
Selva nublada, 1.000-1.300 m. Flores color verde oliva. Fruto de color verde oliva brillante.

Hyperbaena domingensis (DC.) Benth.
Selva nublada, vertiente norte, 900 m.

LAMINA 209: MENISPERMACEAE

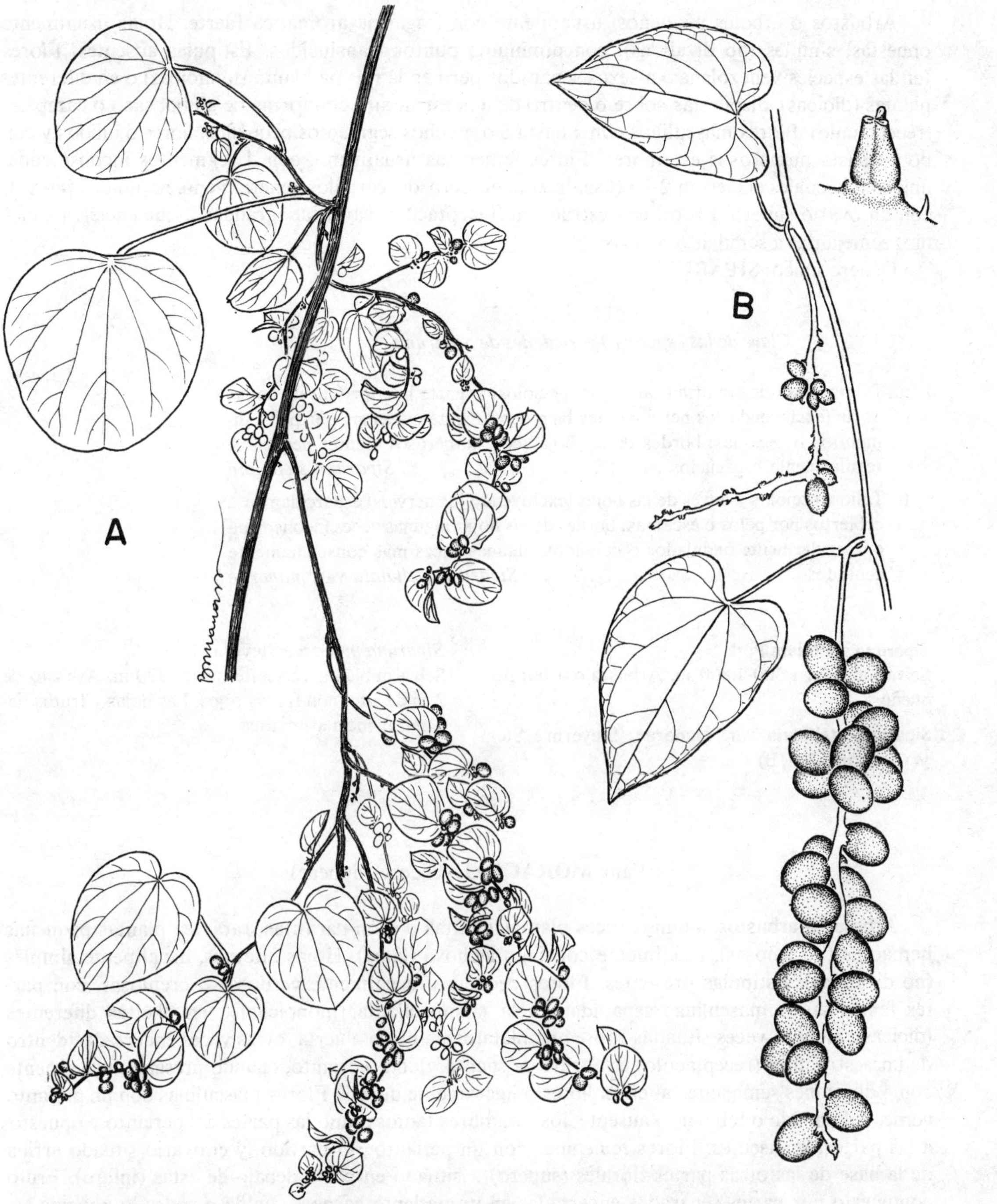

A. Cissampelos pareira.—B. Disciphania ernstii.

Fam. **MONIMIACEAE** (Dicotyledoneae)

Arbustos o árboles pequeños, usualmente con fragancia aromática fuerte. Hojas usualmente opuestas, simples (no divididas), con diminutos puntos translúcidos. Estípulas ausentes. Flores (en las especies venezolanas) a sexos separados pero en la misma planta (monoicas) o en diferentes plantas (dioicas), dispuestas sobre o dentro de una estructura con forma de globo, saco o campana (receptáculo). Flores masculinas con 4 hasta 8 o muchos segmentos pequeños, libres o unidos y con pocos hasta numerosos estambres. Flores femeninas usualmente con 4 segmentos inconspicuos, unidos, los cuales encierran 2-35 (usualmente numerosos) carpelos generalmente no unidos (libres), con un ovario súpero. Fruto, una estructura (receptáculo) carnosa, agrandada, que encierra aquenios semejantes a semillas o drupas.

Género único: SIPARUNA.

Clave de las especies y variedades de Siparuna

1. a. Tallos, ejes que soportan las hojas (pecíolos) y parte inferior (envés) de las hojas (excluyendo los nervios) más bien densamente cubiertos por pelos diminutos o escamas; bordes de las hojas con numerosos dientes pequeños, regularmente espaciados . . . . *Siparuna stellulata*

   b. Tallos, pecíolos y envés de las hojas (excluyendo los nervios) esparcidamente cubiertos por pelos o escamas; bordes de las hojas algunas veces inconspicua e irregularmente ondulados o dentados, algunas veces más conspicuamente dentados . . . . *Siparuna stellulata* var. *manarae*

Siparuna stellulata Perk.
Selva nublada, 1.500-1.800 m. Arbusto o árbol pequeño.

Siparuna stellulata var. **manarae** (Steyerm.) Steyerm. (Lám. 208, B)

Siparuna manarae Steyerm.
Selva nublada, vertiente norte, 900 m. Arbusto de 2 m de alto, con frutos rojos. Las hojas y frutos tienen fragancia aromática.

Fam. **MORACEAE** (Dicotyledoneae)

Arboles o arbustos, algunas veces plantas epífitas o semi-parásitas, rara vez plantas pequeñas herbáceas (no leñosas), usualmente con jugo lechoso (látex). Hojas alternas, usualmente simples (no divididas). Estípulas presentes. Flores pequeñas, usualmente verdosas o cremosas, con partes femeninas o masculinas separadas en la misma planta (monoicas) o en plantas diferentes (dioicas), algunas veces situadas sobre una plataforma plana abierta, otras veces encerradas dentro de una estructura (receptáculo) en forma de saco o globo. Perianto, cuando presente, usualmente con 4 divisiones semejantes al cáliz, libres o ligeramente unidas. Flores masculinas con un perianto verde, 2-4 partido o tubular, o ausente, los estambres tantos como las partes del perianto y opuestos a las partes, o ausentes. Flores femeninas con un perianto 3-5-partido, y el ovario situado arriba de la base de las otras partes florales (súpero) o situado en parte debajo de éstas (ínfero). Fruto compuesto por partes separadas encerradas en un perianto carnoso, unido o rodeado por una estructura carnosa (como p. ej. en los higos).

Clave de los géneros y especies

1. a. Plantas herbáceas, pequeñas, con tallo blando 2

b. Arboles o arbustos 3

2. a. Hojas con bordes angulados o lobulados; todas las hojas nacen en la base de la planta . . . . *Dorstenia contrajerva*

2a

b. Hojas sin lóbulos o márgenes angulados; hojas dispersas a lo largo del tallo y no naciendo en la base de la planta . . . . *Dorstenia colombiana*

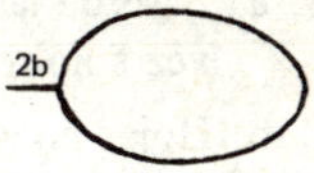

2b

3. a. Espinas o púas presentes en las hojas, ejes que soportan las hojas (pecíolos) y ramas . . . . *Poulsenia armata*

b. Ninguna espina o púa presente en la planta 4

4. a. Hojas profundamente cortadas en lóbulos conspicuos . . . . *Cecropia palmatisecta*

4a

b. Hojas no lobuladas 5

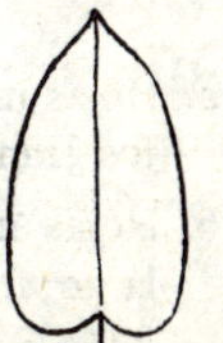

4b

5. a. 3 nervios principales (incluyendo el nervio medio) nacen en la base misma de la hoja; los restantes nervios laterales sólo en número de 2-4 a cada lado del nervio medio . . . . *Morus alba*

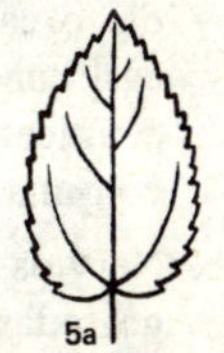

5a

b. Hojas con 6-60 nervios laterales en cada lado del nervio medio, los nervios laterales todos igualmente prominentes y no con sólo 3 nervios prominentes en la base como se indica arriba 6

5b

6. a. Cicatrices de estípulas rodean usualmente por completo las ramitas; escamas de las yemas, ubicadas en el extremo de las ramitas, por lo general conspicuamente alargadas; hojas dispuestas en más de 2 filas o direcciones sobre el tallo; flores o frutos encerrados en un receptáculo en forma de saco . . . . 7 (*Ficus*)

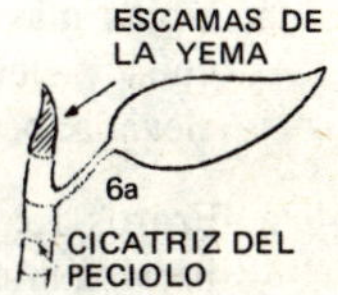

6a

b. Cicatrices de estípulas no rodean completamente las ramitas; escamas de las yemas, ubicadas en los extremos de las ramitas, menos alargadas y menos conspicuas; hojas dispuestas en 2 filas o direcciones solamente sobre el tallo; flores o frutos no como se indica arriba 16

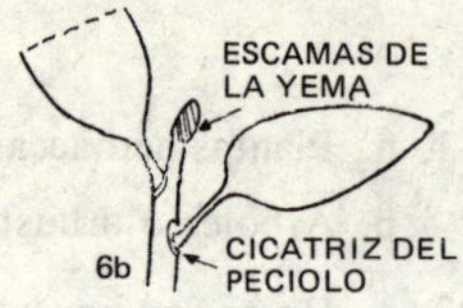

7. a. Ramas con pubescencia marrón; cara inferior (envés) de las hojas conspicuamente peluda . . . . *Ficus velutina*

b. Ramas y envés de las hojas sin pelos (glabros) 8

8. a. Base de las hojas usualmente acorazonada con 2 lóbulos prominentes, rara vez sólo redondeada . . . . *Ficus nympheaefolia*

b. Hojas no como se indica arriba 9

9. a. Los nervios laterales más conspicuos en número de 15-60 a cada lado del nervio medio 10

b. Los nervios laterales más conspicuos sólo en número de 7-14 a cada lado del nervio medio 11

10. a. Los nervios laterales más conspicuos de la hoja generalmente con 3-6 mm de distancia entre sí; fruto constreñido en el extremo apical con un pico corto *Ficus yaponensis*

b. Los nervios laterales más conspicuos de la hoja generalmente con 6-12 mm de distancia entre sí; fruto redondeado en el extremo apical, no constreñido *Ficus insipida*

11. a. Hojas usualmente muy grandes, 8-16 cm de ancho, 13-33 cm de largo; frutos grandes o medianos, 2-4 cm de diámetro y 2-4 cm de largo 12

b. Hojas más pequeñas hasta medianas, 1,5-10 cm de ancho, 4,5-17 cm de largo; frutos pequeños, 0,5-2 cm de largo o ancho 13

12. a. Nervios laterales conspicuamente extendidos en ángulos rectos al nervio medio o casi rectos, 9-14 de cada lado; hojas muy ensanchadas en la base o casi cuadradas (truncadas), usualmente terminando en una punta corta en el ápice; fruto o flor sobre un eje corto (pedúnculo) de hasta 5 mm de largo, con una bráctea pequeña en la base . . . . *Ficus tonduzii*

b. Nervios laterales conspicuamente ascendentes, 7-8 de cada lado; hojas angostadas o algo encorvadas en la base, pero ni ensanchadas ni truncadas, y anchamente redondeadas en el ápice; fruto o flores sin ejes (sésiles), pero acompañados por una bráctea conspicua en la base . . . *Ficus urbaniana*

13. a. Hojas más bien delgadas y papiráceas; nervios laterales en la cara inferior (envés) de la hoja delgados o sólo ligeramente elevados (en las hojas secas); red de nervios del envés débil o inconspicua, no elevada; eje que soporta la hoja (pecíolo) delgado; ejes de los frutos (pedúnculos) delgados 14

b. Hojas más bien más gruesas; nervios laterales del envés de la hoja conspicuos y elevados (en la hoja seca); red de nervios del envés, prominente y elevada; pecíolos y pedúnculos, si presentes, más gruesos 15

14. a. Frutos 1,2-2 cm de diámetro; nervios laterales distantes 0,5-2 cm entre sí; nervios intermedios pocos o no visibles . . . . *Ficus citrifolia*

b. Frutos 0,5-0,8 cm de diámetro; nervios principales laterales distantes 0,3-1 centímetros entre sí; nervios intermedios numerosos y evidentes . . . . *Ficus pertusa*

15. a. Frutos o flores sin ejes o con ejes muy cortos, 1-3 mm de largo; hojas más grandes generalmente 2-5,5 cm de ancho (rara vez hasta 6,5 cm); red de nervios del envés de la hoja, diminuta y densa . . . . *Ficus mathewsii*

b. Frutos y flores sobre ejes conspicuos, 5-13 mm de largo; hojas más grandes generalmente 6-10 cm de ancho; red de nervios del envés de la hoja, más conspicua y menos densa . . . . *Ficus maxima*

16. (6.b)
a. Nervios laterales principales en número de 12-16 a cada lado del nervio medio, casi horizontalmente extendidos y 3-11 mm de distancia entre sí; ramas, eje que soporta la hoja (pecíolo) y cara inferior (envés) de las hojas, sin pelos (glabros); bordes de las hojas siempre sin dientes; cicatrices de las estípulas rodeando más de la mitad de la circunferencia de las ramitas; todas las flores dispuestas en cabezuelas redondeadas y sin ejes . . . *Pseudolmedia rigida*

b. Sólo 6-13 nervios laterales principales a cada lado del nervio medio, ascendentes hasta verticalmente encorvados, 7-25 mm de distancia entre sí; ramas, pecíolos y envés de las hojas con o sin pelos; bordes de las hojas con o sin dientes; cicatrices de las estípulas rodeando menos de la mitad de la circunferencia de las ramitas; flores dispuestas sobre ejes y/o en grupos alargados 17

17. a. Pecíolos, extremos de las ramitas y/o envés de la hoja usualmente con pelos; nervios laterales principales de la hoja generalmente (8—) 11-13 a cada lado del nervio medio, 5-15 mm de distancia entre sí; los nervios más pequeños en el envés de la hoja son prominentemente elevados hasta formar una red *Sorocea sprucei*

b. Pecíolos, extremos de las ramitas, y envés de la hoja usualmente sin pelos (glabros); nervios laterales principales de la hoja generalmente 6-8 a cada lado del nervio medio, 10-30 mm separados entre sí; los nervios más pequeños del envés de la hoja no son elevados o menos conspicuamente elevados *Trophis racemosa*

Cecropia palmatisecta Cuatr. *"Yagrumo"* (Lám. 210, A)
Selva transicional y selva nublada, 900-2.000 m. Arbol de 10-12 m de alto. Hojas de color verde-plateado en el envés. Las inflorescencias de color crema están rodeadas por conspicuas espatas de color rojo-ladrillo. Colonias de hormigas viven usualmente en los tallos huecos, y las hojas constituyen el alimento preferido de la pereza.

Dorstenia colombiana Cuatr.
Selva nublada, vertiente norte, 1.000-1.100 m. Hierba pequeña. Hojas ásperas y de color verde oscuro en el lado superior. Las diminutas flores están densamente agrupadas sobre un receptáculo grande y plano.

Dorstenia contrajerva L. (Lám. 210, B)
Selva tropófila, 1.000 m. Las raíces de esta hierba son frecuentemente usadas en el tratamiento de la disentería y mordeduras de animales ponzoñosos.

Ficus citrifolia Mill. *"Lechero"*
Selva de galería y selva transicional, vertiente norte, 800 m. Arbol de 3-15 m de alto. Fruto 8-10 mm de ancho.

Ficus insipida Willd. *"Higuerote"* (Lám. 212, B)
Selva transicional, 1.500-1.800 m. Arbol de 20-

LAMINA 210: MORACEAE

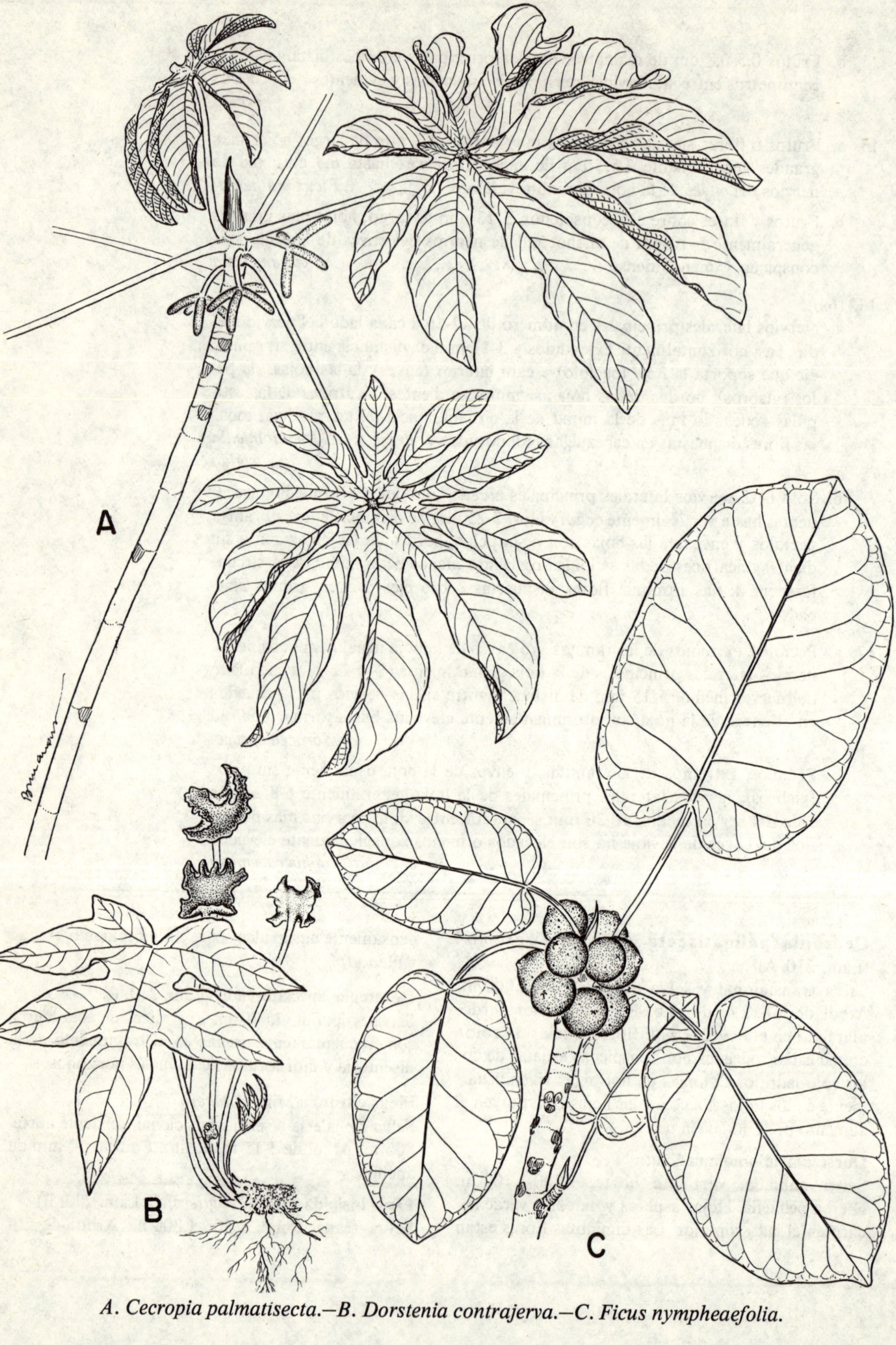

A. Cecropia palmatisecta.—*B. Dorstenia contrajerva.*—*C. Ficus nympheaefolia.*

LAMINA 211: MORACEAE

A. Ficus mathewsii.—B. Morus alba.—C. Ficus velutina.

LAMINA 212: MORACEAE

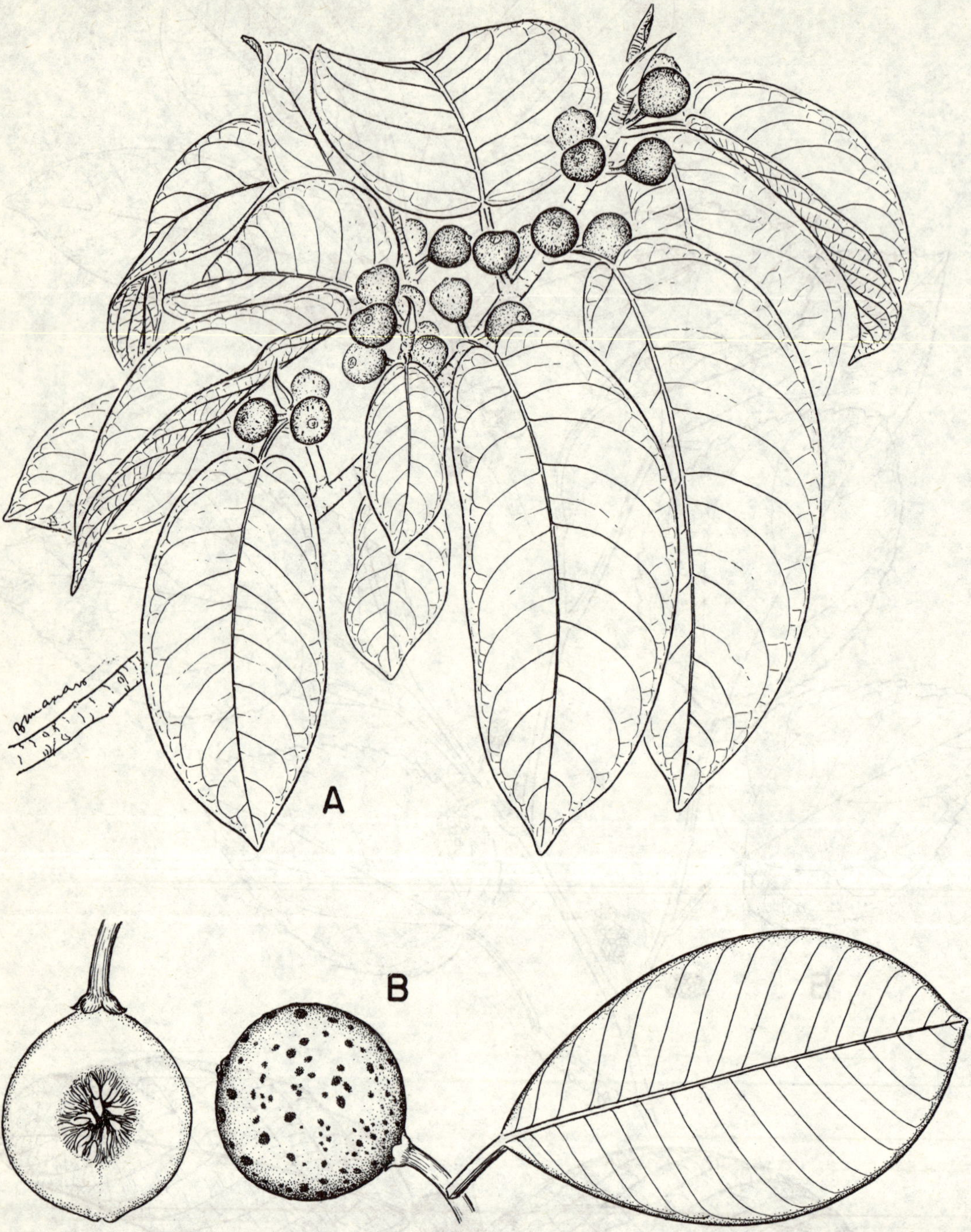

A. Ficus nympheaefolia.—*B. Ficus insipida.*

40 m de alto. Fruto grande, 3,5-4,5 cm de diámetro, de color amarillo hasta anaranjado, muy apetecido por los monos araguatos. Espata de color verde.

Ficus mathewsii (Miq.) Miq. *"Matapalo menudo"* (Lám. 211, A)
Ficus ovalifolia Pittier
Ficus aureo-brunnea Pittier
Selva veranera, selva transicional y selva nublada, 1.100-1.800 m. Arbol de 6 m de alto. Fruto de color rojo. Ocasionalmente planta epífita estranguladora.

Ficus maxima P. Miller
Selva de galería, 1.100-1.200 m. Arbol de 8-10 m de alto. Fruto obovoideo y manchado.

Ficus nympheaefolia P. Miller (Lám. 210, C; 212, A)
Selva veranera y selva nublada, 900-1.900 m. Arbol de 8-15 m de alto.

Ficus pertusa L.f. *"Uvito", "Higuerote"*
Selva nublada, vertiente norte, 900 m. Arbol de 10 m de alto.

Ficus tonduzii Standl.
Ficus macrosyce Pittier
Selva nublada, 1.500-2.000 m. Arbol de hasta 25 m de alto. Fruto grande, verrucoso, 3-4 cm de largo y ancho.

Ficus urbaniana Warb.
Selva veranera, 900 m. Arbol mediano.

Ficus velutina H. & B. ex Willd. *"Araguato", "Higuerote", "Higuito"* (Lám. 211, C)
Selva transicional y sabana, 1.200-1.600 m. Arbol de 8-12 m de alto.

Ficus yaponensis Desvaux
Selva de galería, 900-1.000 m. Arbol de 20-30 m de alto.

Morus alba L. (Lám. 211, B)
Nativa de Asia oriental. Selva transicional, 1.600 m. Arbol cultivado por su fruto comestible, y naturalizado en el Avila y en otras partes de Venezuela.

Poulsenia armata (Miq.) Standl.
Selva nublada, vertiente norte, 1.000-1.300 m. Arbol de 15-20 m de alto. La corteza, que consiste en capas de fibras fuertemente cruzadas, es usada por algunos como sustituto de ropas.

Pseudolmedia rigida (Kl. & Karst.) Cuatr. subsp. **rigida**
Selva transicional, 1.500 m. Arbol de 8 m de alto.

Sorocea sprucei (Baill.) Macbr.
Selva de galería, 950 m. Arbol mediano hasta pequeño.

Trophis racemosa (L.) Urb. *"Lechero", "Ramón"*
Trophis americana L.
Selva de galería, 900 m. Arbol de 4-10 m de alto. Las flores masculinas nacen sobre espigas alargadas y colgantes, mientras que las femeninas, en número de 4-8, están dispuestas en espigas cortas y erectas. Fruto: una baya ovalada. El ganado ingiere las hojas jóvenes y las ramitas. La madera es usada algunas veces para trabajos de ebanistería.

Fam. **MUSACEAE** (Monocotyledoneae)

Plantas herbáceas grandes (con tallo blando), con fuste falso por estar formado por vainas foliares densamente superpuestas. Hojas grandes alternas, simples (no divididas), sin dientes (enteras) y pinadamente nervadas. Inflorescencia con brácteas grandes (espatas) que sostienen las flores. Flores con partes femeninas y masculinas usualmente en la misma flor o separadas, de forma irregular, las 6 divisiones del perianto con el color y la forma de los pétalos, libres o unidas. Estambres usualmente 5 fértiles (con polen), el sexto estambre usualmente reducido. Ovario situado debajo de la base del perianto (ínfero), con 3 lóculos. Fruto carnoso (en las especies del Avila) o seco.

Género único: HELICONIA. Con frecuencia llamada *"Platanillo"*.

Las flores y las grandes brácteas (espatas) son muy vistosas y con frecuencia vendidas para adornos florales. Los segmentos interiores de las flores están unidos hasta formar una estructura en forma de bote, con 5 dientes.

Clave de las especies de Heliconia

1. a. Inflorescencia colgante 2

1a

b. Inflorescencia erecta 3

1b

2. a. Brácteas (espatas) densamente peludas con pelos extendidos, flojos y de color marrón-rojizos; espatas rojas en la porción basal y verdes en la porción superior . . . . *Heliconia villosa*

b. Espatas sin pelos (glabras) o con pubescencia corta o inconspicua; espatas de color rosado-rojo en toda la superficie . . . . *Heliconia revoluta*

3. a. Hojas grandes, dispuestas en más de 2 filas o direcciones; la parte verde (lámina) 20 o más cm de ancho y 1 m o más de largo 4

b. Hojas más pequeñas, dispuestas solamente en 2 filas o direcciones (disticófilas) 5

4. a. Brácteas (espatas) de la inflorescencia con estrías o líneas verticales inconspicuas de color blanco-gris o plateadas; espatas rojas con márgenes verdes; lado inferior de las hojas de color verde exclusivamente . *Heliconia caribaea*

4a

b. Espatas de la inflorescencia sin líneas transversales de color blanco-gris, pero con los ápices de color gris o plateado; espatas con márgenes rojo-bermejo y amarillo-anaranjado; lado inferior de las hojas y pecíolos cubiertos por una capa cerosa de color plateado o blancuzco . . . . . *Heliconia aurea*

5. a. Flores cremosas y blanco-verdosas en la parte superior, amarillo pálido hacia la base con manchas verde-oscuras en el ápice; la inflorescencia con frecuencia nace del suelo y sin hojas . . . . *Heliconia costanensis*

b. Flores anaranjadas y una mancha negra en el ápice; la inflorescencia usualmente nace del tallo foliáceo 6

6. a. Brácteas (espatas) de la inflorescencia rojas o color anaranjado-rojo, las brácteas inferiores 3-13 cm de largo, casi 1 cm de ancho: hojas relativamente agrupadas en el tallo, las superiores con casi 4-8 cm de distancia entre sí; hojas relativamente pequeñas, 4-8 (−11) cm de ancho, 15-30 cm de largo . . . . *Heliconia hirsuta*

6a

LAMINA 213: MUSACEAE

A. Heliconia costanensis.—B. Heliconia hirsuta.

LAMINA 214: MUSACEAE

A. Heliconia caribaea.—*B. Heliconia aurea.*—*C. Heliconia villosa.*—*D. Heliconia revoluta.*

b. Brácteas (espatas) de la inflorescencia de color verdoso en la mitad inferior, rojo o anaranjado-rojo en la mitad superior, las brácteas inferiores 12-15 centímetros de largo, 1-1,5 cm de ancho; hojas relativamente más distantes entre sí, las superiores generalmente 13-24 cm de distancia; hojas relativamente más largas o más alargadas, 7-14 cm de ancho, 38-67 cm de largo *Heliconia acuminata*

6b

Heliconia acuminata L. C. Rich.
Selva nublada, vertiente norte, 1.000-1.100 m. Planta que forma colonias.

Heliconia aurea Rodríguez (Lám. 214, B)
Selva nublada, vertiente norte, 900-1.000 m.

Heliconia caribaea Lam. (Lám. 214, A)
Selva nublada y selva de galería, vertiente norte, desde un poco más arriba del mar hasta 1.000 m de altura. Las grandes brácteas (espatas) de color rojo o rojo-anaranjado están bordeadas con márgenes verdosos y tienen delicadas líneas blancuzcas, verticales y paralelas, en toda la superficie.

Heliconia costanensis Aristeguieta (Lám. 213, A)
Selva nublada, vertiente norte, 1.390-1.490 m. Conocida solamente del Cerro de Naiguatá. Hierba de 2,5-3 m de alto, con brácteas florales (espatas) anchamente extendidas de color rojo opaco.

Heliconia hirsuta L. f. (Lám. 213, B)
Selva de galería, 1.300 m.

Heliconia revoluta (Griggs) Standl. *"Guanazna"* (Lám. 214, D)
Selva nublada, vertiente norte, 900-1.100 m. Toda la inflorescencia, incluyendo los ejes, son de color rojo.

Heliconia villosa Klotzsch (Lám. 214, C)
Selva transicional y selva de galería, 1.300-2.000 m. Esta especie es mucho más pubescente que *H. revoluta*.

Fam. **MYOPORACEAE** (Dicotyledoneae)

Arbustos o árboles pequeños. Hojas alternas en las especies presentes en Venezuela, simples (no divididas), sin dientes en los bordes. Estípulas ausentes. Flores irregulares con cáliz 5-lobulado y generalmente con corola irregular con 5 lóbulos (2-labiadas en las especies venezolanas), y 4 estambres dispuestos en pares conectados a la corola. Ovario situado arriba de la base del tubo de la corola (súpero). Fruto carnoso.

Bontia daphnoides L. *"Olivo"* (Lám. 215, B)
Introducida de las Antillas. Cultivada como planta ornamental en Galipán, 1.500 m, y muy comúnmente plantada en parques y a lo largo de las carreteras en la zona de Caracas. Las hojas angostas, gruesas, verde-oscuras y agrupadas dan una apariencia compacta muy agradable. Las flores son de color pardo-amarillento con manchas purpúreas.

LAMINA 215: MYOPORACEAE; MYRICACEAE

A. Myrica pubescens.–B. Bontia daphnoides.

Fam. **MYRICACEAE** (Dicotyledoneae)

Arboles o arbustos con hojas y frutos aromáticos. Hojas alternas, simples (no divididas), cubiertas con glándulas resinosas, pequeñas y amarillentas. Estípulas ausentes. Grupos de flores dispuestos en inflorescencias oblongas o globulares (amentos). Flores pequeñas, verdosas o amarillentas, con las partes femeninas y masculinas separadas en la misma planta (monoicas) o en plantas diferentes (dioicas). Perianto ausente (sin sépalo o pétalo). Flores masculinas acompañadas en la base por 1 bráctea y usualmente con 4-8 estambres, rara vez más o menos estambres. Flores femeninas con 1 bráctea y con o sin bractéolas adicionales y diminutas. Ovario con 1 lóculo, situado arriba de la base de las bractéolas (súpero). Fruto áspero, pequeño y carnoso.

Clave de las especies de Myrica

1. a. Márgenes de las hojas con pocos dientes o sin dientes; hojas pequeñas, 1-3 centímetros de largo, 1 ½-2 veces más largas que anchas . . . . . . *Myrica caracasana*

   b. Márgenes de las hojas con muchos dientes; hojas más grandes, 5-15 cm de largo (2 ½) 3-5 veces más largas que anchas . . . . *Myrica pubescens*

Myrica caracasana H.B.K. *"Encinillo"*
Subpáramo, 2.300-2.450 m. Arbol pequeño o arbusto, 1,5-3 m de alto. Las hojas, al ser trituradas, despiden una fragancia aromática muy agradable.

Myrica pubescens Willd. *"Encinillo"* (Lám. 215, A)
Myrica arguta H.B.K.
Subpáramo, 2.400-2.600 m. Arbol pequeño o arbusto.

Fam. **MYRSINACEAE** (Dicotyledoneae)

Arbustos o árboles. Hojas alternas, simples (no divididas), generalmente coriáceas, con pocas hasta muchas glándulas oscuras redondas o lineares, o escamas estrechamente pegadas a la superficie. Estípulas ausentes. Flores pequeñas, simétricas, con pocas hasta muchas glándulas oscuras. Cáliz con 3-6 segmentos, los cuales están libres o ligeramente unidos. Corola de color verdoso, amarillento, blancuzco o algunas veces rosado hasta rosado-pálido, con 3-6 segmentos ligeramente unidos. Estambres 3-6, tantos como las divisiones de la corola y opuestos a éstas. Ovario usualmente situado arriba de la base (súpero) del cáliz y la corola. Fruto carnoso.

Clave de los géneros y especies

1. a. Flores sésiles (sin ejes), dispuestas en grupos densos y cortos o aglomerados en las axilas de las hojas o a lo largo de los lados del tallo . . . . 2 *(Rapanea)*

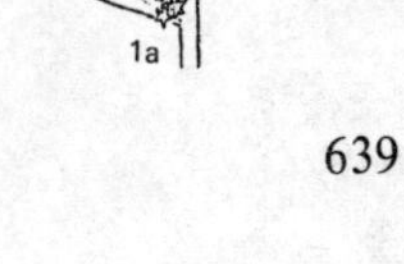
1a

b. Flores sobre ejes alargados 4

1b

2. a. Hojas pequeñas, 0,8-1,8 cm de largo, 0,6-1,2 cm de ancho . . . . . *Rapanea dependens*

b. Hojas en promedio mucho más grandes 3

3. a. Parte superior del tallo o ramas jóvenes cubiertas por pelos de color marrón o ferrugíneo; hojas 1-2,5 cm de ancho, generalmente angostadas hasta corto-puntiagudas u obtusas en el ápice, pero también menos frecuentemente redondeadas . . . . *Rapanea ferruginea*

b. Parte superior del tallo o ramas jóvenes sin pelos; hojas 3-8,5 cm de ancho, generalmente redondeadas en el ápice, rara vez angostándose en una punta obtusa . . . . *Rapanea guianensis*

4. a. Nervios laterales de las hojas en número de 17-30 a cada lado del nervio medio, prominentemente elevados en la cara inferior, horizontalmente extendidos; flores 6-7 mm de largo, diminutamente peludas; hojas 5-8,5 cm de ancho, 13-20 cm de largo; ejes laterales de la inflorescencia sosteniendo flores sobre ejes alargados (pedicelos) . . . . *Parathesis venezuelana*

b. Nervios laterales de las hojas más escasos y no prominentemente elevados en la cara inferior de la hoja; flores 2,5-4 mm de largo, sin pelos o con papilas diminutas; hojas en promedio más pequeñas, 1,5-5 cm de ancho, 8-15 centímetros de largo; los ejes laterales de la inflorescencia sostienen flores sin pedicelos o con éstos muy cortos 5

5. a. Cara inferior (envés) de las hojas y extremo del tallo cubiertos con puntos diminutos de color marrón (usar lupa) . . . . *Cybianthus fendleri*

5a

b. Envés de las hojas y extremo del tallo sin puntos diminutos de color marrón (usar lupa) 6

6. a. Inflorescencia ramificada; pecíolos 0,5-1 cm de largo; flores sin pelos o papilas; ejes de las flores (pedicelos) 5-6 mm de largo . . . . *Ardisia guyanensis*

6a

b. Inflorescencias no ramificadas; pecíolos 1,5-2 cm de largo; flores con diminutas protuberancias (papilas); pedicelos 2 mm de largo . *Cybianthus glabrus*

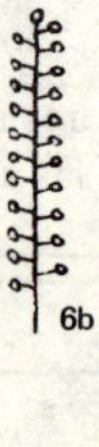
6b

A. Ardisia guyanensis.–*B. Rapanea guianensis.*–*C. Rapanea ferruginea.*–*D. Rapanea dependens.*

Parathesis venezuelana.

Ardisia guyanensis (Aubl.) Mez (Lám. 216, A)
Selva nublada, 1.500-1.800 m. Arbol pequeño, con frutos de color mate.

Cybianthus fendleri Mez
Selva nublada, vertiente norte, 1.390-1.500 m. Arbol pequeño.

Cybianthus glabrus (Mez) Agostini
Conomorpha glabra Mez
Selva transicional y selva nublada, 1.500 m. Arbol pequeño.

Parathesis venezuelana Mez (Lám. 217)
Selva veranera y selva transicional, 900-1.800 m. Arbusto de 2-3 m de alto, flores de color verdoso.

Rapanea dependens (Ruiz & Pavón) Mez (Lám. 216, D)
Subpáramo, 2.300-2.640 m. Arbusto pequeño con denso follaje de hojas pequeñas.

Rapanea ferruginea (Ruiz & Pavón) Mez *"Manteco", "Manteco blanco"* (Lám. 216, C)
Selva transicional, selva nublada y subpáramo, 1.500-2.640 m. Arbusto o árbol mediano, de hasta 20 m de alto.

Rapanea guianensis Aubl. *"Manteco blanco"* (Lám. 216, B)
Selva veranera, sabana y subpáramo, 1.100-2.640 m. Arbusto o árbol pequeño.

Fam. MYRTACEAE (Dicotyledoneae)

Arboles o arbustos. Hojas opuestas (o alternas en algunos géneros exóticos introducidos), rara vez en círculos (verticilos) de 3, usualmente sin dientes en los bordes, simples (no divididas), provistas de puntos o glándulas resinosas (mirar la hoja contra la luz y usar la lupa). Estípulas ausentes. Flores grandes o pequeñas, blancas o rosadas. Cáliz con un tubo (hipantio) unido a la pared del ovario, expandido en la parte superior en 4 ó 5 lóbulos libres o separados entre sí, o unidos hasta formar una cubierta o tapadera (caliptra). Pétalos 4 ó 5, usualmente libres (no unidos), rara vez ausentes. Estambres usualmente numerosos. Ovario situado debajo de la base de los pétalos (infero). Fruto carnoso o seco.

Clave de los géneros y especies

1. a. Hojas alternas; especies exóticas introducidas y/o cultivadas . . . *Eucalyptus* (muchas especies)

1a

b. Hojas usual o principalmente opuestas; especies cultivadas y nativas 2

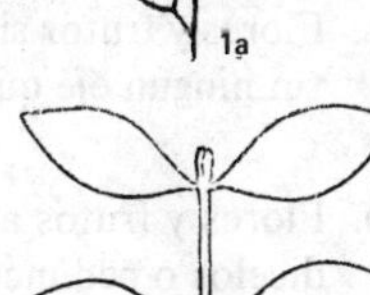

1b

2. a. Hojas 1-2 mm de ancho, angostamente lineares (casi del mismo ancho desde la base hasta el ápice); fruto seco . . . . *Melaleuca linearifolia*

2a

b. Hojas mucho más anchas; fruto carnoso 3

3. a. Flores muy grandes, con pétalos 10-20 mm de largo; estambres muy vistosos y alargados, hasta 10-20 mm de largo 4

b. Flores mucho más pequeñas, los pétalos y estambres mucho más cortos . . 6

4. a. Flores sobre ejes (pedúnculos) que se originan en los extremos de las ramas *Syzygium jambos*

b. Flores sobre pedúnculos que se originan de los lados del tallo o debajo de los extremos del tallo . . . . 5 *(Psidium)*

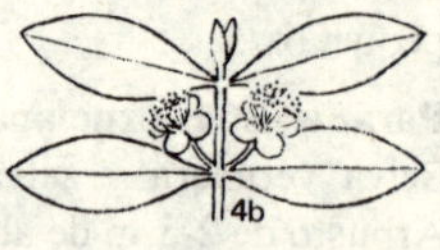

5. a. Hojas con 12-20 nervios a cada lado del nervio medio; ramitas algo 4-angulosas; usualmente 1 sola flor en cada inflorescencia; cara inferior (envés) de la hoja con nervios laterales prominentes, éstos más prominentes que los nervios intermedios más pequeños . . . . *Psidium guajava*

b. Hojas con 5-10 nervios de cada lado del nervio medio; ramitas usualmente con lados redondeados o comprimidos, rara vez 4-angulados; 3 flores frecuentemente presentes en cada inflorescencia; envés de la hoja con nervios laterales débiles y delgados, éstos no más prominentes que los nervios intermedios más pequeños . . . . *Psidium guineense*

6. a. Fruto grande, 4 cm de diámetro, 3 cm de alto, densamente peludo, los pelos de color marrón . . . . *Plinia* sp.

b. Fruto mucho más pequeño 7

7. a. Pubescencia sedosa de color marrón-rojizo presente sobre tallos jóvenes, hojas jóvenes, cara inferior de las hojas más viejas, eje de la flor y flores; hojas pequeñas, usualmente 2-3,5 cm de largo, casi orbiculares y redondeadas en el ápice, con frecuencia tan anchas o más anchas que largas; eje que soporta la hoja (pecíolo) solamente 1-5 mm de largo . . . . *Gomidesia bonnettiasylvestris*

b. Sin la combinación de caracteres arriba indicados 8

8. a. Flores y frutos situados muy cerca del tallo principal a lo largo de los lados y sin ningún eje que los sostenga (sésiles) . . . . *Plinia* sp.

b. Flores y frutos alejándose del eje principal, sobre ejes que los sostengan (pedicelos o pedúnculos) 9

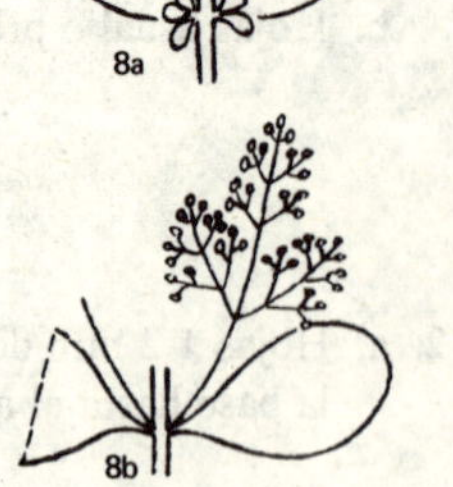

9. a. Cara inferior (envés) de las hojas y ramitas jóvenes cubiertos por una capa de color ante pálido o marrón-plateado . . . . . *Calyptranthes* aff. *speciosa*

b. Envés de las hojas y ramitas jóvenes diferentes como se indica arriba . . . 10

10. a. Todos los ejes de las flores o frutos, agrupados en un mismo punto y dispuestos directamente sobre el tallo . . . . *Eugenia egensis*

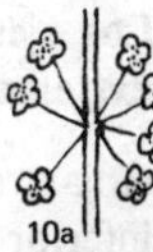
10a

b. Los ejes de las flores o frutos nacen en diferentes niveles o partes del eje floral 11

10b

11. a. Cáliz con forma de cubierta o tapadera, cerrada en la yema y sin lóbulos del cáliz; pelos sobre el tallo y follaje provistos de 2 ramas (usar lupa); ramas foliáceas bordeadas por extensiones semejantes a alas, angostas . . . . . . *Calyptranthes pallens*

11a

b. Sin la combinación de caracteres arriba indicados; por lo menos los lóbulos presentes en el cáliz 12

11b

12. a. Apice de las hojas redondeado o anchamente encorvado 13

b. Apice de las hojas generalmente corta hasta largamente puntiagudo o anchamente angostado; sin embargo, algunas veces el ápice puede estar redondeado o anchamente encorvado 17

13. a. Inflorescencia con varios hasta muchos ejes principales, usualmente con más de 7 flores; cáliz con 5 lóbulos 14

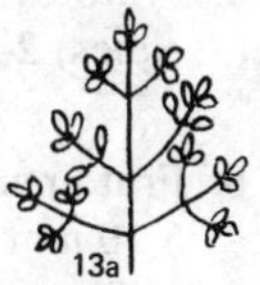
13a

b. Inflorescencia bifurcándose en 2 ejes principales y con 3-7 flores solamente; cáliz con 4 lóbulos 15

13b

14. a. Eje principal (pedúnculo) que soporta la inflorescencia (debajo de los ejes laterales inferiores) diminutamente peludo . . . . . . *Myrcianthes compressa*

b. Pedúnculo de la inflorescencia (debajo de los ejes laterales inferiores) sin pelos (glabro) . . . . *Myrcianthes leucoxyla*

15. a. Ramas de la inflorescencia con pelos diminutos, estrechamente pegados contra la superficie (adpresos) . . . . *Myrcianthes fragrans*

b. Ramas de la inflorescencia sin pelos (glabras) 16

16. a. Hojas relativamente delgadas, con el nervio medio (y con frecuencia la superficie de la cara inferior) con pubescencia suave; nervios laterales de las hojas 6-8 de cada lado, bifurcándose en los extremos en donde se unen y forman arcos redondeados . . . . *Myrcia tomentosa*

b. Hojas más gruesas o firmes, usualmente sin pelos (glabras) en la cara inferior; tallos jóvenes e inflorescencias sin pelos; nervios laterales de las hojas más numerosos y no bifurcándose en los extremos . . . . *Myrcia guianensis*

17. (12.b)

a. Los ejes de la inflorescencia nacen solamente en el extremo de las ramas . . . *Myrcianthes karsteniana*

b. Los ejes de la inflorescencia nacen sea de los lados como también de los extremos de las ramas 18

18. a. Hojas relativamente delgadas, con la superficie y el nervio medio de la cara inferior con frecuencia con pubescencia suave; tallos jóvenes e inflorescencia con pelos; nervios laterales de las hojas 6-8 de cada lado, bifurcándose en los extremos en donde se unen y forman arcos redondeados . . . . . *Myrcia tomentosa*

b. Hojas más gruesas o firmes, generalmente sin pelos en la cara inferior; tallos jóvenes e inflorescencia generalmente sin pelos, pero algunas veces peludos; nervios laterales de las hojas más numerosos y sin bifurcación en los extremos 19

19. a. Lóbulos del cáliz 4; fruto tan largo como ancho o más largo que ancho . . 20

19a

b. Lóbulos del cáliz 5; fruto más largo que ancho 21

19b

20. a. Fruto casi tan ancho como largo, globoso; ejes que soportan las hojas (pecíolos) 2-5 mm de largo; hojas más grandes 0,5-2,5 (–3) cm de ancho . . . *Eugenia* aff. *albida*

b. Fruto mucho más largo que ancho, oblongo-cilíndrico; pecíolos más largos, 8-10 mm de largo; hojas más grandes 2,5-6,5 cm de ancho . . . . . *Eugenia octopleura*

21. a. Tubo del cáliz, lóbulos del cáliz y usualmente el eje de la inflorescencia, sin pelos (glabros) . . . . *Myrcia guianensis*

b. Tubo del cáliz y lóbulos del cáliz diminutamente peludos; eje de la inflorescencia con o sin pelos 22

22. a. Cara inferior (envés) de las hojas sin ninguna red de nervios, o ésta sólo muy débilmente visible entre los nervios laterales principales, que a su vez son inconspicuos y no elevados . . . . *Myrcia servata*

b. Envés de las hojas con una red muy fina de nervios visible entre los nervios laterales principales ligeramente elevados 23

22b

23. a. Envés de la hoja con el nervio medio cortamente pubescente; eje de la inflorescencia, ejes de las flores (pedicelos) y tallos jóvenes con pelos muy cortos . . . . *Myrcia acuminata*

b. El nervio medio del envés de la hoja, el eje de la inflorescencia, los ejes de las flores (pedicelos) y los tallos jóvenes generalmente sin pelos (glabros) o casi sin pelos . . . . *Myrcia fallax*

Calyptranthes pallens (Poir.) Griseb.
Selva nublada, 1.900-2.000 m. Arbol de 9 m de alto.

Calyptranthes (aff.) **speciosa** Sagot (Lám. 218, C)
Selva nublada, 1.700 m. Arbol.

Eucalyptus *"Eucalipto"* (Lám. 220, B)
Varias especies de este género están plantadas en el Cerro del Avila, todas ellas introducidas desde Australia. La especie más comúnmente plantada es *Eucalyptus globulus* Labill., un árbol alto que alcanza 100 m de alto. Esta es una especie de rápido crecimiento, proveedora de madera en corto tiempo y resistente a condiciones secas. Sin embargo, debilita el suelo e impide el crecimiento de otros tipos de vegetación junto con ella. Otras especies plantadas son *E. camaldulensis, E. citriodora, E. alba, E. corymbosa, E. racemosa, E. robusta, E. rostrata, E. rudis* y *E. viminalis.*

Eugenia albida H. & B. (Lám. 218, A)
Selva nublada, vertiente norte, 900-1.000 m. Arbusto de 1-3 m de alto.

Eugenia egensis DC. (Lám. 219, A)
Selva nublada, vertiente norte, 900-1.000 m. Arbol pequeño hasta mediano.

Eugenia octopleura Kr. & Urb.
Selva nublada, vertiente norte, 900-1.000 m. Arbol pequeño hasta mediano.

Gomidesia bonnettiasylvestris Steyerm.
Selva nublada y subpáramo, vertiente norte, 2.000 m. Arbusto o árbol pequeño.

Melaleuca leneariifolia J. E. Smith *"Melaleuca"*
Introducida desde Australia. Arbol cultivado de hasta 5 m de alto. Las hojas miden solamente 2-4 centímetros de largo. Flores blancas. Las hojas usualmente opuestas, pero algunas veces alternas.

Myrcia acuminata (H.B.K.) DC.
Selva nublada, 1.500-1.900 m. Arbusto o árbol pequeño.

Myrcia fallax (Rich.) DC.
Myrcia venezuelensis Berg
Selva nublada, vertiente norte, 1.390-1.490 m. Arbol de 5-8 m de alto. Fruto oblongo-elipsoideo u ovoideo, de color negro-púrpura. Las hojas son corta hasta largamente puntiagudas, coriáceas, brillantes en el lado superior, con nervios numerosos, rectos, paralelos y laterales. Los pequeños nerviecillos forman una red conspicua, vistosa en las hojas secas.

Myrcia guianensis (Aubl.) DC.
Selva nublada, vertiente norte, 1.500-1.635 m. Arbol de 8 m de alto. Fruto globoso de color rojo coral oscuro, que se vuelve negro. Las hojas son generalmente ovado-oblongas o elípticas. 5-8 cm de largo, obtusas en el ápice, con un número indefinido de nervios laterales. Las yemas de las flores son glabras en el lado exterior.

Myrcia servata McVaugh
Selva transicional, 1.500 m. Las hojas angostas de esta especie tienen el ápice puntiagudo. Arbol pequeño hasta mediano.

Myrcia tomentosa (Aubl.) DC. (Lám. 219, B)
Aulomyrcia tomentosa (Aubl.) Amsh.
Sabana, selva veranera y selva transicional, 1.500-1.765. Arbol pequeño hasta arbusto, 2-5 m de alto, con frutos anaranjados y globosos. Las hojas, las ramitas y las inflorescencias están cubiertas por pelos suaves. Los bordes de las hojas usualmente se doblan hacia abajo (revolutas). Las yemas de las flores son peludas en el lado externo y los lóbulos del cáliz glabros en la superficie interna.

Myrcianthes compressa (H.B.K.) Mc Vaugh
Selva transicional, 1.600-1.700 m. Arbol de hasta 15 m de alto.

Myrcianthes fragrans (Sw.) Mc Vaugh (Lám. 220, C)
Selva nublada, 1.900 m. Arbustos hasta árboles medianos.

Myrcianthes karsteniana (Berg) Mc Vaugh (Lám. 218, B)
Eugenia karsteniana Berg
Myrcia karsteniana (Berg) Steyerm.
Selva transicional, 1.300 m. Arbol pequeño. Las inflorescencias son unas panículas alargadas, 6-11 cm de largo, con flores numerosas sobre ramas bifurcadas; cada rama lleva 3 a 7 flores sobre pedicelos cortos y una flor sésil en la bifurcación.

Myrcianthes leucoxyla (Ort.) Mc Vaugh (Lám. 220, D)
Selva nublada, 1.500-1.900 m. Arbol pequeño.

Plinia sp.
Selva nublada, vertiente norte, 900-1.000 m. Arbol de 8-10 m de alto.

Psidium guajava L. *"Guayaba"* (Lám. 221, B)
Sabana, 850-1.000 m. Arbusto o árbol, 3-10 m de alto. Fruto globoso o piriforme, 2-6 cm de largo, de color amarillo o casi rosado. Fruto comúnmente

LAMINA 218: MYRTACEAE

A. Eugenia albida.–B. Myrcianthes karsteniana.–C. Calyptranthes speciosa.

LAMINA 219: MYRTACEAE

A. Eugenia egensis.—B. Myrcia tomentosa.

LAMINA 220: MYRTACEAE

A. Syzygium jambos.—B. Eucalyptus sp.—C. Myrcianthes fragrans.—D. Myrcianthes leucoxyla.

LAMINA 221: MYRTACEAE

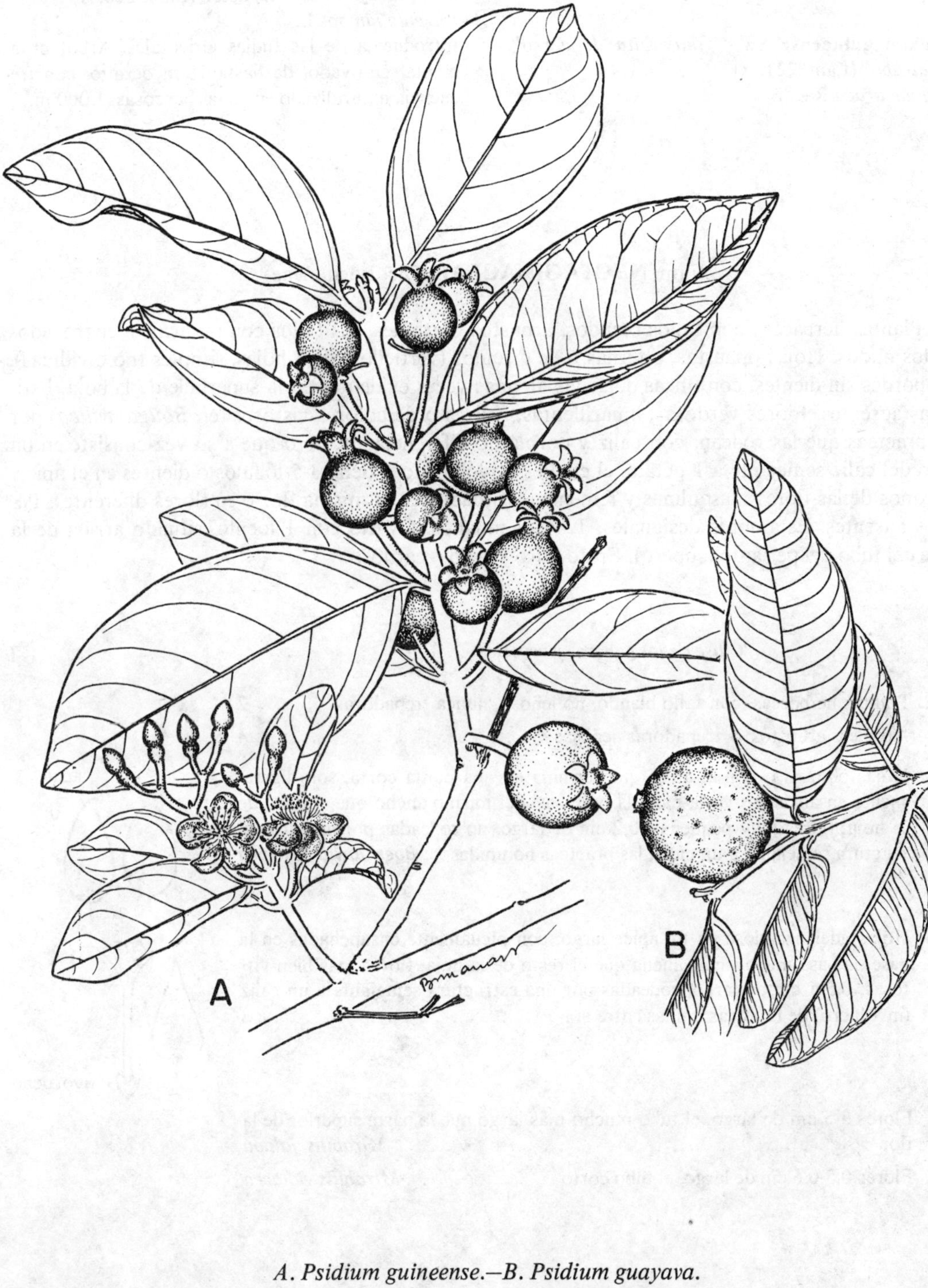

A. Psidium guineense.—*B. Psidium guayava.*

apetecido por su sabor agridulce. Una gelatina rojiza es frecuentemente vendida como "dulce de guayaba" y "pasta de guayaba". La madera es dura y se quema con facilidad. Las raíces y hojas astringentes son usadas para curar la disentería.

Psidium guineense Sw. *"Guayabita de cerro", "Guayabo"* (Lám. 221, A)
Psidium araca Raddi

Sabana, 900-1.500 m. Arbusto hasta árbol pequeño, 1-7 m de alto. El fruto es globoso o piriforme, 1-2 cm de diámetro, de color amarillo o amarillo-verdoso y comestible.

Syzygium jambos (L.) Alston (Lám. 220, A)
Eugenia jambos L.
Introducida de las Indias Orientales. Arbol ornamental cultivado, de hasta 15 m de alto, con frecuencia naturalizado en zonas boscosas, 1.000 m.

Fam. NYCTAGINACEAE (Dicotyledoneae)

Plantas herbáceas con tallos blandos, arbustos o árboles, los tallos con frecuencia engrosados en los nudos. Hojas opuestas, alternas o en círculos (verticilos) de 3 hojas, simples (no divididas), los bordes sin dientes, con líneas delgadas algunas veces evidentes en la superficie de la hoja. Estípulas ausentes. Flores verdosas, amarillentas, rojizas o de colores vistosos (en *Bougainvillea*) por las brácteas que las rodean, con cáliz y corola no diferenciados, pero que a su vez consiste en un tubo del cáliz semejante a 1 pétalo, el cual es no lobulado o tiene 3-5 lóbulos o dientes en el ápice. Organos de las flores masculinas y femeninas, situados en la misma flor o en flores diferentes. Pétalos ausentes. Estambres desiguales, 1 hasta muchos. Ovario con 1 lóculo, situado arriba de la base del tubo del perianto (súpero). Fruto duro y seco o carnoso.

Clave de los géneros y especies

1. a. Plantas herbáceas, con tallo blando, no leñoso, nunca trepadoras 2
   b. Arboles, arbustos o trepadoras leñosas 4

2. a. Hojas obtusas o con el ápice que termina en una punta corta, sólo ligeramente ensanchadas en la base, la base casi del mismo ancho que el resto de la hoja; flores muy pequeñas, 0,2 cm de largo, no rodeadas por ninguna estructura semejante a un cáliz, las brácteas no unidas . . *Boerhaavia coccinea*

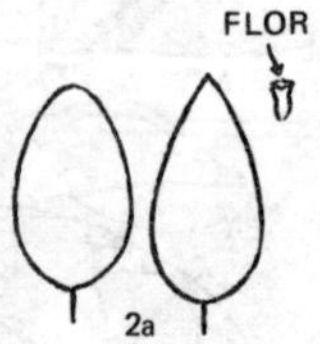

   b. Hojas adelgazándose en un ápice largo, conspicuamente ensanchadas en la base, la base mucho más ancha que el resto de la hoja; flores más bien vistosas, 0,5-5 cm de largo, rodeadas por una estructura semejante a un cáliz (involucro) de brácteas unidas entre sí 3

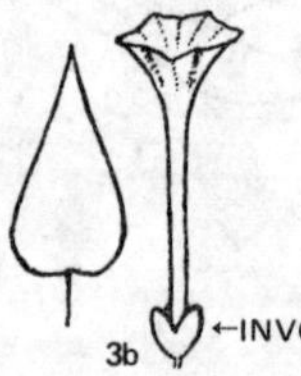

3. a. Flores 3-5 cm de largo, el tubo mucho más largo que la parte superior de la flor . . . . *Mirabilis jalapa*
   b. Flores 0,5-0,6 cm de largo, el tubo corto . . . . *Mirabilis violacea*

4. a. Flores de colores vistosos, con divisiones (brácteas) externas conspicuas, de color rojo, púrpura, anaranjado, amarillo o blancas . . . . 5 *(Bougainvillea)*

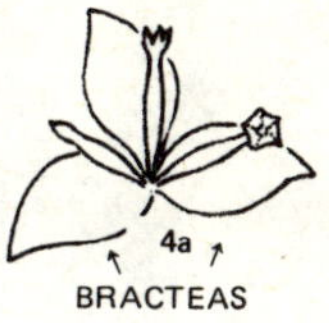

b. Flores pequeñas y no de color brillante 6

5. a. Todas las partes de la planta con pelos . . . . *Bougainvillea spectabilis*

b. Todas las partes de la planta generalmente sin pelos (glabra) . . *Bougainvillea glabra*

6. a. Flores dispuestas en una inflorescencia flojamente ramificada, de color rosado; cada eje de la flor (pedicelo) sostiene una sola flor; ramitas, follaje e inflorescencia sin pelos (glabras) . . . . *Neea anisophylla*

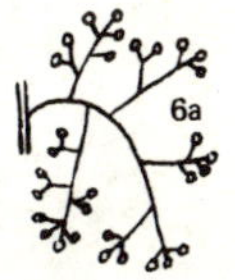

b. Flores dispuestas en una inflorescencia corta, erecta y agrupada, de color verdoso, amarillo-verdoso, purpúreo o marrón-rojizo; flores numerosas en cada rama del raquis de la inflorescencia; ramitas, follaje e inflorescencia con frecuencia peludas . . . . 7 *(Guapira)*

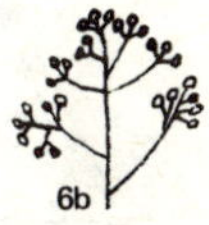

7. a. Los tallos jóvenes e inflorescencias cubiertos por una pubescencia de color herrumbroso y conspicua . . . . *Guapira ferruginea*

b. Tallos jóvenes e inflorescencias sin pelos o sin pelos de color herrumbroso . 8

8. a. Las hojas permanecen de color verde después de ser secadas, y usualmente terminan en una punta corta hasta larga; nervios usualmente evidentes en la cara inferior . . . . *Guapira pacurero*

b. Las hojas se vuelven de color marrón hasta negro cuando secas, y son usualmente obtusas y redondeadas, o terminan en una punta corta apical; nervios de las hojas usualmente inconspicuos en la cara inferior . *Guapira olfersiana*

Boerhaavia coccinea Mill. *"Tostón"*
Boerhaavia caribaea Jacq.
Sitios abiertos y alterados, 900 m. Una maleza anual, ramificada, de casi 1 m o menos de alto, con flores purpúreo-rojizas hasta rojas.

Bougainvillea glabra Choisy *"Trinitaria"*
Nativa del Brasil. Trepadora espinosa, leñosa, cultivada. Las flores nacen en grupos de 3, están rodeadas por 3 brácteas persistentes y coloreadas y por éstas la planta es llamada "trinitaria".

Bougainvillea spectabilis Willd. *"Trinitaria"* (Lám. 222, C)
Nativa de Brasil. Trepadora, leñosa, espinosa y cultivada.

Guapira ferruginea (Kl.) Lundell *"Cazabito"* (Lám. 222, B)
Torrubia ferruginea (Kl.) Standl.
Selva veranera, 900-1.100 m.

Guapira olfersiana (L. K. & O.) Lundell *"Cazabe"*
Torrubia olfersiana (L. K. & O.) Standl.
Selva de galería y selva transicional, 1.200-1.300 m. Arbusto o árbol pequeño, 3-5 m de alto. Hojas opuestas o en círculos (verticilos) de 3 hojas. Flores femeninas y masculinas separadas.

Guapira pacurero (H.B.K.) Lundell *"Cazabito", "Amarillo pesjua", "Salado"*
Torrubia pacurero (H.B.K.) Standl.
Selva transicional, 1.620 m. Arbol de hasta 7 m de alto, con flores amarillentas o rosado-verdosas.

Mirabilis jalapa L. *"Jazmín de tarde"* (Lám. 222, D)
Probablemente nativa de México, pero no conocida

LAMINA 222: NYCTAGINACEAE

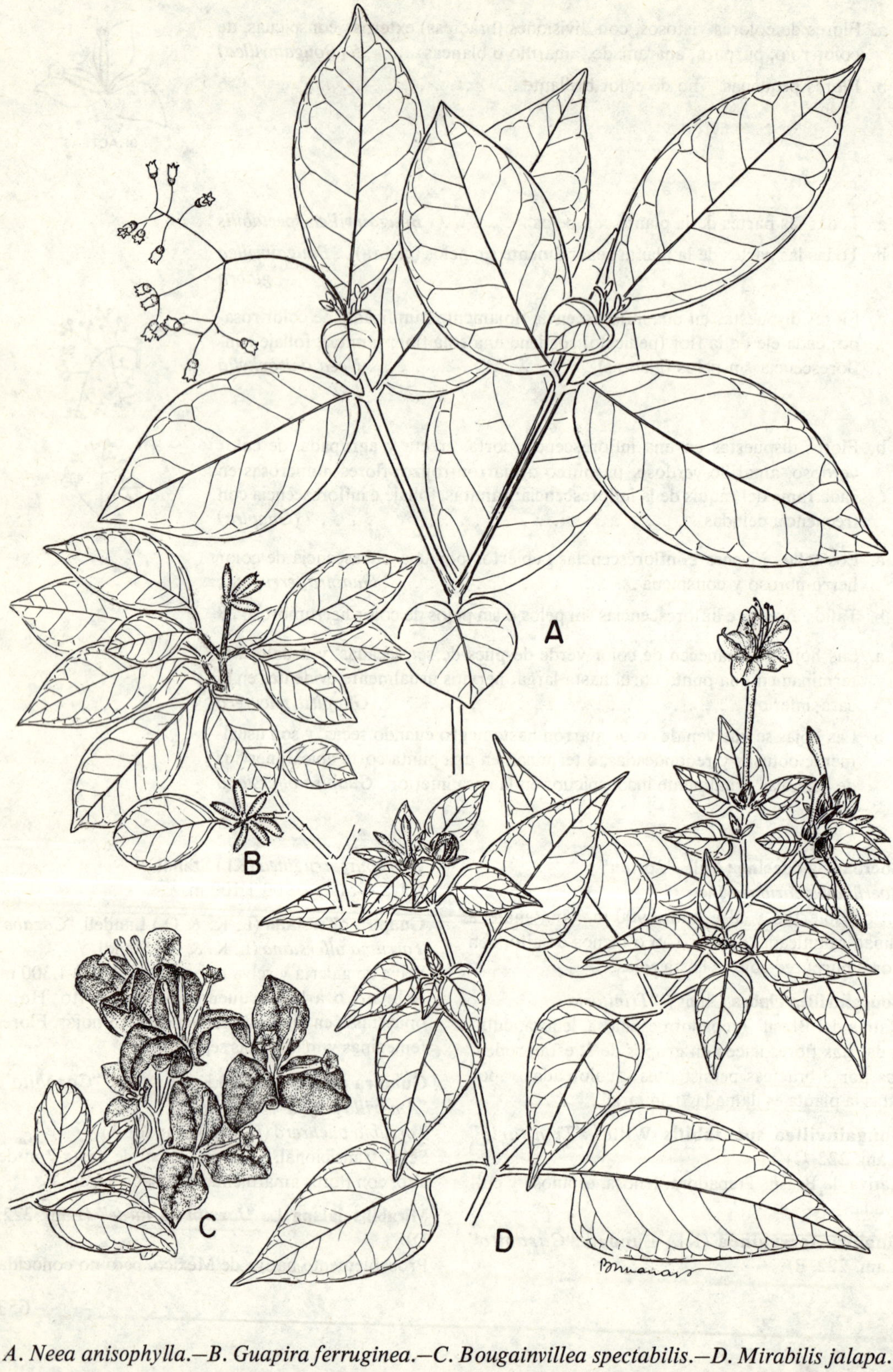

A. Neea anisophylla.–B. Guapira ferruginea.–C. Bougainvillea spectabilis.–D. Mirabilis jalapa.

en su verdadero estado natural. Frecuentemente cultivada como planta de jardín o encontrada escapada del cultivo y naturalizada en lugares abiertos, alterados y cultivados. Las flores son generalmente de color rosado-purpúreo, pero las hay también con otros colores y son muy fragantes. Estas flores se abren en la tarde, duran toda la noche y se cierran antes del mediodía.

Mirabilis violacea (L.) Heimerl
Selva veranera, 1.000 m. Las flores de color púrpura-rojizo están cubiertas con pelos pegajosos.

Neea anisophylla Ernst (Lám. 222, A)
Selva de galería, 1.300 m. Arbol pequeño de 3-4 m de alto.

Fam. **OCHNACEAE** (Dicotyledoneae)

Arboles, arbustos o plantas herbáceas. Hojas alternas, usualmente simples (no divididas), coriáceas, con apéndices (estípulas) prominentes en la base del eje que soporta la hoja (pecíolo). Flores amarillas (en las plantas del Avila), rosadas, color lavanda o blancas, con 4-5 (o 10) sépalos usualmente libres o algo unidos, 4-5 (o 10) pétalos libres, 5, 10 o muchos estambres fértiles y usualmente con una serie de estructuras no fértiles (estaminodios) semejantes a estambres. Ovario situado arriba de la base de los pétalos y sépalos (súpero) y soportado por una estructura agrandada (receptáculo o ginóforo). Fruto seco o carnoso.

Ouratea caracasana (Planch.) Engl. *"Asta"* (Lám. 223).
Selva transicional y selva nublada, 1.500-1.600 m. Arbol de 6-10 m de alto, con flores amarillas dispuestas en una panícula terminal. Los frutos de color negro aparecen en varias drupas carnosas, dispuestas sobre un receptáculo engrosado de color rojo.

Fam. **OLACACEAE** (Dicotyledoneae)

Arboles o arbustos, rara vez con espinas. Hojas alternas, rara vez en fascículos (verticilos), simples (no divididas), generalmente sin dientes en los márgenes. Estípulas ausentes. Flores pequeñas. Cáliz con 4-6 (rara vez 3) segmentos o con éstos ausentes, algunas veces agrandándose en el fruto hasta parecer un pétalo. Pétalos 4-6 (rara vez 3), libres o unidos en un tubo. Estambres en igual número que los pétalos y opuestos a éstos, o doblando el número de los pétalos. Ovario situado arriba de la base del cáliz y la corola (súpero), o semi-ínfero (debajo del cáliz y la corola) cuando unido con el disco. Fruto carnoso.

Clave de los géneros y especies

1. a. Ramas espinosas; cáliz pequeño e inconspicuo; las hojas en su mayoría 4 cm de ancho, angostadas en la base, y terminan en el ápice con una hendidura corta . . . . *Ximenia americana*
   b. Ramas sin espinas; el cáliz agrandado y rojo cuando el fruto está maduro; hojas 7-11 cm de ancho, redondeadas u obtusas en la base, y terminando en una punta angosta . . . . *Heisteria olivae*

LAMINA 223: OCHNACEAE

Ouratea caracasana.

LAMINA 224: OLACACEAE

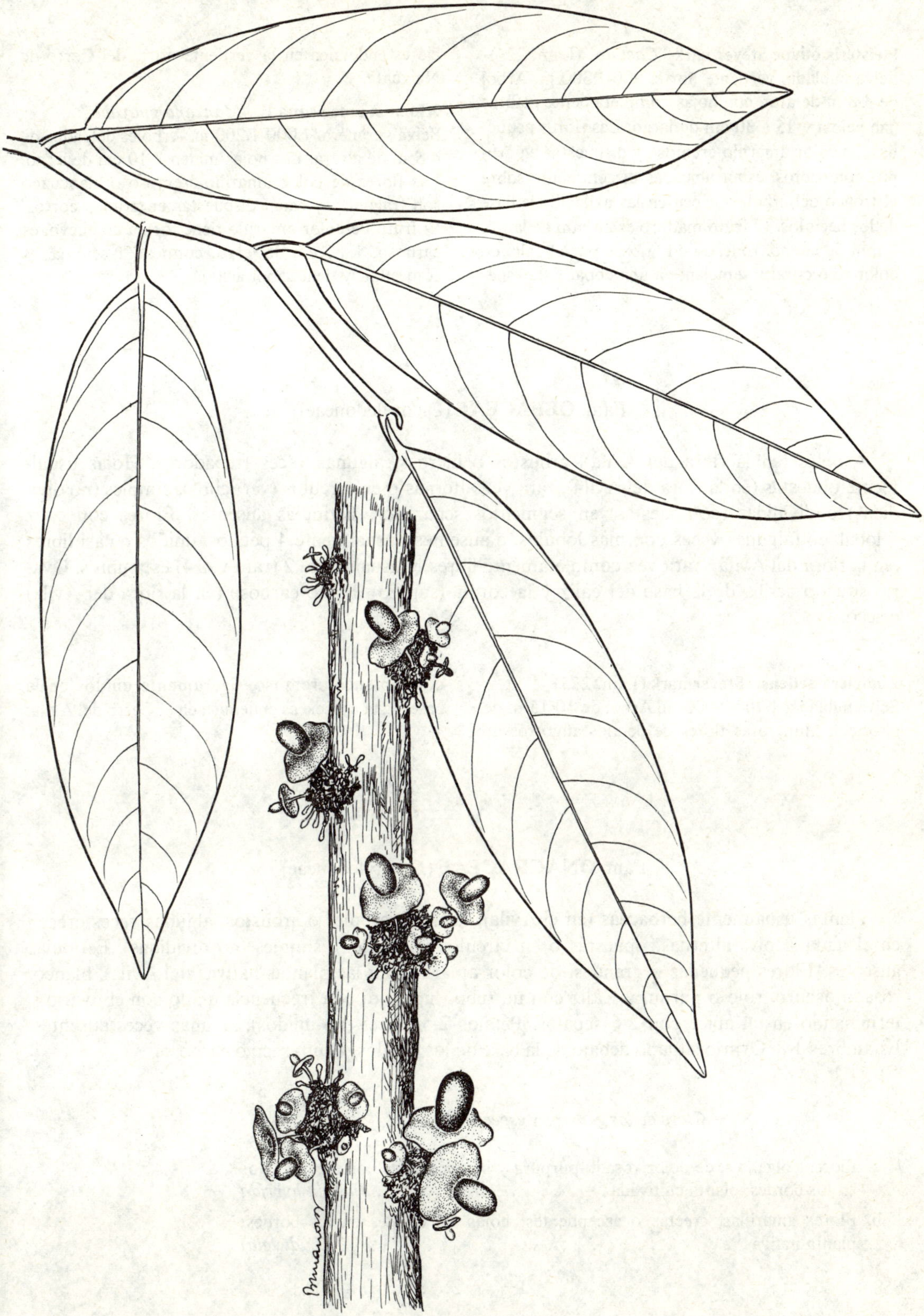

Heisteria olivae.

Heisteria olivae Steyermark *"Cacaito"* (Lám. 224) Selva nublada, vertiente norte, 900-1.300 m. Arbol de 3-8 m de alto, con hojas completamente glabras (sin pelos) y 15 a 30 cm de largo. Las flores pequeñas, de color amarillo-cremoso y dispuestas en grupos compactos, están ubicadas directamente sobre el tronco del árbol, o nacen en las axilas de la base de los pecíolos. El fruto maduro es 13 mm de largo, 7 mm de ancho, rodeado en la base por el cáliz de color rojo coral y semejante a una copa. Esta especie es endémica en la vertiente norte del Cerro de Naiguatá.

Ximenia americana L. *"Manzana guayaba"*
Selva veranera, 1.000-1.200 m. Arboles delgados de 4-5 m de altura. Las hojas miden 3-10 cm de largo. Las flores de color amarillo-cremoso o blancuzco son fragantes y están dispuestas en grupos cortos. El fruto de color amarillo tiene forma de huevo, es carnoso, 1,5-3 cm de largo, contiene 1 semilla, es comestible y tiene sabor ácido.

Fam. **OLEACEAE** (Dicotyledoneae)

Arboles (en la flora del Avila), arbustos o hierbas, algunas veces trepadoras. Hojas usualmente opuestas (en la flora del Avila), rara vez alternas o en círculos (verticilos), simples (no divididas) o divididas (compuestas) en segmentos separados. Estípulas ausentes. Flores con cáliz 4-lobulado (algunas veces con más lóbulos, o ausentes), usualmente 4 pétalos, unidos o casi libres (en la flora del Avila), rara vez completamente libres, y usualmente 2 (rara vez 4) estambres. Ovario situado arriba de la base del cáliz y la corola (súpero). Fruto carnoso (en la flora del Avila) o seco.

Linociera avilensis Steyermark (Lám. 225)
Selva nublada, 1.900-2.000 m. Arbol de 10-15 m de alto, con numerosas flores de pétalos angostos de color blanco-cremoso, ligeramente unidos en la base. Esta especie es endémica en el Cerro del Avila.

Fam. **ONAGRACEAE** (Dicotyledoneae)

Plantas usualmente herbáceas (en el Avila), rara vez árboles o arbustos, algunas veces crecen en el agua. Hojas alternas, opuestas o en círculos (verticilos), simples (no divididas). Estípulas ausentes. Flores pequeñas o grandes, de color amarillo (en las plantas nativas del Avila), blanco, rosado oscuro, rojo o púrpura. Cáliz con un tubo (hipantio) con frecuencia unido con el ovario y terminando en un ápice con 2-6 sépalos. Pétalos 2-5, libres (no unidos), algunas veces ausentes. Estambres 1-8. Ovario situado debajo de la base de los pétalos. Fruto seco o carnoso.

Clave de los géneros y especies

1. a. Flores colgantes, de color rosado-púrpura y blanco; hojas con dientes finos en los bordes; planta cultivada . . . . *Fuchsia hybrida*
   b. Flores amarillas, erectas o ascendentes; hojas sin dientes en los bordes; planta nativa . . . . 2 *(Ludwigia)*

LAMINA 225: OLEACEAE

Linociera avilensis.

A. Ludwigia peruviana.–B. Fuchsia hybrida.

2. a. Nervios laterales de la cara inferior (envés) de la hoja prominentes, 12-15 de cada lado del nervio medio; hojas 2-5 cm de ancho y generalmente 3-4 ½ veces más largas que anchas; tallos y envés de la hoja densamente peludos *Ludwigia peruviana*

b. Nervios laterales de las hojas no prominentes en el envés; hojas 0,2-2,5 cm de ancho, 7-30 veces más largas que anchas; tallos y envés de las hojas generalmente sin pelos o sólo ligeramente peludos . . . . . *Ludwigia octovalvis* subsp. *octovalvis*

Fuchsia hybrida Hort. *"Fusia"* (Lám. 226, B)
Fuchsia speciosa Hort.
Planta de jardín comúnmente cultivada y propia de climas más fríos. Cultivada en Galipán a 1.500 m. Esta especie de jardín posee un parentesco mixto siendo sus ancestros 2 especies sudamericanas: *Fuchsia magellanica* Lam. y *F. fulgens* Moc. & Sess.

Ludwigia octovalvis (Jacq.) Raven subsp. **octovalvis**
Ludwigia suffruticosa (L.) Gómez Maza
Jussiaea suffruticosa L.
Selva veranera, 900 m. Plantas pequeñas, herbáceas.

Ludwigia peruviana (L.) Hara (Lám. 226, A)
Jussiaea peruviana L.
Selva veranera y selva de galería, 900-1.300 m. Hierba fruticosa, algo leñosa en la base y alcanzando 1-3 m de altura. Pétalos amarillos llamativos.

Fam. **ORCHIDACEAE** (Monocotyledoneae)

Plantas pequeñas o grandes, principalmente herbáceas (tallos blandos), con raíces carnosas o suberosas. Tallos con o sin un engrosamiento (pseudobulbo), redondeado o alargado. Hojas alternas, rara vez opuestas o en círculos (verticilos), simples (no divididas), sin dientes o casi sin dientes. Flores principalmente de forma irregular, con 6 divisiones; las tres divisiones exteriores (sépalos) usualmente similares en forma y a veces unidas; dos de las divisiones interiores (pétalos) a menudo se asemejan a los sépalos, pero la tercera división o central (labelo) es fundamentalmente muy diferente en forma y tamaño. Estambres funcionales (fértiles) 1 ó 2, unidos con el órgano femenino (pistilo) en una columna y llevan el polen en 2, 4, 6 u 8 masas cerosas o carnosas (polinios). Ovario situado debajo de las otras partes florales (ovario ínfero), usualmente con 1 cavidad (lóculo). Fruto seco con numerosas y diminutas semillas.

NOTA: Los nombres científicos usados en este trabajo están basados en los 5 volúmenes de "Orchidaceae" (Flora de Venezuela) publicados por el Dr. Ernesto Foldats, y los 6 volúmenes de "Orchids of Venezuela" publicado por Dunsterville y Garay. Se ha hecho el intento de usar los nombres de acuerdo con los últimos estudios de cada especie en particular. Los dibujos que acompañan la clave han sido ejecutados por Mr. G. C. K. Dunsterville.

CLAVE DE LOS GRUPOS PRINCIPALES

1\. a. Plantas trepadoras con un tallo alargado . . . . GRUPO I (número 1)

b. Plantas sin un tallo trepador 2

2\. a. Plantas con raíces en la tierra (terrestres) o que crecen sobre rocas (litófitas) GRUPO II (números 3-71)

b. Plantas que crecen como plantas aéreas (epífitas) adheridas a las ramas o troncos de los árboles, rara vez crecen sobre rocas 3

3\. a. Pseudobulbos (engrosamientos carnosos) presentes en la base de la planta, en la base de las hojas, o adheridas al tallo . . GRUPO III (números 78-144)

b. Pseudobulbos ausentes . . . . GRUPO IV (números 145-247)

Clave de los géneros y especies

GRUPO I
(ORQUIDEAS TREPADORAS; COMPRENDE UNA SOLA ESPECIE)

1. a. Plantas con tallos alargados y trepadores . . . . *Vanilla pompona*

1a

b. Plantas sin tallos alargados y trepadores 2

GRUPOS II, III Y IV
(ORQUIDEAS TERRESTRES, LITOFITAS Y EPIFITAS)

2. a. Plantas con raíces en la tierra (terrestres), o que crecen sobre rocas (litófitas) . . . . 3 (GRUPO II)

2a

b. Plantas que crecen como plantas aéreas (epífitas) adheridas a las ramas o troncos de los árboles, rara vez crecen sobre rocas . . 72 (GRUPOS III y IV)

2b

GRUPO II
(ORQUIDEAS TERRESTRES O LITOFITAS)

3. a. Hojas ausentes al tiempo de floración 4

b. Hojas presentes al tiempo de floración 6

4. a. Flores pequeñas, blancas o blanco-verdosas manchadas de rojizo, las divisiones de la flor dirigidas hacia adelante y no extendidas; no hay tallo agrandado evidente (pseudobulbo) . . . . *Spiranthes orchioides*

b. Flores grandes, vistosas, amarillas manchadas con rojo o marrón, las divisiones de la flor se expanden en diferentes direcciones; tallo agrandado evidente (pseudobulbo) . . . . 5 *(Cyrtopodium)*

5. a. Inflorescencia usualmente no ramificada . . . . *Cyrtopodium cristatum*

b. Inflorescencia muy ramificada . . . . *Cyrtopodium paniculatum*

6. a. Todas las hojas nacen en la base misma de la planta, ninguna en el tallo florífero 7

6a

b. Hojas alternas sobre el tallo a diferentes niveles 50

6 b

7. a. Hojas muy peludas . . . . *Ponthieva maculata*

b. Hojas sin pelos (glabras) 8

8. a. Las hojas emergen directamente del suelo; no hay un engrosamiento en forma de bulbo evidente en la base de la planta 9

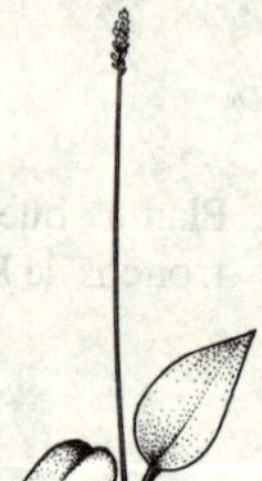

8a

b. Las hojas nacen directamente de un engrosamiento en forma de bulbo (pseudobulbo redondeado o alargado) ubicado en la base de la planta o a veces subterráneo, o nacen de una prolongación similar a un tallo arriba del pseudobulbo 25

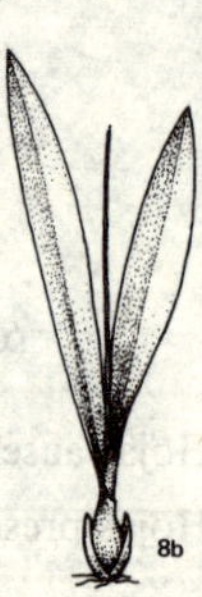

8b

9. a. Sólo una hoja por planta 10

b. Más de una hoja por planta 16

10. a. Todas las flores y la inflorescencia nacen de la base misma de la hoja . . 11
(Pleurothallis)

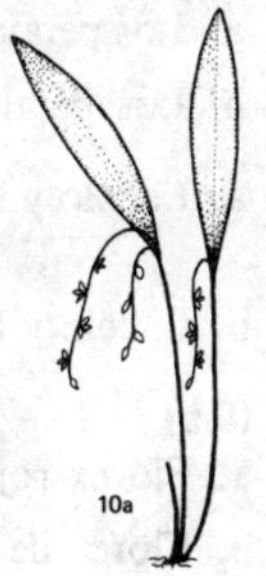
10a

b. La inflorescencia nace independientemente de la hoja 13

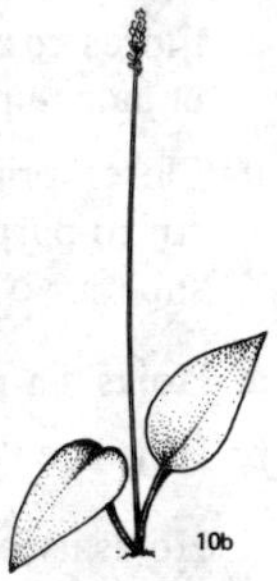
10b

11. a. Base de las hojas acorazonada o redondeada . . . . . *Pleurothallis cordifolia*

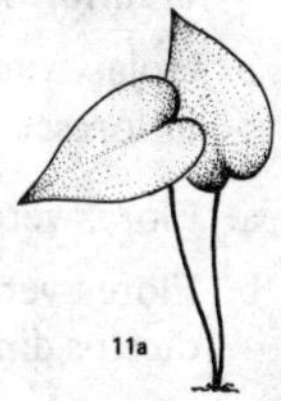
11a

b. Base de las hojas angostada 12

11b

12. a. Divisiones exteriores de la flor 2,5-5,7 mm de largo, con manchitas rojo-purpúreas; eje que soporta la flor (pedicelo) 12-14 mm de largo . . . . . .
Pleurothallis lanceolata

b. Divisiones exteriores de la flor 7-17 mm de largo, con líneas purpúreas o rosado-purpúreas; pedicelos 8-15 mm de largo . . . . *Pleurothallis secunda*

13. a. Las flores nacen a lo largo de sólo 1 lado del eje floral; las divisiones de la flor apuntan hacia adelante y no se extienden en diferentes direcciones; los pétalos unidos a una de las divisiones exteriores (de los sépalos) . . *Spiranthes scopulariae*

b. Las flores nacen a lo largo de 2 o más lados del eje floral; las divisiones florales se extienden en diferentes direcciones; los pétalos están libres de las divisiones exteriores (de los sépalos) . . . . 14 *(Cranichis)*

14. a. Los pétalos carecen de pelos en sus bordes . . . . *Cranichis monophylla*

b. Los pétalos poseen pelos en sus bordes 15

15. a. Labelo y los otros pétalos agudamente angostados en el ápice . . . *Cranichis wageneri*

b. Labelo y los otros pétalos redondeados en el ápice . . . . . *Cranichis ciliata*

16. (9.b)

a. Flores rojas o rojo-anaranjadas . . . . *Spiranthes speciosa*

b. Flores de otros colores 17

17. a. Flores rosadas y blancas; hojas usualmente moteadas de gris o plateado en el lado superior . . . . *Centrogenium roseo-album*

b. Flores principalmente blancas y verdes, a veces con puntos purpúreos o rojizo-purpúreos; las hojas pueden ser completamente verdes en el lado superior o con rayas o estrías blancas o grisáceas longitudinales 18

18. a. Hojas sin pecíolos (sésiles) 19

b. Hojas con pecíolo obvio y definido 21

19. a. Hojas usualmente 0,3-1,2 m de largo con nervios prominentes; eje floral (con la inflorescencia) 0,5-3 m de largo . . . . *Eulophia alta*

b. Hojas usualmente más cortas y sin nervios prominentes; eje floral (con la inflorescencia) más corto 20

20. a. Flores verdes; eje floral y pedicelo sin pelos . . . . *Habenaria distans*

b. Flores verdes con blanco; tanto la parte superior del eje floral como los pedicelos diminutamente peludos . . . . *Ponthieva racemosa*

21. a. La base de la hoja angostándose hacia el pecíolo; la superficie superior de las hojas con bandas o rayas longitudinales de color blanco o gris . . . . . *Spiranthes lindleyana*

b. La base de la hoja es, fundamentalmente, acorazonada o redondeada; superficie superior de la hoja, principalmente, verde 22

22. a. Las divisiones de la flor extendidas hacia adelante, no se extienden en diferentes direcciones; los pétalos están unidos con una de las divisiones exteriores (de los sépalos) . . . . *Spiranthes lineata*

b. Divisiones de la flor extendidas en direcciones diferentes; los pétalos libres, no unidos a las divisiones exteriores (de los sépalos) . . . . . . 23 *(Cranichis)*

23. a. Pétalos sin pelos en los bordes . . . . *Cranichis diphylla*

b. Pétalos con pelos en los bordes 24

24. a. Labelo y los otros pétalos agudamente angostados hacia el ápice . . *Cranichis wageneri*

b. Labelo y los otros pétalos redondeados en el ápice . . . . . *Cranichis ciliata*

25. (8.b)

a. El engrosamiento en forma de bulbo (pseudobulbo) lleva una sola hoja . . 26

25a

b. 2 o más hojas se adhieren al pseudobulbo o nacen de la prolongación semejante a un tallo arriba del pseudobulbo 33

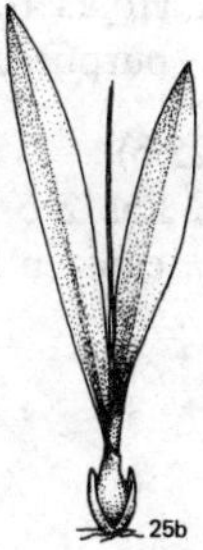
25b

26. a. Flores rosadas o color rosado claro; hojas con varios nervios conspicuos y terminando en un ápice angostado . . . . *Bletia purpurea*

b. Flores de otros colores; hojas usualmente con un solo nervio central conspicuo, o los ápices de las hojas no angostados 27

27. a. Las flores solitarias nacen de la base de la hoja o del pseudobulbo . . . . . *Maxillaria melina*

27a

b. Varias hasta muchas flores nacen de un tallo alargado 28

27b

28. a. Inflorescencia de 2-6 m de largo . . . . *Oncidium falcipetalum*

b. Inflorescencia de menos de 1 m de largo 29

29. a. Hojas blandas o delgadas, el engrosamiento en forma de bulbo (pseudobulbo) es subterráneo . . . . *Liparis vexillifera*

b. Hojas tiesas o gruesas, el pseudobulbo está sobre la tierra 30

30. a. Hojas usualmente manchadas de gris . . . . *Eulophidium maculatum*

b. Hojas sin manchas grises 31

31. a. Una bráctea envolvente y alargada, muy conspicua y 3,5-7 cm de largo presente en la base de cada flor . . . . *Epidendrum ciliare*

b. Brácteas muy pequeñas, sólo 0,1-0,8 cm de largo, situadas en la base de las flores 32

32. a. Hojas 0,5-1,2 cm de ancho; flores pequeñas, 0,5-0,9 cm de largo, sin puntos purpúreos o marrones . . . . *Epidendrum grammatoglossum*

b. Hojas 1-5 cm de ancho; flores más grandes, 0,8-2,2 cm de largo, con puntos purpúreos y marrones en los sépalos y pétalos laterales . . *Epidendrum vespa*

33. (25.b)

a. Las 2 ó 3 hojas elevadas sobre el pseudobulbo por medio de una prolongación en forma de tallo 34

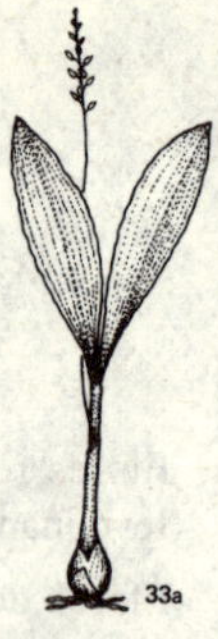

33a

b. Las 2 ó 3 hojas situadas directamente sobre el pseudobulbo 38

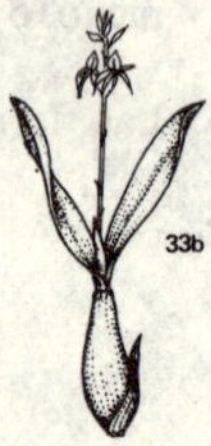

33b

34. a. Flores rosadas o purpúreo-rosadas con blanco; hojas angostas, 0,6-3,5 cm de ancho . . . . 35 *(Bletia)*

b. Flores verdosas o blanco-cremosas o amarillentas con puntos purpúreos; hojas 1,5-15 cm de ancho 36

35. a. Flores 1,5-2,6 cm de largo; bráctea inconspicua en la base de cada flor, sólo 0,2-1 cm de largo y menos de la mitad de la longitud del ovario pedicelado *Bletia purpurea*

b. Flores 2,7-3,8 cm de largo; bráctea en la base de cada flor, conspicua, más o menos 1 cm de largo y más larga que la mitad de la longitud del ovario pedicelado . . . . *Bletia lansbergii*

36. a. Flores muy pequeñas, 2-5 mm de largo, verde-amarillentas o blanquecinas, sin puntos purpúreos; hojas 3-22 cm de largo . . . . 37 *(Malaxis)*

b. Flores mayores, 13-25 mm de largo, blanco-cremosas o amarillentas con puntos purpúreos; hojas 18-40 cm de largo . . . . *Govenia utriculata*

37. a. El ápice del labelo termina en 3 pequeños lóbulos o dientes . . . . . *Malaxis excavata*

b. El ápice del labelo no termina en 3 pequeños lóbulos o dientes . . . *Malaxis parthonii*

38. (33.b)

a. Pseudobulbos esparcidos a lo largo del tallo rastrero, no aglomerados, distantes entre sí; tallo floral 2-5 m de largo, irregularmente voluble, encorvado o algo trepador . . . . 39 *(Oncidium)*

b. Pseudobulbos aglomerados o solitarios en la base de la planta; eje floral principalmente más corto y recto o por lo menos, no voluble, encorvado y subtrepador 40

39. a. Los tres sépalos exteriores con bandas anchas de color marrón alternando y bordeando con blanco; los 2 pétalos laterales fundamentalmente blancos con manchas marrones . . . . *Oncidium zebrinum*

b. Los 3 sépalos exteriores de color marrón-rojizo o marrón oscuro con amarillo en los bordes y ápices; los 2 pétalos laterales principalmente amarillos con algo de marrón y con márgenes irregularmente ondulados . . *Oncidium falcipetalum*

40. a. Hojas carnosas o gruesas con sólo 1 nervio principal o sólo 1 de los nervios prominentes 41

b. Hojas más delgadas, más suaves y con varios nervios principales 44

41. a. 1 bráctea alargada y envolvente de 3,5-7 cm de largo presente en la base de cada flor . . . . *Epidendrum ciliare*

b. Sólo brácteas pequeñas de 0,1-0,8 cm de largo en la base de las flores . . 42

42. a. Sépalos y pétalos con manchas de color marrón-purpúreo . . . *Epidendrum vespa*

b. Pétalos y sépalos sin manchas 43

43. a. Eje floral ramificado y algunas de las ramas laterales tienen más de una flor; eje floral mucho más largo que las hojas, hasta 2 m de largo . . *Epidendrum diurnum*

b. Eje floral no ramificado y mucho más corto o un poco más largo que las hojas; eje floral 8-20 cm de largo . . . . . *Epidendrum grammatoglossum*

44. a. Planta con viejos engrosamientos en forma de bulbos (pseudobulbos) alargados hasta varias veces más largos que anchos, 8-60 cm de largo . . . . 45 *(Cyrtopodium)*

b. Planta con pseudobulbos más pequeños 46

45. a. Sépalos y pétalos amarillos con puntos marrón-rojizos, 1,9-2,5 cm de largo *Cyrtopodium paniculatum*

b. Sépalos y pétalos amarillo-marrones con marcas de color chocolate, 1-1,6 centímetros de largo . . . . *Cyrtopodium cristatum*

46. a. Hojas 5-30 cm de largo; flores pequeñas, los sépalos y pétalos 0,5-0,8 cm de largo . . . . *Liparis elata*

b. Hojas mucho más largas (20–) 30-85 cm de largo; flores más grandes, sépalos y pétalos 1,1-10 cm de largo 47

47. a. Varias flores nacen del eje floral (pedúnculo), cuyo eje principal alargado mide hasta 60 cm de largo . . . . *Warreella cyanea*

b. Solamente 1 flor nace del pedúnculo, el cual a su vez nace en la base de un pseudobulbo y es relativamente más corto, generalmente sólo 8-35 mm de largo 48

48. a. Las 3 divisiones florales externas (sépalos) extendidas y abriéndose desde el centro de la flor . . . . 49 *(Lycaste)*

48a

b. Sépalos ni extendidos ni abriéndose, pero permaneciendo más o menos apretados entre sí . . . . *Anguloa clowesii* var. *rueckeri*

49. a. Los 2 pétalos laterales internos, de color verde oliva; labelo de color marrón con borde amarillo; los 3 sépalos externos generalmente verde oliva o amarillento . . . . *Lycaste longipetala*

b. Los 2 pétalos laterales internos, de color blanco o crema con manchas de color rosado; labelo blanco con manchas rosado-rojas; los 3 sépalos externos de color verde oliva en la parte externa, púrpura opaco en la parte interna . . . . *Lycaste macrophylla*

50. (6.b)

a. Tallo principal de la planta o eje de la inflorescencia ramificados 51

b. Tallo principal de la planta o eje de la inflorescencia no ramificados . . . 57

51. a. Hojas con varios nervios prominentes 52

b. Hojas con 1 solo nervio 55

52. a. Inflorescencia colgante o arqueada . . . . *Epidendrum cardioglossum*

b. Inflorescencia erecta o por lo menos ni colgante ni arqueada 53

53. a. La inflorescencia forma 1 cabezuela de flores, compacta y reunida, dispuesta en el extremo de las ramas o tallos . . . . *Elleanthus aurantiacus*

b. Inflorescencia con flores más sueltas, que nacen de los lados del tallo floral (axilar) . . . . 54 *(Corymborchis)*

54. a. Divisiones de las flores aproximadamente 15 mm de largo . . *Corymborchis flava*

b. Divisiones de las flores más de 30 mm de largo . . *Corymborchis galipanensis*

55. a. Inflorescencia colgante o arqueada . . . . *Epidendrum klotzscheanum*

b. Inflorescencia erecta o por lo menos ni colgante ni arqueada 56

56. a. Solamente 1-3 flores en una inflorescencia . . . . *Epidendrum geminiflorum*

b. Muchas flores dispuestas en una inflorescencia . . . . *Epidendrum secundum*

57. (50.b)

a. Las flores nacen a los lados del tallo principal, ninguna flor en el extremo del tallo . . . . *Maxillaria aurea*

57a

b. 1 o más flores nacen en el extremo del tallo 58

57b

58. a. Solamente 1-3 flores sobre el tallo; flores de color rosado claro o rosado pálido, 4-7 cm de largo; cada flor está rodeada por una bráctea grande, semejante a una hoja y de color verde-plateado . . . . *Pogonia rosea*

b. Sin la combinación de los caracteres arriba indicados 59

59. a. Hojas gruesas y coriáceas 60

b. Hojas más delgadas y blandas 62

60. a. 1 ó 2 flores en una inflorescencia . . . . *Epidendrum nocturnum*

b. Varias hasta muchas flores en una inflorescencia 61

61. a. Inflorescencia colgante . . . . *Epidendrum klotzscheanum*

b. Inflorescencia erecta en la madurez . . . . *Epidendrum secundum*

62. a. Hojas con la lámina ni bien desarrollada ni expandida 63

b. Hojas con una lámina bien desarrollada y expandida 64

63. a. Flores blancas o verde-pálidas, con un espolón largo y descendente, 3-12 centímetros de largo; divisiones de las flores 8-16 mm de largo . . *Habenaria pauciflora*

b. Flores verdes o amarillentas, con un espolón descendente más corto, 0,6-1,7 centímetros de largo; divisiones de las flores 4-12 mm de largo . . *Habenaria entomantha*

64. a. Hojas angostamente constreñidas en la base, formando un eje (peciolo) definido, 8 mm de largo 65

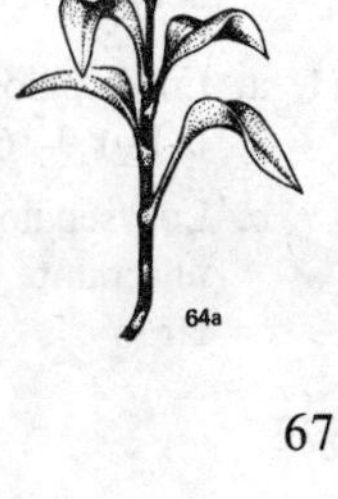

64a

b. Hojas ensanchadas o redondeadas en la base, rodeando más o menos el tallo, pero no constreñidas en la base formando un pecíolo . . 66 *(Habenaria)*

64b

65. a. Hojas 4-6 cm de largo, 1,6-2 cm de ancho; eje que soporta la hoja (pecíolo) 0,8 cm de largo . . . . *Erythrodes rariflora*

b. Hojas más grandes, 7-15 cm de largo, 2,5-7 cm de ancho; pecíolo 1,5-5 cm de largo . . . . *Erythrodes major*

66a

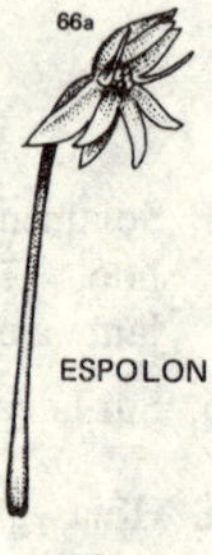

66. a. Al menos la parte superior del eje que sostiene las flores (raquis) casi completamente escondido por una bráctea grande de color verde; espolón de la flor 3,5-7 cm de largo . . . . *Habenaria obtusa*

b. La mayoría o todos los ejes que sostienen las flores (raquis) expuestos y visibles, ni cubiertos ni escondidos por brácteas florales; espolón de la flor generalmente más corto 67

66b

67. a. Mitad basal de la hoja conspicuamente ensanchada . . *Habenaria monorrhiza*

b. Mitad basal de la hoja no conspicuamente ensanchada 68

68. a. Hojas angostamente lineares, sólo 0,6-0,8 cm de ancho . . . . . *Habenaria galipanensis*

b. Hojas lanceoladas, oblongas o elíptico-lanceoladas, generalmente 0,8-5,3 cm de ancho 69

69. a. El labelo (pétalo central inferior interno) profundamente 3-lobulado . . . 70

b. El labelo no 3-lobulado 71

70. a. Brácteas de la base de las flores 10-15 mm de largo; ovario colocado sobre un eje, 10-12 mm de largo . . . . *Habenaria gollmeri*

b. Brácteas de la base de las flores más largas, 12-23 mm de largo; ovario sobre un eje más largo, 10-25 mm de largo . . . . . . *Habenaria roraimensis*

71. a. Los sépalos laterales con ápice corto hasta largo; el espolón descendente de la flor 9-16 mm de largo . . . . *Habenaria alata*

b. Los sépalos laterales generalmente redondeados hasta como máximo con una punta corta en el ápice; el espolón descendente de la flor 10-30 mm de largo . . . . *Habenaria floribunda*

GRUPOS III Y IV
(ORQUIDEAS EPIFITAS)

72. (2.b)
   a. Tallos, vainas de las hojas y/u hojas pubescentes 73
   b. Tallos, vainas de las hojas y hojas sin pelos (glabros) 77

73. a. Plantas diminutas de 5 cm de alto o menores; hojas no más de 4 cm de largo 74
   b. Plantas y sus hojas mucho mayores 75

74. a. Planta con sólo 2 ó 3 flores, bien separadas entre sí . *Lankasterella caespitosa*
   b. Planta con varias flores agrupadas en el ápice del tallo . *Eurystyles cotyledon*

75. a. Hojas delgadas, peludas, que nacen de la base misma de la planta; eje que sostiene las flores no unido a la base de la hoja . . . . . *Ponthieva maculata*
   b. Hojas gruesas, sin pelos, colocadas en el ápice de un tallo alargado; flores unidas en la base de la hoja . . . . 76 *(Pleurothallis)*

76. a. Las tres divisiones externas de las flores (sépalos) 4-7 mm de largo; eje de la flor (pedicelo) 2-4 mm de largo . . . . *Pleurothallis reymondi*
   b. Los tres sépalos 7-10,5 mm de largo; pedicelo 8 mm de largo . . *Pleurothallis lancipetala*

77. (72.b)
   a. Base de la planta, base de las hojas o tallo con abultamientos engrosados, similares a bulbos (pseudobulbos redondeados o alargados; los pseudobulbos son a veces muy pequeños, no evidentes y están con frecuencia cubiertos por una vaina en la base de la hoja) 78

77a

   b. Plantas sin abultamientos engrosados, carnosos (pseudobulbos) o éstos escasamente evidentes o no evidentes en absoluto en plantas jóvenes, en cuyo caso están con frecuencia cubiertos por una vaina en la base de la planta 145

77b

GRUPO III
(ORQUIDEAS EPIFITAS CON PSEUDOBULBOS)

78. a. Las hojas nacen principalmente del tallo normal de la planta, pero a veces pueden nacer también directamente del pseudobulbo engrosado 79

78a

b. Las hojas nacen directamente en el ápice del pseudobulbo; a veces también nacen en la base de la planta (el pseudobulbo es, a veces, muy pequeño o no evidente, cuando está oculto o cubierto por una vaina en la base de la hoja), o la porción engrosada está oculta por vainas alargadas que se superponen en la base de las hojas 84

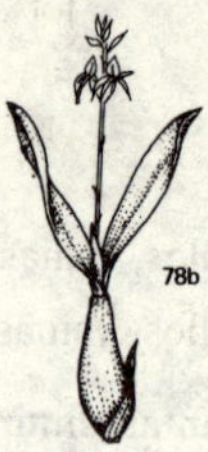
78b

78b

79. a. Hojas tiesas y gruesas, con 1 solo nervio; hojas redondeadas o curvadas en el ápice, y miden por lo general menos de 3 cm de ancho; flores pequeñas, 0,5-1,1 cm de largo 80

b. Hojas blandas y delgadas, con varios hasta muchos nervios; hojas angostadas hasta formar un ápice puntiagudo, generalmente más de 3 cm de ancho; flores grandes y vistosas, 2-11 cm de largo 82

80. a. Hojas 0,3-0,7 cm de ancho; pseudobulbos 1,5-4 cm de largo, 0,5-1,2 cm de ancho . . . . *Maxillaria stenophylla*

b. Hojas 0,7-3 cm de ancho; pseudobulbos 3,5-9 cm de largo, 2-5 cm de ancho 81

81. a. El pseudobulbo se produce normalmente sólo en la base de la planta; la ranura situada en el ápice de la hoja sin una proyección diminuta . . *Maxillaria miniata*

b. El pseudobulbo nace en los lados del tallo y de la base de la planta; desde la ranura en el ápice de la hoja se proyecta una punta diminuta . . . *Maxillaria spilotantha*

81b

82. a. El eje que soporta la inflorescencia (pedúnculo) nace de la base de la planta *Catasetum macrocarpum*

b. El pedúnculo nace en algún punto de los lados del tallo foliar o por debajo de su ápice 83

83. a. Flores amarillo-verdosas, 6,5-12 cm de largo, con una porción encorvada prominente (columna), 2,8-4 cm de largo; flores sobre ejes (pedicelos) alargados, 4-12 cm de largo . . . . *Cycnoches chlorochilon*

83a

b. Flores generalmente de color amarillo puro o amarillo-cremoso con manchas y nervios marrón-rojizos, 2-4,5 cm de largo, la columna 0,9-1,5 cm de largo y no prominentemente encorvada; flores sobre pedicelos cortos, 2,5-3,5 cm de largo . . . . *Chysis aurea*

84. (78.b)

a. El pseudobulbo es apenas o nada evidente en los vástagos recientemente desarrollados, los que en ese momento están con frecuencia ocultados o cubiertos por la vaina de la base de la hoja 85

84a

b. El pseudobulbo es evidente y obviamente desarrollado aun en vástagos recientes; algunas veces es duro y de color verde intenso, o algunas veces consiste en un tallo engrosado con bases foliares alargadas y envainadoras . . 92

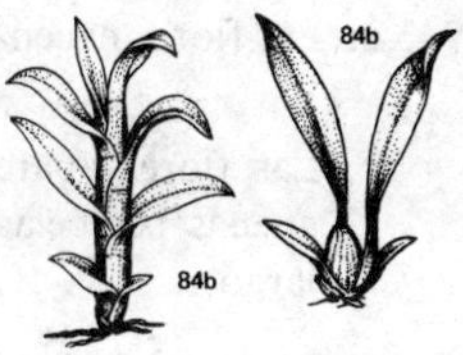

85. a. Hojas cilíndricas, en forma de cola, con lados redondeados . . . . *Oncidium nudum*

b. Hojas planas o por lo menos ni cilíndricas ni con lados redondeados . . . 86

86. a. Inflorescencia colgante o arqueada 87

b. Inflorescencia erecta o ascendente 88

87. a. Hojas 0,3-0,8 cm de ancho; inflorescencia generalmente arqueada . . . . . *Epidendrum attenuatum*

b. Hojas 2-5 cm de ancho; inflorescencia definidamente colgante . . . . *Notylia pentachne*

88. a. Plantas diminutas, 1-4 cm de alto; hojas 1-4 cm de largo . . . . *Epidendrum deltoglossum*

b. Plantas más grandes; hojas más largas 89

89. a. Inflorescencia alargada, 1-2 m de largo; hojas usualmente 5-8 cm de ancho, gruesas, rígidas y usualmente manchadas de color púrpura . . . . *Oncidium carthagenense*

b. Inflorescencia usualmente menos de 1 m de largo, midiendo entre 5,5-30 (–90) cm de largo; hojas 1,5-5 cm de ancho, más delgadas y sin manchas purpúreas 90

90. a. Flores muy pequeñas, en su mayoría 5 mm de largo; flores sobre un eje corto del ovario no sobrepasando los 5 mm de largo . . . *Polystachya foliosa*

b. Flores más grandes, 7-16 mm de largo; flores sobre un eje del ovario más largo de 7-20 mm de largo 91

91. a. Flores de color rosado-lavanda; hojas con frecuencia purpúreas en el lado inferior . . . . *Comparettia falcata*

b. Flores amarillas con líneas rojo-pardas; hojas siempre verdes en el lado inferior . . . . *Scelochilus ottonis*

92. (84.b)

a. El engrosamiento abultado en forma de bulbo (pseudobulbo) en la base de la planta es muy pequeño, 0,2-0,8 cm de largo 93

b. El pseudobulbo en la base de la planta es mucho más grande, visible como un engrosamiento duro de color verde intenso o como un tallo alargado, engrosado con hojas envainadoras en la base 96

93. a. Eje principal floral (pedúnculo) 3-angulado, alado o con un borde verde; flores amarillas con marcas purpúreas; plantas de 10-20 cm de alto . . . . *Oncidium meirax*

b. Pedúnculo ni 3-angulado ni alado, ni con un borde extendido de color verde; flores no amarillas; plantas 1-7 cm de alto 94

94. a. Las flores nacen sobre un eje (pedicelo) de 3,5-7 cm de largo . . *Bulbophyllum manarae*

b. Las flores aparecen como si estuviesen naciendo de la base de las hojas, apenas pediceladas o sobre un ovario pedicelado generalmente de 1 cm de largo 95

95. a. El pseudobulbo mide 0,5-0,8 cm de largo; hojas 5-6 (–8) mm de ancho, 1-1,5 cm de largo . . . . *Epidendrum manarae*

b. El pseudobulbo mide 0,2-0,3 cm de largo; hojas 6-12 mm de ancho, 1-4 cm de largo . . . . *Epidendrum deltoglossum*

96. (92.b)

a. Tallo engrosado, alargado y cubierto por las bases de hojas envainadoras . 97

96a

b. Tallo engrosado con un engrosamiento (pseudobulbo) sólido, duro y de color verde 99

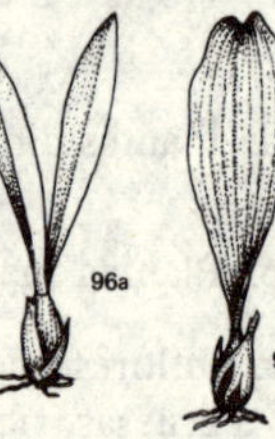

96a 96b

97. a. El eje (pedúnculo) de la inflorescencia nace de la base de la planta . . . . . *Catasetum macrocarpum*

b. El pedúnculo de la inflorescencia nace de alguna parte del lado del tallo foliáceo o debajo del extremo del mismo 98

98. a. Flores amarillo-verdosas, 6,5-12 cm de largo, con una parte prominente encorvada (columna) de 2,8-4 cm de largo; flores sobre ejes alargados (pedicelos) de 4-12 cm de largo . . . . *Cycnoches chlorochilon*

98a

b. Flores generalmente de color amarillo puro o amarillo-cremoso con manchas o nervios rojizos o marrón-púrpura, 2-4,5 cm de largo, columna 0,9-1,5 cm de largo, no prominentemente encorvada; flores sobre pedicelos más cortos de 2,5-3,5 cm de largo . . . . *Chysis aurea*

99. a. Hojas con varios hasta muchos nervios o costillas igualmente prominentes o claramente visibles 100

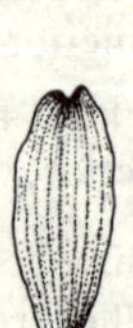

99a

b. Hojas con solamente el nervio medio prominente, el cual a su vez es el más fuerte y más conspicuo; los otros nervios no evidentes o mucho más débiles 107

99b

100. a. Pseudobulbos dispersos a lo largo del tallo y separados entre sí; inflorescencia 2-5 m de largo, muy curvada y retorcida . . . . . . *Oncidium zebrinum*

b. Todos los pseudobulbos agrupados en la base de la planta 101

101. a. Inflorescencia colgante o pendiente 102

b. Inflorescencia o eje principal de la inflorescencia (pedúnculo) erecto o ascendente, nunca colgante 103

102. a. Pseudobulbo con 1 sola hoja . . . . *Stanhopea wardii*

b. Pseudobulbo con 2 ó 3 hojas . . . . *Gongora quinquenervis*

103. a. Una sola flor en el eje floral (pedúnculo) 104

b. Varias hasta muchas flores sobre el pedúnculo 106

104. a. Las 3 partes exteriores (sépalos) de la flor ni se abren ni se extienden hacia afuera, sino permanecen más o menos apretadas una contra la otra . . . . *Anguloa clowesii* var. *rueckeri*

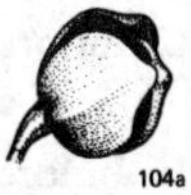

104a

b. Los 3 sépalos de la flor se abren y se extienden hacia afuera desde el centro de la flor . . . . 105 *(Lycaste)*

104b

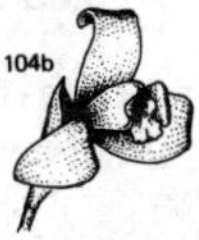

105. a. Los 2 pétalos laterales internos de color verde oliva; labelo marrón con bordes amarillos; los 3 sépalos externos generalmente de color verde oliva o verde-amarillento . . . . *Lycaste longipetala*

b. Los 2 pétalos laterales internos de color blanco o crema con manchas rosadas; labelo blanco con manchas rosado-rojo; los 3 sépalos externos de color verde oliva en la parte externa y púrpura-opaco en la parte interna . . *Lycaste macrophylla*

106. a. Eje floral (pedúnculo) muy corto, más corto que las hojas . . . . . *Xylobium variegatum*

b. Pedúnculo igualmente o más largo que las hojas . . . . . . *Warreella cyanea*

107. (99.b)

a. El engrosamiento abultado en forma de bulbo (pseudobulbo) del tallo es alargado y angosto, conspicuamente y varias veces más largo que ancho 108

107a

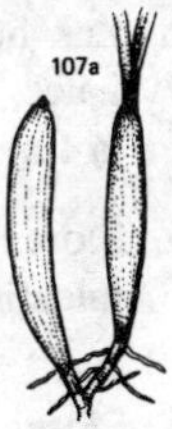

b. El pseudobulbo del tallo es generalmente orbicular, oblongo, en forma de huevo o algo más largo que ancho, pero no conspicuamente alargado ni varias veces más largo que ancho 118

107b

108. a. El eje de la inflorescencia o el soporte de la flor (pedúnculo) nace dentro de la vaina o alrededor de la base del pseudobulbo; pedúnculo con 1 sola flor . . . *Maxillaria stenophylla*

b. El pedúnculo nace siempre del ápice o extremo de un pseudobulbo engrosado y duro; pedúnculo usualmente con más de 1 flor 109

109. a. Tallos rastreros y ramificados; hojas usualmente muy cortas, generalmente 2-5 cm de largo (algunas veces más largas) . . . . . *Epidendrum pygmaeum*

b. Sin la combinación de caracteres arriba indicados 110

110. a. Hojas muy angostas o semejantes a las de las gramíneas, 0,5-1,2 cm de ancho; los 3 sépalos externos y los 2 pétalos laterales internos muy pequeños, 0,5-1 cm de largo, y muy angostos, 0,5-2,5 mm de ancho 111

b. Hojas no obviamente angostadas ni semejantes a las de las gramíneas, generalmente 2-8 cm (algunas veces más angostas) de ancho; flores más grandes y con sépalos y pétalos más anchos 113

111. a. Inflorescencia ramificada; 4-5 hojas en la base de la planta . . . *Epidendrum kermesinum*

b. Inflorescencia simple y no ramificada; 2 hojas en el ápice del pseudobulbo 112

112. a. Todas las partes de las flores son angostamente puntiagudas en el ápice; flores generalmente amarillento-pálidas o amarillo-verdosas . . *Epidendrum grammatoglossum*

b. Las 3 partes interiores de las flores están anchamente encorvadas en el ápice o con una punta corta; flores con líneas marrón-purpúreas y marcas transversales sobre la superficie interior . . . . *Epidendrum lividum*

113. a. Una bráctea alargada envainadora de 3,5-7 cm de largo en la base de cada flor . . . . *Epidendrum ciliare*

b. 1 bráctea inconspicua y mucho más pequeña, sólo 0,3-1,1 cm de largo, en la base de cada flor 114

114. a. Las hojas terminan en una punta corta hasta conspicuamente puntiaguda; el labelo (parte más ancha de la flor) con líneas conspicuas de color negro-purpúreo . . . . *Epidendrum cochleatum*

b. Las hojas son redondeadas o casi siempre anchamente encorvadas en el ápice, menos frecuentemente terminan en una punta corta; ninguna parte de la flor tiene líneas negro-purpúreas 115

115. a. Flores muy grandes, 5,5-11 cm de largo; los 3 sépalos externos y los 2 pétalos internos de la flor de color rosado-lavanda en toda la superficie . . . . *Cattleya labiata*

b. Flores más pequeñas, 0,7-2,5 cm de largo; los 3 sépalos externos y los 2 pétalos laterales internos de otros colores o con manchas marrón-purpuras 116

116. a. Los sépalos externos y los 2 pétalos laterales internos sin manchas de color marrón-purpúreo . . . . *Epidendrum chacaoense*

b. Los sépalos externos y los 2 pétalos laterales internos con manchas de color marrón-purpúreo 117

117. a. El labelo (la parte más ancha de la flor) tiene el margen 3-lobulado; hojas redondeadas en el ápice . . . . *Epidendrum hartwegii*

b. El labelo no es 3-lobulado; hojas algunas veces redondeadas o anchamente encorvadas en el ápice o algunas veces ligeramente puntiagudas en el ápice *Epidendrum vespa*

118. (107.b)

a. El eje principal (pedúnculo) de la inflorescencia nace dentro o alrededor del pseudobulbo, pero no nace del extremo del mismo 119

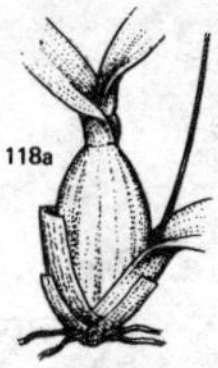

118a

b. El pedúnculo de la inflorescencia nace del extremo del pseudobulbo, el cual sostiene a las hojas 137

118b

119. a. Eje de la inflorescencia o soporte de la flor (pedúnculo) con más de 1 flor . 120

b. Pedúnculo con 1 sola flor 128

120. a. Flores muy pequeñas, 0,6-1 cm de largo; inflorescencia colgante . . . *Notylia pentachne*

b. Flores más grandes o inflorescencia dispuesta de otra manera 121

121. a. Pseudobulbos dispersos y distanciados entre sí a lo largo de tallos rastreros 122

121a

b. Pseudobulbos o agrupados o solitarios en la base de las plantas 123

122. a. Los 3 sépalos externos con bandas gruesas de color marrón, alternadas con zonas marginales de color blanco; los 2 pétalos laterales generalmente blancos con manchas marrones . . . . *Oncidium zebrinum*

b. Los 3 sépalos externos marrón-rojizos o marrón-oscuros con ápice y márgenes amarillos; los 2 pétalos laterales generalmente amarillos con algo de marrón y con bordes irregularmente ondulados . . . . . *Oncidium falcipetalum*

123. a. El pseudobulbo lleva 1 sola hoja en el ápice 124

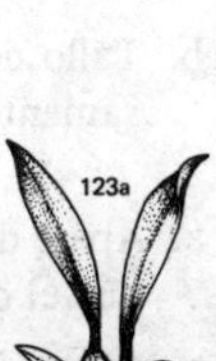

123a

b. El pseudobulbo lleva 2 ó 3 hojas en el ápice 126

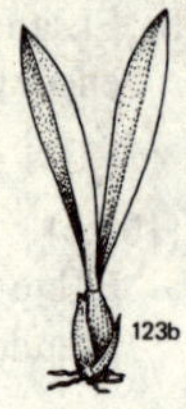
123b

124. a. Pseudobulbo 4,5-13 cm de largo, conspicuo; hojas 2,5-7,6 cm de ancho; eje principal de la inflorescencia (pedúnculo) usualmente colgante o inclinado; flores 3-7 cm de largo, los 3 sépalos externos y los 2 pétalos laterales internos terminan en una punta angosta . . . . *Trichopilia fragrans*

b. Pseudobulbo 1,5-4,5 cm de largo, inconspicuo; hojas 0,9-4 cm de ancho; pedúnculo de la inflorescencia erecto; flores 0,7-1,6 cm de largo, los 3 sépalos externos y los 2 pétalos laterales internos terminan en una punta redondeada u obtusa y curva 125

125. a. Hojas 0,9-1,5 cm de ancho, lineares o linear-oblongas, generalmente del mismo ancho en toda la superficie; flores sobre ejes delgados (pedicelos) 1-1,5 cm de largo . . . . *Oncidium anomalum*

b. Hojas 1,5-4 cm de ancho, oblongas u oblongo-elípticas, más anchas alrededor de la mitad; flores sobre pedicelos más cortos, sólo 0,7-1,1 cm de largo . . . . *Scelochilus ottonis*

126. a. Inflorescencia 2-5 m de largo, torcida, encorvada o algo trepadora; flores generalmente amarillas con marrón . . . . *Oncidium volvox*

b. Inflorescencia 0,5 m o menos de largo, ni torcida, ni curvada, ni subtrepadora; flores con combinaciones de blanco, marrón-púrpura y amarillo-verdoso 127

127. a. Todas las flores nacen directamente del eje floral (raquis) y están dispuestas estrechamente sobre el mismo . . . . *Brassia wageneri*

b. Algunas de las flores inferiores nacen de ramas secundarias del eje floral (raquis) y están algo distantes del mismo . . . . *Odontoglossum constrictum*

128. (119.b)

a. Tallo alargado con las bases de las hojas viejas o nuevas y/o los pseudobulbos dispersos a lo largo del mismo 129

128a

b. Tallo corto; los pseudobulbos más o menos agrupados entre sí y no dispersamente esparcidos 131

129. a. Apice de la hoja marcadamente puntiagudo con uno de los lados más corto que el otro . . . . *Maxillaria ramosa*

b. Apice de la hoja redondeado o anchamente encorvado, nunca marcadamente puntiagudo 130

130. a. Hojas 2-3,5 cm de ancho; flores rojas, anaranjadas o amarillo intenso; hojas de la parte superior del tallo dispuestas en 2 filas con bases estrechamente superpuestas y flores con 1 solo eje agrupadas en las axilas . . . . . *Maxillaria miniata*

b. Hojas 0,3-1,5 cm de ancho; flores de color amarillo pálido o blancuzco; hojas no en 2 filas ni estrechamente superpuestas, y las flores dispersas . . . . *Maxillaria notylioglossa*

131. a. Pseudobulbo no cubierto o rodeado por las bases de las hojas o por 2 filas de hojas envainadoras 132

b. Pseudobulbo rodeado por las bases de hojas o por 2 filas de hojas envainadoras 134

132. a. Flores 0,8-2,4 cm de largo; eje floral (raquis) aproximadamente 7 cm de largo o menos . . . . *Maxillaria rufescens*

b. Flores 3-7 cm de largo; raquis 7-15 cm de largo 133

133. a. El pseudobulbo es muy delgado y fuertemente comprimido en ambos lados, más alto que ancho; labelo (parte más ancha de la flor) no engrosado, de color blanco con amarillo . . . . *Trichopilia fragrans*

b. El pseudobulbo es más convexo y menos comprimido, casi tan ancho como alto; el labelo (parte más ancha de la flor) es engrosado en el centro y muestra líneas de color púrpura oscuro en ambos lados . . . . *Maxillaria setigera*

134. a. Los 3 sépalos externos y los 2 pétalos laterales internos son de color blanco *Maxillaria melina*

b. Los 3 sépalos externos y los 2 pétalos laterales internos son de otros colores 135

135. a. Flores grandes, las divisiones 2,2-4 cm de largo; el pseudobulbo mide 6-9,5 centímetros de largo y el eje de la flor (pedúnculo) 5-15 cm de largo . . . . *Maxillaria nasuta*

b. Flores generalmente más pequeñas, las divisiones 1,2-2,5 cm de largo; el pseudobulbo mide 1,5-3,5 cm de largo y el pedúnculo 1-6 cm de largo . . 136

136. a. Pedúnculos 1-3,5 cm de largo; los 3 sépalos externos y los 2 pétalos internos son de color amarillo, anaranjado o amarillo-verdoso, con frecuencia con manchas purpúreas; el labelo (la parte más grande de la flor) es de color púrpura oscuro con verde . . . . *Maxillaria crassifolia*

b. Pedúnculo 4,5-6 cm de largo; las flores son de color rojo-marrón . . . . . *Maxillaria virguncula*

137. (118.b)

a. Los 3 sépalos externos y los 2 pétalos laterales internos son muy pequeños, 0,2-0,95 cm de largo 138

b. Los 3 sépalos externos y los 2 pétalos laterales internos son más grandes, 1-7 cm de largo 141

138. a. Solamente 1 hoja nace en el ápice de cada pseudobulbo 139

b. 2 o más hojas nacen en el ápice de cada pseudobulbo, o 2 o más hojas nacen en la base de la planta 140

139. a. Flores amarillas con líneas marrón-purpúreas . . . . . . *Oncidium abortivum*

b. Flores nunca amarillas . . . . *Epidendrum attenuatum*

140. a. El pseudobulbo mide 4-9 cm de largo, con 2 hojas en cada pseudobulbo; todas las divisiones de la flor son marcadamente puntiagudas . . . *Epidendrum grammatoglossum*

b. El pseudobulbo, si está presente, mide 4 cm de largo o menos; 2-4 hojas nacen en la base del eje floral; algunas de las divisiones de las flores son redondeadas en el ápice . . . . *Polystachya foliosa*

141. a. Flores amarillas con líneas marrón-purpúreas; plantas muy pequeñas, de hasta 30 cm de largo; hojas 5-16 cm de largo . . . . . . *Oncidium abortivum*

b. Flores nunca amarillas; plantas más altas con hojas más largas 142

142. a. Una de las divisiones florales (el labelo) prominentemente estriada de color negro-purpúreo; hojas marcadamente puntiagudas . . . . *Epidendrum cochleatum*

b. Ninguna de las divisiones florales con estrías de color negro-purpúreo; hojas redondeadas o anchamente encorvadas o solamente corto-puntiagudas en el ápice 143

143. a. Los 3 sépalos externos y los 2 pétalos laterales internos con manchas marrón-purpúreas . . . . *Epidendrum vespa*

b. Los 3 sépalos externos y los 2 pétalos laterales internos sin manchas marrón-purpúreas 144

144. a. Inflorescencia usualmente ramificada, con algunas de las ramas laterales sosteniendo más de 1 flor; una de las divisiones de la flor (el labelo) partida en 3 lóbulos . . . . *Epidendrum diurnum*

b. Inflorescencia usualmente simple y no ramificada; ninguna de las divisiones florales, incluyendo el labelo, lobulada . . . . *Epidendrum chacaoense*

GRUPO IV
(ORQUIDEAS EPIFITAS SIN PSEUDOBULBOS)

145. (77.b)

a. Todas las hojas nacen de la base misma de la planta en la base del eje floral (pedúnculo) 146

145a

b. Hojas dispuestas a lo largo de los lados o en el ápice del tallo foliar . . . 168

145 b

146. a. Hojas dispuestas en forma de abanico, más o menos 8-14 por planta, cada hoja 2,5-8 mm de ancho 147

b. Hojas diferentes a como se indica arriba, o en número menor por planta, o mucho más anchas 148

147. a. Solamente 1 flor presente en cada tallo principal; flores amarillas con manchas marrón-purpúreas . . . . *Oncidium glossomystax*

b. Más de 1 flor presente en cada tallo principal; flores blanco-verdosas . . . . *Ornithocephalus gladiatus*

148. a. Flores anaranjadas o rojo-anaranjadas . . . . *Spiranthes speciosa*

b. Flores de otros colores 149

149. a. Hojas con varios nervios prominentes, expuestos como costillas en el lado inferior de la hoja . . . . *Warreella cyanea*

b. Hojas con solamente el nervio medio vistoso, o con nervios adicionales inconspicuos hundidos en el tejido foliar 150

150. a. Inflorescencia muy alargada, 1-2 m de largo; hojas generalmente (3—) 5-8 centímetros de ancho, usualmente con manchas purpúreas . . . . *Oncidium carthagenense*

b. Sin la combinación de caracteres arriba indicados 151

151. a. Inflorescencia con eje zigzagueante 152

b. Inflorescencia con eje no zigzagueante 155

152. a. Planta 2,5-5,2 cm de alto; hojas 0,3-0,5 cm de ancho, 1,5-2 cm de largo . . . *Pleurothallis cabellensis*

b. Planta sin la combinación de caracteres arriba indicados; las plantas son usualmente más altas, con hojas en promedio más anchas y/o más largas 153

153. a. Tallo floral principal (pedúnculo) 3-angulado, alado o con un borde extendido de color verde; eje (raquis) de la inflorescencia más bien ancho, no semejante a un pelo . . . . *Oncidium meirax*

b. Pedúnculo no 3-angulado, ni alado, ni con un borde de color verde; raquis de la inflorescencia delicado, semejante a un pelo 154

154. a. Pedúnculo áspero-verrucoso; flores sin pelos, pero con 2 apéndices delgados, semejantes a colas, los cuales sobresalen de la flor; los 3 sépalos externos de la flor 8-11 mm de largo . . . . *Scaphosepalum verrucosum*

b. Pedúnculo diferente a como se indica arriba; flores muy peludas, pero sin apéndices semejantes a colas; los 3 sépalos externos 4-7 mm de largo . . . . *Pleurothallis flexuosa*

155. a. Solamente 1 flor presente en cada inflorescencia 156

b. Más de 1 flor presente en cada inflorescencia 162

156. a. Las divisiones externas de la flor terminan en un apéndice delgado en forma de cola . . . . 157 *(Masdevallia)*

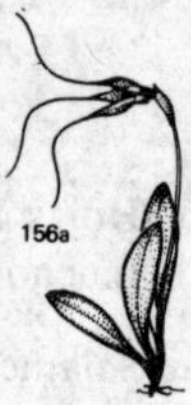
156a

b. Las divisiones externas de la flor no terminan en ningún apéndice delgado en forma de cola 160

157. a. Hojas 0,3-0,9 cm de ancho 158

b. Hojas 1,5-3 cm de ancho 159

158. a. Eje principal (pedúnculo), que soporta a las flores, con lados redondeados; partes externas (sépalos) de las flores de color blanco, con apéndices de 1,5-2 cm de largo . . . . *Masdevallia pumila*

b. Pedúnculo que soporta las flores, 3-angulado; sépalos de las flores de color amarillo-verdoso en la parte externa, lavanda y blancuzco con manchas oscuras rojo-purpúreas por dentro, los apéndices 2,7-3 cm de largo . . . . . *Masdevallia picturata*

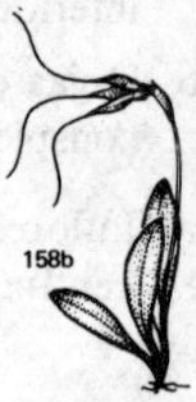
158b

159. a. Eje de la flor (pedúnculo) más corto que las hojas, no alado, 4 cm de largo; las partes externas de la flor (sépalos) tan anchas como largas . . . . . . *Masdevallia caudata*

b. Pedúnculo alado, que iguala o sobrepasa el largo de las hojas, 8 cm o más de largo; los sépalos de la flor más largas que anchas . . . . . . *Masdevallia maculata*

160. (156.b)

a. Los 3 sépalos externos y los 2 pétalos laterales internos de color amarillo-verdoso pálido y sin manchas; los 3 sépalos externos hasta 4,2 cm de largo *Stenia pallida*

b. Los sépalos externos y los 2 pétalos laterales internos de color amarillo-verdoso con manchas purpúreo-rojizas; los 3 sépalos externos no más de 2,3 cm de largo 161

161. a. Los 3 sépalos externos y los 2 pétalos laterales internos 1-1,2 cm de largo *Kefersteinia sanguineolenta*

b. Los 3 sépalos externos y los 2 pétalos laterales internos 1,5-2,4 cm de largo *Kefersteinia graminea*

162. (155.b)

a. Inflorescencia conspicuamente colgante . . . . *Notylia pentachne*

b. Inflorescencia erecta 163

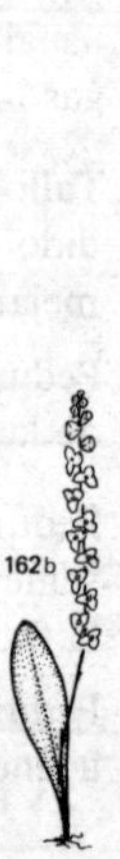
162b

163. a. Hojas 2-2½ veces más largas que anchas, superpuestas, elíptico-ovadas o anchamente oblongo-elípticas; flores con 3 partes internas (pétalos) tan anchos como o más anchos que largos, 2-2,2 cm de largo, 1,9-2,3 cm de ancho *Telipogon klotzscheanus*

163a

b. Hojas usualmente 3-5 veces o más largas que anchas, no superpuestas, lanceoladas hasta oblongo-lanceoladas; ninguna de las partes florales más de 1,6 cm de largo o ancho 164

164. a. Flores diminutas, todas las partes 4 mm o menos de largo 165

b. Flores más grandes, varían entre 7-16 mm de largo 166

165. a. Cada inflorescencia con pocas (3-5) flores; divisiones externas (sépalos) de la flor de color blanco . . . . *Stelis porpax*

b. Cada inflorescencia con 7-10 o más flores; sépalos de la flor de color púrpura-rojizo hasta verdoso pálido con rosado pálido . . . . . . *Stelis humilis*

166. a. Flores de color rosado-oscuro hasta rosado púrpura . . . *Comparettia falcata*

b. Flores amarillas con manchas purpúreas o rojizas 167

167. a. Eje principal (pedúnculo) floral 3-angulado o alado o con un borde de color verde . . . . *Oncidium meirax*

b. Pedúnculo floral ni 3-angulado, ni alado, ni con un borde de color verde . . . *Scelochilus ottonis*

168. (145.b)
a. Tallo con 1 sola hoja presente (rara vez 2 hojas) 169

b. Tallo con 2 o más hojas presentes 210

169. a. Tallo (pedúnculo) y eje (raquis) de la inflorescencia en forma de pelo . . 170

b. Pedúnculo y raquis de la inflorescencia no en forma de pelo 173

170. a. Raquis no zigzagueante . . . . *Lepanthes elaeanorae*

b. Raquis zigzagueante 171

171. a. Hojas 0,3-0,5 cm de ancho, 1,5-2 cm de largo; plantas 2,5-5,2 cm de largo *Pleurothallis cabellensis*

b. Hojas 0,7-2,8 cm de ancho, 1,5-10 cm de largo; plantas 3-30 cm de largo 172

172. a. Hojas 1,5-2,5 cm de largo; tallos con el ápice de las vainas suelto, abierto dilatado y puntiagudo en uno de los lados; flores rosado-purpúreas, las divisiones más grandes (sépalos) 2-3,5 mm de largo . *Lepanthopsis astrophora*

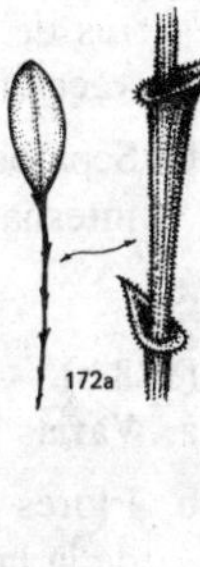
172a

b. Hojas 4-10 cm de largo; tallos con el ápice de las vainas diferente a como se indica arriba; flores amarillo-verdosas con manchas purpúreas; las divisiones más grandes (sépalos) de la flor 6-9 mm de largo . . *Pleurothallis flexuosa*

173. a. Hojas acorazonadas en la base, cada mitad de la base fuertemente encorvada hacia el centro de la hoja 174

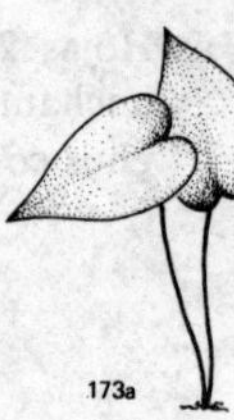

173a

b. Hojas gradualmente angostadas hacia la base, algunas veces redondeadas, pero nunca acorazonadas en la base 179

173b

174. a. Flores sobre un eje (pedicelo) alargado y colgante, 18-28 mm de largo . . . *Pleurothallis ruberrima*

b. Flores sobre pedicelos nunca colgantes y más cortos, 10 mm de largo o menos 175

175. a. Las divisiones florales más grandes (sépalos) 2,5-7,5 mm de largo 176

b. Las divisiones florales más grandes (sépalos) 8-21 mm de largo 177

176. a. Hojas abruptamente angostadas formando un ápice marcadamente puntiagudo; hojas 2,5-9,5 cm de ancho, 6-15 cm de largo; flores de color marrón pálido con purpúreo o rojizo . . . . *Pleurothallis cordifolia*

b. Hojas gradualmente angostándose en una punta corta; hojas 0,8-2,3 cm de ancho, 2,6-6,5 cm de largo; flores de color amarillo-verdoso o amarillento *Pleurothallis tridentata*

177. a. Base de la hoja acorazonada; divisiones inferiores exteriores de la flor (sépalos laterales) ligeramente más largas que anchas, anchamente redondeadas u obtusas en el ápice . . . . *Pleurothallis cardiostola*

b. Base de la hoja no acorazonada; sépalos de la flor conspicuamente más largos que anchos, gradualmente angostándose en un ápice más o menos puntiagudo 178

178. a. Sépalos de la flor con nervios rojo-purpúreos; borde de las divisiones interiores de la flor (especialmente el labelo) con superficie áspera debido a proyecciones diminutas (papilas) . . . . *Pleurothallis linguifera*

b. Sépalos de la flor con marcas rojo-purpúreas, pero no los nervios; divisiones internas de la flor (pétalos y labelo) sin la superficie rugosa o proyecciones *Pleurothallis cardium*

179. (173.b)

a. Varias hasta muchas flores dispuestas sobre un eje alargado 180

b. Flores solitarias sobre un solo eje floral, o, si varias flores nacen en la base de la hoja, entonces sin un eje alargado 201

180. a. Apice del eje que soporta la hoja (pecíolo) ancho y 2-3-alado . . . . . . *Pleurothallis chamaensis*

b. Apice del pecíolo sin 2-3 alas 181

181. a. Inflorescencia colgante o arqueada 182

181a

b. Inflorescencia erecta o ascendente, por lo menos no colgante 186

182. a. Unas proyecciones foliáceas (vainas), que encierran la base de la inflorescencia, miden generalmente 5-8 cm de largo, rara vez más cortas . . . . . *Pleurothallis lanceolata*

b. Las proyecciones foliáceas (vainas), que encierran la base de la inflorescencia, miden 0,4-5 cm de largo 183

183. a. Hojas 0,4-0,9 cm de ancho; divisiones florales externas (sépalos) 2,5-4 mm de largo . . . . *Pleurothallis pruinosa*

b. Hojas 0,8-4,5 cm de ancho; sépalos 6,5-19 mm de largo 184

184. a. Sépalos 3, no pareciendo 2-labiadas, todos similarmente alargados, angostos, 5-6 veces más largos que anchos . . . . *Pleurothallis acuminata*

b. Sépalos 2, pareciendo 2-labiadas (con una punta extendida hacia arriba y la otra hacia abajo), uno de ellos más ancho que el otro, 2-4 veces más largos que anchos 185

185. a. Inflorescencia fuertemente colgante; sépalos con líneas longitudinales purpúreas o púrpura-rojizas; hojas de hasta 30 cm de largo . . . . *Pleurothallis secunda*

b. Inflorescencia sólo ligeramente colgante o solamente arqueada; sépalos con marcas purpúreas o lilas, pero sin líneas longitudinales; hojas de hasta 11,5 cm de largo . . . . *Pleurothallis loranthophylla*

186. (181.b)
a. Divisiones florales externas (sépalos) purpúreas . . . . *Stelis dispar*

b. Sépalos de otros colores 187

187. a. Cada inflorescencia con pocas flores (3-5) 188

b. Cada inflorescencia con muchas flores (7-10 o más) 190

188. a. Sépalos blancos . . . . *Stelis porpax*

b. Sépalos amarillo-cremosos, amarillos o blanco-verdosos 189

189. a. Inflorescencia ligeramente más corta que, hasta algo más larga que las hojas; hojas 0,4-0,9 cm de ancho; sépalos 2,5-4 mm de largo . . . *Pleurothallis pruinosa*

b. Inflorescencia mucho más corta que las hojas; hojas 1-2,6 cm de ancho; sépalos 4-5 mm de largo . . . . *Pleurothallis obovata*

190. a. Sépalos blancos . . . . *Stelis porpax*

b. Sépalos de otros colores o con otras combinaciones de colores 191

191. a. Sépalos de color amarillo mostaza hasta anaranjado o amarillo-anaranjado, algunas veces con marcas o líneas purpúreas o rosado-pálidas 192

b. Sépalos generalmente de color amarillo más pálido, crema, verdoso, amarillo-verdoso, marrón-amarillento (rara vez amarillo más brillante), blanco o purpúreo-rojizo 193

192. a. Sépalos 8-17 mm de largo, de color amarillo mostaza o anaranjado con líneas rosadas; hojas hasta 13,5 cm de largo y hasta 4 cm de ancho . . . . . . *Pleurothallis lanceana*

b. Sépalos 3-6 mm de largo, generalmente de color amarillo-verdoso o amarillo-pardusco; hojas hasta 29 cm de largo y hasta 9,7 cm de ancho . . . . . *Pleurothallis velaticaulis*

193. a. Sépalos de color marrón-amarillo con líneas purpúreo-rojizas. . . . . . . *Pleurothallis vittata*

b. Sépalos sin líneas purpúreo-rojizas 194

194. a. Sépalos ligeramente más largos que anchos, o tan anchos como largos o algunas veces más anchos que largos, 1,2-4 mm de largo . . . . . 195 *(Stelis)*

b. Sépalos obviamente más largos que anchos (2-2 ½ hasta tanto como 12 veces), generalmente 4-21 mm de largo (rara vez tan pequeñas como 3 milímetros) . . . . 198 *(Pleurothallis)*

195. a. Inflorescencia usualmente más corta que la hoja 196

b. Inflorescencia usualmente más larga que la hoja 197

196. a. 2 o más inflorescencias nacen desde la base de la hoja; sépalos 1,2-1,9 mm de largo, aproximadamente 1 ½ veces más largos que anchos, amarillo-cremosos; inflorescencia hasta 6 cm de largo . . . . *Stelis tenuilabris*

b. Solamente 1 inflorescencia nace de la base de la hoja; sépalos 2-4 mm de largo, casi tan anchos como largos o sólo ligeramente más largos que anchos, verdoso-pálidos con tintes rosado-pálidos hasta purpúreo-rojizos . . . *Stelis humilis*

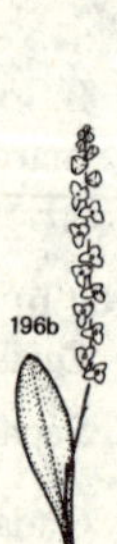

197. a. Usualmente sólo 1 (rara vez 2) inflorescencia nace de la base de la lámina de la hoja; una extensión (vaina) foliácea pequeña presente en la base de la inflorescencia y 10-15 mm de largo . . . . *Stelis micrantha*

b. 1, 2 ó 3 inflorescencias nacen en la base de la lámina de la hoja; la proyección (vaina) foliácea pequeña en la base de la inflorescencia mide 5-8 mm de largo . . . . *Stelis ophioglossoides*

198. a. Divisiones florales externas (sépalos) alargadas y angostamente puntiagudas, 5-12 veces más largas que anchas, 8-21 mm de largo; inflorescencia generalmente más larga que la lámina de la hoja 199

b. Sépalos 2½-3 veces más largos que anchos, 3-11,5 mm de largo; inflorescencia generalmente más corta o apenas igualando en largo la lámina de la hoja 200

199. a. Sépalos 8-12 veces más largos que anchos . . . . . *Pleurothallis sclerophylla*

b. Sépalos sólo 5-6 veces más largos que anchos . . . . *Pleurothallis acuminata*

200. a. Sépalos solamente en número de 2 (los 2 inferiores completamente unidos en 1 tubo), generalmente 7-11,5 mm de largo (rara vez más cortos) . . . . . *Pleurothallis quadrifida*

b. Sépalos en número de 3 o uno de ellos parcialmente unido, 3-6 mm de largo *Pleurothallis velaticaulis*

201. (179.b)

a. Las flores parecen nacer por detrás o en el lado inferior (envés) de la hoja, en vez del lado superior (haz) 202

201a

b. Las flores nacen del lado superior (haz) de la hoja 203

202. a. Ejes de las flores (pedicelos) mucho más cortos que la hoja . . . *Restrepiella viridula*

b. Pedicelos aproximadamente tan largos o más largos que la hoja . . *Restrepia lansbergii*

203. a. Eje que soporta la hoja (pecíolo) conspicuamente ensanchado y con 2-3 alas en la porción superior, 4-10 mm de ancho . . . . *Pleurothallis sicaria*

b. Pecíolo diferente a como se indica arriba 204

204. a. Eje de la flor (pedicelo) conspicuamente alargado, 2,5-15 cm de largo, con frecuencia más largo que la hoja . . . . *Pleurothallis gratiosa*

b. Pedicelo usualmente mucho más corto que en el caso anterior y mucho más corto que la hoja 205

205. a. Divisiones florales externas (sépalos) 20-27 mm de largo . . . . *Pleurothallis hemirhoda*

b. Sépalos 3-19 mm de largo 206

206. a. Sépalos solamente en número de 2, muy pequeños, 3-5,5 mm de largo; tallos muy delgados, 0,6-1 mm de ancho . . . . *Pleurothallis discoidea*

b. Sépalos en número de 2 ó 3, pero más largos, 6-19 mm de largo; tallos más gruesos, usualmente 1-5 mm de ancho 207

207. a. Los ejes de las flores (pedicelos) nacen de una vaina prominente de 10-13 milímetros de largo; sépalos solamente 2, pareciendo 2-labiadas (las divisiones inferiores completamente unidas formando una sola estructura) . . . . . . *Pleurothallis talpinaria*

b. Los pedicelos nacen de una vaina menos prominente, mucho más corta; sépalos 3, completamente separados, o 2 de ellos parcialmente unidos . . . 208

208. a. Todas las divisiones florales, muy angostas y adelgazándose en puntas largas; flores usualmente numerosas (hasta 30) sobre cada hoja; cada flor con una bráctea semejante a un tubo, alargada, 6-8 mm de largo, tan larga como o más larga que la flor . . . . *Pleurothallis peduncularis*

b. Por lo menos algunas de las divisiones florales, cortamente puntiagudas o con un ápice ancho u obtuso; flores escasas, 1-4 sobre cada hoja; cada flor con brácteas en forma de tubo, más cortas, 3-4 mm de largo, más cortas que la flor 209

209. a. Tallos conspicuamente comprimidos o con 2 lados en la mitad superior de la planta; hojas usualmente 2,2-3 cm de ancho; la mayoría de las vainas del tallo (excepto las inferiores) sin pelos . . . . . *Pleurothallis ceratothallis*

b. Tallos angostamente tubulares, redondeados; hojas usualmente más angostas, 0,5-1,5 cm de ancho; todas las vainas sobre los tallos con pelos . . . . *Pleurothallis lancipetala*

210. (168.b)

a. Hojas cilíndricas, redondeadas en los bordes (teretes o casi teretes) . . . 211

b. Hojas comprimidas o por lo menos sin bordes redondeados 212

211. a. Hojas muy alargadas, 10-29 cm de largo; las flores nacen cerca del tallo y de las hojas . . . . *Hexisea reflexa*

211a

b. Hojas mucho más cortas, 1,5-5 cm de largo; las flores nacen sobre un eje alargado de 6-10 cm de largo, situado arriba de la hoja más alta . . . . . *Epidendrum teretifolium*

212. a. Hojas con varios nervios evidentes e igualmente prominentes 213

b. Hojas con solamente el nervio central evidente o más prominente (otros nervios delgados y débiles pueden estar presentes) 216

213. a. Tallo no cubierto por bases de hojas superpuestas; tallo más delgado (2-4 milímetros de diam.), firme, duro o tieso . . . . *Elleanthus capitatus*

b. Tallo cubierto por bases de hojas superpuestas; tallo más bien grueso y carnoso 214

214. a. Flores pequeñas, menos de 1 cm de largo; hojas muy angostas, 1,2 cm o menos de ancho . . . . *Epidendrum recurvatum*

b. Flores mucho más grandes; hojas mucho más anchas 215

215. a. Flores amarillo-verdosas, 6,5-12 cm de largo, con una parte (columna) prominente y encorvada, 2,8-4 cm de largo; flores sobre ejes (pedicelos) de 4-12 cm de largo . . . . *Cycnoches chlorochilon*

215a

b. Flores generalmente de color amarillo puro o amarillo-cremoso con manchas y nervios rojizos o marrón-rojizos, 2-4,5 cm de largo; la columna es 0,9-1,5 cm de largo y no es prominentemente encorvada; flores sobre pedicelos más cortos de 2,5-3,5 cm de largo . . . . *Chysis aurea*

216. (212.b)

a. Porción floral de la planta, alargada, hasta 2 m o más de largo; hojas con frecuencia manchadas de púrpura sobre una base gris-verdosa . . *Oncidium carthagenense*

b. Sin la combinación de caracteres arriba indicados 217

217. a. Flores dispuestas en 2 filas definidas, una fila en cada lado del eje principal 218

b. Flores no dispuestas en 2 filas definidas 220

218. a. Hojas 0,6-3 cm de ancho; raíces aéreas muy largas y conspicuas . . . . . . *Campylocentrum micranthum*

b. Hojas sólo 0,1-0,5 cm de ancho; raíces aéreas ni conspicuas, ni alargadas 219

219. a. Flores rosado-purpúreas, las 3 divisiones externas (sépalos) 6-11,5 mm de largo; hojas obtusas o redondeadas en el ápice, encorvadas hacia el centro a cada lado del ápice (emarginadas) . . . . *Isochilus linearis*

b. Flores usualmente blancas, rara vez amarillentas o rosadas, los 3 sépalos 3-4,2 mm de largo; hojas con 3 dientes en el ápice . . . *Elleanthus linifolius*

220. a. Tallos con numerosas hojas muy pequeñas de 1-1,8 cm de largo, extendidas en 2 direcciones; las flores o frutos nacen de los lados del tallo principal . 221

b. Sin la combinación de caracteres arriba indicados, las flores o frutos siempre nacen del ápice o extremo del tallo 222

221. a. Bordes de las hojas, especialmente en la parte superior de la base de las hojas que encierran al tallo, con dientes o glándulas diminutas; hojas no comprimidas; fruto y mitad inferior de la flor lisa . . . . *Pachyphyllum crystallinum*

b. Bordes de las hojas sin dientes; hojas comprimidas; fruto o mitad inferior de la flor verrugosos . . . . *Dichaea muricata*

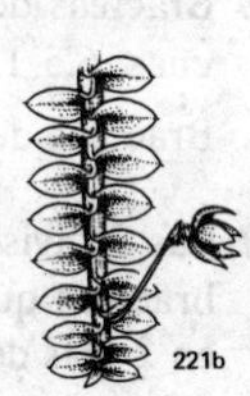

221b

222. a. Las 3 divisiones florales internas (los 2 pétalos laterales y el labelo) son casi iguales en forma y tamaño (ancho y largo), 11-17,5 mm de ancho y 12-28 milímetros de largo; hojas agrupadas cerca de la base del tallo . . *Telipogon klotzscheanus*

222a

222a

b. Una de las 3 divisiones florales internas (el labelo) es mucho más grande o de forma diferente de las otras 2 divisiones florales internas (pétalos laterales) 223

223. a. Inflorescencia con 1 ó 2 flores 224

b. Inflorescencia con pocas (usualmente más de 2) hasta muchas flores . . 230

224. a. Flores grandes y vistosas, las 3 divisiones florales externas (sépalos) de hasta 90 mm de largo; flor sobre un eje alargado de hasta 17 cm de largo; parte superior del tallo muy ancha, 2-20 mm de ancho . . *Epidendrum nocturnum*

b. Flores mucho más pequeñas, los 3 sépalos 6,5-18 mm de largo; flores sobre ejes mucho más cortos; tallos usualmente mucho más angostos 225

225. a. Hojas grandes y bien desarrolladas, 1,2-2,5 cm de ancho y 5-14 cm de largo *Epidendrum cereiflorum*

b. Hojas más pequeñas, 0,2-0,9 cm de ancho y 0,6-7 cm de largo 226

226. a. Hojas dispuestas generalmente en pares en el extremo del tallo; pares de hojas muy separadas entre sí . . . . *Scaphyglottis bicornis*

b. Hojas varias hasta numerosas sobre el tallo, no en pares y más bien próximas entre sí 227

227. a. Tallo erecto hasta arqueado, hasta 150 cm de largo, envuelto por numerosas bases foliares cilíndricas y alargadas, que forman vainas alrededor de él . 228

b. Diferente a como se indica arriba, el tallo usualmente más corto 229

228. a. Pétalos 3 veces más largos que anchos, 2-4,5 mm de ancho . . . *Epidendrum cardioglossum*

b. Pétalos aproximadamente 2½ veces más largos que anchos, 4-5,5 mm de ancho . . . . *Epidendrum mojandae*

229. a. Cada flor sobre un eje de 1,5-2,7 cm de largo; tallo 2-7,5 cm de largo; las 3 divisiones florales externas (sépalos) 8-18 mm de largo . *Epidendrum porpax*

b. Cada flor sobre un eje de 0,6-0,9 cm de largo; tallo 12-60 cm de largo; los 3 sépalos 6,5-7 mm de largo . . . . *Epidendrum repens*

230. (223.b)

a. Brácteas del eje que soporta las flores (pedúnculo), muy grandes y conspicuas, 6,5-12 cm de largo y 0,7-1,2 cm de ancho . . . *Epidendrum refractum*

b. Brácteas del pedúnculo mucho más pequeñas o inconspicuas 231

231. a. Las 3 divisiones florales externas (sépalos) miden 2,4-5,5 mm de largo; las brácteas que rodean a las flores conspicuas y agrupadamente superpuestas en 2 filas definidas; hojas sólo 0,2-1 cm de ancho . *Epidendrum strobiliferum*

b. Los 3 sépalos son más largos; brácteas que rodean a las flores inconspicuamente superpuestas y no en 2 filas definidas; hojas más anchas, pero algunas veces sólo 0,7-1,2 cm de ancho 232

232. a. Inflorescencia pendiente, colgante o arqueada (inflorescencias jóvenes algunas veces erectas) 233

b. Inflorescencia siempre erecta hasta la madurez de la planta 238

233. a. Pocas hojas sobre el tallo, dispuestas en número de 2-5 hacia el extremo del tallo 234

b. Numerosas hojas a lo largo de todo el tallo 237

234. a. Tallo ramificado 235

b. Tallo no ramificado 236

235. a. La parte más ancha de la flor (labelo) con 3 dientes anchos en el margen . . . *Epidendrum superpositum*

b. La parte más ancha de la flor (labelo) sin ningún lóbulo definido . . . . . . *Epidendrum lechleri*

236. a. Hojas 1,2-4 cm de ancho, con frecuencia con manchas purpúreas; flores 10-14 mm de largo . . . . *Epidendrum tovarense*

b. Hojas 0,7-1,2 cm de ancho, verdes en toda la superficie; flores más pequeñas, 6-7,5 mm de largo . . . . *Epidendrum recurvatum*

237. a. Tallos hasta 3 m de alto; las 3 divisiones florales externas (sépalos) 11-15 milímetros de largo . . . . *Epidendrum klotzscheanum*

b. Tallos menos de 1 m de alto; los 3 sépalos 16-25 mm de largo . . *Epidendrum coronatum*

238. (232.b)

a. Todas las flores, dispuestas en forma de sombrilla, nacen de un mismo o casi de un mismo punto sobre el eje floral principal; flores verdosas; tallo ramificado . . . . *Epidendrum difforme*

b. Las flores nacen en niveles diferentes sobre el eje floral y no están dispuestas en forma de sombrilla; flores de otros colores; tallos no ramificados . . . 239

239. a. Tallos con 3-5 hojas 240

b. Tallos con numerosas hojas 241

239b

240. a. Hojas frecuentemente con manchas purpúreas; hojas oblongo-lanceoladas hasta ovado-elípticas, 1,2-4 cm de ancho y 6-16 cm de largo . . *Epidendrum tovarense*

b. Hojas sin manchas purpúreas; hojas lineares hasta linear-lanceoladas, 0,7-1,2 cm de ancho y 10-25 cm de largo . . . . . *Epidendrum recurvatum*

241. a. Flores rosadas, anaranjadas, lavandas, rojas o blancas; el labelo (la parte más ancha de la flor) con un borde prominentemente dentado o laciniado; las 3 divisiones florales exteriores (sépalos) 6-17 mm de largo . . *Epidendrum secundum*

b. Flores de color verde-cremoso o amarillo y blanco; el labelo de la flor sin borde segmentado; flores mucho más grandes, los 3 sépalos 30-50 mm de largo . . . . *Epidendrum leucochilum*

Anguloa clowesii Lindl. var. **rueckeri** (Lindl.) Foldats
Anguloa rueckeri Lindl.
Subpáramo, 2.000 m. Terrestre o epífita.

Bletia lansbergii Rchb. f. (Lám. 227, D)
Bletia wageneri Rchb. f. (Según Foldats)
Sabana y borde de la selva transicional y selva veranera, 1.200-1.700 m. Terrestre.

Bletia purpurea (Lam.) DC.
Bletia stenophylla Schltr. (Según Foldats)
Selva veranera y selva transicional, 1.500 m. Terrestre; florece cuando no tiene hojas.

Brassia wageneri Rchb. f. (Lám. 234, B)
Selva nublada, 1.500 m. Epífita.

Bulbophyllum manarae Foldats (Lám. 233, F)
Selva nublada, vertiente norte, 1.400-1.600 m. Epífita.

Campylocentrum micranthum (Lindl.) Rolfe
Selva veranera, 1.100-1.200 m. Epífita.

Catasetum macrocarpum L. C. Rich. (Lám. 234, N)
Selva veranera, 900-1.200 m. Epífita.

Cattleya labiata Lindl. *"Flor de Mayo"* (Lám. 227, A)
Cattleya mossiae Hook.
Epífita, raras veces litófita, selva nublada, 1.700 m.

Centrogenium roseo-album (Rchb. f.) Schltr. (Lám. 229, B)
Selva veranera, 900-1.200 m. Terrestre.

Chysis aurea Lindl.
Selva nublada, 1.700 m. Epífita.

Comparettia falcata Poepp. & Endl.
Selva de galería y selva veranera, 900-1.200 m. Epífita.

Corymborchis flava (Sw.) O. Ktze. (Lám. 228, B)
Selva nublada, 1.600-1.800 m. Terrestre; flores amarillas con el labelo blanco por dentro.

Corymborchis galipanensis (Rchb. f.) Foldats
Selva nublada, 1.500 m. Terrestre.

Cranichis ciliata (H.B.K.) Kunth (Lám. 230, H)
Selva nublada y subpáramo, 1.900-2.440 m. Terrestre, con flores verde-cremosas y las venas del labelo color oliva-marrón.

Cranichis diphylla Sw.
Subpáramo, 2.000-2.600 m. Terrestre.

Cranichis monophylla Lindl.
Subpáramo, 2.600 m. Terrestre, con flores blancas y verdes.

Cranichis wageneri Rchb. f.
Selva nublada, 1.500 m. Terrestre.

Cycnoches chlorochilon Kl. (Lám. 230, C)
Selva nublada, vertiente norte, 950-1.600 m. Epífita.

Cyrtopodium cristatum Lindl.
Sabana, 1.550 m. Terrestre.

Cyrtopodium paniculatum (Ruiz & Pavón) Garay
Cyrtopodium naiguatae Schltr.
Sabana, 1.200-2.400 m. Terrestre.

Dichaea muricata (Sw.) Lindl. (Lám. 234, K)
Selva nublada, 1.600 m. Planta epífita, colgante.

Elleanthus aurantiacus (Lindl.) Rchb. f. (Lám. 229, E)
Subpáramo y selva nublada, 1.500-2.500 m. Terrestre.

Elleanthus capitatus (R. Br.) Rchb. f.
Selva nublada, 1.500 m. Epífita.

Elleanthus linifolius Presl
Selva transicional, 1.300 m. Epífita.

Epidendrum attenuatum Lindl.
Subpáramo, 2.400 m. Epífita.

Epidendrum cardioglossum Rchb. f. (Lám. 231, H)
Subpáramo, 2.400-2.600 m. Terrestre. Planta con flores amarillas y color león.

Epidendrum cereiflorum Garay & Dunsterville
Selva nublada, 1.800 m. Epífita.

Epidendrum chacaoense Rchb. f. (Lám. 234, G)
Selva veranera, 900-1.000 m. Epífita.

Epidendrum ciliare L. (Lám. 234, I)
Selva nublada, vertiente norte, 1.400-1.500 m. Litófita.

Epidendrum cochleatum L. (Lám. 233, G)
Selva nublada, vertiente norte, 1.000 m. Epífita.

Epidendrum coronatum Ruiz & Pavón
Selva nublada, 1.700 m. Epífita.

Epidendrum deltoglossum Garay & Dunst.
Selva nublada y subpáramo, 2.000 m. Planta epífita, pequeña.

Epidendrum difforme Jacq. (Lám. 234, H)
Selva veranera, 1.300 m. Epífita.

Epidendrum diurnum (Jacq.) Rchb. f. (Lám. 230, F)

Selva tropófila y selva nublada, 1.300-1.800 m. Epífita o litófita.

Epidendrum geminiflorum H.B.K.
Subpáramo, sobre pedregal, 2.650 m. Terrestre; especie que acompaña el "bambucillo".

Epidendrum grammatoglossum Rchb. f.
Selva nublada, 1.500-1.635 m. Epífita o litófita.

Epidendrum hartwegii Lindl. (Lám. 229, F)
Selva nublada y subpáramo, 1.980-2.400 m. Terrestre, rupícola o epífita. Flores amarillas o blancas con manchas rojas.

Epidendrum kermesinum Lindl.
Selva nublada, 1.800-2.100 m. Epífita.

Epidendrum klotzscheanum Rchb. f. (Lám. 233, A)
Subpáramo, 2.200-2.400 m. Terrestre o epífita.

Epidendrum lechleri Rchb. f.
Selva nublada, 1.800 m. Epífita.

Epidendrum leucochilum Link, Klotzsch & Otto
Selva nublada, 1.800-2.000 m. Terrestre y a veces epífita, con flores blancas y amarillas.

Epidendrum lividum Lindl. (Lám. 230, G)
Selva tropófila, 1.300 m. Epífita o litófita. Flores color marrón y amarillo-verdosas, con manchas purpúreas.

Epidendrum manarae Foldats (Lám. 234, J)
Subpáramo, 2.000-2.200 m. Planta epífita diminuta.

Epidendrum mojandae Schltr.
Subpáramo, 2.300-2.650 m. Terrestre.

Epidendrum nocturnum Jacq.
Selva nublada, vertiente norte, 1.500-1.635 m. Epífita, litófita o terrestre. Flores blancas, cremosas, verde-blanquecinas o a veces lila-pálidas.

Epidendrum porpax Rchb. f.
Neolehmannia porpax (Rchb.) Garay & Dunst.
Epidendrum peperomia Rchb. f. (Según Foldats)
Selva nublada, 1.500 m. Epífita.

Epidendrum pygmaeum Hooker
Selva de galería, 950-1.000 m. Epífita.

Epidendrum recurvatum Lindl.
Selva nublada y selva de galería, 1.600 m. Epífita con flores rosadas o marrón-rojizas y amarillas o verde-parduzcas.

Epidendrum refractum Lindl.
Selva nublada, 1.900 m. Epífita.

Epidendrum repens Cogn. (Lám. 231, C)
Selva nublada, 1.800 m. Epífita.

Epidendrum secundum Jacq. (Lám. 233, E)
Epidendrum brachyphyllum Lindl. (Según Dunsterville & Garay)
Sabana y faldas abiertas y subpáramo, 1.000-2.200 m. Terrestre o a veces epífita. Flores de variados colores, blancuzcas, rosadas hasta moradas y amarillo-anaranjadas. Florece casi todo el año y es la orquidea más común en el Avila.

Epidendrum strobiliferum Rchb. f.
Selva nublada, 1.800 m. Epífita.

Epidendrum superpositum Garay (Lám. 228, C)
Selva nublada y subpáramo, 2.300 m. Epífita. Flores cremosas y verdes.

Epidendrum teretifolium Sw.
Selva nublada, vertiente norte, 1.500-1.600 m. Epífita con flores verde-amarillentas.

Epidendrum tovarense Rchb. f.
Selva transicional y selva nublada, 1.300-1.600 m. Epífita.

Epidendrum vespa Vell. (Lám. 234, F)
Selva nublada y subpáramo, 2.000 m. Epífita o terrestre. Flores blancas o amarillo pálidas con puntos rojizos.

Erythrodes major (Presl) Ames
Selva nublada, vertiente norte, 900 m. Terrestre.

Erythrodes rariflora (Lindl.) Ames
Selva nublada, 1.500 m. Terrestre.

Eulophia alta (L.) Fawc. & Rendle
Selva veranera y borde de selva de galería, 1.200 m. Terrestre.

Eulophidium maculatum (Lindl.) Pfitz. (Lám. 234, L)
Selva de galería y selva nublada, 1.000-1.300 m. Terrestre. Planta muy común.

Eurystyles cotyledon Wawra (Lám. 232, L)
Selva nublada, 1.700-1.900 m. Epífita. Flores blancuzcas.

Gongora quinquenervis R. & P. (Lám. 228, A)
Selva nublada, vertiente norte, 1.000 m.

Govenia utriculata (Sw.) Lindl. (Lám. 233, H)
Selva de galería y selva nublada, 1.600-2.000 m. Terrestre.

Habenaria alata Hook.
Sabana y borde de selva veranera y selva de galería, 1.000-1.400 m. Terrestre.

Habenaria distans Griseb.
Selva nublada, 1.850 m. Terrestre.

Habenaria entomantha (Llave & Lex.) Lindl. (Lám. 227, C)
Subpáramo, 2.200-2.300 m. Terrestre.

Habenaria floribunda Lindl.
Habenaria petalodes Lindl. (Según Dunsterville & Garay)
Selva nublada y selva de galería, 1.000-1.675 m. Terrestre.

Habenaria galipanensis Kraenzl
Selva nublada, 1.700 m. Terrestre.

Habenaria gollmeri Schltr. (Lám. 228, D)
Subpáramo, 1.900-2.600 m. Terrestre.

Habenaria monorrhiza (Sw.) Rchb. f.
Selva nublada y selva de galería, 800-1.000 m. Terrestre.

Habenaria obtusa Lindl. (Lám. 228, E)
Selva de galería y sabana, 1.100-1.600 m. Terrestre.

Habenaria pauciflora (Lindl.) Rchb. f.
Sabana, 1.000-1.100 m. Terrestre.

Habenaria roraimensis Rolfe
Subpáramo y lugares abiertos, 1.600-2.300 m. Terrestre.

Hexisea reflexa (Lindl.) Rchb. f. ex Griseb.
Reichenbachanthus reflexus (Lindl.) Brade (Según Dunsterville & Garay)
Selva nublada, 1.500 m. Epífita.

Isochilus linearis (Jacq.) R. Br. (Lám. 234, A)
Selva nublada, 1.500-1.635 m. Epífita.

Kefersteinia graminea (Lindl.) Rchb. f. (Lám. 229, D)
Selva nublada, 1.500-2.000 m. Epífita.

Kefersteinia sanguinolenta Rchb. f.
Selva nublada, 1.400 m. Epífita.

Lankasterella caespitosa (Lindl.) Hoehne
Selva nublada, vertiente norte, 1.100 m. Planta epífita, diminuta.

Lepanthes elaeanorae Foldats (Lám. 233, D)
Selva nublada y subpáramo, 1.800-2.300 m. Epífita.

Lepanthopsis astrophora (Rchb. f.) Garay
Selva nublada, vertiente norte, 1.500-1.635 m. Epífita con flores de color rojo-purpúreo.

Liparis elata Lindl. (Lám. 234, M)
Selva nublada, 1.500 m. Terrestre. Flores de color verde.

Liparis vexillifera (Llave & Lex.) Cogn.
Sabana y subpáramo, 1.400-2.300 m. Terrestre.

Lycaste longipetala (Ruiz & Pavón) Garay
Selva nublada, 1.500-1.600 m. Terrestre, litófita o epífita.

Lycaste macrophylla (Poepp. & Endl.) Lindl. (Lám. 230, D)
Selva nublada, 1.700 m. Epífita o a veces terrestre.

Malaxis excavata (Lindl.) O. Ktze. (Lám. 231, E)
Selva nublada, 1.600-2.000 m. Planta terrestre, con flores de color verde.

Malaxis parthonii Morren
Malaxis andicola (Ridl.) O. Ktze. (Según Dunsterville & Garay)
Selva nublada y subpáramo, 1.000-2.300 m. Planta terrestre. Flores de color verde y bronce.

Masdevallia caudata Lindl.
Selva nublada, 1.600-2.000 m. Epífita.

Masdevallia maculata Kl. & Karst. (Lám. 233, J)
Subpáramo, 2.300 m. Epífita.

Masdevallia picturata Rchb. f.
Subpáramo, 2.000 m. Epífita.

Masdevallia pumila Poepp. & Endl.
Selva nublada, 1.800 m. Epífita.

Maxillaria aurea (Poepp. & Endl.) L. O. Wms.
Subpáramo, sobre rocas, 2.100-2.400 m. Terrestre.

Maxillaria crassifolia (Lindl.) Rchb. f.
Selva nublada, 1.500 m. Epífita.

Maxillaria melina Lindl.
Selva nublada, 1.500 m. Epífita o terrestre.

Maxillaria miniata (Lindl.) L. O. Wms. (Lám. 231, B)
Selva nublada, selva de galería y subpáramo, 1.000-2.400 m. Terrestre con flores rojas, anaranjadas o amarillas.

Maxillaria nasuta Rchb. f. (Lám. 234, C)
Selva nublada, 1.500 m. Epífita o litófita.

Maxillaria notylioglossa Rchb. f. (Lám. 234, D)
Selva nublada, 1.500-1.800 m. Epífita.

Maxillaria proboscidea Rchb. f.
Selva nublada, 1.500 m. Epífita. Ningún material de esta especie ha sido visto por Foldats, Dunsterville o los autores; por esto esta especie ha sido omitida de la clave, sin embargo, fue registrada originalmente del Avila según aparece en la literatura.

Maxillaria ramosa Ruiz & Pavón
Maxillaria tafallae (Rchb. f.) Schweinf.
Maxillaria taphallae (Rchb. f.) Schweinf.
Selva nublada, vertiente norte, 1.500-1.635 m. Epífita.

Maxillaria rufescens Lindl. (Lám. 234, E)
Selva nublada, 1.600-1.800 m. Planta epífita, con flores de color amarillo o amarillo-verdoso.

Maxillaria setigera Lindl.
Selva nublada, 1.800 m. Epífita.

Maxillaria spilotantha Rchb. f.
Selva nublada, 1.500 m. Epífita. Flores completamente marrón-purpúreas, amarillas o rojizas.

Maxillaria stenophylla Rchb. f.
Selva nublada, 1.500 m. Epífita. Flores blancas o amarillas con manchitas rosadas.

Maxillaria virguncula Rchb. f.
Selva nublada, 1.800 m. Flores de color rojo-marrón.

Notylia pentachne Rchb. f. (Lám. 234, O)
Notylia bungerothii Rchb. f. (Según Dunsterville & Garay)
Notylia venezuelae Schltr.
Selva nublada, 1.600 m. Planta epífita, con flores amarillas.

Odontoglossum constrictum Lindl. (Lám. 229, A)
Selva nublada, 1.700-2.000 m. Planta epífita. Flores con los sépalos y pétalos de color amarillo o amarillo-verdoso con manchitas marrón-rojizas y el labelo blanco con manchas marrón-rojizas.

Odontoglossum wageneri Rchb. f.
Selva nublada, 1.800 m. Planta epífita. Flores con sépalos verdes y manchas violáceas, pétalos violáceos y dorados y el labelo violáceo. Esta especie ha sido omitida de la clave. Sin embargo, fue descrita originalmente del Cerro del Avila, pero ningún material ha sido visto por Foldats o Dunsterville.

Oncidium abortivum Rchb. f. (Lám. 230, E)
Selva nublada, 1.600 m. Epífita. Flores amarillas con rayas de color marrón-purpúreo.

Oncidium anomalum Rchb. f.
Oncidium armillare Lindl. (Según Foldats)
Subpáramo, 2.300-2.400 m. Epífita, con flores amarillas con manchitas pardas.

Oncidium carthagenense (Jacq.) Sw.
Borde de selva veranera, 900-1.000 m y alturas más bajas. Epífita. Las flores de esta planta son variables en su coloración y tamaño.

Oncidium falcipetalum Lindl. (Lám. 230, A)
Selva nublada, y subpáramo, 1.900-2.400 m. Terrestre o epífita.

Oncidium glossomystax Rchb. f. (Lám. 231, F)
Selva tropófila, 900-1.000 m. Epífita. Flores amarillas, con unas manchitas marrón-rojizas o purpúreas.

Oncidium meirax Rchb. f.
Selva nublada, 1.500-1.700 m. Epífita. Flores amarillas con manchitas pardas.

Oncidium nudum Bateman
Selva veranera y borde de selva de galería, 900-1.300 m y alturas más bajas. Epífita. Flores con sépalos y pétalos de color amarillo con manchas pardas y el labelo amarillo con manchas marrón-rojizas o marrón-rosadas.

Oncidium volvox Rchb. f.
Selva nublada, 1.500-1.800 m. Epífita. Flores amarillas con manchitas parduzcas.

Oncidium zebrinum (Rchb. f.) Rchb. f. (Lám. 227, B)
Selva nublada y subpáramo, 1.900-2.650 m. Terrestre, litófita o epífita.

Ornithocephalus gladiatus Hook.
Selva de galería, 900 m. Epífita con flores verdoso-blanquecinas o a veces con tintes amarillento-verdosos o rosados.

Pachyphyllum crystallinum Lindl.
Selva de galería, 1.200 m. Epífita con flores de color blanquecino o amarillento.

Pleurothallis acuminata (H.B.K.) Lindl.
Pleurothallis aurea Lind.
Selva al borde de subpáramo y selva nublada, 2.200 m. Epífita.

Pleurothallis cabellensis Rchb. f.
Selva nublada, 1.600 m. Epífita. Flores de color amarillento con manchas marrón-purpúreas.

Pleurothallis cardiostola Rchb. f.
Selva nublada, 1.800 m. Epífita. Flores de color marrón-verdosas.

Pleurothallis cardium Rchb. f.
Pleurothallis undulata Poepp. & Endl. (Según Dunsterville & Garay)
Selva nublada, 1.800 m. Epífita. Flores de color amarillo o marrón-rojizas.

Pleurothallis ceratothallis Rchb. f.
Selva nublada, 1.800 m. Epífita. Flores amarillentas y marrón-lilacinas.

Pleurothallis chamaensis Lindl. (Lám. 232, F)
Selva nublada, 1.600-1.800 m. Epífita, con flores de color amarillo-anaranjado.

Pleurothallis cordifolia Rchb. f.
Pleurothallis cordata (Según Foldats), pero no de (R. & P.) Lindl.
Selva nublada, 1.200 m. Epífita. Flores amarillento-anaranjadas y parduzcas o rojizas.

Pleurothallis discoidea Lindl.
Selva nublada, 1.500-2.000 m. Epífita. Flores de color verde-amarillento o amarillo o blancuzcas.

Pleurothallis flexuosa (Poepp. & Endl.) Lindl.
Selva nublada, 1.200-1.500 m. Epífita. Flores de color verde-amarillento con rayas y manchas de color purpúreo.

Pleurothallis gratiosa Rchb. f.
Selva nublada, 1.500-1.600 m. Epífita. Flores blancas o blanco-verdosas con manchitas rosadas o purpúreas.

Pleurothallis hemirhoda Lindl. (Lám. 232, H)
Selva nublada, 1.000-1.200 m. Epífita. Flores marrón-rojizas o moradas con marrón.

Pleurothallis lanceana Lodd.
Selva nublada, 1.500 m. Epífita. Flores amarillas, verdoso-amarillas hasta anaranjadas.

Pleurothallis lanceolata Lindl. (Lám. 231, A)
Pleurothallis pedunculata (Kl.) Rchb. f. (Según Dunsterville & Garay)
Selva nublada, 1.600-2.000 m. Epífita o terrestre. Flores verde-cremosas y purpúreas.

Pleurothallis lancipetala (Karst.) Schltr.
Pleurothallis scandens Ames var. *simplicicaulis* Schweinf. (Según Foldats)
Selva nublada, 1.800-2.000 m. Epífita.

Pleurothallis linguifera Lindl.
Selva nublada, 1.850 m. Epífita. Flores amarillentas con estriaciones de color pardo o rojizo.

Pleurothallis loranthophylla Rchb. f. (Lám. 232, E)
Selva nublada, 1.500-1.635 m. Epífita. Flores de color verde-parduzco con manchas violáceas o purpúreas.

Pleurothallis obovata (Lindl.) Lindl.
Selva nublada, 900-1.500 m. Epífita. Flores cremosas o amarillentas.

Pleurothallis peduncularis Lindl. (Lám. 232, I)
Pleurothallis exasperata Lindl. (Según Foldats)
Subpáramo, 2.000-2.200 m. Epífita. Flores de color verde-cremosas o con rayas de color marrón-purpúreo.

Pleurothallis pruinosa Lindl.
Selva nublada, 900-1.400 m. Epífita. Flores de color verdoso-blanquecinas o de color amarillo pálido.

Pleurothallis quadrifida (Llave & Lex.) Lindl.
Selva nublada, 1.200 m. Epífita. Flores amarillas o amarillo verdosas.

Pleurothallis reymondi (Karst.) Rchb. f.
Pleurothallis raymondi (Karst.) Rchb. f.
Selva nublada, 1.800-2.000 m. Epífita. Flores de color marrón, purpúreo y amarillo-marrón con manchitas blanquecinas.

Pleurothallis ruberrima Lindl. (Lám. 232, C)
Selva nublada, 1.900-2.000 m. Epífita. Flores purpúreas, rosado-parduscas o rojizas con líneas purpúreas.

Pleurothallis sclerophylla Lindl.
Selva nublada, 1.500 m. Epífita. Flores cremosas o amarillas pálidas.

Pleurothallis secunda Poepp. & Endl.
Selva nublada, 1.500-1.800 m. Epífita o terrestre. Flores amarillas y verde-amarillentas con líneas marrón-rosadas o purpúreas.

Pleurothallis sicaria Lindl. (Lám. 232, A)
Selva de galería y selva nublada, 1.300-1.600 m. Epífita. Flores amarillentas con nervios purpúreos y blanquecino-rosados.

Pleurothallis talpinaria Rchb. f.
Selva nublada y subpáramo, 1.800-2.300 m. Epífita. Flores rojizo-purpúreas.

Pleurothallis tridentata Kl. (Lám. 232, G)
Selva nublada, 1.500-1.600 m. Epífita. Flores amarillas, cremosas o amarillo-verdosas.

Pleurothallis velaticaulis Rchb. f.
Selva nublada y subpáramo, 1.900-2.000 m. Epífita. Flores amarillentas, amarillo-parduscas, verdosas o anaranjado-amarillentas.

Pleurothallis vittata Lindl.
Pleurothallis truxillensis Rchb. f. (Según Dunsterville & Garay)
Selva nublada, 1.800 m. Epífita. Flores amarillas con tintes marrón-rojizos.

Pogonia rosea (Lindl.) Rchb. f. (Lám. 234, P)
Cleistes rosea Lindl. (Según Dunsterville & Garay)
Sitios abiertos y sabana al borde de selva transicional, 1.500 m. Terrestre.

Polystachya foliosa (Lindl.) Rchb. f.
Selva nublada, vertiente norte, 900-1.000 m. Epífita o litófita. Flores verdosas.

Ponthieva maculata Lindl. (Lám. 233, I)
Selva nublada y subpáramo, 1.900-2.400 m. Terrestre o epífita.

Ponthieva racemosa (Walt.) Mohr
Selva transicional y selva veranera, 1.200-1.400 m. Terrestre.

Restrepia lansbergii Rchb. f. & Wagener (Lám. 232, J)
Selva nublada, 1.000-1.500 m. Epífita.

Restrepiella viridula (Lindl.) Garay & Dunst. (Lám. 231, D)
Subpáramo, 2.000-2.300 m. Epífita.

Scaphosepalum verrucosum (Rchb. f.) Pfitzer (Lám. 232, K)
Selva nublada, 1.500 m.

Scaphyglottis bicornis (Lindl.) Garay
Scaphyglottis genychila Schltr.
Subpáramo, 2.300 m. Epífita.

Scelochilus ottonis Kl. (Lám. 231, G)
Selva nublada y subpáramo, 1.700-2.300 m. Epífita. Flores amarillas con rayas pardas.

Spiranthes lindleyana Kl. & Otto
Spiranthes elata (Sw.) L. C. Rich. (Según Foldats)
Selva de galería, 1.300-1.400 m. Terrestre.

Spiranthes lineata Lindl.
Selva transicional, 1.200-1.400 m. Terrestre.

Spiranthes orchioides (Sw.) L. C. Rich.
Spiranthes lanceolata (Aubl.) León (Según Dunsterville & Garay)
Sabana, selva veranera y selva transicional, 1.000-1.500 m. Terrestre.

Spiranthes scopulariae Rchb. f.
Sitios abiertos al borde de la selva veranera y selva transicional, 1.300-1.400 m. Terrestre.

Spiranthes speciosa (J. F. Gmel.) A. Rich. (Lám. 229, C)
Spiranthes acaulis (Smith) Cogn. (Según Dunsterville & Garay)
Selva de galería, selva transicional y selva veranera, 1.300-1.700 m. Terrestre. Flores muy llamativas, anaranjadas hasta rojas.

Stanhopea wardii Lodd. ex Lindl. (Lám. 230, B)
Selva nublada, 1.500 m. Epífita.

Stelis dispar C. Schweinf. (Lám. 232, D)
Stelis atra Lindl. (Según Dunsterville & Garay)
Subpáramo, 2.200 m. Epífita.

Stelis humilis Lindl. (Lám. 232, B)
Selva nublada y subpáramo, 1.800-2.400 m. Epífita. Flores cremosas hasta rojo-purpúreas.

Stelis micrantha (Sw.) Sw.
Stelis aprica Lindl. (Según Dunsterville & Garay)
Selva nublada, 1.500 m. Epífita. Flores verde-amarillentas o con tintes purpúreos.

Stelis ophioglossoides (Jacq.) Sw.
Selva nublada, 1.500 m. Epífita. Flores verde-amarillentas o con tintes purpúreos.

Stelis porpax Rchb. f.
Selva nublada, 1.500-1.600 m. Epífita. Flores blancas o cremosas.

Stelis tenuilabris Lindl.
Stelis alata Lindl. (Según Dunsterville & Garay)
Selva nublada, 1.500-1.800 m. Epífita. Flores amarillas, amarillo-parduscas o cremosas.

Stenia pallida Lindl. (Lám. 231, I)
Selva nublada, 2.000 m. Epífita.

Telipogon klotzscheanus Rchb. f. (Lám. 233, B)
Selva nublada y subpáramo, 1.800-2.300 m. Epífita o terrestre.

Trichopilia fragrans (Lindl.) Rchb. f. (Lám. 230, I)
Selva nublada, 1.500-1.700 m. Epífita.

Vanilla pompona Schiede *"Vainillón"*
Selva veranera y selva de galería, 900-1.000 m.

Warreella cyanea (Lindl.) Schltr. (Lám. 233, C)
Selva nublada, 1.900-1.950 m. Terrestre.

Xylobium variegatum (R. & P.) Garay & Dunsterville
Selva nublada, 1.000-1.500 m. Epífita o litófita.

LAMINA 227: ORCHIDACEAE

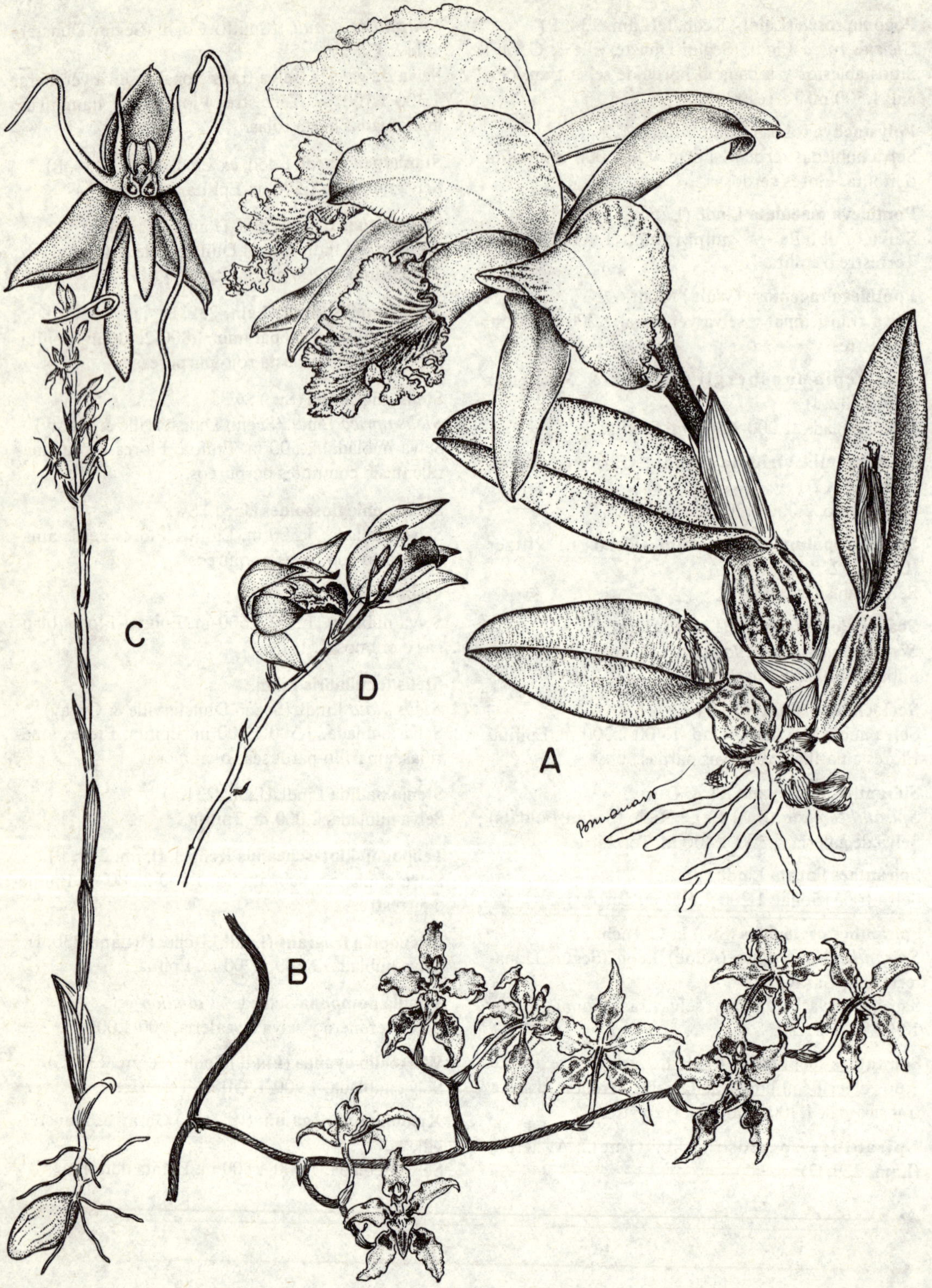

A. Cattleya labiata.–B. Oncidium zebrinum.–C. Habenaria entomantha.–D. Bletia lansbergii.

A. Gongora quinquenervis.—B. Corymborchis flava.—C. Epidendrum superpositum.—D. Habenaria gollmeri.—E. Habenaria obtusa.

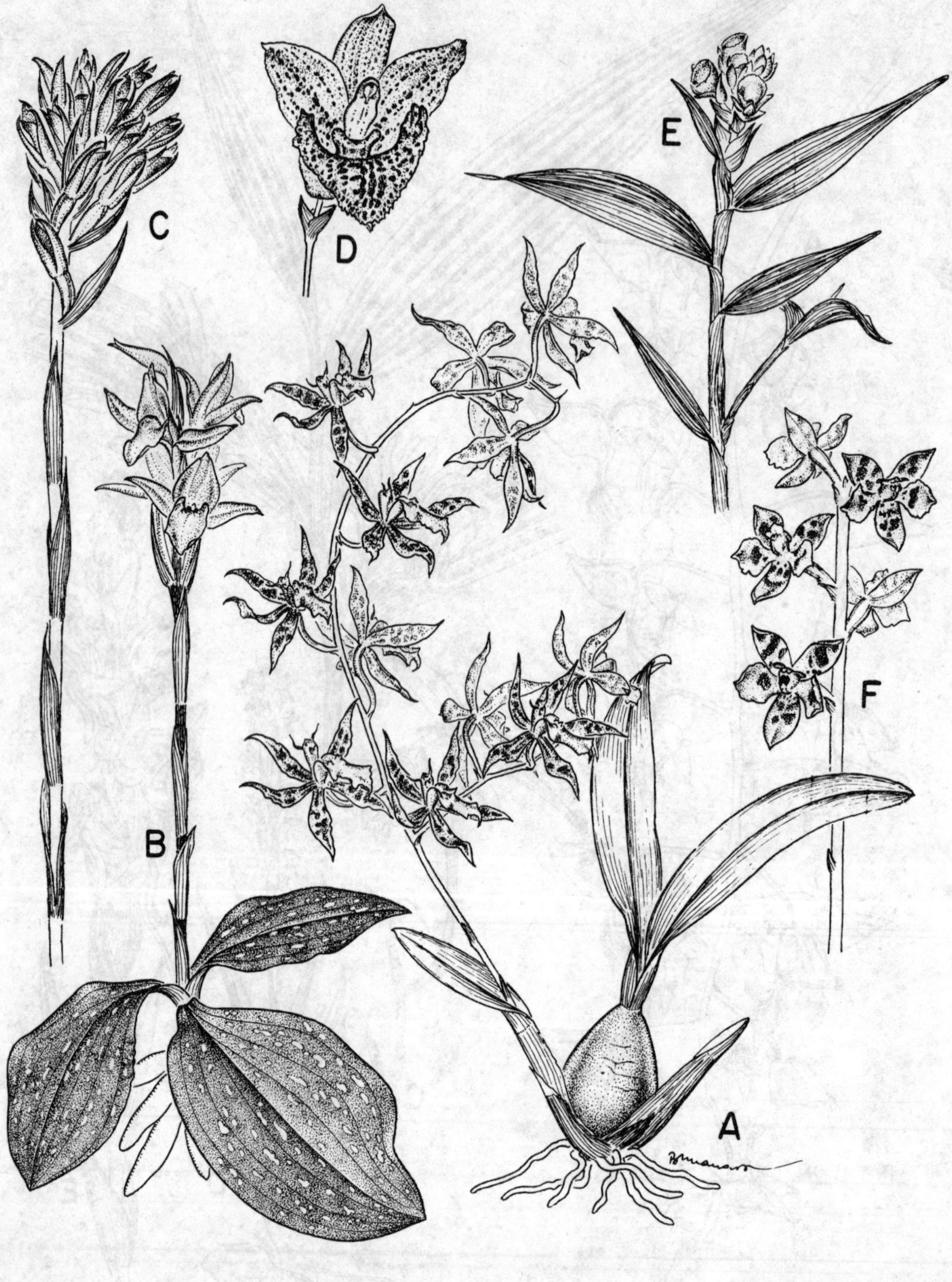

A. Odontoglossum constrictum.–B. Centrogenium roseo-album.–C. Spiranthes speciosa.–D. Kefersteinia graminea.–E. Elleanthus aurantiacus.–F. Epidendrum hartwegii.

LAMINA 230: ORCHIDACEAE

A. Oncidium falcipetalum.–B. Stanhopea wardii.–C. Cycnoches chlorochilon.–D. Lycaste macrophylla.–E. Oncidium abortivum.–F. Epidendrum diurnum.–G. Epidendrum lividum.–H. Cranichis ciliata.–I. Trichopilia fragrans.

LAMINA 231: ORCHIDACEAE

A. Pleurothallis lanceolata.–B. Maxillaria miniata.–C. Epidendrum repens.–D. Restrepiella viridula.–E. Malaxis excavata.–F. Oncidium glossomystax.–G. Scelochilus ottonis.–H. Epidendrum cardioglossum.–I. Stenia pallida.

LAMINA 232: ORCHIDACEAE

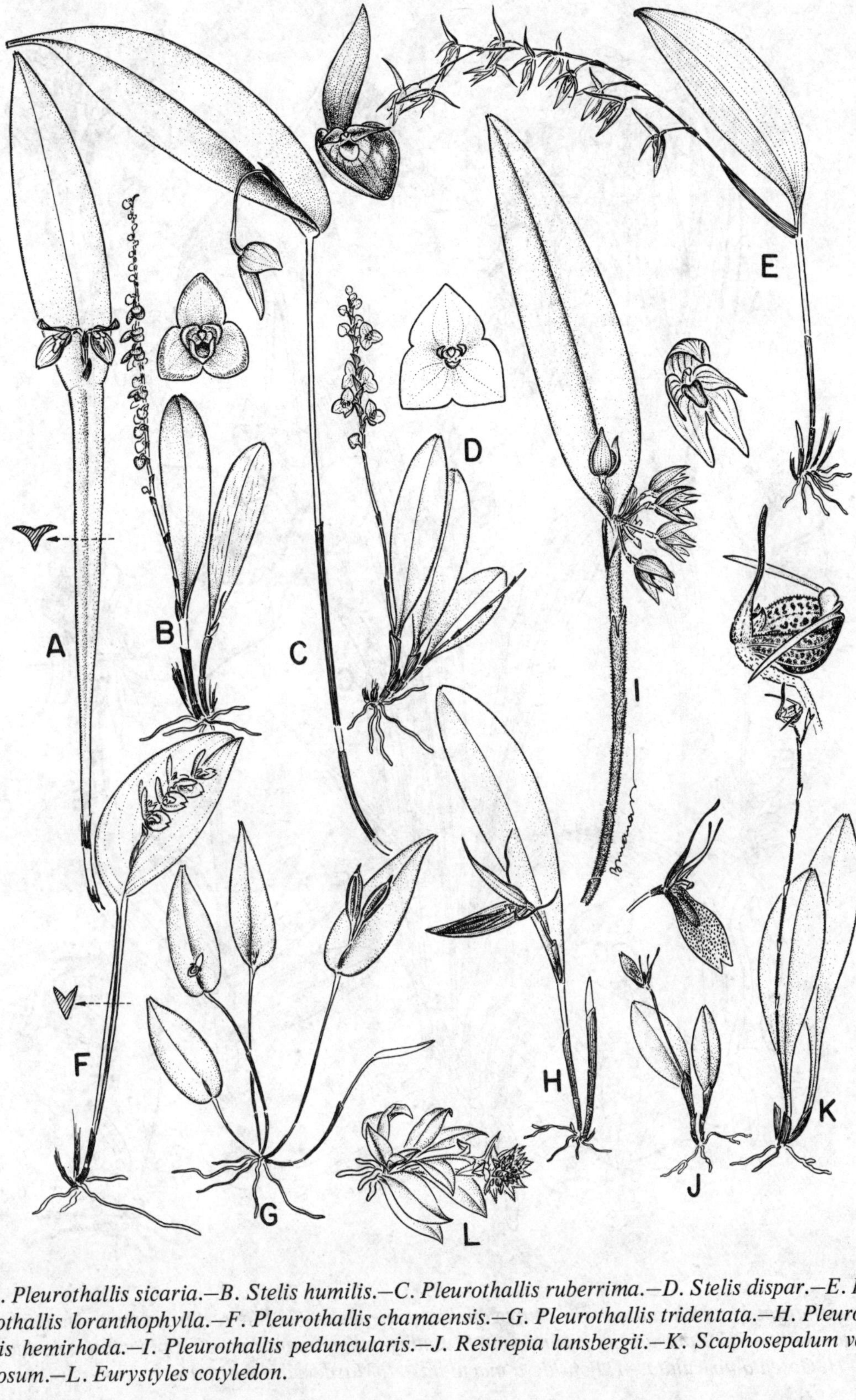

A. Pleurothallis sicaria.—B. Stelis humilis.—C. Pleurothallis ruberrima.—D. Stelis dispar.—E. Pleurothallis loranthophylla.—F. Pleurothallis chamaensis.—G. Pleurothallis tridentata.—H. Pleurothallis hemirhoda.—I. Pleurothallis peduncularis.—J. Restrepia lansbergii.—K. Scaphosepalum verrucosum.—L. Eurystyles cotyledon.

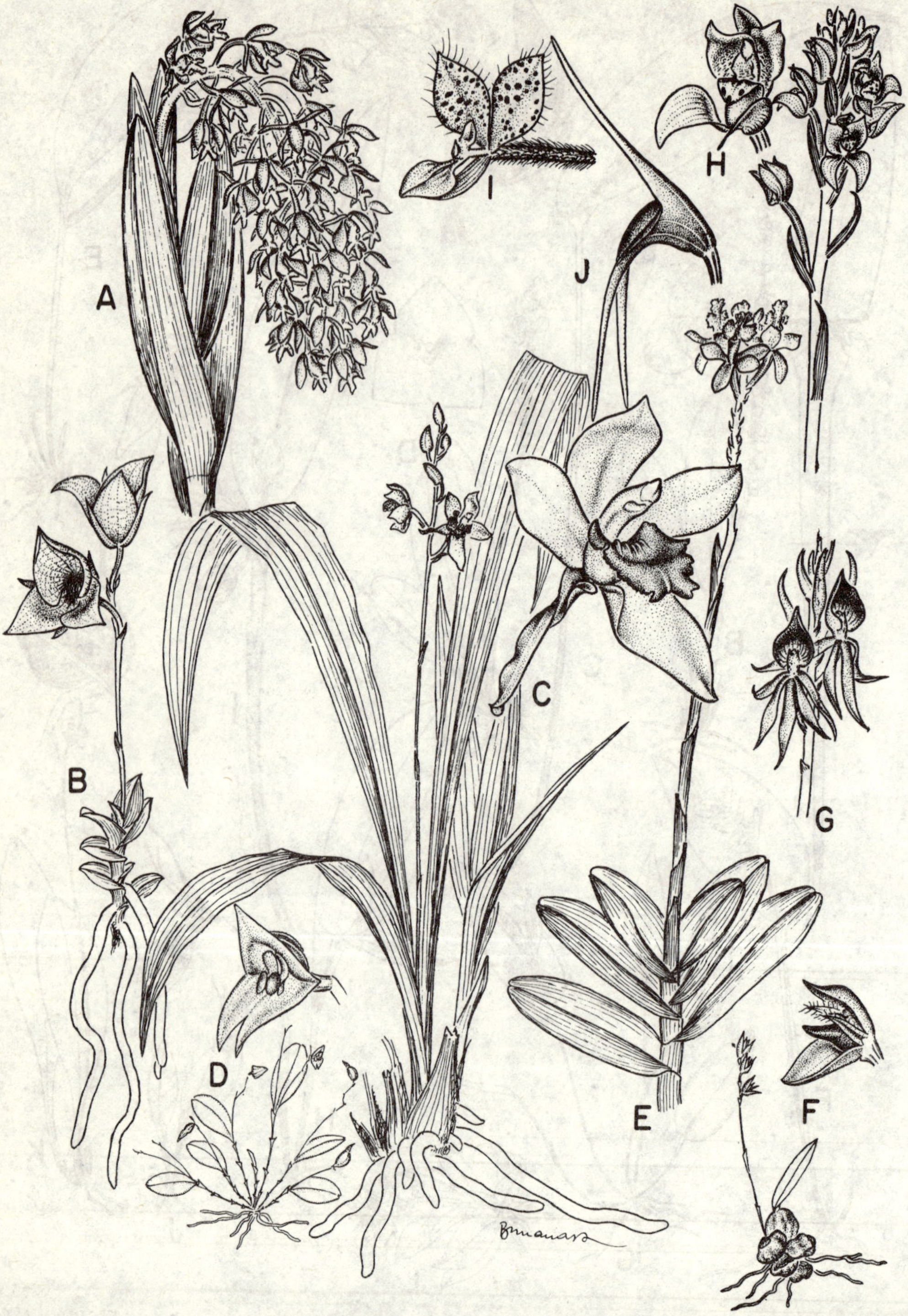

A. Epidendrum klotzscheanum.–B. Telipogon klotzscheanus.–C. Warreella cyanea.–D. Lepanthes elaeanorae.–E. Epidendrum secundum.–F. Bulbophyllum manarae.–G. Epidendrum cochleatum.–H. Govenia utriculata.–I. Ponthieva maculata.–J. Masdevallia maculata.

LAMINA 234: ORCHIDACEAE

A. Isochilus linearis.—B. Brassia wageneri.—C. Maxillaria nasuta.—D. Maxillaria notylioglossa.—E. Maxillaria rufescens.—F. Epidendrum vespa.—G. Epidendrum chacaoense.—H. Epidendrum difforme.—I. Epidendrum ciliare.—J. Epidendrum manarae.—K. Dichaea muricata.—L. Eulophidium maculatum.—M. Liparis elata.—N. Catasetum macrocarpum.—O. Notylia pentachne.—P. Pogonia rosea.

Fam. **OXALIDACEAE** (Dicotyledoneae)

Plantas herbáceas, que nacen de tallos delgados subterráneos, horizontales o de un tallo subterráneo engrosado, semejante a un bulbo; rara vez arbustos o árboles. Hojas alternas, que frecuentemente nacen sólo de la base de la planta, generalmente divididas (compuestas) en 3 o más segmentos separados (folíolos). Estípulas presentes o ausentes. Flores usualmente amarillas, blancas, purpúreas o rosadas. Sépalos y pétalos 5, libres o ligeramente unidos en la base. Estambres usualmente 10. Ovario situado arriba de la base de los sépalos y pétalos (súpero). Fruto seco o carnoso.

Género único: OXALIS *"Vinagrillo"*.

Las plantas de este género con frecuencia poseen ácido oxálico, en especial los frutos y las hojas tienen un sabor ácido. Muchas de estas especies poseen un alto porcentaje de Vitamina C.

Clave de las especies de Oxalis

1. a. Flores de color rosado-púrpura . . . . *Oxalis latifolia*
   b. Flores amarillas o anaranjadas 2

2. a. Tallos con estolones rastreros semejantes a hilos . . . . . *Oxalis corniculata*

2a

   b. Tallos sin estolones 3

3. a. Tallos carnosos, blandos, más o menos herbáceos; hojuelas conspicuamente hendidas en el ápice (emarginadas) . . . . *Oxalis spiralis*
   b. Tallos firmes, algo endurecidos o leñosos; hojas sin hendiduras o con hendiduras muy inconspicuas en el ápice 4

4. a. Tallos alargados, subtrepadores o de hasta 1 m o más de alto; hojas generalmente 2-5,5 cm de largo, usualmente muy ensanchadas en la mitad y generalmente angostadas en el ápice; ejes que sostienen a las hojas (pecíolos) más largos, 2,5-5 cm de largo . . . . *Oxalis rhombifolia*

4a

   b. Tallos generalmente 0,5 m o menos de alto; hojas generalmente 1-1,5 cm de largo, sólo poco más anchas en la mitad y por lo general anchamente redondeadas en el ápice; pecíolos más largos 1-2,5 cm de largo . . . . *Oxalis frutescens* subsp. *pentantha*

4b

Oxalis corniculata L. (Lám. 235, B)
Oxalis meridensis Pittier
Lugares alterados y cultivados, selva veranera y sabana, 800-1.300 m. Hierba.

Oxalis frutescens L. subsp. **pentantha** (Jacq.) Lourteig *"Vinagrillo"* (Lám. 235, A)
Oxalis pentantha Jacq.
Oxalis avilensis Pittier
Oxalis nodulosa Pittier
Selva de galería y selva veranera, 900-1.000 m. Hierba con la base ligeramente lignificada.

Oxalis latifolia H.B.K. (Lám. 235, C)
Sabana y lugares alterados, frecuentemente cerca de cultivos, 1.300-1.600 m. Con frecuencia ésta es una maleza en jardines y lugares cultivados. Los tubérculos carnosos, semejantes a zanahorias, son

LAMINA 235: OXALIDACEAE

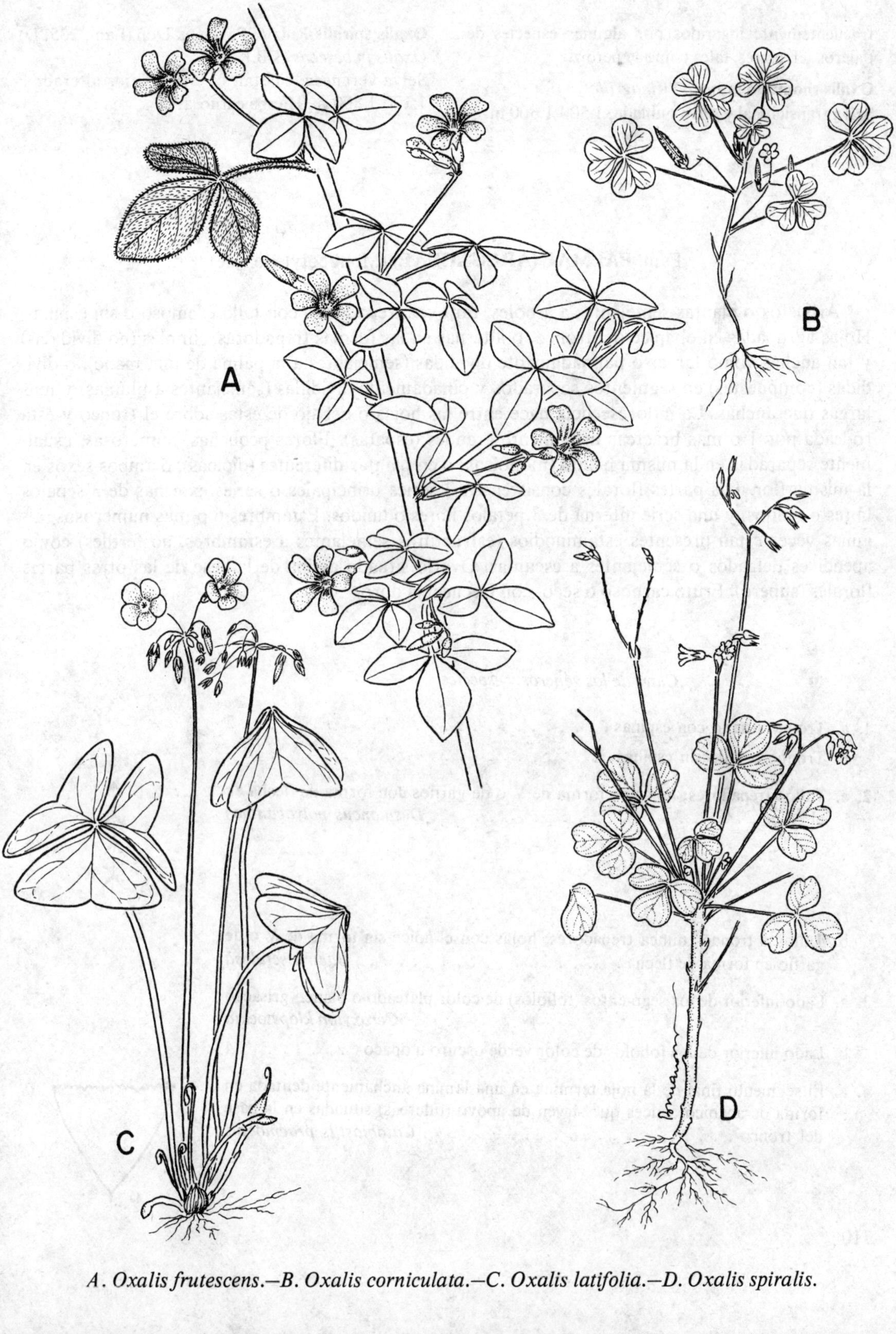

A. Oxalis frutescens.—*B. Oxalis corniculata.*—*C. Oxalis latifolia.*—*D. Oxalis spiralis.*

frecuentemente ingeridos por algunas especies de pájaros terrestres, tales como la perdiz.

Oxalis rhombifolia Jacq. *"Vinagrillo"*
Selva transicional y selva nublada, 1.500-1.600 m.

Oxalis spiralis Ruiz & Pavón ex Don (Lám. 235, D)
Oxalis pubescens H.B.K.
Selva veranera, cafetales y otros sitios alterados, 1.100-1.800 m. Hierba carnosa.

Fam. **PALMAE (ARECACEAE)** (Monocotyledoneae)

Arbustos o plantas semejantes a árboles, rara vez trepadoras, con tallo espinoso o sin espinas. Hojas agrupadas en el ápice del tronco, o alternas en las formas trepadoras, simples (no divididas) y tan anchas como largas o palmadamente divididas (semejantes a la palma de una mano), o divididas (compuestas) en segmentos separados y pinadamente divididas (semejantes a plumas) y más largas que anchas. La inflorescencia nace entre las hojas o debajo de éstas sobre el tronco y está rodeada por 1 o más brácteas usualmente grandes (espatas). Flores pequeñas, numerosas, usualmente separadas en la misma planta (monoicas) o en plantas diferentes (dioicas), o ambos sexos en la misma flor. Las partes florales consisten en 2 series principales o series externas de 3 sépalos libres o unidos, y una serie interna de 3 pétalos libres o unidos. Estambres 6 o más numerosos; algunas veces están presentes estaminodios (estructuras semejantes a estambres, no fértiles) como apéndices delgados o semejantes a escamas. Ovario situado arriba de la base de las otras partes florales (súpero). Fruto carnoso o seco, con frecuencia duro.

Clave de los géneros y especies

1. a. Tronco o tallo con espinas 2
   b. Tronco o tallo sin espinas 3

2. a. Tallos trepadores; hojas en forma de V o de garfios con forma de flecha en el ápice . . . . *Desmoncus polyacanthos*

2a

   b. Tallos o troncos nunca trepadores; hojas con el ápice sin forma de V o de garfio en forma de flecha . . . . *Bactris setulosa*

3. a. Lado inferior de los segmentos (folíolos) de color plateado o blanco-grisáceo *Ceroxylon klopstockia*
   b. Lado inferior de los folíolos de color verde oscuro u opaco 4

4. a. El segmento final de la hoja termina en una lámina anchamente dentada en forma de abanico; raíces que sirven de apoyo (fúlcreas) situadas en la base del tronco . . . . *Catoblastus praemorsus*

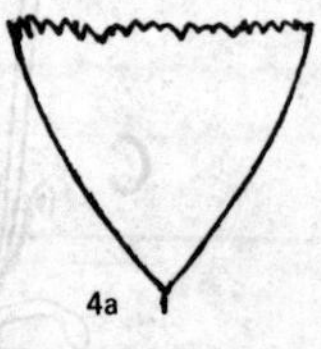

4a

b. El segmento final de la hoja termina en un ápice angostado, ni dentado ni en forma de abanico; raíces de soporte (fúlcreas) generalmente ausentes, a veces presentes en la base del tronco 5

5. a. Eje que soporta la hoja (pecíolo) y eje principal (raquis) de color rojo opaco; hojas con 35-45 segmentos o divisiones, todos similares entre sí y angostos (menos de 5 cm de ancho) . . . . *Oenocarpus caracasanus*

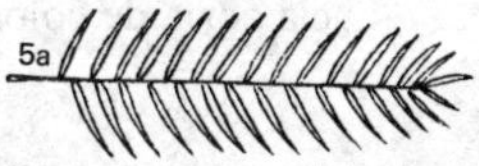

b. Pecíolo y raquis verdes; hojas con menos segmentos, similares entre sí o no y algunos o todos los segmentos más anchos de 5 cm 6

6. a. Todas las hojas simples, sin algunas divisiones en segmentos separados . . 7

b. Hojas compuestas, divididas hasta el centro en 2 o más segmentos separados 8

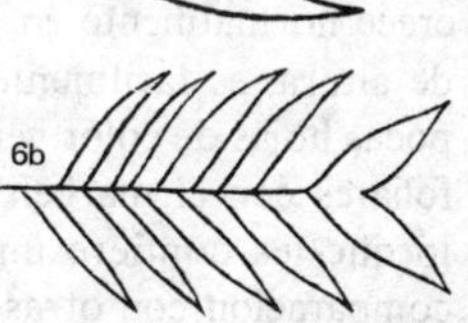

7. a. Inflorescencia constituida por 2-4 ejes simples y no ramificados, de 3-4 mm de diámetro . . . . *Geonoma simplicifrons*

b. Inflorescencia constituida por 10 o más ejes ramificados y de 1-1,5 mm de diámetro . . . . *Geonoma spinescens*

8. a. Hojas divididas en 2 ó 4 segmentos 9

b. Hojas divididas en más de 4 segmentos 10

9. a. Inflorescencia constituida por 2-4 ejes simples y no ramificados, de 3-4 mm de diámetro . . . . *Geonoma simplicifrons*

b. Inflorescencia constituida por 10 o más ejes ramificados y de 1-1,5 mm de diámetro . . . . *Geonoma spinescens*

10. a. Los 5-11 (–13) ejes laterales de la inflorescencia no se vuelven a ramificar; hojas delgadas y papiráceas, de color verde intenso; fruto usualmente mucho más largo que ancho, de color anaranjado cuando maduro . . . . . *Chamaedorea pinnatifrons*

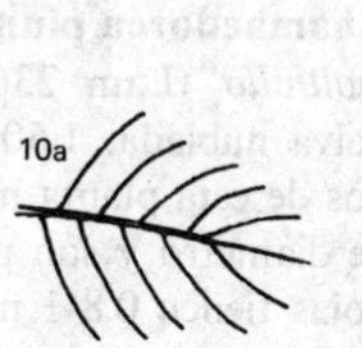

b. Los 10-20 ejes laterales de la inflorescencia se ramifican a su vez; hojas algo gruesas, firmes o coriáceas, de color verde opaco; fruto usualmente globoso, de color negro cuando maduro 11

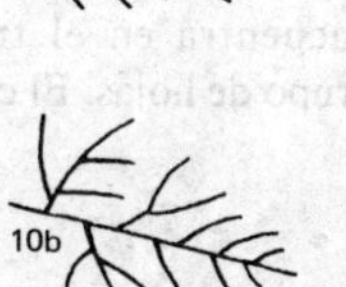

11. a. Tronco solitario, 5-10 m de alto y de hasta 10 cm de diámetro; ejes de la inflorescencia más bien gruesos, 3-7 mm de diámetro, cubiertos con una capa de papilas escamosas, diminutas y pálidas . . . . *Geonoma undata*

b. Los tallos crecen en macollas, 2-6 m de alto, 3-5 cm de diámetro; ejes de la inflorescencia más delgados, 3-4 mm de diámetro, cubiertos con pubescencia corta de color gris con pelos diminutos . . . . . . *Geonoma pinnatifrons*

Bactris setulosa Karsten (Lám. 237, C)
Selva nublada, vertiente norte, 1.000 m. Las espinas de color negro pueden penetrar la piel y causar irritación.

Catoblastus praemorsus (Willd.) H. Wendl. *"Palma prapa"* (Lám. 237, B)
Wettinia praemorsa (Willd.) W. Boer
Selva nublada, 1.700-2.000 m. Esta palma, que crece normalmente en grupos y alcanza hasta 8 m de altura, es fácilmente reconocible por tener sólo pocas hojas de color verde muy oscuro y segmentos foliares con el margen apical fuertemente cortado, lo que les confiere una forma muy peculiar. En comparación con otras palmas grandes, las espatas que rodean la inflorescencia son muy pequeñas y miden solamente 10-30 cm de largo; las inflorescencias están dispuestas en grupos sobre el tronco y debajo de las hojas.

Ceroxylon klopstockia Mart. *"Palma bendita"* (Lám. 237, D)
Ceroxylon ceriferum (Karst.) Burret
Selva nublada, 1.600-2.200 m. Esta majestuosa palma tiene el tronco pálido o blancuzco, debido a una cubierta cerosa. Las hojas son 3-4 m de largo. Las inflorescencias colgantes y muy ramificadas están dispuestas debajo del grupo de hojas. El fruto es de color rojo cuando maduro. Durante la Semana Santa es de costumbre usar las hojas de esta palma en los ramos benditos. Los cogollos jóvenes son comestibles.

Chamaedorea pinnatifrons (Jacq.) Oerst. *"Caña molinillo"* (Lám. 236, A)
Selva nublada, 1.600-1.800 m. Los troncos delgados de esta planta miden 1,8-2,4 m de alto, 1,5 cm de diámetro y son prominentemente anillados. Las hojas tienen 0,8-1 m de largo. La inflorescencia se encuentra en el tronco desnudo por debajo del grupo de hojas. El cogollo tierno es comestible.

Desmoncus polyacanthos Mart. (Lám. 236, B)
Selva transicional, vertiente norte, 900 m. Palma trepadora.

Geonoma pinnatifrons Willd. *"Caña molinillo"* (Lám. 237, A)
Selva nublada, 1.600-2.000 m. Troncos de 4-5 m de alto y 4-5 cm de diámetro. Las plantas frecuentemente crecen en colonias. Las hojas alcanzan hasta 1-2 m de longitud. La inflorescencia nace entre los grupos de hojas. Los cogollos jóvenes son amargos y no comestibles.

Geonoma simplicifrons Willd.
Selva nublada, vertiente norte, 900-1.000 m. Esta Palma tiene el tronco corto que usualmente mide 0,5-1 m de altura. Las hojas alcanzan 0,4-0,7 m de largo. Los cogollos jóvenes son amargos y no comestibles.

Geonoma spinescens H. Wendland
Selva nublada, vertiente norte, 1.650 m. Palmas sin tallo o con tallo apenas desarrollado; láminas generalmente enteras, irregularmente partidas cuando se encuentran en avanzado estado de madurez.

Geonoma undata Kl.
Selva nublada, 1.600-1.900 m.

Oenocarpus caracasanus Mart. (Lám. 237, E)
Oenocarpus acuminatus (Willd.) Wendl.
Selva nublada, 1.400-1.800 m. Palma de tamaño mediano, con varios troncos de 5-8 m de alto y delgados, de 6 cm de diámetro. Hojas graciosas, con segmentos extendidos horizontalmente y alcanzando hasta 3 m de largo. Las inflorescencias están agrupadas en el tronco por debajo de la base de las hojas. Los frutos son de color azul morado.
NOTA: El señor Augusto Braun, Jardinero Jefe del Jardín Botánico de Caracas, ha reportado *Euterpe* sp. de la selva nublada, vertiente norte, 1.800 m.

A. Chamaedorea pinnatifrons.—B. Desmoncus polyacanthos.

A. Geonoma pinnatifrons.—B. Catoblastus praemorsus.—C. Bactris setulosa.—D. Ceroxylon klopstockia.—E. Oenocarpus caracasanus.

Fam. **PASSIFLORACEAE** (Dicotyledoneae)

Plantas herbáceas, usualmente trepadoras (de tallo blando) o con tallo leñoso, con zarcillos presentes opuestos a las hojas, rara vez árboles o arbustos. Hojas alternas, con frecuencia con glándulas en los ejes que soportan las hojas (pecíolos) simples (no divididas) o divididas (compuestas) en segmentos separados o lóbulos. Estípulas presentes, en pares. Flores pequeñas o grandes, de color azul-lavanda, rosado, rojo, blanco o amarillo-verdoso, con frecuencia con la combinación de estos colores. Cáliz con 5 sépalos libres, o unidos en un tubo. Pétalos 5, libres o ligeramente unidos en la base o ausentes, rodeando una corona carnosa con 1 o más series de estructuras (filamentos) delgadas, semejantes a hilos, o ausentes. Estambres usualmente 5, algunas veces más. Ovario situado arriba de la base de los pétalos y cáliz (súpero). Estilos usualmente 3. Fruto generalmente carnoso interiormente, con una concha blanda o dura.

Género único: PASSIFLORA *"Parchita", "Parcha".*

Clave de las especies de Passiflora

1. a. Arboles . . . . *Passiflora lindeniana*

   b. Plantas trepadoras o con tallos rastreros 2

2. a. Hojas con sólo 1 nervio central que nace desde la base 3

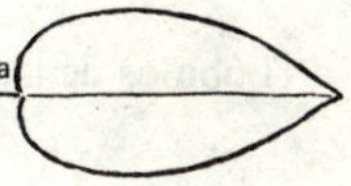
2a

   b. Hojas con 3 o más nervios principales que nacen desde la base 4

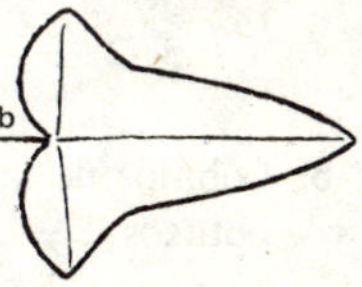
2b

3. a. Hojas anchas y con forma acorazonada en la base; 2 apéndices pequeños (estípulas) semejantes a hojas, dispuestos en la base del eje que soporta la hoja (pecíolo) . . . . *Passiflora ligularis*

   b. Hojas no acorazonadas en la base; sin estípulas semejantes a hojas situadas en la base del pecíolo . . . . *Passiflora laurifolia*

4. a. Lóbulos laterales de la hoja profundamente 3-segmentados hasta la base . . . *Passiflora pedata*

4a

   b. Hojas diferentes a como se indica arriba 5

5. a. Plantas con olor fétido; parte exterior de la flor rodeada por una estructura foliácea finamente ribeteada y conspicuamente segmentada (involucro) . . . *Passiflora foetida*

5a

   b. Diferente a como se indica arriba 6

6. a. Hojas sin pelos en ambas superficies (glabras) 7

   b. Hojas con pelos en una o ambas superficies 18

7. a. Hojas con 2 lóbulos 8

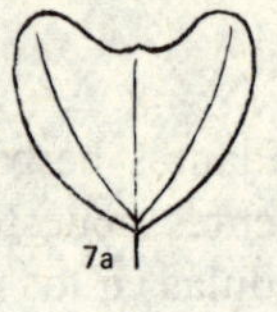

b. Hojas, cuando lobuladas, con 3-4 lóbulos 9

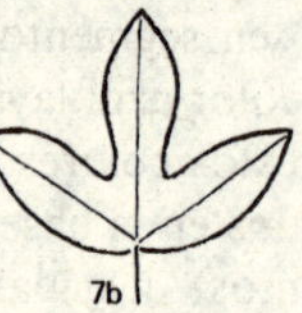

8. a. Hojas más anchas que largas, los lóbulos apuntando en direcciones opuestas; el eje que soporta la hoja (pecíolo) se une a la lámina de la hoja cerca de la mitad . . . . *Passiflora coriacea*

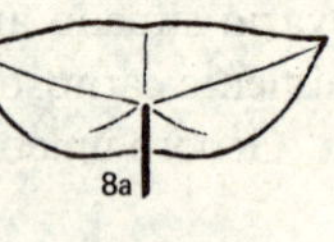

b. Hojas generalmente más largas que anchas, los lóbulos más o menos dirigidos hacia la misma dirección; el pecíolo se une a la lámina de la hoja en la base . . . . *Passiflora cuneata*

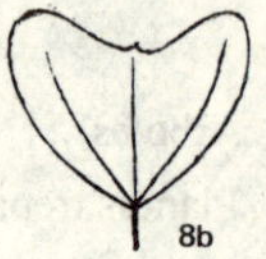

9. a. Lóbulos de las hojas angostándose en una punta aguda o acuminada . . . 10

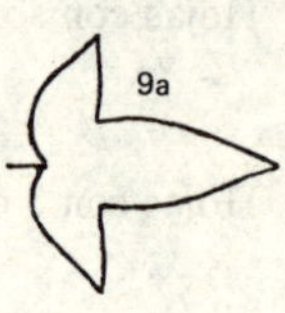

b. Lóbulos de las hojas anchamente redondeados o encorvándose en ángulos obtusos 15

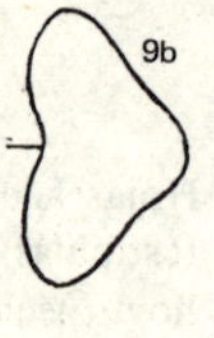

10. a. Márgenes de las hojas sin dientes 11

b. Márgenes de las hojas con dientes 13

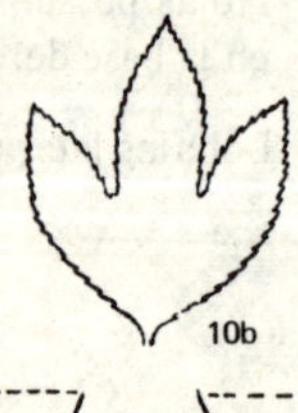

11. a. Estípulas (ubicadas en la base del pecíolo) muy delgadas, angostas, inconspicuas, 1 mm o menos de ancho, 6-8 mm de largo; porción inferior del tallo, suberificada . . . . *Passiflora suberosa*

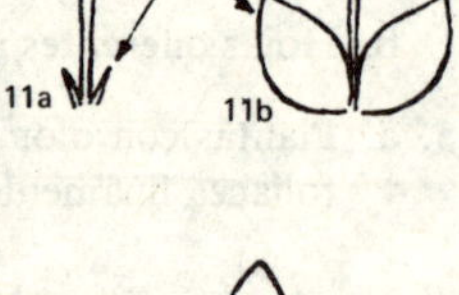

b. Estípulas (ubicadas en la base del pecíolo) foliáceas, vistosas, 1-2 cm de ancho, 1,5-4,5 cm de largo; ninguna porción suberosa conectada al tallo . 12

12. a. Lóbulos de la hoja $1\frac{1}{2}$-3 veces más largos que anchos, por lo menos los lóbulos centrales más angostos en la base que en la mitad; yemas de las flores sin colas largas, conspicuas; las glándulas del pecíolo usualmente parecen un cuerpo globular dispuesto directamente sobre el pecíolo . . . . *Passiflora cyanea*

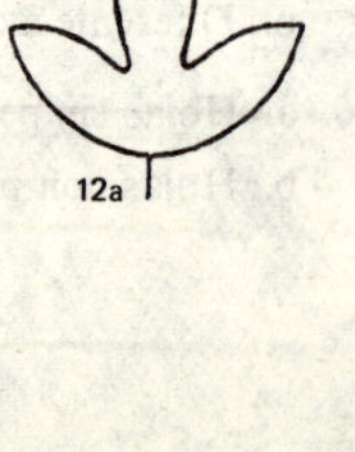

b. Lóbulos de la hoja casi tan anchos como largos o más anchos que largos, siendo la base la parte más ancha; yema de las flores con colas largas y conspicuas; glándulas del pecíolo dispuestas sobre ejes delgados . . *Passiflora subpeltata*

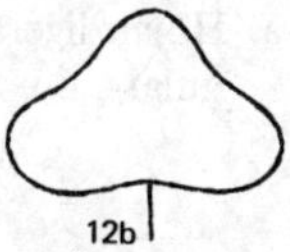

13. a. Flores con el tubo del cáliz alargado, 8-11 cm de largo, mucho más largo que los sépalos; pétalos de color rosado-pálido hasta anaranjado-rojo . . . . *Passiflora mixta*

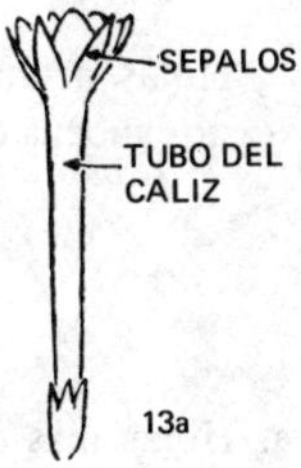

b. Flores sin el tubo del cáliz alargado, éste es siempre más corto que los sépalos; pétalos de color blanco, azul o púrpura 14

14. a. Bordes de las hojas con numerosos dientes; estípulas de 5-15 mm de largo, angostas en la base y no rodean el tallo, se encuentran en la base del pecíolo; pétalos blancos; las 2 glándulas del pecíolo están situadas cerca del ápice del mismo . . . . *Passiflora edulis*

b. Bordes de las hojas ligeramente dentados o casi sin dientes; las estípulas en forma de hojas, 2-4 cm de largo, rodean la base del pecíolo; pétalos azules o morados; las 2-4 glándulas del pecíolo están situadas cerca de la mitad del mismo . . . . *Passiflora cyanea*

15. (9.b)
a. Glándulas ausentes del eje que soporta la hoja (pecíolo) . . *Passiflora cuneata*

b. 2-4 glándulas presentes en alguna parte del pecíolo 16

16. a. Pétalos azules o purpúreos, 2-2,5 cm de largo; sépalos 2-2,5 cm de largo; las 2-4 glándulas cerca de la mitad del pecíolo están dispuestas directamente (sésiles) sobre el mismo . . . . *Passiflora cyanea*

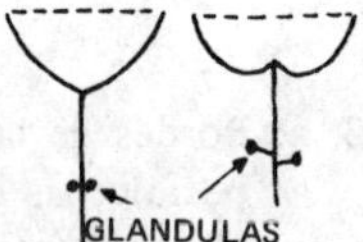

b. Pétalos, cuando presentes, blancos o blanco-verdosos, 0,5-1 cm de largo, las 2-4 glándulas sobre el pecíolo están dispuestas sobre ejes delgados o alargados 17

17. a. Estípulas (ubicadas en la base del pecíolo) muy delgadas y angostas, inconspicuas, solamente 6-8 mm de largo o menos de 1 mm de ancho; porción inferior del tallo engrosada con corcho; pétalos ausentes . *Passiflora suberosa*

b. Estípulas (ubicadas en la base del pecíolo) foliáceas, vistosas, 1-4 cm de largo, 0,5-2 cm de ancho; porción inferior del tallo no suberificada (sin corcho); pétalos presentes, de color blancuzco . . . . *Passiflora subpeltata*

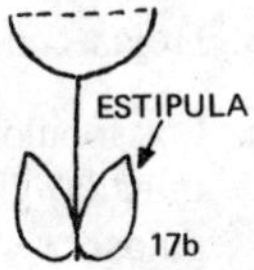

18. (6.b)
a. Glándulas ausentes sobre el eje que soporta la hoja (pecíolo) 19

b. 2-4 o más glándulas presentes en alguna parte del pecíolo 21

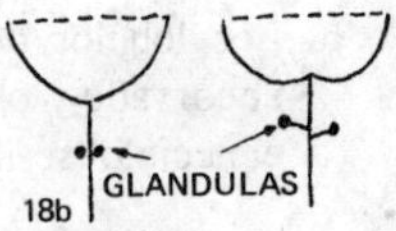

19. a. Hojas ligeramente o apenas 3-lobuladas cerca del ápice; tallo subcuadrangular . . . . *Passiflora kalbreyeri*

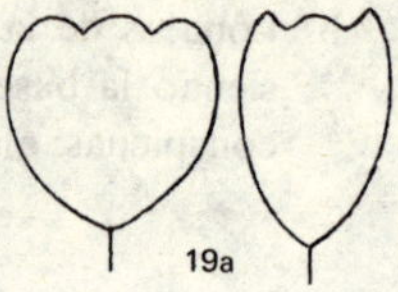

19a

b. Hojas definidamente 2 ó 3-lobuladas; tallos 3-5-angulados o comprimidos, no subcuadrangulares 20

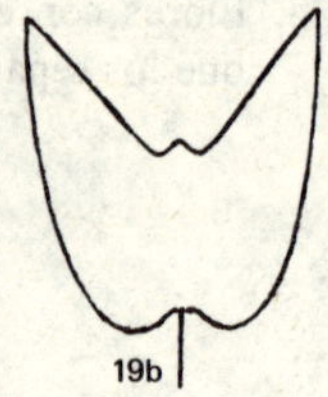

19b

20. a. Hojas más o menos acorazonadas en la base; tallo usualmente peludo . . . *Passiflora rubra*

b. Hojas angostadas o redondeadas en la base; tallo sin pelos (glabro) o muy finamente peludo . . . . *Passiflora cuneata*

21. a. Márgenes de las hojas con dientes o con los bordes ondulados 22

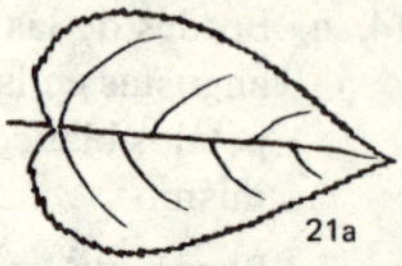

21a

b. Márgenes de las hojas sin dientes u ondulaciones, pero pueden tener lóbulos definidos 24

22. a. Bordes de las hojas sin lóbulos evidentes . . . . *Passiflora maliformis*

b. Bordes de las hojas con 3-5 lóbulos evidentes 23

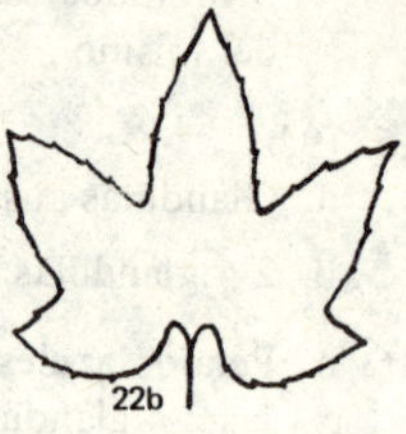

22b

23. a. Bordes de las hojas con dientes diminutos; 2 glándulas situadas sobre el pecíolo; las hojas se pegan fácilmente a la ropa o piel; flores sin una parte alargada (cáliz-tubo); pétalos de color blanco con líneas purpúreas . . . . . *Passiflora adenopoda*

b. Bordes de las hojas con numerosos dientes; 4-8 glándulas situadas sobre el pecíolo; las hojas no se pegan a la ropa o piel; flores con una parte alargada (cáliz-tubo) 8-11 cm de largo, el tubo mucho más largo que los sépalos; pétalos de color rosado-pálido hasta anaranjado-rojo . . . . *Passiflora mixta*

24. a. Hojas sin lóbulos . . . . *Passiflora suberosa*

b. Hojas con lóbulos definidos 25

25. a. Los lóbulos de las hojas terminan en una punta angosta y aguda hasta acuminada; glándulas de los pecíolos dispuestas sobre ejes delgados; tallo anguloso . . . . *Passiflora adenopoda*

25a

b. Los lóbulos de las hojas terminan en un ápice redondeado o anchamente encorvado y obtuso; glándulas de los pecíolos dispuestas directamente sobre el pecíolo (sésiles); tallo cilíndrico, lados redondeados . *Passiflora holosericea*

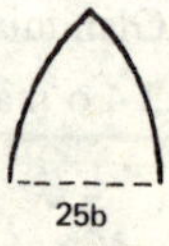

25b

Passiflora adenopoda DC. (Lám. 238, A)
Selva nublada, 1.500 m. Flores 2,7 cm de ancho, con sépalos blanco-verdosos o amarillentos, 2-4 cm de largo y pétalos 1-1,2 cm de largo. Fruto grande, oblongo, 4-4,5 cm de diámetro. La pulpa del fruto es de color anaranjado y de sabor amargo.

Passiflora coriacea Juss. (Lám. 239, A)
Selva nublada, vertiente norte, 1.000-1.300 m. La curiosa hoja es más ancha que larga y se asemeja ligeramente a las alas de un murciélago, por lo cual es llamada en algunas partes "hoja de murciélago". Las flores son pequeñas de color verde-amarillento, sin pétalos, 2,5-3,5 cm de ancho: el fruto globoso mide solamente 1-2 cm en diámetro.

Passiflora cuneata Willd. (Lám. 239, C, D)
Sabana, 1.250-1.500 m. Las flores tienen pétalos blancos, 0,5 cm de largo y sépalos blanco-verdosos de 1-1,5 cm de largo, 3,5-4 cm de diámetro. El fruto es muy pequeño, 1-1,2 cm de diámetro.

Passiflora cyanea Masters (Lám. 241, A, B, C).
Selva veranera y selva nublada, 1.100-1.600 m. Las flores alcanzan 5 cm de ancho, son de color azul o purpúreas, con sépalos y pétalos de casi el mismo tamaño, 2-2,5 cm. El fruto es globoso, 2,5-3 cm en diámetro. Las flores son muy fragantes, parecidas al jasmín por su olor.

Passiflora edulis Sims
Selva transicional, 1.500 m. Introducida a Venezuela. Nativa de Brasil y Argentina. Cultivada como planta de jardín. Las flores alcanzan 7 cm de diámetro, tienen sépalos blanco-verdosos con 3-3,5 cm de largo y pétalos blancos de 2,5-3 cm de largo. Los frutos son globosos u ovoideos, de color amarillo-verdoso o purpúreos y miden 4-5 cm de diámetro.

Passiflora foetida L. *"Parchita de montaña"* (Lám. 240, A, B)
Sabana, 1.200-1.550 m. Esta especie tiene un olor desagradable y es muy común, su follaje es muy variable al igual que la cantidad de pelos, los cuales algunas veces están ausentes. Las flores miden 2-5 cm de diámetro, son de color blanco hasta rosado-pálido, lilas o purpúreas, con sépalos y pétalos 1-2 cm de largo. El fruto es globoso, peludo, de color amarillo y mide 2-2,5 cm en diámetro.

Passiflora holosericea L. *"Parcha"* (Lám. 238, B)
Selva veranera, 1.200 m. Planta densamente peluda con la parte inferior del tallo suberosa (con corcho). Las flores miden 3-4 cm de diámetro, los sépalos con puntos blancos y rojos, 1,3-1,5 cm de largo, y pétalos blancos con líneas marrones o rojas, miden 1-1,3 cm de largo. El fruto es globoso de 1,5 cm de diámetro, y varía desde peludo hasta sin pelos.

Passiflora kalbreyeri Masters (Lám. 239, B)
Selva transicional y selva nublada, 1.500-1.600 m. Planta densamente peluda con flores de hasta 4 cm de diámetro. Los sépalos con la superficie interna de color blanco-rosáceo, son casi 1,5 cm de largo, y los pétalos similarmente coloreados son más pequeños, 0,5-0,7 cm de largo. Fruto pequeño, globoso de casi 1,5 cm de largo.

Passiflora laurifolia L. *"Parcha de culebra"*
Selva transicional y selva nublada, 1.500 m. Una trepadora grande, algunas veces leñosa, con hojas enteras sin lóbulos, gruesas, de color verde oscuro y brillantes. Flores vistosas, 5-7 cm de diámetro, los sépalos y pétalos similares en tamaño, 2-2,5 cm de largo, y de color similar en el interior, rojo hasta rojo-purpúreo, pero de color verde con manchas rojas en la parte externa. El fruto con forma de huevo y de color amarillo-limón o anaranjado mide casi 4 cm de diámetro.

Passiflora ligularis Juss. *"Parcha"*
Matorrales y lugares alterados, 1.500 m. Escapada de cultivo y muy estimada por su fruto grande del cual producen un jugo muy sabroso. Las flores son grandes, con sépalos verdes y blancos en la parte externa, pétalos más cortos de color blanco y filamentos purpúreos o blancos.

Passiflora lindeniana Tr. & Pl. (Lám. 238, C)
Selva transicional y selva nublada, 1.500-1.600 m. Esta es la única especie arbórea de *Passiflora* del Cerro del Avila, todas las otras especies son trepadoras. Los tallos y las hojas no tienen pelos, las hojas son grandes (10-25 cm de largo), grueso-coriáceas y de color blanco-grisáceo en el envés. Los pétalos vistosos de color blanco miden 2-2,5 cm de largo, mientras que los sépalos miden 2,5-3 cm de largo. El fruto es de color amarillo, con manchas rojas, de forma ovoide y de 4 cm de largo.

Passiflora maliformis L.
Selva transicional, 1.500 m. Sépalos verdes de casi 4 cm de largo, y pétalos de 3 cm de largo, de color verde con manchas oscuras de color rojo-púrpura en la superficie interna. El fruto globoso, de color verde o verde-anaranjado, mide 3,5-4 cm de diámetro. Una bebida refrescante con sabor parecido al de las uvas es preparada con la pulpa fresca de esta fruta.

LAMINA 238: PASSIFLORACEAE

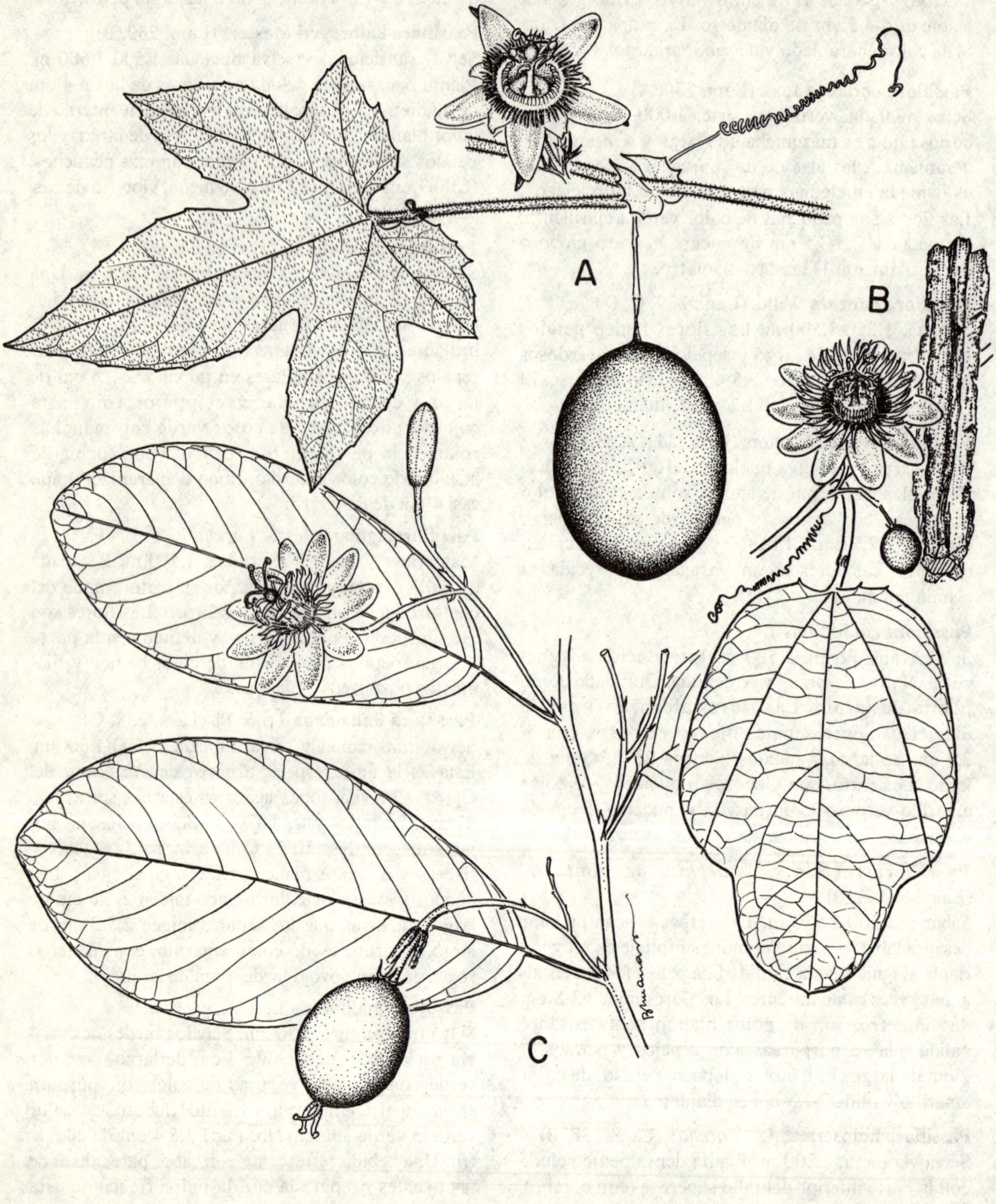

A. Passiflora adenopoda.–B. Passiflora holosericea.–C. Passiflora lindeniana.

LAMINA 239: PASSIFLORACEAE

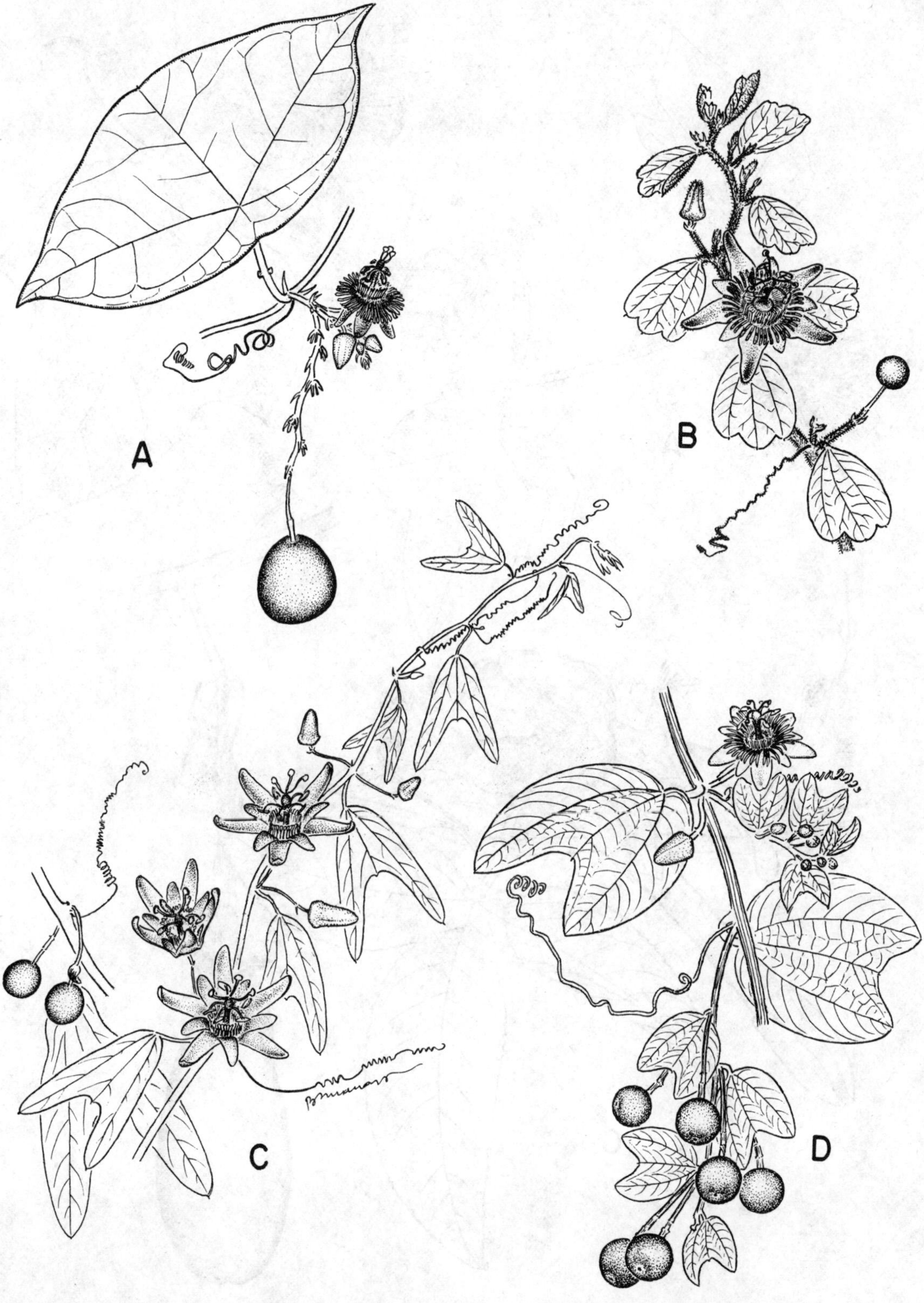

A. Passiflora coriacea.–B. Passiflora kalbreyeri.–C. Passiflora cuneata.–D. Passiflora cuneata.

LAMINA 240: PASSIFLORACEAE

A. Passiflora foetida.—B. Passiflora foetida.—C. Passiflora mixta.

LAMINA 241: PASSIFLORACEAE

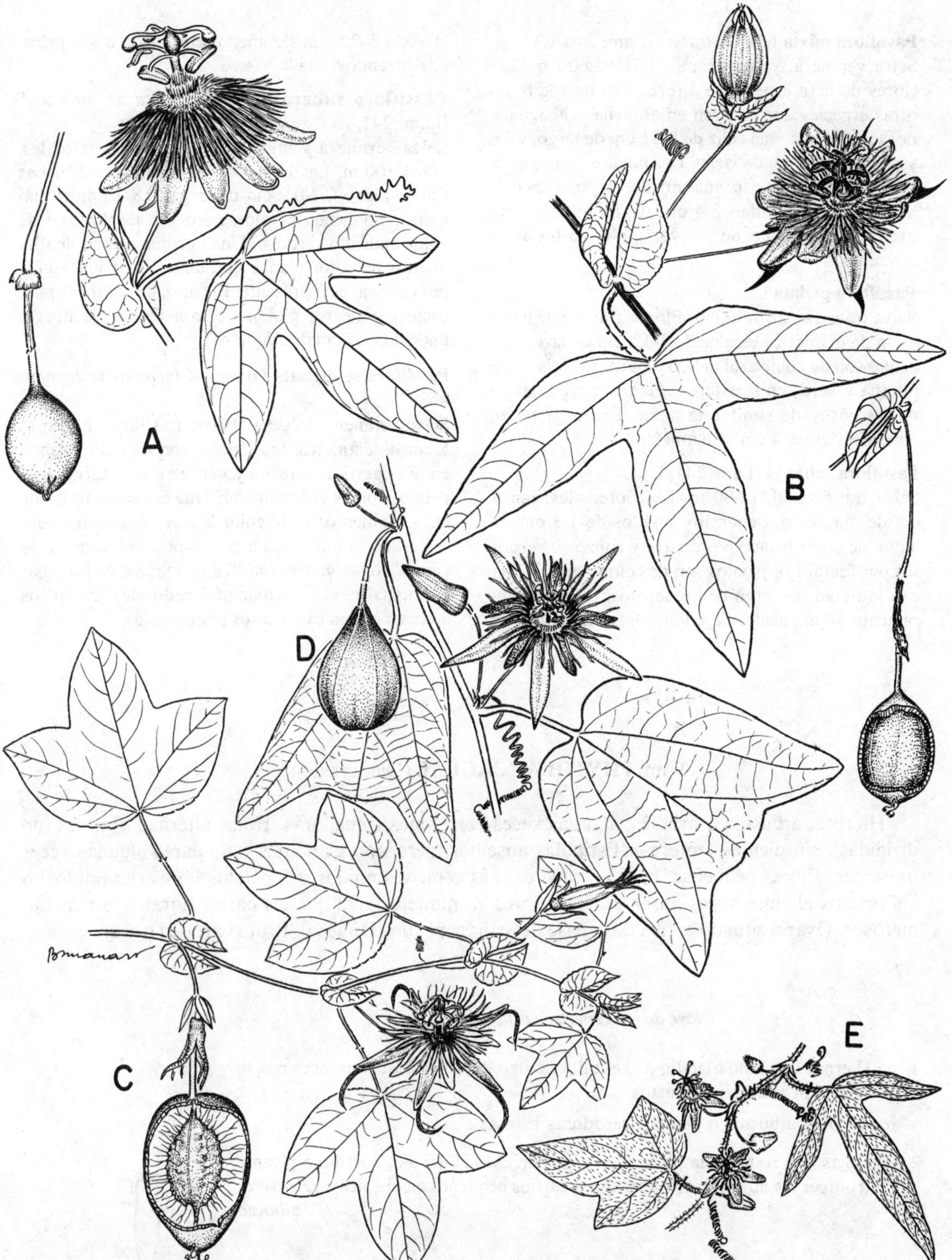

A. Passiflora cyanea.—B. Passiflora cyanea.—C. Passiflora cyanea.—D. Passiflora rubra.—E. Passiflora suberosa.

Passiflora mixta L. f. *"Curuba"* (Lám. 240, C)
Selva veranera, y subpáramo, 1.200-2.600 m. Las flores de esta especie se diferencian de todas las otras especies que ocurren en el Avila y Naiguatá, por el tubo largo del cáliz de 8-11 cm de largo, y los sépalos de 3-4 cm de largo. Los pétalos vistosos, de color rosado-pálido o anaranjado-rojizo, tienen la base blanca y miden 3-4 cm de largo. El fruto grande, con forma de huevo, mide 4,5-6 cm de largo.

Passiflora pedata L.
Selva transicional, 1.500 m. Flores grandes de hasta 8 cm de diámetro, sépalos de 3-3,5 cm de largo, los cuales son de color azul pálido o púrpura en la parte interna y verde en la externa. Pétalos azul pálido o purpúreos y de similar tamaño. Fruto globoso, amarillo, de casi 4 cm de diámetro.

Passiflora rubra L. (Lám. 241, D)
Selva transicional, 1.500 m. Las flores alcanzan 5 cm de diámetro, tienen los sépalos de 1-3 cm de largo, de color blanco por dentro y rojizos o verdosos por fuera. Los pétalos son de color blanco y son casi la mitad del largo de los sépalos. El fruto ligeramente 10-angulado, de color rojizo, 2-5,5 cm de largo, 1,5-2,5 cm de ancho, con pelos o sin pelos, adelgazando hacia la base.

Passiflora suberosa L. *"Parchita de culebra"* (Lám. 241, E)
Selva veranera y lugares cultivados en cafetales, 900-1.500 m. Las hojas son de forma variable. Las flores miden 0,7-0,9 cm de largo, 0,8-3 cm de diámetro, no tienen pétalos, pero los sépalos son de color amarillo-verdoso. Una corona interna de filamentos de color blanco con amarillo arriba y púrpura debajo está presente. El fruto, de color púrpura oscuro o negro, globoso o con forma de huevo, mide 0,6-1,5 cm de diámetro.

Passiflora subpeltata Ortega *"Cinco llagas de montaña"*
Selva veranera, 1.200-1.500 m. Las flores miden 4-5 cm de diámetro, los sépalos son de color blanco en la superficie interna y verde en la externa. Los pétalos son de color similar. Una corona interior de hilos filamentosos de color blanco, dispuestos en 5 series, es lo que le da a esta especie el nombre de cinco *"llagas de montaña"*. Los lóbulos de las hojas son usualmente anchamente redondeados en los ápices, pero en raros casos puntiagudos.

Fam. **PHYTOLACCACEAE** (Dicotyledoneae)

Hierbas, arbustos o árboles, algunas veces con ramas trepadoras. Hojas alternas, simples (no divididas), sin dientes (enteras). Estípulas ausentes, pero con glándulas estipulares algunas veces presentes. Flores pequeñas, con 3-5 sépalos más o menos unidos y 5 pétalos libres (no unidos) o los pétalos algunas veces ausentes. Estambres en número igual que las partes florales, o más numerosos. Ovario situado arriba de la base del cáliz y pétalos (súpero). Fruto carnoso o seco.

Clave de los géneros y especies

1. a. Hierbas con tallo blando, o si el tallo es algo duro o leñoso, entonces por lo menos ni árboles ni arbustos 2
   b. Arboles, arbustos o plantas trepadoras leñosas 5
2. a. Hojas y el resto de la planta con olor parecido al del ajo, zorrillo o picante (romper las hojas); fruto seco con 4 garfios pequeños en el ápice . . *Petiveria alliacea*

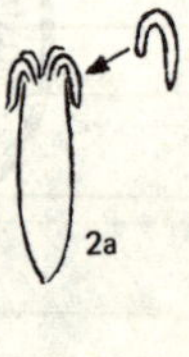
2a

b. Hojas y el resto de la planta sin olor desagradable; fruto carnoso y sin garfios 3

3. a. Ejes de las flores (pedicelos) ascendentes o casi erectos; la parte exterior de la flor (cáliz petaloideo) está dividida en 4 segmentos desiguales; todas las hojas adelgazándose en un ápice que semeja una cola . . . *Hilleria secunda*

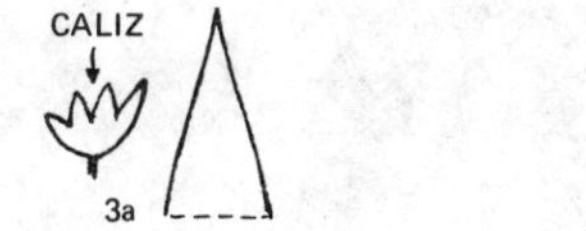

b. Pedicelos extendidos en ángulos rectos del eje principal de la inflorescencia o casi sin ejes; la parte exterior de la flor (cáliz petaloideo) está dividida en 4-5 segmentos iguales; hojas con un ápice corto o largamente puntiagudo o encorvado, pero no todos los ápices angostándose hasta formar una punta delgada 4

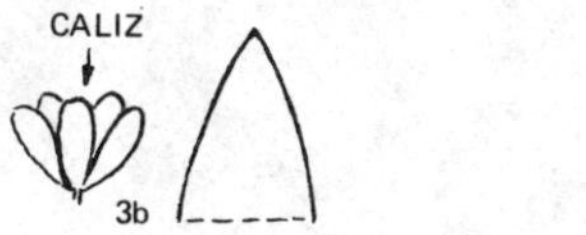

4. a. Ejes que soportan las hojas (pecíolos), tallos y cara inferior (envés) de las hojas con alguna pubescencia; hierbas pequeñas, usualmente menos de 1 m de alto; flores con 4 sépalos y 4 estambres; fruto de color rojo brillante . . . *Rivina humilis*

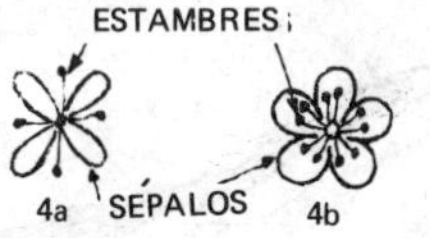

b. Pecíolos, tallos y envés de las hojas sin pelos; hierbas grandes, usualmente 1-2 m de alto; flores con 5 sépalos y 6-33 estambres; el fruto se vuelve de verde o rojo a azul-negro o púrpura-negro . . . . . . *Phytolacca icosandra*

5. (1.b)
a. Inflorescencia colgante, 15-30 cm de largo . . . . *Ledenbergia seguierioides*

b. Inflorescencia erecta, más corta; ramas o tallos algunas veces espinosos . . 6

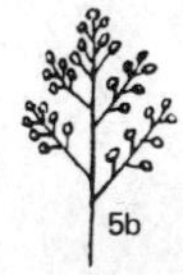

6. a. Eje que soporta la hoja (pecíolo) muy corto, 2-5 mm de largo; fruto con una ala prominente . . . . *Seguieria americana*

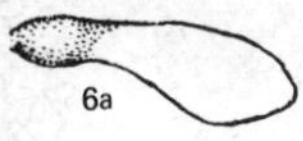

b. Pecíolo mucho más largo, 15-40 mm de largo; fruto sin alas . . *Trichostigma octandrum*

Hilleria secunda (R. & P.) H. Walter (Lám. 243, C)
Selva de galería, 1.200-1.300 m. Plantas herbáceas o ligeramente leñosas en la base.

Ledenbergia seguierioides Kl. *"Cura sana"* (Lám. 242).
Selva nublada, vertiente norte, 900-1.000 m. Arbol de hasta 8 m de alto con flores de color verde pálido.

Petiveria alliacea L. *"Mapurite"*
Sabana y selva veranera, 900-1.000 m. Hierba mediana en tamaño, con flores blancas dispuestas sobre ejes alargados, los cuales son al principio colgantes o encorvados en el ápice y luego erectos.

Phytolacca icosandra L. *"Manga larga"* (Lám. 243, A)
Phytolacca octandra L.
Phytolacca venezuelensis O. C. Schmidt
Selva veranera y selva nublada hasta subpáramo, 1.000-2.765 m. Hierba alta. Las raíces de esta planta son venenosas, pero las hojas jóvenes pueden ser hervidas e ingeridas como vegetal verde. Los frutos maduros son comestibles; cuando verdes, se

LAMINA 242: PHYTOLACCACEAE

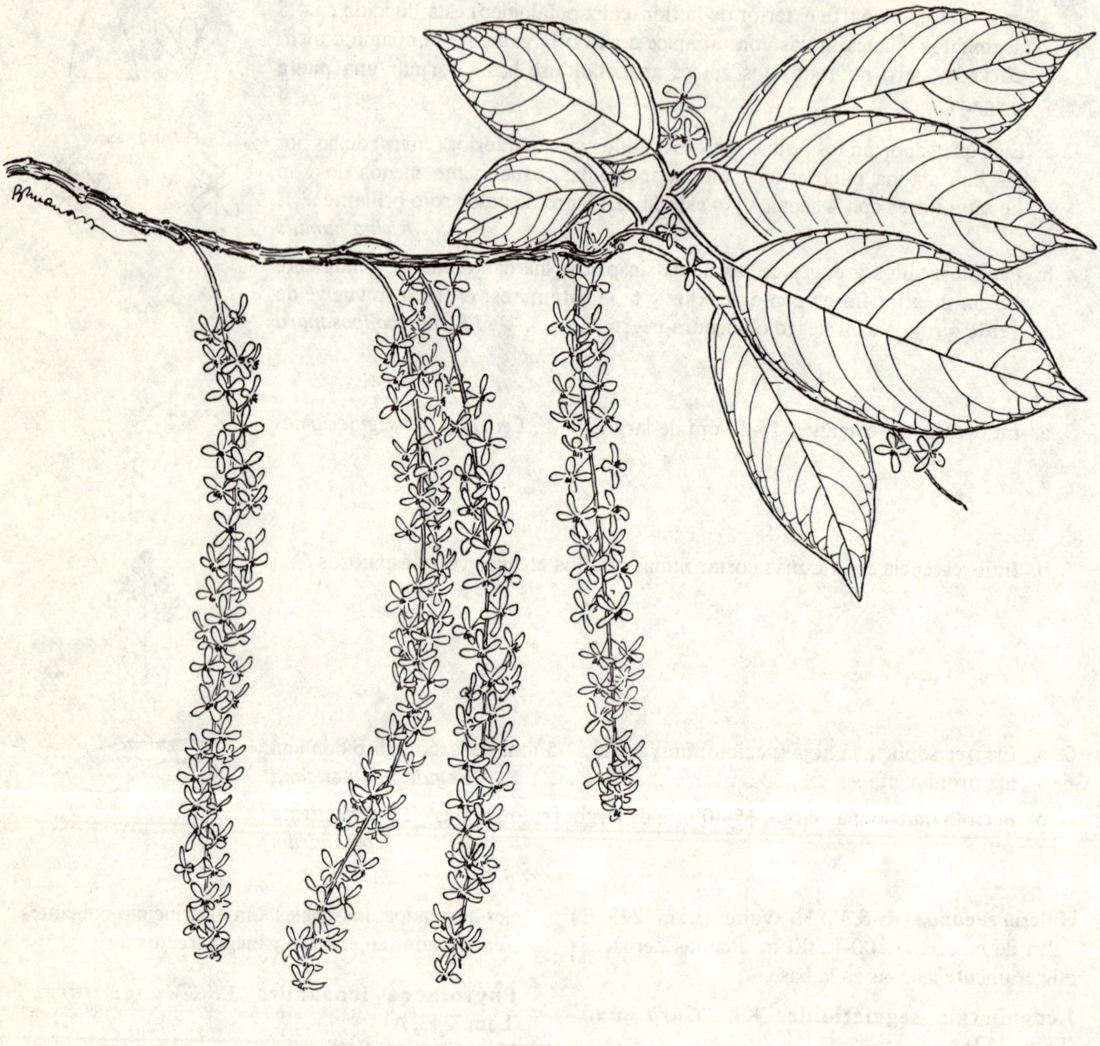

Ledenbergia seguierioides.

LAMINA 243: PHYTOLACCACEAE

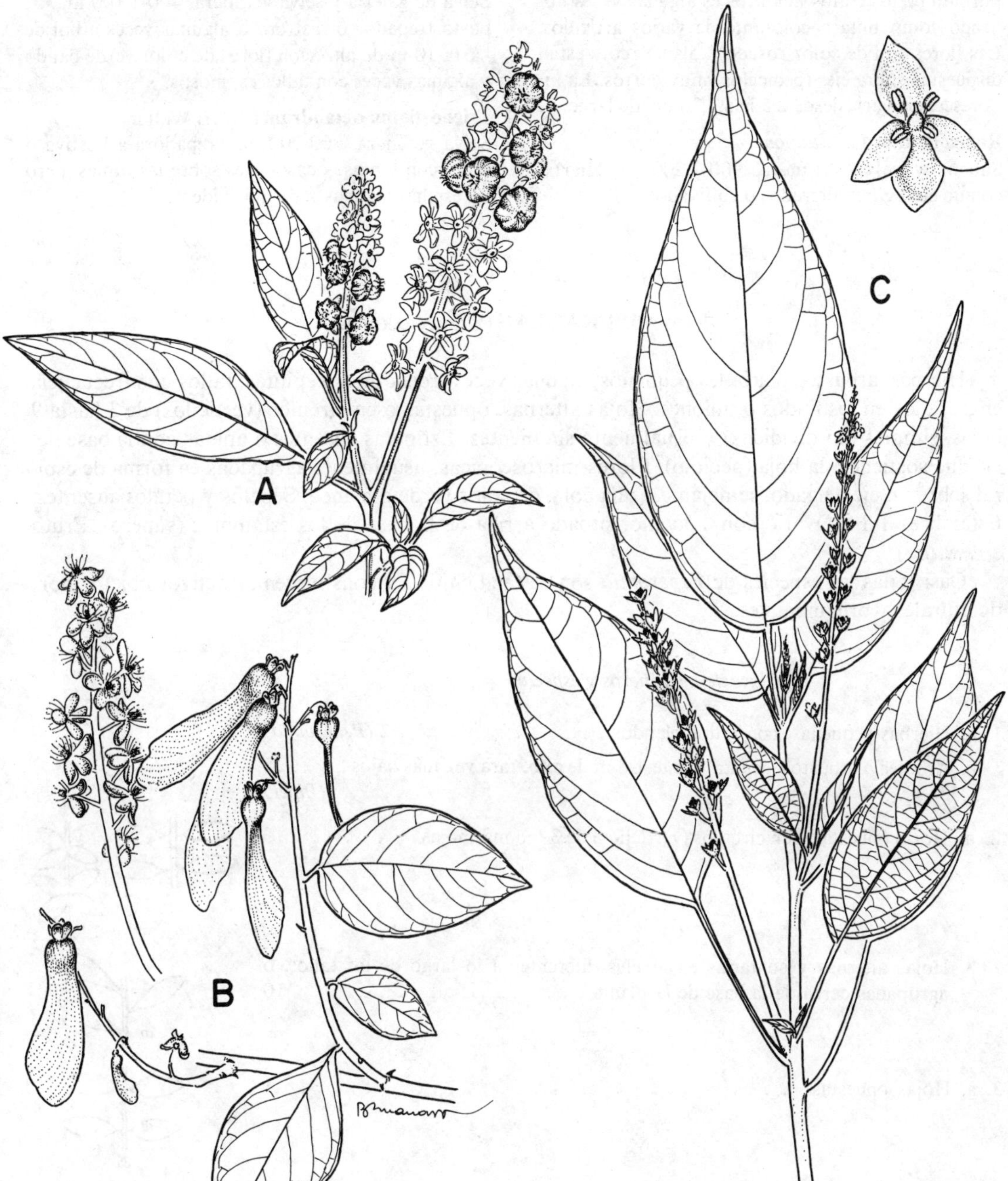

A. Phytolacca icosandra.–*B. Seguieria americana.* –*C. Hilleria secunda.*

pueden usar como sustituto del jabón. El color púrpura de los frutos maduros es algunas veces utilizado como tinta o colorante de varios artículos. Las flores son de color rosado o blancuzco y están dispuestas sobre ejes (pedicelos) muy cortos. La inflorescencia varía desde 2,5 hasta 28 cm de largo.

Rivina humilis L. *"Caimoni"*
Sabana y selva veranera, 900-1.200 m. Hierba común en lugares alterados o cultivados.

Seguieria americana L. (Lám. 243, B)
Selva de galería y selva veranera, 400-1.100 m. Arbusto trepador o rastrero o algunas veces árbol de hasta 10 m de alto, con flores de color verde pálido y algunas veces con tallos espinosos.

Trichostigma octandrum (L.) H. Walter
Selva veranera, 800-900 m. Trepadora arbustiva o árbol con espinas ocasionales sobre las ramas, pero las espinas algunas veces no evidentes.

Fam. **PIPERACEAE** (Dicotyledoneae)

Hierbas, arbustos o árboles pequeños, algunas veces trepadoras o epífitas, tallos con frecuencia engrosados en los nudos o uniones. Hojas alternas, opuestas o en círculos (verticilos) de 3 hasta 9 hojas, simples (no divididas) y usualmente sin dientes. Estípulas ausentes o unidas con la base del eje que sostiene a la hoja (pecíolo). Flores microscópicas, usualmente agrupadas en forma de espiral sobre un eje delgado, semejante a una cola, de color verde o blanco. Sépalos y pétalos ausentes. Estambres 1-10. Ovario con 1 lóculo, situado arriba de la base de los estambres (súpero). Fruto diminuto.

Casi todas las especies de *Peperomia* son de fácil cultivo y constituyen atractivos objetos horticulturales y ornamentales.

Clave de los géneros y especies

1. a. Hierbas pequeñas, con tallos blandos . . . . 2 *(Peperomia)*
   b. Arboles o arbustos, generalmente 1-8 m de alto, rara vez más bajos . . . . 25 *(Piper)*

2. a. Hojas opuestas o en círculos (verticilos) de 3-6 o más hojas 3

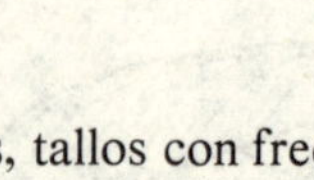
2a

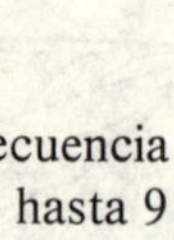
2a

   b. Hojas alternas y solitarias en niveles diferentes a lo largo de los tallos, o agrupadas cerca de la base de la planta 10

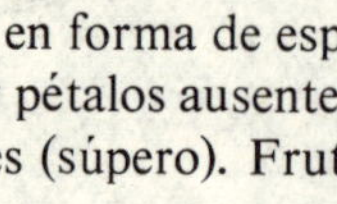
2b

3. a. Hojas opuestas 4

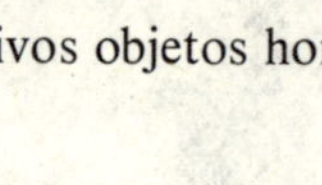
3a

   b. Hojas en círculos (verticilos) de 3, 4 o más hojas 5

3b

4. a. Tallo finamente pubescente . . . . *Peperomia blanda*

b. Tallo sin pelos o casi sin pelos . . . . *Peperomia fendleriana*

5. a. Eje que soporta la hoja (pecíolo) prácticamente ausente o 3 mm de largo a lo más 6

b. Pecíolo más largo, 5-20 mm de largo 7

6. a. Hojas en círculos (verticilos) usualmente de 4 hojas; hojas más anchas en la mitad, angostadas en ambos extremos, 5-12 mm de ancho; tallo delgado, corto, 5-10 cm de largo; tallo principal sin ramas extendidas; la espiga de flores está sostenida por un eje (pedúnculo) de 1-3 cm de largo; eje de la espiga de flores peludo; espiga de flores generalmente solitaria . . *Peperomia tetraphylla*

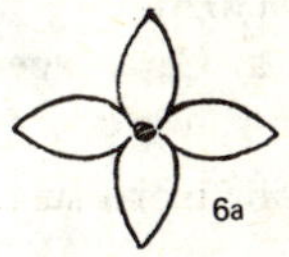

6a

b. Hojas en círculos (verticilos) de 3-6 (–9) hojas; hojas generalmente redondeadas o más anchas en el ápice y angostadas en la base, 2-5 mm de ancho; tallos generalmente más gruesos, 2-5 (–8) mm de grosor, hasta 100 cm de largo; tallo principal con ramas con frecuencia horizontalmente extendidas; espiga de flores sostenida por un eje de 0,5-1 cm de largo; eje de la espiga de flores, sin pelos; espigas de flores con frecuencia agrupadas en círculos de 3 hasta 6, algunas veces solitarias . . . . *Peperomia galioides*

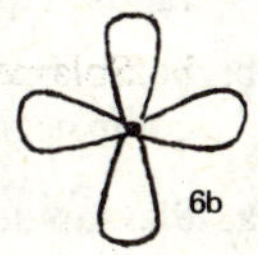

6b

7. a. Tallos densamente pubescentes, con pelos de color gris; hojas generalmente peludas . . . . *Peperomia blanda*

b. Tallos generalmente sin pelos (glabros), o si peludos, entonces muy diminutamente; hojas sin pelos o diminutamente peludas 8

8. a. Hojas delgadas y blandas . . . . *Peperomia blanda*

b. Hojas más gruesas y más firmes 9

9. a. Tallos sin pelos, pero con ángulos o con ranuras; grupos de hojas conspicuamente separados entre sí por distancias de 3-15 cm; hojas sin pelos, 3-6 cm de largo . . . . *Peperomia pereskiaefolia*

b. Tallos finamente microscópicos, con lados redondeados; grupos de hojas dispuestos más cercanos entre sí con distancias de 1-2 cm; hojas diminutamente peludas, 1,5-3 (–5) cm de largo . . . . *Peperomia fendleriana*

10. (2.b)

a. Eje que soporta la hoja (pecíolo) conectado a la lámina de la hoja entre la base y el centro de la hoja 11

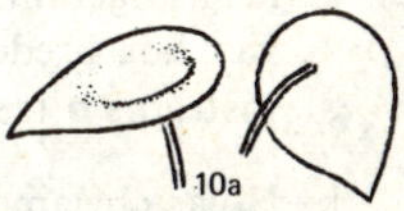

10a

b. Pecíolo conectado a la base misma de la lámina foliar 14

10b

11. a. Tallos alargados, rastreros o trepadores 12

b. Tallos cortos, ni rastreros ni trepadores 13

12. a. Pecíolo conectado más cerca de la base de la lámina de la hoja que del centro; nervios de la hoja 7, prominentes en el lado inferior (envés) . . *Peperomia peltoidea*

12a

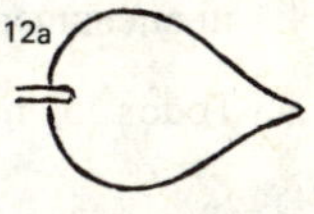

b. Pecíolo conectado cerca del centro de la lámina de la hoja; nervios de la hoja 9-11, no prominentes . . . . *Peperomia choroniana*

12b

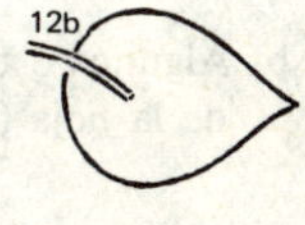

13. a. Hojas 5-8 cm de ancho, con líneas conspicuas de color verde y blanco o plateado; pecíolo conectado entre la base y el centro de la lámina de la hoja *Peperomia argyreia*

b. Hojas de color verde en toda la superficie, 2,5-4,5 cm de ancho; pecíolo conectado más cerca de la base de la lámina de la hoja . . . . . . *Peperomia lanceolato-peltata*

14. (10.b)

a. Cara superior y/o cara inferior de las hojas con muchos puntos de color negro 15

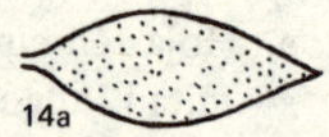
14a

b. Hojas sin puntos de color negro 16

15. a. Ambas caras de la hoja (envés y haz) cubiertos por puntos de color negro; tallos trepadores o extendidos a poca altura . . . . *Peperomia glabella*

b. Solamente la cara inferior (envés) de la hoja está cubierto por puntos de color negro . . . . *Peperomia venezueliana*

16. a. Plantas delicadas con hojas delgadas y tallos finos; hojas muy pequeñas, 0,3-1,5 cm de ancho y 0,7-1,7 cm de largo 17

b. Tallos y hojas firmes o carnosas; hojas en promedio más grandes 18

17. a. Hojas con 3 nervios; ápice de la hoja ligeramente hendido o encorvado hacia adentro desde el centro . . . . *Peperomia tenella*

b. Hojas con 5 nervios; ápice de la hoja anchamente encorvado, pero ni hendido o encorvado hacia adentro desde el centro . . . . *Peperomia hispidula*

18. a. Tallos más o menos alados en los márgenes, más o menos zigzagueantes en la parte superior . . . . *Peperomia alata*

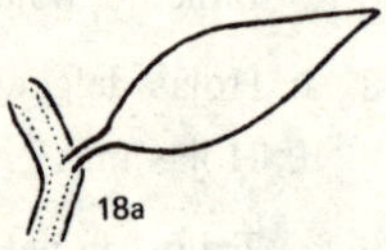
18a

b. Diferente a como se indica arriba 19

19. a. Tallos obviamente peludos, los pelos usualmente laxos y extendidos hacia afuera desde la superficie . . . . *Peperomia blanda*

b. Tallos sin pelos o con pelos pegados (adpresos) a la superficie 20

20. a. Hojas ligeramente más largas (1 ½) que anchas, o casi tan anchas como largas; hojas redondas o ligeramente acorazonadas en la base; tallos alargados, rastreros o trepadores . . . . *Peperomia peltoidea*

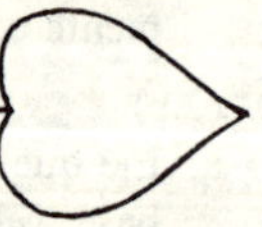
20a

b. Hojas obviamente más largas (2 o más veces) que anchas; hojas usualmente angostadas en la base; tallo ni trepador ni rastrero 21

20b

21. a. Apice de la hoja generalmente redondeado o anchamente encorvado, rara vez terminando en una punta corta . . . . *Peperomia magnoliaefolia*

b. El ápice de la hoja termina en una punta corta hasta larga, nunca redondeado ni anchamente encorvado 22

22. a. Todos los nervios de la hoja se juntan en la base de la hoja (basinervadas) *Peperomia venezueliana*

22a

b. Algunos o todos los nervios nacen del nervio medio, por encima de la base de la hoja (pinatinervadas) 23

22b

23. a. Los nervios laterales nacen en el primer centímetro de la base de la hoja . . . *Peperomia petrophila*

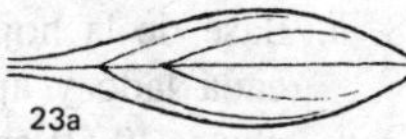

23a

b. Los nervios laterales (con frecuencia no claramente visibles) nacen en niveles diferentes a lo largo del nervio medio 24

23b

24. a. Hojas largas o angostamente puntiagudas; flores sobre un eje solitario, que mide hasta 13 cm de largo; hojas alargadas, hasta 25 cm de largo . . . . *Peperomia acuminata*

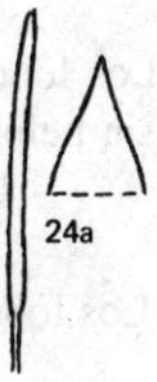

24a

b. Las hojas terminan en una punta corta; flores sobre 3-4 ejes que miden a lo más 4 cm de largo; los ejes nacen juntos desde un mismo punto; hojas generalmente 6,5-7,5 cm de largo . . . . *Peperomia decurrens*

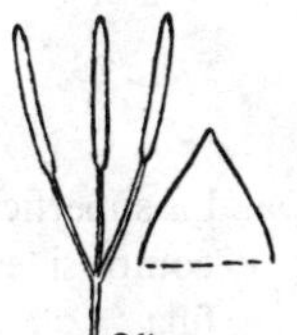

24b

25. (1.b)

a. Hojas más anchas que largas, o tan anchas como largas, profundamente acorazonadas en la base; ejes de la inflorescencia varios y juntos . . . . . *Pothomorphe umbellata*

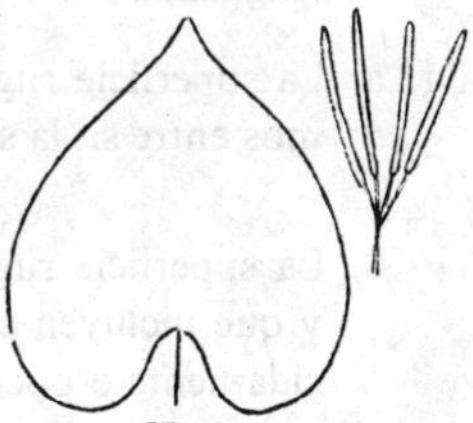

25a

b. Sin la combinación de caracteres arriba indicados, el eje de la inflorescencia siempre solitario . . . . 26 *(Piper)*

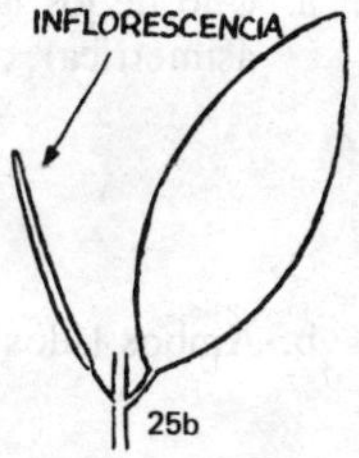

25b

26. a. Todos los nervios principales de la hoja se juntan y empiezan en la base de la hoja (basinervadas) 27

26a

b. Los nervios laterales principales de la hoja nacen en niveles diferentes del nervio medio (pinatinervadas) 28

26b

27. a. Hojas con 5-7 nervios principales; hojas generalmente más largas que anchas *Piper medium*

b. Hojas con 9-13 nervios principales; hojas más anchas que largas o tan anchas como largas . . . . *Piper marginatum*

28. a. Base de la hoja con una extensión (lóbulo) grande y conspicua presente a cada lado y apuntando hacia abajo; hojas muy grandes, 17-35 cm de ancho y 30-50 cm de largo 29

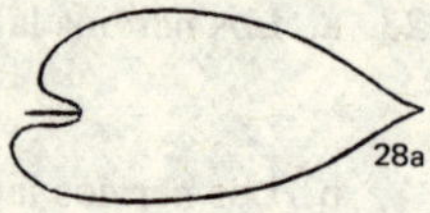

b. Base de la hoja sin una extensión grande y conspicua presente a cada lado y apuntando hacia abajo; hojas en promedio más pequeñas 30

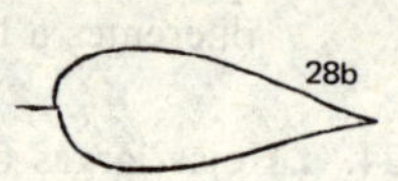

29. a. Los lóbulos en la base de la hoja son muy desiguales; fruto sin pelos o casi sin pelos . . . . *Piper caracasanum*

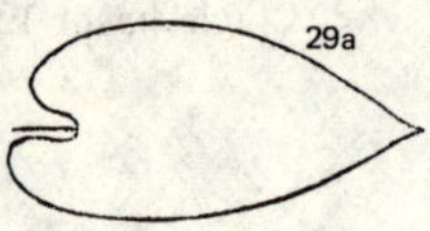

b. Los lóbulos en la base de la hoja son casi iguales; fruto con pelos . . . *Piper cabellense*

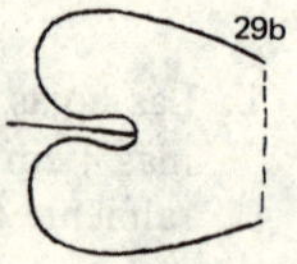

30. a. La superficie de la cara superior de la hoja (haz) es muy irregular (rugosa), como si estuviera dividida en pequeños cuadrados, burbujas o una red fina 31

b. La superficie del haz de la hoja es lisa o más o menos plana, no irregular (rugosa) 32

31. a. La superficie rugosa es debida a una red de nervios muy pequeños y próximos entre sí; la superficie inferior de la hoja tiene pubescencia densa . . *Piper bredemeyeri*

b. La superficie rugosa es debida a una red de nervios más separados entre sí y que incluyen espacios más amplios; superficie inferior de las hojas esparcidamente o poco pubescente . . . . *Piper naiguatanum*

32. a. Uno de los lados de la base de la hoja es más corto que el otro lado (base asimétrica) 33

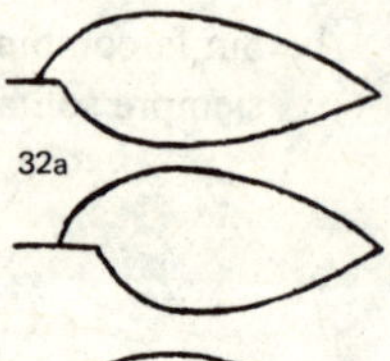

b. Ambos lados de la base son más o menos iguales (base simétrica) 40

33. a. Cara superior (haz) de la hoja más o menos áspera al tacto 34

b. Haz de la hoja liso al tacto o por lo menos no áspero 36

34. a. Espigas de las flores o frutos fuertemente encorvadas . . . . *Piper aduncum*

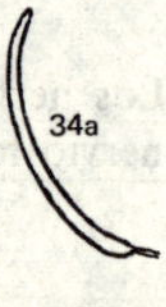

b. Espigas de las flores o frutos rectas o casi rectas 35

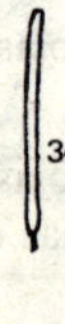

35. a. Cara inferior (envés) de la hoja usualmente punteada con glándulas oscuras; base de la hoja generalmente angostada o más angosta que la porción central; hojas (cuando secas) más bien firmes; espigas de flores y frutos 8-15 centímetros de largo . . . . *Piper hispidum*

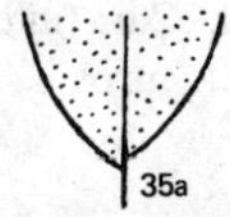
35a

b. Envés de la hoja usualmente sin puntos glandulares; base de la hoja generalmente redondeada o anchamente encorvada; hojas (cuando secas) más bien delgadas; espigas de flores y frutos 8 cm de largo a lo más. . . . . . . *Piper dilatatifolium*

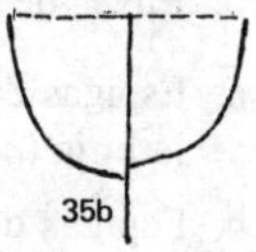
35b

36. a. Los 7-10 nervios laterales principales a cada lado del nervio medio son prominentes desde cerca de la base hasta cerca del ápice de la hoja; uno de los lados basales de la hoja es mucho más corto (5-15 mm) que el otro lado . 37

36a

b. Los 3-4 nervios laterales principales a cada lado del nervio medio son prominentes solamente cerca de la base hasta aproximadamente 2/3 por arriba de la base; uno de los lados de la base de la hoja es 1-4 (–6) mm más corto que el otro lado 38

36b
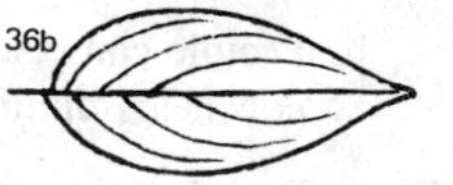

37. a. Las hojas, 3-6 (–10) cm de ancho, terminan en una punta muy corta . *Piper tuberculatum*

37b

b. Las hojas, 6-11 cm de ancho, terminan en una punta angosta o larga . *Piper arboreum*

37a

38. a. Pelos conspicuos, alargados y extendidos del nervio medio y los nervios principales de la cara inferior (envés) de la hoja; envés de la hoja con puntos glandulares oscuros . . . . *Piper eriopodon*

b. Pelos usualmente inconspicuos y cortos sobre el nervio medio y los nervios principales del envés de la hoja; envés de la hoja sin puntos glandulares oscuros 39

39. a. Espigas con frutos 5-6 cm de largo; frutos sin pelos; hojas generalmente más anchas en la mitad inferior . . . . *Piper fendlerianum*

b. Espigas con frutos 7-8 cm de largo; fruto diminutamente peludo; hojas generalmente más anchas arriba de la mitad . . . . *Piper dilatatum*

40. (32.b)

a. Superficie superior (haz) de la hoja más o menos rugosa o áspera al tacto . 41

b. Haz de la hoja liso o por lo menos ni rugoso ni áspero al tacto 43

41. a. El eje (pedúnculo) que soporta a la espiga de flores o frutos es 1,5-2 cm de largo; superficie inferior (envés) de la hoja sin puntos glandulares, pero la hoja muestra puntos translúcidos cuando es vista contra la luz (usar la lupa) *Piper catucheanum*

b. El pedúnculo que sostiene la espiga de flores o frutos mide 0,5-1 cm de largo; envés de la hoja generalmente con puntos glandulares 42

42. a. Fruto sin pelos (glabro); eje que soporta la hoja (pecíolo) con pelos alargados y laxos; envés de la hoja generalmente sin pelos, pero el nervio medio y los nervios laterales con pelos conspicuos, alargados y extendidos . . . *Piper eriopodon*

b. Fruto microscópicamente peludo o con papilas finas; pecíolo con pelos cortos; superficie del envés de la hoja generalmente peluda . . . *Piper hispidum*

43. a. Cara inferior (envés) de la hoja con puntos glandulares diminutos y oscuros 44

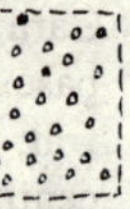

43a

b. Envés de la hoja sin puntos glandulares 45

44. a. Espigas de las flores y frutos muy cortos, 2-3 cm de largo; eje que soporta la hoja (peciolo) 0,5-1 cm de largo . . . . *Piper naiguatanum*

b. Espigas de las flores y frutos 4-6 cm de largo; pecíolo 1-2 cm de largo . . . *Piper glabrescens* var. *venezuelense*

45. a. Eje que soporta la hoja (pecíolo) y envés de la hoja sin pelos (glabros) en toda la superficie . . . . *Piper aequale*

b. Pecíolo con pelos cortos, diminutos o alargados; nervios del envés de la hoja con pelos diminutos cortos o conspicuos 46

46. a. Pecíolo con pelos conspicuos extendidos; eje (pedúnculo) de la espiga de flores o frutos 1,5-2 cm de largo; nervio medio de la superficie superior de la hoja con pelos conspicuos . . . . *Piper catucheanum*

b. Pecíolo con pelos diminutos; pedúnculo de la espiga de flores o frutos 1-1,5 centímetros de largo; nervio medio de la superficie superior de la hoja, diminuta o esparcidamente peludo, con pelos cortos o sin pelos (glabro) . . *Piper fendlerianum*

Peperomia

Hierbas generalmente epífitas con hojas carnosas. Algunas de las especies de este género son usadas en medicina.

Peperomia acuminata R. & P. (Lám. 244, B)
Selva nublada, 1.300-2.000 m.

Peperomia alata Ruiz & Pavón (Lám. 245, C; 247, C)
Selva nublada, vertiente norte, 1.000-1.300 m. Esta especie es muy variable en el desarrollo de las porciones àladas del tallo.

Peperomia argyreia (Miq.) E. Morr. (Lám. 249, C)
Peperomia sandersii C. DC.
Esta es una especie cultivada muy conocida, con hojas redondeadas, suaves, brillantes y con líneas prominentes de color verde y blanco. Aunque esta especie está registrada para la vertiente sur del Cerro del Avila, a una altura de 1.800 m, es probable que la colección citada por Yuncker *(Vogl 106)* sea de un especimen cultivado no nativo de Venezuela, o se hayan confundido los datos de la etiqueta que acompañaba el especimen.

Peperomia blanda (Jacq.) H.B.K. (Lám. 248, C)
Peperomia blanda var. *langsdorfii* (Miq.) Henschen
Peperomia macaraoana Trel.
Selva transicional y selva nublada, también en subpáramo, 1.200-2.765 m. Aunque las hojas usualmente están en pares o tríos sobre el tallo, algunos individuos pueden tener hojas alternas. Las hojas frecuentemente están recubiertas de color púrpura o rosado-rojo. La cantidad de pelos sobre el tallo y hojas es variable.

Peperomia choroniana C. DC. (Lám. 246, A)
Selva nublada, 1.500-1.800 m. Plantas rastreras o trepadoras, con una estría blanca central muy llamativa sobre la hoja.

Peperomia decurrens C. DC. (Lám. 248, A)
Peperomia allartii Trel.
Selva nublada, 1.900-2.000 m. Esta especie crece

LAMINA 244: PIPERACEAE

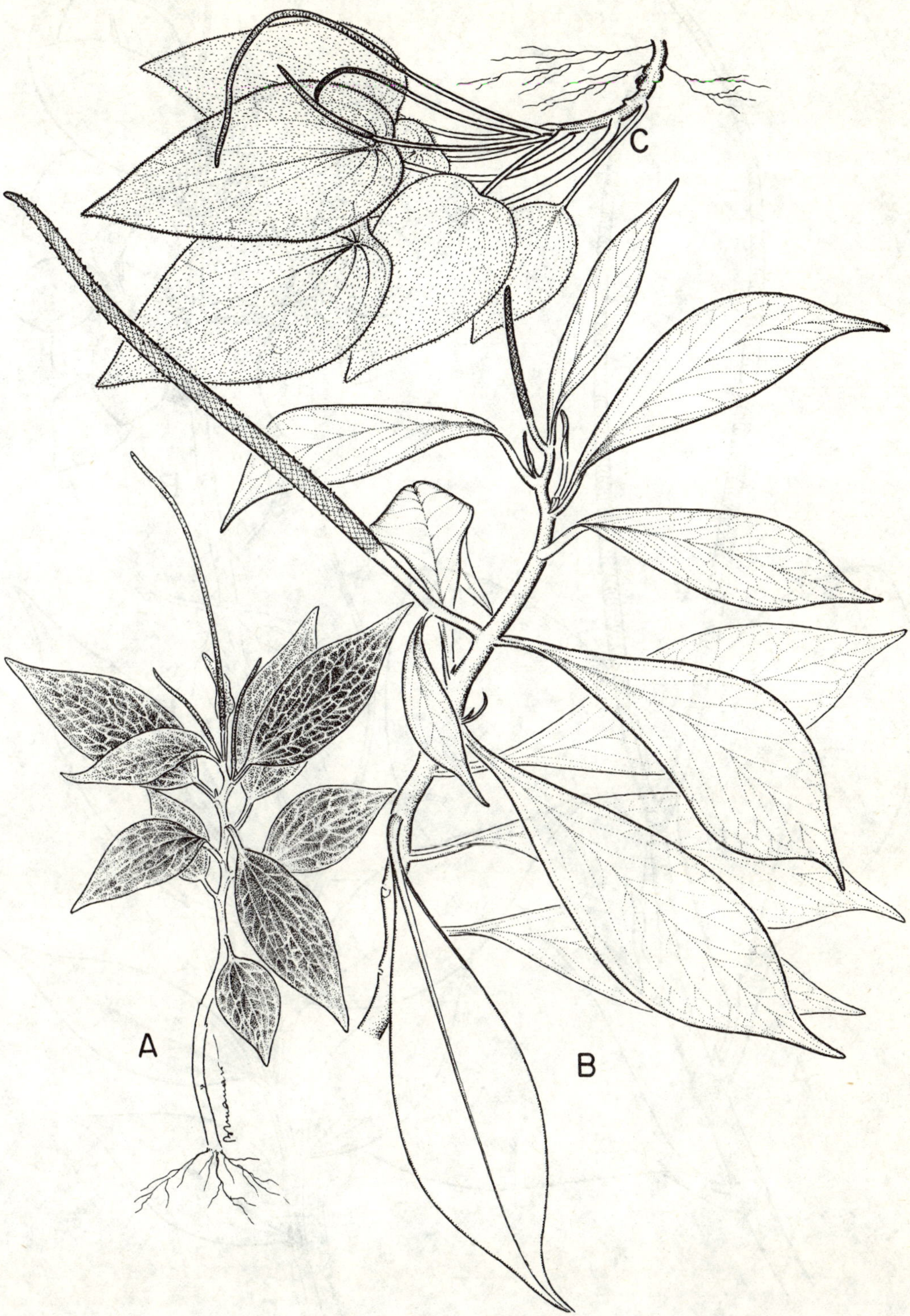

A. Peperomia venezueliana.—B. Peperomia acuminata.—C. Peperomia lanceolato-peltata.

A. Peperomia magnoliaefolia.—*B. Peperomia fendleriana.*—*C. Peperomia alata.*

LAMINA 246: PIPERACEAE

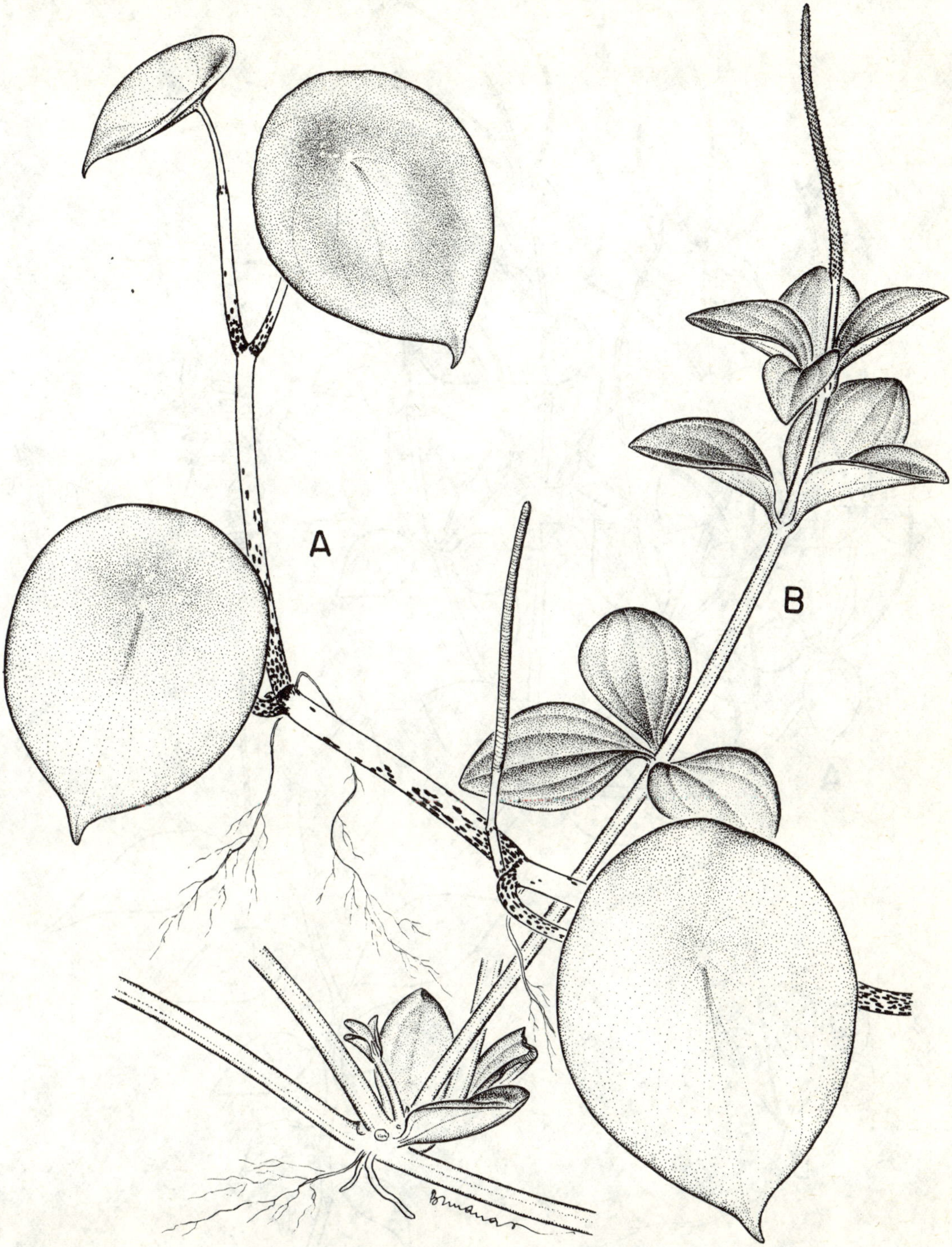

A. Peperomia choroniana.—B. Peperomia pereskiaefolia.

A. Peperomia fendleriana.—*B. Peperomia tenella.*—*C. Peperomia alata.*—*D. Peperomia hispidula.*

LAMINA 248: PIPERACEAE

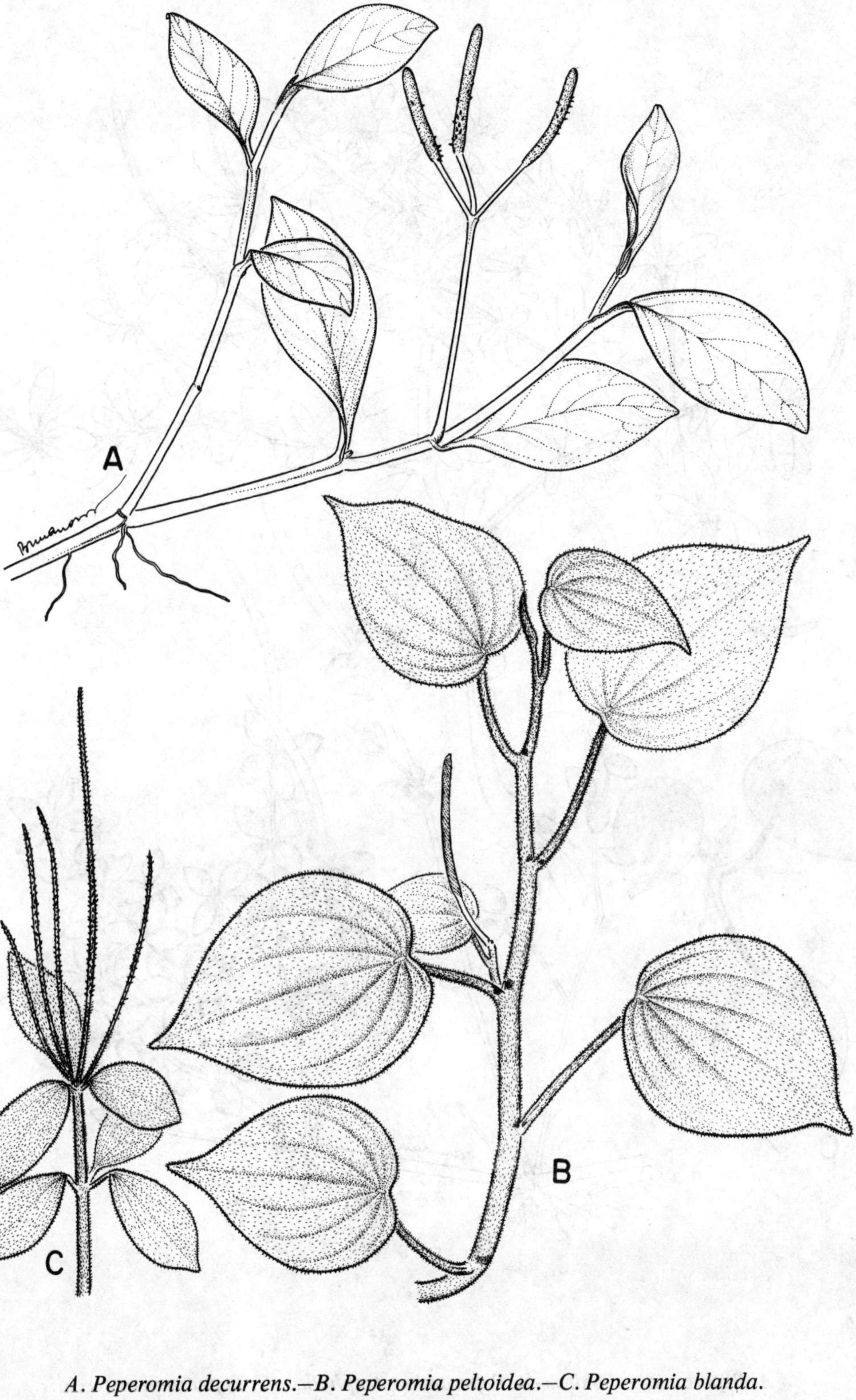

A. Peperomia decurrens.—B. Peperomia peltoidea.—C. Peperomia blanda.

A. Peperomia galioides.–B. Peperomia tetraphylla.–C. Peperomia argyreia.

preferentemente alrededor de caídas de agua y cascadas o en lugares húmedos, sobre rocas.

Peperomia fendleriana C. DC. (Lám. 245, B; 247, A)
Selva nublada, 1.600-2.000 m.

Peperomia galioides H.B.K. (Lám. 249, A)
Subpáramo, 2.000-2.400 m.

Peperomia glabella (Sw.) A. Dietr.
Selva nublada, vertiente norte, 900 m. Fácilmente reconocible por los puntos glandulares de color negro de tallos y hojas.

Peperomia hispidula (Sw.) A. Dietr. (Lám. 247, D)
Selva nublada, 1.600 m. Una especie delicada, finamente pubescente.

Peperomia lanceolato-peltata C. DC. (Lám. 244, C)
Peperomia lanceolato-peltata var. *carlosiana* (C. DC.) Trel. & Yunck.
Selva de galería, 800-1.200 m. Crece sobre rocas sombreadas.

Peperomia magnoliaefolia (Jacq.) A. Dietr. (Lám. 245, A)
Selva nublada, vertiente norte, 1.000 m. Esta especie y *Peperomia obtusifolia* son frecuentemente cultivadas.

Peperomia peltoidea Kunth (Lám. 248, B)
Selva nublada, 1.585-1.820 m. Plantas rastreras o trepadoras.

Peperomia pereskiaefolia (Jacq.) H.B.K. (Lámina 246, B)
Selva de galería, selva transicional y selva nublada, 900-1.300 m. Usualmente sobre rocas. Las hojas gruesas, que tienen 3 nervios y están ampliamente separadas entre sí sobre el tallo, son características de esta especie.

Peperomia petrophila C. DC.
Selva nublada, vertiente norte, 900-1.100 m. Esta especie crece sobre rocas a lo largo de cascadas o caídas de agua.

Peperomia tetraphylla (Forst.) Hra. (Lám. 249, B)
Peperomia reflexa (L. f.) Dietr.
Selva nublada, 1.500-2.200 m.

Peperomia tenella (Sw.) A. Dietr. (Lám. 247, B)
Selva nublada, 1.600 m. Crece cerca del agua. Esta es una especie delicada y diminuta. Las hojas pueden mostrar en el lado superior color gris a cada lado del nervio medio, el cual es verde grisáceo; el lado inferior es de color púrpura mate con verde.

Peperomia venezueliana C. DC. (Lám. 244, A)
Selva nublada, 1.000-1.600 m. Una especie con hojas decorativas, las cuales con frecuencia muestran manchas claras y oscuras de color verde alternadas sobre la cara superior (haz) y rosado-púrpura sobre la cara inferior (envés).

Piper

Generalmente arbustos leñosos o árboles pequeños. Algunas de las especies de este género se usan en medicina.

Piper aduncum L. *"Cordoncillo"*
Piper aduncum var. *brachyarthrum* (Trel.) Yunck.
Selva veranera, selva de galería y selva secundaria en general, 900-1.530 m. Los tallos y hojas varían en la cantidad de pelos. Arbusto o árbol pequeño de 3-7 m de alto.

Piper aequale Vahl *"Cordoncillo"* (Lám. 250, A)
Selva nublada y selva transicional, 1.390-1.800 m. Arbusto pequeño o planta casi herbácea, 0,5-3 m de alto con tallos engrosados en los nudos.

Piper arboreum Aubl. *"Cordoncillo"*
Selva de galería, 1.300 m. Arbusto o árbol pequeño, 2-7 m de alto.

Piper bredemeyeri Jacq. *"Cordoncillo"* (Lám. 250, D)
Selva transicional, cafetales y selva nublada, 900-1.530 m. Arbusto o árbol pequeño, 2-4 m de alto.

Piper cabellense C. DC. *"Cordoncillo"*
Selva nublada, 1.500 m. Esta especie es probable-

LAMINA 250: PIPERACEAE

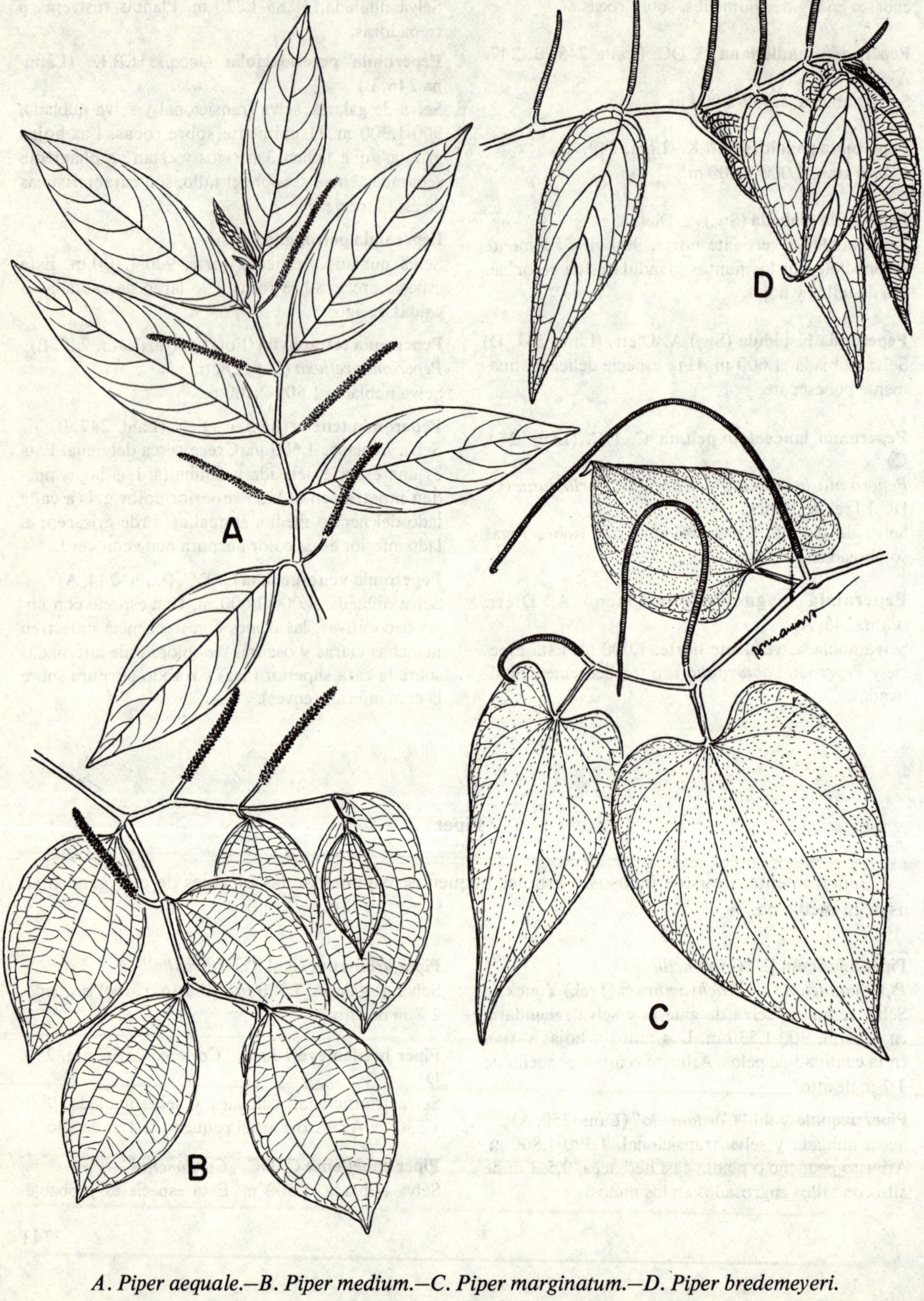

A. Piper aequale.–B. Piper medium.–C. Piper marginatum.–D. Piper bredemeyeri.

LAMINA 251: PIPERACEAE

A. Piper dilatatum.–B. Piper tuberculatum.–C. Pothomorphe umbellata.

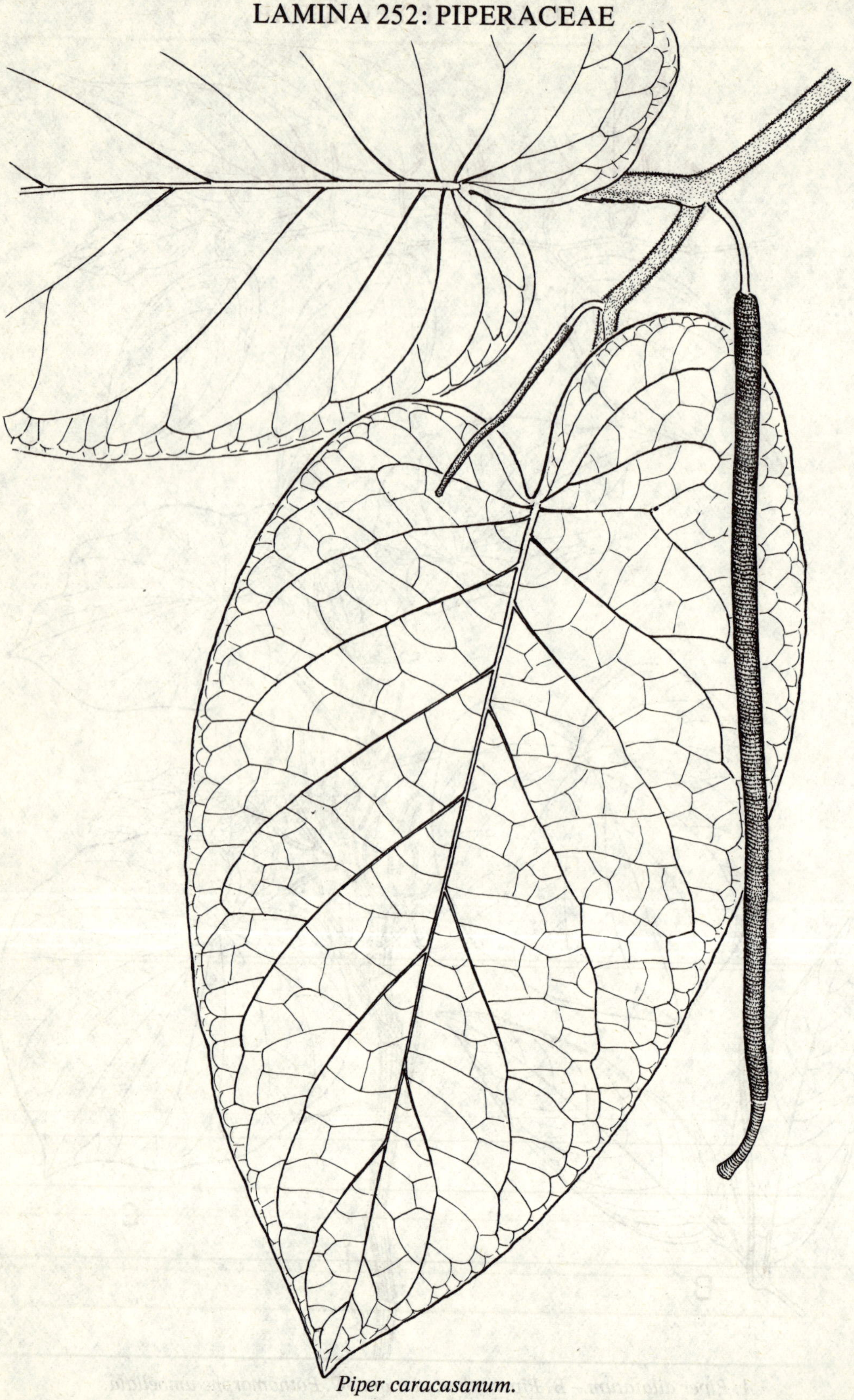

Piper caracasanum.

mente mejor definida si se considera a *Piper caracasanum* como su sinónimo. Arboles hasta 5-6 m de alto.

Piper caracasanum Bredem. *"Cordoncillo"* (Lám. 252)
Selva nublada, 1.500 m. Arbol de 3-7 m de alto.

Piper catucheanum Trel. & Yunck. *"Cordoncillo"*
Selva transicional y selva de galería, 1.200-1.800 m. Arbusto.

Piper dilatatum L. C. Rich. *"Cordoncillo'* (Lámina 251, A)
Selva de galería, 1.300 m. Arbusto de 2-3 m de alto.

Piper dilatatifolium Trel. & Yunck. *"Cordoncillo"*
Selva transicional y selva nublada, 1.200-1.800 m. Arbusto de hasta 3 m de alto.

Piper eriopodon (Miq.) C. DC. *"Cordoncillo"*
Selva nublada, 1.500-1.900 m.

Piper fendlerianum C. DC. *"Cordoncillo"*
Selva nublada, 1.500 m. Arbusto de 1-3 m de alto.

Piper glabrescens (Miq.) C. DC. var. **venezuelense** (C. DC.) Trel. & Yunck. *"Cordoncillo"*
Selva nublada, vertiente norte, 1.000-1.300 m. Arbusto de 2,5 m de alto, con espigas erectas de color blanco.

Piper hispidum Sw. *"Cordoncillo"*
Piper hispidum var. *magnifolium* C. DC.
Selva de galería y selva nublada, vertiente norte, 900-1.250 m. Arbusto de 2,5-8 m de alto, con espigas de flores de color gris-blanco.

Piper marginatum Jacq. var. **catalpaefolium** (H.B.K.) C. DC. *"Cordoncillo"* (Lám. 250, C)
Selva veranera, 850-900 m. Arbusto.

Piper medium Jacq. *"Cordoncillo"* (Lám. 250, B)
Piper medium var. *ceanothifolium* (H.B.K.) Trel. & Yunck.
Selva veranera y selva de galería, 1.100-1.200 m. Arbusto. Las ramas varían desde sin pelos (glabras) hasta aterciopeladamente pubescentes, mientras que las hojas varían de generalmente glabras hasta algo peludas, especialmente sobre los nervios.

Piper naiguatanum Yuncker *"Cordoncillo"*
Selva nublada y subpáramo, 1.900-2.400 m. Arbusto de 1,5 m de alto.

Piper tuberculatum Jacq. *"Cordoncillo"* (Lám. 251, B)
Selva veranera, 800-1.300 m. Arbusto o árbol, 2-7 m de alto, con frecuencia con ramas verrucosas y con nudos agrandados. Esta es una maleza arbustiva muy común; frecuentemente crece a lo largo de los caminos.

Pothomorphe umbellata (L.) Miq. *"Cordoncillo"* (Lám. 251, C)
Selva nublada y selva de galería, 1.000-1.300 m. Arbusto pequeño o casi herbáceo, 1-2 m de alto.

Fam. **PLANTAGINACEAE** (Dicotyledoneae)

Usualmente hierbas (en las especies venezolanas), rara vez arbustos. Hojas generalmente dispuestas en la base de la planta en forma de roseta. Flores pequeñas, de color pardo, con brácteas. Divisiones florales exteriores (cáliz) 4, unidas en un tubo. Corola tubular, muy delgada, con 4 lóbulos en el ápice. Estambres 4 ó 2. Ovario conectado arriba de la base del cáliz y la corola (súpero). Fruto seco, que se abre transversalmente (dehiscencia circunsícil), rara vez no se abre.

Plantago hirtella H.B.K. *"Llantén"* (Lám. 258, A)
Subpáramo, 1.880-2.220 m. Una especie introducida desde Europa, *Plantago major*, es comúnmente usada y vendida en los mercados de Caracas como diurético y cura para fiebres.

Fam. **PODOCARPACEAE** (GYMNOSPERMAE Coniferae)

Esta es la única familia nativa de Coniferae en Venezuela, la cual pertenece al grupo de las Gymnospermae. La familia consta de árboles con follaje siempre verde. Hojas alternas o rara vez opuestas, simples (no divididas). Flores masculinas y femeninas presentes usualmente en plantas diferentes (dioicas) en *Podocarpus,* rara vez en la misma planta (monoica). La inflorescencia masculina consta de flores dispuestas en forma de espiral, con muchos estambres rodeados por una escama en la base. Las flores femeninas están solitarias en las axilas de las hojas y constan de 1-2 carpelos desnudos con frecuencia rodeados por escamas. Fruto carnoso.

Género único: PODOCARPUS.

Clave de las especies de Podocarpus

1. a. Hojas muy cortas y angostas, semejantes a agujas, 3-5 mm de ancho y 1,5-2,7 cm de largo . . . . *Podocarpus harmsianus*

1a

b. Hojas mucho más largas y anchas, 7-16 mm de ancho y (2–) 3-18 cm de largo 2

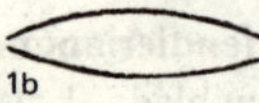
1b

2. a. Escamas de las yemas ubicadas en los extremos de las ramas con hojas, redondeadas y anchamente encorvadas en el ápice; hojas (2–) 3-5 cm de largo . . . . *Podocarpus oleifolius* var. *macrostachyus*

2a

b. Escamas de las yemas ubicadas en los extremos de las ramas con hojas, más largas o delgadamente puntiagudas en el ápice; hojas más largas, 6-18 cm de largo . . . . *Podocarpus pittieri*

2b

Podocarpus harmsianus Pilger *"Granadillo"* (Lám. 253, C)
Selva transicional y selva nublada, 1.500-1.600 m. Arbol de 6-15 m de alto con hermoso follaje.

Podocarpus oleifolius D. Don var. **macrostachyus** (Parl.) Buchh. & Gray *"Pinabete"* (Lám. 253, A)
Selva nublada, 1.900-2.000 m. Arbol de 6-15 m de alto.

Podocarpus pittieri Buchh. & Gray *"Pinabete"* (Lám. 253, B)
Selva nublada, 1.600-1.900 m. Arbol de 3-20 m de alto.

Fam. **POLEMONIACEAE** (Dicotyledoneae)

Plantas herbáceas, erectas o trepadoras (en las especies venezolanas), arbustos o árboles pequeños. Hojas usualmente alternas, algunas veces opuestas o algunas veces divididas en segmentos separados (compuestas). Estípulas usualmente ausentes. Flores pequeñas o vistosas, con cáliz 5-lobulado, corola 5-lobulada en forma de campana o tubular, y con 5 estambres. Ovario situado arriba de la base del cáliz y la corola (súpero). Fruto usualmente seco y dividiéndose.

Género único: COBAEA.

LAMINA 253: PODOCARPACEAE

A. Podocarpus oleifolius.–*B. Podocarpus pittieri.*–*C. Podocarpus harmsianus.*

A. Cobaea scandens.–B. Cobaea penduliflora.

Clave de las especies de Cobaea

1. a. Corola 4-4,5 cm de diámetro, anchamente acampanada sin apéndices alargados; divisiones del cáliz anchamente redondeadas o apenas cortamente puntiagudas en el ápice, apenas más largos que anchos; estambres poco más largos que la corola . . . . *Cobaea scandens*

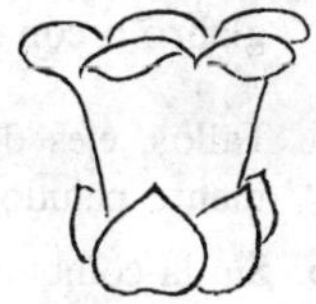
1a

b. Corola más angosta, casi 1 cm de diámetro, angostamente acampanada con apéndices alargados de 5 cm de largo; divisiones del cáliz angostas y largamente puntiagudas, 2,5-6 mm de ancho, mucho más largas que anchas; estambres 4-5 o más veces más largos que la corola . . . *Cobaea penduliflora*

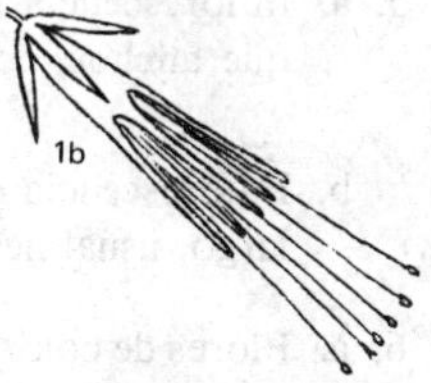
1b

Cobaea penduliflora (Karst.) Hooker (Lám. 254, B)
Selva veranera, selva de galería y selva nublada, 900-1.500 m. Trepadora por medio de zarcillos. Flores con las corolas de color verde oliva, estambres alargados de color rojo-purpúreo y estilos de color lavanda y verde.

Cobaea scandens Cav. *"Trinitaria"* (Lám. 254, A)
Cobaea lasseri Pittier
Planta comúnmente cultivada por sus flores grandes y acampanadas de color purpúreo. La corola es de color violeta con blanco-verdoso y los estambres son violeta.

Fam. **POLYGALACEAE** (Dicotyledoneae)

Plantas herbáceas, trepadoras leñosas, arbustos o árboles. Hojas alternas, opuestas o en círculos (verticilos) de 3 o más hojas, simples (no divididas) y sin dientes en los bordes. Estípulas generalmente ausentes. Flores pequeñas hasta medianas, irregulares en forma; cada flor con 1 bráctea y 2 bractéolas en la base de los sépalos; éstos usualmente 5, libres o unidos, los dos interiores con frecuencia agrandados y en forma de pétalos. Pétalos 3 ó 5, de los cuales los 2 inferiores y los 2 superiores están unidos al tubo de los estambres, los otros libres (no unidos). Estambres generalmente 8, rara vez 3-7. Ovario situado arriba de la base de los pétalos y sépalos (súpero). Fruto seco o de consistencia ósea, muchas veces con alas, que se abre o permanece cerrado.

Clave de los géneros y especies

1. a. Arbustos o trepadoras leñosas, más de 1 m de alto 2
   b. Plantas herbáceas pequeñas o plantas de menos de 1 m de alto 7

2. a. Arbustos erectos; fruto algo carnoso u óseo y sin una ala conspicua . . . . 3 *(Monnina)*
   b. Trepadoras leñosas; fruto con una ala conspicua . . . . .4 *(Securidaca)*

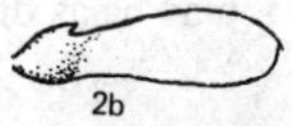
2b

3. a. La parte superior del tallo densamente peluda y con los pelos laxos; cara inferior (envés) de las hojas usualmente peluda . . . . . . *Monnina pubescens*

b. Parte superior del tallo sin pelos (glabro) o con una pubescencia esparcida, generalmente pegada (adpresa) al tallo; envés de las hojas completamente glabro o con pocos pelos . . . . *Monnina cladostachya*

4. a. Tallos, ejes de las flores (pedicelos), cáliz y frutos densa y aterciopeladamente peludos . . . . *Securidaca pubescens*

   b. Sin la combinación de caracteres descritos arriba 5

5. a. Inflorescencia muy alargada, los ejes varias hasta muchas veces más largos que anchos, con frecuencia muy ramificados, 10-28 cm de largo . . . . . *Securidaca diversifolia*

   b. Inflorescencia compacta o casi tan ancha como larga, solamente 2-4 cm de largo, usualmente no ramificada 6

6. a. Flores de color púrpura casi negro o violeta oscuro; ejes de las flores (pedicelos) 5-8 mm de largo; hojas brillantes y de color verde oscuro en la cara superior (haz) . . . . *Securidaca trianae*

   b. Flores generalmente de color lavanda o rosado-púrpura o rosado; pedicelos más largos, 8-10 o más mm de largo; hojas ni brillantes ni color verde oscuro en el haz . . . . *Securidaca scandens*

7. (1.b)

   a. Flores reunidas en inflorescencias semejantes a cabezuelas tan anchas como largas o sólo ligeramente más largas que anchas, densamente agrupadas . . *Polygala longicaulis*

7a

   b. Flores reunidas en inflorescencias más largas que anchas, o las flores más separadas entre sí 8

7b

8. a. Hojas ovadas o elípticas, 1-2,5 cm de ancho . . . . . . *Polygala caracasana*

8a

   b. Hojas muy angostas, lineares o angostamente oblongas, 0,1-1 cm de ancho 9

8b

9. a. Casi todas las hojas de la mitad inferior del tallo dispuestas en círculos (verticilos) de 3-5 hojas . . . . *Polygala glochidiata*

9a

   b. Casi todas las hojas solitarias y alternas en el tallo, pero algunas veces las más bajas dispuestas en círculos (verticilos) 10

9b

10. a. Flores 3-5 mm de largo; hojas 1,5-4,5 cm de largo y 0,2-1 cm de ancho, los nervios laterales con frecuencia visibles en la cara inferior (envés) de la hoja *Polygala monticola*

b. Flores 2-2,5 mm de largo; hojas 0,3-2 cm de largo y 0,1-0,4 m de ancho, ninguno de los nervios laterales visibles en el envés 11

11. a. Hojas numerosas, 1-2 cm de largo; nervio medio claramente visible en el envés . . . . *Polygala paniculata*

11a

b. Hojas esparcidas, sólo 0,3-0,7 cm de largo; nervio medio no visible o sólo apenas evidente en el envés . . . . *Polygala fendleri*

11b

Monnina cladostachya Turcz.
Monnina phytolaccaefolia H.B.K.
Selva transicional, selva nublada y subpáramo, 1.300-2.600 m. Arbusto de 1-4 m de alto, con flores de color azul oscuro o violeta y amarillo.

Monnina pubescens H.B.K. *"Corneta"* (Lám. 256, A)
Selva nublada, 1.500 m. Arbusto pequeño.

Polygala caracasana H.B.K. *"Ipecacuana"* (Lám. 255, A; 256, B y C)
Polygala columbica Chodat
Polygala gollmeri Chodat
Polygala retifera Blake
Polygala tovarensis Chodat
Sabana y selva veranera, 900-1.500 m. Planta herbácea, algunas veces leñosa o con la base del tallo más dura cerca de la base, simple o con tallos ramificados, algunas veces hasta 0,7-1 m de alto.

Polygala fendleri Chodat
Sabana, 1.400-1.500 m. Hierba pequeña.

Polygala glochidiata H.B.K.
Selva veranera y selva transicional, 1.200-1.600 metros. Hierba pequeña.

Polygala longicaulis H.B.K.
Sabana, 900 m. Hierba pequeña.

Polygala monticola H.B.K. var. **bryzoides** (St. Hil.) Steyerm.
Polygala bryzoides St. Hil.
Polygala angustifolia H.B.K.
Sabana y selva transicional, 900-1.600 m. Esta especie varía en la pubescencia de las hojas y en los cilios de los sépalos.

Polygala paniculata L. (Lám. 255, E)
Selva transicional y selva nublada, 1.300-2.000 m. Las raíces de esta y otras especies anuales tienen un olor parecido al mentol y son usadas en medicina doméstica.

Securidaca diversifolia (L.) Blake *"Bejuco negro"*, *"Cascarón mahomo"*, *"Bejuco mulato"*
Selva veranera, 700-1.000 m. Liana con muchas flores de color lavanda o rosado-púrpura.

Securidaca pubescens DC. (Lám. 255, C)
Selva veranera, 1.000-1.200 m. Liana.

Securidaca scandens Jacq. (Lám. 255, D)
Selva veranera, selva de galería y selva nublada, 900-1.300 m. Liana, trepando a grandes alturas.

Securidaca trianae Killip & Dugand (Lám. 255, B)
Selva nublada, 1.500-1.600 m. Liana.

LAMINA 255: POLYGALACEAE

A. Polygala caracasana.–B. Securidaca trianae.–C. Securidaca pubescens.–D. Securidaca scandens.–E. Polygala paniculata.

LAMINA 256: POLYGALACEAE; POLYGONACEAE

A. Monnina pubescens.–B. Polygala caracasana.–C. Polygala caracasana.–D. Antigonon leptopus.–E. Rumex acetosella.–F. Muehlenbeckia tamnifolia.

Fam. **POLYGONACEAE** (Dicotyledoneae)

Hierbas erectas o plantas trepadoras, arbustos o árboles. Hojas usualmente alternas, rara vez opuestas, algunas veces lobuladas o divididas, pero generalmente simples. En muchos casos una estípula con forma de una vaina envuelve el tallo arriba de la base del eje que soporta la hoja (pecíolo). Flores usualmente pequeñas, generalmente de color blanco, verde o rosáceo, algunas veces de colores vistosos *(Antigonon* y *Triplaris),* usualmente con 6 divisiones florales, pero algunas veces solamente 3 hasta 5 y no diferenciadas en un cáliz y corola. Divisiones florales usualmente libres (no unidas). Estambres 6-9. Ovario situado arriba de la base de las divisiones florales (súpero). Fruto seco o carnoso con 1 sola semilla.

Clave de los géneros y especies

1. a. Arboles o arbustos altos 2
   b. Plantas con tallo blando, trepadoras erectas o rastreras, o leñosas en la parte inferior 4

2. a. Ejes de la inflorescencia muy peludos; 17-30 nervios laterales a cada lado del nervio medio de la hoja, muy prominentes en la cara inferior; fruto vistoso, seco, con 3 alas rosado-rojas o rojo-salmón . . . . . . *Triplaris caracasana*

2a

   b. Ejes de la inflorescencia sin pelos; sólo 5-10 nervios laterales a cada lado del nervio medio de la hoja; fruto carnoso, en forma de guisante o de uva . . . 3 *(Coccoloba)*

2b

3. a. Las hojas terminan en una punta larga o angosta; hojas delgadas con 7-10 nervios laterales a cada lado del nervio medio . . . . . *Coccoloba acuminata*
   b. Las hojas terminan en una punta corta u obtusa; hojas gruesas, coriáceas, con 5-7 nervios laterales solamente a cada lado del nervio medio . *Coccoloba padiformis*

4. a. Plantas trepadoras con brácteas grandes, vistosas, de color rosado o blanco y con zarcillos trepadores situados en los extremos de las inflorescencias . . *Antigonon leptopus*

4a

   b. Hierbas erectas con tallos blandos o plantas trepadoras o rastreras sin brácteas vistosas, rosadas y sin zarcillos 5

5. a. Un borde de cerdas delgadas presente en el ápice de las estípulas envainadoras, las cuales abrazan al tallo arriba de la base del eje que soporta la hoja (pecíolo) . . . . *Polygonum punctatum*

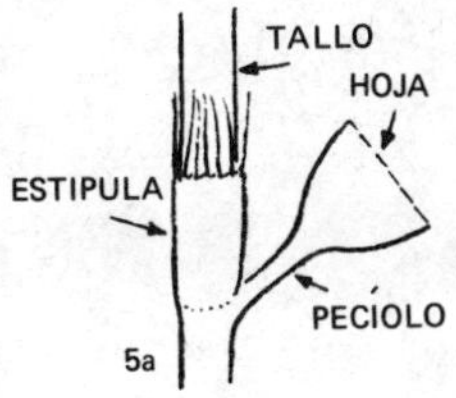

b. Ningún borde de cerdas presente en las estípulas que abrazan al tallo arriba de la base del pecíolo 6

6. a. Flores sobre ejes que nacen de los lados al igual que de los extremos de los tallos; hojas prominentemente acorazonadas o redondeadas en la base; usualmente plantas trepadoras o con tallos rastreros . . . . . *Muehlenbeckia tamnifolia*

b. Flores sobre ejes que nacen generalmente de los extremos del tallo; hojas ni acorazonadas ni redondeadas en la base; plantas herbáceas, erectas, ni trepadoras ni rastreras . . . . 7 *(Rumex)*

7. a. Todas las hojas sin lóbulos y sin forma de flecha; hojas sin sabor agrio . . . *Rumex conglomeratus*

b. Por lo menos las hojas inferiores o basales con forma de flecha y con lóbulos conspicuamente extendidos; hojas con sabor agrio . . . *Rumex acetosella*

Antigonon leptopus Hook. & Arn. *"Bellísima"*, *"Coronilla"* (Lám. 256, D)
Nativa de México y Guatemala. Comúnmente cultivada en jardines, con frecuencia a los lados de los caminos y cerca de residencias. Las brácteas florales son usualmente de color rosado-oscuro. Una especie similar con flores rosadas, *Antigonon cinerascens* Mart. & Gal., es mucho más peluda sobre los tallos y hojas.

Coccoloba acuminata H.B.K.
Selva nublada, vertiente norte, 900-1.300 m. Arbol de 5-10 m de alto con frutos de color coral o rojizo.

Coccoloba padiformis Meissn.
Selva veranera, 1.200-1.300 m. Arbol con flores rosado-oscuras.

Muehlenbeckia tamnifolia (H.B.K.) Meissn. (Lámina 256, F)
Muehlenbeckia tamnifolia var. *quadrangulata* Meissn.
Sabana y subpáramo, 1.800-2.450 m. Los tallos de esta planta generalmente trepadora son con frecuencia fuertemente 4-angulados. Las flores son de color amarillo-verdoso; frutos pequeños, algo globosos u ovoides, de color rojizo, los cuales se vuelven azul-negro cuando maduros.

Polygonum punctatum Ell. *"Barbasco"*
Polygonum acre H.B.K.
Selva veranera y lugares húmedos, 900 m. Hierba con hojas de sabor muy picante.

Rumex acetosella L. *"Cizaña"*, *"Acedera"* (Lám. 256, E)
Acetosella vulgaris (Koch) Fourr. & Löve
Lugares alterados y abiertos, 1.500 m. Introducida de Europa. Hierba pequeña con hojas de sabor muy ácido.

Rumex conglomeratus Murr.
Introducida de Europa. En cafetales, lugares alterados y selva transicional, 1.500-1.900 m. Planta herbácea mucho más alta que *Rumex acetosella* y con las hojas ligeramente onduladas en los márgenes.

Triplaris caracasana Ch. *"Palo María"*, *"María Barrabás"* (Lám. 257)
Borde de la selva nublada y transicional, vertiente norte, 900 m. Arboles medianos, 15 m de alto, con hojas grandes, 20-40 cm de largo y 6-10 cm de ancho. El cáliz del fruto es vistoso, de color rojo o rosado-rojo y es producido por árboles femeninos.

LAMINA 257: POLYGONACEAE

Triplaris caracasana.

Fam. **PORTULACACEAE** (Dicotyledoneae)

Plantas herbáceas (de tallo blando), con tallos suculentos y usualmente hojas carnosas. Hojas alternas, opuestas o agrupadas en la base de la planta formando rosetas, simples (no divididas), y sin dientes en los bordes. Estípulas presentes o ausentes. Flores pequeñas, usualmente con 2 sépalos libres (no unidos). Pétalos 4 ó 5, libres o algunas veces ligeramente unidos en la base. Estambres usualmente tantos como los pétalos y opuestos a ellos, algunas veces más o menos que el número de los pétalos. Ovario situado arriba de la base de los pétalos y sépalos (súpero), con 1 sola cavidad (lóculo). Fruto seco, que se abre verticalmente u horizontalmente a lo largo de una línea.

Clave de los géneros y especies

1. a. Hojas generalmente agrupadas hacia la base o la mitad inferior de la planta; flores numerosas sobre ejes (pedicelos) conectados a un eje (pedúnculo) alargado, el cual sobrepasa a las hojas . . . . *Talinum paniculatum*

   b. Hojas dispersas a lo largo del tallo; flores solitarias, sin ejes, y ocultas por las hojas . . . . *Portulaca oleracea*

Portulaca oleracea L. *"Verdolaga"* (Lám. 258, C)
Lugares alterados y abiertos, 800-1.300 m. Las hojas carnosas pueden ser ingeridas cuando frescas en ensaladas verdes o como vegetales previamente cocidas.

Talinum paniculatum (Jacq.) Gaertn. *"Verdolaga de cabra"* (Lám. 258, B)
Selva secundaria, cafetales, lugares alterados y sabanas, 900-1.000 m. Hierba erecta, usualmente menos de 1 m de alto, con pétalos rosado-pálidos, o amarillos.

Fam. **PRIMULACEAE** (Dicotyledoneae)

Plantas herbáceas, con tallo blando. Hojas alternas, opuestas o en círculos (verticilos), o todas en la base de la planta, simples (no divididas). Estípulas ausentes. Flores usualmente 5-partidas, algunas veces 4- ó 6-partidas. Sépalos unidos en la base. Pétalos unidos en la base o formando un tubo. Estambres 4-6, opuestos a los lóbulos de la corola. Ovario situado usualmente arriba de la base de las otras partes florales (súpero) (en las plantas presentes en Venezuela), con 1 sola cavidad (lóculo). Fruto seco, que se abre horizontalmente (transversalmente) en las especies presentes en Venezuela.

Anagallis arvenis L. forma **caerulea** (Schreb.) Baumg. (Lám. 258, D)
Introducida de Europa y otras partes del Viejo Mundo. Lugares alterados y abiertos, 1.200-1.300 m. Las plantas del Avila tienen flores azules. En otras partes del mundo se encuentran también formas con flores de color rojo.

LAMINA 258: PLANTAGINACEAE; PORTULACACEAE; PRIMULACEAE

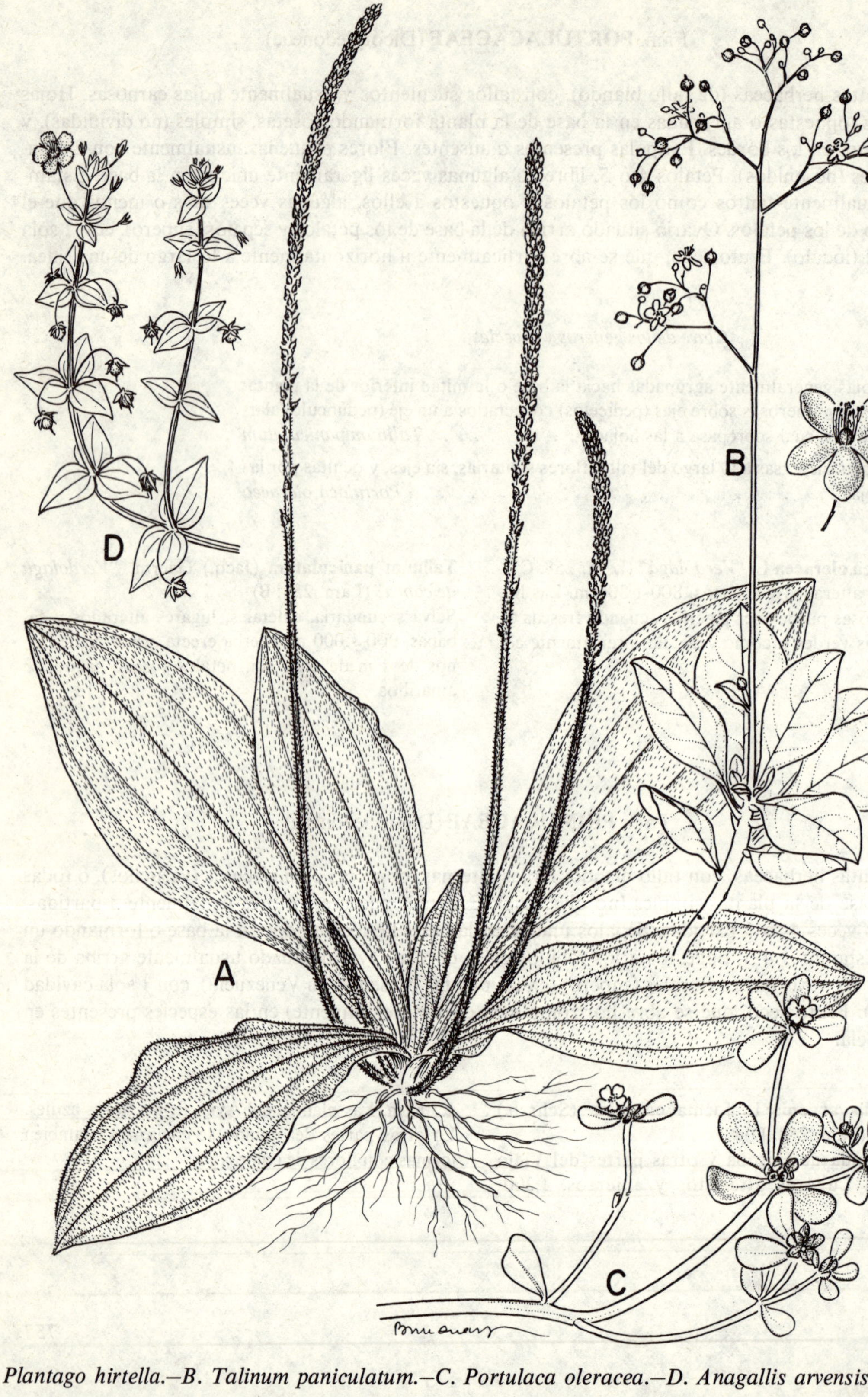

A. Plantago hirtella.–B. Talinum paniculatum.–C. Portulaca oleracea.–D. Anagallis arvensis f. caerule

Fam. **PROTEACEAE** (Dicotyledoneae)

Arbustos o árboles. Hojas alternas, rara vez opuestas o en círculos (verticilos), simples (no divididas), o divididas (compuestas) en segmentos separados, con o sin dientes en los bordes. Estípulas ausentes. Flores con frecuencia fragantes; cáliz formado por 4 divisiones con aspecto de pétalo (petaloide), primero unidas en un tubo delgado y luego se separan o enrollan hacia atrás. Estambres 4, opuestos a los lóbulos del cáliz. Ovario situado arriba de la base del cáliz petaloide. Fruto seco o carnoso.

Clave de los géneros y especies

1. a. Hojas divididas en segmentos separados (compuestas) 2

b. Hojas no divididas (simples) 3

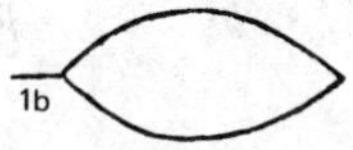

2. a. Divisiones de las hojas (folíolos) angostas con pubescencia de color gris y sedosa en el lado inferior . . . . *Grevillea robusta*

b. Folíolos anchos, sin pelos en el lado inferior . . . . *Roupala montana*

3. a. Tallos jóvenes, hojas e inflorescencias sin pelos (glabros) 4

b. Tallos jóvenes u hojas o/e inflorescencias con pubescencia de color marrón-canela 6

4. a. Base de la hoja ensanchada, mucho más ancha que el ápice; eje que soporta la hoja (pecíolo) 4-6 cm de largo . . . . *Roupala montana*

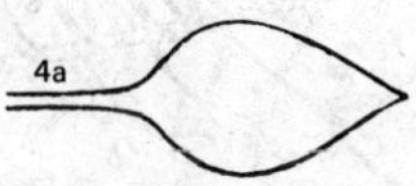

b. Base de la hoja angostada, mucho más angosta que el ápice; pecíolo 0,3-2 centímetros de largo 5

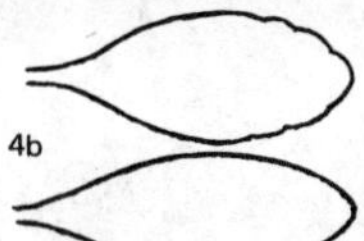

5. a. Hojas frecuentemente con 1 o más dientes; nerviecillos terciarios no evidentes ni prominentes . . . . *Roupala grossedentata*

b. Hojas sin dientes; nervios terciarios prominentes en ambas caras de las hojas y formando una red elevada . . . . *Panopsis suaveolens*

6. a. Nervios terciarios ni prominentes ni evidentes ni formando una conspicua red; hojas generalmente redondeadas, acorazonadas o ensanchadas en la base, algunas veces angostadas en la base . . . . . . *Roupala pseudocordata*

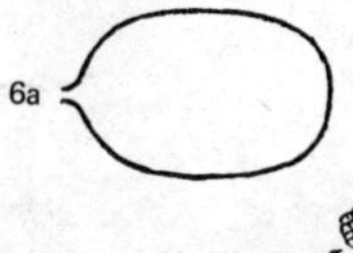

b. Nervios terciarios prominentes y formando una red diminuta en ambas caras de la hoja (envés y haz); hojas usualmente angostadas en la base, más anchas en o arriba de la mitad . . . . *Panopsis polystachya*

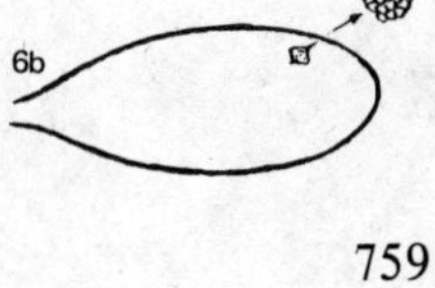

LAMINA 259: PROTEACEAE

Grevillea robusta.

LAMINA 260: PROTEACEAE

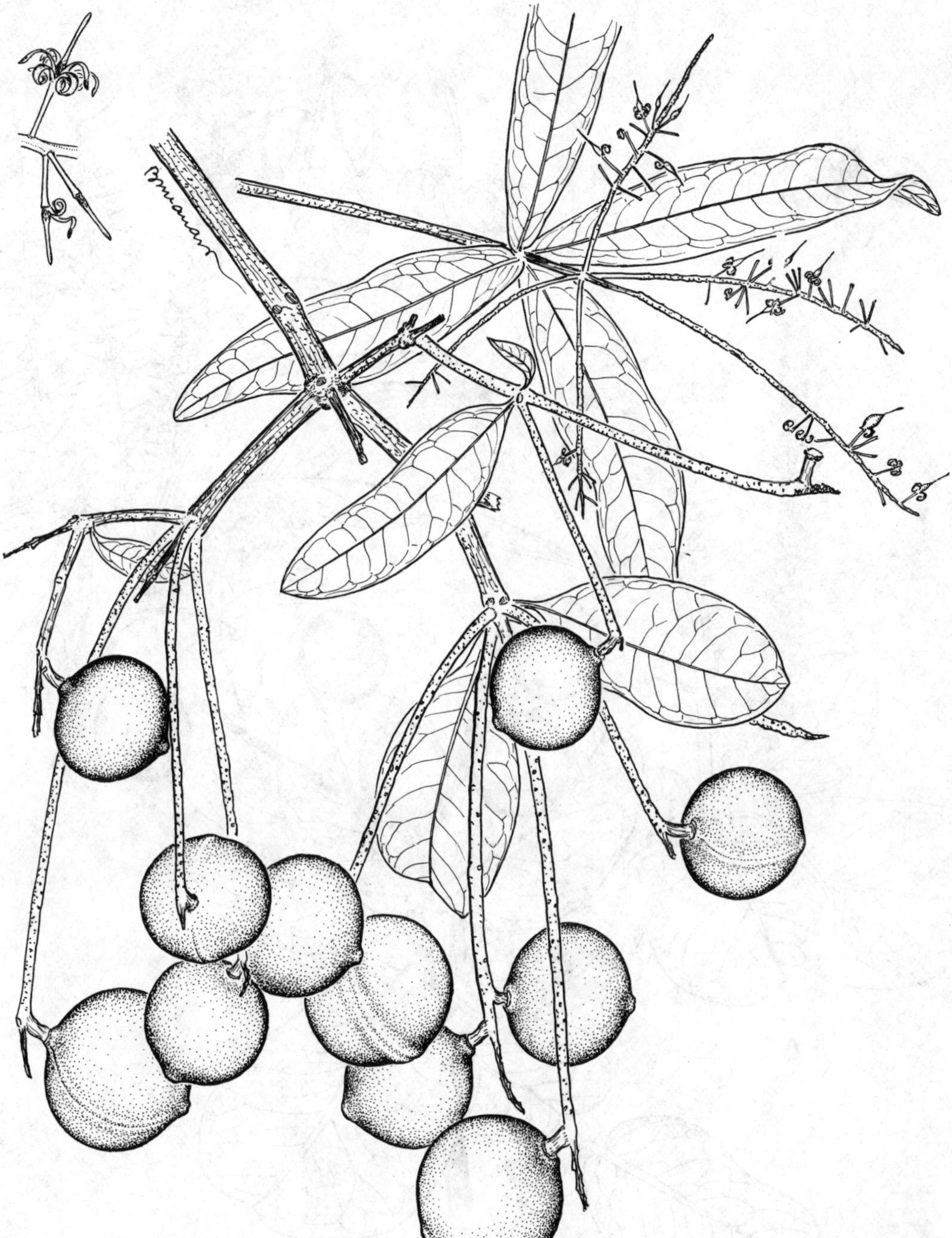

Panopsis suaveolens.

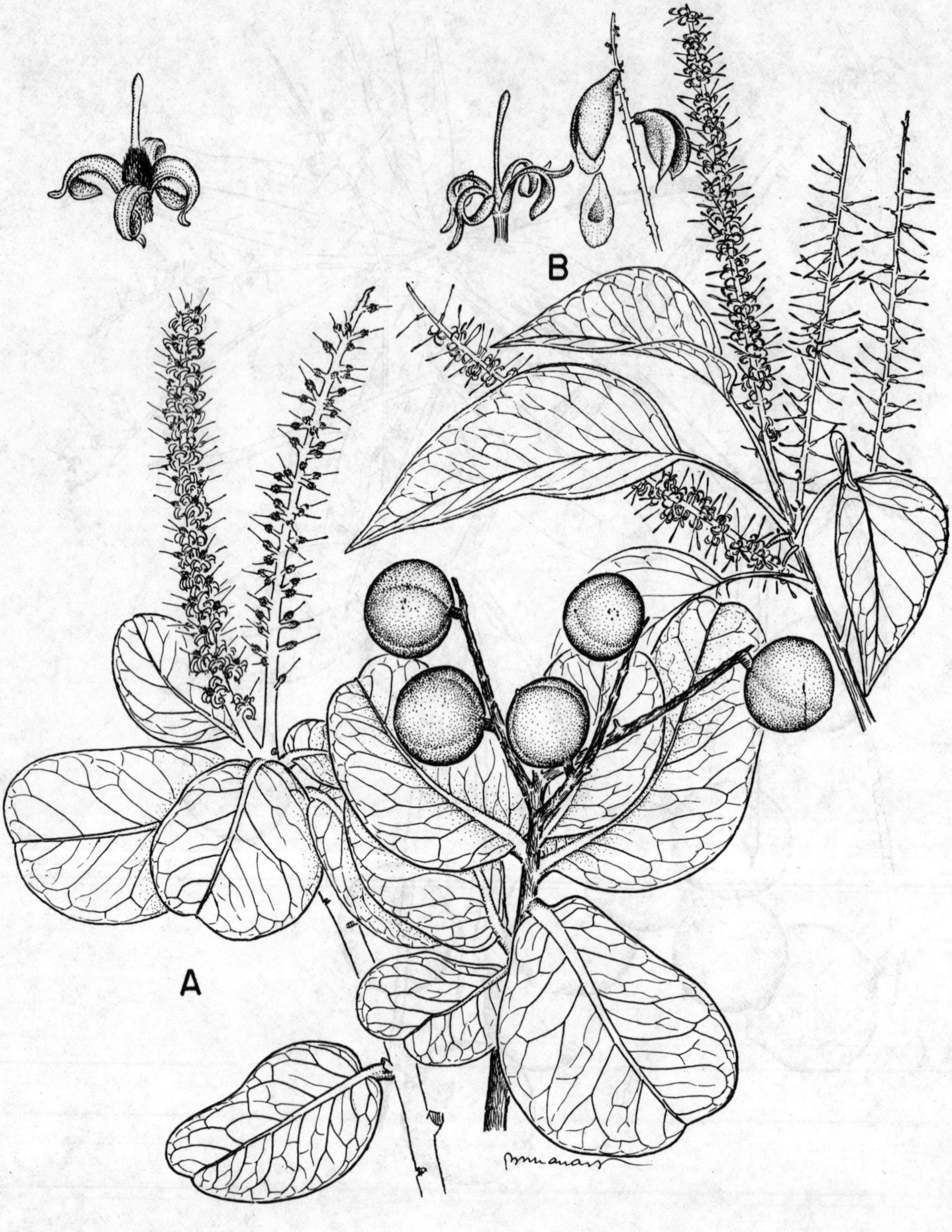

A. Roupala pseudocordata.—*B. Roupala montana.*

Grevillea robusta Cunn. *"Grevilea"* (Lám. 259)
Introducida de Australia. Cultivada como árbol ornamental y de sombra, con frecuencia en cafetales. Lugares alterados y cultivos, 1.200-1.500 m. Arbol de 15-40 m de alto, con ejes de las hojas con pubescencia roja y flores vistosas de color rojo-anaranjado.

Panopsis polystachya (H.B.K.) O. Ktze.
Selva nublada y subpáramo, 1.500-2.400 m. Arbusto o árbol de hasta 10 m de alto.

Panopsis suaveolens (Kl. & Karst.) Pittier *"Pepón"*, *"Yaguero"* (Lám. 260)
Selva nublada y selva transicional, 1.400-1.800 m. Arbol de 8-15 m de alto, con frutos grandes, duros, con forma de bola y de hasta 5 cm de diámetro; éstos contienen una sola semilla. Las hojas grandes alcanzan hasta 8-15 cm de longitud y 4-8 cm de ancho, con una red fina y conspicua de nervios. Flores muy fragantes de color cremoso o amarillo-verdoso.

Roupala grossedentata Pittier *"Yaguero"*
Selva nublada y selva transicional, 1.600-1.800 m. Arbol de 15-20 m de alto. Flores fragantes y de color blanco-cremoso.

Roupala montana Aubl. *"Carne asada"*, *"Chaparro bobo"* (Lám. 261, B)
Roupala montana var. *dentata* (R. Br.) Sleumer
Roupala complicata H.B.K.
Roupala dissimilis Pittier
Roupala macropoda Kl. & Karst.
Sabana, selva veranera y selva transicional, 1.000-1.500 m. Arbusto o árbol pequeño, 1-5 m de alto. Al romper los tallos, esta planta despide un olor parecido a carne de lata o carne asada, mientras que la madera rojiza semeja al color de la carne. Las hojas varían hasta en el mismo árbol, desde simples y dentadas, o sin dientes, hasta hojas segmentadas o divididas en segmentos separados. Las flores están dispuestas en inflorescencias alargadas y delgadas.

Roupala pseudocordata Pittier (Lám. 261, A)
Roupala subintegerrima de "Catálogo Venezolano", no de (Meissn.) Pittier
Roupala ferruginea H.B.K. var. *minor* Meissn.
Roupala cordifolia de "Catálogo Venezolano", no H.B.K.
Selva nublada y subpáramo, 1.300-2.400 m. Arbusto hasta árbol pequeño, 1-8 m de alto. Flores blancas. Hojas jóvenes pardas. Una colección del Pico de Naiguatá, identificada como *Roupala schomburgkii*, pertenece a *R. pseudocordata*.

Fam. **RANUNCULACEAE** (Dicotyledoneae)

Plantas usualmente herbáceas, con tallo blando, rara vez trepadoras. Hojas usualmente alternas, rara vez opuestas, algunas veces divididas en segmentos separados (compuestas) o simples (no divididas). Estípulas generalmente ausentes. Flores con 3-15 sépalos libres, con frecuencia petaloideos. Pétalos en igual número que los sépalos, o más numerosos, libres hasta la base, algunas veces ausentes. Estambres numerosos. Ovarios usualmente libres, separados, dispuestos en forma de espiral y situados arriba de la base de los sépalos y pétalos (súpero). Fruto seco.

Clematis dioica L. var. **brasiliana** (DC.) Eichl. (Lám. 262)
Selva nublada, 1.390-1.700 m. Trepadora con hojas opuestas, compuestas, divididas en 3 ó 5 segmentos, con un solo folíolo en el ápice. Las flores son blancas o blanco-verdosas con numerosos estambres y 4 divisiones petaloideas. Los estilos sedosos, largos de color blanco-cremosos dan un aspecto plumoso a los grupos de frutos.

LAMINA 262: RANUNCULACEAE

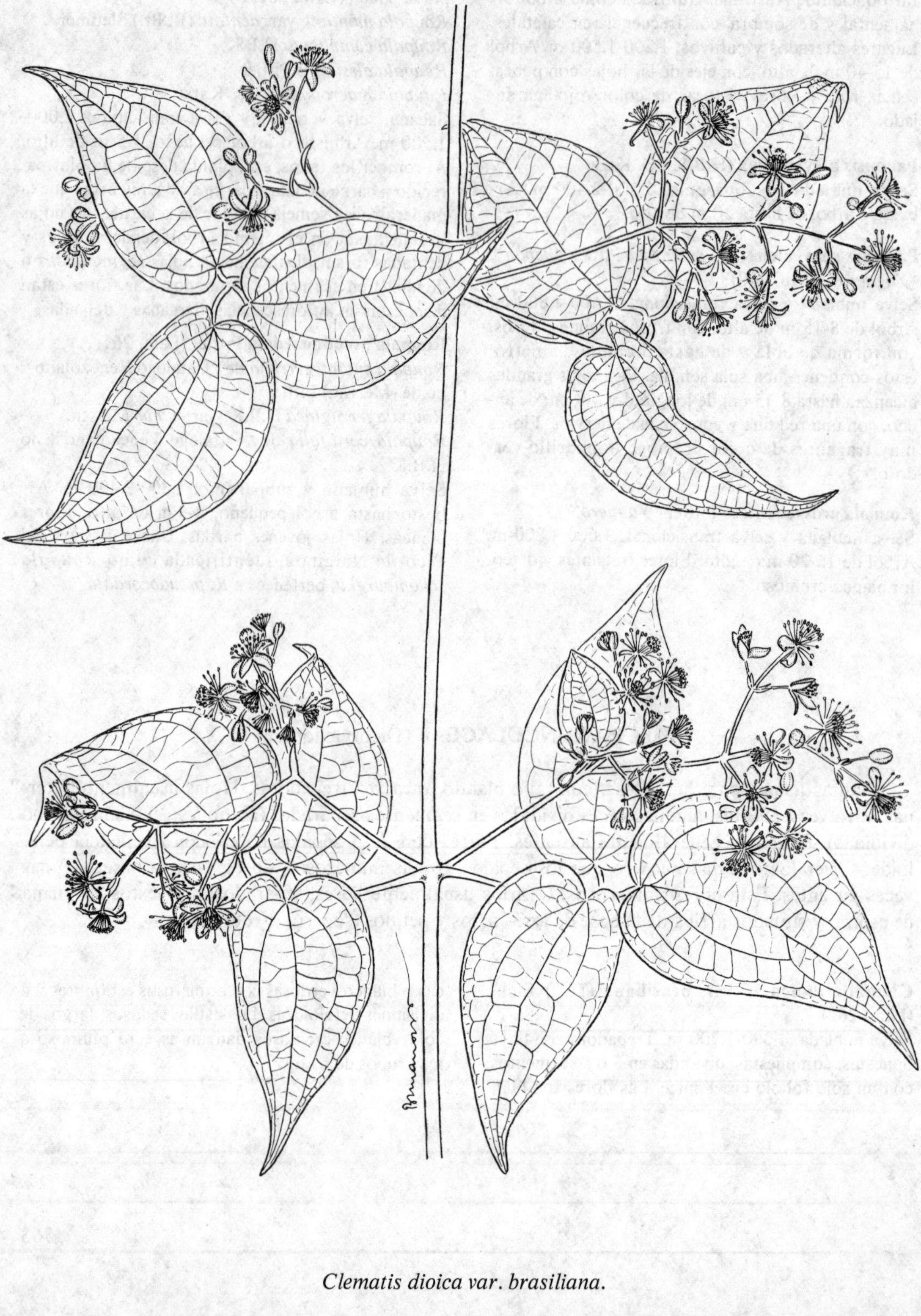

Clematis dioica var. brasiliana.

Fam. **RHAMNACEAE** (Dicotyledoneae)

Generalmente árboles o arbustos, algunas veces plantas trepadoras, algunas veces con ramas armadas de espinas. Hojas alternas u opuestas, con frecuencia con 3-5 nervios principales, simples (no divididas). Estípulas usualmente presentes. Flores pequeñas, verdes, blancuzcas, o marrón-amarillentas. Cáliz con sépalos unidos en 4-5 lóbulos. Pétalos 4-5, libres hasta la base, o ausentes. Estambres 4-5, opuestos a los pétalos, y nacen en el margen externo de un disco circular. Ovario situado arriba de la base de los pétalos y cáliz (súpero), con 2-4 cavidades (lóculos). Fruto seco o carnoso.

Clave de los géneros y especies

1. a. Plantas trepadoras con zarcillos; fruto con 3 alas . . . . *Gouania polygama*
   b. Arboles o arbustos; frutos sin alas 2
2. a. Bordes de las hojas con pocos hasta numerosos dientes . . . . . . *Rhamnus pubescens*
   b. Bordes de las hojas sin dientes . . . . *Colubrina elliptica*

Colubrina elliptica (Sw.) Briz. & Stern *"Caramacate"*
Colubrina reclinata (L'Herit.) Brongn.
Selva veranera, 800-900 m. Arbol pequeño, 1,5-5 m de alto.

Gouania polygama (Jacq.) Urb. *"Rema"*
Selva veranera, 900 m. Flores pequeñas, blancas, dispuestas en grupos sobre ejes ramificados de la inflorescencia.

Rhamnus pubescens (R. & S.) Tr. & Pl. (Lám. 263, A)
Subpáramo, 2.200-2.500 m. Arbol pequeño, 2-3 m de alto, con flores de color crema.

Fam. **ROSACEAE** (incluyendo **CHRYSOBALANACEAE**) (Dicotyledoneae)

Hierbas, arbustos o árboles, algunas veces ligeramente trepadoras, algunas veces espinosas sobre las ramas. Hojas alternas, rara vez opuestas, algunas veces agrupadas en la base de la planta formando rosetas, simples (no divididas) o algunas veces divididas en segmentos separados (compuestas). Estípulas presentes. Flores con 4-5 sépalos ligeramente unidos, 4-5 pétalos libres (no unidos) o a veces ausentes, y con 5 o más estambres. Partes florales usualmente dispuestas sobre los bordes de una base cónica o en forma de copa (hipantio). Ovario con 1 hasta muchas unidades (carpelos) unidas o libres, las cuales están unidas al hipantio (parte basal de la flor). Ovario usualmente dispuesto arriba de la base del cáliz o tubo del cáliz (súpero), o algunas veces debajo de la base del cáliz (ínfero). Fruto carnoso o seco, y con frecuencia consta de un agregado de partes unidas.

Clave de los géneros y especies

1. a. Hojas divididas (compuestas) en 3 o más segmentos separados 2

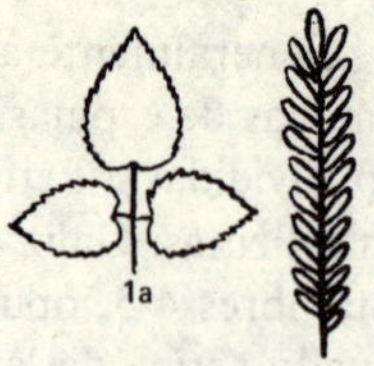

1a

b. Hojas simples, no divididas en segmentos separados 6

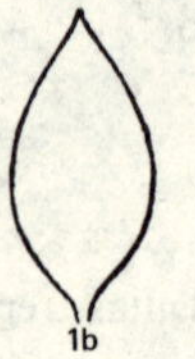

1b

2. a. Ramas y/u hojas espinosas o punzantes . . . . 3 *(Rubus)*

b. Ramas y hojas sin espinas o púas 4

3. a. Pétalos pequeños, 3-5 mm de largo, sólo ligeramente más largos que los sépalos; hojas sin pelos (glabras) en la cara inferior (envés) o con pubescencia corta, fina y de color gris; tallos y ejes que soportan las hojas (pecíolos) sin pelos (glabros) o con pubescencia adpresa y corta . . . . *Rubus floribundus*

b. Pétalos más grandes, 7-10 mm de largo, y excediendo en mucho a los sépalos; hojas con frecuencia suavemente peludas en el envés o con pelos más largos o más laxos; tallos y pecíolos con frecuencia con pubescencia más laxa . . . . *Rubus robustus*

4. a. Hojas en rosetas, divididas en 17-31 segmentos densamente peludos, densamente plateado-sedosos en el envés . . . . *Acaena cylindrostachya*

4a

b. Hojas divididas en solamente 3 segmentos, menos peludas o casi sin pelos . 5

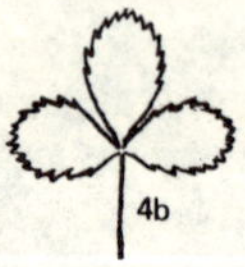

4b

5. a. Todas o casi todas las hojas nacen en la base de la planta; pétalos de color blanco; fruto dulce, comestible . . . . *Fragaria vesca*

5a

b. Algunas hojas están situadas sobre los ejes que soportan las flores al igual que en la base de la planta; pétalos amarillos; fruto ni dulce ni comestible *Duchesnea indica*

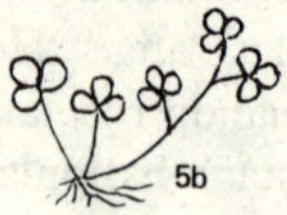

5b

6. (1.b)

a. Hojas con 16-21 nervios laterales a cada lado del nervio medio . . . *Parinari pachyphylla*

b. Hojas con menos de 15 nervios laterales principales a cada lado del nervio medio 7

7. a. Cara inferior (envés) de las hojas densamente peluda; árboles cultivados . . . *Eriobotrya japonica*

b. Envés de las hojas sin pelos o casi sin pelos 8

8. a. Bordes de las hojas con dientes cortos . . . . *Hesperomeles glabrata*

b. Bordes de las hojas sin dientes 9

9. a. Envés de las hojas con una cubierta de color gris-ante; sin glándulas en la base del envés de la hoja . . . . *Licania subrotundata*

b. Envés de las hojas de color verde y no como se indica arriba; 1 ó 2 glándulas oscuras y hundidas usualmente presentes en la base del envés de la hoja . 10 *(Prunus)*

10. a. Hojas 5-12 cm de largo y 2,5-5 (–7) cm de ancho; nervios laterales de las hojas inconspicuos o no elevados en el envés; ejes de las flores (pedicelos) 3-4,5 mm de largo . . . . *Prunus moritziana*

b. Hojas más grandes, 12-25 cm de largo y 5-10 cm de ancho; nervios laterales de las hojas elevados y más o menos prominentes en el envés; pedicelos alargados, 5-10 mm de largo . . . . *Prunus occidentalis*

Acaena cylindrostachya R. & P. *"Hierba de oso"* (Lám. 264)
Subpáramo, 2.400-2.700 m. Restringida a la parte alta del Cerro Naiguatá. Planta con rosetas basales, atractivas, de hojas con pubescencia sedosa. Las flores pequeñas están dispuestas en espigas cilíndricas y densas, mientras que los frutos tienen 3-5 espinas pequeñas.

Duchesnea indica (André) Focke (Lám. 266, B)
Lugares alterados y abiertos o sombreados, 900-2.000 m. Introducida de Asia. Esta planta se parece mucho a la fresa *(Fragaria vesca)* pero el fruto no es comestible o sin sabor y los pétalos son de color amarillo.

Eriobotrya japonica (Thunb.) Lindl. *"Níspero del Japón"* (Lám. 265, B)
Introducida de China y comúnmente plantada. Selva transicional, 1.000-1.200 m. Arbol de mediano tamaño, 5-10 m de alto, con frutos en forma de huevos, de color amarillo mate, con una pulpa blanda y agridulce.

Fragaria vesca L. *"Fresa"* (Lám. 263, B)
Lugares alterados, 900-1.500 m. Introducida de Europa. Esta diminuta planta tiene frutos pequeños, carnosos, de color rojo y de sabor dulce.

Hesperomeles glabrata H.B.K. (Lám. 265, A)
Subpáramo, 2.200-2.300 m. Arbusto o árbol pequeño, 1-3 m o más de alto. Flores de color blanco o cremoso, conspicuas.

Licania subrotundata Maguire *"Icaguito"* (Lám. 263, C)
Selva transicional y selva nublada, 1.600-2.100 m. Arbol pequeño de 2-5 m de alto. Las flores son pequeñas y dispuestas en ejes ramificados terminales. Esta especie es endémica del Cerro Avila.

Parinari pachyphylla Rusby *"Merecure de montaña"*
Selva veranera, 900-1.000 m. Este árbol alcanza 12-30 m de altura. Las hojas tienen pubescencia corta en la cara inferior.

Prunus moritziana Koehne
Selva nublada, 1.500 m. Arbol de 25-30 m de alto.

Prunus occidentalis Sw. *"Almendro", "Almendrillo"*

LAMINA 263: RHAMNACEAE; ROSACEAE

A. Rhamnus pubescens.–B. Fragaria vesca.–C. Licania subrotundata.

LAMINA 264: ROSACEAE

Acaena cylindrostachya.

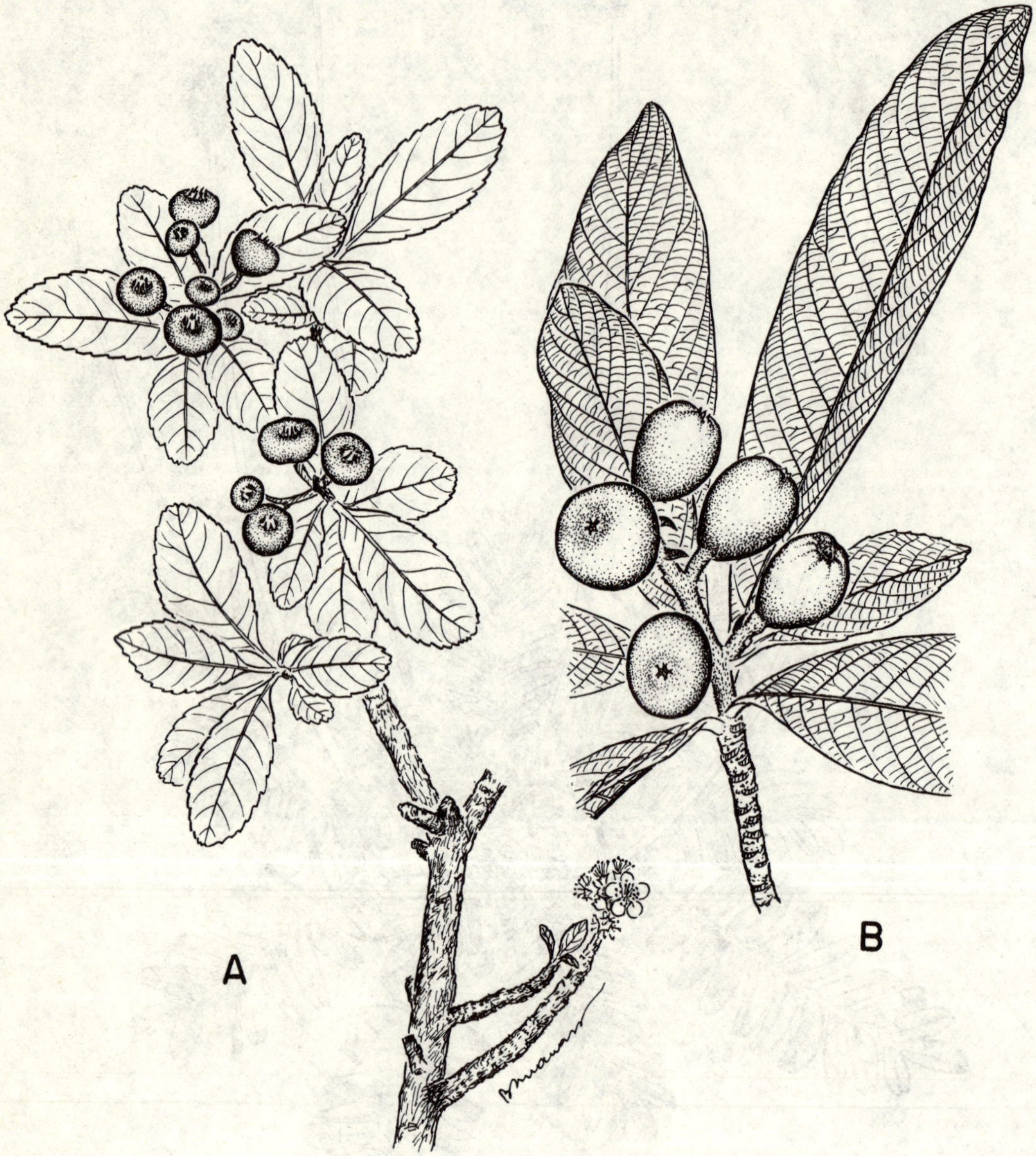

A. Hesperomeles glabrata.—B. Eriobotrya japonica.

LAMINA 266: ROSACEAE

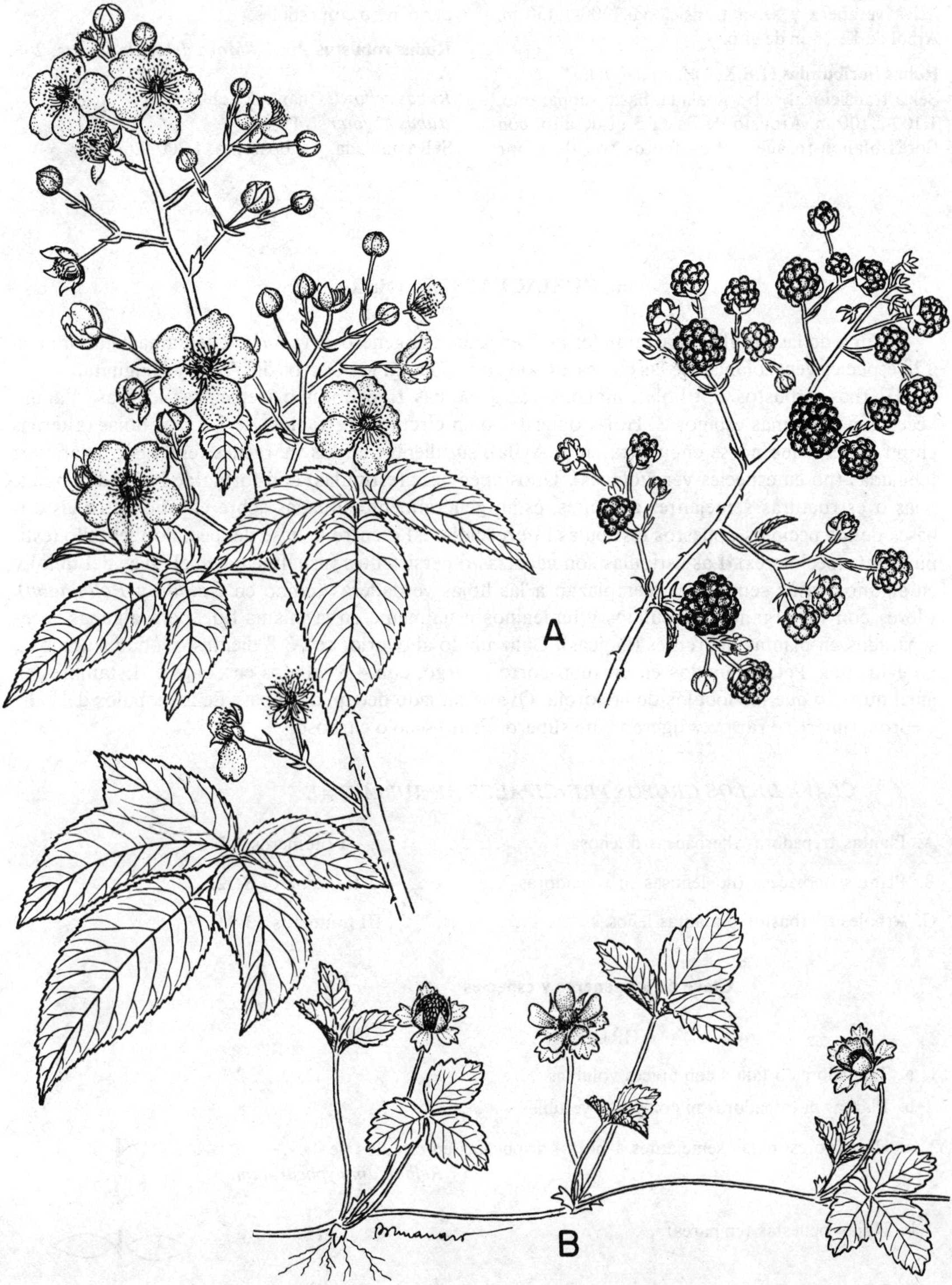

A. Rubus robustus.—B. Duchesnea indica.

Selva veranera y selva transicional, 900-1.450 m. Arbol de 12-25 m de alto.

Rubus floribundus H.B.K. *"Mora del Avila"*
Selva transicional, selva nublada, hasta subpáramo, 1.100-2.100 m. Arbusto de hasta 3 m de alto, con flores blanco-rosáceas. Los frutos son de sabor agrio, pero comestibles.

Rubus robustus Presl. *"Mora del Avila"* (Lám. 266, A)
Rubus sellowii Cham. & Schl.
Rubus bogotensis H.B.K.
Selva nublada, y subpáramo, 1.700-2.640 m.

Fam. **RUBIACEAE** (Dicotyledoneae)

Es una de las familias más grandes de Venezuela; el género *Psychotria* cuenta hasta ahora con 178 especies venezolanas, de las cuales 14 son conocidas en los Cerros del Avila y Naiguatá.

Hierbas, arbustos o árboles, algunas veces hierbas trepadoras o trepadoras leñosas, algunas veces con las ramas espinosas. Hojas opuestas o en círculos (verticilos) de 3 o más hojas (alternas en un género que no se encuentra en el Avila), sin dientes en los márgenes (enteras), o rara vez lobuladas (no en especies venezolanas). Unos apéndices (estípulas) con forma de hojas diminutas, púas o estructuras semejantes a dientes, están generalmente situadas sobre el tallo entre las dos bases de los pecíolos opuestos (estípulas interpeciolares) o entre la base del pecíolo y el tallo (estípulas intrapeciolares). Las estípulas son caedizas o persistentes (usualmente en el ápice del tallo) y en algunos casos semejan y reemplazan a las hojas verdaderas (como en *Galium* y *Relbunium).* Flores con los órganos masculinos y femeninos usualmente en la misma flor, pero algunas veces separadas en plantas diferentes (dioicas). Cáliz unido al ovario, con 3-8 dientes o lóbulos unidos o no evidentes. Pétalos unidos en un tubo corto o largo, con 4-8 lóbulos en el ápice. Estambres en igual número que los lóbulos de la corola. Ovario situado debajo de la base de los lóbulos del cáliz y corola (ínfero) o rara vez ligeramente súpero. Fruto seco o carnoso.

CLAVE DE LOS GRUPOS PRINCIPALES DE RUBIACEAE

A. Plantas trepadoras (herbáceas o leñosas) . . . . I (números 1-7)

B. Plantas herbáceas (no leñosas ni trepadoras) . . . . II (números 8-32)

C. Arboles o arbustos o plantas leñosas . . . . III (números 33-93)

Clave de los géneros y especies

GRUPO I

1. a. Trepadoras o tallos con ápices volubles 2
   b. Plantas ni trepadoras ni con tallos volubles 8

2. a. Hojas (o estípulas semejantes a hojas) dispuestas en círculos de 4 . . . . . *Relbunium hypocarpium*

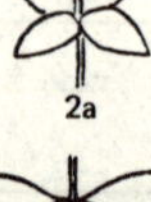
2a

   b. Hojas opuestas (en pares) 3

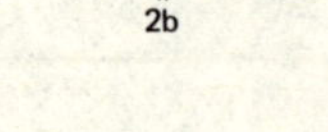
2b

3. a. Tallos leñosos; fruto blanco, carnoso . . . . *Chiococca alba*

b. Tallos generalmente blandos o no leñosos; fruto seco, no de color blanco . 4

4. a. Flores o frutos dispuestos sobre ejes alargados y en los extremos del tallo; corola blanca, diminuta, 1-2,5 mm de largo . . . . . *Emmeorrhiza umbellata* subsp. *septentrionalis*

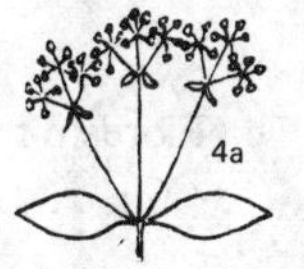

4a

b. Flores o frutos usualmente dispuestos en inflorescencias cortas que nacen de los lados del tallo; corola blanca, azul o roja, 5-25 mm de largo . . . . . 5 *(Manettia)*

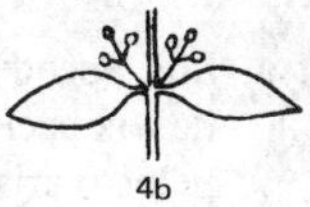

4b

5. a. Flores rojas, 15-25 mm de largo, el tubo 13-20 mm de largo . . . . *Manettia calycosa*

b. Flores blancas, color lavanda o azules, el tubo 2,5-10,5 mm de largo 6

6. a. Tallos y hojas muy peludos . . . . *Manettia mollis*

b. Tallos y hojas generalmente sin pelos 7

7. a. Flores de color lavanda o azulosas, 13-15,5 mm de largo, el tubo 8-10,5 mm de largo; hojas con 5-8 nervios laterales a cada lado del nervio medio . . . . *Manettia schumanniana*

b. Flores blancas o blancuzcas, 5-6,5 mm de largo, el tubo 2,5 mm de largo; hojas con 4-5 nervios a cada lado del nervio medio . . . . *Manettia barbata* var. *microcarpa*

GRUPO II

8. (1.b)

a. Tallos rastreros muy cerca del suelo, con hojas pequeñas de color verde oscuro, 5-12 mm de largo y 3-11 mm de ancho . . . . . . *Nertera granadensis*

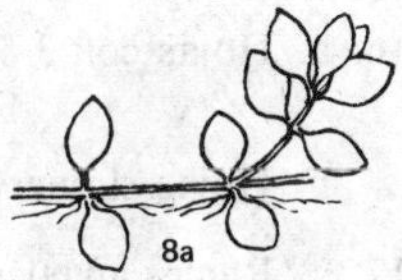

8a

b. Sin la combinación de caracteres arriba indicados; los tallos, si postrados sobre el suelo, entonces con hojas más grandes 9

9. a. Plantas generalmente herbáceas con tallo blando o delgado, generalmente no leñosas y definitivamente ni árboles ni arbustos 10

b. Plantas leñosas, árboles grandes o pequeños o arbustos grandes o pequeños 33

10. a. Hojas (o las estípulas semejantes a hojas) dispuestas en círculos de 4, 6 u 8 11

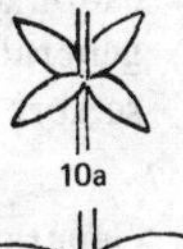

10a

b. Hojas opuestas (en pares) 13

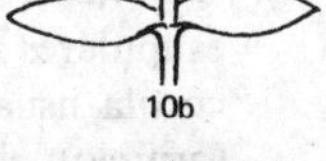

10b

11. a. Hojas en círculos (verticilos) de 6 u 8 . . . . *Galium caripense*

b. Hojas en círculos (verticilos) de 4 12

12. a. Flores o frutos sostenidos por estructuras diminutas de color verde (apéndices del involucro) . . . . *Relbunium hypocarpium*

b. Flores o frutos sin estructuras diminutas de color verde situadas por debajo *Galium canescens*

13. a. Los apéndices conectivos (estípulas interpeciolares) unidos entre las bases de los pecíolos tienen forma de varias hasta muchas estructuras similares a pelos o aristas de color pálido situadas sobre el tallo en lados opuestos . . 14

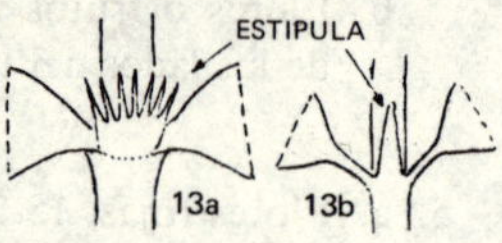

b. Las estípulas interpeciolares ubicadas entre las bases de los pecíolos tienen la forma de una membrana o vaina pálida o verde situada en lados opuestos del tallo 24

14. a. Ninguna de las flores está situada en los extremos del tallo, sino que todas están dispuestas en grupos entre la base de las hojas a lo largo de los lados del tallo 15

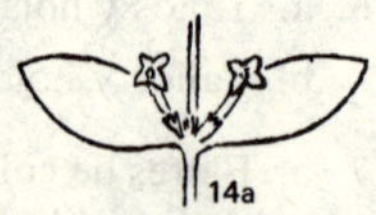

b. Algunas de las flores están situadas en los extremos del tallo, al igual que dispuestas en grupos a lo largo del tallo 18

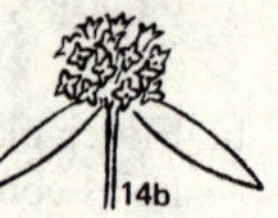

15. a. Corola muy pequeña, 1,9-2,5 mm de largo; la vaina a la cual las aristas estipulares están unidas, es apenas evidente, sólo 0,5-1 mm de largo; hojas sin pelos en la cara inferior (envés) . . . . *Spermacoce confusa*

b. Corola más grande y más evidente, 4-14 mm de largo; la vaina, a la cual las aristas estipulares están unidas, es más desarrollada, 1-3 mm de largo; hojas generalmente peludas, pero también sin pelos en la cara inferior 16

16. a. Hojas con 3-5 nervios laterales conspicuos a cada lado del nervio medio . . *Diodia radula* subsp. *venezuelensis*

b. Hojas sin nervios laterales conspicuos 17

17. a. Raíces anuales; el tallo se puede arrancar de la tierra fácilmente con las raíces; corola 4-6 (–7) mm de largo . . . . *Diodia teres*

b. Raíces perennes; el tallo no se puede arrancar fácilmente de la tierra; corola (6,5–) 7-14 mm de largo . . . . *Diodia apiculata*

18. (14.b)

a. Solamente 3 apéndices principales, semejantes a cerdas, presentes en la vaina estipular a cada lado del tallo entre las bases de las hojas; tubo de la corola generalmente cilíndrico y no ensanchado hacia la abertura (orificio); el fruto se abre por medio de una línea horizontal (transversal) . . . . . *Mitracarpus frigidus*

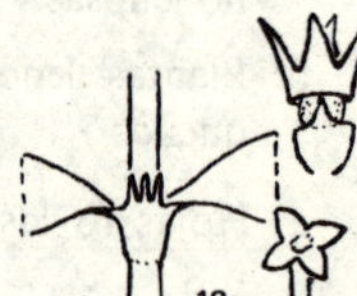

b. Generalmente 4-9 apéndices, semejantes a cerdas, presentes en las vainas estipulares a cada lado del tallo entre las bases de las hojas; el tubo de la corola usualmente con forma de embudo y ensanchado hacia la abertura (orificio); el fruto se abre verticalmente, separándose en 2 porciones longitudinales . . . . 19 *(Borreria)*

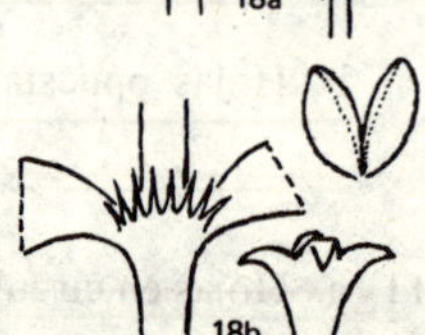

19. a. Vaina de la estípula (ubicada entre las bases de los pecíolos) completamente glabra 20

b. Vaina de la estípula (ubicada entre las bases de los pecíolos) más o menos peluda 21

20. a. Hojas 0,4-2,7 cm de largo y 0,5-3 (–5) mm de ancho; lóbulos del cáliz 4 ó 5; corola 3-7 mm de largo . . . . *Borreria capitata* var. *tenella*

b. Hojas 4-10 cm de largo y 3-15 mm de ancho; lóbulos del cáliz 2; corola 1,5 mm de largo . . . . *Borreria densiflora*

21. a. Pocas flores dispuestas en grupos muy pequeños, 3-4 mm de alto y 3-7 mm de ancho; corola muy pequeña, 0,6-1 mm de largo, más corta que o apenas más larga que el cáliz; hojas generalmente pequeñas, 1-3 cm de largo . . . . *Borreria ocimoides*

b. Muchas flores dispuestas en grupos mucho más grandes, 5-15 mm de alto y 7-20 mm de ancho; corola más grande, 1,2-7 mm de largo, más larga que el cáliz; hojas más largas, 1,5-9,5 cm de largo 22

22. a. Nervios laterales de las hojas generalmente ausentes o apenas evidentes; hojas cortas presentes en la base del par de hojas principales; lóbulos del cáliz generalmente 2-3; flores reunidas en cabezuelas globulares y de más o menos el mismo diámetro; los lóbulos del cáliz no sobresalen más allá del nivel de la cabezuela de flores . . . . *Borreria verticillata*

22a

b. Nervios laterales de las hojas generalmente evidentes o prominentes en la cara inferior o superior; lóbulos del cáliz generalmente 4-5; flores reunidas en cabezuelas más anchas que altas 23

22b

23. a. Tallos y cara superior de las hojas por lo general densamente peludos; superficie interior de los lóbulos de la corola sin pelos . . . *Borreria capitata* f. *ferruginea*

b. Tallos y cara superior de la hoja generalmente sin pelos (glabros) o el tallo sólo esparcidamente peludo entre los ángulos; superficie interior de los lóbulos de la corola con pelos . . . . *Borreria laevis*

24. (13.b)

a. Flores dispuestas en cabezuelas densas, globulares, de 4 brácteas prominentes de color púrpura o blanco que rodean las flores . . *Psychotria lucentifolia*

24a

b. Sin la combinación de caracteres indicados arriba 25

25. a. Hojas con 19-21 nervios laterales a cada lado del nervio medio; hojas muy anchas, 10-15 cm de ancho . . . . *Psychotria macrophylla*

b. Hojas con menos nervios a cada lado del nervio medio y más angostas . . 26

26. a. Todas las flores y frutos nacen de los lados del tallo 27

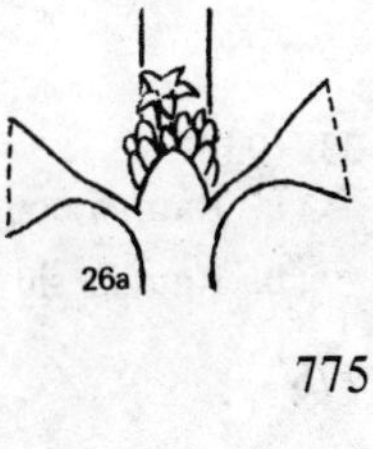
26a

b. Todas las flores y frutos nacen en el ápice del tallo 29

26b

27\. a. Las plantas poseen un olor desagradable que se asemeja al gas disulfuro de carbono; 3 proyecciones cortas nacen del ápice de cada estípula ubicada en lados opuestos del tallo . . . . *Tobagoa maleolens*

b. Planta sin olor desagradable; las conexiones estipulares entre las bases de las hojas, redondeadas o anchamente encorvadas o terminando en un ápice corto, triangular y obtuso 28

28\. a. Las conexiones estipulares ubicadas entre las bases de los ejes que soportan las hojas (pecíolos) cubren la mitad o casi todo el grupo de flores, las cuales son 5-10 mm de ancho . . . . *Psychotria aubletiana*

b. Las conexiones estipulares ubicadas entre las bases de los pecíolos no cubren ninguno de los grupos de flores y miden menos de 4 mm de ancho . . . *Hoffmannia apodantha*

29\. a. Tallos con pelos conspicuamente extendidos; corola rosada o rosada oscura, 8,5-15 mm de largo . . . . *Sipanea hispida*

b. Tallos sin pelos (glabros) o con pelos estrechamente apretados contra la superficie (adpresos) del tallo; corola azul-púrpura, lavanda con blanco o blanca, 3,5-7 mm de largo 30

30\. a. Hojas suave y densamente peludas; tallos densamente peludos; fruto de color azul oscuro . . . . *Coccocypselum lanceolatum*

b. Hojas no densamente peludas; tallos sin pelos (glabros) o peludos pero no densamente; fruto no de color azul oscuro 31

31\. a. Hojas usualmente con 11-15 nervios laterales a cada lado del nervio medio; las estípulas dispuestas en lados opuestos sobre el tallo terminan en 2 dientes que se proyectan 5-12 mm más arriba del ápice . . . *Psychotria racemosa*

b. Hojas con 2-10 nervios laterales a cada lado del nervio medio; las estípulas dispuestas en lados opuestos del tallo terminan en sólo un ápice delgado o una punta redondeada o corta 32

32\. a. Eje que soporta la hoja (pecíolo) ausente o a lo más 1 mm de largo; hojas 0,2-2,2 cm de ancho y 1,5-5 cm de largo, con 2-7 nervios laterales a cada lado del nervio medio; fruto seco . . . . *Declieuxia fruticosa*

b. Pecíolo obviamente desarrollado, 3-6 mm de largo; hojas 2-4 cm de ancho y 4,5-9 cm de largo, con 7-10 nervios laterales cada lado del nervio medio; fruto carnoso . . . . *Psychotria horizontalis*

GRUPO III

33\. (9.b)

a. Ramas con espinas 34

b. Ramas sin espinas 35

34. a. Hojas aterciopeladamente peludas en la cara inferior, con pelos que se alejan de la superficie; corola 14-21 mm de largo, dividida en 5 lóbulos redondeados; fruto globoso, casi tan ancho como largo, peludo . . . *Randia dioica*

b. Hojas con pubescencia corta en la cara inferior, pero no aterciopeladamente peludas, los pelos están estrechamente pegados a la superficie (adpresos) y no se alejan de la superficie; corola 22-35 mm de largo, dividida en 4 lóbulos angostos; fruto carnoso, angosto, 3-4 veces más largo que ancho . . . . . *Chomelia venezuelensis*

35. a. Hojas gruesas, muy cortas y angostas, 3,5 mm o menos de largo, 1 mm o menos de ancho; arbustos pequeños, 0,5-2,5 m de alto . . . . *Arcytophyllum nitidum*

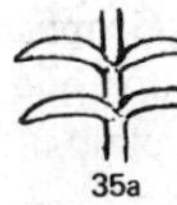

35a

b. Hojas diferentes a como se indica arriba, mucho más grandes 36

36. a. Hojas con muchas líneas finas y paralelas, densamente agrupadas entre la red de nervios . . . . *Tammsia anomala*

36b

b. Hojas sin líneas paralelas agrupadas entre la red de nervios 37

37. a. El ápice mismo de las vainas estipulares (situadas entre las bases de los ejes que soportan las hojas) con setas finas o proyecciones delgadas . . . *Rudgea karstenii*

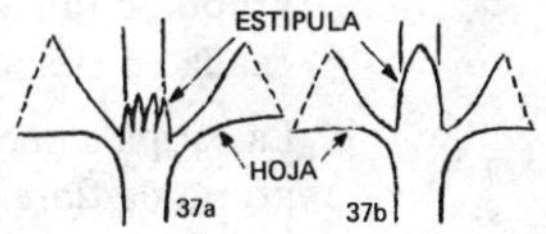

b. Apice mismo de las vainas estipulares sin setas finas y sin proyecciones delgadas (proyecciones delgadas pueden aparecer a los lados de las vainas estipulares, pero no en el ápice) 38

38. a. Corola con un tubo excepcionalmente alargado, 8,5-20 cm de largo . . . 39

b. Corola con un tubo mucho más corto 40

39. a. Hojas con 9-11 nervios laterales en cada lado del nervio medio; el ápice de la yema de la corola es recto y no se dobla hacia un lado antes de abrirse *Tocoyena costanensis*

39a

b. Hojas con 5-8 nervios laterales a cada lado del nervio medio; el ápice de la yema de la corola está encorvado o doblado hacia un lado antes de abrirse *Posoqueria coriacea*

39b

40. a. Inflorescencia colgante, alargada y muy angosta, muchas veces más larga que ancha . . . . *Gonzalagunia dicocca*

40a

b. Inflorescencia usualmente erecta o ascendente, pero si es colgante, entonces no es angosta 41

41. a. La inflorescencia nace siempre de los lados del tallo en las axilas de las hojas, con frecuencia cerca del ápice, pero debajo de las hojas superiores o el ápice 42

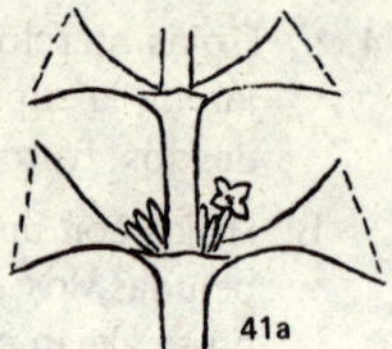
41a

b. La inflorescencia nace siempre en el ápice mismo o en el extremo del tallo . 56

42. a. Grupos de flores cortos y reunidos, dispuestos próximos al tallo y más cortos que o ligeramente más largos que los ejes que soportan las hojas (pecíolos) 43

b. Grupos de flores dispuestos sobre ejes alargados, los cuales usualmente son más largos que los pecíolos 46

43. a. La estípula que conecta las bases de los pecíolos es inconspicua, con frecuencia no persistente y 2-6 mm de largo . . . . *Hoffmannia apodantha*

b. La estípula que conecta las bases de los pecíolos es conspicua o persistente y 4-16 mm de largo 44

44. a. La estípula que conecta las bases de los pecíolos cubre la mitad o casi todo el grupo de flores; la conexión estipular está anchamente encorvada o redondeada en el ápice, 5-10 mm de ancho . . . . *Psychotria aubletiana*

b. La estípula que conecta las bases de los pecíolos no cubre ninguna parte del grupo de flores; la conexión estipular es larga o cortamente puntiaguda en el ápice y angosta 45

45. a. Flores vistosas, 2,7-3,7 cm de largo; hojas con 8-11 nervios laterales a cada lado del nervio medio . . . . *Coffea arabica*

b. Flores más cortas, 1,5-1,6 cm de largo; hojas con 7-9 nervios laterales a cada lado del nervio medio . . . . *Ixora ferrea*

46. (42.b)

a. Estípulas cortadas en 2 puntas o ápices . . . . *Psychotria costularia*

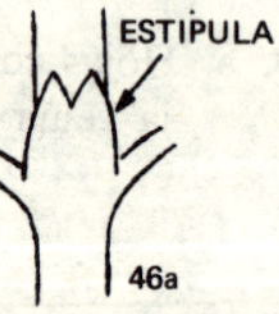

46a

b. Estípulas con ápice entero, o una sola punta (enteras) 47

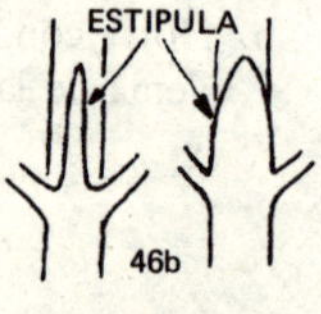

46b

47. a. Cara inferior (envés) de la hoja con una red de muchos nervios transversales situada entre los nervios laterales 48

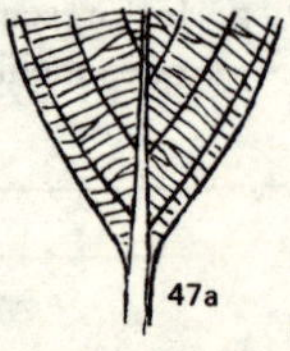
47a

b. Envés de las hojas sin una red de nervios transversales entre los nervios laterales 50

48. a. Envés de las hojas sin pelos (glabro) . . . . *Guettarda frondosa*
b. Envés de las hojas con pelos 49

49. a. Pelos del envés de las hojas finamente adpresos sobre la superficie . . . . .
Guettarda crispiflora var. *venezuelensis*
b. Pelos del envés de las hojas laxamente extendidos o proyectándose desde la superficie . . . . *Guettarda roupalaefolia*

50. a. Las estructuras estipulares presentes principalmente o solamente en el ápice o extremo del tallo, pero no persistentes en otras partes del tallo 51

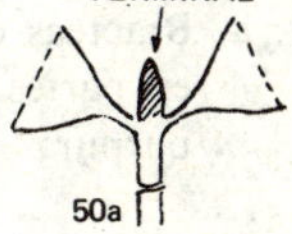

50a

b. Las estructuras estipulares persisten entre las bases de casi todos los pecíolos de las hojas, al igual que en el extremo del tallo 52

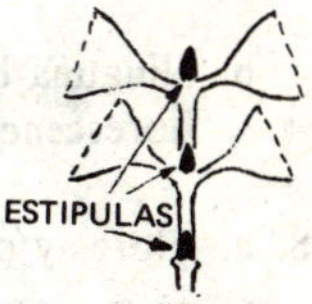

50b

51. a. El eje que soporta la hoja (pecíolo) y el nervio medio de la cara inferior de la hoja cubiertos por pelos diminutos (usar la lupa); eje que soporta la inflorescencia (pedúnculo) 0,5 cm de largo . . . . *Psychotria avilensis*
b. El pecíolo y el nervio medio de la cara inferior de la hoja sin pelos; pedúnculo 1,5-3 cm de largo . . . . *Psychotria fortuita*

52. a. Flores grandes y en forma de embudo, ensanchándose hacia el ápice, 4,5-8,2 centímetros de largo . . . . *Coutarea hexandra*

52a

b. Flores más pequeñas o con un tubo angosto y cilíndrico, 0,5-4,5 cm de largo 53

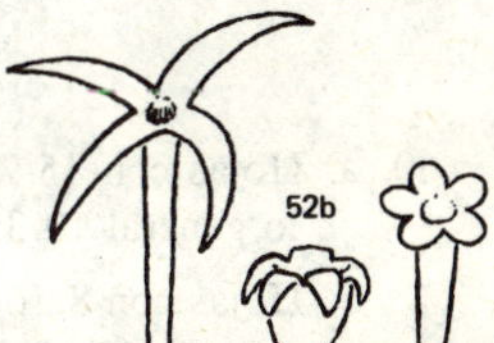
52b

53. a. Corola 3-4,5 cm de largo; hojas con 9-10 nervios laterales a cada lado del nervio medio; fruto de color negro . . . . *Faramea occidentalis*
b. Corola más pequeña, 0,5-1,6 cm de largo; hojas con sólo 3-5 nervios laterales a cada lado del nervio medio; fruto de color blanco . . . 54 *(Chiococca)*

54. a. Flores de color verde-purpúreo con blanco, con forma angostamente cilíndrica, 12-16 mm de largo; fruto más largo que ancho . . . . *Chiococca naiguatensis*
b. Flores de color blanco, con forma de embudo ensanchado, 5-12 mm de largo; fruto tan ancho como largo, globoso o casi globoso 55

55. a. Ejes de la inflorescencia peludos; nervios de la cara inferior de las hojas elevados y más o menos peludos . . . . *Chiococca pubescens*

b. Ejes de la inflorescencia usualmente sin pelos o casi sin pelos; nervios en la cara inferior de la hoja inconspicuos y no elevados, usualmente sin pelos (glabros) . . . . *Chiococca alba*

56. (41.b)

a. Cara inferior de las hojas con una pubescencia persistente de color gris-blanco, semejante a una telaraña . . . . *Arachnothrix reflexa*

b. Cara inferior de la hoja diferente a como se indica arriba 57

57. a. Brácteas conspicuas, grandes de color rosado oscuro, petaloideas situadas en partes de la inflorescencia; corola de color rosado y blanco o rosado-púrpura . . . . *Pogonopus speciosus*

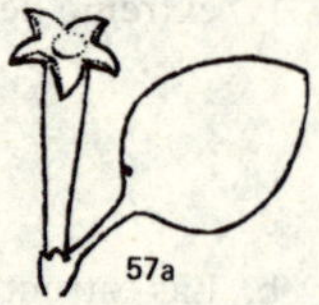

57a

b. Ninguna bráctea grande de color rosado situada en alguna parte de la inflorescencia 58

58. a. Flores y/o ejes de la inflorescencia de color anaranjado, rojo o amarillo . 59

b. Flores blancas, purpúreas, azules o rosado-rojas o con la combinación de estos colores 63

59. a. Hojas en verticilos de 3-4 . . . . *Hamelia patens*

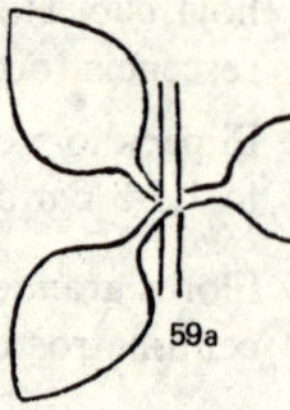

59a

b. Hojas siempre en pares (opuestas) 60

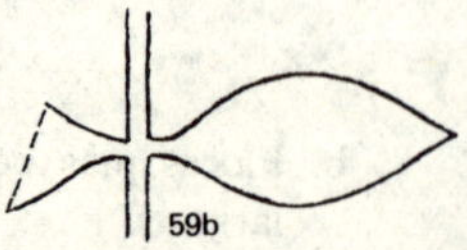

59b

60. a. Hojas con 15-22 nervios laterales a cada lado del nervio medio; corola por lo general 19-35 (algunas veces 17) mm de largo 61

b. Hojas con 8-16 nervios laterales a cada lado del nervio medio; corola por lo general 12-18 mm de largo, flores dispuestas laxamente en la inflorescencia 62

61. a. Hojas sin pelos en ambas caras, superior e inferior . . . . *Tresanthera condamineoides*

b. Hojas densamente peludas, al menos en la cara inferior (envés) . . . . *Isertia haenkeana*

62. a. Envés de las hojas completamente sin pelos; exterior de la corola diminuta y estrechamente peluda . . . . *Palicourea fendleri*

b. Envés de las hojas con pelos extendidos sobre el nervio medio y sobre los nervios laterales; exterior de la corola sin pelos . . . . . *Palicourea demissa* var. *chimo*

63. (58.b)

a. Flores 4,5-8,2 cm de largo, con forma de embudo y con un tubo ampliamente expandido . . . . *Coutarea hexandra*

b. Flores más cortas 64

64. a. Flores en una cabezuela globosa y densa, con brácteas estrechamente agrupadas que rodean las flores 65

b. Plantas sin la combinación de caracteres indicados arriba 66

65. a. Cabezuela de flores rodeada por 4 brácteas prominentes, angostamente puntiagudas . . . . *Psychotria lucentifolia*

65a

b. Cabezuela de flores rodeada por muchas brácteas redondeadas . . . . . . *Psychotria hyalina*

66. a. Flores principalmente de color púrpura, azul o rosado claro, o con blanco en parte de la corola 67

b. Flores principalmente de color blanco, crema o blanco-verdoso 73

67. a. Cara inferior (envés) de la hoja densamente peluda 68

b. Envés de la hoja completamente sin pelos (glabro) o con pelos solamente en los nervios 69

68. a. Envés de las hojas con pelos blanco-grisáceos; hojas con 5-7 nervios laterales a cada lado del nervio medio; corola 7,5-10,5 mm de largo . . *Rondeletia mollis*

b. Envés de las hojas con pelos, pero no blanco-grisáceos; hojas con 7-15 nervios laterales a cada lado del nervio medio; corola 15-16 mm de largo . . . . *Cinchona pubescens*

69. a. Flores verdosas y color lavanda con blanco; hojas con 5-6 nervios laterales a cada lado del nervio medio . . . . *Chiococca naiguatensis*

b. Flores de color predominantemente azul o púrpura; hojas con 12-25 nervios laterales a cada lado del nervio medio 70

70. a. Al menos la parte superior del tallo cubierta con pubescencia fina y diminuta; exterior de la corola con pubescencia fina y diminuta . . . . . *Palicourea angustifolia*

b. Tallos sin pelos; exterior de la corola sin pelos 71

71. a. Tallos conspicuamente cuadrangulares; inflorescencia muy grande, ancha y ramificada, 9-26 cm de largo y 4-11 cm de ancho; hojas conspicuamente grandes, 6-32 cm de largo y 3-13 cm de ancho . . . . *Palicourea perquadrangularis*

b. Tallos redondeados en los ángulos, no cuadrangulares; inflorescencia más pequeña y menos ramificada, 2-7,5 cm de largo, 2-5,5 cm de ancho; hojas más pequeñas, 2-7,5 cm de largo y 1,2-4 cm de ancho 72

72. a. Ramas de la inflorescencia y ejes de las flores (pedicelos) completamente sin pelos (glabros) . . . . *Palicourea apicata*

b. Ramas de la inflorescencia y pedicelos de las flores más o menos peludos . . *Palicourea pittieri*

73. (66.b)

a. Ambas caras de la hoja densamente peludas . . . . . . *Psychotria costularia*

b. Cara superior de la hoja no densamente peluda 74

74. a. Las estructuras estipulares o proyecciones nacen entre la base del eje que soporta la hoja (pecíolo) y el tallo (estípulas intrapeciolares), no entre las bases de los dos pecíolos opuestos a cada nudo; las proyecciones estipulares son 4-5 cm de largo y usualmente cubiertas por una sustancia resinosa o barnizada . . . . *Elaeagia karstenii*

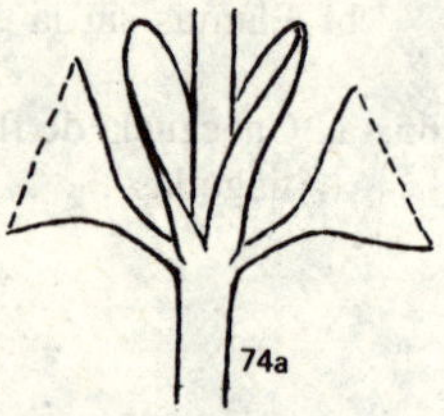
74a

b. Las estructuras estipulares o proyecciones nacen entre las bases de los pecíolos de las hojas opuestas a cada nudo (estípulas interpeciolares); proyecciones estipulares 3 cm de largo o menores, no resinosas 75

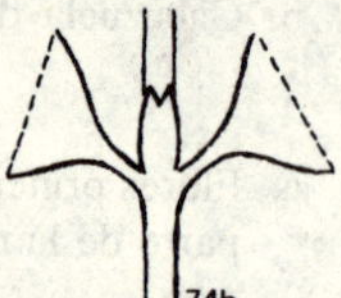
74b

75. a. Las estructuras estipulares o proyecciones tienen sus bordes conspicuamente doblados hacia atrás (revolutos); las proyecciones estipulares son peludas por fuera y tienen un ápice que termina en punta larga . . *Cinchona henleana*

b. Estructuras estipulares o proyecciones diferentes a como se indica arriba . 76

76. a. La cara inferior de las hojas tiene pequeñas concavidades o depresiones en los lugares donde los nervios laterales se unen con el nervio medio 77

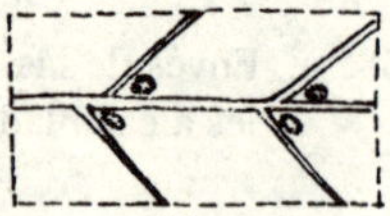
76a

b. Cara inferior de las hojas sin concavidades o depresiones 78

77. a. Las estructuras estipulares o apéndices existen en casi todos los nudos entre las bases de los pecíolos; las estructuras estipulares parecen como cortadas en sección transversal, su ápice no termina en una punta angostada o redondeada . . . . *Psychotria sanmartensis*

b. Las estructuras estipulares o apéndices están presentes sólo en el ápice de las ramas foliares o florales (se ven mejor en las foliares) y están anchamente redondeadas o encorvadas en el ápice, no parecen cortadas transversalmente . . . . *Psychotria anceps*

78. a. Las estructuras estipulares o apéndices ubicadas entre las bases de los pecíolos son grandes y conspicuas, 2-3 cm de largo 79

b. Las estructuras estipulares o apéndices ubicadas entre las bases de los pecíolos son más pequeñas, usualmente 1 cm de largo o más cortas 80

79. a. Flores individuales muy grandes, la corola 3-5,5 cm de largo; estípula redondeada o anchamente encorvada en el ápice . . . *Ladenbergia moritziana*

b. Flores individuales muy pequeñas, la corola mide sólo 0,45 cm de largo; la estípula (a veces cae del tallo tempranamente) termina en una punta corta hasta larga . . . . *Bathysa pittieri*

80. a. Las estructuras estipulares o apéndices terminan en dos dientes pequeños o prominentes, lóbulos o proyecciones a cada lado del tallo 81

80a

b. Las estructuras estipulares o apéndices son enteras, no terminan en dientes, lóbulos o proyecciones 86

80b

81. a. Inflorescencia más o menos plana en el ápice y más ancha que alta . . . . . *Psychotria anceps*

b. Inflorescencia obviamente más larga que ancha (más alta que ancha) y no aplanada en el ápice 82

82. a. Estructura estipular o apéndice con pelos en la superficie externa 83

b. Estructura estipular o apéndice sin pelos en la superficie externa (glabra) . 84

83. a. Los dientes de la estructura estipular o apéndice son conspicuos, 5-12 mm de largo; eje que soporta la hoja (pecíolo) con pelos diminutos e inconspicuos; las hojas tienen por lo general 11-15 nervios laterales a cada lado del nervio medio; corola 3,5 mm de largo . . . . *Psychotria racemosa*

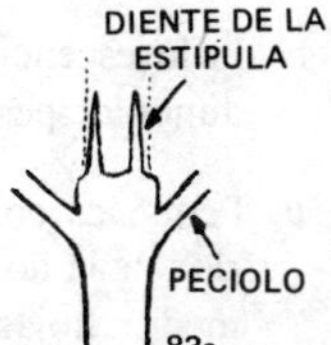

83a

b. Los dientes de la estructura estipular o apéndice son diminutos y menos de 1 mm de largo; pecíolo con pelos diminutos densos y conspicuos; las hojas tienen por lo general 10-11 nervios laterales a cada lado del nervio medio; corola 7,5 mm de largo . . . . *Psychotria eggersii*

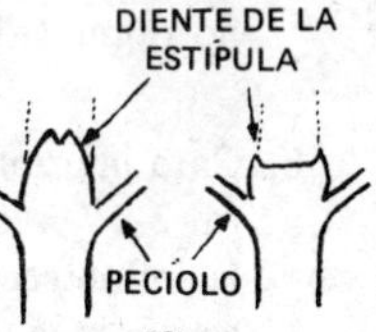

83b

84. a. Hojas con 14-18 nervios laterales a cada lado del nervio medio; bordes de las hojas con numerosos y diminutos pelos extendidos (cilios) (usar la lupa) . . *Palicourea petiolaris*

b. Hojas con 7-15 nervios laterales a cada lado del nervio medio; bordes de las hojas sin pelos extendidos o con pelos escasos o dispersos 85

85. a. Flores y frutos nacen directamente (inmediatamente) sobre las ramas (ejes) de la inflorescencia sin ningún eje o conexión intermedia (sésiles); los ejes de la inflorescencia están por lo general ampliamente extendidos u casi horizontales; nervios laterales 7-10 a cada lado del nervio medio; fruto blanco hasta azul mate . . . . *Psychotria araguana*

b. Flores y frutos nacen por lo general sobre ejes (pedicelos) de 2-3 mm de largo o más, a veces nacen directamente sobre el eje principal de la inflorescencia (sésiles); ejes de la inflorescencia ascendentes hasta extendidos; nervios laterales 8-15 a cada lado del nervio medio; fruto anaranjado . . . *Palicourea garciae*

86. (80.b)

a. Las estructuras estipulares o apéndices están presentes sólo en el ápice de las ramas foliares o florales (se ven mejor en las ramas foliares) . . . . 88 *(Psychotria)*

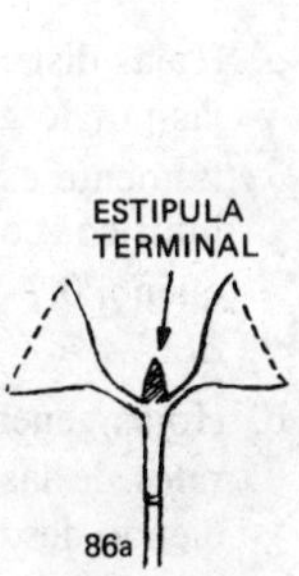

86a

b. Las estructuras estipulares o apéndices están presentes en todas o en la mayoría de las 5 articulaciones (nudos) superiores del tallo 90

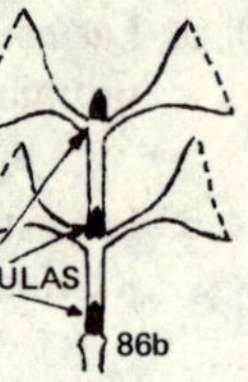

87. a. Inflorescencia con 6-10 ejes laterales, dispuestos en pares opuestos entre sí *Psychotria fortuita*

b. Inflorescencia con 3-6 ejes principales, que nacen juntos del ápice del soporte principal de la inflorescencia (pedúnculo) 88

88. a. Inflorescencia con 4-5 ejes principales que nacen juntos en el ápice del soporte principal de la misma (pedúnculo); eje que soporta la hoja (pecíolo) 2-6 mm de largo . . . . *Psychotria horizontalis*

b. Inflorescencia con 3 ejes principales que nacen juntos en el ápice de su pedúnculo; pecíolo 5-33 mm de largo 89

89. a. Pequeñas concavidades o depresiones usualmente presentes en la cara inferior de la hoja en los lugares donde los nervios laterales se unen con el nervio medio; hojas por lo general 3-3 ½ veces más largas que anchas; ejes principales inferiores (ramas) de la inflorescencia 1,3-5,5 cm de largo en la porción no ramificada; inflorescencia 2,2-12 cm de alto y 4-15 cm de ancho . . . . *Psychotria anceps*

b. Cara inferior de las hojas sin concavidades o depresiones; hojas por lo general 2-2 ½ veces más largas que anchas; ejes principales inferiores (ramas) de la inflorescencia 0,7-1 cm de largo en la porción no ramificada; inflorescencia más pequeña, sólo 2-3 cm de alto y 2-5 cm de ancho . . . *Psychotria calciphila*

90. (86.b)

a. Las estructuras estipulares o apéndices terminan en un ápice redondeado o cortamente puntiagudo y están fuertemente unidas entre sí en su mitad inferior . . . . *Coussarea moritziana*

b. Las estructuras estipulares o apéndices terminan en un ápice angosto, definitivamente puntiagudo 91

91. a. Corola 27-45 mm de largo; hojas con 6-11 nervios laterales a cada lado del nervio medio 92

b. Corola mucho más pequeña, 5-12 mm de largo; hojas con 2-6 nervios laterales a cada lado del nervio medio 93

92. a. Hojas distribuidas a todo lo largo de las ramitas; nervios laterales de las hojas por lo general 8-11 a cada lado del nervio medio, amplia y casi horizontalmente extendidos desde el nervio medio; tubo de la corola angosto y cilíndrico, con 4 lóbulos angostamente puntiagudos; fruto relativamente pequeño, 0,7-1,3 cm de largo y de ancho, con una semilla . . . . . . *Faramea occidentalis*

b. Hojas generalmente agrupadas en los extremos de las ramitas; nervios laterales de las hojas por lo general 6-7 a cada lado del nervio medio, ascendiendo desde el nervio medio; tubo de la corola ensanchado hacia arriba, con forma de trompeta o de embudo, con 5 lóbulos redondeados; fruto relativamente grande, 2,7-6 cm de largo, 1,2-3 cm ancho, con muchas semillas . . . *Randia hondensis*

93. a. Ejes de las inflorescencias más o menos peludos; nervios laterales en la cara inferior de la hoja, por lo general conspicuamente elevados y más o menos peludos . . . . *Chiococca pubescens*

b. Ejes de las inflorescencias por lo general sin pelos (glabros); nervios laterales en la cara inferior de las hojas tenues o sólo impresos y por lo general sin pelos (glabros) . . . . *Chiococca alba*

Arachnothrix reflexa (Benth.) Planch. var. **glandulifera** Steyerm. (Lám. 267, A)
Rondeletia inconstans Standl.
Selva nublada, 1.400-1.600 m. Arbol pequeño o arbusto, 2-6 m de alto, con flores de color rosado hasta rosado oscuro.

Arcytophyllum nitidum (H.B.K.) Schlecht. subsp. **caracasanum** (H.B.K.) Steyerm. var. **caracasanum** (Lám. 269, F)
Arcytophyllum caracasanum H.B.K.
Subpáramo, 2.300-2.480 m. Planta pequeña, leñosa, densamente ramificada, 0,5-1 m de alto, con hojas pequeñas, angostas y rígidas con corola de color blanco o con tintes lilas.

Bathysa pittieri (Standl.) Steyerm.
Chimarrhis pittieri Standl.
Selva nublada, vertiente norte, 900-1.100 m. Arbol de 8-15 m de alto, con corteza lisa de color bronceado, la cual se puede pelar en tiras. Las hojas grandes alcanzan hasta 50 cm de longitud y 27 cm de ancho. Flores de color cremoso o blanco-verdoso.

Borreria capitata (Ruiz & Pavón) DC. var. **capitata** f. **ferruginea** (St. Hil.) Steyerm.
Sabana, 1.200 m. Flores blancas. Plantas herbáceas de hasta 1,2 m de alto.

Borreria capitata var. **tenella** (H.B.K.) Steyerm.
Sabana, 800-1.000 m. Hierba con flores blancas.

Borreria densiflora DC.
Borreria spinosa L.
Sabana, 800-950 m. Plantas herbáceas, 0,5-1 m de alto, con flores pequeñas de color blanco.

Borreria laevis (Lam.) Griseb. var. **laevis**
Sabana, selva veranera, selva transicional, subpáramo, lugares sombreados o abiertos y alterados, 800-2.400 m. Una de las malezas más comunes en Venezuela. Hierba de 0,2-0,5 m de alto, algunas veces más alta, con flores blancas.

Borreria laevis var. **edentata** Steyerm.
Sabana, 800-1.000 m. Hierba.

Borreria ocimoides (Burm. f.) DC.
Sabana y lugares alterados y abiertos, 800-1.800 m. Hierba anual, 0,1-0,5 m de alto, con flores diminutas, apenas visibles, dispuestas en grupos pequeños y de color blanco.

Borreria verticillata (L.) G. F. W. Meyer *"San Francisco", "Nudillo", "Cabeza de negra"*
Sabana y bordes de la selva veranera y selva transicional, 900-1.600 m. Hierba perenne, 0,1-1,5 m de alto, con cabezuelas de flores densas, esféricas y fragantes.

Chiococca alba (L.) Hitch. subsp. **alba** *"Cruceta de la reina", "Francisco Javier"*
Selva veranera y selva transicional, 1.000-1.500 m. Plantas con tallo delgado y con flores blancas; esta planta es de hábito variable, desde trepadora hasta árbol pequeño o arbusto de 2-3 m de alto.

Chiococca naiguatensis Steyerm.
Selva nublada, vertiente norte, 1.390-1.490 m. Arbol pequeño o arbusto de 3-5 m de alto, con flores colgantes de color blanco-verdoso y púrpura, cilíndricas.

Chiococca pubescens Humb. & Bonpl. ex Roem. & Schult.
Selva transicional y selva nublada, 1.300-1.600 m. Arbol pequeño hasta arbusto trepador con flores de color blanco.

Chomelia venezuelensis Steyerm. *"Huesito", "Cruceto"*
Selva veranera y selva transicional, 1.400 m. Arbol pequeño o arbusto de 3-10 m de alto, con ramas ge-

neralmente espinosas. Las flores blancas miden 22-35 mm de largo y tienen un tubo delgado y largo.

Cinchona henleana Karst. var. **henleana**
Selva nublada, 1.500-1.800 m. Arbol pequeño de 4-8 m de alto, con hojas grandes de hasta 50 cm de largo, 20 cm de ancho. Flores muy vistosas, blancas y fragantes.

Cinchona pubescens Vahl *"Quina", "Quina colorada", "Quina amarilla", "Quina rosada", "Quina blanca", "Quina morada"*
Selva nublada, 1.500-1.600 m. Arbol de 6-15 m de alto con grupos de flores muy fragantes y vistosas de color rosado pálido y blanco hasta con tintes lilas. Las grandes hojas de hasta 40 cm de largo y 26 cm de ancho, se vuelven de color rojo-ladrillo antes de caerse. De la corteza de esta especie se saca la "Quinina" usada contra la fiebre y la malaria.

Coccocypselum lanceolatum (Ruiz & Pavón) Pers. (Lám. 269, E)
Sabana, selva veranera, selva transicional y selva nublada, 1.500-2.000 m. Planta herbácea con tallos extendidos hasta ascendentes, 0,1-0,3 m de alto. Las pequeñas flores de color azul-lavanda están dispuestas en pequeñas cabezuelas seguidas por grupos de frutos carnosos, vistosos y de color azul turquesa.

Coffea arabica L. *"Café"* (Lám. 267, C)
Selva transicional y selva nublada, en donde ha sido naturalizado, 1.000-1.900 m. Introducida de Africa y comúnmente cultivada. Estabilizada y naturalizada en bosques abandonados.

Coussarea moritziana (Benth.) Standl. (Lám. 269, C)
Selva transicional y selva nublada, 1.500-2.000 m. Arbol de 4-15 m de alto con inflorescencias de muchas flores de color blanco; frutos carnosos de color rojo-anaranjado. Las hojas son grandes.

Coutarea hexandra (Jacq.) Schum. *"Bonita de noche", "Cabrito negro", "Guatacare amarillo"* (Lám. 267, B)
Selva nublada, vertiente norte, 900-1.000 m. Arbusto o árbol pequeño, 1,5-8 m de alto. Las vistosas flores son de color rosado y crema o purpúreo-vino al igual que blancuzcas cubiertas con verde, seguidas de frutos planos y secos.

Declieuxia fruticosa (Willd.) Kuntze var. **fruticosa** (Lám. 267, F)
Sabana y bordes de la selva veranera y selva transicional, 900-1.500 m. Planta con tallo delgado, 0,2-0,7 m de alto, con la base algo endurecida o ligeramente leñosa. Las pequeñas flores son de color blanco hasta lavanda-azuloso; frutos pequeños, suborbiculares. La var. *mexicana* (DC.) Standl. tiene hojas más angostas, 2-9 mm de ancho.

Diodia apiculata (Willd. ex Roem. & Schult.) Schum.
Sabana y borde de la selva veranera, también en lugares alterados, 950-1.300 m. Variable en la cantidad de pelos en los tallos y hojas al igual que en el ancho de las hojas. Tallos 9-40 cm de largo. Las flores varían desde blancas, rosado-pálidas hasta lilas.

Diodia radula (Willd. & Hoffmsgg. ex Roem. & Schult.) Cham. & Schl. subsp. **venezuelensis** Steyerm.
Subpáramo, 2.300-2.400 m. Plantas con tallos alargados, densamente peludos, 0,5-2 m de largo o alto, algo leñosas en la base. Flores de color blanco o rosado-lavanda.

Diodia teres Walt. subsp. **prostrata** (Sw.) Steyerm. var. **prostrata** (Lám. 267, D)
Sabana y lugares alterados, 900 m. Hierba de 8-40 cm alto con flores blancas hasta lila pálido.

Elaeagia karstenii Standl. f. **karstenii** *"Quinón"*
Selva nublada, 1.500-1.800 m. Arbol de hasta 35 m de alto, con ramitas jóvenes 4-anguladas y hojas grandes de hasta 25 cm de largo y 15 cm de ancho. Las numerosas flores pequeñas de color blanco miden 3-3,7 mm de largo y están dispuestas en inflorescencias grandes y ramificadas.

Emmeorrhiza umbellata (Spreng.) Schum. subsp. **septentrionalis** Steyerm. var. **pubens** Steyerm.
Selva de galería, borde de la selva veranera y selva nublada, 1.300-1.600 m. Planta herbácea trepadora con tallos 4-angulados e inflorescencias vistosas con flores pequeñas, fragantes y de color blanco.

Faramea occidentalis (L.) A. Rich. subsp. **occidentalis** var. **meridionalis** Steyerm. *"Cafecito", "Jazmín montañero", "Cafecillo", "Cruceto", "Guaricha", "Cafecillo de danta"*
Selva nublada, vertiente norte, 900-1.100 m. Arbusto o árbol de 3-18 m de alto con hojas de color verde oscuro y flores blancas fragantes.

Galium canescens H.B.K. f. **canescens**
Subpáramo y bordes de la selva transicional, 1.500-2.450 m. Hierba con tallo delgado y con flores cremosas o amarillentas. La f. *alstonii* Steyerm. se di-

ferencia de ésta por tener hojas sin pelos y tallos esparcida y diminutamente peludos.

Galium caripense H.B.K. (Lám. 270, D)
Sabana y bordes de la selva transicional, 1.300-1.600 m. Hierba con tallo delgado y con flores blancas.

Gonzalagunia dicocca Ch. & Schl. subsp. **venezuelensis** Steyerm. (Lám. 268, C)
Selva nublada, vertiente norte, 900 m. Arbusto o árbol pequeño, 1-4 m de alto, con inflorescencias conspicuamente alargadas y colgantes con flores pequeñas, angostamente tubulares y de color blanco; frutos redondeados, carnosos, de color púrpura hasta blanco.

Guettarda crispiflora Vahl subsp. **crispiflora** var. **venezuelensis** Steyerm. (Lám. 270, H)
Selva nublada, 1.600-1.900 m. Arbol de 15-20 m de alto con estípulas foliáceas, largo-puntiagudas y extendidas del tallo. Las hojas con la cara inferior cubierta por una pubescencia fina y sedosa y con una red de nervios agrupados. Las flores tubulares son de color lavanda-rosado con color ante-crema.

Guettarda frondosa Moritz ex Standl.
Selva nublada, vertiente norte, 900-1.100 m. Arbol de 10-15 m de alto, con flores tubulares pequeñas y de color blanco.

Guettarda roupalaefolia Rusby *"Cruceto"*, *"Cruceta negra"*
Selva veranera y selva de galería, 850-1.200 m. Arbusto o árbol pequeño, 3-6 m de alto con tallos y hojas peludos. Corola tubular de 22-29 mm de largo, de color blanco hasta blanco-verdosa.

Hamelia patens Jacq. var. **patens** *"Coralito"*
Selva veranera, selva transicional y selva nublada, 900-1.600 m. Arbusto común o árbol pequeño, 1-4 m de alto. El eje y las ramas de la inflorescencia de color anaranjado-rojo hasta anaranjado. Las flores son vistosas, tubulares; frutos carnosos, los cuales se tornan desde rojo hasta negro. La variedad común tiene tallos, frutos y cara inferior de las hojas con pelos, mientras que var. *glabra* Oerst., también conocida del Cerro del Avila y Naiguatá, tiene frutos y la cara inferior de las hojas sin pelos (glabros).

Hoffmannia apodantha Standl.
Selva nublada y selva de galería, 1.600 m. Una planta casi herbácea con tallo no ramificado, erecto, 1-3 m de alto. Las flores estrechamente agrupadas cerca del tallo, pequeñas e inconspicuas, de color salmón-ladrillo con crema-verdoso.

Isertia haenkeana DC. var. **mirandensis** Steyerm. *"Coralito"* (Lám. 268, A)
Selva nublada, vertiente norte, 900-1.000 m. Arbol pequeño o arbusto, 2-10 m de alto. Las hojas varían desde opuestas hasta en círculos (verticilos) de 3 hojas y son grandes, alcanzando hasta 55 cm de largo y hasta 25 cm de ancho. Las flores vistosas dispuestas en grupos grandes y densos sobre ejes de la inflorescencia de color rojo-coral o bermejo. Las flores mismas tienen corolas amarillas o anaranjado-amarillas y cálices de color bermejo al igual que los ovarios; frutos carnosos, globosos, y duros, que eventualmente se tornan negro-púrpura.

Ixora ferrea (Jacq.) Benth. Selva nublada, vertiente norte. Arbol pequeño, 5 m de alto.

Ladenbergia moritziana Klotzsch
Selva nublada, 1.390-1.500 m. Arbol de 10-20 m de alto, con hojas grandes y flores vistosas de color blanco-cremoso y fragantes. La corteza de este árbol es amarga, pero apenas si tiene quinina.

Manettia barbata Oerst. var. **microcarpa** (Schum.) Steyerm.
Selva transicional, 1.000-1.200 m. Trepadora con flores pequeñas de color blanco.

Manettia calycosa Griseb. var. **karsteniana** Schum. (Lám. 269, B)
Selva de galería y selva nublada, 800-1.300 m. Flores rojas, tubulares, atractivas y colgantes.

Manettia mollis Moritz ex Wernh.
Selva nublada y subpáramo, 1.500-2.700 m. Planta herbácea trepadora, con flores color lila pálido.

Manettia schumanniana Sprague (Lám. 270, F)
Selva transicional, selva nublada y subpáramo, 1.500-2.640 m. Trepadora con flores color azul-púrpura oscuro.

Mitracarpus frigidus (Willd. ex Roem. & Schult.) Schum. var. **frigidus** (Lám. 270, C)
Sabana y subpáramo, 1.300-2.640 m. Plantas arbustivas o subherbáceas ramificadas, de tallos delgados de hasta 1,5 m de alto, pero usualmente más cortos, con densas cabezuelas de flores blancas. Variable en la cantidad de pelos sobre tallos y hojas; la var. *andinus* Steyerm. también se encuentra en el Cerro del Avila, con tallos y hojas sin pelos (glabros).

Nertera granadensis (Mutis ex L. f.) Druce *"Coralito"*
Nertera depressa Banks & Solander ex Gaertn.
Gomozia granadensis L. f.
Subpáramo, 2.700 m. Planta rastrera con flores pequeñas de color blanco; frutos globosos, carnosos, de color rojo o anaranjado-rojo.

Palicourea angustifolia H.B.K. var. **angustifolia** (Lám. 271, C)
Selva nublada, 1.600-2.130 m. Arbusto o árbol pequeño, 1-4 m de alto con corolas de color azul-púrpura.

Palicourea apicata H.B.K.
Selva nublada, 2.000 m. Arbol de hasta 10 m de alto, con corolas de color azul-púrpura.

Palicourea demissa Standl. var. **chimo** (Standl. & Steyerm.) Steyerm.
Selva nublada, 2.000-2.100 m. Arbusto o árbol pequeño, 2,5-5 m de alto. Los ejes de la inflorescencia de color rojo-purpúreo hasta amarillo; corolas tubulares, vistosas, brillantes y de color amarillo.

Palicourea fendleri Standl.
Selva nublada, 1.000-1.500 m. Arbol o arbusto de 2-8 m de alto. El eje que soporta a la inflorescencia es de color rojo o marrón-vino, mientras que las ramas de la inflorescencia y ejes de las flores (pedicelos) son de color rojo coral con corolas tubulares de color amarillo o anaranjado-amarillo.

Palicourea garciae Steyerm.
Selva nublada, 1.800-2.000 m. Arbusto de 2-3 m de alto, con ramas de la inflorescencia de color verdoso o amarillo-verdoso y las corolas de color blancuzco.

Palicourea perquadrangularis Wernh. var. **perquadrangularis** (Lám. 271, A)
Selva nublada, 1.600-1.800 m. Arbol pequeño, o arbusto, 2-4 m de alto, con inflorescencias grandes, vistosas, con corolas de color azul-púrpura oscuro.

Palicourea petiolaris H.B.K. *"Café de monte"*, *"Quesito"* (Lám. 271, D)
Selva transicional y selva nublada, 1.300-1.700 m. Arbol pequeño o arbusto de 3-5 m de alto, con corolas de color amarillo-verdoso, cremosas o amarillo pálido. Las hojas alcanzan una longitud de 21 cm y 11 cm de ancho.

Palicourea pittieri Standl. (Lám. 269, D)
Selva nublada y subpáramo, 2.300-2.500 m. Arbusto de 0,2-3 m de alto con corolas de color púrpura oscuro.

Pogonopus speciosus (Jacq.) Schum. *"Coralito"*, *"Naranjillo montañero"* (Lám. 270, A)
Selva veranera, 1.100 m. Arbusto o árboles, 3-10 m de alto. Especie muy hermosa con brácteas de color rosado oscuro o rojo-coral. Esta planta merece ser cultivada.

Posoqueria coriacea Mart. & Gal. subsp. **formosa** (Karst.) Steyerm. (Lám. 270, B) *"Coco"*, *"Azahar montañero"*, *"Laurel totumo"*, *"Cenicero"*
Selva nublada, 1.500-2.000 m. Arbol de 5-20 m de alto con hojas gruesas, de color verde oscuro. Flores blancas, largas, vistosas y muy fragantes; frutos obovoides u ovoides, grandes y carnosos, 7,5-8 cm de largo y 5,5 cm de ancho.

Psychotria anceps H.B.K.
Selva nublada, vertiente norte, 1.390-1.490 m. Arbol o arbusto 1-10 m de alto. Hojas color verde oscuro, gruesas y alargadas, 8-18 cm de largo, 2,5-6 cm de ancho. Flores blancas dispuestas en inflorescencias densas, anchas y aplanadas.

Psychotria araguana Standl.
Selva nublada, vertiente norte, 1.000-1.300 m. Arbusto o árbol pequeño, 1-2,5 m de alto, con flores blancas.

Psychotria aubletiana Steyerm. var. **andina** Steyerm. (Lám. 270, G)
Cephaelis axillaris Sw.
Subpáramo, selva nublada y selva de galería, 1.200-2.000 m. Arbusto o planta subherbácea, 0,4-1,5 m de alto, con flores de color blanco o lila, densamente agrupadas en pequeñas cabezuelas a lo largo de los tallos. Las plantas con frecuencia nacen en colonias.

Psychotria avilensis Steyerm.
Selva de galería y selva nublada, 1.000-1.800 m. Arbusto 2,5 m de alto, con corolas blancas.

Psychotria calciphila Steyerm.
Selva nublada, vertiente norte, 1.000-1.300 m. Arbusto de 2 m de alto, con corolas blancas.

Psychotria costularia (Baill.) Standl. & Steyerm. (Lám. 271, E)
Psychotria bolivariana Standl.
Selva transicional y selva nublada, 1.500-1.900 m. Arbusto de 1-2,5 m de alto. De todas las especies de *Psychotria* del Cerro del Avila y Naiguatá, ésta es la más densamente peluda, los pelos cubren gruesamente todas las partes de la planta. Las corolas de color blanco o crema están rodeadas por numerosas brácteas angostas de color blanco-verdoso, gris o amarillo-verdoso.

Psychotria eggersii Standl.
Selva transicional y selva nublada, 1.400-1.800 m. Arbusto o árbol pequeño, 1,5-5 m de alto, con flores de color blanco.

Psychotria fortuita Standl.
Selva nublada, 1.800 m. Arbusto o árbol pequeño, 1-8 m de alto.

Psychotria horizontalis Sw. var. **glaucescens** (H.B.K.) Steyerm. (Lám. 267, E)
Selva de galería, selva transicional y selva nublada, 900-1.300 m. Arbusto pequeño o planta casi herbácea, 0,3-2 m de alto. Las hojas son de textura papirácea o delgada. Esta variedad tiene las ramas de la inflorescencia y/o los ejes de las hojas (pecíolos) peludos, mientras que otra variedad, var. *psilophylla* Steyerm., que también se encuentra en el Cerro del Avila y Naiguatá, tiene las ramas de la inflorescencia, pecíolos y otras partes de la planta sin pelos (glabras).

Psychotria hyalina Steyerm. (Lám. 269, A)
Selva nublada, vertiente norte, 1.000-1.400 m. Arbusto o árbol pequeño, 1,5-4 m de alto. Las densas cabezuelas de flores están rodeadas por brácteas vistosas de color púrpura, las cuales rodean a las corolas pequeñas de color blanco.

Psychotria lucentifolia (Blake) Steyerm. (Lám. 271, B)
Cephaelis salicifolia H. & B. ex R. & S., no Hemsl.
Evea lucentifolia Blake
Selva de galería y selva nublada, 1.000-1.900 m. Arbusto de 0,5-2 m de alto, con cabezuelas de flores rodeadas por brácteas blancas, blanco-verdosas o purpúreas.

Psychotria macrophylla Ruiz & Pavón subsp. **albacostata** (Rusby) Steyerm.
Selva transicional y selva nublada, 1.000-1.400 m. Planta subherbácea, con tallo simple, erecto, 0,7-2,5 m de alto y con corolas blancas y pequeñas.

Psychotria racemosa (Aubl.) Raeusch
Selva nublada, vertiente norte, 900-1.100 m. Planta casi herbácea hasta ligeramente arbustiva, 0,5-3 m de alto. Frutos globosos, primero de color anaranjado opaco y que luego se vuelven de color casi negro.

Psychotria sanmartensis Rusby var. **costanensis** Steyerm.
Selva nublada, 1.000-1.500 m. Arbol pequeño, 3-15 m de alto, con hojas de color verde oscuro e inflorescencia con flores blancas y fragantes.

Randia dioica Karst. *"Punteral negro", "Cruceto"*
Randia caracasana Standl.
Selva veranera, 1.200-1.400 m. Arbol pequeño hasta mediano, espinoso.

Randia hondensis Karst.
Selva de galería y selva nublada, 800-1.300 m. Arbol de 2-14 m de alto, con flores femeninas y masculinas en plantas diferentes, flores masculinas más vistosas y usualmente más comunes. El fruto grande, 2,7-5 cm de ancho y 3-6 cm de largo, es colgante de un eje alargado (pedúnculo).

Relbunium hypocarpium (L.) Hemsl. subsp. **hypocarpium** *"Raicita"* (Lám. 270, E)
Sabana, selva nublada y subpáramo, 1.400-2.350 m. Tallos trepadores o rastreros, con frecuencia dispuestos en densas masas. La cantidad de pelos sobre los tallos y hojas varía considerablemente; la subsp. *nitidum* (H.B.K.) Ehrend. es una variedad más glabra en tallos, hojas y frutos. Los frutos son carnosos, redondos, pequeños y de color rojo-anaranjado.

Rondeletia mollis Blake ex Steyerm.
Selva veranera, 850-1.000 m. Arbusto o árbol pequeño, densamente peludo, 2-4 m de alto, usualmente con inflorescencias de muchas flores de color rosado o rosado pálido con blanco; frutos capsulares, pequeños y secos.

Rudgea karstenii Standl.
Selva nublada, 1.500-1.900 m. Arbusto delgado o árbol pequeño, 5-8 m de alto. Flores delgadas y de color blanco; frutos costillados, carnosos y duros.

Sipanea hispida Benth. ex Wernh. var. **hispida** *"Clavel de pozo"*
Sabana y bordes de la selva veranera, 1.000-1.500 m. Especie con raíces anuales, erecta y peluda, 0,1-0,8 m de alto, con flores vistosas de color rosado.

Spermacoce confusa Rendle
Sabana y lugares alterados y abiertos, 850-1.000 m. Plantas herbáceas, delgadas, 15-80 cm de alto, con flores blancuzcas, inconspicuas.

Tammsia anomala Karst. (Lám. 268, B)
Selva de galería y selva nublada, 1.600-1.700 m. Arbol o arbusto, 4-12 m de alto. Flores de color crema-verdoso o blancuzco, dispuestas a lo largo del tallo cerca del ápice.

Tobagoa maleolens Urb. *"Peo"*
Sabana y selva veranera, 1.000-1.600 m. Planta herbácea, 0,3-1 m de alto con tallos alargados y delgados. Toda la planta emite un olor desagradable

LÁMINA 267: RUBIACEAE

A. Arachnothrix reflexa var. glandulifera.–B. Coutarea hexandra.–C. Coffea arabica.–D. Diodia teres subsp. prostrata.–E. Psychotria horizontalis.–F. Declieuxia fruticosa.

A. Isertia haenkeana.–B. Tammsia anomala.–C. Gonzalagunia dicocca.

LAMINA 269: RUBIACEAE

A. Psychotria hyalina.–*B. Manettia calycosa.*–*C. Coussarea moritziana.*–*D. Palicourea pittieri.*–*E. Coccocypselum lanceolatum.*–*F. Arcytophyllum nitidum subsp. caracasanum.*

A. Pogonopus speciosus.—B. Posoqueria coriacea.—C. Mitracarpus frigidus.—D. Galium caripense.—E. Relbunium hypocarpium.—F. Manettia schumanniana.—G. Psychotria aubletiana.—H. Guettarda crispiflora.

LAMINA 271: RUBIACEAE

A. Palicourea perquadrangularis.—*B. Psychotria lucentifolia.*—*C. Palicourea angustifolia.*—*D. Palicourea petiolaris.*—*E. Psychotria costularia.*

similar al producido por el gas disulfuro de carbono. Las diminutas flores blancas están dispuestas a lo largo de los lados del tallo.

Tocoyena costanensis Steyerm. subsp. **costanensis**
Selva nublada, 1.500-1.700 m. Arbol 10-18 m de alto, con hojas grandes, verde oscuras, de hasta 30 cm de largo y 18 cm de ancho. Flores blancas, fragantes y vistosas con un tubo largo; los frutos grandes, globosos, de corteza dura y carnosos, miden 8,5 cm de diámetro.

Tresanthera condamineoides Karst.
Selva transicional, vertiente norte, 700-900 m. Arbol de 8-10 m de alto, con corolas de color rojo-anaranjado. Arbol escaso.

Fam. **RUTACEAE** (Dicotyledoneae)

Usualmente árboles o arbustos, rara vez hierbas, algunas veces con espinas o púas. Hojas alternas u opuestas, simples (no divididas) o divididas (compuestas) en 3 o más segmentos (folíolos), usualmente aromáticas y con puntos glandulares o con glándulas de aceite translúcidas (vistas cuando se sostienen las hojas contra la luz y usando la lupa de 10 X). Estípulas ausentes. Flores usualmente pequeñas, de color blanco, grisáceo o amarillo-verdoso, con 3-5 sépalos, o unidos hasta formar los lóbulos del cáliz, y 3-5 o más pétalos por lo general separados (libres). Estambres 3-5 ó 6-10, rara vez más numerosos. Ovario situado arriba de la base de los sépalos y pétalos (súpero). Fruto seco o carnoso.

Clave de los géneros y especies

1. a. Hojas no divididas (simples) . . . . *Zanthoxylum monophyllum*

b. Hojas divididas (compuestas por 3 o más segmentos (folíolos)) 2

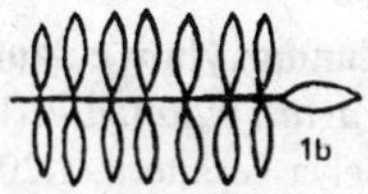

2. a. Hojas divididas en 3 folíolos . . . . *Esenbeckia obovalifolia*

b. Hojas divididas en 5 o más folíolos 3

3. a. Ambas caras de los folíolos con pelos . . . . *Zanthoxylum ciliatum*

b. Cara superior (haz) de los folíolos sin pelos (glabros), cara inferior (envés) sin pelos o con pocos pelos 4

4. a. Hojas divididas en (15–) 19-29 folíolos . . . . *Zanthoxylum rhoifolium*

b. Hojas divididas en 5-11 (–15) folíolos 5

5. a. Ningún borde alado de color verde está presente a lo largo del eje central (raquis) de la hoja principal; folíolos relativamente grandes, 7-15 cm de largo y 3-7,5 cm de ancho y con numerosos dientes a lo largo de los bordes . . . . .
Zanthoxylum ocumarense

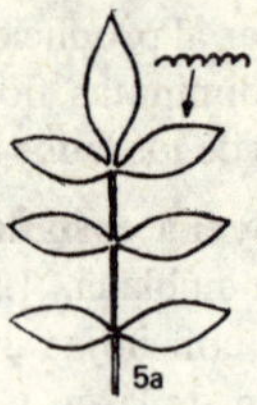
5a

b. Borde alado de color verde presente a lo largo del eje central (raquis) de la hoja principal; folíolos relativamente más pequeños, 1-6 cm de largo y 0,5-2,7 cm de ancho y con pocos dientes a lo largo de los bordes 6

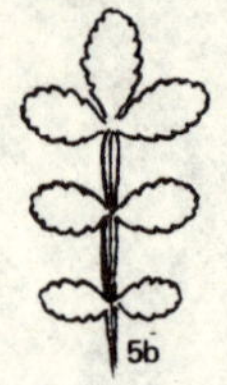
5b

6. a. Espinas más o menos encorvadas, anchas en la base y conspicuas presentes sobre el tallo; folíolos en número de (5–) 7-9 (–11), 1-2,5 (–3,5) cm de largo y 0,5-1,3 (–1,7) cm de ancho . . . . *Zanthoxylum pterota*

6a

b. Espinas cuando presentes, delgadas y semejantes a agujas, inconspicuas; folíolos en número de 7-15, 2,5-6 cm de largo, 1-2,7 cm de ancho . . . . . .
Zanthoxylum culantrillo

6b
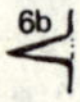

Esenbeckia obovalifolia Pittier
Selva transicional, 1.500-1.600 m. Arbol pequeño de 3-5 m de alto.

Zanthoxylum ciliatum Engler
Fagara ciliata (Engl.) Engl.
Selva veranera, 1.100 m. Arbol pequeño.

Zanthoxylum culantrillo H.B.K.
Fagara culantrillo (H.B.K.) Krug & Urb.
Selva veranera, 1.200 m. Arbusto o árbol pequeño.

Zanthoxylum monophyllum (Lam.) P. Wilson *"Bosúa"*
Fagara monophylla Lam.
Selva veranera, 900-1.000 m. Arbusto o árbol pequeño de hasta 10 m de alto. La corteza contiene una substancia colorante amarilla.

Zanthoxylum ocumarense (Pittier) Steyerm.
Fagara ocumarensis Pittier
Selva transicional, selva nublada, 1.400-1.800 m. Arbol de 10-12 m de alto con tronco de 15-20 cm de diámetro.

Zanthoxylum pterota (L.) H.B.K. *"Uña de gato"*, *"Ñaragato"* (Lám. 272, B)
Fagara pterota L.
Selva veranera, 950-1.000 m. Arbusto o árbol pequeño de 2-10 m de alto. Flores de color blanco-verdoso.

Zanthoxylum rhoifolium Lam. *"Bosúa"* (Lám. 272, A)
Fagara rhoifolia (Lam.) Engler
Selva transicional y selva nublada, 1.400-1.500 m. Arbol de 10-20 m de alto, el tronco de hasta 50 cm de diámetro. Flores de color blanco-verdoso.

LAMINA 272: RUTACEAE; SALICACEAE

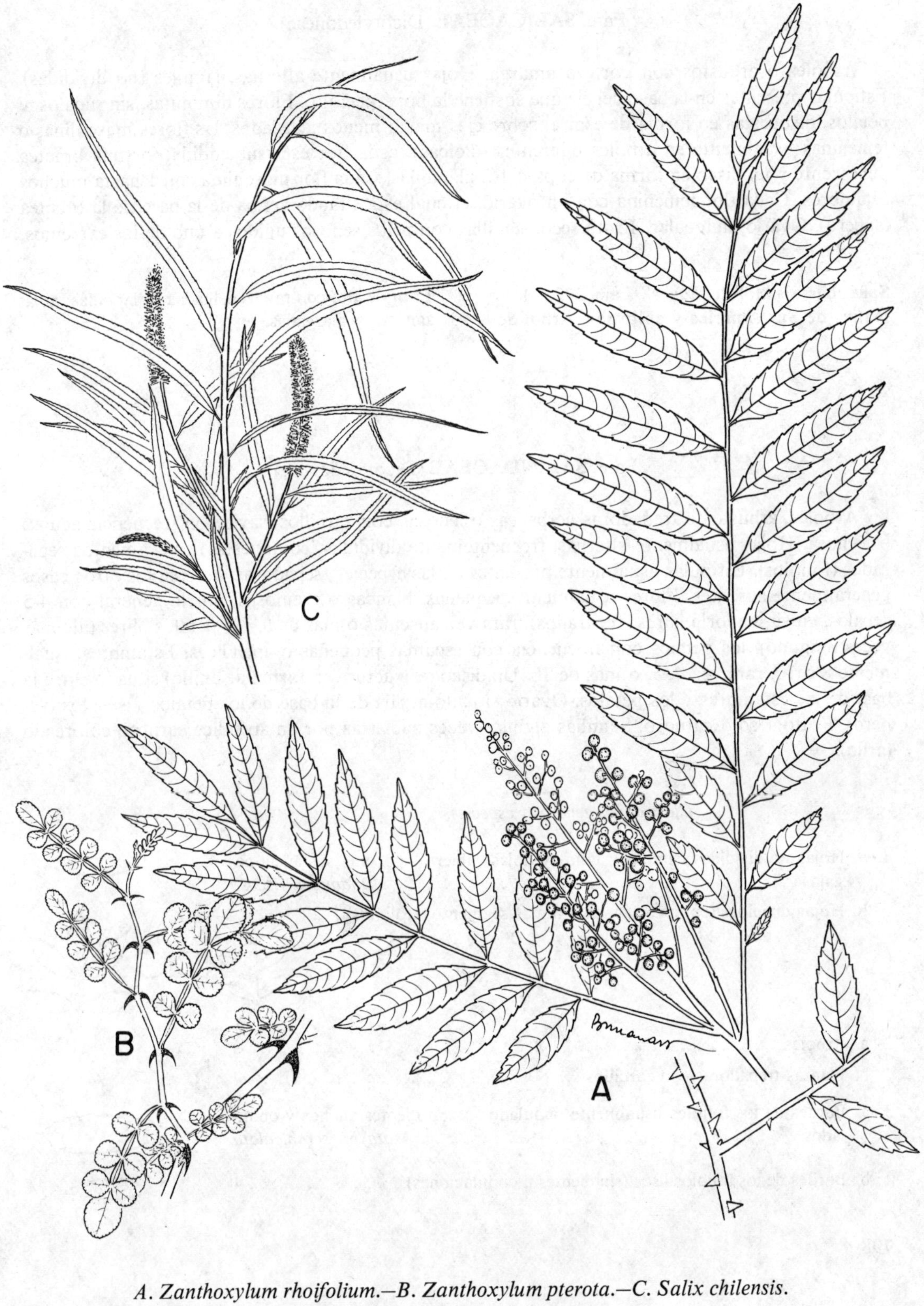

A. Zanthoxylum rhoifolium.—*B. Zanthoxylum pterota.*—*C. Salix chilensis.*

Fam. **SALICACEAE** (Dicotyledoneae)

Arboles o arbustos con corteza amarga. Hojas usualmente alternas, simples (no divididas). Estípulas presentes en la base del eje que sostiene la hoja (pecíolo). Flores diminutas, sin sépalos ni pétalos, dispuestas en forma de espiral sobre ejes más o menos alargados, las flores masculinas o femeninas usualmente en árboles diferentes (dioicas); cada flor está subtendida por una bráctea pubescente y un disco en forma de copa o 1-2 glándulas. Cada flor masculina con 1 hasta muchos estambres. Cada flor femenina con un ovario, el cual está situado arriba de la base de la bráctea (súpero). Ovario unilocular. Fruto seco, semillas con pelos sedosos unidos a uno de los extremos.

Salix chilensis Molina *"Sauce"* (Lám. 272, C) Nativa de Sur América y cultivada. Arbol de 8-12 m de alto con ramas delgadas y alargadas; hojas angostas y alargadas.

Fam. **SAPINDACEAE** (Dicotyledoneae)

Arboles, arbustos o trepadoras herbáceas o leñosas con zarcillos, savia con frecuencia acuosa o lechosa. Hojas usualmente alternas, frecuentemente divididas (compuestas) en segmentos separados (folíolos). Estípulas usualmente presentes en las especies trepadoras, pero en los otros casos generalmente ausentes. Flores usualmente pequeñas, blancas o cremosas, por lo general con 4-5 sépalos, en su mayoría libres (separados), rara vez ausentes o más de 5, 3-5 pétalos libres (algunas veces ninguno), los pétalos con frecuencia con escamas pequeñas o apéndices. Estambres usualmente 8 ó 10, rara vez 4, 5, o más de 10. Un disco (estructura en forma de anillo) situado entre la base de los estambres y los pétalos. Ovario situado arriba de la base de los pétalos y sépalos (súpero). Fruto seco o carnoso. Semillas algunas veces cubiertas por un apéndice carnoso coloreado (arilo).

Clave de los géneros y especies

1. a. Hojas no divididas (simples); tallos y hojas cubiertos por una sustancia pegajosa . . . . *Dodonaea viscosa*

1a

   b. Hojas divididas (compuestas) en 3 o más segmentos (folíolos) . 2

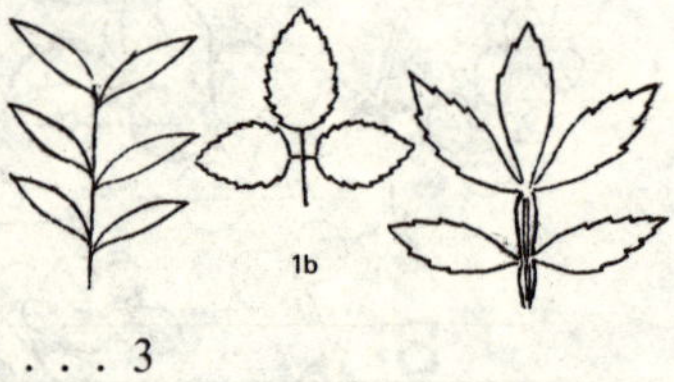
1b

2. a. Arboles 3
   b. Plantas trepadoras con zarcillos 7

3. a. Bordes de los folíolos usualmente ondulados o con dientes anchos y ondulados . . . . *Matayba scrobiculata*

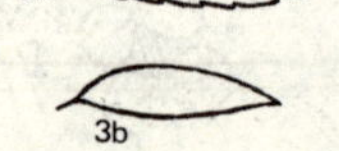
3a

   b. Bordes de los folíolos lisos (sin dientes u ondulaciones) 4

3b

4. a. Eje central principal (raquis) de la hoja y folíolos, al igual que el eje que sostiene la hoja (pecíolo), cubiertos por diminutos pelos; ambas caras de las hojas (envés y haz) con una red de nervios finos y elevados . . . . . . *Toulicia megalocarpa*

   b. Raquis y los folíolos, al igual que el pecíolo sin pelos; ambas caras de la hoja sin la red de nervios finos y elevados 5

5. a. Folíolos muy grandes, 24-30 cm de largo; inflorescencia 60 cm o más de largo . . . . *Talisia morilloi*

   b. Folíolos en promedio mucho más pequeños; inflorescencia mucho más corta 6

6. a. Folíolos abruptamente angostados en la base . . . . *Matayba longipes*

   b. Folíolos gradualmente angostándose en la base hasta unirse con el peciólulo *Matayba tovarensis*

7. (2.b)
   a. Segmentos de la hoja (folíolos) solamente 3 . . . . *Urvillea ulmacea*

7a

   b. Más de 3 folíolos presentes 8

8. a. Eje central de la hoja (raquis) provisto de una ala ancha de color verde que lo bordea, de 5-10 mm o más de ancho 9

8a

   b. Raquis sin una ala ancha de color verde que lo bordea o con un borde angosto apenas evidente, de menos de 5 mm de ancho 10

8b

9. a. Tallos y cara inferior (envés) de las hojas usualmente con pelos; dientes de los folíolos con una punta corta y aguda en el ápice; fruto globoso, peludo *Paullinia leiocarpa*

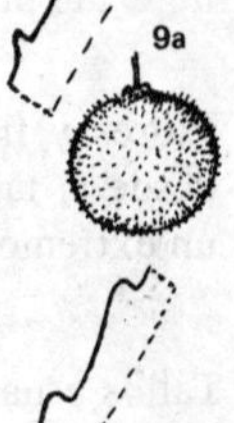

9a

   b. Tallos y envés de las hojas usualmente sin pelos (glabros) o casi glabros; dientes de los folíolos más grandes y con una punta obtusa; fruto alargado, sin pelos (glabro) o casi glabro . . . . *Paullinia naiguatensis*

9b

10. a. Hojas divididas solamente en 5 segmentos (folíolos) 11

b. Hojas divididas en (7–) 9-11 folíolos 13

11. a. Folíolos sin dientes en los bordes . . . . *Paullinia carpopodea*

11a

b. Folíolos con dientes anchos y obtusos en los bordes 12

11b

12. a. Hojas gruesas; eje de la hoja (pecíolo y raquis), eje de la flor (raquis), y nervios en la cara inferior de los folíolos con pubescencia densa y de color marrón; fruto alado, cubierto por pelos finos . . . . *Paullinia livescens*

b. Hojas delgadas; pecíolo y raquis de la hoja, eje de la flor (raquis) y los nervios en la cara inferior de los folíolos de la hoja sin pelos (glabros) o esparcidamente pubescentes; fruto sin alas, sin pelos (glabro) . . . . . *Paullinia toxicodendroides*

13. a. Casi todos los folíolos de las hojas sin dientes en los bordes 14

b. Casi todos los folíolos con dientes manifiestos en los bordes 16

14. a. Tallos con púas: folíolos de la hoja generalmente peludos en la cara inferior (envés); los 3 folíolos más bajos conectados al eje central de la hoja (raquis) por medio de un eje (peciólulo) . . . . *Serjania mexicana*

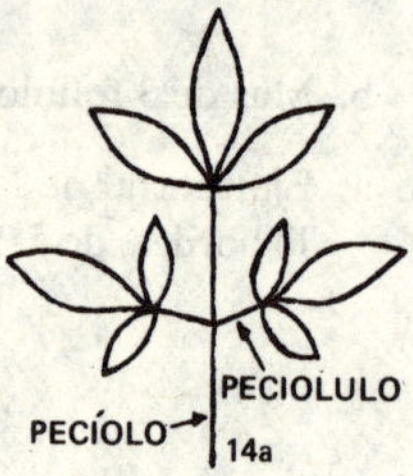

14a

b. Tallos sin púas; folíolos generalmente sin pelos; los 3 folíolos más bajos sin peciólulos que los conecten al raquis 15

14b

15. a. Flores y frutos dispuestos en grupos pequeños al lado del tallo principal, y no están provistos de un eje alargado; fruto duro . . . . *Paullinia cauliflora*

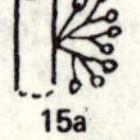
15a

b. Flores y frutos dispuestos en una inflorescencia alargada que se extiende desde el tallo; fruto con textura desigual, una parte papirácea y delgada y un extremo firme . . . . *Serjania atrolineata*

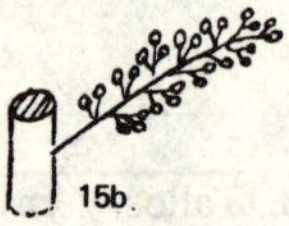
15b.

16. a. Tallos usualmente con púas . . . . *Serjania mexicana*

16a

b. Tallos sin púas 17

17. a. Todas las flores y frutos están dispuestos en grupos pequeños y situados inmediatamente sobre el tallo sin la intervención de un eje o soporte (pedúnculo) . . . . *Paullinia manarae*

17a

b. Flores y frutos dispuestos sobre pedúnculos cortos o alargados, los cuales se extienden desde el tallo principal 18

17b

18. a. Todos los segmentos (folíolos) de la hoja generalmente tienen ejes (peciólulos) 19

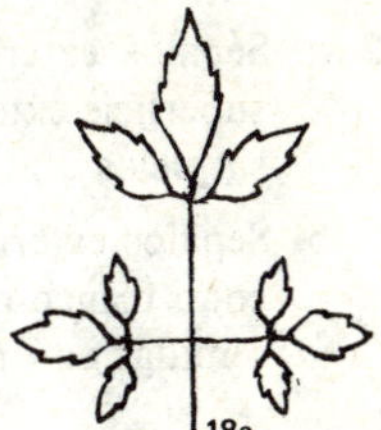
18a

b. Algunos de los folíolos de la hoja no poseen peciólulos 20

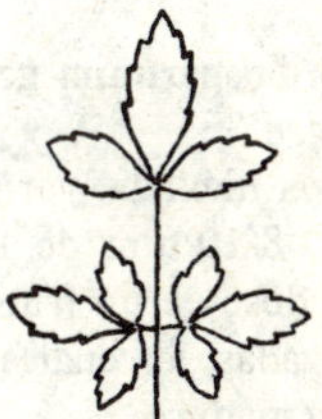
18b

19. a. Las partes externas de las flores (sépalos) no tienen pelos (glabras), los bordes no son de color pálido; inflorescencia tan ancha como larga o solamente dos veces tan larga como ancha; flores relativamente grandes, 8-10 mm de largo; todas las partes del fruto son papiráceas e infladas, fruto hasta 6 centímetros de largo . . . . *Cardiospermum grandiflorum*

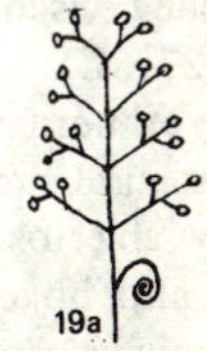
19a

b. Las partes externas de la flor (sépalos) diminutamente peludas, los bordes son de color claro; inflorescencia angosta y alargada, 7-11 veces más larga que ancha; flores más pequeñas, 5-6 mm de largo; fruto 2-2,7 cm de largo, de textura desigual, un extremo firme y el otro papiráceo y con 3 alas . . . . *Serjania communis*

19b

20. a. Fruto rojo, firme o duro en toda la superficie, con bordes firmes; eje de la inflorescencia sin zarcillos (estructuras encorvadas o arqueadas) . . *Paullinia fuscescens*

20a

b. Fruto nunca rojo, de textura desigual, con 3 alas papiráceas conectadas a un extremo más duro o más firme, el cual contiene semillas; eje de la inflorescencia con zarcillos encorvados . . . . 21 *(Serjania)*

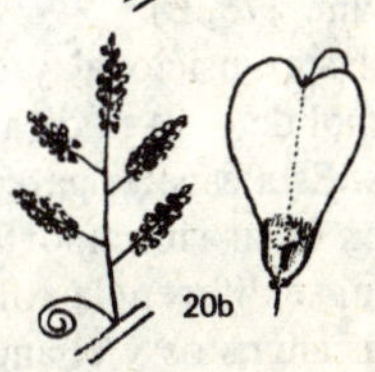
20b

21. a. Segmentos de la hoja (folíolos) usualmente con dientes prominentes, los cuales están anchamente encorvados; ápice de los folíolos con frecuencia redondeados o anchos, pero algunas veces puntiagudos; folíolo ubicado en el ápice de la hoja prominentemente agrandado y romboideo-obovado . . . . *Serjania rhombea*

21a

b. Folíolos generalmente con dientes solamente en la parte superior de la hoja, los dientes más bien obtusos y gruesos; ápice de los folíolos por lo general cortamente puntiagudos; folíolo ubicado en el ápice de la hoja no prominentemente agrandado, oblongo-elíptico o angostamente obovado 22

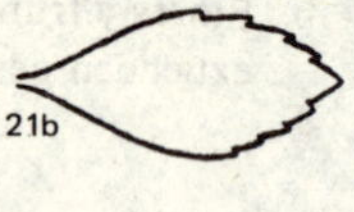
21b

22. a. Sépalos externos de las flores sin pelos (glabros) o casi glabros sobre la superficie externa; la parte de fruto que soporta las semillas, sin pelos o casi sin pelos . . . . *Serjania caracasana*

b. Sépalos externos de las flores conspicua y densamente peludos, los pelos de color blanco-gris sobre la superficie externa; la parte del fruto que soporta las semillas con pelos . . . . *Serjania atrolineata*

Cardiospermum grandiflorum Sw. *"Farolito de la virgen"*
Selva nublada, vertiente norte, 900 m. Flores blancas, 8-10 mm de largo y eventualmente desarrollándose en un fruto grande y globoso con paredes delgadas, las cuales pueden estallar cuando el fruto está maduro.

Dodonaea viscosa Jacq. *"Hayuelo", "Zamurito"* (Lám. 275, C)
Selva veranera y borde de la selva transicional, también en el subpáramo, especialmente en lugares secos y abiertos, 1.500-2.400 m. Arbusto de 0,8-4 m de alto, hojas angostas, flores amarillo pálido y frutos rojizos con 3 alas.

Matayba longipes Radlk.
Selva transicional y selva nublada, 1.400-1.500 m. Arbol de 8-10 m de alto, flores blancas y frutos rojos.

Matayba scrobiculata (H.B.K.) Radlk. *"Zapatero"*
Selva veranera, 1.300 m. Arbol de 6-11 m de alto. Fruto con un estipe largo, liso por fuera, y que se abre en 3 cavidades anchas e infladas que se extienden hasta 3 cm de ancho cuando maduro y abierto.

Matayba tovarensis Radlk. *"Guayabo blanco"* (Lám. 273, B)
Selva transicional y selva nublada, 1.400-1.600 m. Arbol de 4-10 m de alto, flores blancas y frutos rojos. Esta especie parece ser a lo más sólo una variación foliar sin importancia de *Matayba longipes*, la cual se diferencia solamente por folíolos un poco más angostos y el angostamiento gradual (en lugar de abrupto) de la base del folíolo en la unión con el eje que lo sostiene (peciólulo).

Paullinia carpopodea Camb. *"Totumillo", "Cotocuto", "Tostadito"* (Lám. 273, A)
Selva de galería, 1.300-1.400 m. Liana.

Paullinia cauliflora Jacq.
Selva tropófila, vertiente norte, 200-800 m. Liana.

Paullinia fuscescens H.B.K. *"Nueve hojas", "Bejuco de mulato"* (Lám. 275, B)
Sabana y borde de la selva veranera, 900-1.100 m. Fruto rojo con 3 alas y cubierto de pelos.

Paullinia leiocarpa Griseb. (Lám. 274, A)
Selva de galería y selva veranera, 1.100-1.300 m. Liana. Esta planta es fácil de identificar por su fruto globoso y pubescente.

Paullinia livescens Radlk. vel aff.
Selva nublada, vertiente norte, 1.100-1.500 m. Liana.

Paullinia manarae Steyerm. (Lám. 274, D)
Selva nublada, vertiente norte, 1.000-1.500 m. Liana.

Paullinia naiguatensis Steyerm. (Lám. 274, B)
Selva nublada, vertiente norte, 900-1.100 m. Trepadora de grandes alturas, leñosa, con inflorescencias grandes de color amarillo-cremoso, frutos vistosos, alargados, 5-6 cm de largo, de color rojo.

Paullinia toxicodendroides Steyerm. (Lám. 274, C)
Selva nublada, vertiente norte, 1.000-1.300 m. Liana. Flores pequeñas de color blanco, frutos con alas anchas y de color rojo.

LAMINA 273: SAPINDACEAE

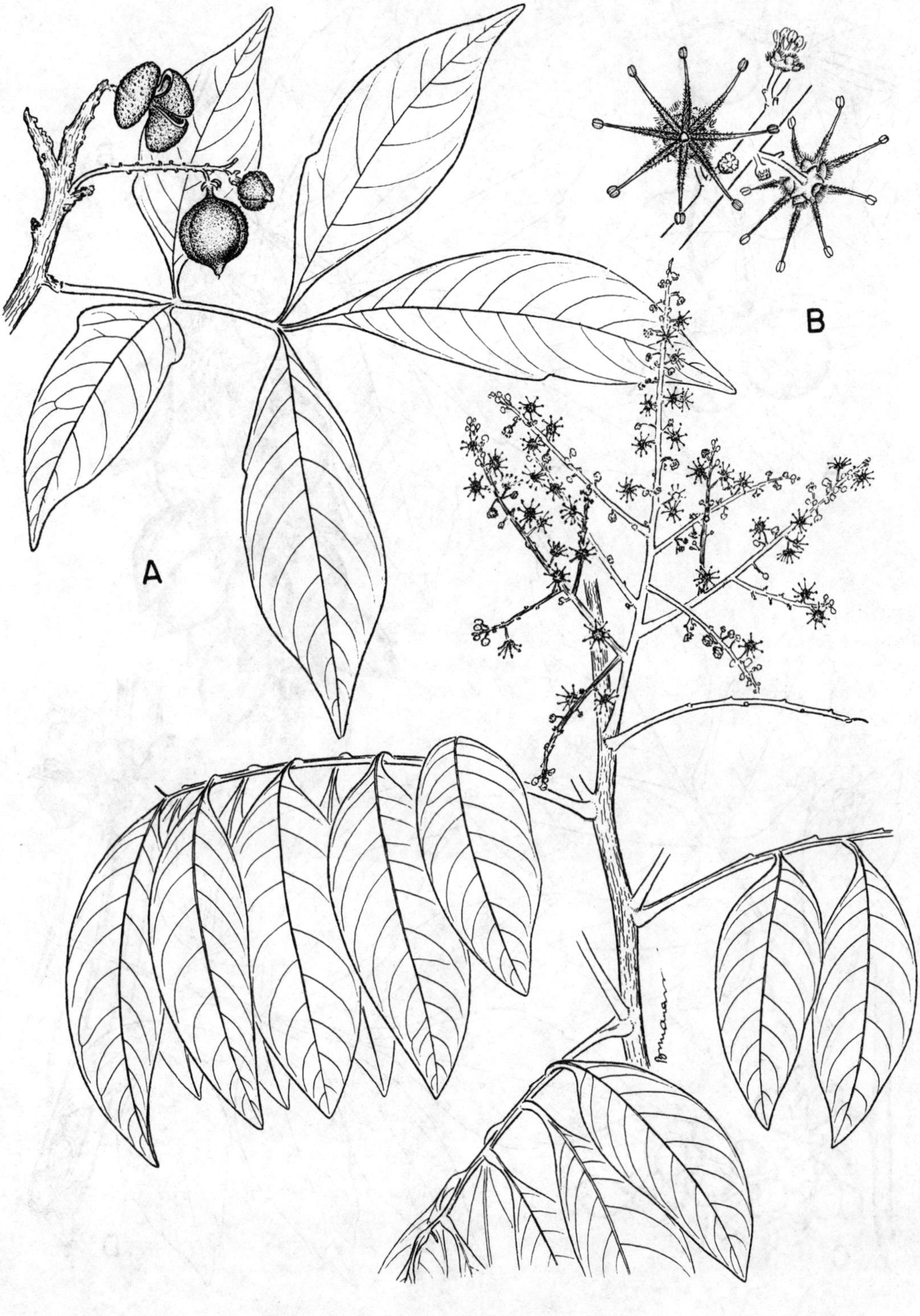

A. Paullinia carpopodea.—B. Matayba tovarensis.

A. Paullinia leiocarpa.–B. Paullinia naiguatensis.–C. Paullinia toxicodendroides.–D. Paullinia manarae.

LAMINA 275: SAPINDACEAE

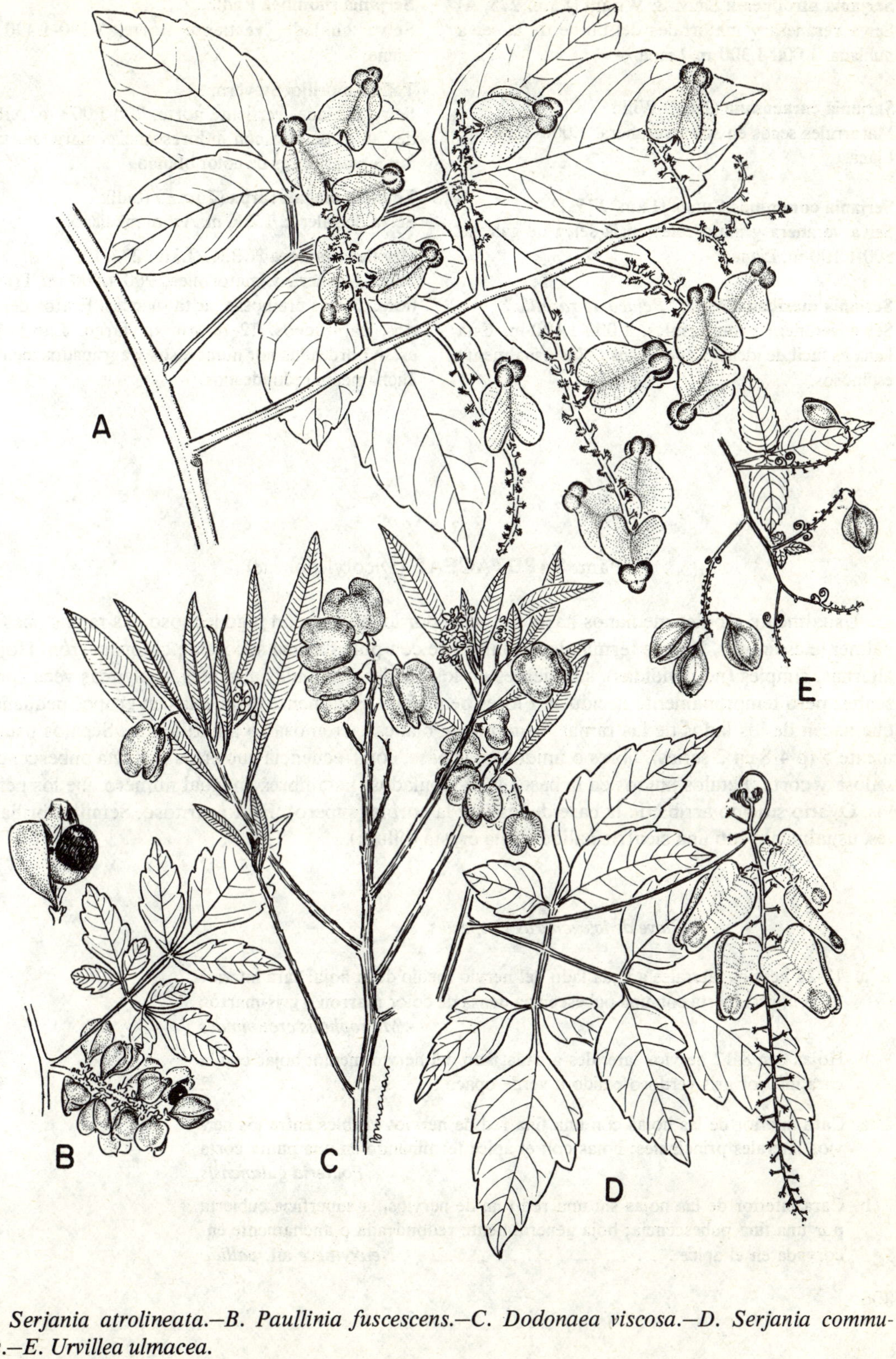

A. Serjania atrolineata.–*B. Paullinia fuscescens.*–*C. Dodonaea viscosa.*–*D. Serjania communis.*–*E. Urvillea ulmacea.*

Serjania atrolineata Sauv. & Wright (Lám. 275, A)
Selva veranera y matorrales del borde de la selva nublada, 1.000-1.300 m. Liana.

Serjania caracasana (Jacq.) Willd.
Matorrales secos en selva veranera, 1.000-1.200 m. Liana.

Serjania communis Camb. (Lám. 275, D)
Selva veranera y matorrales en la selva de galería, 500-1.100 m. Liana.

Serjania mexicana Willd. *"Bejuco de zarcillo"*
Selva veranera y matorrales, 1.000-1.100 m. Esta liana es fácil de identificar por sus tallos usualmente espinosos.

Serjania rhombea Radlk.
Selva nublada, vertiente norte, 1.390-1.490 m. Liana.

Talisia morilloi Steyerm.
Selva nublada, vertiente norte, 900-1.000 m. Arbol de 7-8 m de alto con inflorescencias alargadas con numerosas flores de color blanco.

Toulicia megalocarpa (Turcz.) Radlk.
Selva de galería, 1.200 m. Arbol mediano.

Urvillea ulmacea H.B.K. (Lám. 275, E)
Selva veranera y matorrales, 900-1.500 m. Trepadora. Flores cremosas hasta blancas. Frutos delgados, papiráceos, 12-18 mm de largo. Las hojas están bordeadas por numerosos y agrupados dientes anchamente redondeados.

Fam. **SAPOTACEAE** (Dicotyledoneae)

Usualmente árboles medianos hasta grandes, por lo general con jugo lechoso, las ramas ocasionalmente espinosas. Yemas terminales usualmente con pubescencia sedosa de color marrón. Hojas alternas, simples (no divididas), sin dientes en los bordes. Estípulas ausentes, o algunas veces presentes, pero tempranamente deciduas. Flores pequeñas, usualmente dispuestas en grupos pequeños que nacen de los lados de las ramas, usualmente blancas, cremosas o amarillentas. Sépalos usualmente 5 (o 4-8 en 2 series), libres o unidos en la base, con frecuencia cubiertos por una pubescencia sedosa y corta. Pétalos unidos en la base, 4-10-lobulados. Estambres en igual número que los pétalos. Ovario situado arriba de la base del cáliz y la corola (súpero). Fruto carnoso. Semillas brillantes, usualmente con una cicatriz pálida o una cresta (hilum).

Clave de los géneros y especies

1. a. 18-26 nervios laterales a cada lado del nervio medio de la hoja; cara inferior de la hoja cubierta con una pubescencia densa de color marrón o gris-marrón *Micropholis crotonoides*

   b. Hojas con 8-12 nervios laterales a cada lado del nervio medio; hojas con la cara inferior gris-verdoso pálido o verde opaco 2

2. a. Cara inferior de las hojas con una fina red de nervios visibles entre los nervios laterales principales; hojas con el ápice terminando en una punta corta *Pouteria guianensis*

   b. Cara inferior de las hojas sin una red fina de nervios, la superficie cubierta por una fina pubescencia; hoja generalmente redondeada o anchamente encorvada en el ápice . . . . *Neoxythece* aff. *pallida*

LAMINA 276: SAPOTACEAE; SAXIFRAGACEAE

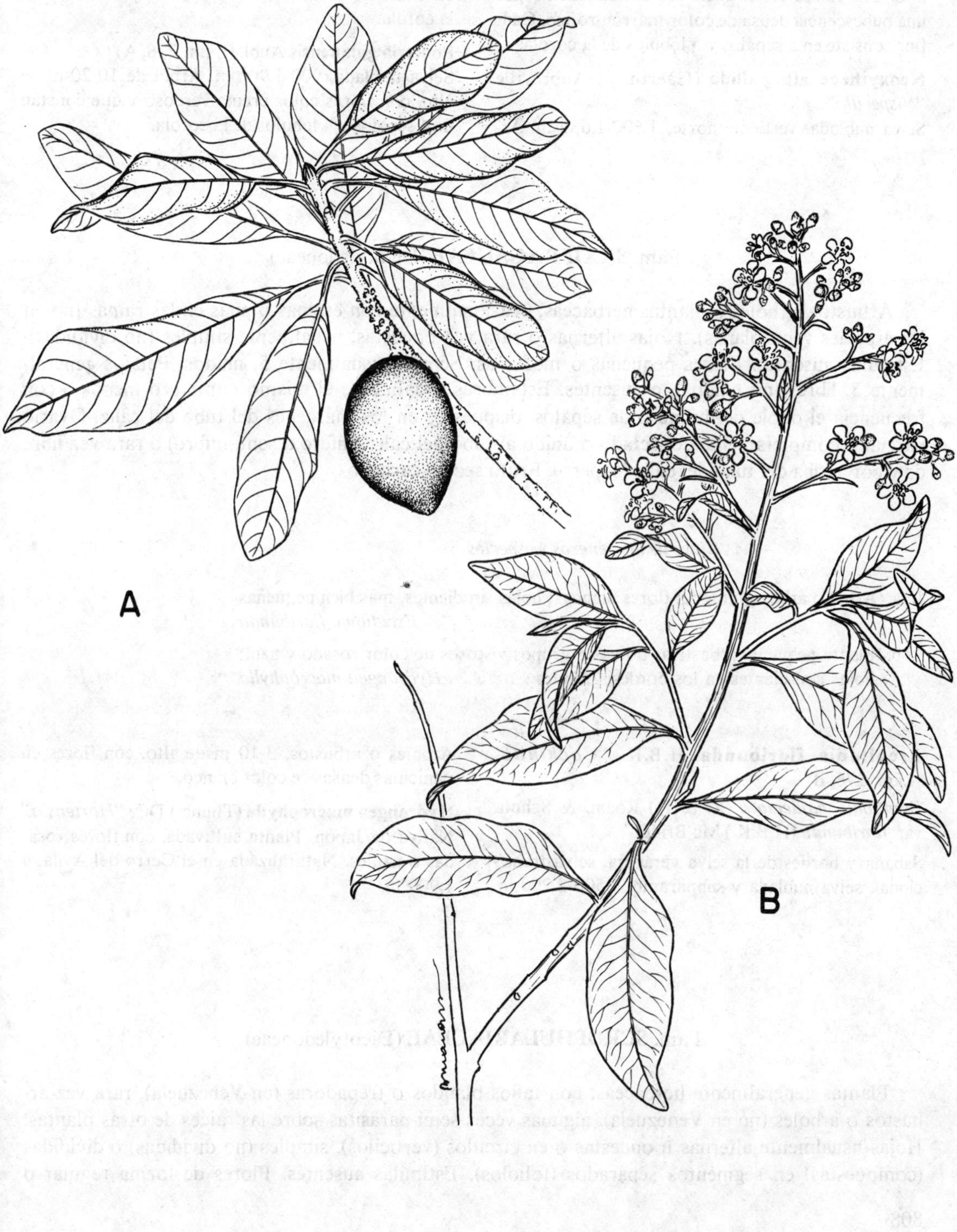

A. Pouteria guianensis.—B. Escallonia floribunda.

Micropholis crotonoides (Pierre) Pierre
Selva nublada, 1.900-2.000 m. Arbol de 8-30 m de alto. Las flores están cubiertas exteriormente por una pubescencia densa de color marrón-rojizo. Cada flor consiste en 5 sépalos y 5 lóbulos de la corola.

Neoxythece aff. **pallida** (Gaertn. f.) Aubreville
"Nisperillo"
Selva nublada, vertiente norte, 1.500-1.635 m. Arbol de 10 m de alto, con frutos erectos de color verde mate y marrón, 4 cm de largo, 3 cm de ancho. Las flores constan de 5 sépalos y 5 lóbulos de la corola.

Pouteria guianensis Aubl. (Lám. 276, A)
Selva nublada, 900-1.900 m. Arbol de 10-20 m de alto, con flores color crema-verdoso y que constan de 4 sépalos y 4 lóbulos de la corola.

Fam. **SAXIFRAGACEAE** (Dicotyledoneae)

Arbustos, árboles o plantas herbáceas, ocasionalmente con espinas o púas en las ramas (no en las especies venezolanas). Hojas alternas o rara vez opuestas, usualmente simples (no divididas). Estípulas ausentes. Flores pequeñas o medianas. Sépalos usualmente 5, unidos. Pétalos generalmente 5, libres (no unidos), o ausentes. Estambres usualmente el mismo número o menos o con frecuencia el doble del número de sépalos, dispuestos en los márgenes del tubo del cáliz. Ovario parcial o completamente conectado o unido al tubo del cáliz (ínfero o semi-ínfero) o rara vez libre de y por arriba del tubo del cáliz (súpero). Fruto seco o carnoso.

Clave de los géneros y especies

1. a. Arbol o arbusto grande; flores blancas; hojas sin dientes, más bien pequeñas *Escallonia floribunda*

   b. Planta pequeña, arbustiva; flores en grupos vistosos de color rosado y azul; hojas con dientes en los bordes, grandes . . . . . . *Hydrangea macrophylla*

Escallonia floribunda H.B.K. *"Cochinito"* (Lám. 276, B)
Escallonia paniculata (R. & P.) Roem. & Schult. var. *floribunda* (H.B.K.) Mc Bride
Sabana y bordes de la selva veranera, selva transicional, selva nublada y subpáramo, 1.500-2.200 m. Arboles o arbustos, 3-10 m de alto, con flores en panículas densas de color blanco.

Hydrangea macrophylla (Thunb.) DC. *"Hortensia"*
Nativa de Japón. Planta cultivada, con flores rosadas o azules. Naturalizada en el Cerro del Avila, a 1.900 m.

Fam. **SCROPHULARIACEAE** (Dicotyledoneae)

Plantas generalmente herbáceas, con tallos blandos o trepadoras (en Venezuela), rara vez arbustos o árboles (no en Venezuela), algunas veces semi-parásitas sobre las raíces de otras plantas. Hojas usualmente alternas u opuestas o en círculos (verticilos), simples (no divididas) o divididas (compuestas) en segmentos separados (folíolos). Estípulas ausentes. Flores de forma regular o irregular. Cáliz usualmente con 4-5 dientes o lóbulos unidos en la base. Corola con 4-5 (rara vez 6-8) pétalos unidos en lóbulos, con frecuencia 2-labiados. Estambres 4 ó 2, rara vez 5. Ovario situado arriba de la base de la corola y cáliz (súpero). Fruto usualmente seco, rara vez carnoso, con muchas semillas pequeñas.

Clave de los géneros y especies

1. a. Todas o casi todas las hojas alternas sobre el tallo 2

1a

b. Todas las hojas o por lo menos las inferiores opuestas o algunas veces en círculos (verticilos) de 3 hojas 5

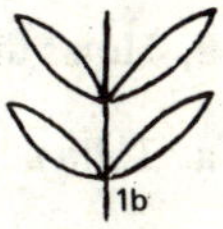
1b

2. a. La mayoría de las hojas profundamente cortadas hacia el centro en lóbulos angostos . . . . *Castilleja fissifolia*

2a

b. Ninguna de las hojas está cortada en segmentos o lóbulos angostos 3

3. a. Hojas muy pequeñas, casi tan anchas como largas, 0,5-2 cm de largo . . . . *Veronica polita*

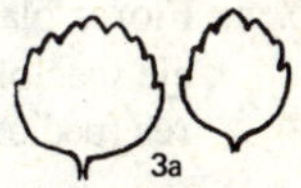
3a

b. Hojas mucho más largas que anchas, y mucho más largas que en el caso anterior 4

3b

4. a. Hojas con muchos dientes agudos a lo largo de los bordes . . *Capraria biflora*

b. Hojas sin dientes o casi sin dientes a lo largo de los bordes . . . . . *Castilleja arvensis*

5. (1.b)
a. Todas las flores nacen de los lados del tallo, ninguna en el extremo del tallo 6

5a

b. La mayoría de las flores o todas nacen de ejes, los cuales están ubicados en los extremos del tallo (algunas flores pueden nacer de los lados del tallo . 11

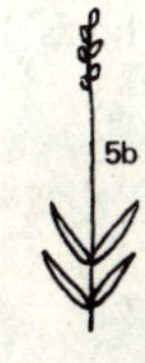
5b

6. a. Hojas muy pequeñas, 0,5-2 cm de largo, y ligeramente más largas que anchas o casi tan anchas como largas . . . . *Veronica polita*

6a

b. Hojas en promedio más largas, pero si no, entonces por lo menos obviamente más largas que anchas 7

6b

7. a. Hojas abruptamente angostadas en un eje (pecíolo) alargado y alado, de 3,5-5 cm de largo . . . . *Calceolaria macropoda*

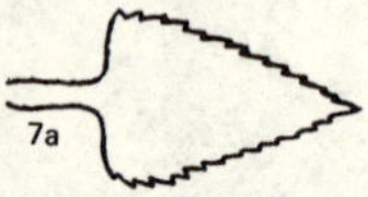

7a

b. Hojas diferentes a como se indica arriba 8

8. a. Tallo de casi 1 m de alto; hojas grandes, 10-25 cm de largo . . . *Leucocarpus perfoliatus*

b. Tallo generalmente más corto; hojas más pequeñas, 0,8-9 cm de largo . . . 9

9. a. Hojas más de 4 cm de largo . . . . . . *Calceolaria palustris* subsp. *yuparum*

b. Hojas 1-4 cm de largo 10

10. a. Flores blancas; las hojas principales del tallo se estrechan en la base en un eje (pecíolo) delgado de 0,5-1,5 cm de largo; usualmente 3 o más ejes de flores (pedicelos) nacen juntos del mismo nudo . . . . *Scoparia dulcis*

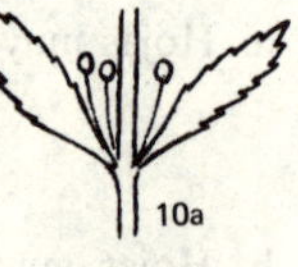

10a

b. Flores amarillas; las hojas principales del tallo sin pecíolos o angostándose en un pecíolo muy angosto de menos de 0,5 cm de largo; solamente 1 o como máximo 2 pedicelos nacen juntos del mismo nudo . . . . *Bacopa procumbens*

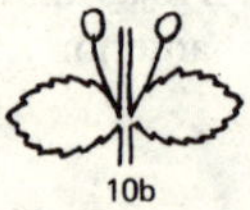

10b

11. (5.b)

a. Hoja abruptamente angostándose en un eje alargado y alado, 3,5-5 cm de largo . . . . *Calceolaria macropoda*

11a

b. Hoja diferente a como se indica arriba 12

12. a. Un eje definido (pecíolo) de 6-20 mm de largo presente . . . . *Alonsoa meridionalis*

12a

b. Casi todas las hojas sin un pecíolo definido (sésiles) 13

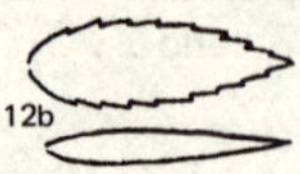

12b

13. a. Tallos conspicuamente foliáceos hasta el nacimiento de los ejes de las flores; hojas 1,1-2,5 cm de ancho . . . . *Angelonia salicariaefolia*

13a

b. Tallos generalmente foliáceos solamente en la mitad inferior, dejando expuesto gran parte del tallo debajo del nacimiento del eje floral; hojas mucho más angostas, 0,1-1 (–1,1) cm de ancho . . . . 14 *(Buchnera)*

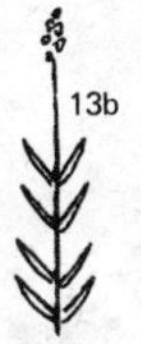

14. a. Tallos y hojas lisos o sin pelos (glabros); hojas 1-2 mm de ancho y con 1 solo nervio . . . . *Buchnera weberbaueri*

b. Tallos generalmente peludos; hojas con pelos o ásperas al tacto, 4,5-8,5 (–11) mm de ancho, 3-5 nervadas 15

15. a. Tallos cubiertos con pelos en forma de garfio o encorvados; hojas 3-11 (–14) mm de ancho, 3-6 veces más largas que anchas, densamente peludas con diminutos pelos en forma de garfio o enrollados . . . *Buchnera ternifolia*

b. Pelos sobre tallos y hojas diferentes a como se indica arriba y menos densos; hojas más largas y más angostas, 3-8 mm de ancho, 15-30 veces más largas que anchas . . . . *Buchnera rosea*

Alonsoa meridionalis (L. f.) Kuntze (Lám. 278, B)
Selva transicional, selva nublada y subpáramo, 1.100-2.000 m. Hierba de aproximadamente 1 m de alto o menos, con flores anaranjadas o rojo-salmón.

Angelonia salicariaefolia H. & B. *"Angelón"* Lám. 278, D)
Selva veranera y selva transicional, 1.000-1.620 m. Hierba de aproximadamente 1 m de alto, con inflorescencias alargadas y flores vistosas de color azul-púrpura.

Bacopa procumbens (Miller) Greenm. *"Golondrina de Los Andes"*
Selva de galería y selva veranera, 900 m. En lugares húmedos. Hierba de 40 cm o menos de alto, con flores amarillas.

Buchnera rosea H.B.K. *"Cachicamo"*
Borde de selva transicional y lugares abiertos, 1.800 m. Hierba de tallo delgado, aproximadamente 0,5 m de alto con flores color azul-púrpura.

Buchnera ternifolia H.B.K.
Sabana, 950 m. Hierba de tallo delgado, 0,5 m o menos de alto, con flores color azul-púrpura.

Buchnera weberbaueri Diels (Lám. 277, C)
Sabana, 1.200-1.300 m. Hierba de 0,5 m o menos de alto, con flores color lavanda.

Calceolaria macropoda Pennell (Lám. 277, E)
Selva de galería, 1.200-1.900 m. Hierba que crece a lo largo de las corrientes de las quebradas; corolas amarillas semejantes a bolsillas diminutas.

Calceolaria tripartita R. & P. subsp. **yuparum** (Steyerm.) Steyerm. (Lám. 277, D)
Calceolaria yuparum Steyerm.
Selva de galería, en cascadas y a lo largo de los riachuelos, 1.100-1.500 m. Hierba con tallos extendidos o bajos, flores amarillas semejantes a bolsitas.

Capraria biflora L. *"Fregosa"*
Sabana, 1.000 m. Hierba 0,5-0,7 m de alto, con flores pequeñas de color blanco.

Castilleja arvensis Schl. & Cham. (Lám. 277, A)
Castilleja communis Benth.
Sabana, 900-1.600 m. Hierba con raíces anuales, 0,2-0,5 m de alto. Brácteas vistosas usualmente de color rojo con amarillo o verde, pero también pueden ser predominantemente amarillas con verde.

Castilleja fissifolia L. f. *"Bandera española"*, *"Flor de Francia"*, *"Flor de campo"* (Lám. 277, B)
Castilleja fissifolia subsp. *divaricata* (Benth.) Wedd.
Subpáramo y borde de la selva nublada, 2.200-2.800 m. Hierbas perennes o ligeramente leñosas en la base, con tallos 0,5-1 m de alto. Las brácteas vistosas son de color rojo y amarillo, mientras que las hojas son de color gris-verde.

Leucocarpus perfoliatus (H.B.K.) Benth. (Lámina 278, A)
Selva nublada y subpáramo, 1.900-2.400 m. Hierba de aproximadamente 1 m de alto con flores pequeñas de color amarillo y frutos blancos, carnosos y globosos.

LAMINA 277: SCROPHULARIACEAE

A. Castilleja arvensis.—B. Castilleja fissifolia.—C. Buchnera weberbaueri.—D. Calceolaria tripartita subsp. yuparum.—E. Calceolaria macropoda.

LAMINA 278: SCROPHULARIACEAE

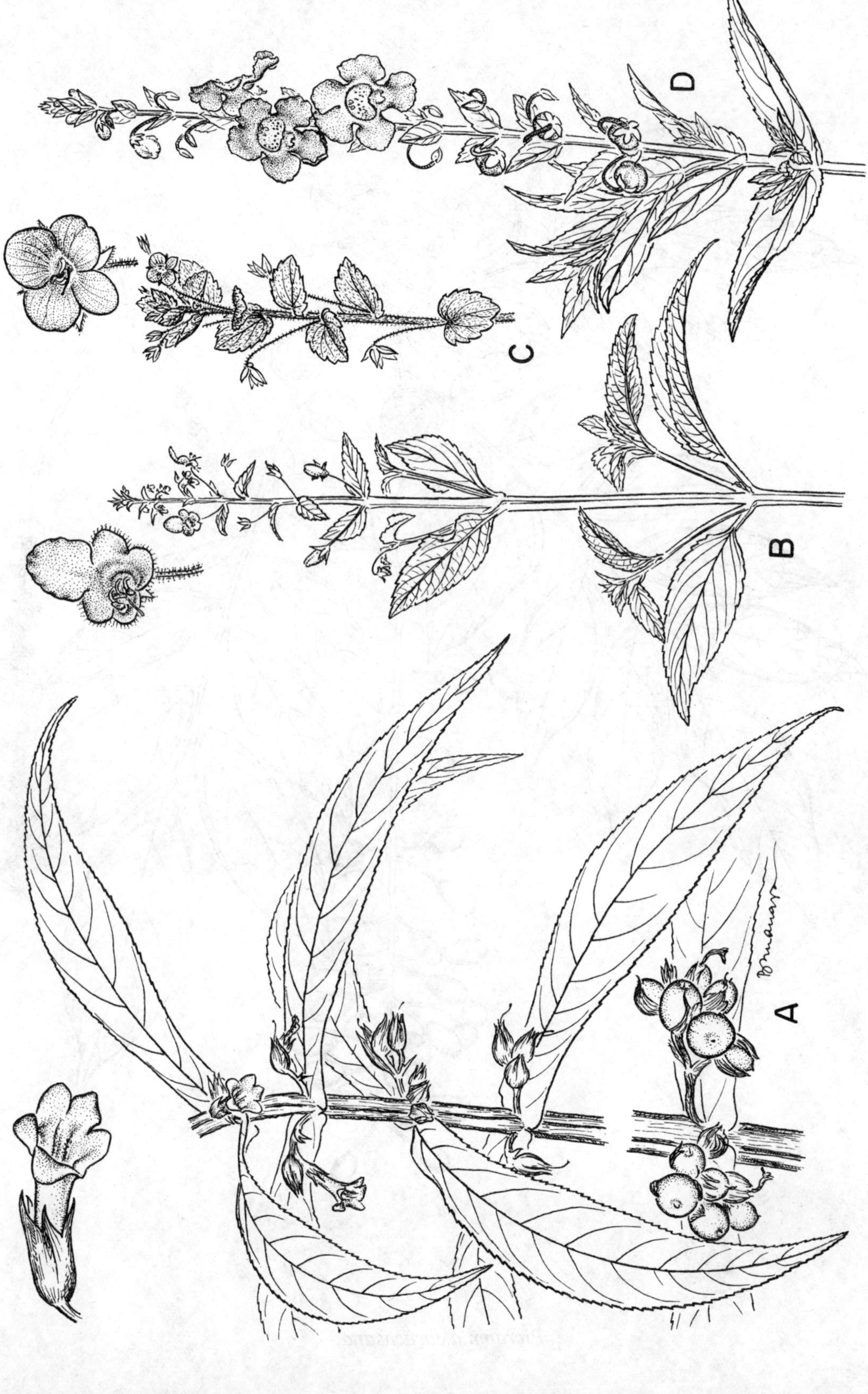

A. Leucocarpus perfoliatus.—B. Alonsoa meridionalis.—C. Veronica polita.—D. Angelonia salicariaefolia.

Picramnia caracasana.

Scoparia dulcis L. *"Escoba dulce"*
Sabana y lugares alterados, 100-1.200 m. Hierba con tallo semejante a un alambre, de aproximadamente 0,5 m de alto o algunas veces más alta, con flores pequeñas de color blanco.

Veronica polita Fries (Lám. 278, C)
Lugares abiertos y en cultivos, 2.200 m. Nativa de Europa y Asia. Hierba pequeña con raíces anuales, 3-10 cm de alto con tallos rastreros o ascendentes y hojas pequeñas con bordes festoneados, las cuales son redondeadas o anchamente encorvadas en el ápice. Corolas de color azul-lavanda y de forma casi regular, en lo cual difiere de la mayoría de los otros miembros de la familia.

Fam. **SIMAROUBACEAE** (Dicotyledoneae)

Arbustos o árboles con la corteza amarga. Hojas usualmente alternas, rara vez opuestas, usualmente divididas (compuestas) en segmentos separados (folíolos), algunas veces no divididas (simples), sin puntos translúcidos. Estípulas usualmente ausentes. Flores por lo general pequeñas, de color rojizo, blanco o verdoso. Cáliz dividido en 3-5 segmentos o lóbulos unidos. Corola con 3-5 pétalos libres o ausentes. Estambres en igual número que los pétalos o el doble del número de los mismos, insertos en la base de un disco circular y carnoso. Ovario situado arriba de la base del cáliz y corola (súpero). Fruto seco o carnoso.

Picramnia caracasana Engl. *"Manzanito de montaña"* (Lám. 279)
Selva transicional y selva nublada, 1.500-1.900 m. Arbusto o árbol, 4-6 m de alto. Hojas compuestas, de color verde oscuro; inflorescencias compuestas por flores pequeñas, de color verde-rojizo, frutos carnosos y de color rojo oscuro, dispuestos en grupos laxos.

Fam. **SOLANACEAE** (Dicotyledoneae)

Hierbas, arbustos o rara vez árboles, algunas veces plantas trepadoras o epífitas, frecuentemente con espinas o púas. Hojas alternas o casi opuestas, simples (no divididas) o profundamente cortadas o segmentadas (compuestas) en segmentos separados. Estípulas ausentes. Flores usualmente de forma simétrica, pero algunas veces irregulares (asimétricas). Cáliz con 5 (algunas veces 4 ó 6) sépalos unidos. Corola con 5 pétalos unidos formando un tubo muy corto o muy largo. Estambres usualmente 5, pero algunas veces 4 o menos. Ovario situado arriba de la base de la corola y el cáliz (súpero). Fruto seco o carnoso, con varias hasta muchas semillas.

Clave de los géneros y especies

1. a. Plantas con espinas o púas en alguna parte del tallo, hojas, ejes que soportan las hojas (pecíolos) o frutos 2
   b. Plantas sin espinas o púas en el tallo, hojas, pecíolos o frutos 14

2. a. Plantas volubles o trepadoras 3
   b. Arboles, arbustos o plantas herbáceas con tallo blando 4

3. a. Numerosas espinas con frecuencia presentes sobre los pecíolos y el nervio medio de la cara inferior de la hoja . . . . *Solanum asperrimum*

b. Pocas espinas o éstas apenas evidentes, presentes en alguna parte de la planta, pero no en el pecíolo o en el nervio medio de la cara inferior de la hoja *Solanum umbratile*

4. a. Arboles de 10-15 m de alto; corola grande, 6 cm o más de ancho . . *Solanum wrightii*

b. Arbustos o hierbas altas de 3 m o menos de alto; corola menos de 6 cm de ancho 5

5. a. Flores con un tubo largo; fruto espinoso . . . . *Datura stramonium*

5a

b. Flores casi sin tubo; fruto no espinoso, pero algunas veces con setas o peludo 6

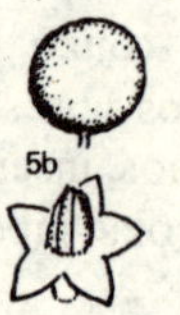

5b

6. a. Hojas sin pelos (glabras) o esparcidamente peludas, los pelos simples y no ramificados; fruto liso, sin pelos 7

b. Hojas densamente peludas en una o en ambas caras, los pelos con rayos o ramas extendidas, lo cual les da apariencia de estrella o de rayos del sol (pelos estrellados) 8

7. a. Hojas usualmente con pelos esparcidos en una o ambas superficies . . . . *Solanum acerifolium*

b. Hojas generalmente glabras en ambas superficies . *Solanum quinquangulare*

8. a. Frutos sin pelos; tallos sólo ligera o remotamente espinosos 9

b. Frutos peludos; tallos con abundantes espinas 10

9. a. Flores o frutos varios o muchos agrupados sobre un eje alargado (pedúnculo); hojas usualmente grandes (7,5-30 cm de largo y 4-17 cm de ancho) . . . *Solanum torvum*

b. Flores o frutos solitarios o escasos, no dispuestos sobre un eje común; hojas pequeñas (3,7 cm de largo, 1-4 cm de ancho) . . . . . *Solanum umbratile*

10. a. Tallos, ejes que soportan las hojas (pecíolos) y especialmente la cara inferior de la hoja con pelos largos y estrellados . . . . *Solanum felinum*

b. Tallos, pecíolos y cara inferior de la hoja con pelos cortos y estrellados . . 11

11. a. Tallos armados con muchas espinas delgadas de 5-15 mm de largo; hojas usualmente con espinas en ambas superficies . . . . . . *Solanum flavescens*

11a

b. Tallos armados generalmente con espinas más cortas, 1-5 mm de largo; hojas no espinosas o sólo la cara inferior de la hoja relativamente con pocas espinas 12

11b

12. a. Bordes de las hojas usualmente no lobulados . . . *Solanum mesopliarthrum*

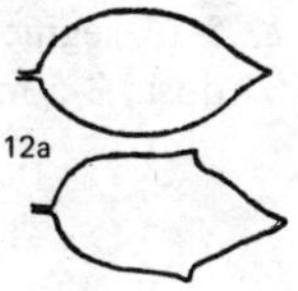
12a

b. Bordes de las hojas con lóbulos 13

12b

13. a. Tallos y cara inferior de las hojas cubiertos con una capa densa de pelos diminutos agrupados, de color gris o blanco-grisáceo; fruto más bien pequeño, 1,5-2 cm de diámetro . . . . *Solanum obtusifrons*

b. Tallos y cara inferior de las hojas con una pubescencia suave, algodonosa, los pelos del tallo son más laxos y protuberantes; fruto más grande, 3-5 cm de largo o ancho . . . . *Solanum hyporhodium*

14. (1.b)

a. Todas o algunas hojas completamente segmentadas o casi completamente segmentadas hasta el centro y divididas en segmentos separados (folíolos) (hojas compuestas) 15

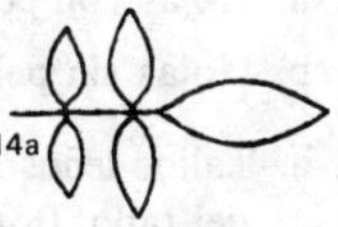
14a

b. Hojas nada cortadas (enteras) o nunca completamente cortadas hasta el centro (simples) 21

14b

15. a. Bordes de los folíolos irregularmente dentados . . . *Lycopersicon esculentum*

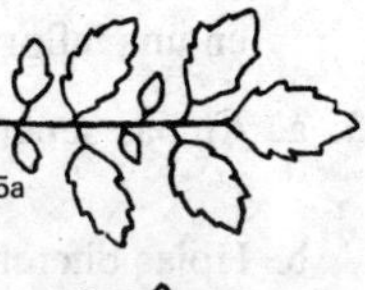
15a

b. Bordes de los folíolos sin dientes 16

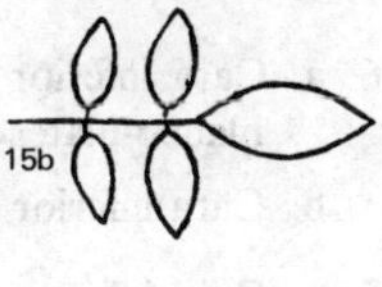
15b

16. a. Plantas trepadoras o volubles 17

b. Plantas no trepadoras ni volubles 18

17. a. Tallos y hojas con pelos . . . . *Solanum fraxinifolium*

b. Tallos y hojas sin pelos . . . . *Solanum seaforthianum*

18. a. Tallos y hojas con pelos 19

b. Tallos y hojas sin pelos o casi sin pelos 20

19. a. Flores de color purpúreo; fruto mucho más largo que ancho y angostado en una punta angosta; segmentos separados (folíolos) 3-7 cm de ancho . . . . *Cyphomandra diversifolia*

b. Flores blancas; fruto redondeado, globoso, aproximadamente tan largo como ancho; folíolos mucho más angostos . . . . . . *Solanum fraxinifolium*

20. a. 5-13 segmentos separados (folíolos) presentes; corola blanca o blanco-verdosa, 3-5 mm de largo . . . . *Solanum trizygum*

20a

b. 3-5 folíolos presentes; corola de color lavanda o lavanda y blanco, 8-10 mm de largo . . . . *Cyphomandra diversifolia*

20b

21. (14.b)

a. Tallos rastreros sobre el suelo . . . . *Solanum asarifolium*

b. Tallos erectos, trepadores o extendidos pero nunca rastreros sobre el suelo . 22

22. a. Plantas trepadoras o volubles 23

b. Plantas erectas, árboles, arbustos o hierbas con tallo blando o endurecido . 25

23. a. Hojas con pelos en la cara inferior . . . . *Solanum umbratile*

b. Hojas sin pelos en la cara inferior 24

24. a. Tallos leñosos, trepadoras a grandes alturas; hojas agrupadas hacia el ápice del tallo; flores solitarias, de color anaranjado-amarillo, muy grandes y con un tubo largo, 18-25 cm de largo . . . . *Solandra grandiflora*

b. Tallos ligeramente leñosos, generalmente blandos, trepadoras a bajas alturas; hojas dispersas a lo largo del tallo; flores purpúreas o blancas, pequeñas con un tubo apenas evidente, casi 1 cm de largo, varias hasta numerosas en una inflorescencia . . . . *Solanum seaforthianum*

25. a. Ambas superficies de las hojas de color gris-plateado o azul-plateado . . . . *Nicotiana glauca*

b. Hojas diferentes a como se indica arriba 26

26. a. Cara inferior de las hojas con una cubierta conspicua de escamas de color blanco-plateado . . . . *Solanum argenteum*

b. Cara inferior de las hojas diferente a como se indica arriba 27

27. a. Cara inferior de las hojas densamente peluda 28

b. Cara inferior de las hojas sin pelos o ligera, esparcida e inconspicuamente peluda 40

28. a. La hoja más grande usualmente acompañada en la base por una hoja más pequeña . . . . *Solanum xylopifolium*

b. Ninguna hoja más pequeña está situada en la base de la hoja más grande . 29

29. a. Plantas pequeñas, herbáceas de tallo blando; corola amarilla con el centro marrón; fruto inflado, papiráceo y semejante a una bolsa con una baya en el interior . . . . *Physalis peruviana*

29a

b. Arboles, arbustos o plantas grandes con la parte inferior del tallo endurecida o leñosa; corola blanca o purpúrea; fruto seco o carnoso, pero sin una bolsa inflada 30

30. a. Arboles, 10-15 m de alto; corola grande, 6 cm o más de ancho . . . *Solanum wrightii*

b. Sin la combinación de caracteres arriba indicados 31

31. a. Flores purpúreas; fruto mucho más largo que ancho, angostado hacia el ápice . . . . *Cyphomandra diversifolia*

b. Flores blancas; fruto globoso, redondeado en el ápice, a lo más sólo ligeramente más largo que ancho 32

32. a. Todas las flores nacen sobre un eje situado en el ápice del tallo 33

32a

b. Por lo menos algunas de las flores nacen de los lados del tallo en la base de las hojas 35

32b

33. a. Hojas generalmente 4-17 cm de ancho; ejes que soportan las hojas (pecíolos) bien desarrollados, 1,5-8 cm de largo . . . . *Solanum hazenii*

b. Hojas 1-4 (–5) cm de ancho; pecíolo poco desarrollado o alcanzando sólo 1 cm de largo 34

34. a. La base de la lámina de la hoja se extiende hasta la unión con el tallo; hojas conspicuamente angostadas en la base . . . . *Solanum asperum*

34a

b. La base de la hoja termina en el ápice del pecíolo y no se extiende hasta el tallo; hojas no conspicuamente angostadas en la base . . *Solanum umbratile*

34b

35. a. Las hojas más grandes miden 6-10 cm o más de ancho 36

b. Las hojas más grandes son más angostas 38

36. a. Cara superior de las hojas sin pelos (glabra) . . . *Solanum chlamydogynum*

b. Cara superior de las hojas más o menos peluda 37

37. a. Segmentos de la corola sólo ligeramente más largos que los segmentos del cáliz, y aproximadamente 1 cm de largo; pelos de los ejes florales y del cáliz alargados y laxamente extendidos . . . . *Solanum mesopliarthrum*

37a

b. Segmentos de la corola mucho más largos que los segmentos del cáliz, 1,5-2 centímetros de largo; pelos de los ejes florales y del cáliz cortos y permaneciendo cerca de la superficie . . . . *Solanum torvum*

37b

38. a. Nervios laterales de las hojas 5-12 a cada lado del nervio medio; hojas 5-15 cm de largo; flores muchas y apretadamente agrupadas; corola con un tubo alargado y angosto mucho más largo que los lóbulos . . . *Cestrum lanatum*

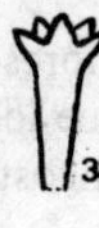

38a

b. Nervios laterales de las hojas 4-6 a cada lado del nervio medio; hojas 2-7 cm de largo; flores solitarias o como máximo 4 juntas; corola con un tubo corto y somero 39

38b

39. a. Nervios laterales de la cara inferior de las hojas elevados o prominentes; corola peluda en la superficie exterior; lóbulos de la corola angostos y alargados, más largos que el tubo . . . . *Solanum umbratile*

b. Nervios laterales de la cara inferior de la hoja débiles, no prominentes; corola sin pelos en la superficie externa; lóbulos de la corola anchos y someros *Capsicum ciliatum*

40. (27.b)

a. Arboles o arbustos con la parte inferior del tallo endurecida o leñosa . . . 41

b. Plantas herbáceas, generalmente con tallos blandos y de poco crecimiento . 56

41. a. Flores muy grandes, 20-25 cm de largo y 5-10 cm de ancho arriba de la mitad . . . . *Brugmansia suaveolens*

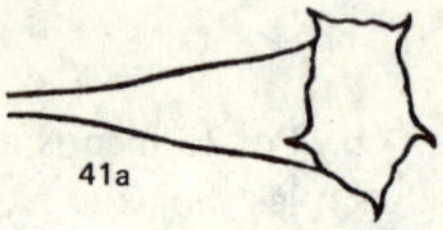
41a

b. Flores mucho más pequeñas 42

42. a. Algunas de las hojas usualmente acorazonadas (anchamente encorvadas hacia adentro en ambos lados de la base); hojas generalmente 6-20 cm de ancho . . . . *Cyphomandra betacea*

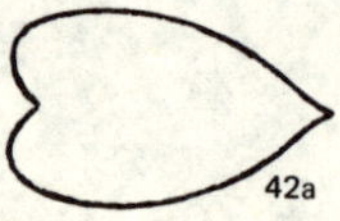
42a

b. Hojas no acorazonadas en la base; hojas generalmente 1-7 cm de ancho, pero si son más anchas, entonces ni acorazonadas, ni redondeadas en la base 43

43. a. Corola con un tubo angosto y alargado, el cual es mucho más largo que los lóbulos 44

43a

b. Corola con un tubo corto o más ancho que largo 50

43b

44. a. Nervios laterales de las hojas conspicuamente elevados en la cara inferior . 45

b. Nervios laterales no elevados, pero algunas veces algo prominentes en la cara inferior de la hoja 47

45. a. Nervios principales laterales de las hojas 5-10 a cada lado del nervio medio *Cestrum alternifolium*

b. Nervios principales laterales de las hojas 15-20 a cada lado del nervio medio 46

46. a. Flores dispuestas sobre ejes alargados los cuales son del mismo largo o exceden el largo de los ejes que soportan las hojas (pecíolos); cáliz 8-10 mm de largo; corola 15-20 mm de largo y hasta 6 mm de ancho . . . . . *Cestrum caloneurum*

b. Flores dispuestas sobre ejes cortos, los cuales usualmente son más cortos que los pecíolos; cáliz 1,5-3 mm de largo; corola 10-12 mm de largo, muy angosta y 1-1,5 mm de ancho . . . . *Cestrum racemosum*

47. a. Hojas generalmente 5,5-12 cm de ancho y 13-33 cm de largo . . . . *Cestrum baenitzii*

b. Hojas más angostas, generalmente 1-4 (–6) cm de ancho y 5-16 cm de largo 48

48. a. Nervios laterales extendidos horizontalmente en ángulos más o menos rectos con respecto al nervio medio; hojas usualmente adelgazándose en un ápice largo y angosto . . . . *Cestrum salicifolium*

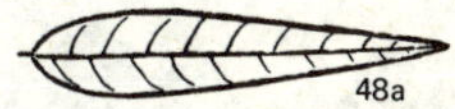
48a

b. Nervios laterales más o menos ascendentes desde el nervio medio; hojas sólo corto-puntiagudas en el ápice 49

48b

49. a. Flores blancas, sin ejes definidos (pedicelos); ejes florales principales (pedúnculos) alargados, 2-5 cm de largo; flores generalmente agrupadas en el extremo del eje floral . . . . *Cestrum diurnum*

b. Flores verdes o verde lavanda, sobre pedicelos cortos; pedúnculos más cortos, 0,5-1,5 (–2) cm de largo; flores y frutos dispersos a lo largo del eje floral . . . . *Cestrum costanense*

50. (43.b)

a. Solamente 1 ó 2 flores o frutos en la base del eje que soporta la hoja (pecíolo) 51

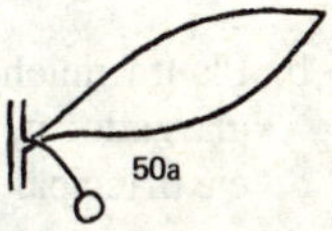
50a

b. Usualmente más de 3 flores o frutos en la base de u opuestos a la base del pecíolo 53

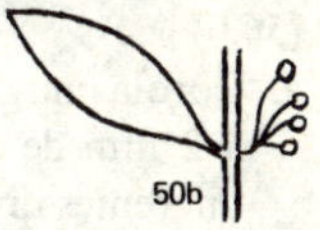
50b

51. a. Segmentos del cáliz 1-2 mm de largo . . . . *Capsicum ciliatum*

b. Segmentos del cáliz 4-7 mm de largo 52

52. a. Tallos y hojas sin pelos (glabros) . . . . *Solanum ripense*

b. Tallos, por lo menos en la parte superior, y la cara inferior de las hojas con pelos . . . . *Solanum xylopifolium*

53. a. Cara inferior de la hoja con diminutos grupos de pelos en la unión con los nervios laterales y el nervio medio . . . . *Solanum antillarum*

53a

b. Cara inferior de la hoja sin grupos de pelos ubicados en la unión de los nervios laterales con el nervio medio 54

54. a. Corola amarilla o verdoso-amarilla; los nerviecillos más finos (terciarios) de la cara superior de la hoja forman una red prominente . *Witheringia lindenii*

b. Corola blanca; los nerviecillos más finos (terciarios) de la cara superior de la hoja no son prominentes ni forman una red 55

55. a. Lóbulos de la corola 5,5-7 mm de largo y 2-3 mm de ancho; lóbulos del cáliz con un borde pálido engrosado . . . . *Solanum gratum*

b. Lóbulos de la corola sólo 3-4 (–5) mm de largo y 1-1,5 (–2) mm de ancho; lóbulos del cáliz no engrosados en los bordes . . . . . . *Solanum arboreum*

56. (40.b)

a. Corola de color azul-púrpura o lavanda 57

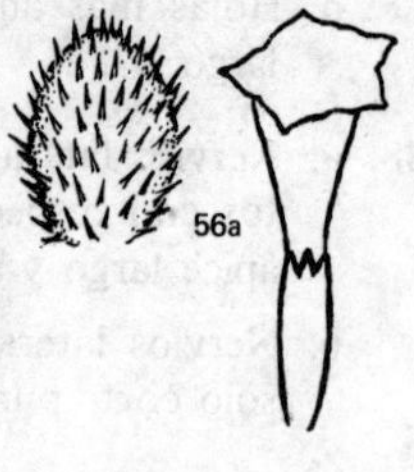
56a

b. Corola blanca, amarillo-verdosa, amarilla o amarilla con marrón 59

57. a. Corola alargada, 6-9 cm de largo; cáliz alargado, 3-5 cm de largo; fruto espinoso . . . . *Datura stramonium*

b. Corola y cáliz mucho más cortos; fruto sin espinas 58

58. a. Planta pequeña, 0,15-0,6 m de alto; corola con tubo alargado y en forma de trompeta; nervios laterales de las hojas generalmente 3-5 (–6) a cada lado del nervio medio; eje floral principal 6 mm o menos de largo . . . *Browallia americana*

b. Planta mucho más alta, 1,5-4 m de alto; corola corta y ancha, sin un tubo alargado; nervios laterales de las hojas 5-9 a cada lado del nervio medio; eje principal de la flor 4-10 cm de largo . . . . . . *Cyphomandra diversifolia*

59. (56.b)

a. Corola muy angosta, con un tubo alargado, mucho más largo que ancho, 1-2 mm de ancho; eje de la inflorescencia alargado, con flores dispersas a diferentes niveles a lo largo del mismo . . . . *Schwenkia americana*

59a

b. Corola con un tubo corto, tan ancho o más ancho que largo, más de 2 mm de ancho; eje de la inflorescencia ni alargado, ni las flores dispersas a lo largo del mismo 60

59b

60. a. Corola amarilla con marrón; fruto inflado, papiráceo, en forma de saco con una baya en el interior; hojas frecuentemente dentadas o con proyecciones a lo largo de los bordes . . . . *Physalis angulata*

60a

b. Corola blanca, amarillo-verdosa o amarilla; fruto con una baya no cubierta por una bolsa inflada o saco papiráceo; hojas sin dientes o lóbulos 61

61. a. Flores o frutos dispuestos sobre ejes (pedicelos) que nacen directamente desde el tallo 62

61a

b. Flores o frutos dispuestos sobre pedicelos que nacen en el ápice de un eje alargado (pedúnculo) y no directamente del tallo 64

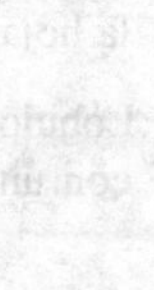

61b

62. a. Varias hasta muchas (5-20) flores o frutos nacen en los nudos del tallo . . . . *Witheringia solanacea*

b. Solamente 1 ó 2 flores o frutos nacen de los nudos del tallo 63

63. a. Plantas sin pelos (glabras) . . . . *Capsicum annuum*

b. Por lo menos la parte superior del tallo y la cara inferior de las hojas con pelos . . . . *Solanum xylopifolium*

64. a. Fruto con el cáliz fuertemente agrandado; los filamentos de los estambres son mucho más largos que las anteras; los lóbulos de la corola miden 3,5-5 milímetros de ancho en la base . . . . *Jaltomata procumbens*

b. Fruto con el cáliz no agrandado; los filamentos de los estambres son más cortos que las anteras; los lóbulos de la corola son más angostos, sólo 1-2 milímetros de ancho en la base . . . . *Solanum gollmeri*

Browallia americana L. (Lám. 282, B)
Lugares alterados y en cultivos, 1.500 m. Plantas herbáceas.

Brugmansia suaveolens (H. & B.) Bercht. & Presl *"Borrachera"* (Lám. 281, B)
Datura suaveolens H. & B.
Selva transicional, 1.600 m. Flores fragantes, de color blanco con verde pálido. Planta arbustiva con tallo endurecido o leñoso, 1-3 m de alto. Nativa de Brasil y con frecuencia plantada en jardines.

Capsicum annuum L. var. **aviculare** (Dierbach) D'Arcy & Eshbaugh *"Ají", "Ají chirel pequeño"* (Lám. 286, D)
Capsicum annuum var. *baccatum* de autores, no L.
Capsicum baccatum de autores, no L.
Lugares alterados y abiertos, a menudo cerca de cultivos o habitaciones, 900-1.500 m. Hierba de hasta 1,5 m de alto, con frutos pequeños, globosos de color rojo y picantes. El fruto picante de esta especie es comúnmente usado para sazonar las comidas.

Capsicum ciliatum (H.B.K.) Kuntze
Brachistum rhomboideus (Dunal) Ktze.
Sabana y selva veranera, 950-1.000 m. Arbusto de 1-2 m de alto.

Cestrum alternifolium (Jacq.) O. E. Schulze
Selva de galería, 1.300 m. Arbusto o árbol pequeño, 2-5 m de alto. Flores de color verde pálido.

Cestrum baenitzii Lingelsh. (Lám. 280, A)
Selva nublada, 1.600 m. Arbusto hasta árbol pequeño.

Cestrum caloneurum Pittier
Selva nublada, 1.800 m. Arbol pequeño, 3-5 m de alto.

Cestrum costanense Steyermark (Lám. 280, D)
Cestrum dubium Pittier, no Steud.
Selva transicional y selva nublada, 1.500 m. Arbol pequeño o arbusto.

Cestrum diurnum L.
Arbusto o árbol pequeño de hasta 4 m de alto. Cultivado. Selva veranera y selva transicional, en lugares alterados, 1.000-1.400 m. Originalmente nativo de las Antillas y de Sur América.

Cestrum lanatum Mart. & Gal. *"Quesillo"* (Lám. 280, C)
Cestrum densiflorum Francey
Selva transicional, 1.400-1.500 m. Arbol pequeño que alcanza unos 8 m de alto.

Cestrum racemosum Ruiz & Pavón *"Uvita", "Vara blanca"*
Selva veranera, vertiente norte. Arbusto o árbol, 2,5-12 m de alto con flores blanco-verdosas.

Cestrum salicifolium Jacq. (Lám. 280, B)
Selva transicional y selva nublada, 1.000-1.675 m. Arbusto 2-2,5 m de alto con flores verdosas o cremosas.

Cyphomandra betacea (Cav.) Sendt. *"Tomate francés"*
Cyphomandra crassifolia (Ortega) Kuntze
Selva nublada, 1.500-1.800 m. Arbol pequeño o arbusto de hasta 8 m de alto, generalmente con tallo leñoso en la base. Las hojas inferiores del tallo con frecuencia profundamente lobuladas o cortadas. Fruto comestible, con el cual se preparan mermeladas o conservas.

Cyphomandra diversifolia (Dunal) Bitter (Lám. 282, C)
Cyphomandra glabra Pittier, nomen
Cyphomandra campanulata Moritz, nomen del herbario
Selva nublada, 1.500-2.000 m. Plantas herbáceas grandes, 1-2,5 m de alto, con flores colgantes de

color blanco-purpúreo o azul-púrpura y frutos con líneas y también colgantes. Las hojas y tallo varían grandemente en lo que a la pubescencia se refiere, desde completamente glabras hasta peludas, mientras que las hojas varían desde simples (no divididas) hasta compuestas (divididas en segmentos separados).

Datura stramonium L. *"Ñongué"* (Lám. 283, A)
Lugares alterados y cerca de habitaciones y cultivos, 1.000-1.100 m. Plantas herbáceas de 1 m. o menos de alto. Las semillas son venenosas.

Jaltomata procumbens (Cav.) J. Gentry
Saracha procumbens (Cav.) R. & P.
Saracha jaltomata Schl.
Lugares alterados y abiertos y en cultivos, 1.500-2.000 m. Hierba ramificada, usualmente 0,5-1 m de alto.

Lycopersicon esculentum Mill. var. **cerasiforme** (Dunal) A. Gray *"Tomate"* (Lám. 284, A)
Naturalizado en lugares sombreados o alterados o cerca de cultivos y habitaciones, 900-1.500 m. Nativa del oeste de Sur América. Los frutos pequeños, semejantes a bayas, miden generalmente 1,5-2 cm de diámetro. Esta variedad frecuentemente se encuentra silvestre escapada de los cultivos.

Nicotiana glauca Graham *"Almorranera"* (Lám. 282, D)
Sabana y selva veranera, a menudo en lugares alterados y abiertos, 800-1.000 m. Arbusto o árbol pequeño, 2,5-4 m de alto. Empleado para la cura de las hemorroides *(almorranas).*

Physalis angulata L. *"Topotopo"*
Lugares alterados y abiertos, 1.000-1.200 m. Plantas herbáceas de 1 m de alto o menos.

Physalis peruviana L. *"Topotopo"* (Lám. 282, A)
Lugares alterados, cafetales y otros cultivos y selva transicional, 1.500-1.600 m. Las bayas carnosas se usan algunas veces en la preparación de mermeladas o conservas.

Schwenkia americana L.
Selva tropófila y lugares alterados y abiertos, 800-1.200 m. Flores delgadas tubulares de color amarillo-verdoso con lavanda. Planta anual, delgada, de 0,3-6 m de alto.

Solandra grandiflora Sw. *"Copa de ángel"* (Lám. 281, A)
Selva transicional, y selva nublada, 1.600-1.900 m. Flores grandes, vistosas, muy bonitas, tubulares, de color amarillento u oro con costillas purpúreas en la superficie interior.

Solanum acerifolium H.B.K. (Lám. 285, A)
Selva nublada y selva de galería, 1.500-1.700 m. Planta arbustiva con tallos endurecidos o algo leñosos en la base, 1,5-2,5 m de alto.

Solanum antillarum O. E. Schulze
Solanum tovarense Bitter.
Selva nublada, 1.200-1.900 m. Arbusto o árbol pequeño.

Solanum arboreum H.B.K.
Selva nublada, 1.580-1.900 m. Arbusto de 3-6 m de alto, con corola de color blanco. Aquí se incluyen especímenes identificados como *Solanum micranthum* Willd. ex R. & S. y *Solanum nudum* H. & B. ex Dun., al igual que material incluido bajo el nombre de *Solanum ombrophilum* Pittier.

Solanum argenteum Dun.
Solanum lepidotum Dun.
Selva nublada, vertiente norte, 1.390-1.500 m. Árbol o arbusto de 3-5 m de alto, con corolas blancas, costrosas y con hojas conspicuamente blanquecinas en la cara inferior.

Solanum asarifolium Bitter (Lám. 288, C)
Lugares sombreados, cafetales y en cultivos, 900 m. Planta rastrera con flores blancas y frutos anaranjados, comestibles.

Solanum asperum L. C. Rich.
Sabana y selva veranera, 1.100-1.300 m. Arbusto con flores blancas.

Solanum aturense H.B.K. (Lám. 285, C)
Solanum asperrimum Bitter & Moritz
Selva nublada, vertiente norte, 1.390-1.490 m. Trepadora con tallos espinosos y flores blancas.

Solanum chlamydogynum Bitter *"Tabaquero"*
Selva veranera y en matorrales, 900-1.200 m. Arbusto de 1,5-2 m de alto, flores de color blanco.

Solanum felinum Bitter
Selva nublada, 1.500-1.900 m. Arbusto con tallos largos suavemente pubescentes al igual que las hojas, espinas numerosas y flores purpúreas.

Solanum flavescens Dunal var. **albescens** Dunal (Lám. 288, A)
Selva veranera, 900-1.100 m. Arbusto herbáceo o arbusto de hasta 2 m de alto, con flores blancas. Esta especie ha sido confundida con *Solanum hirtum* Vahl.

Solanum fraxinifolium Dunal (Lám. 286, B)
Solanum fraxinifolium var. *protoxanthum* Bitter
Selva transicional, cafetales y matorrales y lugares alterados, 1.400-1.800 m. Plantas herbáceas con tallos rastreros o trepadores, alargados, usualmente de 1 m de alto o algunas veces más altas.

Solanum gollmeri Bitter *"Yerba mora"* (Lám. 286, C)
Solanum macrotonum Bitter
Sabana, selva transicional, cafetales y lugares alterados y cultivos, 900-1.500 m. Plantas herbáceas, 1 m o más de alto, con flores blancas, pequeñas, y frutos que se vuelven negros. Esta especie es muy parecida al común *Solanum americanum* Mill. que, sin embargo, tiene corolas más pequeñas.

Solanum gratum Bitter (Lám. 285, B)
Selva nublada, 1.600-2.000 m. Arbusto o árbol pequeño, 2,5-4 m de alto, con flores blancas. Las hojas varían desde redondeadas o encorvadas en el ápice hasta terminando en una punta corta o larga. Plantas identificadas como *Solanum avilense* Pittier y *Solanum ripivagum* Pittier han sido incluidas aquí.

Solanum hazenii Britton *"Tabacote"*
Solanum verbascifolium de autores, no L.
Solanum verbascifolium var. *adulterinum* Hamilton
Selva veranera y selva transicional, 900-1.000 m. Arbusto o árbol pequeño de 1,5-4 m de alto.

Solanum hyporhodium A. Br. & Bouché *"Huevo de gato"* (Lám. 288, B)
Selva nublada, 1.000-1.500 m. Arbusto de 1,5-3 m de alto, con flores blancas y frutos verde oliva con pelos pardos.

Solanum mesopliarthrum Bitter ex Rojas & Steyermark
Selva transicional y selva nublada, 1.500-2.000 m. Arbusto o árbol pequeño, 2-4 m de alto. Esta especie incluye especímenes identificados como: *Solanum lanugiflorum* Pittier, *Solanum confusum* Pittier, *Solanum fraternorum* Pittier, *Solanum hypodyschroum,* y *Solanum lanugiflorum* var. *emarginatum,* ya que ninguno de los nombres indicados anteriormente ha sido publicado legalmente.

Solanum obtusifrons Bitter
Selva transicional, 1.300-1.500 m. Arbusto o planta arbustiva con tallos endurecidos o algo leñosos en la base.

Solanum quinquangulare H.B.K.
Selva transicional y selva nublada, 1.390-2.000 m. Arbustos herbáceos hasta subherbáceos, 1-2,5 m de alto, con corolas de color blanco-verdoso pálido y frutos globosos de color verde con líneas blancas.

Solanum ripense Dunal
Selva nublada, 1.600-1.900 m. Arbusto de 2-3 m de alto.

Solanum seaforthianum Andr. (Lám. 286, A)
Selva veranera y en matorrales y lugares alterados o cultivados, 900-1.200 m. Trepadora con flores usualmente purpúreas, rara vez blancas.

Solanum torvum Sw. *"Coquino", "Trompito"*
Selva tropófila y en matorrales abrigados, 1.000 m. Arbusto o árbol pequeño, 1,5-5 m de alto, con flores blancas y usualmente espinas cortas sobre el tallo.

Solanum trizygum Bitter (Lám. 283, B)
Selva nublada y selva de galería, 900-1.300 m. Plantas herbáceas, 1-1,5 m de alto. Los vástagos jóvenes se pueden comer luego de ser cocidos.

Solanum umbratile Johnston
Selva de galería, 1.000-1.200 m. Trepadora poco espinosa.

Solanum wrightii Benth. (Lám. 284, B)
Solanum macranthum Dun.
Introducida de Bolivia. Arbol ornamental cultivado, de hasta 15 m de alto, con flores grandes, vistosas y de color púrpura y blanco. Naturalizada en algunas zonas boscosas y alteradas del Avila.

Solanum xylopifolium Dunal
Selva nublada, 1.700-1.800 m. Planta casi herbácea hasta ligeramente arbustiva, 0,5-2,5 m de alto.

Witheringia lindenii (Dunal) Steyermark (Lám. 287, B)
Fregirardia lindenii Dunal
Brachistus lindenii (Dunal) Pittier
Brachistus tovarensis Pittier
Selva nublada, 1.900 m. Arbusto 1,5-3 m de alto con flores amarillas o verde-amarillentas.

Witheringia solanacea L'Her (Lám. 287, A)
Bassovia solanacea B. & H.
Selva nublada, 1.500-1.800 m. Planta herbácea o ligeramente leñosa en la base, 1,5-3 m de alto, con flores de color amarillo opaco o verde-amarillento y frutos anaranjados.

LAMINA 280: SOLANACEAE

A. Cestrum baenitzii.—B. Cestrum salicifolium.—C. Cestrum lanatum.—D. Cestrum costanense.

LAMINA 281: SOLANACEAE

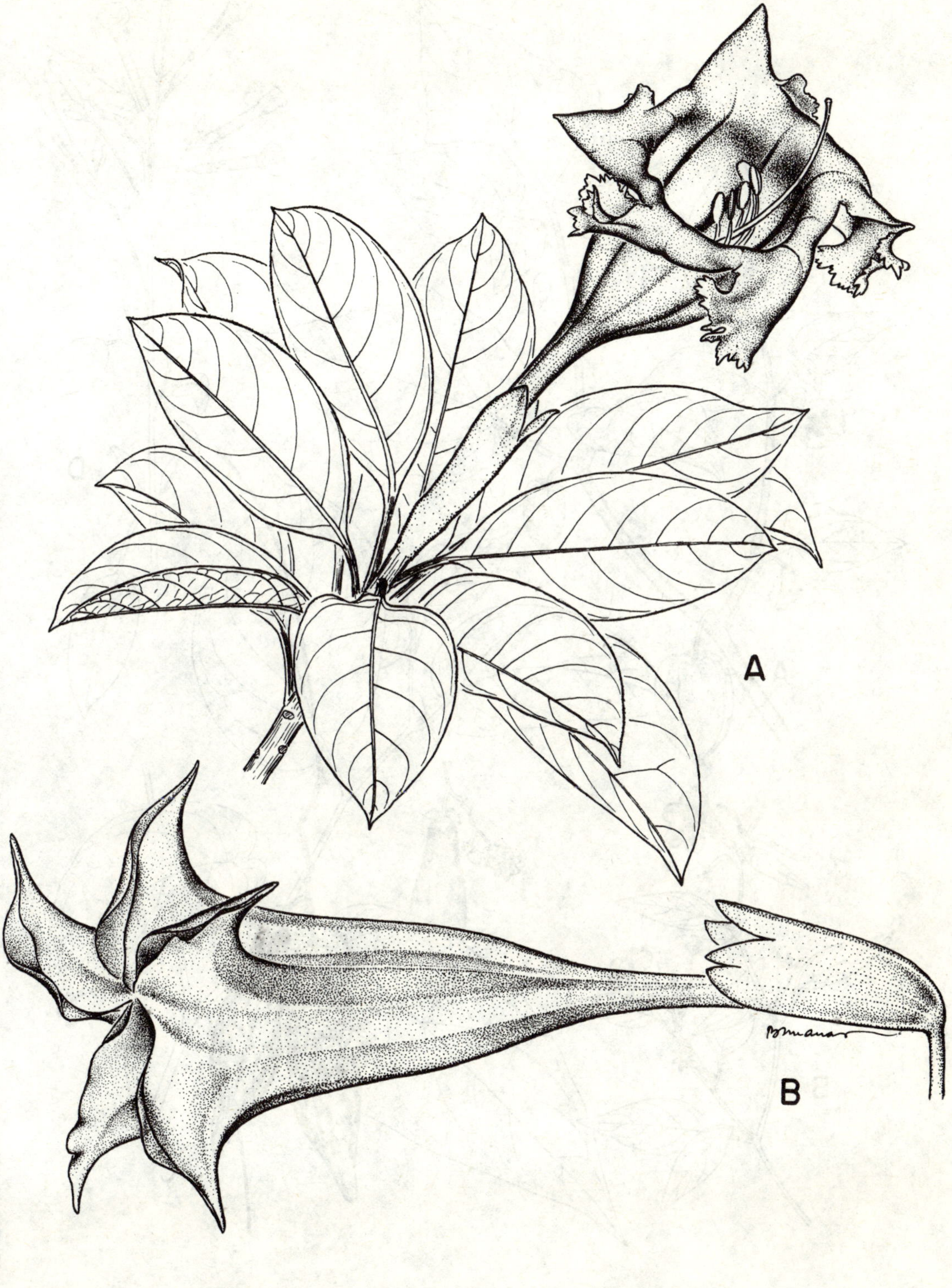

A. Solandra grandiflora.—*B. Brugmansia suaveolens.*

LAMINA 282: SOLANACEAE

A. Physalis peruviana.–B. Browallia americana.–C. Cyphomandra diversifolia.–D. Nicotiana glauca.

A. Datura stramonium.—B. Solanum trizygum.

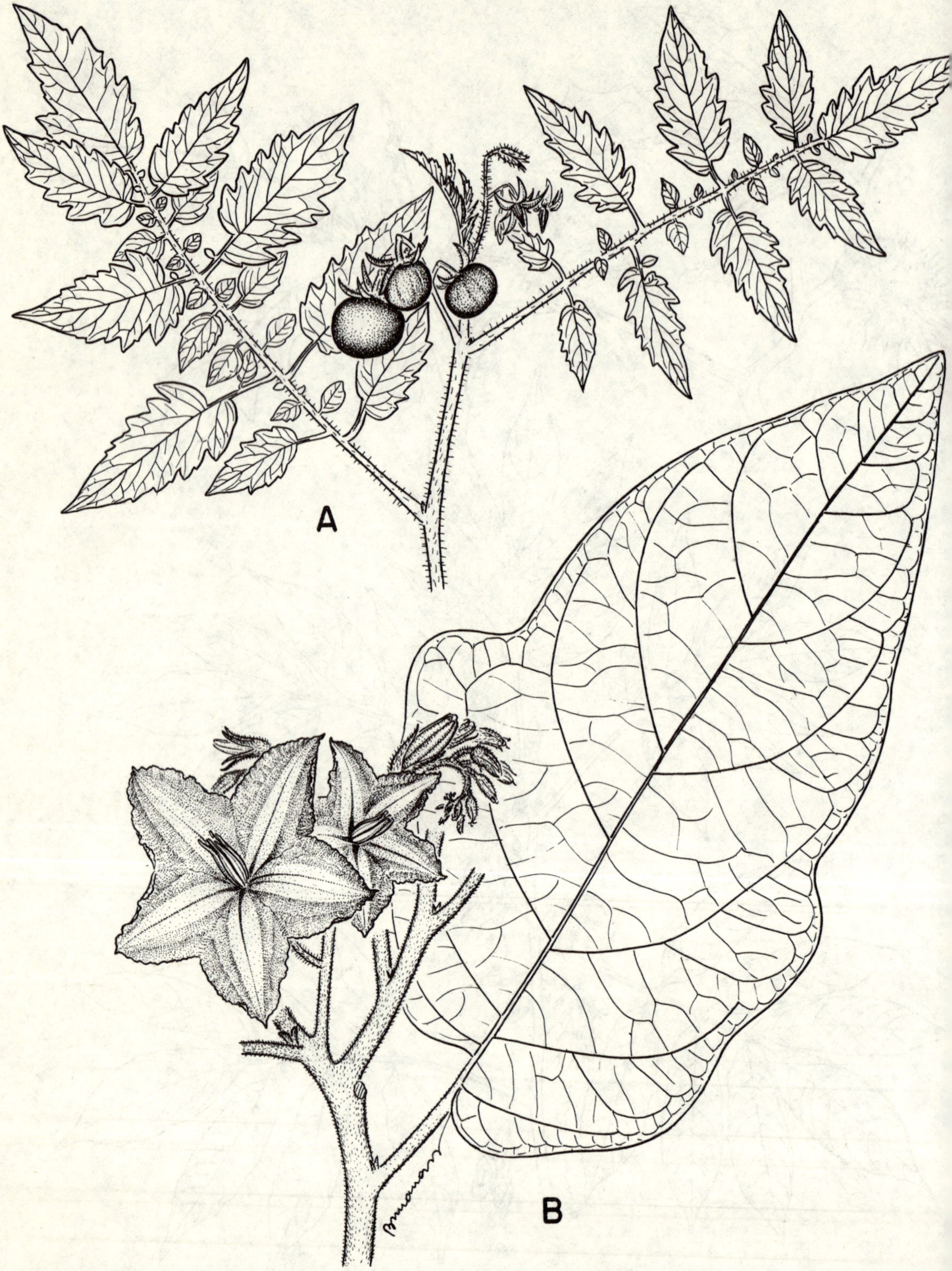

A. Lycopersicon esculentum.—B. Solanum wrightii.

LAMINA 285: SOLANACEAE

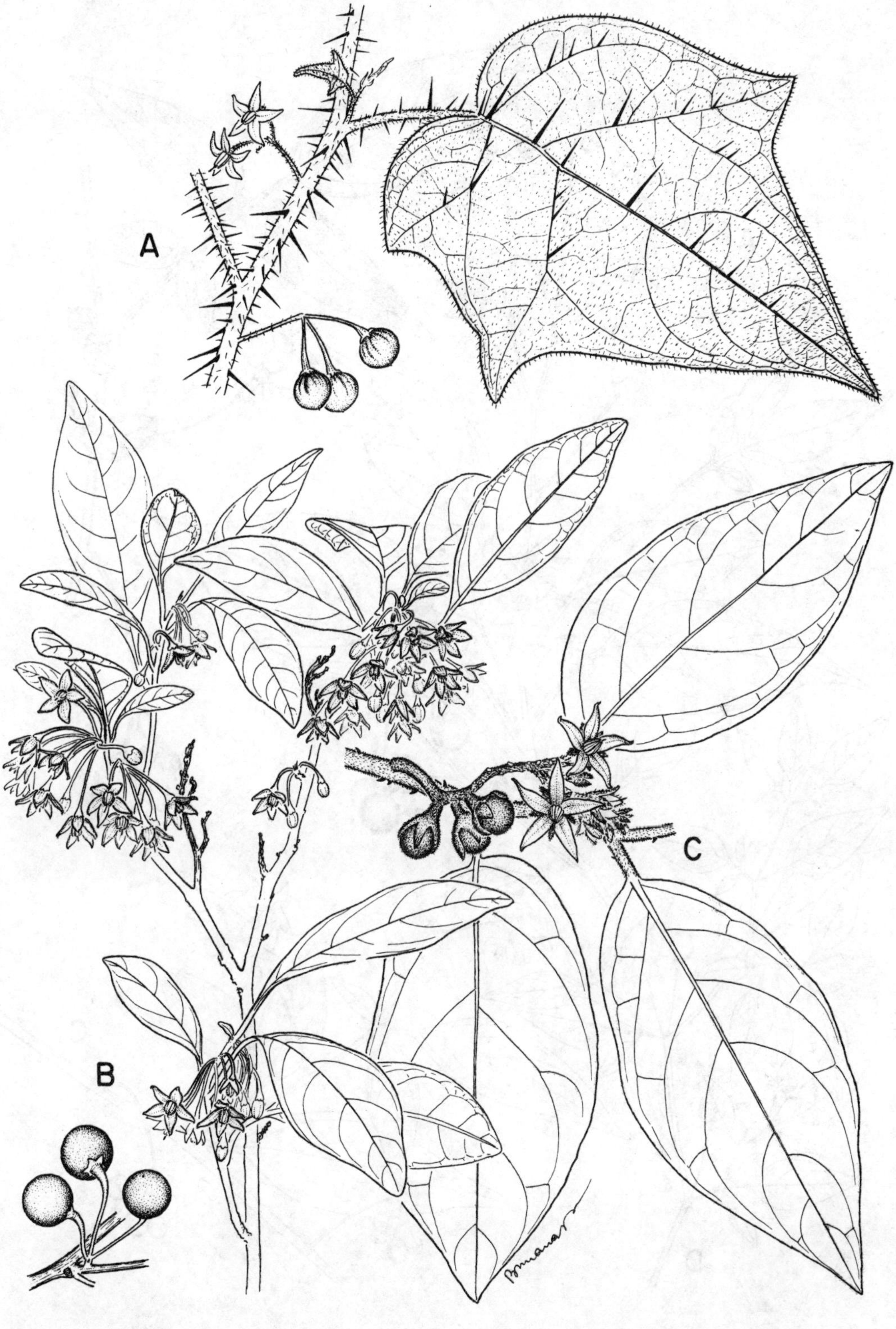

A. Solanum acerifolium.–B. Solanum gratum.–C. Solanum aturense.

LAMINA 286: SOLANACEAE

A. Solanum seaforthianum.–B. Solanum fraxinifolium.–C. Solanum gollmeri.–D. Capsicum annuum.

A. Witheringia solanacea.–B. Witheringia lindenii.

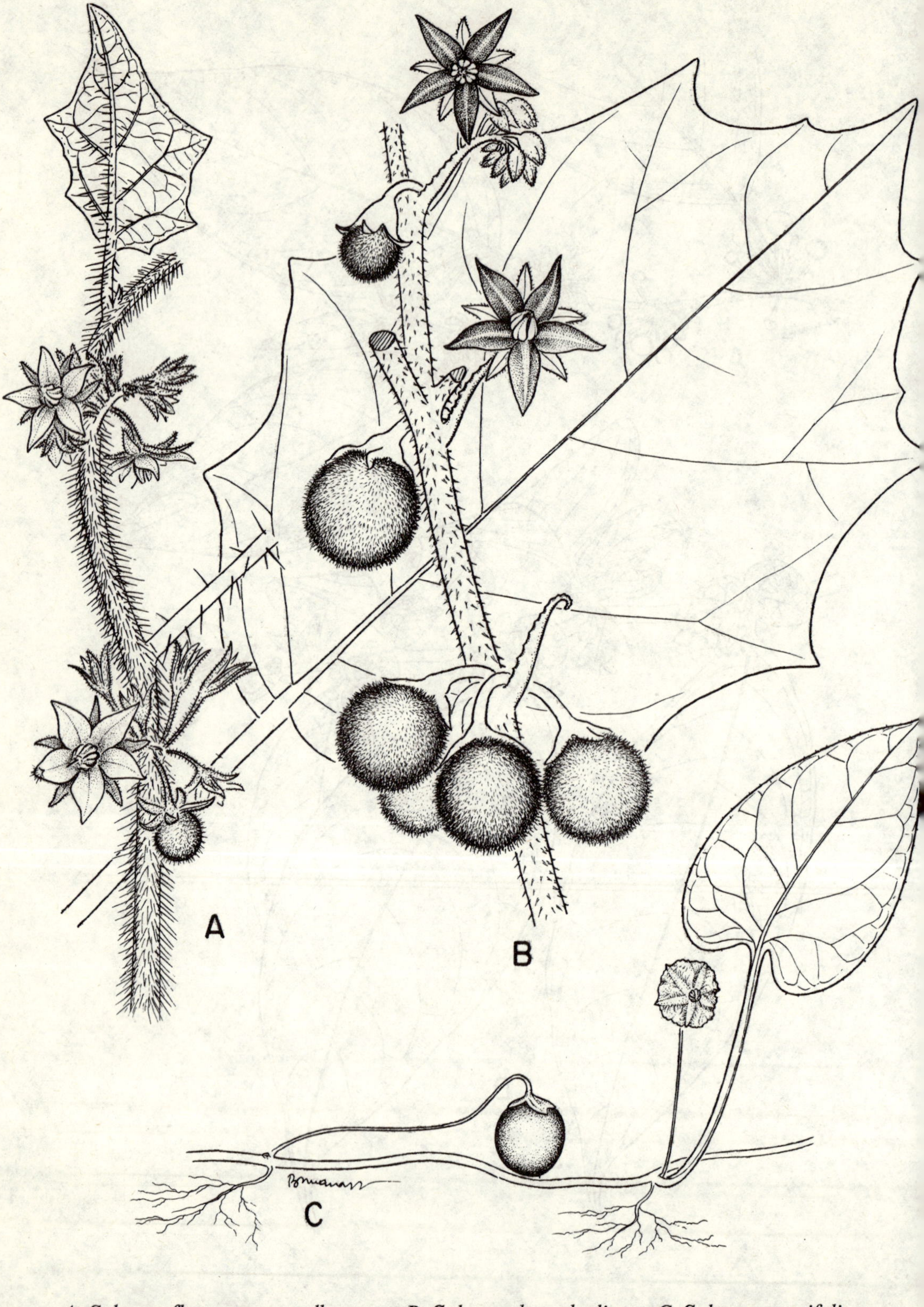

A. Solanum flavescens var. albescens.—B. Solanum hyporhodium.—C. Solanum asarifolium.

LAMINA 289: STAPHYLEACEAE

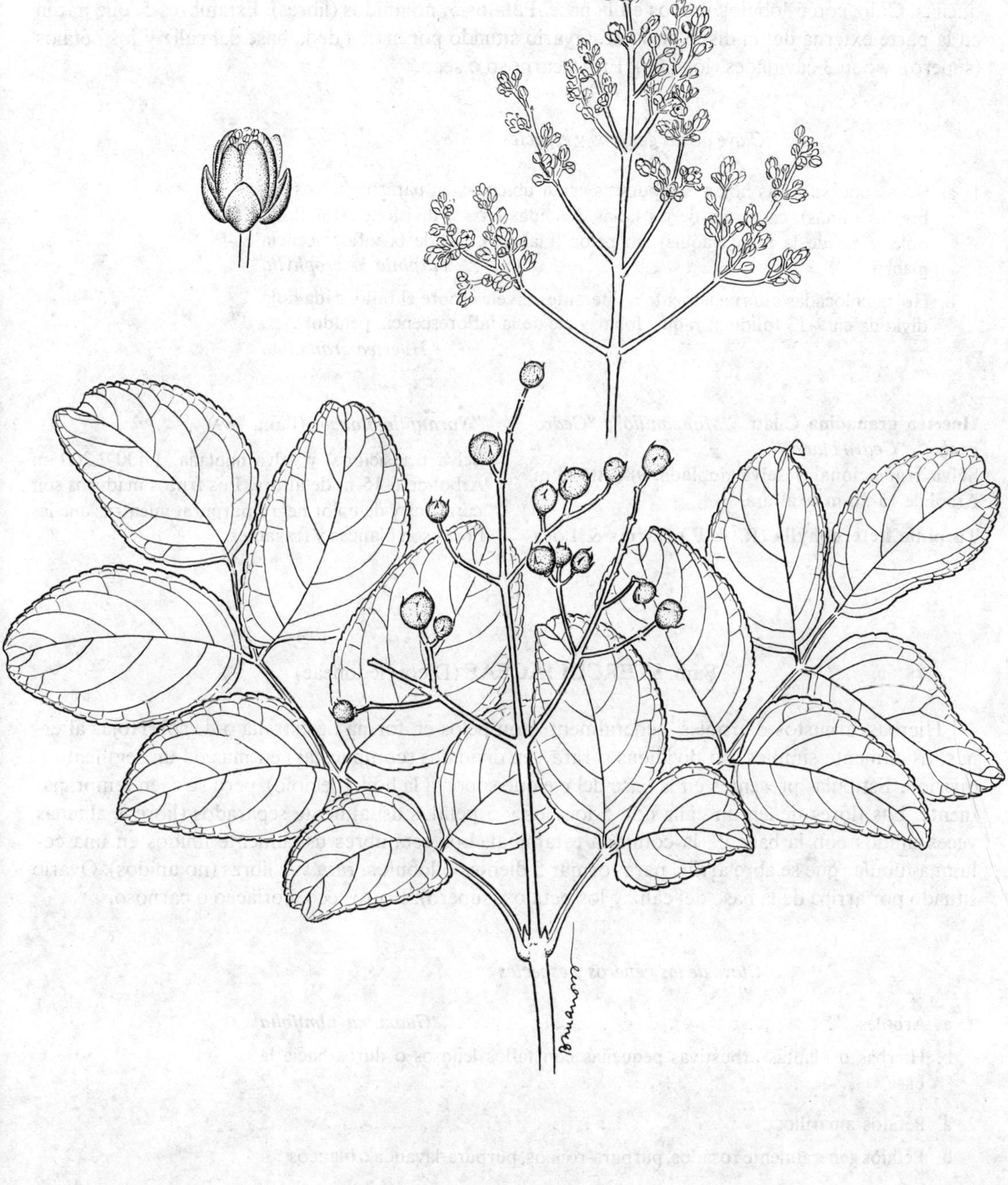

Turpinia heterophylla.

Fam. **STAPHYLEACEAE** (Dicotyledoneae)

Arboles o arbustos. Hojas usualmente divididas en segmentos separados (compuestas), las hojas opuestas o alternas sobre el tallo y con bordes dentados. Estípulas usualmente presentes al igual que estipelas (apéndices similares a las estípulas en la base de los segmentos separados). Flores pequeñas. Cáliz con 5 lóbulos unidos en la base. Pétalos 5, no unidos (libres). Estambres 5, que nacen en la parte externa de un disco circular. Ovario situado por arriba de la base del cáliz y los pétalos (súpero), y con 3 cavidades (lóculos). Fruto carnoso o seco.

Clave de los géneros y especies

1. a. Hojas opuestas (las hojas compuestas están ubicadas en pares opuestos sobre las ramas), cada una de las hojas divididas en 3-7 divisiones (folíolos); hoja y eje de la hoja (raquis) sin pelos (glabros); eje de la inflorescencia glabro . . . . *Turpinia heterophylla*
   b. Hojas colocadas alternadamente a diferentes niveles sobre el tallo, cada hoja dividida en 9-13 folíolos; raquis foliar y eje de la inflorescencia peludos . . . *Huertea granadina*

Huertea granadina Cuatr. *"Manzanillo", "Cedro-caoba", "Cedro blanco"*
Selva transicional y selva nublada, 980-1.600 m. Arbol de 15-30 m de altura.

Turpinia heterophylla (R. & P.) Harms & Loes. *"Naranjillo blanco"* (Lám. 289)

Selva transicional y selva nublada, 1.400-2.200 m. Arbol de 6-15 m de altura. Los frutos maduros son carnosos y de color negro-púrpura, mientras que las flores son blancas y fragantes.

Fam. **STERCULIACEAE** (Dicotyledoneae)

Hierbas, arbustos o árboles, generalmente con pelos en forma de estrella o de sol. Hojas alternas, usualmente simples, no divididas o rara vez divididas (compuestas) en más de un segmento o división. Estípulas presentes en la base del eje que soporta la hoja (pecíolo), pero se caen tempranamente. Las flores tienen un cáliz con 5 lóbulos y 5 pétalos usualmente separados (libres), algunas veces unidos con la base de la columna estaminal. Los estambres usualmente unidos en una columna tubular que se abre arriba para formar 5 dientes o lóbulos, rara vez libres (no unidos). Ovario situado por arriba de la base del cáliz y los pétalos (súpero). Fruto seco, coriáceo o carnoso.

Clave de los géneros y especies

1. a. Arboles . . . . *Guazuma ulmifolia*
   b. Hierbas o plantas arbustivas pequeñas con tallos leñosos o duros hacia la base 2

2. a. Pétalos amarillos 3
   b. Pétalos generalmente rosados, púrpura-rojizos, púrpura-lavanda o blancos . 4

3. a. Flores dispuestas en inflorescencias alargadas, que en su mayoría no tienen hojas y nacen del extremo del tallo o de la rama, extendiéndose bien por arriba de las hojas del tallo; grupos de flores conspicuamente separados unos de otros por espacios vacíos . . . . *Melochia pilosa*

3a

b. Flores en grupos densos o globosos que nacen de los lados del tallo en las axilas de las hojas o algunas veces en los extremos del tallo, pero con las hojas presentes en o cerca del grupo de flores; grupos de flores no conspicuamente separados unos de otros por espacios vacíos . . . . . *Waltheria americana*

3b

4. a. Cara inferior de las hojas, verde y en su mayor parte con pelos esparcidos o los pelos inconspicuos 5

b. Cara inferior de las hojas con una densa cubierta de pelos, por lo general de color gris o plateado 6

5. a. Pétalos usualmente blancos; hojas generalmente pequeñas, 0,6-4 (–4,5) cm de largo; hojas generalmente redondeadas en el ápice, con frecuencia 2-4 en una misma axila del tallo . . . . *Melochia parviflora*

5a

b. Pétalos de color rosado o púrpura; hojas en promedio más grandes, en su mayoría 2-6 cm de largo con una punta corta o larga, usualmente una en cada axila del tallo . . . . *Melochia pyramidata*

5b

6. a. Pétalos usualmente de color rosado, rosado oscuro o púrpura-lavanda; inflorescencia por lo general con 2-10 flores, con el eje principal que sostiene las flores (pedúnculo) delgado, 0,4-0,6 mm de ancho; flores abiertamente dispuestas en una inflorescencia en forma de sombrilla . . . . . . *Melochia tomentosa*

b. Pétalos usualmente de color blanco o crema; inflorescencia (cabezuela) por lo general con 3-20 flores; pedúnculo relativamente grueso, 0,8-1,4 mm de ancho; flores dispuestas en cabezuelas densas . . . . . *Melochia caracasana*

Guazuma ulmifolia Lam. *"Guácimo"* (Lám. 291, A)
Guazuma tomentosa Kunth
Sabana y selva veranera, 900-1.000 m. Arbol de 5-15 m de alto. Las pequeñas flores amarillas y peludas son seguidas por un fruto negro con forma de cabeza que se abre cuando maduro en numerosas partes.

Melochia caracasana Jacq. (Lám. 290, B)
Melochia macrophylla H.B.K.
Selva veranera y sabana, 900-1.000 m. Las flores se encuentran dispuestas en grupos globosos densos que nacen de los lados o del ápice del tallo.

Melochia parvifolia H.B.K.
Sabana, 900-1.000 m. Esta planta es una hierba o arbusto ramificado de 0,5-3 m de alto. Las flores generalmente se encuentran en grupos pequeños con forma de sombrilla bien separados a lo largo del tallo y opuestos a las hojas, pero también pueden encontrarse en el ápice del tallo.

LAMINA 290: STERCULIACEAE

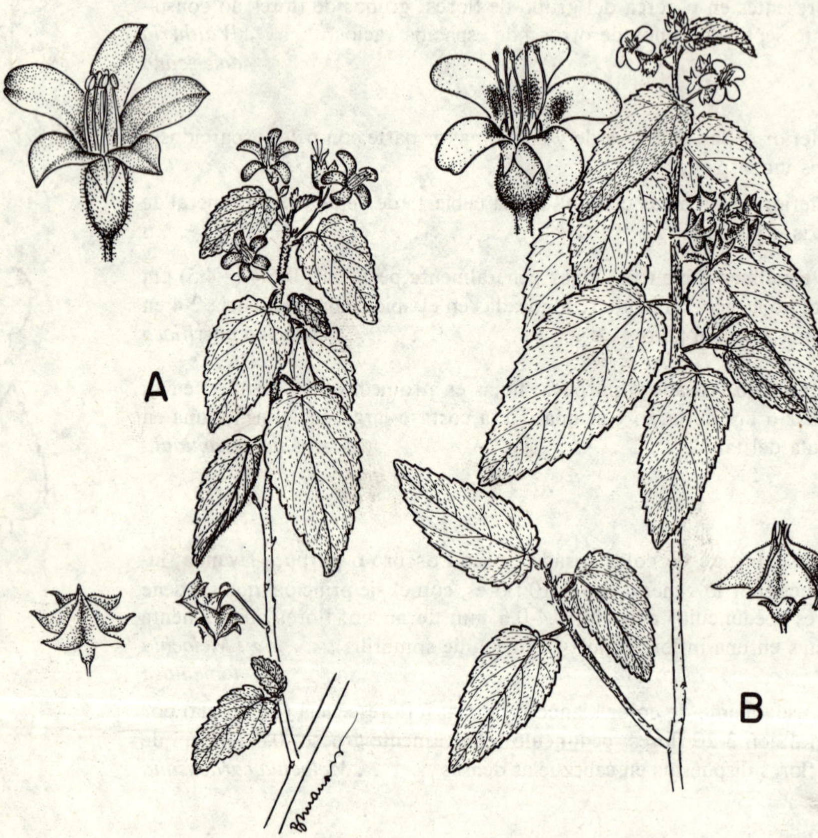

A. Melochia tomentosa.—B. Melochia caracasana.

LAMINA 291: STERCULIACEAE; SYMPLOCACEAE

A. Guazuma ulmifolia.–B. Melochia pilosa.–C. Waltheria americana.–D. Symplocos suaveolens.

Melochia pilosa (Mill.) Fawc. & Rendle *"Bretónica amarilla"* (Lám. 291, B)
Melochia polystachya (H.B.K.) Tr. & Pl.
Melochia venosa Sw.
Sabana, 1.000-1.500 m. Hierba 0,4-3 m de alto. Esta especie presenta inflorescencias más largas y con flores más laxa y abiertamente dispuestas que otras especies venezolanas.

Melochia pyramidata L.
Sabana, 900-1.000 m. Hierba arbustiva o arbusto con ramas alargadas, 0,3-1,2 m de alto, flores en grupos cortos de pocas flores que nacen de los lados o del ápice del tallo.

Melochia tomentosa L. *"Bretónica morada"* (Lám. 290, A)
Sabana y lugares perturbados, 900-1.000 m. Hierba hasta subarbusto. Esta es la más común y la de más amplia distribución entre las especies venezolanas de *Melochia*. La cantidad de pelos en tallos y hojas varía considerablemente. La parte inferior de las hojas presenta por lo general una pubescencia aterciopelada de color gris-plateado. Las flores se originan por lo general de las axilas de las hojas a lo largo de los lados del tallo.

Waltheria americana L. *"Bretónica macho"* (Lám. 291, C)
Waltheria indica L.
Sabana, 900-1.000 m. Hierba arbustiva. Su apariencia general es similar a la de *"bretónica morada" (Melochia tomentosa)*. Además de las diferencias en color de las flores (amarillas en *Waltheria* y primordialmente rosadas o lavanda-púrpura-rojizas en *Melochia tomentosa*), las dos especies se pueden diferenciar técnicamente por el ovario 1-locular de *Waltheria* (5-locular en *Melochia*), el fruto con 2 valvas y 1 semilla en *Waltheria* (fruto con 5 valvas y 5-10 semillas en *Melochia*) y por lo general todas las flores con estilo de longitud uniforme en *Waltheria* (contrastando con la presencia de estilos largos y cortos en las flores de *Melochia*). El ápice de las hojas en *Waltheria* es usualmente redondeado hasta obtuso, mientras que en *Melochia tomentosa* es primordialmente agudo hasta obtuso.

Fam. **SYMPLOCACEAE** (Dicotyledoneae)

Arboles o arbustos. Hojas alternas, simples (no divididas), coriáceas. Estípulas ausentes. Flores con cáliz 5-lobulado y corola 5-10-lobulada, con los lóbulos cortados casi hasta la base. Estambres 4 hasta muchos. Ovario situado por debajo de la base de la corola (ínfero) o semi-ínfero. Fruto carnoso.

Género único: SYMPLOCOS.

Clave de las especies de Symplocos

1. a. Cara inferior de la hoja con pelos finos estrechamente apretados contra la superficie (adpresos) . . . . *Symplocos lasseri*
   b. Cara inferior de la hoja sin pelos 2

2. a. Bordes de las hojas sin dientes o protuberancias irregulares; los nervios laterales principales de las hojas son débiles o apenas evidentes; estambres más o menos libres y no unidos en un tubo . . . . . . *Symplocos bogotensis*

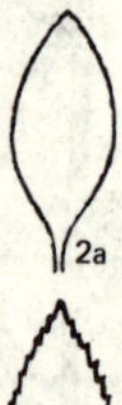
2a

   b. Los bordes de las hojas presentan por lo general pocos hasta muchos dientes o protuberancias; nervios laterales principales de las hojas evidentes o prominentes, al menos en la cara inferior; estambres unidos en un tubo . . 3

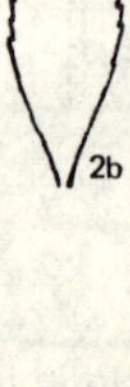
2b

3. a. Los bordes de las hojas tienen diminutos dientes terminados en glándulas (ápices agrandados); arbusto 1-3 m de alto; el ápice de la hoja es usualmente redondeado, anchamente encorvado o termina en una punta obtusa; hojas con el borde generalmente enrollado hacia abajo; la venación más fina (terciaria) entre los nervios laterales es más bien prominente y forma una red densa; inflorescencia colocada cerca del tallo, el eje no es alargado . . . . *Symplocos suaveolens*

3b

b. Los bordes de las hojas tienen por lo general ondulaciones redondeadas poco profundas, pero las ondulaciones no terminan en glándulas; árbol 8-20 m de alto; ápice de la hoja angostándose hasta formar un ápice obtuso; hojas por lo general con el borde no enrollado; la venación terciaria entre los nervios laterales es inconspicua y no forma una red densa; inflorescencia con un eje alargado sobresaliente del tallo . . . *Symplocos martinicensis*

3a

Symplocos bogotensis Brand
Selva nublada, 1.500-2.000 m. Arbol 3-9 m de alto.

Symplocos lasseri Steyerm.
Selva de transición y selva nublada, 1.500-1.900 m. Arbol 10-15 m de alto. Las hojas se asemejan a las de *Symplocos martinicensis*, pero la cara inferior de las mismas es peluda.

Symplocos martinicensis Jacq.
Selva nublada, vertiente norte, 1.000-1.300 m. Arbol 8-20 m de alto. Las plantas de Avila, Naiguatá y otras partes de la Cordillera Costanera de Venezuela han sido confundidas con *Symplocos nitens* (Pohl) Benth., la cual es una especie de Brasil y de la Amazonia venezolana.

Symplocos suaveolens Klotzsch (Lám. 291, D)
Subpáramo, 2.200-2.450 m. Arbusto 1-3 m de alto.

Fam. **THEACEAE** (Dicotyledoneae)

Arboles o arbustos. Hojas alternas, simples (no divididas), usualmente coriáceas, sin estípulas. Flores con frecuencia solitarias o en pequeños grupos en las axilas de las hojas, con 5-7 o más sépalos separados (libres) y 4, 5, o más pétalos; los pétalos usualmente separados, a veces unidos en la base. Estambres usualmente numerosos, a veces 5-15, separados y libres hasta la base o unidos en la base. Ovario situado prácticamente arriba de la base de los pétalos (súpero). Fruto seco.

Clave de los géneros y especies

1. a. Tallos jóvenes y cara inferior de las hojas densamente peludos; nervios laterales de las hojas 20-35 a cada lado del nervio medio . . *Freziera candicans*

1a

b. Tallos jóvenes y cara inferior de las hojas sin pelos o casi sin pelos; nervios laterales de las hojas más escasos a cada lado del nervio medio 2

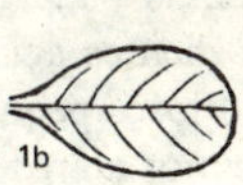

1b

2. a. Hojas usualmente redondeadas o anchamente encorvadas en el ápice; bordes de las hojas sin dientes; ambas mitades de la hoja del mismo ancho (simétricas) . . . . *Ternstroemia camelliaefolia*

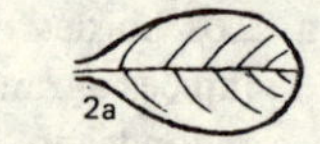

b. Hojas usualmente más angostas hasta terminando en un ápice corta o largamente puntiagudo; bordes de las hojas usualmente con dientes; una mitad de la hoja frecuentemente más angosta que la otra mitad (asimétricas) . . . .
Laplacea fruticosa

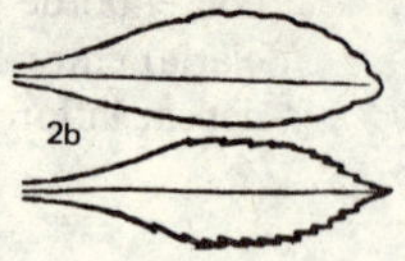

Freziera candicans Tulasne (Lám. 292, B)
Eurya sericea (H. & B.) Szyzs. de Catálogo Venezolano
Subpáramo, 2.100-2.200 m. Arbol de 3-6 m de alto con la cara inferior de las hojas con frecuencia con pelos gris-plateados.

Laplacea fruticosa (Schrad.) Kob. *"Quindú"*
Laplacea caracasana Linden & Planch. ex Tr. & Pl.
Laplacea semiserrata (Mart. & Zucc.) Cambess.
Selva nublada, 1.600-1.900 m. Arbol grande de hasta 25 m de alto. Hermosas flores grandes de color blanco-cremoso y fragantes. Las hojas viejas se tornan color rojo oscuro.

Ternstroemia camelliaefolia Linden & Planch. (Lám. 292, A)
Selva transicional y selva nublada, 1.400-1.600 m. Arbol de 5-10 m de alto.

Fam. **THEOPHRASTACEAE** (Dicotyledoneae)

Arboles o arbustos. Hojas alternas, simples (no divididas), pero con frecuencia agrupadas y casi verticiladas (círculos) en el extremo de las ramas. Estípulas ausentes. Flores blancas, amarillas o rojas. Cáliz usualmente 5-partido, los lóbulos usualmente separados (libres) entre sí. Pétalos unidos en un tubo con 5 lóbulos. Estambres 5 y opuestos a los pétalos. Cinco partes semejantes a pétalos (estaminodios) alternos con los estambres. Ovario con 1 cavidad (lóculo), situado arriba de la base de cáliz y corola (súpero). Fruto carnoso o seco en las especies del Avila.

Género único: CLAVIJA.

Clave de las especies de Clavija

1. a. Hojas con dientes espinosos en los bordes; eje que soporta la hoja (pecíolo) corto, 1-1,5 cm de largo . . . . *Clavija longifolia*

b. Hojas sin dientes en los bordes; pecíolo alargado, 8-15 cm de largo . . . .
Clavija nobilis

Clavija longifolia (Jacq.) Mez *"San Cristóbal"*, *"Cola de pava"* (Lám. 293)

Selva veranera, 900-1.000 m. Tallos sin ramas o no ramificados, 1-2,5 m de alto, coronados con grupos de gruesas y alargadas hojas de color verde oscuro y con dientes agudos en los bordes. El tallo es leñoso. Flores pequeñas de color amarillo dispuestas en racimos alargados, no ramificados; frutos redondos de color anaranjado-albaricoque.

Clavija nobilis (Linden) Mez *"San Cristóbal"*
Selva nublada, vertiente norte, 1.000-1.390 m. Planta leñosa, con tallo simple, no ramificado de 0,5-0,7 m de alto. El fruto globoso tiene manchas oscuras y verde pálidas y es mucho más grande que el de la otra especie del Avila, midiendo 3,5-4 cm de largo y 2,5-4 cm de ancho.

LAMINA 292: THEACEAE

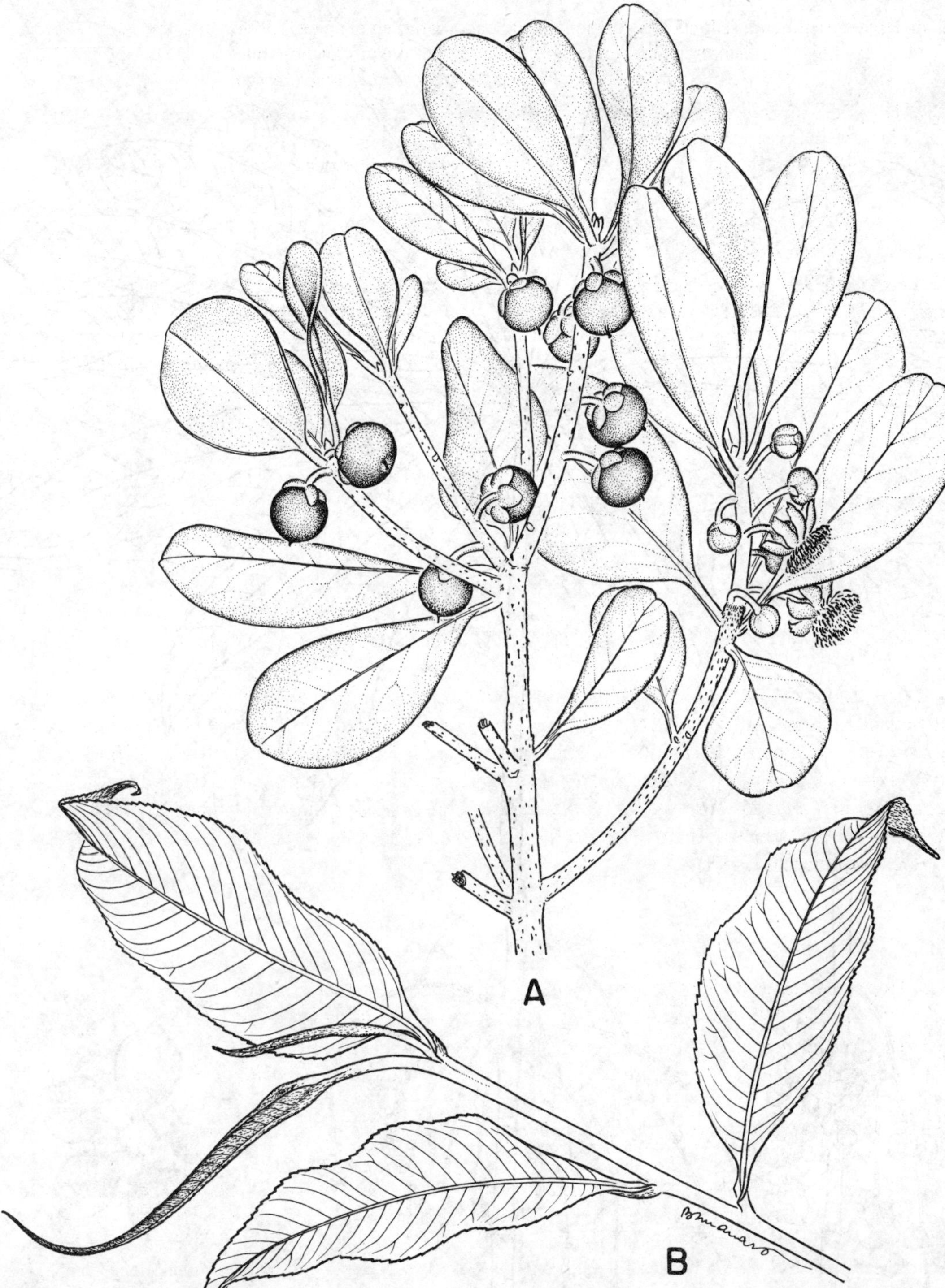

A. Ternstroemia camelliaefolia.–B. Freziera candicans.

LAMINA 293: THEOPHRASTACEAE

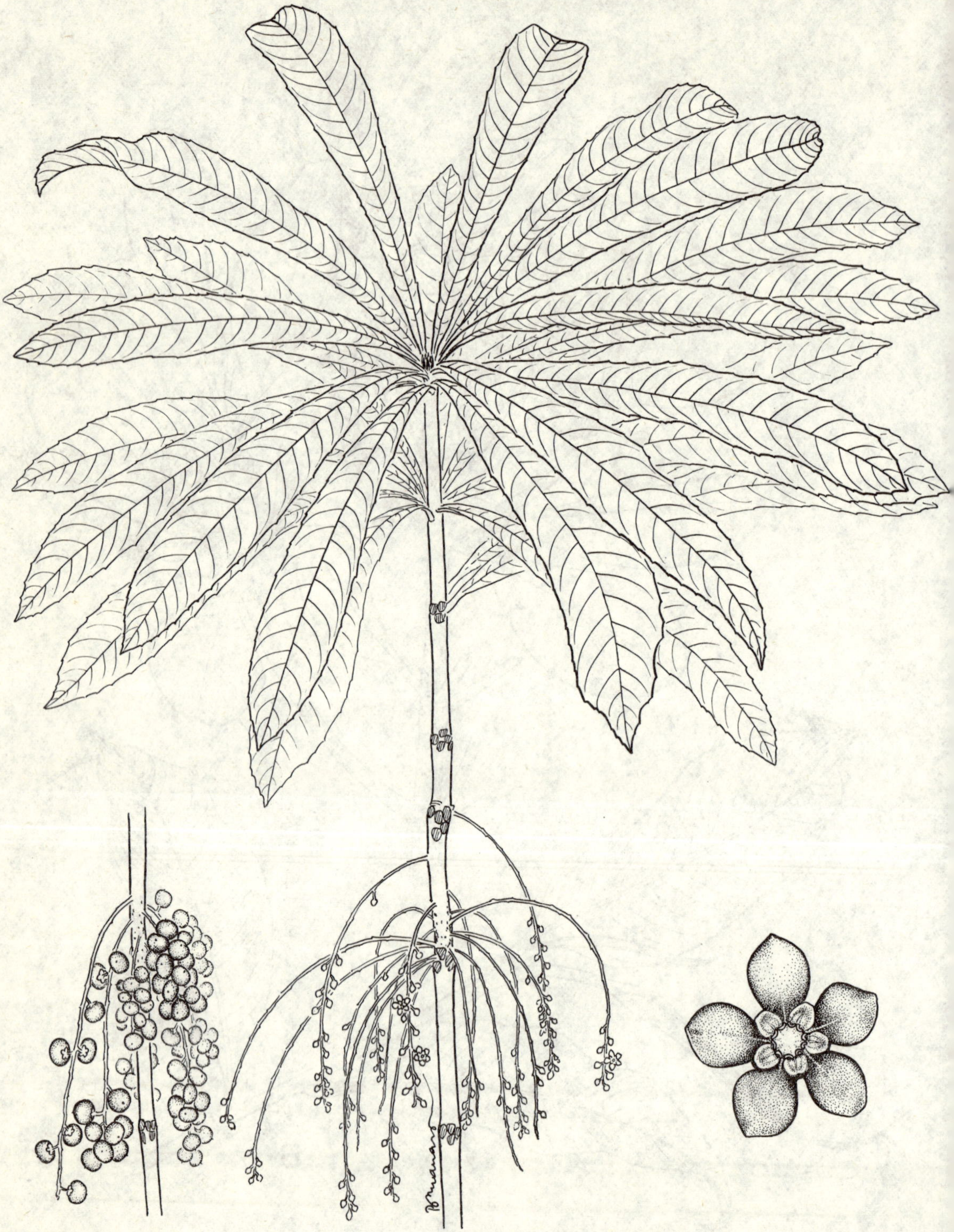

Clavija longifolia.

Fam. **THYMELAEACEAE** (Dicotyledoneae)

Usualmente árboles o arbustos con la corteza difícil de despegar. Hojas alternas u opuestas, simples (no divididas). Estípulas ausentes. Organos femeninos y masculinos separados en diferentes flores en la misma flor, las partes de la flor generalmente en número de 4. Cáliz tubular, con frecuencia coloreado con 4-5 lóbulos. Pétalos pequeños, en forma de escamas, generalmente 4 (o algunas veces hasta 12), y situados en o cerca de la abertura del tubo del cáliz, o algunas veces ausentes. Estambres usualmente tantos como los pétalos y lóbulos del cáliz, algunas veces en número doble o solamente 2. Ovario situado arriba de la base del tubo del cáliz (súpero). El fruto es seco o carnoso.

Género único: DAPHNOPSIS.

Clave de las especies de Daphnopsis

1. a. Las hojas generalmente terminan en una punta larga o corta; red de nervios menos prominente y más débil que los nervios laterales; nervios laterales bien desarrollados en el lado superior de la hoja . . . *Daphnopsis americana* subsp. *caribaea*

1a

b. Hojas generalmente redondeadas u obtusamente redondeadas en el ápice; red de nervios prominente en ambas caras de la hoja y casi tan prominente como los nervios laterales; nervios laterales débiles . . . . *Daphnopsis caracasana*

1b

Daphnopsis americana (Mill.) I. Johnston subsp. **caribaea** (Griseb.) Nevling *"Mierda de gallina"*
Selva nublada, 1.800 m. Arbol de 5-8 m de alto. Flores pequeñas, de color amarillo-verdoso.

Daphnopsis caracasana Meissn. (Lám. 294, C)
Selva nublada, 1.500-1.900 m. Arbol de 6-10 m de alto. Flores verdosas o color ante.

Fam. **TILIACEAE** (Dicotyledoneae)

Arboles, arbustos o rara vez plantas herbáceas, con frecuencia con pelos ramificados sobre tallos, hojas y flores. Hojas usualmente alternas, simples (no divididas). Estípulas usualmente presente o algunas veces ausentes. Sépalos usualmente 5, separados (libres) o unidos en la base, o ausentes. Estambres 10 o más, algunas veces agrupados. Ovario situado arriba de la base del cáliz (súpero). Fruto carnoso o seco.

Clave de los géneros y especies

1. a. Arboles 2

b. Arbustos o hierbas pequeñas con tallos blandos o leñosos en la base . . . 3

2. a. 7-9 nervios principales nacen de la base misma de la hoja; hojas con frecuencia con 3 lóbulos cortos; eje que soporta la hoja (pecíolo) alargado, 1,5-11 cm de largo; cara inferior de la hoja o prácticamente sin pelos (glabro) o con pubescencia diminuta; flores pequeñas, numerosas en cada inflorescencia, los pétalos no vistosos; fruto con muchas rayas plumosas, de color rosado hasta rojo opaco, en grupos vistosos y densos . . . . . . *Heliocarpus americanus*

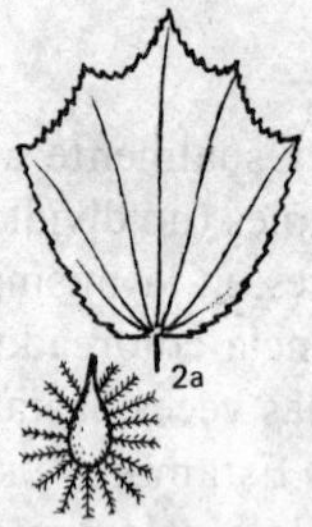
2a

b. Solamente 3-5 nervios principales nacen de la base de la hoja; hojas nunca lobuladas; pecíolo más corto, 0,5-1 cm de largo; cara inferior de la hoja suavemente pubescente y de color ante-cremoso; flores grandes, pocas en cada inflorescencia, los pétalos vistosos de color blanco; fruto duro, sin rayas plumosas, que se abre por medio de valvas . . . . . *Luehea ferruginea*

2b

3. a. Ninguna de las hojas con lóbulos o ángulos protuberantes en los bordes; todas las hojas de forma similar; fruto sin espinas . . . . . . *Corchorus hirtus*

3a
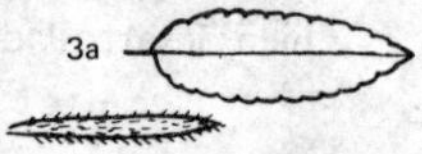

b. Algunas de las hojas inferiores o medianas del tallo con lóbulos o ángulos protuberantes en los bordes; hojas de formas diferentes; fruto con espinas *Triumfetta semitriloba*

3b
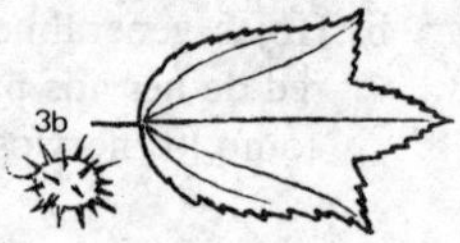

Corchorus hirtus L. (Lám. 294, A)
Sabana y lugares abiertos, 900-1.400 m. Planta con raíces anuales, 0,5 m o menos de alto con tallo delgado y ramificado. Flores pequeñas de color amarillo, generalmente solitarias.

Heliocarpus americanus L. *"Majagua"* (Lám. 295, B)
Heliocarpus popayanensis H.B.K.
Heliocarpus trichopodus Turcz.
Selva veranera y selva transicional. Usualmente árbol de vegetación secundaria, de 10-25 m de alto, frecuentemente en lugares alterados o en los márgenes de las zonas boscosas. La corteza es de peso muy ligero. Flores pequeñas de color blanco-verdoso o color-ante-amarillo-verde; frutos de color rojo-ladrillo bordeados con pelos semejantes a los rayos del sol.

Luehea ferruginea Turca. *"Guácimo"*
Selva veranera, 1.000-1.150 m. Arbol de 5-10 m de alto con flores blancas y vistosas.

Triumfetta semitriloba Jacq. *"Cadillo"* (Lám. 295, A)
Selva veranera, selva transicional y lugares alterados, 1.100-1.800 m. Hierba ramificada, ligeramente leñosa en la base, 0,5-2 m de alto. Pétalos pequeños de color amarillo; frutos espinosos.

Fam. TOVARIACEAE (Dicotyledoneae)

Plantas herbáceas, algo leñosas en la base, sin pelos. Hojas alternas, divididas (compuestas) en 3 segmentos (trifoliadas). Estípulas ausentes. Flores con 8 sépalos libres, 8 pétalos libres insertos en un disco y 8 estambres. Ovario situado sobre un eje corto (estípite), y dispuesto arriba de la base de los sépalos y pétalos (súpero). Fruto carnoso con muchas semillas pequeñas.

Tovaria pendula R. & P. (Lám. 294, B)
Selva nublada, 1.800-1.900 m. Tallos de 1,5-2 m de alto, con flores verdes hasta amarillas, dispuestas en racimos alargados.

LAMINA 294: THYMELAEACEAE; TILIACEAE; TOVARIACEAE

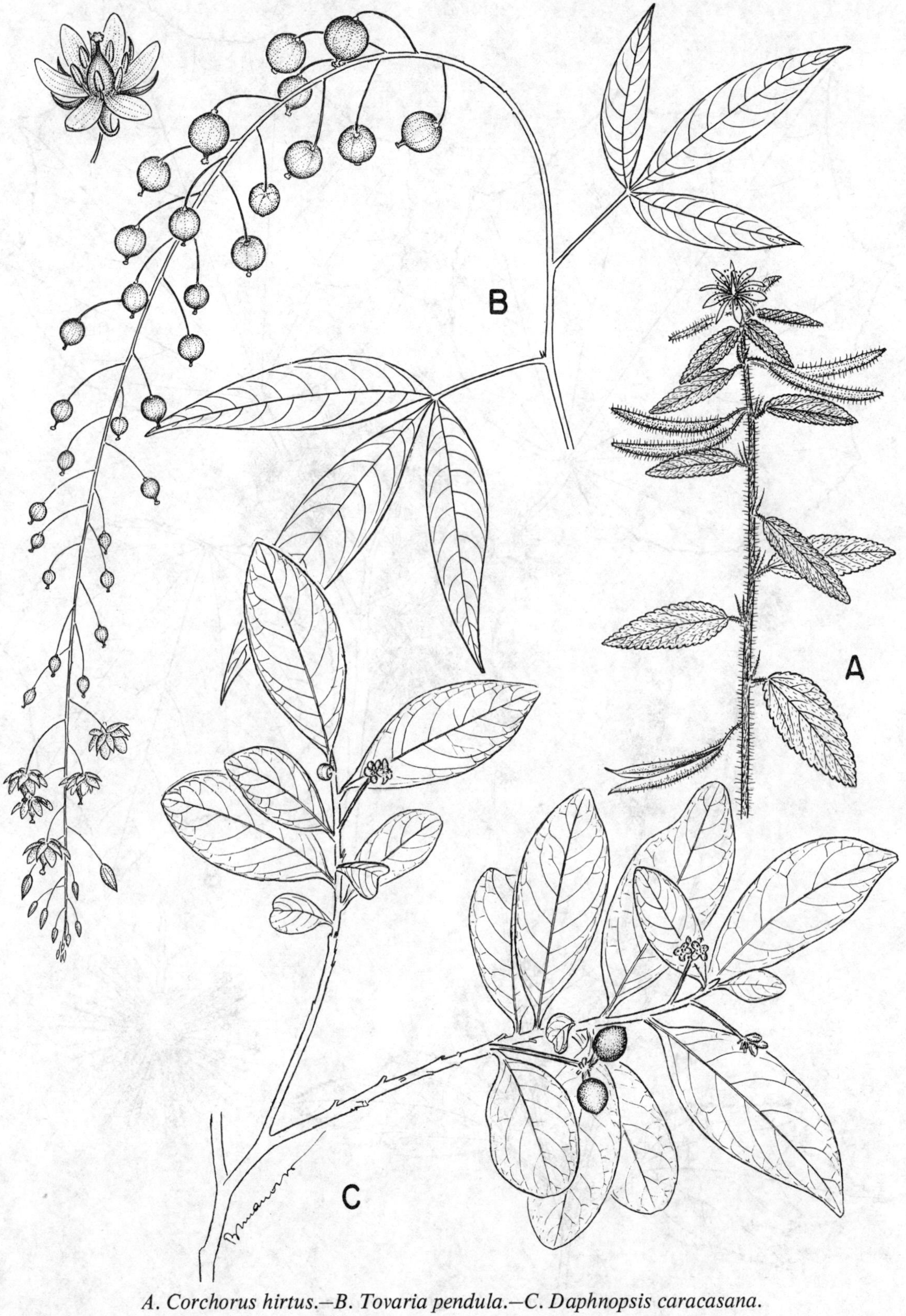

A. Corchorus hirtus.–B. Tovaria pendula.–C. Daphnopsis caracasana.

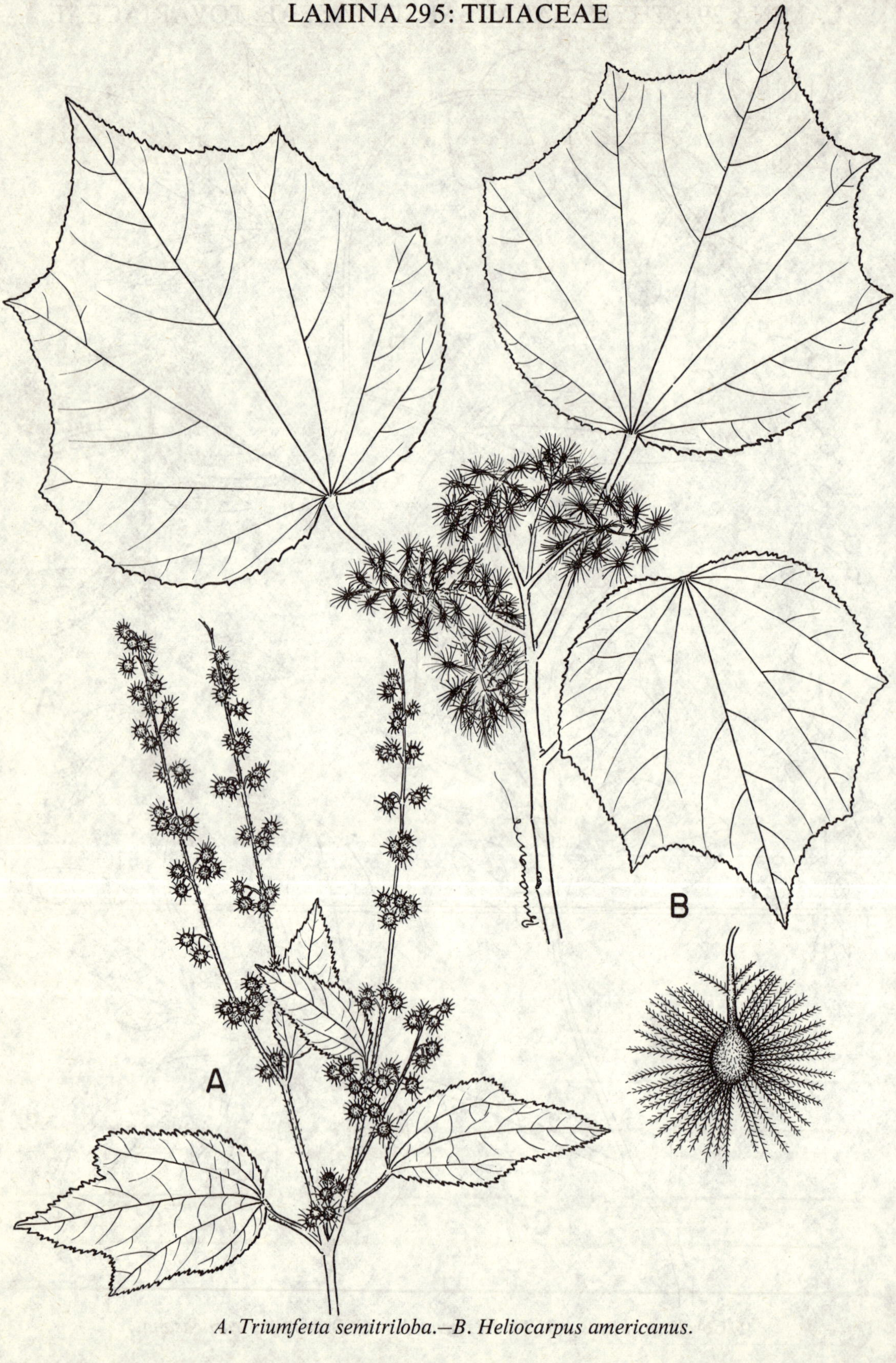

A. Triumfetta semitriloba.–B. Heliocarpus americanus.

Fam. **TROPAEOLACEAE** (Dicotyledoneae)

Plantas herbáceas, usualmente trepadoras o rastreras, con savia acuosa y picante. Hojas alternas, usualmente con pecíolos largos que se unen al tejido foliar (lámina) entre la base y el centro del mismo, usualmente simples (no divididas). Estípulas usualmente ausentes. Flores de forma irregular, usualmente anaranjadas, amarillas o rojas, con 5 sépalos libres, uno de ellos alargado en una espuela. Pétalos 5, libres, algo desiguales, angostándose en una base delgada. Estambres 8. Ovario situado arriba de la base de los pétalos y sépalos (súpero). Fruto carnoso, endurecido, con la superficie arrugada o rugosa.

Tropaeolum fintelmannii Wagener *"Cachipillo"* (Lám. 296, C)
Selva nublada, 2.000-2.200 m. Las flores, frutos y hojas tienen un sabor fuertemente picante y se pueden ingerir crudos o mezclados con ensaladas.

Fam. **TURNERACEAE** (Dicotyledoneae)

Plantas herbáceas, arbustos o árboles. Hojas alternas, simples (no divididas) con frecuencia con 2 glándulas en la base. Estípulas pequeñas o ausentes. Sépalos unidos en un tubo 5-dentado el cual se cae temprano de la flor. Pétalos 5, libres, angostados en una base muy delgada, usualmente amarillos. Estambres 5, libres y separados. Ovario situado arriba de la base de los pétalos y el cáliz (súpero). Fruto seco.

Género único: TURNERA.

Clave de las especies de Turnera

1. a. Arbusto leñoso, muy ramificado, usualmente (0,5–) 1-2 m de alto; eje de la flor (pedicelo) con frecuencia no conectado al eje que soporta la hoja (pecíolo), pero sí nace directamente del tallo; pétalos 6-8 mm de largo, más cortos que o igualando en tamaño al cáliz . . . . *Turnera odorata*

   b. Plantas herbáceas, generalmente con tallos blandos o poco leñosos en la base, generalmente 0,25-0,75 m de alto; casi todos los pedicelos de las flores conectados o pareciendo conectados a los pecíolos; pétalos 20-35 mm de largo, mucho más largos que el cáliz . . . . *Turnera ulmifolia*

Turnera odorata Rich. (Lám. 296, B)
Sabana, borde de selva veranera y matorrales en lugares abiertos, 900-1.200 m. Las hojas tienen un par de glándulas en la base.

Turnera ulmifolia L. *"Cumaná"* (Lám. 296, A)
Sabana, borde de la selva veranera y sitios alterados, 1.000-1.200 m. Usualmente más pequeñas que *Turnera odorata*, pero también con un par de glándulas en la base de las hojas, como en *T. odorata*. Ambas especies tienen flores amarillas, pero las de *T. odorata* son por lo general más pequeñas.

LAMINA 296: TROPAEOLACEAE; TURNERACEAE

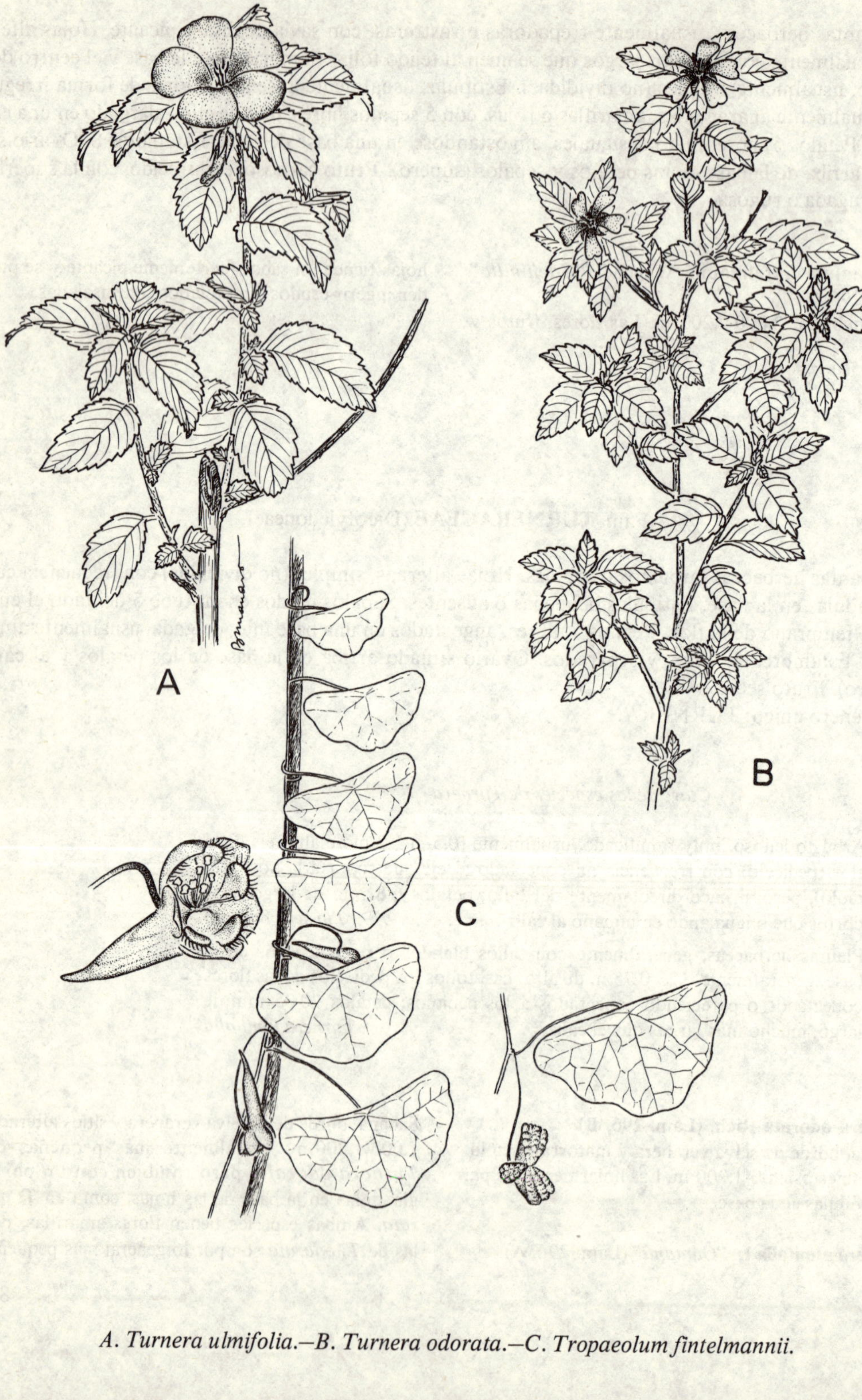

A. Turnera ulmifolia.—*B. Turnera odorata*.—*C. Tropaeolum fintelmannii*.

Fam. **ULMACEAE** (Dicotyledoneae)

Arboles o arbustos. Hojas alternas, simples (no divididas). Estípulas presentes, pero pequeñas y tempranamente deciduas. Flores inconspicuas, usualmente de color amarillo o verdosas, los órganos femeninos o masculinos separados o en una misma flor. Las divisiones florales externas 4-8-partidas, más o menos unidas o separadas en partes distintas. Pétalos ausentes. Estambres tantos como las divisiones florales externas y opuestos a ellas. Ovario situado arriba de la base de las divisiones florales (súpero), usualmente con 1 cavidad (lóculo). Fruto con una sola semilla, duro y carnoso o seco.

Clave de los géneros y especies

1. a. Espinas presentes en alguna parte del tallo; hojas generalmente sin pelos (glabras) y lisas en la cara superior (haz); hojas sin dientes en algunos o todos los bordes . . . . *Celtis iguanaea*

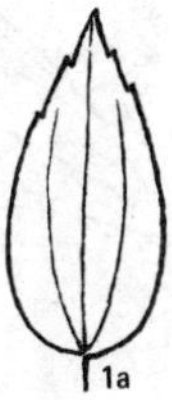

b. Tallos sin espinas; hojas peludas y algo rugosas en el haz; bordes de las hojas uniformemente dentados . . . . *Trema micrantha*

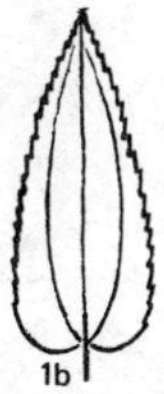

Celtis iguanaea (Jacq.) Sarg. *"Uña de gavilán"* (Lám. 297, B)

Selva veranera y selva transicional, 1.000-1.500 m. Arbol pequeño o arbusto, con frecuencia con ramas alargadas o volubles. Flores 5-partidas de color verdoso. Fruto maduro de color amarillo o anaranjado con muy poca carne. Se dice que las iguanas comen el fruto de esta planta y de allí es de donde se sacó el nombre científico.

Trema micrantha (L.) Blume *"Lavandero", "Majagüilla"* (Lám. 297, A)

Sabana, selva veranera, selva transicional y lugares alterados, 900-1.500 m. Arboles 3-15 m de alto. Las flores pequeñas son de color verde-amarillento; frutos duros de color verde. La corteza tiene una fibra fuerte.

Fam. **UMBELLIFERAE (APIACEAE)** (Dicotyledoneae)

Plantas generalmente herbáceas (en las especies venezolanas). Hojas generalmente alternas o agrupadas en la base de la planta, rara vez opuestas, y se dividen por lo general en segmentos más pequeños (compuestas), rara vez simples (no divididas). Estípulas usualmente ausentes, pero los ejes que soportan las hojas (pecíolos) con una vaina bien desarrollada. Inflorescencia usualmente en forma de sombrillas, con todos los ejes extendidos y naciendo de un mismo punto o en el ápice del

LAMINA 297: ULMACEAE

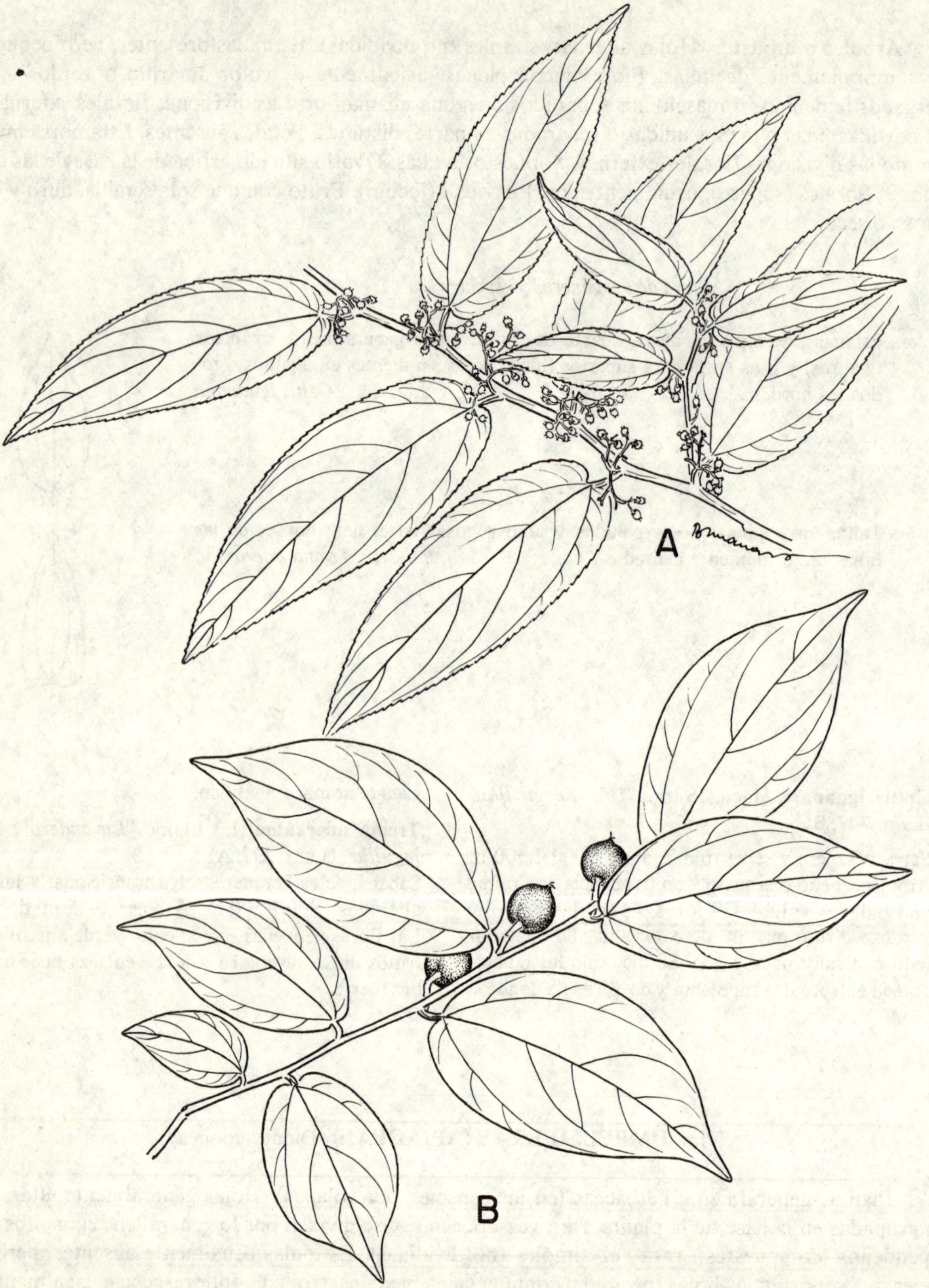

A. Trema micrantha.—*B. Celtis iguanaea.*

eje principal (pedúnculo), el cual sostiene a las flores. Flores pequeñas, usualmente con pétalos blancos, amarillos, verdosos, azulosos o purpúreos. Cáliz con un tubo unido al ovario y con 5 dientes diminutos en el ápice o sin dientes. Pétalos 5, libres, situados sobre el borde del cáliz. Estambres 5. Ovario situado debajo de la base de los pétalos y debajo de la base del ápice del cáliz. Fruto seco.

Clave de los géneros y especies

1\. a. Hojas no divididas (simples) 2

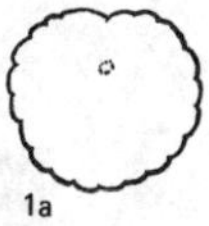

1a

b. Hojas divididas en varios hasta muchos segmentos (compuestas) 4

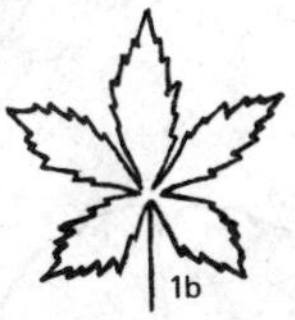

1b

2\. a. El eje que soporta la hoja (pecíolo) conectado a la lámina de la hoja cerca del centro de la misma . . . . *Hydrocotyle umbellata*

2a

b. El pecíolo se une a la lámina de la hoja en su misma base 3

2b

3\. a. Tallos rastreros sobre el suelo; hojas con pelos en ambas caras . . . . . . *Hydrocotyle venezuelensis*

b. Tallos erectos; hojas sin pelos . . . . *Spananthe paniculata*

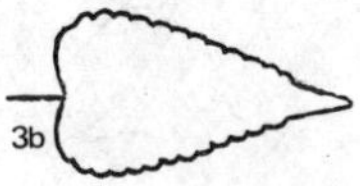

3b

4\. a. Todos los segmentos (folíolos) principales de la hoja en número de 3-5, ni en forma de hilo, ni angostos, pero nacen todos de un mismo punto (palmadamente segmentadas) en la base de la hoja . . . . *Sanicula liberta*

4a

b. Los folíolos de por lo menos las hojas superiores y medianas, muy numerosos y semejantes a hilos o muy angostos; todos o casi todos los folíolos de la hoja nacen en varios niveles 5

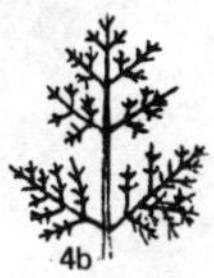

4b

5\. a. Plantas completamente sin pelos (glabras); folíolos en la base de la planta ni muy angostos, ni en forma de hilos . . . . *Coriandrum sativum*

b. Plantas más o menos peludas; todos los folíolos de la hoja muy angostos o en forma de hilos . . . . *Daucus montanus*

LAMINA 298: UMBELLIFERAE

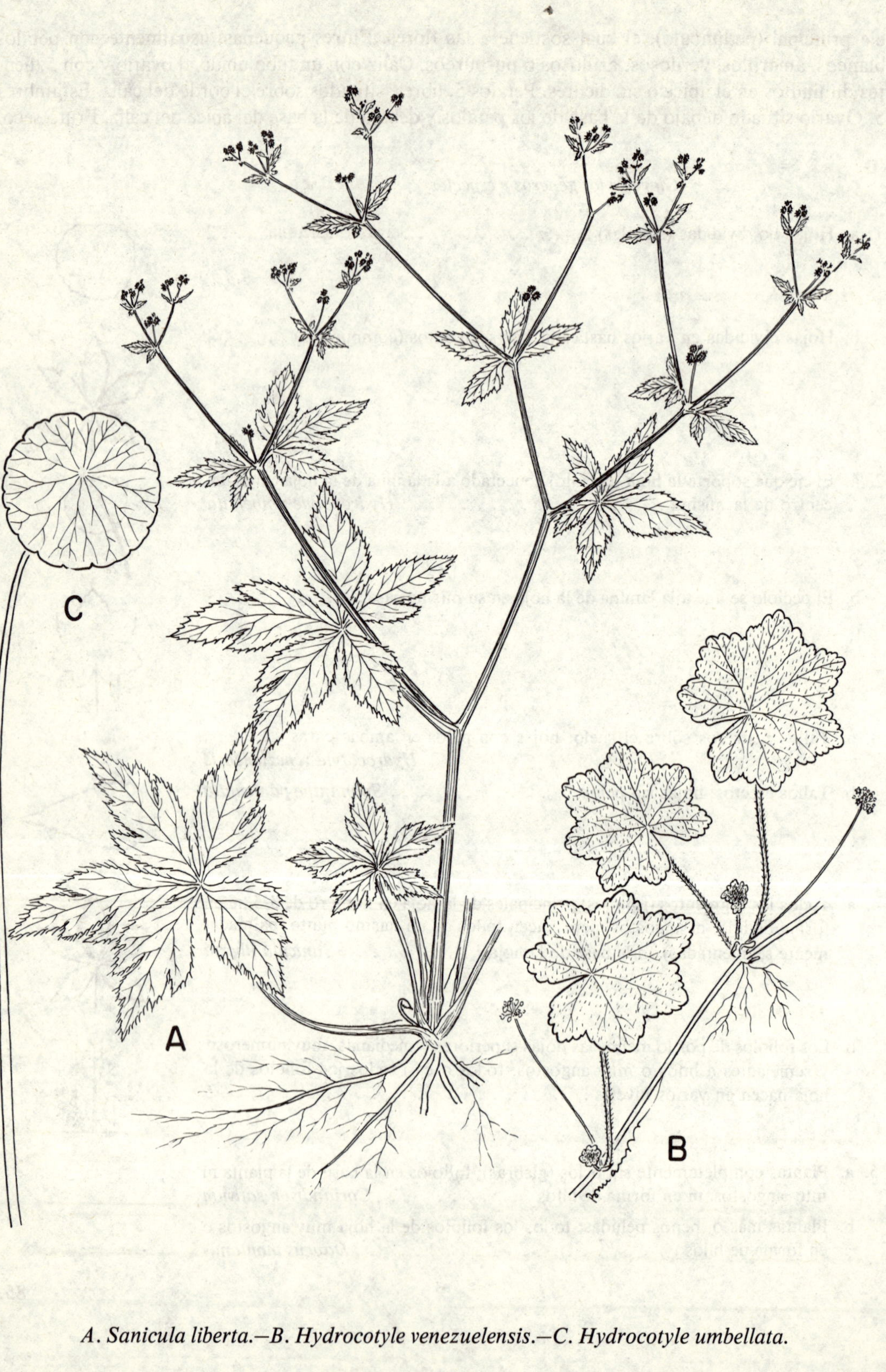

A. Sanicula liberta.—B. Hydrocotyle venezuelensis.—C. Hydrocotyle umbellata.

Coriandrum sativum L.
Nativa de Europa, introducida en Venezuela. Cultivada, algunas veces encontrada silvestre en Los Venados, a 1.500 m. Las semillas aromáticas son usadas para sazonar sopas y platos de carne.

Daucus montanus Humb. & Bonpl. ex Spreng. *"Zanahoria silvestre"*
Lugares alterados y en cultivos en cafetales, selva transicional y subpáramo, 900-2.000 m. Hierba con olor a perejil.

Hydrocotyle venezuelensis Rose ex Mathias (Lámina 298, B)
Sabana y lugares abiertos donde hay agua, 800-1.200 m. Hierba rastrera que usualmente crece en el agua o a lo largo de canales o depresiones.

Hydrocotyle umbellata L. *"Berro macho"* (Lámina 298, C)
Subpáramo, 2.000-2.200 m. Flores verde-cremosas. Hierba rastrera.

Sanicula liberta Cham. & Schlecht. *"Apio de montaña"* (Lám. 298, A)
Selva transicional y selva nublada, 1.200-1.800 m. Hierba con flores amarillo-verdosas; frutos cubiertos por púas en forma de garfio, que con frecuencia se adhieren a la ropa.

Spananthe paniculata Jacq.
Selva nublada, 1.500 m. Hierba.

Fam. **URTICACEAE** (Dicotyledoneae)

Hierbas, arbustos o árboles pequeños, algunas veces con pelos urticantes o irritantes. Hojas alternas, opuestas o en círculos (verticilos), simples (no divididas), usualmente con líneas finas pálidas (cistolitos) de carbonato cálcico. Estípulas usualmente presentes. Flores pequeñas, verdes o blancuzcas. Flores con o sin perianto, las partes masculinas y femeninas generalmente en flores diferentes o rara vez en la misma flor. El perianto que envuelve la flor masculina con 2-5 divisiones libres o parcialmente unidas, los estambres en igual número que las divisiones del perianto y opuestos a ellas. Las flores femeninas con divisiones en número de 2 ó 4 o ausentes y el ovario situado arriba de la base de las divisiones del perianto (súpero) o algunas veces unido al perianto (ínfero). Ovario con 1 sola cavidad (lóculo).

Clave de los géneros y especies

1. a. Hojas opuestas o en círculos (verticilos) . . . . 2 *(Pilea)*

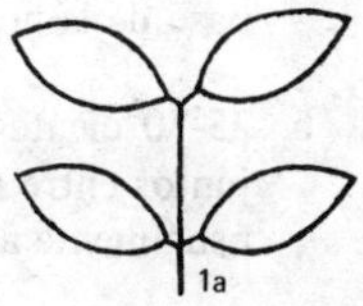

1a

b. Hojas alternas 7

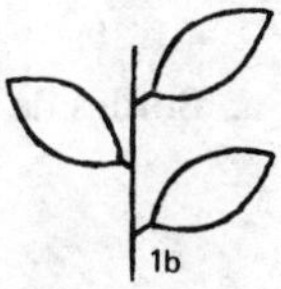

1b

2. a. Márgenes de las hojas sin dientes . . . . *Pilea rhombea*

b. Márgenes de las hojas con dientes 3

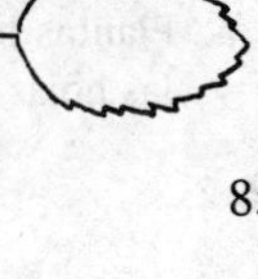

3. a. Tallos, ejes que soportan las hojas (pecíolos) y nervios de la cara inferior de las hojas sin pelos 4

   b. Tallos, pecíolos y nervios de la cara inferior de las hojas diminutamente peludos 6

4. a. Algunas de las hojas 4-14 cm de largo 5

   b. Todas las hojas mucho más cortas, 1-3 cm de largo . . . . *Pilea dauciodora*

5. a. Cada par de hojas de forma o tamaño desigual . . . . *Pilea crugeriana*

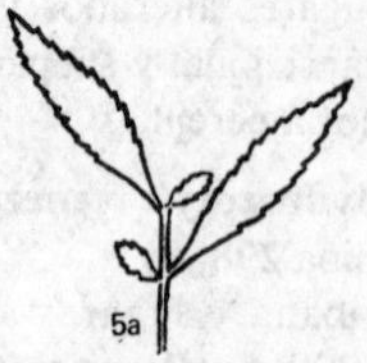
5a

   b. Cada par de hojas de forma o tamaño igual . . . . *Pilea triradiata*

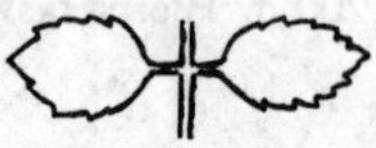
5b

6. a. Hojas generalmente redondeadas hasta anchamente encorvadas en la base, usualmente terminando en una punta corta, $1\frac{1}{3}$-2 veces más largas que anchas, con forma ovada hasta redondeada, 2-8 cm de largo y 2-7,5 cm de ancho; márgenes de la hoja con dientes grandes, anchos y prominentes . . . *Pilea pubescens*

6a

   b. Hojas generalmente angostadas hacia la base, adelgazándose en un ápice largo, $2\frac{1}{2}$-4 veces más largas que anchas, con forma elíptica o lanceolada, 8-16 cm de largo y 2,5-4,5 cm de ancho; márgenes de las hojas con dientes cortos y finos . . . . *Pilea mollis*

6b

7. (1.b)

   a. Plantas con pelos urticantes; púas presentes algunas veces sobre tallos y hojas 8

   b. Plantas sin pelos urticantes; sin púas sobre tallos y hojas 9

8. a. 10-20 dientes presentes en cada mitad de la hoja; dientes de las hojas muy separados entre sí; cara inferior de la hoja sin pelos (glabro) o casi sin pelos; base de la hoja angostada o redondeada . . . . *Urera baccifera*

8a

   b. 25-70 dientes presentes en cada mitad de la hoja; dientes de la hoja muy juntos entre sí; cara inferior de la hoja más o menos peluda; base de la hoja usualmente acorazonada . . . . *Urera caracasana*

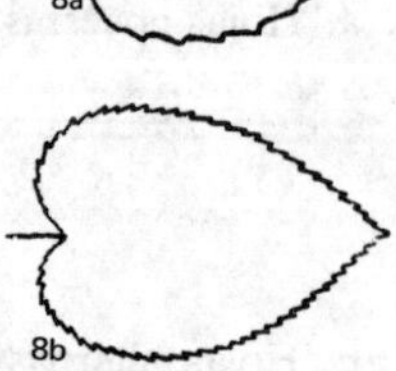
8b

9. a. Bordes de las hojas sin dientes . . . . *Pouzolzia acalyphoides*

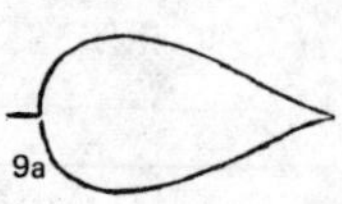
9a

   b. Bordes de las hojas con dientes 10

9b

10. a. Plantas herbáceas con tallo blando y raíces anuales; tallos, cara inferior de las hojas y ejes que soportan las hojas (pecíolos) sin pelos 11

b. Arbustos o plantas perennes con tallo leñoso; tallos, cara inferior de las hojas y pecíolos generalmente peludos 12

11. a. Flores en grupos con ejes laxamente extendidos . . . . . *Pilea crugeriana*

11a

b. Flores en grupos apretados sin ejes . . . . *Phenax sonneratii*

11b

12. a. Flores sobre ejes alargados, colgantes, más largos que los pecíolos . . . . . *Myriocarpa stipitata*

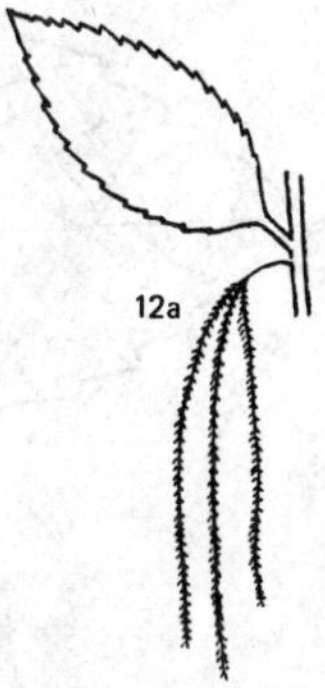
12a

b. Flores en grupos cortos, densos, sin ejes (sésiles), más cortos que los pecíolos 13

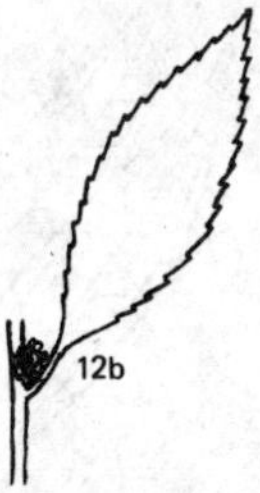
12b

13. a. Grupos de flores pequeños, 3-5 mm de diámetro, numerosos, más bien agrupados, 3-12 mm de distancia entre sí; pelos sobre el tallo generalmente adpresos; base de la hoja generalmente angostada pero algunas veces redondeada; nervios del lado inferior de la hoja más comúnmente provistos de pelos poco conspicuos a menudo adpresos longitudinalmente a la superficie de los nervios . . . . *Boehmeria ramiflora*

13a

b. Grupos de flores en promedio más grandes 5-15 mm en diámetro, y separados entre sí por espacios más grandes, generalmente 10-40 mm de distancia entre sí; pelos sobre los tallos generalmente extendidos; base de la hoja comúnmente redondeada o anchamente encorvada, pero también angostada; nervios de la cara inferior de la hoja usualmente provistos de pelos más densos y extendidos . . . . *Phenax rugosus*

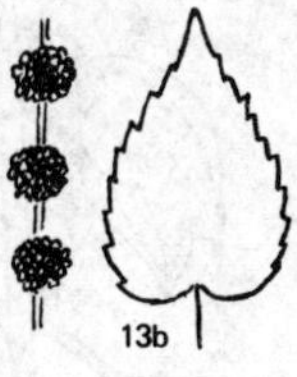
13b

LAMINA 299: URTICACEAE

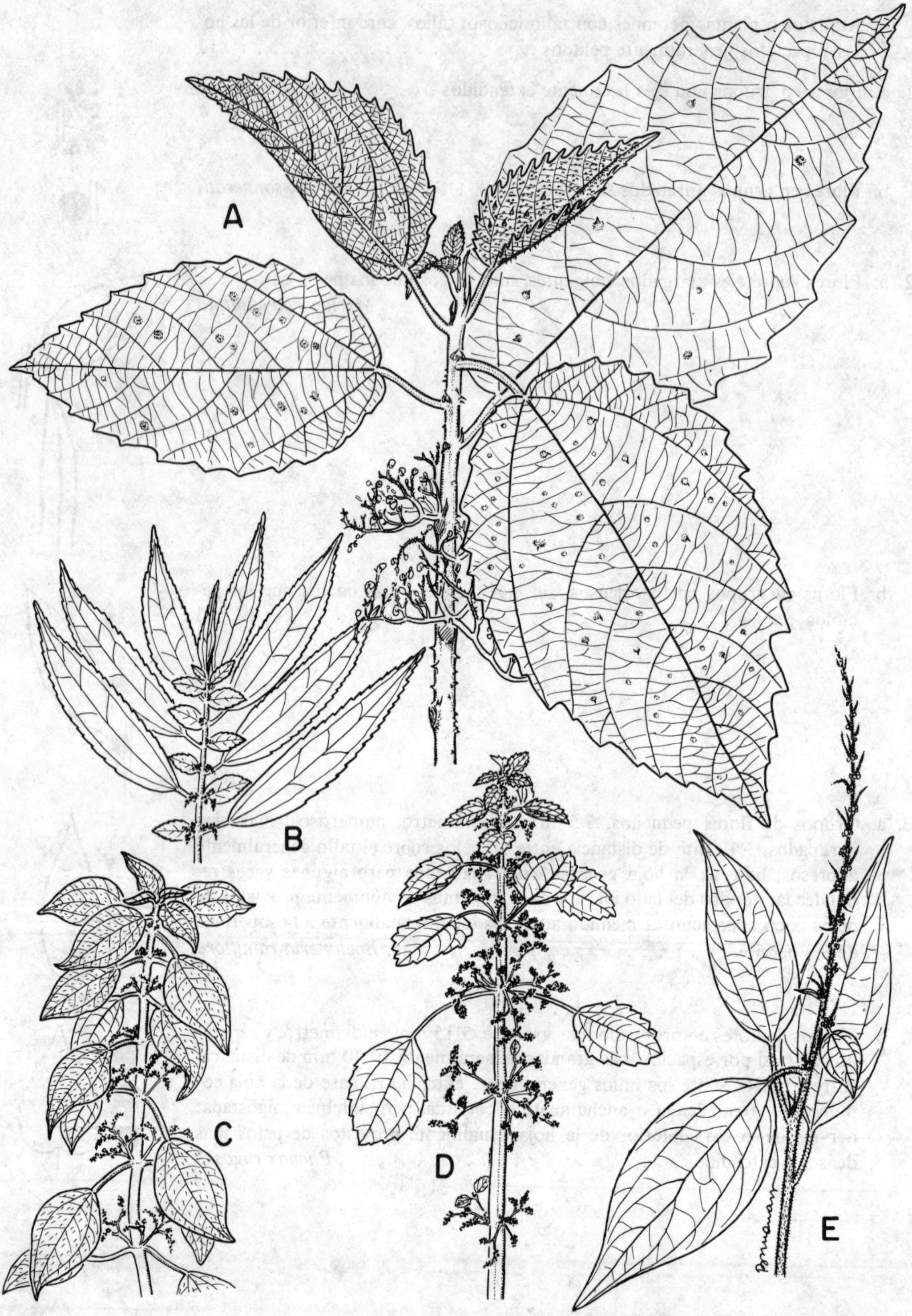

A. Urera baccifera.–*B. Pilea crugeriana.*–*C. Pilea rhombea.*–*D. Pilea dauciodora.*–*E. Pouzolzia acalyphoides.*

LAMINA 300: URTICACEAE

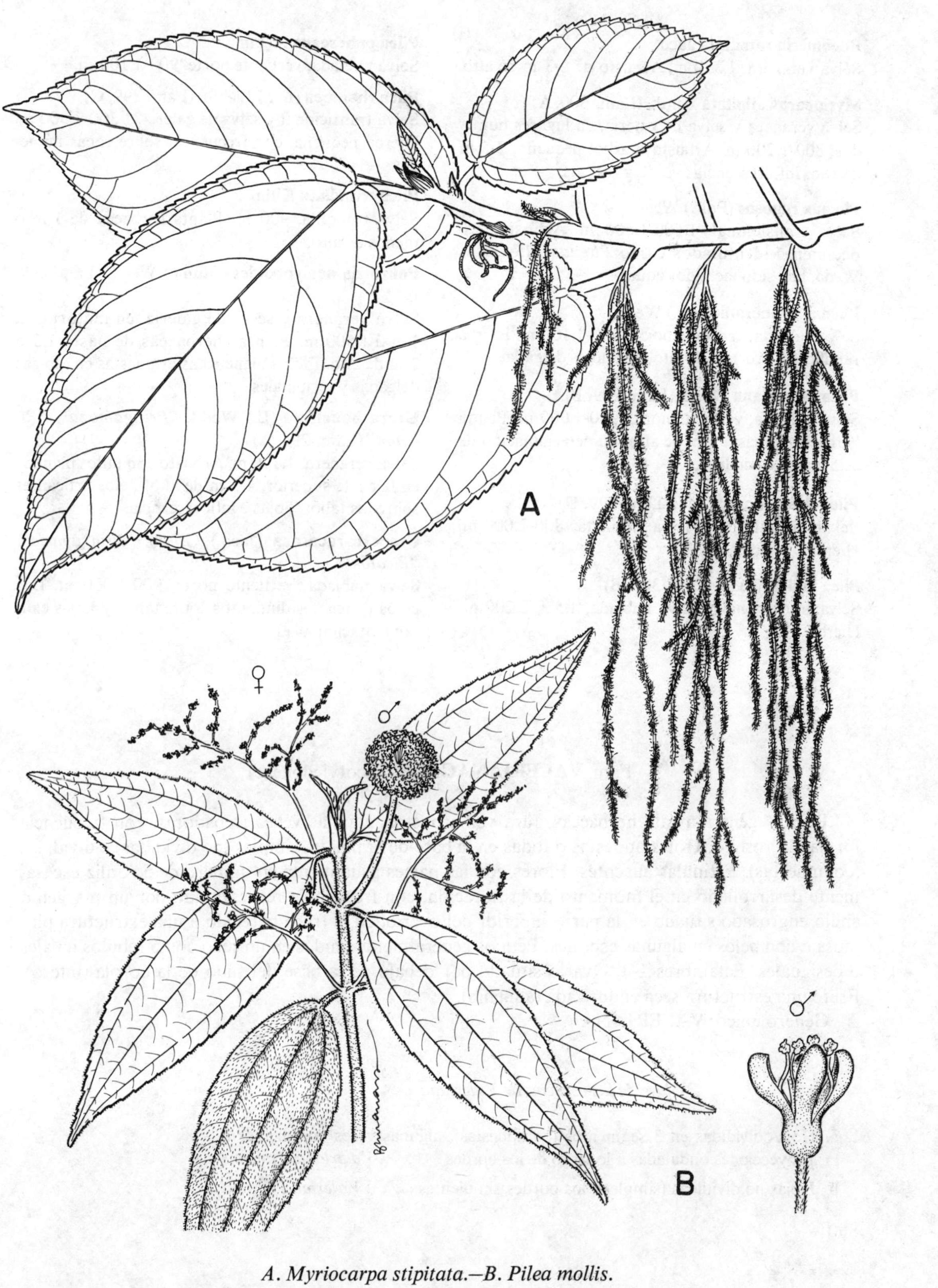

A. Myriocarpa stipitata.—B. Pilea mollis.

Boehmeria ramiflora Jacq.
Selva veranera, 1.350 m. Arbusto de 2-3 m de alto.

Myriocarpa stipitata Benth. (Lám. 300, A)
Selva veranera y selva de galería, en lugares húmedos, 800-1.200 m. Arbusto o árbol pequeño, 2-5 m de alto. Inflorescencias verde-grisáceas.

Phenax rugosus (Poir.) Wedd.
Selva transicional, 1.500-1.800 m. Arbusto. Especímenes identifiados como *Phenax uliginosus* Wedd. han sido incluidos aquí.

Phenax sonneratii (Poir.) Wedd.
Selva nublada, vertiente norte, 900-1.100 m. Hierba ramificada, 0,6-1 m de alto, con hojas delgadas.

Pilea crugeriana Wedd. (Lám. 299, B)
Selva nublada, vertiente norte, 900-1.000 m. Planta herbácea de hasta 1 m de alto. La determinación de esta planta es dudosa.

Pilea dauciodora Wedd. (Lám. 299, D)
Selva de galería y selva nublada, 800-2.000 m. Hierba.

Pilea mollis Wedd. (Lám. 300, B)
Selva transicional y selva nublada, 1.500-2.200 m. Hierba.

Pilea pubescens Liebm.
Selva nublada, vertiente norte, 900-1.100 m.

Pilea rhombea (L. f.) Liebm. (Lám. 299, C)
Selva transicional y selva de galería, 1.300-1.500 m. Hierba pequeña, con frecuencia sobre rocas húmedas.

Pilea triradiata Killip
Selva tropófila, 900 m. Planta herbácea de 1 m o menos de alto.

Pouzolzia acalyphoides (Blume) Wedd. (Lám. 299, E)
Selva veranera y selva de galería, en matorrales, 1.100-1.500 m. Plantas herbáceas de hasta 1,5 ó 2 m de alto. Flores blancuzcas dispuestas en espigas delgadas y terminales.

Urera baccifera (L.) Wedd. *"Pringamoza", "Picatón"* (Lám. 299, A)
Selva veranera, 1.100 m. Arbusto con tallos blandos en la parte superior, 1-3 m de alto. Pelos urticantes sobre los tallos, hojas e inflorescencia.

Urera caracasana (Jacq.) Griseb. *"Pringamoza", "Picatón"*
Selva nublada, vertiente norte, 900-1.000 m. Los pelos urticantes diminutos sobre tallos y hojas causan irritación a la piel.

Fam. **VALERIANACEAE** (Dicotyledoneae)

Plantas generalmente herbáceas, rara vez arbustos, algunas veces trepadoras, con frecuencia formando rosetas. Hojas opuestas o todas en la base de la planta, simples (no divididas) o divididas (compuestas). Estípulas ausentes. Flores con las partes usualmente en número de 5. Cáliz escasamente desarrollado en el momento de la floración, con frecuencia representado por un margen o anillo engrosado situado en la parte superior del ovario, en el fruto parecido a una estructura plumosa o con pelos en algunas especies. Pétalos generalmente unidos en un tubo con 5 lóbulos iguales o desiguales. Estambres 1-4. Ovario situado por debajo de la base del tubo de la corola (ínfero). Fruto una estructura seca endurecida (aquenio).

Género único: VALERIANA.

Clave de las especies de Valeriana

1. a. Hojas divididas en 3 segmentos (compuestas), algunas veces con dientes o proyecciones onduladas a lo largo de los bordes . . . . . *Valeriana scandens*
   b. Hojas no divididas (simples), los bordes sin dientes . . . . *Valeriana pavonii*

Valeriana pavonii Poepp.
Selva nublada, 1.700-1.800 m. Planta trepadora con flores blancas y pequeñas.

Valeriana scandens L. (Lám. 304, A)
Selva veranera y selva nublada, 1.100-1.500 m. Planta trepadora con flores diminutas de color blanco, cáliz semejante a una pluma en el fruto.

Fam. **VERBENACEAE** (Dicotyledoneae)

Arboles, arbustos, trepadoras leñosas o plantas herbáceas, con frecuencia con tallos o ramas cuadrados. Tallos algunas veces espinosos. Hojas usualmente opuestas, algunas veces en círculos (verticilos), simples (no divididas) o divididas (compuestas) en segmentos separados (folíolos). Estípulas ausentes. Sépalos unidos hasta formar un cáliz con 4 ó 5 lóbulos. Pétalos unidos en una corola con 4 ó 5 lóbulos generalmente desiguales. Estambres usualmente 4, rara vez 2. Ovario situado arriba de la base del tubo de la corola (súpero). Fruto seco o carnoso.

Clave de los géneros y especies

1. a. Hojas divididas en 3-5 segmentos separados (compuestas) . . . . *Vitex orinocensis* var. *multiflora*

   b. Hojas diferentes a como se indica arriba 2

2. a. Plantas leñosas y trepadoras 3

   b. Plantas no trepadoras 4

3. a. Flores azul-purpúreas, vistosas; tallos y hojas sin pelos (glabros) o casi sin pelos . . . . *Petrea aspera*

   b. Flores blancas, cremosas, amarillas o verde-amarillas; tallos y hojas densamente peludos . . . . *Aegiphila fendleri*

4. a. Flores agrupadas en cabezuelas esféricas densas o en masas columnares y cortas; hojas, al ser trituradas, usualmente con olor pronunciado a especias 5

4a

   b. Flores diferentes a como se indica arriba, dispuestas en inflorescencias cortas o alargadas, ramificadas o no ramificadas 12

4b

5. a. Hojas muy pequeñas, 0,7-2,5 cm de largo y 0,3-1 cm de ancho . . . . *Lippia micromera*

5a 

   b. Hojas más grandes, usualmente 4,5-15 cm de largo y 1,5-6,5 cm de ancho . 6

6. a. Cabezuelas de flores numerosas sobre ejes muy ramificados, los cuales nacen en los extremos del tallo . . . . *Lippia hirsuta* var. *moritzii*

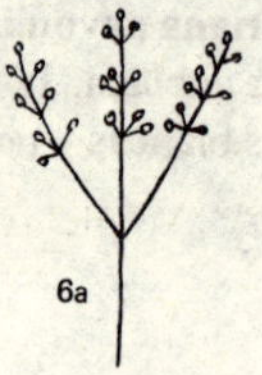

6a

b. Solamente 1 cabezuela de flores sobre un eje no ramificado . . . 7 *(Lantana)*

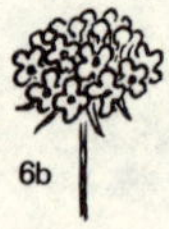

6b

7. a. Flores anaranjadas, rojas o amarillo-anaranjados (rara vez color lavanda con amarillo) 8

b. Flores blancas, color lavanda, rosadas o purpúreas 9

8. a. Pelos blancos sobre el tallo, esparcidos, firmes, alargados y extendidos; pelos en la cara inferior de la hoja, densa y estrechamente adpresos a la superficie *Lantana armata*

b. Pelos de los tallos generalmente cortos y adpresos contra la superficie; pelos de la cara inferior de las hojas con frecuencia más esparcidos y más dispersos (pelos algunas veces densos en la cara inferior de la hoja) . . . . *Lantana camara* var. *moritziana*

9. a. Flores rosadas, purpúreas o color lavanda (las florecillas centrales con frecuencia con un ojo amarillo) 10

b. Flores blancas (algunas veces con la garganta amarilla) 11

10. a. Tallos con pelos conspicuos y extendidos; hojas con pubescencia suave en la cara inferior; cabezuela de flores con frecuencia más larga que ancha . . . *Lantana maxima*

10a

b. Tallos con pelos cortos y extendidos; hojas con pubescencia corta y diminuta en la·cara inferior de la misma; cabezuelas de flores más anchas que largas *Lantana caracasana*

10b

11. a. Eje que soporta la inflorescencia (pedúnculo) alargado, usualmente igualando o más largo que las hojas, 4-13 cm de largo; tallos sin pelos (glabros) o esparcidamente peludos, pero sin pelos grises; cara inferior de las hojas no completamente cubierta por pelos . . . . *Lantana achyranthifolia*

11a

b. Pedúnculo de la inflorescencia corto, más corto que las hojas, 1-4,5 (–6) cm de largo; la parte superior del tallo cubierta por pubescencia adpresa corta y de color gris; cara inferior de las hojas completamente cubierta por pelos cortos . . . . *Lantana canescens*

11b

12. (4.b)

a. Plantas herbáceas con tallos generalmente blandos o delgados; hojas con dientes en los bordes 13

b. Arboles o arbustos; hojas sin dientes en los bordes 16

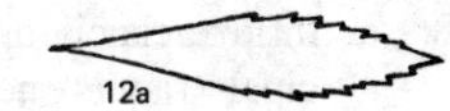
12a

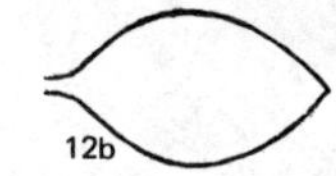
12b

13. a. Inflorescencia ramificada; hojas relativamente angostas, por lo menos las hojas superiores largas y delgadas en ambos extremos, 0,3-3 cm de ancho *Verbena litoralis*

13a

b. Inflorescencia no ramificada; hojas relativamente anchas, generalmente más anchas en la base o cerca de la mitad, 1,5-5 cm de ancho 14

13b

14. a. La base de la lámina de la hoja termina abruptamente en un eje (pecíolo) bien diferenciado, 1-1,5 cm de largo; eje (raquis) de la inflorescencia sin zonas hundidas . . . . *Bouchea prismatica*

14a

b. La base de la lámina de la hoja continúa hasta la base o casi hasta la base, los pecíolos muy cortos o no evidentes; eje de la inflorescencia (raquis) con zonas hundidas . . . . 15 *(Stachytarphaeta)*

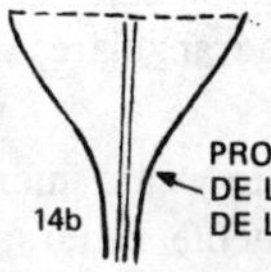

14b

15. a. Hojas densamente peludas en la cara inferior; tallo densamente peludo con pelos extendidos; flores de color rosado oscuro o salmón . . . . *Stachytarphaeta mutabilis*

b. Hojas casi sin pelos (glabras) o con pubescencia muy esparcida en la cara inferior; tallo casi sin pelos o esparcidamente peludo; flores azules hasta blancas . . . . *Stachytarphaeta cayennensis*

16. (12.b)

a. Ramas con frecuencia espinosas . . . . *Duranta mutisii*

b. Ramas sin espinas 17

17. a. Hojas con numerosos dientes pequeños; flores rodeadas por una ala circular *Holmskioldia sanguinea*

17a

b. Hojas sin dientes en los bordes; flores no rodeadas por un ala circular . . 18

17b

18. a. Inflorescencia angosta y alargada, mucho más larga que ancha, el eje principal (raquis) no ramificado 19

18a

b. Inflorescencia muy corta o solamente algo más larga que ancha, o el raquis de la inflorescencia ramificado 21

18b

19. a. Flores azules y purpúreas . . . . *Petrea arborea*

b. Flores amarillo-verdosas o blancuzcas 20

20. a. Cara inferior de las hojas densamente peluda . . *Citharexylum subflavescens*

b. Cara inferior de las hojas sin pelos o casi sin pelos . . . . *Citharexylum subthyrsoideum*

21. a. Flores en grupos cortos ubicados a lo largo de los lados del tallo . . *Aegiphila ternifolia*

21a

b. Flores sobre ejes ramificados ubicados en los extremos de las ramas . . . 22

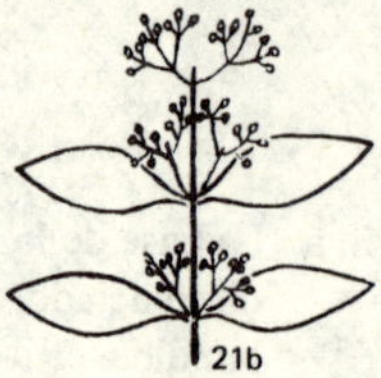
21b

22. a. Tallo y cara inferior de las hojas más o menos peludos; tallos jóvenes no cuadrangulares . . . . *Aegiphila mollis*

22a

b. Tallo y cara inferior de las hojas sin pelos (glabros); tallos jóvenes prominentemente cuadrangulares 23

22b

23. a. Apice del cáliz más o menos recto y no lobulado . . . *Aegiphila quinduensis*

b. Apice del cáliz lobulado o con margen ondulado . . . . *Aegiphila laeta*

Aegiphila fendleri Moldenke
Selva nublada, vertiente norte, 1.500 m. Arbusto trepador.

Aegiphila laeta H.B.K.
Selva nublada, vertiente norte, 900-1.000 m. Arbol 4-5 m de alto, con flores cremoso-verdosas.

Aegiphila mollis H.B.K. *"Totumillo"*
Selva veranera, 900 m. Arbol con flores blanco-cremosas.

Aegiphila quinduensis (H.B.K.) Moldenke
Selva nublada, vertiente norte, 900-1.000 m. Arbusto o árbol de 2-12 m de alto, con flores blancas.

Aegiphila terniflora H.B.K.
Aegiphila verrucosa Schauer
Selva veranera y selva transicional, 900-1.500 m. Arbol de hasta 20 m de alto, con flores blancas.

Bouchea prismatica (L.) Kuntze
Bouchea prismatica var. *longirostra* Grenz.
Sabana y lugares abiertos, 900 m. Hierba con raíces anuales, 30-60 cm de alto, con tallos cuadrados y flores azul-pálidas, lavanda o rosado-oscuras.

Citharexylum subflavescens Blake
Selva nublada, 1.500-1.800 m. Arbol de hasta 20 m de alto, con flores blancas hasta verdoso-oliva.

LAMINA 301: VERBENACEAE

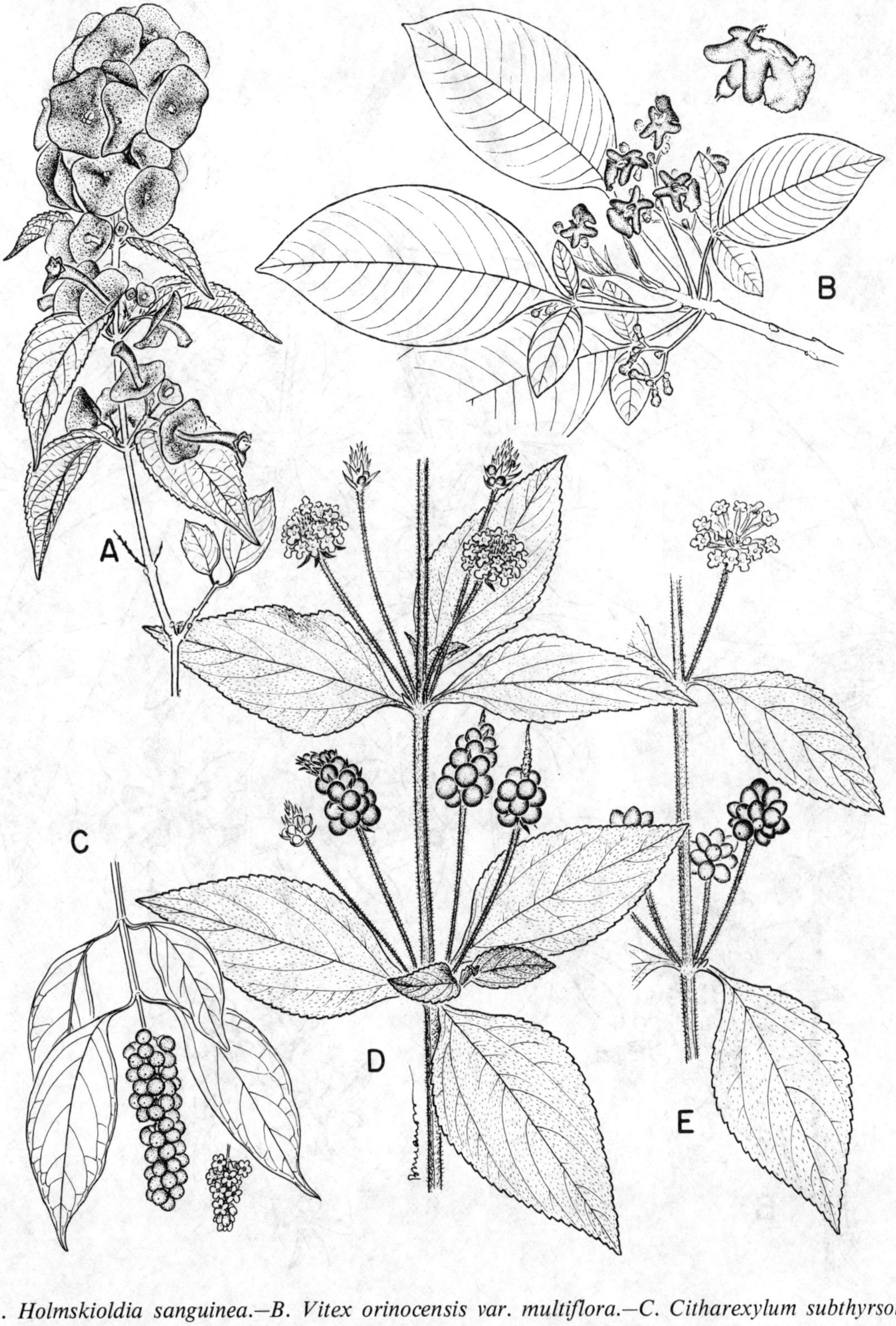

A. Holmskioldia sanguinea.–B. Vitex orinocensis var. multiflora.–C. Citharexylum subthyrsoideum.–D. Lantana maxima.–E. Lantana armata.

A. Petrea aspera.–*B. Lantana caracasana.*

LAMINA 303: VERBENACEAE

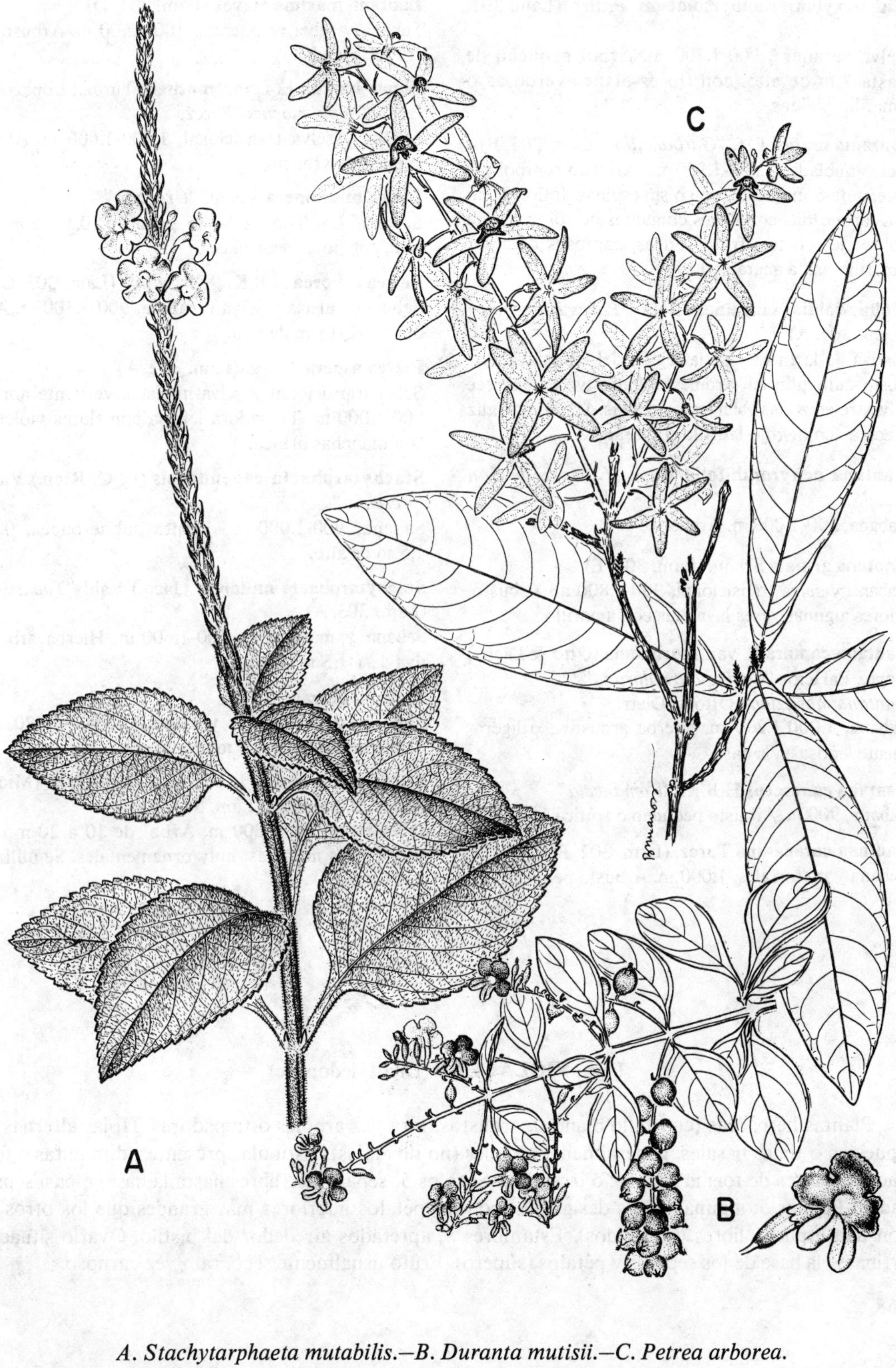

A. Stachytarphaeta mutabilis.–B. Duranta mutisii.–C. Petrea arborea.

Citharexylum subthyrsoideum Pittier (Lám. 301, C)
Selva veranera, 900-1.100 m. Arbol pequeño de hasta 7 m de alto, con flores blanco-verdosas o amarillo-pálidas.

Duranta mutisii L. f. *"Garbancillo"* (Lám. 303, B)
Selva nublada, 1.500-1.950 m. Arbusto o árbol pequeño de 6 m de alto, con o sin espinas. Inflorescencias arqueadas con flores colgantes de color violeta sobre ejes cortos; frutos duros, carnosos de color amarillo hasta anaranjado.

Holmskioldia sanguinea Retz *"Paragüito chino"* (Lám. 301, A)
Nativa de la India y de la región del Himalaya. Arbusto cultivado en jardines, algunas veces aparece silvestre en zonas abiertas y sabanas, 1.300 m. Cáliz alado de color rojo-ladrillo o anaranjado.

Lantana achyranthifolia Desf. *"Cariaco de San Juan"*
Sabana, 900-1.000 m. Arbusto.

Lantana armata Schau. (Lám. 301, E)
Sabana y selva transicional, 900-1.800 m. Arbusto. Flores algunas veces lavandas con amarillo.

Lantana camara L. var. **moritziana** (Otto & Dietr.) López-Palacios *"Cariaquito colorado"*
Lantana moritziana Otto & Dietr.
Sabana, 1.000-1.200 m. Hierba arbustiva o ligeramente leñosa en la base.

Lantana canescens H.B.K. *"Romanceta"*
Sabana, 900 m. Arbusto pequeño o frútice.

Lantana caracasana Turcz. (Lám. 302, B)
Sabana y matorrales, 1.000 m. Arbusto pequeño.

Lantana maxima Hayek (Lám. 301, D)
Sabana y selva veranera, 1.100-1.500 m. Arbusto o frútice grande.

Lippia hirsuta L. f. var. **moritzii** (Turcz.) López-Palacios *Lippia moritzii* Turcz.
Sabana y selva transicional, 1.200-1.600 m. Arbol pequeño o arbusto.

Lippia micromera Schau. *"Orégano"*
Sabana, 1.500 m. Arbusto pequeño, 0,5-2,5 m de alto, con hojas pequeñas.

Petrea arborea H.B.K. *"Tostadito"* (Lám. 303, C)
Selva de galería y selva veranera, 900-1.300 m. Arbol de 12-15 m de alto.

Petrea aspera Turcz. (Lám. 302, A)
Selva transicional y selva nublada, vertiente norte, 900-1.000 m. Trepadora leñosa con flores violetas con manchas blancas.

Stachytarphaeta cayennensis (L. C. Rich.) Vahl *"Verbena"*
Sabana, 900-1.000 m. Planta subherbácea, 0,5-1,5 m de alto.

Stachytarphaeta mutabilis (Jacq.) Vahl *"Tucusito"* (Lám. 303, A)
Sabana y matorrales, 900-1.600 m. Hierba arbustiva de 1-1,5 m de alto.

Verbena litoralis H.B.K.
Lugares deforestados y alterados, 900-1.970 m. Planta herbácea, 0,5-1 m de alto.

Vitex orinocensis H.B.K. var. **multiflora** (Miq.) Huber *"Totumillo"* (Lám. 301, B)
Selva tropófila, 1.200 m. Arbol de 10 a 20 m de alto. Flores moradas, muy ornamentales. Se utiliza la madera.

Fam. **VIOLACEAE** (Dicotyledoneae)

Plantas herbáceas (con tallo blando), arbustos, rara vez árboles o trepadoras. Hojas alternas u opuestas o todas basales, generalmente simples (no divididas). Estípulas presentes, diminutas o foliáceas. Flores de forma regular o irregular. Sépalos 5, separados (libres hasta la base) o casi separados. Pétalos 5, algunas veces desiguales, con los pétalos inferiores más grandes que los otros y con una espuela, libres (no unidos). Estambres 5, apretados alrededor del pistilo. Ovario situado arriba de la base de los sépalos y pétalos (súpero). Fruto usualmente seco, rara vez carnoso.

LAMINA 304: VALERIANACEAE, VIOLACEAE

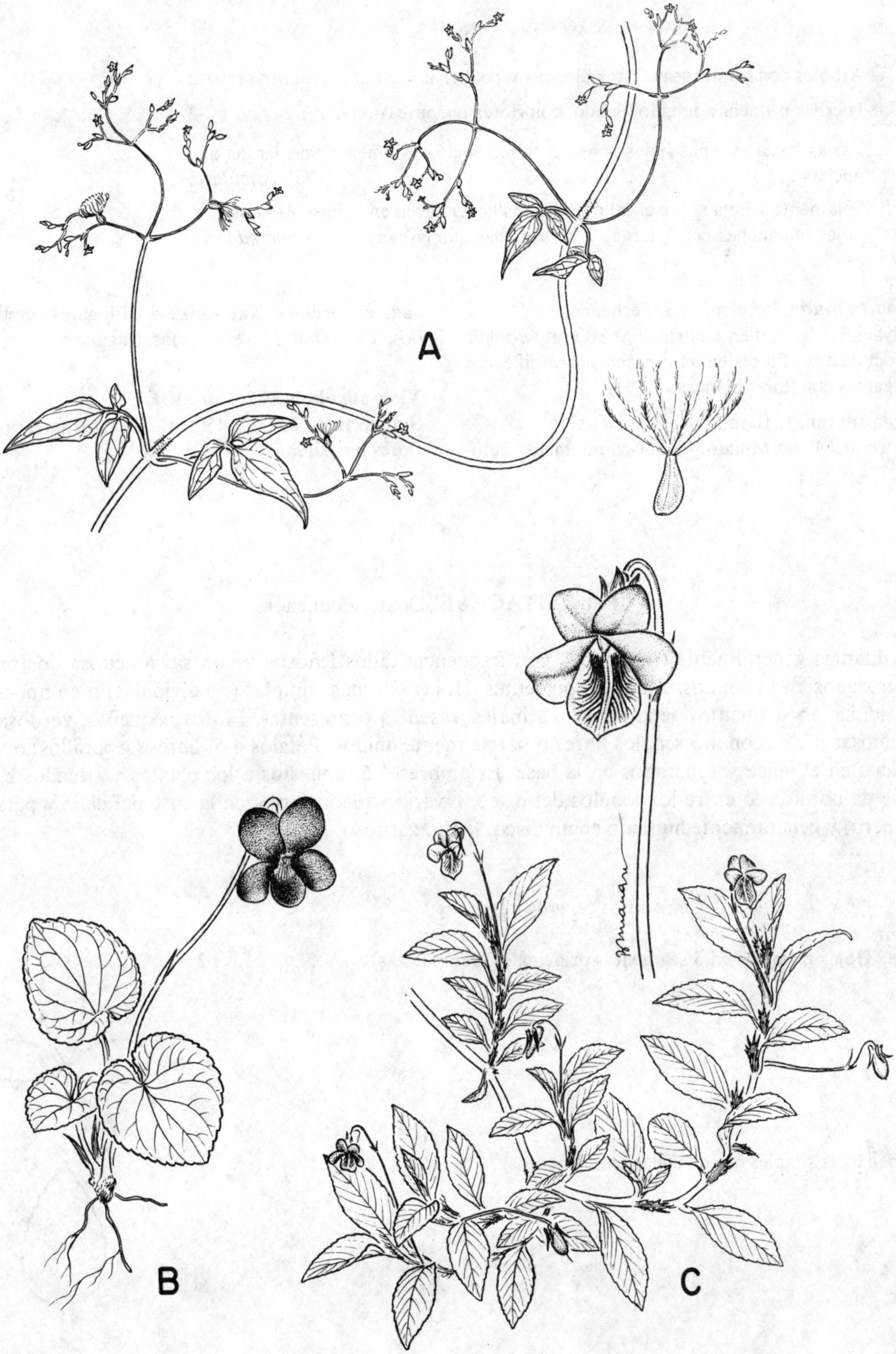

A. Valeriana scandens.–B. Viola odorata.–C. Viola stipularis.

Clave de los géneros y especies

1. a. Arboles con numerosas flores blancas y pequeñas . . . . . . *Rinorea oraria*
   b. Hierbas pequeñas de tallo blando, con flores purpúreas 2
2. a. Varias hasta muchas hojas sobre el tallo; hojas obviamente más largas que anchas . . . . *Viola stipularis*
   b. Solamente 1 hoja sobre el tallo, todas las hojas nacen en la base de la planta; hojas tan anchas como largas o más anchas que largas . . . . *Viola odorata*

Rinorea oraria Steyermark & Fernández
Selva nublada, vertiente norte, 700-800 m. Arbol de 5-6 m de alto. Flores en inflorescencias ramificadas colgantes con flores blancas.

Viola odorata L. (Lám. 304, B)
Nativa del Viejo Mundo. Planta comúnmente cultivada en jardines. Naturalizada en lugares sombreados, a 1.900 m. Flores violetas, fragantes.

Viola stipularis Sw. (Lám. 304, C)
Subpáramo, 2.200-2.450 m. Hierba rastrera con flores purpúreas.

Fam. **VITACEAE** (Dicotyledoneae)

Plantas generalmente trepadoras, con frecuencia tallos leñosos y con savia acuosa, los tallos engrosados en los nudos. Zarcillos presentes. Hojas alternas, simples (no divididas) o compuestas (divididas en segmentos separados). Estípulas ausentes o presentes. Flores pequeñas, verdosas o cremosas. Cáliz con 4-5 sépalos libres o parcialmente unidos. Pétalos 4-5, libres (separados) o algo unidos en el ápice y separados en la base. Estambres 4-5, opuestos a los pétalos y situados en la base de un disco o entre los lóbulos del disco. Ovario situado arriba de la base del cáliz y pétalos (súpero) y generalmente hundido en un disco. Fruto carnoso.

Clave de los géneros y especies

1. a. Hojas divididas en 3 segmentos principales (compuestas) 2

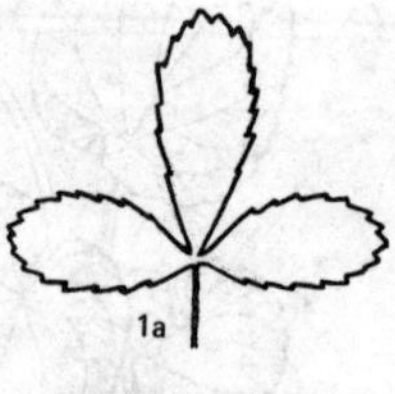
1a

   b. Hojas simples (no divididas en segmentos) 4

1b

2. a. Todos los segmentos de la hoja (pecíolos) provistos de peciólulos (ejes); borde de la hoja con diminutos dientes, finos y delgados . *Cissus rhombifolia*

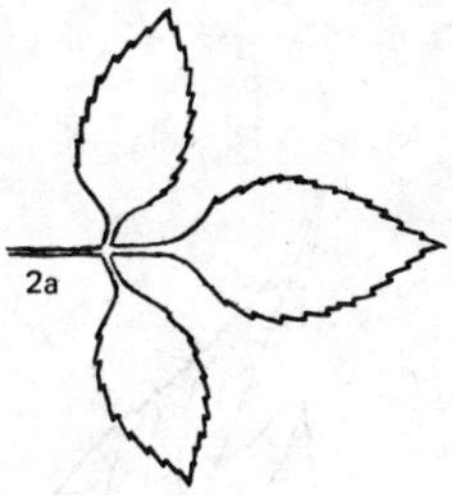

b. Los 2 segmentos laterales (folíolos) sin peciólulos, el tercer segmento central con un eje corto o sin eje (sésil); borde de la hoja con dientes grandes y anchos 3

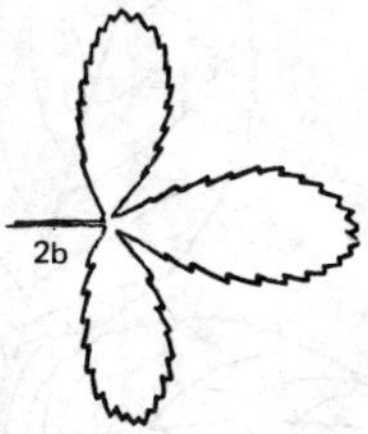

3. a. Folíolos sin pelos (glabros) o casi sin pelos en la cara inferior . . *Cissus erosa*

b. Folíolos peludos en la cara inferior . . . . *Cissus erosa* var. *salutaris*

4. a. Hojas sin pelos (glabras) en la cara inferior . . . . *Cissus sicyoides*

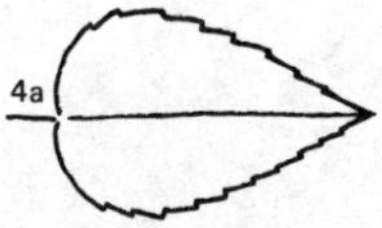

b. Hojas con pelos densa y estrechamente agrupados en la cara inferior . . *Vitis tiliifolia*

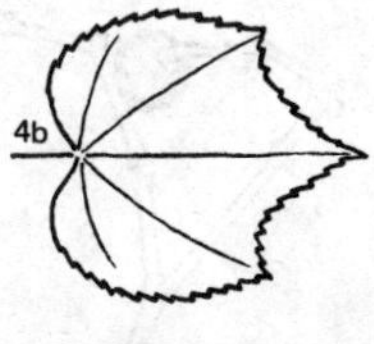

Cissus erosa L. C. Rich. *"Mano de sapo"*
Selva veranera y selva transicional, 1.200-1.600 m. Flores y ejes de las flores (pedicelos) de color rojo.

Cissus erosa var. **salutaris** (H.B.K.) Planch. *"Mano de sapo"*
Cissus salutaris H.B.K.
Selva veranera y selva transicional, 1.200-1.500 m. Flores y ejes de las flores (pedicelos) de color rojo.

Cissus rhombifolia Vahl (Lám. 305, A)
Selva nublada, 1.600 m. Trepadora.

Cissus sicyoides L. *"Bejuco de caro"*
Selva veranera y en matorrales, 1.000-1.550 m. Flores verdes o amarillo-verdosas. Las hojas variables en forma y densidad de pubescencia. Las hojas, al ser trituradas en agua, producen un líquido jabonoso usado para lavar la ropa. Una deformación en la planta es producida por un hongo parásito *(Mycosyrinx cissi)*, el cual cambia la apariencia de la planta.

Vitis tiliifolia Humb. & Bonpl. ex Roem. & Schult. *"Bejuco de agua"* (Lám. 305, B)
Vitis caribaea DC.
Selva de galería, selva veranera y selva nublada, 1.200-1.800 m. Flores pequeñas de color amarillo-verdoso, dispuestas en grupos densos, con fragancia muy delicada. Al igual que algunas otras trepadoras de Venezuela *(Tetracera* y *Souroubea)*, esta planta, al cortarle el tallo, segrega una savia acuosa, que es providencial para mitigar la sed en lugares en donde no hay arroyos cercanos.

LAMINA 305: VITACEAE

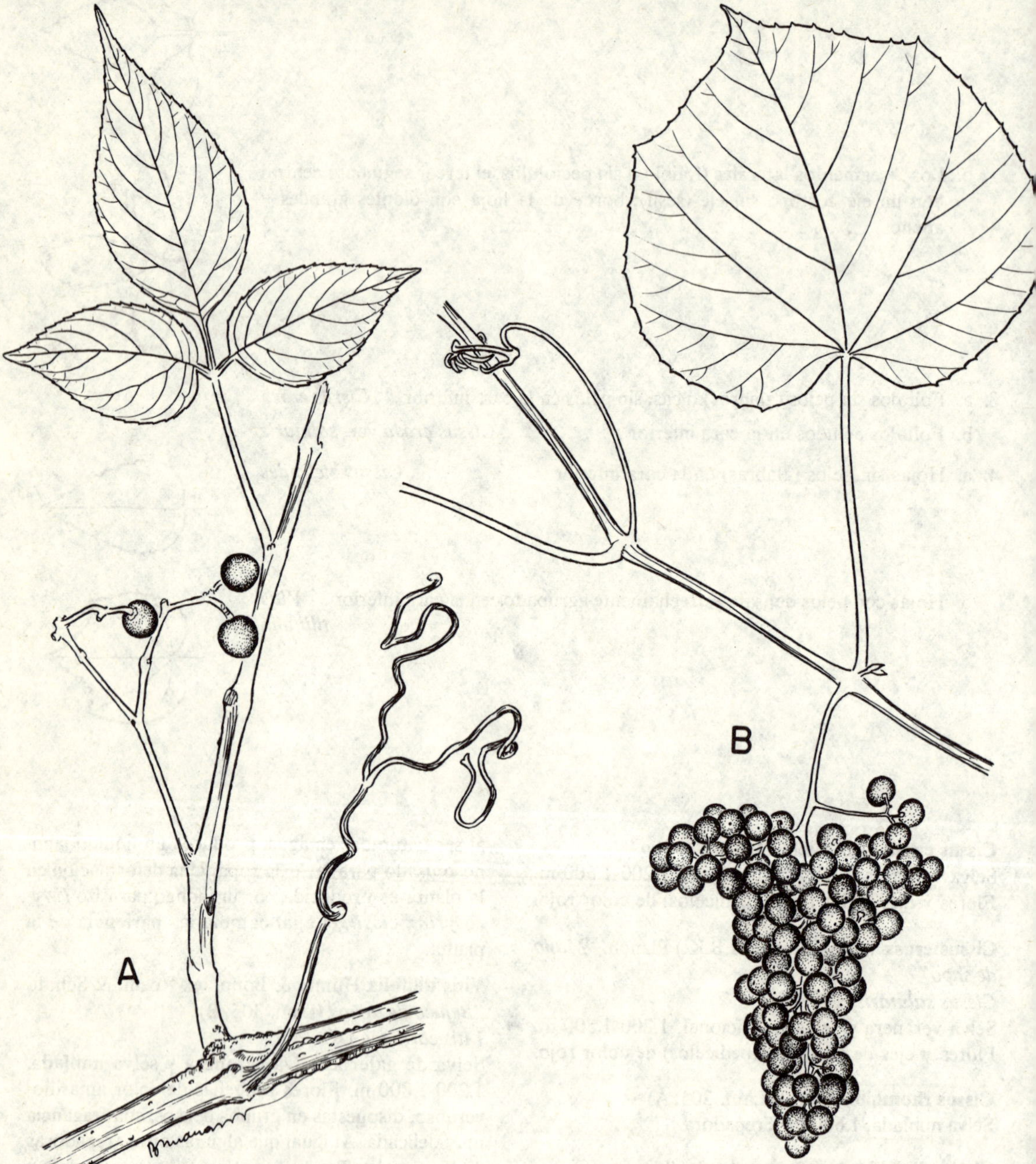

A. Cissus rhombifolia.–B. Vitis tiliifolia.

LAMINA 306: VOCHYSIACEAE

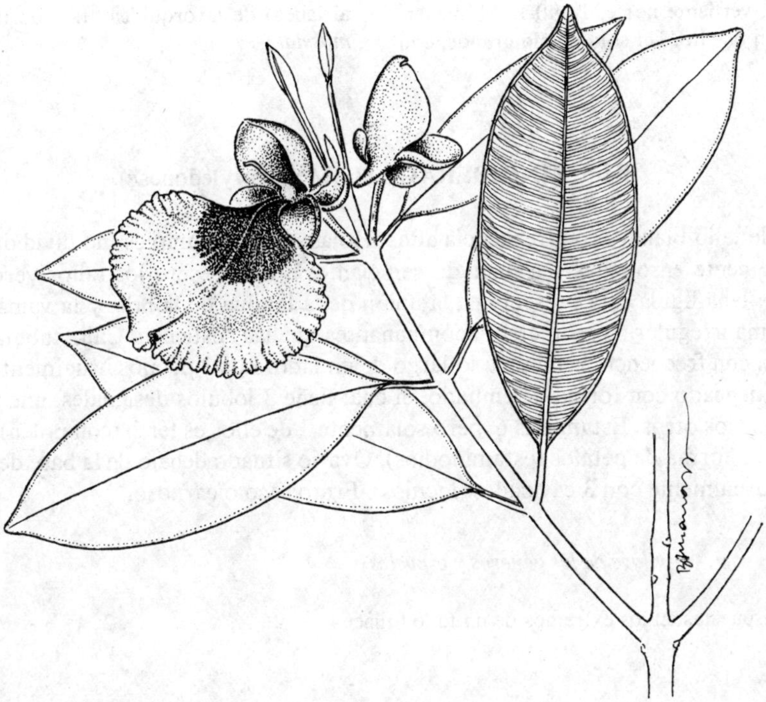

Qualea calophylla.

Fam. **VOCHYSIACEAE** (Dicotyledoneae)

Arboles o arbustos, con frecuencia con savia resinosa. Hojas opuestas o en círculos (verticilos), simples (no divididas), sin dientes en los bordes. Estípulas presentes o ausentes. Flores con forma irregular. Sépalos 5, iguales o desiguales, unidos en la base, uno de ellos con frecuencia con forma de saco o espuela. Pétalos amarillos, blancos, rosados, azulosos o purpúreos, 5, de forma y tamaño similar, o reducidos a 3 o a 1 solo (en la especie del Avila), libres. Estambres usualmente 10, con solamente uno de ellos fértil, los otros reducidos a estaminodios. Ovario usualmente situado arriba de la base de los pétalos y cáliz (súpero). Fruto usualmente seco.

Qualea calophylla Pittier *"Florecillo"* (Lám. 306) Selva nublada, vertiente norte, 1.390-1.500 m. Arbol de 10-15 m de alto. Un solo pétalo grande, con líneas de color rosado-rojo o amarillo, que se parece al labelo de la orquídea "flor de mayo" *(Cattleya mossiae).*

Fam. **ZINGIBERACEAE** (Monocotyledoneae)

Hierbas de tallo blando, con frecuencia altas. Hojas alternas, simples (no divididas), con vainas basales fuertemente enrolladas y a menudo semejantes a tallos, pero los tallos verdaderos usualmente cortos. Una lígula está presente en la unión de la lámina de la hoja y la vaina más angosta. Flores de forma irregular, con brácteas acompañantes que las sostienen. Cáliz tubular, usualmente con 2 lóbulos, con frecuencia hendido a lo largo de un lado. Los 3 pétalos usualmente unidos en un tubo vistoso, delicado con forma de embudo, el cual tiene 3 lóbulos desiguales, uno de los lóbulos más grande que los otros. Estambres 6, pero solamente 1 de ellos es fértil (con polen), los otros son 5 estructuras en forma de pétalos (estaminodios). Ovario situado debajo de la base del cáliz y la corola (ínfero), usualmente con 3 cavidades (lóculos). Fruto seco o carnoso.

Clave de los géneros y especies

1. a. Flores dispuestas en los extremos de un tallo foliáceo 2

b. Flores sobre ejes distintos (pedúnculos) que se originan directamente del suelo y separados del tallo foliáceo 6

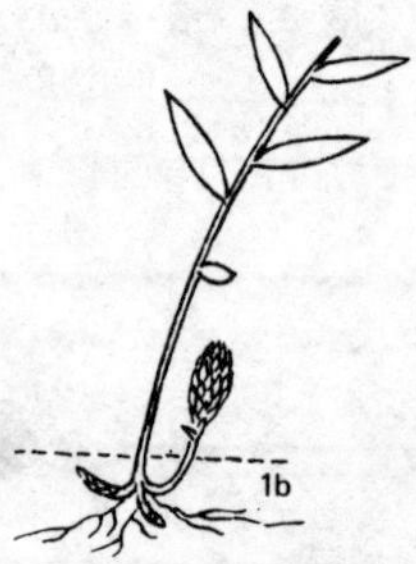

2. a. Hojas dispuestas en forma de espiral o de escalera de caracol, unidas al tallo en más de 2 direcciones o planos . . . . 3 *(Costus)*

2a

b. Hojas dispuestas en solamente 2 direcciones o planos sobre el tallo (dísticas) 5 *(Hedychium)*

2b

3. a. Tallos y hojas densamente peludos, los pelos son largos y leonados . . . . *Costus villosissimus*

b. Tallos y hojas sin pelos (glabros), o con pelos no extendidos 4

4. a. Las brácteas que sostienen a las flores, son erectas y apretadamente adpresas a la cabezuela de flores; brácteas anchamente encorvadas hasta terminar en un ápice corto; corola rosado-roja, anaranjado-roja o rojiza; brácteas de color anaranjado-rojo hasta rojizo o anaranjado . . . . *Costus scaber*

b. Brácteas que sostienen a las flores, dobladas hacia atrás (reflexas) y conspicuamente puntiagudas en el ápice; corola de color amarillo o anaranjado-amarillo; brácteas de color rojo-coral . . . . *Costus comosus*

5. a. Flores blancas . . . . *Hedychium coronarium*

b. Flores de color anaranjado-salmón . . . . *Hedychium gardnerianum*

6. (1.b)

a. La porción foliar de la planta tiene 1,2 m de alto; flores verde-amarillentas con púrpura, con brácteas anaranjadas hasta rojas y amarillas, sostenidas por un eje delgado, 25-30 cm de largo; hojas angostas, 1,2-2 cm de ancho, angostándose hasta formar un ápice alargado . . . . *Zingiber officinale*

b. La porción foliar de la planta mide 2-3 m de alto; flores amarillas con brácteas de color rojo o salmón, sostenidas por un eje floral corto, grueso, 15-25 cm de largo; hojas oblongo-elípticas u oblongo-lanceoladas, 6-18 cm de ancho, con un ápice corto . . . . 7 *(Renealmia)*

7. a. Inflorescencia en forma de cabezuela, casi tan ancha como larga, 7 cm de largo y 7 cm de ancho, con brácteas ovado-lanceoladas, con una punta larga; brácteas florales generalmente sin pelos (glabras) . . *Renealmia nicoloides*

7a

b. Inflorescencias dispuestas en masas alargadas, cilíndricas, 2-4 veces más largas que anchas, con brácteas suborbiculares hasta ovadas, redondeadas en el ápice; brácteas florales cubiertas por una densa pubescencia . . . . . *Renealmia thyrsoidea*

7b

Costus comosus (Jacq.) Roscoe *"Caña de la India"*
Selva de galería, 900-1.100 m.

Costus aff. **scaber** R. & P. *"Caña de la India"* (Lám. 307, B)
Selva nublada, vertiente norte, 1.100-1.300 m. La savia acuosa del tallo es de sabor ácido y puede ser ingerida para mitigar la sed en lugares en donde no se encuentra agua. Considerada como medicinal para enfermedades de los riñones. Hierba 2-2,5 m de alto.

Costus villosissimus Jacq. *"Caña de la India"* (Lám. 307, A)
Selva de galería y selva veranera, 1.100 m. Hierba 2-3 m de alto. Las flores son de color blanco con amarillo y están sostenidas por brácteas de color verde con rojo-vino.

Hedychium coronarium Koenig *"Ilusión"* (Lámina 308, B)
Nativa de la India y de la región del Himalaya, pero cultivada y naturalizada en Los Venados y otras partes del Avila, a 1.500 m. Frecuentemente plantada en Venezuela y escapada de cultivo. Flores vistosas de color blanco, muy fragantes y de un solo día de duración, pero en seguida abren otras flores.

Hedychium gardnerianum Wall. *"Ilusión"*
Nativa de la India. Cultivada y naturalizada en el cerro del Avila. Hierba 1,5-2 m de alto con flores amarillo-pálidas y filamentos rojos y exsertos.

Renealmia nicoloides Loes. *"Conopio"*
Selva nublada, vertiente norte, 900-1.100 m. Hierba con tallos foliares de 3-4 m de alto.

Renealmia thyrsoidea (R. & P.) Poepp. & Endl. (Lám. 308, A)
Renealmia silvicola (Britt.) Steyerm. & Agostini
Renealmia platycolea K. Schum.
Selva de galería y selva transicional, 900-1.600 m. Hierba con tallos foliares de 2-4 m de alto. Algunos especímenes previamente identificados como *Renealmia exaltata* L. f. han sido confundidos con *R. thyrsoidea.*

Zingiber officinale Roscoe *"Gengibre"*
Nativa de la India. Cultivada por su tallo subterráneo (rizoma) el cual es utilizado como especia, y naturalizada en zonas antiguamente cultivadas, tales como la vertiente norte del Cerro Naiguatá a 900-1.000 m.

LAMINA 307: ZINGIBERACEAE

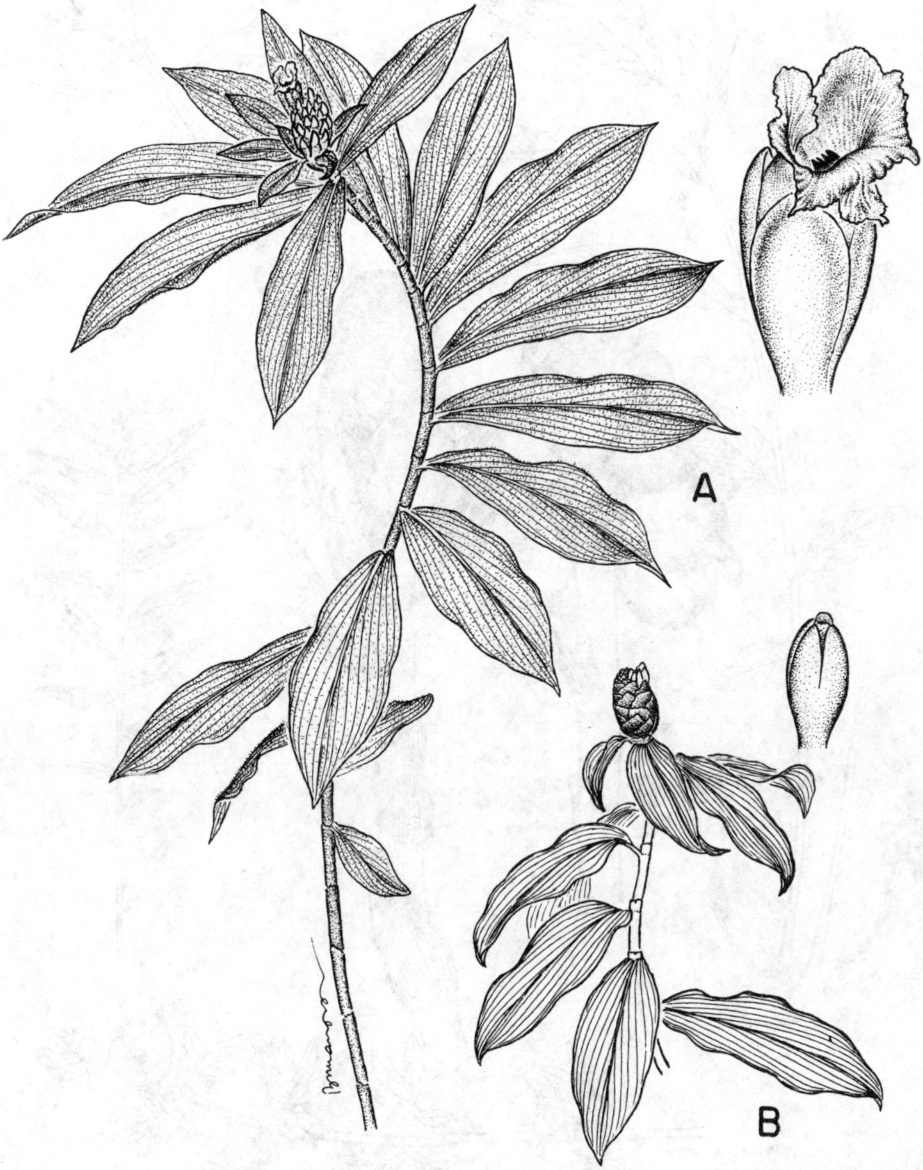

A. Costus villosissimus.—B. Costus scaber.

LAMINA 308: ZINGIBERACEAE; ZYGOPHYLLACEAE

A. Renealmia thyrsoidea.–B. Hedychium coronarium.–C. Kallstroemia maxima.

Fam. **ZYGOPHYLLACEAE** (Dicotyledoneae)

Plantas herbáceas (en el Avila), arbustos o árboles. Hojas opuestas, rara vez alternas, generalmente divididas (compuestas) en segmentos separados (folíolos). Estípulas presentes. Sépalos 5, usualmente libres (separados). Pétalos 5, libres (no unidos). Disco usualmente presente. Estambres por lo general 5-10. Ovario situado arriba de la base de los sépalos y pétalos (súpero). Fruto seco, algunas veces consiste en nuececillas espinosas.

Kallstroemia maxima L. *"Hierba de pasmo"* (Lám. 308, C)

Sabana y lugares alterados y abiertos, 850-900 m. Hierba de 0,5 m o menos de largo, con raíces anuales y tallos ramificados rastreros; segmentos (folíolos) pequeños de color gris-verdoso; flores solitarias de color anaranjado-amarillo, frutos sin pelos y sin espinas. *Tribulus cistoides* comúnmente llamado *"abrojo"*, es una especie relacionada con *Kallstroemia maxima* y constituye una maleza rastrera con frutos espinosos, pero hasta el momento no ha sido encontrada en el cerro del Avila.

APENDICE

IDENTIFICACION DE PLANTAS UTILIZANDO EL COLOR DE FLORES O FRUTOS, OLOR, SABOR Y/O PRESENCIA Y COLOR DEL LATEX

A veces resulta fácil identificar una planta dada por medio de caracteres tan vistosos como el color de la flor o del fruto, color del látex, olor o sabor. Pero la gente tiene, muchas veces, opiniones diferentes sobre el concepto del color y lo que a una persona parece ser amarillo intenso, otra lo considera anaranjado. Para evitar este subjetivismo en la definición de colores, las siguientes agrupaciones de plantas están escogidas de manera tal que una planta de color dudoso está representada 2 ó 3 veces en diferentes grupos de colores afines. Esto es válido, especialmente, en el caso de los colores ambiguos como rosado, lavanda, morado claro o purpúreo. De esta manera debería ser posible identificar la planta por lo menos en uno de los diferentes grupos intermedios.

Cada grupo está ordenado alfabéticamente por familias, con los géneros, o a veces las especies, indicadas también alfabéticamente dentro de cada familia.

Arboles o arbustos están marcados con el signo +, mientras que plantas trepadoras, rastreras o volubles se indican con el signo •; todas las otras plantas, o sea las herbáceas, las con tallo blando y las epífitas, no están marcadas.

GRUPO "A": *Identificación por colores de las flores o sus brácteas*

GRUPO "B": *Identificación por el color del fruto*

3. Frutos purpúreos, lavanda, morados o colores similares (Pág. 900).
4. Frutos azules (Pág. 900).
5. Frutos anaranjados (Pág. 900).
6. Frutos amarillos (Pág. 900).
7. Frutos blancos (Pág. 900).
8. Frutos verdes y blancos (Pág. 901).
9. Frutos negros (Pág. 901).
10. Frutos color azul-negro o púrpura-negro (Pág. 901).

GRUPO "C": *Identificación por el color del látex*

1. Látex blanco o blanquecino (Pág. 901).
2. Látex amarillo (Pág. 901).
3. Látex anaranjado o rosado (Pág. 901).
4. Látex marrón pálido (Pág. 902).

GRUPO "D": *Identificación por el olor*

1. Hojas más o menos agradables o dulces (Pág. 902).
2. Hojas con olor fuerte, picante u otra fragancia distinta (Pág. 902).
3. Hojas con olor fétido o desagradable (Pág. 902).
4. Raíz con olor fuerte (Pág. 903).
5. Corteza o madera con olor fuerte (Pág. 903).

GRUPO "E": *Identificación por el sabor*

1. Tallos u hojas con sabor ácido (Pág. 903).
2. Corteza o madera amarga (Pág. 903).
3. Raíz amarga (Pág. 903).

GRUPO "F": *Identificación a través de la dificultad para quebrar las ramas* (Pág. 904).

GRUPO "A": IDENTIFICACION POR COLORES DE LAS FLORES O SUS BRACTEAS

A.1. *FLORES O SUS BRACTEAS ROJAS*

Acanthaceae (+*Aphelandra, Justicia secunda, Ruellia fulgida, Ruellia macrophylla)*
Amaryllidaceae (•*Bomarea, Hippeastrum puniceum*)
+Anacardiaceae (*Spondias purpurea*)
Araceae (•*Philodendron tenue*)
Bromeliaceae (*Guzmania, Pitcairnia*)
Campanulaceae (*Siphocampylus*)
Cannaceae (*Canna*)
Caryophyllaceae (*Dianthus*)
Compositae (*Emilia*)

●Cucurbitaceae (*Psiguria triphylla*)
Ericaceae (+*Befaria*, +*Gaultheria*, +*Psammisia penduliflora*, +*Sphyrospermum*, *Themistoclesia*, +*Vaccinium ottonis*)
Euphorbiaceae (*Euphorbia*, +*Hura*)
Gesneriaceae (*Besleria mucronata*)
Iridaceae (*Gladiolus*)
Labiatae (*Salvia*)
+Leguminosae (*Brownea*, *Delonix*, *Erythrina*)
+Lythraceae (*Pehria*)
Malvaceae (*Hibiscus brasiliensis*, +*Malvaviscus*, *Sida ciliaris*, *Sida paniculata*)
Marantaceae (*Calathea*)
+Melastomataceae (*Meriania macrophylla*)
+Moraceae (*Cecropia*)
Musaceae (*Heliconia*)
Nyctaginaceae (*Boerhaavia*, ●*Bougainvillea*, *Mirabilis*)
Orchidaceae (*Maxillaria*, *Spiranthes*, *Stelis*)
Polygonaceae (*Rumex acetosella*, +*Triplaris*)
Rubiaceae (+*Arachnothrix*, +*Hamelia patens*, ●*Manettia calycosa*, +*Pogonopus*)
Scrophulariaceae (*Castilleja fissifolia*)
Vitaceae (●*Cissus erosa*)
Zingiberaceae (*Costus comosus*, *Renealmia*)

A.1.a. *Flores o sus brácteas principalmente rojas, pero también con amarillo o verde*

Acanthaceae (*Stenostephanus*)
Musaceae (*Heliconia*)
Scrophulariaceae (*Castilleja*)
+Simaroubaceae (*Picramnia*)

A.1.b. *Flores o sus brácteas principalmente rojas, pero también con blanco*

Campanulaceae (*Siphocampylus*)
Ericaceae (+*Macleania*, +*Psammisia*)
Onagraceae (*Fuchsia*)
Orchidaceae (*Epidendrum*)
+Simaroubaceae (*Picramnia*)
Zingiberaceae (*Costus*)

A.1.c. *Flores o sus brácteas rojas y anaranjadas*

Cannaceae (*Canna*)
Compositae (+*Tithonia rotundifolia*)
Gesneriaceae (*Achimenes*, *Besleria*, *Columnea*, *Kohleria*, *Rechsteinera*)
+Leguminosae (*Delonix*, *Erythrina*)
Musaceae (*Heliconia*)
●Passifloraceae (*Passiflora*)
+Proteaceae (*Grevillea*)
+Rubiaceae (*Isertia*, *Tresanthera*)
Zingiberaceae (*Hedychium gardnerianum*)

A.1.d. *Flores o sus brácteas rojas y purpúreas*

Orchidaceae (*Bulbophyllum, Stelis*)

A.2. *FLORES O SUS BRACTEAS ROSADAS OSCURAS O PALIDAS*

Acanthaceae (*Stenandrium*)
•Amaryllidaceae (*Bomarea*)
Araceae (*Anthurium nymphaeifolium*)
•Bignoniaceae (*Amphilophium, Arrabidaea, Cydista, Phryganocydia*)
+Bombacaceae (*Pachira*)
Bromeliaceae (*Aechmea, Billbergia, Pitcairnia, Tillandsia complanata, Tillandsia flexuosa, Tillandsia gardneri*)
Cactaceae (*Wittia*)
Campanulaceae (*Siphocampylus*)
Capparaceae (*Cleome*)
Caryophyllaceae (*Dianthus, Silene*)
Commelinaceae (*Zebrina*)
Compositae (*Emilia, +Pluchea*)
•Convolvulaceae (*Ipomoea*)
•Cucurbitaceae (*Psiguria racemosa*)
+Ericaceae (*Befaria, Cavendishia, Gaultheria, Vaccinium*)
Gentianaceae (*Erythraea, Schultesia, Symbolanthus*)
Geraniaceae (*Geranium*)
Gesneriaceae (*Drymonia spectabilis*)
Gramineae (*Melinis, Rhynchelytrum*)
+Guttiferae (*Clusia minor, Clusia rosea*)
Labiatae (*+Gardoquia, Salvia, Stachys*)
Leguminosae (*+Brownea, +Calliandra, •Canavalia, •Centrosema, Desmodium, •Galactia, +Gliricidia, +Indigofera, Mimosa, Schrankia, Tephrosia*)
+Lythraceae (*Pehria*)
Malpighiaceae (*•Banisteriopsis muricata, +Byrsonima reticulata, •Mascagnia*)
Malvaceae (*Anoda, Pavonia, Sida*)
Melastomataceae (*+Anaectocalyx, +Meriania, +Miconia, +Monochaetum, Pterolepis, Tibouchina*)
+Myrsinaceae (*Ardisia*)
Nyctaginaceae (*•Bougainvillea, +Neea*)
Orchidaceae (*Bletia, Comparettia, Epidendrum, Maxillaria, Pogonia, Spiranthes, Warreella*)
Oxalidaceae (*Oxalis latifolia*)
•Passifloraceae (*Passiflora*)
Phytolaccaceae (*Phytolacca*)
Polygalaceae (*Polygala, •Securidaca*)
Polygonaceae (*•Antigonon, +Coccoloba padiformis, +Triplaris*)
Portulacaceae (*Talinum*)
Rubiaceae (*+Arachnothrix, Diodia, +Pogonopus, +Rondeletia, Sipanea*)
+Saxifragaceae (*Hydrangea*)

Scrophulariaceae (*Buchnera*)
Sterculiaceae (*Melochia*)
+Tiliaceae (*Heliocarpus* –en realidad son los frutos con este color)
+Urticaceae (*Urera*)
Verbenaceae (*Bouchea, Stachytarphaeta mutabilis*)

A.2.a. *Flores o sus brácteas rosadas oscuras o pálidas con lavándula o púrpura*

Labiatae (*Leonurus*)
+Rubiaceae (*Guettarda crispiflora*)
Orchidaceae (*Cattleya, Isochilus*)

A.2.b. *Flores o sus brácteas rosadas o lavándula con pardo*

Crassulaceae (*Kalanchoe daigremontiana*)
+Rubiaceae (*Guettarda*)

A.2.c. *Flores o sus brácteas rosadas y blancas*

Orchidaceae (*Centrogenium, Eulophidium, Lycaste*)

A.2.d. *Flores o sus brácteas salmón o color ladrillo*

Leguminosae (*Indigofera lespedezioides*)
Malvaceae (*Sida ciliaris*)
Marantaceae (*Calathea casupito*)
Verbenaceae (*Stachytarphaeta mutabilis*)
Zingiberaceae (*Hedychium gardnerianum*)

A.2.e. *Flores o sus brácteas rosadas o lavándula por fuera, amarillas por dentro*

Compositae (*Dahlia; Galinsoga*)

A.3. *FLORES O SUS BRACTEAS PURPUREAS, LAVANDULA O VIOLETA*

Acanthaceae (*Blechum, Dicliptera, Dyschoriste, Justicia, Ruellia geminiflora*)
•Apocynaceae (*Mandevilla veraguensis*)
Araceae (*Anthurium, Philodendron*)
Bignoniaceae (•*Amphilophium*, +*Jacaranda*)
Bromeliaceae (*Aechmea, Billbergia, Hohenbergia, Tillandsia*)
Campanulaceae (*Lobelia, Siphocampylus*)
Capparaceae (*Cleome moritziana*)
Commelinaceae (*Campelia*)
Compositae (*Ageratum, Centratherum, Chaptalia, Dahlia, Elephantopus, Eupatorium, Pluchea; Porophyllum, Trichogonia, Vernonia*)
•Convolvulaceae (*Ipomoea, Merremia dissecta, Turbina*)
Euphorbiaceae (*Cnidoscolus kunthianus*)
Gramineae (*Melinis*)
+Hydrophyllaceae (*Wigandia*)
Iridaceae (*Iris*)

Labiatae (+*Gardoquia, Hyptis mutabilis, Leonurus, Marsypianthes, Salvia, Scutellaria*)
Leguminosae (+*Bowdichia*, •*Calopogonium*, •*Centrosema, Dalea, Desmodium*, •*Dioclea*, •*Dolichos*, •*Galactia*, +*Lonchocarpus*, +*Machaerium*, +*Ormosia*, •*Phaseolus, Tephrosia*)
Liliaceae (*Agapanthus*)
Lythraceae (*Cuphea*)
Malvaceae (*Anoda, Sida paniculata*)
+Melastomataceae (*Miconia ulmarioides*)
Nyctaginaceae (*Boerhaavia*, •*Bougainvillea*, +*Guapira, Mirabilis*)
Orchidaceae (*Epidendrum, Lepanthopsis, Liparis, Pleurothallis, Stelis*)
•Passifloraceae (*Passiflora*)
Polygalaceae (*Polygala*, +*Monnina*, •*Securidaca*)
•Polemoniaceae (*Cobaea*)
Rubiaceae (*Coccocypselum, Declieuxia, Diodia*, •*Manettia mollis*, •*Manettia schumanniana*, +*Palicourea angustifolia*, +*P. apicata*, +*P. perquadrangularis*, +*P. pittieri*, +*Psychotria hyalina*, +*P. lucentifolia, Spermacoce*)
Solanaceae (*Browallia, Cyphomandra, Datura*, + *Solanum*)
Scrophulariaceae (*Angelonia, Buchnera, Veronica*)
Sterculiaceae (*Melochia*)
Verbenaceae (*Bouchea*, +*Lantana*, +•*Petrea, Stachytarphaeta jamaicensis, Verbena*)
Violaceae (*Viola*)

A.3.a. *Flores o sus brácteas purpúreas o lavándula con blanco*

Orchidaceae (*Epidendrum, Govenia, Lycaste, Maxillaria, Odontoglossum, Pleurothallis*)

A.3.b. *Flores o sus brácteas purpúreas con amarillo*

Acanthaceae (*Justicia leptophylla*)
Polygalaceae (+*Monnina, Polygala*, •*Securidaca*)

A.3.c. *Flores o sus brácteas purpúreas y marrón*

•Aristolochiaceae (*Aristolochia maxima*)
Orchidaceae (*Lepanthopsis, Pleurothallis, Xylobium*)

A.4. *FLORES O SUS BRACTEAS AZULES*

Acanthaceae (*Blechum, Ruellia geminata*)
Boraginaceae (*Cynoglossum amabile, Heliotropium indicum*)
Bromeliaceae (*Hohenbergia, Tillandsia*)
Commelinaceae (*Callisia, Commelina, Phaeosphaerion, Tinantia*)
Compositae (*Ageratum*)
Convolvulaceae (*Evolvulus*, •*Ipomoea*, •*Jacquemontia*)
Iridaceae (*Cipura, Cypsella, Iris, Orthrosanthus*)
Labiatae (*Marsypianthes, Salvia, Scutellaria*)
Leguminosae (•*Calopogonium, Dalea phymatodes, Desmodium*, •*Vicia*)
Liliaceae (*Agapanthus, Excremis*)

•Passifloraceae (*Passiflora*)
+Polygalaceae (*Monnina*)
Primulaceae (*Anagallis*)
Rubiaceae (*Coccocypselum*, •*Manettia schumanniana*, +*Palicourea pittieri*, +*Palicourea perquadrangularis*)
+Saxifragaceae (*Hydrangea*)
Scrophulariaceae (*Buchnera*, *Veronica*)
Solanaceae (*Browallia*)
Verbenaceae (*Bouchea*, +*Duranta*, +*Petrea*, *Stachytarphaeta cayennensis*)

A.5. *FLORES O SUS BRACTEAS ANARANJADAS*

Bromeliaceae (*Tillandsia spiculosa*)
+Capparaceae (*Steriphoma*)
Compositae (*Lycoseris*, *Pseudogynoxis*, +*Tithonia rotundifolia*)
•Cucurbitaceae (*Gurania*)
Gesneriaceae (*Besleria mucronata*)
Iridaceae (*Gladiolus*)
•Leguminosae (*Nissolia*)
Marantaceae (*Calathea lutea*, *Stromanthe*)
•+Nyctaginaceae (*Bougainvillea*)
Orchidaceae (*Elleanthus*, *Epidendrum secundum*, *Maxillaria*, *Pleurothallis chamaensis*, *Scaphyglottis*, *Spiranthes*)
+Proteaceae (*Grevillea*)
+Rubiaceae (*Hamelia*)
Scrophulariaceae (*Alonsoa*)
•Tropaeolaceae (*Tropaeolum*)
+Verbenaceae (*Holmskioldia*, *Lantana*)
Zingiberaceae (*Hedychium gardnerianum*)

A.5.a. *Flores o sus brácteas anaranjadas y amarillas*

Asclepiadaceae (*Asclepias*)
Malvaceae (*Cienfuegosia*)
Musaceae (*Heliconia*)
Orchidaceae (*Elleanthus*, *Epidendrum*)
+Rubiaceae (*Isertia*, *Palicourea fendleri*)
•Solanaceae (*Solandra*)

A.5.b. *Flores o sus brácteas anaranjadas y rojas*

Orchidaceae (*Spiranthes*)

A.5.c. *Flores o sus brácteas anaranjadas con negro*

•Acanthaceae (*Thunbergia alata*)
Iridaceae (*Belamcanda*)
Musaceae (*Heliconia acuminata*, *Heliconia hirsuta*)
Orchidaceae (*Stanhopea*)

A.5.d. *Flores o sus brácteas anaranjadas con verde*

Musaceae (*Heliconia acuminata, Heliconia hirsuta*)

A.6. *FLORES O SUS BRACTEAS AMARILLAS O CREMOSAS*

Amaryllidaceae (*Agave, •Bomarea, Hypoxis*)
+Annonaceae (*Annona, Guatteria*)
Apocynaceae (*•Mandevilla, +Stemmadenia*)
•Asclepiadaceae (*Cynanchum*)
+Berberidaceae (*Berberis*)
+•Bignoniaceae (*•Anemopaegma, •Macfaydena, +Tabebuia, +Tecoma*)
Bromeliaceae (*Aechmea bromeliifolia, Catopsis, Guzmania sanguinea, Pitcairnia microcalyx, Tillandsia spiculosa*)
+Celastraceae (*Maytenus karstenii*)
Compositae (*Acanthospermum, Achyrocline, Aspilia, Bidens, Calea, Elvira, Hieracium, Helichrysum, Jaegeria, Lapsana, Liabum, Milleria, +Oyedaea, Pectis, Polymnia, Porophyllum, Sclerocarpus, Sonchus, Spilanthes, Synedrella, Tagetes, Taraxacum, +Tithonia diversifolia, +Trixis, +Wedelia*)
•Convolvulaceae (*Dicranostylis, Ipomoea ochracea, Merremia*)
Cruciferae (*Brassica, Sisymbrium*)
•Cucurbitaceae (*Ceratosanthes, Cucumis, Momordica*)
+Elaeocarpaceae (*Sloanea*)
+Flacourtiaceae (*Prockia*)
Gentianaceae (*Leiphaimos, Symbolanthus latifolius*)
Gesneriaceae (*Besleria labiosa, Drymonia serrulata*)
Gramineae
Guttiferae (*Hypericum, +Rheedia, +Vismia*)
•Hippocrateaceae (*Tontelea*)
Iridaceae (*Sisyrinchium*)
+Lauraceae (*Nectandra, Ocotea, Persea*)
+Lecythidaceae (*Eschweilera*)
Leguminosae (*+Acacia, Aeschynomene, Cajanus, +Cassia, •Chaetocalyx, Crotalaria, Eriosema, +Geoffraea, +Mimosa bracaatinga, •Nissolia, +Piptadenia, •Pouretia, •Rhynchosia, Stylosanthes, +Swartzia, •Vigna, Zornia*)
Loasaceae (*•Gronovia, Mentzelia*)
Loranthaceae (*Phoradendron*)
Malpighiaceae (*•Banisteriopsis, +Byrsonima, •Gaudichaudia, •Heteropterys, •Stigmaphyllon, •Tetrapterys*)
Malvaceae (*+Abutilon, Bakeridesia, Bastardia, Cienfuegosia, Gaya, Herrisantia, Malachra, Malvastrum, +Pavonia, Sida*)
Marantaceae (*Calathea lutea*)
+Myoporaceae (*Bontia*)
+Ochnaceae (*Ouratea*)
+Olacaceae (*Heisteria, Ximenia*)
Onagraceae (*Ludwigia*)
Orchidaceae (*Epidendrum, Maxillaria, Notylia, Oncidium, Pleurothallis, Stelis*)

Oxalidaceae (*Oxalis*)
Portulacaceae (*Portulaca, Talinum*)
+Proteaceae (*Roupala*)
+Rhamnaceae (*Rhamnus*)
Rosaceae (*Acaena, Duchesnea, +Licania*)
Rubiaceae (*Galium, +Palicourea demissa, +Palicourea fendleri, +Palicourea petiolaris, •Relbunium*)
•+Sapindaceae (*+Dodonaea, •Paullinia*)
Scrophulariaceae (*Bacopa, Calceolaria, Leucocarpus*)
Solanaceae (*Lycopersicon, +Nicotiana, Schwenckia, •Solandra, +Solanum, Witheringia*)
Sterculiaceae (*+Guazuma, Melochia pilosa, Waltheria*)
+Theophrastaceae (*Clavija*)
+Thymelaeaceae (*Daphnopsis*)
Tiliaceae (*Corchorus, Triumfetta*)
Tovariaceae (*Tovaria*)
Turneraceae (*Turnera*)
+Verbenaceae (*Aegiphila, Citharexylum*)
Zingiberaceae (*Costus comosus, Renealmia*)
Zygophyllaceae (*Kallstroemia*)

A.6.a. *Flores o sus brácteas amarillas con rojo*

Acanthaceae (*Stenostephanus*)
•Apocynaceae (*Mandevilla subsagittata*)
Asclepiadaceae (*Asclepias*)
•Leguminosae (*Rhynchosia pyramidalis*)
+Malvaceae (*Abutilon striatum*)
Orchidaceae (*Epidendrum, Masdevallia, Pleurothallis*)

A.6.b. *Flores o sus brácteas amarillas con púrpura o marrón*

•Aristolochiaceae (*Aristolochia*)
•Convolvulaceae (*Ipomoea ochracea*)
Iridaceae (*Trimezia*)
Leguminosae (*Aeschynomene, •Centrosema, Crotalaria, Eriosema, •Rhynchosia minima*)
+Myoporaceae (*Bontia*)
+Proteaceae (*Panopsis, Roupala*)
Solanaceae (*+Cestrum, •Solandra*)
Orchidaceae (*Chysis, Cyrtopodium, Epidendrum, Gongora, Maxillaria, Oncidium, Scaphyglottis, Scelochilus*)

A.6.c. *Flores o sus brácteas amarillo pálidas o verduzco con púrpura o marrón*

•Asclepiadaceae (*Gonolobus*)
+Bignoniaceae (*Crescentia*)
Capparaceae (*Cleome*)
Iridaceae (*Sisyrinchium*)
Leguminosae (*•Centrosema, Dalea barbata*)

+Nyctaginaceae (*Guapira*)
Orchidaceae (*Epidendrum, Kefersteinia, Liparis, Lycaste, Restrepiella*)
●Polemoniaceae (*Cobaea*)
+Rubiaceae (*Chiococca naiguatensis*)
Solanaceae (*Physalis, Schwenckia*)
Zingiberaceae (*Zingiber*)

A.6.d. *Flores o sus brácteas amarillas con verduzco-blanco*

●Apocynaceae (*Prestonia*)
Musaceae (*Heliconia*)
Orchidaceae (*Corymborchis, Epidendrum, Lycaste*)
+Tiliaceae (*Heliocarpus*)

A.6.e. *Flores o sus brácteas amarillo pálido con verduzco, blanco y marrón*

●Asclepiadaceae (*Gonolobus, Lachnostoma*)

A.7. *FLORES O SUS BRACTEAS AMARILLO-VERDUZCAS*

Amaranthaceae
+Anacardiaceae (*Mangifera, Mauria, Tapirira*)
●Apocynaceae (*Peltastes, Prestonia*)
Bromeliaceae (*Aechmea bromeliifolia, Billbergia rosea, Tillandsia usneoides*)
+Brunelliaceae (*Brunellia*)
+Caricaceae (*Carica*)
+Celastraceae (*Maytenus, Perrottetia*)
●Cucurbitaceae (*Cyclanthera*)
●Dioscoreaceae (*Dioscorea*)
+Ebenaceae (*Diospyros*)
Euphorbiaceae (+*Hieronyma, Phyllanthus*)
+Flacourtiaceae (*Casearia*)
Gentianaceae (*Symbolanthus*)
+Guttiferae (*Clusia multiflora*)
+Lauraceae (*Nectandra, Persea*)
Loranthaceae (*Antidaphne, Phoradendron*)
●Marcgraviaceae (*Caracasia, Marcgravia*)
●Menispermaceae (*Abuta, Cissampelos, Hyperbaena*)
Musaceae (*Heliconia*)
+Nyctaginaceae (*Guapira*)
Orchidaceae (*Catasetum, Cycnoches, Habenaria, Liparis, Malaxis, Notylia, Pleurothallis, Stenia, Stelis, Telipogon*)
●Passifloraceae (*Passiflora*)
+Phytolaccaceae (*Ledenbergia*)
●Polygonaceae (*Muehlenbeckia*)
Rubiaceae (*Hoffmannia,* ●*Manettia,* +*Palicourea petiolaris*)
+Sapindaceae (*Dodonaea*)
+Sapotaceae (*Pouteria*)

Scrophulariaceae (*Castilleja*)
+Solanaceae (*Cestrum, Solanum, Witheringia*)
+Thymelaeaceae (*Daphnopsis*)
Tovariaceae (*Tovaria*)
+Ulmaceae (*Trema*)
Umbelliferae (*Sanicula*)
+Urticaceae (*Urera*)
+Verbenaceae (*Aegiphila, Citharexylum*)
•Vitaceae (*Cissus sicyoides, Vitis*)

A.7.a. *Flores o sus brácteas amarillo-verduzcas con lavándula o marrón*

Araceae (*Anthurium*)
Capparaceae (*Cleome moritziana*)
•Leguminosae (*Phaseolus lunatus*)
Loranthaceae (*Phthirusa*)
+Nyctaginaceae (*Neea*)
Orchidaceae (*Eulophia, Kefersteinia, Lycaste, Masdevallia, Maxillaria, Pleurothallis, Scaphosepalum*)
+Rubiaceae (*Chiococca naiguatensis*)
Solanaceae (+*Cestrum, Cyphomandra betacea*)

A.8. *FLORES O SUS BRACTEAS BLANCAS O CREMOSAS*

+Actinidiaceae (*Saurauia*)
Amaranthaceae (*Alternanthera, Chamissoa, Iresine, Pfaffia*)
Amaryllidaceae (*Crinum, Hippeastrum solandrifolium, Hymenocallis*)
+Anacardiaceae (*Mauria, Spondias, Tapirira, Toxicodendron*)
+Apocynaceae (*Lacmellea, Stenosolen*)
+Aquifoliaceae (*Ilex*)
Araceae (*Anthurium, •Monstera, •Philodendron, Rhodospatha, Spathiphyllum*)
+Araliaceae (*Didymopanax, Oreopanax*)
•Asclepiadaceae (*Cynanchum, Ditassa, Metastelma, Sarcostemma*)
Begoniaceae (*Begonia*)
•Bignoniaceae (*Lundia*)
+Bombacaceae (*Gyranthera*)
Boraginaceae (+*Cordia, Heliotropium, +Tournefortia*)
Bromeliaceae (*Guzmania monostachia, Pitcairnia, Tillandsia*)
Burmanniaceae (*Gymnosiphon*)
Cactaceae (*Cereus, Epiphyllum, •Pereskia, Rhipsalis, •Selenicereus*)
Campanulaceae (*Isotoma*)
Capparaceae (+*Capparis, Cleome*)
Caprifoliaceae (•*Lonicera, +Viburnum*)
+Caricaceae (*Carica*)
Caryophyllaceae (*Arenaria, Drymaria, Polycarpon, Stellaria*)
+Clethraceae (*Clethra*)
+Combretaceae (*Terminalia*)

Commelinaceae (*Aploleia, Callisia, Campelia, Gibasis, Phaeosphaerion, Tripogandra*)
Compositae (*Achillea, Achyrocline, Brickellia, Calea solidaginea, Chaptalia, Clibadium, Conyza, Erechtites, Eupatorium, Gnaphalium, Ichthyothere, Lagascea, Melanthera, Mikania, Orthopappus, Parthenium, +Pollalesta, Pseudelephantopus, Psila, Pterocaulon, Riencourtia, Spilanthes, Stevia, Trixis, Verbesina*)
Convolvulaceae (•*Convolvulus nodiflorus, Evolvulus,* •*Ipomoea*)
Cruciferae (*Cardamine, Coronopus, Lepidium, Nasturtium*)
+Cunoniaceae (*Weinmannia*)
Cyclanthaceae (*Asplundia, Cyclanthus*)
Cyperaceae (*Dichromena*)
•Dioscoreaceae (*Dioscorea*)
+Ericaceae (*Gaultheria, Sphyrospermum, Vaccinium*)
+Erythroxylaceae (*Erythroxylon*)
Euphorbiaceae (*Croton, Euphorbia*)
+Flacourtiaceae (*Casearia, Homalium, Ryania, Xylosma*)
Gesneriaceae (*Episcia, Monopyle, Nautilocalyx*)
Gramineae
+Guttiferae (*Calophyllum, Clusia articulata, Clusia sessilis, Oedematopus, Rheedia*)
Haemodoraceae (*Xiphidium*)
•Hippocrateaceae (*Hippocratea*)
Iridaceae (*Cipura, Cypella*)
Labiatae (*Hyptis, Lepechinia, Minthostachys*)
+Lauraceae (*Nectandra steyermarkiana*)
+Lecythidaceae (*Eschweilera*)
Leguminosae (+*Acacia,* +*Bauhinia,* +*Calliandra,* +*Dalbergia, Desmanthus,* +*Inga,* +*Leucaena,* +*Mimosa,* •*Phaseolus,* +*Pithecellobium, Trifolium*)
Liliaceae (*Excremis, Schoenocaulon*)
Loasaceae (*Klaprothia, Loasa, Sclerothrix*)
Loranthaceae (+*Gaiadendron, Phthirusa*)
Malvaceae (*Abutilon, Hibiscus brasiliensis, Pavonia, Sida*)
Marantaceae (*Maranta*)
Melastomataceae (+*Clidemia,* +*Graffenrieda,* +*Henriettella,* +*Leandra,* +*Miconia, Pterolepis, Tibouchina*)
+Meliaceae (*Cedrela, Guarea, Ruagea, Swietenia, Trichilia*)
+Moraceae (*Cecropia*)
Musaceae (*Heliconia*)
+Myrtaceae (*Calyptranthes, Eucalyptus, Eugenia, Gomidesia, Melaleuca, Myrcia, Myrcianthes, Plinia, Psidium, Syzygium*)
•+Nyctaginaceae (*Bougainvillea*)
+Olacaceae (*Ximenia*)
+Oleaceae (*Linociera*)
Orchidaceae (*Campylocentrum, Elleanthus, Epidendrum, Eurystylis, Habenaria, Masdevallia, Pleurothallis, Spiranthes, Stelis*)
+Passifloraceae (*Passiflora lindeniana*)
Phytolaccaceae (*Petiveria, Phytolacca, Rivina*)
Piperaceae (*Peperomia,* +*Piper*)
Polygalaceae (*Polygala*)

+Proteaceae (*Roupala*)
•Ranunculaceae (*Clematis*)
Rhamnaceae (•*Gouania*, +*Rhamnus*)
Rosaceae (+*Eriobotrya*, *Fragaria*, +*Hesperomeles*, +*Parinari*, +*Prunus*, +*Rubus*)
Rubiaceae (+*Arcytophyllum*, +*Bathysa*, *Borreria*, +*Chiococca*, +*Chomelia*, +*Cinchona*, +*Coffea*, +*Coussarea*, *Declieuxia*, *Diodia*, +*Elaeagia*, •*Emmeorrhiza*, +*Faramea*, *Galium*, +*Gonzalagunia*, +*Guettarda*, +*Ladenbergia*, •*Manettia*, *Mitracarpus*, *Nertera*, +*Palicourea petiolaris*, +*Posoqueria*, +*Psychotria*, +*Randia*, *Relbunium*, +*Rudgea*, +*Tammsia*, +*Tocoyena*)
+Rutaceae (*Esenbeckia*)
Sapindaceae (•*Cardiospermum*, +*Matayba*, •*Paullinia*, •*Serjania*, +*Talisia*, +*Toulicia*, •*Urvillea*)
+Saxifragaceae (*Escallonia*)
Scrophulariaceae (*Capraria*, *Scoparia*)
Solanaceae (*Capsicum*, +*Cestrum*, *Jaltomata*, *Lycopersicon*, *Solanum*, *Witheringia*)
+Staphyleaceae (*Turpinia*)
Sterculiaceae (*Melochia parvifolia*)
+Symplocaceae (*Symplocos*)
+Theaceae (*Freziera*, *Laplacea*)
+Tiliaceae (*Luehea*)
Umbelliferae (*Coriandrum*, *Daucus*, *Hydrocotyle*, *Spananthe*)
Urticaceae (*Pilea*, +*Pouzolzia*)
•Valerianaceae (*Valeriana*)
+Verbenaceae (*Aegiphila*, *Citharexylum*, *Lantana*, *Lippia*)
+Violaceae (*Rinorea*)
•Vitaceae (*Cissus rhombifolia*)
Zingiberaceae (*Hedychium coronarium*)

A.8.a. *Flores o sus brácteas blancas con rosado, rojo o rosado pálido*

Araceae (*Anthurium*, *Philodendron*)
+Bombacaceae (*Pachira insignis*)
•Cactaceae (*Pereskia*, *Selenicereus*)
Capparaceae (*Cleome*)
Compositae (*Stevia*)
Ericaceae (•*Cavendishia*, +*Gaultheria*, +*Vaccinium*)
+Flacourtiaceae (*Ryania*)
+Guttiferae (*Clusia minor*, *Clusia rosea*)
Leguminosae (+*Calliandra*, •*Clitoria*, +*Dussia*, +*Gliricidia*, *Mimosa*)
+Melastomataceae (*Graffenrieda weddellii*, *Miconia*)
Onagraceae (*Fuchsia*)
•Passifloraceae (*Passiflora*)
Rubiaceae (+*Cinchona*, +*Coutarea*, *Diodia radula*, +*Pogonopus*, +*Rondeletia*)
+Rosaceae (*Rubus floribundus*)
+Symplocaceae (*Symplocos suaveolens*)

A.8.b. *Flores o sus brácteas blancas con lavándula, marrón o varios tintes de rosado*

Araceae (*Philodendron, Spathiphyllum*)
Asclepiadaceae (*Gomphocarpus*)
•Bignoniaceae (*Pachyptera*)
Campanulaceae (*Siphocampylus odontosepalus*)
Compositae (*Lagascea, +Pollalesta*)
•Convolvulaceae (*Ipomoea*)
Gesneriaceae (*Diastema, Koellikeria*)
Labiatae (*Stachys*)
+Lecythidaceae (*Eschweilera fendleriana*)
Leguminosae (•*Centrosema,* •*Clitoria, Dalea, +Dussia coriacea,* •*Phaseolus,* •*Teramnus*)
+Melastomataceae (*Graffenrieda weddellii*)
•Menispermaceae (*Cissampelos*)
Orchidaceae (*Oncidium, Odontoglossum*)
•Passifloraceae (*Passiflora*)

A.8.c. *Flores o sus brácteas blancas con púrpura o morado*

Araceae (*Anthurium, Philodendron*)
Asclepiadaceae (*Gomphocarpus*)
•Bignoniaceae (*Clytostoma, Cydista*)
Commelinaceae (*Campelia*)
Compositae (*Lagascea, +Pollalesta, Stevia lucida*)
Gesneriaceae (*Diastema, Koellikeria, Nautilocalyx*)
Labiatae (*Leonurus, +Minthostachys, +Rosmarinus*)
Leguminosae (•*Clitoria, Dalea, +Dussia,* •*Lablab, Lupinus, +Machaerium,* •*Phaseolus,* •*Vigna vexillata*)
•Passifloraceae (*Passiflora*)
Rubiaceae (*+Arcytophyllum, Diodia,* •*Manettia schumanniana*)
Solanaceae (*Cyphomandra, Datura*)

A.8.d. *Flores o sus brácteas blancas con color salmón o rosado pálido*

Gesneriaceae (*Koellikeria*)
•Menispermaceae (*Cissampelos*)
Rubiaceae (*+Cinchona, +Guettarda, Hoffmannia, +Rondeletia mollis*)

A.8.e. *Flores o sus brácteas blancas con negro*

Orchidaceae (*Epidendrum*)

A.8.f. *Flores o sus brácteas blancas con amarillo*

Apocynaceae (•*Mandevilla bella, +Stenosolen*)
•Bignoniaceae (*Anemopaegma, Lundia*)
+Lecythidaceae (*Eschweilera fendleriana*)
+Leguminosae (*Humboldtiella*)
+Loganiaceae (*Buddleia*)

Orchidaceae (*Trichopilia*)
+Rubiaceae (*Psychotria*)
+Vochysiaceae (*Qualea*)
Zingiberaceae (*Costus villosissimus*)

A.8.g. *Flores con color blanco por fuera y amarillo por dentro*

Compositae (*Aster pilosus, Bidens pilosa, Chrysanthemum maximum, Chrysanthemum parthenium, Erigeron karwinskianus, +Espeletia neriifolia, Matricaria chamomilla, +Montanoa quadrangularis, Verbesina turbacensis*)

A.9. *FLORES O SUS BRACTEAS BLANCO-VERDUZCAS*

Amaranthaceae (*Chamissoa, Iresine*)
+Anacardiaceae (*Mauria, Tapirira, Toxicodendron*)
Araceae (*Anthurium, Dieffenbachia, Philodendron*)
+Araliaceae (*Didymopanax*)
•Asclepiadaceae (*Blepharodon, Gonolobus*)
•+Boraginaceae (*Tournefortia*)
+Chloranthaceae (*Hedyosmum*)
Compositae (*Eupatorium*)
•Cucurbitaceae (*Calycophysum, Cayaponia, Elateriopsis*)
+Erythroxylaceae (*Erythroxylon*)
Euphorbiaceae (+*Adelia*, +*Bernardia*, +*Croton*, *Phyllanthus*)
+Flacourtiaceae (*Casearia*)
Gentianaceae (*Symbolanthus*)
Gramineae
+Guttiferae (*Clusia multiflora*)
•Hippocrateaceae (*Hippocratea*)
Leguminosae (*Dalea*)
Liliaceae (*Schoenocaulon*)
•Loganiaceae (*Strychnos*)
Loranthaceae (*Gaiadendron, Phthirusa*)
+Meliaceae (*Cedrela, Trichilia*)
+Moraceae (*Ficus*)
Musaceae (*Heliconia*)
+Myrsinaceae (*Rapanea*)
Orchidaceae (*Cranichis, Erythrodes, Ornithocephalus, Pleurothallis, Ponthieva, Spiranthes*)
Passifloraceae (+*Passiflora lindeniana*, •*Passiflora* ssp.)
Phytolaccaceae (*Hilleria*, +*Trichostigma*)
Polygonaceae (*Polygonum*)
Ranunculaceae (*Clematis*)
Rubiaceae (+*Bathysa*, +*Guettarda roupalaefolia*, •*Manettia*, +*Rondeletia*, +*Tammsia*)
+Rutaceae (*Zanthoxylum*)
+Sapindaceae (*Matayba*)
+Solanaceae (*Brugmansia, Cestrum, Solanum quinquangulare*)

+Theaceae (*Ternstroemia*)
+Tiliaceae (*Heliocarpus*)
Umbelliferae (*Coriandrum, Daucus, Hydrocotyle, Spananthe*)
Urticaceae (*Pilea*)
•Valerianaceae (*Valeriana*)
+Verbenaceae (*Aegiphila, Citharexylum*)

A.10. *FLORES O SUS BRACTEAS VERDES O VERDUZCAS*

Amaranthaceae (*Pfaffia*)
Amaryllidaceae (*Fourcroya*)
+Anacardiaceae (*Tapirira*)
+Aquifoliaceae (*Ilex*)
+Araliaceae (*Dendropanax*)
•Asclepiadaceae (*Macroscepis*)
Bromeliaceae (*Guzmania, Tillandsia usneoides, Vriesea incurva, Vriesea robusta*)
+Burseraceae (*Protium, Tetragastris*)
+Celastraceae (*Maytenus, Perrottetia, Zinowiewia*)
Chenopodiaceae (*Chenopodium*)
+Chloranthaceae (*Hedyosmum*)
•Cucurbitaceae (*Cayaponia, Sicydium*)
Cyperaceae
•Dioscoreaceae (*Dioscorea*)
+Erythroxylaceae (*Erythroxylon*)
Euphorbiaceae (+*Acalypha*, +*Alchornea*, +*Bernardia*, *Phyllanthus*, +*Sebastiania*, •*Tragia*)
+Flacourtiaceae (*Casearia*)
•Hippocrateaceae (*Hippocratea, Salacia*)
Juncaceae (*Juncus*)
•Leguminosae (*Mucuna*)
•Liliaceae (*Smilax*)
•Loganiaceae (*Strychnos*)
Loranthaceae (*Antidaphne, Phoradendron, Phthirusa, Struthanthus*)
•Menispermaceae (*Abuta, Cissampelos, Disciphania, Hyperbaena*)
+Monimiaceae (*Siparuna*)
Moraceae (*Dorstenia*, +*Ficus*, +*Poulsenia*, +*Pseudolmedia*, +*Sorocea*, +*Trophis*)
Orchidaceae (*Epidendrum difforme, Habenaria, Malaxis, Polystachya, Stelis*)
+Phytolaccaceae (*Ledenbergia, Seguieria*)
Piperaceae (*Peperomia*, +*Piper*)
Polygonaceae (•*Muehlenbeckia, Polygonum, Rumex*)
+Rubiaceae (*Hoffmannia*)
+Rutaceae (*Zanthoxylum*)
+Solanaceae (*Cestrum, Solanum quinquangulare*)
+Thymelaeaceae (*Daphnopsis*)
Tovariaceae (*Tovaria*)
+Ulmaceae (*Celtis, Trema*)
Umbelliferae (*Hydrocotyle, Sanicula*)

Urticaceae (+*Boehmeria*, +*Phenax*, *Pilea*)
•Vitaceae (*Cissus sicyoides*)

A.10.a. *Flores o sus brácteas verdes o verduzcas con salmón*

+Rubiaceae (*Hoffmannia apodantha*)

A.10.b. *Flores o sus brácteas verdes o verduzcas con lavándula o marrón*

Araceae (*Anthurium*)
Capparaceae (*Cleome moritziana*)
•Leguminosae (*Phaseolus lunatus*)
+Nyctaginaceae (*Neea anisophylla*)
Orchidaceae (*Cranichis, Eulophia, Hexisea, Kefersteinia, Lycaste, Masdevallia, Maxillaria, Pleurothallis, Scaphosepalum*)
+Rubiaceae (*Chiococca naiguatensis*)
Solanaceae (+*Cestrum*, *Cyphomandra betacea*)

A.11. *FLORES O SUS BRACTEAS CON OTROS COLORES*

A.11.a. *Flores o sus brácteas verde-pardas, pardo con blanquecino o pardo con amarillo*

+Elaeocarpaceae (*Sloanea*)
+Moraceae (*Cecropia*)
+Urticaceae (*Myriocarpa*, *Urera*)

A.11.b. *Flores marrón con rojo*

Crassulaceae (*Kalanchoe pinnata*)

A.11.c. *Flores o sus brácteas marrones*

+Annonaceae (*Guatteria venezuelana*)
•Asclepiadaceae (*Oxypetalum*)
Balanophoraceae (*Langsdorffia*)
Cyperaceae
Gramineae
Juncaceae (*Juncus*)
Marantaceae (*Calathea*)
Plantaginaceae (*Plantago*)
+Proteaceae (*Panopsis cinnamomoea*)
+Sapotaceae (*Micropholis*)

A.11.d. *Flores o sus brácteas color paja*

Amaranthaceae (*Chamissoa*)
Compositae (*Achyrocline, Gnaphalium, Orthopappus, Pterocaulon*)
Cyperaceae
Gramineae

+Meliaceae (*Cedrela*)
Plantaginaceae (*Plantago*)
+Proteaceae (*Panopsis cinnamomoea*)

A.11.e. *Flores negras y amarillas*

Orchidaceae (*Epidendrum*)

A.11.f. *Flores rojas y marrón o púrpura y marrón*

Orchidaceae (*Lepanthopsis, Maxillaria, Pleurothallis, Xylobium*)

A.11.g. *Flores blancas, purpúreas y amarillas*

Orchidaceae (*Restrepia*)

A.11.h. *Flores rojas y purpúreas o negro y purpúreas*

•Leguminosae (*Phaseolus lathyroides*)

GRUPO "B": IDENTIFICACION POR EL COLOR DE LOS FRUTOS

B.1. *FRUTOS ROJOS O ROJO-ANARANJADOS*

+Anacardiaceae (*Spondias purpurea*)
Araceae (*Anthurium*)
+Erythroxylaceae (*Erythroxylon*)
+Guttiferae (*Chrysochlamys*)
Malpighiaceae (•*Banisteriopsis*, +*Malpighia*)
Marantaceae (*Maranta*)
+Meliaceae (*Guarea, Trichilia*)
+Moraceae (*Ficus*)
+Olacaceae (*Heisteria*)
+Palmae (*Ceroxylon*)
Phytolaccaceae (*Phytolacca, Rivina*)
Polygonaceae (+*Coccoloba acuminata*, •*Muehlenbeckia*)
Rosaceae (*Duchesnea, Fragaria*)
Rubiaceae (+*Coussarea, Hoffmannia, Nertera*, •*Relbunium*)
Sapindaceae (+*Dodonaea*, +*Matayba longipes*, +*Matayba tovarensis*, •*Paullinia*)
+Simaroubaceae (*Picramnia*)
Solanaceae (*Capsicum, Solanum, Witheringia*)
+Verbenaceae (*Duranta*)

B.2. *FRUTOS ROSADOS*

Cactaceae (*Epiphyllum*)
+Tiliaceae (*Heliocarpus*)

B.3. *FRUTOS PURPUREOS O MORADOS*

+Melastomataceae (*Miconia*)
+Myrtaceae (la mayoría de los géneros)
Phytolaccaceae

B.4. *FRUTOS AZULES*

+Palmae (*Oenocarpus*)
Rubiaceae (*Coccocypselum*, +*Palicourea*, +*Psychotria*)

B.5. *FRUTOS ANARANJADOS*

Araceae (*Dieffenbachia*)
+Boraginaceae (*Cordia*)
Loranthaceae (*Phoradendron*)
+Meliaceae (*Ruagea*)
●Menispermaceae (*Abuta aristeguietae*)
+Moraceae (*Ficus*)
Rubiaceae (+*Psychotria*, ●*Relbunium*)
Solanaceae (*Lycopersicon*, *Solanum*)
+Theophrastaceae (*Clavija longifolia*)
+Ulmaceae (*Celtis*, *Trema*)
+Verbenaceae (*Duranta*)

B.6. *FRUTOS AMARILLOS*

+Anacardiaceae (*Spondias*)
+Meliaceae (*Melia*)
●Menispermaceae (*Abuta*)
+Moraceae (*Ficus*)
+Myrtaceae (*Psidium*)
+Olacaceae (*Ximenia*)
●Passifloraceae (*Passiflora*)
+Rosaceae (*Eriobotrya*)
+Ulmaceae (*Celtis*)

B.7. *FRUTOS BLANCOS*

●Amaranthaceae (*Pfaffia*)
+Anacardiaceae (*Toxicodendron*)
Boraginaceae
Cactaceae (*Rhipsalis*)
Cyperaceae (*Scleria*)
Loranthaceae (*Phoradendron*)
●Ranunculaceae (*Clematis*)
+Rubiaceae (*Chiococca*, *Gonzalagunia*)
Scrophulariaceae (*Leucocarpus*)

B.8. *FRUTOS VERDES Y BLANCOS*

•Cucurbitaceae
+Solanaceae (*Solanum quinquangulare*)

B.9. *FRUTOS NEGROS*

+Myrtaceae (muchos géneros)
+Ochnaceae (*Ouratea*)
Phytolaccaceae (*Phytolacca*)
+Rubiaceae (*Faramea, Psychotria racemosa*)
Solanaceae (*Solanum*)

B.10. *FRUTOS COLOR AZUL-NEGRO O PURPURA-NEGRO*

Amaranthaceae (*Pleuropetalum*)
•Phytolaccaceae (*Trichostigma*)
•Polygonaceae (*Muehlenbeckia*)
+Rosaceae (*Prunus, Rubus*)
+Staphyleaceae (*Turpinia*)

GRUPO "C": IDENTIFICACION POR EL COLOR DEL LATEX

C.1. *LATEX BLANCO O BLANQUECINO*

+Anacardiaceae
•+Apocynaceae
Araceae
Asclepiadaceae
+Caricaceae
Compositae (*Hieracium, Lapsana, Sonchus, Taraxacum*)
•Convolvulaceae
Euphorbiaceae (*Euphorbia, +Hura, +Mabea, +Sapium*)
+Guttiferae (*Calophyllum, Clusia, Oedematopus, Rheedia*)
+Meliaceae
+Moraceae
•Sapindaceae (*Paullinia, Serjania*)
+Sapotaceae

C.2. *LATEX AMARILLO*

+Guttiferae (*Calophyllum, Clusia*)

C.3. *LATEX ANARANJADO O ROSADO*

+Anacardiaceae (*Mangifera*)
+Apocynaceae (*Aspidosperma*)

+Euphorbiaceae (*Croton*)
+Guttiferae (*Vismia*)
+Leguminosae (*Dussia, Lonchocarpus*)
+Moraceae (*Chlorophora*)

C.4. *LATEX MARRON-PALIDO*

+Anacardiaceae (*Mangifera*)

GRUPO "D": IDENTIFICACION POR EL OLOR

D.1. *HOJAS MAS O MENOS AGRADABLES O DULCES*

Helechos
Compositae (*Matricaria*)
+Myricaceae (*Myrica*)
Umbelliferae

D.2. *HOJAS CON OLOR FUERTE, PICANTE U OTRA FRAGANCIA DISTINTA*

Capparaceae
+Chloranthaceae (*Hedyosmum*)
Compositae (*Eupatorium, Ichthyothere, Matricaria, Parthenium, Pectis, Stevia, Tagetes*)
•Convolvulaceae (*Merremia dissecta*)
Cruciferae (*Lepidium*)
+Euphorbiaceae (*Croton*)
Gramineae (*Melinis*)
Labiatae (+*Gardoquia, Hyptis, Leonurus, Marsypianthes, Minthostachys, +Rosmarinus, Salvia, Sphacele, Stachys*)
+Lauraceae
Leguminosae (*Cassia*)
+Monimiaceae (*Siparuna*)
+Myricaceae (*Myrica*)
+Myrtaceae
+Piperaceae (*Piper*)
+Rutaceae
Umbelliferae

D.3. *HOJAS CON UN OLOR FETIDO O DESAGRADABLE*

Araceae (*Dieffenbachia, Xanthosoma*)
Bignoniaceae (*Pachyptera hymenaea*)
Compositae (*Pluchea, Porophyllum*)
Cruciferae (*Coronopus*)
Leguminosae (*Dalea, •Poiretia*)
Malvaceae (*Bastardia*)
•Passifloraceae (*Passiflora foetida*)
Phytolaccaceae (*Petiveria alliacea*)

+Proteaceae (*Roupala montana*)
Rubiaceae (*Tobagoa*)
+Rutaceae
Solanaceae

D.4. *RAIZ CON OLOR FUERTE*

•Aristolochiaceae
Polygalaceae (*Polygala*)
Umbelliferae

D.5. *CORTEZA O MADERA CON OLOR FUERTE*

+Burseraceae (*Protium, Tetragastris*)
+Capparaceae (*Capparis flexuosa*)
+Lauraceae

GRUPO "E": IDENTIFICACION POR EL SABOR

E.1. *TALLOS, HOJAS, FLORES O FRUTOS CON SABOR ACIDO*

Ericaceae (*Cavendishia, Macleania, Psammisia*)
Oxalidaceae (*Oxalis*)
Polygonaceae (*Rumex acetosella, Polygonum punctatum*)
Solanaceae (*Capsicum*)
Tropaeolaceae (*Tropaeolum*)
Zingiberaceae (*Costus*)

E.2. *HOJAS CON SABOR DULCE*

Helechos (*Polypodium glaucophyllum*)

E.3. *CORTEZA O MADERA AMARGA*

+Apocynaceae (*Aspidosperma*)
•Compositae (*Mikania*)
+Malpighiaceae (*Byrsonima*)
+Meliaceae (*Cedrela, Melia*)
+Rubiaceae (*Cinchona, Ladenbergia*)
+Simaroubaceae (*Picramnia*)

E.4. *RAIZ AMARGA*

+Meliaceae (*Melia*)
•Menispermaceae (*Cissampelos*)
Scrophulariaceae (*Scoparia*)

GRUPO "F": IDENTIFICACION A TRAVES DE LA DIFICULTAD PARA QUEBRAR LAS RAMAS

+Annonaceae
●Bignoniaceae
+Bombacaceae
+Lecythidaceae
Malvaceae
Sterculiaceae
+Thymelaeaceae
+Tiliaceae
Urticaceae (+*Boehmeria, Phenax,* +*Pouzolzia,* +*Urera*)

GLOSARIO

Este glosario sólo contiene los términos técnicos utilizados en el presente libro; para una información más detallada se recomienda consultar a FONT-QUER, P.: "Diccionario de Botánica", Editorial LABOR, S. A., Barcelona y Madrid, 1975.

ADPRESO (pelos adpresos)
Pelos apretados contra la hoja, el tallo, etc., en que se encuentran.

ALTERNO (hojas alternas)
Dícese de las hojas cuando se hallan como por grados, unas después de las otras.

ANTERA
Parte del estambre, más o menos abultada, en que se contiene el polen.

ANULIFORME
En forma de anillo (p. ej. catáfilos anuliformes de las Lorantáceas).

APICAL
Se refiere al ápice geométrico del órgano respectivo (ápice de la hoja, del fruto, etc.).

AQUENIO
En general, fruto indehiscente, seco y con una semilla, con el pericarpio no soldado con la semilla (p. ej. en las Compuestas o en las Ciperáceas).

ARBOL
Vegetal leñoso, por lo menos de 5 m de altura, con el tallo simple hasta la llamada cruz, en que se ramifica y forma la copa.

ARBUSTO
Vegetal leñoso, de menos de 5 m de altura, generalmente sin un tronco preponderante, porque se ramifica a partir de la base.

ARILO
Envoltura generalmente carnosa de algunas semillas.

ARISTA

Filamento áspero en que terminan las glumas y glumelas de las gramíneas, y producciones análogas de diversos órganos vegetales.

ASIMETRICO

Cuando no tiene ni un solo plano de simetría que permita dividirlo en dos partes tales que cada una de ellas pueda reproducir en un espejo la imagen exacta de la otra.

AURICULA

Apéndice foliáceo, generalmente pequeño, situado en el pecíolo o en la base de la lámina foliar, que por su forma recuerda a veces una orejita.

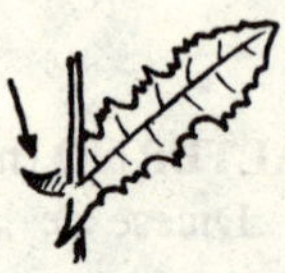

BARBA

Conjunto de pelos agrupados en mechitas o en gran número (p. ej. en las Gramíneas).

BASINERVADO (basinerve, basinervio)

Se dice de la nervadura de la hoja cuyos nervios laterales más bajos arrancan desde la base misma de la hoja.

BAYA

Término aplicado comúnmente a diversos frutos carnosos y jugosos con la parte exterior generalmente muy delgada y por dentro más o menos jugosos y carnosos. Por lo general tienen forma redondeada o elipsoidal.

BILABIADO

Dícese del cáliz y de la corola gamofilos cuando se dividen formando como una boca abierta, con las mandíbulas superior e inferior, que aquí se llaman labios.

BIPINNADO (hojas bipinnadas)

Dos veces pinnado; término que se aplica a la hoja compuesta cuyos folíolos están dispuestos sobre raquillas laterales, insertas a su vez sobre el eje (raquis) principal de la hoja.

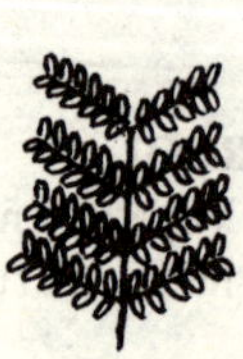

BISEXUAL

Que tiene los dos sexos, hermafrodita. Se opone a unisexual.

BRACTEA

Cualquier hojuela situada en la proximidad de las flores y distinta por su forma, tamaño, consistencia, color, etc., de las hojas normales.

BRACTEOLA
La bráctea o las brácteas que se hallan sobre un eje lateral de cualquier inflorescencia y nacen sobre el pedicelo floral por encima de su base.

CABEZUELA
Inflorescencia de flores sésiles sobre un eje sumamente corto y, por lo común, más o menos dilatado, las más veces ligeramente convexo.

CAEDIZO
Dícese de cualquier parte de la planta que cae fácilmente, como los pétalos de las rosas.

CALICULO
Conjunto de brácteas que simulan un cáliz alrededor del verdadero cáliz de la flor.

CALIPTRA
Dícese de lo que tiene forma de cofia o gorro más o menos cónico, en el cáliz de las Mirtáceas.

CALIZ
Cubierta externa de las flores completas. Se compone de sépalos, que son hojuelas generalmente verdes y de consistencia herbácea.

CALLO
Una parte más o menos endurecida (p. ej. en el pecíolo de las Marantáceas).

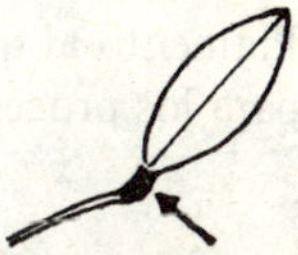

CAPSULA (fruto capsular)
Un fruto seco y dehiscente que abre longitudinalmente y que consta de dos hasta muchos carpelos.

CARIOPSIS (cariópside)
Fruto seco, indehiscente y con una semilla, con el pericarpio (parte externa) soldado a la semilla, como el grano del trigo (fruto de las Gramíneas).

CARPELO
Se da este nombre a cada una de las partes del pistilo de la flor y que tiene una cavidad (ovario) completamente cerrada.

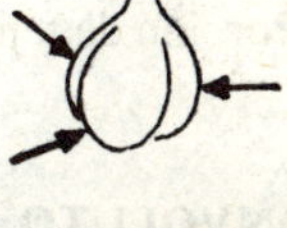

CATAFILO
Escamas pequeñas reducidas que rodean los tallos.

CIATIO

Una inflorescencia constituida por una sola flor femenina central, reducida a un ovario tricoco, pedicelado y sin perianto, y por cinco grupitos de flores masculinas (p. ej. en las Euforbiáceas).

CILIO

Pelo muy fino, sobre todo del borde de las hojas.

CIMA

Conjunto de flores de una inflorescencia cuyo eje echa una flor en su extremo, y las demás nacen sobre ramitas laterales.

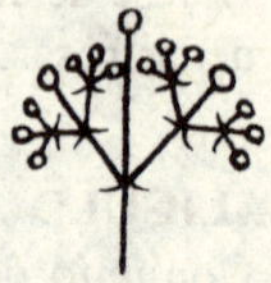

CIMOSO

Concerniente a la cima.

CISTOLITO

Así se llama toda concreción de carbonato cálcico que se forma sobre determinadas excrecencias de la membrana en el interior de las células (por ejemplo en las Urticáceas).

CLOROFILA

Pigmento al que deben su color las partes verdes de las plantas, necesario para los procesos fotosintéticos.

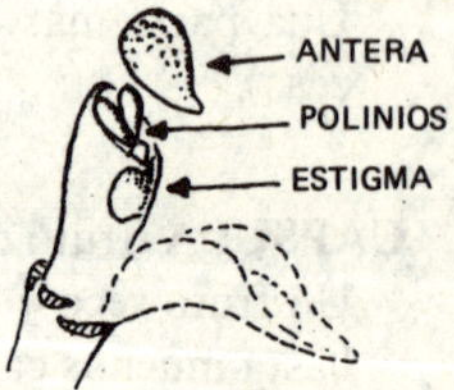

COLUMNA

Estructura alargada que incluye los órganos masculinos y femeninos de la flor (p. ej. en las Orquídeas).

COMPUESTO (hojas compuestas)

Hoja partida hasta el nervio medio en 2 o más hojuelas (folíolos).

CONECTIVO (de las anteras)

Porción de tejido que sostiene la antera.

CONVOLUTO

Se aplica a la hoja que se enrolla longitudinalmente y forma un tubo cuando la hoja está en yema.

CORIACEO
De consistencia recia, como el cuero.

COROLA
Cubierta interior de la flor completa que protege los órganos reproductores, y generalmente es de colores atractivos.

COTILEDON
Hojuela embrional de la semilla que contiene el nutrimento para la germinación de la plántula recién nacida.

DEHISCENTE (fruto dehiscente)
Que se abre.

DENTADO (hojas dentadas)
Que tiene dientes o puntas parecidas a ellos.

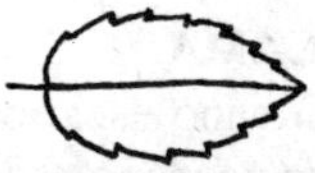

DICOTOMICO
Dícese de la ramificación que se divide en dos partes equivalentes, de manera que se produce una horqueta de ramas iguales, por lo menos al principio.

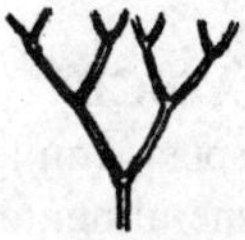

DICOTYLEDONEAE
Una de las dos clases en que se dividen las plantas fanerógamas, que comprende aquellas cuyas semillas tienen dos cotilédones y que se distinguen además porque las dos hojitas seminales salen al exterior cuando la semilla germina, y porque el tallo generalmente está ramificado.

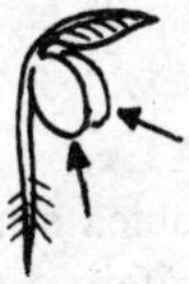

DIOICO
Se refiere a las plantas que tienen flores unisexuales y dispuestas sobre dos individuos distintos, uno masculino y otro femenino.

DISCO
Una excrecencia en forma de disco o anular, generalmente glandulífera, que forma el tálamo dentro de la flor.

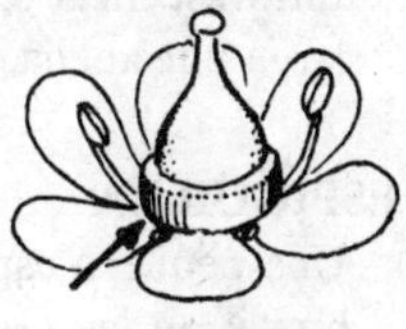

DISTICO
Dícese de las flores, de las hojas, y en general de toda suerte de órganos o partes colocadas en dos filas, alternativamente a uno y otro lado de un eje.

DRUPA
En general, se llama así toda suerte de fruto carnoso con un hueso en su interior.

EJE (hoja, inflorescencia)
Término usual aplicado a todo aquello que sostiene otra cosa.

EMARGINADO

Con una muesca o entalladura poco profunda, generalmente en el ápice.

ENTERO (hojas enteras)

Término que se aplica a la hoja que no tiene lóbulos ni dientes en el borde.

ENVES (de la hoja)

Cara inferior de la hoja.

EPIFITO

En general, los vegetales que viven sobre otras plantas sin sacar de ellas nutrimento, como los musgos y las Orquídeas.

ESCAMA

Organo escarioso o membranoso semejante a una hojita, y sostenido por un pequeño pedúnculo.

ESPADICE

Espiga simple o compuesta, de raquis más o menos carnoso, con las flores generalmente unisexuales e inconspicuas, rodeada por una espata (por ejemplo en las Aráceas).

ESPATA

Bráctea amplia o par de brácteas que envuelven la inflorescencia o el eje florífero. La espata a menudo es muy grande y vistosa, pintada de diversos colores o enteramente blanca (p. ej. en las Aráceas, Palmas, Gramíneas).

ESPIGA

Inflorescencia simple, racemosa, de flores sésiles, y siempre mucho más larga que ancha.

ESPIGUILLA

Una pequeña espiga formada por un eje o raquis corto, a veces sumamente breve; en las Gramíneas es la inflorescencia elemental reducida a las glumas y a uno o más flósculos.

ESPINA

Un apéndice endurecido y puntiagudo, lignificado y con tejido vascular. La espina no puede separarse del órgano que la trae sin desgarrar tejidos subyacentes.

ESPORA

Corpúsculo reproductor y unicelular de las plantas criptógamas, como los helechos.

ESPUELA (espolón)

Término de uso corriente con que se designa una abolladura más o menos profunda y aguda, prominente hacia el exterior de los órganos foliares (sépalos, pétalos, etc.) que la traen en su base.

ESTAMBRE

Cada uno de los órganos que, en las flores de las Angiospermas, traen los sacos polínicos. El estambre consta las más veces de dos partes: la antera y el filamento; cuando éste falta, se dice que la antera es sésil.

ESTAMINODIO

El estambre que, habiendo perdido su función, permanece completamente estéril al final de su desarrollo.

ESTERIL

Que no da fruto o no produce nada, en sentido recto o figurado; inepto para producir semillas o esporas.

ESTILO

La parte superior del ovario, prolongada en forma de estilete, que remata en uno o varios estigmas.

ESTIPE

Soporte, generalmente rollizo y más o menos largo, de un órgano (p. ej. Aráceas, Sapindáceas).

ESTIPELA

Pequeña escamita o laminita que se halla en el arranque de los segmentos foliares de algunas hojas compuestas.

ESTIPITE

Lo mismo como "estipe".

ESTIPULA

Cada uno de los apéndices foliáceos que, las más veces en número de dos, se forman a cada lado de la base de la hoja o del pecíolo.

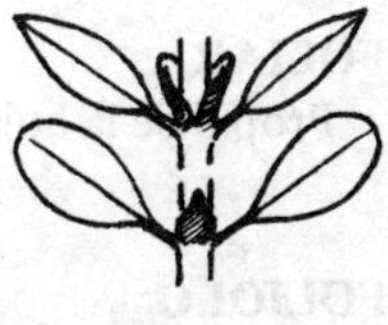

ESTOLON

Brote lateral, generalmente rastrero sobre el suelo, que produce raíces y engendra un nuevo individuo.

ESTOLONIFERA

Planta que tiene estolones.

ESTRIGOSO

Aplícase a los tallos, hojas, etc. cubiertos de pelos rígidos o de notables asperezas.

FALCADO

De forma más o menos aplanada y curva como una hoz.

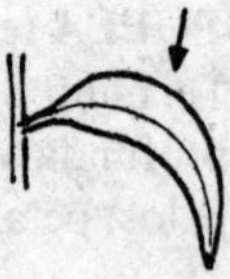

FANEROGAMAS

Antigua denominación para las plantas con órganos reproductivos claramente visibles. Substituido en la terminología moderna actual por "Spermatophyta" o "Magnoliophyta".

FERTIL

Capaz de producir semillas, esporas o cualquier clase de disemínulos.

FILAMENTO

La parte del estambre, generalmente de forma filamentosa, que sostiene la antera.

FLOR

La parte de las plantas fanerógamas que contiene los órganos de la reproducción.

FLOSCULO

El conjunto de lemma, pálea y flor en las Gramíneas; en las Compuestas con las flores tubulosas los flósculos forman parte de una cabezuela.

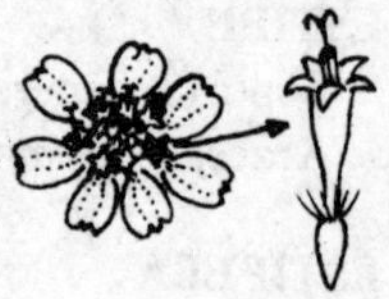

FOLIACEO

De aspecto o de la naturaleza de las hojas.

FOLIAR

Propio de la hoja, relativo a ella.

FOLIOLO

Cada una de las hojuelas de una hoja compuesta.

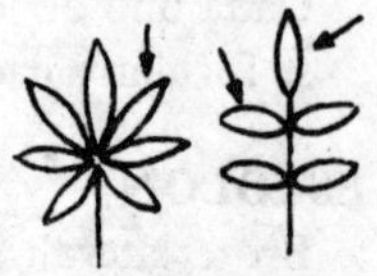

FULCREO (raíz fúlcrea)

Que sirve de apoyo o sostén.

GINOFORO

En general, porción alargada del eje de la flor entre el androceo y el gineceo (p. ej. en las Capparáceas u Ochnáceas).

GINOSTEGIO

En las flores, dícese especialmente de cualquier reparo u órgano protector del gineceo distinto del perianto. Por ejemplo, los estambres generalmente unidos entre sí formando una estructura central, en las Asclepiadaceae.

GLABRO

Lampiño, completamente desprovisto de pelos.

GLANDULA

Dícese de cualquier célula o conjunto de células capaces de acumular o de expeler una secreción.

GLANDULAR

Propio de la glándula o relativo a ella.

GLUMA

Bráctea estéril que se encuentra en la base de la espiguilla (p. ej. en la flor de las Gramíneas).

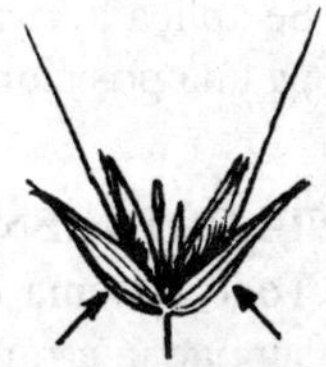

HASTADO

Dícese de los órganos planos, generalmente hojas, más o menos puntiagudos y, en su base, con dos lóbulos divergentes.

HAZ (de la hoja)

Cara superior de la hoja.

HERBACEO

Que tiene aspecto de hierba, y principalmente que no está lignificado.

HIERBA

Planta no lignificada o apenas lignificada, de manera que tiene consistencia blanda en todos sus órganos, tanto subterráneos como aéreos.

HILO

En la semilla constituye una cicatriz de forma diversa y de color distinto al del resto de la semilla (como p. ej. en las Sapotáceas).

HIPANTIO (hipanto)

La parte axial de una flor soldada al ovario de la misma o el tálamo ahondado de las flores de ovario ínfero.

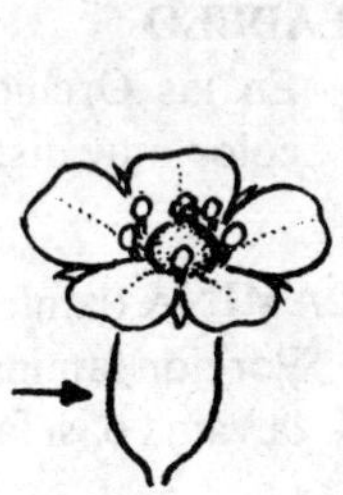

HOJA

Todo órgano lateral que brota del tallo o de las ramas, producido en el exterior del mismo, y de forma generalmente laminar y estructura dorsiventral y generalmente verde.

HOJUELA (folíolo)
Véase "folíolo".

IMPARIPINNADO (hoja imparipinnada)
La hoja pinnada cuyo raquis remata en un folíolo, de lo cual resulta que el número total de los folíolos es impar.

INCLUSO (estambres inclusos)
Aplícase a los estambres y estilos que no sobresalen de la garganta de la corola o del cáliz.

INFERO (ovario ínfero)
Se aplica al ovario de la flor cuando, en el sentido usual de la palabra, ocupa una posición inferior con respecto al nivel de la corola.

INFLORESCENCIA
Todo sistema de ramificación que se resuelve en flores. La inflorescencia supone una ramificación. Entonces, cuando la flor nace solitaria en el ápice del tallo o en la axila de una hoja, no existe inflorescencia.

INVOLUCELO
En las umbelas compuestas, involucro de las umbélulas, constituido por las brácteas madres de los pedicelos o los radios de las mismas.

INVOLUCRO
Todo conjunto de brácteas que, hallándose próximo a las flores, las rodea o envuelve en mayor o menor grado.

INVOLUTO
Aplícase a la hoja cuyos bordes se encorvan hacia la cara superior de la misma, arrollándose, por tanto, en mayor o menor grado.

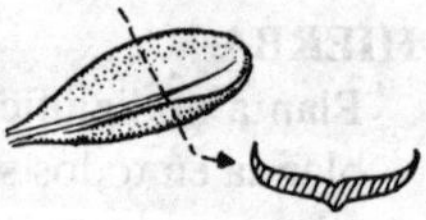

LABELO
En las Orchidaceae, el pétalo medio, generalmente de tamaño, forma y color muy distintos de los correspondientes a los dos pétalos laterales.

LAMINA (lámina foliar)
Porción laminar de las hojas, que se une al tallo por medio del pecíolo o de la vaina o, si faltan ambos, directamente.

LANCEOLADO
De figura de hierro de lanza, e.d., angostamente elíptico y apuntado en ambos extremos.

LEMMA

La bráctea inferior de la flor de las Gramíneas.

LIGULA

Apéndice membranoso o piloso que se encuentra en la línea que une la cara interna de la lámina de la hoja con la vaina de la hoja (como p. ej. en las Gramíneas).

LIMBO

En las corolas con pétalos concrecidos, la parte libre de los pétalos, que forman como una orla en el extremo del tubo. También sinónimo de "lámina foliar".

LOBULO

Un gajo pequeño que no llega sino hasta la mitad de la distancia entre el borde de la hoja y el nervio medio.

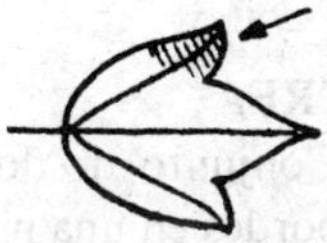

LOCULO

Cavidad de un órgano, generalmente de un fruto u ovario en que se contienen las semillas u óvulos.

LODICULA

Son dos órganos rudimentarios, de aspecto escamoso, que se encuentran situados a los lados del ovario en la flor de las Gramíneas.

MACOLLA

Conjunto de flores, espigas o vástagos que nacen de un mismo pie.

MONOCOTYLEDONEAE

Clase de las fanerógamas que comprende aquellas cuyas semillas tienen un solo cotiledon, hojas generalmente sin pecíolo y con nervadura paralela, plantas generalmente no ramificadas (p. ej. Gramíneas, Palmas).

MONOICO

Se refiere a las plantas con flores unisexuales masculinas y femeninas, dispuestas ambas sobre el mismo pie o individuo.

NECTARIO

Cualquier órgano capaz de segregar néctar.

NUCULA

Cada uno de los huesecillos de la drupa de más de un carpelo o con uno solo, pero en todos los casos con el endocarpio endurecido y generalmente leñoso.

OBLONGO

Más largo que ancho, de forma lanceolada pero con predominio de la longitud sobre la anchura.

OBOVADO

De forma ovada, pero con la parte ancha en el ápice.

OBTUSO

Se dice de un órgano macizo no acabado en punta o romo, o cuyos bordes forman en el ápice del mismo un ángulo obtuso.

OCREA

Conjunto de dos estípulas axilares, concrescentes totalmente por ambos bordes en una pieza (característica de la familia Polygonaceae).

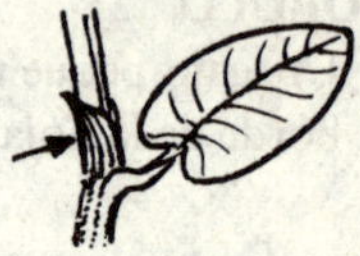

OPUESTO (hojas opuestas)

Las que se hallan en número de dos en cada nudo, una frente a la otra.

ORBICULAR

Circular, redondo.

OVADO

De figura de huevo, colocado de manera que su parte más ancha corresponda a la inferior del órgano de que se trata.

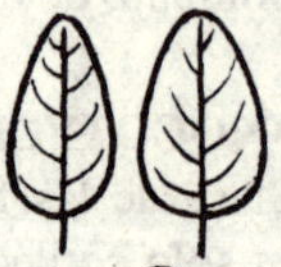

OVARIO

La parte inferior del pistilo; en su interior se hallan contenidos los rudimentos de las semillas o huevecillos, los cuales se transforman en semillas.

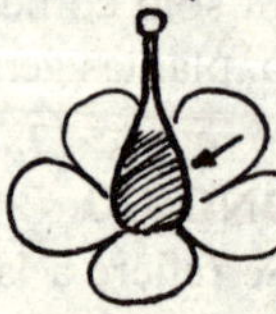

PALEA

La bráctea superior en la flor de las Gramíneas; en las Compuestas se refiere a las escamitas que existen en el receptáculo.

PALMEADO (palmado)

De forma semejante a la de la mano abierta.

PANICULA

Inflorescencia compuesta, de tipo racemoso, en la que las ramitas van decreciendo de la base al ápice, por lo que toma aspecto piramidal; es un racimo de racimos.

PAPILA

Cualquier excrecencia de forma cónica de la membrana de las células epidérmicas.

PAPUS (pappus, papo, vilano)

Apéndice de pelos simples o plumosos, cerdas o escamas que coronan el fruto de algunas familias de plantas (como, por ej., las Compuestas y las Valerianáceas).

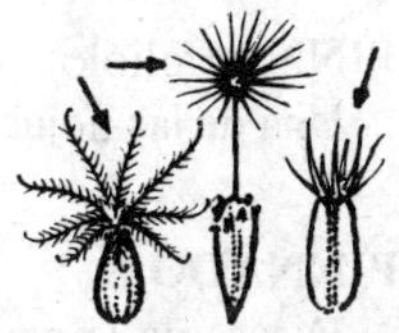

PARIPINNADO (hojas paripinnadas)

Se aplica a la hoja pinnada cuyo raquis carece de folíolo terminal, por donde resulta que el número de elementos que la componen es par.

PECIOLO

Pezón o eje que une la lámina de la hoja a la base foliar o al tallo.

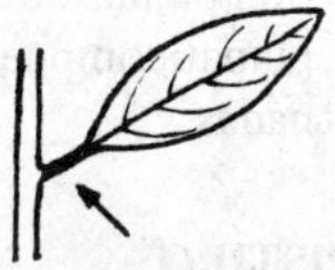

PECIOLULO

Pecíolo que sostiene cada uno de los folíolos de la hoja compuesta, generalmente muy corto.

PEDICELO

Dícese del pezón o eje de una flor en las inflorescencias compuestas.

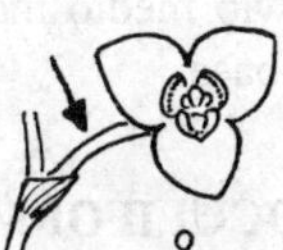

PEDUNCULO

Eje que sostiene una inflorescencia.

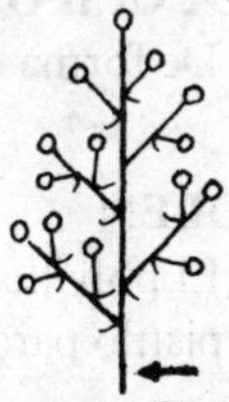

PELTADO (hoja peltada)

Es la hoja cuyo pecíolo está inserto entre la base y el centro de la lámina foliar.

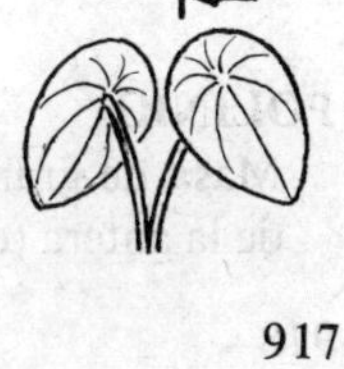

PERIANTO

Envoltura floral, compuesta de partes como el cáliz y corola, que rodean las partes fructíferas.

PETALO

Cada una de las partes de la corola; los pétalos son libres o soldados entre sí.

PETALOIDEO

Semejante a un pétalo, con aspecto de corola.

PINNA (folíolo)

Una de las hojuelas o folíolos en una hoja compuesta de los helechos.

PINNADO

Dícese de la nervadura que presenta un conjunto de nervios secundarios a ambos lados del raquis o nervio medio, o se refiere a una hoja compuesta cuando posee folíolos más o menos numerosos a ambos lados del raquis, como las barbas de una pluma.

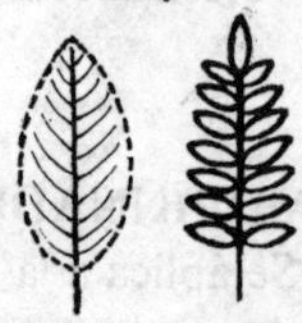

PINNULA

Son pinnas de segundo o tercer orden, o folíolos de una hoja bipinnati- o tripinnaticompuesta; por eso, son la última ramificación de las frondas pinnadas.

PISTILO

La parte femenina de la planta y consta de estilo, estigma y ovario.

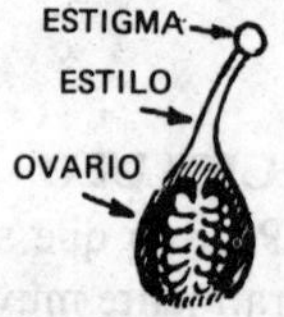

PLINERVADO

Dícese de la nervadura de la hoja, cuyos nervios más bajos se unen al nervio medio más o menos arriba de la base del mismo y no justamente en la base.

POCULIFORME

De forma de copa (p. ej. catáfilos poculiformes en las Lorantáceas).

POLEN

El polvillo contenido en la antera y que se sirve para fecundar el óvulo del pistilo para formar semillas.

POLINIO

Masa de granos de polen que comprende la totalidad de los de cada saco de la antera (característico de las Orquidáceas y Asclepiadáceas).

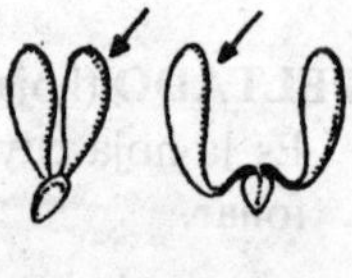

PUA
Una espina más o menos pequeña y de poca rigidez.

PUBESCENCIA
Calidad de pubescente o velloso, con pelos finos y suaves.

PUBESCENTE
Con pelos finos y suaves.

RACEMOSO
Tipo de inflorescencia más larga que ancha, cuyo eje tiene desarrollo teóricamente ilimitado.

RACIMO
Una inflorescencia generalmente péndula con un eje principal de cuyos flancos van brotando flores sobre sendos pedicelos simples más o menos distantes entre sí.

RADIO
Flores liguladas exteriores en las cabezuelas de las Compuestas.

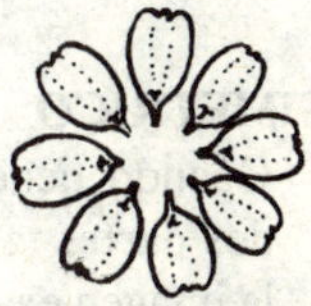

RAQUIS
Eje principal de una inflorescencia compuesta y también aplicado generalmente al nervio medio de las hojas compuestas, sobre el que se insertan los folíolos, o al de las frondas de los helechos.

RECEPTACULO
La parte axial de la flor sobre la que descansan los diversos verticilos de la misma, así como el extremo más o menos dilatado del pedúnculo que constituye el asiento de las diversas flores de una cabezuela.

REFLEXO
Dícese de una parte de la planta (hojas, pedicelos, etc.) dirigida hacia su base.

RETRORSO
Se llama cualquier cosa retrorsa cuando mira hacia la parte basal del órgano en que se inserta.

REVOLUTO
Se refiere a la hoja que se encorva por sus bordes hacia el envés o cara inferior de la misma.

RIZOMA
Un tallo subterráneo.

SEMILLA
Toda suerte de granos y de frutos seminiformes con un embrión en estado de vida latente, acompañado o no de tejido nutricio y protegido por el episperma.

SEPALO
Cada una de las piezas que componen el cáliz, cuyos elementos están libres entre sí.

SERIE
En las Compuestas, las brácteas del involucro de la cabezuela forman series exteriores, medias e interiores.

SESIL
Dícese de cualquier órgano o parte orgánica que carece de pie o soporte.

SIMETRICO
Cuando tiene por lo menos un plano de simetría que permite dividirlo en dos partes tales que cualquiera de ellas es capaz de reproducir en un espejo la imagen exacta de la otra.

SIMPLE (hoja simple)
Hoja formada por una pieza completa, sin ser compuesta por divisiones (folíolos).

SORO
En los helechos o Pteridophyta es un grupo de esporangios, generalmente de forma característica, hemisférica u oblonga, localizado en el envés de la fronda fértil (esporofilo).

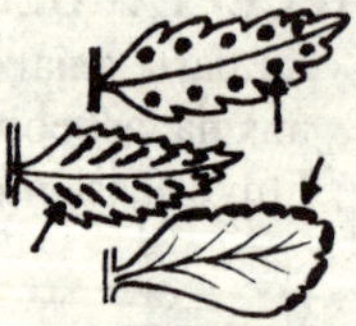

SUBAMPLEXICAULE
Aplícase a las hojas, brácteas, etc. que casi abrazan el tallo.

SUBTENDIDO
Cuando sostiene o soporta un órgano en o cerca de su base.

SUPERO (ovario súpero)
Aplícase al ovario libre, unido al tálamo sólo por su base, porque con respecto a la flor, en el sentido corriente del término, se halla encima de su base.

TEPALO
Cuando el perianto es igual y no diferenciado en cáliz y corola, cada parte se llama un tépalo (como p. ej. en los lirios).

TERCIARIO (nerviecillos o venación terciarios)
Venillas más finas distribuidas entre las venas secundarias.

TRANSLUCIDO
Cuando permite que la luz atraviese el espesor de la hoja.

TRUNCADO
Cortado de través; aplícase a las hojas que rematan en un borde o en un plano transverso, como si hubiesen sido cortadas.

UMBELA
Inflorescencia racemosa simple con el extremo del raquis o eje principal ensanchado en mayor o menor grado para formar un receptáculo del cual arrancan todos los pedicelos. Es un racimo en el cual las distancias que separan las bases de los diversos pedicelos entre sí, se han reducido a cero, naciendo todos desde el mismo punto.

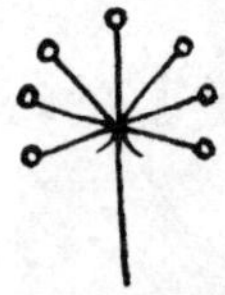

UMBELIFORME
De forma de umbela, parecido a una umbela.

UNISEXUAL
Que no tiene más que un sexo; se opone a bisexual.

VAINA
Base de la hoja, más o menos ensanchada, que abraza parcial o totalmente la ramita en que se inserta; en general, la lámina de la hoja se une a la vaina, que suele estar poco desarrollada, por medio de un pecíolo más o menos largo. La vaina foliar está desarrollada típicamente en las Gramíneas. Se llama también así el fruto de las Leguminosas.

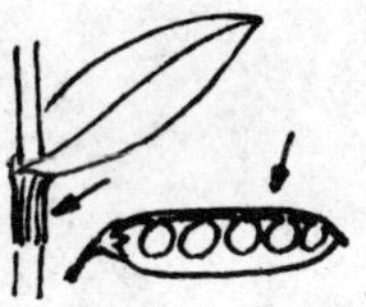

VEGETATIVO
La parte capaz de vegetar y que realiza funciones vitales cualesquiera, pero no las reproductoras propiamente dichas.

VENA
Cualquier nervio foliar fuera del nervio medio, menos pronunciado que el nervio medio.

VENACION
La nervadura de la hoja.

VERRUGOSO
Aplícase a los órganos en cuya superficie se presentan prominencias a modo de verrugas.

VERTICILO

Cuando hay más de dos hojas que brotan a un mismo nivel del eje caulinar.

ZARCILLO

Cualquier órgano filamentoso que la planta utiliza exclusivamente para trepar.

BIBLIOGRAFIA

En la siguiente bibliografía se ha puesto énfasis principalmente en recopilar la mayor cantidad posible de trabajos botánicos, ecológicos y fitogeográficos. En cambio la bibliografía relacionada con geología, geomorfología, suelos y clima abarca solamente los trabajos más importantes.

GEOLOGIA, GEOMORFOLOGIA, SUELOS

1. AGUERREVERE, Santiago E. y ZULOAGA, Guillermo (1937).
Observaciones geológicas en la parte central de la Cordillera de la Costa (Venezuela).
Boletín de Geología y Minería,
1 (2, 3, 4): 3-22.
Ministerio de Fomento, Caracas.

2. AGUERREVERE, Santiago E. y ZULOAGA, Guillermo (1938).
Nomenclatura de las Formaciones de la parte central de la Cordillera de la Costa (Nota Geológica).
Boletín de Geología y Minería,
2 (2, 3, 4): 281-284.
Ministerio de Fomento, Caracas.

3. BUCHER, Walter H. (1952).
Geologic structure and orogenic history of Venezuela. Text to accompany the author's geologic tectonic map of Venezuela.
Memoir of the Geological Society of America,
49: vii + 113 págs.
The Geological Society of America, New York.

4. DAVEY, John C. (1947).
The Venezuelan Andes and the Coastal and Interior Ranges. Part 2. *The Cordillera de la Costa and the Serranía del Interior.*
The Mining Magazine,
76 (1): 9-22.
(2): 73-87.
Mining Publications, Ltd., London.

5. DENGO, Gabriel (1951).
Geología de la región de Caracas.
Boletín de Geología,
1 (1): 39-115
Ministerio de Minas e Hidrocarburos, Dirección de Geología, Caracas.

6. ERNST, Adolfo (1889).
El suelo de Caracas.
En: "La América Ilustrada y Pintoresca",
Año 1 - Mes VII (14): 3-4.
reimpreso en:
Boletín de la Academia Nacional de Historia,
15 (57): 33-36, Caracas (1932).
y Boletín de la Sociedad Venezolana de Ciencias Naturales,
13 (76): 53-56, Caracas (1950).

7. JAHN, Alfredo (1921).
Esbozo de las formaciones geológicas de Venezuela.
Litografía del Comercio, Caracas.

8. KAMEN-KAYE, M. (1938).
Geological succession of Central Venezuela.
Bulletin of the American Association of Petroleum Geologists,
22 (9): 1224-1230, Tulsa, Oklahoma.

9. KAMEN-KAYE, M. (1946).
Las faunas fósiles y la historia geológica del geosinclinal de la Venezuela Norte-Central.
Boletín de la Sociedad Venezolana de Ciencias Naturales,
10 (67): 221-227, Caracas.

10. KARSTEN, Hermann (1851).
Über die geognostischen Verhältnisse des nördlichen Venezuela.
Archiv für Mineralogie, Geognosie, Bergbau und Hüttenkunde,
24: 440-479.

11. KARSTEN, Hermann (1862).
Die geognostische Beschaffenheit der Gebirge der Provinz Caracas.
Zeitschrift der Deutschen Geologischen Gesellschaft,
14: 282-287.
Traducción español por A. ERNST publ. en:
"Primer Anuario Estadístico de Venezuela",
191-194 (1877).

12. KEHRER, L. (1939).
Geology of Central Venezuela.
Bulletin of the American Association of Petroleum Geologists,
23 (5): 699-703, Tulsa, Oklahoma.

13. PULGAR LOPEZ, Roberto (1952).
Aspecto geológico de las quebradas del Valle de Caracas.
Instituto Nacional de Obras Sanitarias,
Caracas.

CLIMA

14. ALVAREZ, Roberto J. - KEY SANCHEZ, Fernando - KLANKE, Arturo - GUERRA Y. Angel A. - CONVIT, Rafael (1968).
Atlas climatológico e hidrológico de la cuenca hidrográfica del Valle de Caracas.
En: "Estudio de Caracas".
Vol. I (Anexo): xxiv + 155 págs.
Universidad Central de Venezuela, Ediciones de la Biblioteca, Caracas.

15. CONVIT, Rafael (1964).
Intensidades y frecuencias de lluvias en la cuenca del Río Guaire.
Instituto Nacional de Obras Sanitarias, División de Hidrología, Caracas.

16. ERNST, Adolf (1871).
Witterungsverhältnisse des Thals von Caracas.
Zeitschrift der Gesellschaft für Erdkunde,
7: 248-258, Berlín.

17. FREILE, Alfonso J. (1968).
Regiones climáticas de Venezuela.
Boletín de Geología,
10 (19): 3-156.
Ministerio de Minas e Hidrocarburos, Dirección de Hidrología, Caracas.

18. GONZALEZ P., Epifanio (1941).
Climatología de Venezuela.
160 págs.
Ministerio de Agricultura y Cría, Dirección de Agricultura, Servicio de Meteorología Agrícola, Caracas.

19. GONZALEZ P., Epifanio (1948).
Datos detallados de climatología de Venezuela.
Publicaciones de la División de Malariología,
Núm. 8: 639 págs.
Ministerio de Sanidad y Asistencia Social, Caracas.

20. GROSSKE, Ferdinand (1967).
Sobre la pluviosidad en Caracas.
Universidad Central de Venezuela, Facultad de Ingeniería,
Departamento de Meteorología e Hidrología, Caracas.

21. JAHN, Alfredo (1918).
Climatología de Venezuela.
Cultura Venezolana, **1.**
Caracas.

22. JAHN, Alfredo (1928).
Contribución a la climatología de Venezuela.
Cultura Venezolana,
Caracas.

23. JAHN, Alfredo (1934).
Las temperaturas medias y extremas de las zonas altitudinales de Venezuela.
Boletín de la Sociedad Venezolana de Ciencias Naturales,
2 (14): 135-172, Caracas.

24. MEDINA, Luis J. (1950).
Indices climáticos de algunas localidades de Venezuela.
Memorias de la Sociedad de Ciencias Naturales La Salle,
10 (26): 129-135, Caracas.

25. MINISTERIO DE OBRAS PUBLICAS (Varios años).
Anuarios climatológicos.
División de Hidrometeorología, Caracas.

26. RODULFO CORTES, Santos (1956).
Observaciones meteorológicas en el centro de Caracas.
Anales de la Universidad Central de Venezuela,
41, Caracas.

27. RÖHL, Eduardo (1942).
La zona subtropical o templada.
Memorias de la Sociedad de Ciencias Naturales La Salle,
Caracas.

28. RÖHL, Eduardo (1944).
Contribución al conocimiento del clima de Caracas.
Revista del Colegio de Ingenieros de Venezuela,
153, Caracas.

29. RÖHL, Eduardo (1945).
Climatología de Venezuela.
Boletín de la Academia de Ciencias Físicas, Matemáticas y Naturales,
Año 11, Tomo 9 (27): 169-243, Caracas.

30. RÖHL, Eduardo (1948).
Los veranos ruinosos de Venezuela.
Boletín de la Academia de Ciencias Físicas, Matemáticas y Naturales,
Año 14, Tomo 11 (32): 427-447, Caracas.

31. RÖHL, Eduardo (1949).
Los diluvios en las montañas de la Cordillera de la Costa.
Boletín de la Academia de Ciencias Físicas, Matemáticas y Naturales,
Año 15, Tomo 12 (38): 34-59, Caracas.

32. RÖHL, Eduardo (1951).
Sobre el gradiente térmico vertical de Venezuela.
Boletín de la Academia de Ciencias Físicas, Matemáticas y Naturales,
Año 17, Tomo 14 (44): 3-60, Caracas.

33. RÖHL, Eduardo (1952).
Climatografía de Venezuela (1.ª parte: *Temperatura y Humedad*).
Boletín de la Academia de Ciencias Físicas, Matemáticas y Naturales,
Año 18, Tomo 15 (46): iv + 223 págs., Caracas.

34. ROJAS, Alfonso R. (1926).
El invierno en Caracas. Algo sobre la ley de periodicidad en los fenómenos meteorológicos.
Litografía y Tipografía Vargas, Caracas.

35. VILA, Marco Aurelio (1959).
Los meses-punta pluviométricos en Venezuela.
Cuadernos de Información Económica,
11 (2)
Corporación Venezolana de Fomento, Caracas.

GEOGRAFIA, VIAJES

36. CAGIGAL, J. M. (1876).
Viaje a la Silla de Caracas en agosto de 1833.
En: "Apuntes Estadísticos del Distrito Federal",
Caracas.

37. CARDENAS, Antonio Luis (1960).
La Cordillera de la Costa y las Islas del Caribe.
Revista Geográfica,
1 (4): 291-304.
Universidad de los Andes, Facultad de Ciencias Forestales, Instituto de Geografía, Mérida.

38. CARDENAS, Antonio Luis (1964).
Geografía Física de Venezuela.
Talleres Gráficos Universitarios, Mérida.

39. DIAZ, M. V. - AVELEDO, A. - ERNST, Adolfo (1891).
Ascensión al Pico de Naiguatá.
Boletín del Ministerio de Obras Públicas,
70: 7-8, **71:** 7-8, **72:** 6-8.
Caracas.

40. ERNST, Adolf (1871).
Das Thal von Caracas.
Globus,
20: 29, 43, 56.
Braunschweig.

41. ERNST, Adolfo (1911).
Excursión a la Silla de Caracas por Alejandro de Humboldt en enero de 1800.
Revista Técnica del Ministerio de Obras Públicas,
1 (11): 554-555, (12): 599-609.
Caracas.

42. FREILE, Alfonso José (1965).
Provincias fisiográficas de Venezuela.
xxxv + 435 + lxiii págs.
Publicación G-3 del Ministerio de la Defensa, Estado Mayor Conjunto, División de Informaciones, Sección Geografía, Caracas.

43. HUMBOLDT, Alejandro de (1956).
Viaje a las Regiones Equinocciales del Nuevo Continente.
(Traducido por Lisandro Alvarado.)
En: "Biblioteca Venezolana de Cultura. Colección Viajes y Naturaleza" (Segunda edición).
Ediciones del Ministerio de Educación, Dirección de Cultura y Bellas Artes, Caracas.

44. JAHN, Alfredo (1941).
Aspectos físicos de Venezuela.
Caracas.

45. RÖHL, Eduardo (1940).
La Silla de Caracas y el Pico de Naiguatá: Historia de sus mediciones.
Revista Técnica del Ministerio de Obras Públicas,
88, Caracas.

46. TELLO, Jaime (1968).
Historia natural de Caracas.
Caracas.

47. VILA, Marco Aurelio (1947).
Monografía geográfica del Valle de Caracas.
122 págs.
Tipografía Garrido, Caracas.

48 VILA, Marco Aurelio (1967).
Aspectos geográficos del Distrito Federal.
En: Serie "Monografías Económicas Estadales".
385 págs.
Corporación Venezolana de Fomento, Departamento de Relaciones Públicas, Caracas.

49. ZAMBRANO S., Alba (1970).
Estudio fisiográfico regional de la "Cuenca del Tuy".
Boletín de Geología,
11 (21): 3-206.
Ministerio de Minas e Hidrocarburos, Dirección de Geología, Caracas.

BOTANICA, ECOLOGIA VEGETAL, FITOGEOGRAFIA

50. ACEVEDO, Rafael (1914).
Estudio acerca del mejoramiento de las aguas y los bosques del Distrito Federal.
Revista Técnica del Ministerio de Obras Públicas,
4 (38): 88-96, (39): 136-144, (40): 165-181.
Caracas.

51. ARISTEGUIETA, Leandro y RAMIA, Mauricio (1951).
Vegetación del Pico de Naiguatá.
Boletín de la Sociedad Venezolana de Ciencias Naturales,
14 (78): 31-52, Caracas.

52. ARNAL, Pedro (1943).
Exploraciones botánicas en Venezuela.
75 págs.
Instituto Pedagógico Nacional, Caracas.

53. BARUCH, Zdravko G. (1970).
Estudio fitosociológico de la parte alta de la Cordillera de la Costa entre Lagunazo y la Silla de Caracas.
Tesis de Licenciatura, 46 págs.
Universidad Central de Venezuela, Facultad de Ciencias,
Escuela de Biología, Caracas.

54. CREOLE PETROLEUM CORPORATION y MINISTERIO DE AGRICULTURA Y CRIA (sin fecha, 1975).
Parques Nacionales.
36 págs.
Ministerio de Agricultura y Cría, División de Parques Nacionales, Caracas.

55. ERNST, Adolf (1865).
Botanische Mittheilungen aus Caracas.
Archiv für Pharmacie, Hannover.

56. ERNST, Adolfo (1868).
Los Helechos de la Flora caracasana.
Vargasia, **5:** 100-103, Caracas.
Reimpreso en: ERNST, Adolfo: *Obras completas* (1976).

57. ERNST, Adolfo (1870).
Plantas interesantes de la Flora caracasana.
Vargasia: 178-194, Caracas.
Reimpreso en: ERNST, Adolfo: *Obras completas* (1976).

58. ERNST, Adolf (1872).
Sertulum naiguatense. Notes on a small collection of alpine plants from the summit of Naiguatá, in the mountains of Caracas.
Journal of Botany, New Series, **1:** 261-264, London.

59. ERNST, Adolf (1874).
Observationes aliquot in plantas nonullas variores vel novas florae caracasanae.
Flora: 209-215, Regensburg.

60. ERNST, Adolfo (1876).
Estudios sobre la Estadística de la Flora de Caracas.
I. *Fragmentos de una estadística de los géneros.*
En: "Apuntes estadísticos del Distrito Federal".
: 69, Caracas.

61. ERNST, Adolfo (1877).
Catálogo alfabético de los géneros y especies de Orquídeas que se han recogido hasta ahora en el territorio de la República.
En: "Primer Anuario Estadístico de Venezuela".
1877: 249-273, Caracas.
Reimpreso en: ERNST, Adolfo: *Obras completas* (1976).

62. ERNST, Adolfo (1877).
Idea general de la Flora de Venezuela.
En: "Primer Anuario Estadístico de Venezuela".
1877: 211-235, Caracas.
También publicado en:
Boletín del Ministerio de Obras Públicas,
Núms. 76-79, Caracas (1891).
Reimpreso en: ERNST, Adolfo: *Obras completas* (1976).

63. ERNST, Adolfo (1879).
Enumeración de las plantas más notables que fueron observadas en Naiguatá.
Repertorio Caraqueño: 141-   , Caracas.

64. ERNST, Adolf (1886).
Über die Vegetation der Savannen in Caracas.
Botanische Zeitung, **Núm. 26:** 464, Regensburg.

65. ERNST, Adolfo (1892).
Las plantas acuáticas del Valle de Caracas.
Boletín del Ministerio de Obras Públicas,
Núm. 156: 255-265, Caracas.
Reimpreso en: ERNST, Adolfo: *Obras completas* (1976).

66. GONDELLES, Ricardo (1970).
La Serranía del Avila: un parque nacional muy vulnerable.
Defensa de la Naturaleza, **1** (1): 39-41,
Asociación Nacional para la Defensa de la Naturaleza, Caracas.

67. HOLDRIDGE, Leslie R. (1951).
La reforestación del Avila.
6 págs.
Universidad de los Andes, Mérida.

68. INSTITUTO BOTANICO (1964-   ).
Flora de Venezuela. (Dirigida por Tobías LASSER.)
Vol. I (Tomo 1 y 2): *Helechos,* por Volkmar VARESCHI (1968).
Vol. III (Tomo 1): *Ulmaceae,* por Tobías LASSER (1971).
Ranunculaceae, por Alicia LOURTEIG (1971).
Dichapetalaceae, por Ghillean T. PRANCE (1971).
Zygophyllaceae, por Tobías LASSER (1971).
Umbelliferae, por M. E. MATHIAS y L. CONSTANCE (1971).
Clethraceae, por Hermann SLEUMER (1971).
Lennoaceae, por Julian A. STEYERMARK (1971).
Mayacaceae, por Alicia LOURTEIG (1971).
Haemodoraceae, por Francisco VILLARROEL (1971).
Vol. VIII (Tomo 1 y 2): *Melastomataceae,* por J. J. WURDACK (1973).
Vol. IX (Tomo 1, 2 y 3): *Rubiaceae,* por Julian A. STEYERMARK (1974).
Vol. X (Tomo 1 y 2): *Compositae,* por Leandro ARISTEGUIETA (1964).
Vol. XII (Tomo 1): *Bromeliaceae,* por L. B. SMITH (1971).
Vol. XV (Tomo 1, 2, 3, 4, 5 y 6): *Orchidaceae,* por Ernesto FOLDATS (1969-1970).
Edición Especial del Instituto Botánico, Ministerio de Agricultura y Cría, Caracas.

69. JAHN, Alfredo (1934).
¿Cuál fue el aspecto de las montañas del Avila cuando se fundó Caracas?
Boletín de la Academia de Ciencias Físicas, Matemáticas y Naturales,
Año I, Tomo 1 (3): 234-237, Caracas.

70. KARSTEN, Hermann (1848).
Selección de vegetales nuevos de Venezuela.
Berlín.

71. LUCES, Zoraida de Febres (1963).
Las Gramíneas del Distrito Federal.
234 págs.
Ministerio de Agricultura y Cría, Dirección de Recursos Naturales Renovables, Instituto Botánico, Caracas.

72. MERIDA, Tatiana (1965).
Anatomía foliar de especies del Pico de Naiguatá.
Acta Científica Venezolana, **16** (6): 207-212,
Asociación Venezolana para el Avance de la Ciencia, Caracas.

73. MORITZ, Karl (1942).
Viaje a la Silla de Caracas, efectuado por Karl Moritz, el 28 de marzo de 1843.
(Traducción del alemán y anotaciones por Eduardo RÖHL).
Boletín de la Academia de Ciencias Físicas, Matemáticas y Naturales,
Año 9, Tomo 7 (23): 883-896, Caracas.

74. PANNIER, Federico (1952).
Observaciones sobre la distribución de Pteridofitas Venezolanas en relación a la altura sobre el nivel del mar.
Acta Científica Venezolana, **3** (5): 172-178,
Asociación Venezolana para el Avance de la Ciencia, Caracas.

75. PITTIER, Henri (1926).
Manual de las plantas usuales de Venezuela.
xx + 458 págs.
Litografía del Comercio, Caracas.
Reimpreso por la Fundación "Mendoza" en 1970.

76. PITTIER, Henri (1935).
Apuntaciones sobre geobotánica de Venezuela.
Boletín de la Sociedad Venezolana de Ciencias Naturales,
3 (23): 93-114, Caracas.
Reimpreso en: *"Trabajos escogidos"* (1948).

77. PITTIER, Henri (1937).
Clasificación de los Bosques.
Boletín de la Sociedad Venezolana de Ciencias Naturales,
4 (30): 93-110, Caracas.
Reimpreso en: *"Trabajos escogidos"* (1948).

78. PITTIER, Henri (1939).
Suplemento a las Plantas Usuales de Venezuela.
x + 129 págs., Editorial Elite, Caracas.
Reimpreso por la Fundación "Mendoza" en 1970.

79. PITTIER, Henri - LASSER, Tobías - SCHNEE, Ludwig - LUCES DE FEBRES, Zoraida - BADILLO, Víctor (1945, 1947).
Catálogo de la Flora Venezolana.
Tomo I: 423 págs. (Cuadernos Verdes, Serie Nacional núm. 20).
Tomo II: 577 págs. (Cuadernos Verdes, Serie Nacional núm. 62).
Tercera Conferencia Interamericana de Agricultura,
Comité Organizador, Caracas.

80. SPENCE, James Mudie (1872).
La primera ascensión al Pico de Naiguatá.
Opinión Nacional, Caracas.
Reimpreso por JAHN, Alfredo en *"Cultura Venezolana"* (1931).

81. STEYERMARK, Julian A. (1966).
Contribuciones a la Flora de Venezuela. Parte 5.
4. El Cerro Turumiquire y la región oriental adyacente.
Acta Botanica Venezuelica, **1** (3/4): 104-168,
Ministerio de Agricultura y Cría, Dirección de Recursos Naturales Renovables, Instituto Botánico, Caracas.

82. STEYERMARK, Julian A. - MEYER, Arthur H. (1945-46).
Informe sobre la Misión de Cinchona *en Venezuela.*
Boletín de la Sociedad Venezolana de Ciencias Naturales,
10 (65/66): 163-189, Caracas.

83. TAMAYO, Francisco (1943).
Notas de ecología venezolana. Proceso de despoblación y reposición vegetal en las colinas de Caracas.
23 págs.
Escuela Técnica Industrial, Talleres de Artes Gráficas, Caracas.

84. TORO, Fermín (1861).
La Flora de Venezuela.
Caracas.

85. UNIVERSIDAD SIMON BOLIVAR, Instituto de Estudios Regionales y Urbanos (sin fecha, 1977).
Estudio de Espacios Abiertos de la Región Capital.
Volumen 1: *Vegetación.*
iv + 144 págs., Caracas.

86. VARESCHI, Volkmar (1951 a).
Zur Frage der Oberflächenentwicklung von Pflanzengesellschaften der Alpen und Subtropen.
Planta, **40** (1): 1-35.
Springer-Verlag, Berlín, Göttingen, Heidelberg.

87. VARESCHI, Volkmar (1951 b).
Über die Wettbewerbsspannung in einigen alpinen und tropischen Pflanzengesellschaften.
Phyton, **3** (3/4): 142-155.
Verlag Ferdinand Berger, Horn (Austria).

88. VARESCHI, Volkmar (1953).
Sobre las superficies de asimilación de sociedades vegetales de cordilleras tropicales y extra-tropicales.
Boletín de la Sociedad Venezolana de Ciencias Naturales,
14 (79): 121-173, Caracas.

89. VARESCHI, Volkmar (1955).
Monografías geobotánicas de Venezuela I. Rasgos geobotánicos sobre el Pico de Naiguatá.
Acta Científica Venezolana, **6** (5/6): 180-201,
Asociación Venezolana para el Avance de la Ciencia, Caracas.

90. VARESCHI, Volkmar (1968).
Sabanas del Valle de Caracas.
En: "Estudio de Caracas", **Vol. 1** (Ecología vegetal, Fauna): 17-119.
Universidad Central de Venezuela, Ediciones de la Biblioteca, Caracas.
Reimpreso en:
Acta Botanica Venezuelica, **4** (1, 2, 3, 4): 425-522.
Ministerio de Agricultura y Cría, Instituto Botánico, Caracas (1969).

INDICE

INDICE

Los nombres de las especies válidas aparecen en letras corrientes y los sinónimos en itálica *(bastardilla)*, mientras que las familias están escritas en mayúsculas. Asimismo los apellidos de personas se encuentran escritos en letras mayúsculas.

A

B

C

D

E

F

G

H

I

J

K

L

M

N

Ñ

O

P

Q

R

S

T

U

V

W

X

Y

Z

Terminóse de imprimir
en Artes Gráficas Toledo, S.A.,
el día 30 de junio
de 1978